HANDBUCH DER ANALYTISCHEN CHEMIE

HERAUSGEGEBEN

VON

W. FRESENIUS UND G. JANDER

WIESBADEN BERLIN

ZWEITER TEIL

QUALITATIVE NACHWEISVERFAHREN

BAND II

ELEMBNTE DER ZWEITEN GRUPPE

SPRINGER-VERLAG BERLIN HEIDELBERG GMBH

1955

ELEMENTE DER ZWEITEN GRUPPE

BERYLLIUM · MAGNESIUM · CALCIUM
STRONTIUM · BARIUM · ZINK
CADMIUM · QUECKSILBER

BEARBEITET
VON
A. BRECHLIN · H. HARTMANN · A. HOFFMANN
J. JANDER · H. H. SCHÖNE · H. WENDT

MIT 99 ABBILDUNGEN

SPRINGER-VERLAG BERLIN HEIDELBERG GMBH
1955

URSPRÜNGLICH ERSCHIENEN BEI SPRINGER-VERLAG BERLIN · GÖTTINGEN · HEIDELBERG 1955
SOFTCOVER REPRINT OF THE HARDCOVER 1ST EDITION 1955

ISBN 978-3-662-23568-3 ISBN 978-3-662-25645-9 (eBook)
DOI 10.1007/978-3-662-25645-9

Inhaltsverzeichnis.

Verzeichnis der Zeitschriften und ihrer Abkürzungen.

Abkürzung	Zeitschrift
A.	LIEBIGS Annalen der Chemie; bis **172** (1874): Annalen der Chemie und Pharmacie.
Acc. Sci. med. Ferrara	Accadimie delle scienze mediche di Ferrara.
A. Ch.	Annales de Chimie; vor **1914**: Annales de Chimie et de Physique.
Acta Comment. Univ. Tartu	Acta et Commentationes Universitatis Tartensis (Dorpatensis).
Acta med. Scand.	Acta Medica Scandinavica.
Agricultura	Agricultura.
Am. Chem. J. (*Am. Ch.*)	American Chemical Journal; seit 1917 vereinigt mit Am. Soc.
Am. Fertilizer	The American Fertilizer.
Am. J. Physiol.	American Journal of Physiology.
Am. J. Sci.	American Journal of Science.
Am. Soc.	Journal of the American Chemical Society.
Am. Soc. Test. Mater. (*Am. Soc. Testing Materials*)	American Society of Testing Materials.
Anal. Chem.	Analytical Chemistry, früher Ind. Eng. Chem. Anal. Edit.
Anal. chim. Acta	Analytica chimica acta.
Analyst	The Analyst.
An. Argentina	Anales de la asociación química Argentina.
An. Españ.	Anales de la sociedad espanola de física y química; seit **1941**: Anales de fisica y quimica (Madrid).
An. Farm. Bioquim.	Anales de farmacia y bioquímica (Buenos Aires).
Angew. Ch.	Angewandte Chemie, vor 1932: Zeitschrift für angewandte Chemie.
Ann. Acad. Sci. Fenn.	Annales academiae scientiarum fennicae.
Ann. agronom.	Annales agronomiques.
Ann. Chim. anal.	Annales de Chimie analytique et de Chimie appliquée.
Ann. Chim. appl(ic).	Annali di chimica applicata.
Ann. Falsific.	Annales des Falsifications et des Fraudes.
Ann. Office nat. Combustibles liquides	Annales de l'Office National des Combustibles Liquides.
Ann. Phys.	Annalen der Physik (GRÜNEISEN und PLANCK).
Ann. Sci. agronom. Franç.	Annales de la Science agronomique française et étrangère; nach 1930: Annales agronomiques.
Ann. Soc. Sci. Bruxelles	Annales de la société scientifique de Bruxelles, Série A: Sciences mathématiques; Série B: physiques et naturelles.
Anz. Akad. Wiss. Wien, math.-naturwiss. Kl.	Anzeiger der Akademie der Wissenschaften in Wien, Mathematische-Naturwissenschaftliche Klasse.
Anz. Krakau. Akad.	Anzeiger der Akademie der Wissenschaften, Krakau.
Apoth.-Z.	Apotheker-Zeitung.
Ar.	Archiv der Pharmazie.
Arch. Eisenhüttenw.	Archiv für das Eisenhüttenwesen.
Arch. exp. Pathol.	Archiv für experimentelle Pathologie und Pharmakologie (NAUNYN-SCHMIEDEBERG).
Arch. Math. Naturvidensk (*Arch. F. Mathem. og Naturvid.*)	Archiv for Mathematik og Naturvidenskab.
Arch. Néerland. Physiol.	Archives Néerlandaises de Physiologie de l'Homme et des Animaux.
Arch. Phys. biol.	Archives de Physique biologique et de Chimie-Physique des Corps organisés.
Arch. Physiol.	Archiv für die gesamte Physiologie des Menschen und der Tiere (PFLÜGER).

Abkürzung	Zeitschrift
Arch. Sci. biol.	Archivio di science biologiche (Italy).
Arch. Sci. phys. nat. Genève	Archives des Sciences physiques et naturelles, Genève.
Atti Accad. Lincei	Atti della Reale Accademia nazionale dei Lincei.
Atti Accad. Sci. Torino	Atti della Reale Accademia delle Scienze di Torino.
Atti Congr. naz. Chim. pura applic.	Atti del congresso nazionale di chimica pura ed applicata.
Atti X Congr. int. Chim., Roma (Atti Congr. int. Chim. Roma)	Atti del X Congresso Internazionale di Chimica (Roma).
Austr. J. exp. Biol. med. Sci.	Australian Journal of Experimental Biology and Medical Science.
B.	Berichte der Deutschen Chemischen Gesellschaft.
Ber. dtsch. keram. Ges.	Berichte der Deutschen Keramischen Gesellschaft.
Ber. dtsch. pharm. Ges.	Berichte der Deutschen Pharmazeutischen Gesellschaft.
Ber. oberhess. Ges. Naturk.	Bericht der oberhessischen Gesellschaft für Natur- und Heilkunde.
Ber. Wien. Akad.	Sitzungsberichte der Akademie der Wissenschaften, Wien.
Betriebslab.	Betriebslaboratorium; russ.: Sawodskaja Laboratorija.
Biochem. J.	Biochemical Journal.
Biol. Bl.	Biological Bulletin of the Marine Biological Laboratory; seit 1930: Biological Bulletin.
Bio. Z.	Biochemische Zeitschrift.
Bl.	Bulletin de la Société chimique de France; vor 1907: Bulletin de la Société chimique de Paris.
Bl. Acad. Roum.	Bulletin de la section scientifique de l'Académie Roumaine.
Bl. Acad. Russie	Bulletin de l'Academie des Sciences de Russie; seit 1925: Bl. Acad. URSS.
Bl. Acad. Sci. Pétersb.	Bulletin de l'Académie impériale des Sciences, Pétersbourg; seit 1917: Bl. Acad. Russie.
Bl. Acad. URSS.	Bulletin de l'Académie des Sciences de l'U[nion des] R[épubliques] S[oviétiques] S[ocialistes].
Bl. Acad. URSS., Sér. chim.	Bulletin de l'Académie des Sciences de l'U[nion des] R[épubliques S[oviétiques] S[ocialistes], Sér. chimique.
Bl. agric. chem. Soc. Japan	Bulletin of the Agricultural Chemical Society of Japan.
Bl. Am. phys. Soc.	Bulletin of the American Physical Society.
Bl. Assoc. techn. Fonderie (Bull. [Ass.] techn. Fonderie)	Bulletin de l'Association Technique de Fonderie.
Bl. Biol. pharm.	Bulletin des Biologistes pharmaciens.
Bl. Bur. Mines Washington	Bulletin, Bureau of Mines, Washington.
Bl. chem. Soc. Japan	Bulletin of the Chemical Society of Japan.
Bl. Chim. pura apl. Bukarest (B. Chim. pura aplicata Bukarest)	Buletinul de Chimie Pură si Aplicată (al Societătii Romane de Chimie) Bukarest.
Bl. Inst. physic. chem. Res. (Abstr.) Tôkiô	Bulletin of the Institute of Physical and Chemical Research, Abstracts, Tôkyô.
Bl. Sci. pharmacol.	Bulletin des Sciences pharmacologiques.
Bl. Soc. chim. Belg.	Bulletin de la Société chimique Belgique.
Bl. Soc. Chim. biol.	Bulletin de la Société de Chimie biologique.
Bl. Soc. chim. Paris	Vgl. Bl.
Bl. Soc. Min.	Bulletin de la Société française de Minéralogie.
Bl. Soc. Mulhouse	Bulletin de la Société industrielle de Mulhouse.
Bl. Soc. Pharm. Bordeaux	Bulletin des Travaux de la Société de Pharmacie de Bordeaux.
Bl. Soc. România	Buletinul societatii de chimie din România.
Bodenkunden- Pflanzenernähr.	Bodenkunde und Pflanzenernährung: 1. Folge (Band 1 bis 45) heißt: Zeitschrift für Pflanzenernährung, Düngung und Bodenkunde.
Boll. chim. farm.	Bolletino chimico-farmaceutico.
Branntwein-Ind. (russ.)	Branntwein-Industrie (russisch).
Brit. chem. Abstr.	British Chemical Abstracts.
Bur. Stand. J. Res.	Bureau of Standards Journal of Research.
C.	Chemisches Zentralblatt.
Canad. Chem. Metallurgy (Can. Chem. Met.)	Canadian Chemistry and Metallurgy; ab Bd. 22 (1938): Canadian Chemistry and Process Industries.

Abkürzung	Zeitschrift
Canadian J. Res.	Canadian Journal of Research.
Časopis ceskoslov. Lékárn.	Časopis československého Lékárnictva.
Cereal Chem.	Cereal Chemistry.
Chem. Abstr.	Chemical Abstracts.
Chem. Age	Chemical Age.
Chem. Apparatur	Chemische Apparatur.
Chem. eng. min. Rev.	Chemical Engineering and Mining Review.
Chem. Ind.	Chemistry and Industry.
Chemisat. soc. Agric. (Chemisat. socialist. Agr.) (russ.)	Chemisation of Socialistic Agriculture (russisch).
Chemist-Analyst	The Chemist-Analyst.
Chem. J. Ser. A	Chemisches Journal Serie A, Journal für allgemeine Chemie; russ.: Chimitscheski Shurnal Sser. A, Shurnal obschtschei Chimii.
Chem. J. Ser. B	Chemisches Journal Serie B, Journal für angewandte Chemie; russ.: Chimitscheski Shurnal Sser. B, Shurnal prikladnoi Chimii.
Chem. Listy	Chemické Listy pro vědu a průmysl.
Chem. Metallurg. Eng. (Chem. Met. Engin.)	Chemical and Metallurgical Engineering.
Chem. N.	Chemical News.
Chem. Obzor	Chemický Obzor.
Chem. Reviews	Chemical Reviews.
Chem. social. Agric.	Chemisation of socialistic Agriculture; russ.: Chimisazia sozialistitscheskogo Semledelija.
Chem. Trade J. chem. Engr. (Chem. Trade J.)	Chemical Trade Journal and Chemical Engineer.
Chem. Weekbl.	Chemisch Weekblad.
Ch. Fabr.	Die chemische Fabrik.
Chim. e Ind. (Milano)	Chimica e Industria (Milano).
Chim. Ind.	Chimie & Industrie.
Chim. Ind. 17. Congr. Paris	Chimie & Industrie, 17. Congrès, Paris.
Ch. Ind.	Die chemische Industrie.
Ch. Z.	Chemiker-Zeitung.
Ch. Z. Chem. techn. Übersicht	Chemiker-Zeitung, Chemisch-technische Übersicht.
Ch. Z. Repert.	Chemiker-Zeitung, Repertorium.
Coll. Trav. chim. Tchécosl.	Collection des Travaux chimiques de Tchécoslovaquie.
C. r.	Comptes rendus de l'Académie des Sciences.
C. r. Acad. URSS.	Comptes rendus (Doklady) de l'académie des sciences de l'U[nion des] R[épubliques] S[oviétiques] S[ocialistes].
C. r. Carlsberg	Comptes rendus des Travaux du Laboratoire de Carlsberg.
C. r. Soc. Biol.	Comptes rendus de la Société de Biologie.
Current Sci.	Current Science.
Dansk Tidsskr. Farm.	Dansk Tidsskrift for Farmaci.
Dingl. J.	DINGLERS Polytechnisches Journal.
Dtsch. med. Wschr.	Deutsche medizinische Wochenschrift.
Dtsch. tierärztl. Wschr.	Deutsche tierärztliche Wochenschrift.
Eng. Min. Journ.	Engineering and Mining Journal.
E. P.	Englisches Patent.
Erzmetall	Zeitschrift für Erzbergbau und Metallhüttenwesen; neue Folge von „Metall und Erz".
Fenno-Chem.	Fenno-Chemica.
Finska Kemistsamfundets Medd.	Finska Kemistsamfundets Meddelanden; fortgesetzt unter der Bezeichnung: Fenno-Chemica.
Fortschr. Chem. Physik physik. Chem.	Fortschritte der Chemie, Physik und physikalischen Chemie.
Fr.	Zeitschrift für analytische Chemie (FRESENIUS).
G.	Gazzetta chimica italiana.
Gas- und Wasserfach	Das Gas- und Wasserfach; vor 1922: Journal für Gasbeleuchtung sowie für Wasserversorgung.
Gen. electr. Rev. (General Electric Rev.)	General Electric Review.

Abkürzung	Zeitschrift
Giorn. Biol. appl. Ind. chim. aliment. (*G. Biol. appl. Ind. chim.*)	Giornale di Biologia Applicata alla Industria Chimica ed Alimentare; ab Bd. 5 (1935): Giornale di Biologia Industriale Agraria ed Alimentare.
Giorn. Chim. ind. ed applic. (*Giorn. Chim. ind. appl.*)	Giornale di Chimica Industriale ed Applicata.
Glastechn. Ber.	Glastechnische Berichte.
Glückauf	Glückauf, berg- und hüttenmännische Zeitschrift.
H.	Zeitschrift für physiologische Chemie (HOPPE-SEYLER).
Helv.	Helvetica chimica acta.
Ind. Chemist (*chem. Manufacturer*) (*Ind. Chemist a. Chemical Manufacturer*)	Industrial Chemist and Chemical Manufacturer.
Ind. chimica	L'Industria chimica, mineraria e metallurgica.
Ind. eng. Chem.	Industrial and Engineering Chemistry.
Ind. eng. Chem. Anal. Edit.	Industrial and Engineering Chemistry, Analytical Edition.
Ing. Chimiste (*Bruxelles*)	Ingénieur Chimiste (Bruxelles).
Internat. Sugar J.	International Sugar Journal.
J. agric. Sci.	Journal of Agricultural Science.
J. Am. ceram. Soc.	Journal of the American Ceramic Society.
J. Am. Leather Chem.	Journal of the American Leather Chemists' Association.
J. Am. med. Assoc.	Journal of the American Medical Association.
J. Am. pharm. Assoc.	Journal of the American Pharmaceutical Association.
J. Am. Soc. Agron.	Journal of the American Society of Agronomy.
J. Am. Water Works Assoc.	Journal of the American Water Works Association.
J. anal. appl. Chem.	Journal of Analytical and Applied Chemistry.
J. Assoc. offic. agric. Chem.	Journal of the Association of Official Agricultural Chemists.
J. Biochem.	Journal of Biochemistry (Japan).
J. biol. Chem.	Journal of Biological Chemistry.
Jbr.	Jahresberichte über die Fortschritte der Chemie (LIEBIG und KOPP), 1847—1910.
Jb. Radioakt.	Jahrbuch der Radioaktivität und Elektronik.
J. chem. Educat.	Journal of Chemical Education.
J. chem. Ind.	Journal der chemischen Industrie; russ.: Shurnal Chimitscheskoi Promyschlennosti.
J. chem. Physics (*J. chem. Phys.*)	Journal of Chemical Physics.
J. chem. Soc.	Journal of the Chemical Society of London.
J. chem. Soc. Japan	Journal of the Chemical Society of Japan.
J. Chim. appl. *J. chem. applic.*) (*russ.*)	Journal de Chimie Appliquée (russisch).
J. Chim. phys.	Journal de Chimie physique; seit 1931: ... et Revue générale des Colloides.
J. chos. med. Assoc.	Journal of the Chosen Medical Association (Japan).
Jernkont. Ann.	Jernkontorets Annaler.
J. ind. eng. Chem.	Journal of Industrial and Engineering Chemistry; seit 1923: Ind. eng. Chem.
J. Indian chem. Soc.	Journal of the Indian Chemical Society.
J. Indian Inst. Sci.	Journal of the Indian Institute of Science.
J. Inst. Brew.	Journal of the Institute of Brewing.
J. Inst. Petrol. Tech.	Journal of the Institution of Petroleum Technologists.
J. Iron Steel Inst.	Journal of the Iron and Steel Institute.
J. Labor clin. Med.	Journal of Laboratory and Clinical Medicine.
J. Landwirtsch.	Journal für Landwirtschaft.
J. of Hyg. (*Brit.*)	Journal of Hygiene (britisch).
J. opt. Soc. Am.	Journal of the Optical Society of America.
J. Pharm. Belg.	Journal de Pharmacie de Belgique.
J. Pharm. Chim.	Journal de Pharmacie et de Chimie.
J. pharm. Soc. Japan	Journal of the Pharmaceutical Society of Japan.
J. physic. Chem.	Journal of Physical Chemistry.
J. Physiol.	Journal of Physiology.
J. pr.	Journal für praktische Chemie.
J. Pr. Austr. chem. Inst.	Journal and Proceedings of the Australian Chemical Institute.

Abkürzung	Zeitschrift
J. Res. Nat. Bureau of Standards	Journal of Research of the National Bureau of Standards, früher: Bur. Stand. J. Res.
J. Russ. phys.-chem. Ges.	Journal der russischen physikalisch-chemischen Gesellschaft.
J. S. African chem. Inst.	Journal of the South African Chemical Institute.
J. Sci. Soil Manure	Journal of the Sciences of Soil and Manure (Japan).
J. Soc. chem. Ind.	Journal of the Society of Chemical Industrie (Chemistry and Industry).
J. Soc. chem. Ind. Japan (Suppl.)	Journal of the Society of Chemical Industry, Japan. Supplement.
J. Soc. Dyers Colourists	Journal of the Society of Dyers and Colourists.
J. Washington Acad. Sci.	Journal of the Washington Academy of Sciences.
J. Zucker-Ind.	Journal der Zuckerindustrie; russ.: Shurnal Sakharnoi Promyschlennosti.
Keem. Teated	Keemia Teated (Tartu).
Kem. Maanedsbl. nord. Handelsbl. kem. Ind.	Kemisk Maanedsblad og Nordisk Handelsblad for Kemisk Industri.
Klin. Wschr.	Klinische Wochenschrift.
Koks u. Chem. (russ.)	Koks und Chemie (russisch).
Kolloidchem. Beih.	Kolloidchemische Beihefte.
Kolloid-Z.	Kolloid-Zeitschrift.
Lantbruks-Akad. Handl. Tidskr.	Kungl. Lantbruks-Akademiens Handlingar och Tidskrift.
Lantbruks-Högskil. Ann.	Lantbruks-Högskolans Annaler.
L. V. St.	Landwirtschaftliche Versuchsstation.
M.	Monatshefte für Chemie.
Magyar Chem. Folyóirat	Magyar Chemiai Folyóirat (Ungarische chemische Zeitschrift).
Malayan agric. J.	Malayan Agricutural Journal.
Medd. Centralanst. Försöksväs. jordbruks., landwirtsch.-chem. Abt.	Meddelande från Centralanstalten för Försöksväsendet på Jordbruksområdet, landbrukskemi.
Medd. Nobelinst.	Meddelanden från K. Vetenskapsakademiens Nobelinstitut.
Med. Doswiadczalna i Spoleczna	Medycyna Doswiadczalna i Spoleczna.
Mem. Sci. Kyoto Univ.	Memoirs of the College of Science, Kyoto Imperal University.
Metal Ind. (London)	Metal Industry (London).
Metallurgia ital. (Metallurg. Ital.)	Metallurgia Italiana.
Metallwirtschaft (Metallwirtsch., Metallwiss., Metalltechn.)	Metallwirtschaft, Metallwissenschaft, Metalltechnik.
Met. Erz	Metall und Erz.
Mikrochemie (Mikrochem.)	Mikrochemie, vereinigt mit Mikrochimica acta.
Mikrochim. A.	Mikrochimica acta.
Milchw. Forsch.	Milchwirtschaftliche Forschungen.
Mitt. berg- u. hüttenmänn. Abt. kgl. ung. Palatin-Joseph-Universität Sopron	Mitteilungen der berg- und hüttenmännischen Abteilung der königlich ungarischen Palatin-Joseph-Universität, Sopron.
Mitt. Forsch.-Anst. G. H. Hütte (Gutehoffnungshütte-Konzerns)	Mitteilungen aus den Forschungsanstalten des Gutehoffnungshütte-Konzerns.
Mitt. Geb. Lebensmitteluntersuch. Hyg.	Mitteilungen auf dem Gebiet der Lebensmitteluntersuchung und Hygiene.
Mitt. Kali-Forsch.-Anst.	Mitteilungen der Kali-Forschungsanstalt.
Mitt. K.W. I. Eisenforschg. (Düsseldorf)	Mitteilungen aus dem Kaiser-Wilhelm-Institut für Eisenforschung zu Düsseldorf.
Nachr. Götting. Ges.	Nachrichten der Kgl. Gesellschaft der Wissenschaften, Göttingen; seit 1923 fällt „Kgl.“ fort.
Nature	Nature (London).
Naturwiss.	Naturwissenschaften.
Natuurwetensch. Tijdschr.	Natuurwetenschappelijk Tijdschrift.
Nederl. Tijdschr. Geneesk.	Nederlandsch Tijdschrift voor Geneeskunde.
Neues Jahrb. Mineral. Geol.	Neues Jahrbuch für Mineralogie, Geologie und Paläontologie.

Abkürzung	Zeitschrift
New Zealand J. Sci. Tech.	New Zealand Journal of Science and Technology.
Öst. Ch. Z.	Österreichische Chemiker-Zeitung.
Onderstepoort J. Vet. Sci.	Onderstepoort Journal of Veterinary Science and Animal Industry.
P. C. H.	Pharmazeutische Zentralhalle.
Ph. Ch.	Zeitschrift für physikalische Chemie.
Pharm. Weekbl.	Pharmaceutisch Weekblad.
Pharm. Z.	Pharmazeutische Zeitung.
Phil. Mag.	Philosophical Magazine and Journal of Science.
Phil. Trans.	Philosophical Transactions of the Royal Society of London.
Phys. Rev.	Physical Review.
Phys. Z.	Physikalische Zeitschrift.
Plant Physiol.	Plant Physiology.
Pogg. Ann.	Annalen der Physik und Chemie, herausgegeben von POGGENDORF (1824—1877); dann Wied. Ann. (1877—1899); seit 1900: Ann. Phys.
Pr. Am. Acad.	Proceedings of the American Academy of Arts and Sciences, Boston.
Pr. Am. Soc. Test. Mater. (Pr. Am. Soc. for testing Materials)	Proceedings of the American Society for Testing Materials.
Pr. (chem. Soc.)	Proceedings of the Chemical Society (London).
Pr. Indian Acad. Sci.	Proceedings of the Indian Academy of Sciences.
Pr. internat. Soc. Soil Sci.	Proceedings of the International Society of Soil Science.
Pr. Leningrad Dept. Inst. Fert.	Proceedings of the Leningrad Departmentál Institute of Fertilizers.
Pr. Roy. Soc. Edinburgh	Proceedings of the Royal Society of Edinburgh.
Pr. Roy. Soc. London Ser. A	Proceedings of the Royal Society (London). Serie A: Mathematical and Physical Sciences.
Pr. Roy. Soc. New South Wales	Proceedings of the Royal Society of New South Wales.
Pr. Soc. Cambridge	Proceedings of the Cambridge Philosophical Society.
Problems Nutrit.	Problems of Nutrition; russ.: Woprossy Pitanija.
Pr. Oklahoma Acad. Sci.	Proceedings of the Oklahoma Academy of Science.
Pr. Soc. exp. Biol. Med.	Proceedings of the Society for Experimental Biology and Medicine.
Pr. Utah Acad. Sci.	Proceedings of the Utah Academy of Sciences.
Przemysl Chem.	Przemysl Chemiczny.
Publ. Health Rep.	Public Heath Reports.
R.	Recueil des Travaux chimiques des Pays-Bas.
Radium	Le Radium, seit 1920: Journal de Physique et Le Radium.
Rep. Connecticut agric. Exp. Stat.	Report of the Connecticut Agricultural Experiment Station.
Repert. anal. Chem.	Repertorium der analytischen Chemie (1881—1887).
Répert. Chim. appl.	Répertoire de Chimie pure et appliquée (von 1864 ab: Bulletin de la Société chimique de France).
Rep. Invest. (Rep. Investig.)	United States Deperment Interior, Bureau of Mines, Report of Investigation.
Rev. brasil. chim. (Revista brasileira de chimica)	Revista Brasileira de Chimica (São Paulo).
Rev. Centro Estud. Farm. Bioquim.	Revista del centro estudiantes de farmacia y bioquímica.
Rev. Mét.	Revue de Métallurgie.
Rev. univ. des Min.	Revue universelle des Mines.
Roczniki Chem.	Roczniki Chemji.
Schweiz. Apoth. Z.	Schweizerische Apotheker-Zeitung.
Schweiz. med. Wschr.	Schweizerische medizinische Wochenschrift.
Schw. J.	SCHWEIGGERS Journal für Chemie und Physik (Nürnberg, Berlin 1811—1833, 68 Bde.).
Science	Science (New York).
Sci. Pap. Inst. Tôkyô	Scientific Papers of the Institute of Physical and Chemical Research Tôkyô.
Sci. quart. nat. Univ. Peking	Science Quarterly of the National University of Peking.

Abkürzung	Zeitschrift
Sci. Rep. Tôhoku (Imp. Univ.)	Science Reports of the Tôhoku Imperial University.
Skand. Arch. Physiol.	Skandinavisches Archiv für Physiologie.
Soc.	Journal of the Chemical Society of London.
Soc. chem. Ind. Victoria (Proc.)	Society of Chemical Industry of Viktoria, Proceedings.
Soil Sci.	Soil Science.
Spectrochim. Acta.	Spectrochimica Acta.
Sprechsaal	Sprechsaal für Keramik-Glas-Email.
Stahl Eisen	Stahl und Eisen.
Svensk Tekn. Tidskr.	Svensk Teknisk Tidskrift.
Sv. V.A.H. (SvVAH, Sv. Vet. Akad. Handl.)	Svenska Vetenskaps-Akademiens-Handlingar.
Techn. Mitt. Krupp	Technische Mitteilungen KRUPP.
Tôhoku J. exp. Med.	Tôhoku Journal of Experimental Medicine.
Trans. Am. electrochem. Soc.	Transactions of the American Electrochemical Society.
Trans. Am. Inst. min. metalling. Eng. (Trans. Am. Inst. Min. Eng.)	Transactions of the American Institute of Mining and Metallurgical Engineers.
Trans. Butlerov Inst. chem. Technol. Kazan	Transactions of the BUTLEROV Institute; (seit 1935: KIROV Institute) for Chemical Technology of Kazan.
Trans. ceram. Soc. England	Transactions of the Ceramic Society, England; ab Bd. 38 (1939): Transactions of the British Ceramic Society.
Trans. Dublin Soc.	Scientific Transactions of the Royal Dublin Society.
Trans. Faraday Soc.	Transactions of the FARADAY Society.
Trans. Roy. Soc. Edinburgh	Transactions of the Royal Society of Edinburgh.
Trans. sci. Inst. Fert.	Transactions of the Scientific Institute of Fertilizers and Insectofungicides (USSR.).
Trans. Sci. Soc. China	Transactions of the Science Society of China.
Trav. Inst. Etat Radium (russ.)	Travaux de l'Institut d'Etat de Radium (russisch).
Trav. Lab. biogéochim. Acad. Sci. URSS.	Travaux du laboratoire biogéochimique de l'académie des sciences de l'U[nion des] R[épubliques] S[oviétiques] S[ocialistes].
Uchen. Zapiski Kazan. Gosud. Univ.	Uchenye Zapiski Kazanskogo Gosudarstvennogo Universiteta (USSR.).
Ukrain. chem. J.	Ukrainian Chemical Journal (Journal chimique de l'Ukraine).
Union pharm.	Union pharmaceutique.
Union S. Africa Dept. Agric.	Union of South Africa. Department of Agriculture.
Univ. Illinois Bl.	University of Illinois, Bulletin.
U. S. Dep. Commerce Bur. Mines Bl. (U. S. Bur. Min. B.)	U. S. Department of Commerce, Bureau of Mines, Bulletin.
U. S. Dep. Interior Bur. (U. S. Mines Bull.)	United States Department of the Interior, Bureau of Mines, Bulletin.
U. S. Dept. Agric. Bl.	United States Department of Agriculture, Bulletins.
U. S. Geol. Surv. Bl.	United States Geological Survey Bulletin.
Verh. phys. Ges.	Verhandlungen der Deutschen physikalischen Gesellschaft.
Vorratspflege u. Lebensmittelforsch.	Vorratspflege und Lebensmittelforschung.
Washington Acad. Science	Journal of the Washington Academy of Sciences.
Wschr. Brauerei	Wochenschrift für Brauerei.
Wied. Ann.	Annalen der Physik und Chemie, herausgegeben von WIEDEMANN; s. Pogg. Ann.
Wien. klin. Wschr.	Wiener klinische Wochenschrift.
Wien. med. Wschr.	Wiener medizinische Wochenschrift.
Wiss. Nachr. Zucker-Ind.	Wissenschaftliche Nachrichten der Zuckerindustrie (ukrain.).
Wiss. Veröffentl. Siemens-Konzern	Wissenschaftliche Veröffentlichung aus dem SIEMENS-Konzern (seit 1935: aus den SIEMENS-Werken).
Z. anorg. Ch.	Zeitschrift für anorganische und allgemeine Chemie.
Zbl. Min. Geol. Paläont. Abt. A	Zentralblatt für Mineralogie, Geologie und Paläontologie, Abt. A.: Mineralogie und Petrographie.

Abkürzung	Zeitschrift
Z. Chem. Ind. Kolloide	Zeitschrift für Chemie und Industrie der Kolloide; seit 1913: Kolloid-Zeitschrift.
Z. Deutsch. Öl- u. Fettind.	Zeitschrift für Deutsche Öl- und Fettindustrie.
Z. El. Ch.	Zeitschrift für Elektrochemie.
Zentr. wiss. Forsch.-Inst. Leder-Ind.	Zentrales wissenschaftliches Forschungsinstitut für die Lederindustrie; russ.: Zentralny nautschno-issledowatelski Institut koshewennoi Promyschlennosti, Sbornik Rabot.
Z. ges. Brauw.	Zeitschrift für das gesamte Brauwesen.
Z. ges. Kältetechnik (-Industrie)	Zeitschrift für die gesamte Kältetechnik (-Industrie).
Z. Hygiene	Zeitschrift für Hygiene und Infektionskrankheiten.
Z. klin. Med.	Zeitschrift für klinische Medizin.
Z. Krist.	Zeitschrift für Kristallographie und Mineralogie.
Z. landw. Vers.-Wes. Österr.	Zeitschrift für das landwirtschaftliche Versuchswesen in Deutsch-Östereich; 1925—1933 genannt: Fortschritte der Landwirtschaft.
Z. Lebensm.	Zeitschrift für Untersuchung der Lebensmittel; bis 1925: Zeitschrift für Untersuchung der Nahrungs- und Genußmittel sowie der Gebrauchsgegenstände.
Z. Metallkunde	Zeitschrift für Metallkunde.
Z. Naturforschg.	Zeitschrift für Naturforschung.
Z. Oberschl. Berg- u. Hüttenmänn. Verb.	Zeitschrift des Oberschlesischen Berg- und Hüttenmännischen Verbandes.
Z. öffentl. Ch.	Zeitschrift für öffentliche Chemie.
Z. Pflanzenernähr. Düng. Bodenkunde	Vgl. Bodenkunde Pflanzenernähr.
Z. Phys.	Zeitschrift für Physik.
Z. pr. Geol.	Zeitschrift für praktische Geologie.
Zprávy česk. keram. společnosti	Zprávy československé keramické společnosti.
Z. techn. Phys. (russ.)	Zeitschrift für technische Physik (russ.).
Z. VDI (Z. Ver. dtsch. Ing.)	Zeitschrift des Vereins Deutscher Ingenieure.

Abkürzungen oft benutzter Sammelwerke.

Abkürzung	Sammelwerk
Berl-Lunge	Berl-Lunge: Chemisch-technische Untersuchungsmethoden, 8. Aufl. Berlin 1931—1934. Bis zur 7. Aufl. „Lunge-Berl" genannt.
Gm.	Gmelins Handbuch der anorganischen Chemie, 8. Aufl. Berlin.
Handb. Pflanzenanal.	Handbuch der Pflanzenanalyse (Klein).
Lunge-Berl	Vgl. Berl-Lunge.
Schiedsverfahren	Analyse der Metalle. Erster Band: Schiedsverfahren. 2. Aufl. Berlin-Göttingen-Heidelberg 1949.

ELEMENTE DER ZWEITEN GRUPPE

Beryllium.

Be, Atomgewicht 9,01; Ordnungszahl 4.

Von **Helmut Hartmann**, Braunschweig.

Mit 5 Abbildungen.

Inhaltsübersicht.

Vorkommen des Berylliums.

Beryllium ist auf der Erdoberfläche zwischen 0,01 und 0,0001% vertreten. Es ist lithopil. Das wichtigste Vorkommen ist der Beryll $3\,BeO \cdot Al_2O_3 \cdot 6\,SiO_2$ in Form hexagonaler langsäuliger Kristalle im Urgestein, seltener in Hohlräumen im Kalkstein und Tonschiefer oder häufiger in ausgewittertem Zustande als Geröll auf Seifen. In edler Form dient er als Smaragd und Aquamarin als Schmuckstein. Als weitere Berylliumsilikate seien genannt der Phenakit Be_2SiO_4, der Leukophan (diesem ähnlich der Melinophan) $(SiO_3)_2(BeF)CaNa$. Ein Aluminosilikat ist der Euklas $SiO_4Be(AlOH)$. Eine gewisse Bedeutung für die Darstellung von Berylliumverbindungen hat auch der Gadolinit $(SiO_4BeYO)_2Fe$. Reines BeO ist der Brommellit von sehr großer, korundartiger Härte.

Stellung und Verhalten des Berylliums in der Gruppe.

Beryllium steht an der Spitze der 2. Gruppe des Periodischen Systems. Es gehört aber seinem Verhalten nach mehr zur Zink- als zur Calciumfamilie. So kristallisiert das BeO nicht wie die Oxyde der andern Erdalkalimetalle im Kochsalz-, sondern im Zinkoxydgitter. Besonders das amphotere Verhalten des Berylliumhydroxydes ordnet das Element eher dem Zink und Aluminium als den Elementen der Calciumfamilie zu.

Das Berylliumion ist infolge seines kleinen Volumens hervorragend befähigt, Anlagerungs- und Komplexverbindungen zu bilden. Charakteristisch ist für das Beryllium sein Verhalten gegen organische einbasische Säuren, mit denen es innerkomplexe Salze größter Beständigkeit liefert. Die bekanntesten sind das basische

Acetat $Be_4O(C_2H_3O_2)_6$ und das Acetylacetonat $Be(H_3C{-}CO{=}HC{-}CO{-}CH_3)_2$, welche sich in vielen organischen Lösungsmitteln lösen und unzersetzt destillierbar sind.

Wertigkeit. Die Wertigkeit des Berylliums wurde lange Zeit umstritten wegen der Analogie seiner Verbindungen mit denen des Magnesiums einerseits und denen des Aluminiums andererseits. Aus der Bestimmung der Dampfdichte des reinen Chlorides und des Acetylacetonats und der spezifischen Wärme ergibt sich das Beryllium als zweiwertig.

Unterschiedliche Löslichkeit seiner Salze, Eignung der schwerlöslichen zum analytischen Nachweis.

Da die meisten Berylliumsalze der einfachen anorganischen Säuren in Wasser oder verdünnten Mineralsäuren löslich sind, gibt es nur wenige schwerlösliche Verbindungen, die für einen qualitativen Nachweis durch Fällungsreaktionen geeignet sind. So beruht der Nachweis im wesentlichen entweder auf der Fällung als Hydroxyd allein oder als Farblack mit einigen geeigneten organischen Farbstoffen. Schwer löslich sind das Carbonat, das Hydroxyd, das Phosphat und Ammonphosphat, die von verdünnten Mineralsäuren leicht gelöst werden, ferner das Doppelsulfat mit Kaliumsulfat $BeK_2(SO_4)_2$, das Molybdat[1] und das Beryllium-Natrium-Uranylacetat. Auch das (saure) Oxalat kann zum Nachweis herangezogen werden.

Das Beryllium steht in seinem analytischen Verhalten vollständig außerhalb der Gruppe der Erdalkalimetalle. Wie oben bereits ausgeführt, ähnelt es weit mehr dem Zink und Aluminium, mit welch letzterem es überdies meist zusammen vorkommt und ein analoges $Be^{\cdot\cdot}$- und BeO_2''-Ion bildet. Es fällt daher im Gange der üblichen Trennung zusammen mit den Metallen der Schwefelammongruppe aus und findet sich bei Aluminium, Eisen und Titan als Hydroxyd. Von diesen kann es durch seine Unterschiedlichkeit im Verhalten zu überschüssiger Lauge, Natrium-Carbonat und -Hydrogencarbonat, Äther-Salzsäure oder Äthylamin getrennt werden, oder der Nachweis erfolgt mittels spezifischer Reagenzien ohne Trennung.

Aufschlußverfahren für unlösliche Berylliumverbindungen.

Zum Nachweis des Berylliums wird meist ein Aufschluß des vorliegenden Materials notwendig sein, da sowohl die natürlich vorkommenden Berylliummineralien als auch stark geglühtes Berylliumoxyd nur schlecht oder gar nicht in Mineralsäuren löslich sind. Bei allen Aufschlüssen ist eine Trennung von den das Beryllium meist begleitenden Elementen Aluminium, Eisen und Magnesium notwendig.

Der Aufschluß erfolgt beim Vorliegen von reinem, geglühtem Berylliumoxyd durch Schmelzen mit Kaliumhydrogensulfat oder Abrauchen mit konzentrierter Schwefelsäure, wobei sich zunächst wasserfreies, in Wasser schwer lösliches Sulfat bildet. Beim Erwärmen mit Wasser geht es unter Bildung des 4-Hydrates in Lösung.

Berylliummineralien werden entweder durch Schmelzen mit Soda oder Alkalihydroxyd, Fluoriden oder Silikofluoriden aufgeschlossen, wobei sich die beiden letzteren Mittel mehr zur präparativen Weiterverarbeitung eignen. Eine kritische Zusammenstellung der Aufschlußverfahren findet sich bei Illig, Hosenfeld und Fischer.

Das fein gepulverte Material wird mit der 3fachen Menge Ätzalkali geschmolzen und die Kieselsäure in bekannter Weise abgeschieden. Die Lösung enthält im

[1] Vgl. jedoch S. 14.

wesentlichen Beryllium neben Aluminium und Eisen. In ihr kann nach den unten beschriebenen Verfahren das Beryllium nachgewiesen werden.

An Stelle von Ätzalkalien kann auch die 4fache Menge Soda oder Soda-Pottasche angewandt werden. Dreistündiges Erhitzen auf hohe Temperatur führt zum Aufschluß, der wie vorstehend behandelt wird.

Leukophan läßt sich durch vorsichtiges Erwärmen mit konzentrierter Schwefelsäure im Überschuß auf dem Wasserbade aufschließen. Beim Auslaugen mit Wasser hinterbleiben im Rückstand Kieselsäure und Gips. Im Filtrat hiervon werden Beryllium und Aluminium mit Ammoniak gefällt, und aus dem Gemisch der Hydroxyde wird das Beryllium mit Ammoncarbonat ausgelaugt (Krüss und Morahl).

In gleicher Weise erfolgt der Aufschluß des Gadolinits (James und Perley).

Tabelle 1. *Übersicht über einige Eigenschaften des Berylliums und seiner Verbindungen.*

	Schmelzpunkt	Siedepunkt
Be	1280°	2967°
BeO	2530°	—
$BeCl_2 \cdot 4H_2O$	405° (wasserfrei)	488° (wasserfrei)

Bildungswärme des Oxyds	145 Kal/Mol.
Normalpotential	—1,69 V
Atomradius	1,13 Å
Ionenradius	0,34 Å (nach V. M. Goldschmidt)
	0,31 Å (nach Pauling)

(D'Ans-Lax).

Nachweismethoden.

§ 1. Nachweis auf spektralanalytischem Wege.

1. Durch Emission.

Berylliumverbindungen erteilen der Flamme keine charakteristische Färbung.

Der spektrale Nachweis ist daher nur im Spektralapparat möglich, wobei die Anregung durch eine Azetylen-Luft- oder Knallgasflamme, durch den elektrischen Lichtbogen oder durch Funkenentladung erfolgen kann.

Der Nachweis erfolgt mit Hilfe der folgenden Linien, die sowohl im Bogen- als auch im Funkenspektrum auftreten:

In Å	Zuordnung	Intensität Bogen	Intensität Funken
2348,6	Be I	10 R	3
2494,4	Be I	8	6
2650,9	Be I	9	7
3130,4	Be II	10	10 R
3131,1	Be II	10	10 R
3321,1	Be I	10	3
3321,4	Be I	10	3
4572,7	Be I	8	1

Be I bedeutet die Zuordnung zum Spektrum des neutralen, Be II die zum einfach ionisierten Atom, R bedeutet Linienumkehr. Die Intensitätsangaben erfolgen nach Kaiser (Loewe).

Gerlach und Riedl geben für Beryllium folgende Analysenlinien an: 3130,4 Å (Funkenlinie), 2348,6 Å (Bogenlinie).

Koinzidenzen sind zu erwarten: $\lambda = 3130{,}4$ Å mit einer schwachen Silberbande und der Quecksilberbogenlinie. Bei Apparaten mit stärkerer Dispersion kann Störung auftreten durch Osmium und Vanadium, durch sehr schwache Linien des Mangans und Wolframs sowie eine Chrombande. Linien des Rhodiums und Titans können die Linie 3130,4 Å bei kleiner Dispersion verbreitern. Besonders gefährliche Störungslinien sind Iridium I = 3133,3 Å, Molybdän I = 3132,6 Å, Niob II = 3132,8 Å.

Für $\lambda = 2348{,}6$ Å findet bei kleinerer Dispersion eine Linienverbreiterung im Funken durch Aluminium statt. Andere störende Koinzidenzen können von Arsen und Wismut stammen. Bei starker Dispersion gibt eine Eisenlinie einen starken Untergrund. Nickel kann zu einer Linienverbreiterung führen. Platin- sowie Osmiumlinien können gleichfalls zusammenfallen. Die gefährlichste Störungslinie ist Arsen 2349,8 Å.

Im Bogen ist die Linie $\lambda = 2348{,}6$ Å stärker als $\lambda = 3130{,}4$ Å, im Funken umgekehrt $\lambda = 3130{,}4$ Å stärker als $\lambda = 2348{,}6$ Å.

Das Intensitätsverhältnis wird durch die Entladungsbedingungen stark beeinflußt. Eine Zusammenstellung aller überhaupt denkbaren Störungsmöglichkeiten sowie geeigneter Kontrollinien finden sich in den Tabellen von Gerlach-Riedl.

Nach Fesefeldt sind mit Hilfe der letzten Linien 3131,06, 3130,42 und 2348,62 noch Mengen von $1 \cdot 10^{-4}$% Be im Bogenspektrum zu erkennen. Gegenwart von viel Alkali setzt die Empfindlichkeit etwas herab.

Kemula und Rygielski empfehlen die Linie 3131 Å. In reiner Be-Salzlösung läßt sich damit noch 0,000009 g-Atom Be pro Liter nachweisen. Als andere geeignete Linien geben sie 2348,6, 2494,4, 2650,9, 3140,4, 3321,4 und 4572,7 Å an. Man kann entweder die mit Salzsäure befeuchtete Probe unmittelbar anfunken, wodurch man einen ungefähren Überblick über die qualitative Zusammensetzung erhält. Besser ist, die Lösung im hochgespannten, schwach schwingenden Bogen zu untersuchen. In Gegenwart von Na, Li, K, Cs, B, Ca, Ba, Mg und Al läßt sich Be bis zur Konzentration von 0,001% bestimmen (Linie 3131). In Gegenwart von Fe, Ni, Co, Cr, Mn, Ti, W, V, Mo ist die Linie 2348,6 zu verwenden. Be-haltige Mineralien werden mit Flußsäure abgeraucht, mit Salzsäure in die Chloride übergeführt, in 10 ml Wasser gelöst und darauf untersucht.

Nach Todd läßt sich Beryllium mittels einer Tauchelektrode aus Platin, die durch Entladung eines niederfrequenten Wechselstromes von 110 V zum Glühen gebracht wird, in Lösungen oder Suspensionen spektral nachweisen. Empfindlichkeit: bei 4572 Å, 4960 Å 0,8 mg/ml.

Lundegardh und Philipson schlagen nach der „Funken in der Flammemethode" folgenden Weg des Nachweises vor: Die zerstäubte Analysenlösung wird in einen mit Acetylen oder Wasserstoff betriebenen Brenner eingeführt. Senkrecht zur Flamme springt zwischen zwei Elektroden ein intermittierender, kondensierter Funken über. Ungeeignet sind phosphathaltige Lösungen.

Mannkopff und Peters empfehlen zum unmittelbaren Nachweis des Berylliums (und zur quantitativen Bestimmung nach der Methode der homologen Linien) zur Anregung die negative Glimmschicht eines Lichtbogens.

Über den spektralen Nachweis in Gegenwart von viel Eisen vgl. Schleicher.

Einen Versuch zum qualitativen Nachweis von Beryllium in Mn-Erzen ohne vorherige Trennung durch Spektralanalyse beschreiben Dain, Granowski und Pusentin.

2. Nachweis durch Absorptionsspektrum.

a) Nach GLASER läßt sich Beryllium in Absorption mit Hilfe des elektrischen Lichtbogens mit einem Taschenspektroskop durch das Auftreten der charakteristischen blauen Bande mit dem Hauptkopf bei 4708 Å nachweisen.

b) Absorptionsspektrum nach dem Versetzen mit Alkannatinktur. Alkannatinktur (durch Ausziehen von Alkannawurzel mit 95%igem Alkohol und gegebenenfalls Verdünnen bis zur hinreichenden Durchsichtigkeit) färbt sich mit Berylliumchlorid oder -nitratlösung rotviolett mit starker orangegelber Fluorescenz.

1. Setzt man zur Alkannatinktur eine mäßig konz. neutrale Lösung von Berylliumchlorid, so gibt die rotviolette Lösung, mit Alkohol hinreichend verdünnt, im Absorptionsspektrum einen Hauptstreifen bei 5820 Å und Nebenstreifen bei 5385 Å und 5008 Å. Beim Versetzen mit einem Tropfen Ammoniak verschieben sich die Streifen nach 5922 Å, 5475 Å und 5112 Å. Später fällt ein blauer Niederschlag.

2. In verdünnter neutraler Lösung sind anfangs (nach einiger Zeit) Streifen bei 5970 Å, 5537 Å und 5160 Å zu beobachten, die sich nach 15 bis 30 Min. zu 5785 Å, 5405 Å und 5040 Å verschieben.

3. Bei Spuren von Beryllium sind nach längerem Stehen folgende Streifen zu beobachten: 5820 Å, 5405 Å und 5048 Å. Andere Metalle stören nicht, wenn sie nicht in höherer Konzentration als der des Berylliums vorliegen.

Beryllium neben Aluminium. Beryllium neben Aluminium im Verhältnis 3 : 1 gibt einen Hauptstreifen bei 5785 Å, die Nebenstreifen rücken auf 5357 Å und 4985 Å. Beryllium neben Aluminium im Verhältnis 1 : 1 erzeugt langsam die Absorptionsstreifen des Be. Bei höherer Konzentration ist ein Nachweis nicht mehr möglich.

Beryllium neben Eisen. Geringe Mengen Eisen stören nicht. Ist aber Eisen im Überschuß vorhanden, so wird die Alkannatinktur anfangs gelbbraun, und es zeigt sich das Spektrum der Eisenverbindung, allmählich tritt die Reaktion des Berylliums ein, die nach einer Stunde vollendet ist. Absorptionsstreifen bei 5785 Å, 5357 Å und 4985 Å. Ein großer Überschuß von Eisen verhindert die Reaktion vollständig (FORMANEK).

c) Fluorescenznachweis mit 1-Amino-4-hydroxyanthrachinon. Der Farbstoff gibt eine rote Fluorescenz von 6300 bis 6800 Å. Im sichtbaren Licht hat die berylliumhaltige Lösung die gleiche Farbe wie eine alkalische Lösung des Reagenses.

Ausführung. Zu 0,1 ml der zu prüfenden Lösung wird 1 ml 2,5 n-Natronlauge zugegeben, auf 100 ml verdünnt und 0,5 ml 0,1%iges Reagens zugegeben.

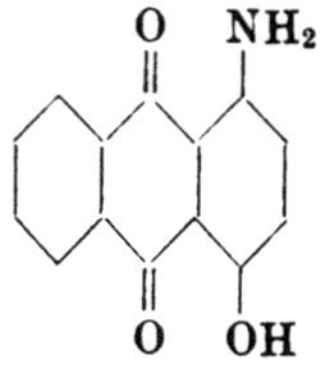

1-Amino-4-hydroxyanthrachinon

Reagens. 0,1 g 1-Amino-4-hydroxyanthrachinon wird in 100 ml 95%igem Alkohol gelöst. Manchmal muß eine Viertelstunde erwärmt werden, um vollständige Lösung zu erreichen.

Empfindlichkeit. $1 : 4 \cdot 10^7$.

Störungen. Berylliumhydroxydabscheidung. Aus zu konz. Berylliumlösungen kann durch tropfenweise Zugabe von 10%iger Seignette-Salzlösung diese in Lösung gebracht werden. Zu große Natronlaugekonzentration (über 0,3 normal) setzt die Empfindlichkeit merklich herab. Lithiumkonzentration von über 0,007 g pro 10 ml gibt ähnliche Fluorescenz. Eisen kann durch einige Tropfen Tartrat unschädlich gemacht werden. Phosphat, Arsenat, Molybdat und Uranat, die zur Abscheidung unlöslicher Berylliumniederschläge führen, können durch Zugabe einiger Tropfen Tartrat in Lösung gehalten werden. Chromat oxydiert das Reagens. Bei Gegenwart von Ammoniumsalzen ist auf hinreichende Natronlaugekonzentration zu achten.

§ 2. Nachweis auf trockenem Wege.

1. Nachweis in der Boraxperle.

Borax löst Berylliumoxyd, welches sich beim Abkühlen der Perle in sehr charakteristischen Kristallen abscheidet.

Ausführung. Man sättigt die Perle vollständig und bei möglichst hoher Temperatur durch anhaltendes Blasen mit dem Lötrohr, wodurch gleichzeitig ein Teil des Lösungsmittels verflüchtigt wird, und läßt die Temperatur langsam auf Rotglut sinken. Die Kristallausscheidung geht langsam und mit bloßem Auge erkennbar vor sich. Die vor dem Erkalten plattgedrückte Boraxperle liefert säulenförmige Kriställchen mit zur Längsachse gerader Auslöschung und schwacher Doppelbrechung. Unter den ausgeschiedenen Formen sind Zwillinge in Form eines Kreuzes (staurolithähnlich), bei denen sich die Achsen unter 60° und 90° kreuzen. Auch Gruppen von drei aufeinander senkrecht stehenden Säulchen sind häufig. Charakteristisch sind Einkerbungen an den Kristallen. Auch schwalbenschwanzähnliche Blättchen von geringer Dicke, mit gerader Auslöschung, zu Gruppen vereinigt und Zwillinge wie oben unter 60° und 90° sind zu beobachten (FLORENCE).

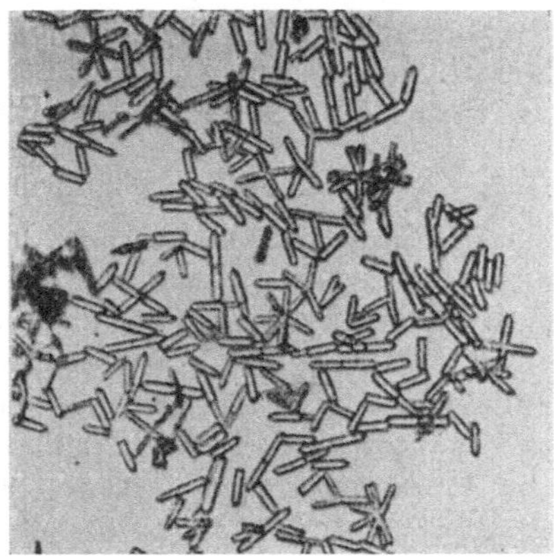

Abb. 1. Berylliumoxyd in der Boraxperle. (Nach GEILMANN.)

2. Nachweis in der Phosphorsalzperle.

Natriummetaphosphat gibt bei mittlerer bis niederer Sättigung nach dem Erkalten eine opalescierende Perle. Hält man die Perle einige Zeit bei schwacher Rotglut, so scheiden sich hexagonale, den Eiskriställchen ähnliche, isotrope Kristalle und garbenähnliche Büschel von schwacher Doppelbrechung aus. Außerdem erkennt man in den Perlen breite, stark lichtbrechende, an den Enden mit gerade abgeschnittenen Zacken versehene, rektanguläre Formen. Gleiche Kristallformen ergibt eine mit Bleioxyd nicht vollständig gesättigte Phosphorsalzperle (80 Tl. PbO auf 100 Tl. geschmolzenes $NaPO_3$) (FLORENCE).

3. Nachweis nach MIGLIACCI u. CRAPETTA.

Berylliumoxyd gibt mit verdünnter Kobaltnitratlösung beim Glühen keine charakteristisch gefärbte Masse. Besser geeignet ist eine Anfärbung durch Glühen mit Chromnitrat.

Ausführung. Eine mindestens 0,2 bis 0,3%ige Berylliumnitratlösung, mit Chromnitrat im Verhältnis 5 Be : 1 Cr gemischt, wird in ein Streifchen Filtrierpapier (12 × 2,5 cm) eingesaugt und am Platindraht zunächst vorsichtig verascht, dann stark geglüht. Es entsteht eine gelbe Asche (MIGLIACCI und CRAPETTA).

§ 3. Nachweis auf nassem Wege.

Alle einfachen anorganischen Salze des Berylliums sind in Wasser oder verdünnten Säuren löslich. Deshalb gibt Berylliumion in saurer Lösung mit Schwefelwasserstoff keine Fällung.

A. Wichtige analytische Reaktionen.

1. Fällung mit Ammoniak und Ammonsulfid.

Ammoniak und Ammonsulfid fällen einen weißen Niederschlag von Berylliumhydroxyd, kaum löslich im Überschuß des Fällungsmittels, leicht löslich in verdünnten Mineralsäuren.

Kalium- und Natriumhydroxyd fällen im Überschuß des Fällungsmittels lösliches, gelatinöses Berylliumhydroxyd, welches aber, in nicht zu großem Überschuß gelöst, beim Kochen wieder ausfällt. Hierauf beruht eine Trennungsmöglichkeit von Aluminium. Die Fällung als Hydroxyd wird durch die Gegenwart von Weinsäure, Rohrzucker, Traubenzucker und Glycerin verhindert.

2. Fällung mit Bariumhydroxyd.

Bariumhydroxyd gibt gleichfalls eine im Überschuß lösliche Fällung von Berylliumhydroxyd. Die Lösung bleibt aber im Gegensatz zu KOH und NaOH beim Kochen klar.

Nach BRITTON beginnt die Fällung des Berylliumhydroxydes bei p_H 5,68.

3. Fällung mit Alkalicarbonaten und Ammoniumcarbonat.

Alkalicarbonate und Ammoniumcarbonat fällen weißes, basisches Berylliumcarbonat, das im Überschuß des Fällungsmittels löslich ist. Beim Kochen und auch beim längeren Stehen fällt aus diesen Lösungen infolge Alterns der Niederschläge (HABER und v. ORDT) das Carbonat wieder aus. Daher sind auch ältere Fällungen schwer oder gar nicht mehr löslich. Man kann das Verhalten von Ammoncarbonat zum $Be^{\cdot\cdot}$-Ion benutzen, um dieses von Aluminium und Eisen zu trennen. Die Trennung ist aber ebenso wie die mit überschüssiger Lauge nicht scharf (BLEYER und BOSHART).

4. Fällung mit Natriumhydrogencarbonat.

Natriumhydrogencarbonat erzeugt in neutralen Berylliumsalzlösungen beim kurzen Kochen keine Fällung, im Gegensatz zu Aluminium- und Eisen(III)-Salzlösungen. Dieses Verhalten kann zu einer Trennung von diesen Elementen herangezogen werden. Zu einer möglichst neutralen Lösung der Chloride, die auf 100 ml verdünnt ist, werden 10 g (sodafreies) Natriumhydrogencarbonat gegeben. Nach kurzem Sieden (1 Min.) wird abgekühlt und filtriert. Im Filtrat ist das Beryllium, im Niederschlag das Aluminium und Eisen. Etwas Beryllium wird von den anderen Hydroxyden eingeschlossen (PARSON und BARNES).

5. Fällung mit Barium- und Calciumcarbonat.

Barium- und Calciumcarbonat fällen in der Siedehitze vollständig, in der Kälte teilweise Berylliumhydroxyd.

6. Fällung mit Phosphat in Gegenwart von Ammonsalzen.

Phosphation in Gegenwart von Ammonsalzen oder Diammonphosphat fällen in neutralen oder schwach sauren Lösungen von Berylliumsalzen einen Niederschlag von der ungefähren Zusammensetzung $BeNH_4PO_4$, der beim Glühen in $Be_2P_2O_7$ übergeht. Die Löslichkeit des $BeNH_4PO_4$ beträgt bei Zimmertemperatur 12 mg/l auf wasserfreies Salz bezogen. Wird der Niederschlag in Salzsäure gelöst und durch langsame Zugabe von Ammoniak wieder ausgefällt, wobei ein Überschuß zu vermeiden ist, so nimmt er nach einiger Zeit beim Kochen kristalline Beschaffenheit an. Citronensäure verhindert die Fällung nicht im Gegensatz zu Aluminium (AUSTIN).

7. Fällung mit Oxalsäure und Ammonoxalat.

Oxalsäure und Ammonoxalat fällen im Gegensatz zu den Seltenen Erden Berylliumsalze nicht, wohl aber saures Kaliumoxalat, worauf WYROUBOFF eine Trennung des Berylliums aufbaut (WYROUBOFF). Weiteres über die Fällung mit saurem Oxalat siehe weiter unten unter Mikrochem. Nachweis.

8. Fällung mit Kaliumsulfat.

Kaliumsulfat fällt einen fein kristallinen Niederschlag zum Unterschied von Ce, La, Nd, Pr (TABOURY), der im Überschuß von K_2SO_4 löslich ist, von der Zusammensetzung $Be(KSO_4)_2$.

Natriumthiosulfat erzeugt in Berylliumsalzlösungen keine Fällung.

9. Reaktion mit Äther-Salzsäure.

Äther-Salzsäure. Dampft man eine Berylliumchloridlösung in einem Strom von Salzsäuregas ein, so löst eine Mischung gleicher Volumina wäßriger und ätherischer Salzsäure das Berylliumchlorid heraus, während Aluminiumchlorid als Hexahydrat vollkommen ungelöst bleibt (HAVENS und BRUNNER).

10. Reaktion mit Calciumeisen(II)-cyanid.

Calciumeisen(II)-cyanid kann ebenfalls zur Trennung von Beryllium und Aluminium herangezogen werden. 20 g des krist. Salzes werden in 670 ml Wasser gelöst und der Lösung 400 ml 96%iger Alkohol zugesetzt. Diese Lösung fällt aus neutralen Lösungen Al- und Be-Salz aus. Beim Verdünnen mit Wasser geht das Berylliumeisen(II)-cyanid in Lösung, während das Al-Salz ungelöst bleibt (GASPAR Y ARNAL).

11. Reaktion mit Schwefelsäure.

Schwefelsäure. Läßt man nach DENIGÈS auf Beryllium, auch in Gegenwart von Magnesium und Aluminium, in der Kälte Schwefelsäure (1 Tl. konz. Schwefelsäure und 2 Tl. Wasser) einwirken, so bilden sich sehr schnell, ohne Verdampfen der Flüssigkeit, charakteristische Kristalle von $BeSO_4 \cdot 4\,H_2O$. Die Kristalle haben tetragonal holoedrische Symmetrie und bilden schöne Oktaeder mit quadratförmiger Basis. Die Methode ist noch bei kleinsten Mengen Metall anwendbar.

B. Farbreaktionen, welche für den Nachweis des Berylliums in erster Linie in Frage kommen.

1. Nachweis mit Hilfe von Chinalizarin.

a) Nach den umfangreichen Untersuchungen von FISCHER läßt sich die Fähigkeit des Berylliumions, mit Chinalizarin einen blauen Farblack zu bilden, zu einem Nachweis von außerordentlicher Empfindlichkeit verwerten.

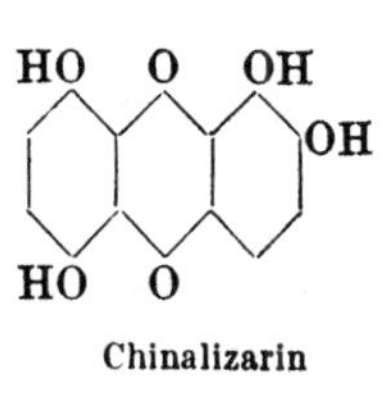

Chinalizarin

Zur Ausführung können zweckmäßig folgende Lösungen Verwendung finden: Entweder eine 0,05%ige Lösung von Chinalizarin (Alizarin bordeaux) in n/4-Natronlauge (Haltbarkeit etwa zwei Tage) oder eine etwa 0,01%ige Lösung in Alkohol, die eine längere Haltbarkeit besitzt, oder eine 0,05%ige Lösung in 2 n-Ammoniak.

Die auf Beryllium zu untersuchende Lösung, welche nach Möglichkeit keine oder nur wenig Ammonsalze enthalten soll, wird, falls sauer, mit reinster Natronlauge (Prüfung auf Mg-Gehalt!) neutralisiert. Etwa 10 ml dieser Lösung werden im Reagensglas mit 5 ml 1 n-Natronlauge versetzt und zu der Lösung etwa 2 bis 3 Tropfen der alkalischen oder 10 bis 15 Tropfen der alkoholischen Reagenslösung gegeben. Dieselbe Menge Natronlauge und Reagenslösung gibt man in ein zweites Reagensglas als Blindprobe zu Wasser. Die Ausführung erfolgt bei Zimmertemperatur.

Blickt man von oben durch die Proben gegen ein Stück weißes Papier, so erscheint die berylliumhaltige Lösung rein blau, während die Vergleichsprobe rotviolett ist. Selbst kleinste Mengen Beryllium rufen noch eine gut erkennbare Farbänderung hervor.

Erfassungsgrenze.	0,5 γ/ml	in 5 ml	1 n-NaOH
	1,5 γ/ml	in 5 ml	2 n-NaOH
	3 γ/ml	in 5 ml	2 n-NH_3
	100 γ/ml	in 5 ml	n/2-NH_3

Für die Erzielung eines möglichst deutlichen Farbumschlages ist eine Natronlaugen-Gesamtkonzentration zwischen n/4 und n/2 am geeignetsten.

Da die Gegenwart von viel Ammonsalzen die Empfindlichkeit des Nachweises bedeutend herabsetzt, ist es zweckmäßig, diese durch Verglühen vorher zu entfernen und entstandenes Berylliumoxyd gegebenenfalls durch Schmelzen mit Kaliumhydrogensulfat aufzuschließen.

b) Nachweis von Beryllium neben Aluminium. Da das Beryllium im Gange der Analyse meist mit Aluminium zusammen abgeschieden wird, ist es von besonderem Wert, daß sich der Nachweis bequem nach dieser Methode neben beliebig viel Aluminium ausführen läßt.

Die Arbeitsweise ist die gleiche wie vorher, nur verwendet man, um auch größere Mengen Aluminium in Lösung zu halten, vorteilhafter 2 n- als nur 1 n-Natronlauge. Bei Anwesenheit von Beryllium tritt Blaufärbung, unbeeinflußt von gleichzeitig vorhandenem Aluminium, sofort ein; eine berylliumfreie, alkalische Lösung zeigt beim Zugeben der Reagenslösung eine Farbe, welche mit der Violettfärbung der reinen Reagenslösung vollkommen übereinstimmt. Die Empfindlichkeit des Nachweises wird durch die Gegenwart von Aluminium nicht abgeschwächt. Der Berylliumnachweis gelingt noch bei einem Verhältnis Be : Al wie 1 : 4000.

c) Nachweis von Beryllium neben Phosphaten. Im Gegensatz zu den meisten bisher bekannten Methoden gestattet der Nachweis mit Chinalizarin ohne weiteres die Erkennung von Beryllium neben Phosphaten, da sich Berylliumphosphat in Alkalilauge unter Bildung von Beryllation auflöst. Ein Gehalt an Ammonphosphat mindert, wie alle Ammonsalze, die Empfindlichkeit etwas herab. Das gleichzeitige Vorhandensein von größeren Mengen Aluminium stört nicht.

5 ml 1 n-Natronlauge sowie 2 Tropfen Reagenslösung (0,05% Chinalizarin in n/4-NaOH) zu 10 ml der zu untersuchenden neutralen Lösung gegeben, lassen in 5%iger Natriumphosphatlösung noch 0,5 γ Be, in 5%iger Ammonphosphatlösung noch 3 γ Be/ml erkennen.

d) Nachweis von Beryllium neben Tartrat. Obwohl Beryllium sowie Aluminium und dreiwertiges Eisen in alkalischer Lösung bei Gegenwart von Tartrat nicht als Hydroxyde gefällt werden, da sich komplexe Salze bilden, wird die Entstehung der blauen Verbindung zwischen Beryllium und dem Farbstoff durch die Gegenwart von Tartrat nicht verhindert. Der Nachweis kann also wie oben geführt werden. Eine geringe Abschwächung der Empfindlichkeit findet aber statt. Immerhin sind 3 γ Be in einer 10%igen Seignettesalzlösung noch nachweisbar.

Störend wirkt dagegen die gleichzeitige Anwesenheit von größeren Mengen Aluminium, da es in tartrathaltigen Lösungen eine violettrote Färbung hervorruft. Es ist daher zweckmäßig, größere Mengen Aluminium durch einen geeigneten Überschuß von Lauge in Lösung zu halten.

e) Nachweis von Beryllium neben Eisen. Größere Mengen von dreiwertigem Eisen stören, da die Färbung der Berylliumreaktion verdeckt wird und das Eisen(III)-hydroxyd den größten Teil des Farbstoffes absorbiert.

Geringe Mengen Eisen lassen sich durch Tartrat in Lösung halten. Eine größere Menge stört, weil die Eigenfärbung des Eisen(III)-komplexes eine gute Erkennbarkeit des Farbumschlages verhindert.

Bei Anwesenheit von viel Eisen ist es daher zweckmäßig, dieses bei hinreichendem Tartratüberschuß mit Schwefelammonium auszufällen, das Eisensulfid abzufiltrieren und im Filtrat das Beryllium nach Verkochen des Schwefelwasserstoffes und Abfiltrieren des Schwefels in der angegebenen Weise nachzuweisen.

f) Nachweis von Beryllium neben Magnesium. Da Magnesium unter den für den Nachweis des Berylliums gegebenen Bedingungen ähnlich reagiert, ist ein Nachweis beider Elemente nebeneinander ohne weiteres nicht möglich. Da jedoch der in ammoniakalischer Lösung erhaltene Farblack des Berylliums gegen oxydierende Einflüsse, wie z. B. Bromwasser, im Gegensatz zum Magnesiumfarblack und der reinen Reagenslösung sehr gut beständig ist, kann der Nachweis wie folgt geführt werden:

Etwa 10 ml der auf Beryllium zu prüfenden Lösung, die möglichst frei von dreiwertigem Eisen und Aluminium sein soll, werden im Reagensglas mit etwa 1 g Ammonchlorid und 4 Tropfen einer 0,05%igen Lösung von Chinalizarin in etwa 2 n-Ammoniak versetzt, die Lösung wird, falls sie sauer ist, mit Ammoniak bis zur Violettfärbung neutralisiert, und es werden noch 10 Tropfen konz. Ammoniak hinzugefügt. Hierauf gibt man 5 ml gesättigtes Bromwasser unter Umschütteln hinzu. Der Lack wird sofort entfärbt. Ist dagegen Beryllium zugegen, so scheiden sich sofort nach dem Zusatz des Bromwassers die blauvioletten Flocken des Berylliumlackes aus der entfärbten Lösung ab. Im Zweifelsfalle läßt man die Lösung 12 Stunden stehen und betrachtet sie gegen einen weißen Hintergrund. Selbst geringe Mengen Beryllium ergeben noch deutlich erkennbare Flöckchen, die sich am Boden des Glases zusammenballen.

Zweckmäßig führt man den Nachweis bei Zimmertemperatur aus. Verhältnis Be : Mg wie 1 :1333.

Eisen und Aluminium stören wegen Abscheidung der Hydroxyde.

g) Nachweis von Beryllium neben anderen Kationen. Der Nachweis des Berylliums nach dieser Methode ist in alkalischer Lösung auch bei Gegenwart von Blei, Zink und Zinn ohne Schwierigkeiten möglich. Bei Gegenwart stark gefärbter Kationen werden diese durch Zugabe einer hinreichenden Menge Kaliumcyanid in die farblosen bzw. schwach gefärbten Komplexe übergeführt. So läßt sich Beryllium auch neben Kupfer, Nickel und Kobalt nachweisen.

h) Qualitative Schnellbestimmung des Berylliums in Gesteinen. 0,1 g der fein gepulverten Substanz wird mit 1 g Ätznatron im Eisentiegel 5 bis 10 Min. geschmolzen. Nach dem Abkühlen wird der Tiegelinhalt unter äußerer Kühlung mit Eisstückchen gelöst, um eine Hydrolyse des Beryllates zu vermeiden, was man durch Losstemmen der Schmelze mit einem Nickelspatel und Zerreiben mit einem dicken, rundgeschmolzenem Glasstab weitgehend beschleunigen kann. Die Lösung wird von den ausgefallenen Hydroxyden abfiltriert und mit dem Waschwasser auf 30 ml verdünnt. Abgemessene Mengen hiervon werden dann, gegebenenfalls durch Abstumpfen mit verdünnter Schwefelsäure, auf eine Konzentration von 0,33 n-Natronlauge gebracht und zur Prüfung auf Beryllium im Reagensglas mit 12 Tropfen Chinalizarinlösung (0,01% in Alkohol) versetzt. Durch Unterteilung der Untersuchungslösung bis zur Empfindlichkeitsgrenze (3 γ in 5 ml) läßt sich die Berylliumkonzentration abschätzen. In 0,1 g Einwaage lassen sich so noch 0,01% Beryllium erkennen (Rienäcker).

RIENÄCKER hat die Nachweismethode mit Chinalizarin nachgeprüft und findet im wesentlichen die Angaben FISCHERS bestätigt. Bei Anwendung von 0,33 n-Natronlauge findet er die Empfindlichkeit noch um ein geringes höher. Über die Einschränkung der Nachweismöglichkeit bei Gegenwart Seltener Erden vgl. weiter unten unter Mikrochem. Nachweis mit Nitroanilin-Orcin-Diazotat von KUMAREWSKY und POLUCKTOFF.

Über die Anwendung des Chinalizarinlacks zur mikrochemischen Bestimmung siehe weiter unten unter Mikrochem. Reaktionen.

2. Nachweis mit Hilfe von Curcumin.

Curcumin wird in schwach alkalischer Lösung von Berylliumhydroxyd unter orangeroter Färbung absorbiert, während Berylliumhydroxyd in stark alkalischer Lösung als Beryllation in Lösung geht.

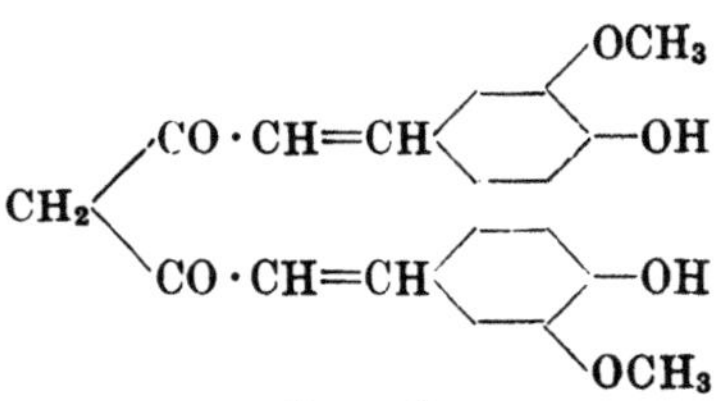

Curcumin

Ausführung. Zu 10 ml der zu untersuchenden Lösung werden 1 Tropfen der 0,1%igen alkoholischen Farbstofflösung sowie 0,5 ml 4 n-Ammonchloridlösung und 6 bis 8 Tropfen 4 n-Ammoniak gegeben. Zweiwertiges Eisen und größere Mengen Aluminium stören den Nachweis, die Alkalimetalle, Calcium und Barium dagegen nicht. Eisen wird am besten mit Natronlauge, die Hauptmenge des Aluminiums in schwach saurer Lösung mit überschüssigem Natriumfluorid als Natrium-Aluminiumfluorid entfernt. Die Grenze der Empfindlichkeit liegt bei 0,05 mg/l (KOLTHOFF).

3. Nachweis mit Hilfe von Aurintricarbonsäure.

MIDDLETON empfiehlt bei Gegenwart Seltener Erden den Nachweis mit Aurintricarbonsäure.

Ausführung. 1 ml der Lösung wird mit 5 ml 1 n-Salzsäure, 5 ml 3 n-Ammonacetat, 5 ml 0,1%iger Aurintricarbonsäure (Aluminon) und nach Durchmischen mit 3 ml 6 n-Ammoniak versetzt. Es bildet sich ein tiefroter Farblack, der im Gegensatz zu den Lacken von Aluminium, der Seltenen Erden, Zirkon und Thorium von Ammoncarbonat nicht gelöst oder entfärbt wird.

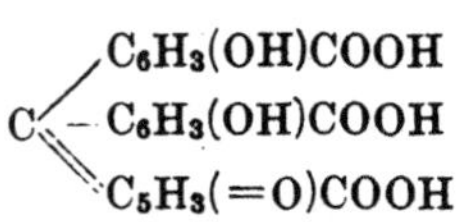

Aurintricarbonsäure (Aluminon)

4. Nachweis mit Hilfe von Diphenylcarbazid.

Nach FEIGL (a) färbt sich geschmolzenes Diphenylcarbazid beim Eintragen kleiner Mengen von Berylliumoxyd oder -chlorid kirschrot. Ähnlich verhält sich Berylliumhydroxyd gegen eine wäßrige alkoholische Lösung von Diphenylcarbazid.

§ 4. Mikrochemische Nachweisreaktionen.

A. Als Mikroreaktion in erster Linie brauchbare Nachweise.

1. Nachweis mit Kaliumoxalat.

Kaliumoxalat gibt mit konzentrierten, neutralen Lösungen von Berylliumsalzen x-förmige Dendriten von Berylliumoxalat. Löslichkeit 1 : 100. Ein mäßiger Überschuß von Kaliumoxalat veranlaßt die Entstehung eines viel weniger löslichen Doppelsalzes, welches sich in dicken, stark lichtbrechenden, monoklinen Kristallen ausscheidet (80 bis 120 μ), die oft nach Art der Gipszwillinge verwachsen sind. Der einspringende Winkel der Zwillinge ist 110°, die Doppelbrechung stark negativ, der Auslöschungswinkel 38°. Bei unrichtigem Verhältnis der Substanzen entstehen außerdem große strahlige Sphärolithe von dünnen, blassen, lanzettförmigen Plättchen. Ammoniumoxalat und Natriumoxalat eignen sich zum Nachweis nicht. Starke Säuren dürfen nicht zugegen sein. Aus Wasser und sehr verdünnter Essigsäure ist der Niederschlag ohne Veränderung umzukristallisieren. Quecksilber(II)-chlorid vergrößert die Kristalle (prismatisch, 120 bis 220 μ), ohne daß Quecksilber aufgenommen wird. Eisen, Aluminium und Magnesium stören nicht. Ammonsalze sind vor der Probe durch vorsichtiges Abrauchen zu entfernen (BEHRENS-KLEY).

Abb. 2a.

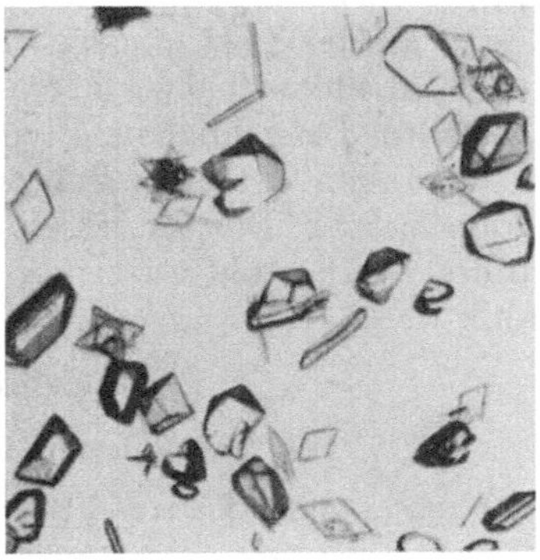

Abb. 2b.

Abb. 2a – c. Beryllium-Kaliumoxalat in verschiedenen Ausbildungsformen. (Nach GEILMANN.)

Abb. 2c.

Nach BOOTH und FRARY ist der Nachweis des Berylliums als $K_2C_2O_4 \cdot BeC_2O_4$ der beste. Nach den Autoren stört die Gegenwart von Ammoniumsalzen nicht. Berylliumhydroxyd in ein wenig Salz- oder Schwefelsäure gelöst oder Salzlösungen können ohne vorherige Behandlung zum Nachweis benutzt werden. Sehr verdünnte Lösungen werden durch Eindampfen vor der Fällung konzentriert. Sehr stark saure Lösungen werden am besten mit Ammoniak neutralisiert, und das ausgefallene Hydroxyd wird in Säure gelöst. Aluminium, Eisen und Chrom geben keine Kristalle. Die Zugabe von Quecksilber(II)-chlorid ist ohne Vorteil.

Erfassungsgrenze. 0,7 γ.

2. Nachweis mit Uranylacetat.

Uranylacetat gibt mit Berylliumsalzen und sehr wenig Natriumacetat blaßgelbe, rhomboedrische Kristalle, die bei langsamem Wachsen eine Größe von 200 μ erreichen können. Bei schnellerer Ausscheidung entstehen Kristallskelette von tetraedrischem Habitus.

Störungen. Magnesium, Zink, Kobalt, Kupfer und alle Metalle, welche ebensolche Tripelacetate bilden können, dürfen in der Lösung nicht vorhanden sein. Hat man zuviel Natriumacetat zugefügt, so entstehen hellgelbe Tetraeder von Natrium-Uranylacetat zuungunsten des Tripelacetates. In diesem Falle erwärme man mit Ammoniak, beseitige einen Teil des Natriumsalzes durch Absaugen mit Filtrierpapier und löse nochmals in Essigsäure (Behrens-Kley).

Ausführungsform nach Caglioti:

Auf einem Objektträger werden je ein Tropfen der Probelösung und einer Lösung von Uranylacetat mit einem Platindraht vereinigt, und diese Mischung wird langsam an der Luft eingedampft. Es ist meist nicht nötig, Natriumacetat hinzuzufügen, da dieses fast stets mit dem käuflichen Uranylacetat in die Reaktion eingebracht wird. Bei schnellem Eindampfen beobachtet man neben den rhomboedrischen Kristallen des Berylliumsalzes kleine, tetraedrische Kristalle des Na-Uranyl-Doppelsalzes. Die Empfindlichkeit der Reaktion erreicht 0,076 γ. Aluminium stört nicht, wohl aber 2wertiges Eisen, welches vor der Probe entfernt werden muß.

B. Unsichere Reaktionen.

1. Nachweis mit Platinchlorwasserstoffsäure.

Platinchlorwasserstoffsäure gibt mit Berylliumsalzen einen zwar charakteristisch kristallisierten, aber leicht löslichen bzw. zerfließlichen Niederschlag. Der Nachweis auf diesem Wege eignet sich daher im wesentlichen nur zur Identifizierung reiner Berylliumsalzlösungen.

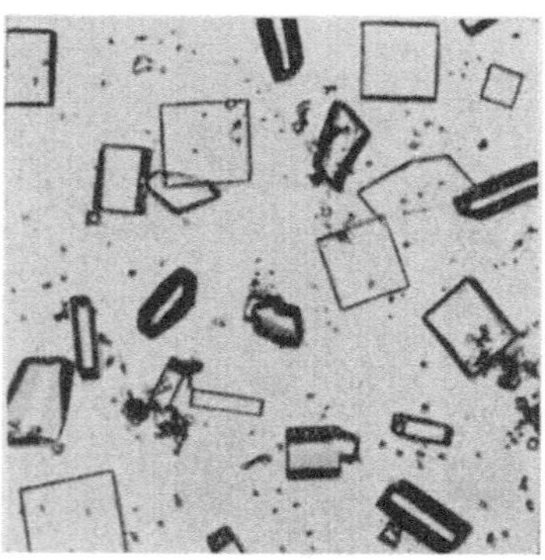

Abb. 3. Beryllium-Platinchlorid. (Nach Geilmann.)

***Ausführung nach* Booth *und* Frary.** Man dampft die Probe auf dem Objektträger zu einem fast trocknen Film ein und zieht dann mit einem Platindraht Platinchlorwasserstoffsäure in wäßriger Lösung in einem feinen Streifen quer durch den Film. Berylliumchloroplatinat fällt in hygroskopischen, blaßgelben, quadratischen oder rechteckigen Platten aus, gewöhnlich vereinzelt, aber manchmal auch verzwillingt. Der Niederschlag sollte unter gekreuzten Nicols geprüft werden. Das Berylliumsalz zeigt parallele Auslöschung und ist nur schwach doppelbrechend. Da Alkalisalze ebenfalls charakteristische Kristalle bilden, sollen sie nicht in zu großem Überschuß vorhanden sein.

Erfassungsgrenze. 0,7 γ.

Sowohl Behrens als auch Caglioti lehnen den Nachweis mit Platinchlorwasserstoffsäure wegen zu leichter Löslichkeit des Berylliumsalzes ab.

2. Nachweis mit Ammonmolybdat.

Ammonmolybdat gibt mit Berylliumsalzlösungen je nach der Säurekonzentration verschieden kristallisierte Niederschläge. In konzentrierten, wenig sauren Lösungen scheiden sich rhomboederförmige Kristalle oder winzige Sphärolithe aus. In 0,2 n-salpetersaurer Lösung treten bündelförmige Strahlen auf. In noch stärker saurer Lösung bildet sich eine käsige Abscheidung, aus der allein Nadeln herauswachsen.

Ausführung. Zu einem Tropfen einer 0,25- bis 1 n-salpetersauren Lösung von Berylliumsalz gibt man fein gepulvertes Ammonmolybdat im Überschuß. Da die gebündelten Spieße zunächst nur um das noch feste Reagens und am Rande des Tropfens zur Ausbildung gelangen, wird das Pulver am besten mehr in die Mitte des Tropfens gebracht. Auf diese Weise kann ein größeres Kristallisationsgebiet im Tropfen erzielt werden. Es darf sich keinesfalls die gesamte in den Tropfen eingebrachte Menge Ammonmolybdat lösen.

Erfassungsgrenze. 0,3 γ.

Magnesium und Titan stören nicht, wohl aber stört Thallium.

Nachweis von Beryllium neben Aluminium ist mit Hilfe dieses Verfahrens, welches sich auf die verschiedene Kristallform und Löslichkeit der Molybdate aufbaut, möglich.

Ausführung. Ein Tropfen einer möglichst genau[1] 0,25 n-salpetersauren Lösung von Beryllium- und Aluminiumsalz in beliebigem Verhältnis wird mit festem Ammonmolybdat im Überschuß versetzt. Zunächst entstehen Vierecke des Aluminiummolybdates. Die Täfelchen werden nach kurzer Zeit durch die Säure wieder gelöst. Unterdessen beginnt bereits das Wachstum der Strahlenbündel des Be-Molybdates vom Rande des Tropfens her einzusetzen. Dabei überdecken sie dann vollkommen die letzten noch gebliebenen Vierecke des Aluminiummolybdates. Nach gewisser Zeit wird die Ausbildung der Berylliummolybdatnadeln ihr Ende erreicht haben. Jetzt verdünnt man mit einem Tropfen Wasser und gibt einige Körnchen Ammonmolybdat in die Mitte (!!) des Tropfens. Sogleich bilden sich die Vierecke des Aluminiummolybdates, während die Strahlen der Berylliumverbindung unverändert bleiben (Bilder bei G. Kramer).

Nach Stumpf ist dieser Nachweis unbrauchbar.

C. Nachweisreaktionen mit organischen Reagenzien.

1. Nachweis mit Chinalizarin.

Der Berylliumnachweis mit Chinalizarin wird zur Identifizierung oder zum Nachweis kleinster Mengen Beryllium nach Benedetti-Pichler und Spikes (a) wie folgt ausgeführt:

Etwa 3 ml einer Lösung von 0,05% Chinalizarin in 0,2 n-Natronlauge werden in eine Capillare eingebracht, welche die Berylliumsalzlösung enthält. Die Lösungen werden dann auf einen Objektträger ausgeblasen und in die Capillare zurückgenommen, um sie gut zu durchmischen. Das trockene Ende der Capillare wird verschmolzen und die Lösung in dieses Ende zentrifugiert. In gleicher Weise wird aus der Chinalizarinlösung und Natronlauge der Konzentration, wie sie die Probelösung hat, eine Vergleichsprobe angefertigt. Beide Capillaren werden darauf zu gleicher Länge abgeschnitten, in die Achse eines Mikroskops gebracht, und es wird die Farbe verglichen. Die Vergleichsprobe soll von rein purpurner Farbe sein, während die Probelösung bei Gegenwart von Beryllium blau ist.

Man kann diese Probe bei sinngemäßer Ausführung auch zur quantitativ-colorimetrischen Bestimmung der Berylliums benutzen.

2. Nachweis als basisches Acetat nach vorheriger Sublimation, gegebenenfalls unter Identifizierung mit Chinalizarin.

Benedetti-Pichler und Spikes (b) ziehen den Nachweis des Berylliums als basisches Acetat, welches man durch Mikrosublimation in definierten Kristallen erhält, den anderen Nachweismethoden vor, gegebenenfalls unter Verbindung mit dem vorstehend beschriebenen Nachweis mit Chinalizarin.

[1] In 0,25 n salpetersaurer Lösung kann eigentlich kein Aluminium- oder Berylliummolybdat entstehen! Höchstens ein Hexa- oder Dodecamolybdat!

Ausführung. Die zu untersuchende Lösung wird in ein Spitzgläschen mit fein ausgezogenem Ende gebracht und im Dampfbade zur Trockne eingeengt, indem man einen Luftstrom auf die Oberfläche der Lösung bläst. Der Abdampfrückstand wird in 20 ml Wasser gelöst, dann 6 n-Ammoniak bis zur alkalischen Reaktion gegen Lackmus und schließlich ein Überschuß von 2 bis 3 ml hingefügt. Nach dem Zentrifugieren werden Lösung und Niederschlag getrennt, und der Niederschlag wird zweimal mit 10 ml Wasser gewaschen. Der gewaschene Niederschlag wird in 10 ml 6 n-Essigsäure gelöst und die Lösung in die Zelle eines Sublimationsobjektträgers mit einer Capillarpipette übergeführt. Diese Sublimationszelle wird aus einem Objektträger von 3 mm Stärke mittels eines Zahnbohrers hergestellt. Der Objektträger wird dann auf einen Metallblock gelegt, die Lösung bei 80 bis 90° in die Vertiefungen gebracht und in kleinen Anteilen aus dieser verdampft. Darauf wird das Grübchen mit einem Deckglas verschlossen und auf dieses ein halb mit Wasser gefülltes Präparatenglas gesetzt. Die Temperatur des Heizblocks wird nun auf 160° gesteigert und 30 bis 40 Min. lang auf dieser Höhe belassen. Dann wird das Präparatenglas entfernt, das Deckgläschen umgedreht und unter das Mikroskop gebracht. Die Kristalle des basischen Berylliumacetates lösen sich sehr langsam in Wasser. Dagegen werden Ammoniumsalze sofort aufgelöst, wenn man das Sublimat mit einem Tropfen Wasser behandelt. Hierdurch wird ihre Störung des Nachweises als Berylliumacetat ausgeschaltet.

Bei einmaliger Sublimation gehen nur 60 bis 70% des basischen Acetates über. Der Rest kann durch Benetzen mit einem Tropfen 6 n-Essigsäure und gleichem Behandeln wie vorstehend übergetrieben werden. 10 γ Beryllium können auf diese Weise in mehrfacher Sublimation für das bloße Auge sichtbar erhalten werden.

Das Sublimat besteht hauptsächlich aus der instabilen anisotropen Form des $Be_4O(CH_3COO)_6$. In einigen Fällen überwiegen prismatische Kristalle, in anderen oktaederähnliche Bipyramiden. Die prismatischen Kristalle zeigen parallele Auslöschung.

Identifizierung mit Chinalizarin:

Das Sublimat wird in so viel 0,2 n-Natronlauge gelöst, daß man etwa 10 γ Be/ml erhält. Die Lösung wird erst einige Minuten sich selbst überlassen, damit das meiste Ammoniak (aus dem Sublimat) entweicht. Dann wird, wie oben unter Chinalizarin angegeben, weiter verfahren.

3. Nachweis mit Chinalizarin und Äthylendiamin.

Reagens. 0,05%ige alkoholische Lösung von Chinalizarin, von der 30 Tropfen kurz vor Gebrauch mit 5 Tropfen 10%iger Äthylendiaminlösung gemischt werden; die entstehende Lösung ist rotviolett.

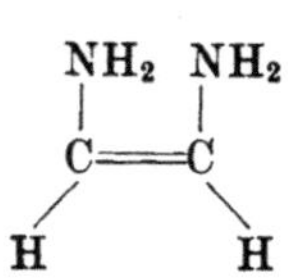

Äthylendiamin

Ausführung. Beryllium färbt das Reagens in rein Blau um; es ist ein Blindversuch anzustellen. Bei schwächerer Konzentration arbeitet man in Mikroprobiergläsern, die axial gegen eine weiße Unterlage betrachtet werden.

Erfassungsgrenze etwa 0,14 γ.

Grenzkonzentration 1 : 1000000. Grenzkonzentration nach WENGER und DUCKERT 1 : 10^5.

Nach DUBSKY, LANGER und WAGNER tritt beim Chinalizarinnachweis ein schärferer Farbenumschlag ein, wenn konzentriertere Lauge verwendet wird. LANGER kann die beim Nachweis mit Chinalizarin und Äthylendiamin auftretenden Farbumschläge nicht völlig bestätigen. Da beim Berylliumnachweis mit Naphthazarin und Äthylendiamin der Farbumschlag in größerer Verdünnung auch durch die Acidität des hydrolysierten Salzes bedingt sein kann, halten es die Verfasser für sicherer, auf die Gegenwart von Beryllium erst dann zu schließen, wenn auch gleichzeitig ein rotvioletter Niederschlag auftritt (DUBSKY und KRAMETZ).

4. Nachweis mit Naphthazarin.

Reagens. 30 Tropfen einer 0,03%igen alkoholischen Lösung von Naphthazarin werden vor Gebrauch mit 5 Tropfen 10%iger Äthylendiaminlösung gemischt.

Ausführung. Das Reagens wird beim Verdünnen mit Wasser rein blau. Durch Zusatz von Berylliumsalzen färbt es sich rotviolett. Man vergleicht mit einer Blindprobe wie vorstehend bei Seitenlicht.

Erfassungsgrenze. 1,2 γ Be (DUBSKY und KRAMETZ).

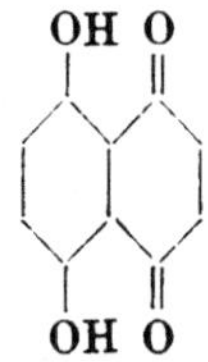

Naphthazarin

5. Nachweis mit Alkannin.

Eine Lösung von 0,05 g Alkannin in 100 ml Alkohol gibt mit Äthylendiamin ein Reagens, das nach Verdünnen mit Wasser blau, mit Berylliumsalzlösungen rotviolett wird. Im Vergleich mit einer Blindprobe ergibt sich eine Erfassungsgrenze von 1,3 γ Be. Die Verwendung von Ammoniak oder Natronlauge statt Äthylendiamin setzt die Empfindlichkeit auf 2 γ herab (DUBSKY und KRAMETZ).

6. Nachweis mit Hexanitrodiphenylamin (Dipikrylamin).

Nach SCHEINZISS eignet sich Hexanitrodiphenylamin (Dipikrylamin) zum Nachweis von Beryllium.

Ausführung. Eine 2%ige Lösung des Natriumsalzes wird auf den Objektträger zu der zu untersuchenden Lösung gegeben. Zuerst zeigt sich ein sehr feines Pulver, aus dem sich sehr rasch gelbe Kristallaggregate (in Form gezähnter und gekerbter, in der Mitte breiterer Stäbchen) bilden, die fast immer zu Kreuzchen oder sechsstrahligen Sternen vereinigt sind. Größe 40 bis 50 μ.

Erfassungsgrenze. 0,01 γ; der Nachweis ist demnach empfindlicher als die Fällung als Kalium-Berylliumoxalat (A. MARTINI).

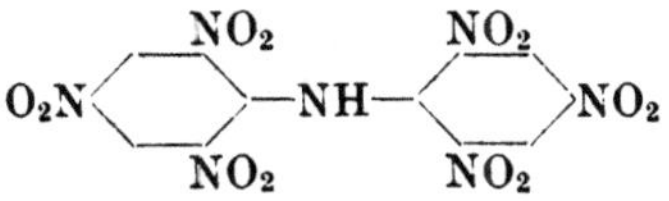

Hexanitrodiphenylamin (Dipikrylamin)

D. Weitere Mikroreaktionen mit organischen Reagenzien.

1. Nachweis mit Acetylaceton.

Wegen seiner ausgeprägten Kristallform empfiehlt CAGLIOTI das von JAEGER genau untersuchte Berylliumacetylacetonat zu einer sicheren und bequemen Identifizierung des Berylliums.

Ausführung. Auf einem Objektträger wird ein Tropfen der schwach essigsauren Probelösung und ein Tropfen Acetylaceton mit einem Platindraht vereinigt und langsam kristallisieren gelassen. Es bilden sich farblose, monokline Prismen in Form von dicken, hexagonalen Täfelchen und häufiger undeutliche Prismen (Abb. 4). Weder Eisen, Aluminium noch Seltene Erden stören.

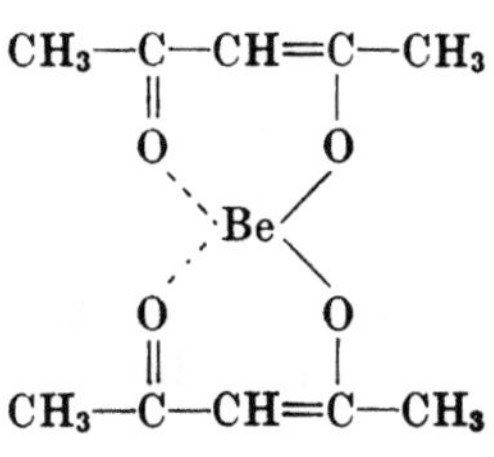

Acetylacetonat

Die **Empfindlichkeit** erreicht 0,007 γ.

Grenzkonzentration nach WENGER und DUCKERT 1 : 10^5.

2. Nachweis mit Kaliummalonat.

Auch das Berylliummalonat kann wegen seiner optischen Eigenschaften zum Nachweis herangezogen werden (Booth und Frary).

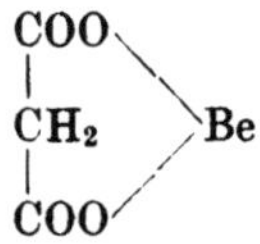

Berylliummalonat

Ausführung. Gibt man auf dem Objektträger zu einem Tropfen einer Berylliumsalzlösung ein Körnchen Kaliummalonat und verdampft sorgfältig zu höherer Konzentration, so bilden sich gut ausgebildete Rhomben von Berylliummalonat an den Grenzen des Tropfen. Wenn diese in das Zentrum gebracht werden und die Verdampfung weitergetrieben wird, werden lange monokline Prismen gebildet. Die Rhomben geben unter gekreuzten Nicols schräge Auslöschung mit einem Winkel von 38°. Die Prismen zeigen parallele Auslöschung.

Erfassungsgrenze. 6,6 γ.

3. Nachweis mit Essigsäure.

Nach Booth und Frary kann auch das basische Acetat unmittelbar insbesondere zur Identifizierung des Berylliums herangezogen werden.

$Be_4O(C_2H_3O_2)_6$

Basisches Acetat

Ausführung. Das im Laufe der Trennung erhaltene Berylliumhydroxyd wird in Essigsäure gelöst und zu einer gummiartigen Masse eingedampft, in Eisessig gelöst und der Überschuß vorsichtig abgedampft. Da der Eisessig sehr beweglich ist und gern kriecht, bringt man den zu untersuchenden Tropfen am besten in die Vertiefung eines Objektträgers und verdampft sehr vorsichtig. Beim Abkühlen der Lösung fällt das basische Acetat in oktaedrischen Kristallen aus, die eine hohe Brechung haben und sehr charakteristisch sind (Abb. 5).

Erfassungsgrenze. 1 mg.

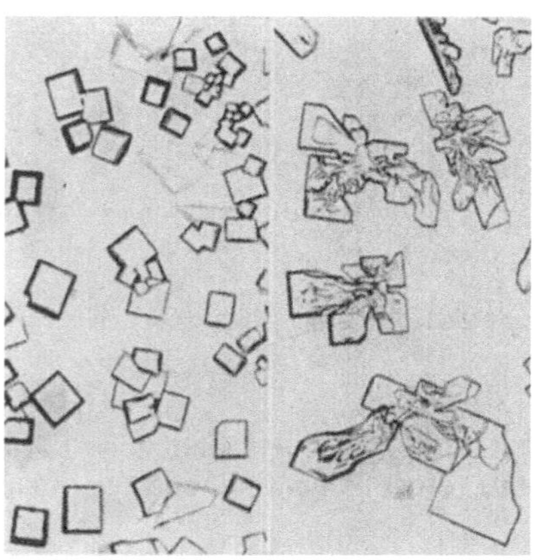

Abb. 4. Beryllium-Acetylacetonat. (Nach Geilmann.)

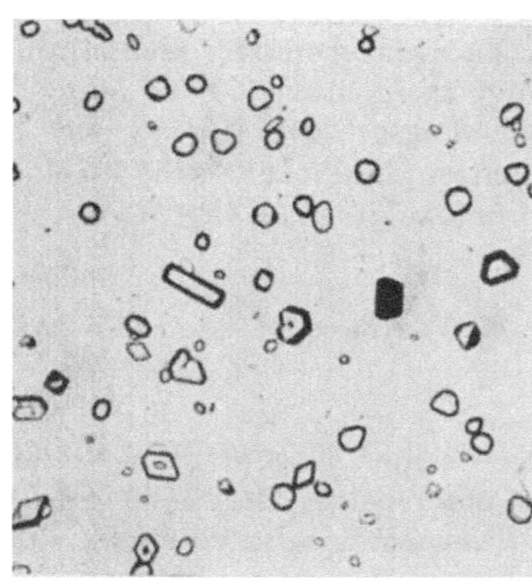

Abb. 5. Basisches Berylliumacetat. (Nach Geilmann.)

4. Nachweis mit Urotropin.

Urotropin scheidet einen flockigen Niederschlag aus Berylliumsalzlösungen aus, der in verdünnter Essigsäure löslich ist (Vivario und Wagenaar).

5. Nachweis mit Dimethylaminobenzolazobenzolsulfosäure.

Über eine Reaktion des Berylliums mit Dimethylaminobenzolazobenzolsulfosäure vgl. Pozzi-Escot.

§ 5. Nachweis mit Hilfe von Tüpfelreaktionen.

1. Nachweis mit Chinalizarin.

a) Die von FISCHER ausgearbeitete Methode kann auch zum Tüpfelnachweis benutzt werden.

Ausführung. Ein Tropfen der zu prüfenden Lösung wird auf der Tüpfelplatte mit einem Tropfen einer frisch bereiteten Lösung von Chinalizarin in Natronlauge versetzt; bei kleinen Berylliummengen genügt Zusatz einer gesättigten alkoholischen Lösung des Farbstoffes, die vorrätig gehalten werden kann und etwa 0,005% Chinalizarin enthält, und nachträgliche Zugabe eines Tropfens verdünnten Ammoniaks oder Natronlauge. Blaufärbung (Blindversuch!) zeigt Beryllium an [FEIGL (b)].

Erfassungsgrenze. 0,14 γ Be.

Grenzkonzentration. 1 : 353000.

b) Nachweis von Beryllium neben Magnesium. Auch der mikrochemische Nachweis dieser beiden Elemente beruht auf dem unterschiedlichen Verhalten der Farblacke gegen Oxydationsmittel, speziell Bromwasser.

Ausführung. Ein Tropfen der zu untersuchenden neutralen Beryllium und Magnesium enthaltenden Lösung wird auf der Tüpfelplatte mit 2 Tropfen einer 0,05%igen Lösung von Chinalizarin in 2 n-Ammoniak versetzt und 1 ml gesättigtes Bromwasser hinzugefügt. Die ursprünglich tiefblaue Lösung verblaßt, bleibt aber je nach dem Berylliumgehalt dauernd blau, während eine Magnesiumsalzlösung gänzlich entfärbt wird [FEIGL (c)].

Störungen. Zu beachten ist, daß auch Neodym, Praseodym, Cer, Lanthan, Zirkon und Thorium mit Chinalizarin Farblacke liefern (KOMAROWSKY u. KORENMAN und FISCHER).

c) Nachweis in Mineralien und Gesteinen. Nach FEIGL und BAUMFELD kann man Beryllium in Mineralien und Gesteinen nachweisen, wenn man die Störung durch Aluminium, Eisen, Magnesium usw. vorher ausschaltet.

Ausführung. 10—20 mg Mineral werden im Platintiegel mit KHF zersetzt, und die Schmelze wird mit heißem Wasser aufgenommen. Von den gebildeten Komplexen gibt nur K_2BeF_4 in die Lösung genügend Be-Ionen ab, um eine positive Reaktion mit ammoniakalischer Chinalizarinlösung zu geben (50 mg Chinalizarin in 100 ml 10%ig. NH_4OH). Die Schmelze kann auch am Platindraht hergestellt werden [FEIGL (d)].

2. Nachweis mit Morin.

Besonders in Gesteinen. Die grüne Fluorescenz, welche Berylliumsalzlösungen mit Morin geben, wird von H. L. ZERMATTEN zu einer Tüpfelreaktion benutzt, um vor allem in schneller Probe Beryllium in Gesteinen und Mineralien zu finden.

Ausführung. Die feinstgepulverte Probe wird mit Natrium-Kalium-Carbonat durch Schmelzen aufgeschlossen. Ein Tropfen der Schmelze von 1 mm ∅ wird auf eine schwarze Tüpfelplatte gebracht, nach dem Erstarren pulverisiert, in 3 Tropfen 5 n-Salzsäure gelöst und nach Zusatz von 1 Tropfen gesättigter methylalkoholischer Lösung von Morin ($C_{15}H_{10}O_7 \cdot H_2O$ [FEIGL]) mit 4 Tropfen 5 n-Natronlauge alkalisch gemacht. Beryllium

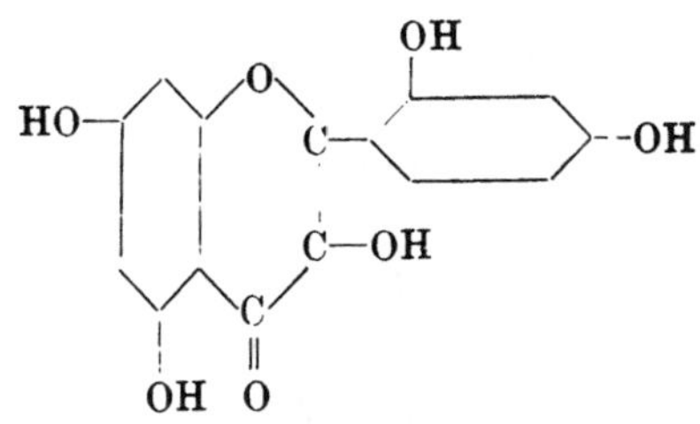

Morin

zeigt sich durch sehr hellgrüne Fluorescenz an. Bei vorsichtiger Ansäuerung mit 5 n-Salzsäure oder 30%iger Essigsäure verschwindet die Färbung oder sie wird blaugrün, wodurch Aluminium nachgewiesen ist.

Grenzkonzentration für Beryllium 1 : 50000.

Störungen. Magnesium, Aluminium, Silicium, Calcium, Barium, Strontium, Zirkon, Thorium und die Seltenen Erden stören nicht (s. auch Bock).

Die Nachweisempfindlichkeit des Berylliums auf Grund der gelbgrünen Fluorescenz beträgt nach Sandell bei axialer Betrachtung (2×7 cm-Cuvette) im Sonnenlicht gegen dunklen Hintergrund in 0,01 bis 0,1 n-NaOH bei einem Volumen von 10 ml und einem Gehalt von 0,1 ml Morinlösung (0,02 g Morin/100 ml Aceton) 0,01‰ und nimmt mit steigender NaOH-Konzentration ab. In 1 n-NaOH ist die Grenzkonzentration in Tageslicht 0,1‰, in UV-Licht 0,02‰.

Bishop empfiehlt folgende Lösung für Tageslicht: Man löst 0,2 g Morin (Tetraoxyflavanol) in 1 ml n-Natronlauge und verdünnt auf 100 ml mit Wasser. Eine methanolische Morinlösung ist für filtriertes UV-Licht etwa 100mal empfindlicher. Der Berylliumnachweis wird durch folgende Anionen gestört: Chromat, Citrat, Eisen(III)-cyanid, Phosphat und Silicofluorid. Die Empfindlichkeit wird vermindert durch: Eisen(II)-cyanid, Fluorid, Hypophosphit, Phosphit und Tartrat.

Für den Nachweis von Beryllium in Gegenwart der Chloride von Aluminium, Uran, Zink und Alkalichromaten, Wolframat, Vanadat und Phosphat behandelt man nach Miller das Gemisch in Pyrexgläsern mit Natriumperoxyd und ein wenig Natronlauge, um alles in Lösung zu bringen, und erhitzt, um schließlich den Überschuß an Natriumperoxyd zu zerstören. Aus dieser Lösung wird das Zink als Zink-Quecksilberthiocyanat gefällt. Das Beryllium wird mit Morin nachgewiesen. Die Erfassungsgrenze beträgt bei Gegenwart von höchstens 50 mg obiger Kationen 0,25 bis 10 mg für Beryllium.

Im Stahl. Zur Abscheidung von Chrom, Aluminium und Titan wird die Stahllösung nach Reduktion mit SO_3-Ion mit Urotropin unter Zusatz von Rongalit gefällt, der Niederschlag mit 2 n-Salzsäure gelöst und mit Natronlauge-Wasserstoffperoxyd gekocht. Nach Abtrennung des Eisens mit Natronlauge kann im natronalkalischen Filtrat Beryllium durch seine gelbgrüne Fluorescenz mit Morin nachgewiesen werden. Bei 1‰ Beryllium tritt noch eine kräftige gelbgrüne Fluorescenz im Tageslicht auf. Auch erheblich geringere Mengen als 1‰ lassen sich noch nachweisen. Die Fluorescenz von Morin in Natronlauge ist charakteristisch für Beryllium. Aluminium stört dabei nicht (Gleu und Schwab).

3. Nachweis mit p-Nitrobenzol-azo-orcin.

Chinalizarin ist als Reagens bei Gegenwart von Seltenen Erden und Thorium und Zirkon nicht eindeutig. Komarowsky und Poluetkoff schlagen daher p-Nitrobenzol-azo-orcin (Darstellung im Original) vor.

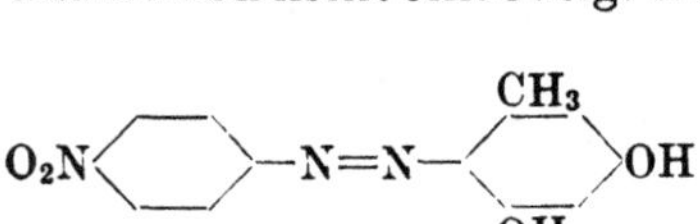

p-Nitrobenzol-azo-orcin

Ausführung (a). 1 Tropfen der alkalischen 0,025%igen Farbstofflösung wird auf Filtrierpapier gebracht und der gelbe Fleck mit der Spitze einer mit der Probelösung gefüllten Capillare berührt, wodurch sich die Flüssigkeit in das Papier einsaugt. Betupft man den Fleck nochmals mit einem Tropfen der Reagenslösung, so wird bei Gegenwart von Beryllium dieser orangerot.

Erfassungsgrenze. 0,2 γ Be in 0,04 ml.

Grenzkonzentration. 1 : 200000.

Große Mengen Magnesium sind vorher abzutrennen. Die alkalischen Erden und Aluminium stören nicht, ebensowenig die Seltenen Erden einschließlich

Thorium und Zirkon. Zink gibt auch einen orangeroten Fleck, der aber auf Zusatz eines Tropfens einer 25%igen Kaliumcyanidlösung verschwindet. Beim Anstellen eines Blindversuches lassen sich etwa 0,6 γ Beryllium (Grenzkonzentration 1 : 66000) neben der rund 700fachen Menge Zink nachweisen. Nickel, Kobalt, Kupfer, Cadmium und Silber, welche gefärbte Hydroxyde bilden und stören, können wie Zink mit Kaliumcyanid maskiert werden.

Die Empfindlichkeit wird nach WENGER und DUCKERT durch Silber, Quecksilber, Blei, Mangan, Nickel und Magnesium herabgesetzt.

Grenzkonzentration. 1 : 10^5.

Ausführung (b). Nach Zerkleinerung und Feinstmahlung des Minerals gibt man 0,1 bis 0,15 g Pulver zu 1,5 g Ätznatron und schmilzt in einem kleinen Nickeltiegel bei Dunkelrotglut 5 Min. lang. Nach Abkühlung werden 10 ml kaltes Wasser zugegeben, und es wird bis zur Auflösung gerührt. Bleibt eine Trübung zurück, so muß diese abfiltriert oder abzentrifugiert werden, da sie stört. Dann gibt man 2 Tropfen Reagenslösung (0,025 g Reagens in 100 ml n-Natronlauge) auf eine doppelte Lage Filtrierpapier, dazu 1 Tropfen 25%ige Kaliumcyanidlösung und dann 1 kleinen Tropfen der Prüflösung auf die Mitte des großen Flecks. Eine Rosafärbung zeigt Beryllium an; sie entwickelt sich bei kleinem Gehalt nur langsam, so daß man während der Trocknung des Flecks am besten durch Vergleich mit einer in gleicher Weise behandelten Mischung von 99% Quarzpulver und 1% Berylliumoxyd beobachtet (bei völliger Trocknung jedoch verblaßt die Farbe). Bleibt die Färbung aus, so enthält die Probe kein oder weniger als 0,8% Beryllium (South African Mining Engng. J.).

4. Nachweis mit p-Nitrophenylazoresorcin.

Beryllium gibt mit p-Nitrophenylazoresorcin eine orangerote Färbung.

Ausführung. Filtrierpapier wird mit 1 Tropfen der Reagenslösung befeuchtet und zu dem Fleck ein wenig der zu prüfenden Lösung hinzugegeben. Darauf füge man an dieselbe Stelle 1 Tropfen der Reagenslösung: Umfärbung nach Rotorange, wenn Be zugegen ist.

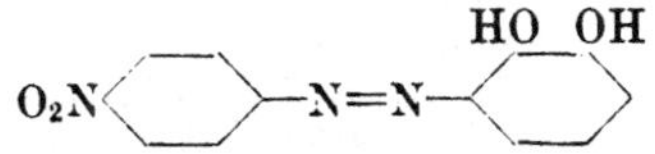

p-Nitrophenylazoresorcin

Reagens. 1,38 g p-Nitroanilin werden in wenig Salzsäure gelöst und auf 0° abgekühlt. Die Lösung wird mit einer gleichfalls abgekühlten Lösung von 0,85 g Natriumnitrit in Wasser vermischt. Die dauernd auf 0° gehaltene Mischung wird mit einer kalten Lösung von 1,42 g Orcynol, welches mit Soda alkalisch gemacht wurde, versetzt, dann angesäuert und filtriert. Die hellroten Kristalle werden zuerst mit Salzsäure, dann mit Wasser gewaschen und getrocknet.

Empfindlichkeit. 0,002 mg in 0,04 ml.

(J. WELCHER.)

Literatur.

D'ANS, J. u. E. LAX: Taschenbuch für Chemiker u. Physiker. Berlin: Springer 1943.

AUSTIN, M.: Z. anorg. Ch. **46**, 477 (1907).

BENEDETTI-PICHLER u. SPIKES: aus Mikrochemie, Molisch-Festschrift (1936) 23b. Mikrochemie **21**, 268 (1936). — BEHRENS-KLEY: Mikrochemische Analyse, Leipzig 1921, S. 47. — BLEYER, B., u. K. BOSHARDT: Fr. **51**, 748 (1912). — BOOTH u. FRARY: J. physic. Chem. **36**, 2, 2641 (1932). — BRITTON: J. chem. Soc. **127**, 2110 (1925) durch Fr. **76**, 136, 184 (1929). — BRUNNER, H. E.: Dissertation Zürich 1910. — BISHOP, E.: Anal. chim. Acta (Amsterdam) **4**, 6 (1950) durch C. **1951**, I, 2337.

CAGLIOTI, V.: Rend. Accad. Science fis. mat. Napoli, Serie 3a **34**.

DAIN, B. J., I. W. GRANOWSKI u. E. G. PUSENTIN: C. B. **1938**, II, 2977. — (a) J. V. DUBSKY u. F. KRAMETZ: Mikrochemie **20**, 57 (1936); (b) DUBSKY, J. V., A. LANGER u. E. WAGNER:

Mikrochemie **22**, 108 (1937). — Denigès, G.: C. r. **225**, 474 (1947) durch C. **1947**, II, 1879. — Feigl: (a) Ber. Wien. Akad. **133**, 121 (1924); (b) Qual. Analyse mit Hilfe von Tüpfelreaktionen, 3. Aufl., Akad. Verlags-Ges., Leipzig 1938, S. 249; (c) ebenda S. 250; d) Feigl, F., u. L. Baumfeld: Quimica (Rio de Janeiro) **8**, 13 (1952) durch C **1954**, 4222.

Fesefeldt: Z. phys. Chem. A **140**, 254 (1929). — Fischer, H.: (a) Fr. **73**, 37 (1928); (b) Wiss. Veröff. des Siemens Konzerns V. 2. 99 (1926). — Florence, W.: Neues Jahrb. Mineral. Geol. **2**, 124 (1898). — Formanek: Fr. **39**, 409.

Gaspar y Arnal, T.: Ann. Soc. españ. Fís. Quím. **32**, 868 (1934) durch Fr. **103**, 210 (1935). — Glaser, L. C.: Dissertation Breslau 1916, Ann. Phys. (4) **68**, 73 (1922). — Gerlach, W., u. E. Riedl: Die chemische Emissionsspektralanalyse III. Teil, Leipzig 1942. — Gleu, K., u. R. Schwab: Ch. Z. **74**, 301 (1950) durch C. **1951**, II, 724.

Havens, F. S.: Z. anorg. Ch. **18**, 147 (1898). — Haber u. v. Ordt: Z. anorg. Ch. **38**, 382 (1904).

Illig, K., M. Hosenfeld u. H. Fischer: Wiss. Veröff. des Siemens Konzerns **8**, I, 34 (1929).

James, G., u. G. A. Perley: J. Am. Soc. **38**, 875 (1916). — Jaeger: R. XXXIII, 394 (1914).

Kemula, W., u. J. Rygielski: Przemysl. Chem. **17**, 89 (1933) durch C. **1933**, II, 2564. — Kolthoff, I. M.: J. Am. Chem. Soc. **50**, 393 (1928). — Komarowsky, A. S., u. J. M. Korenman: Fr. **94**, 247 (1933). — Kramer, G.: Fr. **111**, 169 (1937). — Krüss, G., u. H. Morahl: Liebigs Ann. Chem. **260**, 161 (1890); Ber. **23**, 727 (1890). — Komarowsky u. Poluetkoff: Mikrochemie **14**, 315 (1933/34).

Loewe, F.: Atlas der letzten Linien der wichtigsten Elemente, Dresden-Leipzig 1928. — Lundegardh, H., u. T. Philipson: Lantbruks-Högskol. Ann. **5**, 249 (1928) durch C. **1938**, II, 358.

Mannkopff, B., u. Cl. Peters: Z. Phys. **70**, 444 (1931). — Middleton, A. R.: J. Am. chem. Soc. **48**, 2125 (1926). — Migliacci u. Crapetta: Ann. Chim. applic. **17**, 66 (1927). — Miller, Ch. C.: J. chem. Soc. **1943**, 72 durch C. **1943**, II, 1903. — Marti, A.: Publ. Inst. investigac. microquim. universitas nach Zit. **2**, 122, 69.

Parson, Ch. L., u. S. K. Barnes: J. Am. Soc. **28**, 1589 (1906). — Pozzi-Escott, M. E.: Bl. Soc. chim. (4) **9**, 22 (1911).

Rienäcker, G.: Fr. **88**, 37 (1932).

Scheinziss, O. G.: Betriebslab. (russ.) **4**, 1047 (1935) durch Fr. **109**, 198 (1937). — Schleicher, A.: Fr. **103**, 198 (1935). — Sandell, E. B.: Ind. eng. Chem. Anal. Edit. **12**, 762 (1940); **13**, 809 (1941). — South African. Mining Engng. J. **63**, Part I, 363 (1952) durch C. **1953**, 2168. — Stumpf: Fr. **123**, 1 (1941).

Taboury, M. F.: C. r. **154**, 180 (1914). — Floyd Todd: J. chem. Educat. **15**, 241 (1938).

Vivario u. Wagenaar: Pharm. Weekbl. **54**, 159 (1917).

Wyrouboff, G.: Fr. **46**, 477 (1907). — White, Ch. E., u. C. S. Lowe: Ind. eng. Chem. Anal. Edit. **13**, 809 (1941) durch C. **1943**, I, 1302. — Wenger, P., u. R. Duckert: Helv. **28**, 925 (1945) durch C. **1943**, I, 1028. — Welcher, F.-J.: Chemical solution reagent useful to the chem. biol. and bacteriologist, D. von Nostrand Co., New York 1942, S. 247.

Zermatten, H. W.: Kon. Akad. Wetensch., Amsterdam, Proc. **36**, 829 (1933) durch C. **1934**, I, 1359.

Magnesium.

Mg, Atomgewicht 24,32; Ordnungszahl 12.

Von **Helmut Hartmann**, Braunschweig, und **Alex Hoffmann**, Hamburg.

Mit 12 Abbildungen.

Inhaltsübersicht.

Magnesium ist am Aufbau der zugänglichen Teile des Erdballs mit etwa 2% beteiligt. In beträchtlicher Menge geht es vor allem in Form von Magnesiumsilicaten in die basischen magmatischen Gesteine ein. Bei der Zersetzung dieser, besonders wenn sie fast nur aus Olivin $(MgFe)_2SiO_4$ mit durchschnittlich 25% Mg bestehen, kommt es unter Einwirkung hydrothermaler Restlösungen unter Wasseraufnahme zur Herauslösung eines Teiles des Magnesiums aus den Silicaten und häufig zur baldigen Neuabscheidung des Magnesits. Der wasserfreie Olivin geht dabei in den Serpentin über [Faserserpentin, Serpentinasbest, Blätterserpentin $(OH)_4 \cdot Mg_3 \cdot Si_2O_5$].

Die magnesiumreichen Lösungen können aber auch zur Einwirkung auf sedimentären Kalkstein kommen. So entsteht der Dolomit $MgCa(CO_3)_2$. Bei der Verwitterung geht ein großer Teil des Mg in die Verwitterungslösungen ein (Meerwasser etwa 0,30% $MgCl_2$, 0,04% $MgBr_2$, 0,48% $MgSO_4$) und wird aus diesen im Wege der Verdunstung von austrocknenden Seen oder Meeresteilen als Magnesiumsalze oder gemischte Kaliummagnesiumsalze ausgeschieden. Die wichtigsten dieser sind: Carnallit $KMgCl_3 \cdot 6\,H_2O$, Kieserit $MgSO_4 \cdot H_2O$, Kainit $MgSO_4KCl \cdot 3\,H_2O$, Bittersalz $MgSO_4 \cdot 7\,H_2O$, Polyhalit $K_2SO_4 \cdot MgSO_4 \cdot 2\,CaSO_4 \cdot 2\,H_2O$ u. a. m., deren Aufzählung hier zu weit führen würde (Machatschki).

Auch in der organischen Natur ist Magnesium fast stets anzutreffen, da es u. a. einen konstituierenden Bestandteil des Blattgrüns (Chlorophylls) bildet.

Gemäß seiner *Stellung in der 2. Hauptgruppe des Periodischen Systems* kommt Mg in seiner Verbindung nur als positiv zweiwertiges Ion vor. In seinem analytischen

Verhalten weicht es sowohl von dem (Al-ähnlichen) Beryllium als auch den folgenden Elementen Ca-Ba ab. Die größte Ähnlichkeit zeigt es zum 1. Element der 2. Nebengruppe, dem Zink, mit dem es hinsichtlich der Löslichkeit seiner Salze viel Ähnlichkeit hat. So sind z. B. die Sulfate isomorph und bilden analog zusammengesetzte Doppelsalze. Auch ist beiden die Fällbarkeit als gut und charakteristisch kristallisierendes Ammoniummagnesium- bzw. -zinkphosphat gemeinsam.

Tabelle 1. *Übersicht über einige Eigenschaften des Magnesiums und seiner Verbindungen.*

	Schmelzpunkt	Siedepunkt
Mg	657°	1102°
MgO	2642	2800
$MgCl_2$	712	1418
MgF_2	1221	2260

Bildungswärme des Oxyds 146,1 Kal/Mol.
Normalpotential Mg — Mg^{++} — 2,40 V
Atomradius 1,60 Å
Ionenradius 0,78 Å (nach GOLDSCHMIDT)
0,65 Å (nach PAULING) (D'ANS-LAX).

Die Zahl der Anionen, welche mit Mg schwer lösliche Verbindungen geben, ist kleiner als bei den folgenden Erdalkalien. Es ist vor allem das Phosphation, das Arsenation, beide zumal in Gegenwart von NH_4^+, während Carbonat und Hydroxylion nur in größerer Konzentration zur Niederschlagsbildung führen. Wird die Konzentration dieser Ionen durch Zugabe gleichioniger Salze zurückgedrängt, so tritt keine Fällung ein. Hierauf beruht die Trennung von den übrigen Erdalkalien. Magnesium wird im Filtrat des Erdalkalicarbonatniederschlages nachgewiesen, in dem es am einfachsten durch Zugabe von Natriumhydrogenphosphat als typisch kristallisierendes $MgNH_4PO_4$ ausgefällt wird. Man kann es auch, besonders zur Trennung von den Alkalien, nach Vertreiben der Ammoniumsalze mit Bariumhydroxyd als $Mg(OH)_2$ abscheiden.

Nachweismethoden.

§ 1. Nachweis auf spektralanalytischem Wege.

1. Emissionsspektrum.

In nachfolgender Tabelle sind die letzten Linien des Magnesiumspektrums angegeben. Unter 1 ist aufgeführt, ob die Linie dem Magnesiumatom (I) oder dem einfach ionisierten Magnesium (II) zuzuordnen ist, unter 2 die Wellenlänge in Ångström-Einheiten (10^{-8} cm), unter 3 die Intensität im Bogen, unter 4 die Intensität im Funken. Mit S bezeichnete Linien zeigen Selbstumkehr.

1	2	3	4	1	2	3	4
I	2776,71	6 S	8 S	I	3091,09	8 S	1
I	2778,29	6 S	6 S	I	3093,05	8 S	2
I	2779,85	6 S	8 S	I	3096,92	10 S	2
I	2781,43	6 S	6 S	I	3829,36	8 S	10 S
I	2783,99	6 S	6 S	I	3832,31	10 S	10 S
II	2790,83	4	10 S	I	3838,29	10 S	10 S
II	2795,54	10 S	10 S	I	4571,12	5	2
II	2798,02	5	10	I	4703,07	10	5
II	2802,71	10 S	10 S	I	5167,33	8 S	10
I	2852,13	10 S	10	I	5172,68	10 S	10
II	2928,7	3	10	I	5183,60	10 S	10
II	2936,52	4	10 S	I	5528,48	10	5

Zum Nachweis des Magnesiums in verschiedenen Metallen eignen sich die in den folgenden Tabellen aufgeführten Magnesiumlinien. In der ersten Spalte

1. Im Aluminium[1, 2].

1	2	
	Bogen	Funken
2852,13	+	+

[1] Adam. [2] Schleicher u. Clermont.

sind jeweils die Wellenlängen angegeben, in der 2. Spalte bezeichnet ein +, ob die Linie im Bogen oder Funken gefunden wird (Scheibe und Böttger).

Ein Kreuz hinter der Wellenlängenangabe bezeichnet bei mehreren Linien die empfindlichsten.

2. In Kupfer und Messing[1—3].

1	2		1	2	
	Bogen	Funken		Bogen	Funken
5183,60	+	+	2928,7	+	+
5172,68	+	+	2852,13 †	+	+
5167,33	+	+	2802,71 †	+	+
4481,1		+	2795,54 †	+	+
4571,12	+		2790,83	+	+
3838,29	+	+	2781,43	+	
3832,31	+	+	2778,29	+	
3829,36	+	+	2776,71	+	
2936,52	+	+	2782,99	+	

[1] Negresco. [2] Lomakia. [3] Brownsdon.

3. In Eisen[1].

1	2	
	Bogen	Funken
3838,29	+	
3832,31	+	
3829,36	+	
2852,13 †	+	Die Linie liegt neben Eisen 2851,80

[1] Scheibe u. Böttrer.

4. In Zink[1, 2].

1	2	
	Bogen	Funken
2852,13 †	+	+
2798,02		+
2795,54 †		+
2790,83		+

[1] Negresco. [2] Smith.

5. In Blei[1—4].

1	2		1	2	
	Bogen	Funken		Bogen	Funken
5183,8	+		2798,02 †		+
5172,68	+		2795,54		+
2936,52		+	2790,83		+
2928,7		+	2779,95	+	
2852,13 †		+			

[1] Negresco. [2] Gerlach u. Schweitzer. [3] Brownsdon u. van Someren. [4] Smith. [5] Guenther.

6. In Zinn[1—5].

1	2		1	2	
	Bogen	Funken		Bogen	Funken
2936,52		+	2795,54		+
2852,13 †	+	+	2790,83		+
2802,71 †		+	2779,95	+	
2798,02		+			

[1] Meggers, Kiess u. Stimson. [2] Negresco. [3] Geglach u. Schweitzer. [4] Scheibe u. Neuhäusser. [5] Scheibe, Linström u. Schnettler.

7. In Wismut[1, 2].

1	2		1	2	
	Bogen	Funken		Bogen	Funken
5183,60	+		2802,71 †		+
5172,68	+		2798,02		+
5167,33	+		2795,54 †		+
3838,29	+		2790,83		+
2852,13 †	+	+	2779,95		+
2832,31	+				

[1] NEGRESCO. [2] TÖPELMANN.

8. In Antimon[1].

1	2		1	2	
	Bogen	Funken		Bogen	Funken
2936,52		+	2802,71 †	+	+
2928,7		+	2798,02		+
2852,13 †	+	+	2795,54 †	+	+

[1] NEGRESCO.

Nachweis des Magnesiums mit heißen Flammen. Zum Nachweis des Magnesiums mit heißen Flammen, Acetylen-Sauerstoff-Gebläse, eignet sich nur die Emissionslinie 2852,13Å. Die untere Nachweisgrenze wird von LUNDEGÅRDH mit 0,002 mg Magnesium angegeben.

GERLACH und RIEDL geben folgende Analysenlinien an: 2852,1 (I), 2802,7 (II), 2795,5 (II).

Analysenlinie	Koinzidenzen	Starke Störungslinien	Kontrollinien
2852,1	Au im Funken	[Rh] 2852,4 (Verbreiterung)	
I	Na	Cr II 2855,7	≧ Cr II 2849,8
	Sb	Cr II 2849,8	≧ Cr II 2843,3
	(Cr)	Fe I 2851,8	≧ Fe I 2844,0
	Fe	**Ir I 2849,7**	≧ Ir I 2924,8
	Rh (Verbreiterung)	Mo II 2848,2	≧ Mo II 2816,2
		Os 2850,8	> Os 2861,0
		Sn I 2850,6	≧ Sn I 2546,5
		W 2856,0	≧ W 2866,1
2802,7	Au	**Mn I 2801,1**	≧ Mn I 2798,3
II	Bi	**Pb I 2802,0**	≧ Pb I 2833,1
	(Cu Bogen)	V 2803,5	≧ V 2810,2
	Hg (mit Untergrund)	Zn I 2800,8	≧ Zn I 3075,9
	Pb		
	Zn		
	[Cr]		
	Mn		
	Ni (Verbreiterung)		
	Ti		
	V		
	W		
2795,5	[Sb (Bogen)]	(Rh) {2795,7 / 2795,3} (Verbreiterung)	
II	Fe	Ir I 2797,7	≧ Ir I 2943,2
	Mn	**Mn I 2798,3**	≧ Mn I 2794,8
	(Rh Verbreiterung)	**Mn I 2794,8**	
		W 2792,8	≧ W 2848,0

Im Bogenspektrum ist 2852,1 $>$ 2795,5 $>$ 2802,1.
Im Funkenspektrum ist 2795,5 $>$ 2802,7 $>$ 2852,1.
Daher sind die Entladungsbedingungen zu beachten.

2. Absorptionsspektrum.

Nachweis des Mg im Absorptionsspektrum. Magnesium bildet mit dem Alkannin Farblacke, die besonders in Gegenwart von Ammoniak charakteristische Absorptionsspektren geben.

Ausführung. Alkannawurzel wird mit 95%igem Alkohol ausgezogen und die Lösung des gelbroten Farbstoffs so weit verdünnt, daß sich bei spektroskopischer Betrachtung durch eine Cuvette von 10 bis 12 mm Weite folgende charakteristischen Absorptionsstreifen scharf voneinander getrennt zeigen:

Hauptstreifen bei 524 mμ,

Nebenstreifen bei 564, 545,1 und 488,5 mμ.

Gibt man zu dieser Lösung verdünntes Ammoniak, wird sie blau, und es sind zwei Absorptionsstreifen zu beobachten:

Hauptstreifen bei 642,8 mμ,

Nebenstreifen bei 594,8 mμ.

Magnesiumnachweis. Die alkoholische Lösung des Farbstoffs wird weiter verdünnt, bis die Absorptionsstreifen mittelstark sind. Hiervon gibt man 5 ml in eine Cuvette von 10 bis 12 mm Öffnung und fügt 2 Tropfen der neutralen Prüflösung hinzu. In Anwesenheit von Magnesium färbt sich die Lösung rotviolett. Neben dem Alkanninspektrum zeigt sich ein schwacher Streifen bei 614,5 mμ. Gibt man jetzt eine Spur Ammoniak (Lösung von Ammoniak D = 0,96 in Wasser 1 : 5) hinzu, färbt sich die Lösung blauviolett und fluoresciert rot. Das Absorptionsspektrum dieser Lösung besteht aus drei Streifen:

1 Hauptstreifen bei 606,4 mμ,

2 Nebenstreifen bei 561,4, 521,3 mμ.

Um den Hauptstreifen genau zu messen, ist es notwendig, stark mit Alkohol zu verdünnen, da hierdurch erst die wahre Lage des Minimums erkannt wird, welches in konzentrierter Lösung verschoben erscheint.

Ein Überschuß an Ammoniak schadet nicht. Das Spektrum bleibt tagelang unverändert.

Zur Beobachtung eignet sich ein Spektroskop nicht zu hoher Dispersion, da sonst die Streifen zu stark verwaschen sind. Empfohlen wird ein Flintglasprisma von 60° brechendem Winkel. Die Gefahr der Fällung des Magnesiums als Hydroxyd besteht nicht.

a) Nachweis von Magnesium neben Alkali und Erdalkali. Ist die Menge Fremdsubstanz klein gegenüber der Magnesiummenge, wird das Absorptionsspektrum der Magnesiumverbindung nicht gestört. Ist die Magnesiummenge sehr klein gegenüber der Fremdsubstanz, können sich die Streifen je nach Menge des anwesenden Fremdsalzes verschieben, und zwar:

Der Hauptstreifen bis auf 610 mμ,

der erste Nebenstreifen bis auf 565,8 mμ,

der zweite Nebenstreifen bis auf 527,6 mμ.

b) Nachweis des Magnesiums neben Eisen. Ist die Eisenmenge groß, wird die Flüssigkeit nach Zusatz von Ammoniak grün. Man beobachtet spektroskopisch den Hauptstreifen der Eisenverbindung bei 654,5 mμ, daneben den Hauptstreifen der Magnesiumverbindung. Nach einiger Zeit scheidet sich das Eisen ab und reißt einen Teil des Magnesiums mit, so daß nur der Hauptstreifen des Magnesiums schwach zu erkennen ist. Es empfiehlt sich, die Lösung sofort nach dem Zusatz von Ammoniak zu beobachten.

Ist die Eisenmenge gering, wird die Flüssigkeit auf Ammoniakzusatz blau. Beobachtet werden alle Magnesiumstreifen und ein Streifen des Eisens bei 662 mμ. Letzterer verschwindet nach einiger Zeit, da das Eisen sich abscheidet.

c) Nachweis des Magnesiums neben Aluminium. Enthält die Lösung Aluminium neben Magnesium, so ist sie in Gegenwart des alkoholischen Alkanninextrakts ohne Ammoniakzusatz rotviolett und fluoresciert. Zuerst erscheinen sodann die Absorptionsstreifen der Aluminiumverbindung.

Ist die Menge des Aluminiums gering gegenüber der des Magnesiums, so tritt nach Zugabe des Gemisches zur Alkanninlösung zuerst ein schwacher Absorptionsstreifen bei 596 mμ auf. Die Intensität des Streifens wächst, gleichzeitig erscheinen zwei neue Streifen bei 550 mμ und 511 mμ, die sich allmählich verschieben, bis nach 5 bis 30 Min., je nach Menge des Aluminiums, das Absorptionsspektrum der Aluminiumverbindung auftritt.

Nach Zugabe von Ammoniak treten folgende Erscheinungen auf:

1. Die Menge Aluminium ist klein: Aluminium scheidet sich ab, es bleibt nur das Spektrum des Magnesiums übrig. Die Farbe der Lösung ist blau geworden.

2. Die Menge Aluminium ist groß: In diesem Falle versagt die Probe, da das ausfallende Aluminium das Magnesium mitreißt (FORMÁNEK).

d) Nachweis durch Infrarotspektrum. MILLER und WILKINS untersuchen die Infrarotspektren von 159 anorganischen Salzen mit polyatomigen Anionen, darunter auch die von Magnesiumsalzen, wie Magnesiummetaborat, Magnesiumcarbonat, Magnesiumphosphat ein-, zwei- und dreibasisch, Magnesiumthiosulfat, Magnesiumperchlorat, Magnesiumchromat. Die charakteristischen Absorptionsfrequenzen sind tabellarisch und graphisch wiedergegeben. Wegen der Einzelheiten sei auf die umfangreiche Originalarbeit verwiesen.

§ 2. Nachweis auf trockenem Wege.

Nachweis in der Borax- und der Phosphorsalzperle.

a) Boraxperle. Magnesiumsalze flüchtiger Säuren sowie Magnesiumborate ergeben in der Boraxperle bei schwächerem Mg-Gehalt zuerst nadelige Kristalle, die sich bei längerem, schwachem Erhitzen zu büschel- und garbenähnlichen Gebilden zusammenlagern. Bei größerem Mg-Gehalt bilden sich Gruppen von Nadeln, die bei wiederholtem Einführen der Perle in die Flamme in Büschel übergehen.

Magnesiumphosphat bildet in der Boraxperle kubische Kristalle, die auch auftreten, wenn man die Mg-haltige Phosphorsalzperle mit wenig Borax versetzt. Beobachtet werden Oktaeder, daneben Tetraeder mit verschiedenen Kombinationsflächen. Außerdem treten Verwachsungen von Dendriten auf.

Magnesiumsilicate oder Magnesium in Gegenwart von Kieselsäure ergeben besondere Kristalle. Es ist empfehlenswert, bei Gegenwart von Kieselsäure diese zuerst mit Flußsäure zu vertreiben und dann auf Magnesium zu prüfen.

b) Phosphorsalzperle. Magnesiumsalze flüchtiger Säuren geben fächerartige Gebilde von Nadeln. Selten beobachtet man rhombische Tafeln.

Versetzt man eine mit Mg gesättigte Phosphorsalzperle mit einer größeren Menge Borax und erhitzt stark, so daß sich ein Teil des Phosphorsalzes verflüchtigt, erhält man rechtwinklige, anscheinend tetragonale Tafeln, an denen oft zwei benachbarte Ecken abgestumpft sind.

Ausführung. Die Perlen werden am zweckmäßigsten in einer kreisrunden Platindrahtöse von 3 mm Durchmesser vor dem Lötrohr erschmolzen. Die Perle soll nicht dicker als 1 bis 1,5 mm werden, da sonst die mikroskopische Beobachtung erschwert wird. Am Mikroskop empfiehlt es sich, nicht mehr als 80- bis 100fache lineare Vergrößerung und ein Objektiv nicht zu kurzer Brennweite zu verwenden.

Nach Erschmelzen der mit Magnesium gesättigten Phosphorsalzperle schreckt man ab, bringt sie nach völligem Erkalten in die Nähe des Brenners und erwärmt vorsichtig. Nur bei Prüfung in Anwesenheit von Borax hält man die klargeblasene heiße Perle in der Nähe des Brenners und kühlt langsam ab. Die so entstandene Perle trübt sich leicht milchig und neigt zum Zerfallen (WUNDER).

c) Trockenreaktion mit Kobalt- oder Chromnitrat. Aus Magnesiumnitrat und Kobaltnitrat im Verhältnis 6:1 wird eine verdünnte Lösung hergestellt und diese mit einem Filtrierpapierstreifen von etwa 12 × 2,5 cm aufgesogen. Das Papier wird getrocknet, an einem Platindraht über dem Bunsenbrenner verascht und stark geglüht. Die hinterbleibende Asche zeigt fleischfarbenes Aussehen.

Nachweisgrenze. 0,5 bis 1% Mg.

In ähnlicher Weise läßt sich der Nachweis mit einer Mischung Magnesiumnitrat-Chromnitrat im Verhältnis 4:1 führen. Die hinterbleibende Asche hat dann eine citronengelbe Farbe. Nachweisgrenze 2% Mg. Bei dem Nachweis mit Kobaltnitrat stören Calcium, Strontium und Barium nicht (MAGLIACCI).

d) Nachweis durch Erhitzen mit Soda auf der Kohle. Eine eindeutige Reaktion für den Nachweis von Magnesium durch Erhitzen mit Soda auf der Kohle liegt nicht vor. Es bildet sich ein weißer Beschlag von mechanisch zerstäubtem Magnesiumoxyd, das bei Glühen stark leuchtet. Dasselbe Verhalten zeigen Niederschläge von Calcium-, Strontium- und Aluminiumverbindungen. — Befeuchtet man den weißen Beschlag mit Salpetersäure und Kobaltnitrat, so färbt sich bei längerem Glühen die Oxydationsflamme rot, liegt das Magnesium als $Mg_2P_2O_7$ vor, violett (TREADWELL, BERZELIUS, TRITON, ROSS).

§ 3. Nachweis auf nassem Wege.

A. Wichtige analytische Reaktionen.

1. Fällung als Magnesiumammoniumphosphat.

Der gebräuchlichste Nachweis des Magnesiums beruht auf der Fällung als Magnesiumammoniumphosphat durch Natriumphosphat in Gegenwart von Ammoniak nach der Gleichung:

$$Mg^{\cdot\cdot} + Na_2HPO_4 + NH_3 = MgNH_4PO_4 \cdot aq + 2\,Na^{\cdot}.$$

Ausführung. Die magnesiumhaltige Prüflösung, die nicht zu stark verdünnt sein soll, wird mit etwas Ammoniumchlorid und Ammoniak versetzt. Auf Zugabe von Natriumphosphat fällt Magnesium, oft erst nach längerem Stehen, in weißen, rhombischen Kristallen von länglicher „sargdeckelähnlicher“ Gestalt. Bei sehr verdünnten Lösungen kann die Fällung beschleunigt werden durch Kochen, Schütteln oder Reiben mit einem Glasstab an der Wand des Reaktionsgefäßes.

Gut bewährt sich die Verwendung eines gewöhnlichen elektromagnetischen Summers, dessen Schwingungen fast unmerklich sind. Das Fällungsgefäß, ein Mikrokonus, wird mit dem Hebelarm des Summers verbunden. Sobald der Apparat in Bewegung gesetzt wird, bildet sich der Niederschlag leicht (BENEDETTI und RACHELE).

Störungen. Eisen, Kobalt, Nickel, Mangan und Lithium können stören, da sie ähnliche Doppelsalze bilden (BEHRENS).

Vermeidung von Störungen. Eisen kann durch Zusatz von Weinsäure in Lösung gehalten werden (HILGER). Bei Gegenwart von Lithium oder Beryllium ist es empfehlenswert, vorher das Magnesium durch Ausfällen mit NaOH oder KOH abzutrennen, wenn auch die Kristalle des Lithiumdoppelsalzes sich leicht mikroskopisch von denen des Magnesiumammoniumphosphates unterscheiden lassen.

Bei der Ausführung ist darauf zu achten, daß das Magnesiumdoppelsalz in Säuren, auch Essigsäure und Oxalsäure, sowie in Salzlösungen löslich ist. Die Löslichkeit des Doppelsalzes beträgt nach Untersuchungen von MALJAROFF und MATSKIEWITSCH:

Magnesiumammoniumphosphat g		Doppelsalz pro Liter Lösungsmittel g	
in Wasser	0,0731	in Wasser	0,0731
5%ig. NaCl-Lösung	0,1552	10%ig. NaCl-Lösung	0,1625
5%ig. NH_4NO_3-Lösung	0,1668	10%ig. NH_4NO_3-Lösung	0,2042
5%ig. NH_4Cl-Lösung	0,2205	10%ig. NH_4Cl-Lösung	0,2725
5%ig. $(NH_4)_2SO_4$-Lösung	0,2493	10%ig. $(NH_4)_2SO_4$-Lösung	0,3535
5%ig. $(NH_4)_2C_2O_4$-Lösung	0,7690		—
5%ig. Na_2SO_4-Lösung	0,1894	10%ig. Na_2SO_4-Lösung	0,2482

Oxalate müssen deshalb möglichst vor der Fällung zerstört werden.

Erfassungsgrenze. 20 mg/ml (CURTMAN, DUBIN).

Über die **Empfindlichkeit** der Ammoniumphosphatreaktion macht KARAOGLANOV folgende Angabe: $MgSO_4$-Lösung, die 0,001 g Mg/ml enthält, wird mit 1 ml einer $NaNH_4HPO_4$-Lösung in Gegenwart von 1 ml nNH_4Cl-Lösung und 1 ml nNH_3-Lösung gefällt. Die Empfindlichkeit beträgt für 10 ml 10 μg Mg. In 10^6 ml Lösung läßt sich 1 g Kation nachweisen. Mit nKOH (1 ml) lassen sich aus derselben Lösung von Magnesiumsulfat 100 μg für 10 ml nachweisen. Die Empfindlichkeit beträgt 10^5 ml für 1 g Kation.

2. Fällung mit Natriumarsenat, Natriumselenat, Natriumselenit.

Natriumarsenat, Natriumselenat sowie Natriumselenit geben mit Magnesium die gleichen Reaktionen wie Natriumphosphat (HILGER).

3. Fällung mit Natrium- oder Kaliumhypojodit.

Auf der Tatsache, daß Jod an $Mg(OH)_2$ adsorbiert wird oder — nach anderer Ansicht — sich bei Zugabe von Hypojoditlösung zu einer Magnesiumsalzlösung intermediär $Mg(JO)_2$ mit roter Farbe bildet, beruht der Nachweis mit Natrium- oder Kaliumhypojodit.

1. Ausführungsart. **Reagenslösung.** 1,3 g Jod und 6 g Kaliumjodid (bzw. 1,5 g Jod und 3 g Kaliumjodid) werden in 100 ml Wasser gelöst. Zu dieser Lösung wird so lange n/5- (bzw. n/10-) Natronlauge gegeben, bis die Jodfärbung verschwindet.

Ausführung. Zu der Prüflösung wird *sofort* die Reagenslösung gegeben. Bei Anwesenheit von Magnesium tritt ein dunkelroter Niederschlag oder eine Rotfärbung auf. Es ist notwendig, die Konzentration an Kaliumjodid klein zu halten, da sonst der Niederschlag ausbleibt (PETRASCHENJ).

Störungen. Da nach der Gleichung

$$2(OH)^- + 2J \rightleftarrows J^- + 3JO^- + 4H_2O$$

großer (OH)-Ionenüberschuß den Verlauf der Reaktion nach rechts begünstigt, verhindert großer Überschuß an Alkalihydroxyd die Fällung. — Ammoniak stört den Nachweis. — Kobalt- und Mangansalze zeigen ein ähnliches Verhalten.

Empfindlichkeit. n/1500- bis n/3000 Mg-Salzlösung (2,4 bis 0,8 mg Magnesium/100 ml Lösung). Ist die Konzentration kleiner als n/500, erfolgt der Niederschlag erst nach einiger Zeit, so bei einer Konzentration von n/1500 erst nach 2 Min.

2. Ausführungsart. **Reagenslösung.** Jod-Jodkaliumlösung, die man bis zur blaßgelben Färbung mit NaOH-, KOH- oder besser $Ca(OH)_2$-Lösung versetzt. Die Lösung muß *kalt* bereitet werden.

Ausführung. Die neutrale oder eben alkalische Prüflösung wird konzentriert und auf ein Uhrglas oder Schälchen gebracht. Ein Tropfen der Reagenslösung wird zugegeben. Bei Anwesenheit von Magnesium erfolgt eine braune Fällung oder Braunfärbung. — Soll der Nachweis im Filtrat der Ammoncarbonatgruppe des Analysengangs direkt geführt werden, sind zuerst die Ammonsalze zu entfernen. Dieses geschieht am besten durch Versetzen mit gesättigtem Kalkwasser und nachfolgendes Eindampfen, bis noch ein geringer Überschuß an $Ca(OH)_2$ vorhanden ist. Nach Abfiltrieren von gebildetem Calciumcarbonat kann mit Hypojodit geprüft werden. Auf ähnliche Weise kann man das Filtrat des Ammoniumsulfidniederschlages direkt auf Magnesium prüfen. Der Schwefelwasserstoff wird nach Ansäuern mit Salzsäure verkocht und die freie Säure mit Calciumcarbonat neutralisiert. Nach dem Filtrieren wird analog der Behandlungsweise des Niederschlags der Fällung mit Ammoniumcarbonat verfahren (REMY-GENNETE).

Störungen. Die Reaktion wird gestört bei Anwesenheit folgender Ionen: Co, Ni, Mn, $(NH)_4$, $(PO)_4{}^{3-}$, $(C_2O_4)^{2-}$ und besonders $(OH)^-$. Deshalb wird es nach Möglichkeit empfehlenswert sein, die Reagenslösung mit gesättigtem Kalkwasser an Stelle der Ätzalkalien zu bereiten.

Nach REMY-GENNETE verschwindet in stark verdünnten Lösungen die Färbung durch die Reaktion nach kurzer Zeit wieder.

Siehe auch unter „Tüpfelmethoden".

Eine **Änderung der Reagenslösung** gibt LUCAS an, indem er statt Jod Natriumhypobromitlösung verwendet.

Ausführung. Der neutralisierten Prüflösung wird etwas Kaliumjodid und 1 Tropfen Natriumhypobromitlösung zugesetzt. Bei Anwesenheit von Magnesium bildet sich sofort ein kastanienroter Niederschlag. Sind nur Spuren von Magnesium vorhanden, so wird dieses durch eine gelbrote Färbung angezeigt. — Aluminium gibt einen anders gefärbten Niederschlag.

Bei allen angegebenen Reaktionen stören Calcium, Barium und Strontium nicht. Calcium soll allerdings die Empfindlichkeit der Reaktion etwas herabsetzen.

B. Weitere Nachweisreaktionen.

1. Nachweis mit Ammoniumeisen(II)-cyanid.

Reagens. Reinstes $(NH_4)_4[Fe(CN)_6]$.

Ausführung. Die nahezu neutrale Probelösung wird mit dem gleichen Volumen Alkohol versetzt und reinstes $(NH_4)_4[Fe(CN)_6]$ zugegeben. Bei Anwesenheit von Mg entsteht ein feinkristalliner weißer Niederschlag.

Empfindlichkeit. $1:10^6$.

Die Fällung ist quantitativ und eignet sich besonders zum Nachweis des Mg in Wasser.

Störungen. Ca gibt ebenfalls einen weißen Niederschlag [FEIGL und PAVELKA (c)].

2. Nachweis als Caesium- bzw. Rubidiummagnesiumeisen(II)-cyanid.

Durch Zugabe einer Lösung von Caesiumnitrat und Kaliumeisen(II)-cyanid zu einer Magnesium enthaltenden Lösung entsteht ein unlöslicher Niederschlag von Caesiummagnesiumeisen(II)-cyanid.

Ausführung. Zu der Prüflösung wird eine Lösung gegeben, die ein Teil Caesiumnitrat und zwei Teile Kaliumeisen(II)-cyanid auf 60 Teile Wasser enthält. Bei Anwesenheit von Magnesium erfolgt eine Trübung oder ein weißer Niederschlag. Die gleiche Reaktion erhält man bei Anwendung von Rubidium statt des Caesiums. — Erfolgt kein Niederschlag, wird etwas Alkohol zugesetzt.

Störungen. Calcium gibt die gleiche Reaktion mit nahezu gleicher Empfindlichkeit. Strontium gibt die Reaktion bis zu Konzentrationen von 1:1000 bei Anwendung von viel Reagens.

Empfindlichkeit. 1:1000000 bei Alkoholzusatz. Eine Trübung wird bei der Konzentration von 1:1000000 bei Zusatz von 5 mg Caesiumnitrat und 50 mg Kaliumeisen(II)-cyanid beobachtet (MURMANN).

3. Nachweis mit Formaldehyd.

Reagens. Formaldehyd und Natronlauge.

Ausführung. Man versetzt im Analysengang das Filtrat, welches die Elemente der 5. Gruppe enthält mit Formaldehyd im Überschuß und bis zur stark alkalischen Reaktion mit reiner Natronlauge. Magnesium fällt dann als Hydroxyd. Man vermeidet so das lästige Abrauchen der Ammoniumsalze und Verkochen des Ammoniaks, da aus Formaldehyd und Ammoniak gemäß den Gleichungen

$$6\,HCHO + 4\,NH_3 = N_4(CH_2)_6 + 6\,H_2O$$
$$6\,HCHO + 4\,NH_4R = N_4(CH_2)_6 + 6\,H_2O + 4\,HR$$

neutrales, indifferentes Hexamethylentetramin gebildet wird (HEMMELER).

§ 4. Nachweis mit organischen Reagenzien.

1. Nachweis mit Titangelb G (Thiazolgelb, Acidingelb 5 G).

Reagens.

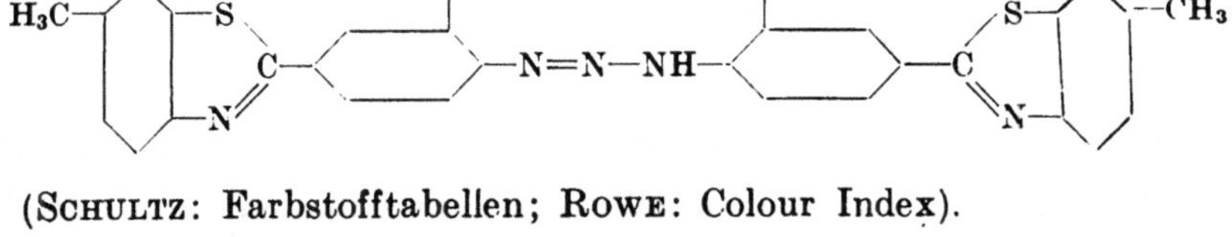

(SCHULTZ: Farbstofftabellen; ROWE: Colour Index).

Reagenslösung. Man löst 0,1 g des Farbstoffes in 100 ml Wasser und gibt 0,25 bis 0,50 ml 4 n Natronlauge hinzu.

Ausführung. Zu 10 ml der zu prüfenden Lösung werden 0,1 bis 0,2 ml der Reagenslösung gegeben.

Ist Magnesium abwesend, färbt sich die Lösung gelbbraun. Bei Anwesenheit von Magnesium färbt sie sich rot (0,005 g Mg/l) bis orange (0,001 g/l).

Empfindlichkeit. Bei Vergleich mit einer Blindprobe ist die Nachweisgrenze 0,0002 g/l. Bei Anwesenheit von Calcium in kleinen Mengen vertieft sich die Färbung.

Störungen. Anwesendes Zink, Zinn und Aluminium wirken reaktionshemmend. Aluminium kann beim Fällen Magnesium mitreißen. Nickel, Kobalt und Mangan geben die gleichen Reaktionen. Störungen durch Beryllium können durch Zugabe von viel NaOH vermieden werden.

Beseitigung der Störungen. Ist Zink anwesend, gibt man zu der Prüflösung 0,8 bis 1 g Kaliumcyanid. Die Fällung wird durch Schütteln wieder gelöst, und 0,1 bis 0,2 ml der 0,1%igen Indicatorlösung sowie 1 bis 2 ml 4 n Natronlauge werden zugesetzt. Bei Anwesenheit von Magnesium wird die Lösung rot oder orangerot. Ist kein Magnesium anwesend, wird die Lösung braun. Es lassen sich so 0,001% Magnesium in Zinksalzen nachweisen (KOLTHOFF).

Anwesendes Nickel kann ebenfalls durch Kaliumcyanid wirkungslos gemacht werden. Besser verfährt man nach folgender Vorschrift, die auch bei Störungen durch Kobalt und Mangan gilt: Zur Prüflösung gibt man Ammoniumsulfid im Überschuß und filtriert. Zum Filtrat gibt man 0,1 bis 0,2 ml Indicatorlösung und einen Überschuß von Natronlauge zur Vertreibung der Ammoniumsalze. Eine rote Färbung zeigt dann die Anwesenheit von Magnesium an. Im $MnCl_2$ können so leicht 0,05% Magnesium nachgewiesen werden.

Ausführung bei Anwesenheit von Calcium. Das Salz wird in wenig überschüssiger Salzsäure gelöst und der Indicator zugesetzt. Dann wird mit 1 bis 2 ml 4 n Natronlauge alkalisch gemacht. Bei Anwesenheit von 0,1% Magnesium in Calciumcarbonat erscheint eine hellrote Färbung. Bei Vergleich mit einer Blindprobe lassen sich noch 0,01% Magnesium in Calciumcarbonat nachweisen.

BRODA benutzt eine 0,2%ige wäßrige oder alkoholische Lösung von Titangelb zum Nachweis des Magnesiums in Pflanzenzellen und Pflanzengeweben.

Ausführung. Siehe unter Chinalizarin. Außerdem wird etwas 10%ige wäßrige Natronlauge zugesetzt.

Störungen. Es stören Calciumsalze, die die Färbung verstärken, Aluminium, Zink, Zinn, Nickel, Mangan, Chrom und Eisensalze durch Bildung farbiger Niederschläge.

2. Nachweis mit Titangelb A.

Reagens. Titangelb A (Thiazolgelb [A]).

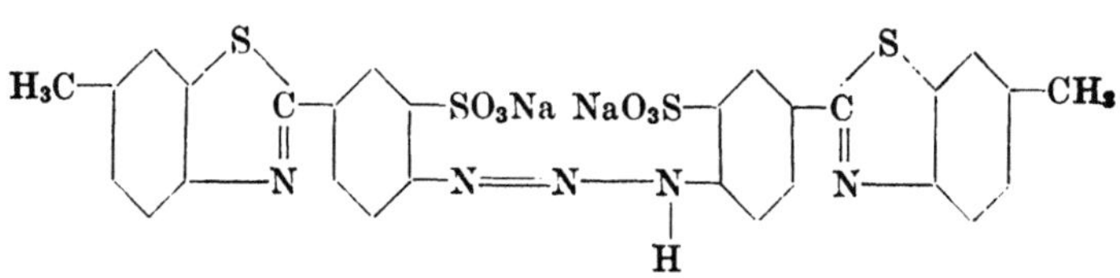

Reagenslösung. 0,01 g des Farbstoffes werden in 100 ml Wasser gelöst.

Ausführung. 1 bis 2 Tropfen der Reagenslösung werden zu der Prüflösung gegeben, und das Gemisch wird mit 2 n Natronlauge im Überschuß alkalisch gemacht. Bei Anwesenheit von Magnesium tritt je nach Konzentration eine rosa oder violette bis bläulichviolette Färbung oder ein violetter Niederschlag auf. Bei Abwesenheit von Magnesium ist die Färbung hellorange [EEGRIWE (a)].

Empfindlichkeit. Bei Anwendung einer Vergleichslösung, die sich aus Wasser, Reagens und Natronlauge zusammensetzt, lassen sich 0,0001 g/l nachweisen. Befinden sich 0,0002 mg Magnesium in 1 ml Gesamtlösung, tritt rosa Färbung auf, bei 0,01 mg Magnesium violette bis bläulichviolette Färbung. Bei Anwesenheit von 1 mg Magnesium in 1 ml Prüflösung fällt ein violetter Niederschlag. Mit dem Reagens lassen sich neben der hundertfachen Menge von Blei, Zink und Beryllium und neben der fünfzigfachen Menge Aluminium noch 0,001 mg Magnesium nachweisen.

Störungen. Die gefärbten Kationen der dritten Gruppe, Mangan, Eisen, Chrom, stören. Chrom stört am leichtesten. Es verhindert schon den Nachweis völlig, wenn es in gleicher Menge wie das Magnesium vorhanden ist. Unter den gleichen Verhältnissen ist Magnesium neben Eisen oder Mangan noch nachweisbar.

3. Nachweis mit Claytongelb.

Reagens. Claytongelb.

Ergibt die gleichen Reaktionen wie Titangelb G.

Empfindlichkeit. 0,5 mg/l [Barnes; Kolthoff (a)].

4. Nachweis mit 1.2.5.8-Tetra-oxyanthrachinon.

Reagens. 1.2.5.8-Tetraoxyanthrachinon (Chinalizarin, Alizarincyanin, Alizarinbordeaux).

Reagenslösung. 0,1 g des Farbstoffs werden mit 5 g kristallisiertem **Natrium**acetat innig verrieben. 0,1 g des Gemisches wird in 20 ml 96%igem Alkohol gelöst. Die Lösung ist lange haltbar. Da die *alkalische* Farbstofflösung, mit welcher der Nachweis durchgeführt wird, sich nur sehr kurze Zeit (maximal 1 Tag) hält, setzt man erst bei der Ausführung der Reaktion Natronlauge zu.

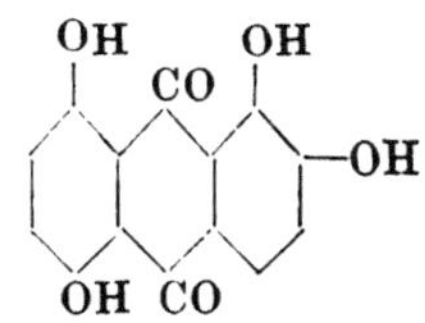

1.2.5.8-Tetra-oxyanthrachinon

Ausführung. Man gibt zu der Prüflösung wenige Tropfen der Farbstofflösung und 2 n Natronlauge im Überschuß. Eine kornblumenblaue Färbung oder ein ebenso gefärbter Niederschlag zeigt die Anwesenheit von Magnesium an. Ist kein Magnesium anwesend, bleibt die Färbung rotviolett und verschwindet mit der Zeit.

Störungen. Zink, Aluminium, Weinsäure und Tartrate sowie größere Mengen Ammonsalze und Phosphorsäure vermindern die Empfindlichkeit der Reaktion. Beryllium, Cadmium und Lanthan reagieren ebenfalls mit dem Farbstoff; Neodym, Praseodym, Cer, Lanthan, Zirkon, Thorium, Kobalt, Nickel und Mangan geben die gleiche Reaktion wie Magnesium.

Vermeidung von Störungen. Um vom gleich reagierenden Beryllium zu unterscheiden, gibt man etwas Bromwasser hinzu, durch das die Magnesiumverbindung zerstört wird, während die Berylliumverbindung erhalten bleibt. Aluminium läßt sich durch Überschuß von Natronlauge in Lösung halten oder mit Salzsäure ausfällen.

Für Legierungen gilt folgende Vorschrift: 5 g Legierung werden in 2 n Salzsäure gelöst und auf 200 ml aufgefüllt. Hiervon werden 40 ml in einen Meßkolben von 50 ml gefüllt und unter Eiskühlung mit Salzsäure-Gas gesättigt. Anschließend wird mit eisgekühlter rauchender Salzsäure aufgefüllt. Die Lösung wird durch eine trockene Glasnutsche in ein trockenes Röhrchen gesaugt. Aus diesem werden mit einem Stechheber 5 bis 10 ml entnommen und auf dem Wasserbad zur Trockne verdampft. Der Rückstand wird zu 100 ml gelöst und dann auf Magnesium geprüft. Durch Ausfällung des Aluminiums mit Äther-Salzsäure läßt sich das Magnesium weiter anreichern.

Empfindlichkeit. Die Erfassungsgrenze ist 0,001 bis 0,005 mg/ml.

Bei Erwärmen lassen sich noch 0,0005 mg/ml nachweisen [Hahn (a und c)].

Eegriwe (a) löst nur 0,01 g des Farbstoffs in 100 ml Wasser und benutzt diese Lösung als Reagens. In alkalischem Medium, 2 n Natronlauge im Überschuß zur Prüflösung zugesetzt, ergeben sich die gleichen Empfindlichkeiten wie mit der oben beschriebenen Methode. In diesem Falle stören Eisen, Kobalt, Nickel, Chrom und Mangan. Es lassen sich damit nachweisen:

0,001 mg Magnesium in Gegenwart von der hundertfachen Menge Blei, Zinn und Aluminium. Bei Anwendung einer Vergleichslösung, bestehend aus Reagens, Wasser und Natronlauge, läßt sich die gleiche Menge Magnesium auch in Gegenwart der fünfzigfachen Menge Aluminium nachweisen (RUDZIK).

Störungen. Ammoniumsalze und Phosphorsäure setzen die Empfindlichkeit herab, Nickel und Kobalt stören durch Bildung von gefärbten Verbindungen. In ziemlich konzentrierter ammoniakalischer Lösung stört Calciumoxalat. Sonst stört Calcium nicht, ebensowenig Aluminium, Barium und Strontium.

Spezieller Nachweis in Pflanzen. BRODA empfiehlt eine 0,5%ige Lösung eines Gemisches von 1 Teil Chinalizarin und 5 Teilen kristallisiertem Natriumacetat in 0,5%iger Natronlauge zum Nachweis des Magnesiums in Pflanzenzellen und Pflanzengeweben. Die Haltbarkeit der Lösung wird mit 1 Tag angegeben.

Ausführung. 1 bis 2 Tropfen Reagens werden auf den Pflanzenschnitt gebracht, welcher sich auf einem Objektträger befindet, und das Deckglas wird aufgelegt. Ein blauer Niederschlag oder Blaufärbung zeigen Magnesium an.

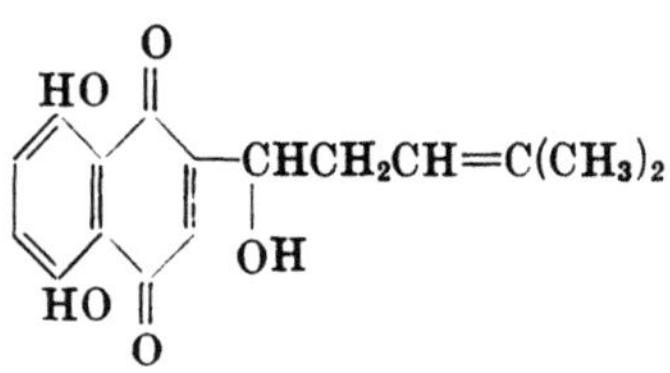

Alkannin

5. Nachweis mit Alkannatinktur.

Reagens. Alkannin, der färbende Anteil der Alkannawurzel.

Reagenslösung. Lösung des Alkannins in 96%igem Alkohol.

Ausführung. Zu 5 ml der Reagenslösung wird 1 Tropfen einer 2 n Ammoncarbonatlösung zugesetzt. Es erfolgt keine Änderung des Farbtons. Gibt man jetzt einen Tropfen der zu prüfenden Lösung hinzu, tritt bei Anwesenheit von Magnesium eine blauviolette Färbung auf [EISENLOHR (a und b)].

Störungen. Strontium und Mangan ergeben die gleiche Reaktion, mit Calcium ist die Färbung blau.

Beseitigung von Störungen. Man säuert im Zweifelsfalle die Lösung mit einem, höchstens zwei Tropfen 2 n Salzsäure an. Dabei geht die Farbe in Hellrot über. Dann setzt man die gleiche Anzahl Tropfen 2 n Ammoniumcarbonatlösung hinzu. Nur bei Anwesenheit von Mg kehrt dann der blauviolette Farbton wieder.

Es ist in allen Fällen notwendig, eine nicht durch Wasser verdünnte alkoholische Lösung des Farbstoffes zu benutzen und von der wäßrigen Prüflösung nur wenige Tropfen hinzuzugeben, da sonst immer durch hydrolytische Spaltung des Ammoniumcarbonats eine Blaufärbung eintritt. Eine gute Bestätigung erhält man durch die spektroskopische Prüfung nach J. FORMANEK; siehe S. 28.

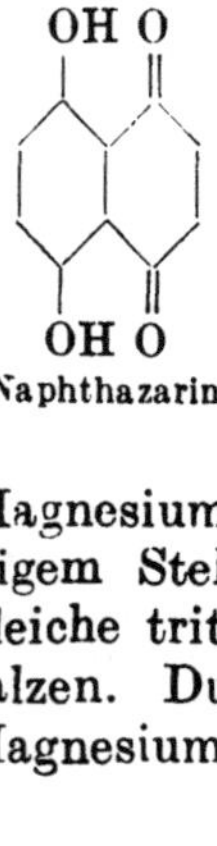

Naphthazarin

6. Nachweis mit Naphthazarin.

Reagens. Sublimiertes Naphthazarin.

Reagenslösung. 2 mg Naphthazarin werden in 2,5 ml Alkohol gelöst.

Ausführung. Zu 2,5 ml der Prüflösung werden 2,5 ml der Reagenslösung gegeben. Nach Zusatz von 1 ml Ammoniak fällt Magnesium dunkelblau.

Störungen. Ohne Zusatz von Ammoniak tritt bei Anwesenheit von Magnesium eine Trübung und eine rotviolette Verfärbung auf. Nach 24stündigem Stehen sind Spuren eines rotvioletten Niederschlags zu bemerken. Das gleiche tritt auf bei Anwesenheit von Zink-, Barium-, Strontium- und Calciumsalzen. Durch Hinzufügen von Ammoniak wird die Reaktion spezifisch für Magnesium (DUBSKY, LANGER u. WAGNER).

7. Nachweis mit Benzoazurin.

Reagens. Benzoazurin G (Schultz-Lehmanns Farbstofftabellen 7. Auflage, Farbstoff Nr. 497).

Reagenslösung. Eine 0,1%ige wäßrige Lösung des Farbstoffes. Die Lösung ist blauviolett und färbt sich auf Zusatz von Ammoniak rosa.

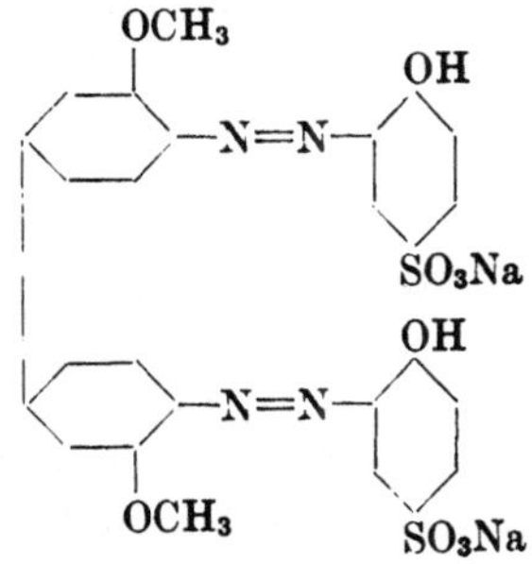

Benzoazurin

Ausführung. Die Prüflösung muß gegen Lackmus neutral und von Ammoniumsalzen frei sein. Man gibt zu 1 Tropfen der Prüflösung 1 bis 2 Tropfen Reagenslösung und mehrere Tropfen 25%iges Ammoniak. Bei Anwesenheit von Magnesium tritt Blaufärbung auf. Bei Mengen unter 0,0005 mg Magnesium ist die Färbung hellviolett. Größere Mengen Magnesium geben einen violettblauen Niederschlag. Unter Umständen erfolgt die Anfärbung stufenweise, weil andere Kationen störend wirken. Die Färbungszwischenstufen sind dann rosa, hellrötlichviolett, hellviolett und hellviolettblau. Das sofortige Auftreten des violettblauen Niederschlags oder der oben beschriebenen Färbungen ist charakteristisch für Magnesium.

Störungen. Den Nachweis stören oder verhindern, zum Teil deshalb, weil beim Versetzen mit Ammoniak die Hydroxyde der betreffenden Ionen fallen und das Magnesiumhydroxyd adsorbieren, folgende Kationen

NH_4^+, Ag^+, Hg^+, Hg^{++}, Cu^{++}, Sn^{++}, Be^{++}, VO^{++}, UO_2^{++}, Mn^{++}, Bi^{3+},
Sb^{3+}, Cr^{3+}, Al^{3+}, Fe^{3+}, La^{3+}, Sn^{4+}, Ti^{4+}.

Von den Anionen stören solche, die mit Magnesium schwerlösliche Salze geben und außerdem:

WO_4^{--}, MoO_4^{--}, AsO_4^{---}, $(ClO)^-$ zerstören den Farbstoff.

Der Nachweis läßt sich demnach am besten zur Bestimmung des Magnesiums innerhalb der Gruppe anwenden, nachdem die anderen störenden Kationen entfernt worden sind.

Kleinere Mengen Cu, kleine Mengen Co, größere Mengen Ni müssen wegen Blaufärbung ausscheiden.

Empfindlichkeit. 0,0002 mg Magnesium [Eegriwe (b)].

0,0018 mg Magnesium ließen sich noch nachweisen neben:

der 350fachen	Menge	Pb		der 1500fachen	Menge	Ca
21000	,,	,,	Cd	3500	,,	,,	Sr
1000	,,	,,	Zn	10000	,,	,,	Ba
90	,,	,,	Co	50000	,,	,,	Na
2100	,,	,,	Ni	12200	,,	,,	K

8. Nachweis mit o-Oxychinolin.

Reagens. o-Oxychinolin (Oxin).

Reagenslösung. 1%ige Lösung des o-Oxychinolins in Alkohol.

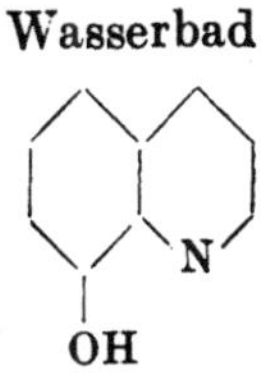

Oxychinolin

Ausführung. Die Prüflösung wird mit einer Messerspitze festen Ammoniumchlorids und 3 Tropfen konzentrierten Ammoniaks versetzt und im Wasserbad auf 70° C erwärmt. Das Magnesium wird dann mit überschüssiger Reagenslösung gefällt. Der Niederschlag ist grünlichgelb und kristallin. Der Überschuß an Reagenslösung ist an einer Gelbfärbung der überstehenden Flüssigkeit zu erkennen.

Empfindlichkeit. In ammoniakalischer Lösung ist die Erfassungsgrenze 0,001 mg Magnesium/ml. In natronalkalischer Lösung können

0,002 mg Magnesium/ml noch nachgewiesen werden. Die vollständige Fällung des Magnesiums liegt zwischen den p_H-Werten 9,44 und 12,66 [STREBINGER und REIF; BERG (a)].

Der Oxinniederschlag mit Magnesium zeichnet sich durch starke Fluorescenz aus. Mit ihrer Hilfe erreicht man eine Nachweisgrenze von 0,025 γ und eine Grenzkonzentration von 1 : 2000000. Über die spektrale Verteilung der Fluorescenzbanden siehe HIDEHIRO GOTÔ und auch FEIGL und HEISIG.

9. Nachweis mit Diphenylcarbazid.

Reagens. Diphenylcarbazid $OC = (NH \cdot NH \cdot C_6H_5)_2$ [FEIGL (a)].

Das Reagens wird dargestellt durch Zusammenschmelzen von 1 Mol Urethan und 2 Molen Phenylhydrazin bei Temperaturen, die nicht höher liegen dürfen als 160 bis 170°. Nach einigen Stunden ist die Umsetzung beendet, daran kenntlich, daß kein Ammoniak mehr entweicht. Das Reaktionsprodukt wird durch Auslaugen mit Äther von Verunreinigungen befreit und kann dann ohne weitere Reinigung benutzt werden.

Reagenslösung. Eine etwa 5%ige Lösung des Diphenylcarbazids in Alkohol, die mit Kaliumhydroxyd alkalisch gemacht wird.

Ausführung. Die Mg-haltige Probe wird in verdünnter Salzsäure gelöst. Ohne daß vom Unlöslichen abfiltriert wird, kocht man mit alkoholisch-alkalischer Reagenslösung auf, filtriert und wäscht aus, bis das Filtrat farblos ist. Ist im Niederschlag Magnesium enthalten, färbt sich dieser rotviolett. Die Intensität der Färbung hängt von der Magnesiummenge ab.

Ausführung bei Nachweis des Mg in Gesteinsproben. Ein erbsengroßes Stück des zu untersuchenden Materials wird gepulvert oder ungepulvert mit 5 ml Reagenslösung übergossen und 2 bis 3 Minuten am Sieden erhalten. Die rote Flüssigkeit wird abgegossen und so lange Wasser zugefügt, aufgekocht und abgegossen, bis die Flüssigkeit farblos bleibt. Bei Anwesenheit von Mg ist die Probe intensiv blauviolett gefärbt.

Störungen. Barium-, Calcium-, Strontium-, Chrom-, Aluminium-, Beryllium- und Eisenverbindungen reagieren unter den beschriebenen Bedingungen nicht mit dem Reagens. — Der Nachweis fällt trotz Anwesenheit von Magnesium negativ aus, wenn die Gesteinsprobe als Dolomit, dolomitischer Kalkstein oder reiner Kalkstein vorliegt. Ebenso zeigen keine Reaktion: Mesitinspan ($FeCO_3 \cdot MgCO_3$), eisenhaltige Magnesite, Mergel und magnesiumhaltiger Zement. — Die Störungen lassen sich beseitigen, wenn man die Probe vor dem Lötrohr oder im Porzellantiegel erst ausglüht und die Reaktion dann vornimmt [FEIGL (b)].

10. Nachweis mit Benzopurpurin.

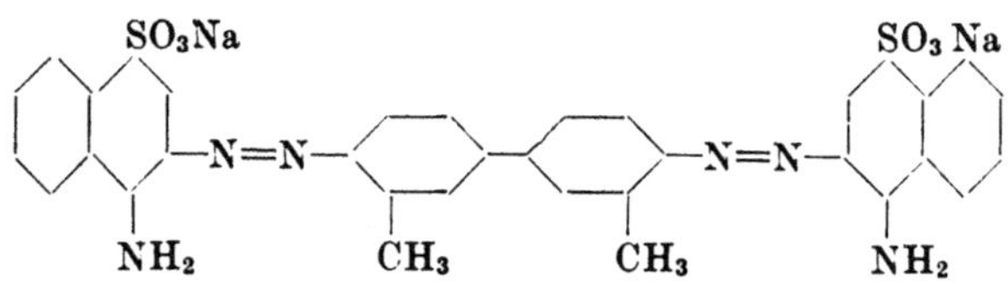

Reagens. Benzopurpurin 4 B(By) und Benzopurpurin 4 B(Cr.-E), Lösung von 0,1 g Farbstoff in 100 ml Wasser.

Ausführung. Zu einigen Tropfen der salzsauren Prüflösung, aus der die Ammoniumsalze entfernt sind, gibt man 1 bis 2 Tropfen Reagenslösung und einen

Überschuß von 2 n NaOH. In Anwesenheit von Magnesium treten folgende Färbungen auf:

Nachweisbare Menge Mg in 1 ml Gesamtvolumenlösung in mg	Hierbei auftretende Färbung	
0,0002	rosa	

Neben einer Vergleichslösung (Wasser + Reagens + NaOH) nachweisbare Menge Mg in mg	Färbung mit 0,01 mg Mg	Reaktion mit 1 mg Mg
0,0001	rosa	roter Niederschlag

Bei Abwesenheit von Magnesium ist die Färbung orangegelblich.

Empfindlichkeit. 0,001 mg Magnesium lassen sich noch nachweisen in Gegenwart von: 0,1 mg Pb, 0,1 mg Sn(IV), 0,1 mg Al, 0,1 mg Zn, 0,001 mg Mn, 0,001 mg Fe(III) und bei Anwendung einer Vergleichslösung neben 0,1 mg Be.

Störungen. Die gefärbten Kationen der III. Gruppe stören, unter ihnen besonders das Chrom [EEGRIWE (a)].

11. Nachweis mit Thiodiphenylcarbazid.

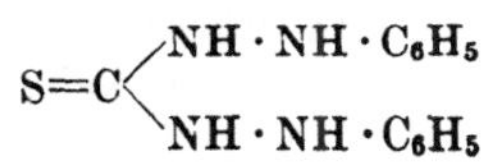

Thiodiphenylcarbazid

Reagens. Thiodiphenylcarbazid, dargestellt aus Phenylhydrazin und Schwefelkohlenstoff. Zum Nachweis wird eine kaltgesättigte alkoholische Lösung benutzt.

Ausführung. 2 ml der Reagenslösung werden der Prüflösung zugesetzt, und Ammoniak wird im Überschuß hinzugegeben. Bei Anwesenheit von Magnesium tritt ein roter gelatinöser Niederschlag auf. Ist wenig Magnesium anwesend, färbt sich die Lösung rot.

Grenzkonzentration. 1 : 300000 (AGOSTINI).

12. Nachweis mit p-Phenylendiamin.

Reagens. p-Phenylendiamin. Zur Anwendung kommt eine 0,5%ige wäßrige Lösung.

Ausführung. Zu der Prüflösung werden Reagenslösung sowie einige Tropfen konzentrierter Kalilauge gegeben und leicht geschüttelt. Bei Anwesenheit von Magnesium tritt ein Niederschlag auf, der je nach der Magnesiummenge rosaviolett bis violettpurpur gefärbt ist. In verdünnten Säuren ist der Niederschlag löslich, fällt aber nach Zugabe von Kalilauge wieder aus.

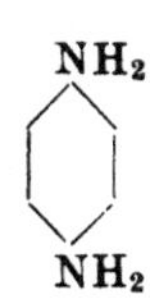

p-Phenylendiamin

Empfindlichkeit. 0,1 g Magnesium pro Liter.

Störungen. Barium und Strontium geben pulvrige Niederschläge, von denen sich der Magnesiumniederschlag aber durch seine Färbung unterscheiden läßt. Wenn Calcium stört, kann man den Niederschlag in Weinsäure lösen und nach Zusatz von KOH zur siedenden Lösung den Magnesiumniederschlag erhalten. Durch gleichzeitige Anwendung von Reagenslösung und 10%iger Weinsäure kann man der Störung vorbeugen. Zink und Aluminium geben Niederschläge, die durch Überschuß an KOH in Lösung gebracht werden können (LA ROSA).

13. Nachweis mit einem Kupplungsfarbstoff aus Tetrazobenzidin und Resorcin.

Reagenslösung. Der Kupplungsfarbstoff wird in möglichst wenig NaOH gelöst und kommt in 0,05%iger Lösung zur Anwendung.

Ausführung. Zu der schwach salzsauren Prüflösung gibt man 10 Tropfen der Reagenslösung und macht mit 10%igem NaOH alkalisch. Bei Anwesenheit von Magnesium tritt ein tiefblauer Niederschlag auf. Ist die Lösung stark gefärbt, muß das Magnesium erst gefällt und dann wieder in Lösung gebracht werden (FRANKLIN MILLER).

Störungen. Kupfer, Eisen und Kobalt beeinträchtigen die Färbung. Ebenso stören große Ammoniumsalzmengen. Calcium verursacht einen rötlichen, Cadmium einen tiefblauen Niederschlag.

Außer Benzidin kann man auch Nitroanilin, Anisidin, Dianisidin, Toluidin u. a. mit Resorcin zu ähnlich brauchbaren Farbstoffen kuppeln [KOLTHOFF (a)].

14. Nachweis mit Brillantgelb.

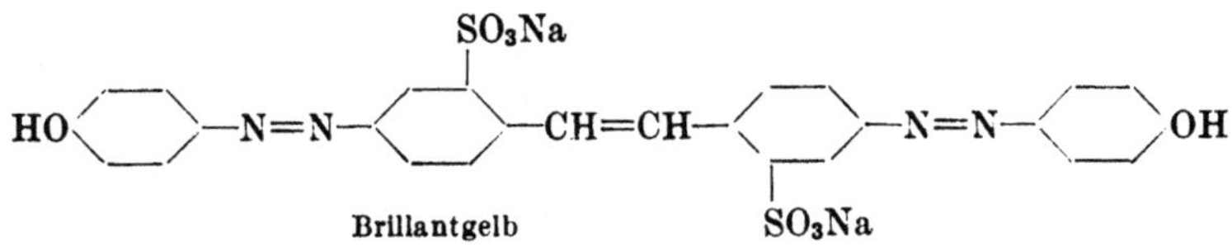

Brillantgelb

Reagens. Brillantgelb. (SCHULZ: Farbstofftabellen; ROWE: Colour Index).

Ausführung. Siehe bei Titangelb.

Empfindlichkeit. 4 mg Magnesium/l [KOLTHOFF (a)].

15. Nachweis mit Congo-Corinth.

Congo-Corinth gibt mit Magnesium eine schillernd violette Färbung.

Reagens. Congo-Corinth, das Natriumsalz der Diphenyl-diazo-4-sulfo-α-naphthylamin-α-naphthol-4-sulfonsäure.

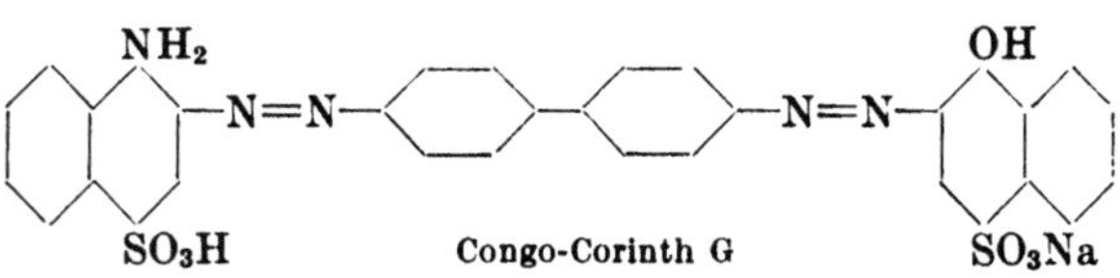

Congo-Corinth G

Reagenslösung. 0,1%ige wäßrige Lösung. In alkalischem Medium ist diese rot gefärbt.

Ausführung. 10 ml der Prüflösung werden 0,1 bis 0,2 ml der Reagenslösung und 1 ml 4 n NaOH zugesetzt. In Anwesenheit von Magnesium tritt eine schillernd violette Färbung auf.

Störungen. Kobalt und Nickel geben die gleiche Reaktion. Mangan stört durch Braunfärbung. Beryllium, Aluminium, Zink, Lanthan und Cadmium zeigen keine Reaktion, stören aber den Magnesiumnachweis.

Empfindlichkeit. 4 mg Magnesium pro Liter [KOLTHOFF (a)].

16. Nachweis mit „La Motte Purpur".

Magnesium gibt mit dem Farbstoff in alkalischem Medium Blaufärbung.

Reagens. „La Motte Purpur" der La Motte Chemical Products Comp., Baltimore, Maryland. Purpurfarbene Lösung, deren Zusammensetzung geheimgehalten wird.

Menge Magnesium mg pro Liter	Färbung
100	blau, nach 1/2 Min. blauviolette Flocken
10	purpur-blau
5	violett-purpur
2	violett-rot

Ausführung. 5 ml der Prüflösung werden mit 0,1 ml der Farbstofflösung und 1 ml 4 n Natronlauge versetzt. Es treten vorstehende Färbungen mit Magnesium auf.

Empfindlichkeit. 1 mg Magnesium pro Liter bei Vergleich mit einer Blindprobe.

Störungen. Kobalt und Nickel geben die gleichen Reaktionen. Beryllium setzt die Empfindlichkeit des Magnesiumnachweises herab. In einer Lösung, die 1 g Beryllium pro Liter enthält, können 0,5% Magnesium nachgewiesen werden, was sich durch Vergleich mit einer Blindprobe noch steigern läßt [KOLTHOFF (a)].

17. Nachweis mit p-Nitrobenzolazoresorcin.

Die Diazoverbindung gibt mit Magnesium eine himmelblaue Färbung.

Reagens. p-Nitrobenzolazoresorcin (SUITAU und OKUMA; RUIGH).

In 0,005 n NaOH ist die Farbe bräunlich, in 0,1 n NaOH violett. Der Farbumschlag erfolgt zwischen den p_H-Werten 10,8 und 13,0.

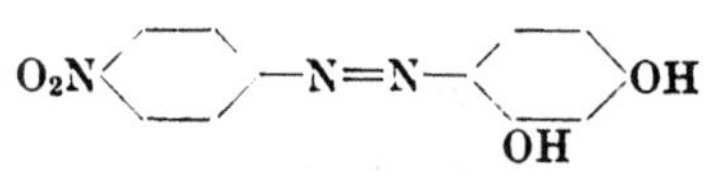

p-Nitrobenzolazoresorcin

Reagenslösung. 0,1%ige Lösung der Diazoverbindung in 50%igem Alkohol.

Ausführung. Zu 100 ml Prüflösung werden 0,1 ml Reagenslösung und 1 ml 4 n NaOH gegeben. Himmelblaue Färbung zeigt die Anwesenheit von Magnesium an.

Empfindlichkeit. 2 mg Magnesium pro Liter. Verwendet man nur 0,02 ml der Lösung, läßt sich noch 1 mg Magnesium im Liter bei Vergleich mit einer Blindprobe nachweisen.

Störungen. Kobalt und Nickel zeigen ähnliche Reaktionen. Beryllium, Aluminium, Lanthan, Zink und Cadmium stören den Nachweis des Magnesiums, Calcium stört, wenn es als Hydroxyd oder Carbonat vorliegt [KOLTHOFF (a), EEGRIWE (a)].

18. Nachweis mit 1-Aminoanthrachinon-2-carbonsäure.

Reagens. 1-Aminoanthrachinon-2-carbonsäure.

Reagenslösung. 0,266 g ($^1/_{1000}$ Mol) der Säure werden in 10 ml eingestelltem n/10 KOH gelöst. Man erhält so eine n/10-Lösung des Kaliumsalzes. 10 ml dieser Lösung werden auf 100 ml verdünnt. Man erhält dann die n/100-Lösung des Kaliumsalzes, welche als Reagenslösung dient.

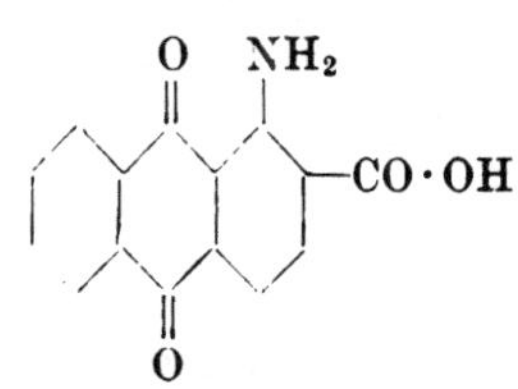

1-Aminoanthrachinon-2-carbonsäure

Ausführung. Zu 2 ml der Prüflösung wird KOH und Reagenslösung gegeben. Auch in Gegenwart von Alkalien erhält man bei Anwesenheit von Magnesium einen roten Niederschlag. Man saugt diesen ab und wäscht ihn mit Wasser aus. Auf dem Filtrierpapier hinterbleibt dann — im Gegensatz zu einer Blindprobe, die sich ganz auswaschen läßt — ein roter Fleck, wenn der Niederschlag von Magnesium herrührt.

Störungen. Alle Kationen, außer den Alkalien und Ammonium, geben mit dem Reagens rote Niederschläge [DUBSKY und HRDLIČKA].

Empfindlichkeit. 0,012 mg Magnesium pro ml können nachgewiesen werden. Die Grenzkonzentration ist 1 : 83000.

19. Nachweis mit Azo-Blau-Lösung.

Magnesium gibt mit alkalischer Azo-Blau-Lösung eine violette Färbung bis Fällung.

Reagens. Azo-Blau (Azo-Blue By).

Reagenslösung. 0,01 g des Farbstoffes werden in 100 ml Wasser gelöst.

Ausführung. Zur Prüflösung, aus der die Ammoniumsalze entfernt sein müssen, werden 1 bis 2 Tropfen Reagenslösung gegeben und mit 2 n NaOH im Überschuß alkalisch gemacht. Bei Anwesenheit von 1 mg Magnesium tritt ein violetter Niederschlag auf. 0,0002 mg Magnesium im ml Lösung lassen sich durch eine violette Färbung nachweisen. Neben einer Vergleichslösung, die nur Reagenslösung, Wasser und Natronlauge enthält, erhöht sich die Empfindlichkeit auf 0,0001 mg Magnesium im ml Lösung. In Abwesenheit von Kobalt und Nickel ist die Reaktion spezifisch für Magnesium.

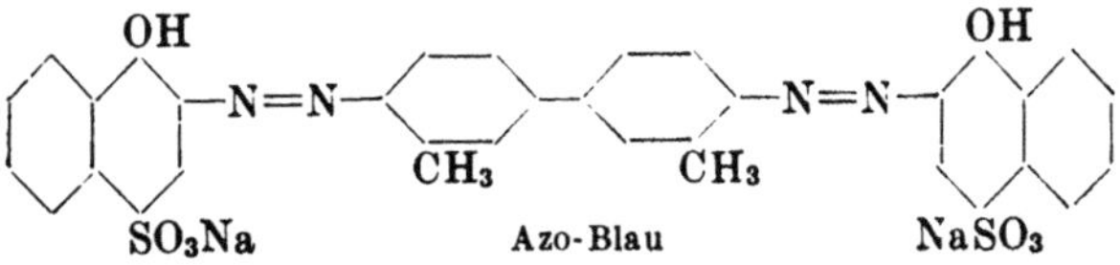

Störungen. Störend wirken die gefärbten Kationen der 3. Gruppe (Mn, Fe, Cr), am meisten Chrom. In Gegenwart der hundertfachen Menge von Pb-, Sn^{4+}- und Be-Ionen läßt sich noch 0,001 mg Magnesium nachweisen, bei Anwendung einer Vergleichslösung auch noch in Gegenwart der fünfzigfachen Menge Zn. Mit Hilfe einer 0,1%igen wäßrigen Azo-Blau-Lösung ist Magnesium in Pflanzenschnitten nachzuweisen (Broda).

Ausführung. Man bringt 1 bis 2 Tropfen Reagenslösung auf den Schnitt, der sich auf einem Objektträger befindet, und gibt etwas 10%ige Natronlauge zu. Violette Färbung zeigt Magnesium an.

20. Nachweis mit Toluylenorange.

Magnesium gibt mit Toluylenorange eine orange Färbung bis gelblichen, braunen Niederschlag.

Reagens. Toluylenorange R(S).

Reagenslösung. 0,01 g des Farbstoffes werden in 100 ml Wasser gelöst.

Ausführung. Zu der Prüflösung werden 1 bis 2 Tropfen Reagenslösung und 2 n NaOH im Überschuß gegeben. Bei Anwesenheit von Magnesium beobachtet man gelbbraune Fällung: 1 mg Magnesium pro ml. Orange Färbung: 0,0002 mg Magnesium pro ml.

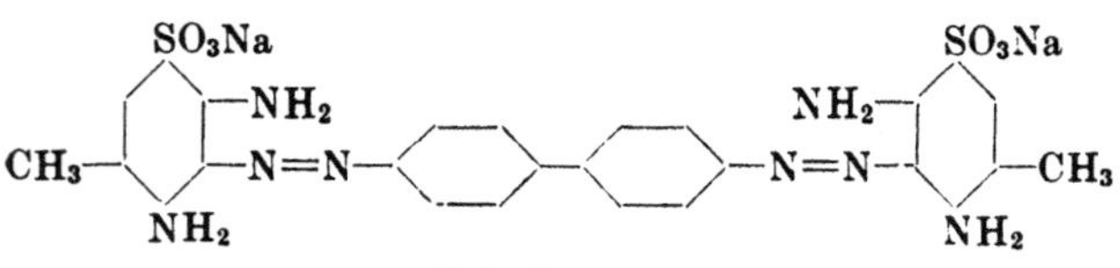

Neben einer Vergleichslösung, die nur Wasser, Natronlauge und Reagenslösung enthält, läßt sich noch 0,0001 mg im ml nachweisen.

Störungen. Die gefärbten Ionen der 3. Gruppe (Mn, Fe, Cr), besonders Chrom, wirken störend. Vor der Prüfung müssen außerdem die Ammoniumsalze entfernt werden.

Die Reaktion ist spezifisch für Magnesium in Abwesenheit von Kobalt und Nickel. 0,001 mg Magnesium läßt sich noch neben der hundertfachen Menge von Pb-, Sn^{4+}- und Be-Ionen mit einer Vergleichslösung neben der hundertfachen Menge Al-Ionen nachweisen [Eegriwe (a)].

21. Nachweis mit Naphthazon 1 und Naphthazon 2.

Naphthazon 1 und Naphthazon 2 geben rotviolett gefärbte wäßrige bzw. alkoholische Lösungen, deren Farbton sich bei Natronlaugezusatz nach Blauviolett verschiebt, und aus denen Magnesiumhydroxyd den Farbstoff mit blauer Farbe adsorbiert.

Bei geringer Magnesiumkonzentration tritt zunächst lediglich eine Farbänderung der Lösung von Violett nach Blau auf, während bei höherer Magnesiumkonzentration durch Farbstoffadsorption gefärbtes Magnesiumhydroxyd ausfällt unter Entfärbung der Lösung. Die beiden Farbstoffe unterscheiden sich in ihrer Reaktionsart in der Weise, daß Naphthazon 1 eine lavendelblaue und Naphthazon 2 eine türkisblaue Adsorptionsfarbe liefert. Auf Grund des stärkeren Kontrastes zwischen der ursprünglichen Farbe und der Adsorptionsfarbe ist die Reaktion bei Naphthazon 2 empfindlicher als bei Naphthazon 1.

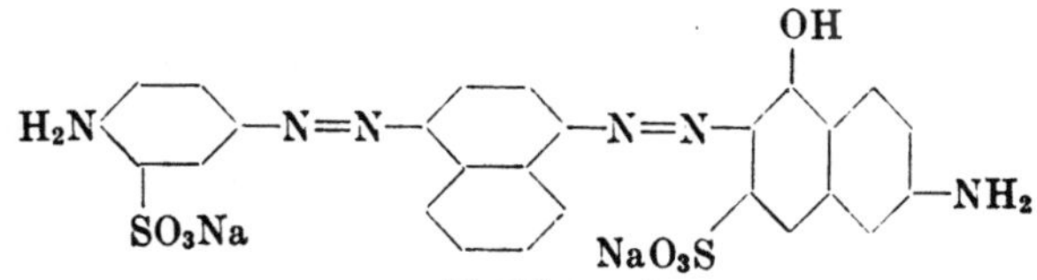

Naphthazon 1

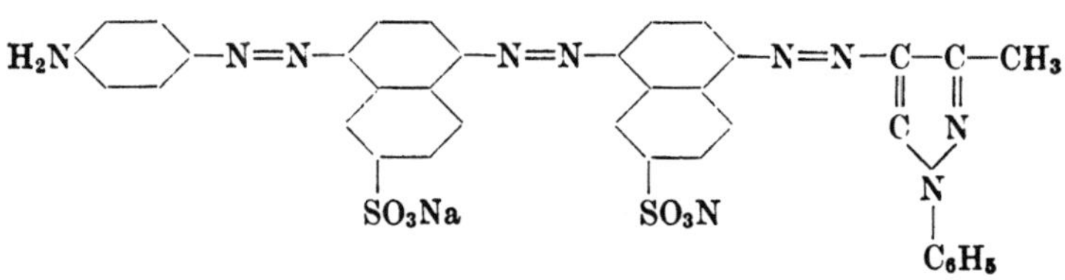

Naphthazon 2

Ausführung der Reaktion. Die zu prüfende Lösung wird zunächst mit einigen Tropfen der Farbstofflösung und dann mit einem Überschuß von 2 n Natronlauge versetzt. (Konzentration der Farbstofflösung: 0,02 g in 100 ml Wasser.)

Bei Gegenwart von Magnesium tritt ein Tonumschlag der Lösung von Violett nach Blau ein, und schließlich entsteht (namentlich beim Erhitzen oder bei höheren Magnesiumkonzentrationen) ein blauer Niederschlag, dessen Blau im Falle des Naphthazon 1 eine lavendelblaue und im Falle des Naphthazon 2 eine türkisblaue Nuance zeigt. In Abwesenheit von Magnesium behält die Lösung die violette Farbe der natronalkalischen Farbstofflösung. Die Verwendung entsprechender Vergleichslösungen erleichtert die Erkennung.

Erfassungsgrenze etwa 0,1 γ/ml.

Störungen. Die Reaktion wird von einer ganzen Reihe anderer Kationen nicht gestört, so daß der Nachweis auch neben Fremdkationen geführt werden kann. Calcium, Strontium und Barium bewirken keinerlei Tonänderung der Farbstofflösung. Falls es bei höheren Konzentrationen dieser Kationen zu Niederschlagsbildungen kommt, so sind diese Niederschläge pulvrig und nur äußerst schwach violett gefärbt, während der bei Magnesiumgegenwart auftretende Niederschlag schwammig und stark blau gefärbt ist.

Neben Aluminium, Zink, Chrom, Blei, Arsen, Antimon und Zinn ist der Nachweis des Magnesiums im allgemeinen möglich, da die Hydroxyde dieser Kationen in überschüssiger Natronlauge löslich sind. Ist allerdings viel Chrom neben geringen Mengen Magnesium vorhanden, dann wird die Erkennung des Magnesiums gestört. Überwiegt Aluminium gegenüber Magnesium beträchtlich, dann ist die mit Naphthazon 1 erzeugte Fällung eigenartigerweise bordeauxrot gefärbt, während sich die Nuance des mit Naphthazon 2 erzeugten Niederschlages nur wenig verschiebt. Liegen Kationen vor, die mit Natronlauge gefärbte und in Natronlaugeüberschuß unlösliche Hydroxyde bilden, wie Eisen, Mangan, Kobalt, dann ist die Erkennung des Magnesiums bei geringer Fremdkationenkonzentration möglich, bei höherer Konzentration dagegen wird die blaue Farbe des Magnesiumniederschlags durch den Fremdkationenniederschlag verdeckt. Bei Gegenwart von Nickel ist der Nachweis nicht spezifisch, da dessen Hydroxyd die beiden Farbstoffe ebenfalls mit blauer Farbe adsorbiert (Rath und Sanchez).

Weitere Nachweisreaktionen des Magnesiumions.

1. Nachweis mit 1-amino-2-naphthol-6-sulfosaurem Natrium.

Reagens. 1-amino-2-naphthol-6-sulfosaures Natrium in ammoniakalischer Lösung, 0,5%ig.

Ausführung. Zur Durchführung der Reaktion wird die Probe im Reagensglas mit 10 bis 12%iger NH_3-Lösung und 1 bis 2 Tropfen 0,5%iger Reagenslösung versetzt und erwärmt. Grenzkonzentration 1 : 40000.

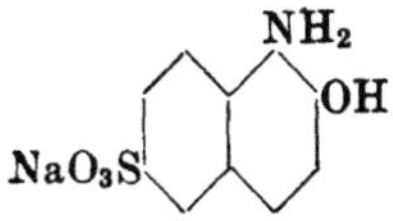

1-amino-2-naphthol-6-sulfosaures Natrium

Störungen. Kalium-, Natrium-, Ammonium-, Calcium-, Strontium-, Barium-, Nickel-, Kobalt-, Eisen(II)-, Zink-, Aluminium-, Silber-, Blei-, Wismut-, Cadmium- und Quecksilber(II)-ionen wirken nicht störend. Dagegen sind Eisen(III)- und Kupferionen störend (SCHASCHKIN; ferner STEPHEN).

2. Nachweis mit 8-Oxychinaldin.

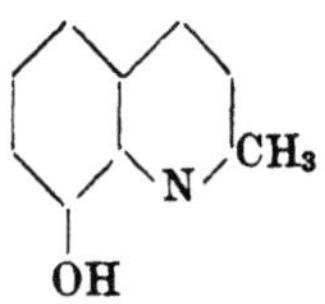

8-Oxychinaldin

Reagens. 8-Oxychinaldin.

Ausführung. Das geschmolzene Reagens gibt bei 100° mit Magnesiumionen im ultravioletten Licht gelb fluorescierende Komplexverbindungen. Der Nachweis ist nicht typisch (PHILLIPS, EMERY und PRICE).

§ 5. Nachweis auf mikrochemischem Wege.

A. Wichtige Fällungsreaktionen.

1. Nachweis als Magnesiumammoniumphosphat oder -arsenat.

Die aus neutralen, NH_4Cl-haltigen oder schwach ammoniakalischen Lösungen von Magnesiumsalzen mit Natriumammoniumphosphat gefällten Kristalle von Magnesiumammoniumphosphat sind infolge ihrer charakteristischen Ausbildungsformen zum mikroskopischen Nachweis geeignet. Für die Fällung als Arsenat gelten die gleichen Vorschriften. Die Reaktionen sind die gleichen. Die Kristalle sind rhombisch. An Ausbildungsformen beobachtet man zwei domatische Flächenpaare, kombiniert mit der Endfläche, so daß insgesamt der „dachförmige“ oder „sargdeckelähnliche“ Habitus entsteht, der meist in der Literatur zitiert wird (Abb. 1a). Häufig treten an den vier Kanten, die man in der Aufsicht beobachtet, sowie auf der oberen Fläche symmetrische Einkerbungen auf, die oft so groß werden, daß nur Kristallskelette in Schmetterlings- oder Gabelform, allerdings sehr charakteristisch, zu bemerken sind (Abb. 1b). Diese Skelettformen werden ausschließlich beobachtet, wenn die Reaktion in ammoniakalischen Lösungen, die mehr als 0,5% Magnesium enthalten, vorgenommen wird. In noch stärkeren Lösungen bilden sich sechsstrahlige, gefiederte Sterne aus, die endlich büschelförmige Aggregate bilden (Abb. 1c). Die Abb. 1d zeigt ebenfalls mögliche trapezförmige und dreieckige Täfelchen, die aus sehr verdünnten Lösungen kristallisieren.

Allgemein gilt, daß die Reaktion um so eindeutiger wird, je verdünnter die Lösung ist.

Störungen. Zink stört. Das ebenfalls störende Calcium hält man durch Zitronensäure in Lösung. Die Ausbildung der Kristallformen wird überhaupt durch die Zugabe von Zitronensäure begünstigt, da die Kristallisation langsamer erfolgt (HAUSHOFER; ROMIJN; HAHN, VIEWEG, MEYER).

Speziell für die Untersuchung der Mineralbestandteile von Pflanzen und Harnsedimenten auf Magnesium wird folgender Gang vorgeschlagen:

Das Sediment wird in Essigsäure gelöst und die Lösung *genau* mit Ammoniak neutralisiert. Auf Zusatz von etwas Silbernitrat entsteht ein käsiger Niederschlag

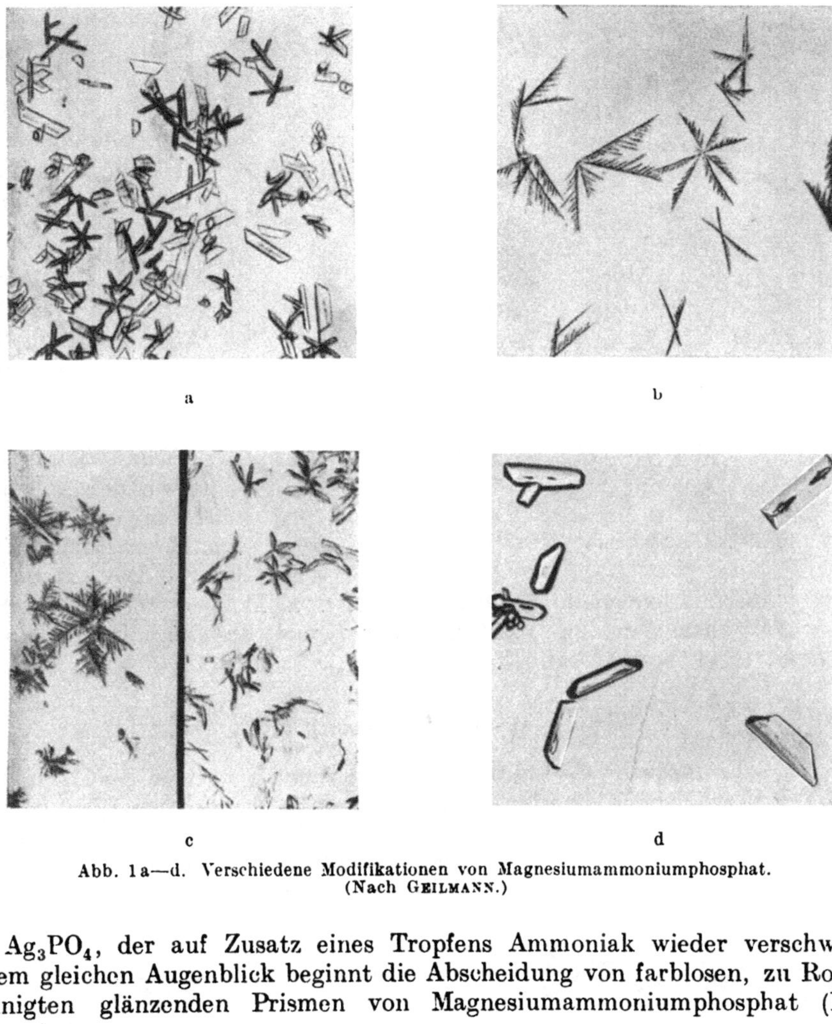

Abb. 1a—d. Verschiedene Modifikationen von Magnesiumammoniumphosphat. (Nach GEILMANN.)

von Ag_3PO_4, der auf Zusatz eines Tropfens Ammoniak wieder verschwindet. In dem gleichen Augenblick beginnt die Abscheidung von farblosen, zu Rosetten vereinigten glänzenden Prismen von Magnesiumammoniumphosphat (KUNZ-KRAUSE).

2. Nachweis als Magnesiumsulfat.

Raucht man zersetzliche Magnesiumverbindungen mit konzentrierter Schwefelsäure ab, nimmt den noch feuchten Rückstand mit einigen Tropfen Wasser auf und läßt die Lösung auf einem Objektträger im Exsiccator verdunsten, so bilden sich kleine Kristalle von $MgSO_4 \cdot H_2SO_4$ (SCHIFF). Kleine sechsseitige Tafeln von gleichem Basiswinkel, die senkrecht zur Basis beobachtet unter gekreuzten Nicols dunkel bleiben. An den Rändern größerer Kristalle ist oft die Rhomboederfläche zu beobachten. Die sehr zerfließlichen Kristalle lösen sich nach wenigen Minuten wieder auf. Diese Zerfließlichkeit ist charakteristisch für die Magnesiumverbindung. Als zusätzliche Prüfung läßt sich nach Zugabe von Wasser, Ammoniak und Natriumammoniumphosphat Magnesiumammoniumphosphat nachweisen. Kristalle von $MgSO_4 \cdot 3\,H_2SO_4$ (SCHULTZ, Jahresber.; HAUSHOFER) entstehen, wenn man zersetzbare Magnesiumverbindungen mit konzentrierter Schwefelsäure bis zum Kochen erhitzt und einen Tropfen der Lösung auf einem Objektträger im Exsiccator erkalten läßt. Der spitze ebene Winkel der Prismenflächen am

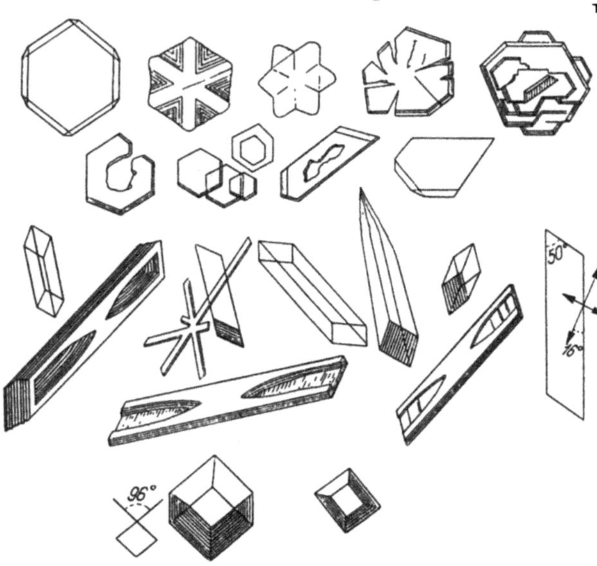

Abb. 2. Magnesiumsulfat. (Nach HAUSHOFER.)

nde der prismatischen istalle beträgt etwa 50°. e Auslöschungsrichtung f der Prismenfläche ıneidet deren Kante ter etwa 16° (Abb. 2). e Kristalle sind ebenfalls fließlich, aber nicht so ır, wie die des sauren lfats.

Nachweis als Magnesiumantimonat.

Aus neutralen Magne- msalzlösungen fällt auf satz von Kaliumanti- nat ein weißer, flocki- Niederschlag. An den fäßwänden bilden sich nach einiger Zeit Kristalle von Magnesiumantimonathydrat. Diese sind farblos, lebhaft glänzend, hexagonal, Kombinationen von Prisma und Basis. Häufig werden Verwachsungen zu rosettenförmigen und kugelförmigen Aggregaten beobachtet (HAUSHOFER) (Abb. 3).

4. Nachweis als Doppelverbindung $MgCl_2 \cdot CsCl$.

Durch sehr langsames Verdunsten von Lösungen, welche $MgCl_2$ und CsC ungefähr im Verhältnis 1 : 1 enthalten, kommt man zu charakteristischen Kristallen der Doppelverbindung. Rechteckige Tafeln, die geriefte Zwillinge bilden, ähnlich denen der Feldspate. Die Kristalle sind farblos, zeigen keinen Dichroismus und besitzen regelmäßige

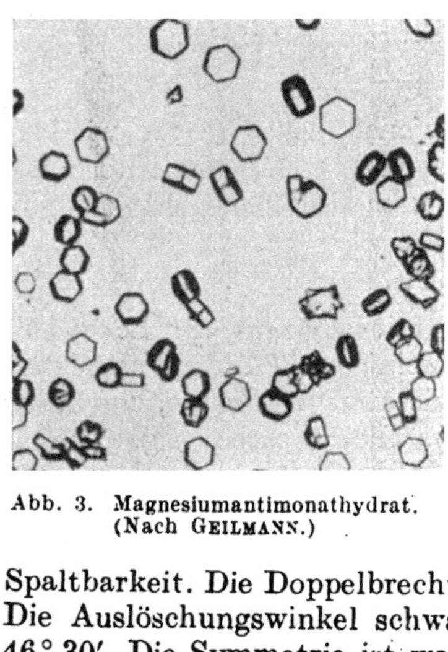

Abb. 3. Magnesiumantimonathydrat. (Nach GEILMANN.)

Abb. 4. Caesium-Magnesiumchlorid. [Nach Mikrochemie 2, 119 (1924).]

Spaltbarkeit. Die Doppelbrechung ist mittel, positiv, niedrige Polarisationsfarben. Die Auslöschungswinkel schwanken je nach den Kristallen zwischen 37° und 46° 30′. Die Symmetrie ist wahrscheinlich triklin, jedenfalls wird Zweiachsigkeit beobachtet. Die Kristalle sind sehr zerfließlich (DUCLOUX) (Abb. 4).

5. Nachweis mit Kalium-Eisen(III)-cyanid und Urotropin.

Reagens. 15%ige Urotropinlösung. Verdünnte Lösung von Kaliumeisen(III)-cyanid.

Ausführung. Auf dem Objektträger wird in einen Tropfen der Urotropinlösung mit einer Platindrahtöse ein winziger Tropfen der Prüflösung gebracht. Mit der Mischung wird, ebenfalls mit dem Platindraht, ein sehr kleiner Tropfen Kalium-Eisen(III)-cyanidlösung in Berührung gebracht. Unter dem Mikroskop zeigen sich bei Anwesenheit von Magnesium durchscheinende gelbe, in verschiedenen Ebenen gehäufte Platten, die im polarisierten Licht schief auslöschen (Abb. 5).

Erfassungsgrenze. $5 \cdot 10^{-7}$ g Magnesium. Es ist bei äußerster Verdünnung notwendig, Blindproben anzustellen. Der Test gehört zu den besten mikrochemischen Magnesiumnachweisen.

Störungen. Größere Mengen Calcium stören. Es bilden sich dicke prismatische

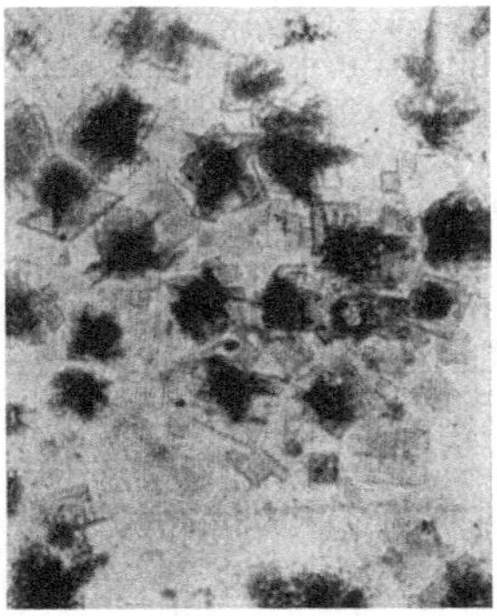

Abb. 5 Magnesium-Urotropin-Eisen(III)-cyanid.

Abb. 6. Magnesium-Urotropin-Eisen(II)-cyanid.

[Beide Abb. nach Mikrochemie, Emich-Festschrift S. 246 (1930).]

Nadeln. Barium, Lithium und Strontium stören nicht, da sich oktaedrische Kristalle bilden (RÂY und SAKAR).

6. Nachweis mit Kalium-Eisen(II)-cyanid und Urotropin.

Reagens. 15%ige Urotropinlösung. Festes Kalium-Eisen(II)-cyanid, feingepulvert.

Ausführung. Auf dem Objektträger wird mit einer Platindrahtöse in einen Tropfen Urotropinlösung ein Tropfen der Prüflösung gegeben. Ein sehr kleiner Kristall des gepulverten Kalium-Eisen(II)-cyanids wird mit der Platinöse an den Rand des Tropfens gebracht. In Anwesenheit von Magnesium tritt sofort eine cremefarbene Fällung auf. Unter dem Mikroskop zeigen sich zahlreiche Octaeder, die bald ihre scharfen Konturen verlieren und in runde, elliptische Gebilde deformieren (Abb. 6).

Erfassungsgrenze. $2 \cdot 10^{-6}$ g Magnesium.

Störungen. Große Mengen Calcium stören. Die quadratischen Tafeln der Calciumverbindung sind leicht von den Kristallen der Magnesiumverbindung zu unterscheiden. Barium, Strontium, sowie nicht zu große Mengen Lithium stören nicht. Barium und Strontium bilden quadratische Blättchen, Lithium zeigt Nadeln. Die Bildung von Magnesium-Eisen(II)-cyanid stört nicht [FEIGL (a)]. (RÂY und SAKAR.)

7. Nachweis mit Kalium-thiosulfato-kobalt(III)-pentacyanid und Urotropin.

Reagens. 15%ige Urotropinlösung, festes, gepulvertes Kaliumthiosulfato-kobalt(III)-pentacyanid.

Darstellung. Siehe RÂY.

Ausführung. Auf dem Objektträger wird mit einer Platindrahtöse in einen Tropfen Urotropinlösung ein Tropfen der Prüflösung gegeben. Ein sehr kleines Stück des gepulverten Kalium-thiosulfato-kobalt(III)-pentacyanids wird mit der Platinöse an den Rand des Tropfens gebracht. In Anwesenheit von Magnesium entsteht sofort eine gelbe Fällung, die aus zahlreichen isotropen Nadelbüscheln besteht. Barium, Strontium, Calcium und Lithium stören bei der Reaktion nicht.

Erfassungsgrenze. $8 \cdot 10^{-6}$ g Magnesium (RÂY und SAKAR.)

Abb. 7. Magnesium-Urotropin-Dithionat.

8. Nachweis mit Natriumdithionat und Urotropin.

Reagens. Natriumdithionatlösung 1 : 20, Urotropin fest.

Ausführung. 1 Tropfen der Natriumdithionatlösung wird auf den Objektträger gegeben. Aus der Prüflösung wird mit einer Platinöse 1 Tropfen genommen und dieser in den oberen Teil des Dithionattropfens gebracht. Darauf bringt man einen kleinen Kristall von Urotropin auf einen Platindraht und führt ihn in den Prüftropfen. Bei Anwesenheit von Magnesium entsteht eine weiße Fällung von $MgS_2O_6 \cdot 2(CH_2)_6N_4 \cdot 6H_2O$. Eine große Zahl transparenter, prismatischer Tafeln, die schiefe Auslöschung unter dem Polarisationsmikroskop zeigen (Abb. 7).

Erfassungsgrenze. $4 \cdot 10^{-6}$ g Magnesium.

Störungen. Calcium stört, es gibt ähnliche, aber sehr leicht lösliche Kristalle. Ähnliche Kristalle ergeben ferner Kobalt, Nickel und Mangan. (RÂY und SAKAR) (Abb. 7).

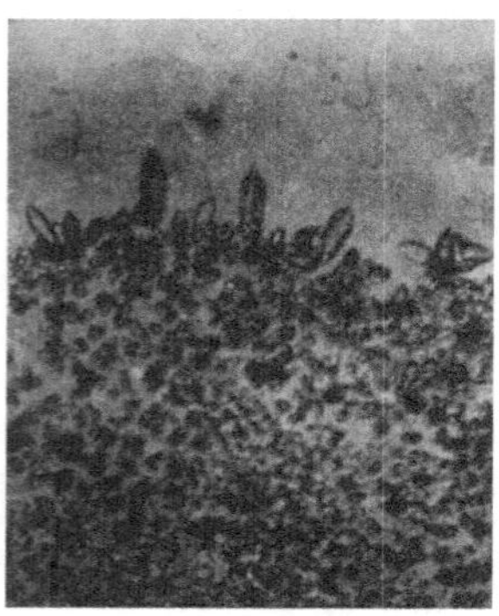

Abb. 8. Magnesiumfällung mit Urotropin und Nitroprussidnatrium. [Beide Abb. nach Mikrochemie, Emich-Festschrift, S. 246 (1930).]

9. Nachweis mit Nitroprussidnatrium und Urotropin.

Reagens. Nitroprussidnatrium, Urotropinlösung 15%ig.

Ausführung. 1 Tropfen der Urotropinlösung wird auf den Objektträger gebracht und mit einer Platinöse 1 Tropfen der Prüflösung dazugegeben. Ein sehr kleiner Kristall von Nitroprussidnatrium wird sodann auf der Spitze eines Platindrahtes an den Rand des Prüftropfens gebracht. Bei Anwesenheit von Magnesium entsteht eine rosarote Fällung von vielen sternförmigen Kristallen. Daneben werden Kreuze und dicke rechtwinklige Prismen mit spitzen Enden beobachtet. Die Kristalle sind optisch isotrop.

Empfindlichkeit. $8 \cdot 10^{-6}$ g Magnesium.

Störungen. Die Reagenzien allein ergeben eine Fällung ähnlicher Kristalle, die aber äußerst leicht löslich sind und leicht von denen der Magnesiumverbindung unterschieden werden können. Calcium bildet ähnliche Kristalle, die den Test unsicher machen. (RÂY und SAKAR.) (Abb. 8)

B. Nachweis mit organischen Reagenzien.

1. Nachweis mit Benzolsulfosäure.

Reagens. Gesättigte Lösung von benzolsulfosaurem Natrium.

Ausführung. Ein Probekörnchen der zu prüfenden Substanz wird in einen Tropfen der Reagenslösung gebracht. Bei Anwesenheit von Magnesium beobachtet man lebhaft polarisierende, scheinbar rhombische Tafeln und Prismen. Seltener treten auch Sterne aus kleinen Prismen auf. Die Beobachtungen werden am besten im Polarisationsmikroskop durchgeführt (Abb. 9).

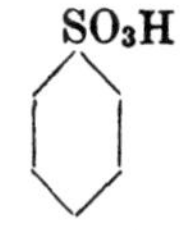

Benzolsulfosäure

Störungen. Mangan und Zink geben ähnliche Fällungen. Kristallinische Fällungen werden auch durch Calcium und Strontium hervorgerufen, die sich allerdings von denen der Magnesiumfällung unterscheiden. Es wird deshalb empfohlen, die Reaktion mit dem Filtrat anzustellen, das man bei Einhaltung des üblichen Analysenganges nach Entfernung der Erdalkalien erhält. Einen Tropfen von diesem dampft man zweckmäßig auf einem Objektträger ein und stellt die Reaktion mit dem Rückstand an.

Empfindlichkeit. Magnesium ist auch in Gegenwart der 50fachen Menge KCl oder NH_4Cl nachzuweisen. Die Empfindlichkeit leidet in Gegenwart von Natrium, welches höchstens in 10facher Menge anwesend sein darf (ROSENTHALER).

Abb. 9. Magnesium-benzolsulfonat. [Aus: Mikrochemie 2, 29 (1924).]

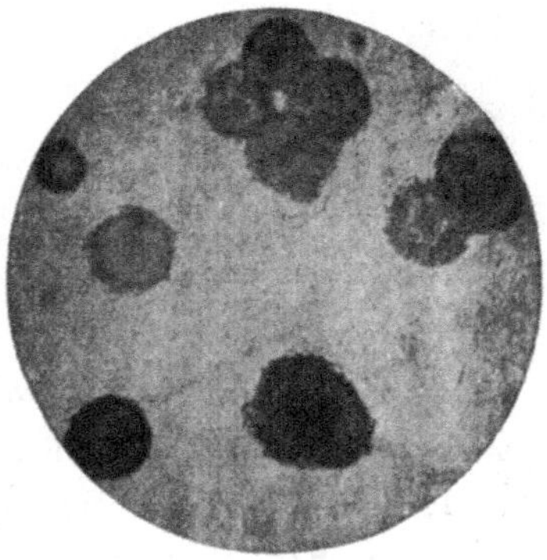
Abb. 10. Magnesium-α-naphthoat. [Aus: Mikrochemie 2, 29 (1924).]

2. Nachweis mit α-Naphthalinsulfosäure.

Reagens. Gesättigte Lösung von α-naphthalinsulfosaurem Natrium.

Ausführung. Ein Probekörnchen der zu prüfenden Substanz wird in einen Tropfen der Reagenslösung gebracht. Bei Anwesenheit von Magnesium werden

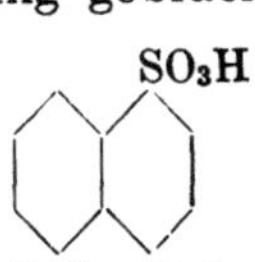

α-Naphthalinsulfosäure

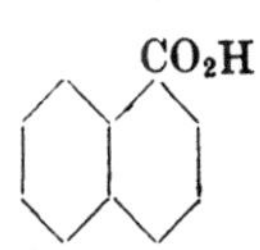

α-Naphthoesäure

zuerst Büschel von Nadeln, später auch Rauten, teils vereinzelt, teils in Büscheln beobachtet (ROSENTHALER).

3. Nachweis mit α-Naphthoesäure.

Reagens. Eine gesättigte Lösung von α-Naphthoesäure in 2%iger Sodalösung.

Ausführung. Ein Probekörnchen der zu prüfenden Substanz wird in einen Tropfen der Reagenslösung gebracht. Bei Anwesenheit von Magnesium beobachtet man Sphärokristalle und Drusen, aus deren Rand spieß- und stabförmige Einzelkristalle hervorwachsen (ROSENTHALER) (Abb. 10).

4. Nachweis mit Loretin.

Reagens. Loretin (2-Jod-1-Oxychinolin-4-Sulfosäure), dargestellt aus „Yatren puriss. 105“ durch Extraktion mit Alkohol.

Reaktion. Es bilden sich bei Anwesenheit von Magnesium freiwillig nach 1 bis 2 Min. rautenförmige, stark anisotrope Kristalle mit einem spitzen Winkel von 74°. n halbiert in der Regel den stumpfen Winkel.

Störungen. MgO gibt erst die beschriebene Reaktion, wenn es fein verrieben in einer Platinschale geglüht ist. Die Rauten lassen sich von gleichen, die durch ZnO gebildet werden, dadurch unterscheiden, daß sie kleiner sind und sich langsamer bilden. Calcium gibt tieforange Kristalle, mit Dichroismus gelbtieforange. Strontium lange, fast farblose Nadeln (VAN ZIJP).

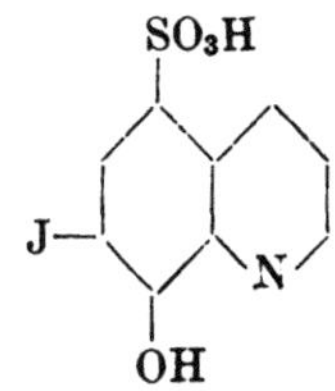

Loretin

Abb. 11. Magnesiumpikrat.
[Aus: Fr. 107, 414 (1936).]

5. Nachweis mit Pikrinsäure.

Magnesium bildet mit Pikrinsäure Kristalle von Magnesiumpikrat.

Reagenslösung. Gesättigte wäßrige Lösung von umkristallisierter Pikrinsäure.

Ausführung. Ein Tropfen der Prüflösung wird auf einen Objektträger gebracht und vorsichtig bis auf einen feuchten Rest eingedunstet. Auf den Rand des Rückstandes wird ein Tropfen der Reagenslösung gegeben. Ist Magnesium anwesend, bilden sich nach einiger Zeit Kristalle von Magnesiumpikrat, die denen des Natriumpikrates ähnlich sind. Die Reaktion muß in neutralem oder alkalischem Medium durchgeführt werden, da in saurem Medium die Pikrate zersetzt werden. Mineralsäuren geben Anlaß zur Ausfällung von Pikrinsäure, deren Kristalle das Gesichtsfeld im Mikroskop erfüllen und die Beobachtung der Pikratkristalle erschweren (Abb. 11).

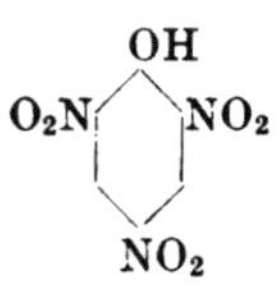

Pikrinsäure

Erfassungsgrenze. 0,0023 mg. Die Grenzkonzentration beträgt 1 : 430.

Störungen. Es besteht die Möglichkeit der Verwechslung mit Natriumpikratkristallen (ORLENKO und FESSENKO).

6. Nachweis mit Natriumpikrolonat.

Magnesiumsalze geben mit Natriumpikrolonat in neutraler Lösung eine Fällung von blaßgelbem Magnesiumpikrolonat.

Reagens. Eine wäßrige Lösung von Pikrolonsäure, die bei 60° gesättigt ist, wird mit Natronlauge sorgfältig gegen Phenolphthalein neutralisiert, abgekühlt und filtriert. Die gelbe Farbe der Lösung schlägt in Rot um. Beim Einengen scheiden sich langsam Kristalle von Natriumpikrolonat in gelben Nadeln aus.

Ausführung. In Lösungen von äquivalenten Konzentrationen fallen die Kristalle von Magnesiumpikrolonat nicht sofort aus, sondern nur nach Erhitzen oder bei längerem Stehen. Der Niederschlag ist sofort kristallin. Er hat die Zusammensetzung $C_{10}H_7N_4O_5Mg \cdot 2K_2O$. Die entwässerten Kristalle sind äußerst hygroskopisch, sie zersetzen sich bei 280°.

Störungen. Verwechslungen können unterlaufen mit den Kristallen des Calcium-, Strontium- und Bariumpikrolonats. Im Gegensatz zu dem Magnesiumsalz fallen diese aber amorph und wandeln sich erst in die kristalline Phase um (Robinson und Scott).

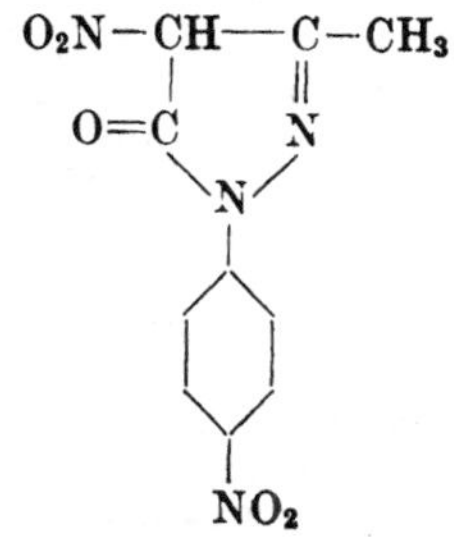

Pikrolonsäure

7. Nachweis mit o-Nitrophenol.

Reagens. Gesättigte Lösung von o-Nitrophenol-Natrium.

Ausführung. Ein Körnchen der zu prüfenden Substanz wird in einen Tropfen der Reagenslösung gebracht. Bei Anwesenheit von Magnesium beobachtet man zuerst Körnchen, dann Büschel und Drusen von Nädelchen.

Störungen. Natrium stört, da es Kristallfällungen gibt (Rosenthaler).

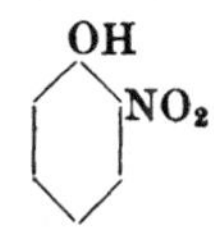

o-Nitrophenol

8. Nachweis mit Oxin in der Schmelze.

Reagens. 8-Oxychinolin.

Ausführung. Magnesiumcarbonat, -acetat und -oxyd geben in der Schmelze mit Oxin charakteristisch gestaltete Kristalle von Magnesiumoxynat bei ungefähr 180°. Zur Durchführung wird das auf Magnesium zu prüfende Salz

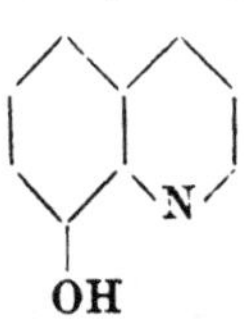

8-Oxychinolin

mit der 50- bis 100fachen Menge Oxychinolin auf dem Heiztisch eines Mikroskops bei 200° oder etwas darunter geschmolzen und die Schmelze nach 30 Sek. bei 75 bis 130° untersucht. Magnesiumoxynat ist von gelbgrüner Farbe und prismatischem Habitus. Die Kristalle haben einen Kantenwinkel von 84° und Auslöschung von 30° (West und Granatelli) (Abb. 12).

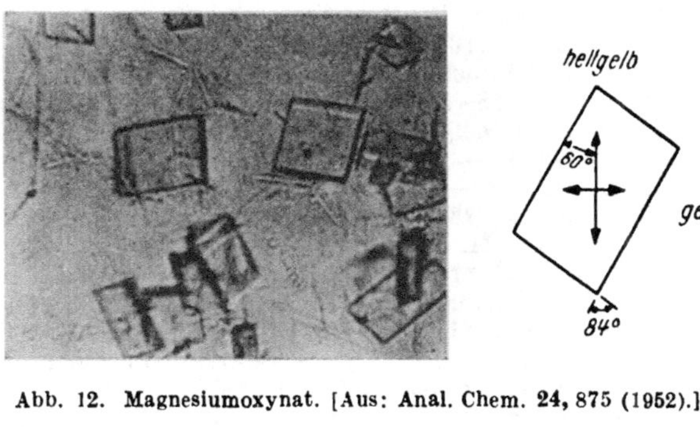

Abb. 12. Magnesiumoxynat. [Aus: Anal. Chem. **24**, 875 (1952).]

Literatur.

D'Ans u. E. Lax: Taschenbuch für Chemiker und Physiker, Springer, Berlin 1943. — Adam, R.: Bull. Ind. Chem. Belg. **5**, 447 (1927). — Agostini, P.: Ann. Chim. applic. **20**, 230 (1930).

Barnes, H. D.: J. agric. Chem. Inst. **11**, 67 (1928). — Behrens, H.: Fr. **30**, 139 (1891). — Benedetti, A. A., u. J. R. Rachele: Ind. eng. Chem. Anal. Edit. **9**, 589 (1937). — Berg, R.: (a) Fr. **70**, 341 (1927); **71**, 25 (1927); (b) Mikrochemie, Emich-Festschrift 18. — Berzelius, J. J.: Lehrbuch der Chemie, 5. Aufl. 1844, Bd. II, S. 156. — Broda, B.: Wladomósei farmac. **63**, 6, 15 (1936). — Brownsdon, H. W., u. E. H. S. van Someren: J. Ind. Met. **46**, Nr. 2, 97 (1931).

Curtmann, L. J., u. H. Dubin: J. Am. chem. Soc. **34**, 1493 (1912).

DUBSKY, J. V., A. LANGER u. E. WARNER: Mikrochemie **22**, 108 (1937). — DUBSKY, J. V., u. HRDLIČKA: Mikrochemie **22**, 116 (1937). — DUCLOUX, E. H.: Mikrochemie **2**, 119 (1924).

EEGRIVE, E.: Fr. (b) **108**, 34 (1937); (a) **76**, 354 (1929). — EISENLOHR, F.: (a) B. **53**, 1476 (1920); (b) Fr. **67**, 300 (1926/26).

FEIGL, F.: (a) Mikrochemie **2**, 186 (1924); (b) Fr. **72**, 113 (1927). — FEIGL, F., u. G. B. HEISIG: Analytica chim. Acta (Amsterdam) **3**, 561 (1949); durch C. **1950**, **II**, 1850. — FEIGL, F., u. E. PAWELKA: (c) Mikrochemie **2**, 85 (1924). — FORMANEK, J.: Fr. **39**, 414 (1900).

GEILMANN, W.: Bilder zur qual. Mikroanalyse anorganischer Stoffe, Voss, Leipzig 1934. — GERLACH, W., u. C. RIEDL: Die chemische Emissionsspektralanalyse, III. Teil, Leipzig 1942, S. 75. — GERLACH, W., u. E. SCHWEITZER: Die chemische Emissionsspektralanalyse. Leipzig 1930. — GOTÔ, HIDEHIRO: Sci. Rep. Tôhoku (Imp. Univ.), Ser. I, **29**, 287/303 (1940); durch C. **1941**, **I**, 1069. — GUENTHER, A.: Z. anorg. Chem. **200**, 409 (1930).

HAHN, F. L.: (a) Mikrochemie, Pregl-Festschrift S. 139; (b) B. **57**, 1394 (1924); (c) Festschrift des Physikal. Vereins S. 85 (1924, Frankfurt/Main). — HAHN, F. L., K. VIEWEG u. H. MEYER: B. **60**, 971 (1927). — HAUSHOFER, K.: Mikroskopische Reaktionen, S. 92, Braunschweig 1885. — HEMMELER, A.: Ann. Chim. applic. **25**, 610 (1935). — HILGER, A.: Fr. **13**, 132, 136 (1874). — HAHN, F. L., H. WOLF u. G. JÄGER: B. **57**, 1394 (1924).

KARAOGLANOV, Z.: Fr. **114**, 107 (1938). — KOLTHOFF, J. M.: (a) Mikrochemie, Emich-Festschrift, S. 180, 182, 185—189 (1934); (b) Chem. Weekbl. **24**, 459 (1927). — KUNZ-KRAUSE, H.: B. 1672 (1920).

LOMAKIA, B. A.: Z. anorg. Chem. **187**, 75 (1930). — LUCAS, V.: Rev. Assoc. brasil. Farmaceuticos **17**, 9 (1936). — LUNDEGARDH: Die qualitative Spektralanalyse der Elemente, Jena 1934, Teil 2, S. 64.

MACHATSCHKI, F.: Vorräte und Verteilung der mineralischen Rohstoffe, Springer, Wien 1948, S. 70. — MIGLIACCI, D., u. C. CRAPETTA: Ann. Chim. applic. **17**, 66 (1927). — MALJAROFF, K. L., u. W. B. MATSKIEWITSCH: Fr. **98**, 31 (1934). — MEGGERS, W. F., C. C. KIESS u. F. J. STIMSON: Sci. Pap. Bur. Standard **444**, 235 (1922). — MILLER, C. F.: Chemist-Analyst **21**, Nr. 5, 6 (1932). — MILLER, F. A., u. CH. WILKINS: Anal. Chem. **24**, 1253 (1952). — MURMANN, E.: Öst. Ch. Z. **28**, 42 (1925).

NEGRESCO, T.: J. Chim. phys. **25**, 142, 216, 308, 343, 363 (1928).

ORLENKO, A. F., u. N. G. FESSENKO: Fr. **107**, 414 (1936).

PETRASCHENJ, W. J.: Fr. **71**, 291 (1927). — PHILLIPS, J. P., J. F. EMERY u. H. P. PRICE: Anal. Chem. **24**, 1033 (1952).

REMY-GENNETE, P.: Bull. Soc. chim. France, Mem. **5**, 666 (1938). — RATH, H., u. A. SANCHEZ: Fr. **129**, 1 (1949). — RÂY, P.: J. Indian chem. Soc. **5**, 327 (1927). — RÂY, P., u. P. B. SAKAR: Mikrochemie, Emich-Festschrift S. 246 (1930). — ROBINSON, P. L., u. E. W. SCOTT: Fr. **88**, 418 (1932). — ROMIJN, G.: Fr. **37**, 300 (1898). — ROSA LA, L.: Ann. Chim. applic. **22**, 725 (1932). — ROSENTHALER, L.: Mikrochemie **2**, 29 (1924). — ROSS, W.: Chem. N. **41**, 158 (1880). — ROWE, F. M.: Colour Index, Bradford: Society of Dyers and Colamists, 1924, Nr. 364, 813. — RUIGH, W. L.: J. Amer. chem. Soc. **51**, 1456 (1929). — RUDZIK, W.: Oberflächentechn. **18**, 115, 131 (1941); durch C. **1942**, I, 237.

SCHASCHKIN, M. A.: Betriebslab. (russ.) **16**, 748 (1950); durch C. **1951**, I, 1779. — SCHEIBE, G., u. BÖTTGER: Physikalische Methoden der analytischen Chemie. I. Teil: Spektroskopische u. Radiometrische Analyse. Leipzig 1933. — SCHEIBE, G., u. A. NEUHÄUSSER: Z. angew. Chem. **41**, 1218 (1928). — SCHEIBE, G., C. F. LINDSTRÖM u. O. SCHNETTLER: Z. angew. Chem. **44**, 145 (1931). — SCHIFF: Ann. Chem. Pharm. **106**, 115. — SCHLEICHER, A., u. J. CLERMONT: Fr. **86**, 192, 271 (1931). — SCHULTZ: Jbr. **1868**, 153. — SCHULTZ, G.: Farbstofftabellen 1928, Nr. 198. — SCHULTZ, G., u. L. LEHMANN: Farbstofftabellen, 7. Aufl., 2 Bde., Nr. 198, 303, 497. Leipzig 1931/34. — SCHWEITZER, E.: Z. anorg. Chem. **164**, 131 (1927). — SUITAU, K., u. K. OKUMA: J. Soc. chem. Ind. Japan (Suppl.) **29**, 132 (1926). — SMITH, D. M.: Trans. Faraday Soc. **26**, 101 (1930); J. Ind. Met. **46**, Nr. 2, 114 (1931). — STREBINGER, H., u. W. REIF: Mikrochemie, Pregl-Festschrift. — STEPHEN, W. J.: Chem. Age **66**, 47 (1952); durch C. **1953**, 3772.

TÖPELMANN, H.: Fr. **82**, 284 (1930). — TREADWELL, F. P.: Lehrbuch der analytischen Chemie, 11. Aufl. 1935, Bd. I, S. 84. — TRITON: Chem. N. **41**, 133 (1880).

WUNDER, W.: J. pr. Chem. (2) **1**, 461 (1870). — WEST, PH. W., u. L. GRANATELLI: Anal. Chem. **24**, 870 (1952).

ZIJP VAN, C.: Pharm. Weekbl. **69**, 1192 (1932) [Ref. in Fr. **96**, 347 (1934)].

Calcium.

Ca, Atomgewicht 40,08; Ordnungszahl 20.

Von HELMUT HARTMANN, Braunschweig.

Mit 6 Abbildungen.

Inhaltsübersicht.

Calcium gehört zu den am meisten verbreiteten Elementen und ist am Aufbau der Erdrinde mit 3,5% beteiligt. Entsprechend seiner großen Reaktionsfähigkeit kommt es, wie die anderen Erdalkalimetalle, stets nur in gebundenem Zustand vor. Durch Verwitterung calciumhaltiger Silicate, wie z. B. Anorthit (Kalkfeldspat $Ca(Al_2Si_2O_8)$, Epidot $Ca_2(Al_2Fe)_3(SiO_4)_3(OH)$, Wollastonit $Ca_2(Si_2O_6)$ und vieler anderer kommen Calciumverbindungen in den Ackerboden und als „Härtebildner" in natürliche Wässer. Das Meerwasser enthält etwa 0,16% Calciumsulfat. Gewaltige Mengen stehen im Kalkstein, Marmor als Carbonat, daneben als Dolomit $MgCO_3 \cdot CaCO_3$, oft gebirgsbildend an. Niedere Tiere bauen ihren Schalenpanzer als $CaCO_3$ auf, z. B. Muscheln, Korallen usw., welches oft in ungeheurem Ausmaß geschieht (z. B. Koralleninseln). In reinster Form kommt $CaCO_3$ als Kalkspat und Aragonit vor. In den Ablagerungen der Kalisalze und des Steinsalzes findet sich der Gips $CaSO_4 \cdot 2H_2O$ und Anhydrit $CaSO_4$ neben

Alkalidoppelsalzen wie Glauberit $Na_2SO_4 \cdot CaSO_4$. Hier hat sich auch das Doppelchlorid Tachhydrit $CaCl_2 \cdot 2MgCl_2 \cdot 12H_2O$ ausgeschieden. Die Phosphate Apatit $3\,Ca_3(PO_4)_2$, $Ca(F, Cl)_2$, Hydroxylapatit oder Phosphorit $3\,Ca_3(PO_4)_2Ca(OH)_2$ und Carbonat-Apatit $3\,Ca_3(PO_4)_2CaCO_3 \cdot H_2O$ sind wichtig für den Phosphorstoffwechsel von Tier und Pflanze, letztere als Gerüstsubstanzen von Knochen und Zähnen. Daneben sei noch der wichtige Flußspat CaF_2 erwähnt. Es sei in diesem Zusammenhang darauf hingewiesen, daß schon allein wegen der allgemeinen Verwendung unserer stets calciumhaltigen Baustoffe in der Luft calciumhaltiger Staub vorhanden ist, so daß bei analytischen Arbeiten größter Genauigkeit hierauf Rücksicht zu nehmen ist. (Besonders bei spektralanalytischen Arbeiten.)

Wie alle Elemente der zweiten Hauptgruppe tritt das Calcium in seinen Verbindungen nur positiv zweiwertig auf. Die in ganz seltenen Fällen beobachtete Einwertigkeit ist für alle analytischen Belange ohne jede Bedeutung. Der elektropositive Charakter ist stark ausgeprägt, was sich in der Stellung innerhalb der Spannungsreihe und der starken Reaktionsfähigkeit zu elektronegativen Elementen äußert.

Tabelle 1. *Übersicht über einige Eigenschaften des Calciums und seiner Verbindungen.*

	Schmelzpunkt	Siedepunkt
Ca	850°	1487°
CaO	~ 2570°	2850°
$CaCl_2$.	765°	>1600°
CaF_2	1392°	~2500°

Bildungswärme des Oxydes 152 Cal. Mol.,
Normalpotential $Ca \rightarrow Ca^{++} \sim -2{,}87$ V,
Atomradius 1,97 Å,
Ionenradius 1,06 Å n. GOLDSCHMIDT,
0,99 Å n. PAULING,
(D'ANS u. LAX).

Die meisten einfachen Calciumsalze sind in Wasser löslich, besonders diejenigen der Halogene, mit Ausnahme des Fluorides, ferner alle sauren Salze. Schwer löslich sind nur das Fluorid, die neutralen Phosphate und Arsenate, das Sulfat, Silicat, Carbonat und Oxalat. Die Löslichkeit der beiden letzteren Salze ist sehr klein, so daß die Ionen CO_3'' und C_2O_4'' in neutraler und alkalischer Lösung sehr empfindliche Reagenzien auf Calciumionen bilden. In organischen Flüssigkeiten, auch Alkohol, sind Calciumsalze mit Ausnahme der Halogenide und des Nitrates schwer löslich. Dementsprechend fällt das Calcium im Laufe des Trennungsganges weder mit Schwefelwasserstoff noch mit (carbonatfreiem) Schwefelammonium, es wird vielmehr meist gemeinsam mit Strontium und Barium mit Ammoniumcarbonat in der Wärme als neutrales Calciumcarbonat gefällt, bisweilen auch als Sulfat.

Innerhalb dieser Gruppe kann die Abtrennung am einfachsten durch Extraktion des in Alkohol löslichen Nitrates mit diesem, durch die Löslichkeit von Calciumsulfat in Wasser oder verdünnter Salzsäure oder durch die Unlöslichkeit des Calciumoxalates in Essigsäure erfolgen. Direkt kann man u. a. Calciumion neben Barium und Strontium durch Fällung mit einer gesättigten Lösung von Kalium-Eisen(II)-cyanid-Lösung nachweisen (ABEGG).

Nachweismethoden.

§ 1. Nachweis auf optischem Wege.

A. Durch Flammenfärbung.

Calciumsalze färben die nichtleuchtende Flamme des Bunsenbrenners ziegelrot, falls sie flüchtig sind. So geben das Sulfat und Carbonat sowie Salze anderer nichtflüchtiger Säuren die Flammenfärbung erst nach Befeuchten mit Salzsäure.

Durch ein Indigoprisma erscheint die Färbung gelb, falls die Schicht sehr dünn ist; ist sie etwas dicker, so geht die Färbung durch Violett in Blau über. Nach Befeuchten mit Salzsäure erscheint die Farbe durch ein Indigoprisma olivengrün. Durch ein grünes Glas erscheint sie zeisiggrün, durch blaues grüngrau. Die alkohollöslichen Calciumverbindungen färben die Alkoholflamme gelbrot (Rüdisüle).

B. Durch spektrale Zerlegung.

1. Emissionsspektrum.

Das Flammenspektrum der Calciumverbindungen besteht aus Linien des Metallspektrums und aus Banden, welche dem Calciumoxyd bzw. anderen Calciumsalzen angehören. Diese Banden machen bei kleiner Dispersion des benutzten Spektralapparates den Eindruck abschattierter Streifen mit mehr oder weniger deutlichem Schwerpunkt der ganzen Banden oder Kanten. Diesen Anblick hat man vor sich, wenn man die üblichen Glasspektroskope der chemischen Laboratorien verwendet. Trotzdem sind die Erscheinungen dieser Flammenspektren bei kleiner Dispersion charakteristisch. Von entscheidender Charakteristik ist die Calciumlinie 4226,90 Å. Von den Calciumoxydbanden sind die roten, gelben und grünen die weitaus stärksten. Im Flammenspektrum des Calciumchlorids tauchen neben den Calciummetalllinien und den Oxydbanden deutlich charakteristische Chloridbanden auf. Das Calciumbromid liefert ein aus Linien und Banden zusammengesetztes Verbindungsspektrum, welches im orangefarbenen Teil auftaucht, während das Verbindungsspektrum des Calciumjodids noch weiter gegen Rot vorgerückt ist als die beiden vorigen. Calciumfluorid gibt im Leuchtgas-Sauerstoffgebläse neben Oxydbanden ein Verbindungsspektrum. Die Fluoridbanden sind sehr beständig und treten auch im Bogenspektrum des Fluorcalciums auf (Eder-Valenta).

Brauchbare Analysenlinien nach D'Ans-Lax:

3158,9	(R,	B	3	F	8 ·	II)
3179,3	(R,	B	4	F	10 ·	II)
3706,0	(R,	B	3	F	8 ·	II)
3933,7	(R,	B	10	F	10 ·	I)
3968,5	(R,	B	10	F	10 ·	I)
4226,7	(R,	B	10	F	10 ·	I)
5588,8	(	B	3	F	3 ·	I)
5590,1	(	B	4	F	2 ·	I)
6162,2	(R,	B	5	F	3 ·	I)

Gerlach-Riedel geben lediglich folgende Analysenlinien an:

4226,7	I
3968,5	II
3933,7	II

Für $\lambda = 4226,7$ sind starke Störungslinien Fe 4227,4 und Ge I 4226,6. Bei schwacher Dispersion im Glasspektrographen sind Koinzidenzen zu erwarten mit je einer Linie von Co, Cr, Mn, Mo, Sc, Ti und W. Weiterhin ist Vorsicht geboten bei Gegenwart von Os und V, z. B. im Apparat Zeiß 9×12 oder Steinheil-Zweiprismenapparat.

Für $\lambda = 3968,5$ treten als starke Störungslinien auf: Cr I = 3969,8 und 3963,7, Fe = 3969,3. Untergrundschwärzung wird durch Al und Fe hervorgerufen. Linienverbreiterung ergeben V sowie sehr schwach Os und Rh. Auf weitere Koinzidenzen ist zu achten bei Gegenwart von Co, Ir, Mo, Ni, Os, Sr und W.

Für $\lambda = 3933,7$ sind starke Störungslinien Fe = 3933,6 und Fe I = 3930,3. Eine Linienverbreiterung kann durch Ba bewirkt werden. Koinzidenzen liegen vor bei Ir, Ru, Se, V, Mn, ferner mit Linien des Co und W sowie mit sehr schwachen

Linien von Mo und Ti. Im Glasspektrographen von FUESS ist in starker Abhängigkeit von den Entladungsbedingungen im Bogen 4226,7 stärker als 3933,7 und diese stärker als 3968,5. Im Funken kehrt sich unter gleicher Abhängigkeit das Intensitätsverhältnis um, so daß 3933,7 stärker ist als 3968,5 und diese stärker als 4226,7. Im Quarz- und Glasspektrographen von Zeiß ist im Bogen das Verhältnis der Linien das gleiche wie im Glasspektrographen von FUESS, nur daß der Unterschied zwischen 4226,7 und 3933,7 stark zurücktritt, so daß die Intensität dieser beiden Linien fast gleich wird. Im Funken bleibt das Verhältnis der Intensitäten ebenfalls gleich, nur daß 4226,7 stärker zurücktritt (GERLACH-RIEDEL).

2. Absorptionsspektrum.

Über ein Absorptionsspektrum, welches beim Vermischen von Alkannatinktur mit Calciumsalzen entsteht, s. FORMANEK.

C. Durch Luminescenz.

a) Nachweis mittels Fluorescenz. Calciumsalze geben mit Morin in Gegenwart von Alkohol und etwas Natronlauge einen fluorescierenden Niederschlag.

Erfassungsgrenze. 1 γ.

Grenzkonzentration. 1 : 500000.

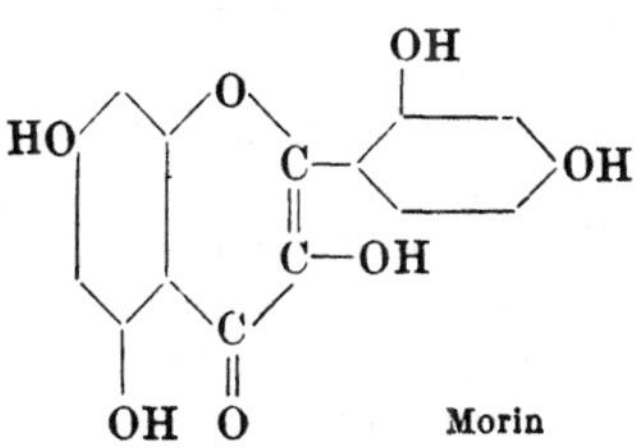

Morin

Dieser Nachweis ist aber nicht spezifisch im Gegensatz zur Fluorescenz, welche Calciumsalze mit Oxin in ammoniakalischer Lösung aufweisen. Die Bande der Fluorescenz erstreckt sich spektral von 4200 Å bis 6000 Å mit λ_{max} 4500 Å bis 4300 Å (HIDEHIRO GOTO).

b) Nachweis im UV-Licht. Das Oxinat des Calciums zeigt im UV-Licht eine lebhafte Luminescenz (FEIGL und HEISIG).

Nach SANDEL gibt auch Morin in schwach alkalischer Lösung mit Calcium im UV-Licht eine deutliche Luminescenz. (Näheres s. unter Beryllium.)

D. Im Ultrarotspektrum.

Nachweis durch Infrarotspektrum. MILLER und WILKINS untersuchen die Infrarotspektren von 159 anorganischen Salzen mit polyatomigen Ionen, darunter auch Calciumcarbonat, Calciumnitrat, Calciumphosphat (ein-, zwei- und dreibasisch), Calcium-ortho-arsenat (dreibasisch), Calciumsulfit, Calciumsulfat, Calciumjodat, Calciumdichromat, Calciumwolframat, Calciumpermanganat, Calcium-Eisen(II)-cyanid. Die charakteristischen Absorptionsfrequenzen sind tabellarisch und graphisch wiedergegeben. Wegen der Einzelheiten sei auf die umfangreiche Originalarbeit verwiesen.

§ 2. Nachweis auf trockenem Wege.

a) Verhalten in der Borax- und der Phosphorsalzperle. Calciumverbindungen flüchtiger Säuren geben in der Boraxperle, wenn sie in reichlicher Menge eingetragen werden, so daß die Perle eben noch klar erstarrt, beim Abkühlen runde, linsen- oder kugelförmige Aggregate. Bei geringer Sättigung entstehen mehr oder weniger gut ausgebildete Kristalle von Calciumborat. Geringe Mengen von Natriumphosphat veranlassen in der mit Calciumoxyd versetzten Boraxperle die Bildung sechsseitiger Sterne oder Tafeln. In der Phosphorsalzperle entstehen deutlich tetragonale Formen [RÜDISÜLE (b)].

b) Verhalten vor dem Lötrohr auf der Kohle. Calciumverbindungen mit Soda auf der Kohle vor dem Lötrohr erhitzt, ergeben Carbonat, das weiter in weißes, unschmelzbares Oxyd zerfällt. Etwas Oxyd bildet sich schon beim Glühen des Carbonates im Porzellantiegel über einer mittelgroßen Bunsenflamme. Beim Übergießen des erkalteten Rückstandes mit Wasser entsteht Calciumhydroxyd, das einen Tropfen Phenolphthalein rot färbt. (Unterschied von Strontium- und Bariumcarbonat, die im Porzellantiegel von einer mittelgroßen Bunsenflamme noch nicht merklich zersetzt werden.) (TREADWELL.)

§ 3. Nachweis auf nassem Wege.

A. Wichtige analytische Reaktionen mit anorganischen Reagenzien.

1. Nachweis als Calciumoxalat.

Ammoniumoxalat gibt mit Calciumsalzlösungen einen weißen, kristallinen Niederschlag von Calciumoxalat $CaC_2O_4 \cdot H_2O$, wenn die Fällung aus heißer konzentrierter Lösung stattfindet. In der Kälte und aus sehr verdünnten Lösungen scheidet sich das deutlich kristalline Gemenge von Mono- und Trihydrat ab, wobei die Fällung erst nach einigem Stehen zum Vorschein kommt. Calciumoxalat ist in verdünnten Mineralsäuren löslich, nicht wesentlich aber in Essig- und Oxalsäure, auch Ammoniumsulfat löst es in ganz geringer Menge. Die Reaktion ist recht empfindlich, besonders, wenn man darauf achtet, daß die überstehende Lösung keine freie Mineralsäure enthält. Man füge dann Ammoniak bis zur alkalischen Reaktion hinzu.

Nach LASSAIGNE ist noch 1 Teil CaO auf 80000 Teile Wasser innerhalb $^1/_4$ Std. durch schwache Opalescenz nachzuweisen.

SCHOORL gibt die Empfindlichkeitsgrenze zu 5 mg Ca/l an.

Die Oxalatfällung des Calciums wird durch Gegenwart von Citronensäure in der Weise stark beeinflußt, daß je nach dem p_H der Flüssigkeit durch wechselnde Mengen Citronensäure auch wechselnde Mengen Calciumoxalat in Lösung gehalten werden. Bei p_H über 6 genügen 1,5 bis 2 Citratmoleküle zur Festlegung von 1 Mol Calciumchlorid. Bei $p_H = 3{,}5$ dagegen sind bereits 12 bis 14 Mole Citrat nötig. Weitere Erniedrigung des p_H führt zur Umkehrung, so daß für p_H 2,6 bis 1,4 nur 2 bis 3 Citratmoleküle ausreichen (PERETTI).

2. Nachweis als Kalium-Calcium-Eisen(II)-cyanid.

Kalium-Eisen(II)-cyanid fällt aus Calciumsalzlösungen einen weißen kristallinen Niederschlag von Kalium-Calcium-Eisen(II)-cyanid, $K_2Ca[Fe(CN)_6]3\,H_2O$. Bei Gegenwart von Ammonsalzen scheiden sich Calcium-Kalium-Ammonium-Eisen(II)-cyanide wechselnder Zusammensetzung aus, die noch weniger löslich sind als das Doppelsalz. Bei Überschuß von Kalium-Eisen(II)-cyanid ist die Fällung so weitgehend, daß sich im Filtrat mit Ammoniumoxalat kein Calcium mehr nachweisen läßt [BAUBIGNY (a); FLANDERS (a)].

Zur möglichst vollständigen Fällung mache man die Lösung schwach ammoniakalisch und versetze mit einem Überschuß einer gesättigten Kalium-Eisen(II)-cyanidlösung. Strontiumsalze und verdünnte Lösungen von Bariumsalzen geben unter diesen Bedingungen keine Fällung. Tritt nach längerem Stehen eine leichte Trübung auf, so rührt diese von der Abscheidung von Barium- oder Strontiumcarbonat her, entstanden durch die Einwirkung der Kohlensäure der Luft auf das Ammoniak der Lösung.

Empfindlichkeit. Noch in einer Verdünnung von 1 : 7000 entsteht eine gelblichgrüne Fällung [FLANDERS (b); BAUBIGNY (b)]. Die Eisen(II)-cyanidfällung des Calciums wird empfindlicher, wenn man die Reaktion in Gegenwart von Ammonchlorid und Essigsäure ausführt. TANANAEFF empfiehlt, 1 ml der Lösung mit

1 ml einer gesättigten Kalium-Eisen(II)-cyanidlösung und trocknem Chlorammonium bis zur Sättigung zu versetzen. Ist Calcium zugegen, so tritt nach Zusatz von 1 ml Eisessig eine Trübung ein.

3. Nachweis als Sulfat.

Aus ganz konzentrierten Lösungen von Calciumsalzen scheidet Schwefelsäure oder Alkalisulfat sogleich einen weißen kristallinen Niederschlag von Gips ab. $CaSO_4 \cdot 2\,H_2O$, welcher von viel Wasser vollständig aufgenommen wird und sich noch leichter in Säuren, vor allem Salzsäure löst. In weniger konzentrierten Lösungen erfolgt die Fällung erst nach einigem Stehen, verdünntere werden überhaupt nicht gefällt. Gipslösung ruft im Gegensatz zu Strontium- und Bariumsalzlösungen keinen Niederschlag hervor. Selbst eine gesättigte Lösung von Kaliumsulfat, die mit 3 Teilen Wasser versetzt ist, bringt in Calciumsalzlösungen erst nach 12 bis 24 Stunden eine Fällung hervor (FRESENIUS). Sind Calciumsalzlösungen so verdünnt, daß Schwefelsäure allein keine Fällung bewirkt, so entsteht sie sogleich oder bei sehr verdünnten Lösungen wenigstens nach einiger Zeit, wenn man zur Probe die gleiche oder noch besser die doppelte Menge Alkohol hinzusetzt.

Außer in Mineral-, besonders Salzsäure ist Calciumsulfat in Ammoniumsulfatlösung löslich, aber nur, wenn es nicht mit Barium- oder Strontiumsulfat als Mischkristall abgeschieden wurde. Es entsteht ein Doppelsalz. Außerdem löst sich Calciumsulfat in Natriumthiosulfatlösung.

Die Löslichkeit des Gipses in Wasser beträgt bei 20° 0,202 g/100 ml. Die Empfindlichkeit der Reaktion ist also sehr gering. Dafür aber scheidet sich der Gips in wohldefinierten Nadeln aus, wodurch diese Reaktion zu einer der gebräuchlichsten für den mikrochemischen Nachweis des Calciums wird (siehe dort).

In der folgenden Tabelle sind einerseits die Löslichkeiten von $CaSO_4$ und CaC_2O_4 und andererseits die Empfindlichkeitswerte der Reaktionen, bei denen diese Salze entstehen, zusammengestellt:

Tabelle 2.

Verbindung	Löslichkeit Grammol im Ltr. (18°)	Empfindlichkeit Grammol im Ltr. (gewöhnliche Temperatur)
$CaSO_4$	$1{,}50 \cdot 10^{-2}$	$1{,}86 \cdot 10^{-2}$
CaC_2O_4	$6{,}20 \cdot 10^{-5}$	$1{,}74 \cdot 10^{-5}$

[KARAOGLANOW (a)].

B. Weitere Nachweisreaktionen des Calciumions.

1a) Fällung mit Bariumfluorid.

Eine gesättigte Lösung von Bariumfluorid in Wasser (durch Neutralisation von Bariumhydroxyd mit Flußsäure, Waschen des entstandenen Niederschlages und Auflösen bis zur Sättigung gewonnen) gibt mit Calciumsalzlösungen einen Niederschlag oder eine Trübung je nach den vorhandenen Calciummengen. Es lassen sich in 10 ml Lösung sicher noch 0,8 mg Calcium nachweisen. Die Empfindlichkeit wird durch die gleichzeitige Gegenwart von Strontiumsalzen nicht vermindert. Ebenso sind Ammonsalze ohne nachteiligen Einfluß.

Da die Löslichkeit des Strontiumfluorides 8mal, diejenige des Bariumfluorides etwa 100mal größer ist als die des Calciumfluorides, kann der Nachweis auch zu einem solchen bei gleichzeitiger Anwesenheit von Strontium und Barium verwertet werden. Da andererseits infolge Dissoziationsbeeinflussung Bariumionen die Empfindlichkeit stark vermindern, ist die Trennschärfe nur bedingt zuverlässig [KARAOGLANOW (b)].

1b) Spezieller Nachweis von Calciumfluorid durch Adsorption von Bromkresolpurpur.

Nach KULBERG kann Calciumfluorid von Strontium- und Bariumfluorid durch unterschiedliches Verhalten der Adsorption von Bromkresolpurpur unterschieden werden. Das trockene Fluorid gibt mit einigen Tropfen einer Lösung von 1 bis 2 mg Farbstoff in 10 ml Alkohol blauviolette Adsorptionsfarbe, während Strontium- und Bariumfluorid nicht gefärbt werden.

Nachweisgrenze. 1%.

2. Fällung mit Kalium-Thiosulfato-Kobalt-Penta-Cyanid.

Mit Kalium-Thiosulfato-Kobalt-Penta-Cyanid und Urotropin gibt Calcium eine Fällung, die dem Magnesium-Eisen(III)-Cyanid-Urotropinniederschlag ähnelt (RÂY).

3. Fällung mit Nitroprussidnatrium und Urotropin.

Mit Nitroprussidnatrium und Urotropin gibt Calciumion ebenfalls eine der entsprechenden Magnesiumverbindung ähnliche Fällung. Nach RÂY (a) besitzen aber diese Fällungen der erstgenannten gegenüber keine besonderen Vorteile.

4. Fällung als Calciumcarbonat.

Empfindlich, aber nicht spezifisch, ist die Fällung des Calciums mit Alkalicarbonaten, insbesondere mit Ammoniumcarbonat. Da das käufliche Salz ein Gemisch von Ammoniumcarbaminat und -hydrogencarbonat ist, ist die Fällung erst vollständig und wird grob kristallin, wenn die Lösung einige Zeit auf mindestens 60° erwärmt wird. Bei Gegenwart von viel Ammoniumsalzen (NH_4Cl) und wenig Calcium ist die Fällung unvollständig, weil die Reaktion umkehrbar ist [TREADWELL (b)].

5. Fällung als Calciumcarbonat in Gegenwart von Silberchromat.

Bei gleichzeitiger Fällung von Calciumcarbonat und Silberchromat aus der gleichen Lösung tritt orientierende Kristallisation des Carbonats auf dem Chromat und umgekehrt ein. Ein Silberchromatkristall befindet sich zwischen zwei Calciumcarbonatkristallen okkludiert und erscheint gegen ein Lösungsmittel teilweise mechanisch maskiert. Fügt man zu einer Lösung von Calcium- und Silbernitrat eine Lösung von Kaliumchromat und Kaliumcarbonat, so entsteht ein roter Niederschlag, dessen Farbe bei Zusatz von Ammoniak nicht völlig verschwindet. Die Erscheinung tritt nicht auf, wenn man statt Ca^{++} Ba^{++}, Sr^{++} oder Mg^{++} wählt. Der Calciumnachweis beruht auf der Epitaxie. In Gegenwart von Barium, Strontium und Magnesium, und wenn es sich um eine neutrale Lösung der Nitrate handelt, fällt man unter Vermeidung eines großen Chromatüberschusses Barium und den größten Teil von Strontium als Chromat und filtriert. Im Filtrat fällt man die Erdalkalien außer Magnesium mit Ammoniumcarbonat und Ammoniumchlorid und wäscht den Niederschlag zur Entfernung der Cl^--Jonen, worauf man ihn mit zu seiner Lösung unzureichender Menge verdünnter Salpetersäure behandelt. Zur neutralen Nitratlösung fügt man etwas Silbernitrat und das Fällungsmittel zu. Eine durch Ammoniak nicht verschwindende Rotfärbung zeigt Calcium an. Der Nachweis läßt sich auch auf der Tüpfelplatte führen. Die Empfindlichkeit wird nach FEIGL mit 1 $(A)^{0,03}$ angegeben (TRICHÉ).

6. Fällung als Calciumphosphat.

Natriumhydrogenphosphat gibt in neutraler Lösung eine flockige Fällung von Calciumhydrogenphosphat, in Gegenwart von Ammoniak von tertiärem Calciumphosphat, leicht löslich in verdünnten Mineralsäuren und Essigsäure. Die Fällung ist nicht spezifisch.

Empfindlichkeit s. u. TREADWELL (c).

7. Fällung als Calciumwolframat.

Natriumwolframat fällt (wie auch Barium und Strontium) vollständig auch in Gegenwart von Magnesiumsalzen [RÜDISÜLE (c)]. (Über die Abhängigkeit der Fällung des Calciums als Wolframat von der Hydroxylionenkonzentration sowie seine Löslichkeit vgl. JEVINS und GRINDSTEINS.)

8. Fällung als Calciumhydroxyd in Gegenwart von Strontium und Barium.

Zum Nachweis des Calciums in Gegenwart von *Strontium* und *Barium* benutzt CALEY die unterschiedliche Löslichkeit der 3 Erdalkalihydroxyde, welche er durch Umsatz mit Quecksilberoxyd und Jodkalium nach folgender Gleichung darstellt: $CaCl_2 + HgO + 4KJ + H_2O = Ca(OH)_2 + 2KCl + K_2HgJ_4$. Da die Löslichkeit von Strontium- und Bariumhydroxyd in heißem Wasser wesentlich größer ist als die des Calciumhydroxydes, bleiben erstere in Lösung.

Ausführung. Die schwach salzsaure Chloridlösung der Erdalkalien wird im Reagensglas zur Vertreibung der Kohlensäure (aus der gemeinschaftlichen Carbonatfällung stammend) aufgekocht und mit etwas Jodkalium versetzt. Dann setzt man der noch heißen Lösung gepulvertes gelbes Quecksilberoxyd zu. Erscheint nach dem Lösen des Quecksilberoxydes eine weiße Trübung, so ist Calcium zugegen. Blindversuch erforderlich. Störungen durch Ammoniumsalze, oxydierende Anionen, wie Chromat und andere, außer Nitrat, sowie alle unlöslichen hydroxydbildenden Kationen.

9. Fällung als Aluminat.

Nach MARTI und JIMENO gibt man zu einer 10%igen Aluminiumnitratlösung tropfenweise 20%ige Natronlauge oder Kalilauge gerade bis zur Auflösung des Niederschlages, danach einige Tropfen 0,01%ige Alizaringelblösung und dann 20%ige Strontiumchlorid- oder Strontiumnitratlösung, bis die hellviolette Farbe schwächer wird, läßt dann 24 Std. gut verschlossen stehen, so daß sich der gebildete Niederschlag absetzt. Die als Reagens dienende überstehende Lösung von Strontiumaluminat darf mit einer gesättigten Strontiumsalzlösung keine Fällung geben, anderenfalls mehr zugegeben und dann filtriert wird, um das Filtrat (vor CO_2 geschützt) aufzubewahren. Es gibt Fällungen bei Verwendung neutraler oder alkalischer Lösungen nur mit den schwächeren Basen des Calciums, Magnesiums und Ammoniums, wenn man die Kationen der analytischen Gruppen 1 bis 3 zuvor abgetrennt hat. Der mit Calcium sich ausscheidende Niederschlag besteht hauptsächlich aus Aluminiumhydroxyd, welches alle für dieses charakteristische Farblacke bildet, wahrscheinlich aber mit Calciumaluminaten gemischt. Bei großem Calciumüberschuß löst sich ein anfänglich mit wenig Strontiumaluminat gebildeter Niederschlag wieder klar auf. Bei ausreichender Reagenszugabe (gleiche Volumina) erhält man gelatinöse oder flockige Niederschläge, bei geringsten Calciummengen in der Kälte als Trübungen, in der Wärme als Flocken, am deutlichsten nach vorheriger Zugabe frischer, 0,01%iger Kongorotlösung infolge Hellrotfärbung des Niederschlages, so daß unter diesen Bedingungen die Nachweisgrenze bei 120 γ $Calcium^{++}$ und 13 γ $Magnesium^{++}$ je ml liegt.

10. Übersicht über die Empfindlichkeit gebräuchlicher Calciumnachweise.

KARAOGLANOW (c) hat in einer zusammenfassenden Arbeit die Empfindlichkeiten der einfachen Nachweisreaktionen des Calciumions untersucht. Die Ergebnisse dieser Arbeit sind in nachstehender Tabelle wiedergegeben.

Es sei hervorgehoben, daß bei allen Versuchen mit verdünnten Calciumchloridlösungen, die positive Resultate gegeben haben, die Abscheidungen kristallin waren, d. h. es bildeten sich nicht kolloide Lösungen oder Suspensionen, wie es bei der Mehrzahl der sonstigen Fällungsreaktionen der Fall ist. Diese Tatsache

Nr.	Die Stammlösung der zu prüfenden Substanz	Volumen und Konzentration des Reagenses und anderer Zusätze	Empfindlichkeit der Reaktion	
			in μg für 10 ml	1 g des Kations kann nachgewiesen werden in einer Lösung von ml
1	$CaCl_2$-Lsg.	1 ml 0,5 n-$(NH_4)_2C_2O_4$-Lösung	5,6	1802000
2	I enthält	1 ml 2%ige $(NH_4)_2C_2O_4$-Lösung	11,2	901000
3	0,0037 g Ca	1 ml n-$(NH_4)_2CO_3$-Lösung	185,0	54000
4	in 1 ml	1 ml 2%ige Na_2CO_3-Lösung	111,0	90000
5		1 ml n-$NaNH_4HPO_4$-Lösung + 1 ml 2 n NH_3-Lösung	18,5	541000

steht unzweifelhaft mit der chemischen Natur bzw. mit der größeren Löslichkeit des Fällungsproduktes in Zusammenhang und zeigt, daß Kolloiderscheinungen keine bedeutende Rolle bei der Bestimmung der Empfindlichkeit der chemischen Vorgänge spielen, wenn das Fällungsprodukt verhältnismäßig leicht löslich ist.

§ 4. Nachweis mit organischen Reagenzien.

1. Nachweis mit ölsaurem Natrium.

Calciumsalze geben mit Natriumoleatlösung eine Opalescenz. Die Reaktion ist recht empfindlich, aber nicht spezifisch.

Ausführung. Zum Nachweis stellt man sich eine Oleatlösung durch Auflösen von 10 g Ölsäure in 200 ml 1%iger Natronlauge her, gibt zu 50 ml Probelösung 2 g Kaliumcitrat und 0,3 ml der Oleatlösung, die zweckmäßig neutral oder schwach alkalisch sein soll. Eine weiße Trübung zeigt die Gegenwart von Calcium an.

$$\begin{array}{c} CH_3(CH_2)_7\cdot CH \\ \| \\ NaOOC(CH_2)_7\cdot CH \end{array}$$

Natriumoleat

Erfassungsgrenze. Es lassen sich noch 0,01 mg Ca in 50 ml Lösung erkennen (EVERS).

Einen unspezifischen, aber sehr empfindlichen Nachweis für Calcium beschreiben AMBERG, LANDSBURY und SAWYER.

Ausführung. In sorgfältig redestilliertem Wasser wird aschefreie, sog. isoelektrische Gelatine in einer Konzentration von 5% gelöst. Zu 100 ml dieser Lösung werden 20 ml 0,01 n Natriumoleat und 12,5 ml 0,1 n Natrium- oder Kaliumhydroxyd zugegeben. Dann wird so viel Alkali zugesetzt, bis das p_H der Mischung 7,2 bis 7,4 beträgt (Phenolrot als Indicator). Von dieser Gelatine wird eine Menge von 3 ml in ein Reagensglas von etwa 9 mm ∅ gefüllt und die zu untersuchende Lösung zu etwa 1 ml zugesetzt. Ist Calcium zugegen, so entsteht eine ringförmige Trübung in der Gelatine.

Erfassungsgrenze. 0,5 γ Ca. Barium und Strontium reagieren in gleicher Weise, Magnesium in größerer Konzentration.

2. Nachweis mit Chinalizarin.

Im Gegensatz zu Magnesium und Beryllium geben Calciumsalzlösungen bei der Fällung als Carbonat in Gegenwart von Chinalizarin nur ganz schwach lilafarbene Töne. Ist aber gleichzeitig Oxalat zugegen, so färbt sich das Calciumcarbonat mit der ammoniakalischen oder sodaalkalischen Farbstofflösung kräftig blau bis blauschwarz. Die überstehende Flüssigkeit gerinnt manchmal, da sich die Calciumfällung offenbar peptisiert. Manchmal scheidet sich ein blaues, flockiges Gerinnsel aus der dann farblosen Lösung aus. Barium- oder Strontiumsalze geben eine gleiche oder ähnliche Erscheinung nicht.

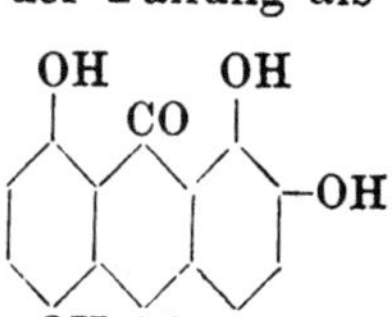

Chinalizarin

Ausführung. Etwa 50 mg Farbstoff werden in 100 ml n Ammoniak gelöst. Diese Lösung entspricht dem Farbton einer 0,1 n Permanganatlösung. Die auf

Calcium zu prüfende Lösung wird mit 2 bis 3 Tropfen dieser Farbstofflösung und tropfenweise mit Ammonoxalat versetzt. 0,5 mg Calcium geben nach einiger Zeit eine deutlich erkennbare, 1 mg Ca/ml eine starke Umfärbung nach Blau. Es dürfte sich empfehlen, eine Vergleichsprobe anzusetzen (HAHN).

Nachweis von Calcium neben Strontium. Gegen calciumfreie Strontiumlösungen ist der Unterschied gut zu erkennen, wenn die Calciummenge nicht zu klein ist, die heiße Lösung mit einem geringen Überschuß an Oxalat versetzt wird und einige Zeit sich selbst überlassen bleibt.

Ausführung. Bei Mengen von 0,05 mg Calcium und 10 mg Strontium je ml verfährt man in der folgenden Weise: 5 ml der zu untersuchenden, mit Ammoniak alkalisch gemachten Lösung erhitzt man nach Zusatz von 0,5 g Natriumthiosulfat zum Sieden. Nun läßt man konzentrierte Ammonsulfatlösung zutropfen, bis der Niederschlag sich nicht mehr weiter vermehrt, und gibt dann die Farbstofflösung zu. Niederschlag und Flüssigkeit werden annähernd gleichmäßig auf zwei Reagensgläser verteilt. Durch Zusatz von 2 bis 3 Tropfen gesättigter Ammonoxalatlösung zu dem Inhalt des einen Glases — die Flüssigkeit ist in beiden Gläsern zunächst gleich gefärbt — färbt sich der Bodenkörper allmählich, schneller beim Erhitzen, blau an. Auf diese Weise ist der Unterschied bei 0,5% Calcium durch Vergleich beider Gläser noch gut wahrzunehmen. Bei calciumfreiem Strontium ist sowohl in oxalathaltiger als auch in oxalatfreier Lösung der Niederschlag völlig gleich gefärbt.

3. Nachweis mit Natriumalizarinsulfonat.

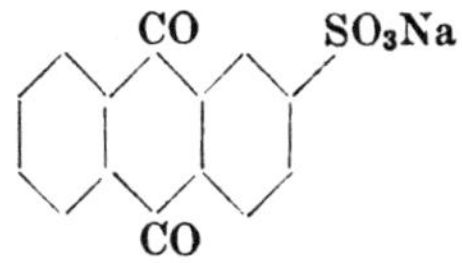

Natriumalizarinsulfonat

Eine verdünnte Lösung von Calciumchlorid gibt mit einer 0,5%igen Lösung von Natriumalizarinsulfonat eine rote Färbung (GERMUTH und MITCHELL).

4. Nachweis mit Tannin.

Versetzt man in einem Reagensglas 1 ml 2%ige, frisch bereitete Tanninlösung mit 5 Tropfen 10%iger Natronlauge, so entsteht auf Zusatz auch einer sehr verdünnten Calciumsalzlösung (z. B. Leitungswasser) eine erst blaue, allmählich in Grün übergehende Färbung. Diese Reaktion ist empfindlich für Calcium. Ist die Konzentration des Tannins kleiner als die des Calciums, so entsteht ein rosa Niederschlag [SCHEWKET (a)].

5. Nachweis mit Gallussäure.

In einem Reagensglas versetzt man 5 ml verdünnte (0,2 bis 0,5%ige) Calciumsalzlösung mit 10 ml Alkohol und 2 bis 3 Tropfen 1%iger Gallussäurelösung. Fügt man 5 bis 10 Tropfen Lauge hinzu und schüttelt um, so entstehen zunächst eine rote Färbung und ein roter Niederschlag, die beide über Orangerot schließlich in Gelb übergehen. Starke Calciumsalzlösungen geben mit 5 ml Alkohol, 1 ml 1%iger Gallussäurelösung und 1 ml 10%iger Lauge beim ruhigen Stehen einen feuerroten Niederschlag. Die überstehende Flüssigkeit sowie der Niederschlag färben sich von oben her bei Luftzutritt allmählich blau, dann grün. Ohne Zusatz von Alkohol geben Calciumsalzlösungen, die stärker als 1%ig sind, einen rosa Niederschlag (Unterschied von Barium und Strontium) [SCHEWKET (b)].

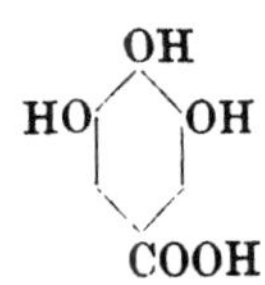

Gallussäure

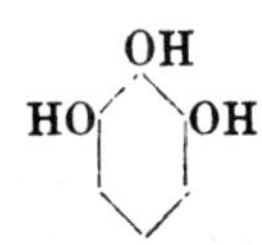

Pyrogallol

6. Nachweis mit Pyrogallol.

In einem Reagensglas versetzt man 10 ml Calciumsalzlösung mit einer Messerspitze Pyrogallol. Nach dem Umschütteln fügt man 2 bis 5 Tropfen Lauge oder Ammoniak hinzu. Dabei entsteht eine intensive, aber vergängliche violette Färbung (Unterschied von Barium und Strontium) [SCHEWKET (c)].

Nachweis von Calcium neben Strontium und Barium. 1. Man bereitet zuerst eine 2%ige Lösung der zu untersuchenden Erdalkalien: Man nimmt 1. 10 ml der zu untersuchenden Lösung, versetzt sie mit einer Messerspitze Pyrogallol und fügt alsdann einige Tropfen Natronlauge hinzu. Dabei tritt eine intensive violette Färbung ein, welche die Anwesenheit von Calcium anzeigt.

2. Man versetzt in einem Reagensglas 10 ml Erdalkalilösung mit 5 ml Alkohol und 10 Tropfen 1%iger Gallussäurelösung, dann fügt man einige Tropfen Lauge hinzu, wobei eine rosarote Fällung und allmählich eine blaue Färbung entsteht. Erstere zeigt auch Calcium an [SCHEWKET (d)].

Weitere Nachweisreaktionen des Calciumions.

1. Farbreaktion mit Thiodiphenylcarbazid.

Thiodiphenylcarbazid gibt einen weißen Niederschlag. Dieser ist in verdünnten Säuren unlöslich. Durch Alkali wird er rötlichgelb gefärbt und geht mit Essigsäure mit violetter Farbe, mit Salzsäure mit blauer Farbe in Lösung. (Barium gibt in saurem Medium nur eine Opalescenz, in alkalischer Lösung eine gelbe Fällung. Die Kationen Blei, Wismut, Kupfer, Cadmium, Nickel, Aluminium, Arsen, Silber, Chrom, Antimon und Quecksilber reagieren in gleicher Weise [GUTZEIT].)

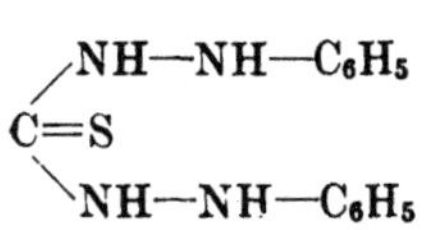

Thiodiphenylcarbazid

2. Farbreaktion mit Brillantgelb.

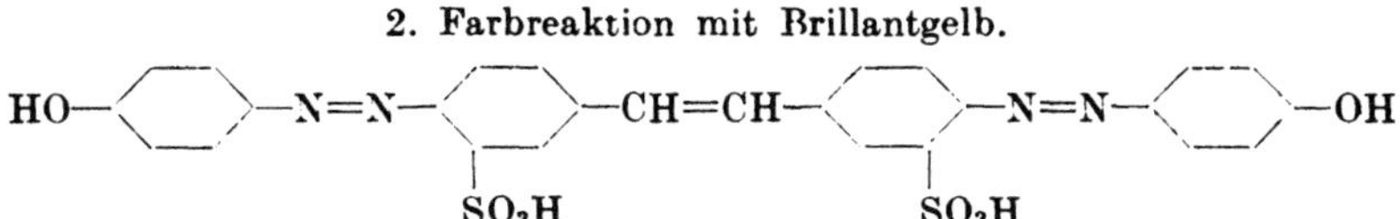

Brillantgelb

Eine verdünnte Lösung von Brillantgelb gibt mit Calcium eine rosarote Fällung.

Ausführung. Die Probelösung wird mit 3 Tropfen Brillantgelblösung und so viel 6 n Kalilauge versetzt, daß letztere im Überschuß ist. Es entsteht eine Fällung von Calciumhydroxyd, welche durch absorbierten Farbstoff rosarot gefärbt ist.

Empfindlichkeit. 0,01 mg/ml. (Strontium und Barium liefern unter diesen Bedingungen gleichfalls rosarote Färbung.) (SMITH und ROGERS.)

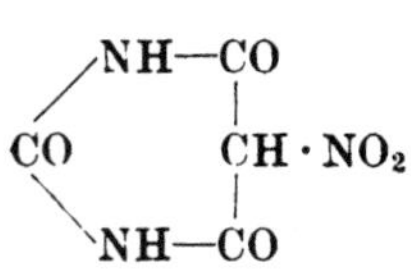

5-Nitrobarbitursäure

3. Reaktion mit 5-Nitrobarbitursäure.

5-Nitrobarbitursäure gibt mit Calciumsalzen eine Fällung von Nadeln, die in Wasser bei 25° zu 5 Millimol pro Liter löslich sind (REDEMANN und NIEMANN).

§ 5. Nachweis auf mikroanalytischem Wege.

A. Wichtige Fällungsreaktionen.

1. Nachweis als Calciumsulfat.

Die Fällung des Calciums als Gips $CaSO_4 \cdot 2H_2O$ ist die einzige Reaktion, welche auch bei Gegenwart von Strontium und Barium zu benutzen ist. Sie läßt an Empfindlichkeit, Deutlichkeit und Zuverlässigkeit wenig zu wünschen übrig.

Ausführung. Die verdünnte, warme und schwach salzsäure Probelösung — sie soll so verdünnt sein, daß sie ein wenig Erwärmen und Konzentrieren zuläßt — wird mit einigen Tropfen verdünnter Schwefelsäure oder einer verdünnten Lösung von Natriumsulfat versetzt. Es findet dann die Kristallbildung, bei verdünnten Lösungen beim Eindampfen vom Rande des Tropfens her, statt. Konzentrierte Schwefelsäure ist wegen der Bildung wenig charakteristischer Anhydritkristalle zur Fällung nicht zu verwenden.

Der Gips scheidet sich in dünnen monoklinen Prismen (15 bis 90 μ) ab mit einer schiefen Endfläche (Hemipyramide) von 65°. Einzelne Kristalle zeigen einen spitzen Winkel von 53°, der Begrenzung der zweiten Hemipyramide (52° 29′)

Abb. 1a.

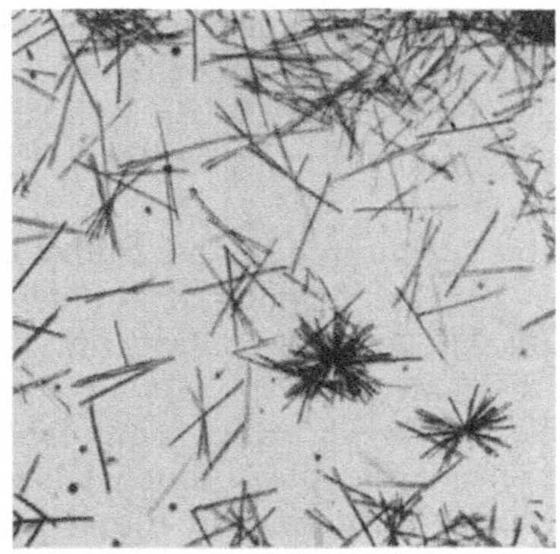

Abb. 1b.

Abb. 1c.

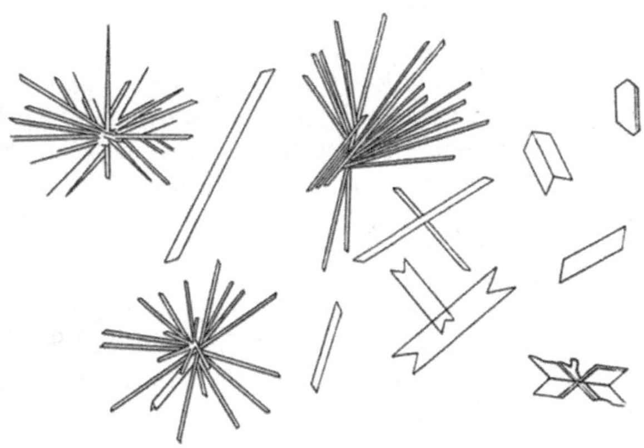

Abb. 1d.

Abb. 1a—d. Verschiedene Abscheidungsformen von Calciumsulfat. (Abb. 1a—c nach GEILMANN, Abb. 1d nach BEHRENS-KLEY.)

entsprechend. Zwillinge mit einspringendem Winkel der Hemipyramide von 130°, mit den Schwalbenschwanzzwillingen von Gips übereinstimmend, sind so häufig, daß sie als charakteristisch für Calciumsulfat gelten können; minder häufig sind x-förmige Zwillinge, durch Verwachsung zweier Kristalle nach dem Klinopinakoid entstanden, mit eingeschaltetem Gipsplättchen im Polarisationsmikroskop dreifarbig. Einfache Kristalle zeigen in der Richtung der längsten Diagonale schwache negative Doppelbrechung; der Auslöschungswinkel beträgt 52°, er kann durch veränderte Lage der Kristalle bis auf 43° herabgedrückt werden (Abb. 1a bis d). — Bei der optischen Untersuchung sehr dünner Gipskristalle ist Einschaltung einer Gips- oder Quarzplatte bei gekreuzten Nicols zu empfehlen. Sehr schwach polarisierende Kristalle zeigen blaue Additions- und gelbe Subtraktionsfarbe im rotvioletten Feld.

Störungen. Starke Säuren vermindern die Empfindlichkeit der Reaktion und veranlassen die Bildung von Büscheln und Fächern dünner spitzer Nadeln. Zusatz von Natrium- oder Ammoniumacetat stellt die normale Kristallbildung her. Die Chloride der dreiwertigen Metalle wirken stark verzögernd und lassen verkrüppelte Kristalle entstehen, kleine Rechtecke und rundliche Körner (10 bis 15 μ). In diesem Fall kann durch Aufkochen der stark verdünnten Lösung mit einem kleinen Zusatz von Ammoniumacetat und nachheriges Konzentrieren Abhilfe geschafft werden. Große Mengen von Alkalisalzen sind bei diesem Verfahren hinderlich; man darf aus diesem Grunde die Prüfung auf Calcium im Trennungsgang nicht zu weit hinausschieben.

Borsäure beeinträchtigt die Kristallisation von Calciumsulfat in derselben Weise wie Aluminiumchlorid; in diesem Fall bleibt nur Fällung als Oxalat oder als Carbonat übrig.

Durch die Umsetzung vom Sulfat in das Tartrat hat man eine elegante Arbeitsmethode zur Bestätigung des Calciums, wobei außerdem die Schwierigkeiten beim Aufschließen der Sulfate durch Schmelzen mit Natriumcarbonat beseitigt werden können.

Zu diesem Zweck bringt man nicht zu wenig Gips in einen Tropfen verdünnter Essigsäure und fügt dazu einen Überschuß von Seignettesalz in festem Zustand. Nach einigen Minuten sind die Gipsnadeln verschwunden, und an deren Stelle findet man sehr gut ausgebildete Kristalle von Calciumtartrat. Es versteht sich von selbst, daß freie Mineralsäuren nicht zugegen sein dürfen.

Erfassungsgrenze. 0,04 γ Calcium (Behrens-Kley).

a) Nachweis von Calcium in Arzneimitteln. Zum Nachweis von Calcium in Arzneimitteln und homöopathischen Verreibungen empfiehlt Steinhausen folgenden Arbeitsgang: 10 g weiße Gelatine werden in 20 g Wasser gequollen, in 20 g Glycerin gelöst und heiß filtriert. Diese Lösung kann zweckmäßig nach Sterilisation in kleinen Röhrchen vorrätig gehalten werden. Zum analytischen Nachweis mischt man etwas von der verflüssigten Glyceringelatine mit verdünnter Schwefelsäure. 1 Tropfen der Gelatine wird auf dem Objektträger ausgestrichen. Nach dem Erstarren streut man die zu untersuchende Probe auf und walzt sie fest. Bei in Wasser unslöslichen, aber in Säure löslichen Stoffen gibt man zweckmäßig 1 Tropfen Salz- oder Salpetersäure zu, bedeckt mit einem Deckgläschen und beobachtet die bei der Diffusion auftretenden Reaktionen unter dem Mikroskop. Calcium zeigt sich durch Bildung der typischen Gipsbündel. Das Verfahren versagt bei in Wasser und Säuren unlöslichen und bei hygroskopischen Stoffen (Steinhausen).

b) Calciumnachweis in histologischen Schnitten. Man bringt nach Jakobi und Keuscher 1 Tropfen 2%ige Schwefelsäure auf den histologischen Schnitt, läßt zunächst eine Zeitlang einziehen und verdampft dann vorsichtig die Schwefelsäure. Calcium ist an der Abscheidung der typischen Gipskristalle zu erkennen (Jakobi und Keuscher).

c) Schnellnachweis von Calcium (und Magnesium) im Elektrolyten. Verfasser beschreibt einen mikroanalytischen Nachweis von Calcium (und Magnesium) im Elektrolyten von Batterien. Er benutzt die typische Kristallbildung von Calciumsulfat bzw. Magnesiumammoniumphosphat, wobei er auf die Einstellung eines bestimmten p_H-Wertes der Lösung hinweist, bei welcher die Kristallausbildung besonders gut ist, so daß eine Verwechslung mit Calcium- bzw. Zinkphosphat unmöglich wird (Drotschmann).

d) Nachweis von Calcium in Düngemitteln. Zum Nachweis von Calcium in Düngemitteln benutzt Feigl die Reaktion $CaSO_4 + Pb^{\cdot\cdot} = PbSO_4 + Ca^{\cdot\cdot}$ und weist das Blei mit Natriumrhodizonat nach.

Ausführung. Ein Stück aschefreies Filtrierpapier wird auf den Boden eines Goochtiegels gebracht, und einige Stückchen der Probe werden aufgestreut. Die Körnchen werden mit 2 bis 3 Tropfen einer Lösung von 1%igem Bleinitrat in 0,1 n Salpetersäure befeuchtet, und die Flüssigkeit wird nach einigen Minuten abgesaugt. Der Überschuß von Bleinitrat wird mit 2 ml 0,2 n Salpetersäure und 3 ml Wasser oder Alkohol ausgewaschen. Man gibt die Waschflüssigkeit am besten tropfenweise zu und saugt nach jeder Zugabe erneut ab. Das Filtrierpapier wird dann entfernt und mit einer 0,2%igen Lösung von Natriumrhodizonat und einer Pufferlösung aus 1,5 g Weinsäure und 1,9 g Natriumbitartrat in 100 ml Wasser (p_H 2,79) angetüpfelt. War Calcium zugegen, so entsteht ein tiefroter Fleck von Bleirhodizonat. Um zwischen einem Düngemittel, welches kein $CaSO_4$ enthält, und einem Superphosphat zu unterscheiden, gibt man 0,1 bis 0,5 g der Probe in einen Porzellantiegel und erhitzt zweimal mit 1 ml konz. HCl. Man gibt Alkohol hinzu und filtriert. Nach Auswaschen des Rückstandes mit Alkohol prüft man den Rückstand wie oben (Feigl und Braile).

2. Nachweis als Calciumtartrat.

(Nicht zweckmäßig bei gleichzeitiger Anwesenheit von Strontium oder Barium.)

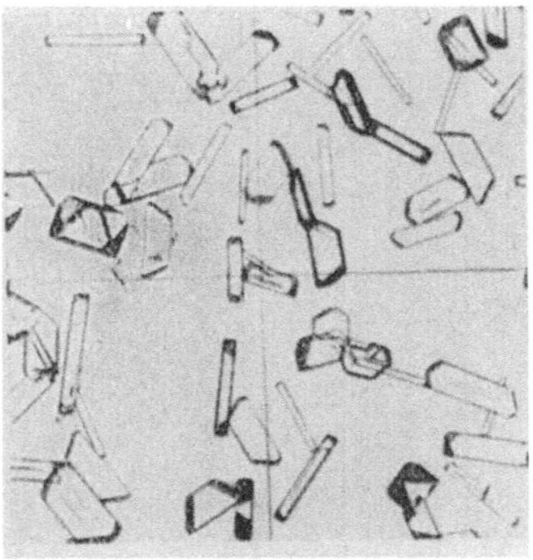

Abb. 2. Calciumtartrat. (Nach Geilmann.)

Ausführung. Starke Säuren müssen durch Zusatz von Natrium- oder Ammoniumacetat unschädlich gemacht, neutrale Lösungen mit wenig Essigsäure angesäuert werden. Natriumtartrat reagiert langsamer auf Calcium als Schwefelsäure, infolgedessen können konzentrierte Lösungen sehr gut ausgebildete Kristalle von Calciumtartrat liefern. Bei stark verdünnten Lösungen muß man einige Zeit warten, bis sich Kristalle zeigen; die Kristallbildung kann alsdann durch Erwärmen und durch Zusatz von ein wenig Alkohol zu der warmen Probe beschleunigt werden. Gewöhnlich erscheinen die Kristalle in der Nähe des Reagenses und wachsen langsam zu beträchtlicher Größe (80 μ) mit besonders scharfen Kanten und Ecken. Es sind rhombische Prismen mit Sphenoiden, bei schneller Kristallisation gestreckte Sechsecke (115°), auch Dreiecke und Trapeze (57° 30′), in der Richtung der größten Länge optisch positiv. Ausnahmsweise kann durch Verkürzung des Prismas Ähnlichkeit mit dem Oktaeder entstehen (Abb. 2). Durch verdünnte Schwefelsäure werden die Kristalle des Calciumtartrats schnell gelöst, unter Bildung von weit kleineren Gipskristallen. Leider wird der Wert dieser schönen Reaktion durch mehrere ungünstige Umstände herabgesetzt. Zuerst kommt die Isomorphie der Tartrate von Strontium und Calcium in Betracht. Die Bildung von Mischkristallen kann durch Zusatz von Magnesiumacetat erschwert werden, welches die Kristallisation des Calciumtartrats verzögert und die Kristalle desselben dünner, mehr stabförmig macht; sodann der nachhaltige Einfluß von Bariumsalzen, von Borsäure und von Chloriden der dreiwertigen Metalle. Ist Barium zugegen, so entsteht ein pulvriger Niederschlag anstatt gut ausgebildeter Kristalle. Borsäure hat ähnliche Wirkung: es tritt eine feinkörnige Trübung auf, als ob eine saure Lösung von Ammoniummolybdat abgedampft würde. Ganz ähnlicher Art ist die Wirkung löslicher Aluminium- und Eisen(III)-verbindungen.

Erfassungsgrenze. 0,03 γ Calcium [Behrens-Kley (b)].

3. Nachweis als Calciumoxalat.

(Nicht zweckmäßig bei gleichzeitiger Anwesenheit von Strontium oder Barium.)

Ausführung. Calciumoxalat fällt bei Zusatz von Oxalsäure zu neutralen oder mit Essigsäure angesäuerten Lösungen in kristallinischen Körnchen von 4 bis 6 μ nieder. Aus Lösungen, die freie Salpetersäure enthalten, können bei genügender Verdünnung Kristalle von 12 bis 20 μ gefällt werden, die als quadratische Pyramiden oder als kurze Rauten erscheinen, erstere isotrop, letztere ziemlich stark doppelbrechend. Borsäure und die Chloride von Aluminium und Eisen sind ohne Einfluß auf diese Reaktion.

Erfassungsgrenze. 0,06 γ Calcium (BEHRENS-KLEY).

4. Nachweis als Natrium-Calciumcarbonat.

(Nicht zweckmäßig bei gleichzeitiger Anwesenheit von Strontium oder Barium.)

Ausführung. Natriumcarbonat fällt aus Lösungen von Calciumsalzen einen körnigen Niederschlag, der nach einigen Minuten kristallin wird. Mit Natriumhydrogencarbonat und Ammoniumcarbonat entsteht in verdünnten Lösungen kein amorpher Niederschlag; die Lösungen können mehrere Minuten lang klar bleiben und scheiden bei gelindem Erwärmen kleine Rhomboeder (6 bis 10 μ) ab, die bis 25 μ wachsen können. Auch die kleinsten Kristalle sind vollkommen ausgebildet. Aluminium, Chrom, Eisen und Borsäure sind ohne Einfluß auf diese Reaktion, dagegen wird sie durch Magnesium, Strontium und Barium unbrauchbar gemacht. Durch Siedehitze und durch einen großen Überschuß von Natriumcarbonat wird diese Reaktion in eigentümlicher Weise abgeändert. Bringt man in die siedende Lösung eines Calciumsalzes Ammoniak und Ammoniumcarbonat, so fallen statt der Rhomboeder von Kalkspat Stäbchen von Aragonit aus, oft an den Enden gegabelt. Hat man bei gewöhnlicher Temperatur einen großen Überschuß von Natriumcarbonat zugesetzt, so erfolgt Fällung von amorphem Carbonat. Nach etwa 2 Min. bemerkt man eine Klärung in der trüben Masse und ein wenig später kurze, dicke Prismen mit schiefen Endflächen (20 bis 60 μ), die auf den ersten Blick mit Gipskristallen verwechselt werden könnten. Spitzer Winkel der verschobenen Rauten = 48°, Auslöschungswinkel 8°, Doppelbrechung schwach positiv. Nach BOURGEOIS stimmen diese Kristalle in Form und Zusammensetzung mit Gaylüssit [$Na_2Ca(CO_3)_2 + 5H_2O$] überein. Auch diese Reaktion wird durch Strontium und Barium gestört [BEHRENS-KLEY (d)].

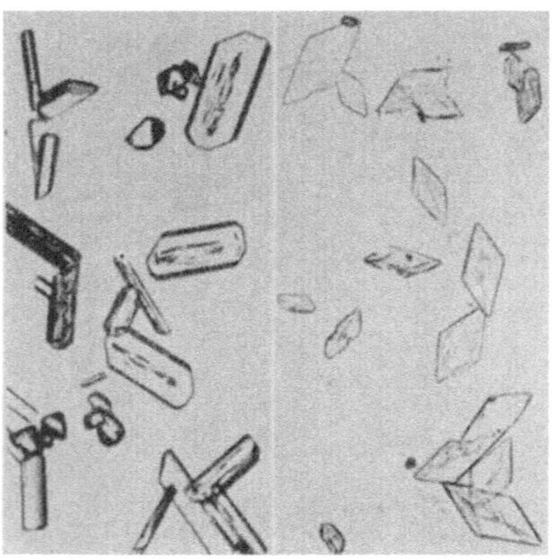

Abb. 3. Calciumammoniumarsenat. (Nach GEILMANN.)

5. Nachweis als Calciumammoniumarsenat.

Ausführung. Versetzt man eine schwach saure Arsenatlösung mit einem Tropfen Chlorcalciumlösung auf dem Objektträger und räuchert mit Ammoniak, so entstehen typische Kristalle von Calciumammoniumarsenat (Abb. 3).

Erfassungsgrenze. 0,05 bis 0,1 γ As (GEILMANN).

B. Weitere Nachweisreaktionen.

1. Nachweis mit Kalium-Eisen(II)-cyanid.

Ein geringer Zusatz von Kalium-Eisen(II)-cyanid bringt in Lösungen von Calciumsalzen keine sichtbare Wirkung hervor. Durch einen Überschuß des

Reagenses werden kleine quadratische Täfelchen (20 bis 25 μ) eines Doppelsalzes gefällt. Bei gleichzeitiger Anwendung von Ammoniumchlorid erfolgt diese Reaktion noch in außerordentlich verdünnten Lösungen. In Lösungen von Strontiumsalzen erfolgt keine Fällung, in solchen von Bariumsalzen bewirkt Kalium-Eisen(II)-cyanid, im Überschuß zugesetzt, die Bildung von blaßgelben Rhomboedern, jedoch nur dann, wenn die Lösungen ziemlich konzentriert sind ($CaCl_2 : BaCl_2$ 1 : 38) (BEHRENS-KLEY).

Ausführung. Zum Nachweis von Calcium in Gegenwart von sehr viel Strontium und Barium, z. B. zur Reinheitsprüfung solcher Salze, verfährt man nach TANANAEFF wie folgt: Man bringt einen Tropfen der Probelösung mit 10 Tropfen einer gesättigten Kalium-Eisen(II)-cyanidlösung zur Trockne und erwärmt den Rückstand mit 40 Tropfen Wasser unter Verrühren. Tritt dabei eine Opalescenz auf, so ist Calcium zugegen. Hierzu ist zu bemerken, daß auch Barium-Eisen(II)-cyanid, falls Wasser in ungenügender Menge zugegen war, nicht völlig in Lösung geht, die Flüssigkeit bleibt jedoch klar. und die ungelösten Teilchen des Bariumsalzes setzen sich zu Boden.

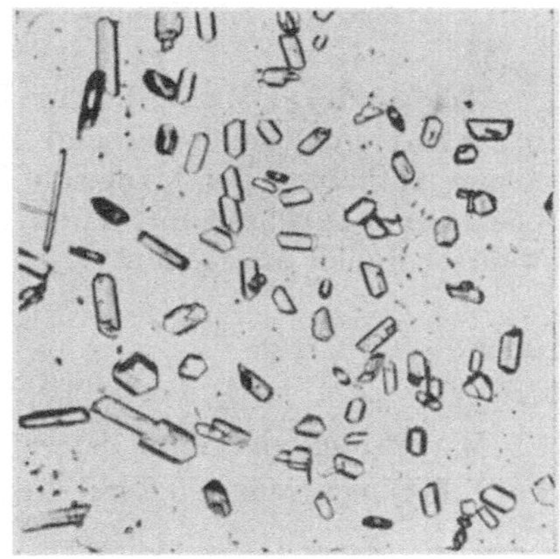

Abb. 4. Calcium-Urotropin-Eisen(III)-cyanid. (Nach GEILMANN.)

Es ist nicht zweckmäßig, im Filtrat der Eisen(II)-cyanidfällung Ba und Sr nachweisen zu wollen, da die Calciumfällung schlecht filtrierbar ist. Man verfährt daher zweckmäßig wie folgt: Zuerst überzeuge man sich durch die Reaktion mit Kalium-Eisen(II)-cyanid, ob Calcium vorhanden ist oder nicht. Ist Calcium zugegen, so entfernt man es aus dem trocknen Rückstand der Nitrate durch Eisessig und weist im Rückstand Barium als Chromat, Strontium im Filtrat davon als Carbonat nach.

Erfassungsgrenze. 0,007 mg Ca in 0,04 ml.

2. Nachweis mit Kalium-Eisen(II)-cyanid und Urotropin.

Ausführung. 1 Tropfen Urotropinlösung (1 : 6) wird auf dem Objektträger mit einer Platinöse mit der Probelösung versetzt. Ein winziges Stückchen Kalium-Eisen(II)-cyanid wird mit dem Platindraht an den Tropfenrand gebracht. Die sofort entstehenden gelben prismatischen Nadeln der Calciumfällung sind für Calcium typisch, da Strontium, Barium und Lithium oktaedrische Kristalle liefern.

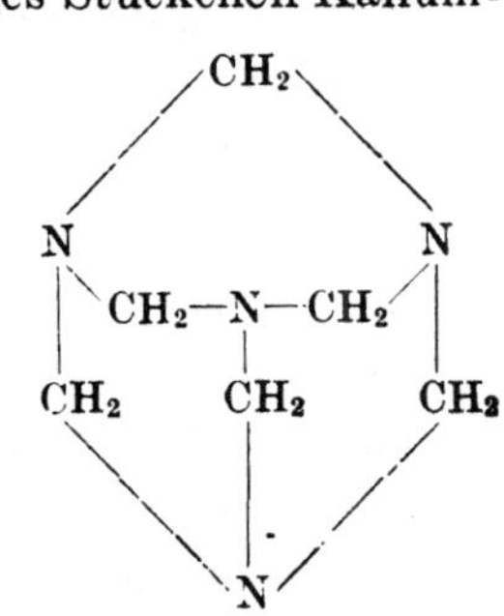

Urotropin

Erfassungsgrenze. 0,008 γ Calcium.

Wenn die Lösung von Calciumsalzen bis in die Nähe der Erfassungsgrenze verdünnt ist, empfiehlt es sich, eine Kontrollreaktion anzustellen (RÂY).

3. Nachweis mit Kalium-Eisen(III)-cyanid und Urotropin.

Ausführung. (Siehe unter 2.) Auch Kalium-Eisen(III)-cyanid gibt in Gegenwart von Urotropin mit Calciumsalzlösungen eine Ausscheidung von tiefgelben prismatischen Kristallen und Nadeln mit schiefer Auslöschung (Abb. 4).

Erfassungsgrenze. 0,01 γ Ca.

Störungen. Die Fällung wird durch Magnesium gestört (GEILMANN).

4. Nachweis mit Kalium-Eisen(II)-cyanid und Tetraminkupfersulfat.

Ein Gemisch von Kalium-Eisen(II)-cyanid und Tetraminkupfersulfat gibt eine himmelblaue kristalline Fällung, der wahrscheinlich die Formel $[Fe(CN)_6]Ca \cdot Cu(NH_3)_4 \cdot n\,H_2O$ zukommt (CELSI).

DUBSKI und LANGER bezeichnen diese Reaktion als nicht sehr empfindlich.

Erfassungsgrenze. 0,2 mg Calcium/ml.

Strontium und Barium werden aber aus konzentrierten Lösungen nicht mitgefällt, während Zink und Magnesium stören.

5. Nachweis mit Kalium-Eisen(II)-cyanid in Gegenwart von ammoniakalischer Kupferchloridlösung.

Ausführung. Man gibt zur Probelösung zuerst eine stark ammoniakalische 0,1 n Kupferchloridlösung und läßt darauf eine 0,1 n Kalium-Eisen(II)-cyanidlösung zufließen. Der blaugrüne Niederschlag bräunt sich rasch beim Verdünnen oder beim Berühren mit Luft. Zwei Formeln werden für den Niederschlag als wahrscheinlich angegeben:

$$[Fe(CN)_6]_2 \cdot Ca \cdot Cu_2(NH_3)_8(NH_4)_2 \cdot 6\,H_2O$$

oder

$$[Fe(CN)_6Ca \cdot Cu(NH_3)_6] \cdot 2\,H_2O.$$

Magnesium und Zink liefern bläuliche, gallertartige Fällungen.

Erfassungsgrenze. 0,2 mg Calcium/ml. (CELSI).

6. Nachweis mit Ammonium-Eisen(II)-cyanid.

Calciumsalze werden aus ammoniakalischer, neutraler oder essigsaurer Lösung durch Ammonium-Eisen(II)-cyanid oder Kalium-Eisen(II)-cyanid bei Gegenwart von Ammonsalzen als weißes, kristallines Ammonium-Calcium-Eisen(II)-cyanid gefällt:

$$Ca^{\cdot\cdot} + 2\,NH_4^{\cdot} + Fe(CN)_6^{''''} = Ca(NH_4)_2Fe(CN)_6.$$

Es ist bemerkenswert, daß die reinen Alkali- und Erdalkali-Eisen(II)-cyanide im Gegensatz zu diesem gemischten Eisen(II)-cyanid löslich sind.

Analog wie das Calcium verhält sich auch das Magnesium, während Strontiumsalze gar nicht, Bariumsalze nur in konzentrierter Lösung gefällt werden. Unter Berücksichtigung dieser Umstände kann die Eisen(II)-cyanidreaktion zur Erkennung von Calcium innerhalb der Erdalkaligruppe verwendet werden.

Ausführung. 1 Tropfen der Probelösung wird auf einem Uhrglas mit einigen Tropfen einer konzentrierten Lösung von Ammonium-Eisen(II)-cyanid versetzt, 1 Tropfen Alkohol zugefügt und verrührt. Ein kristalliner Niederschlag bzw. eine Trübung verweist auf Anwesenheit von Calcium. Es empfiehlt sich, das Uhrglas auf schwarzes Glanzpapier zu stellen.

Erfassungsgrenze. 25 γ Calcium.

Grenzkonzentration. 1 : 2000.

Es sei bemerkt, daß die Eisen(II)-cyanidreaktion, auf Calcium in Probierröhrchen durchgeführt, noch bei einer Verdünnung von 1 : 1000000 gelingt [FEIGL (b)].

Selektiver Nachweis von Calcium in Salzgemischen. Die Erdalkalien werden in üblicher Weise mit Ammoniumcarbonat gefällt, in Essigsäure gelöst, und eine Probe der Lösung wird auf dem Uhrglas mit konz. Ammonium-Eisen(II)-cyanidlösung und einigen Tropfen Alkohol verrührt. Bei Gegenwart von Calcium bildet sich ein weißer kristalliner Niederschlag von $(NH_4)_2Ca[Fe(CN)_6]$ (RUDZIK).

7. Nachweis als Calciumphosphat.

Das Phosphat scheidet sich in Gestalt farbloser spitziger Rhomboide aus, wenn Lösungen von Calciumsalzen, die mit Essigsäure stark angesäuert sind, mit Ammoniumphosphat versetzt werden. Kristalle derselben Art können entstehen, wenn amorphes Calciumphosphat lange Zeit mit verdünnter Essigsäure in Berührung bleibt (BEHRENS-KLEY).

8. Nachweis unlöslicher Kalksalze in Geweben über Silberphosphat.

Kalkablagerungen in den Geweben lassen sich kaum unmittelbar in Schnitten darstellen. Da Silberphosphat schwerer löslich ist als Calciumphosphat und Silbercarbonat schwerer löslich als Calciumcarbonat, kann man durch 6- bis 10tägiges Einlegen des Untersuchungsmaterials in 1,5%ige Silbernitratlösung einen derartigen Kationenaustausch erreichen. Das Präparat wird hierauf gründlich gewässert und mit alkalischer Hyposulfitlösung behandelt, wodurch sich selektiv die kalkhaltigen Teile des Präparates schwärzen. Hierauf wird mit Thiosulfat fixiert und mit Sulfosalicylsäure entkalkt. Die jetzt nicht unempfindlichen Präparate geben die früheren Kalkablagerungen in tiefschwarzen, scharf umrissenen Formen wieder (GOMÖRI).

9. Nachweis als Calciumfluorosilicat.

Das von BORICKY in Vorschlag gebrachte Calciumfluorosilicat gehört zu den leicht löslichen Salzen. Es gibt meistens unscharfe, wenig charakteristische Kristalle (BEHRENS-KLEY).

10. Nachweis als Calciumborfluorid.

Nach DAVIS und HEALTH können noch 0,5 mg Calcium neben 50 mg Strontium in 10 ml ammoniakalischer ammonchloridhaltiger Lösung mit frisch bereiteter Natriumborfluoridlösung durch Ausfällen scharf abgetrennt werden.

C. Nachweis mit organischen Reagenzien.

1. Nachweis mit Pikrolonsäure.

In diesem Zusammenhang muß darauf hingewiesen werden, daß sich in jeder käuflichen Pikrolonsäure bzw. der daraus hergestellten Lösung Calcium (KOFLER und MÜLLER fanden in allen untersuchten Sorten die charakteristischen Kristalle) und auch Alkalimetalle nachweisen lassen, die unter Umständen bei der Analyse störend wirken könnten. Als Abhilfe kann die unten erwähnte Reinigung über Chloroform empfohlen werden. Es ist nämlich zu beachten, daß beim Stehenlassen, selbst völlig reiner, in reinstem destilliertem Wasser gelöster Pikrolonsäure in Glasgefäßen bereits nach kurzer Zeit die charakteristischen Kristalle nachweisbar sind. Das Calcium stammt aus dem Glas, und es ist empfehlenswert, für solche Versuche Quarzobjektträger zu verwenden.

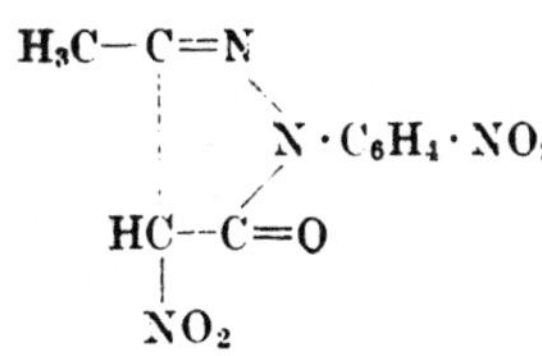

Nitrophenyl-nitro-methyl-pyrazolon.

Ausführung. Der Nachweis des Calciums und Strontiums läßt sich in folgender Weise ausführen: Die Pikrolonsäure wird vorher in trockenem Chloroform gelöst und die klare Lösung im Vakuum über Schwefelsäure abgedampft, wobei man sich einer Quarzschale bedient. Die so gereinigte Pikrolonsäure wird in völlig reinem destilliertem Wasser gelöst. 1 Tropfen der schwach sauren Probelösung wird mit einem kleinen Tropfen der Pikrolonsäure versetzt und langsam nur mit Anwendung mäßiger Wärme abgedunstet. Der trockene Rückstand wird zur Entfernung der überschüssigen Pikrolonsäure zuerst mit alkoholfreiem Chloroform (Alkohol löst die Kristalle!) und dann mit kaltem Wasser behandelt. Die charakteristischen Kristalle bleiben ungelöst und sind leicht auffindbar. Ein Erwärmen des Präparates zur Trocknung ist unzweckmäßig, da die Kristalle sich trüben könnten und grau und unscheinbar würden, wodurch das Auffinden im Präparat erschwert wird (Abb. 5).

Erfassungsgrenze. Mit dieser Probe lassen sich leicht 0,2 γ Calcium und Strontium im Probetropfen nachweisen.

Die Reaktion der Pikrolonsäure mit Calciumsalzen ist, wie weitere Versuche ergaben, sehr empfindlich und charakteristisch. Strontiumsalze geben dieselben Kristalle; diese verlieren ebenfalls um 80° ihr Kristallwasser, schmelzen jedoch *nicht* gegen 250° bis 270°, sondern bleiben bis 350° unverändert (FISCHER).

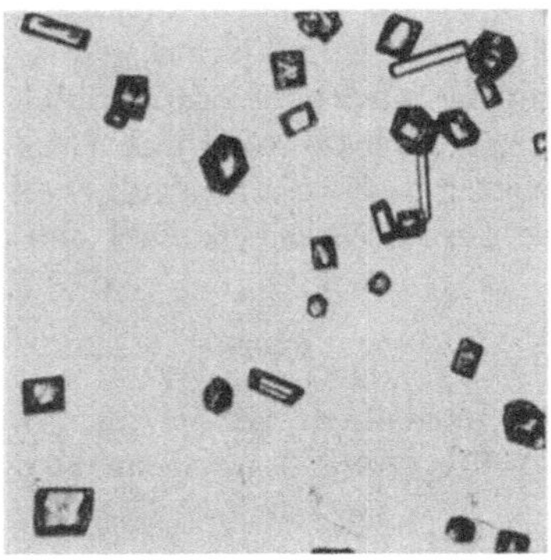

Abb. 5. Calciumpikrolonat. (Nach GEILMANN.)

2. Nachweis mit dem Osazon der Dioxyweinsäure.

Das Natriumsalz des Osazons der Dioxyweinsäure (I) liefert in wäßriger Lösung mit Erdalkalisalzen hellgelbe, flockige Niederschläge von der Formel (II)

$$\begin{array}{lcl} C_6H_5NH-N=C-COOH & \quad & C_6H_5NH-N=C-COO \\ \qquad\qquad\quad\;\; | & & \qquad\qquad\quad\;\; | \qquad\qquad > Me \\ C_6H_5NH-N=C-COOH & & C_6H_5NH-N=C-COO \\ \qquad\qquad\;\; \text{I} & & \qquad\qquad\;\; \text{II} \end{array}$$

Me = Ca, Sr, Ba, von denen namentlich das Calciumsalz durch eine außerordentlich geringe Löslichkeit in Wasser ausgezeichnet ist. Dieses Verhalten kann dazu verwendet werden, um in einer Lösung sehr kleine Calciummengen nachzuweisen. Infolge der Unspezifität des Reagenses dürfen jedoch mit Ausnahme der Alkali- und Ammoniumsalze andere Metalle nicht zugegen sein. Magnesium stört nicht, solange seine Menge nicht zehnmal größer ist als die des Calciums. Magnesium in großer Menge fällt namentlich in der Kälte aus, während es in der Hitze relativ leicht löslich ist und hierbei die Fällung der sonst unlöslichen Calciumverbindung aus noch nicht geklärten Gründen völlig verhindert.

Sehr gut geeignet ist das Reagens zur schnellen Unterscheidung von Leitungs- und destilliertem Wasser, indem sich das Reagens in letzterem völlig klar, in ersterem jedoch unter Abscheidung der unlöslichen Calciumverbindung auflöst, die dann in schweren, dichten Flocken ausfällt. Auf diese Weise läßt sich noch 1 Teil Leitungswasser in 30 Teilen destilliertem Wasser erkennen. Bei Anwesenheit von Ammoniak und Ammonsalzen darf nicht erwärmt werden, weil sich sonst ein Kondensationsprodukt des Dioxyweinsäureosazons ausscheidet.

Ausführung. In der Vertiefung einer schwarzen Tüpfelplatte oder auf einem schwarzen Uhrglas wird 1 Tropfen der neutralen Probelösung mit einigen Körnchen Reagens versetzt. Bei Anwesenheit von Calcium überzieht sich der Tropfen der Probelösung mit einer feinen Haut, und nach kurzem Stehen bildet sich je nach der Calciummenge ein mehr oder weniger starker Niederschlag. Bei sehr kleinen Calciumgehalten empfiehlt sich Ausführung einer Blindprobe mit destilliertem Wasser.

Erfassungsgrenze. 0,01 γ Calcium.

Grenzkonzentration. 1 : 5000000.

FEIGL und Recueil Trav. chim. Pays-Bas.

3. Nachweis mit Natriumrhodizonat.

Calciumsalze bilden erst nach Zusatz von Alkali in Form von Ammoniak, Alkalicarbonat oder -hydroxyd mit Natriumrhodizonat violette Niederschläge.

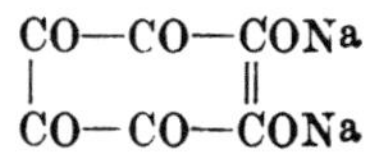

Natriumrhodizonat

Ausführung. In die Vertiefung einer Tüpfelplatte oder auf Tüpfelpapier wird ein Tropfen der neutralen oder schwach sauren Calciumlösung gebracht, je ein Tropfen Natriumrhodizonatlösung und verd. Alkalihydroxyd zugesetzt und durch eine Glaspipette vermischt. Die Bildung eines violetten Niederschlages beweist die Anwesenheit von Calcium; ein Vergleichsversuch mit einem Tropfen Wasser ist zweckmäßig.

Erfassungsgrenze. 1 γ Ca.

Grenzkonzentration. 1 : 50000.

Will man Calcium neben Barium und Strontium im Verlauf der qualitativen Analyse nachweisen, so geht man von einer kleinen Menge des mit Ammoniumcarbonat gefällten Niederschlages aus. Man führt die Erdalkalicarbonate in die Sulfate über, von denen lediglich Calciumsulfat mit Natriumrhodizonat und Alkalihydroxyd reagiert.

Ausführung. In einem Mikrotiegel wird ein Tropfen der Probelösung, die durch Auflösung des Carbonatniederschlages in verdünnter Salzsäure erhalten wurde, nahezu zur Trockne verdampft und etwa 0,5 g festes Ammoniumsulfat zugesetzt. Es wird allmählich erhitzt bis zur völligen Vertreibung des Ammoniumsulfates. Nach dem Erkalten wird je ein Tropfen Natriumrhodizonatlösung und verdünnte Lauge zugesetzt. Je nach der Calciummenge ist der weiße Niederschlag mehr oder weniger intensiv violett angefärbt.

Erfassungsgrenze. 5 γ Ca waren neben 20000 γ Ba nach diesem Verfahren nachweisbar.

Die Reaktion kann auch zum Nachweis von Calcium in Aschen, Trockenrückständen, Magnesit, Dolomit, Silicaten und pharmazeutischen Produkten benutzt werden (FEIGL und GENTIL).

D. Weitere Nachweisreaktionen.

1. Nachweis mit 2,3-Dioxychinoxalin.

Das Natriumsalz des 2,3-Dioxychinoxalins ist spezifisch für die Erdalkalien, speziell Barium und Calcium, und gibt in schwach alkalischen Lösungen einen weißen Niederschlag (STEIGMANN).

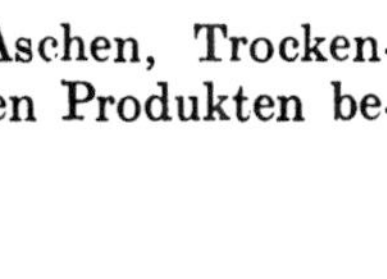

2,3-Dioxychinoxalin

2. Nachweis mit geschmolzenem 8-Oxychinolin.

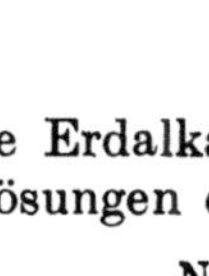

8-Oxychinolin

Nach WEST und GRANATELLI reagieren Calciumsalze mit geschmolzenem 8-Oxychinolin, indem sich Kristalle verschiedenen Aussehens bilden. Das Oxyd, Carbid, Hydroxyd und Acetat des Calciums bilden ungefähr bei 170° kleine hellgelbe rautenähnliche Kristalle (Abb. 6a). Das Chlorid, Bromid und Nitrat reagieren unter Bildung prismatischer Kristalle mit symmetrischer Auslöschung und lamellarer Struktur (Abb. 6b). Die lamellaren Kristalle erscheinen grau unter gekreuzten Nicols. Sie lösen Parallelauslöschung aus, haben einen positiven Charakter der Hauptzone und einen Profilwinkel von 66° (Abb. 6c). Calciumfluorid, -carbonat und wasserfreies -sulfat bilden keine kristallisierten Oxynate.

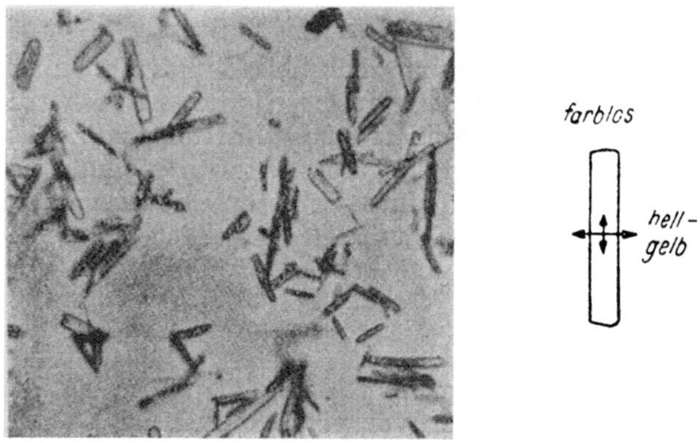

a

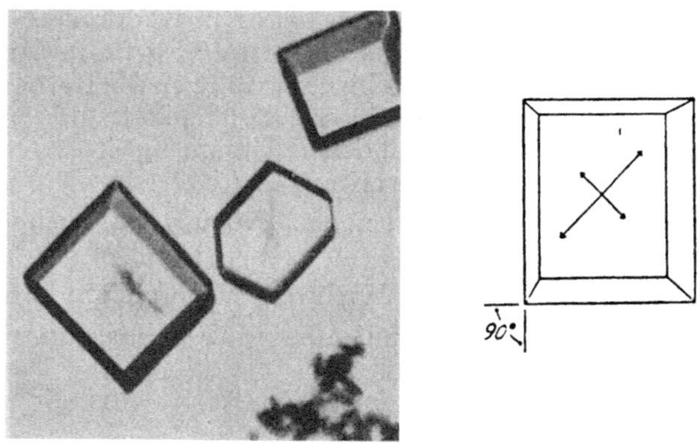

b

c

Abb. 6a—c. Verschiedene Modifikationen von Calciumoxinat.
[Aus: Anal. Chem. **24**, 875 (1952).]

Literatur.

Abegg, R.: Handbuch der Anorganischen Chemie. Leipzig: Hirzel **1905**. — **D'Ans**, J., u. E. **Lax**: Taschenbuch für Chemiker und Physiker. Berlin: Springer **1943**. — **Ansberg**, S., J. **Landsberg** u. F. **Savoyer**: . amer. chem. Soc. **50**, 2630 (1928).

Baubigny. H.: (a) Bl. Soc. chim. Paris [3] **13**, 326 (1895); (b) C. r. **144**, 1342 (1907). — **Behrens-Kley**: Mikrochemische Analyse, I. Teil. (a) S. 49; (b) S. 51; (c) S. 52; (d) S. 53; (e) S. 54. Leipzig: Voss 1921.

Caley, E. P.: Ind. eng. Chem., Anal. Edit. **6**, 445 (1934). — **Celsi**, A.: An. Farm. Bioquim. **5**, 85 (1934).

Davis, M. K., u. F. H. **Health**: J. chem. Educat. **27**, 626 (1950), durch C. **1951** I, 2780. — **Drotschmann**, C.: Batterien **8**, 1073 (1940). — **Dubsky**, J. V., u. A. **Langer**: Coll. Trav. chim. Tchécosl. **8**, 47 (1936).

Eder, J. M., u. E. **Valenta**: Atlas typischer Spektren. Wien 1928. — **Evers**, N.: Analyst **56**, 293 (1931).

Feigl, F.: Qualitative Analyse mit Hilfe von Tüpfelreaktionen, S. 266, 267. Leipzig: Akademische Verlagsgesellschaft 1938. — **Feigl**, F.: Mikrochemie **2**, 85 (1924). — **Feigl**, F., u. N. **Braile**: Chemist-Analyst **33**, 76 (1944). — **Feigl**, F., u. B. **Heisig**: Anal. chim. Acta (Amsterdam) **3**, 561 (1949), durch C. **1950** II 1850. — **Feigl**. F., u. V. **Gentil**: Mikrochim. Acta **1954** 435. — **Fischer**, R.: Mikrochemie **27**, 73 (1939). — **Flanders**, F. F.: J. amer. chem. Soc. **28**, 1509 (1906). — **Formanek**, J.: Fr. **39**, 414 (1900).

Gerlach, W., u. E. **Riedl**: Die chemische Emissions-Spektralanalyse, III. Teil, S. 41. Leipzig: Joh. Ambros. Barth 1942. — **Germuth**, F. G., u. E. **Mitchell**: Amer. J. Pharm. **101** 46 (1929). — **Gomöri**, G.: Virchows Arch. pathol. Anat. Physiol. **286**, 682. — **Gotô**, **Hidehiro**: Sci. Rep. Tohoku (Imp. Univ.) Ser. I **9**, 287 u. 461 (1940); durch C. **1941** I, 1069. — **Geilmann**, W.: Bilder zur qualitativen Mikroanalyse anorganischer Stoffe. Leipzig: Voss 1934. Verlag Chemie, Weinheim, 1954.

Hahn, F. L.: B. **65**, 207 (1932).

Jakobi, W., u. W. **Keuschner**: Ber. physiol. Ges. **40**, 646 (1927). — **Jevins** u. **Grinstein**: C. r. **124**, 288 (1942).

Karaoglanow, Z.: (a) Fr. **125**, 336—49 (1943); (b) Fr. **56**, 138 (1917); (c) Fr. **114**, 106, 107 (1939). — **Kofler**, L., u. F. A. **Müller**: Mikrochemie, Molisch-Festschrift, 271 (1936). — **Kulberg**, L.: Ber. Akad.. Wiss. UdSSR (N. S.) **76**, 73 (1951); durch C. **1951** II, 722.

Lassaigne: J. chim. med. **8**, 525.

Marti, F. B., u. S. A. **Jimeno**: An. Real. Soc. espan. Fisica Quim., Ser. B. **46**, 257 (1950); durch C. **1951** I, 2200. — **Miller**, F. A., u. Ch. H. **Wilkins**: Anal. Chem. **24**, 1253 (1952);

Peretti, G.: Arch. Sci. biol. **17**, 126 (1932).

Rây, P.: J. Ind. Chem. Soc. **5**, 325 (1924); Mikrochemie, Emich-Festschrift S. 249. — **Redemann**, C. E., u. C. **Niemann**: J. amer. chem. Soc. **62**, 590 (1940). — **Rüdisüle**, A.: Nachweis, Bestimmung u. Trennung der chemischen Elemente. Bd. VI, S. 757. Berlin: Paul Haupt 1923. — **Rudzik**, W.: Oberflächentechnik **18**, 115 (1941). Recueil Trav. chim. Pays-Bas. 58 471 (1939).

Sandell, E. B.: Ind. eng. Chem. Anal. Edit. **12**, 762 (1940), durch C. **1942**, II, 322. — **Schewket**, O.: (a) Bio. Z. **54**, 285 (1913); (b) Bio. Z. **54**, 289 (1913). — **Schoorl**, N.: Pharm. Weekbl. **44**, 121 (1907). — **Smith**, J. W., u. H. E. **Rogers**: J. chem. Educat. **16**, 143 (1939). — **Steigmann**, A.: J. Soc. chem. Ind. **62**, 42 (1943); durch C. **1943**, II, 860. — **Steinhausen**, E.: Apoth.-Z. **43**, 791 (1934).

Tananaeff, N. A.: Fr. **100**, 391 (1935). — **Treadwell**, E. P.: Kurzes Lehrbuch der analytischen Chemie. Bd. I (a) S. 91; (b) S. 88; (c) S. 90. Leipzig u. Wien: Franz Deuticke 1939. — **Triché**, H.: Anal. chim. Acta (Amsterdam) **4**, 12 (1950); durch C. **1951**, I, 2337.

West, Ph. W., u. L. **Granatelli**: Anal. Chem. **24**, 870 (1952).

Strontium.

Sr, Atomgewicht 87,63; Ordnungszahl 38.

Von HELMUT HARTMANN, Braunschweig.

Mit 10 Abbildungen.

Inhaltsübersicht.

Strontium ist ein ständiger Begleiter des Calciums und tritt nach NOLL in den Eruptivgesteinen unserer Silicatschicht zu etwa 0,02% auf, entsprechend einem Verhältnis SrO : CaO = 0,4 : 100. Nach I. NODDACK und W. NODDACK enthält die Erdrinde $1,7 \cdot 10^{-7}$% der Gesamtmasse an Strontium. Die wichtigsten Mineralien sind das Sulfat Cölestin und das Carbonat Strontianit. Die Vergesellschaftung mit den anderen nahe verwandten Erdalkalimetallen findet ihren Ausdruck auch im mineralischen Vorkommen. So bildet es z. B. mit Calcium das Doppelcarbonat Calciostrontianit, mit Barium das Doppelsulfat Barytocölestin.

Strontium tritt als Ion nur zweiwertig positiv auf. Wie auch bei den anderen Erdalkalimetallen spielt die in einigen Subhaloiden beobachtete angebliche Einwertigkeit analytisch keine Rolle, da diese Verbindungen beim Umsatz mit Wasser unter Entwicklung von Wasserstoff in die zweiwertige Stufe übergehen. Seine Stellung in der zweiten Hauptgruppe des periodischen Systems zwischen Calcium und Barium bedingt weitestgehend sein analytisches Verhalten, indem es in den meisten Fällen eine Mittelstellung zwischen seinen beiden Nachbarn in seinem Verhalten einnimmt.

Obwohl das Strontiumsulfat merklich leichter löslich ist als Bariumsulfat ($1{,}1 \cdot 10^{-1}$ g pro Liter Wasser gegen $2{,}5 \cdot 10^{-3}$ g $BaSO_4$ pro Liter), wird sich doch in allen Fällen, in denen das Strontium als Sulfat vorliegt, ein Aufschluß nicht vermeiden lassen. Das gilt besonders dann, wenn auf dieses Ion im säureunlöslichen Rückstand einer Analysensubstanz geprüft werden soll. Die Aufschlußverfahren sind grundsätzlich dieselben, wie sie beim Barium S. 99 beschrieben werden. Im Falle des Sulfataufschlusses mit konz. Jodwasserstoffsäure (vgl. Barium unter Aufschlußmethoden 1., d) wird zur Erkennung von Strontium die Lösung mit dem gleichen Volumen Alkohol versetzt und Schwefelsäure zugegeben; es fällt Strontiumsulfat. Untere Grenzkonzentration für Strontium 0,3 mg.

Im Gange der Analyse wird das Strontium im allgemeinen mit den Erdalkalien Calcium und Barium gemeinsam als Carbonat mit Ammoncarbonat oder als Sulfat mit Schwefelsäure gefällt. Gemäß seiner Mittelstellung zwischen diesen Metallen bereitet die Abtrennung des Strontiums von seinen Begleitmetallen Calcium und Barium gewisse Schwierigkeiten. Sie kann erfolgen vom Barium entweder auf Grund der größeren Löslichkeit des Strontiumchromates in Gegenwart von Essigsäure oder auf Grund der Löslichkeit des wasserfreien Chlorides in wasserfreiem Alkohol. Vom Calcium trennt man das Strontium am vorteilhaftesten durch Auslaugen der getrockneten Nitrate mit Alkohol, in welchem nur das Calciumnitrat löslich ist [Lutz (a)], oder nach Noll (b) durch Digerieren der trockenen Nitrate mit Salpetersäure der Dichte 1,44, wobei gleichfalls nur das Calciumnitrat gelöst wird.

Tabelle 1.

	Schmelzpunkt °C	Siedepunkt °C
Sr	757	1366
SrO	2430	—
$SrCl_2$	872	—
SrF_2	1190	2460

Bildungswärme des Oxydes 140,8 Cal/mol,
Normalpotential $SrSr^{++}$ —2,8 ~ Volt (ber.),
Ionenradius 1,27 Å nach Goldschmidt,
1,13 Å nach Pauling. (D'Ans-Lax)

(Weitere Trennungsmethoden der drei Erdalkalimetalle Calcium, Strontium und Barium s. S. 98.)

Nachweismethoden.

§ 1. Nachweis auf optischem Wege.

1. Durch Flammenfärbung.

a) Allgemeines. Flüchtige Strontiumverbindungen und das Oxyd erteilen der nichtleuchtenden Flamme des Bunsenbrenners oder einer Alkoholflamme die von Feuerwerkskörpern und bengalischen Flammen her bekannte leuchtend carminrote Färbung, die dem Überwiegen der roten Verbindungsbanden des Strontiniumoxydes zuzuschreiben ist.

Das Element emittiert in der Bunsenflamme lediglich die blaue Hauptlinie 4608 Å. In der heißen Flamme erscheinen mehr Linien. Strontiumchlorid und auch der mit Salzsäure befeuchtete Glührückstand anderer Salze des Metalls zeigen in der Flamme außer der blauen Linie und der Oxydbanden typische Banden im Rot zwischen denen des Oxydes sowie im Ultraviolett.

Die Empfindlichkeit der Flammenreaktion mit Strontiumchlorid beträgt nach KIRCHHOFF und BUNSEN $6 \cdot 10^{-5}$ mg. Für verschiedene Strontiumsalze wurde die Empfindlichkeit in der Gasflamme von SCHULER bestimmt zu

$SrCl_2$	$SrBr_2$	SrJ_2	$Sr(NO_3)_2$
$1{,}7 \cdot 10^{-5}$	$3{,}3 \cdot 10^{-5}$	$3{,}3 \cdot 10^{-5}$	$3{,}3 \cdot 10^{-5}$ mg

Durch ein Indigoprisma betrachtet, erscheint die Strontiumflamme intensiv rot, durch blaues Glas violettpurpur, durch grünes verschwindet sie. Natriumlicht verdeckt die Flammenfärbung. Mischungen von löslichen Strontiumsalzen mit Kaliumsalzen zeigen eine rote Flamme mit violettem Schein. Auch die Bariumflamme verdeckt das Strontiumlicht, doch wird in diesem Falle die Strontiumfärbung sichtbar, wenn man die mit Salzsäure befeuchtete Probe an den unteren blauen Rand der Flamme bringt. Nach den Angaben von CHAPMAN zeigen auch unlösliche Strontiumverbindungen wie Cölestin und Strontianit für sich die rote Flammenfärbung, wenigstens nach einiger Zeit. Chlorbarium verhindert dagegen das Auftreten der carminroten Färbung, selbst wenn es zu weniger als 50% zugegen ist. Ein Natrongehalt ist ohne Einfluß (RÜDISÜLE).

b) Nachweis nach TANANAEFF. Strontiumnitrat besitzt die Eigenschaft, beim Glühen energisch zu zerspringen und dabei kleinste Stückchen nach allen Seiten zu verspritzen. Richtet man die letzteren auf die farblose Flamme eines Spiritus- oder Gasbrenners, so geben die kleinen Partikeln beim Durchfliegen der Flamme die charakteristische carminrote Flammenfärbung des Strontiums. Um dieses zu erreichen, verfährt man wie folgt:

Ausführung. Den in Essigsäure unslöslichen Teil der Barium- und Strontiumnitrate trocknet man auf dem Uhrglas oder dem Deckel eines Platintiegels über der Flamme und glüht ihn vorsichtig, bis das Zerspringen beginnt. Dann entfernt man das Uhrglas oder den Deckel schnell von der Flamme und neigt ihn so, daß die abspringenden Teilchen die Flamme durchfliegen müssen, wobei Aufleuchten derselben eintritt. Beim Abkühlen hört das Zerspringen auf, kann aber durch erneutes Erwärmen wieder ausgelöst werden, bis man sich mit Sicherheit von der An- oder Abwesenheit von Strontium überzeugt hat. Die sichere Ausführung erfordert einige Übung. Der Nachweis des Strontiums wird weder von Barium noch von Calcium gestört, nur wenn letzteres in großen Mengen vorhanden ist, gelingt er nicht einwandfrei.

c) Nachweis neben Lithium. Um die Rotfärbung der Flamme durch Strontiumsalze von derjenigen zu unterscheiden, welche Lithium hervorruft, gibt MACCIOTTA folgenden Weg an:

Ausführung. Die zu untersuchende Substanz wird auf einen Platindraht aufgetragen und in den unteren Teil einer Bunsenflamme gehalten. Lithium wird durch eine sofortige intensive Rotfärbung der gesamten Flamme angezeigt. Die Gegenwart von Strontium erkennt man daran, daß nach Befeuchten des Drahtes mit Salzsäure beim Einführen in die Flamme sofort ein roter Sprühregen eintritt. Die Anwendbarkeit dieser Methode ist jedoch an das Fehlen von Natrium und Barium gebunden.

d) Nachweis durch Fluorscenz mit Morin. Strontiumsalzlösungen geben nach GOTO mit Morin in Gegenwart von Alkali und Alkohol eine gelbgrüne Fluorescenz. Im UV-Licht ergibt sich ein Maximum bei ungefähr 540 mμ.

Erfassungsgrenze. 2,5 γ.

Grenzkonzentration. 1 : 20000.

Ausführungsform s. unter Beryllium.

2. Auf spektralanalytischem Wege.

a) Nachweis in der Flamme. Durch Einstäuben von wäßriger Strontiumchloridlösung in die Bunsenflamme werden im Spektrum des Flammenkonus außer den Chloridbanden 16 Linien erhalten; in Å:

5481	5257	5339	4962	4862	4876	4872	4832
4812	4784	4742	4722	4608	4216	4078	4030

Im Flammenmantel erscheinen auch die 3 stärksten Linien 4608, 4216, 4078 Å (DE WATTEVILLE).

Im Wasserstoff-Sauerstoff-Knallgasgebläse erscheinen außer Verbindungsbanden im Rot und zwischen 4700 und 3600 Å 6 Strontiumlinien; in Å:

5543 4608 4591? 4227 4217 4078 (HARTLEY).

HARNACK beobachtet folgende Linien; in Å:

4078 4216 4608 4722 4742 4784 4812 4832 4872 4962 5522

Das Luft-Leuchtgas-Gebläse zeigt mit Strontiumhalogeniden außer UV-Banden die Linien 4216, 4228, 4608 Å (AUERBACH).

BOUCHETAL DE LA ROCHE empfiehlt zum Nachweis die Funkenflamme, die dadurch entsteht, daß eine Funkenentladung durch die Flamme eines Mekerbrenners schlägt, dessen Luft mit einer Lösung von Strontiumsalzen beladen wird. Besonders die Linien 4608, 4216, 4078 Å eignen sich zum Nachweis.

Letzte Linie in allen Knallgasflammen ist die Linie 4608 Å bei 0,01 mg Sr (HARTLEY und MOSS; DE GRAMONT).

b) Nachweis im Bogen. Bringt man Strontiumverbindungen im Kohlebogen zur Emission, so herrscht das Linienspektrum des Strontiums gegenüber den Verbindungsspektren vor. Banden treten nur noch schwach auf. Folgende Linien sind die charakteristischen im Bogen; in Å:

4078 4216 4608 4873 6389

Gruppe 5540 bis 5544 und 5222 bis 5257

[EDER und VALENTA (a)].

Letzte Linien sind nach LÖWE; in Å:

4608 4216 4078

c) Nachweis im Funken. Strontiumverbindungen erzeugen im Induktionsfunken zwischen Kohleelektroden ein kräftiges, linienreiches Spektrum mit den (auch im Bogen auftretenden) Hauptlinien; in Å:

4608 4306 4216 4078 3465

EDER, VALENTA (b) und LÖWE geben für das Spektrum des Strontiums folgende relative Intensitäten:

2932	3366	3380	3465	3475	4078	4216	4607
1	2	6	7	4	10	10	6

Empfindlichkeitsgrenzen. Für den Nachweis in der Flamme gibt HARTLEY (b) 0,01 mg Sr an. Nach HUKUDA erzeugt eine 1/750 m Strontiumchloridlösung im Funken noch ein aus mehreren Banden und Linien bestehendes Spektrum. Die Empfindlichkeitsgrenze liegt bei 0,029 mg Sr/ml. Mit festen Elektroden und im kondensierten Funken findet SPÄTH die Grenze der Erkennbarkeit zu $10^{-5}\,\gamma$ Sr.

GERLACH und RIEDL geben als Analysenlinien an: 4607,3, 4215,5, 4077,7 Å, wobei die beiden letzteren Linien Funkenlinien sind. Für einen Glasspektrographen (FUESS) ist im Bogen die Intensität der Linie 4077,7 Å etwa gleich bzw. etwas größer als diejenige der Linie 4215 Å, während die Linie 4607,3 Å an Intensität der vorstehenden Linie 4215,5 Å gegenüber zurücktritt. In der Funkenentladung liegen die Verhältnisse für den Glasspektrographen von FUESS ähnlich, nur mit dem Unterschied, daß die Linie 4607,3 Å an Intensität stark zurücktritt. Im Glas- oder Quarzspektrographen der Firma Zeiß ist sowohl im Bogen als auch im Funken die Linie 4077,7 Å intensitätsstärker als 4215,5 Å. Auch hier fällt in der Funkenentladung die Intensität der Linie 4607,3 Å stark ab. Diese relativen Intensitätsverhältnisse sind stark von den Entladungsbedingungen abhängig.

Störungen. Die Linie 4607,3 Å kann besonders leicht durch die Lithiumbogenlinie 4603,2 Å, die Linie 4215,5 Å durch die Rubidiumbogenlinie 4215,6 Å, und die Linie 4077,7 Å durch eine Nioblinie 4079,7 Å gestört werden. Hinsichtlich der weiteren Störungen durch Koinzidenzen sowie auch die einzelnen Kontrolllinien zur einwandfreien Identifizierung des Strontiums sei auf die Tabellen selbst hingewiesen.

d) Nachweis durch Absorptionsspektrum mit Alkannatinktur. Über ein Absorptionsspektrum, welches bei der Vermischung von Alkannatinktur mit Strontiumsalzen entsteht, s. FORMANEK.

e) Nachweis im Ultrarotspektrum. MILLER und WILKINS untersuchen die Infrarotspektren von 159 anorganischen Salzen mit polyatomigen Ionen, darunter auch Strontiumnitrat. Die charakteristischen Absorptionsfrequenzen sind tabellarisch und graphisch wiedergegeben. Wegen der Einzelheiten sei auf die umfangreiche Originalarbeit verwiesen.

§ 2. Nachweis auf trockenem Wege.

1. Nachweis durch Schmelzen mit Soda auf der Kohle.

Beim Erhitzen der Substanz mit Soda auf der Kohle vor dem Lötrohr entsteht Carbonat, das bei weiterem Erhitzen in weißes, unschmelzbares Oxyd übergeht (TREADWELL).

2. Nachweis in der Phosphorsalz- und Boraxperle.

Eine kaum verwendete Reaktion von Strontiumverbindungen in der Phosphorsalz- und Boraxperle gibt WUNDER an.

3. Nachweis durch Glühen mit Chromnitrat.

Versetzt man eine Strontiumnitratlösung, die nicht zu verdünnt sein darf (mindestens 2%ig), mit so viel Chromnitrat, daß das Verhältnis Strontium zu Chrom wie 6 : 1 ist und saugt diese Mischung in ein Filtrierpapierstreifchen von etwa 12 × 2 cm auf, so erhält man nach dem Veraschen im Bunsenbrenner einen gefärbten Rückstand. Derselbe ist bei schwachem Glühen grünlichgelb, bei starkem Erhitzen smaragdgrün (MIGGLIACCHI und CRAPETTA).

§ 3. Nachweis auf nassem Wege.

A. Wichtige analytische Reaktionen.

Vorbemerkung. KARAOGLANOV hat in einer zusammenfassenden Arbeit die Empfindlichkeiten der einfachen Nachweisreaktionen des Strontiumions untersucht. Die Ergebnisse dieser Arbeit sind in Tab. 2 wiedergegeben.

LUTZ hält auf Grund einer kritischen Betrachtung die Nachweise mit Ammoncarbonat und Schwefelsäure für die besten.

Tabelle 2

Nr.	Die Stammlösung enthält 0,0066 g Sr/ml	Volumen und Konzentration des Reagenses und anderer Zusätze	Empfindlichkeit der Reaktion	
			in μg für 10 ml	1 g des Kations kann nachgewiesen werden in einer Lösung von ml
1		1 ml 0,5 n $(NH_4)_2C_2O_4$-Lösung	108,0	93000
2		1 ml n $(NH_4)_2CO_3$-Lösung	132,0	76000
3		1 ml 2%ige Na_2CO_3-Lösung	66,0	151500
4		1 ml n $NaNH_4HPO_4$-Lösung + 1 ml 2 n NH_3-Lösung	66,0	151500
5		1 ml n H_2SO_4-Lösung	990,0	10100
6		1 ml 0,5 n K_2SO_4-Lösung	396,0	25000

1. Nachweis als Sulfat.

a) Nachweis mit Schwefelsäure und leicht löslichen Sulfaten. Schwefelsäure und lösliche Sulfate fällen aus nicht zu verdünnten Strontiumsalzlösungen Strontiumsulfat ($SrSO_4$) in Gestalt eines weißen Niederschlages. Derselbe ist, aus konzentrierten Lösungen gefällt, anfangs amorph flockig, später pulverig kristallinisch. Erhitzen beschleunigt die Fällung sehr. Strontiumsulfat ist in Wasser weit mehr löslich als Bariumsulfat. LUTZ legt dem von KOHLRAUSCH bestimmten Wert der Löslichkeit von 0,114 g/l den größten Wert bei. Die Gegenwart von Sulfationen (Ammonsulfat) verringert die Löslichkeit bedeutend, während Salz- oder Salpetersäure diese ganz außerordentlich steigern. Ebenso löst sich Strontiumsulfat ganz beträchtlich in Lösungen, welche $K^{\cdot}$, $Na^{\cdot}$, $Ca^{\cdot\cdot}$ oder $Mg^{\cdot\cdot}$ enthalten. Metaphosphorsäure und citronensaure Alkalien verhindern oder beeinträchtigen die Fällung. Ein Zusatz von Alkohol steigert die Empfindlichkeit des Nachweises ganz beträchtlich.

Falls eine geringere als 20fache Übersättigung vorliegt, tritt beim Vermischen einer Strontiumchloridlösung mit Kaliumsulfatlösung die Fällung nicht sofort ein. Ein Tyndalleffekt tritt erst nach der Zeit t auf. In Abhängigkeit von der Übersättigung gilt $x/\sqrt{t}$ = konst. Die übersättigten Lösungen sind echt und nicht kolloidal (FISCHER).

Es ist nicht gleichgültig, in welcher Form das Strontiumsalz vorliegt und das Sulfat, mit dem gefällt werden soll. Für $SrCl_2$, $Sr(NO_3)_2$ und $Sr(CH_3COO)_2$ einerseits und H_2SO_4, $MgSO_4$ und $Al_2(SO_4)_3$ andererseits fanden HUME und ROTHERY, daß die Zeit bis zum Auftreten der sichtbaren Fällung gegeben ist durch

$$Na^{\cdot} < Mg^{\cdot\cdot} < Al^{\cdot\cdot\cdot} < H^{\cdot}$$

bzw.

$$C_2H_3O_2' < Cl' < NO_3'.$$

In einer konzentrierten Lösung von Ammonsulfat löst sich das Strontiumsulfat auch beim Kochen nicht, ist es aber mit Calciumsulfat gemischt, so löst sich mit diesem auch eine merkliche Menge Strontiumsulfat. Salz- oder Salpetersäure lösen $SrSO_4$ merklich. Die Empfindlichkeit der Reaktion wird durch die Anwesenheit dieser Säuren beträchtlich vermindert (FRESENIUS).

Erfassungsgrenze. Die Empfindlichkeit der Reaktion wird von LUTZ zu $4 \cdot 10^{-5}$ g bei einer Grenzkonzentration von 1 : 125000 angegeben. Die Zugabe von Alkohol steigert die Werte auf $2 \cdot 10^{-6}$ g bzw. 1 : 1400000.

b) Nachweis mit Calciumsulfatlösung. Diese zur orientierenden Prüfung auf Strontium übliche Reaktion unterliegt denselben Bedingungen wie die Prüfung mit Schwefelsäure. Gemäß der geringeren Konzentration an Sulfationen tritt eine Fällung mit Gipswasser nur bei ziemlich konzentrierter Strontiumsalzlösung sogleich, bei verdünnterer aber erst nach einiger Zeit ein. Die Fällung wird durch

Erwärmen ganz wesentlich beschleunigt. Wegen des auf die Löslichkeit des Strontiumsulfates erhöhend wirkenden Einflusses von Kalium-, Natrium-, Calcium- und Magnesiumsalzen wird die Fällung mit Gipswasser durch die Gegenwart größerer Mengen dieser störenden Ionen verhindert.

Einen allerdings nicht scharfen Nachweis von Strontium neben Barium durch Gipslösung gibt RAIKOW.

Ausführung. Man versetzt 10 bis 20 ml der zu untersuchenden Lösung mit einer überschüssigen Menge Gipslösung, schüttelt das Gemisch 10 bis 15 Sekunden lang stark und filtriert den Niederschlag sofort durch ein angefeuchtetes Filter. Wenn die Probe des klaren Filtrates von selbst oder durch Aufkochen getrübt wird, so ist Strontium vorhanden. Falls aber keine Trübung im Filtrat entsteht, wäscht man den Niederschlag auf dem Filter systematisch mehrere Male mit kochendem Wasser aus und prüft darauf, ob jetzt das erhaltene Filtrat mit Bariumchloridlösung getrübt wird, was im positiven Falle auf die Anwesenheit von Strontiumsulfat im Niederschlag auf dem Filter hinweist.

2. Nachweis mit Alkalichromaten.

Kaliumchromat ruft in neutraler Lösung von Strontiumsalzen einen gelben, kristallinen Niederschlag von Strontiumchromat $SrCrO_4$ hervor. Er ist in Säuren selbst Essig- und Chromsäure leicht löslich. Daher geben Bichromate, auch nach Pufferung mit Acetat, keine Fällung. Auch Chlorammonium löst das Strontiumchromat im Gegensatz zu Bariumchromat leicht auf (DUMENIL). Durch diese Eigenschaften ist Strontiumchromat leicht von Bariumchromat zu unterscheiden und selbst quantitativ zu trennen.

Auch zur Trennung des Strontiums von Calcium ist die Reaktion vorgeschlagen worden. In Gegenwart von 50%igem Aceton soll der Niederschlag des Strontiumchromates sofort erscheinen, der von Calciumchromat erst nach einigen Stunden. Zur Unterscheidung von Strontium und Calcium schlagen FRESENIUS und RUPPERT die Schwerlöslichkeit des Strontiumchromates in 70%igem Alkohol, speziell bei 70°, vor. Der Nachweis des Strontiums neben Calcium mit Kaliumchromat und Ammoniak ist ebenfalls vorgeschlagen worden (LUTZ).

Erfassungsgrenze. 1,2 mg Sr.

Grenzkonzentration. 1 : 833 (LUTZ).

3. Nachweis mit Ammoniumoxalat.

Ammoniumoxalat fällt aus neutralen oder nur sehr schwach sauren Lösungen Strontiumoxalat $SrC_2O_4 \cdot 2^1/_2\, H_2O$. Seine Löslichkeit liegt gemäß der Stellung des Strontiums zwischen der des Calcium- und Bariumoxalates. In Salzsäure ist es ziemlich schwer, in Essigsäure nur sehr wenig löslich.

Erfassungsgrenze. 0,1 mg Sr.

Grenzkonzentration. 1 : 50000 (LUTZ).

4. Nachweis mit Alkalicarbonat.

Beim Erhitzen fällt aus einer mit Ammoniumcarbonat versetzten Lösung von Strontiumsalzen kristallines Strontiumcarbonat, das bei Gegenwart von Ammoniak ungleich viel weniger löslich ist als ohne dasselbe. Es löst sich in Ammoniumchlorid und Ammoniumnitratlösungen ziemlich leicht, wird aber aus ihnen durch Ammoniak und Ammoniumcarbonat wieder gefällt, und zwar vollständiger als Bariumcarbonat. Citronensäure und Alkalimetaphosphat verhindern oder beeinträchtigen die Fällung. Kohlendioxydhaltiges Wasser löst zu Hydrogencarbonat. Nach LUTZ ist ohne Zusatz von Ammoniak noch in einer m/3800-Lösung, mit Zusatz von Ammoniak in einer m/18000-Lösung eine Fällung zu erreichen.

Zu beachten ist, daß das Ammoncarbonat im wesentlichen aus einer Mischung von Ammoncarbaminat und Ammonhydrogencarbonat besteht und erst beim Erwärmen auf etwa 80° in das Carbonat übergeht. Natriumcarbonat fällt sofort $SrCO_3$.

Erfassungsgrenze. 0,02 mg Strontium.

Grenzkonzentration. 1 : 250000.

B. Weitere Fällungsreaktionen.

1. Fällung mit Natriumsulfit.

Natriumsulfit fällt aus neutralen Lösungen von Strontiumsalzen weißes, kristallines Strontiumsulfit $SrSO_3 \cdot {}^1/_2\,H_2O$. Durch verdünnte Mineralsäuren, auch durch Essigsäure, wird es unter Abspaltung von Schwefeldioxyd zersetzt. Seine Löslichkeit ist recht gering; sie beträgt nach AUTENRIETH und WINDAUS 1 : 30000.

Erfassungsgrenze. 0,4 mg Strontium.

Grenzkonzentration. 1 :12000 (LUTZ).

2. Fällung mit Natriumthiosulfat.

Nur aus konzentrierten kalten Lösungen von Strontiumchlorid fällt Natriumthiosulfat, besonders bei Zusatz von Alkohol Strontiumthiosulfat $SrS_2O_3 \cdot 5\,H_2O$.

3. Fällung mit Alkaliphosphat.

Sekundäre Alkaliphosphate fällen aus neutralen Strontiumsalzlösungen sekundäres Phosphat $SrHPO_4$ (SKEY). In Mineralsäuren ist es leicht löslich. Je nach den Fällungsbedingungen können als Endprodukte Strontiumorthophosphat $Sr_3(PO_4)_2$, Strontiumhydrogenorthophosphat $SrHPO_4$ oder Doppelsalze wie $SrNaPO_4 \cdot 9\,H_2O$ auftreten. Vgl. hierzu auch BRITTON.

Erfassungsgrenze. 0,53 mg Strontium.

Grenzkonzentration. 1 : 9500 (LUTZ).

4. Fällung mit Jodsäure.

Jodsäure und Alkalijodate fällen aus neutraler oder schwachsaurer Lösung von Strontiumsalzen in der Hitze kristallines, weißes $Sr(JO_3)_2 \cdot H_2O$ (DITTE). In der Kälte entsteht das Hexahydrat $Sr(JO_3)_2 \cdot 6\,H_2O$ (RAMMELSBERGER) (Abb. 1 u. 2).

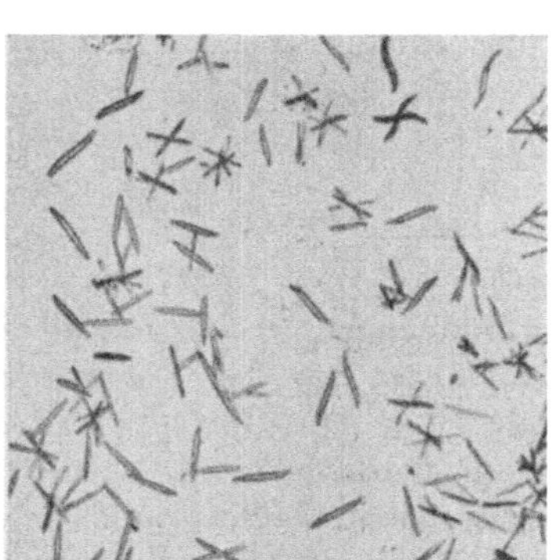

Abb. 1. $Sr(JO_3)_2 \cdot 6\,H_2O$. In sehr verdünnter neutraler Lösung.

Abb. 2. $Sr(JO_3)_2 \cdot 6\,H_2O$. In konzentrierter Lösung.

(Nach GEILMANN, 11, 3 und 4.)

5. Fällung mit Kieselfluorwasserstoffsäure.

Das Strontiumsilicofluorid ist bereits so weit löslich, daß aus einer verdünnten 3%igen Lösung von Strontiumsalzen erst nach Zusatz des gleichen Volumens Alkohol nach längerer Zeit die Fällung eintritt. Eine stärkere (6%ige) Lösung scheidet den Niederschlag bereits nach dem Zusatz des halben Volumens Alkohol aus (FILETI).

Wegen der geringen Empfindlichkeit ist diese Reaktion für analytische Zwecke ohne Bedeutung.

6. Fällung mit Wasserstoffperoxyd.

Aus verdünnten, alkalischen Strontiumsalzlösungen (oder durch Einwirkung von Natriumperoxyd) entsteht das Strontiumperoxyd-Octohydrat $SrO_2 \cdot 8H_2O$. Verwendet man einen sehr großen Überschuß an Wasserstoffperoxyd bei tiefer Temperatur, so erhält man nebenbei ein Peroxyhydrat $SrO_2 \cdot 2H_2O$. Bei höherer Temperatur und in konzentrierteren Lösungen fällt das wasserfreie Strontiumperoxyd SrO_2 (RIESENFELD und NOTTEBOHM).

7. Fällung mit Alkalihydroxyd.

Nicht zu verdünnte Strontiumsalzlösungen scheiden beim Zusatz von Natron- oder Kalilauge Strontiumhydroxyd $Sr(OH)_2 \cdot 8H_2O$ ab. Die Hydroxylionenkonzentration einer wäßrigen Ammoniaklösung reicht nicht aus, um das Löslichkeitsprodukt des Strontiumhydroxyds zu überschreiten. Deshalb gibt Ammoniak allein oder Ätzalkalien in Gegenwart von genügend Ammonchlorid mit Strontiumsalzlösungen keine Fällung.

8. Fällung mit Salpetersäure und Nitraten.

a) Konzentrierte Salpetersäure oder eine konzentrierte Lösung von Natriumnitrat scheiden aus nicht zu verdünnten Strontiumsalzlösungen einen kristallinen, in Wasser löslichen Niederschlag von Strontiumnitrat ab. (Massenwirkung.) Über die Verwertung dieser Reaktion zur Trennung von Calcium und Strontium s. unter Trennungen (NOLL).

b) Nachweis neben Barium und Calcium durch den Monobutyläther des Äthylenglykols. Strontium kann von Calciumnitrat leicht durch die Anwendung von Butyläther getrennt werden.

Ausführung. Nach Abscheidung des Bariums als Chromat wird zum Filtrat 1 Tropfen Neutralrot und dann konzentriertes Ammoniak hinzugefügt, bis die Lösung gelb ist. Dazu gibt man 5 Tropfen 1 n Natriumcarbonat. Das Reagensglas kommt in ein Wasserbad, bis sich der Niederschlag abgesetzt hat. Er ~~wird~~ abfiltriert und mit Wasser unter Zugabe von 1 Tropfen Sodalösung gewaschen. Dann wird der Niederschlag in 1 oder 2 Tropfen verdünnter Salpetersäure gelöst und das Filter mit 1 ml Wasser nachgewaschen. Das Filtrat wird ohne Überhitzung bis zum Beginn des Trocknens eingedampft. Zu diesem praktisch trockenen Rückstand fügt man 10 Tropfen des Butyläthers und verdampft wieder zur Trockne. Zu dem Rückstand gibt man 1 ml Butyläther und erhitzt zum Sieden. Die Lösung wird durch ein trocknes Filter (Glas oder Papier) filtriert. Im Reagensglase wird mit 1 ml Butyläther heiß nachgespült und die Waschflüssigkeit durch dasselbe Filter gegossen. Das im Rückstand befindliche Strontiumnitrat wird in 1 ml Wasser gelöst und durch obiges Filter gegossen. Zum Filtrat kommen 2 Tropfen gesättigte Ammoniumsulfatlösung. Zeigt sich nach Erhitzen im Wasserbade während einiger Minuten ein weißer Niederschlag, so ist Strontium zugegen. Das Calcium kann im Filtrat von Strontiumnitrat mit Oxalat nachgewiesen werden.

Empfindlichkeit. Nicht angegeben (BERBER).

9. Fällung mit Natriumwolframat und Natrium- bzw. Ammoniummolybdat.

Eine 1%ige Lösung von Natriumwolframat Na_2WO_4 fällt aus nicht zu verdünnten Lösungen von Strontiumsalzen einen in Ammoniak unlöslichen Niederschlag von $SrWO_4$. Eine 5%ige Lösung von Natriummolybdat bzw. eine gesättigte Lösung von Ammoniummolybdat gibt, besonders in Gegenwart von Alkohol, mit Strontiumsalzen eine weiße kristalline Fällung. Der Niederschlag ist unlöslich in Ammoniak, löslich in Salpetersäure (GASPARY).

C. Unsichere Reaktionen des Strontiumions.

1. Fällung mit Natriumperborat.

Natriumtetraborat fällt wasserhaltiges Strontiumtetraborat von undefinierter Zusammensetzung. Mit Alkaliperborat entsteht ein weißer, schwer löslicher Niederschlag, dessen Zusammensetzung je nach den Versuchsbedingungen wechselt.

2. Fällung mit Kalium-Eisen(II)-cyanid.

Kalium-Eisen(II)-cyanid fällt Strontiumsalzlösungen nicht. Wohl aber entsteht in neutraler oder essigsaurer Lösung bei Zusatz von Lithium-Eisencyanid $Li_4[Fe(CN)_6]$ in Gegenwart von Alkohol, optimal 62,5%, ein Niederschlag von Strontium-Eisen(II)-cyanid $Sr_2[Fe(CN)_6]$. Verwendet man Lithium-Calcium-Eisen(II)-cyanid $Li_2Ca[Fe(CN)_6]$, so hat der entstehende Niederschlag die Zusammensetzung $Li_2Sr[Fe(CN)_6]$ (DIAZ DE RADA).

3. Fällung mit Alkaliarsenaten.

Alkaliarsenate erzeugen in Strontiumsalzlösungen einen weißen, flockigen Niederschlag unbestimmter Zusammensetzung. Kaliumarsenat fällt aus ammoniakalischen Lösungen sehr schwer lösliches Strontium-Ammoniumarsenat $SrNH_4AsO_4$ (VALENTIN).

D. Farbreaktionen.

1. Nachweis mit Tannin.

a) Allgemeines. ***Ausführung.*** 10 ml einer sehr verdünnten 0,02 bis 0,05%igen Strontiumsalzlösung geben nach Zusatz einer Messerspitze Tannin und von 5 Tropfen 10%iger Lauge eine sehr schöne bläulichgrüne Färbung. Aus stärkeren Strontiumsalzlösungen fällt ein dunkelgrüner Niederschlag aus, der längere Zeit grün bleibt, während Barium mit Tannin in Kürze in Schmutziggelb übergeht. Versetzt man in einem Reagensglas 10 ml starke (über 1%ige) Strontiumsalzlösung mit 5 ml Alkohol, 1 ml 1%iger Tanninlösung und 10 Tropfen Lauge, so entsteht eine grüne Fällung. Wenn man hierbei einen Teil starke Strontiumsalzlösung mit 10 Teilen Alkohol mischt und 1 ml 2%iger Tanninlösung und Lauge hinzufügt, so tritt beim Umschütteln eine sehr schöne rote Färbung ein. Mit Calcium erhält man auch zuerst eine orangerote Färbung, die aber beim Stehenlassen in Gelb übergeht. Mit Barium entsteht ein grüner Niederschlag (Unterschied von Calcium und Barium!) [SCHEWKET (a)].

b) Nachweis von Strontium neben Barium. ***Ausführung.*** Bei Abwesenheit von Calcium führt man die Substanzen in Sulfate über. Nach dem Auswaschen suspendiert man etwas davon in destilliertem Wasser, schüttelt kräftig um und filtriert. 10 ml des klaren Filtrates versetzt man mit einer Messerspitze Tannin und fügt nach dem Umschütteln einige Tropfen Lauge hinzu. Eine vergängliche wiesengrüne Färbung zeigt die Anwesenheit von Strontium an, das im Gegensatz zum Bariumsulfat in Wasser hinreichend löslich ist. Man kann nach SCHEWKET die Farbreaktion der Erdalkalien mit diesen Oxygallolderivaten auch zur Identifizierung aller drei Erdalkalimetalle verwenden, wenn man sie nach der Alkoholmethode getrennt hat.

2. Nachweis mit Gallussäure.

Ausführung. In einem Reagensglas werden 5 ml 0,2 bis 0,5%ige Strontiumchloridlösung mit 10 ml Alkohol und 2 bis 3 Tropfen 1%iger Gallussäurelösung gemischt. Fügt man unter Umschütteln 5 bis 10 Tropfen 10%iger Natronlauge hinzu, so tritt eine rote bis weinrote Färbung ein, und allmählich fällt ein roter Niederschlag aus. Stärkere Strontiumchloridlösungen geben mit 5 ml Alkohol und 1 ml 1%iger Gallussäurelösung einen dunkelblauen Niederschlag. Beim Stehenlassen geht die Farbe des Niederschlages in Schmutziggrün über und wird schließlich mißfarbig, während Barium mit Gallussäure längere Zeit hellblau bleibt (Unterschied von Calcium). Ohne Zusatz von Alkohol entsteht ein grünblauer Niederschlag, der beim Stehen mißfarbig wird.

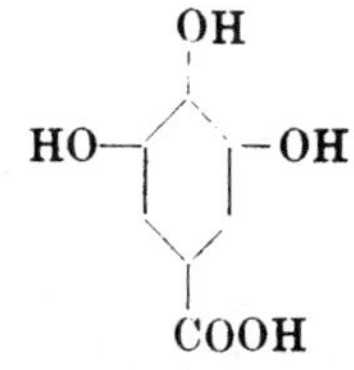

Gallussäure

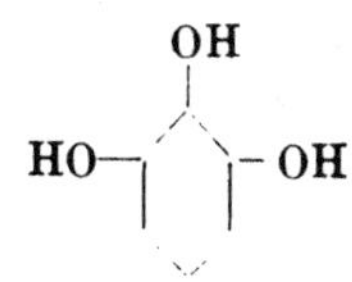

Pyrogallol

3. Nachweis mit Pyrogallol.

Ausführung. In einem Reagensglas versetzt man 5 ml 5 bis 10%ige Strontiumsalzlösung mit 5 ml absolutem Alkohol und einer Messerspitze Pyrogallol. Nach dem Umschütteln fügt man einige Tropfen Natronlauge hinzu und schüttelt kräftig durch, worauf eine vorübergehende dunkelblaue Fällung und Färbung eintritt (Unterschied von Calcium).

4. Nachweis mit Loretin.

Loretin (s. Barium § 5 B 7) gibt mit Strontiumsalzlösung eine kristalline Fällung. Die Kristalle zeigen rhombische Flächen mit symmetrischer Auslöschung (MOLLAND).

§ 4. Mikrochemische Nachweismethoden.

A. Wichtige Fällungsreaktionen.

1. Nachweis als Strontiumsulfat.

a) Fällung mit verdünnter Schwefelsäure. Nach BEHRENS erhält man aus neutralen oder mit Salzsäure versetzten Strontiumsalzlösungen mit verdünnter Schwefelsäure einen feinkörnigen Niederschlag von Strontiumsulfat, der sich auch neben größeren Mengen Calcium gut von diesem unterscheiden läßt. Aus starker Salzsäure läßt sich Strontiumsulfat auf dem Objektträger gut zu deutlichen Stäbchen und kleinen Rauten umkristallisieren (Abb. 3).

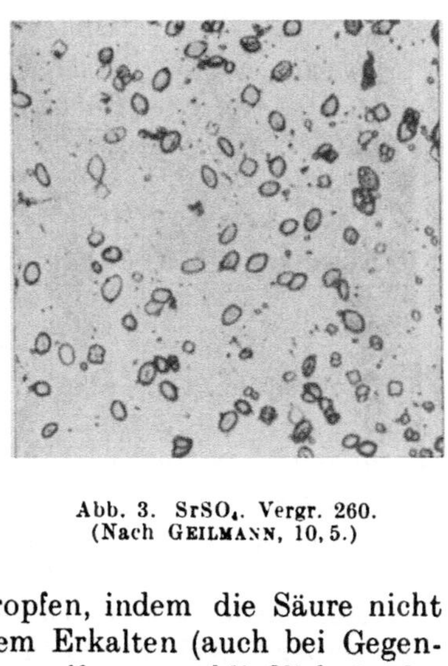

Abb. 3. $SrSO_4$. Vergr. 260. (Nach GEILMANN, 10, 5.)

Empfindlichkeit. Nicht angegeben.

Störungen. Barium.

b) Fällung mit konzentrierter Schwefelsäure. (Umkristallisieren des Strontiumsulfats aus Schwefelsäure.)

Man bringt nach BEHRENS einen kleinen Tropfen konzentrierte Schwefelsäure in die Ecke eines Objektträgers mit nur wenig der zu untersuchenden Substanz und erwärmt, ohne daß die Säure auf dem Objektträger kriecht, vor dem Tropfen, indem die Säure nicht unmittelbar erhitzt wird. Es scheidet sich nach dem Erkalten (auch bei Gegenwart von Barium im Verhältnis 1 : 1) das Strontiumsulfat ausschließlich in der

Form des Cölestins als kleine Kreuzchen ab. Calcium kommt viel später in ganz anderer Form zur Abscheidung.

Empfindlichkeit. Nicht angegeben.

Störung. Eisen.

2. Nachweis als Strontiumchromat.

Wegen seiner typischen Kristallformen eignet sich Strontiumchromat gut zum mikrochemischen Nachweis.

Ausführung. Man konzentriert eine neutrale Lösung, die auf Strontium geprüft werden soll, am besten das Nitrat, auf dem Objektträger bis zum Beginn einer Krustenbildung, gibt dann einen Tropfen einer 15%igen Kaliumchromatlösung hinzu. Es entstehen dicke Prismen und Garben (20 μ lang und 8 bis 12 μ dick), bei schneller Abscheidung lichtgelbe, stark brechende Kugeln (20 bis 30 μ), die bei günstigen Verhältnissen zu facettierten Sphäroiden von 100 μ anwachsen.

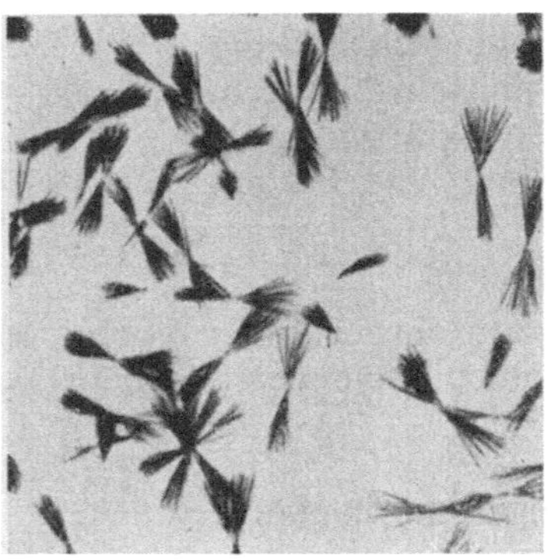

Abb. 4. $SrCrO_4$.
(Nach GEILMANN, 11, 1.)

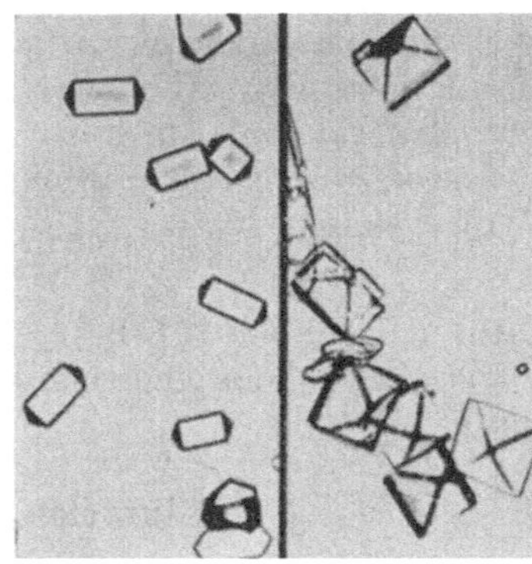

Abb. 5. Strontiumoxalat.
(Nach GEILMANN, 11, 2.)

Freie Essigsäure kann die Fällung um mehrere Stunden verzögern, aber auf die Dauer nicht verhindern. In saurer Lösung erhält man die Sphäroide am schnellsten durch lokale Übersättigung mit Ammoniak (Abb. 4).

Störungen. Zink, welches vorher entfernt werden muß. Ist Barium anwesend, so wird der größte Teil des Bariumchromates aus der essigsauren Lösung abgeschieden und eine klare Stelle des Tropfens mit einem in Ammoniak getauchten Platindraht berührt. Ein geringfügiger, amorpher Niederschlag löst sich in kurzer Zeit, und in seiner Nähe bilden sich alsbald die gelben Kugeln (BEHRENS).

Empfindlichkeit. Nicht angegeben.

3. Nachweis als Strontiumoxalat.

(Empfehlenswert, aber nur bei Gegenwart von wenig Ba und Ca.) Strontiumsalze geben mit Oxalat eine kristalline Fällung mit oktaedrischem Habitus in Form scharf prismatisch entwickelter, tetragonaler Kristalle.

Ausführung. Man bringt das feste Nitrat, wie man es aus dem Carbonat oder Acetat durch Eindampfen mit Salpetersäure gewinnt und welches keine freie Säure mehr enthält, auf den Objektträger in eine verdünnte Lösung von Oxalsäure. Die entstehende Fällung ist auch neben wenig Barium und Calcium für Strontium bezeichnend (Abb. 5). Nach BEHRENS steht sie hinter der Fällung als Chromat zurück, hat aber den Vorteil der gut entwickelten Kristallform.

Störungen. Eigentümliche Veränderungen ergibt die gleichzeitige Anwesenheit von wenig Zinn(IV)-chlorid und freier Salzsäure. Es fallen dann große Kristalle (60 bis 100 μ) von oktaedrischem Habitus mit schwacher Doppelbrechung und geringem Zinngehalt. Ein Oxalatostannat ist wahrscheinlich. Viel freie Säure und Zinn(IV)-chlorid bringen die Kristalle zum Verschwinden.

Bei Anwesenheit größerer Mengen von Barium sind die Kristalle mit kleinen Stacheln besetzt. Das Bariumoxalat kommt nach dem Strontiumoxalat zum Vorschein in Gestalt von Kreuzen und sechsstrahligen Sternen (40 bis 120 μ). Zuletzt erscheinen kleine Quadrate und rundliche Körner (10 bis 25 μ) von Calciumoxalat.

Erfassungsgrenze. 0,8 γ Sr.

4. Nachweis als Strontiumtartrat.

Alkalitartrate ergeben eine ziemlich empfindliche Fällung von Strontiumtartrat, welches in schönen, rhombischen Kristallen ausfällt. Freie Essigsäure stört wenig (Abb. 6).

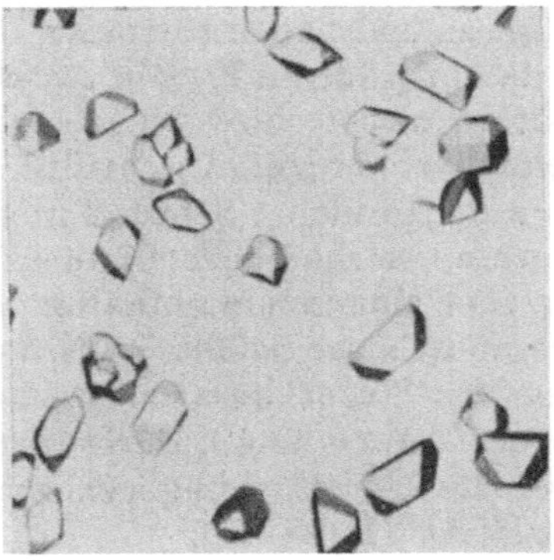

Abb. 6. Strontiumtartrat. (Nach GEILMANN, 10, 6.)

Abb. 7. Strontium-Kalium-Kupfer-Hexanitrit. (Nach GEILMANN, 9, 1.)

Empfindlichkeit. Nicht angegeben.

Störungen. Barium; es kann durch vorherige Fällung als Fluorsilicat abgetrennt werden. Calcium ergibt Mischkristalle. Durch Zugabe von Magnesiumacetat läßt sich die Kristallisation des Calciumtartrates verzögern, während diejenige von Strontiumtartrat nicht beeinflußt wird. Unbrauchbar wird die Reaktion durch die gleichzeitige Gegenwart von Borsäure, Aluminium-, Chrom- und Eisensalzen (BEHRENS).

5. Nachweis mit Kalium-Kupfernitrit.

Eine Lösung von Kaliumnitrit gibt mit Strontiumsalzen, die in Gegenwart von Kupferacetat eingedampft worden sind, eine kristalline Abscheidung von kleinen grünen Täfelchen, eines Tripelnitrits von Kalium, Strontium und Kupfer $K_2SrCu(NO_2)_6$.

Ausführung. Ein kleiner Tropfen der Lösung, welche auf Strontium geprüft werden soll, wird auf einen Objektträger gebracht und zur Trockne verdampft. Der Rückstand wird mit einer Lösung von Kupfernitrat oder -acetat befeuchtet, welche ungefähr die fünffache Menge Kupfer im Vergleich zum Strontium enthält. Die Mischung wird alsdann zur Trockne verdampft. Wenn sich der Objektträger auf Zimmertemperatur abgekühlt hat, wird der Rückstand darauf mit einer kleinen Menge des nachstehend angegebenen Nitritreagenses behandelt. Die Abscheidung von kleinen grünen Plättchen bestätigt die Anwesenheit von Strontium (Abb. 7).

Nitritreagens: 1. 500 g Kaliumnitrit werden zu einem Liter in Wasser gelöst. 2. 450 g Natriumacetat oder 325 g Kaliumacetat werden gelöst, mit 100 ml Eisessig versetzt und zu einem Liter aufgefüllt. Zum Gebrauch werden gleiche Teile beider Lösungen gemischt.

Störungen. Mit dem Reagens in der angegebenen Konzentration erscheinen die grünen Kristalle der Strontiumfällung in einigen Minuten. Nimmt man das Nitritreagens zu 1000 g Kaliumnitrit/l, so wird der Strontiumnachweis empfindlicher, aber es fällt dann Calcium mit. Barium gibt keine grünen Kristalle, aber es verhindert die Abscheidung des Strontiums, wenn es in mehr als der zehnfachen Menge vorliegt.

Empfindlichkeit. Nicht angegeben (BENEDETTI-PICHLER und BRYANT; ADAMS).

B. Weitere Fällungsreaktionen.

1. Nachweis mit Natriumhydrogencarbonat.

Natriumhydrogencarbonat fällt aus Lösungen von Strontiumsalzen radialfaserige und zugleich konzentrisch-schalige Kugeln (25 μ). Sie zeigen scharfe Polarisationskreuze und haben so starke Doppelbrechung, daß in größeren Kugeln zwischen gekreuzten Nicols auch farbige Ringe bis zur 3. Ordnung sichtbar werden. Aus heißen Lösungen fallen kurze Nadeln (8 bis 12 μ) aus. Werden Lösungen, welche neben Sr auch Barium, Calcium oder Magnesium enthalten, mit Natriumhydrogencarbonat gefällt, so herrscht meist die Form des Strontiumcarbonates vor, doch ist von der Anwendung des Hydrogencarbonates bei der Untersuchung gemischter Lösungen abzuraten (BEHRENS).

Abb. 8. Strontium-Uranylacetat. [Nach: Mikrochemie 6, 20 (1928).]

2. Nachweis mit Uranylacetat.

Strontiumsalze geben mit Uranylacetat Härchen, Bündel und Platten in ähnlicher Weise wie Bariumsalze (Abb. 8).

Ausführung der Reaktion s. unter Barium § 4 B 7.

Empfindlichkeit. Nicht angegeben (CHAMOT und BEDIENT).

3. Nachweis mit Natriumdiäthyl-dithiocarbonat.

Natriumdiäthyl-dithiocarbonat gibt mit Strontiumsalzen einen kristallinen Niederschlag (MEGGY und GRANT).

Ausführung. Man bringt etwas festes Reagens mit Wasser in ein Probierglas und filtriert bald darauf ab. Die Lösung ist nur kurze Zeit haltbar.

Zu 0,3 ml der wäßrigen Reagenslösung, die sich in einem Probierglas mit Schliffstopfen befinden, fügt man 0,3 ml der Probelösung samt 0,2 ml Benzol hinzu, schüttelt und bringt die Benzollösung mit einer Capillarpipette auf einen Hohlschliffobjektträger. Nach freiwilligem Verdunsten wird der Rückstand bei schwacher Vergrößerung mikroskopisch betrachtet. Mitunter empfiehlt sich ein nochmaliges Aufnehmen mit Alkohol und Abdunstenlassen. Es bilden sich langgestreckte, oft zu strahlenförmigen Büscheln vereinigte Platten.

Störung. Durch Blei und Zink.

4. Nachweis mit Traubensäure.

Eine 10%ige Lösung von Traubensäure fällt aus essigsaurer Lösung das Strontium quantitativ als Racemat. Bei Gegenwart von Eisen und Aluminium ist die Fällung unvollständig (KLING).

5. Nachweis mit Phthalsäure.

Phthalsäure gibt mit Strontiumsalzlösungen einen **gut** kristallisierten Niederschlag (YORKS und WILLARD).

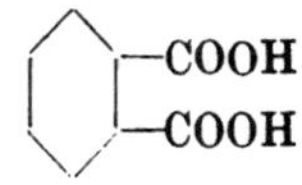

Phthalsäure

6. Fällung mit Resorufin.

Siehe unter Barium § 4 C 2.

7. Fällung mit Kupferron.

Mit Kupferron (N-Nitroso-phenyl-hydroxyl-amin) wird aus verdünnten Strontiumsalzlösungen ein inneres Komplexsalz des Strontiums als kristalline Fällung abgeschieden [MARTINI (b)] (Abb. 9).

$C_6H_5—N{=}NO(NH_4)$ (N=O, mit O an N)

Kupferron

Ausführung. Siehe unter Barium § 4 B 9.

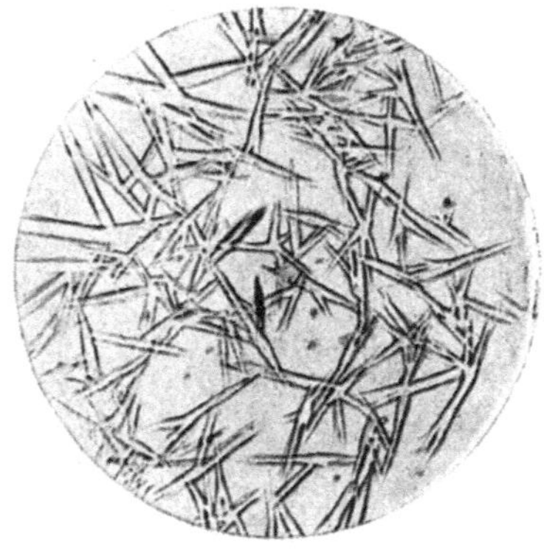

Abb. 9. Strontium mit Kupferron. [Nach: Mikrochemie 6, 152 (1928).]

8. Nachweis mit Cyanursäure.

0,5 g Cyanursäure, 10 ml Ammoniak und 20 ml dest. Wasser werden gemischt, 5 bis 10 Min. geschüttelt und, falls nötig, leicht erwärmt. Nach vollständiger Lösung werden 20 ml Wasser hinzugefügt, gut durchgemischt und abgekühlt.

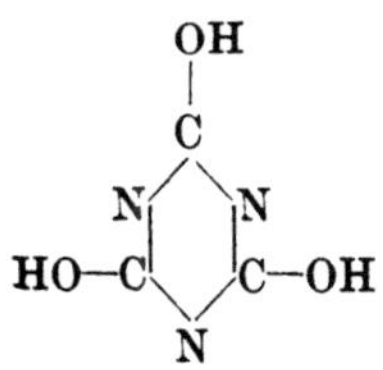

Cyanursäure

Ausführung. Man mischt 1 Tropfen des Reagenses mit 1 Tropfen der 0,2- bis 0,4%igen Salzlösung oder fügt das Reagens zum trockenen Rückstand der zu prüfenden Lösung bzw. zu einem sehr kleinen Teil der festen Substanz. Wenn sich nicht schnell Kristalle bilden, wird mit einem dünnen Glasfaden gerührt. Man betrachte die (typischen) Kristalle, die man am besten in einer Kontrollreaktion herstellt, bei 130- bis 150facher Vergrößerung.

Empfindlichkeit. Nicht angegeben (DENIGÈS).

§ 5. Farb- und Tüpfelreaktionen.

A. Reaktionen, die für den Nachweis des Strontiums in erster Linie in Frage kommen.

1. Reaktion mit Natriumrhodizonat.

Von den Metallen der Erdalkaligruppe, Barium, Strontium und Calcium, reagieren lediglich Barium- und Strontiumsalze in neutraler Lösung mit Natriumrhodizonat unter Bildung braunroter Niederschläge (s. Ba § 5. A 1). Um daher Strontium neben Barium zu erkennen, ist die Überführung des Bariums in eine mit Natriumrhodizonat nicht reagierende Verbindung erforderlich. Eine solche ist das Bariumchromat, während Strontiumchromat noch so weit wasserlöslich ist, daß es mit Natriumrhodizonat reagiert.

CO—CO—CONa
| ||
CO—CO—CONa

Natriumrhodizonat

Ausführung. Auf ein mit Kaliumchromat imprägniertes Filtrierpapier wird ein Tropfen der Probelösung gebracht, wodurch sich die Chromate bilden. Nach einer Minute wird mit einem Tropfen einer wäßrigen Natriumrhodizonatlösung angetüpfelt. Die Entstehung eines braunroten Fleckes bzw. Kreises beweist die Anwesenheit von Strontium.

Erfassungsgrenze. 4 γ Strontium neben der 80fachen Menge Ba.

Grenzkonzentration. 1 : 13000.

Reagenzien. 1. Kaliumchromatpapier. Filtrierpapier mit einer gesättigten Lösung von K_2CrO_4 imprägniert und getrocknet. 2. 5%ige Lösung von Natriumrhodizonat.

Rudzik betont, daß bei der Abscheidung des Bariums mit Kaliumchromat im Laufe der Analyse zwar ein Teil des Strontiums mitgefällt wird, aber immer noch so viel in Lösung bleibt, daß man mit Natriumrhodizonat einen braunroten Niederschlag erhält.

2. Reaktion mit Dioxyweinsäureosazon.

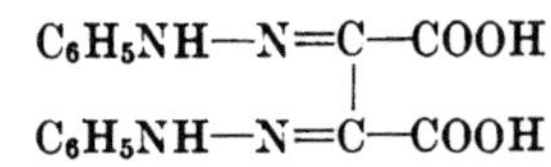

Dioxyweinsäureosazon

Das Natriumsalz des Osazons der Dioxyweinsäure liefert auch mit Strontiumsalzen einen hellgelben, flockigen Niederschlag.

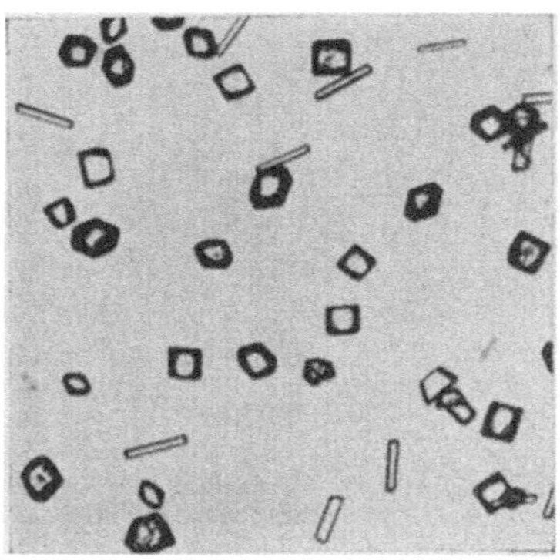

Abb. 10. Strontiumpikrolonat. (Nach Geilmann, 11, 5.)

Ausführung. Siehe unter Calcium (Feigl).

Empfindlichkeit. Für Strontium nicht angegeben.

3. Reaktion mit Pikrolonsäure.

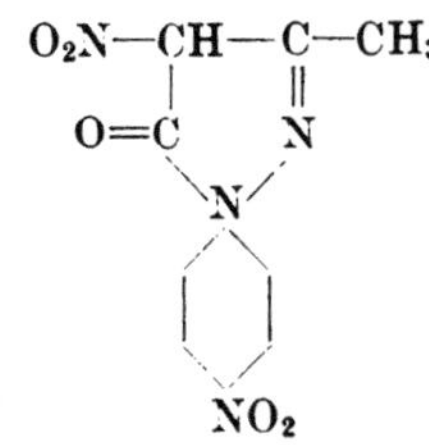

Pikrolonsäure

Pikrolonsäure eignet sich auch für den Nachweis von Strontium. Die charakteristischen Kristalle des Pikrolonates sind in Chloroform und Wasser völlig unlöslich und können mit diesen Lösungsmitteln vom Reagens befreit werden. Zur Identifizierung eignet sich neben der Kristallform auch der Schmelzpunkt. Strontiumpikrolonat schmilzt bis 350° C nicht (Abb. 10).

Ausführung. Siehe unter Calcium (Fischer).

Erfassungsgrenze. 0,2 γ Strontium.

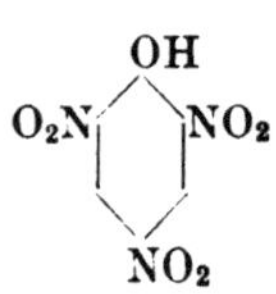

Pikrinsäure

4. Reaktion mit Pikrinsäure.

Über den Nachweis von Strontium mit Pikrinsäure s. unter Barium § 5 A 3.

B. Weitere Farbreaktionen.

1. Reaktion mit Hämatein.

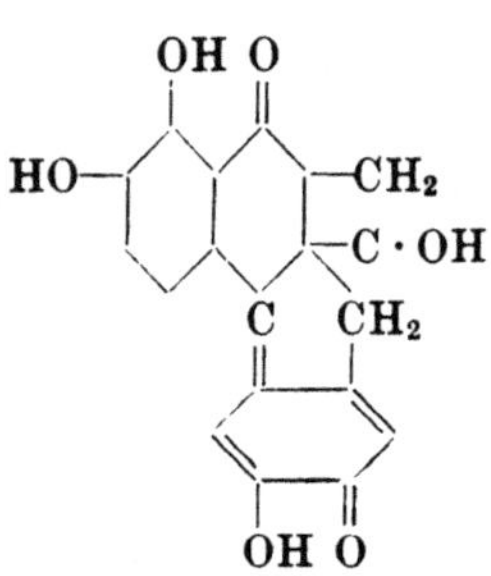

Hämatein

Hämatein gibt mit Strontiumsalzen eine blauviolette in Wasser, Alkohol und Äther unlösliche Verbindung, die beim Behandeln mit Säuren mit roter Farbe in Lösung geht. Bariumsalze verhalten sich ebenso. Die Fällung von Calciumsalzen mit Hämatein ist auch in Ammoniak unlöslich (Dubsky).

2. Reaktion mit Brillantgelb.

Fällt man Strontiumhydroxyd in Gegenwart von Brillantgelb, so erhält man einen orangefarbenen Niederschlag und eine ebenso gefärbte Lösung. Barium verhält sich ebenso. Calciumsalze ergeben eine rosa gefärbte Abscheidung (SMITH und ROGERS).

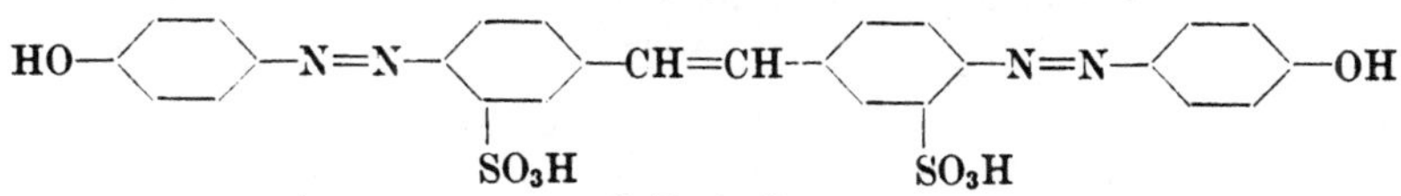

Brillantgelb

3. Reaktion mit Orange II.

Orange II in 0,1 n-Salzsäure gelöst, gibt mit Calcium-, Strontium- und Barium- (ebenfalls Magnesium-) salzen bei Zusatz von Ammoniak und Ammoniumchlorid einen tiefroten Niederschlag (ROSENTHALER).

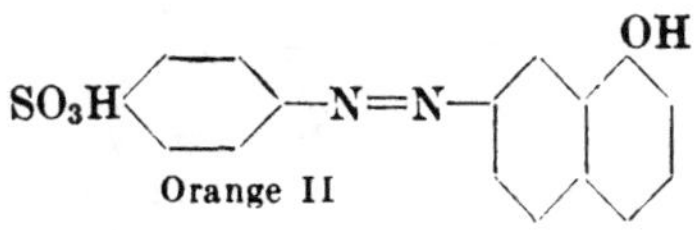

Orange II

4. Reaktion mit Tetraoxychinon.

Tetraoxychinon gibt mit Strontiumsalzen in gesättigter wäßriger Lösung eine braune Färbung, die auf Zusatz von verdünnter Salzsäure verschwindet (GUTZEIT).

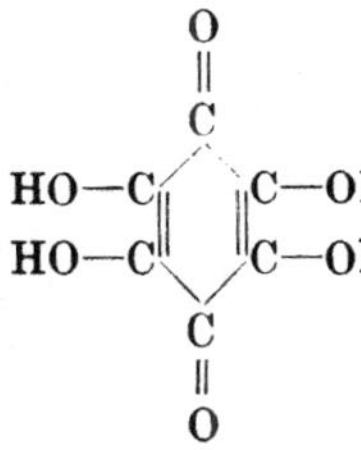

Tetraoxychinon

5. Reaktion mit Natriumalizarinsulfonat.

Eine verdünnte Lösung von Strontiumnitrat gibt mit einer 0,5%igen Lösung von Natriumalizarinsulfonat eine tiefrote Färbung (GERMUTH und MITCHELL).

6. Reaktion mit Natriumoleat und Gelatine.

Einen unspezifischen aber sehr empfindlichen Nachweis mit Natriumoleat und Gelatine für Strontium geben AMBERG, LANDSBURY und SAWYER.

Ausführung. Siehe unter Calcium s. 62.

Literatur.

ADAMS, J. J.: Mikrochemie **26**, 33 (1939). — D'ANS u. E. LAX: Taschenbuch für Chemiker und Physiker, Springer, Berlin 1943. — AUERBACH, H.: Diss. Berlin 1907; Z. wiss.-Phot. **7**, 30, 41 (1909). — AUTENRIETH u. WINDAUS: Fr. **37**, 293 (1938). — AMBERG, S., J. LANDSBURY u. F. SAWYER: J. Am. chem. Soc. **50**, 2630 (1928).

BEHRENS: Mikrochemische Analyse, 4. Aufl., 1. Teil, S. 54, 1921. — BENIDETTI-PICHLER, A. A.: Mikrochemie **26**, 33 (1939). — BOUCHETAL de la ROCHE: Bl. Soc. chim. 4, **45**, 706 (1929). — BRITTON, W. TH.: J. chem. Soc. (1927) 614. — BREYANT, J. T.: Mikrochemie **26**, 33 (1939). — BERBER, H. H.: Ind. eng. Chem. Anal. Edit. **13**, 572 (1941).

CHAMOT, E. M., u. H. A. BEDIENT: Mikrochemie **6**, 13 (1928). — CHAPMAN: Chem. App. (1850) 427; C. **1850**, 598.

DIAZ DE RADA, F.: An. Espan. **27**, 390 (1929); **24**, 442 (1926). — DITTE, A.: Ann. Chim. Phys. 6, **21**, 145 (1890). — DUBSKY, V. J.: Chem. Listy, Vedu. Prumysl **34**, 137; durch C. **1941**, 2236. — DUMENIL: Ann. Chim. Phys. 7, **20**, 125 (1900).

EDER u. VALENTA: Atlas der typischen Spektren, S. 27, 91. Wien 1911. — DENIGÈS, G.: Bull. trac. soc. pharm. Bordeaux **83**, 57 (1945).

FEIGL: Qualitative Analyse mit Hilfe von Tüpfelreaktionen, S. 267. — FILETTI, M.: Fr. **37**, 325 (1898). — FISCHER, R.: Mikrochemie **27**, 67 (1939). — FISCHER, M. W.: Z. anorg. Chem. **145**, 324, 331, 347, 357 (1925). — FRESENIUS, W.: (a) Anleitung zur qual. chem. Analyse. Braunschweig 1919. — FRESENIUS, W., u. RUPPERT: (b) Fr. **30**, 672 (1891). — FORMANEK, J.: Fr. **39**, 414 (1900).

GASPARY, T.: Anal. An. espan. **26**, 435 (1928). — GERLACH, W., u. E. RIEDL: Die chem. Emissionsspektralanalyse, III. Teil, 1942. — DE GRAMONT, A.: C. r. **159**, 10 (1914). — GERMUTH, F. G., u. E. MITCHELL: Amer. J. Pharmacy **101**, 46 (1929). — GOTÔ, HIDEHIRO: Sci. Rep. Tôhoku (Imp. Univ.), Ser. I **29**, 287 u. 461 (1940); durch C. **1941**, I, 1069 u. 1848.

HARNACK, A.: Diss. Leipzig, 1911; Z. wiss. Phot. **10**, 320 (1912). — HARTLEY, W. N.: Phil. Trans. A. **185**, 179 (1894/95). — HARTLEY, W. N., u. H. W. MOSS: Proc. Roy. Soc. A. **87**, 39 (1912). — HUKUDA, K.: Bl. chem. Soc. Japan **2**, 118 (1927). — HUME-ROTHERY, W.: J. chem. Soc. **1926** 2637.

KARAOGLANOV, Z.: Fr. **114**, 106, 107 (1939). — KENNETH: Mikrochemie **19**, 227 (1936). — KIRCHHOFF u. BUNSEN: Pogg. Ann. **110**, 174 (1860). — KLING, A.: Bl. Soc. chim. 4, **9**, 355 (1911). — KOHLRAUSCH: Z. phys. Chem. **50**, 355 (1905).

LUTZ, O.: Fr. **60**, 438 (1921). — LÖWE, F.: Atlas der letzten Linien der wichtigsten Elemente S. 31, 39. Dresden-Leipzig 1928.

MACCIOTTA, E.: Rend. Seminario. Fac. Sci. Univ. Cagliari 1, 55; durch Fr. **94**, 30 (1933). — MARTINI, A.: (a) An. Argentina **16**, 117 (1928). — MARTINI, A.: (b) Mikrochemie **6**, 152 (1928). — MEGGY, F. A., u. J. GRANT: Analyst **61**, 401 (1936). — MIGGLIACCHI u. CRAPETTA: Ann. d. Chem. appl. **17**, 66 (1927). — MOLLAND, J.: Tidssk. Kjemi Bergves. **19**, 119—22 (1939) Univ. Oslo durch C. **1939**, II, 3727. — MILLER, F. A., u. CH. WILKINS: Anal. Chem. **24**, 1253 (1952). —

NODDACK, I. u. W.: Naturwiss. **18**, 757 (1930). — NOLL, W.: (b) Naturwiss. **19**, 774 (1931). — NOLL, W.: (b) Z. anorg. Chem. **199**, 203 (1931).

RAIKOW, TH.: Fr. **57**, 164 (1918). — RAMMELSBERGER, C.: Pogg. Ann. **44**, 577 (1938). — RIESENFELD, E. H., u. W. NOTTEBOHM: Fr. **89**, 407 (1914). — ROSENTHALER, L.: Mikrochemie **20**, 85 (1937). — RÜDISÜLE: Bestimmung und Trennung der chemischen Elemente, Berlin 1923. — RUDZIK, W.: Oberflächentechn. **18**, 115, 131 (1941); durch C. **1942**, I, 236.

SCHEWKET, O.: (a) Bio. Z. **54**, 287 (1913); (b) **54**, 290 (1913). — SCHULER, W.: Diss. Bonn 1901; Ann. Phys. **4**, **5**, 931 (1901). — SKEY: Chem. News **22**, 61 (1870). — SMITH, I. W., u. H. E. ROGERS: J. chem. Educat. **16**, 143, durch C. **1939**, II, 176. — SPÄTH: Mh. Chemie **61**, 107 (1932).

TANANAEFF: Fr. **100**, 391 (1935). — TREADWELL: Lehrbuch der analytischen Chemie, 17. Aufl., S. 91.

VALENTIN, J.: Fr. **54**, 76 (1915).

DE WATTEVILLE, CH.: Thése Paris 1904; Phil. Trans. A. **204**, 139, 153 (1904). — WILLARD, M. L.: Mikrochemie **19**, 227 (1936). — WUNDER: J. pr. Chem. 2, **1**, 470 (1870); Chem. News **41**, 158 durch C. **1880**, 1142.

YORKS, P.: Mikrochemie **19**, 227 (1936).

Barium.

Ba, Atomgewicht 137,36; Ordnungszahl 56.

Von HELMUT HARTMANN, Braunschweig.

Mit 14 Abbildungen.

Inhaltsübersicht.

Obwohl Barium am Anteil der Masse der festen Erdrinde nach Messungen von CLARKE und WASHINGTON nach den Berechnungen von BERG nur $4 \cdot 10^{-2}$% beträgt (NODDACK), ist es doch in geringer Menge weit verbreitet. Eruptivgesteine enthalten rund 0,09%, Sandgesteine etwa 0,04% Barium; besonders häufig findet es sich in kaliumhaltigen Gesteinen. Bei der Verwitterung geht das leicht lösliche Bariumchlorid schnell in Lösung, wird aber beim Zusammentreffen mit Spuren Schwefelsäure oder Sulfat als schwer löslicher Baryt $BaSO_4$ ausgefällt. Die Ausscheidung desselben ist daher stets an sauerstoffreiche Umgebung gebunden, ähnlich derjenigen des Mangans. Mithin erfolgt häufig eine Kombination Barium-Mangan. Man findet daher Baryt sehr oft vergesellschaftet mit Mangan- und Mangan-Eisen-Vorkommen, so daß z. B. Psilomelan stets bariumhaltig ist (BERG). Die Schwerlöslichkeit des Bariumsulfates ergibt, daß der Baryt das wichtigste Vorkommen ist und die Schwerspatlager alle anderen Vorkommen an Wichtigkeit übertreffen. Das Carbonat, der Witherit, tritt als juvenilhydrothermales Produkt dagegen sehr stark zurück. Entsprechend der sehr engen Verwandtschaft zum Strontium hinsichtlich der Schwerlöslichkeit der Sulfate bildet Barium- und Strontiumsulfat als Mineral den Mischkristall Barytocoelestin.

Tabelle 1.

	Schmelzpunkt °C	Siedepunkt °C
Ba	710	1638
BaO	1923	~2000
$BaCl_2$	960	1560
$BaSO_4$	1350	—

Bildungswärme des Oxydes 133 Cal/Mol,
Normalpotential des Ba = −2,9 Volt (ber.),
Ionenradius 1,43 Å nach V. M. GOLDSCHMIDT,
1,35 Å nach L. PAULING (D'ANS-LAX).

Die nicht bedeutend abweichenden Löslichkeiten von Calcium- und Bariumcarbonat führen zur Bildung der Doppelcarbonate Alstonit $BaCO_3 \cdot CaCO_3$ und Barytocalcit $CaCO_3 \cdot BaCO_3$, das erstere mit einem überwiegenden Gehalt an Bariumcarbonat, das letztere mit einem solchen an Calciumcarbonat. Bezüglich der zahlreichen weiteren Vorkommen sei auf Handbücher verwiesen, z. B. DOELTER.

Mit den Verwitterungsprodukten der Gesteine gelangt das Barium schließlich auch in das Meerwasser, aus dem es in Seepflanzen, weniger in die Kalkschalen von Seetieren, übergeht. In geringen Mengen ist es auch in einigen Mineralquellen nachgewiesen (z. B. Pyrmont). Aus den Ackerböden nehmen viele Pflanzen in Spuren Barium auf, so daß es in den Veraschungs- oder Extraktionsrückständen anzutreffen ist.

Barium steht in der zweiten Hauptgruppe des periodischen Systems und der 3. langen Periode zwischen Strontium und Radium. Gemäß dieser seiner Stellung tritt es nur als zweiwertiges Ion auf. Die in einigen Subhaloiden beobachtete Einwertigkeit ist analytisch ohne jede Bedeutung, weil diese Verbindungen mit Wasser unter Entwicklung von Wasserstoff sofort in die zweiwertige Form übergehen. Unter den häufigen Erdalkalimetallen Magnesium, Calcium, Strontium und Barium ist es das elektropositivste.

Die Bariumsalze sind zum großen Teil in Wasser praktisch unlöslich. Die löslichen zeigen neutrale Reaktion. Sie werden mit Ausnahme des Bariumchlorides, -bromides und -jodides beim Glühen im Probierrohr zerlegt. Die unlöslichen werden, mit Ausnahme des Sulfates und des Hexafluorosilicates, durch verdünnte Salzsäure unter Zersetzung aufgenommen. In kaltem absolutem Alkohol ist Bariumchlorid im Gegensatz zu Calcium- und Strontiumchlorid nicht löslich, ebenso das Nitrat im Gegensatz zum Calciumnitrat und in Übereinstimmung mit Strontiumnitrat. Auf dieser unterschiedlichen Löslichkeit beruht eine wichtige Trennung der drei Metalle. Beide Salze sind in einer Mischung gleicher Teile absoluten Alkohols und Äthers praktisch unlöslich und zerfließen nicht an der Luft. Bariumnitrat und -bromid sind außerdem in Amylalkohol unlöslich, worauf gleichfalls eine Trennungsmöglichkeit von den anderen Erdalkalimetallen beruht. Konzentrierte Salz- und Salpetersäure fällen aus nicht zu verdünnten Lösungen von Bariumsalzen Chlorid bzw. Nitrat infolge Erhöhung der Ionenkonzentration über das Löslichkeitsprodukt hinaus.

An der Spitze für den Nachweis des Bariums steht wegen seiner extrem geringen Löslichkeit das Bariumsulfat. Als nächstempfindliches Reagens kommt das Chromat in Betracht, welches noch den Vorzug hat, wegen seiner im Gegensatz zu den Chromaten von Calcium und Strontium in Essigsäure sehr geringen Löslichkeit, eine bequeme Trennung von letzteren Metallen zu ermöglichen. Schon beträchtlich weniger leisten Natriumsulfit und Natriumcarbonat und noch wesentlich weniger Ammoniumcarbonat und Ammoniak, Fluorkieselsäure, Natriumphosphat und Ammoniumoxalat (Böttger).

Im Gange der Analyse wird das Barium in den meisten Fällen gemeinsam mit Strontium und Calcium als Carbonat mit Ammoniumcarbonat ausgefällt. In einigen speziellen Fällen kann man es auch als Sulfat abscheiden, dieses nach einer der nachstehend aufgeführten Methoden aufschließen und der Identifizierung zuführen. Dieser letzte Weg findet vor allem bei mikrochemischem Nachweis Anwendung.

Blum macht darauf aufmerksam, daß das Ammonsulfid meist einen geringen Gehalt an Sulfat aufweist und daher geringe Mengen von Barium und Strontium mit den Elementen der Schwefelammongruppe gefällt werden können. Sie finden sich dann in dem in verdünnter Salzsäure unlöslichen Anteil.

Nachweis kleiner Mengen Barium in Gegenwart von Phosphorsäure. Beim Abscheiden der Phosphorsäure nach dem bekannten Eisen(III)-phosphatverfahren werden stets kleine Mengen Barium mit eingeschlossen. Der Phosphatniederschlag wird daher mit Natriumperoxyd aufgeschlossen und in 6 n Salzsäure gelöst. Das Barium wird aus dieser Lösung mit Ammonsulfat gefällt, der Niederschlag samt Filter verascht und nach dem Befeuchten mit Salzsäure auf Flammenfärbung geprüft. Auf diese Weise findet man noch 1 mg Barium in 10 ml Lösung (Davis und Kornblum).

Aufschlußmethoden für unlösliche Bariumverbindungen.

1. Aufschluß von Bariumsulfat.

a) Durch Schmelzen mit Alkalicarbonat. Die universellste Methode des Aufschlusses ist *das Schmelzen mit Natriumcarbonat*, einem Gemisch von Natrium- und Kaliumcarbonat im molekularen Verhältnis oder mit Kaliumcarbonat allein. Das letztere Alkalisalz hat den Vorteil, eine in Wasser leicht lösliche Schmelze zu ergeben, da sich keine Verkrustung durch Hydratbildung einstellt. Das Bariumsulfat wird mit der 4- bis 5fachen Menge Alkalicarbonat gut gemischt und die Mischung im Platintiegel (für einfache Zwecke auch vor dem Lötrohr auf Holzkohle) einige Zeit lang im Schmelzfluß erhalten. Da sich das gebildete Bariumcarbonat mit dem in der Schmelze vorhandenen Natriumsulfat unter Zusatz von Wasser wieder rückwärts zu Bariumsulfat gemäß dem Gleichgewicht $BaCO_3 + Na_2SO_4 \rightleftharpoons BaSO_4 + Na_2CO_3$ umwandeln würde, darf die Schmelze nicht mit Wasser, sondern nur mit einer 2 n Sodalösung aufgenommen werden, wobei ein Erwärmen zu vermeiden ist. Der zerkleinerte Schmelzkuchen wird so lange mit 2 n Sodalösung gewaschen, bis im Filtrat kein Sulfation mehr nachzuweisen ist. Erst dann wäscht man das Alkali mit reinem Wasser aus. Der Bariumcarbonatrückstand wird in verdünnter Säure gelöst und dem weiteren Analysengang zugeführt.

b) Durch Kochen mit Alkalicarbonat. In wäßriger Lösung verläuft die Reaktion $BaSO_4 + Na_2CO_3 \rightleftharpoons BaCO_3 + Na_2SO_4$ umkehrbar, wobei das Gleichgewicht weitgehend auf der Seite des Bariumsulfates liegt. Es gelingt daher nicht, durch einfaches Kochen mit Sodalösung Bariumsulfat restlos in Carbonat umzuwandeln. Entfernt man aber das sich in der Lösung über dem Bariumcarbonat bildende Natriumsulfat durch häufiges Erneuern der Sodalösung, so kann man nach 4- bis 5maligem Kochen mit immer frischer 2 n Natriumcarbonatlösung Bariumsulfat für qualitative Zwecke hinreichend weit in Carbonat überführen. Auch hier wäscht man zum Schluß mit 2 n Sodalösung, dann mit Wasser und löst in verdünnter Salz- oder Essigsäure zur weiteren Verarbeitung.

Über eine gleichzeitige Trennung der drei Erdalkalimetalle durch Überführung in Calcium- bzw. Strontiumcarbonat unter Schonung des Bariumsulfates s. FRESENIUS (b).

c) Durch Reduktion zu Bariumsulfid. Der einfachste und schnellste Weg, Bariumsulfat in eine lösliche Form überzuführen, besteht darin, es in der leuchtenden Flamme des Bunsenbrenners zum Sulfid zu reduzieren und letzteres in verdünnter Salz- oder Essigsäure zu lösen. Es kann dieser Aufschluß am einfachsten am Platindraht oder Magnesiastäbchen ausgeführt werden. Da sich nur kleine Mengen Sulfat schnell und vollständig reduzieren lassen, eignet sich das Verfahren besonders zum mikrochemischen oder orientierenden Nachweis.

d) Durch Reduktion mit konzentrierter Jodwasserstoffsäure (CALEY und BURFORD). Erdalkalisulfate bleiben bei gewöhnlicher Temperatur durch konzentrierte Jodwasserstoffsäure unbeeinflußt, bei Temperaturerhöhung geht eine Reaktion folgender allgemeiner Art vonstatten:

$$MeSO_4 + 10\,HJ = MeJ_2 + 4\,J_2 + 4\,H_2O + H_2S.$$

Bei qualitativen Untersuchungen werden die besten Ergebnisse gerade unterhalb der Siedetemperatur der Jodwasserstoffsäure erhalten, 100° genügen nicht wegen der zu geringen Umsetzungsgeschwindigkeit des Bariumsulfates bei dieser Temperatur. Die geeignetste Probemenge beträgt 0,1 mg, die Prüfung auf Schwefelwasserstoff wird zweckmäßig mit Nitroprussidpapier durchgeführt; Bleiacetatpapier ist wegen der Bildung von Bleijodid ungeeignet. Die Lösung wird darauf mit Wasser verdünnt. Die Prüfung auf Barium erfolgt spektroskopisch.

Über das Verhalten von Strontiumsulfat und Calciumsulfat sowie Calciumfluorid vgl. bei den entsprechenden Elementen.

2. Aufschluß von Silicaten.

Die Silicate werden in der bekannten Form mit Flußsäure-Schwefelsäure oder Ammonfluorid-Schwefelsäure aufgeschlossen. Das Barium findet sich als Sulfat im unlöslichen Rückstand und wird wie vorstehend zur weiteren Identifizierung verarbeitet.

Nachweismethoden.

§ 1. Nachweis auf optischem Wege.

1. Durch Flammenfärbung.

Bringt man Bariumsalze am Platindraht in den Schmelzraum der Bunsenflamme, so färbt sich der Teil über der Probe gelbgrün. Die löslichen Bariumsalze, ferner das Carbonat und Sulfat zeigen die Reaktion sofort oder bald, das Phosphat erst nach dem Befeuchten der Probe mit Schwefel- oder Salzsäure. Auf letztere Weise läßt sich das Barium auch in durch Säure zersetzbaren Silicaten finden; durch Salzsäure unzersetzbare Silicate dagegen müssen mit Natriumcarbonat aufgeschlossen werden. Das dabei erhaltene Bariumcarbonat liefert dann die Reaktion. Charakteristisch für die gelbgrüne Färbung der Flamme ist, daß sie durch ein grünes Glas blaugrün erscheint. Calcium und Strontium heben, wenn man die Sulfate zur Prüfung verwendet, die Bariumreaktion nicht auf. Auch durch Erhitzen zerriebener Bariumsalze mit Alkohol und Entzünden desselben kann man die gelbgrüne Flammenreaktion erhalten. Da bariumhaltiger Platindraht im Handel vorkommt, so gebietet es die Vorsicht, zunächst zu prüfen, ob nicht der Platindraht allein schon ein Bariumspektrum liefert (FRESENIUS).

2. Durch spektroskopische Beobachtung der gefärbten Flamme.

a) In der gefärbten Flamme. Barium selbst emittiert schon in der Bunsenflamme zahlreiche feine Linien. z. B. 6676, 6499, 6497, 6483, 6451, 6342, 6111, 6063, 5972, 4283, 4131, 3994, 3892, 3501 Å.

Hauptlinien des Elementes sind 5536 und 4554 Å.

Daneben aber treten bei Verwendung jedes in der Flamme dissoziierbaren Bariumsalzes in Gegenwart von Sauerstoff Oxydbanden zwischen 3345 und 6782 Å auf, die im Grün am intensivsten sind.

Schmilzt man eine Mischung von Bariumsulfat und Kaliumchlorat am Magnesiastäbchen an und erhitzt im Schmelzraum der Bunsenflamme, so wird durch den abgegebenen Sauerstoff die Flammentemperatur kurzzeitig so weit erhöht, daß das Barium nachgewiesen werden kann (HARTMANN und BEERMANN).

Bariumchlorid zeigt außerdem typische Chloridbanden hauptsächlich bei 5314, 5242, 5172, 5136 Å, Bariumbromid Bromidbanden bei 5360 und 5208 Å usw., Bariumjodid eine starke Bande bei etwa 5610 Å, Bariumfluorid charakteristische Banden bei 4950 und 5001 Å.

Im Knallgasgebläse werden 3501, 3892, 4131, 4554, 5536 Å, außerdem zahlreiche Banden im Ultraviolett beobachtet.

In der Acetylenflamme mit Bariumnitrat tritt 5501 Å auf.

In der Flamme eines Mekerbrenners, in die wäßrige Bariumsalzlösung gespritzt und durch die eine Funkenentladung geschickt wird, entsteht ein einfaches, zur analytischen Identifikation gut geeignetes Spektrum, das nur die empfindlichsten Hauptlinien 5536, 4934 und 4554 enthält.

Letzte Linie in der Bunsenflamme ist 5536 Å. Ihre Empfindlichkeit in der Knallgasflamme liegt bei 1 mg Ba. Über die Empfindlichkeit des spektralanalytischen Nachweises in festen Substanzen in der Flamme s. auch KIRCHHOFF und BUNSEN sowie ENGELBACH; für wäßrige Lösungen in der Knallgasflamme HARTLEY.

Das Spektrum von Bariumsalzlösungen stark sauerstoffhaltiger Säuren (Essigsäure, Salpetersäure) übertrifft das von Bariumhalogenidlösungen in der Bunsenflamme an Intensität (BECKMANN und WAENTIG).

b) Im Bogen. Im Spektrum des Kohlebogens mit Bariumsalzen (Halogeniden) zeigt Barium viele starke Linien, die sich über das gesamte Spektralgebiet verteilen und daher den Bogen hellweiß erscheinen lassen. Hauptlinien sind: 4554, 4934, 5336, 5778, 6142 Å.

Das Bandenspektrum der eingeführten Bariumsalze oder des Bariumoxydes tritt hinter dem Linienspektrum relativ noch stärker zurück als im Bogenspektrum des Strontiums.

Letzte Linien im Bogen sind nach DE GRAMONT 4554, 4934, 5536 Å.

c) Im Funken. Im energiereichen Funken zeigt das Spektrum keine Verbindungsbanden, wie in der Flamme und im Bogen. Als Hauptlinien treten stark und verbreitert hervor: 6497, 6142, 4934, 4554, 4131, 3892, 2635, 2335 Å.

Letzte Linien im kondensierten Funken mit und ohne Selbstinduktion und im nichtkondensierten Funken sind: 5536, 4934, 4554 Å, wobei die erste Linie die schwächste ist. Bei okularer Beobachtung ist es 5536.

Die Funkenflamme, welche dadurch entsteht, daß mit Bariumchloridlösung beladener Wasserstoff oder Sauerstoff in den nichtkondensierten Funken geblasen wird, zeigt folgende Linien: 3501, 4554, 4934, 5536 Å.

Nach LÖWE sind folgende Linien zur Identifizierung des Bariums in Bogen und Funken geeignet (mit Angabe der relativen Intensitäten):

2304,2	2335,3	2347,6	2528,5	2634,8	2641,4	2647,3	3501,1
B6R F8R	B6R F10R	B5F7	B–F7	B5F8	B2F2	B4F4	B8RF2
4467,1	4489,0	4554,0	4591,8	4934,1	5535,5	5777,7	
B5F1	B7F2	B10RF10R	B3 F1	B10R F10R	B10R F6	B10R F5	

B = Bogen, F = Funken, R = Selbstumkehr.

GERLACH und RIEDL geben als Analysenlinien 5535,5 Å, 4934,1 Å und 4554,0 Å an. Die erste Linie ist eine Bogenlinie, die beiden letzten sind Funkenlinien. Für eine Superrapidplatte ist die Intensität von 4554,0 Å bedeutend stärker als diejenige von 4934,1 Å, diese wiederum bedeutend stärker als 5535,5 Å.

Störungen durch Koinzidenzen sind für alle drei Linien außerordentlich zahlreich. 5535,5 Å kann leicht durch die Bogenlinie des Molybdäns 5533,0 Å gestört werden. Für die intensitätsstärkste Linie 4554,0 Å besteht eine besonders gefährliche Störung durch das Caesium 4555,3 Å. Außerdem haben Nickel, Osmium, Ruthenium und Titan in unmittelbarer Nähe störende Linien liegen. Bezüglich sämtlicher Koinzidenzen sowie geeigneter Kontrollinien sei auf die Tabellen selbst hingewiesen.

Die Empfindlichkeit des spektralen Bariumnachweises ist sehr groß. DEMARCAY gibt sie für die stärksten Linien im Blau und Violett zu $5 \cdot 10^{-7}$ g Barium an, HUKUDA zu 0,018 mg Ba/ml.

3. Besondere Methoden.

a) Durch Anreicherung als Amalgam. Eine Anreicherungsmethode der Erdalkalimetalle zur spektralen Untersuchung beschreiben SCHLEICHER und LAUS.

Ausführung. Die zu untersuchende Lösung wird einer Elektrolyse mit Quecksilberkathode unterworfen. Es entstehen Amalgame, die spektral untersucht werden. Als Elektrode dient ein Kupferdraht, auf dessen Spitze etwa 500 γ Quecksilber elektrolytisch niedergeschlagen werden. Anode ist ein Silberblech oder eine versilberte Platinblechanode, um das entwickelte Halogen zu binden. Es kann auch, wie der sich bei Sauerstoffsäuren entwickelnde Sauerstoff durch Hydrazinhydrat gebunden werden. Nach beendeter Elektrolyse werden die Amalgame auf dem Kupferdraht unmittelbar angefunkt. Im Universal-Spektrographen von Zeiß fand SCHLEICHER folgende Empfindlichkeiten:

Barium an	4932,09 Å,	1 γ sicher, 0,1 γ noch nachweisbar,
Strontium	4607,3 Å,	1 γ sicher.
Strontium	4077,7 Å,	koinzidiert mit Hg 4077,8 Å,
	4215,5 Å,	koinzidiert mit Hg 4216,7 Å.
Calcium an	3933,67 Å	und 3968,48 Å sicher mit 5 γ.

Die Empfindlichkeit ist aber bei Vorliegen aller drei Erdalkalimetalle geringer.

b) Direkter spektraler Nachweis in einer Grundsubstanz. Über einen direkten spektralen Nachweis von Barium in einer Grundsubstanz mittels eines speziell für visuelle Konzentrationsbestimmungen konstruierten Spektrallinien-Photometers s. SCHEIBE und LIMMER.

c) Durch Absorptionsspektrum mit Alkannatinktur. Über ein Absorptionsspektrum, welches bei der Vermischung von Alkannatinktur mit Bariumsalzlösungen entsteht, s. FORMANEK.

d) Durch Röntgenspektroskopie. In einem zusammenfassenden Bericht gibt NODDACK einen Überblick über die Anwendung der Röntgenspektroskopie zur Unterstützung analytischer Arbeiten. Nach seinen Angaben gelingt die Prüfung von Strontium- und Calciumsalzen auf Bariumgehalt, z. B. in Marmor und Cölestin, bis herunter zu einem Gehalt von 0,02%; ebenso leicht kann man einen Strontiumgehalt von 0,04% in Barium- und Calciumsalzen nachweisen, während die Empfindlichkeit beim Calciumnachweis nur bis etwa 0,2% reicht.

e) Nachweis im Ultrarotspektrum. MILLER und WILKINS untersuchen die Infrarotspektren von 159 anorganischen Salzen mit polyatomigen Ionen, darunter auch Bariumcarbonat, Bariumthiocyanat, Bariumnitrit, Bariumnitrat, Bariumphosphat (2basisch), Bariumsulfit, Bariumthiosulfat, Bariumchlorat, Bariumpermanganat und Bariumchlorid. Die charakteristischen Absorptionsfrequenzen sind tabellarisch und graphisch wiedergegeben. Wegen der Einzelheiten sei auf die umfangreiche Originalarbeit verwiesen.

§ 2. Nachweis auf trockenem Wege.

1. Durch Schmelzen mit Soda auf der Kohle.

Feste Bariumverbindungen geben beim Erhitzen mit Soda auf der Kohle weiße, ungeschmolzene Massen, die nach Befeuchten mit einer kleinen Menge verdünnter Kobaltnitratlösung und Erhitzen in der Oxydationsflamme grau werden (BÖTTGER).

2. Durch Veraschen in Gegenwart von Chromnitrat.

Eine nicht zu verdünnte Lösung von Bariumsalzen, mit Chromnitrat im Verhältnis 4:1 versetzt, erzeugt, wenn man die Mischung in einen Filtrierpapierstreifen von etwa 12 × 2,5 cm aufsaugen läßt und am Platindraht in der nichtleuchtenden Bunsenflamme verascht und verglüht, eine Asche, die bei schwachem Glühen grünlichgelb ist, bei starkem Erhitzen smaragdgrün (MIGLIACCI und CRAPETTA).

3. Durch die Borax- oder Phosphorsalzperle.

Eine stark gesättigte Borax- oder Phosphorsalzperle gibt nach dem Erkalten deutlich kristalline Abscheidungen von den entsprechenden Bariumsalzen (WUNDER). Die Reaktion hat keine praktische Bedeutung [LUTZ (a)].

Ist in der Boraxperle gleichzeitig BaO und TiO_2 gelöst, so scheidet sich bei der Entglasung der Perle $BaTiO_3$ in sechsseitigen Täfelchen ab (Abb. 1a), die stellenweise so dicht liegen, daß eine wabenartige Struktur der kristallisierten Masse hervortritt (Abb. 1b) (GEILMANN).

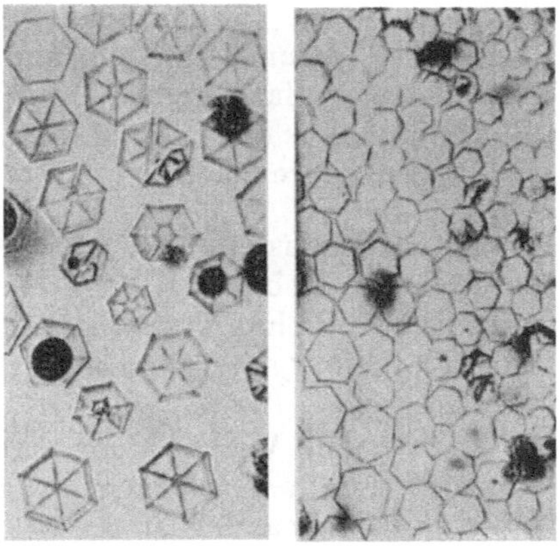

Abb. 1a u. 1b. Bariumtitanat in der Boraxperle. (Nach GEILMANN, 49, 6.)

a b

§ 3. Nachweis auf nassem Wege.

A. Wichtige analytische Reaktionen.

1. Empfindlichkeiten der einfachen Nachweisreaktion.

KARAOGLANOV hat in einer zusammenfassenden Arbeit die Empfindlichkeiten der einfachen Nachweisreaktionen des Bariumions untersucht. Die Ergebnisse dieser Arbeit sind in der nachstehenden Tabelle wiedergegeben:

Nr.	Die Stammlösung enthält 0,00562 g Bariumion/ml	Volumen und Konzentration des Reagenses und anderer Zusätze	Empfindlichkeit der Reaktion	
			in μg für 10 ml	1 g des Kations kann nachgewiesen werden in einer Lösung von ml
1		1 ml 0,5 n-$(NH_4)_2C_2O_4$-Lösung	84,3	118600
2		1 ml n-$(NH_4)_2CO_3$-Lösung	168,6	59300
3		1 ml 2%ige Na_2CO_3-Lösung	112,4	89000
4		1 ml n-$NaNH_4HPO_4$-Lösung + 1 ml 2n-NH_3-Lösung	168,6	59300
5		1 ml 0,5 n-K_2SO_4-Lösung	8,43	1186000
6		1 ml n-H_2SO_4	5,62	1780000
7		1 ml 1%ige $(NH_4)_2CrO_4$-Lösung	8,43	1186000
8		1 ml n-H_2SiF_6-Lösung	843,00	11860
9		1 ml n-Na_2SO_4-Lösung	5,62	1780000

Am empfindlichsten sind hier die Reaktionen mit SO_4'' und CrO_4''. Zu beachten ist dabei, daß die Abscheidungen, die beim Zusammenbringen von verdünnten bariumhaltigen Lösungen mit SO_4'' oder CrO_4'' entstehen, bald nach dem Zusammenbringen am besten sichtbar sind. Sie werden beim längeren Stehen grobkristallin und dadurch schwerer sichtbar. LUTZ (b) hat die Empfindlichkeiten von mehreren Bariumreaktionen bestimmt. Seine Angaben stimmen nur teilweise mit den obigen überein. GORSKI hat ebenfalls Reaktionen dieses Kations untersucht.

2. Fällung als Sulfat.

a) Fällung mit Schwefelsäure oder löslichen Sulfaten. Schwefelsäure und Sulfatlösungen bewirken selbst in verdünnten Bariumsalzlösungen die Fällung eines weißen, schweren, feinpulverigen Niederschlages von Bariumsulfat $BaSO_4$.

In der Regel entsteht der Niederschlag sogleich; nur in sehr verdünnten Lösungen, namentlich stark sauren, entsteht er erst nach einiger Zeit. Der Niederschlag ist unlöslich in Alkalihydroxyden, kaum nennenswert löslich in verdünnten Säuren, merklich löslich aber in konzentrierter Salz- und Salpetersäure, namentlich beim Erhitzen sowie in konzentrierten Lösungen von Ammoniumsalzen, auch von Kalium-, Natrium-, Calcium- und Magnesiumsalzen. Die Erhöhung der Löslichkeit von Bariumsulfat durch Säuren beruht im wesentlichen auf der Entfernung der Sulfationen aus der Lösung durch Zusammentritt von SO_4'' mit den Wasserstoffionen der Säure nach

$$SO_4'' + H^{\cdot} \rightleftharpoons HSO_4'.$$

Eine Zusammenstellung der Löslichkeitsangaben in verdünnter Salz- und Salpetersäure findet sich bei KOLTHOFF und VOGELENZANG.

Die chemische Angreifbarkeit des Bariumsulfates durch Neutralsalze kann nach KOLTHOFF am wahrscheinlichsten durch die Bildung komplexer Ionen erklärt werden.

Die lösende Wirkung der Säuren wie der Neutralsalze wird aufgehoben oder wenigstens sehr geschwächt, wenn Schwefelsäure oder Sulfate in erheblichem Überschuß vorhanden sind.

Die Empfindlichkeit der Bariumsulfatfällung hat LUTZ (b) näher untersucht. Er findet dabei, daß man noch mit einer an Bariumion $^1/_{200000}$ molaren Lösung eine sichtbare Fällung erhält, wenn man 5 ml dieser Lösung mit 0,5 ml 1 n Schwefelsäure versetzt. Die Erfassungsgrenze beträgt danach 3 γ Barium. Somit ist der Nachweis des Bariums mit Sulfation der empfindlichste.

Bariumsulfat geht beim Filtrieren leicht durch das Filter, wenn die Fällung nicht in siedender Lösung erfolgt.

b) Fällung mit Gipswasser. Durch Gipswasser wird aus Bariumsalzlösungen gleichfalls sofort Bariumsulfat ausgefällt. Die Empfindlichkeit ist die gleiche wie mit anderen Sulfaten, nur mit der Einschränkung, daß bei Gegenwart größerer Mengen Calciumsalze die Aktivität der Sulfationen in der Calciumsulfatlösung beträchtlich zurückgedrängt wird. Der Nachweis verliert damit an Empfindlichkeit. Gleichfalls störend wirken Metaphosphorsäure und Thiosulfat [LUTZ (b)].

c) Fällung mit Strontiumsulfatlösung. Auch Strotiumsulfatlösung bewirkt, da das Löslichkeitsprodukt des Strontiumsulfates beträchtlich größer ist als dasjenige des Bariumsulfates ($3{,}6 \cdot 10^{-7}$ für $SrSO_4$ zu $1{,}2 \cdot 10^{-10}$ für $BaSO_4$ nach TREADWELL), in Bariumsalzlösungen eine Fällung von Bariumsulfat. Auch hier wirkt, wie beim Calciumsulfat, die Gegenwart größerer Mengen von Strontiumsalzen vermindernd auf die Empfindlichkeit des Nachweises.

Die nach dem Anschein so einfache Umsetzung zwischen Barium- und Sulfation ist in Wirklichkeit ein komplizierter Vorgang, über welchen, besonders im Hinblick auf die Sorption von Fremdkörpern, eine umfangreiche Literatur besteht [KARAOGLANOV (b) u. SARGORTSCHEV].

3. Nachweis als Chromat mit Alkalichromaten.

a) Alkalichromate bzw. -dichromate fällen aus schwach essigsaurer bis schwach alkalischer Lösung einen gelben, kristallinen Niederschlag von Bariumchromat, der in starken Säuren löslich ist, nicht aber in schwach essigsaurer Lösung. Bei Anwendung von Dichromat muß die nach der Reaktionsgleichung

$$2\,BaCl_2 + K_2Cr_2O_7 + H_2O = 2\,BaCrO_4 + 2\,HCl + 2\,KCl$$

oder nach der Ionengleichung

$$2\,Ba^{\cdot\cdot} + Cr_2O_7'' + H_2O = 2\,BaCrO_4 + 2\,H^{\cdot}$$

entstehende Säure durch Zusatz von Natriumacetat gepuffert werden, um eine unvollständige Ausfällung bzw. nachträgliche Auflösung des Bariumchromates zu verhindern. Ebenso wirkt auch ein Überschuß von Kaliumchromat. In diesem Falle tritt nur das CrO_4'' und nicht das Cr_2O_7'' in Wirksamkeit. Versetzt man saure Bariumsalzlösungen vor dem Zusatz von Kaliumchromat mit Natriumacetat im Überschuß, oder fügt man zu solchen sauren Lösungen so viel Kaliumchromat, daß noch nicht alles Chromation in Dichromation umgewandelt wird, so ist die Fällung vollständig; evtl. vorhandene Ammoniumsalze oder freie Essigsäure vermindern die Empfindlichkeit der Reaktion nicht, bedingen jedoch die Anwendung eines Überschusses von Kaliumchromat. Etwas weniger empfindlich, namentlich bei Gegenwart von Ammoniumsalzen und freier Essigsäure, ist die Erkennung des Bariums mit Strontiumchromatlösung.

Ausführung. Die Gegenwart von Strontium- und Calciumsalzen beeinträchtigen den Nachweis des Bariums mit Kaliumchromat nur wenig, verhindern aber die Abscheidung kleiner Mengen mit Strontiumchromatlösung. So wird eine 0,004%ige Bariumchloridlösung, welche die 300fache Menge Strontiumchlorid oder die 2000- bis 4000fache Menge Calciumchlorid enthält, sofort durch Kaliumchromat gefällt; unter Anwendung von Strontiumchromat läßt sich dagegen keine deutliche Reaktion mehr erzielen, wenn die Bariumchloridlösung weiter als bis zu 0,02% verdünnt wird und zugleich die 60fache Menge Strontiumchlorid oder die 100fache Menge Calciumchlorid vorhanden ist.

Die Reaktion auf Barium mit Kaliumchromat oder Strontiumchromat ist also weit empfindlicher als diejenige mit Kieselfluorwasserstoffsäure. Zum Nachweis des Bariums versetzt man die zu prüfende Lösung zweckmäßig in der Kälte mit Kaliumdichromat, indem man zugleich so weit verdünnt, daß die Lösung weniger als 0,5% Strontiumsalz enthält. Bei Benutzung von Strontiumchromat ist die Prüfung in neutraler oder ammoniakalischer Lösung vorzunehmen oder auch, wenn möglich, nach vollständiger Entfernung der vorhandenen Ammoniumsalze (RÜDISÜLE).

Empfindlichkeit. Die Empfindlichkeit der Reaktion ist sehr erheblich. Sie unterscheidet sich nicht wesentlich von derjenigen mit Sulfation, hat dieser gegenüber aber den Vorteil, daß Störungen mit Strontium leicht vermieden werden können. Die Grenzkonzentration beträgt (bei künstlichem Licht) $1:4\cdot10^6$. Nach LUTZ können noch $4\cdot10^{-6}$ g Ba in 5,5 ml nachgewiesen werden, entsprechend einer Verdünnung von 1 : 1 200 000.

Störungen. Wird in schwach essigsaurer Lösung gearbeitet, so stören Strontium und Calcium nicht, Silber darf nicht zugegen sein.

Läßt man nach VEIL die Chromatfällung in Gegenwart von Gelatine entstehen, so gibt, wenn man je einen Tropfen der Probelösung und der Chromatlösung auf eine Gelatineschicht aufträgt, Barium einen bogenförmigen Niederschlag, der ziemlich dicht ist. Strontium (und Calcium) geben diffuse Fällungen, die unter dem Mikroskop als aus Punkten zusammengesetzt zu erkennen sind.

b) Nachweis unter Reduktion des Chromats mit Formaldehyd und Fällung mit Gipslösung. BARBER empfiehlt, das $BaCrO_4$ mit Formaldehyd zu reduzieren und das Barium mit Calciumsulfat als Bariumsulfat zu identifizieren.

Ausführung. Das Bariumchromat wird in 1 ml 0,2 n Salzsäure gelöst. Man fügt 1 Tropfen wäßriges Formalin hinzu. Das Reagensglas wird in ein Wasserbad gestellt und die Probelösung mit mehreren Tropfen einer gesättigten Gipslösung versetzt. Ein weißer Niederschlag bestätigt die Gegenwart von Barium [Formalin reduziert das gelbe Chromation zu grünem Chrom(III)-ion und ermöglicht eine bessere Erkennbarkeit des weißen Bariumsulfates].

Empfindlichkeit. Nicht angegeben.

4. Nachweis als Hexafluorosilicat mit Kieselfluorwasserstoffsäure.

Kieselfluorwasserstoffsäure oder das als Reagens bequemer zu handhabende Anilinsalz fällen aus Bariumsalzlösungen einen farblosen, kristallinen Niederschlag von Bariumhexafluorosilicat, der sich bald aus der Lösung absetzt. Da die Löslichkeit des Bariumhexafluorosilicates ziemlich erheblich ist, werden sehr verdünnte Lösungen von Bariumsalzen nicht gefällt. Die Fällung von $BaSiF_6$ erfolgt auch in schwach saurer Lösung, wobei aber zu beachten ist, daß die Löslichkeit hierin, ebenso wie in Ammoniumsalzen größer als in Wasser ist, die Empfindlichkeit also vermindert wird. Bei Zusatz des gleichen Volumens Alkohol erfolgt die Fällung rasch und so vollständig, daß im Filtrat Schwefelsäure keine Reaktion mehr gibt. Die Löslichkeit beträgt nach FRESENIUS (c) in kaltem Wasser 1 : 3800, in 3 Teilen Wasser + 1 Teil Alkohol in Gegenwart von Kieselflußsäure und Salzsäure 1 : 70000.

Empfindlichkeit. Nach FILETTI gibt eine 0,05%ige Lösung nach $^1/_4$ Std. eine Trübung und nach längerem Stehen einen Niederschlag, während eine 0,025%ige Lösung erst nach Zusatz des halben Volumens Alkohol gefällt wird. KARAOGLANOV erhielt mit einer Bariumchloridlösung von 0,00562 g/ml noch eine Fällung mit 1 ml einer 1 n Kieselfluorwasserstoffsäure. Die Erfassungsgrenze gibt er zu 853,0 γ Ba an.

Störungen. Bei der Benutzung der Reaktion ist zu beachten, daß das Reagens auch mit Kalium- und Natriumion Niederschläge gibt, so daß aus dem Auftreten einer Fällung nicht ohne weiteres auf die Gegenwart von Barium zu schließen ist.

Der Bariumniederschlag mit Kieselfluorwasserstoffsäure absorbiert Curcuma. Das Adsorbat gibt eine braune Fluorescenz. Der Nachweis ist nicht empfindlich (GOTÔ).

Erfassungsgrenze. 25 γ.

Grenzkonzentration. 1 : 2000.

5. Nachweis als Oxalat mit Ammonoxalat.

Bei der Einwirkung von oxalsaurem Ammonium auf neutrale oder alkalische Lösungen von Bariumsalzen erhält man bei Zimmertemperatur einen fein kristallinen Niederschlag von Bariumoxalat, $BaC_2O_4 \cdot H_2O$, der beim Erhitzen grob kristallin wird. Er löst sich bei gewöhnlicher Temperatur in Oxal- und verdünnten Mineralsäuren und ist auch in Essigsäure merklich, beim Kochen vollständig löslich. Die Lösungen in Essigsäure und Oxalsäure fällen aber nach kurzer Zeit saures Bariumoxalat, $Ba(HC_2O_4)_2 \cdot 2H_2O$ aus, das sich als kristallines Pulver abscheidet [FRESENIUS (d)].

Empfindlichkeit. Nach LUTZ beträgt die Empfindlichkeit $11 \cdot 10^{-4}$ g Ba in einer Verdünnung von 1 : 4400.

Bei Zugabe $^1/_3$ Volumens Alkohol ist die Fällung fast quantitativ.

Störungen. Calciumoxalat fällt unter diesen Bedingungen gleichfalls, ist aber in Essigsäure unlöslich. Strontiumoxalat steht dem Bariumoxalat näher. Es ist in Essigsäure nur wenig löslich.

B. Weitere Reaktionen des Bariumions.

1. Fällung mit Alkalihydroxyden.

Natronlauge und Kalilauge fällen aus konzentrierten Bariumsalzlösungen weißes, voluminöses, kristallines Bariumhydroxyd $Ba(OH)_2 \cdot 8H_2O$, das in Wasser sehr leicht löslich ist (33,6 g BaO/l bei Zimmertemperatur). Durch wäßriges Ammoniak oder Ätzalkali in Gegenwart eines Überschusses von Ammonsalzen werden selbst konzentrierte Lösungen nicht gefällt.

2. Fällung mit Alkalicarbonaten.

a) Fällung mit Ammoniumcarbonat. Da das übliche Ammoniumcarbonat karbaminsaures Ammonium und Ammoniumhydrogencarbonat enthält, ist die Fällung bei gewöhnlicher Temperatur nicht vollständig. Fügt man zum Reagens aber Ammoniak und erwärmt auf 60°, so gehen beide Salze in das normale Carbonat über.

Bei Zimmertemperatur fällt zunächst ein amorpher Niederschlag, der beim Erwärmen kristallin wird und sich schnell absetzt. Die Reaktion

$$BaCl_2 + (NH_4)_2CO_3 = BaCO_3 + 2NH_4Cl$$

ist umkehrbar. Daher verringert die Anwesenheit größerer Mengen von Ammoniumsalzen die Empfindlichkeit nicht unerheblich. Auch Neutralsalze wie NaCl, Na_2SO_4, $MgSO_4$, $ZnSO_4$, $Ca(NO_3)_2$ wirken im Sinne einer Verschiebung des Gleichgewichtes nach der Richtung der Ausgangsstoffe. Die Gegenwart freier Kohlensäure wirkt unter Hydrogencarbonatbildung lösend auf das Bariumcarbonat.

Die Angaben für die Löslichkeit des Bariumcarbonates schwanken sehr stark. Fresenius (e) gibt sie zu 1 : 14137 bei Zimmertemperatur, zu 1 : 15421 bei Siedehitze an. In Gegenwart eines geringen Überschusses von Ammoniumcarbonat und Ammoniak geht die Löslichkeit auf 1 : 141000 zurück. Böttger (c) gibt für 18 bis 20° eine Löslichkeit von 1 : 50000 an. Lutz führt diese Abweichungen auf Übersättigungserscheinungen zurück.

Empfindlichkeit. In einer schwach ammoniakalischen Lösung bei Abwesenheit von überschüssigen Ammonsalzen lassen sich nach Lutz $18 \cdot 10^{-5}$ g Barium bei einer Verdünnung von 1 : 28000 nachweisen. Nach Karaoglanov liegt die Erfassungsgrenze bei 168,6 γ in einer 1 n Ammoncarbonatlösung.

b) Fällung mit Natriumcarbonat. Natriumcarbonat ist nach den Untersuchungen von Lutz bedeutend empfindlicher als Ammoniumcarbonat und daher zum Nachweis besser geeignet. Auch hier fällt das Bariumcarbonat in der Kälte zunächst amorph, geht aber beim Erwärmen ebenfalls in die kristalline Form über. Ammoniumsalze und auch Neutralsalze anderer Art üben auf die Fällung fast keinen Einfluß aus.

Empfindlichkeit. Nach Lutz erhält man einen Niederschlag noch in einer Verdünnung von 1 : 160000, entsprechend einer Erfassungsgrenze von $3 \cdot 10^{-5}$ g Ba. Für eine 2%ige Sodalösung gibt sie Karaoglanov zu 112,4 γ Ba an.

3. Fällung mit Dinatriumhydrogenphosphat.

Dinatriumhydrogenphosphat fällt aus neutralen oder nur ganz schwach sauren Bariumsalzlösungen einen weißen Niederschlag von Bariumhydrogenphosphat $BaHPO_4$, der in Essigsäure und stärkeren Mineralsäuren restlos, in Chlorammonium merklich löslich ist. Ist Ammoniak im Überschuß vorhanden, so scheidet sich amorphes tertiäres Bariumphosphat $Ba_3(PO_4)_2$ ab.

Empfindlichkeit. Nach Lutz $8 \cdot 10^{-4}$ g Ba bei einer Verdünnung von 1 : 6200. Nach Karaoglanov liegt die Erfassungsgrenze bei 168,0 γ Ba in einer Lösung von 1 n Natriumammoniumphosphat unter Zusatz des gleichen Volumens 2 n Ammoniak.

Alkalipyrophosphate fällen Bariumpyrophosphate wechselnder Zusammensetzung. Alkaliperphosphat erzeugt einen weißen kristallinen Niederschlag von Bariumperphosphat (Alvarez).

4. Fällung mit konzentrierter Salzsäure.

In konzentrierter Salzsäure ist Bariumchlorid recht wenig löslich. Ein Überschuß von rauchender Salzsäure gibt daher mit Bariumsalzlösungen einen weißen Niederschlag — Löslichkeit 1 : 20000 —, der auf Zusatz von Wasser wieder verschwindet (Massenwirkung). Gibt man außer konzentrierter Salzsäure noch Äther zur Bariumsalzlösung, so ist die Fällung quantitativ.

Löslichkeit. 1 : 120000 (LUTZ).

5. Fällung mit konzentrierter Salpetersäure.

Gleichfalls auf Grund von Massenwirkung fällt konzentrierte Salpetersäure aus nicht zu verdünnten Bariumsalzlösungen das Barium als Nitrat aus. In einer Säure der Dichte 1,42 bis 1,46 ist es praktisch unlöslich, worauf RAWSON eine Trennung der Erdalkalimetalle aufbaut.

6. Fällung mit Kaliumjodat.

Eine 10%ige Lösung von Jodsäure oder Kaliumjodat gibt mit Bariumsalzlösungen, neutralen oder schwach ammoniakalischen, eine weiße Fällung von Bariumjodat. Der Niederschlag ist auch aus Bariumsulfat nach dem Reduzieren in der leuchtenden Bunsenflamme leicht zu erhalten. Die Fällung des Bariumjodates $Ba(JO_3)_2 \cdot H_2O$ ist sehr empfindlich aber nicht spezifisch. Es lassen sich noch Bruchteile von 1 mg Ba nachweisen [DENIGÈS (c)].

7. Fällung mit Natriumsulfit.

Reines Natriumsulfit liefert bei der Einwirkung auf Bariumsalze einen recht wenig löslichen Niederschlag von Bariumsulfit, der jedoch von Säuren unter Ausscheidung von schwefliger Säure leicht zersetzt wird und sich durch diese Eigenschaft von Bariumsulfat leicht unterscheidet. Die Löslichkeit in Wasser von Zimmertemperatur beträgt 1 : 46000.

Empfindlichkeit. Erfassungsgrenze $3 \cdot 10^{-5}$ g Ba. Grenzkonzentration 1 : 160000. Trotz der recht bedeutenden Empfindlichkeit ist das Reagens in der Praxis schlecht zu verwenden, da es infolge Oxydation durch den Luftsauerstoff kaum sulfatfrei zu erhalten ist (LUTZ).

8. Fällung mit Natriumthiosulfat.

Aus nicht zu verdünnten, neutralen oder schwach alkalischen Lösungen von Bariumsalzen fällt Natriumthiosulfat weißes, kristallines Bariumthiosulfat $BaS_2O_3 \cdot H_2O$ in Form von Blättchen oder feinen Nadeln aus. Ein Überschuß von Natriumthiosulfat setzt die Löslichkeit anfangs herab, bei größerer Konzentration steigt diese jedoch, wahrscheinlich infolge von Komplexbildung, wieder an (LEO).

Empfindlichkeit. Infolge der recht beträchtlichen Löslichkeit des Bariumthiosulfates ist die Empfindlichkeit nicht besonders hoch. Nach LEO lösen sich bei Zimmertemperatur 1 g in 479,8 g Wasser. Zusatz des gleichen Volumens Aceton drückt die Löslichkeit auf 1 : 31450 herab. Auch in 30%igem Alkohol ist das Bariumthiosulfat nur sehr wenig löslich.

GALMES gibt noch folgende Ausführungsform an:

Zum Nachweis des Bariums wird eine kalt (im Gleichgewicht mit der festen Phase) gesättigte Lösung von Natriumthiosulfat verwendet.

Ausführung. Der Probelösung (1 ml oder mehr), die nur die drei Erdalkalien enthalten soll, wird die gleiche Anzahl ml der Reagenslösung zugesetzt. Darauf wird 96%iger Alkohol bis zu einer beim Schütteln nicht verschwindenden Trübung hinzupipettiert. Bei Anwesenheit von Barium erscheint nach einer Viertelstunde ein Niederschlag von perlmutterfarbenen Blättchen (ähnlich wie kristallisiertes Bleijodid). Es wird empfohlen, nicht mehr Alkohol als 70% des Volumens von Substanzprobe und Reagens zu nehmen, da sich bei großem Alkoholzusatz in stärker verdünnter Lösung (n/100) zwei unmischbare Schichten bilden infolge Ausfällung des Reagenses durch überschüssigen Alkohol.

Empfindlichkeit. Die Reaktion verläuft bei Halbmikroproben (1 ml von n/25-

oder n/100-Lösung) deutlich und genügend schnell. Bei n/150-Lösungen oder darunter ist sie deutlich, wenn man mit „Makroproben" von 25 ml arbeitet.

Strontium stört nur, wenn es normal neben Barium in n/1000-Lösung vorliegt. Bei sehr verdünnten Lösungen ist Kaliumchromat in saurem Medium empfindlicher als Natriumthiosulfat.

9. Fällung mit Wasserstoffperoxyd.

Aus nicht zu verdünnten Bariumsalzlösungen scheiden sich je nach den Versuchsbedingungen verschiedene Peroxydhydrate ab, wie RIESENFELD und NOTTEBOM festgestellt haben. Das Octohydrat $BaO_2 \cdot 8H_2O$ entsteht in stark alkalischer Lösung, wenn mehr als ein Mol Bariumhydroxyd pro Mol Wasserstoffperoxyd vorhanden ist. Das Diperoxyhydrat $BaO_2 \cdot 2H_2O_2$ entsteht aus Bariumsalzen und Wasserstoffperoxyd in ammoniakalischer Lösung bei Temperaturen unter 30°. Darüber bildet sich das Monoperoxyhydrat $BaO_2 \cdot H_2O_2$. Bei Temperaturen nahe an 100° erhält man überhaupt keinen Niederschlag; beim Abkühlen scheidet sich das Octohydrat ab. Für den analytischen Nachweis dürfte diese Reaktion ohne Bedeutung sein.

C. Unsichere Reaktionen.

1. Fällung mit Kalium-Eisen(II)-cyanid.

Kalium-Eisen(II)-cyanidlösung bewirkt in konzentrierten Bariumsalzlösungen einen kristallinen Niederschlag von Barium-Kalium-Eisen(II)-cyanid $BaK_2[Fe(CN)_6] \cdot 3H_2O$. Bei Gegenwart von Ammoniumsalzen fallen Barium-Kalium-Ammonium-Eisen(II)-cyanide wechselnder Zusammensetzung aus. Der Niederschlag ist auch bei Überschuß von Kalium-Eisen(II)-cyanidlösung nicht unlöslich und daher nicht quantitativ; verdünnte Lösungen werden nicht gefällt (FRESENIUS).

Empfindlichkeit. Nach LUTZ kann noch $11 \cdot 10^{-3}$ g Barium bei einer Verdünnung von 1 : 435 nachgewiesen werden. Die Reaktion ist also bedeutend weniger empfindlich als die Umsetzung mit Calciumsalzen.

2. Fällung mit Natriumarsenat.

Das Reagens wirkt ähnlich wie das entsprechende Phosphat, nur ist es viel unempfindlicher. Durch Hinzugabe von Ammoniumchlorid vermag man die Empfindlichkeit der Reaktion bedeutend zu steigern. Es kann in Gegenwart von Ammoniumsalzen auch Bariumammoniumarsenat $BaNH_4AsO_4$ entstehen. Der weiße Niederschlag ist in Essigsäure löslich.

Die Reaktion findet infolge der geringen Empfindlichkeit keine Verwendung.

Empfindlichkeit. Man kann noch $28 \cdot 10^{-3}$ g Ba in einer Verdünnung von 1 : 175 nachweisen (LUTZ).

D. Nachweis auf Grund des Verhaltens von Salzen gegen Lösungsmittel.

Siehe unter Trennung der Erdalkalimetalle untereinander.

§ 4. Nachweis auf mikrochemischem Wege.

A. Wichtige Fällungsreaktionen.

1. Abscheidung mit Ammoniumhexafluorosilicat.

Dieser Nachweis ist auch bei Anwesenheit von Strontium und Calcium zu gebrauchen.

Ausführung. Auf einem Objektträger wird die warme, schwach salzsaure Lösung mit einigen Körnchen festen Ammoniumhexafluorosilicat versetzt. Das

Bariumhexafluorosilicat scheidet sich schnell und vollständig ab. Die Kristalle sind gut ausgebildete Stäbchen (40 bis 70 μ), zum Teil mit einer schiefen Endfläche, zum Teil mit einem Doma von 45°. Sie zeigen gerade Auslöschung und schwach positive Doppelbrechung.

Salz- und Salpetersäure in größerer Konzentration können die Abscheidung von Bariumhexafluorosilicat verhindern. Aus konzentrierten Lösungen erhält man bei gewöhnlicher Temperatur Blättchen von der Form der Weidenblätter, zu Kreuzen und Stachelkugeln verwachsen. Man setzt dann sogleich einen Tropfen Wasser zu und erwärme bis zum beginnenden Sieden. Schnelles Erwärmen befördert die Ausscheidung und Entwicklung der Kristalle. Sie haben alsdann in Form und Anordnung (am Rande des Tropfens) einige Ähnlichkeit mit Gipskristallen (Abb. 2).

Störungen. Strontium und Calcium werden durch Ammoniumhexafluorosilicat aus schwach salzsaurer Lösung nicht gefällt, aber können, in großem Überschuß

Abb. 2. Bariumhexafluorosilicat. (Nach GEILMANN.)

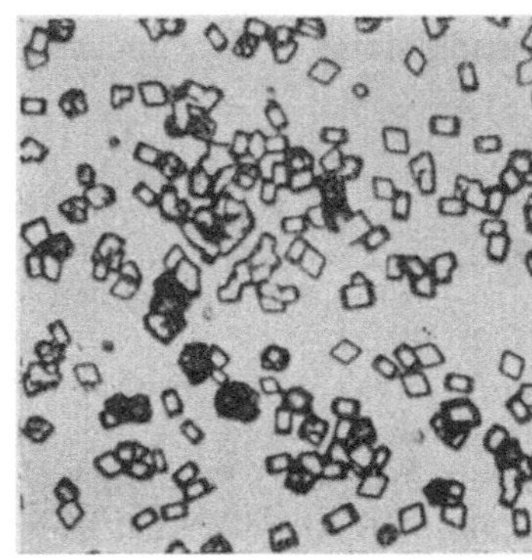

Abb. 3. Bariumchromat. (Nach GEILMANN.)

zugegeben, die Reaktion auf Barium sehr verzögern. Kalium- und Natriumsalze geben mit Hexafluorosilicaten gleichfalls schwer lösliche kristalline Fällungen.

Empfindlichkeit. Erfassungsgrenze 0,1 γ Barium (BEHRENS). An Stelle der Kieselfluorwasserstoffsäure oder deren anorganischer Salze kann auch das leichter zu handhabende Anilinsalz verwendet werden.

SCHOORL hält diese Reaktion zum Nachweis für die geeignetste, weil die Fällung immer in konstanter Form zum Vorschein kommt.

2. Abscheidung als Bariumchromat.

Um eine Verwechslung mit Strontium zu vermeiden, arbeite man in essigsaurer Lösung in Gegenwart von Natriumacetat.

Ausführung. Lösungen, deren Säuregehalt ungewiß ist, werden mit Natriumacetat und nicht zu wenig Essigsäure versetzt. Die Fällung erfolgt zweckmäßig mit Kaliumdichromat. Das Bariumchromat fällt aus solchen Lösungen in Form kleiner Quadrate und Rechtecke von etwa 8 bis 20 μ Seitenlänge. Die Fällung erfolgt langsam und kann durch gelindes Erwärmen beschleunigt werden (Abb. 3).

Da das Bariumchromat wenig charakteristisch und sehr kleinkristallin anfällt, ist es zur Identifizierung für Barium weniger geeignet als das Hexafluorosilicat. Wegen seiner dem Strontium und Calcium gegenüber aber sehr geringen Löslichkeit ist es die bequemste Form der Abtrennung des Bariums. Man kann das Bariumchromat durch Erhitzen auf Rotglut im Platintiegelchen oder am Platinspatel leicht in Chromoxyd und Bariumoxyd zerlegen, wobei die gelbe Farbe in Grün umschlägt, und aus dem Glührückstand das Bariumoxyd mit Salzsäure auslaugen und mit Hexafluorosilicat identifizieren (SCHOORL).

Erfassungsgrenze. 0,08 γ Ba (BEHRENS).

3. Abscheidung als Bariumcarbonat.

Ammoniumcarbonat fällt aus Lösungen, die nur Bariumsalze enthalten, recht charakteristische Sternchen (40 μ); in Gegenwart von Strontium, Calcium und Magnesium verliert das Reagens seine Brauchbarkeit. Es fallen dann nur nichtssagende Kügelchen (BEHRENS). Nach HAUSHOFER erhält man einen typischen Niederschlag nur aus sehr verdünnten Lösungen. Er setzt sich in der Regel aus sehr kleinen, oft in der Mitte etwas verdickten Nädelchen zusammen, welche in der Form des Aragonits und Strontiumcarbonates auftreten und wie diese parallel auslöschen. Sind die Lösungen etwas stärker, so bilden sich aus heißen Lösungen verfilzte Massen von feinen, oft gekrümmten Nadeln, aus kalten Lösungen garbenförmige Kristallbüschel oder dendritisches Haufwerk (Abb. 5).

4. Abscheidung als Bariumantimonyltartrat.

Neutrale oder schwach essigsaure Lösungen von Bariumsalzen geben mit Kaliumantimonyltartrat dünne Rauten und sechsseitige Blättchen von Bariumantimonyltartrat $Ba(SbO)_2(C_4H_4O_6)_2 \cdot 2\,H_2O$. Das Reagens wird der heißen Lösung zugesetzt (Abb. 4).

Erfassungsgrenze. 0,00045 mg Ba.

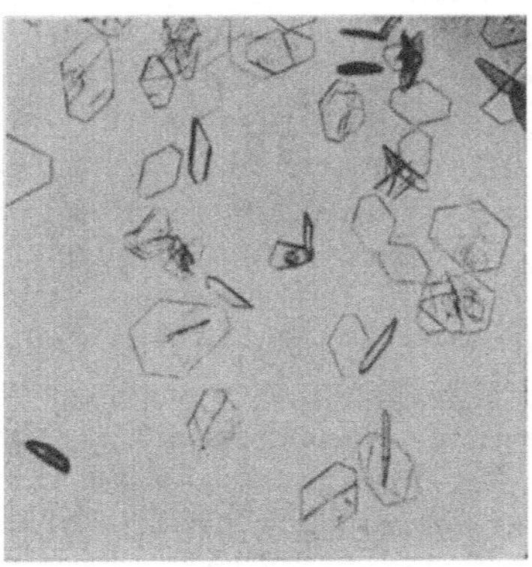

Abb. 4. Bariumantimonyltartrat. (Nach GEILMANN.)

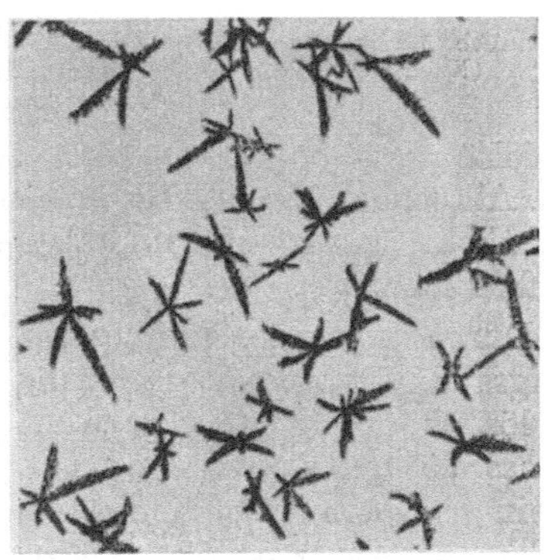

Abb. 5. Bariumjodat. (Nach GEILMANN.)

5. Abscheidung als Bariumjodat.

Die typische Fällung als Jodat läßt sich zur mikrochem. Identifizierung von Bariumsalzen verwenden.

Ausführung. Man versetzt auf dem Objektträger einen Tropfen der zu unter suchenden Substanz mit einem Tropfen einer 10%igen Lösung von Jodsäure oder Kaliumjodat. Es bilden sich alsbald charakteristische, zu Büscheln vereinigte, häufig gekrümmte Nadeln von Bariumjodat (Abb. 5). Auch Bariumcarbonat in Aufschlämmung gibt die Reaktion. Bariumsulfat muß vorher durch Reduktion in der leuchtenden Bunsenflamme in Sulfid übergeführt werden, indem man die Substanz an einem Platindraht darin erhitzt; das Sulfid wird in einem Tröpfchen verdünnter Salzsäure gelöst und mit Jodsäure geprüft (Abb. 5).

Erfassungsgrenze. Noch Bruchteile eines Milligramms (DENIGÈS).

Störungen. Da die anderen Erdalkalimetalle der Calciumreihe gleichfalls schwerlösliche Jodate geben, ist die Reaktion nicht spezifisch.

B. Weitere Fällungsreaktionen.

1. Abscheidung als Bariumsulfat.

a) Aus heißer konzentrierter Schwefelsäure. Aus mit Schwefelsäure oder Sulfaten versetzten Lösungen fällt Bariumsulfat als äußerst feines, nicht erkennbares Pulver aus. Es löst sich aber in warmer konzentrierter Schwefelsäure auf, worauf es beim Abkühlen in kleinen, rhombischen Täfelchen und Kreuzchen kristallisiert (Abb. 6).

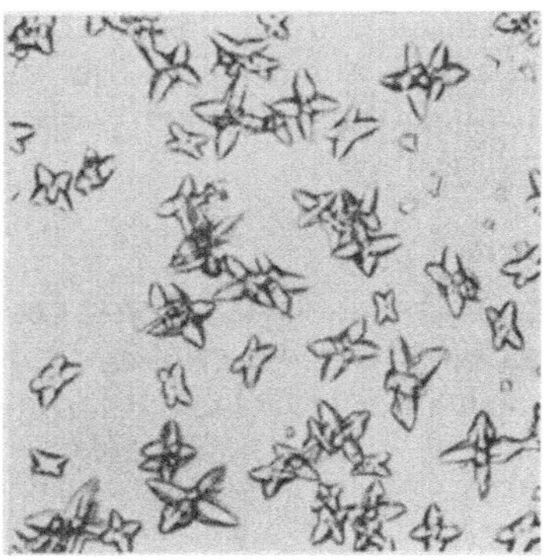

Abb. 6. Bariumsulfat. (Nach GEILMANN.)

Ausführungsform. Siehe unter Strontiumsulfat (S. 82).

Empfindlichkeit. Erfassungsgrenze 0,05 γ Ba.

Störungen. Ist Calcium zugegen, dann kristallisiert es mit als Anhydrit und erschwert die Erkennung der Kristalle von Bariumsulfat. Calciumsulfat kann, wenn es nötig ist, durch mehrfaches Auskochen mit verdünnter Salzsäure beseitigt werden. Strontium macht die Reaktion durch Mischkristallbildung unbrauchbar und kann auch durch Auskochen mit Salzsäure nicht entfernt werden. Aus Lösungen, welche neben Barium viel Eisen(III)-ion enthalten, fällt Schwefelsäure gelbe, eisenhaltige Kristalle, außerdem wird die Fällung sehr verzögert. Allerdings übertreffen die eisenhaltigen Kristalle das reine Sulfat an Größe beträchtlich. Chrom(III)- und Aluminiumsalze verhalten sich in gleicher Weise störend (BEHRENS).

b) Durch induzierte Fällung von Bleisulfat (FEIGL). Bleisulfat ist bekanntlich in essigsaurer Ammonacetatlösung unter Bildung von komplexem Bleiacetat leicht löslich. Wird eine solche Lösung, die freies Sulfation enthält, mit einer Bariumsalzlösung versetzt, so fällt nicht nur Bariumsulfat aus, sondern zugleich auch eine beträchtliche Menge von Bleisulfat. Vermutlich handelt es sich um die Bildung einer Adsorptionsverbindung von $BaSO_4$ und $PbSO_4$. Es wird demnach die Fällung von Bleisulfat durch die Bildung von Bariumsulfat induziert, was zu einer Empfindlichkeitserhöhung der Bariumsulfatreaktion führt. Selbst eine Bariumsalzlösung, die so verdünnt ist, daß Schwefelsäure allein keinen sichtbaren Niederschlag mehr liefert, gibt auf Zusatz einer essigsauren Lösung von Bleisulfat eine deutliche Trübung. Zu beachten ist, daß auch Calcium- und Strontiumsulfat sich analog verhalten.

Ausführung. Ein Tropfen der neutralen oder schwach sauren Lösung wird auf dem Uhrglas oder in einem Mikroreagensglas mit einem Tropfen der Reagenslösung versetzt. Bei Anwesenheit von Barium entsteht eine mehr oder weniger intensive Trübung bzw. weiße Fällung.

Erfassungsgrenze. 0,4 γ Ba.

Grenzkonzentration. 1 : 125000.

Reagens. 2 ml 10%ige Bleiacetatlösung mit 2 ml 2 n-H_2SO_4 vermischt und das gefällte Bleisulfat durch Zusatz von festem Ammonacetat gelöst.

2. Abscheidung als Oxalat.

a) Mit Oxalsäure. Oxalsäure scheidet erst nach starker Konzentration monoklines Bariumoxalat ab, das bei kalter Fällung Kreuze und Säulen mit schiefen Endflächen bildet. Bei Siedehitze gefällt, ist auch eine rhombische Modifikation möglich. Bei Anwesenheit von Ammoniumchlorid, Aluminiumchlorid und Eisenchlorid entstehen große Federn (300 μ) (Abb. 7). Als Erkennungsmittel für Barium neben Calcium und Strontium hat diese Reaktion wenig Wert (BEHRENS und KLEY).

b) Mit Eisen(III)-oxalat. Bariumchlorid und Oxalsäure geben in Gegenwart von Eisen(III)-chlorid statt der kurzen Stäbchen des Bariumoxalates gekrümmte und gekrauste, lichtbraune Haare von 300 μ Länge. Man vermeide ein Übermaß von Reagenzien. Aluminium bewirkt die Entstehung farbloser Haarbüschel gleicher Gestalt. Die Eisenverbindung wird durch Ammoniak braun, durch Kalium-Eisen(II)-cyanid blau gefärbt [BEHRENS (b)].

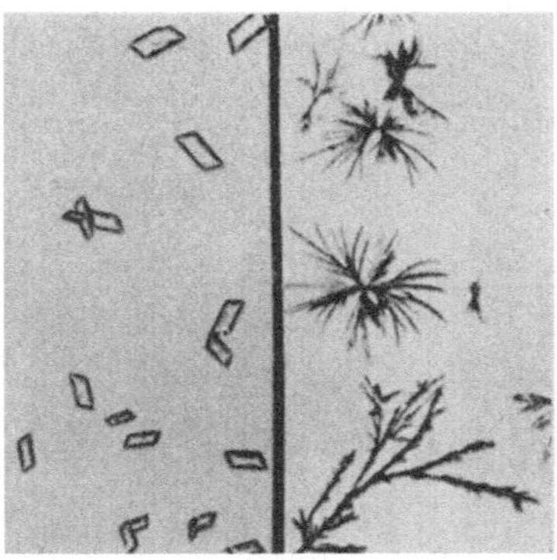

Abb. 7. Bariumoxalat. (Nach GEILMANN.)

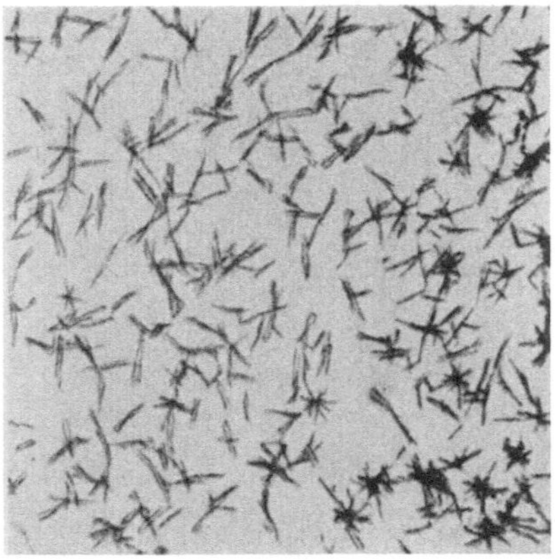

Abb. 8. Bariummolybdat. (Nach GEILMANN.)

3. Abscheidung als Bariumpropionat.

Zum mikrochemischen Nachweis von Bariumsalzen setzt man die konzentrierte Lösung von Propionsäure zur essigsauren Lösung der Bariumsalze zu. Es scheiden sich schöne farblose Oktaeder ab, die aber zwischen gekreuzten Nicols ein ungleichachsiges System zeigen. Länge 30 bis 60 μ, spitzer Winkel 62°.

Erfassungsgrenze. Es sind 0,5 mg noch erkennbar. Bariumpropionat ist in Alkohol unlöslich (SCHMIDT).

Nach RENARD scheidet sich durch Eindampfen bei gewöhnlicher Temperatur Bariumpropionat in 2 Hydratstufen und Kristallformen ab:

1. Das Monohydrat $Ba(C_3H_5O_2)_2 \cdot H_2O$ in Form von durchscheinenden voluminösen Prismen,
2. das Hexahydrat in Form von durchsichtigen glänzenden Nadeln.

Letzteres Hydrat gibt 3 Moleküle Wasser an trockene Luft ab und wird dabei trübe, den Rest verliert es bei 110°, über 300° schmilzt es und zersetzt sich dann.

Unlöslich in Alkohol. 100 Teile Wasser lösen bei 12° 54 Teile des wasserfreien Salzes, bei 100° 87,6 Teile.

4. Abscheidung als Bariummolybdat.

Über die Fällung von Bariumsalzen mit einer 5%igen Lösung von Natriummolybdat und gesättigtem Ammoniummolybdat s. GASPAR Y ARNAL. Es scheiden sich charakteristische Stäbchen, Nadeln und Büschel ab (Abb. 8).

Erfassungsgrenze. 1 bis 2 γ Ba. (GEILMANN).

5. Abscheidung als Bariumwolframat.

Bariumwolframat fällt mit Natriumwolframat als typische am Objektträger festhaftende Kristalle [DENIGÈS (b)].

Ausführung. Auf einem Objektträger wird zu einem Tropfen der 1%igen Natriumwolframatlösung 1 Tröpfchen der zu untersuchenden Lösung gebracht. Bei Anwesenheit von Barium bilden sich mehr oder weniger langgezogene quadratische Oktaeder, die häufig an den Enden abgestumpft sind. Sie vereinigen sich oft und erinnern dann an eine Garbe, deren Mitte, ebenso wie die der einzelnen Oktaeder, stark lichtbrechend ist. Manchmal gruppieren sich die einzelnen Kristalle auch zu gewundenen Formen (Abb. 9).

Die Sphärokristalle des Calciums und Strontiums können mit den Oktaedern des Bariumwolframates nicht verwechselt werden. Letztere haften überdies so

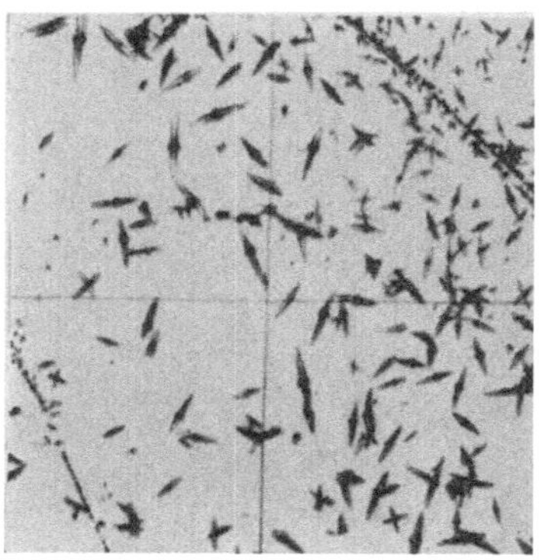

Abb. 9. Bariumwolframat. (Nach GEILMANN.)

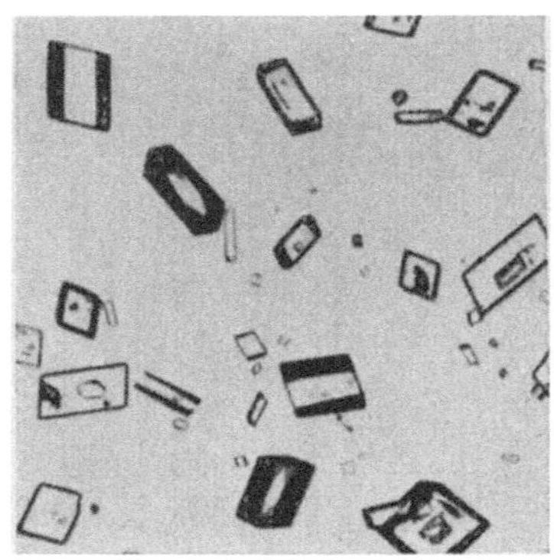

Abb. 10. Kalium-Bariumeisen(II)-cyanid. (Nach GEILMANN.)

fest auf dem Objektträger, daß durch leichtes Abspülen mit einem dünnen Wasserstrahl die anderen Wolframate weggewaschen werden können. Das Auftreten eines dem Waschen widerstehenden Beschlages macht die Anwesenheit von Barium bereits wahrscheinlich.

Um Bariumsulfat nachzuweisen, reduziert DENIGÈS eine Spur durch kurzes Erhitzen am Platindraht, ungefähr 1 cm über dem inneren Kegel der Bunsenflamme, läßt das Reagens 1 bis 2 Min. auf den Glührückstand einwirken und prüft unter dem Mikroskop, evtl. nach Waschen des Objektträgers, ob Bariumwolframat anwesend ist.

Erfassungsgrenze. 5 γ Ba.

6. Abscheidung mit Kalium-Eisen(II)-cyanid.

Der Nachweis des Bariums mit Kalium-Eisen(II)-cyanid kann als Mikroreaktion nicht empfohlen werden. Er ist weder besonders empfindlich noch charakteristisch. Ist Ammoniumchlorid zugegen, so wird durch das Kalium-Eisen(II)-cyanid auch das Calcium gefällt, und zwar aus sehr verdünnten Lösungen, während die Bariumverbindung im Verhältnis 1 : 38 löslich ist [BEHRENS (a)] (Abb. 10).

7. Abscheidung mit Uranylacetat.

Uranylacetat gibt mit Bariumsalzen, am besten dem Acetat, zunächst feine Nadeln, denen dann in der Kristallisation wohlgeformte viereckige Platten, später Garben und schließlich Bündel von derben Prismen folgen (Abb. 11).

Ausführung. Auf einem Objektträger aus Quarz (um Verunreinigungen mit Natrium zu vermeiden) wird die Probesubstanz vorsichtig mit einem Tropfen

Wasser zur Trockne verdampft, mit einem Tropfen Essigsäure angesäuert und nachher zur Trockne gebracht. Neben den eingetrockneten Film wird ein Tropfen verdünnter Essigsäure gebracht, in welchem einige Bruchstücke von Uranylacetat durch gelindes Erwärmen aufgelöst werden. Der Tropfen mit dem Reagens wird dann mit einem Quarzfaden oder einem Platindraht vorsichtig quer über den Film gezogen, worauf nach einigen Sekunden die Kristallisation beginnt.

Empfindlichkeit. Nicht angegeben.

Störungen. Calcium gibt feine Nadeln, die sich schnell wieder auflösen. Strontium verhält sich ähnlich, aber die Nadeln und derben Prismen bleiben bestehen (CHAMOT und BEDIENT).

Abb. 11. Barium-Uranylacetat. [Nach Mikrochemie 6, 20 (1928).]

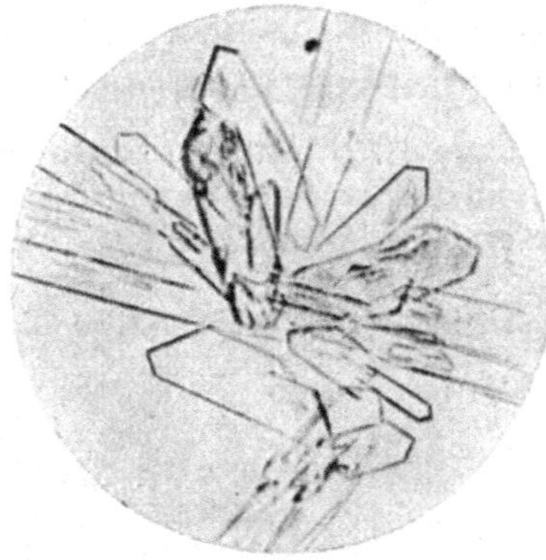

Abb. 12. Barium mit Kupferron. [Nach Mikrochemie 6, 152 (1928).]

8. Abscheidung mit Kobaltnitrat und Natriumthiosulfat.

Aus einer Lösung von Kobaltnitrat und Natriumthiosulfat fällen Bariumsalze in neutraler Lösung einen weißen Niederschlag, innerhalb der Calciumgruppe spezifisch.

Ausführung. Reagens: 1. eine Lösung von 7 g Kobaltnitrat in 100 ml Wasser; 2. eine Lösung von 19 g Natriumthiosulfat in 50 ml Wasser.

Je 1 Tropfen der beiden Reagenslösungen werden vermischt und mit 10 ml Methylalkohol versetzt. Es entsteht eine violett gefärbte Lösung, die mit 1 bis 4 Tropfen einer neutralen Probelösung versetzt wird. Bei Anwesenheit von Barium fällt ein weißer Niederschlag. Magnesium, Calcium und Strontium werden nicht gefällt.

Störungen. Es fallen Silber und Blei weiß, Quecksilber(I) braunschwarz, Quecksilber(II) gelblich, Kupfer(I) und (II) weiß, Uranyl gelblich.

Empfindlichkeit. Nicht angegeben (CELSI).

9. Abscheidung mit Kupferron.

MARTINI empfiehlt Kupferron wegen seiner typischen Kristallfällungen zur Identifizierung der Erdalkalimetalle.

Ausführung. Wenn man einen Tropfen einer 1%igen Bariumchloridlösung auf dem Objektträger über einer Flamme bis zum Siedebeginn erhitzt und ihn dann mit einem Tropfen einer 5%igen Lösung von Kupferron in Wasser versetzt, indem man ihn an den Rändern des ersten Tropfens einfließen läßt, so bildet sich sofort ein weißer Niederschlag, der, unter dem Mikroskop betrachtet, zuerst einzeln oder in Gruppen vorkommende, zahlreiche nadelförmige Kristalle erkennen läßt. Dann sieht man große, farblose, vereinzelte und verzerrte Kristalle (Abb. 12).

$$C_6H_5N{=}NO(NH_4)$$
$$\| $$
$$O$$

Kupferron

Wenn man sie unter dem Polarisationsmikroskop untersucht, so lassen sich die folgenden optischen Eigenschaften erkennen: sehr deutliche Zweifarbigkeit, starke Lichtbrechung, schräge Auslöschung mit einem Winkel, der zwischen 45 und 65° schwankt.

Empfindlichkeit. Vom Verfasser nicht näher bestimmt. Eine Lösung 1 : 1000 ergab noch die deutliche Fällung.

10. Abscheidung mit Chinosol.

Eine Bariumsalzlösung gibt mit o-Oxychinolin-Kaliumsulfat (Chinosol) einen weißen Niederschlag von sehr kleinen, schwach lichtbrechenden, nicht anisotropen Kristallen, die in Säuren und Ammoniak unlöslich sind.

Empfindlichkeit. 10 mg Ba/l.

Störungen. Strontiumsalzlösungen geben erst nach längerem Stehen größere, stark lichtbrechende, rhombische Säulen mit schwacher Anisotropie, unlöslich in Säuren und Ammoniak (SCHOORL).

11. Abscheidung mit 6-Chlor-5-nitro-toluolsulfosaurem Natrium neben Calcium und Strontium.

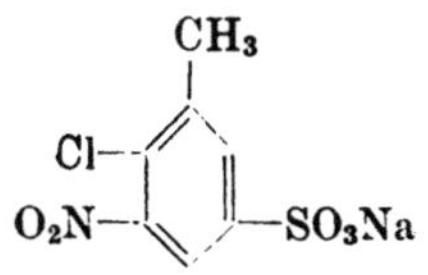

6-Chlor-5-nitro-toluolsulfosaures Natrium

Eine nicht zu verdünnte Lösung eines Bariumsalzes gibt mit einer 5%igen Lösung von 6-Chlor-5-nitro-toluolsulfosaurem Natrium einen Niederschlag, der zunächst aus Körnchen, dann strauchartig verzweigten, zum Teil gebogenen Nadeln besteht. Calcium und Strontium stören erst in mehr als 10%iger Lösung. In 1%iger Lösung der drei Salze gelingt die Reaktion noch [ROSENTHALER (a)].

Grenzkonzentration. Für Ba 1 : 2000.

C. Unsichere Reaktionen.

1. Fällung mit Cyanursäure.

Eine Lösung von 0,5 g Cyanursäure in 25 ml Wasser und 5 ml Ammoniak fällt Bariumsalzlösungen in Form von Bariumcyanurat. Die Kristalle sind kurze, dünne Prismen (Abb. 13). Die Reaktion steht der Fällung mit Jodat an Empfindlichkeit nach [DENIGÈS (c)].

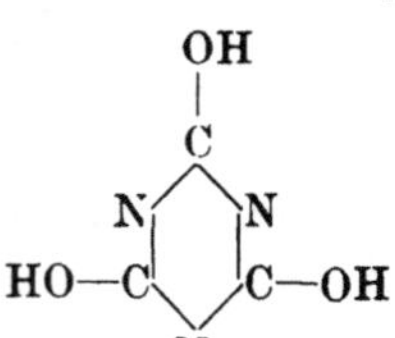

Cyanursäure

2. Fällung mit Resorufin.

Alkalische Lösungen des Resorufins geben mit magnesium-, strontium- und ammoniumsalzfreien Lösungen von Bariumsalzen charakteristisch gefärbte Niederschläge, welche in der intensiv gelbrot fluorescierenden Lösung im auffallenden Licht (besonders bei Verwendung eines schwarzen Hintergrundes) dunkel erscheinen.

Ausführung. Man versetzt die zu prüfende Lösung, welche neutral oder schwach sauer sein soll, mit einigen Tropfen einer Lösung von 0,2 g Resorufin in 5 ml Ammoniak und 100 ml Wasser. Bei Anwesenheit von Barium entsteht eine Fällung.

Empfindlichkeit. Nicht angegeben.

Störungen. Die Reaktion ist wenig spezifisch. Es stören Kupfer, Cadmium, Eisen(III), Chrom(III), Nickel, Zink, Silber und Blei. Innerhalb der Calciumgruppe werden Strontium und Magnesium, letzteres in ammoniumsalzfreier Lösung, gleichfalls gefällt (EICHLER).

3. Fällung mit Weinsäure oder Tartraten.

Weinsäure oder Alkalitartrate fällen aus neutralen Bariumsalzlösungen bei nicht zu großer Verdünnung kristallines Bariumtartrat. BEHRENS lehnt die Reaktion ab, zumal, wenn gemischte Lösungen vorliegen. Das Barium fällt dann mit dem Strontium zusammen aus, wodurch die Kristallisation beider Tartrate gestört wird.

4. Fällung mit Fluorborsäure.

Eine 2 n Lösung von Fluorborsäure gibt mit Bariumsalzlösungen charakteristische Kristalle (SCHEINZISS).

5. Fällung mit Dibrom-2-anilinobenzanthronnatriumsulfonat.

Mit Dibrom-2-anilinobenzanthronnatriumsulfonat gibt Barium einen gelben Niederschlag oder gelbe Färbung, nicht mit Calcium und Strontium.

Störungen. Seltene Erden, Eisen, Nickel, Magnesium (UPDIKE, ASWORTH, KEYES).

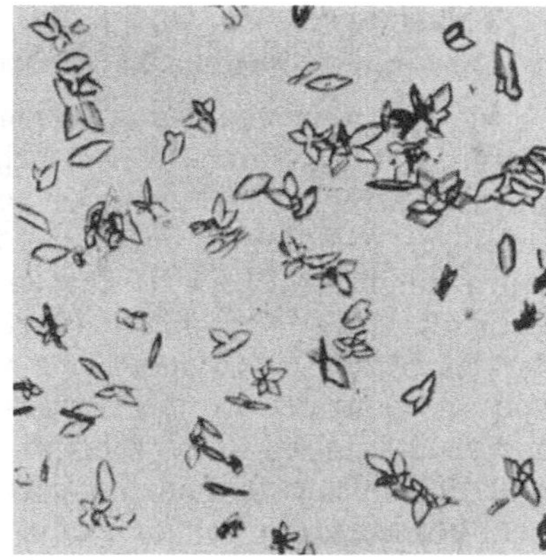

Abb. 13. Barium-Cyanurat. (Nach GEILMANN.)

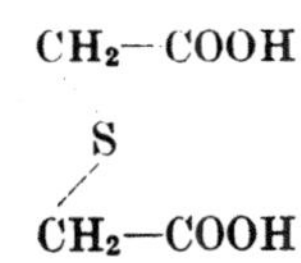

Sulfodiessigsäure

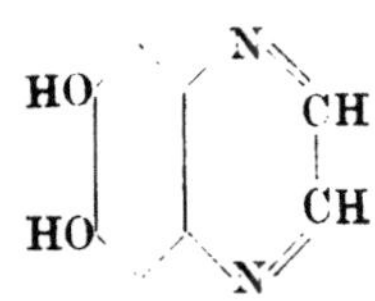

2,3-Dioxychinoxalin

6. Fällung mit Sulfodiessigsäure.

Barium gibt mit Sulfodiessigsäure augenblicklich einen Niederschlag (DUBSKY und HRDLIČKA).

7. Fällung mit 2,3-Dioxychinoxalin.

2,3-Dioxychinoxalin gibt mit Barium in schwach alkalischer Lösung einen nicht spezifischen weißen Niederschlag (STEIGMANN).

§ 5. Nachweis durch Farb- oder Tüpfelreaktionen mit organischen Reagenzien.

A. Reaktionen, welche für den Nachweis des Bariumions in erster Linie in Frage kommen.

1. Nachweis mit Natriumrhodizonat.

a) Nachweis von Barium allein [FEIGL (b)]. Die wäßrige Lösung des Natriumrhodizonates erzeugt mit vielen Schwermetallen farbige Niederschläge. Mit neutralen Bariumsalzlösungen entsteht ein rotbrauner Niederschlag von Bariumrhodizonat. In gleicher Weise reagieren auch Strontiumsalze. Calciumsalze erst nach dem Versetzen mit Alkali (FEIGL und GENTIL). Barium kann jedoch unter geeigneten Bedingungen auch bei Anwesenheit von Strontium nachgewiesen werden. Schwermetalle dürfen nicht zugegen sein, da diese zum Teil gleichfalls gefärbte Niederschläge bilden. Die Verwendung von Rhodizonat ist daher zur Erkennung von Barium innerhalb der Erdalkaligruppe zu empfehlen.

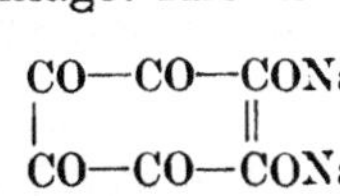

Natriumrhodizonat

Ausführung. Auf Filtrierpapier wird 1 Tropfen der neutralen oder schwachsauren Probelösung und hernach 1 Tropfen einer wäßrigen Natriumrhodizonatlösung (5%ig) aufgetragen. Je nach der vorhandenen Bariummenge entsteht ein mehr oder weniger intensiv brauner oder rotbrauner Fleck.

Erfassungsgrenze. 0,25 γ Ba.

Grenzkonzentration. 1 : 200000.

b) Nachweis von Barium neben Strontium [FEIGL (b)]. Strontiumsalze verhalten sich gegenüber Natriumrhodizonat wie Bariumsalze, doch unterscheidet sich das Strontiumsalz von der analogen Bariumverbindung durch sein Verhalten gegenüber verdünnter Salzsäure. Strontiumrhodizonat wird von verdünnter Salzsäure schon in der Kälte glatt gelöst, während die Bariumverbindung in ein unlösliches saures Salz übergeführt wird, das eine leuchtend rote Farbe, ähnlich der des Nickeldimethylglyoxims besitzt. Bemerkenswert ist, daß geringe Mengen von in neutraler Lösung hergestelltem Bariumrhodizonat in dem Reagensglas mit Salzsäure versetzt, scheinbar zum Verschwinden gebracht werden, da das rote Bariumsalz in feinster Verteilung entsteht und dadurch schwer erkennbar ist. Wird hingegen Bariumrhodizonat durch eine Tüpfelreaktion auf Filtrierpapier in Form eines braunroten Fleckes erzeugt und dieser mit verdünnter Salzsäure (1 : 20) angetüpfelt, so erfolgt Umfärbung in ein leuchtendes Rot. Vermutlich handelt es sich um eine Adsorption des gebildeten roten Bariumsalzes an Filtrierpapier, wodurch kleine Mengen des adsorbierten Farbstoffes deutlich sichtbar werden.

Entsteht demnach auf Filtrierpapier bei der Vereinigung eines Tropfens der Probelösung mit einem Tropfen Natriumrhodizonat kein brauner Fleck, so deutet dies auf Abwesenheit von Barium und Strontium. Entsteht ein brauner Fleck, so kann Barium oder Strontium oder beides zugegen sein. Verschwindet dieser Fleck beim Antüpfeln mit verdünnter Salzsäure, so war lediglich Strontium zugegen, wird der braune Fleck hingegen rot, so beweist der Farbumschlag die Anwesenheit von Barium.

Erfassungsgrenze. 0,5 γ Ba neben der 50fachen Menge Sr.

Grenzkonzentration. 1 : 90000.

c) Nachweis von Barium (und Strontium) in Carbonatniederschlägen der Erdalkalien. Nach FEIGL und SUTER ist Bariumcarbonat leichter löslich als Calcium- und Strontiumcarbonat. Wenn es gut ausgewaschen ist, kann Barium unmittelbar in der Carbonatfällung nachgewiesen werden.

Ausführung. Die Erdalkalien werden gemeinsam als Carbonate in der üblichen Weise durch Zugabe von Ammoniumcarbonat gefällt. Um auf Barium zu prüfen (oder auf Strontium oder auf beide) genügt es, 1 mg des sorgfältig gewaschenen Niederschlages in die Vertiefung einer Tüpfelplatte zu bringen. Man füge 1 Tropfen einer 0,2%igen Natriumrhodizonatlösung hinzu und rühre. Bei positiver Reaktion, d. h. einer rotbraunen Färbung, ist Barium anwesend. Tritt keine Reaktion ein, so wird mit 1 Tropfen 1 n Essigsäure angesäuert. Ein roter Niederschlag oder eine rote Färbung zeigen die Gegenwart von Barium oder Strontium oder von beiden an.

2. Nachweis mit 1-Nitroso-β-naphthol-3,6-disulfonsaurem Natrium.

Die Verbindung gibt mit Barium- und Calciumchlorid beständige, gefärbte kristalline Verbindungen, die gleichzeitig Salze und Additionsverbindungen sind. Da das Bariumsalz in saurer Lösung fällbar ist, während das Calciumsalz erst bei Gegenwart überschüssigen Alkalis ausfällt, kann dieses unterschiedliche Verhalten zu einer Trennung von Calcium und Barium benutzt werden.

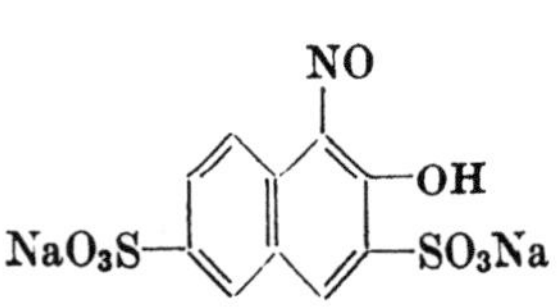

1-Nitroso-β-naphthol-3,6-disulfonsaures Natrium

Ausführung. Die Bariumsalzlösung wird mit Salzsäure angesäuert und mit der alkoholischen Reagenslösung versetzt. Es scheidet sich das Bariumsalz in orangegelben Nädelchen ab. Zur Trennung von Calcium wird der salzsauren Lösung nach Zusatz des Reagenses so viel Alkohol zugefügt, daß die Lösung 90%ig wird. Das zuerst ausfallende Bariumsalz wird abfiltriert, das Filtrat alkalisch gemacht und von neuem mit dem Reagens und Alkohol versetzt. Es scheidet sich das Calciumsalz als olivgrüne Blättchen aus. Störend wirken Silber und Blei (BERNARDI und SCHWARZ).

3. Nachweis mit Pikrinsäure.

Pikrinsäure gibt mit den Erdalkalimetallen Barium, Strontium und Calcium typisch kristallisierende Niederschläge, die sich gut zum analytischen Nachweise eignen.

Ausführung. Man bringt einen Tropfen 1%ige wäßrige Pikrinsäurelösung auf einen Objektträger und setzt einige Teilchen der festen Substanz hinzu. Bei hygroskopischen Substanzen bringt man auf den Objektträger einen Tropfen Wasser, erzeugt darin eine gesättigte Lösung der Analysensubstanz und gibt einen Tropfen 1%ige Pikrinsäurelösung hinzu. Barium erzeugt intensiv gelbe, an den Enden abgeschrägte Stäbchen, die oft zu schrägen Kreuzchen oder Büscheln zusammengelagert sind. Die Kristalle des Strontiumpikrates sind breite Nadeln. Calcium ergibt federartige Nadeln (FRANGOPOL).

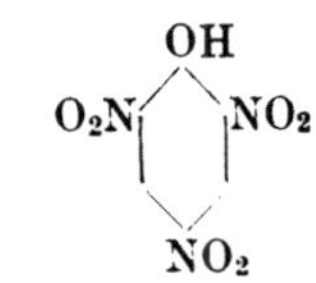

Pikrinsäure

Empfindlichkeit. Die Erfassungsgrenze für Ba beträgt 2,3 γ, Grenzkonzentration 1 : 430, für Strontium 6,1 γ Sr, Grenzkonzentration 1 :160. Die Löslichkeit des Calciumpikrates ist zu groß, als daß es zum Nachweis mit Erfolg verwendet werden könnte (ORLENKO und FESSENKO).

4. Nachweis mit Pikrolonsäure.

Die sehr wenig löslichen Pikrolonate der Erdalkalimetalle eignen sich wegen ihrer spezifischen Kristallformen gut zum Nachweis.

Ausführung. Eine gesättigte, mit Natronlauge sorgfältig neutralisierte Lösung von Pikrolonsäure (l-p-Nitrophenyl-3-methyl-4-nitro-Pyrazolon) ergibt mit einer

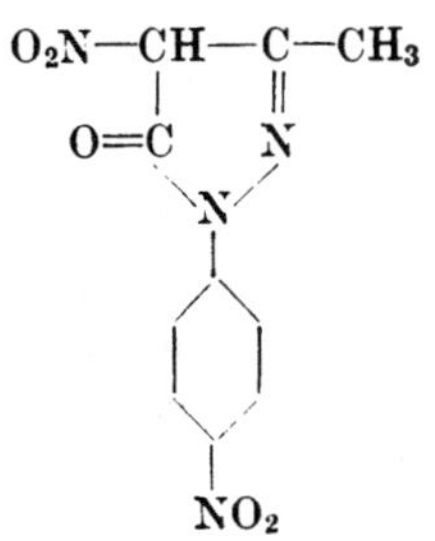

Pikrolonsäure

neutralen Lösung von Bariumsalzen eine häufig zunächst amorphe, später kristalline Fällung von fadenförmigen Büscheln (Abb. 14). Die Ausscheidung des Niederschlages erfolgt bei geringer Konzentration erst beim Reiben. Die molare Löslichkeit des Bariumpikrolonates beträgt 0,000184 Ba.

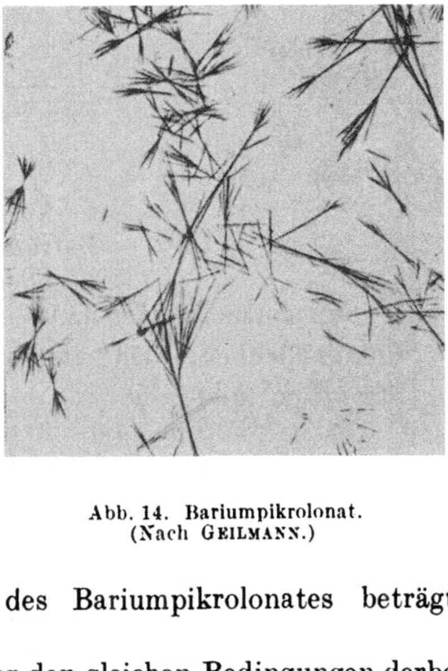

Abb. 14. Bariumpikrolonat. (Nach GEILMANN.)

Störungen. Calcium und Strontium, die unter den gleichen Bedingungen derbe monokline Kristalle ergeben von etwa der gleichen Löslichkeit (ROBINSON und SCOTT).

5. Nachweis mit 4-Nitro-3-oxybenzoesäure.

4-Nitro-3-oxybenzoesäure ist ein spezifisches Reagens auf Ba und liefert mit diesem das unlösliche rote $BaC_7H_3O_5N \cdot H_2O$.

Ausführung. Zum Nachweis von Barium wird ein Tropfen 1%ige 4-Nitro-3-oxybenzoesäurelösung in Aceton oder Alkohol auf Filtrierpapier aufgetragen und nach Entfernung des Lösungsmittels 1 Tropfen der Prüflösung zugesetzt. Nach Behandlung des Fleckes mit Ammoniakdämpfen und vorsichtigem Erwärmen tritt in Gegenwart von Barium ein roter Ring oder Fleck auf.

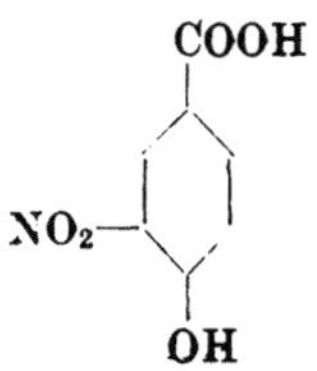

4-Nitro-3-oxybenzoesäure

Erfassungsgrenze. 1,47 γ. Gegenwart von Mg und Pb erhöht die Empfindlichkeit. In Gegenwart von Mg, Pb, Sr, Ca sind 0,6 γ Barium nachweisbar.

Störungen. In Gegenwart von Ca, Sr, Co, Zn und Mn entsteht eine Gelb- bis Orangefärbung (KULBERG und LIOKUMOWITSCH).

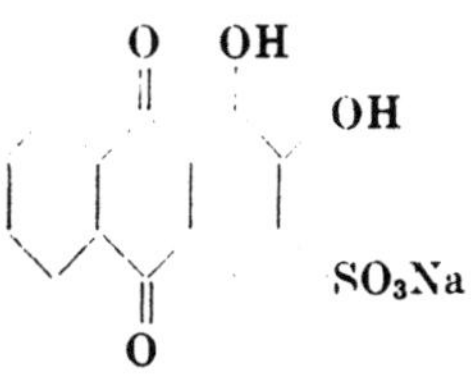

Natriumalizarinsulfonat

B. Weitere Farbreaktionen des Bariumions.

1. Reaktion mit Natriumalizarinsulfonat.

Eine verdünnte Lösung von Bariumsalzen gibt mit einer 0,5%igen Lösung von Natriumalizarinsulfonat eine hellrote Färbung (GERMUTH und MITCHELL).

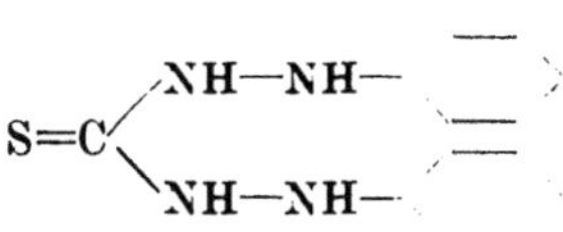

Thiodiphenylcarbazid

2. Reaktion mit Thiodiphenylcarbazid.

Mit einer 5%igen Lösung von Thiodiphenylcarbazid geben Bariumsalze bei Zusatz von Salzsäure oder Essigsäure eine Opalescenz, mit Alkali dagegen einen gelblichweißen Niederschlag, der in Essigsäure mit violetter Farbe löslich ist.

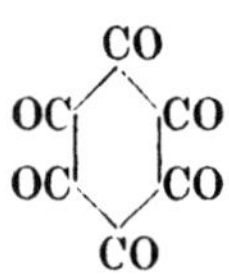

Trichinoyl

3. Reaktion mit Trichinoyl.

Das Trichinoyl gibt mit Bariumsalzen eine orangerote Färbung (GUTZEIT).

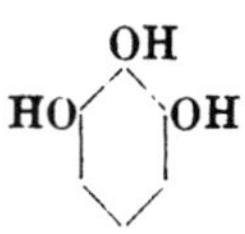

Pyrogallol

4. Reaktion mit Pyrogallol.

Versetzt man in einem Reagensglas etwa 5 ml Bariumchloridlösung unter Kühlung mit 5 ml absolutem Alkohol und einer Messerspitze Pyrogallol, so entsteht, wenn man einige Tropfen Lauge hinzufügt und umschüttelt, eine blaue Fällung.

Empfindlichkeit. Nicht angegeben.

Strontium gibt eine vorübergehende, dunkelblaue Färbung und Fällung, Calcium eine intensive, aber vergängliche violette Färbung.

Störungen. Siehe die gleiche Reaktion unter Calcium und Strontium (SCHEWKET).

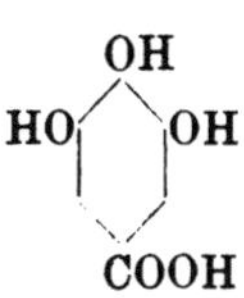

Gallussäure

5. Reaktion mit Gallussäure.

Ausführung. In einem Reagensglas versetzt man 5 ml verdünnte Bariumchloridlösung, 0,2- bis 0,5%ig, mit 10 ml Alkohol und 2 bis 3 Tropfen 1%iger Gallussäurelösung. Fügt man 5 Tropfen Lauge hinzu, so entsteht eine rotviolette Färbung und Fällung. Konzentrierte 1- bis 10%ige Bariumchloridlösungen geben mit 5 ml Alkohol, 1 ml 1%iger Gallussäure und 1 ml Natronlauge einen indigoblauen Niederschlag, der beim Stehenlassen in Hellblau übergeht. Verfährt man in gleicher Weise aber ohne den Zusatz von Alkohol, so tritt ein blauer Niederschlag auf (Unterschied von Calcium) (SCHEWKET).

Eine nichtspezifische Farbreaktion mit Gerbsäure beschreiben AMMER und SCHMITZ zum Nachweis von Erdalkalimetallen im Wasser.

Ausführung. Eine 10%ige Gerbsäurelösung, die mit 0,1 g Salicylsäure auf 100 ml haltbar gemacht worden ist, gibt, wenn man 10 ml Wasser mit 1 Tropfen davon und 2 Tropfen 2 n Natronlauge schüttelt, einen blau gefärbten Niederschlag oder eine mehr oder weniger intensive Blaufärbung [ROSENTHALER (b)].

6. Reaktion mit Tannin.

Ausführung. Eine sehr verdünnte 0,02- bis 0,05%ige Bariumchloridlösung gibt mit 1 ml 2%iger frischer Tanninlösung und 5 Tropfen 10%iger Lauge eine wiesengrüne Färbung. Aus stärkeren Bariumsalzlösungen fällt ein ebensolcher Niederschlag aus. Eine 1%ige Tanninlösung gibt mit 10 ml starker Bariumchloridlösung, 5 ml Alkohol und 10 Tropfen Lauge eine schmutziggrüne Fällung (SCHEWKET).

Um festzustellen, ob überhaupt Barium-, Strontium- oder Calciumionen vorliegen, versetzt KRAMER die Urlösung mit 1 ml einer 2%igen Tanninlösung und mit überschüssiger Natronlauge. Eine blaugrüne Färbung oder Fällung zeigt schon 1 mg dieser drei Elemente an neben 500 mg anderer Metalle, weil diese nur gelbbraune Farben liefern. Ammonsalze stören und müssen daher vorher durch Kochen mit Natronlauge entfernt werden.

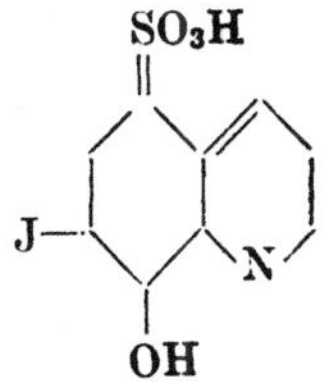

Loretin

7. Reaktion mit Loretin.

Loretin (2-Jod-1-Oxychinolin-4-sulfosäure) eignet sich wegen der Beständigkeit seiner Reaktionsprodukte und deren starker Anisotropie zum mikrochemischen Nachweis auch von Barium. Man erhält die Verbindung durch Extraktion von Yatren puriss. 105 mit Alkohol. Bariumverbindungen (Carbonat) geben mit der alkoholischen Lösung orange gefärbte Nadeln, dichroitisch grüngelb-orange (VAN ZIJP).

8. Reaktion mit Locaonsäure.

Das Diammoniumsalz der Locaonsäure $C_{28}H_{31}O_{17}(NH_4)_2$ gibt mit Bariumsalzen in schwachammoniakalischer Lösung einen hellblauen Niederschlag, der als solcher oder auch nach Überführung im Bariumsulfat auch zur quantitativen Bestimmung des Bariums benutzt werden kann. Man erhält das Reagens durch Extraktion von Rhamnus dahurica mit Ammoniak und Fällung des Farbstoffs mit Alkohol. Störend wirken Blei und Kalium in höherer Konzentration (CHAMBERS).

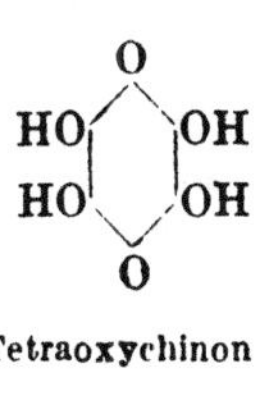

Tetraoxychinon

9. Reaktion mit Tetraoxychinon.

Tetraoxychinon gibt in heiß gesättigter, wäßriger Lösung einen tiefroten Niederschlag, der in verdünnter Salzsäure unlöslich ist.

Störungen. Blei gibt eine in schwachen Säuren lösliche rote Fällung. Strontium ruft eine leicht braune Färbung hervor, die durch den Zusatz von verdünnter Salzsäure verschwindet (GUTZEIT).

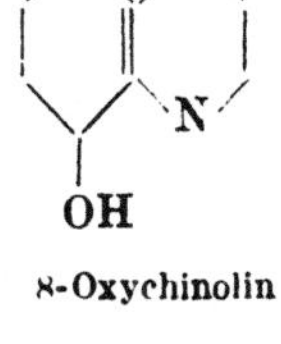

8-Oxychinolin

10. Reaktion mit 8-Oxychinolin.

Eine mit Natriumtartrat versetzte, mit Ammoniak eben alkalisch gemachte Bariumsalzlösung wird durch Zusatz von einigen

Tropfen einer 2%igen alkoholischen Lösung von 8-Oxychinolin beim Schütteln und Erhitzen zum Sieden gefällt (CATTELAIN, FOX). Über die Verwendung von 8-Oxychinolin zur Trennung der Erdalkalimetalle s. unter Trennungen.

11. Reaktion mit Dioxyweinsäureosazon.

Siehe unter Calcium S. 72.

12. Reaktion mit Kaliumkrokonat.

Als Nachweisreagens für Barium empfiehlt FAUCHERRE das Kaliumkrokonat, welches viel beständiger ist als das bekannte Rhodizonat und ebenso empfindlich reagiert wie dieses. Barium fällt mit Kaliumkrokonat als strohgelber, gut kristallisierender, seidenglänzender Niederschlag aus. Strontium und Calcium werden im Filtrat des Trennungsganges der Erdalkalien wie üblich als Sulfat bzw. Oxalat nachgewiesen.

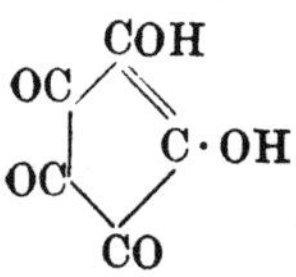

Krokonsäure

C. Nachweis von Bariumverbindungen in Vergiftungsfällen.

Hierzu hat DISCORIDE VITALI folgende Methode ausgearbeitet: Zunächst werden der Mageninhalt und evtl. Erbrochenes auf ihre Reaktion geprüft. Ist diese alkalisch, so wird mehrmals mit Wasser digeriert und filtriert. Die Filtrate werden wieder mittels Lackmuspapier geprüft, und wenn auch hierbei eine Blaufärbung desselben eintritt, kann die betreffende Vergiftung durch Ätzbaryt erfolgt sein. Diesen fällt man aus den vereinigten wäßrigen Filtraten durch Einleiten von Kohlensäure aus und identifiziert ihn nach dem Abfiltrieren und Auswaschen als solchen. War die Reaktion der wäßrigen Filtrate nicht alkalisch, so prüft man durch Zusatz von Schwefelsäure auf das Vorhandensein von Bariumsulfid, welches sich durch Bildung von Bariumsulfat und den Geruch von Schwefelwasserstoff erkennen läßt.

Chlorbarium, Bariumnitrat und Bariumacetat werden auf folgende Weise nachgewiesen: Man behandelt die beim Digerieren der zu untersuchenden Substanz mit Wasser erhaltene Lösung mit Lithiumcarbonat, wobei der Baryt als kohlensaurer Baryt ausfällt. Handelt es sich darum zu erkennen, in welcher Verbindungsform sich derselbe befand, so wird nach dem Abfiltrieren des Bariumcarbonats das Filtrat eingedampft, mit einem Gemisch gleicher Teile Alkohol und Äther aufgenommen und filtriert. Das von Alkalisalzen freie Filtrat wird wieder eingedampft; der Rückstand bildet das Lithiumsalz derjenigen Säure, mit der vorher der Baryt verbunden war, und kann also zu deren Nachweis benutzt werden.

Handelt es sich um eine Vergiftung mit Bariumcarbonat, so wird sich dieses, auch wenn nur einzelne Spuren als Chlorbarium in die wäßrige Lösung übergehen, größtenteils in dem unlöslichen Rückstande finden. Derselbe wird in diesem Falle mit Salzsäure behandelt, wobei eine Entwicklung von Kohlensäure auftreten muß. Aus dem Filtrat fällt man den Baryt mittels Schwefelsäure aus.

Literatur.

D'ANS u. E. LAX: Taschenbuch für Chemiker und Physiker, Springer 1949.

ALVAREZ, E. P.: Ann. Chim. anal. **11**, 401 (1906). — AMMER, G., u. H. SCHMITZ: Vom Wasser, **8**, II 161 (1934). — GASPAR Y ARNAL: Ann. Soc. Espan. Fis. Quim. **26**, 435 (1928).

BARBER, H. H.: Ind. eng. Chem., Analyt. Edit. **13**, 572 (1941). — BECKMANN, E., u. P. WAENTIG: Z. physikal. Chemie **68**, 426 (1909). — BEHRENS-KLEY: (a) Mikrochem. Analyse, 1. Teil, 4. Aufl. Leipzig 1921. — BEHRENS: (b) Fr. **30**, 160 (1891). — BERG, G.: Vorkommen und Geochemie der mineralischen Rohstoffe, S. 147. Leipzig 1929. — BERNARDI, A., u. M. A. SCHWARZ:

Ann. Chim. appl. **21**, 54 (1931). — BLUM, L.: Fr. **44**, 9 (1905). — BÖTTGER, W.: (a) Qualitative Analyse, 4.—7. Aufl., S. 294. Leipzig; (b) S. 296; (c) 3. Aufl. (1913).

CALEY u. BURFORD: Ind. eng. Chem., Analyt. Edit. **8**, 63 (1937). — CATTELEIN, E.: J. Pharm. Chim. **8**, 11 489 (1930). — CELSI, A.: An. Farm. Bioquim. **4**, 55 (1933); durch C **1934**, I, 2456. — CHAMBERS, M.: Chemist-Analyst **27**, (1938). — CHAMOT, E. M., u. H. A. BEDIENT: Mikrochemie **6**, 20 (1928).

DAVIS, T. W., u. N. KORNBLUM: Fr. **114**, 209 (1938). — DEMARCAY, E.: Spectres electriques, Paris (1895), 14. — DENIGÈS, G.: (a) C. r. **170**, 996 (1927); (b) Bull. Soc. Pharm. **67**, 4 (1929); (c) Bull. Soc. Chim. 4, **27**, 563 (1920). — DOELTER: Handbuch der Mineralchemie, Dresden und Leipzig 1931. — DUBSKY, K., u. M. HRDLIČKA: Chem. Obzor **15**, 21 (1940).

EICHLER, H.: Fr. **96**, 22 (1934). — ENGELBACH: Liebigs Ann. **123**, 256 (1862).

FAUCHERRE J.: Bull. Soc. chim. France **1953**, 900; durch Fr. **142**, 378 (1954). — FEIGL, F.: (a) Qualitative Analyse mit Hilfe von Tüpfelreaktionen, 3. Aufl., S. 265. Leipzig (1938); (b) S. 264. — FEIGL, F., u. H. SUTER: Ind. Engng. Chem., analyt. Edit. **14**, 840 (1942). — FEIGL, F., u. V. GENTIL: Mikrochim. Acta **1954**, 435. — FILETTI, M.: Fr. **37**, 325 (1898). — FORMANEK, J.: Fr. **39**, 414 (1900). — FOX, J. J.: J. chem. Soc. **97**, 1122 (1910). — FRANGOPOL, C.: Bull. chim. pur. appl. Soc. rom.Stiinte **37**, 259 (1934). — FRESENIUS, C. R.: (a) Anleitung zur qual. chem. Analyse, S. 454. Braunschweig 1919; (b) S.135; (c) Fr. **29**, 144 (1890); (d) Anleitung zur qual. chem. Analyse, S. 134. Braunschweig 1919; (e) Quant. chem. Analyse, 1. Bd., 6. Aufl., S. 153.

GALMÉS, P. J.: Affinad (3) **27**, 295 (1950); durch C. **1951**, II, 3072. — GEILMANN, W.: Bilder zur qualitativen Mikroanalyse anorganischer Stoffe, Voss Leipzig **1934** und Verlag Chemie Weinheim 1954. — GERLACH, W., u. E. RIEDL: Die chem. Emissionsspektralanalyse, III. Teil, Leipzig 1942. — GERMUTH, F. G., u. C. MITCHELL: Amer. J. Pharmacy **101**, 46 (1929); Fr. **79**, 355 (1930). — GÓRSKI, M.: Z. anorg. Ch **81**, 315 (1913). — DE GRAMONT: C. r. **159**, 10 (1914). — GUTZEIT: Helv. chim. Acta **12**, 725 (1929). — GOTÔ, HIDEHIRO: Sci. Rep. Tohoku (Imp. Univ.) First Ser. I, **29**, 204 u. 287 (1940); durch C. **1941**, I, 1069.

HARTLEY, W. N.: Trans. Dublin Soc. 2 **9**, 101 (1908). — HARTMANN, H., u. C. BEERMANN: Fr. **132**, 423 (1951). — HAUSHOFER: Mikroskopische Reaktionen, S. 19. Braunschweig 1885. — HUKUDA, K.: Bull. chem. Soc. Japan **2**, 118 (1927).

KARAOGLANOV, Z.: (a) Fr. **114**, 81 (1938); (b) KARAOGLANOV, Z. u. B. SARGORTSCHEV: Z. anorg. Ch. **221**, 369 (1935); **223**, 217 (1935). — KIRCHHOFF, G., u. R. BUNSEN: Pogg. Ann. **110**, 182 (1860). — KOLTHOFF, J. M., u. H. VOGELENZANG: Fr. **58**, 51 (1919). — KRAMER, J.: J. Am. chem. Soc. **59**, 941 (1937). — KULBERG, L. M., u. R. B. LIOKUMOWITSCH: J. analytic. Chem. (russ.) **4**, 255 (1949); durch C. **1949** E 2 1093.

LEO, R.: Mh. **43**, 581 (1922). — LÖWE, F.: Atlas der letzten Linien. Dresden/Leipzig 1928. — LUTZ, O.: (a) Fr. **60**, 218 (1921); (b) 209; (c) 215.

MARTINI, A.: Mikrochemie **6**, 152 (1928). — MIGLIACCI u. CRAPETTA: Ann. Chim. appl. **17**, 66 (1927). — MILLER, F. A., u. CH. H. WILKINS: Anal. Chem. **24**, 1253 (1952).

NODDACK, J. W.: (a) Naturwiss. **18**, 759 (1930). — NODDACK, W.: (b) Metall u. Erz **29**, 67 (1932).

ORLENKO, A. F., u. N. G. FESSENKO: Fr. **107**, 411 (1936).

PARRI, W.: Giorn. Farm. Chim. **73**, 212 (1924).

RAWSON, S. G.: J. Soc. chem. Ind. **16**, 113; durch Fr. **46**, 178 (1907). — RENARD, A.: C. r. **104**, 913. — RIESENFELD, E. H., u. H. NOTTEBOM: Z. anorg. Ch. **98**, 411 (1914). — ROBINSON, P. L., u. W. E. SCOTT: Fr. **88**, 417 (1932). — ROSENTHALER, L.: (a) Mikrochemie **14**, 315 (1934); (b) 363.

SCHEIBE, G., u. G. LIMMER: Mitt. aus der Forschungsanstalt Gutehoffnungshütte-Konzern, **2**, 35 (1932). — SCHEINZISS, O. G.: J. Chim. appl. (russ.) **13**, 1101 (1940), durch C. **1941**, I, 1849. — SCHEWKET, O.: Bio. Z. **54**, 288 (1913). — SCHLEICHER, A., u. L. LAUS: Fr. **108**, 241 (1937). — SCHMIDT, J.: Die organ. Säuren im Handbuch der Pflanzenanalyse, S. 384. Wien: Springer-Verlag 1932. — SCHOORL, N.: Pharm. Weekbl. **56**, 326 (1919). — STEIGMANN, A.: J. Soc. chem. Ind. **62**, 42 (1943).

TREADWELL: Kurzes Lehrbuch der analytischen Chemie, 7. Aufl. (1917).

UPDIKE, J. A., u. J. T. ASWORTH u. B. M. KEYES: Virginia J. Sci. **1**, 131 (1940).

VEIL: C. r. **199**, 611 (1934). — VITALI, D.: L'Orosi **24**, 397, durch C. **1902**, I, 831.

WUNDER, W.: J. prakt. Chem. 2, **1**, 470 (1870); durch Chem. News **41**, 158.

VAN ZIJP, C.: Pharm. Weekbl. **69**, 1191 (1932); durch Fr. **96**, 347 (1934).

Zink.

Zn, Atomgewicht 65,38, Ordnungszahl 30.

Von **Hildegard Wendt**, Clausthal-Zellerfeld und **Alfred Brechlin**, Freiburg i. Br.

Mit 19 Abbildungen.

Inhaltsübersicht.

Nachweismethoden.

I. Vorkommen.

1. Vorkommen in der anorganischen Natur.

Das Vorkommen von gediegenem Zink in der Natur ist zweifelhaft. In Form seiner Verbindungen kommt Zink in der Natur an vielen Stellen vor. Das am häufigsten auftretende und wichtigste Zinkmineral ist die Zinkblende, Sphalerit, die kubisch-hexakistetraedrisch kristallisiert. Hauptfundorte von wirtschaftlicher Bedeutung liegen im Tri-State-Gebiet in USA und anderen Gebieten von Nordamerika sowie in Oberschlesien, außerdem z. B. in Sardinien und Neusüdwales. Die Blende ist das einzige primäre Erz auf metasomatischen Lagerstätten und Gängen. Kontaktbildungen sind seltener. Fast stets kommt Blei in größerer Menge mit Zink vergesellschaftet vor. Die hexagonale Form der Zinkblende, der Wurtzit, bildet hauptsächlich die Schalenblenden und Strahlenblenden, die in Přibram (Böhmen) vorkommen.

Oxydisch findet sich Zink in vielen Mineralien, Erzen und Gesteinen. Zu ihnen gehören Zinkspat, Hydrozinkit, Kieselzinkerz, Willemit. Die Kristallform des Zinkspats (edler Galmei, Smithsonit), $ZnCO_3$, ist trigonal-skalenoedrisch. Zinkspat tritt selten ganz rein auf; meist bildet er isomorphe Gemische mit Ca-, Mg-, Fe- und Mn-Carbonat. Galmei findet sich gleichfalls in USA (Carbonate Hill), in

Oberschlesien, auf Sardinien, in Santander (Spanien), in Constantine (Algier) und in Kouitscheou (China).

Zinkit (Rotzinkerz), ZnO, Franklinit, eine spinellartige Verbindung von Zn-, Fe-, Mn-Oxyd, und Willemit, Zn_2SiO_4, finden sich in New Jersey, USA (Mine Hill, Sterling Hill). — Weitere Zinkerze sind Hydrozinkit, ein basisches Zinkcarbonat, Troostit, eine isomorphe Mischung von Willemit und hauptsächlich Mangansilicat, und Kieselzinkerz, $Zn_2SiO_4 \cdot H_2O$. Kieselzinkerz kommt sehr häufig vor, besonders in Amerika. Die beiden Zinkphosphate Hopeit und Parahopeit, $Zn_3P_2O_8 \cdot 4\,H_2O$, sind dimorph; diese und das Phosphat Tarbuttit, ein basisches Zinkphosphat, finden sich in Broken Hill (Nord-Rhodesia). Adamin ist ein basisches Zinkarsenat, $Zn_3(AsO_4)_2 \cdot Zn(OH)_2$, und kommt in Chile, Afrika und Frankreich vor. Zinkvitriol, Goslarit oder Galizenstein, $ZnSO_4 \cdot 7H_2O$, findet sich als Absätze natürlicher Wässer, in Südfrankreich, auf Neuseeland und in den Quellen von Joplin (Missouri) sowie als Neubildung in alten Grubenbauen.

2. Vorkommen im Pflanzen- und Tierreich.

Zink ist ein wesentliches Element der Biosphäre. Es ist unentbehrlich für das Wachstum vieler höherer Pflanzen, wie z. B. der Getreidepflanzen, ebenso ist es unentbehrlich für höhere Tiere und auch für den Mineralstoffwechsel des Menschen.

In geringen Konzentrationen beeinflußt Zink das Wachstum der Pflanzen, in größeren wirkt es auf die meisten Pflanzen giftig. In einigen Pflanzen wird Zink angereichert; bis zu 16% ist es in den Aschen von Thlaspi calaminate (Galmei-Veilchen) enthalten. In Seeorganismen ist die höchste Konzentration an Zink in Austern gefunden worden.

Das Vorkommen größerer Mengen Zink im Waldboden ist von besonderem Interesse für den Metabolismus gewisser Pilzarten.

Auch in Kohlenaschen findet man Zink angereichert (GOLDSCHMIDT; RANKAMA und SAHAMA).

Spektralanalytisch wurde Zink in Hühnereiern (DREA) und in Hefezellen (RICHARDS und TROUTMAN) nachgewiesen.

II. Allgemeines.

1. Verhalten des Zinks in der 2. Gruppe des Periodischen Systems.

Zink gehört der Gruppe IIb des Periodischen Systems an; es ist der erste Vertreter der Gruppe. Ebenso wie das ihm folgende Homologe, Cadmium, liegt es in seinen Verbindungen ausschließlich elektropositiv zweiwertig vor. Hingegen tritt Quecksilber, das dritte Glied der Reihe, außer im elektropositiv zweiwertigen Zustand auch in zahlreichen Verbindungen elektropositiv einwertig auf. Die Ähnlichkeit zwischen Haupt- und Nebengruppe ist in der zweiten Gruppe des Periodischen Systems sehr ausgeprägt. So weist Zink, ebenso wie Cadmium, manche Beziehungen zum Magnesium auf. Die Sulfate der genannten Elemente sind bei gleichem Wassergehalt isomorph, und auch die Zusammensetzung der Doppel- und Komplexsalze ist häufig analog. Zum Unterschied von den Elementen der zweiten Hauptgruppe sind die der zweiten Nebengruppe Schwermetalle. Wie in der ersten Nebengruppe, so sind auch in der zweiten die Oxyde farbig, Zinkoxyd allerdings nur in der Hitze. Das Hydroxyd des Zinks verhält sich amphoter wie Berylliumhydroxyd (in der zweiten Hauptgruppe). In wäßrigem Ammoniak ist Zinkhydroxyd, ebenso wie Cadmiumhydroxyd, unter Komplexbildung löslich.

2. Unterschiedliche Löslichkeit der Zinkverbindungen; Eignung schwerlöslicher Verbindungen zum qualitativen Nachweis.

Für Nachweisverfahren, die auf der Bildung von Niederschlägen beruhen, kommen außer Zinksulfid vor allem $K_2Zn_3[Fe(CN)_6]_2$ und die charakteristisch gefärbten Mischsalze von $Zn[Hg(SCN)_4]$ mit $Cu[Hg(SCN)_4]$ oder $Co[Hg(SCN)_4]$ in Betracht. Das Zn^{++}-Ion ist farblos, ebenso sind es die sich von ihm ableitenden einfachen Salze. Sogar das Sulfid ist farblos und bei gewöhnlicher Temperatur auch ZnO. Wasserlöslich sind die Halogenide außer ZnF_2, ferner das Nitrat, Sulfat, Thiosulfat, Hypochlorit, Chlorat, Perchlorat, Acetat und Permanganat. Das Hydroxyd, Sulfid, Cyanid, Carbonat, Chromat (basisches[1]), Silicat und Oxalat sind in Wasser schwerlöslich; Zinkcyanid und -oxalat lösen sich im Überschuß des Fällungsmittels, Zinkhydroxyd, -chromat, -sulfid und -carbonat lösen sich in Mineralsäuren. Zur Abtrennung des Zinks im Analysengang ist auch die Löslichkeit seines Sulfids in Kaliumcyanid von Bedeutung, da CdS im Gegensatz zu ZnS in überschüssiger KCN-Lösung nicht löslich ist und damit eine Trennung des Zinks vom Cadmium ermöglicht wird (s. S. 214).

Auch zahlreiche organische Verbindungen, insbesondere einige organische Basen, bilden mit Zinkionen schwerlösliche Niederschläge. So ist o-Oxychinolin zur Abtrennung des Zinks geeignet; bei Gegenwart von Rhodaniden oder Halogeniden wird Zn^{++} von Pyridin, Antipyrin, Pyramidon, Urotropin, Chinolin und anderen gefällt (s. § 3, S. 166 ff.).

Die schwerlöslichen Zinkverbindungen, einschließlich des Zinksilicats, sind in Mineralsäuren löslich. Lediglich der Zinkspinell wird von HNO_3 nicht, von H_2SO_4, HCl und HF nur sehr langsam angegriffen. Man verwendet daher geschmolzene Alkalien zum Aufschluß.

III. Kurze Übersicht über das Verhalten des Zinks in der analytischen Gruppe und die Abtrennung von seinen Begleitern.

Bei der Durchführung des Trennungsganges nach der klassischen Methode gehört das Zink in die Schwefelammoniumgruppe. Aus stärker saurer Lösung wird Zink mit Schwefelwasserstoff nicht gefällt, da ZnS in Säuren löslich ist. Es wird jedoch aus neutraler Lösung mit Ammoniumsulfid als weißes ZnS niedergeschlagen. Auch mit Schwefelwasserstoff läßt sich Zink aus neutraler Lösung abscheiden. Die Fällung ist aber nicht quantitativ, weil bei der Reaktion H^+-Ionen entstehen gemäß:

$$Zn^{++} + 2Cl^- + H_2S \rightleftharpoons ZnS + 2H^+ + 2Cl^-.$$

Eine quantitative Fällung von ZnS erfolgt in essigsaurer, mit Natriumacetat gepufferter Lösung durch Schwefelwasserstoff oder aus ammoniakalischer Lösung mit Ammoniumsulfid, da ZnS in Ammoniak nicht löslich ist.

In seinem Verhalten bei der Fällung als Sulfid steht das Zink demnach zwischen Cadmium und Mangan. Cadmium fällt in schwach saurer Lösung mit Schwefelwasserstoff, Mangan dagegen in neutraler oder ammoniakalischer Lösung mit Ammoniumsulfid.

Im Schwefelammonium-Trennungsgang fällt Zink zusammen mit Aluminium, Chrom, Eisen, Mangan, Kobalt und Nickel aus. Nach der weiteren Trennung von Eisen, Mangan, Kobalt und Nickel liegt es in alkalischer Lösung neben Hydroxoaluminat und Chromat als Hydroxozinkat vor. Bei der Ausfällung des Aluminiums wird Zink als Amminkomplex, $[Zn(NH_3)_4]^{++}$, in Lösung gehalten. In essigsaurer Lösung erfolgt die Abscheidung des Chroms mit Bariumchlorid, so daß schließlich Zink — frei von den übrigen Elementen der Schwefelammoniumgruppe — nach Zugabe von Natriumacetat mit Schwefelwasserstoff oder Ammoniumsulfid gefällt werden kann. Der Niederschlag dient als solcher zur Identifikation des Zinks nach § 3, S. 145, oder er wird in verdünnter Salzsäure gelöst und eine der im § 3, C S. 147 ff., angeführten Reaktionen durchgeführt.

[1] Siehe hierzu Handbuch der analytischen Chemie, 2. Teil, Bd. VI, S. 143.

Die Abtrennung des Zinks in der Schwefelammoniumgruppe geschieht auf folgende Weise:

Das salzsaure Filtrat der Schwefelwasserstoffgruppe wird erwärmt, bis gerade zur alkalischen Reaktion Ammoniak zugesetzt und mit einem kleinen Überschuß von farblosem Ammoniumsulfid versetzt. Der gebildete Niederschlag kann die Sulfide oder Hydroxyde von Fe^{++}, Al^{+++}, Cr^{+++}, Ni^{++}, Co^{++}, Mn^{++}, Zn^{++} (sowie einige sog. „seltenere" Metallionen) enthalten. Nach sorgfältigem Auswaschen wird der Niederschlag mit kalter 2n Salzsäure behandelt, wobei Fe^{++}, Al^{+++}, Cr^{+++}, Mn^{++} und Zn^{++} in Lösung gehen. Nach Entfernung des Schwefelwasserstoffs durch Auskochen und nach Oxydation mit Salpetersäure wird die mit Na_2CO_3 nahezu neutralisierte Lösung in eine frisch bereitete Mischung aus Natronlauge und Wasserstoffperoxyd eingegossen. Dabei verbleiben Aluminat, Zinkat und Chromat in Lösung. Die stark alkalische Lösung wird mit Salzsäure neutralisiert, mit Ammoniak versetzt und Ammoniumchlorid hinzugegeben, so daß Al^{+++} als $Al(OH)_3$ ausgefällt wird, während Zink als Amminkomplex neben Chromat in Lösung bleibt. Nach Ansäuern mit Essigsäure fällt man das Chrom in der Siedehitze als $BaCrO_4$. Nach Wegkochen des Wasserstoffperoxyds wird schließlich Zink durch Ammoniumsulfid oder Schwefelwasserstoff in schwach saurer Lösung als ZnS gefällt.

Bei Anwendung des „Urotropinverfahrens" (LOHRER) werden die drei- und höherwertigen Kationen von den zweiwertigen getrennt. Zink verbleibt zusammen mit Nickel, Kobalt und Mangan sowie den Erdalkalien und Alkalien im Filtrat des Urotropinniederschlages. Man führt jetzt gleichfalls eine Ammoniumsulfidfällung durch, trennt Kobalt und Nickel von Zink und Mangan und fällt Zink aus essigsaurer, acetatgepufferter Lösung mit Schwefelwasserstoff als ZnS; dabei bleibt Mangan in Lösung.

Zur Trennung von Mangan und Zink kann man auch zu der Lösung von $MnCl_2$ und $ZnCl_2$ nach Zusatz von Ammoniumchlorid einen Überschuß von Ammoniak fügen und die Lösung unter Zutropfen von Wasserstoffperoxyd aufkochen. Mangan fällt als Mangan(IV)-oxydhydrat aus, und die Lösung enthält das Zink als Amminkomplex (PRYTZ). Nach dem Ansäuern mit Essigsäure wird Zink als ZnS gefällt.

Nach LEHRMAN, WEISBERG und KABAT wird bei Vorliegen kleiner Substanzmengen zunächst das Eisen mit Cupferron entfernt. In schwach saurer, mit Natriumacetat abgepufferter Lösung werden sodann Nickel, Kobalt und Zink durch Einleiten von Schwefelwasserstoff gefällt. Nach Lösen des Niederschlages in Salzsäure wird Nickel aus ammoniakalischer Lösung mit Diacetyldioxim gefällt. Aus dem mit Essigsäure angesäuerten Filtrat erfolgt schließlich die Abscheidung von Zink mit 8-Oxychinolin (vgl. § 3, S. 163), während Kobalt in Lösung bleibt.

Zur Abtrennung des Zinks aus einer Lösung von Mangan, Nickel, Kobalt und Zink fällen LEE, UHLINGER und AMON Mangan, Nickel und Kobalt durch Kochen der schwach alkalischen Lösung mit Natriumperoxyd. Das Natriumzinkat enthaltende Filtrat wird mit Essigsäure versetzt und in der Wärme mit Schwefelwasserstoff gesättigt (vgl. dazu auch LEMARCHANDS).

Zur Trennung von Eisen, Kobalt, Nickel und Zink empfiehlt VANOSSI (a) als Halbmikromethode die Extraktion der Rhodanide von Eisen und Zink mit Äther. Der Nachweis von Zink erfolgt bei Gegenwart von Natriumsulfit und Formalin mit Dithizon (vgl. § 3, S. 151).

Die Abscheidung des Zinks zusammen mit Nickel, Kobalt und Cadmium kann auch mittels Pyridin und Rhodanid (DOBBINS und GILREATH sowie DOBBINS, MARKHAM und EDWARDS) erreicht werden. Zur Abtrennung der dreiwertigen Kationen von den zweiwertigen findet auch Ammoniumbenzoat Verwendung (TOMSICEK und CARNEY; AUSTIN).

Bei dem von BROCKMANN vorgeschlagenen „Trennungsgang ohne Verwendung von Schwefelwasserstoff und Ammoniumsulfid“ werden die schwerlöslichen Chloride durch Salzsäure, die schwerlöslichen Sulfate mit alkoholischer Schwefelsäure gefällt. Zum Filtrat gibt man Kalilauge im Überschuß, kocht und versetzt mit Natriumperoxyd. Man erhält einen Niederschlag von Metallhydroxyden und hat im Filtrat davon die Elemente Sn, Al, Sb, Zn, Cr (als Chromat) und As. Man neutralisiert darauf mit Salpetersäure, kocht mit einem Überschuß von Soda, filtriert und findet im Rückstand Al, Sb, Sn und Zn. Der Niederschlag wird in Salzsäure gelöst, Sn und Al werden durch Zugabe von Ammoniak und Ammoniumchlorid abgetrennt, und schließlich wird Zink im Filtrat mittels $K_4[Fe(CN)_6]$ identifiziert (vgl. § 3, S. 149).

Bei dem von WENGER, DUCKERT und ANKADJI angegebenen Trennungsgang (ohne Gebrauch von Schwefelwasserstoff) mittels Kaliumäthylxanthat gehört Zink zusammen mit Ru, Os, Ir, V, Al, Be, Ga sowie den Alkalien zur Gruppe derjenigen Kationen, die durch Kaliumäthylxanthat nicht gefällt werden und ebenso nicht durch die bereits vorher angewandten Fällungsmittel Salzsäure und Schwefelsäure. Aus der mit Salzsäure angesäuerten Lösung werden zunächst mit Ammoniak die Hydroxyde von Al, Be und Ga sowie noch vorhandenes In abgeschieden. Im Filtrat kann der Nachweis von Zink ohne Schwierigkeiten in Gegenwart der noch vorhandenen Kationen durch Fällung als Zink-Kupfer- oder Zink-Kobalt-tetrarhodano-mercurat(II) (s. S. 147) erfolgen.

Bei der Abtrennung des Zinks von anderen Metallen der Schwefelammoniumgruppe wird beim Vorliegen kleiner Zinkmengen dieses häufig bei der Hydroxydfällung von Eisen und Mangan von dem sehr voluminösen Niederschlag adsorbiert und damit dem Nachweis entzogen. Bei dem weniger üblichen Ammoniakverfahren, bei dem zunächst die Fällung von Aluminium, Chrom, Eisen (Mangan) mit Ammoniak und im Filtrat die Fällung von Mangan, Kobalt, Nickel und Zink mit Ammoniumsulfid vorgenommen wird, liegen die Verhältnisse noch ungünstiger. FISCHER, DIETZ, BRÜNGER und GRIENEISEN nehmen deshalb eine Umfällung des Eisenniederschlages vor: Nach Durchführung der $NaOH/H_2O_2$-Trennung wird der Niederschlag von $Fe(OH)_3$ [und $MnO(OH)_2$] wieder in Salzsäure gelöst, und die Lösung wird erneut mit Ammoniak versetzt. Das erhaltene Filtrat wird mit dem Hauptfiltrat vereinigt, und auf diese Weise werden evtl. adsorbierte Anteile dem Hauptteil wieder zugeführt. Entsprechend wird auch im erweiterten Trennungsgang (Urotropinverfahren) bei Anwesenheit weiterer Kationen sowie Phosphorsäure verfahren (vgl. LOHRER).

BELOUSSOW und BELOUSSOWA schlagen zur Verhinderung der Maskierung von Zink durch Eisen die Anwendung der Flotationsmethode vor. Man setzt bei der Ammoniumsulfidfällung Chloroform zu und führt das Gemisch durch starkes Schütteln in den Emulsionszustand über. Eisensulfid wirkt als Stabilisator und sammelt sich an der Grenzfläche Lösung/Chloroform an. In der wäßrigen Lösung bleibt das weiße ZnS suspendiert; etwa gebildeter freier Schwefel löst sich im Chloroform.

BABKIN führt die Tatsache, daß die Auffindung des Zinks häufig Schwierigkeiten bereitet, auf die leichte Oxydierbarkeit des Zinksulfids zurück, das als Zinksulfat teilweise wieder in Lösung gehen soll.

1. Abtrennung des Zinks von den natürlich vorkommenden Begleitelementen.

Die wichtigsten metallischen Begleitelemente des Zinks in Mineralien, Erzen und Gesteinen sind Cd, Fe, Mn, Pb und Ga, daneben auch Cu, Al, Ba, Ca, Mg, As, Sb und Spuren von Sn. Als nichtmetallische Begleitelemente können vorkommen Si (als SiO_2) und Sulfidschwefel. Sulfidische Erze werden mit konzentrierter Salzsäure aufgeschlossen. Ist die Substanzprobe in der Wärme nahezu vollständig gelöst, so gibt man noch einige ml konzentrierter Salpetersäure hinzu und erhitzt. In der abgekühlten Lösung wird nach Abtrennung der Metalle der Schwefelwasserstoffgruppe das Eisen mit Ammoniak gefällt; Zink wird im Filtrat des Eisenniederschlages nach Ansäuern mit Essigsäure durch Einleiten von Schwefelwasserstoff abgeschieden. Silicatische Gesteine werden mit Soda aufgeschlossen. Nach dem Abscheiden der Kieselsäure wird Zink — wie bereits ausgeführt — abgetrennt.

Mit Ammoniak kann man Zink von allen Kationen trennen, die mit Ammoniak unlösliche Verbindungen geben. Dabei gehen Zn, Cd, Co, Ni, Ag und Cu als komplexe Amminverbindungen in Lösung, bei Anwesenheit von Ammoniumsalzen auch Mn. Zur Ausführung werden wenige ml der Lösung mit überschüssigem konzentriertem Ammoniak aufgekocht. Man gibt Kaliumjodidlösung zur Fällung des Ag und Wasserstoffperoxyd zur Ausfällung des Mn hinzu, erhitzt und filtriert. Zum Filtrat gibt man überschüssige 20%ige Lauge und so viel Formaldehyd, daß beim Schütteln kein Ammoniakgeruch mehr wahrnehmbar ist. Dabei scheiden sich Cu, Co, Ni und Cd als Hydroxyde aus, das Zink bleibt als Zinkat in Lösung. Zum Filtrat gibt man 20%ige Natriumsulfidlösung und kocht einige Sekunden. Bei Gegenwart von Zn^{++} bildet sich weißes ZnS (vgl. § 3, S. 145) [Tananajew (a, b)].

Zur Trennung des Zinks von Pb, Bi, Cu, Hg und Ag (nach der „Tropfenmethode") werden 2 bis 3 Tropfen der salpetersauren Lösung mit 2 bis 3 Tropfen Schwefelsäure (oder Salzsäure) abgeraucht, mit etwas Wasser verdünnt, mit Eisenpulver energisch angerührt und bis zum vollkommenen Verbrauch der Säure erhitzt; die Lösung wird durch eine Capillare filtriert und auf einem Uhrglas nach Ansäuern mit einem Tropfen Essigsäure mit einigen Tropfen Schwefelwasserstoffwasser versetzt. Es entsteht — oft erst nach einiger Zeit — eine weiße Trübung durch ZnS (Popow).

Zum Nachweis von Zink neben Cadmium, einem der häufigsten Begleiter des Zinks, benutzt Tananajew (c) die Eigenschaft des Zinksulfids, sich leicht in Kaliumcyanidlösung zu lösen, während Cadmiumsulfid bei dieser Behandlung ungelöst zurückbleibt. Bei Verwendung einer 20%igen Kaliumcyanidlöung kann so 1 Teil Zink neben 200 Teilen Cadmium nachgewiesen werden (vgl. auch Denk und Denk). Chalupny und Breisch verwenden zur Trennung von Cadmium und Zink in Gegenwart von Kaliumcyanid Thioharnstoff an Stelle von Natriumsulfid.

Zur Trennung von Zink und Gallium benutzen Porter und Browning die Sulfitmethode. Durch Erhitzen der neutralen oder schwach sauren Lösung mit Natriumhydrogensulfit wird Gallium abgetrennt. Im Filtrat wird Zink nach Zugabe von Salzsäure mit $K_4[Fe(CN)_6]$ nachgewiesen (§ 3, S. 149).

2. Abtrennung des Zinks von Legierungsbestandteilen.

Eine besondere Wichtigkeit hat der Nachweis von Zink neben Cu, Pb und Sn, die in den häufigsten zinkhaltigen Legierungen, wie Bronze, Aluminiumbronze, Messing, Weiß- und Lagermetall sowie Rotguß, enthalten sind. Daneben kommen auch Fe, Al, Ni und Sb vor, sowie Cd. In Eisen- und Stahllegierungen ist Zink nur selten enthalten.

Moureu, Chovin und Truffert schlagen zur schnellen Durchführung einer qualitativen Analyse von Leichtmetallegierungen folgende Arbeitsweise vor:

Man behandelt die Legierung mit 2n Natronlauge und erhitzt auf dem Wasserbad, bis die Gasentwicklung beendet ist. Nach Abfiltrieren des Rückstandes können in der Lösung Al, Be und Zink nachgewiesen werden. Zur Prüfung auf Zinkionen gibt man einen Tropfen alkoholischer Phenolphthaleinlösung zu 1 ml der alkalischen Lösung und versetzt dann tropfenweise mit Salzsäure bis zur Entfärbung, wobei bisweilen ein geringer Überschuß zur Wiederauflösung des gebildeten Niederschlages notwendig ist. In dieser Lösung wird die Reaktion mit $(NH_4)_2[Hg(SCN)_4]$ bei Gegenwart von Co^{++}-Ionen durchgeführt (s. S. 148); der dabei gebildete Niederschlag kann außerdem zu RINMANNS-Grün verglüht werden (s. S. 156).

Zum Nachweis von Zink in metallischem Cadmium in Gegenwart von Cu, Co, Ni und Mn verfährt man folgendermaßen:

Die Lösung wird in der Hitze mit Ammoniak versetzt und filtriert; ist Mangan zugegen, so versetzt man das Filtrat mit etwas Wasserstoffperoxyd und filtriert wiederum. Das Filtrat wird mit Kaliumcyanid bis zum Verschwinden der Farbe der ammoniakalischen Lösung von Ni, Co und Cu versetzt. Man gibt darauf Natriumsulfid hinzu und erhitzt. Ein entstehender Niederschlag von ZnS und CdS wird nach dem Auswaschen mit überschüssiger Kaliumcyanidlösung behandelt. Geht der weiße Niederschlag völlig in Lösung, so enthielt er nur Zink. Ist der Niederschlag gelb gefärbt, so wird das Filtrat der Kaliumcyanidbehandlung mit Essigsäure angesäuert; je nach dem Zinkgehalt erhält man einen weißen Niederschlag oder nur eine weiße Trübung [TANANAJEW (c)].

Um Zink in metallischen Überzügen nachzuweisen, behandelt man diese nach COLEMAN mit 7,5 n Ammoniak und Natriumnitrat; man kocht 1 Min. und leitet dann Schwefelwasserstoff ein: Ein weißer Niederschlag beweist die Anwesenheit von Zink (s. § 3, S. 145).

Nachweismethoden.

§ 1. Spektralanalytischer Nachweis.

Allgemeines.

Der spektrochemische Nachweis des Zinks hat wegen der Bedeutung dieses Elements als Bestandteil von zahlreichen Legierungen, insbesondere von Nichteisenlegierungen, seltener von Eisen- und Stahllegierungen, sowie auf Grund seiner Verwendung in Malerfarben und seines Vorkommens als Spurenelement im Organismus zunehmende Bedeutung erlangt. In der Literatur finden sich zahlreiche Angaben über den qualitativen und quantitativen Nachweis. Die Methoden für den spektralanalytischen Nachweis des Zinks unterscheiden sich im allgemeinen nicht von denjenigen, die für den spektralanalytischen Nachweis anderer Schwermetalle vorgeschlagen werden. Koinzidenzen treten nach GERLACH und RIEDL mit den Linien anderer Metalle, insbesondere Wismut, Natrium und Mangan, auf.

Der Zinknachweis wird in der Regel auf spektrographischem Wege durchgeführt. Nachweislinien liegen sowohl im sichtbaren als auch im ultravioletten Spektralbereich. Nach PETERSON, KAUFFMANN und JAFFE bilden die Zinklinien 4810,5 Å; 4722,2 Å und 4680,1 Å eine charakteristische Gruppe von drei blauen Linien, die zur visuellen Beobachtung geeignet sind. Das von den Verfassern angegebene visuelle Verfahren beruht auf der Verflüchtigung des zu untersuchenden Materials von einer Graphitelektrode im Gleichstrombogen und Beobachtung der Spektrallinien mit einem Spektroskop vom BUNSEN-Typ (vgl. hierzu auch GABRIEL, JAFFE und PETERSON). Die visuelle Beobachtung wird auch von TODD zur Durchführung schneller spektroskopischer Analysen unter Verwendung einer Tauchelektrodenapparatur angewandt.

Lichtquellen. Als Lichtquellen verwendet man zweckmäßig den elektrischen Funken und den Bogen (Dauer- und Abreißbogen). Das Acetylenluftgebläse ist nach LUNDEGÅRDH (a, b) zur Erzeugung eines Zinkspektrums wenig geeignet. Ebenso hält WAIBEL die Flammenanalyse für nicht geeignet zum Nachweis von Zink, während ELLS die LUNDEGÅRDH-Flammenmethode bei Zink für anwendbar hält. Zur Untersuchung fester Proben hält LUNDEGÅRDH (d) den Flammenfunken für geeignet, eine Methode, bei der zwischen zwei Elektroden ein Funken in der Flamme erzeugt wird.

HOLZMÜLLER nimmt bei der Untersuchung von Stählen das Funkenspektrum auf. DENNIS und BRIDGMAN bedienen sich zum Nachweis sehr kleiner Zinkmengen des Bogenspektrums. Nach HAGENBACH und SCHUMACHER liefert Zink in der elektrodenlosen Ringentladung ein linienreicheres Spektrum als im kondensierten Funken (vgl. auch HAGENBACH und FREY).

Brauchbare Analysenlinien im Bogen- und Funkenspektrum. GERLACH und RIEDEL geben bei Beobachtung im Abreißbogen und im Funken mit hoher Selbstinduktion für Zink folgende Analysenlinien an: $\lambda = 4810{,}5$ Å; $\lambda = 4722{,}2$ Å; $\lambda = 3345{,}0$ Å; $\lambda = 3302{,}6$ Å; $\lambda = 2138{,}5$ Å. Mit dem Glasspektrographen werden die Bogenlinien $\lambda = 4810{,}5$ Å; $\lambda = 4722{,}2$ Å und eine Linie $\lambda = 4680{,}1$ Å erhalten. Nach TODD sind diese Linien zur visuellen Beobachtung geeignet. Die Intensitäten nehmen (bei Verwendung von AGFA-Superrapidplatten) in folgender Reihenfolge ab: $4810{,}5 > 4722{,}2 > 4680{,}1$ Å. $\lambda = 4810{,}5$ Å ist also die stärkste sichtbare Analysenlinie des Zinks. Bei Verwendung eines Quarzspektrographen erhält man die Bogenlinien: $\lambda = 3345{,}0$ Å; $\lambda = 3302{,}6$ Å; $\lambda = 3282{,}3$ Å; $\lambda = 3075{,}9$ Å; $\lambda = 2138{,}5$ Å. Reihenfolge der Intensitäten: $2138{,}5 > 3345{,}0 > 3302{,}6 > 3282{,}3 \approx 3075{,}9$ Å. Die Linie $\lambda = 2138{,}5$ Å tritt wegen starker Selbstumkehr nur bei Gegenwart geringster Spuren auf. Wenn die Linie $\lambda = 3302{,}6$ Å im Spektrum nicht mehr vorhanden ist, dann ist die Intensität von $\lambda = 2138{,}5$ Å größer als die von $\lambda = 3345{,}0$ Å; tritt $\lambda = 3302{,}6$ Å jedoch auf, dann ist $\lambda = 2138{,}5$ Å nur etwa so stark wie $\lambda = 3302{,}6$ Å.

Störungen bzw. Koinzidenzen sind zu erwarten: Bei $\lambda = 4810{,}5$ Å durch Störungslinien von Al, Au, Be, Cd, Mo, Rh und Sr. Bei Verwendung von Apparaten kleinerer Dispersion stören auch noch Linien von Co, Mn, Ni und V. Eine schwache Störungslinie bedingt Cr und bei kleinerer Dispersion Ca, Fe, Ir, Pd, Ti und W. Eine sehr schwache Linie stört von Ru sowie eine Funkenlinie des Ag.

Bei $\lambda = 4722{,}2$ Å durch Störungslinien von Al, Be, Mo, Sr, Ti und V. Al und Be zeigen an dieser Stelle starken Untergrund. Als starke Störungslinie ist an dieser Stelle die Bogenlinie des Bi $\lambda = 4722{,}2$ Å genannt. Bei kleinerer Dispersion hat man noch Störungslinien von Ba, Os, Pd, Rh und Ru zu berücksichtigen. Schwächere Störungslinien treten auf von Ca, Co, Cr, Ru und Pb sowie bei kleinerer Dispersion von Fe, Ni und W.

Bei $\lambda = 3345{,}0$ Å tritt Störung durch starke Bogenlinien von Mn (3345,4 Å), Mo (3344,8 Å) und durch zwei starke Funkenlinien des Ti (3349,4 Å und 3341,9 Å) auf, ferner durch Linien von Ca und Mo. Hg, Rh und Ru zeigen starken Untergrund. Außerdem tritt im Funken- und im Bogenspektrum des W noch je eine sehr schwache Störungslinie auf.

Bei $\lambda = 3302{,}6$ Å treten starke Störungslinien von Fe (3306,4 Å und 3306,0 Å), Na (3302,3 Å), Os (3301,6 Å), Pd (3302,1 Å) und Pt (3301,9 Å) auf. Störungslinien von Na, Sr, Pd und Pt. Os und Ru zeigen Untergrund; außerdem tritt noch eine sehr schwache Linie des Cr auf.

Bei $\lambda = 2138{,}5$ Å sind keine Störungen angegeben.

Weitere Nachweislinien. Für die qualitative Analyse ist nach HOLZMÜLLER die Linie $\lambda = 3303{,}0$ Å (Quarzspektrograph) geeignet, die bei Funkenanregung erhalten wird; ferner nach DE GRAMONT (c) noch die Linien 3072,1 Å und 2801,1 Å (Anregung durch Funken). Die rote Linie 6362 Å, für die das Auge sehr empfindlich ist, ist jedoch nur bei Aufnahme auf panchromatischen Platten zu erkennen. Die Linie 3302,9 Å, die BARBOSA und FILHO angeben, wird durch Na gestört. Die von EECKHOUT angegebene Linie 3282,4 Å wird durch Ti gestört.

Flammenspektrum. Im Acetylenluftgebläse treten nach LUNDEGÅRDH (b) die beiden Linien 3072,1 Å und 3075,9 Å auf. Sie fallen jedoch in die Kohlenbande, so daß sie nur bei engem Spalt sichtbar sind. Sie weisen außerdem auch nur eine geringe Nachweisempfindlichkeit auf. ELLS hält die Zn-Linie 3072,1 Å jedoch zum Nachweis von Zink nach der LUNDEGÅRDH-Flammenmethode für geeignet.

Nachweisverfahren.

I. Emissionsspektrum.

1. Nachweis in Lösungen.

Als Anregungsart für diesen Nachweis eignet sich besonders der Abreißbogen, bei dem ein Gleichstrom von 220 V von der Flüssigkeitsoberfläche zu einer Drahtkathode übertritt. Dieser Strom wird mechanisch unterbrochen, indem der Draht abwechselnd in die Flüssigkeit getaucht und aus ihr herausgehoben wird, wobei der Bogen zündet bzw. abreißt. Die Flüssigkeit befindet sich in einem leicht ausgehöhlten, zylindrischen Metallkörper, der gegen chemischen Angriff durch eine Platinfolie geschützt ist [GERLACH und GERLACH, s. auch SCHLEICHER (a)]. An Stelle der Verwendung von Kohleelektroden, bei denen die untere zur Aufnahme von Lösungen kraterförmig ausgehöhlt ist, schlägt FELDMAN poröse Becherelektroden aus Graphit vor, in welche die Lösung von oben einpipettiert wird. Diese Anordnung gestattet die Aufnahme des Funkenspektrums von sauren, neutralen und schwach alkalischen Lösungen mit verschiedenen Mengen gelöster Salze. Auch Auflösungen in organischen Lösungsmitteln sind bei dieser Methode verwendbar. Nach TWYMAN und HITCHEN bringt man zur Aufnahme des Funkenspektrums die schwach salzsaure Lösung in einen Quarzzylinder als Überlaufgefäß, der mit einem Golddraht als Stromzuführung versehen ist; als obere Elektrode dient ein zugespitzter Graphitstift.

JOLIBOIS und BOSSUET nehmen das Spektrum eines Funkens auf, der auf die Oberfläche einer Salzlösung auffällt, die mit dem negativen Pol einer Hochspannungsquelle verbunden ist. Zur Erhöhung der Intensität der von den Kationen ausgesandten Linien ist die zu untersuchende Lösung mit Ammoniumchlorid versetzt. Für den Zinknachweis ist die Linie 3302,5 Å geeignet.

Bei Verwendung der Tauchelektrodenapparatur (Pt-Elektroden) nach TODD wird eine Probe der zu untersuchenden pulverisierten Substanz in verdünnter Salpetersäure gelöst oder suspendiert und die Lösung im Tauchelektrodenapparat analysiert. Von den erhaltenen Linien werden die von der Salpetersäure ausgesandten Wasserstofflinien vorher ermittelt und ausgesondert; die übrigen werden zur Auswertung benutzt. TODD verwendet zum Nachweis von Zink die Linien 4810 Å, 4722 Å und 4680 Å. Die Nachweisgrenze wird mit 0,06 mg/ml angegeben.

2. Nachweis in organischen Substanzen.

GERLACH und GERLACH weisen für die Analyse organischer Präparate darauf hin, daß die Linien 3345,0 Å und 3345,5 Å niemals getrennt auftreten und bei sehr kleinen Zinkmengen schwer in den Banden zu erkennen sind. Bei Anwesenheit von viel Ca kann Zink wegen der Ca-Linie 3344,5 Å nicht nachgewiesen werden. Zn 3303,3 Å ist durch Na 3303,0 Å stets gestört. Trotz der Banden ist Zink am besten durch das Triplett 4680 Å, 4722 Å und 4810 Å nachweisbar.

Zum Nachweis und zur Bestimmung von Zink (und anderen Elementen) in Schmierölen verwenden GASSMANN und O'NEILL die poröse Becherelektrode von FELDMAN. Das Verfahren besitzt eine größere Genauigkeit als das bei Verwendung von Elektroden, die mit der Flüssigkeit getränkt sind.

Zum Nachweis von Zink im tierischen Organismus werden die in einer Sodaschmelze aufgelösten oder suspendierten Aschen in einem Platinschiffchen der Einwirkung eines Funkens ausgesetzt. Das Funkenspektrum wird mit einem Kronglas- und einem Quarzprismenspektrographen aufgenommen. Die Aschen zeigen im sichtbaren Gebiet die blauen Zinklinien 4811 Å und 4722 Å, die dritte Linie 4680 Å ist meistens überdeckt von einer sehr ausgedehnten diffusen Natriumbande aus dem Lösungsmittel. Für das Auge sehr deutlich erkennbar ist auch die rote Zinklinie 6362 Å. Ebenfalls gut sichtbar ist die Linie 3345 Å [DE GRAMONT (c)].

BENOIT setzt Gewebsschnitte nach der Methode von GERLACH und SCHWEITZER (b) direkt dem elektrischen Hochfrequenzfunken aus, ohne die Objekte vorher mit Säure zu behandeln. Er findet Zink in geringen Mengen in menschlichen Organen und hält die Linie 2138 Å bei der Untersuchung von Gewebsschnitten für empfindlicher als 3345,0 Å.

Zum Nachweis von Zink in Tumorgeweben nimmt MANKIN das Bogenspektrum der Aschenrückstände unter Verwendung von Silberelektroden auf.

DREA weist Zink auf spektralanalytischem Wege in Hühnereiern und Körpergeweben von Hühnern nach, RICHARDS und TROUTMAN in Hefekulturen. Der Nachweis von Zink in Zuckerrüben wird von BRECKPOT (b) nach chemischer Anreicherung mit Hilfe des Bogens durchgeführt, wobei der zu prüfende Niederschlag auf eine Graphitelektrode aufgebracht wird.

3. Nachweis in Pulvern.

Gepulverte Mineralien werden meist im elektrischen Lichtbogen untersucht; zur Verwendung gelangen hauptsächlich Kohleelektroden, von denen die untere als Anode dient und zur Aufnahme der Substanz kraterförmig ausgehöhlt ist. SCHNOPPER und ADLER verfestigen die gepulverte Probe durch einen Tropfen Zuckerlösung.

VAN CALKER empfiehlt, das angefeuchtete Pulver in die Bohrung der unteren Elektrode (aus Fe, Cu, Ag) einzupressen oder in ein Porzellan- oder Quarzrohr als Preßstäbchen einzusetzen. Das Quarzrohr befindet sich auf einem abgedrehten Stück Metalldraht. Als obere Elektrode dient ein unten zugespitzter Metallstab.

PORLEZZA und DONATI bringen die Substanz in einer gleichmäßigen Schicht auf eine ebene Elektrode, um zu vermeiden, daß nach einiger Zeit die Bogenentladung an den Rand des Kraters übergeht und dann nicht mehr genügend Substanz verdampft wird. Die Zündung erfolgt mit einer Hilfselektrode.

Nach PETERSON, KAUFFMANN und JAFFE kann man die Untersuchung gepulverter Mineralien in einfacher Weise mit dem BUNSEN-Spektroskop vornehmen. Die Probe wird in den Krater der unteren Graphitelektrode gebracht und mit Hilfe eines Gleichstrombogens angeregt; dabei soll die Beobachtung sofort bei Zündung des Bogens einsetzen, da das Zink zu den leicht flüchtigen Elementen gehört (s. S. 142).

Bei Verwendung der Tauchelektrodenapparatur (TODD) wird die gepulverte Substanz in verdünnter Salpetersäure suspendiert oder gelöst (s. unter „Nachweis in Lösungen").

4. Nachweis in Nichteisenmetallen und -legierungen.

Zum Nachweis von Zink in Aluminium und Aluminiumlegierungen ist nach BALZ der Abreißbogen nach PFEILSTICKER besonders geeignet (vgl. auch BRECKPOT sowie STRIGANOV). CLERMONT gibt als Grenze der Nachweisbarkeit von Zink in Aluminium 0,03% Zn an.

Zur Untersuchung von Feinzink und Zinklegierungen empfiehlt BLUMENTHAL neben dem Arbeiten mit Metallelektroden die Lösungsspektralanalyse auf Kohleelektroden unter Anregung mit dem PFEILSTICKER-Abreißbogen.

Für Schnellbestimmungen in Bronzen wird im Apparat von SWENTITZKI das Linienpaar Zn 4680,1 Å verwendet (BRITZKE, IWANZOW und POLJAKOWA). DENNIS und BRIDGMAN geben als beste Linie 4811 Å, daneben 4722 Å und 4680 Å als geeignet zur Identifizierung von Spuren Zink neben Gallium und Indium an. Empfohlen wird die Aufnahme des Bogenspektrums mit dem HILGER-Spektrographen unter Verwendung von Graphitelektroden, von denen die untere zur Aufnahme der gelösten Substanz dient; die Lösung wird in der Elektrodenvertiefung zur Trockne eingedampft. Schwache Zinklinien sind am besten auf der Platte zu erkennen, wenn der Spalt ausreichend weit ist und die Entwicklungszeit sehr kurz (5 bis 10 Sek.).

Unter Verwendung des Bogenspektrums ist nach WEAVER und BRATTAIN bei der Untersuchung von Nichteisenlegierungen (Messing) die Linie 3283,3 Å geeignet. Die feingepulverte Probe wird mit Lithiumcarbonat als Flußmittel sorgfältig gemischt. Die Methode ist auch für halbquantitative Untersuchungen im Bereich von 0,03 bis 3% Zink geeignet.

Zur spektralanalytischen Untersuchung von Verunreinigungen in Metallen machen GERLACH und GERLACH folgende Angaben:

Die Reinheitsprüfungen werden durchweg im ultravioletten Gebiet mit dem großen FUESS- oder ZEISS-Spektrographen, im sichtbaren Bereich mit dem STEINHEIL-Spektrographen durchgeführt. Als empfindlichste Linie wird die Bogenlinie 2138,5 Å (Aufnahme mit sensibilisierter Platte) angegeben, sodann die Linien 4810,5 Å, 4722,2 Å, 4680,1 Å sowie die beiden Dubletts 3345,5 Å, 3345,0 Å und 3303,0 Å, 3302,6 Å (Vorsicht mit Na!).

Bei der Prüfung von Blei stört nur der in manchen Bereichen des Spektrums ziemlich starke kontinuierliche Untergrund, besonders bei kleiner Dispersion.

Bei Aluminium stört die an sich empfindlichen Zinklinien 4722,2 Å und 4680,1 Å der starke Bandenuntergrund, der auch im kräftigen Abreißbogen auftritt.

Zur Reinheitsprüfung von Silber sind die angegebenen Linien ebenfalls geeignet. Die Bogenlinie Zn 3282,3 Å wird dagegen von Ag 3280,7 Å meist überstrahlt.

DE BOER führt die spektralanalytische Untersuchung von Silber durch Funkenübergang (Funkenerzeugung nach DEINUM) zwischen den Silberelektroden im Chlorwasserstoff/Luft-Gemisch durch. Zur Ausführung der Messung dient der HILGER-Spektrograph E 316. Bei größeren Zinkmengen ist eine längere Abfunkzeit günstig. Die verwendeten Linien sind die Funkenlinie Zn 2557,96 Å und die Bogenlinie Zn 3345,0 Å. Eine Störung durch Ca 3344,5 Å ist möglich; jedoch werden die anderen zum Nachweis in Betracht kommenden Zinklinien von den letzten Linien des Natriums und Silbers gestört.

CHEIFITZ und KATTSCHENKO weisen Zink in gereinigtem Platin mit Hilfe des Funkenspektrums nach. Zur Aufnahme des Bogenspektrums von zinkhaltigen Legierungen, z. B. Messing, benutzen TWYMAN, HONEGGER und SMITH einen Quarzspektrographen. Zum Vergleich dienen die Spektren von Cu-Ni-Zn, Cu-Ni und Cu. MORITZ verwendet das Eisenspektrum als Vergleichsspektrum unter Benutzung einer kräftigen Bogenanregung oder eines starken Funkens, VOLTERRA außerdem das des metallischen Zinks.

5. Nachweis in Eisen und Stahl.

Der spektrographische Zinknachweis in Stahl wird von HOLZMÜLLER unter Verwendung des Funkens (Elektroden aus dem zu untersuchenden Stahl; Schaltung des Funkenerzeugers nach FEUSSNER) mit dem ZEISS-Quarzspektrographen durchgeführt. Geeignet sind die Linien (nach steigender Intensität geordnet): 3302,6, 3303,0, 3282,3, 3345,0 Å. Zur Aufnahme werden sensibilisierte Silbereosinplatten (Perutz) verwendet.

Bei der Untersuchung von Stahl wird von BRITZKE, IWANZOW und POLJAKOWA die Linie Zn 4680,1 Å verwendet.

6. Nachweis in besonderen Fällen.

Zum Nachweis von Zink in weißen Malerfarben wird der Abreißbogen benutzt. Als untere Elektrode dient ein Metalltischchen mit einer aufgelegten Kupferplatte, auf die das Pulver dünn, aber zusammenhängend aufgebracht wird. Als Gegenelektrode dient ein Kupferstift. Die Untersuchung kann mit einem Glasspektrographen durchgeführt werden (SEITH und RUTHARDT).

Zum Nachweis von Zink in Anstrich- und Lackfarben wird ein Tropfen der zu untersuchenden Farbe auf eine Kupferhilfselektrode gebracht und mit dem Abreißbogen angeregt (BALZ).

In schwedischem Urankolm wird Zink mit dem Flammenbogen nach VAN CALKER nachgewiesen.

GABRIEL, JAFFE und PETERSON empfehlen zum Nachweis von Zink in Kesselstein die Beobachtung des Bogenspektrums mit dem BUNSEN-Spektroskop.

SCHLEICHER und KAISER weisen Zink im Grubenwasser nach vorausgegangener elektrolytischer Anreicherung nach.

Zum Nachweis von Metallspuren in organischem Gewebe bei kriminologischen Untersuchungen schlägt SCHWARZACHER (b) die Anwendung der Emissionsspektralanalyse vor. Zur Aufnahme gelangen salpetersaure Auflösungen der zu untersuchenden Proben von Geschoßsplittern; die Anregung erfolgt im kondensierten Funken unter Benutzung von Kohleelektroden [SCHWARZACHER (a)].

7. Grenzkonzentration.

Ohne vorherige Verwendung chemischer oder physikalischer Anreicherungsverfahren werden folgende Grenzkonzentrationen angegeben (nach der spektrographischen Methode): FELDMAN erhält in Lösungen eine Empfindlichkeit des Zinknachweises von 0,001 bis 0,01% durch die Linien 3282,3 und 3345,0 Å. JOLIBOIS und BOSSUET geben die Grenzkonzentration in Lösungen bei Funkenanregung und Verwendung der Linie 3302,5 Å mit 1/135 n an. Bei Abwesenheit von Alkali beträgt die Nachweisempfindlichkeit unter Benutzung des Tauchfunkens mit der Linie 3345,0 Å 1 bis 0,02% [LUNDEGÅRDH (c)]. In salpetersaurer Lösung oder Suspension beträgt die Nachweisgrenze bei Anwendung der Tauchelektrodenapparatur mit den Linien 4810, 4722 und 4680 Å 0,06 mg Zn pro ml (TODD).

Nach GERLACH und GERLACH ist die Zinklinie 2139 Å häufig empfindlicher als die sonst verwendete 3345 Å. Allerdings bedarf die Sensibilisierung der Platte bei 2139 Å schon einiger Erfahrung, während andererseits die Linie 3345 Å dadurch, daß zwei starke Zinklinien an derselben Stelle zusammenfallen, eine erhöhte Empfindlichkeit erhält.

BARBOSA und FILHO geben für die Nachweisgrenze von Zink im Bogenspektrum folgende Konzentrationen an: Für die Linie 3382,3 Å 0,1%, für 3345,6 Å 0,1% und für 3302,9 Å 10% (die zuletzt genannte Linie wird durch das Dublett des Natriums gestört).

LUNDEGÅRDH (b) erhält in der Flamme mit der Linie 3072,1 Å nur eine Empfindlichkeit von 0,5 m. Den gleichen Wert findet auch ELLS.

Nach DE GRAMONT (c) kann die Empfindlichkeit der letzten Linie 3345,0 Å bei Funkenanregung $1 : 10^6$ erreichen.

8. Anreicherungsverfahren.

Außer den üblichen chemischen Anreicherungsverfahren kann die Anreicherung durch elektrolytische Abscheidung des Zinks oder durch elektrothermische Anreicherung im Lichtbogen vorgenommen werden.

a) Elektrolytische Anreicherung. ***α*)** **Nach** SCHLEICHER **(a, b).** Zunächst werden die Elemente Hg, Ag, Pb, Bi, Cu, As, Sb, Sn aus salzsaurer Lösung elektrolytisch an der Kathode abgeschieden. Als Elektrode dient ein Kupferdrahtnetz von

$26 \times 28\,mm^2$ Fläche, das bei einem Drahtquerschnitt von 0,25 mm 33 cm^2 Oberfläche aufweist und auf einen Platinrahmen aufgezogen ist.

Versuchsbedingungen: 5 ml konzentrierte Salzsäure werden zu 50 ml Lösung gegeben und 0,2 bis 0,3 g Hydrazin-hydrochlorid hinzugefügt. Das Kathodenpotential beträgt 0,3 bis 0,9 V gegen die 0,1 n Kalomelelektrode, die Stromdichte 0,3 bis 1,5 mA/cm^2. Die Elektrolyse wird bei 80 bis 90° unter Rühren vorgenommen und dauert etwa 40 Min. Darauf folgt dann die Fällung des Zinks zusammen mit Cd, Ni, Co und Mo aus ammoniakalischer Lösung.

Als Kathode verwendet man eine zweite Elektrode wie die oben beschriebene. Man versetzt mit 12 ml konzentriertem Ammoniak. Die Klemmenspannung beträgt jetzt 5 bis 6 V, die Stromdichte 60 mA/cm^2; Dauer der Elektrolyse wiederum 40 Min. bei Raumtemperatur.

Die Elektrode wird in einem beweglichen Schlitten befestigt, der in ein Funkenstativ nach DE GRAMONT eingespannt ist. Dann funkt man die Netzelektrode streifenweise ab. Ist ein Streifen abgefunkt, so wird dieser abgeschnitten und der nächste untersucht. Bei diesem Verfahren beträgt die

Erfassungsgrenze 10 γ Zink,

die Grenzkonzentration $1 : 10^7$.

Das elektrolytische Verfahren kann nach SCHLEICHER (a) auch als Mikromethode durchgeführt werden. Die Elektrolyse erfolgt wiederum zunächst aus 2 n salzsaurer Lösung in einem Volumen von 0,1 ml auf einem Platintiegeldeckel, der auf kleinen Stiften in einem Messingring liegt. Dieser ist in das Stativ von DE GRAMONT eingesetzt und wird als Anode geschaltet. Als Kathode dient ein Kupferdrahtnetz von 0,5 bis 1,2 mm Durchmesser oder auch ein Stäbchen spektrographisch reiner Kohle. Dabei werden wieder Hg, Ag, Cd, Pb, Bi, Cu, As, Sb, Sn, Au und Pt abgeschieden. Nach Austausch der gebrauchten Elektroden gegen neue erfolgt die Elektrolyse der inzwischen ammoniakalisch gemachten Lösung unter Abscheidung des Zinks zusammen mit Ni, Co, Mo, V, Fe, Cr, Al u. a. Cd fällt hier erst vollständig.

Nach erfolgter Elektrolyse tritt an die Stelle des Tiegeldeckels ein Stück desselben Kupferdrahtnetzes (oder Kohle) als Gegenelektrode, und es erfolgt die Verdampfung des elektrolytisch abgeschiedenen Metalles im Abreißbogen bzw. die spektrographische Aufnahme.

Die Elektrolyse aus der 2n salzsauren Lösung, die einige Kristalle Hydrazinhydrochlorid enthält, vollzieht sich mit etwa 40 mA bei einer Spannung von 2 V während der Dauer von 30 Min. Aus der ammoniakalischen Lösung erfolgt die Abscheidung in weiteren 30 Min. mit etwa 80 mA bei 4 V.

Die Grenzkonzentration beträgt für Zink im ultravioletten Bereich 4,12, im sichtbaren Bereich 4,81 (ausgedrückt als negativer Logarithmus der Atomkonzentration c[1]).

β) Nach BAYLE und AMY (a, b). Zink wird aus seiner Lösung elektrolytisch als Metall auf einer Kupferkathode niedergeschlagen, die als Elektrode zur Erzeugung eines Funkenspektrums dient.

Als Kathode dient ein emaillierter Kupferdraht von 1 mm Durchmesser, der an einem Ende von der Isolierung befreit und mit dem negativen Pol einer Batterie verbunden wird. Das andere Ende ist scharf abgeschnitten, so daß nur die Schnittfläche bei der kathodischen Abscheidung des Zinks wirksam ist. Die so vorbereitete Elektrode taucht einige Zentimeter tief in den Elektrolyten ein, der sich in einem kurzen Reagensglas befindet. Die elektrolytische Abscheidung des Zinks (zu-

---

[1] $$c = \frac{\text{Erfassungsgrenze in g} \cdot 10^3}{\text{Atomgewicht} \times \text{Volumen (in ml)}}$$

sammen mit Ni, Co, Mn und Cr) erfolgt in ammoniakalischer Lösung. Die Elektrolyse wird bei Siedehitze und ~0,1 A durchgeführt; die Dauer beträgt etwa $^{3}/_{4}$ Std.

Zur Erzeugung des Spektrums wird der Kupferdraht in ein Funkenstativ gespannt und als Gegenelektrode gleichfalls ein Kupferdraht benutzt.

Nachweisempfindlichkeit. Auf Grund des Auftretens der Linie 3345,2 Å können noch 10^{-7} bis 10^{-8} g Zink nachgewiesen werden. Die Linie 3282,5 Å wird durch Cu (3282,8 Å) überdeckt. Bei 10^{-6} g tritt die gleichfalls durch Kupfer überdeckte Linie 3302,8 Å auf neben den Linien 2558,2 Å und 3345,2 Å. [Von den von DE GRAMONT (b) als letzte Linien bezeichneten Wellenlängen 4810,7 Å, 4722,3 Å und 3345,1 Å konnte bei der erstgenannten Zinkmenge nur die letzte festgestellt werden; die beiden anderen treten erst bei Anwesenheit von 10^{-5} g Zink auf.]

γ) BRICKER, FURMAN und MCDUFFIE schlagen zur Anreicherung von Zink (und anderen Metallen) die elektrolytische Abscheidung an der Quecksilberkathode vor. Nach Abtrennung des Quecksilbers durch Destillation kann Zink spektrographisch nachgewiesen und bestimmt werden (vgl. hierzu auch SCHLEICHER und LAURS).

b) Elektrothermische Anreicherung. Nach PIÑA DE RUBIES und DOETSCH tritt eine elektrothermische Anreicherung bei der Bogenentladung selbst ein. Die leichter flüchtigen Stoffe entweichen in höherem Maße, so daß allmählich eine Anreicherung der schwerer flüchtigen Bestandteile in der Oberfläche der Substanz stattfindet. Die Verfasser erreichen bei der Analyse von Bleimineralien eine Emission der vorhandenen Elemente in mehreren Verdampfungsphasen, wobei Zink in der Reihe P, As, Zn, Ag, Pb, V, Cr und Fe (nach abnehmender Flüchtigkeit geordnet) mit diesen Elementen eine Verdampfungsphase bildet. Man verwendet Kohleelektroden von 20 mm Durchmesser; in die ausgehöhlte Anode wird nach und nach mittels der Bogenentladung eine größere Menge Substanz eingeschmolzen. Während des allmählichen Verdampfens werden mehrere Spektralaufnahmen durchgeführt. Ist die Substanz bis auf ein Kügelchen von 2 mm Durchmesser verdampft, so wird dieses nach dem Erkalten zweckmäßig zwischen zwei neue Kohleelektroden von 5 mm Durchmesser gebracht und weiter untersucht.

PETERSON, KAUFFMANN und JAFFE unterscheiden drei Verflüchtigungsgruppen. Die am meisten flüchtigen Elemente umfassen die Alkalien, Cd, Zn, Bi, Pb und Tl; dann folgen die Elemente mittlerer Flüchtigkeit und schließlich diejenigen, die am schwersten flüchtig sind; wobei die einzelnen Glieder der Gruppe nicht unbedingt nach ihrer Flüchtigkeit geordnet sind. Der Bogen soll bei etwa 3 A gezündet werden. In den ersten beiden Minuten arbeitet man bei 3 bis 5 A und läßt die Stromstärke dann auf 12 A anwachsen. Auf diese Weise lassen sich bei visueller Beobachtung vom Augenblick der Zündung an die einzelnen Elemente jeder Gruppe identifizieren, soweit ihre Spektrallinien im sichtbaren Bereich liegen.

Zum Nachweis geringer Mengen Zink in Beryllen und anderen Mineralien erfolgt eine thermische Anreicherung im Kieselglasrohr bei 1200° im Vakuum. Die erhaltenen ringförmigen Beschläge werden nach dem Zerschneiden des Rohres gelöst, und die Lösung wird funkenspektrographisch untersucht (ROSE und BÖSE).

II. Absorptionsspektrum.

Zinksalze mit farblosen Anionen geben im Sichtbaren kein Absorptionsspektrum. Dagegen sind sie in der Lage, mit Alkannatinktur einen Farblack zu bilden, der ein charakteristisches Spektrum aufweist, das zum qualitativen Nachweis dienen kann. Nach FORMÁNEK benutzt man eine alkoholische Alkannatinktur, die so verdünnt ist, daß alle Absorptionsstreifen des Alkannins (Hauptstreifen bei

5240 Å, Nebenstreifen bei 5640 Å, 5451 Å und 4885 Å) scharf voneinander getrennt erscheinen und mittelstark sind. Fügt man zu dieser Lösung eine Zinkchloridlösung hinzu und etwas Ammoniak, so wird sie rotviolett und man erhält ein Absorptionsspektrum, welches aus drei Streifen besteht, einem Hauptstreifen bei 6016 Å und Nebenstreifen bei 5581 und 5195 Å.

Grenzkonzentration. 1 : 5000 (VAN NIEUWENBURG u. a.[1]).

Die Anwesenheit von Eisen, Kupfer, Nickel und viel Aluminium stört die Ausführung der Reaktion. Neben Cadmium läßt sich Zink jedoch leicht nachweisen, da Cadmium mit Alkannatinktur nicht reagiert.

§ 2. Nachweis auf trockenem Wege.

1. Nachweis durch Flammenfärbung.

Dieser Nachweis spielt für Zink keine Rolle. CLARC weist Zink in Lösung nach, indem er sich der von MEISSNER zum Zinn-Nachweis ausgearbeiteten Reagensglasmethode bedient. Das zu drei Vierteln mit Wasser gefüllte Reagensglas wird in die Probelösung getaucht und sehr vorsichtig in der entleuchteten BUNSEN-Flamme erhitzt. Bei Anwesenheit von Zink bildet sich ein weißer, pulvriger Rückstand, der nach Befeuchten mit Salzsäure (im Gegensatz zu Aluminium) keine farbige Flamme gibt.

Empfindlichkeit: $2 \cdot 10^{-3}$ g Zn pro ml.

2. Nachweis durch mikrochemische Flammenanalyse.

Die klassische Flammenanalyse nach BUNSEN ist nach GEILMANN und ISERMEYER auch im Mikromaßstab durchführbar. Dazu werden die durch Erhitzen in der Flamme und Auffangen an einem mit Wasser gefüllten Reagensglas erhaltenen Metall- und Oxydbeschläge durch mikrochemische Nachweisverfahren identifiziert. Ebenfalls geeignet, wenn auch weniger empfindlich, sind die Halogenidbeschläge, die durch Erhitzen der reinen Halogenverbindungen entstehen. Dieser Nachweis ist besonders zur Prüfung auf geringe Zinkmengen in Gesteinen geeignet.

Ausführung. Zum Erhitzen der Probe dient eine etwa 25 mm hohe Flamme, die aus einem Lötrohr brennt. Die Flamme wird so gerichtet, daß ihre äußerste Spitze gerade die Kuppe des zur Hälfte mit Wasser gefüllten Reagensglases berührt. Bei dieser Art der Ausführung erhält man einen scharf begrenzten Beschlag von 2 bis 3 mm Durchmesser.

Zum Einführen der Probe in die Flamme dienen Asbestfäden von 2 bis 3 mm Länge und 0,3 bis 0,5 mm Stärke, mit denen 2 bis 5 mg der fein zerriebenen Probe aufgenommen werden. Leicht abfallendes Material nimmt man mit einem schwach angefeuchteten Faden auf und trocknet am Rande der Flamme, ehe die Probe in die Flamme geführt wird. Die Erhitzungsdauer soll etwa 30 Sek. betragen; diese Zeit ist ausreichend, um 0,1 bis 0,2 mg Zink zu verdampfen.

Zur Erzeugung des Metall- oder Oxydbeschlages wird das mit kaltem Wasser beschickte Reagensglas in richtiger Stellung zum Brenner eingespannt und die Probe mit dem Asbestfaden in den Oxydations- bzw. Reduktionsraum eingeführt. Man achtet dabei auch auf das Auftreten eventueller Flammenfärbungen. Bei Zink tritt ein schwarzer Metallbeschlag mit braunem Anflug auf, wenn mehr als 60 γ Zink zugegen sind. Er ist meist von einem weißen Oxydsaum umgeben. Ein gelblicher bis weißer Oxydbeschlag wird erst bei mehr als 100 γ Zink deutlich erkennbar.

---

[1] VAN NIEUWENBURG u. a. wird auch im folgenden als Abkürzung benutzt für VAN NIEUWENBURG, BÖTTGER, FEIGL, KOMAROVSKY, STRAFFORD.

Zur Erzeugung des Halogenidbeschlages wird an der Öse eines dünnen Platindrahtes von 0,1 bis 0,2 mm Stärke eine Borsäureperle von 2 bis 3 mm Durchmesser erschmolzen und darin die Probe durch oxydierendes Erhitzen aufgelöst. Nach dem Durchschmelzen wird an die noch heiße Perle ein Körnchen Alkalihalogenid angeschmolzen. Anschließend wird die Perle im Oxydationsraum der Flamme erhitzt und das verflüchtigte Halogenid wie bei der Gewinnung des Oxydbeschlages am Reagensglas aufgefangen, wozu eine Erhitzungszeit von einer halben Minute ausreicht. Es tritt gleichzeitig eine Verflüchtigung des eingeschmolzenen Alkalihalogenides auf, das einen weißen Belag bildet, in dem geringere Mengen verflüchtigter Metallhalogenide nur mikrochemisch erfaßbar sind.

Die Halogenidniederschläge des Zinks sind farblos, hygroskopisch und kaum wahrnehmbar. Trotzdem erhält man noch aus den mit 3 γ Zink erhaltenen Anflügen positive mikrochemische Reaktionen. Dazu gibt man 1 Tropfen 20%ige Salzsäure auf die Stelle, an der sich der Beschlag abgeschieden hat, läßt die Säure überall eine kurze Zeit einwirken und überführt den Tropfen auf einen Objektträger. Man spült mit einem Tropfen Wasser oder Salzsäure nach und vereinigt ihn mit dem Tropfen auf dem Objektträger. Sodann engt man ein und weist Zink als (Zink, Kupfer)-tetrarhodano-mercurat(II) nach (vgl. § 4, S. 170).

Recht brauchbar und sicher ist auch der Nachweis als Natrium-Zinkcarbonat (vgl. § 4, S. 173). Die glasklaren Tetraeder des Doppelsalzes erkennt man auch noch neben viel Cadmiumionen.

3. Verhalten in der Boraxperle.

Die Boraxperle ist sowohl in der Oxydations- als auch in der Reduktionsflamme bei Gegenwart von Zinkverbindungen nach dem Erkalten farblos. Im einzelnen ergeben sich folgende Farberscheinungen:

a) In der Oxydationsflamme: In der Hitze gelb, in der Kälte farblos.

b) In der Reduktionsflamme: Sowohl in der Hitze als auch in der Kälte farblos.

In einer mit Bleioxyd versetzten Boraxperle können bei Anwesenheit von ZnO mikroskopische Kristalle beobachtet werden (Florence).

4. Verhalten in der Phosphorsalzperle.

Für die erkaltete Phosphorsalzperle gilt das gleiche wie für die Boraxperle.

5. Lötrohrprobe.

Beim Erhitzen mit Natriumcarbonat auf der Kohle mittels des Lötrohrs erhält man auf Grund seiner Flüchtigkeit kein metallisches Zink. Das Metall verdampft und schlägt sich als weißer Oxydbeschlag, der in der Hitze gelb erscheint, außerhalb der Erhitzungszone nieder. Nach Biewend zeigt sich der Oxydbeschlag bei der Untersuchung von Zinkerzen durch Cadmium mehr oder weniger gelb gefärbt. Wenn man die der Probe zunächst befindlichen Teile des Zinkoxydbeschlages einige Sekunden lang mittels der blauen Lötrohrflamme einer kräftig reduzierenden Wirkung unterwirft, bildet sich ein hellbrauner Ring von Cadmiumoxyd auf dem hinteren, von der Flamme unberührt gebliebenen Teil des Zinkbeschlages, der nunmehr weiß gefärbt ist (vgl. Cadmium § 2, S. 231).

Zur weiteren Identifizierung dient die Herstellung eines Jodidbeschlages nach Wheeler und Luedeking. Die zu untersuchende Substanz wird mit etwa der gleichen Menge eines zusammengeschmolzenen und pulverisierten Gemisches von 40% Jod und 60% Schwefel gemischt und in der oxydierenden Mamme des Lötrohrs auf einem angerußten Gipsplättchen erhitzt. Beim Anblasen mit Ammoniumsulfid läßt sich der weiße Zinkbeschlag gut von den gefarbten Beschlägen des Zinns, Kupfers usw. unterscheiden.

6. Erhitzen im Glühröhrchen.

Beim Erhitzen im Glühröhrchen entstehen Zinkbeschläge, die entweder nur aus Zinkoxyd oder — bei zinkreichem Probegut oder nach längerem Erhitzen — daneben auch aus metallischem Zink bestehen. Der Zinkoxydbeschlag ist an seiner in der Kälte weißen und in der Hitze mehr oder weniger ausgeprägten gelben Färbung kenntlich. Bei Gegenwart von Cadmium läßt sich auch hier zuweilen durch kräftiges Ausglühen des Zinkbeschlages noch nachträglich ein Cadmiumsublimat erhalten.

Soll Zink in Galmei oder Carbonaten nachgewiesen werden, so ist die Substanz zunächst vom Kohlendioxyd zu befreien und wird dann bei Gegenwart von Aluminium als Zuschlag (s. unten) im Glühröhrchen erhitzt. Man erhält schon beim ersten Erhitzen des Gemenges einen starken Zinkbeschlag.

Die kleinste auf diese Weise von BIEWEND noch nachgewiesene Zinkmenge beträgt 0,094 mg und der niedrigste Zinkgehalt des untersuchten Probegutes 0,375%.

7. Erhitzen mit metallischem Aluminium.

Mineralien, die Zinkoxyd, aber kein Arsen enthalten, werden mit metallischem Aluminium im geschlossenen Röhrchen erhitzt; man erhält über der erhitzten Probe ein Sublimat von Zinkoxyd. Enthält das Mineral Arsen- oder Antimonsulfid, wie z. B. Fahlerze, so erscheinen diese als Sublimat neben dem Zinkoxyd, wodurch der sichere Nachweis des Zinks vollständig verschleiert werden kann (BIEWENDsche Probe, Ausführung nach KOLBECK).

8. Probe mit Kobaltsalzlösungen (RINMANNS-Grünreaktion).

a) Auf der Kohle. Beim Verglühen des bei der Lötrohrprobe erhaltenen weißen Oxydbeschlages nach Befeuchten mit einer sehr verdünnten Kobalt(II)-nitratlösung entstehen charakteristisch hellgrün gefärbte Mischkristalle zwischen CoO und ZnO, die als RINMANNS-Grün bezeichnet werden. Da bei Überschuß von Kobaltnitrat leicht schwarz gefärbtes Co_3O_4 entsteht, ist die Reaktion in dieser Form der Ausführung wenig eindeutig (KELLEY und JOHNSON).

b) Mit Filtrierpapier. MIGLIACCI und CRAPETTA mischen die auf Zink zu prüfende Lösung mit verdünnter Kobaltnitratlösung, tränken einen Streifen Filtrierpapier mit dieser Lösung, trocknen und verbrennen den Papierstreifen. Beim Verhältnis Co : Zn = 1 : 5 wird ein glänzend grüngelblicher Farbton erhalten [vgl. hierzu auch EMICH (a)].

GEMMILL, BRACKETT und MCCROSKY empfehlen folgende Ausführungsform: Reine Asbestfasern von der Größe einer halben Erbse werden in der Schlinge eines Platindrahtes befestigt, in eine Lösung von 0,05 n Kobaltnitrat getaucht und verglüht. Darauf werden sie in die zu untersuchende Lösung getaucht und wiederum geglüht. Bei dieser Ausführung des Nachweises können 0,5 mg Zink noch leicht nachgewiesen werden.

Über die Ausführung der RINMANNS-Grünreaktion als Nachweisreaktion siehe S. 156.

9. Erhitzen mit Ammoniumnitrat.

Beim Verschmelzen von Zinknitrat mit festem Ammoniumnitrat wird (bei Anwesenheit von etwa 300 mg Zinkionen) ein charakteristischer rosafarbener Rückstand erhalten, welcher bei stärkerem Erhitzen das gewöhnliche, in der Hitze gelbe Zinkoxyd ergibt. Bei Mengen von 5 bis 25 mg Zink erhält man bei der gleichen Arbeitsweise das gewöhnliche Zinkoxyd, das in seinen charakteristischen Farben auftritt.

Ausführung. Nach Abtrennen des Zinks von den anderen Ionen dieser Gruppe durch die üblichen Methoden erfolgt die Fällung als Sulfid, das abfiltriert und gewaschen wird. Das so erhaltene Zinksulfid wird gelöst, indem man auf das Filter 5 bis 10 ml 6 n Salpetersäure gibt und die Lösung durch das Filter laufen läßt. Dann wird 1 g festes Ammoniumnitrat zu dem Filtrat gegeben und unter dem Abzug auf einem Drahtnetz erhitzt, bis Verpuffen eintritt. Darauf setzt man das starke Erhitzen fort, bis alle Stickoxyde vollkommen vertrieben sind. Wenn Zink anwesend ist, bleibt ein Rückstand, der in der Hitze hellgelb, in der Kälte cremefarben aussieht (KELLEY und JOHNSON).

Nach KUTZELNIGG erhält man ein ziegelrotes Zinkoxyd durch Auflösen des gewöhnlichen ZnO in geschmolzenem Ammoniumnitrat und Erhitzen der Schmelze. Dieser Nachweis ist bei Anwesenheit von 300 mg Zink und mehr durchaus befriedigend. KELLEY und JOHNSON halten diesen Nachweis als Vorprobe für genauer und leichter durchführbar als die RINMANNS-Grünreaktion.

10. Funkenprobe.

Wenn der Ablösung kleinster Metallteilchen von einer Schleifscheibe eine Verbrennung mit Feuererscheinung folgt, so erhält man ein Funkenbild. Dieser Verbrennungsvorgang wird durch die physikalischen und chemischen Eigenschaften des vorhandenen Elementes bestimmt und bietet so die Möglichkeit, aus seinem sichtbaren Verlauf das betreffende Element zu identifizieren.

Der Nachweis von metallischem Zink ist in der Funkenprobe nicht möglich, da Zink kein charakteristisches Funkenbild liefert (BAUKLOH).

11. Lichtbogenbild.

Eine weitere Nachweismöglichkeit für Zink besteht in der Beurteilung des Lichtbogenbildes. Dazu werden die zu untersuchenden Substanzen in eine Höhlung gelegt, die sich in der unteren der beiden zur Erzeugung eines Lichtbogens dienenden Kohlen befindet. Von den Kohlespitzen und dem Lichtbogen wird ein vergrößertes Bild auf einen Schirm projiziert. Man erkennt darauf für die einzelnen Elemente charakteristische Erscheinungen, z. B. in bezug auf Form und Helligkeit des positiven und negativen Kraters, die Färbungen der einzelnen Teile des Bogens, den Beschlag der Elektroden usw., die zum Nachweis der Elemente benutzt werden können. Wegen der verschiedenen Flüchtigkeit der Metalle und ihrer Oxyde ist so eine Trennung durch fraktionierte Destillation im Lichtbogen möglich.

Zink gibt im Bogenbild einen blauen Lichtbogen mit auffälligem Rauch um den Bogenstrom. Metallisches Zink gibt als einziges Metall ein buschiges Wachstum von Oxyd in der unteren Höhlung der Kohle, wenn man den Bogen unterbricht.

Bei Metallmischungen erhält man mit Zink einen Ring um die untere Elektrode. Dieser ist in der Hitze gelb, in der Kälte weiß. In Gegenwart von Kobalt ist der Ring in der Kälte grün. Dasselbe Farbenschema gilt für den unteren Saum der oberen Kohle zum Unterschied von allen anderen Gliedern dieser Gruppe.

Die Probe ist nicht sehr empfindlich und kann bei weniger als 2% Zink versagen. Durch die Anwesenheit von Blei wird die Empfindlichkeit erhöht (MOTT).

§ 3. Nachweis auf nassem Wege.

Allgemeines.

Für den Nachweis des Zinks stehen sowohl charakteristische Fällungsreaktionen mit anorganischen Reagenzien als auch Farbreaktionen zur Verfügung. Zu den ersten gehört der empfindliche Nachweis mit Diammonium-tetrarhodano-mercurat(II), der auf der Mischkristallfällung als (Zink, Kupfer)- oder (Zink, Kobalt)-

tetrarhodano-mercurat(II) beruht. Von den Farbreaktionen mit organischen Reagenzien ist besonders die mit Dithizon zu erwähnen. Diese Reaktion, die als Extraktionsmethode ausgearbeitet worden ist, gehört zu den empfindlichsten Reaktionen auf Zink. Sie kann durch Maskierung störender Begleiter zu einem spezifischen Nachweis für Zink gestaltet werden. Auch der Nachweis mit p-Dimethylamino-styryl-β-naphthothiazol gehört zu den empfindlichen Farbreaktionen auf Zink.

Die wäßrigen Lösungen der Zinksalze sind farblos, soweit es sich um Salze mit farblosen Anionen handelt. Die Lösungen der mineralsauren Salze sind zumeist stärker hydrolysiert; sie zeigen daher eine saure Reaktion. Mit Ammoniak bilden Zinksalzlösungen kationische Amminkomplexe, in denen das Zink die Koordinationszahl 4 und 6 betätigen kann. Mit einem Überschuß von Lauge vermag Zink unter Bildung von Hydroxozinkaten auch in Anionenkomplexen aufzutreten. In diesen Zinkaten kann das Zentralatom mehrere Koordinationszahlen aufweisen, z. B. 3, 4 oder 6. Dieses Vermögen des Zinks, mit Lauge unter Zinkatbildung zu reagieren, wird in verschiedenen abgekürzten Trennungsgängen benutzt, um das Zink schnell aus Kationengemischen, wie sie z. B. bei der Aufarbeitung von Legierungen anfallen, abzutrennen.

A. Fällung als Zinksulfid.

1. Fällung mit Schwefelwasserstoff.

Aus neutraler oder essigsaurer, acetatgepufferter Zinksalzlösung fällt beim Einleiten von Schwefelwasserstoff Zink als weißes Zinksulfid aus. Bei Fällung aus neutraler Lösung verläuft die Reaktion jedoch nicht quantitativ, weil bei der Umsetzung eine starke Säure gebildet wird:

$$Zn^{++} + 2Cl^- + H_2S = ZnS + 2H^+ + 2Cl^-$$

und Zinksulfid in Mineralsäuren löslich ist. Deshalb bildet sich auch in mineralsaurer Zinksalzlösung beim Einleiten von Schwefelwasserstoff kein Niederschlag.

Säuert man hingegen mit Essigsäure an und verringert die Wasserstoffionenkonzentration durch Zugabe von Natriumacetat, so entsteht quantitativ ein Niederschlag von weißem Zinksulfid.

Das bei der Fällung durch Schwefelwasserstoff gebildete Zinksulfid ist stets amorph [Allen und Crenshaw (a, b)].

Die Reaktion dient zur Ausfällung des Zinks im Trennungsgang. Man leitet langsam in die essigsaure, mit Natriumacetat versetzte Lösung Schwefelwasserstoff ein. Bei Fällung in der Siedehitze erhält man einen grobkörnigen, sehr leicht zu filtrierenden Niederschlag, der zur weiteren Identifikation in verdünnter Salzsäure gelöst wird. In Ammoniak ist Zinksulfid nicht löslich. Die Bildung des weißen Zinksulfidniederschlages kann auch als Nachweisreaktion für Zink dienen (Tomsicek und Carney).

Schwefelwasserstoff ist ein sehr befriedigendes Reagens. Bei 50 bis 70° kann aus einer neutralen Lösung von Zinksulfat noch 1 mg Zink nachgewiesen werden. Arbeitet man hingegen bei 10° und in Gegenwart von 40 ml Ammoniak ($d = 0{,}9$), so entsteht selbst bei Anwesenheit von 10 mg Zink innerhalb mehrerer Minuten keinerlei Trübung. Die Fällung durch Schwefelwasserstoff — mit oder ohne Zusatz von Ammoniak — ist jedoch kein empfindlicher Nachweis für Zink, wenn große Mengen Kaliumoxalat zugegen sind (Spear, Wells und Dyer).

2. Fällung mit Ammoniumsulfid.

Aus neutralen oder ammoniakalischen Zinksalzlösungen fällt Zink mit Ammoniumsulfid — oder auch mit Alkalisulfiden — als amorphes Zinksulfid aus, das zur Bildung eines Hydrosols neigt. Nach SPEAR, WELLS und DYER ist Ammoniumsulfid jedoch kein gutes Nachweisreagens für Zink. Bei Anwesenheit von 10 mg Zink erhält man damit bei Zimmertemperatur mitunter keine Fällung. Wird hingegen die Fällung bei Anwesenheit von Ammoniumsalzen in der Hitze vorgenommen, so erhält man einen gut zu filtrierenden Niederschlag, der sich mit ammoniumsalzhaltigem Wasser auswaschen läßt.

Über die Abtrennung des Zinks mit Ammoniumsulfid innerhalb der analytischen Gruppe vgl. S. 129.

SCHTSCHIGOL (b) führt eine fraktionierte Fällung des Zinks mit Ammoniumsulfid ohne Durchführung des üblichen Kationentrennungsganges aus:

Die zu untersuchende Lösung wird deutlich alkalisch gemacht (durch ein Gemisch von 20%iger Sodalösung und 20%iger Natronlauge), 5 Min. gekocht, filtriert und heiß gewaschen; das Filtrat wird mit 4 bis 5 g Ammoniumsulfat versetzt, wiederum 5 Min. gekocht, von Bleisulfat und den Hydroxyden von Chrom und Aluminium abfiltriert, wenn nötig, eingeengt, mit Essigsäure angesäuert und das Zink mit Ammoniumsulfid gefällt.

Die Empfindlichkeitsgrenze des Verfahrens beträgt 0,08 mg Zink in einer Verdünnung von 6 ml [SCHTSCHIGOL (a)].

Durch die Anwesenheit von Ammoniumnitrat wird die Empfindlichkeit der Reaktion mit Ammoniumsulfid bedeutend erhöht (KARAOGLANOV).

3. Fällung mit Ammoniumthioacetat.

Nach TREADWELL und HALL fällt aus ammoniakalischen Zinksalzlösungen bei Zugabe von Ammoniumthioacetatlösung Zinksulfid aus; aus saurer Lösung hingegen erfolgt keine Fällung.

B. Fällung als Zinkhydroxyd und Bildung von Zinkaten.

1. Einwirkung von Alkalien.

Mit Natron- oder Kalilauge fällt zunächst weißes, voluminöses Hydroxyd, $Zn(OH)_2$, aus, das sich unter Hydroxozinkatbildung im Überschuß des Fällungsmittels löst. Die in Lösung befindlichen Zinkate werden nach entsprechender Verdünnung durch Erhitzen oder auf Zusatz von Ammoniumchlorid zersetzt, und es tritt Abscheidung des Hydroxyds ein. Enthält die Lösung viel überschüssiges Alkali, so wird sie durch Ammoniumchlorid nicht verändert.

Eine Ausfällung des Zinks als Hydroxyd durch Natronlauge kann nach CURTMAN und JOHN noch bei Konzentrationen von $1 : 8 \cdot 10^4$ erfolgen.

2. Einwirkung von Ammoniak.

Mit Ammoniak wird gleichfalls weißes Zinkhydroxyd gefällt, das aber im Überschuß des Fällungsmittels unter Bildung von Amminkomplexen, wie $[Zn(NH_3)_6]^{++}$, löslich ist. Bei Gegenwart von Ammoniumsalzen bleibt die Fällung ganz aus.

Ähnlich wie Ammoniak verhalten sich auch Ammonium- und andere organische Basen.

3. Einwirkung von Urotropin-Lösung.

Mit Urotropin geben Zinksalze in der Kälte keine Fällung; in der Siedehitze erfolgt eine unvollständige Niederschlagsbildung von Zinkhydroxyd, die jedoch bei Gegenwart von Ammoniumsalzen ausbleibt.

4. Fällungen mit Lösungen der Erdalkalihydroxyde.

Hierbei zeigen sich analoge Erscheinungen wie bei der Einwirkung von Alkalilaugen. Es fällt zunächst das Hydroxyd, das bei Zugabe von überschüssigem Reagens in ein Hydroxozinkat übergeht.

5. Fällungen mit Alkali- und Ammoniumcarbonat.

Es bilden sich basische Salze wechselnder Zusammensetzung als weiße Fällungen. Bei Verwendung von Ammoniumcarbonat ist der gebildete Niederschlag im Überschuß des Fällungsmittels löslich. Mit Hydrogencarbonaten erfolgt unter Entwicklung von Kohlendioxyd gleichfalls Niederschlagsbildung.

C. Wichtige Nachweisreaktionen.

I. Nachweis mit anorganischen Reagenzien.

1. Nachweis als (Zink, Kupfer)-tetrarhodano-mercurat(II) mit Diammonium-tetrarhodano-mercurat(II) und Kupfersulfat.

Zinksalze geben in neutraler bis schwach saurer Lösung mit Diammonium-tetrarhodano-mercurat(II) einen weißen Niederschlag (s. § 3, S. 158), Kupfersalze einen gelblichgrünen; das Gemisch beider ist je nach den vorliegenden Mengenverhältnissen rosa, violett oder schwarzviolett (Straumanis und Ence). Der Niederschlag besteht aus Mischkristallen von $Zn[Hg(SCN)_4]$ und $Cu[Hg(SCN)_4]$. Montequi hat zuerst empfohlen, die Bildung der violetten Mischkristalle zum Zinknachweis zu benutzen.

Die Reaktion ist hinsichtlich der Zusammensetzung der Fällung, Empfindlichkeit und Störungsmöglichkeiten wiederholt geprüft worden [Cuvelier (a, b); Cuvelier und Bosch; Stahl und Straumanis; Sierra und Monllor] und wird von zahlreichen Autoren für den Nachweis von Zink empfohlen (Watson; Jensen; Wenger, Duckert und Rieth; Wenger; Miller). Bei diesen Untersuchungen hat Cuvelier (a) festgestellt, daß bei Durchführung der Reaktion die Anwesenheit von Ammoniumchlorid möglichst zu vermeiden ist, da die Löslichkeit des Zink-tetrarhodano-mercurats(II) in Ammoniumchlorid enthaltenden Lösungen zunimmt. Nach Cuvelier und Bosch beeinflussen auch Halogenide, besonders Natriumjodid, die Löslichkeit, während Natriumnitrat ohne Einfluß ist. Eine quantitative Ausfällung wird somit erreicht, wenn man von nitrathaltiger Lösung ausgeht. Miller erhielt auch in salzsaurer Lösung durchaus befriedigende Ergebnisse.

Nach Montequi bereitet man folgende Reagenslösungen: 0,5 g $CuSO_4 \cdot 5\,H_2O$ werden in 100 ml Wasser unter Zusatz von 4 bis 5 Tropfen konzentrierter Schwefelsäure gelöst. Zur Herstellung der Diammonium-tetrarhodano-mercurat(II)-lösung werden 8 g Quecksilber(II)-chlorid und 9 g Ammoniumrhodanid in einer Reibschale trocken miteinander vermischt, darauf in 100 ml Wasser gelöst und in eine braune Flasche gegeben; es empfiehlt sich, die Lösung vor dem Gebrauch 3 bis 4 Tage stehenzulassen und gegebenenfalls zu filtrieren. Zu 2 bis 3 ml der zu untersuchenden Lösung setzt man 2 bis 3 Tropfen Kupfersulfatlösung und 1 ml der Reagenslösung hinzu.

Bei dieser Ausführungsart bildet sich beim Schütteln des Reagensglases ein deutlich erkennbarer violetter Niederschlag.

Grenzkonzentration. $1 : 2 \cdot 10^5$ (Jensen).

Nach Miller wird der Nachweis als Halbmikroreaktion folgendermaßen durchgeführt:

0,25 ml der Probelösung, die 1 n an Salzsäure sein soll, bringt man in ein 0,5 ml Zentrifugenglas, fügt 0,01 ml einer 0,01 m Kupfersulfatlösung hinzu und 0,1 ml der Reagenslösung, die durch Auflösen von 30 g Quecksilber(II)-chlorid und 33 g Ammoniumrhodanid in 100 ml Wasser bereitet wird. Man schüttelt tüchtig durch und zentrifugiert. Es bildet sich ein schwarzer oder violetter Niederschlag, den man zweckmäßig mit einer Blindprobe vergleicht.

Nach MONTEQUI stört die Anwesenheit von starken Säuren, ein großer Überschuß von Ammoniumrhodanid, von Alkalichloriden sowie von größeren Mengen Cadmium, Kupfer, Kobalt, Nickel und Eisen(III). Zur Maskierung von Fe^{+++}-Ionen empfiehlt CELSI einen Zusatz von Ammoniumfluorid- oder Ammoniumoxalatlösung, HAMMOND einen Zusatz von Phosphorsäure.

Zum Nachweis von Zink neben Eisen (in verbrauchter, mit Eisen verunreinigter Elektrolytlösung) dient das Verfahren von HAMMOND:

Man gibt zu 10 ml der Probelösung 2 ml einer 85%igen Lösung von Phosphorsäure ($d = 1{,}7$), verrührt darin 1 Tropfen einer Lösung von 0,5 g Kupfersulfat und 0,5 g konzentrierter Schwefelsäure in 100 ml Wasser, gibt 4 Tropfen einer Lösung von 8 g $HgCl_2$ und 9 g NH_4SCN in 100 ml Wasser zu und läßt 1 Min. stehen. Zink ist an der Bildung eines violetten Niederschlages zu erkennen. Eine leichte gelbe Opalescenz rührt von Phosphaten her.

Über den Nachweis des Zinks durch Tüpfeln oder durch mikroskopische Reaktion mit Diammonium-tetrarhodano-mercurat(II) und Kupfersulfat s. § 5, S. 188 und § 4, S. 170.

2. Nachweis als (Zink, Kobalt)-tetrarhodano-mercurat(II) mit Diammonium-tetrarhodano-mercurat(II) und Kobalt(II)-salz.

Kobalt(II)-salze geben ebenso wie Kupfersulfat mit Diammonium-tetrarhodano-mercurat(II) und Zinksalzen in neutraler oder schwach saurer Lösung eine Mischkristallfällung. Während Kobaltchlorid mit Diammonium-tetrarhodano-mercurat(II)-lösung einen blauen Niederschlag bildet, genügen zur Anfärbung von Zinksalzen bei der Mischfällung mit Diammonium-tetrarhodano-mercurat(II) kleinste Mengen Kobaltchlorid, die ohne die Anwesenheit von Zinkionen nicht ausgefällt werden. Die entstehende Mischkristallfällung der Zusammensetzung (Zn, Co)[$Hg(SCN)_4$] ist je nach der verwendeten Menge Kobalt mehr oder weniger blau gefärbt. Man verwendet deshalb eine Kobalt(II)-salzlösung, die so stark verdünnt ist, daß sie allein innerhalb von 10 Min. keinen Niederschlag mit dem Reagens liefert (STAHL und STRAUMANIS). Bei einem Konzentrationsverhältnis von 0,01 mg Kobalt und 100 mg Zink in 10 ml Wasser ist der mit $(NH_4)_2[Hg(SCN)_4]$ erhaltene Niederschlag noch deutlich gefärbt, während eine geringere Kobaltsalzkonzentration keine merkliche Färbung mehr liefert [CUVELIER (b)].

Die Reaktion wird von WENGER, DUCKERT und RIETH sowie von SNAJDER zum Nachweis von Zink empfohlen.

KUHLBERG, der den Zinknachweis mittels Diammonium-tetrarhodano-mercurat(II) und Kobaltionen als erster empfohlen hat, verwendet folgende Reagenslösungen: Eine verdünnte Kobalt(II)-sulfat- oder -acetatlösung und eine gesättigte Lösung von $(NH_4)_2[Hg(SCN)_4]$. Die schwach saure Probelösung wird mit 3 bis 4 Tropfen Kobaltsalzlösung und 0,5 ml der Reagenslösung versetzt und stark geschüttelt.

Ausführung (nach STAHL und STRAUMANIS). Als Reagenslösung dient eine Auflösung von 8 g $HgCl_2$ und 9 g NH_4SCN, die zuvor in einer Reibschale vermischt werden, in 100 ml H_2O (BEHRENS-Reagens). 1 ml der auf Zink zu prüfenden Lösung wird mit 0,1 ml (2 Tropfen) n/100-Kobaltsalzlösung und 0,1 ml der Reagenslösung versetzt. Beim Vorliegen sehr geringer Zinkmengen ($\sim 1\ \gamma$ Zn/ml) erscheint nach etwa 6 Min. ein bläulicher Niederschlag; bei größeren Zinkmengen erscheint der Niederschlag schneller.

Ausführung (nach SCHRÖTER). In einer 25 ml-Stöpselflasche fügt man zu 10 ml der zu prüfenden schwach salzsauren Lösung 4 ml einer Kobaltlösung (0,804 g $CoCl_2$ in 1 l 0,5 n Salzsäure) und 10 ml einer Tetrarhodano-mercurat(II)-lösung (80 g $HgCl_2$ und 90 g NH_4SCN in 1 l Wasser) hinzu, schüttelt um und versetzt nach kurzer Zeit mit etwas Äther. Es entsteht, je nach dem Zinkgehalt schnell oder langsamer, ein hellblauer Niederschlag als Ring zwischen der wäßrigen Lösung und dem Äther.

Störungen durch Fe^{+++}-Ionen werden durch Zusatz von Natriumfluorid umgangen; Zinn(II)-salze werden durch Quecksilberchlorid in Zinn(IV)-salze übergeführt und Quecksilber(II)-salze in Kalomel.

JENSEN benutzt eine 0,02%ige Kobaltchloridlösung in 0,5 n Salzsäure und eine Auflösung von 8 g Quecksilberchlorid und 9 g Ammoniumrhodanid in 100 ml Wasser.

Grenzkonzentration. $1 : 2{,}5 \cdot 10^5$.

Um die Entstehung kleiner Niederschlagsmengen noch mit Sicherheit erkennen zu können, verwenden KRUMHOLZ und SANCHEZ das FEIGLsche Anreicherungsverfahren: 1 ml der neutralen oder schwach mineralsauren Probelösung wird mit je 1 ml der auch von JENSEN verwendeten Reagenslösung versetzt und nach 3 Min. mit 1 bis 2 ml Äther gut durchgeschüttelt. Je nach der vorhandenen Zinkmenge entsteht an der Grenzschicht ein mehr oder minder reichlicher blauer Niederschlag. Bei Abwesenheit von Zink tritt erst nach 4 bis 5 Min. eine eben erkennbare Abscheidung auf.

Erfassungsgrenze. $2\,\gamma$ Zink.

Grenzkonzentration. $1 : 5 \cdot 10^5$ (in neutraler Lösung). In schwach salzsaurer Lösung (0,5 n HCl) liegt die Grenzkonzentration bei $1 : 2 \cdot 10^5$.

Störungen. Eisen(III)-salze beeinträchtigen die Erkennung kleiner Niederschlagsmengen. Diese Störung läßt sich beheben, wenn vor dem Ausschütteln mit Äther einige Tropfen einer 30%igen Ammoniumfluoridlösung zugesetzt werden.

Weiterhin stören wie bei der Fällung mit $(NH_4)_2[Hg(SCN)_4]$ und Kupfersulfat starke Säuren, ein großer Überschuß von Ammoniumrhodanid, Alkalihalogenide, Ammoniumchlorid und größere Mengen von Cd^{++}, Cu^{++}, Co^{++}, Ni^{++}.

Über den mikrochemischen Zinknachweis mit Diammonium-tetrarhodanomercurat(II) und Kobalt(II)-ionen vgl. „Mikrochemische Reaktionen" (§ 4, S. 170) und „Nachweis durch Tüpfelreaktionen" (§ 5, S. 188).

3. Nachweis als Kalium-Zink-hexacyano-ferrat(II) mit Kalium-hexacyano-ferrat(II).

Zinksalze geben in salzsaurer Lösung mit Kalium-hexacyano-ferrat(II) einen weißen Niederschlag von Zink-hexacyano-ferrat(II), das mit einem Überschuß des Fällungsmittels in weniger lösliches Kalium-Zink-hexacyano-ferrat(II) umgewandelt wird:

$$[Fe(CN)_6]^{4-} + 2\,Zn^{++} = Zn_2[Fe(CN)_6]$$

$$2\,Zn_2[Fe(CN)_6] + K_4[Fe(CN)_6] \rightarrow 2\,K_2Zn_3[Fe(CN)_6]_2$$

(TREADWELL und HALL).

Der Nachweis ist zuerst von GALETTI angewendet worden [vgl. hierzu auch ERÉNYI (a)].

Ausführung. Der im Verlaufe des Analysenganges ausgefällte Zinksulfidniederschlag wird in 5 ml 6 n-Salzsäure gelöst. Die durch Kochen vom Schwefelwasserstoff befreite Lösung wird mit Ammoniak gerade neutralisiert, und es werden 3 ml konzentrierter Salzsäure zugegeben. Dann erhitzt man bis nahe zum Sieden und gibt 5 ml 1 n Kalium-hexacyano-ferrat(II)-lösung hinzu. Es bildet sich ein weißer Niederschlag von Zink-hexacyano-ferrat(II), der bei Zugabe eines Reagensüberschusses flockig wird (MEHLIG).

Nach WERNER wird der entstandene weiße Niederschlag beim Versetzen mit Bromwasser sofort in ein tief gelbes Oxydationsprodukt verwandelt.

Grenzkonzentration. $1 : 10^4$ (VAN NIEUWENBURG u. a.).

der Temperatur. Es empfiehlt sich daher, bei höherer Außentemperatur die Probe in Wasser von 18° einzustellen.

Schließlich muß der Einfluß des fast überall in kleinen Mengen vorhandenen Eisens, welches ebenfalls reagiert, ausgeschaltet werden. Dies gelingt zumindest für kleine Eisenmengen durch Komplexbildung mit Oxalsäure. Der störende Einfluß des ebenfalls oft in Spuren vorhandenen Kupfers kann jedoch nicht ausgeschaltet werden.

Ausführung. Zur Ausführung des Zinknachweises werden 0,5 ml der neutralen oder schwach salzsauren, zweckmäßig nicht über 0,5 normalen Probelösung mit 3 Tropfen einer oxalsäurehaltigen Salzsäure versetzt, durch Einstellen in Wasser von 18° abgekühlt und hierauf 2 Tropfen des Reagenses (in 0,1%iger alkoholischer Lösung) und 3 Tropfen 20%iger Kaliumrhodanidlösung zugegeben. Je nach der Zinkmenge entsteht eine rosa bis violette Färbung, die mit einem in analoger Weise ausgeführten zinkfreien Blindversuch verglichen wird.

Grenzkonzentration. $1:10^7$ in neutraler Lösung; $1:5\cdot10^6$ in 0,2 n HCl; $1:2{,}5\cdot10^5$ in 0,4 n HCl.

Erfassungsgrenze. 0,05 γ Zn in neutraler Lösung; 0,1 γ Zn in 0,2 n HCl; 0,2 γ Zn in 0,4 n HCl.

Störungen. Eisen(III)-salze stören in Konzentrationen, die mit Rhodanid nur eine schwache Rotfärbung geben (kleiner als $1:10^5$), nicht wesentlich. Bei höherer Konzentration entsteht in der oxalsauren Lösung auf Zusatz des Rhodanids eine Gelbfärbung, welche die Violettfärbung kleiner Zinkmengen überdeckt.

Innerhalb der Schwefelammoniumgruppe ist eine Störung nur durch Kobalt und größere Mengen Eisen zu erwarten.

Bemerkungen. Bei dem praktischen Gebrauch der vorstehend beschriebenen Reaktion muß wegen deren hoher Empfindlichkeit peinlichst auf die Reinheit der Reagenzien geachtet werden. Innerhalb des normalen Analysenganges ist die Reaktion nur mit der nötigen Vorsicht zu gebrauchen!

3. Nachweis mit Kalium-hexacyano-ferrat(III) und organischen Basen.

Allgemeines. Diese Nachweisreaktionen beruhen darauf, daß aromatische Amine von Alkali-hexacyano-ferraten(III) oxydiert werden. Das Hexacyano-ferrat(III)-ion ist ein Oxydationsmittel von verhältnismäßig schwacher Wirkung. Seine Oxydationskraft ist davon abhängig, wieviel Hexacyano-ferrat(II) gleichzeitig mit ihm in einer Lösung vorhanden ist. Schon ganz geringe Mengen Hexacyano-ferrat(II) verringern das Oxydationspotential des Hexacyano-ferrats(III) beträchtlich, so z. B. auch die Spuren Hexacyano-ferrat(II), die in Lösungen chemisch reinen Hexacyano-ferrats(III) vorhanden sind. Das ist der Grund, warum eine Hexacyano-ferrat(III)-lösung die Farbe von Redoxindicatoren nur dann charakteristisch verändern kann, wenn das in Lösung befindliche Hexacyano-ferrat(II) auf irgendeine Weise entfernt wird. Dies kann unter anderem dadurch erreicht werden, daß Zinkionen zu der Lösung gegeben werden, wobei bekanntlich Kalium-Zink-hexacyano-ferrat(II), $K_2Zn_3[Fe(CN)_6]_2$, gebildet wird.

Dieser Vorgang kann nun zu einem Zinknachweis ausgearbeitet werden. Gibt man zu der auf Zink zu prüfenden Lösung eine Kalium-hexacyano-ferrat(III)-lösung und einen passend gewählten Redoxindicator, so scheidet sich bei Gegenwart von Zink ein gut sichtbarer Niederschlag ab. Dieser Niederschlag entsteht dadurch, daß die Zinkionen mit dem Hexacyano-ferrat(II), das in einer Hexacyano-ferrat(III)-lösung im Gleichgewicht vorhanden ist, einen Niederschlag von Kalium-Zink-hexacyano-ferrat(II) bilden. Damit wächst die Oxydationskraft des in Lösung gebliebenen Hexacyano-ferrats(III), das den Redoxindicator nun zum Farbstoff oxydieren kann und dabei selbst zu Hexacyano-ferrat(II) reduziert filtriert und versetzt mit angenähert der gleichen Menge 0,5 m $K_4[Fe(CN)_6]$-Lösung. Ein entstehender Niederschlag wird abfiltriert. Von dem so erhaltenen Filtrat gibt man 5 Tropfen zu 5 ml 3 n Salzsäure und schüttelt kräftig. Ein dabei innerhalb weniger Sekunden auftretender Niederschlag zeigt die Anwesenheit von Zink an.

II. Nachweis mit organischen Reagenzien.

1. Nachweis mit Diphenylthiocarbazon (Dithizon).

Wie FISCHER (f) zeigte, färbt sich die grüne Lösung von Dithizon in Schwefelkohlenstoff und anderen organischen Lösungsmitteln beim Schütteln mit einer neutralen Zinksalzlösung unter Bildung des innerkomplexen Zinkdithizonats purpurrot [vgl. dazu FISCHER (a); FISCHER (b); FISCHER (c); FISCHER und WEYL; DECKERT; FISCHER (d); WICHMANN; FISCHER und LEOPOLDI (a); VANOSSI (b); CHISHOLM].

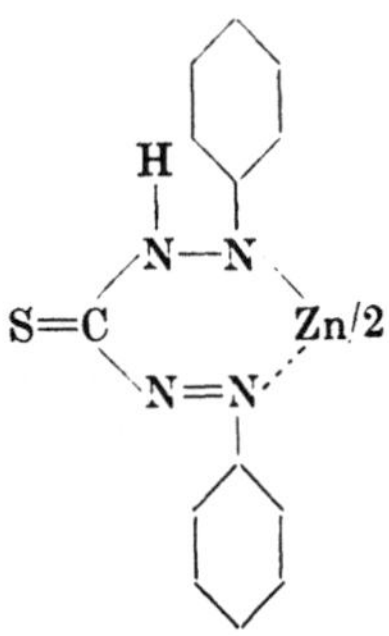

Zinkdithizonat

Bei Gegenwart von Mineralsäuren tritt die Reaktion nicht ein; saure Lösungen werden daher vorher zweckmäßig mit Ammoniak oder verdünnter Sodalösung neutralisiert. Verdünnte Essigsäure stört die Reaktion nicht, doch wird die Empfindlichkeit durch ihre Anwesenheit etwas herabgesetzt. Auch bei Gegenwart eines geringen Überschusses von Ammoniak oder auch von Natronlauge läßt sich die Reaktion ausführen. Verhindert wird sie jedoch, wenn ein Überschuß von Kaliumcyanid zugegen ist, dagegen stören andere Komplexbildner, wie Citrate, Tartrate oder Oxalate, nicht.

Ausführung. a) [nach FISCHER (f)]. Zu der auf Zink zu prüfenden, stark verdünnten, neutralen Lösung, die keine anderen Schwermetallionen enthalten soll, gibt man 1 ml einer äußerst verdünnten Lösung von Dithizon in Schwefelkohlenstoff oder Tetrachlorkohlenstoff, die im Reagensglas durchsichtig ist und lebhaftgrün erscheint. Beim Schütteln der Mischung schlägt die grüne Farbe der Dithizonlösung bei Anwesenheit von Zink in lebhaftes Purpurrot um.

Die Reaktion zeichnet sich durch außerordentliche Empfindlichkeit aus. Es gelingt mit ihrer Hilfe, bequem noch Bruchteile eines γ Zink im Milliliter nachzuweisen, bei welchen Mengen die üblichen Nachweismethoden, z. B. der Nachweis als Zinksulfid, längst versagen. Aus diesem Grunde findet die Reaktion in erster Linie zum Nachweis sehr geringer Zinkmengen Anwendung.

Erfassungsgrenze. 0,025 γ Zink im Tropfen.

Störungen. Zahlreiche Schwermetallionen, wie Cd^{++}, Cu^{++}, Ni^{++}, Co^{++}, Mn^{++}, Pb^{++}, Hg_2^{++}, Hg^{++} und Ag^+, geben gleichfalls gefärbte Verbindungen mit Dithizon und stören somit die Zinkreaktion.

Um die Empfindlichkeit der Reaktion herabzusetzen, schüttelt man nach RIENÄCKER und SCHIFF eine alkalische Zinksalzlösung mit dem Reagens, wobei sich nicht nur die Tetrachlorkohlenstoffschicht rot färbt, sondern auch die darüber befindliche wäßrige Lösung.

Nimmt man die Rotfärbung der alkalischen wäßrigen Lösung als Kriterium, so beträgt die Erfassungsgrenze nur noch 5 γ Zink, die Reaktion ist also nicht mehr als überempfindlich zu bezeichnen. Außerdem wird auf diese Weise die Eindeutigkeit der Reaktion ganz wesentlich gesteigert. In alkalischer Lösung ist die Färbung der Tetrachlorkohlenstoffschicht durchaus unspezifisch, die Rotfärbung der wäßrigen Schicht tritt jedoch nur bei Anwesenheit von Zink auf.

Ausführung. b) (nach RIENÄCKER und SCHIFF). Einige Tropfen der Probelösung werden mit je 0,5 ml 2 n Natronlauge und Dithizonlösung (10 mg Dithizon auf 100 ml Tetrachlorkohlenstoff) kräftig geschüttelt; eine Rotfärbung der wäßrigen Phase zeigt die Anwesenheit von Zink an.

In der qualitativen Analyse verfährt man zum Zinknachweis folgendermaßen: Eine Probe des alkalischen Filtrats vom Eisen-Mangan-Niederschlag wird mit etwa der Hälfte bis ein Drittel ihres Volumens an Dithizonlösung kräftig durchgeschüttelt. Zeigt die wäßrige Phase nach dem Absitzen des Tetrachlorkohlenstoffs eine rotorange bis rote Färbung, so ist Zink vorhanden.

Der Farbumschlag bei Gegenwart von Chromat ist noch deutlich festzustellen bei einem Verhältnis von Cr : Zn = 200 : 1.

Grenzkonzentration. 1 : 10^5.

Erfassungsgrenze. 5 γ Zink.

Störungen. Nach FISCHER und LEOPOLDI (b) sind auch die Dithizonkomplexe des Nickels, Kobalts und Palladiums in alkalisch-wäßrigen Lösungen unter Färbung löslich. Außerdem unterbleibt die Reaktion auch bei Gegenwart von Au, Ag, Cu, Hg und Cd. Die Gegenwart merklicher Mengen von Ammoniumsalzen hindert die Reaktion entweder gänzlich oder beeinflußt die Empfindlichkeit stark.

Man kann den Nachweis nun auch neben Hg, Ag und Au ausführen, wenn man diese Elemente vorher aus ihren Lösungen durch Zusatz eines geeigneten Reduktionsmittels in metallischer Form abscheidet. Für diese Reduktion läßt sich Hydroxylamin-hydrochlorid gut verwenden. Die Zinkreaktion kann dann ohne weitere Trennung in Gegenwart der durch Umschütteln zu gröberen Aggregaten zusammengeballten Metalle ausgeführt werden.

Ausführung. c) [nach FISCHER und LEOPOLDI (b)]. Nachweis neben Hg, Ag und Au.

Zu der mit Natronlauge alkalisch gemachten Lösung (etwa 0,7 ml 10%ige Natronlauge auf je 0,5 ml der annähernd neutralen Versuchslösung) setzt man einige Tropfen 5%ige Hydroxylamin-hydrochloridlösung und schüttelt im Reagensglas gut um. Die Ausführung der Dithizonreaktion kann dann nach b) erfolgen.

Bei Ausbleiben der Zinkreaktion in obiger Ausführung kann durchaus nicht mit Sicherheit auf Abwesenheit von Zink geschlossen werden.

Die Mehrdeutigkeit des Nachweises in der Form als Extraktionsreaktion wird durch Pufferung mit Acetat ($p_H \sim 4$) verringert. Außerdem kann die Spezifität durch Tarnung gleichartig reagierender Elemente mittels komplexbildender Zusätze erhöht werden. Durch die kombinierte Anwendung von Thiosulfat und Cyanid ist die Möglichkeit für einen Spezialnachweis des Zinks gegeben, der nach Oxydation etwa vorhandener Zinn(II)-salze von anderen Elementen nicht mehr gehindert wird.

Ausführung. d) [nach FISCHER und LEOPOLDI (c)]. Spezialnachweis für Zink (in geringen Mengen).

Man versetzt die zunächst mit Natriumacetat etwa bis zum Umschlagspunkt von Kongorot gepufferte Lösung (z. B. etwa 0,1 bis 0,5 ml) im Scheidetrichter mit einigen Millilitern einer 5%igen Kaliumcyanidlösung. Die erforderliche Menge richtet sich nach der anwesenden Menge der Metalle Co, Ni und Pd. 2 ml KCN-Lösung reichen aus zur Tarnung von etwa 5 mg dieser Metalle. Nach Zugabe der Kaliumcyanidlösung wird mit verdünnter Säure vorsichtig wieder auf Kongoumschlag eingestellt und in einem kleinen Scheidetrichter mit einer wäßrigen Lösung von Natriumacetat (5 g in 100 ml Wasser) versetzt, bis blaues Kongopapier gerade den Umschlag nach Rot ergibt. Man verdünnt dann die Lösung beim Umschlagspunkt etwa um die Hälfte ihres Volumens mit einer weiteren Menge Natriumacetatlösung. Darauf wird zu der gepufferten Lösung Natriumthiosulfatlösung gegeben. Wenn die Menge — und womöglich auch die Art — des zu tarnenden Metalles unbekannt ist, setzt man zunächst etwa 3 ml der Thiosulfatlösung auf je 10 ml der gepufferten Lösung hinzu. Man unterschichtet mit 0,5 bis 1 ml der grünen Lösung von Dithizon in Tetrachlorkohlenstoff (normalerweise 6 mg Dithizon in 100 ml CCl_4; eine größere Konzentration an Dithizon, wenn Herabsetzung der Empfindlichkeit gewünscht wird) und schüttelt gut durch. Bleibt die CCl_4-Schicht grün oder herrscht wenigstens ein grünlicher Farbton vor, so ist kein Zink vorhanden. Tritt eine von der Violettfärbung abweichende bräunliche, gelbliche oder schmutzige Tönung auf, die von Ag, Hg, Au, Bi oder Cu herrühren kann, so reicht der Zusatz an Thiosulfat noch nicht aus. Man wiederholt die Reaktion mit weiteren Zusätzen, bis die erwähnte Färbung verschwindet. (In Gegenwart von viel Quecksilber kann allerdings auch bei Abwesenheit von Zink ein bräunlicher Farbton bestehenbleiben.) Eine deutliche Violettfärbung der CCl_4-Schicht beweist die Anwesenheit von Zink.

Etwa vorhandene Zinn(II)-ionen sind vor Durchführung der Nachweisreaktion mit Eisen(III)-chloridlösung zu Zinn(IV) zu oxydieren.

Empfindlichkeit. Die Erfassungsgrenze des Zinknachweises in schwach saurer Lösung beträgt normalerweise etwa 1 bis 2 γ Zink bei Anwendung von etwa 0,1 bis 0,5 ml der zinkhaltigen Ausgangslösung.

Störungen. Für den Zinknachweis neben Aluminium wurde ein relativ ungünstiges Verhältnis (etwa 1 : 530) ermittelt. Beim Aluminium wirkt die weitgehende Hydrolyse seiner Salze in dem vorgeschriebenen p_H-Bereich störend. Man kann die Grenze dieses Nachweises erheblich erweitern, wenn man zu der Aluminium enthaltenden Lösung Ionen hinzufügt, die Aluminium komplex binden und somit die Hydrolyse verhindern. Am geeignetsten dafür sind Oxalate.

Zur Ausführung der Zinkreaktion neben Aluminium wird, wie oben angegeben, auf den Umschlag von Kongopapier eingestellt und zusätzlich Natriumacetat zugegeben. Man versetzt dann die Lösung pro Milligramm Aluminium mit etwa 3 bis 4 mg Ammoniumoxalat (z. B. als 5%ige Lösung). Es können so z. B. 2 γ Zink noch neben 14 mg Aluminium durch Violettrotfärbung nachgewiesen werden (Verhältnis 1 : 7000).

Bemerkung. Durch einen merklichen Überschuß an Thiosulfat wird die Zinkreaktion verlangsamt und zum Teil gehemmt. Man muß daher bei der Extraktion länger schütteln als in Abwesenheit von Thiosulfat.

Über den Nachweis mit Dithizon als Tüpfelreaktion s. § 5, S. 191.

2. Nachweis mit p-Dimethylamino-styryl-β-naphthothiazol (nach KRUMHOLZ und KRUMHOLZ).

Die gelbgefärbten sauren Lösungen verschiedener Styrylfarbstoffe bilden mit Schwermetallhalogeniden schwer lösliche Doppelsalze, wobei der Farbstoff in seiner tautomeren Form als rotes Salz in die Komplexverbindung eingebaut wird.

Zum Nachweis des Zinks, das am besten als Rhodanid oder Jodid vorliegen soll, hat sich das p-Dimethylamino-styryl-β-naphthothiazol wegen des gut sichtbaren Farbumschlages — Orangegelb nach Violett — als geeignet erwiesen.

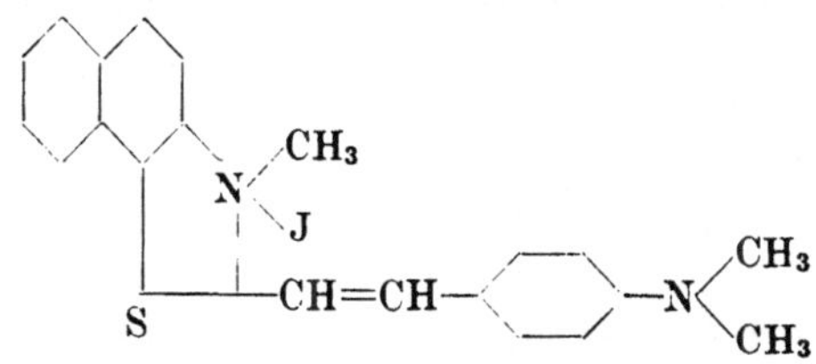

p-Dimethylamino-styryl-β-naphthothiazol

Der Ausfall der Reaktion hängt stark von der Säurekonzentration ab. In stark saurer Lösung (stärker als 1 n HCl) sinkt die Empfindlichkeit sehr rasch, in sehr schwach saurer Lösung ist auch der zinkfreie Blindversuch rötlich gefärbt. Es erwies sich als zweckmäßig, durch Zusatz einer bestimmten Säuremenge die Acidität auf einen bestimmten Minimalbetrag (etwa 0,5 n HCl) festzulegen. Weiterhin sinkt die Empfindlichkeit bei Erhöhung der Temperatur. Es empfiehlt sich daher, bei höherer Außentemperatur die Probe in Wasser von 18° einzustellen.

Schließlich muß der Einfluß des fast überall in kleinen Mengen vorhandenen Eisens, welches ebenfalls reagiert, ausgeschaltet werden. Dies gelingt zumindest für kleine Eisenmengen durch Komplexbildung mit Oxalsäure. Der störende Einfluß des ebenfalls oft in Spuren vorhandenen Kupfers kann jedoch nicht ausgeschaltet werden.

Ausführung. Zur Ausführung des Zinknachweises werden 0,5 ml der neutralen oder schwach salzsauren, zweckmäßig nicht über 0,5 normalen Probelösung mit 3 Tropfen einer oxalsäurehaltigen Salzsäure versetzt, durch Einstellen in Wasser von 18° abgekühlt und hierauf 2 Tropfen des Reagenses (in 0,1%iger alkoholischer Lösung) und 3 Tropfen 20%iger Kaliumrhodanidlösung zugegeben. Je nach der Zinkmenge entsteht eine rosa bis violette Färbung, die mit einem in analoger Weise ausgeführten zinkfreien Blindversuch verglichen wird.

Grenzkonzentration. $1:10^7$ in neutraler Lösung; $1:5\cdot10^6$ in 0,2 n HCl; $1:2{,}5\cdot10^5$ in 0,4 n HCl.

Erfassungsgrenze. 0,05 γ Zn in neutraler Lösung; 0,1 γ Zn in 0,2 n HCl; 0,2 γ Zn in 0,4 n HCl.

Störungen. Eisen(III)-salze stören in Konzentrationen, die mit Rhodanid nur eine schwache Rotfärbung geben (kleiner als $1:10^5$), nicht wesentlich. Bei höherer Konzentration entsteht in der oxalsauren Lösung auf Zusatz des Rhodanids eine Gelbfärbung, welche die Violettfärbung kleiner Zinkmengen überdeckt.

Innerhalb der Schwefelammoniumgruppe ist eine Störung nur durch Kobalt und größere Mengen Eisen zu erwarten.

Bemerkungen. Bei dem praktischen Gebrauch der vorstehend beschriebenen Reaktion muß wegen deren hoher Empfindlichkeit peinlichst auf die Reinheit der Reagenzien geachtet werden. Innerhalb des normalen Analysenganges ist die Reaktion nur mit der nötigen Vorsicht zu gebrauchen!

3. Nachweis mit Kalium-hexacyano-ferrat(III) und organischen Basen.

Allgemeines. Diese Nachweisreaktionen beruhen darauf, daß aromatische Amine von Alkali-hexacyano-ferraten(III) oxydiert werden. Das Hexacyano-ferrat(III)-ion ist ein Oxydationsmittel von verhältnismäßig schwacher Wirkung. Seine Oxydationskraft ist davon abhängig, wieviel Hexacyano-ferrat(II) gleichzeitig mit ihm in einer Lösung vorhanden ist. Schon ganz geringe Mengen Hexacyano-ferrat(II) verringern das Oxydationspotential des Hexacyano-ferrats(III) beträchtlich, so z. B. auch die Spuren Hexacyano-ferrat(II), die in Lösungen chemisch reinen Hexacyano-ferrats(III) vorhanden sind. Das ist der Grund, warum eine Hexacyano-ferrat(III)-lösung die Farbe von Redoxindicatoren nur dann charakteristisch verändern kann, wenn das in Lösung befindliche Hexacyano-ferrat(II) auf irgendeine Weise entfernt wird. Dies kann unter anderem dadurch erreicht werden, daß Zinkionen zu der Lösung gegeben werden, wobei bekanntlich Kalium-Zink-hexacyano-ferrat(II), $K_2Zn_3[Fe(CN)_6]_2$, gebildet wird.

Dieser Vorgang kann nun zu einem Zinknachweis ausgearbeitet werden. Gibt man zu der auf Zink zu prüfenden Lösung eine Kalium-hexacyano-ferrat(III)-lösung und einen passend gewählten Redoxindicator, so scheidet sich bei Gegenwart von Zink ein gut sichtbarer Niederschlag ab. Dieser Niederschlag entsteht dadurch, daß die Zinkionen mit dem Hexacyano-ferrat(II), das in einer Hexacyano-ferrat(III)-lösung im Gleichgewicht vorhanden ist, einen Niederschlag von Kalium-Zink-hexacyano-ferrat(II) bilden. Damit wächst die Oxydationskraft des in Lösung gebliebenen Hexacyano-ferrats(III), das den Redoxindicator nun zum Farbstoff oxydieren kann und dabei selbst zu Hexacyano-ferrat(II) reduziert wird; letzteres wiederum reagiert erneut mit dem Zink wie oben. Schließlich ist das gebildete Kalium-Zink-hexacyano-ferrat(II) in der Lage, den durch Oxydation gebildeten Farbstoff adsorptiv zu binden. Die Empfindlichkeit des Nachweises wächst daher mit der Farbtiefe des oxydativ gebildeten Farbstoffes (SZEBELLEDY und TANAY; vgl. auch TREADWELL und HALL).

a) Nachweis mit Kalium-hexacyano-ferrat(III) und Diphenylamin. CONE und CADY verwenden Diphenylamin oder Diphenylbenzidin als Redoxindicator. Das Diphenylamin ist dem Diphenylbenzidin vorzuziehen, weil es billiger und gleich gut verwendbar ist. Die Farbe der Lösung schwankt von Grün bis Purpurschwarz, je nach der vorhandenen Menge Zink.

Ausführung. Als Reagenslösungen dienen eine 0,5%ige Lösung von $K_3[Fe(CN)_6]$ und eine 1%ige Lösung von Diphenylamin in 100 ml Eisessig. Zur Prüfung auf Zink versetzt man die Lösung mit 5 Tropfen Diphenylamin-acetatlösung und 5 ml $K_3[Fe(CN)_6]$-Lösung. Sofortiges Auftreten einer grünen oder purpurschwarzen Trübung zeigt vorhandenes Zink an.

Empfindlichkeit. 4 γ Zink geben (bei Abwesenheit von Chrom) eine positive Reaktion [TOUGARINOFF (a)].

Störungen. Bei Gegenwart von Kaliumdichromat und Verwendung von Diphenylamin-acetat erhält man keine Färbung, wenn die Menge des vorhandenen Chroms kleiner ist als 10 mg $K_2Cr_2O_7$/ml. Dadurch wird es möglich, auch bei Anwesenheit von Kaliumdichromat auf Zink zu prüfen. Die entstehende Farbe ist von den relativen Mengen des vorhandenen Zinks und Dichromats abhängig. Ist viel Dichromat zugegen, so wird eine braune bis braunschwarze Farbe auftreten, während bei Abwesenheit von Chrom die Farbe je nach dem Zinkgehalt von Grün bis Purpurschwarz geht.

Bemerkung. TOUGARINOFF (a) empfiehlt, unmittelbar vor dem Gebrauch 5 Tropfen Diphenylamin-acetat-Lösung mit 5 ml-$K_3[Fe(CN)_6]$-Lösung zu mischen und die so erhaltene Mischung zu der schwach essigsauren Zinksalzlösung zu geben. Die Reagenslösung ist jedoch nicht haltbar und muß jeweils frisch bereitet werden.

b) Nachweis mit Kalium-hexacyano-ferrat(III) und Diäthylanilin. EEGRIWE führt den Zinknachweis mit Diäthylanilin durch, wobei eine bräunlichrot gefärbte Fällung erhalten wird.

Ausführung. a) Die Reagenslösung wird für jeden Versuch aus 0,75 ml 2%iger $K_3[Fe(CN)_6]$-Lösung hergestellt, zu welcher 0,5 ml einer Vorratslösung aus 0,25 ml Diäthylanilin (frei vom Monoäthylderivat) in 200 ml halbkonzentrierter Schwefelsäure (1 : 1) gegeben werden.

Zum Nachweis wird zu dieser Lösung 1 Tropfen der auf Zink zu prüfenden Lösung gegeben.

Die Reagenslösung ist dunkelgelb bis rötlichgelb gefärbt und bleibt im Laufe der Beobachtungszeit (5 Min.) klar. Mit einem Tropfen Zinklösung, die 0,01 mg Zink und mehr enthält, tritt eine Trübung, Rotgelb- bis Dunkelbraunrotfärbung und Fällung auf, bei weniger als 0,01 mg Zink nur eine Trübung. Hat man die Reagenslösung nicht genau dosiert, so ist bei Basenüberschuß die Farbe bräunlich, bei Hexacyano-ferrat(III)-überschuß orangefarben.

Nachweisgrenze. 0,1 γ Zink im Tropfen (EEGRIWE). GROSSET gibt die Empfindlichkeit zu 0,0167 mg Zink an.

Störungen. Das Reagens ist noch weniger empfindlich für Fremdionen als Diphenylamin. Chrom und Aluminium gehen keine Reaktion mit dem Reagens ein. Chromat wird am besten durch Wasserstoffperoxyd in saurer Lösung zu Chrom(III)-ion reduziert. Fe^{+++}-Ionen geben eine Blaufärbung, Mangan einen braunen Niederschlag. Kleine Mengen dieser Ionen stören den normalen Ablauf dieser Reaktion nicht [TOUGARINOFF (a)]. Es stören Kobalt, Nickel und Kupfer (TREADWELL und HALL).

Bemerkungen. Nach TOUGARINOFF (a) kann man auch größere Mengen der beiden Reagenzien benutzen, jedoch muß man darauf achten, daß das Verhältnis 2 : 3 der Reagenslösungen Diäthylanilin zu Kalium-hexacyano-ferrat(III) gewahrt bleibt. Um sicher zu sein, daß die Trübung nicht durch das Reagens selbst hervorgerufen wird, wird zweckmäßig stets die doppelte Menge beider Lösungen gemischt und die Mischung geteilt. Die eine Hälfte dient zur Durchführung des Nachweises, die andere als Blindprobe. Durch Vergleich beider Lösungen kann die Anwesenheit von Zink auch dann festgestellt werden, wenn die Reagenslösung selbst eine Trübung zeigt.

Ausführung. b) Verwendet man zur Herstellung der Reagenslösung Phosphorsäure an Stelle von Schwefelsäure, so erhält man vorzugsweise eine Farbreaktion (EEGRIWE).

Für jeden Versuch stellt man im Reagensglas eine Mischung aus 0,75 ml einer 2%igen $K_3[Fe(CN)_6]$-Lösung und 0,3 ml einer Vorratslösung von 0,5 ml Diäthylanilin in 200 ml 50%iger Phosphorsäure her.

Zu dieser Lösung, die gleich nach der Herstellung verwendet wird, setzt man einen Tropfen der auf Zink zu prüfenden schwach sauren Lösung zu. Die Eigenfärbung der Reagenslösung ist hellgelb. Sie kann während des Versuches noch ein wenig nachdunkeln, bleibt aber während der Beobachtungsdauer der Reaktion (etwa 5 Min.) reingelb und klar. Durch Zugabe eines Tropfens Zinklösung geht das Gelb in rotstichiges Hellbräunlichgelb bis Bräunlichrot über.

Nachweisgrenze. 2 γ Zink im Tropfen.

Störungen. Siehe unter a).

Zum Nachweis von Zink in Magnesium- und Aluminiumlegierungen hält NIESSNER die Reaktion für geeignet und gibt bei Verwendung einer salzsauren Diäthylanilinlösung als Erfassungsgrenze 0,2 γ Zink an.

c) Nachweis mit Kalium-hexacyano-ferrat(III) und Orange IV (Tropäolin 00). Bei Anwesenheit von Orange IV (oder auch Metanilgelb) und Kalium-hexacyanoferrat(III) bewirken Zinksalze ein Umschlagen der Rotfärbung des in der Reagenslösung vorhandenen Farbstoffes nach Blaßgrün. Da die blaßgrüne Farbe häufig nicht zu erkennen ist, reicht in jedem Fall das Verschwinden der Rotfärbung aus, um auf die Anwesenheit von Zink zu schließen [EEGRIWE, TOUGARINOFF (a, b)].

Ausführung. Als Reagenslösung dient eine Auflösung von 0,005 bis 0,01 g Orange IV in 100 ml Wasser. Zu je einem Tropfen Farbstofflösung gibt man 3 Tropfen einer 2%igen $K_3[Fe(CN)_6]$-Lösung, säuert mit wenig Schwefelsäure oder Salzsäure bis zur Rotfärbung an und versetzt darauf mit einem Tropfen der auf Zink zu prüfenden schwach sauren Lösung.

Bei Anwesenheit von Zink verschwindet die rote Farbe der Lösung.

Empfindlichkeit. 5 γ Zink pro Tropfen.

Grenzkonzentration. $1 : 2 \cdot 10^5$ bei Gegenwart von Metanilgelb (WENGER, DUCKERT und RIETH).

Störungen. In der gesamten Eisengruppe gibt nur Zink diese Reaktion; bei Gegenwart großer Mengen Aluminium oder Chrom wird die Reaktion abgeschwächt, verläuft sonst aber normal.

D. Weitere Nachweisreaktionen.

I. Nachweis mit anorganischen Reagenzien.

1. RINMANNS-Grünreaktion.

Die Bildung von RINMANNS-Grün kann außer als Vorprobe (vgl. § 2, S. 143) auch als Nachweisreaktion für Zink verwendet werden. Zur Durchführung des Nachweises benutzt man eine schwach salpetersaure Zinksalzlösung, wie sie beim

Auflösen des Zinksulfids in verdünnter Salpetersäure erhalten wird. Da die Bildung des RINMANNS-Grün von dem Verhältnis der Mengen Zn : Co abhängig ist, wird von einigen Verfassern die vorherige Ausfällung des Zinks als kobalthaltiges Komplexsalz vorgeschlagen, in welchem das erforderliche Mengenverhältnis von Zink zu Kobalt bereits vorgegeben ist.

a) Nachweis nach BENEDETTI-PICHLER (b). Als Reagenspapier dient aschefreies Filtrierpapier, das mit einer Lösung von 4 g Kalium-hexacyano-cobaltat(III) und 1 g Kaliumchlorat in 100 ml Wasser getränkt und bei Zimmertemperatur getrocknet ist. In die Mitte eines solchen Stückes Reagenspapiers (von etwa 2 cm^2) bringt man mit Hilfe einer Pipette einen Tropfen der zu untersuchenden Lösung, wobei das Papier horizontal zu halten ist. Wenn der Tropfen vollkommen aufgesogen ist, trocknet man das Papier über der Sparflamme eines BUNSEN-Brenners, bis die Mitte sich bräunt. Dann läßt man das Papier abbrennen und bringt die Asche auf eine Porzellanplatte. Wenn Zink zugegen war, erkennt man einen grünen Aschenfleck an der Stelle, wo die Probelösung zugegeben worden war. Der Fleck wird von einer kreisförmigen Zone, die nur wenig Asche enthält, begrenzt. Manchmal ist er mit der umgebenden Aschenhaut nur durch ein feines Netzwerk aus schwarzen Fasern verbunden.

Grenzkonzentration. 1 mg Zink pro ml.

Erfassungsgrenze. Etwa 0,05 mg Zink. Die Empfindlichkeit wurde bestimmt bei Lösungen, die etwa 5% freie Salpetersäure enthielten.

Störungen. Da zahlreiche Ionen die Eindeutigkeit der Reaktion stören, darf dieser Nachweis nur innerhalb des Analysenganges nach Abtrennung des Zinks als Zinksulfid durchgeführt werden. So geben Antimon und Zinn eine grüne, Titan und Aluminium eine blaue, Mangan, Eisen, Kobalt, Nickel und Cadmium eine dunkle Asche. Bei Anwesenheit einiger störender Kationen kann der Nachweis noch bei folgenden Grenzverhältnissen geführt werden: Zn : Cd = 1 : 5; Zn : Mn = 10 : 1; Zn : Co = 2 : 1; Zn : Ni = 1 : 1; Zn : Ti = 1 : 1; Zn : Al = 1 : 2. Mangan ist also vorher stets zu entfernen!

Dunkelgefärbtes Zinksulfid sollte nach dem Waschen wieder aufgelöst und die Lösung zur Entfernung von Nickel, Kobalt, Mangan und Eisen mit Natronlauge und Natriumperoxyd behandelt werden. Aus dem Filtrat wird das Zink erneut als Zinksulfid gefällt. Der Niederschlag wird in einer kleinen Menge 2 n Salpetersäure gelöst und diese Lösung zur Durchführung der Reaktion verwandt. Die Acidität der Lösung braucht nicht genau eingehalten zu werden, da der Nachweis auch noch in stärker sauren Lösungen (bis 30% HNO_3) durchführbar ist.

Die Methode von BENEDETTI-PICHLER (b) wird auch von NUTTEN empfohlen. Über die Durchführung als Mikroreaktion vgl. § 4, S. 172.

b) Nachweis nach JURÁNY. Bei dieser Methode wird zur Durchführung der RINMANNS-Grünreaktion das (Zink, Kobalt)-tetrarhodano-mercurat(II) benutzt. Bei Mengen von mehr als 5 γ Zink erhält man beim Verglühen ein hellgrünes Produkt. Zu starkes Erhitzen beeinträchtigt auch hier den Ausfall der Reaktion, und man erzielt mißfarbige oder bräunliche Glühprodukte. Es ist daher notwendig, das Glühen zur Vermeidung einer Überhitzung über einem Sparflämmchen auszuführen und die Substanz nach dem ersten kurzen Aufglimmen sofort von der Flamme zu nehmen. Zweckmäßig filtriert man den blauen Niederschlag durch ein Mikropapierfilter und verglüht Niederschlag und Papier zusammen, am besten auf einem Deckgläschen. Meist ist das auf dem Deckgläschen erhaltene Grün schon mit bloßem Auge erkennbar; vorzuziehen ist es jedoch, die Betrachtung unter dem Mikroskop bei auffallendem Licht (etwa 100fache Vergrößerung) vorzunehmen. Man beobachtet dann eine zusammenhängende blaugrüne Masse oder (bei sehr kleinen Zinkmengen) einen Haufen verkohlter Filterfasern, zwischen denen man viele grüne Fäden von RINMANNS-Grün erkennt, die die Form der Filterfasern beibehalten haben.

Die Reaktion läßt sich als Makro- und als Mikroreaktion durchführen. Als Reagenzien werden folgende Lösungen verwendet: a) 0,095 g reinstes $CoSO_4 \cdot 7\,H_2O$ in 100 ml 0,5 n Salzsäure gelöst, b) 8 g $HgCl_2$ und 9 g NH_4SCN in 100 ml Wasser gelöst. Die Lösung soll einige Tage stehen und erst dann filtriert werden. Beide Lösungen sind getrennt voneinander aufzubewahren. Vor Gebrauch sind sie durch einen Blindversuch auf Zinkfreiheit zu prüfen.

Ausführung. Von dem nach S. 130 ausgefällten Niederschlag, der mit wenig Wasser zweimal gewaschen ist, wird eine kleine Menge in einem möglichst kleinen Filter getrocknet und auf dem Deckgläschen verascht. Bei Anwesenheit von Zink ist eine grüne Masse neben verkohlten, schwarzen Filterfasern zu erkennen. Am besten führt man die Reaktion als Mikromethode aus und beobachtet unter dem Mikroskop (vgl. § 4, S. 172).

Störungen. Neben Zinkionen dürfen andere Ionen aus der Schwefelwasserstoff- und Ammoniumsulfidgruppe nicht vorhanden sein, weil diese in Spuren in den (Zink, Kobalt)-tetrarhodano-mercurat(II)-niederschlag gelangen und durch Entstehung gefärbter Oxyde die Bildung eines reinen Grüns stark beeinträchtigen oder gänzlich verhindern können.

Erfassungsgrenze. 0,2 γ Zink.

Nach TREADWELL und HALL führt man die Reaktion so aus, daß man zu der salpetersauren Zinksalzlösung 2 bis 15 Tropfen einer 0,3 n Kobaltnitratlösung und 3 ml 6 n Ammoniaks gibt, den Niederschlag abfiltriert, wäscht und möglichst trockensaugt. Einen Teil des Niederschlages bringt man mit möglichst wenig Papier in die Schlinge eines Platindrahtes, befeuchtet mit 1 Tropfen konzentrierter Salpetersäure und erhitzt zunächst langsam, dann stärker. Dabei bildet sich eine grüne unschmelzbare Masse.

2. Nachweis als Zink-tetrarhodano-mercurat(II) mit Diammonium-tetrarhodano-mercurat(II).

Zinksalze geben in neutraler bis schwach saurer Lösung mit einer Lösung von Diammonium-tetrarhodano-mercurat(II) einen weißen kristallinen Niederschlag, der zum Nachweis von Zink geeignet ist (WENGER).

GUTZEIT (a) empfiehlt als Reagenslösung eine 20%ige Lösung von Kaliumrhodanid, die mit kristallisiertem Quecksilber(I)-nitrat gesättigt und nach dreistündigem Stehen filtriert wird. Der Niederschlag entsteht in mäßig saurer Zinksalzlösung bei starkem Rühren.

Störungen. Störende Kationen sind Kupfer, Kobalt und Cadmium. Nach CUVELIER (a) ist die Anwesenheit von Ammoniumchlorid beim Fällen von $Zn[Hg(SCN)_4]$ in allen Konzentrationen von störendem Einfluß. Die Löslichkeit des Zink-tetrarhodano-mercurats(II) in Ammoniumchlorid enthaltenden Lösungen ist größer als bei dessen Abwesenheit.

Nach CUVELIER und BOSCH nimmt die Löslichkeit von $Zn[Hg(SCN)_4]$ in Gegenwart von Natriumhalogeniden, besonders von Natriumjodid, mit zunehmender Halogenidkonzentration zu. Einen merklichen Einfluß auf die Löslichkeit zeigt auch Natriumsulfat, während Natriumnitrat ohne Einfluß ist. Die Fällung von $Zn[Hg(SCN)_4]$ erfolgt somit quantitativ, wenn das Zink in der zu untersuchenden Lösung als Nitrat vorliegt.

Über die Ausführung als mikroskopische Reaktion vgl. § 4, S. 171.

3. Nachweis als Zink-hexacyano-ferrat(III) mit Kalium-hexacyano-ferrat(III).

Zahlreiche Untersuchungen haben bewiesen, daß der Nachweis von Zink durch Fällung mit Kalium-hexacyano-ferrat(III) noch bessere Resultate liefert als die

Verwendung des Kalium-hexacyano-ferrats(II) (s. § 3, S. 149). Der gebildete Niederschlag, dessen Zusammensetzung ungewiß ist, zeigt eine schwach braune Farbe. Obgleich die Empfindlichkeit des Nachweises im wesentlichen dieselbe ist wie bei der Fällung mit $K_4[Fe(CN)_6]$, erscheint der Niederschlag früher und ist leichter zu erkennen [ERÉNYI (a)].

Nach FRESENIUS und GEHRING ist für den Reaktionsvorgang folgende Gleichung anzunehmen:

$$3ZnCl_2 + 2K_3[Fe(CN)_6] = Zn_3[Fe(CN)_6]_2 + 6KCl$$

Der quantitative Nachweis von Zink neben Eisen mit $K_3[Fe(CN)_6]$ gelingt in salzsaurem Medium in Gegenwart von Alkalifluoriden, wobei Eisen als farblose Komplexverbindung in Lösung bleibt [ERÉNYI (b)].

4. Nachweis mit Kalium-hexacyano-ferrat(III) und Kaliumjodid (KOMAREK).

Bei Anwesenheit von Zinkionen wird aus einer Kaliumjodidlösung nach Zugabe einer Kalium-hexacyano-ferrat(III)-lösung Jod in Freiheit gesetzt.

Für den Ablauf der Reaktion spielt die Acidität der Lösung eine entscheidende Rolle. Der p_H-Wert der Lösung soll 5,5 betragen, so daß man p-Nitrophenol als Indicator verwenden kann. Dieser Indicator reagiert auch nicht mit dem bei der Reaktion in Freiheit gesetzten Jod. Die Lösung wird durch Zugabe von Ammoniumacetat abgepuffert.

Ausführung. Erforderliche Lösungen: a) 0,01 n $K_3[Fe(CN)_6]$-Lösung, b) 10%ige KJ-Lösung, c) p-Nitrophenol als Indicator, d) Stärkelösung.

Zu 1 bis 2 ml der schwach sauren Probelösung gibt man 2 Tropfen der Indicatorlösung und stellt durch Zugabe von Ammoniak oder Essigsäure auf den Umschlagspunkt des Indicators ein. Man versetzt mit einigen Tropfen Stärkelösung und dann mit 1 ml des frisch bereiteten Gemisches von $K_3[Fe(CN)_6]$- und KJ-Lösung. Das frei werdende Jod zeigt Zink an. In sehr verdünnten Lösungen tritt die Blaufärbung der Stärke erst nach 2 Min. ein.

Für Zinksalzlösungen geringer Konzentration (0,001 m) erhält man mit folgender Mischung die besten Ergebnisse: 5 ml 0,01 n $K_3[Fe(CN)_6]$-Lösung, 5 ml Stärkelösung, 1 ml gesättigte Ammoniumacetatlösung, 1 ml 10%ige KJ-Lösung.

Ein längeres Erhitzen des Reaktionsgemisches ist zu vermeiden, weil in diesem Fall die Reaktion selbst bei Abwesenheit von Zink positiv ausfallen kann. Die Reaktion ist auch nicht zum Tüpfeln auf Filterpapier geeignet.

Empfindlichkeit. Die Nachweisreaktion wird in der angegebenen Ausführung als empfindlich und spezifisch bezeichnet. Mit 5 Tropfen einer 0,01 m Zinksalzlösung erhält man noch eine ausreichende Reaktion bei Verwendung von 5 ml des Reagenses, während 40 Tropfen einer 0,001 m Zinksalzlösung nicht mehr reagieren.

Störungen. Kationen, die ebenfalls mit Kalium-hexacyano-ferrat(III) reagieren, wie Eisen, Kobalt u. a., müssen vorher entfernt werden. Aluminate stören jedoch nicht.

Oxydierende Verbindungen, wie Brom, Salpetersäure usw., stören, da sie Jod in Freiheit setzen. Man nimmt deshalb mit der zu untersuchenden Lösung zuvor eine Prüfung mit Kaliumjodid und Stärkelösung vor. Auf reduzierende Verbindungen ist in entsprechender Weise mit Jod und Stärke zu prüfen.

5. Nachweis mit Kalium-hexacyano-ferrat(II) und Uranylacetat (PIERCE und NAVE).

Kalium-hexacyano-ferrat(II) bildet mit Zink bei Anwesenheit von Uranylacetat in essigsaurer Lösung einen rotbraun gefärbten Niederschlag.

Ausführung. Zu der essigsauren Lösung fügt man ein gleiches Volumen 0,01 n Uranylacetatlösung und gibt 0,5 n $K_3[Fe(CN)_6]$-Lösung tropfenweise hinzu, bis eine deutlich rotbraune Farbe entstanden ist. Wenn mehr als 15 Tropfen gebraucht werden, oder wenn der Niederschlag auf Grund von Verunreinigungen gefärbt ist, muß noch etwas Uranylacetat hinzugegeben werden.

Störungen. Es stören zahlreiche Kationen, die jedoch im Verlaufe des Analysenganges abgetrennt werden. Kleine Mengen Aluminium und Chromat stören nicht. Weder reduzierende noch oxydierende Substanzen beeinträchtigen den Nachweis.

6. Nachweis mit Kalium-hexacyano-ferrat(II) und Kobaltsulfat (nach SCHACHKELDIAN).

Läßt man auf eine verdünnte Zinksalzlösung in Gegenwart von geringen Mengen Kobaltsulfat oder -nitrat Kalium-hexacyano-ferrat(II) einwirken, so bildet sich ein amorpher voluminöser Niederschlag von grünblauer Farbe der Zusammensetzung $Zn_5Co[Fe(CN)_6]_3$.

Ausführung. Erforderliche Lösungen: a) 0,25 g $CoSO_4$ in 100 ml Wasser, b) 4- bis 5%ige Lösung von $K_4[Fe(CN)_6]$, c) Schwefelsäure (3 Teile Säure und 1 Teil Wasser).

1 bis 2 Tropfen der Probelösung werden mit je 1 ml der beiden Reagenslösungen (a und b) versetzt und gut durchgeschüttelt. Dann unterschichtet man vorsichtig mit einigen Millilitern Schwefelsäure. In Gegenwart von Zink entsteht an der Berührungsstelle ein grünblauer Ring. Der Niederschlag ist unlöslich im Überschuß von $K_4[Fe(CN)_6]$; mit Alkalihydroxyd wird beim Erhitzen Kobalthydroxyd ausgeschieden.

Empfindlichkeit. In 1 Tropfen (0,05 ml) lassen sich 8 bis 0,06 mg Zink nachweisen. Erfassungsgrenze: 0,06 mg Zink pro ml. Zinksalzlösungen, die stärker als 5 n sind, müssen vorher entsprechend verdünnt werden. Ist die Konzentration kleiner als 1/30 n, dann müssen 0,5 bis 1 ml zur Untersuchung verwendet werden.

Störungen. Eisen, Kobalt, Quecksilber, Nickel und Zinn stören. Kobalt stört in Konzentrationen von mehr als 0,5%. Mit Ausnahme von Zinn können die störenden Ionen vorher mit Natronlauge entfernt werden. Das Filtrat des Hydroxydniederschlages wird dann angesäuert und in einigen Tropfen desselben auf Zink geprüft.

7. Nachweis mit Kalium-hexacyano-cobaltat(II) (ALVAREZ).

Bei Anwesenheit von schwefliger Säure bildet Zink mit Kalium-hexacyano-cobaltat(II) einen orangeroten Niederschlag der Zusammensetzung $Zn_2[Co(CN)_6]$; im Überschuß des Fällungsmittels löst sich der Niederschlag mit dunkelroter Farbe unter Bildung der Komplexverbindung $K_2Zn[Co(CN)_6]$.

Ausführung. Herstellung der Reagenslösung: Man bereitet eine 10%ige Kobaltchlorid- oder -sulfatlösung in ausgekochtem destilliertem Wasser, welches zuvor mit Schwefeldioxyd bei 0° gesättigt wurde, und fügt dann Kaliumcyanid bis zur Wiederauflösung des gebildeten roten Niederschlages hinzu.

Fügt man zu einigen Millilitern dieser Reagenslösung die zuvor mit Schwefeldioxyd gesättigte, auf Zink zu prüfende Lösung, so erhält man eine dunkelrote Lösung, aus der bei weiterer Zugabe der Probelösung ein intensiv orangerot gefärbter Niederschlag ausfällt.

Grenzkonzentration. $1 : 2{,}5 \cdot 10^4$ (VAN NIEUWENBURG u. a.).

Störungen. Nickel und Kobalt stören; der entsprechende Niederschlag ist bei Nickel gelb, bei Kobalt rot gefärbt.

8. Nachweis mit Kaliumperjodat.

Kaliumperjodat fällt aus Zinksalzlösungen einen weißen Niederschlag. Die Gegenwart von Ammoniumchlorid kann aber die Fällung in der Kälte verhindern, doch wird in der Hitze das gesamte Zink gefällt (TREADWELL und HALL).

BENEDICT verwendet die Reaktion zum Nachweis von Zink.

Ausführung. Die neutrale Probelösung wird mit einigen Tropfen einer 0,1 n Lösung von Kaliumperjodat versetzt.

Störungen. Mangan bildet mit dem Reagens einen tiefroten Niederschlag. Außerdem stören Nickel und Kobalt, die beide ebenfalls mit Kaliumperjodat gefärbte Niederschläge bilden. Zur Prüfung auf Zink und Mangan nebeneinander verfährt man folgendermaßen: Zu der schwach salzsauren, auf Mangan und Zink zu prüfenden Lösung wird etwas Ammoniumchlorid gegeben und die Lösung stark alkalisch gemacht. Man versetzt dann mit einigen Millilitern 0,1 n Kaliumperjodatlösung. Ein rosa oder roter, bald braun bis schwarz werdender Niederschlag zeigt Mangan an. Man filtriert darauf und gibt zum Filtrat noch einige Tropfen der Reagenslösung, damit auf jeden Fall ein geringer Überschuß davon vorhanden ist. Darauf wird zum Sieden erhitzt. Das Auftreten eines weißen Niederschlages (der durch Manganspuren aus der Lösung rosa gefärbt sein kann) zeigt Zink an. Tritt bereits bei der ersten Zugabe von Perjodat in der Kälte ein weißer Niederschlag auf, dann deutet das auf Abwesenheit von Mangan und Vorliegen einer großen Zinkmenge hin. Man filtriert dann, gibt noch etwas Reagens hinzu und erhitzt zum Sieden. Ein jetzt ausfallender weißer Niederschlag bestätigt die Anwesenheit von Zink.

9. Nachweis mit Ammoniumrhodanid.

Nach SPEAR, WELLS und DYER ist frisch bereitete Ammoniumrhodanidlösung bei Zimmertemperatur kein gutes Nachweisreagens für Zink. 10 mg davon geben mit dem Reagens häufig nicht einmal eine Trübung. Die Empfindlichkeit wird etwas verbessert durch Erhöhen der Temperatur auf 50 bis 60°.

SCHOTTEN hat die Beobachtung gemacht, daß aus einer Auflösung von etwa 50 mg metallischem Zink in 1 ml mäßig konzentrierter Salpetersäure bei Zugabe von ungefähr 0,5 g Ammoniumrhodanid nach 4 bis 20 Std. ein feinkörniger, citronengelber Niederschlag oder Belag an der Glaswandung entsteht. Er glaubt, dieses Verhalten zum Nachweis von Zink, besonders in Tumorgeweben verwerten zu können. Die resultierende Verbindung bezeichnet der Verfasser als „Carcinomgelb"[1]).

II. Nachweis mit organischen Reagenzien.

1. Nachweis mit Pyridin.

Versetzt man die wäßrige neutrale Lösung eines Zinksalzes mit einigen Tropfen einer Kalium- oder Ammoniumrhodanidlösung und einigen Tropfen Pyridin, so bildet sich beim Umschütteln ein weißer kristalliner Niederschlag der Zusammensetzung $[Zn(Py)_2](SCN)_2$.

Bei nicht zu verdünnten Zinksalzlösungen (bis zu 50 mg Zink pro Liter) kann man erst Pyridin und dann Rhodanidlösung zufügen; bei sehr verdünnten Lösungen muß man dagegen stets zuerst mit Alkalirhodanidlösung versetzen und einige Sekunden schütteln, bevor man das Pyridin zugibt. Diese Arbeitsweise ist unerläßlich, da sich zuerst Zinkrhodanid bilden soll, auf welches das Pyridin unter Bildung des Komplexes einwirkt.

Da der Zink-Pyridin-Rhodanid-Niederschlag durch Säuren zersetzt wird, müssen saure Lösungen zur Trockne verdampft und mit Wasser wieder aufgenommen werden, schwach saure Lösungen können aber auch mit Pyridin in geringem Überschuß versetzt werden. Zu bemerken ist, daß ein Überschuß von Pyridin zu vermeiden ist, da der Niederschlag darin ziemlich löslich ist. Die Zinkverbindung

[1] Anm. der Verff.: Der Ausfall der Reaktion mit zinkfreien Blindproben wird nicht beschrieben.

ist auch in Chloroform leicht löslich; bei genügend großer Konzentration nimmt dieses eine milchweiße Farbe an (SPACU).

Ausführung. (a) Zu 10 ml der neutralen Probelösung gibt man einige Tropfen einer 20%igen Ammoniumrhodanidlösung, schüttelt einige Sekunden, gibt dann 2 bis 3 Tropfen Pyridin hinzu und schüttelt wiederum, um die Kristallisation und damit die Abscheidung des Niederschlages zu erleichtern.

Empfindlichkeit. $1 : 2 \cdot 10^5$. 10 ml einer Lösung, die nur 10^{-4} g Zink enthält, gibt nach einigen Sekunden Schütteln einen weißen Niederschlag. Die Erfassungsgrenze ist erreicht bei einer Lösung, die $5 \cdot 10^{-5}$ g Zink in 10 ml enthält, d. h. 1 g Zink in 200000 Teilen Wasser; 10 ml dieser Lösung geben beim Schütteln nach einiger Zeit einen noch erkennbaren Niederschlag.

Störungen. Alle Metalle der Ammoniumsulfidgruppe stören [KOLTHOFF und HAMER (b)].

Ersetzt man Rhodanid durch Halogenid, so wird die Reaktion wesentlich spezifischer. Mit Pyridin und Bromid bilden nur Zink und Cadmium schwerlösliche Komplexverbindungen [KOLTHOFF und HAMER (b)].

Als Reagenzien dienen Alkalibromid und Pyridin, die zu der auf Zink zu prüfenden Lösung gegeben werden, worauf sich Zink sofort quantitativ unter Bildung eines kristallinen Niederschlages von $[Zn(Py)_2]Br_2$ absetzt.

Ausführung. (b) (nach RIPAN). Man fügt zu einigen Millilitern der neutralen Probelösung 2 bis 3 ml einer 10%igen Natriumbromidlösung und 0,5 bis 1 ml Pyridin. Es bildet sich ein kristalliner Niederschlag, der sich schnell absetzt, wobei die überstehende Lösung vollkommen klar bleibt. Man kann hier Pyridin auch in geringem Überschuß anwenden, da die Komplexverbindung erst in einem großen Überschuß des Reagenses löslich ist.

Nachweisgrenze. 5 mg Zink/Liter [KOLTHOFF und HAMER (b)]. Auf diese Weise lassen sich bis zu 10^{-5} g Zink nachweisen, wenn eine 0,005%ige Zinksalzlösung vorliegt. Eine verdünntere Lösung muß vorher eingeengt und dann die Reaktion in einem kleineren Volumen durchgeführt werden (RIPAN).

Störungen. Mangan, Kobalt und Nickel stören unter diesen Bedingungen nicht, da sie lösliche Komplexverbindungen geben. Bei Durchführung der Nachweisreaktion in Anwesenheit dieser Metalle sind diese im Filtrat des Zink-Pyridinbromid-Niederschlages nachzuweisen.

Es stören jedoch Säuren, die mit den vorhandenen Kationen und Pyridin unlösliche Niederschläge bilden.

Über den mikrochemischen Nachweis von Zink mit Hilfe von Pyridin und Bromid s. § 4, S. 174.

Bei Gegenwart von Alkalijodid bilden Zinksalzlösungen mit Pyridin einen kristallinen farblosen Niederschlag der Zusammensetzung $[Zn(Py)_2]J_2$. Der Komplex ist in Wasser wenig löslich, jedoch in einer pyridinhaltigen wäßrigen Alkalijodidlösung völlig unlöslich (RIPAN).

Ausführung. (c) Zu der neutralen Probelösung fügt man einige Milliliter einer 16%igen Kaliumjodidlösung und einige Milliliter Pyridin. Ein Überschuß von KJ stört nicht. Es bildet sich sofort ein kristalliner Niederschlag, der sich schnell absetzt; ist die überstehende Lösung klar, so kann man schließen, daß die Fällung vollständig ist. Opalesciert die Lösung, so fügt man noch einige Tropfen Pyridin hinzu. Letzteres darf nicht im Überschuß vorhanden sein, da es die Löslichkeit des Niederschlages erhöht.

Grenzkonzentration. $1 : 10^4$ (VAN NIEUWENBURG u. a.).

Störungen. Es stören die gleichen Ionen wie beim Nachweis mit Pyridin und Bromid (RIPAN). Cadmium reagiert in gleicher Weise wie Zink [GUTZEIT (a)].

Nach LANG erhält man mit einer wäßrigen Zinkchloridlösung, der man Pyridin im Überschuß zufügt, einen voluminösen Niederschlag. Er löst sich in siedendem pyridinhaltigem Wasser und kristallisiert beim Erkalten in mehrere Zentimeter langen weißen, seideglänzenden Nadeln wieder aus. Diese Kristalle erweisen sich unter dem Mikroskop als faserige Aggregate.

Auch mit Natriumhydrogensulfit und Pyridin entsteht bei Gegenwart von Zinkionen ein weißer kristalliner Niederschlag. Als Reagens dient eine Mischung von 10 ml Natriumhydrogensulfit ($d = 1{,}33$ bis 1,38), 10 ml Wasser und 5 ml Pyridin. Das Reagens wird im 4- bis 5fachen Überschuß zu der Zinksalzlösung gegeben; nach raschem Rühren erfolgt die Bildung des weißen Niederschlages [GUTZEIT (a)].

2. Nachweis mit Resorcin.

Nach DEL CAMPO CERDAN entsteht bei Zusatz von Resorcin zu einer ammoniakalischen Zinksalzlösung eine Blaufärbung. Gibt man zu der gefärbten Lösung einen Überschuß an Säure, so geht die Farbe in Rot über (LAVOYE; SENSI und TESTORI; vgl. auch MOHLER und WIDMER, BEY, HERSTEIN, KARAOGLANOV).

Ausführung. (a) Die auf Zink zu prüfende Lösung wird schwach ammoniakalisch gemacht und mit 1 ml einer 10%igen alkoholischen Resorcinlösung versetzt. Bei Anwesenheit von Zink entsteht in der Kälte eine Gelbfärbung, welche sich beim Erhitzen rasch in Goldgelb und später in Olivgrün verwandelt. Beim beginnenden Sieden wird die Lösung von der Flamme entfernt und auf eine weiße Unterlage gestellt. Nach wenigen Minuten vertieft sich die Farbe über Blaugrün in reines Blau (FABICH). Beim Ansäuern geht die blaue Farbe in ein intensives Rubinrot über.

Nachweisgrenze. 0,01 g Zink/Liter (DEL CAMPO CERDAN). Nach FABICH lassen sich bei Benutzung einer Vergleichslösung noch $2 \cdot 10^{-4}$ g Zn/Liter feststellen. Eine eben noch ausgesprochene Blaufärbung wird bis zu einer Verdünnung von 2 mg Zink/Liter erreicht.

Störungen. Die Reaktion ist wohl sehr empfindlich, aber für Zink nicht charakteristisch, da auch andere Metalle, wie Cd, Ni, Co, Cu und Mn ähnliche Färbungen mit Resorcin ergeben und deshalb vorher entfernt werden müssen (FABICH).

Ausführung. (b) Nach BÖTTGER schichtet man die alkoholische 10%ige Resorcinlösung auf die mit Ammoniak versetzte Probelösung. Es tritt alsdann je nach der Zinkmenge nach kürzerer oder längerer Zeit unter einer braunen Schicht, die auf die Wechselwirkung zwischen Ammoniak, Resorcin und Sauerstoff zurückzuführen ist, eine blaue Zone auf. Bei Zinkmengen unter 1 mg kommt die blaue Zone, die dann auch einen Stich ins Grüne hat, unter Umständen erst nach einigen Stunden zustande.

Empfindlichkeit. Durch diese Reaktion soll man noch 0,01 g Zink/Liter erkennen können.

Störungen. Die Metalle Cu, Cd, Co, Ni und Mn sind vor Ausführung dieser Reaktion abzutrennen. Dagegen läßt sich die Reaktion in Gegenwart von Aluminium durchführen. Man läßt das ausfallende Aluminiumhydroxyd absitzen, ehe man die Resorcinlösung zugibt. Ist Chromat zugegen, so tritt eine Mischfarbe auf. In zweifelhaften Fällen fällt man das Chromation durch Bariumchlorid in Gegenwart eines Überschusses von Ammoniak aus und prüft das eingeengte Filtrat in der üblichen Weise.

3. Nachweis mit 8-Oxychinolin.

Zinksalze werden durch 8-Oxychinolin in essigsaurer, neutraler oder alkalischer Lösung unter Bildung eines gelbgefärbten inneren Komplexsalzes gefällt (BERG); vgl. auch SCHMITZ-DUMONT; TOUGARINOFF (a).

Ausführung. Die mit 2 n Essigsäure gerade angesäuerte Probelösung wird mit etwa 10 Tropfen einer 5%igen Lösung von 8-Oxychinolin in 2 n Essigsäure versetzt. Die Bildung eines gelben Niederschlages zeigt die Anwesenheit von Zink an (TOMSICEK und CARNEY; LEHRMAN, WEISBERG und KABAT).

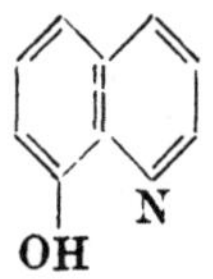

8-Oxychinolin

Grenzkonzentration. Die Empfindlichkeit beträgt nach BERG in mit Natriumacetat gepufferter essigsaurer Lösung $1:10^6$, in ammoniakalischer Lösung $1:2{,}77 \cdot 10^5$ und in natronalkalischer Lösung $1:1{,}4 \cdot 10^5$.

Störungen. Zahlreiche Ionen geben mit Oxychinolin unter den gleichen Bedingungen ähnliche Niederschläge.

Soll der Nachweis von Zink mit Oxychinolin in Gegenwart von Uran durchgeführt werden, so gibt man nach WIGGINS und WOOD alkalische Tartrat- oder Malatlösung zur Maskierung des Urans hinzu und verfährt folgendermaßen:

Die schwach essigsaure Lösung von Zink und Uran wird mit einer alkalischen Tartratlösung (50 g Natrium-Kalium-Tartrat und 200 ml 1 n-Natronlauge auf 1 l aufgefüllt) bis zum Auftreten einer Trübung von Natriumuranat versetzt. Diese wird durch Zusatz einiger Tropfen verdünnter Essigsäure wieder zum Verschwinden gebracht. Zu der heißen Lösung gibt man nun einen geringen Überschuß einer 2%igen alkoholischen Lösung von 8-Oxychinolin. Zink fällt dabei quantitativ aus, ohne Uran mitzufällen. Ein größerer Überschuß des Reagenses ist zu vermeiden.

4. Nachweis mit α-Chinaldinsäure.

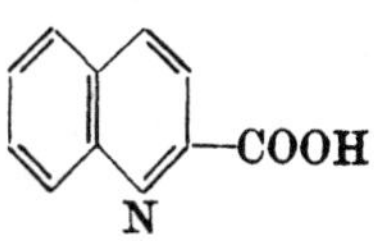

α-Chinaldinsäure

Versetzt man eine heiße, mit verdünnter Essigsäure angesäuerte Zinksulfatlösung tropfenweise mit einer Lösung von Chinaldinsäure oder deren Natriumsalz, so entsteht ein weißer, körniger Niederschlag der Zusammensetzung $(C_{10}H_6NO_2)_2\,Zn \cdot H_2O$, der in Ammoniak und Mineralsäuren leicht löslich ist.

Die Empfindlichkeit der Reaktion beträgt bei einem sowohl aus neutraler als auch aus verdünnter essigsaurer Lösung erhaltenen Niederschlag (*Grenzkonzentration*) $1:2 \cdot 10^6$. Bei einem Verhältnis von $1:15 \cdot 10^6$ tritt noch eine Opalescenz auf [RÂY und BOSE (a)].

Cadmium, Uran, Eisen(II) und Kupfer geben ähnliche Reaktionen [VAN NIEUWENBURG u. a.; vgl. hierzu auch RÂY und BOSE (b) sowie RÂY und MAJUNDAR].

5. Nachweis mit Pyramidon und Rhodanid.

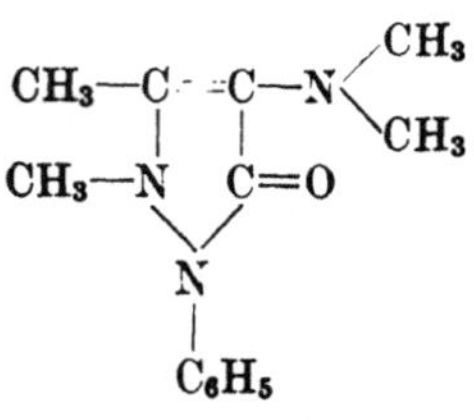

Pyramidon

In Gegenwart von Ammoniumrhodanid bilden Lösungen von Zinksalzen mit Pyramidon einen weißen Niederschlag. Als Reagenzien dienen eine wäßrige Lösung von Pyramidon (1:100) und eine gesättigte Lösung von Ammoniumrhodanid (FUNGAIRIÑO); vgl. hierzu auch KOLTHOFF und HAMER (b); GUSSEW; GUTZEIT (a).

Ausführung (nach BITOVT). Als Reagens verwendet man eine Lösung, die 1 g Pyramidon und 5 g Kaliumrhodanid in 40 ml Wasser enthält; hierzu fügt man noch 10 ml 1 n Essigsäure. Zu einigen Tropfen der zu untersuchenden Lösung gibt man 2 bis 3 Tropfen der Reagenslösung. Bei Gegenwart von Zink entsteht ein weißer kristalliner Niederschlag, der in Mineralsäuren, Alkalien und Ammoniak löslich ist. Aluminium, Chrom und Mangan stören bis zu Konzentrationen von 0,5 n nicht.

Es stören jedoch Cd, Co, Cu, Fe und Ni (FUNGAIRIÑO), sowie Pb [KOLTHOFF und HAMER (b)].

Grenzkonzentration. 1 : 10^5 (VAN NIEUWENBURG u. a.). Nach GUSSEW lassen sich in essigsaurer Lösung noch 6 γ Zink in 1 ml nachweisen. FUNGAIRIÑO weist bei einer Verdünnung von 1 : 10000 noch bis zu 1 γ Zink nach.

6. Nachweis mit Antipyrin und Rhodanid.

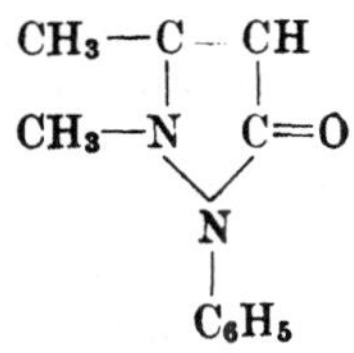

Antipyrin

In Gegenwart von Kalium- oder Ammoniumrhodanid gibt Antipyrin mit Zinksalzen in schwach saurer Lösung einen weißen Niederschlag [KOLTHOFF und HAMER (b)].

Nach GUTZEIT (a) dient als Reagenslösung ein Gemisch von 5 g Antipyrin und 5 g Kaliumrhodanid in 50 ml Wasser.

Empfindlichkeit. 1 : 10000. 100 mg Zink/Liter sind gerade noch nachweisbar.

Cadmium gibt keinen Niederschlag; Kobalt und Eisen geben ähnliche Reaktionen (VAN NIEUWENBURG u. a.), ebenso Chrom [GUTZEIT (a)].

7. Nachweis mit Harnsäure.

Eine mit Harnsäure versetzte und alkalisch gemachte Zinksalzlösung zeigt bei Zugabe eines schwachen Überschusses von Jod-Jodkalium-Lösung oder Bromwasser oder Natriumhypochloritlösung eine beständige blaue Farbe. Der p_H-Wert der Lösung darf nicht über 12 liegen, da bei großem Überschuß von Hydroxylionen infolge Bildung von Zinkat der Nachweis nicht durchführbar ist (NUTTEN).

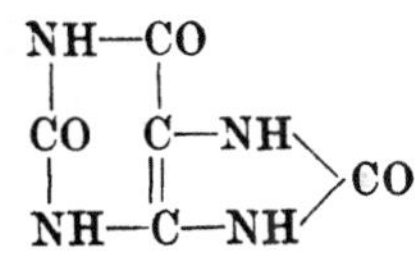

Harnsäure

Ausführung (nach FEARON). Etwa 20 mg fein gepulverter Harnsäure werden in 4 ml der verdünnten Probelösung (mit einem Zinkgehalt von etwa 0,1 bis 0,2%) suspendiert und durch Zugabe von 2 bis 4 Tropfen 20%iger Natronlauge alkalisch gemacht. Die Mischung wird gut geschüttelt und dann durch tropfenweise Zugabe von 2%iger Jodlösung in Kaliumjodid oxydiert, bis die Farbe des Halogens gerade bestehen bleibt. Die Gegenwart von Zink wird angezeigt durch das Auftreten einer rein blauen Farbe, die bestehen bleibt, wenn genügend Oxydationsmittel zugefügt wurde. Verschwindet die Färbung wieder infolge eines Harnsäureüberschusses, so kann sie durch weitere Zugabe des Oxydationsmittels erneuert werden.

Nachweisgrenze. Zink läßt sich noch in Konzentrationen bis zu 1 : 10000 nachweisen. Bei geringeren Konzentrationen wird die schwache Färbung des Reaktionsgemisches durch die gelbe Farbe des Jods überdeckt. Man verwendet in diesem Falle dann besser Hypochlorit als Oxydationsmittel.

Störungen. Cu, Co, Ni, Ag und Mn reagieren mit alkalischer Harnsäurelösung ebenfalls, wobei jedoch keine Oxydationsmittel zugegen sein müssen.

Nach SENSI und TESTORI gibt man die auf Zink zu prüfende Lösung in alkalische Harnsäurelösung (bereitet aus 5 g KOH und 2 g Harnsäure in 100 ml Wasser); der gebildete weiße, gelatinöse Niederschlag geht beim Stehen an der Luft oder durch Überstäuben mit Kaliumpersulfat in ein blaugefärbtes Oxydationsprodukt über.

8. Nachweis mit Methylviolett.

Methylviolett reagiert mit Zinksalzlösungen bei Gegenwart von Rhodanid, wobei im durchfallenden Licht eine blaue bis violette Färbung der Lösung beobachtet wird [KUSNETZOW (b)].

Ausführung. Zu 2 ml der neutralen zu untersuchenden Lösung gibt man 1 Tropfen Salzsäure ($d = 1{,}12$), 1 Tropfen einer 0,06%igen Lösung von Methylviolett und 2 Tropfen 20%ige Ammoniumrhodanidlösung. Erscheint die Lösung im durchscheinenden Licht blau oder violett, so ist der Nachweis auf Zink positiv. Bei Abwesenheit von Zink wird eine blaugrüne Farbe beobachtet [KUSNETZOW (b)],

Nachweisgrenze. $1:1{,}5\cdot 10^7$ [KUSNETZOW (b)]. 1 Teil Zink kann auf diese Weise noch in Gegenwart von 10000 Teilen Cadmium nachgewiesen werden.

Störungen. Eine Farbreaktion in saurer Lösung mit Methylviolett geben schon ohne Zugabe von Rhodanid Gold, Iridium, Molybdän, Wolfram und Heteropolysäuren, mit Zusatz von Rhodanid ferner noch Cd, Hg, Cu, Ag, Sn(IV), Fe(III), Co, Rh, Pd und Pt. Die unedlen Metalle können durch Zusatz von 5 Tropfen einer gesättigten Weinsäurelösung unschädlich gemacht werden, die edlen zusammen mit Eisen durch Reduktion mittels Blei. Man erwärmt dazu 2 bis 3 Min. mit einem Stück Bleifolie bis zur Entfärbung, versetzt nochmals mit 1 Tropfen Salzsäure, 5 Tropfen Weinsäurelösung, 1 Tropfen Methylviolett- und 1 Tropfen Rhodanidlösung. Bei dieser Art der Ausführung kann 1 Teil Zink z. B. neben mehr als 10000 Teilen Cadmium (und anderen Elementen) nachgewiesen werden. Bei Abwesenheit von Kupfer kann Eisen auch durch Hydrazin oder Hydroxylamin reduziert werden.

Die zu untersuchende Lösung soll nicht mehr als 0,1 bis 0,5% Schwermetall- und 3 bis 5% Alkalimetallsalze enthalten [KUSNETZOW (d)].

9. Nachweis mit Dimin (Dithiocarbamat des Cyclohexyl-äthyl-amins).

In neutraler oder 1 n salz- oder schwefelsaurer Lösung geben Zinksalzlösungen mit dem Reagens einen weißen Niederschlag. Die Grenze, bei der noch eine Trübung wahrgenommen wird, liegt für Zink bei etwa $4\cdot 10^{-4}$ g/l. Als Reagens dient eine 0,5%ige wäßrige Lösung des Dimins.

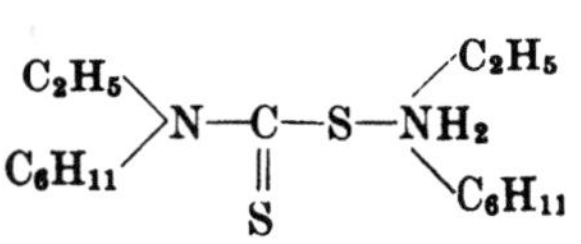

Dimin

Zink wird auch aus 1 n Kalilauge gefällt, jedoch nicht aus ammoniakalischer Lösung.

Zahlreiche Schwermetallkationen geben mit Dimin gleichfalls einen Niederschlag, so Pb, Hg(II), As(III), As(V), Sb(III) und Sn(II) aus saurer Lösung, Ag, Pb und Cu aus alkalischer Lösung, sowie Cd, Ni, Co und Mn aus ammoniakalischer Lösung. Mit verdünnten Lösungen von Aluminium und Chrom findet keine Reaktion statt (HERRMANN-GURFINKEL).

10. Nachweis mit Dinaphthyl-thiocarbazon.

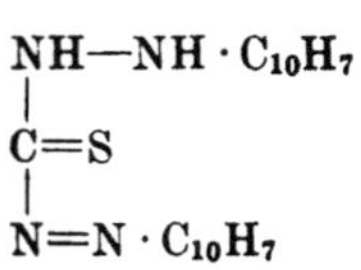

Dinaphthyl-thiocarbazon

Ähnlich wie Dithizon (§ 3, S. 151) wird auch eine Auflösung von Dinaphthyl-thiocarbazon in Tetrachlorkohlenstoff durch Schütteln mit einer Zinksalzlösung charakteristisch gefärbt. Beim Schütteln beobachtet man als Zwischenstufe das Auftreten einer Blaufärbung der Tetrachlorkohlenstoffschicht, die endlich in Violettrot übergeht. Die Blaufärbung bleibt jedoch bei Anwesenheit von nur Spuren Zink erhalten.

Ähnlich reagieren Cadmium und Blei sowie Thallium, Kobalt und Nickel (SSUPRUNUWITSCH).

11. Nachweis mit 5-Methyl-8-oxychinolin.

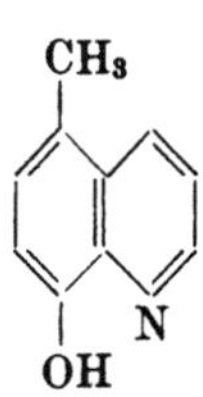

5-Methyl-8-oxychinolin

Zink gibt in 0,2 n natronalkalischer Lösung bei Gegenwart von 10%iger Natriumtartratlösung mit 5-Methyl-8-oxychinolin einen gelb-grünen Niederschlag.

Grenzkonzentration. $1:2\cdot 10^5$.

Außer Zink geben auch Kupfer, Eisen und Palladium mit dem Reagens einen Niederschlag (GIETZ und SÁ).

12. Nachweis mit Isonitroso-N-phenyl-3-methyl-pyrazolon.

Aus essigsaurer Lösung fällt das Reagens einen rein gelben, mikrokristallinen Niederschlag der Zusammensetzung $Zn[C_{10}H_8N_3O_2]_2$. Aus Lösungen von Zinknitrat, -sulfat oder -chlorid erfolgt die Fällung erst nach Zugabe von Natriumacetat. Als Reagenslösung dient eine 1%ige Lösung von Isonitroso-N-phenyl-3-methyl-pyrazolon in 50%igem Alkohol. Die Acidität wird durch Zugabe von 10%iger Natriumacetatlösung herabgesetzt.

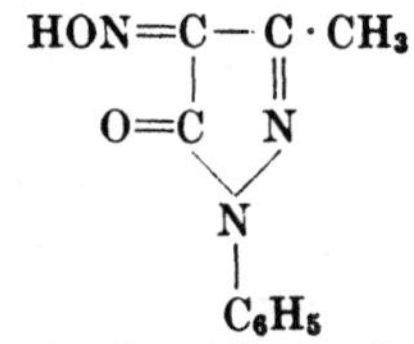
Isonitroso-N-phenyl-3-methyl-pyrazolon

Unter ähnlichen Bedingungen wie Zink geben auch Ag, Cd, Ni, Co, Cu und das Uranylion eine Fällung mit dem Reagens (Hovorka und Sýkora).

13. Nachweis mit 2,7-Diaminofluoren.

Eine auf das Doppelte ihres Volumens mit Alkohol verdünnte Zinksalzlösung gibt bei Anwesenheit von Chloriden und Abwesenheit von Sulfaten mit einer 1%igen alkoholischen Lösung von 2,7-Diaminofluoren einen reinweißen Niederschlag.

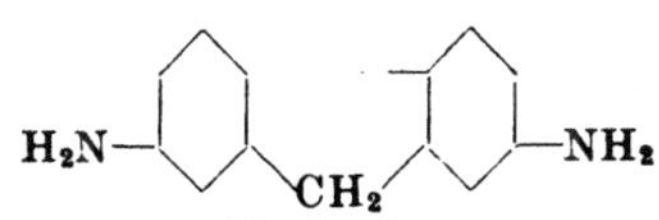
2,7-Diamino-fluoren

Sulfationen stören, da das Reagens ein schwerlösliches Sulfat bildet; sie werden mit überschüssiger Bariumchloridlösung entfernt.

Sind in der zu prüfenden Lösung keine Chloride oder Nitrate vorhanden, so wird die Reaktion erst dann eindeutig, wenn man der Metallsalzlösung außer dem Reagens noch Kochsalzlösung hinzufügt.

Cadmium reagiert ebenso wie Zink, während Kupfer einen blauen Komplex bildet (Schmidt und Hinderer).

14. Nachweis mit Resorufin.

Gibt man zu einer neutralen oder schwach sauren Zinksalzlösung einige Tropfen ammoniakalischer Resorufinlösung (0,2 g Resorufin in 5 ml Ammoniak und 100 ml Wasser) hinzu, so entsteht ein Niederschlag, welcher in der intensiv gelbrot fluorescierenden Lösung im auffallenden Licht (besonders bei Verwendung eines schwarzen Hintergrundes) dunkel erscheint und so in kleinen Mengen sehr leicht zu erkennen ist.

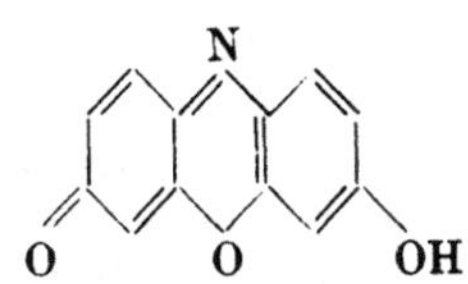
Resorufin

Die Reaktion ist nicht spezifisch; ähnliche Niederschläge geben auch Cu, Cd, Fe(III), Al, Ni, Cr, Ba und Sr. Fe(II) stört die Reaktion durch Reduktion des Resorufins und muß vorher zu Fe(III) oxydiert werden (Eichler).

15. Nachweis mit Ammoniumdithiocarbamat.

In neutraler oder schwach alkalischer Lösung gibt Zink mit einer Lösung von Ammoniumdithiocarbamat, die durch Schütteln von Schwefelkohlenstoff mit konzentrierter Ammoniaklösung entsteht, einen weißen, in Essigsäure löslichen Niederschlag. Ähnlich verhält sich Aluminium, während eine Reihe anderer Metalle unter den gleichen Umständen verschieden gefärbte Niederschläge bilden [Parri (a)].

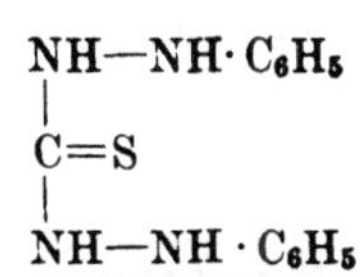
Thiodiphenylcarbazid

16. Nachweis mit Thiodiphenylcarbazid.

Fügt man zu einer Zinksalzlösung eine 5%ige alkoholische Lösung von Thiodiphenylcarbazid, so entsteht ein cremeweißer Niederschlag, der in Essigsäure wenig, in Salzsäure jedoch gut löslich ist.

Beim Versetzen mit Alkali geht die Farbe des Niederschlags in Kirschrot über [Parri (b)].

17. Nachweis mit Borneolglycuronsäure.

Zink wird aus saurer oder neutraler Lösung mit Hilfe von Borneolglycuronsäure gefällt. Da diese Säure mit den übrigen Metallen — mit Ausnahme von Cadmium — keine unlöslichen Salze bildet, liegt hier eine bequeme Methode zum Nachweis von Zink vor, die auch zur Abtrennung des Zinks aus einem Kationengemisch Anwendung finden kann. Zink gibt noch in einer Konzentration von 0,03% einen charakteristischen kristallinen Niederschlag, wenn es mit einer 5%igen wäßrigen Lösung von Borneolglycuronsäure behandelt wird.

Cadmium reagiert ähnlich (QUICK).

Grenzkonzentration. 1 : 3300 (VAN NIEUWENBURG u. a.).

18. Nachweis mit Diamantschwarz F oder Eriochromschwarz T.

a) Läßt man die blau gefärbte alkalische Lösung von Diamantschwarz F zu der ammoniakalischen Lösung eines Zinksalzes fließen, so entsteht ein rotgefärbter Farblack. In gleicher Weise reagieren Cu, Mg, Ca und Fe.

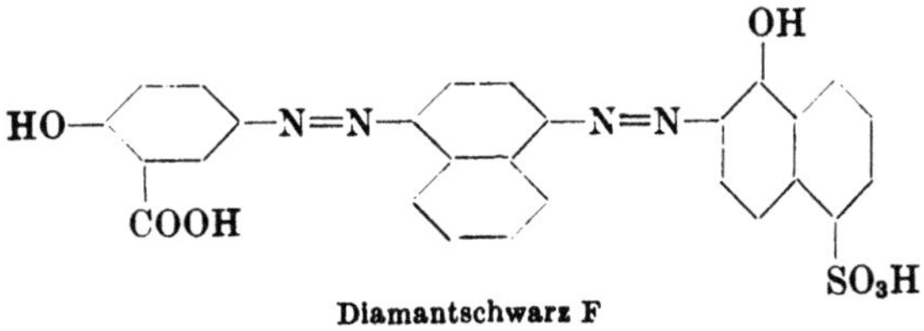

Diamantschwarz F

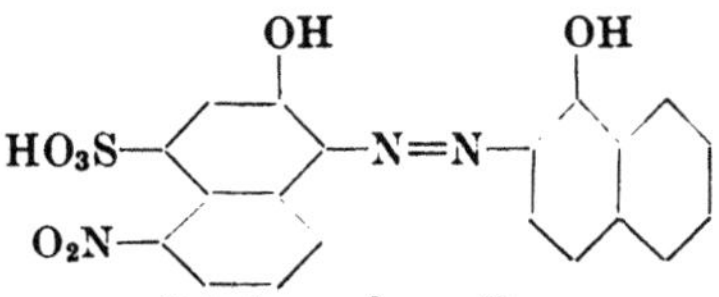

Eriochromschwarz T

b) Eriochromschwarz T ist in alkalischer Lösung violett gefärbt, bildet jedoch gleichfalls einen roten Farblack mit Zink. Rotgefärbte Lacke mit Eriochromschwarz T bilden auch Cu, Mg, Ca, Ag, Sr und *Cd* (BRENNER).

19. Nachweis mit α-Amino-n-capronsäure.

Dieses Reagens ist besonders zum Nachweis kleiner Zinkmengen geeignet. Aus sehr verdünnten Zinksalzlösungen, deren p_H 5,5 nicht unterschreitet, erhält man beim Zufügen von gleichen Mengen (je 1 ml) einer 40%igen Natriumacetatlösung und einer Auflösung von 0,67 g des Reagenses in 100 ml Wasser einen Niederschlag. Man kann auf diese Weise noch 0,02 mg Zink nachweisen.

Zur Einstellung des richtigen p_H-Wertes gibt man 1 Tropfen einer 0,04%igen p-Nitrophenollösung zu der Probelösung. Es muß dann so viel Natriumacetat hinzugefügt werden, daß eine stark gelbe Farbe entsteht. Der Niederschlag fällt häufig erst nach einigen Minuten aus.

Kupfer und Quecksilber geben eine ähnliche Reaktion. Die Fällung des Quecksilbers wird durch die Anwesenheit von Natriumchlorid verhindert (LYLE, CURTMAN und MARSHALL).

Grenzkonzentration. 1 : 5000 (VAN NIEUWENBURG u. a.).

20. Nachweis mit Alloxan.

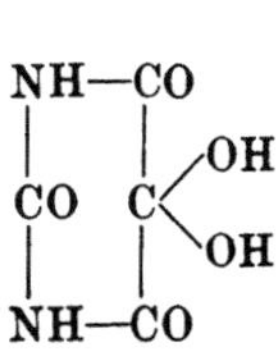

Alloxan

Zu einigen Millilitern einer Alloxanreagenslösung gibt man eine Zinksalzlösung; die anfangs entstehende Gelbfärbung geht schließlich in Orangerot über und beruht auf der Bildung von purpursaurem Zink. Kali- oder Natronlauge rufen carminrote Färbungen hervor.

Zur Herstellung des Alloxanreagenses werden 2 g Harnsäure mit 2 ml Salpetersäure ($d = 1{,}38$) übergossen. Nachdem die schnell verlaufende Reaktion beendet ist, gibt man 2 ml Wasser hinzu, erwärmt bis zur völligen Klärung der Flüssigkeit und füllt auf 100 ml auf.

Cadmium verhält sich ähnlich wie Zink. Mit Magnesium, Nickel, Kobalt und Mangan erhält man ebenfalls Farbreaktionen [DENIGES (b)].

21. Nachweis mit Natrium-alizarinsulfonat.

Eine Lösung von Zinkchlorid gibt mit einer 0,5%igen Auflösung von alizarinsulfosaurem Natrium eine Rosafärbung (GERMUTH und MITCHELL).

Da jedoch zahlreiche andere Ionen ausgeprägtere Farben verursachen oder charakteristische Niederschläge geben, scheint die Verbindung als Reagens auf Zink kaum geeignet.

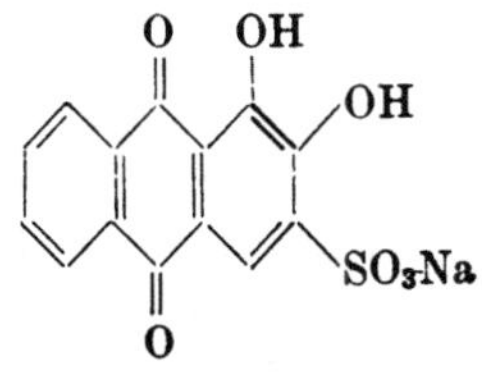

Natrium-alizarinsulfonat

22. Fällung mit o-Aminobenzoesäure.

Eine neutrale oder schwach saure Lösung von o-Aminobenzoesäure gibt mit Zinksalzen sofort eine weiße Fällung.

m-Aminobenzoesäure und p-Aminobenzoesäure geben mit Zinksalzen keine Fällung.

Da Cadmium mit allen drei Säuren Niederschläge zu bilden vermag, findet p-aminobenzoesaures Kalium insbesondere als Reagens auf Cadmium neben Zink (s. S. 260) Verwendung (DUBSKÝ und TRTÍLEK).

23. Fällung mit 2,5-Dimercapto-1,3,4-thiodiazol.

Versetzt man die Lösung eines Zinksalzes mit einer wäßrigen Auflösung des Ammoniumsalzes des Dimercapto-thiodiazols, so bildet sich ein weißer Niederschlag, der im Überschuß des Reagenses löslich ist.

Zahlreiche weitere Kationen — Cu, Cd, Pb, Bi, Ag, Hg, As, Sb, Sn und Th — werden gleichfalls von dem Reagens gefällt (RÂY und GUPTA).

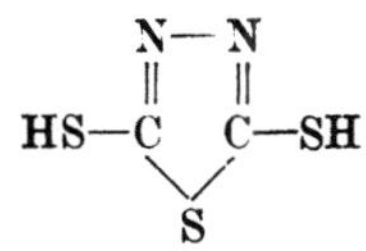

2,5-Dimercapto-1,3,4-thiodiazol

24. Fällung mit Salicylaldoxim.

Aus wäßrigen Lösungen von Zinksalzen mit einem p_H-Wert zwischen 7 und 8 fällt mit Salicylaldoxim quantitativ Zinksalicylaldoxim. Die Fällung ist jedoch unvollständig und kann sogar ausbleiben, wenn Salze, besonders Ammoniumsalze, anwesend sind.

Während Zinksalicylaldoxim in Säuren, Laugen und neutralen Salzlösungen leicht löslich ist, löst es sich in Wasser sehr wenig, und zwar mit alkalischer Reaktion.

Der weiße kristalline Niederschlag von Zinksalicylaldoxim hat die Zusammensetzung $C_{14}H_{12}O_4N_2Zn$.

Auch Kupfer und Nickel werden mit Salicylaldoxim gefällt (PEARSON).

25. Fällung mit Triäthanolamin.

Eine 20%ige Lösung von Triäthanolamin gibt mit Zinkionen einen flockigen weißen Niederschlag, der im Überschuß des Reagenses unlöslich ist.

Au, Ag, Mn, Cd, Ni und Co werden gleichfalls mit Triäthanolamin gefällt (JAFFE).

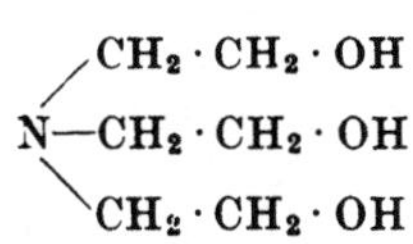

Triäthanolamin

26. Einwirkung von N, N'-Bis[2-Mercaptobenzal]-äthylendiamin.

Zinksalze geben mit einer Auflösung des N, N'-Bis[2-Mercaptobenzal]-äthylendiamins in Chloroform bei Gegenwart von Natriumacetat zur Abpufferung der bei der Reaktion entstehenden freien Säure eine citronengelbe Färbung. Salzsäure stellt die ursprüngliche ganz schwach gelblich-bräunliche Farbe wieder her, mit Ammoniak entsteht eine weiße Trübung.

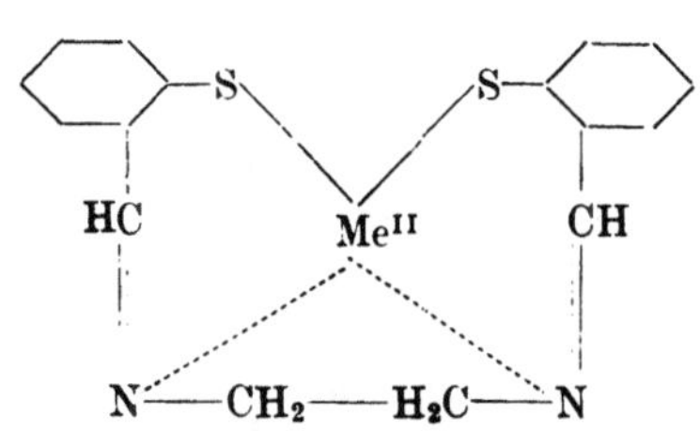

Komplex des N, N'-Bis[2-Mercaptobenzal]-äthylendiamins.

Cadmium, Indium und Quecksilber geben ähnliche Farben; zahlreiche andere Schwermetallkationen reagieren gleichfalls [BECK (b)].

§ 4. Nachweis auf mikrochemischem Wege.

A. Wichtige Fällungsreaktionen.

I. Anorganische Reagenzien.

1. Nachweis als (Zink, Kupfer)-tetrarhodano-mercurat(II).

Nach MONTEQUI bilden Zinksalze mit Alkali- oder Ammonium-tetrarhodano-mercurat(II) bei Gegenwart von Kupfersulfat einen schwarzvioletten Niederschlag, der nach STAHL und STRAUMANIS aus Mischkristallen der Zusammensetzung (Zn, Cu)[Hg(SCN)$_4$] besteht.

Ausführung. Als Reagenslösungen dienen eine Auflösung von 0,5 g Kupfersulfat und 4 bis 5 Tropfen konzentrierter Schwefelsäure in 100 ml Wasser sowie von 8 g $HgCl_2$ und 9 g NH_4SCN in 100 ml Wasser.

Die auf Zink zu prüfende Lösung wird auf wenige Tropfen eingeengt, auf einem Objektträger zur Trockne gebracht — wobei Überhitzung zu vermeiden

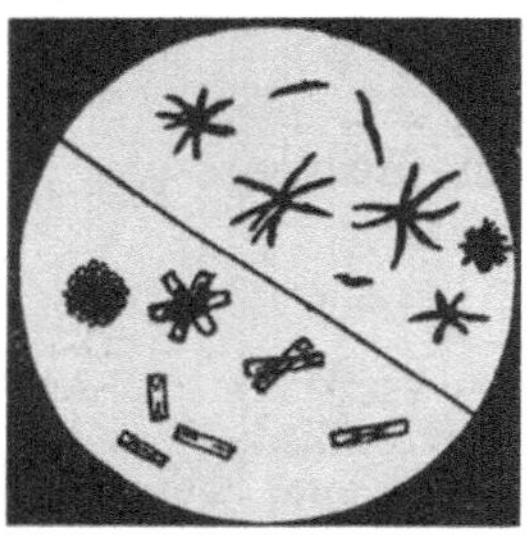

Abb. 1 (Zink, Kupfer)-tetrarhodano-mercurat(II). Nach R. MONTEQUI, An. Soc. españ. fís. quím. 25, 52 (1927).

Abb. 2 (Zink, Kupfer)-tetrarhodano-mercurat(II). Verhältnis Cu : Zn = 1 : 2. Nach W. F. WHITMORE, F. SCHNEIDER, Mikroch. 8, 293 (1930).

ist — und mit einem kleinen Tropfen Wasser aufgenommen. Dann gibt man 1 Tropfen der Kupfersulfatlösung und 3 Tropfen Ammonium-tetrarhodano-mercurat(II)-lösung hinzu. Unter dem Mikroskop beobachtet man bei Anwesenheit von Zink die Entstehung violetter schmaler Tafeln oder Nadelaggregate, die sehr charakteristisch sind (Abb. 1).

Ist der Niederschlag unter dem Mikroskop rein grün, so ist gar kein Zink vorhanden. Starke Säuren sowie die Anwesenheit von viel Ammoniumrhodanid, Alkalichloriden, größeren Mengen Cd, Cu, Co, Ni und Fe(III)-salzen stören.

Grenzkonzentration. $1:2\cdot10^5$ (MONTEQUI).

Nach WHITMORE und SCHNEIDER treten in Mischungen von Kupfer und Zink so lange die Kristallformen des Kupfer-tetrarhodano-mercurats(II) auf, bis das Verhältnis von Zink zu Kupfer etwa 2 : 1 ist. Die Kristalle verlieren dann ihre grüne Farbe und werden violett oder schwarz (Abb. 2).

Mit wachsendem Zinkgehalt geht die Farbe in Braun über, die Kristalle verlieren ihr verzweigtes Aussehen und gehen in die gefiederten Kreuze des typischen Zinksalzes über (s. Abb. 4, S. 171). Die Kristallform des reinen Zinkniederschlages tritt erstmalig auf, wenn das Molverhältnis von Zink zu Kupfer ungefähr 10 : 1 ist. Vgl. hierzu auch § 3, C I, 1.

2. Nachweis als (Zink, Kobalt)-tetrarhodano-mercurat(II).

Bei Gegenwart von Kobaltchlorid bilden Zinksalze mit Tetrarhodano-mercurat(II)-ion blaue Kristalle. Als Reagenslösungen dienen eine 0,02%ige Lösung von Kobaltchlorid in 0,5 n Salzsäure sowie eine Auflösung von 8 g $HgCl_2$ und 9 g NH_4SCN in 100 ml Wasser.

Die charakteristischen blauen Kristalle sind lanzenförmig zugespitzt.

Grenzkonzentration. 1 : 10^6 (WENGER, DUCKERT und RIETH).

Ein hoher Gehalt an Zink bringt die gefiederte Form der Zinkkristalle hervor und hellt die blaue Farbe auf. Selbst Spuren von Kobalt erteilen der Zinkverbindung eine schwach blaue Farbe. Ein vermehrter Gehalt an Kobalt vertieft die Farbe und bringt die charakteristischen Kristallformen der Kobaltverbindung zum Vorschein (WHITMORE und SCHNEIDER) (s. Abb. 3).

Abb. 3 (Zink, Kobalt)-tetrarhodano-mercurat(II). Verhältnis Co: Zn = 1 : 1. Nach W. F. WHITMORE, F. SCHNEIDER, Mikroch. 8, 293 (1930).

3. Nachweis als Zink-tetrarhodano-mercurat(II).

In dem außerordentlich gut kristallisierenden Zink-tetrarhodano-mercurat(II) der Formel $Zn[Hg(SCN)_4] \cdot H_2O$ steht ein Reaktionsprodukt des Zinks zur Verfügung, welches den mikrochemischen Nachweis außerordentlich sicher und mit hinreichend großer Empfindlichkeit zu führen gestattet [GEILMANN (b)]. Vgl. hierzu auch FISCHER, DIETZ, BRÜNGER und GRIENEISEN sowie BEHRENS-KLEY oder GRAMACHO.

Ausführung. Als Reagens dient eine Auflösung von 3 g Quecksilber(II)-chlorid und 3,3 g Ammoniumrhodanid in 5 ml Wasser, die in einer braunen Flasche unbegrenzt haltbar ist.

Zur Prüfung auf Zink setzt man dem neutralen bzw. schwach essigsauren Probetropfen auf einem Objektträger einen Tropfen des Reagenses zu, worauf bei etwas konzentrierteren Lösungen sofort, bei verdünnteren nach einigen Minuten die Abscheidung der weißen, fast undurchsichtigen Kristalle beginnt, die unter dem Mikroskop bei 80- bis 100facher Vergrößerung sehr gut zu erkennen sind. Die Verbindung bildet Kristalle des rhombischen Systems, die außerordentlich starke Neigung zur Bildung charakteristischer Wachstumsformen zeigen und nur in sehr verdünnten Lösungen in Einzelformen, rechtwinkligen Stäbchen, erscheinen. Gleichzeitig macht sich die Neigung zur Bildung übersättigter Lösungen geltend, so daß ein Kratzen des Objektträgers innerhalb des Tropfens mit einem Platindraht oder ausgezogenen Glasstäbchen nötig ist, um die Abscheidung der Kristalle zu erzwingen, die sich dann längs der Impfstriche absetzen.

Abb. 4. Zink-tetrarhodano-mercurat(II). 95 fach. W. GEILMANN, Glastechn. Ber. 8, 404 (1930).

Abb. 4 wurde nach einer halben Minute bei einer Konzentration von 0,025 mg Zink in 50 mm³ Lösung aufgenommen. Die Sternchen wachsen schnell und gehen in große Fiedern über. Nach einigen Minuten ist das Gesichtsfeld voll von großen farnwedelähnlichen Kristallen [vgl. hierzu GEILMANN (a)].

Die Gegenwart von Cadmium verändert schon in Spuren die Kristallform der Zinkverbindung. Es bildet sich anscheinend eine Zwischenform zwischen der Lanzenspitzenform des Cadmiumsalzes und dem gefiederten Kreuz der Zinkverbindung (WHITMORE und SCHNEIDER).

Die Reaktion ist von GEILMANN (b) zum mikrochemischen Nachweis von Zink in Gläsern angewandt worden.

4. RINMANNS-Grünreaktion.

Der mikrochemische Nachweis von Zink als RINMANNS-Grün erfolgt durch Verglühen von (Zink, Kobalt)-tetrarhodano-mercurat(II) oder von Zink-hexacyanocobaltat(III) und Beobachtung der gebildeten grünen Zink-Kobaltoxyd-Mischkristalle unter dem Mikroskop.

Ausführung (a) (nach JURÁNY). Reagenslösungen: Eine Auflösung von 0,095 g $CoSO_4 \cdot 7\,H_2O$ in 100 ml 0,5 n-Salzsäure sowie 8 g $HgCl_2$ und 9 g NH_4SCN in 100 ml Wasser. Die Ausfällung des Zinks als blaues (Zink, Kobalt)-tetrarhodanomercurat(II) erfolgt im Mikrobecher. Es wird dazu 1 Tropfen der neutralen bis schwach sauren Probelösung mit einigen Tropfen Wasser verdünnt und der Reihe nach je 1 Tropfen der Kobaltsulfatlösung und Ammonium-tetrarhodano-mercurat(II)-lösung zugegeben, so daß das Gesamtvolumen etwa 0,5 ml beträgt, und sofort mit einem Mikroglasstäbchen (Reiben an der Gefäßwandung) umgerührt. Das Rühren darf nicht länger als 1 Min. (höchstens 2) dauern, weil sonst das Kobaltsulfat mit dem Ammonium-tetrarhodano-mercurat(II) unter Abscheidung eines kräftigblauen Niederschlags reagiert. Je nach der Menge der vorhandenen Zinkionen nimmt die Lösung rasch oder allmählich eine lichtblaue Färbung und Trübung an; an der Becherwandung erscheinen Kristallisationsstreifen von kreidighellblauem Farbton. Der teils ausgefallene, teils noch suspendierte mikrokristalline Niederschlag von (Zink, Kobalt)-tetrarhodano-mercurat(II) wird sofort mit einem Mikrotauchfilter, das mit einem winzigen Filterchen aus Filtrierpapierbrei beschickt ist, an der Wasserstrahlpumpe abgesaugt und zur Entfernung des überschüssigen Kobaltsulfats zweimal durch Nachsaugen einiger Tropfen Wasser nachgewaschen. Es gelingt so meistens, in kürzester Zeit den gesamten Niederschlag auf das Filter zu bekommen, das dabei eine kornblumenblaue Farbe annimmt. Es ist wichtig, daß das Filter so klein wie möglich gehalten wird, damit beim nachfolgenden Verglühen die Menge der zu verbrennenden organischen Substanz nicht zu groß ist.

Das Mikrofilter mit dem abgesaugten blauen Niederschlag wird mit einem Platindraht aus dem Glasgerät auf ein Deckgläschen herausgeschoben, vorsichtig über einem Sparflämmchen getrocknet (Abstand von der Spitze des Flämmchens etwa 3 cm) und der Abstand dann auf etwa 1 cm verringert. Das Filter färbt sich dabei bräunlich und verkohlt schließlich mit geringer Rauchentwicklung. Der Eintritt der Umsetzung zu RINMANNS-Grün ist am plötzlichen Erscheinen eines Flämmchens oder einer kurzen Glimmerscheinung an der Substanz zu beobachten; in diesem Augenblick muß das Deckgläschen zur Vermeidung einer Überhitzung und Oxydation sofort von der Flamme genommen werden. Ist die Reaktion gut gelungen, so ist unter dem Mikroskop bei auffallendem Licht (100fache Vergrößerung) eine grüne körnige Masse oder ein Haufen von mattblaugrünen Fasern oder Klümpchen zu sehen, vielfach daneben verkohlte schwarzglänzende Filterfasern. Wenn noch viele dicke, schwarze, glänzende Fasern vorhanden sind, ist das Glühen unter Umständen kurz zu wiederholen.

Erfassungsgrenze. 0,2 γ Zink (JURÁNY). Die Reaktion ist von JURÁNY zum Nachweis von Zink in Leitungswasser verwendet worden.

Ausführung (b) [nach BENEDETTI-PICHLER (a)]. Die Fällung des Zink-hexacyano-cobaltats(III) erfolgt am besten in einer Lösung, die etwa 7 % freie Salpetersäure enthält. Ein Körnchen des festen Reagenses wird in den Rand des auf dem gedrittelten Objektträgers befindlichen Tropfens eingebracht. Rund um das Reagens entsteht eine Zone einer feinkörnigen bis bei hoher Zinkkonzentration „amorphen" Fällung, weiter vom Reagens entfernt treten farblose, quadratische Kristalle auf.

Vor der Überführung in RINMANNS-Grün muß der Niederschlag auf dem Objektträger gewaschen werden, um mindestens das im Überschuß angewandte Reagens zu entfernen.

Nimmt man nun die Überführung des Zink-hexacyano-cobaltats(III) in das RINMANNS-Grün derart vor, daß man auf dem Objektträger über der Mikroflamme erhitzt, so beobachtet man zuerst eine Blaufärbung des Niederschlages, dann färbt er sich schwarz und beginnt zu verglimmen. Wenn man jetzt mit dem Erhitzen sofort aufhört, so kann man nach dem Erkalten eine Grünfärbung feststellen; erhitzt man aber etwas zu lange, so wird man stets einen entweder ganz oder aber fast völlig braunen bis schwarzen Rückstand erhalten.

Zur Verhinderung der Oxydation empfiehlt sich auch das Arbeiten im Kohlensäurestrom.

Erfassungsgrenze. Ungefähr 0,08 γ Zink im Tröpfchen von 1 mm³.

5. Fällung als Natrium-Zink-Carbonat.

Natrium-Zink-Carbonat der Zusammensetzung $3\,Na_2CO_3 \cdot 8\,ZnCO_3 \cdot 8\,H_2O$ bildet charakteristische farblose Tetraeder. Die Fällung kann durch Zugabe von Natriumhydrogencarbonat zu der verdünnten Lösung eines Zinksalzes erhalten werden, wobei man die Lösung nach SCHOORL zunächst zu Natronlauge zusetzt, so daß ein kleiner Überschuß der letzteren da ist und sich ein evtl. entstandener flockiger Niederschlag wieder aufgelöst hat. Gleich darauf wird eine nicht allzu geringe Quantität Natriumhydrogencarbonat, feinst zerrieben, durch Rühren in einem Tropfen dieser Lösung verteilt und nachher sich selbst überlassen. Man bemißt die Menge an Natriumhydrogencarbonat dabei so, daß eine kleine Menge ungelöst im Tropfen suspendiert bleibt. Es ist jedoch zu vermeiden, mit dem Platindraht den Objektträger zu berühren, da auf diesen Stellen später nur Impfstreifen von kleinen Kristallen zum Vorschein kommen.

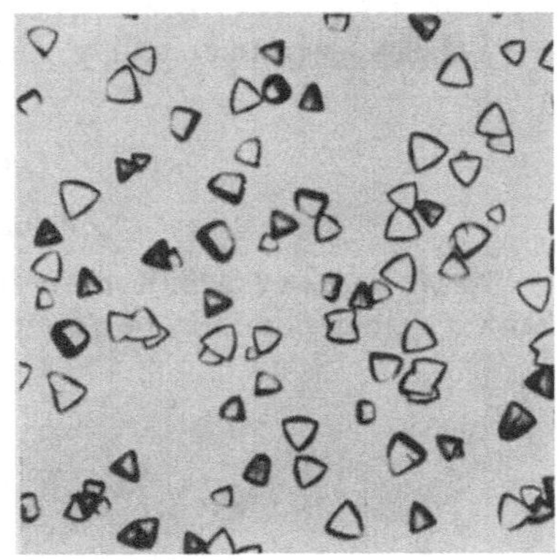

Abb. 5. Natrium-Zink-Carbonat. 260 fach. W. GEILMANN, Bilder zur qualitativen Mikroanalyse anorganischer Stoffe. 1934.

Aus verdünnten Zinklösungen fängt die kristalline Abscheidung erst nach einigem Stehen an. Sehr verdünnte Lösungen läßt man einfach an der Luft eintrocknen, um nachher durch eine kleine Menge Wasser oder durch Anhauchen die Kristalle des Doppelsalzes wieder zum Vorschein zu bringen.

Lösungen, welche mehr als 1% Zink enthalten, reagieren zu schnell und geben dadurch eine größere Menge eines feinen Niederschlages. Sehr schön ist die Abscheidung bei einer Konzentration von 0,3%, wobei die Tetraeder nach kurzem Stehen hervortreten.

Die Nachweisgrenze liegt bei einer Konzentration von 0,001% Zink; es kommen dann bei Anwendung von 1 mm³ der Lösung nach dem Eintrocknen noch einige Tetraeder zum Vorschein.

Empfindlichkeit. 0,01 γ Zink [MARTINI (g); SCHOORL].

Anwesenheit von viel Ammoniumchlorid setzt die Empfindlichkeit herab. Calcium stört den Nachweis kleiner Zinkmengen durch gebildetes Calciumcarbonat, ebenso Mangan. Vgl. hierzu auch Behrens, Behrens-Kley, Emich (a), Böttger und Geilmann (a).

Die Reaktion wird von Berisso (c) zum Nachweis von Zink in der Toxikologie verwendet.

6. Fällung als Zink-tetraselenocyano-mercurat(II).

Mit Kalium-tetraselenocyano-mercurat(II) geben Zinksalze einen weißen Niederschlag, der weitgehend dem der entsprechenden Thioverbindung ähnelt (s. § 3, S. 158).

Ausführung. Ein Körnchen des festen Reagenses von Stecknadelkopfgröße wird zu 5 ml der zu untersuchenden neutralen Lösung gegeben, und die gebildeten Kristalle werden unter dem Mikroskop beobachtet. Mit verdünnten Zinklösungen erhält man kleine, farblose, lanzenspitzenförmige Kristalle (vgl. Abb. 3, S. 171). Mit konzentrierteren Zinksalzlösungen gehen diese Kristalle in größere, federförmige Kristallaggregate über.

Erfassungsgrenze. 0,01 γ Zink [Benedetti-Pichler (c)].

II. Organische Reagenzien.

1. Fällung als Zink-Pyridin-Bromid.

Nach Jurány erhält man beim Zufügen eines Tropfens Pyridin zu dem auf Zink zu prüfenden Probetropfen und Einbringen eines Körnchens Kaliumbromid in den Rand dieses Tropfens bei Anwesenheit von Zink charakteristische Kristalle von Zink-Pyridin-Bromid in Form von farblosen, gedrungenen oder langen Prismen, die meist als Einzelkristalle, häufig auch als Zwillinge oder Büschel auftreten. Im parallelpolarisierten Licht zeigen die Kristalle gerade und schiefe Auslöschung mit einem maximalen Auslöschungswinkel von 28°. Die Kristalle gehören dem monoklinen System an.

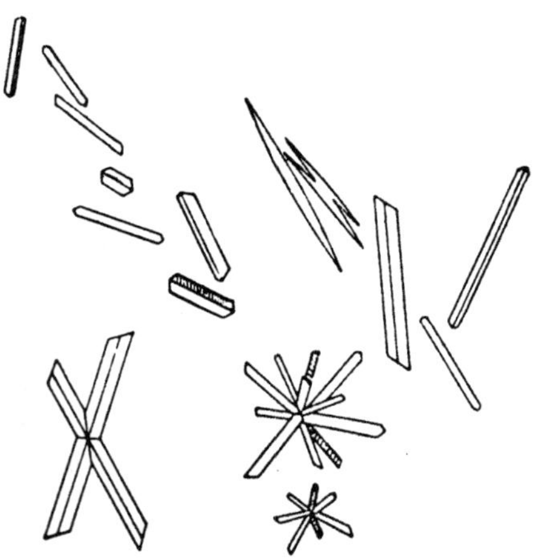

Abb. 6. Zink-Pyridin-Bromid. Nach H. Jurány, Mikrochemie 29, 273 (1941).

Man kann den Nachweis auch so ausführen, daß man zuerst das Kaliumbromid im Probetropfen löst und darauf das am Objektträger hängende Tröpfchen über Pyridin räuchert, bis sich ein schmaler, etwa 0,5 mm breiter Kristallsaum am Rande des Tropfens gebildet hat. Durch leichtes Reiben mit einem dünnen Glasstäbchen läßt sich oft die Ausbildung der Kristallformen verbessern. Unter dem Mikroskop beobachtet man bei 200facher Vergrößerung neben uncharakteristischen Nadeln und Skelettformen vorzüglich ausgebildete, am Ende schräg oder dachförmig begrenzte, kleine Prismen, meist Einzelkristalle, auch gekreuzte Zwillinge und Büschel mit den vorstehend beschriebenen optischen Eigenschaften. Der maximale Auslöschungswinkel von 28° wird allerdings in den seltensten Fällen zu beobachten sein; denn dieser ist nur sichtbar, wenn der Kristall zufällig auf der scharfen Kante sehr instabil liegt. Meistens ist ein Mittelwert von etwa 12 bis 20° erkennbar.

Erfassungsgrenze. 0,05 γ Zink.

Grenzkonzentration. 1 : 10^5 (Wenger, Duckert und Rieth).

Cadmium-Pyridin-Bromid zeigt in seinen Kristallformen sehr große Ähnlichkeit mit Zink-Pyridin-Bromid; beide lassen sich jedoch durch ihr Verhalten im parallelpolarisierten Licht unterscheiden: Cadmium-Pyridin-Bromid zeigt nur gerade, Zink-Pyridin-Bromid hingegen gerade und schiefe Auslöschung.

Für die Unterscheidung von Zink und Cadmium nebeneinander ist deshalb die gleichzeitige Fällung beider als Pyridin-Bromid-Doppelverbindung geeignet. Zink ist dann zwischen gekreuzten Nicols an der schiefen Auslöschung zu erkennen; falls sich nur gerade Auslöschung zeigt, rührt diese von Cadmiumkristallen her. Die Cadmiumverbindung ist nach Räuchern mit Schwefelwasserstoff eindeutig an der Gelbfärbung der Kristalle erkennbar.

Nickel, Kobalt und Mangan stören nicht; Aluminium und Eisen müssen entfernt werden [Kolthoff und Hamer (a)].

2. Fällung als Zink-Pyridin-Rhodanid.

Zinksalze geben mit Pyridin bei Gegenwart von Rhodanid schwer lösliche Doppelverbindungen, die eine charakteristische Kristallform aufweisen.

Ausführung. Man mischt einen Tropfen der zu untersuchenden Lösung mit einem kleinen Tröpfchen Pyridin und bringt dann an den Rand der Flüssigkeit ein Körnchen Ammoniumrhodanid. Die gebildeten Kristalle bestehen meistens aus sehr dünnen langgestreckten Nadeln. 0,05 γ Zink geben noch eine deutliche Reaktion, 0,02 γ hingegen nicht mehr.

Al und Fe müssen entfernt werden. Cd, Ni, Co und Mn geben mit dem Rhodanidreagens auch kristalline Verbindungen [Kolthoff und Hamer (a)].

Grenzkonzentration. 1 : 10^5 (van Nieuwenburg u. a.).

3. Fällung mit β-Naphthochinolin und Rhodanid.

β-Naphthochinolin bei Gegenwart von Rhodanid ist ein empfindliches Reagens auf Zink. Die Herstellung der Reagenslösung erfolgt durch Zugabe einer 5- oder 10%igen Lösung von Kaliumrhodanid zu einer 1%igen Lösung von β-Naphthochinolin in 0,1 n-Schwefelsäure bis zum Bestehenbleiben einer geringen Trübung. Es sind ungefähr 0,15 ml 10%iger Kaliumrhodanidlösung für 1 ml β-Naphthochinolinlösung erforderlich.

Abb. 7. Zink-hydrogen-β-Naphthochinolin-rhodanid. Nach E. B. Sandell, D. M. Wishnick und E. L. Wishnick, Mikrochimica Acta 3, 204/9 (1938).

Im allgemeinen erhält man bei Zugabe des Reagenses zu einer neutralen oder schwach sauren Zinksalzlösung einen sehr fein verteilten Niederschlag, der aus Tröpfchen zu bestehen scheint. Der Niederschlag wird jedoch sehr bald kristallin unter Bildung farbloser doppelbrechender Kristalle mit paralleler Extinktion. Wenn die Lösung sehr verdünnt ist und besonders, wenn eine beträchtliche Menge Säure zugegen ist, tritt keine sofortige Fällung ein, sondern es bilden sich sehr kleine Kristalle, die beim Stehen langsam wachsen. Die Anwesenheit einer beträchtlichen Menge Schwefelsäure ist vorteilhaft, weil sie die Kristallbildung in dem zuerst gefällten Niederschlag beschleunigt und zur Bildung größerer Kristalle führt (Abb. 7).

Ausführung. Zu einem Tropfen der zu untersuchenden Lösung gibt man die gleiche Menge (keinesfalls weniger) der Reagenslösung. Die beiden Tropfen werden am besten durch Rühren vermischt. Die Geschwindigkeit der Ausfällung der Kristalle hängt etwas von der Größe des Tropfens ab, da bei sehr geringen Zinkkonzentrationen keine Kristallabscheidung eintritt, wenn nicht der Tropfen durch Eindampfen konzentriert wird. Jedoch soll man nicht zu kleine Tropfen verwenden, weil hierbei das Verdampfen so rasch erfolgen kann, daß an Stelle einer

Rekristallisation der Niederschlag infolge des stärkeren Säuregehaltes der Lösung wieder aufgelöst wird.

Die *Grenzkonzentration* (in neutraler oder 1- bis 2 n schwefelsaurer Zinksalzlösung) beträgt $1:2\cdot10^5$, wenn ein gleiches Volumen des Reagenses zu dem zu untersuchenden Tropfen zugegeben wird. Bei dieser Konzentration findet keine sofortige Fällung statt, sondern es bilden sich nach einigen Minuten kleine Kristalle, die sogar oft an der Oberfläche des Tropfens schwimmen. Das Reagens selbst scheidet sich beim Einengen des Tropfens in Form von Sphäroliten und fadenförmigen Gebilden aus. In Gegenwart von Schwefelsäure lösen sich die Zinkkristalle und das ausgeschiedene Reagens bei fortgeschrittenem Eindampfen wieder auf und bilden eine stark schwefelsäurehaltige Lösung. Salzsäure setzt die Empfindlichkeit der Reaktion etwas herab, infolge der größeren Löslichkeit der Zinkverbindung in dieser Säure als in verdünnter Schwefelsäure. Jedoch gibt Zink noch in 2 n Salzsäure eine positive Reaktion bei einer Verdünnung von $1:10^5$.

Störungen. Der Nachweis kann in Gegenwart mäßiger Mengen von Ba (essigsaure Lösung), Ca, Mg, Be, Al, Cr, Ce, Pb (essigsaure Lösung), As, Mn, Ni sowie von Alkalimetallen ausgeführt werden. Zink läßt sich bis zu einer Konzentration von $1:10^5$ in 1 n schwefelsauren 1%igen Lösungen von Ca, Mn, Mg, Be, Al, Cr(III), Ce(III), As(III) und As(V) sowie Ni nachweisen. Alkalimetalle stören nicht. In 1%iger Bleisalzlösung beträgt die noch nachweisbare Zinkkonzentration 0,002 bis 0,003%.

Cu, Ag, Au, Hg(I) und Hg(II), Tl(I), Sn(II), Sb, Bi, V(V), Mo(VI), W(VI), $(UO_2)^{++}$, $[PtCl_6]^{--}$, Fe(III) und Co in 1%iger Lösung liefern Niederschläge. Die Störung des Fe(III) läßt sich weitgehend durch Arbeiten bei Gegenwart von Phosphorsäure ausschalten. Cadmium stört in Konzentrationen unter 0,5% nicht (SANDELL, WISHNICK und WISHNICK).

B. Weitere Reaktionen.

I. Anorganische Reagenzien.

1. Fällung mit Kalium-hexacyano-ferrat(III).

Diese recht charakteristische und empfindliche Reaktion erfordert ziemlich verdünnte Lösungen, wenn man deutliche Kristalle gewinnen will. Man bringt deshalb in die stark salpetersaure Probelösung ein Körnchen Kalium-hexacyanoferrat(III); entsteht von ihm ausgehend eine feine gelbe Trübung, so ist die Anwesenheit von Zink möglich. Sind die Kriställchen bei 400facher Vergrößerung nicht als solche erkennbar, so verdünnt man die Probelösung auf das Fünffache und wiederholt den Versuch, bis man gelbe quadratische Täfelchen wahrnimmt, die die Gegenwart von Zink beweisen. Cadmium gibt dieselbe Reaktion [EMICH (b); BEHRENS].

Magnesium ist ohne Einfluß auf die Reaktion (BEHRENS-KLEY).

Erfassungsgrenze. 0,05 γ Zink (BEHRENS).

2. Fällung mit Caesiumchlorid.

Wenn man die auf Zink zu prüfende salz- oder schwefelsaure Lösung zur Trockne eindunstet und mit einer gesättigten Lösung von Caesiumchlorid versetzt, entstehen nach VERMANDE tetragonale Kristalle der Zusammensetzung $3\,CsCl\cdot ZnCl_2$.

Man kann so bis 0,02 γ Zink nachweisen. Es empfiehlt sich, sehr wenig Zinksalz anzuwenden; bei Anwendung von zuviel Zinkchlorid bildet sich nämlich auch das monokline $2\,CsCl\cdot ZnCl_2$ und bei Anwendung von zuviel Zinksulfat das Doppelsulfat vom Typus des MOHRschen Salzes.

Außer mit Zink erhält man auch noch mit folgenden Metallionen Mikroreaktionen: Hg, Ag, Cu, Bi, Sb, Sn, Ni, Co, Cd, Fe, Mn, Al und Mg; As reagiert nur bei sehr hoher Konzentration. Die Erdalkali- und Alkalimetalle geben mit Caesiumchlorid keine Doppelchloride.

Nach DUCLOUX erhält man aus Mischungen von Lösungen der Zusammensetzung $ZnCl_2 \cdot 2\,CsCl$ farblose Kristalle von sehr geringem Relief, ohne Dichroismus, die sehr zerfließlich sind. Die Kristalle zeichnen sich durch ihre feine und sehr komplizierte Struktur aus, erscheinen einachsig, mit gerader Auslöschung, sehr niederer Polarisationsfarbe und negativer Doppelbrechung.

3. Fällung mit Caesiumchlorid und Goldchlorid.

Man behandelt einen Tropfen einer auf einen Objektträger gebrachten 1%igen Zinkchloridlösung zuerst mit einem kleinen Tropfen einer gesättigten Caesiumchloridlösung, dann mit einem eben solchen von Gold(III)-chlorid und darauf mit Salzsäure ($d = 1{,}19$) in geringem Überschuß. Es bildet sich ein kupferroter Niederschlag aus Prismen von blutroter Farbe der wahrscheinlichen Zusammensetzung $Cs_4Zn[AuCl_6]_2$. Die Reaktion ist gleichfalls äußerst empfindlich mit Lösungen von Zinkchlorid im Verhältnis von 1 : 1000 [MARTINI (c)].

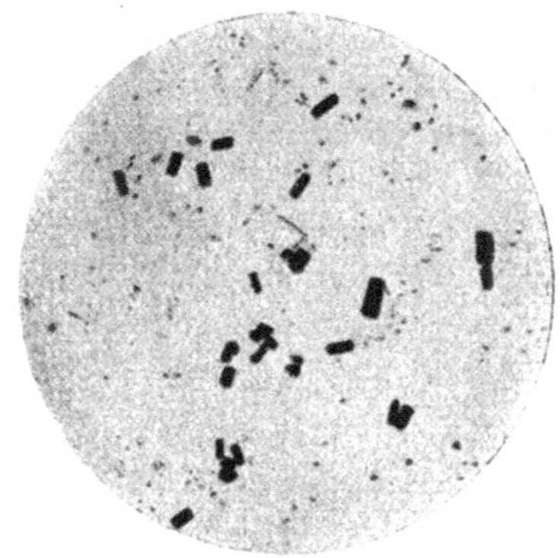
Abb. 8. Caesium-Zink-Goldchlorid. Nach A. MARTINI, Mikrochemie 7, 231 (1929).

Empfindlichkeit. 0,5 γ Zink [MARTINI (g) [(Abb. 8).

4. Fällung mit Ammoniumrhodanid und Hydrazinhydrat.

Gleiche Volumina Ammoniumrhodanidlösung (1 : 20) und Hydrazinhydratlösung (1 : 25) werden miteinander gemischt. Zu einem Tropfen dieser Lösung auf einem Objektträger bringt man mit einem Platindraht einen Tropfen einer 1%igen Zinksalzlösung. Es bildet sich ein weißer Niederschlag, der unter dem Mikroskop aus charakteristischen farblosen Kristallen besteht, deren Zusammensetzung $Zn(SCN)_2 \cdot 2\,N_2H_4$ ist. Im polarisierten Licht zeigen die Kristalle schiefe Auslöschung.

Die Empfindlichkeitsgrenze ist 0,15 γ Zink (RÂY und SARKAR).

5. Fällung als Zinkoxalat.

In neutralen oder nicht allzu sauren Zinksalzlösungen ruft Oxalsäure oder Ammoniumoxalat einen weißen Niederschlag hervor, welcher bei ausreichender Verdünnung stets kristallisiert ist. Die einfachsten Kristalle erscheinen als Täfelchen von rhombischen oder symmetrisch sechsseitigen Umrissen (Abb. 9a) (HAUSHOFER).

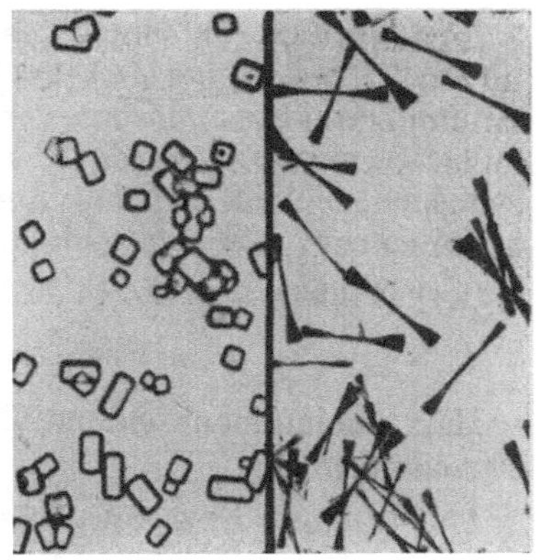
9a 9b
Abb. 9. Zinkoxalat. nach W. GEILMANN.

Der Niederschlag ist in Ammoniak leicht löslich; beim Verdunsten erfolgt die Ausscheidung des Oxalats in feinen Nadeln und Büscheln, die zu wolligen Rosetten auswachsen können (Abb. 9b) [GEILMANN (a)].

Nachweisgrenze. 0,1 γ Zink (BEHRENS). Die Gegenwart von Cadmium beeinträchtigt die Reaktion, noch stärker Magnesium. In sauren Lösungen kann

Magnesium die Entstehung eines Doppeloxalats bewirken, welches in hexagonalen, blassen Tafeln auftritt. Ammoniumchlorid wirkt seiner Entstehung entgegen (BEHRENS; BEHRENS-KLEY).

6. Einwirkung von Natrium-nitroso-pentacyano-ferrat(II).

Nach BRADLEY ist Zink-nitroso-pentacyano-ferrat(II) ein charakteristisch kristallisierter Körper, der unter dem Mikroskop in Gegenwart der unlöslichen amorphen Nitroso-pentacyano-ferrate(II) der anderen Schwermetalle leicht identifiziert werden kann. Es ist ratsam, die Reaktion nicht in zu verdünnter Lösung vorzunehmen und vorhandenes Kupfer vorher durch Schwefelwasserstoff zu entfernen.

Ausführung (nach BÖTTGER). Ein Tropfen der zu prüfenden neutralen Lösung wird mit einem kleinen Tropfen Natrium-nitroso-pentacyano-ferrat(II)-lösung versetzt. Es wird langsam auf dem Wasserbad — aber nicht bis zur Trockne — eingedampft. Bei Gegenwart von Zink bilden sich durchsichtige Würfel.

Die Reaktion gelingt auch, wenn ein Überschuß von Chromat- oder Aluminiumionen vorhanden ist. Ebenso stört ein Überschuß von Mangansalzen nicht, wenn das Abdampfen nicht zu weit getrieben wird. Bei zu starkem Eindampfen können die Würfel des Zinksalzes durch dichte feinkörnige Mangankristalle verdeckt werden. Nötigenfalls stellt man zur sicheren Unterscheidung einen Blindversuch mit einem Mangansalz an.

BRADLEY wandte die Reaktion zum Nachweis von Zink im Blut gewisser Mollusken an.

7. Einwirkung von Kaliumpermanganat.

Das Permanganation ist zur Bildung schwerlöslicher, gut kristallisierter Salze mit einfachen Kationen nicht befähigt. Jedoch entstehen schön ausgebildete Salze mit verschiedenen Schwermetallen bei Gegenwart von Ammoniak. In diesen Salzen fungiert der Amminkomplex des betreffenden Metalls als Kation.

So bilden Zinksalze nach POLUEKTOFF und NASARENKO mit einer Kaliumpermanganatlösung bei Anwesenheit von Ammoniak einen charakteristischen kristallinen Niederschlag.

Ausführung. Ein Tropfen der Probelösung wird auf einen Objektträger gebracht und zur Trockne eingedampft. Der abgekühlte Rückstand wird mit einem Tropfen Kaliumpermanganatlösung, vermischt mit einem Tropfen konzentrierten Ammoniaks, verrührt. An der Berührungsstelle des trockenen Rückstandes mit dem Reagens scheiden sich bei Anwesenheit von Zink schwarze Tetraeder und ihre zusammengewachsenen Gebilde aus, bisweilen auch kleine Würfelchen.

Grenzkonzentration. $1 : 5 \cdot 10^4$ (VAN NIEUWENBURG u. a.).

8. Einwirkung von Kalkwasser.

Mit Calciumionen bilden Zinksalze salzähnliche, kristallisierende, unlösliche Verbindungen.

Ausführung. Es werden 50 ml einer Lösung, die höchstens 1 mg der Substanz enthalten soll, mit 1 bis 2 ml Ammoniak und dann mit 15 bis 20 ml Kalkwasser versetzt; von einem etwa entstandenen Niederschlag wird abfiltriert, das Filtrat zum Kochen erhitzt und sofort ein Tropfen davon auf einen Objektträger gebracht. Nach 1 bis 2 Min. lassen sich unter dem Mikroskop bei Anwesenheit von Zink die für die Zinkverbindung charakteristischen Kristalle erkennen. Eine auf der Oberfläche des Tropfens entstandene Trübung von Calciumcarbonat kann mittels eines Platindrahtes entfernt werden.

Cd, Cu, Co und Ni bilden mit Calciumionen ähnliche Verbindungen (POZZI-ESCOT).

9. Fällung als Zink-ammonium-phosphat.

Die Fällung des Zinks als Zink-ammonium-phosphat ist als analytische Nachweisreaktion für Zink ohne Bedeutung. Die Kenntnis der unter dem Mikroskop zu beobachtenden Wachstumsformen ist jedoch von Wichtigkeit, da Verwechslungen mit Magnesium-ammonium-phosphat leicht möglich sind [GEILMANN (a)] (Abb. 10).

10. Fällung als Zinkchromat.

In neutralen oder schwach sauren Zinksulfatlösungen bringt Kaliumchromat einen gelben Niederschlag hervor, welcher aus sehr kleinen tafelförmigen Kristallen des hexagonalen Systems besteht. In konzentrierteren Lösungen bilden sich

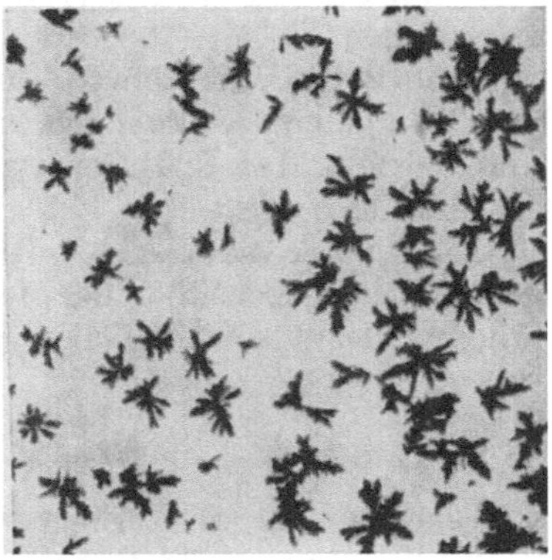

Abb. 10. Zink-ammonium-phosphat. Nach W. GEILMANN (1934).

Abb. 11. Zink-α, α'-Dipyridyl-rhodanid. Nach G. MANELLI, Mikrochemie 31, 1/4 (1944).

kugelige Aggregate. Die Reaktion ist bei Gegenwart von Kupfersalzen nicht anwendbar, weil sich dabei ein gelbbrauner voluminöser Niederschlag von Kupferchromat bildet, welcher die Bildung des Zinksalzes zu verhindern scheint (HAUSHOFER). Vgl. auch BEHRENS-KLEY.

II. Organische Reagenzien.

1. Fällung mit α,α'-Dipyridyl und Rhodanid.

Gibt man zu einer Zinksulfat enthaltenden Lösung, die einen geringen Überschuß einer alkoholischen Lösung von α,α'-Dipyridyl enthält, die Lösung eines Alkalirhodanids, so bildet sich ein mikroskopischer Niederschlag von Zink-α,α'-Dipyridyl-rhodanid, der etwa der Formel $[Zn(Dipyr)_2](SCN)_2$ entspricht. Bei der mikroskopischen Untersuchung des Zink-Dipyridyl-rhodanids erkennt man kleine hexagonale Blättchen. Da die Kristalle sehr klein sind, lassen sich keine Interferenzerscheinungen beobachten (Abb. 11).

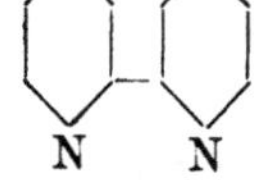

α,α'-Dipyridyl

Empfindlichkeit. 0,05 γ.

Grenzkonzentration. $1 : 2{,}5 \cdot 10^5$.

Störungen. Kobalt, Nickel und Mangan stören, müssen also vor dem Nachweis entfernt werden. Cadmium gibt eine ähnliche Reaktion. Das Verhältnis Zn : Cd, bei welchem noch eine Unterscheidung des Zinks möglich ist, beträgt 1 : 80.

Als Reagens verwendet man eine 0,25%ige alkoholische Lösung von α,α'-Dipyridyl und eine 5%ige wäßrige Lösung von Ammoniumrhodanid (MANELLI). Vgl. hierzu auch JAEGER und VAN DIJK; BLAU.

2. Fällung mit Pyridin und Dichromat.

Zinksalzlösungen bilden mit Pyridin und Dichromat einen gelben mikrokristallinen Niederschlag.

Bei der Ausführung als Nachweisreaktion wird ein Tropfen der zu untersuchenden Lösung auf dem Objektträger mit einem Tropfen kaltgesättigter Kaliumdichromatlösung gemischt und mit Pyridindampf behandelt. Zu diesem Zweck kommt der Objektträger (mit dem Tropfen nach unten) auf den Hals eines Pyridin enthaltenden Fläschchens. Nach Reiben mit einem Glasstab und abermaliger Einwirkung von Pyridindampf betrachtet man den Tropfen unter dem Mikroskop. In verdünnten Lösungen ist wiederholtes Reiben mit dem Glasstäbchen und Behandlung mit Pyridindampf erforderlich.

Zink-Pyridin-dichromat erscheint in feinen gelben rechteckigen Prismen und Würfeln. Die Reaktion ist wenig empfindlich.

Eine mikroskopische Reaktion geben auch Quecksilber, Kupfer, Cadmium, Nickel und Kobalt [KORENMAN (d)].

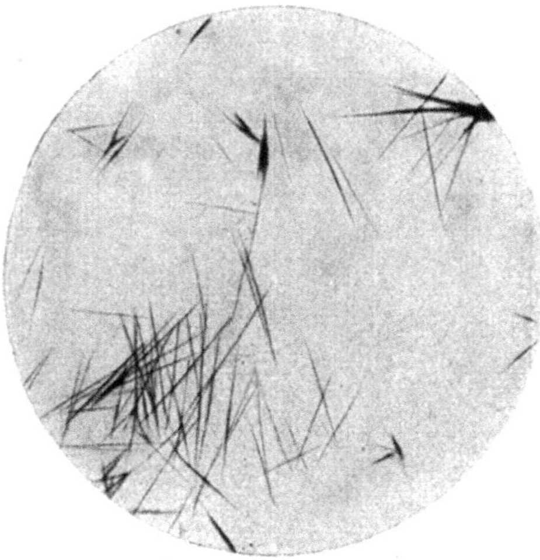

Abb. 12. Zinkpikrat. Nach A. F. ORLENKO, N. G. FESSENKO, Fr. 107, 411 (1936).

3. Fällung mit Pikrinsäure.

Eine zur Trockne eingedunstete Zinksulfatlösung bildet bei Einwirkung einer gesättigten wäßrigen Lösung von Pikrinsäure unter dem Mikroskop zu erkennende zerstreute Bündel feiner hellgelber Nadeln (ORLENKO und FESSENKO) (Abb. 12). Die Gegenwart von Mineralsäure ist auszuschließen, da sonst die Löslichkeit der Pikrinsäure so weit herabgesetzt wird, daß Kristallisation eintritt und dadurch die Erkennung der Zinkpikratkristalle erschwert wird.

4. Fällung mit Pikrolonsäure.

Das kristallisierte Zinkpikrolonat wird gebildet durch Zugabe eines Tropfens einer 0,5%igen Pikrolonsäurelösung in 50%igem Alkohol zu einer kleinen Probe des unbekannten Materials oder zu einem auf dem Objektträger befindlichen neutralen oder schwach sauren Tropfen der Untersuchungslösung. Es ist im allgemeinen nicht nötig, die Lösung zu erwärmen. Bei Anwesenheit von Zink bildet sich ein charakteristischer, kristalliner Niederschlag von gelben Stäbchen und Nadeln, die bereits bei 200facher Vergrößerung zu erkennen sind. Die Kristalle sind häufig rosettenartig angeordnet und ähneln den Pikrolonaten von Kupfer, Natrium und Kalium, so daß die mikroskopische Beobachtung durch die Bestimmung der optisch-kristallographischen Eigenschaften ergänzt werden muß.

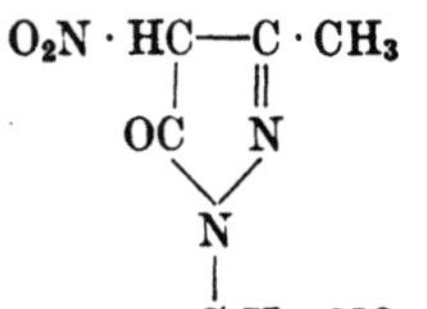

Pikrolonsäure

Die Zinkkristalle zeigen wie die Verbindungen des Kupfers und Natriums parallele Auslöschung. Zur weiteren Unterscheidung kann das Vorzeichen der Elongation herangezogen werden, das bei Natrium negativ, bei Kupfer und Zink positiv ist. Diese beiden Elemente werden mit Hilfe der Brechungsindices der Kristalle unterschieden, die für Zink folgende Werte zeigen:

$$n_\alpha = 1{,}650, \quad n_i = 1{,}734, \quad n_\gamma > 1{,}734.$$

Die Methode findet Anwendung zum Nachweis von Zink in Nahrungsmitteln und Drogen (EISENBERG und KEENAN).

Nach BERISSO (a) ist die *Empfindlichkeit* der Reaktion 1 : 10^5.

Als Reagens wird eine Mischung von 0,1 g Pikrolonsäure mit 8 g Äthanol und 7 g Wasser verwendet.

5. Fällung mit Pyramidon und Rhodanid.

Ausführung (a) [nach MARTINI (e)]: Wird auf einen Objektträger ein Tropfen einer 0,01%igen Lösung eines Zinksalzes gebracht und nacheinander je ein Tropfen einer kalt gesättigten Ammoniumrhodanid- und einer ebensolchen Pyramidonlösung hinzugefügt, so erhält man einen weißen Niederschlag, der aus farblosen, garbenförmig angeordneten Mikrokristallen besteht.

Um die Empfindlichkeit der Reaktion zu erhöhen, fügt man zweckmäßig zu den sehr verdünnten Lösungen vor dem Zusatz der Pyramidonlösung einen kleinen Tropfen konzentrierter Salpetersäure hinzu.

Ausführung (b) (nach BITOVT). Als Reagenslösung dient eine Auflösung von 1 g Pyramidon und 5 g Kaliumrhodanid in 40 ml Wasser; zu der Lösung fügt man 10 ml 1 n Essigsäure hinzu.

Zu ein paar Tropfen der neutralen Untersuchungslösung gibt man 2 bis 3 Tropfen der Reagenslösung. Unter dem Mikroskop werden bei Anwesenheit von Zink weiße, zu Drusen verwachsene Prismen beobachtet, deren wahrscheinliche Zusammensetzung der Formel $(C_{13}H_{17}ON_3)_2H_2[Zn(SCN)_4]$ entspricht.

Grenzkonzentration. 1 : 10^4 (VAN NIEUWENBURG u. a.).

Nachweisgrenze. 7 γ Zink in 1 ml Lösung (BITOVT).

Störungen. Ba^{++}, Ca^{++}, Mg^{++}, Sr^{++}, Al^{+++}, Cr^{+++}, Mn^{++}, As(III), und As(V) stören nicht in Konzentrationen bis zu 0,5 n.

6. Fällung mit Chinolin und Bromid.

In Gegenwart von Bromid bildet Chinolin in salzsaurer Lösung mit Zinksalzen einen Niederschlag, der im Überschuß des Reagenses nicht löslich ist.

Ausführung. Zu einem Tropfen salzsaurer Chinolinlösung fügt man einen Tropfen gesättigter Kaliumbromidlösung und dann einen Tropfen der auf Anwesenheit von Zinksalz zu untersuchenden Lösung hinzu. In Anwesenheit von letzterem scheiden sich ziemlich große, oft abgestumpfte Rhomben, Parallelogramme und andere Kristalle aus.

Empfindlichkeit. 0,5 bis 0,6 γ Zink.

Störungen. Quecksilber(II)-chlorid bildet gleichfalls einen Niederschlag mit dem Reagens, der jedoch im Überschuß löslich ist [KORENMAN (a, c)].

In Gegenwart von Rhodanid fällt eine salpetersaure Chinolinlösung aus Zinksalzlösungen gleichfalls einen kristallinen Niederschlag, der aus farblosen, stark lichtbrechenden Rhomben, Parallelogrammen und Sechsecken besteht. Die Empfindlichkeit der Reaktion beträgt nach MARTINI (g) 0,03 γ; die Reaktion hat jedoch den Nachteil, daß die Reagenslösung häufig sechseckig geformte Kristalle von Chinolin-hydrogenrhodanid, $C_9H_7N \cdot HSCN$, ausscheidet, welche die Reaktion auf Zink überdecken können. Das Reagens muß daher stets frisch bereitet werden.

Cadmium bildet mit dem Reagens gleichfalls einen mikrokristallinen Niederschlag, jedoch von anderer Kristallform. Vgl. hierzu MARTINI und SCHAMIS.

Nach GAPTSCHENKO und SCHEINZISS geben Zinksalze einen charakteristischen kristallinen Niederschlag mit Chinolin bei Gegenwart von Kaliumjodid. Als Reagens dient eine Lösung von 10 g KJ in 100 ml Chinolinlösung.

Empfindlichkeit. 0,01 bis 0,02 γ Zink [s. auch BERISSO (b)].

Nach ROSENTHALER (b) kann man an Stelle von Alkalihalogeniden oder Kaliumrhodanid auch Natriumazid verwenden. Der Nachweis von Zink mit Chinolin-hydrochlorid und Natriumazid bietet jedoch in analytischer Hinsicht keine Vorteile gegenüber den oben angeführten Nachweisreaktionen mit Chinolin.

7. Fällung mit α-Aminopyridin und Rhodanid.

α-Aminopyridin bildet bei Gegenwart von Ammoniumrhodanid mit Zinksalzen eine mikrokristalline, äußerst charakteristische Fällung von farblosen Stäbchen und Rosetten. Ein Überschuß des Reagenses ist dabei möglichst zu vermeiden, da er störend wirkt (Abb. 13).

Kupfer, Kobalt und Cadmium geben mit dem Reagens gleichfalls mikrokristalline Niederschläge (SA).

8. Fällung mit Anthranilsäure.

Bringt man zu einer neutralen oder ganz schwach essigsauren Lösung eines Zinksalzes eine Lösung von anthranilsaurem Alkali, so erhält man selbst in verdünnten Lösungen eine kristalline Fällung von schwerlöslichem anthranilsaurem Zink. Dieser Niederschlag zeigt unter dem Mikroskop sechsseitige Blättchen, die häufig zu Rosetten verwachsen sind.

Abb. 13. Zink-α-Aminopyridin-rhodanid. Nach A. SÁ, An. Farm. Bioquim. 4, 78 (1935).

Die Empfindlichkeit dieser Reaktion wird als sehr groß beschrieben. Sie hängt von der Menge der zugefügten Reagenslösung ab. So geben 0,05 mg Zinkionen in 5 ml Lösung bei Zusatz von 0,5 ml einer 10%igen Lösung von anthranilsaurem Natrium nach dem Durchschütteln sofort eine Fällung, während 0,005 mg Zink in dem gleichen Volumen gelöst bei Zugabe von 1 ml des Reagenses nach öfterem Schütteln innerhalb von 25 bis 30 Min. noch eine schwache Trübung ergeben.

Grenzkonzentration. 1 : 10^6.

Störungen. Das Cadmiumsalz kristallisiert ebenfalls in sechsseitigen Blättchen (FUNK und DITT). Weiterhin geben mit dem Reagens auch die Ionen Cu^{++}, Mg^{++}, Pd^{++} und Ag^{+} Fällungen bestimmter Kristallform (SCHEINZISS).

9. Fällung mit Brucin-Schwefelsäure und Bromid.

Wird ein Körnchen eines Zinksalzes in einen Tropfen einer schwefelsauren Lösung von Kaliumbromid und Brucin eingeführt, so beobachtet man anfangs das Auftreten einer Trübung, dann das Entstehen von Rosetten. Unter den letzteren finden sich oft solche, welche aus gestreckten Sechsecken gebildet sind. In Lösungen von Zinksalzen geht die Reaktion nur langsam vor sich und ist wenig empfindlich.

Störungen. Die Gegenwart von Metallen, die schwerlösliche Sulfate oder Bromide geben (Ba, Sr, Ca, Pb, Ag), ist störend, ebenso auch die Anwesenheit von Stoffen, die mit schwefelsaurem Brucin reagieren, wie Alkalien, Salpetersäure, salpetrige Säure usw. Geringe Mengen von Salpetersäure stören die Reaktion jedoch nicht [KORENMAN (b)].

Grenzkonzentration. 1 : 15000 (VAN NIEUWENBURG u. a.).

10. Fällung mit Natriumdiäthyldithiocarbamat.

Zink bildet mit Natriumdiäthyldithiocarbamat sehr charakteristische Kristalle. Das Reagens wird hergestellt durch Auflösen einer kleinen Menge des festen

Salzes in Wasser; die Lösung wird nach kurzer Zeit filtriert. Die Reagenslösung soll vor dem Gebrauch nicht länger als 2 Wochen stehen.

Ausführung. 0,3 ml der Reagenslösung werden in einem mit Schliffstopfen versehenen Reagensglas mit 0,3 ml der neutralen Probelösung versetzt und 0,2 ml eines geeigneten organischen Lösungsmittels — meist wird man Benzol nehmen — hinzugegeben. Die Mischung wird geschüttelt und danach die Benzolschicht mit einer Capillarpipette vorsichtig, so daß nichts von der wäßrigen Schicht mitgenommen wird, auf ein Deckgläschen gebracht. Nach dem Verdunsten des Lösungsmittels werden die gebildeten Kristalle unter dem Mikroskop beobachtet. Gelegentlich ist es zweckmäßig, den Kristallrückstand nochmals mit einem Tropfen Alkohol aufzunehmen und diesen ebenfalls verdunsten zu lassen.

Zink bildet auf diese Weise mit dem Reagens längliche, rechtwinklige Tafeln, die häufig in Gruppen strahlenförmiger Kristalle auftreten. Es ist jedoch anzunehmen, daß diese nur eine Zwischenstufe bei der Bildung einer beständigeren und weniger charakteristischen Kristallform darstellen. Daher scheint es zweifelhaft, ob die Reaktion von großer praktischer Bedeutung ist.

Die gleichen Kristalle wie bei Anwesenheit von Zink werden auch bei Gegenwart von Blei und Strontium beobachtet. Charakteristische Kristalle bilden auch Cd, Hg, Sb, Bi, Mn und Co mit dem Reagens (GRANT und MEGGY).

Die Reaktion ist hochempfindlich. Bei Ausführung im Reagensglas beträgt die Grenzkonzentration $1:2\cdot10^7$ (VAN NIEUWENBURG u. a.).

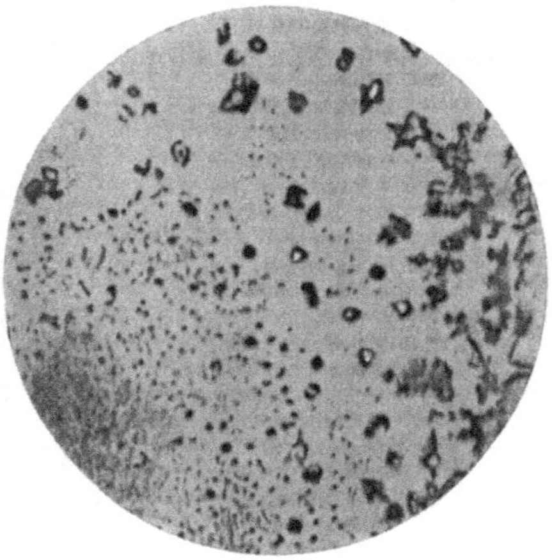

Abb. 14. Zinksulfat + Jodisan. Nach L. ROSENTHALER, Mikrochemie 13, 83 (1933).

11. Einwirkung von Jodisan.

Mit Jodisan (Hexamethyl-diamino-isopropanol-dijodid) gibt Zinksulfat keine Kristallfällung, auch nicht in 10%iger Lösung. Erst beim Eintrocknen entstehen vom Rande her Kristalle derselben Art, wie sie auch nach Zusatz von festem Zinksulfat zu Jodisan auftreten (s. Abb. 14).

Diese Reaktion hat als Nachweisreaktion auf Zink keine Bedeutung. Sie kann jedoch zur Unterscheidung von Zink und Cadmium dienen. Cadmium bildet bereits in sehr verdünnten Lösungen mit Jodisan typische Kristalle (s. Cadmium, § 4, S. 283) [ROSENTHALER (a)].

12. Fällung mit Loretin.

Bei Zusatz von Loretin (2-Jod-1-oxy-chinolin-4-sulfosäure) im Überschuß zu einer neutralen bis höchstens schwach sauren Zinksalzlösung erhält man rhombische, leicht zu sternförmigen Gebilden auswachsende Kristalle mit diagonaler Auslöschung und spitzem Winkel von 72 bis 74°, der durch n_α halbiert wird.

Die Reaktion kann zum Nachweis von Zink in pflanzlichem Material dienen (VAN CIJP).

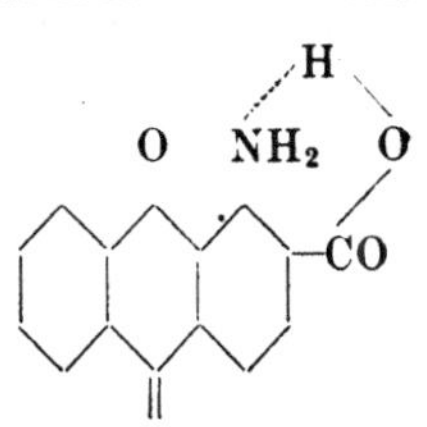

1-Amino-anthrachinon-2-carbonsäure

13. Fällung mit 1-Amino-anthrachinon-2-carbonsäure.

Zinksalze bilden bei Zusatz von 1-Amino-anthrachinon-2-carbonsäure einen roten Niederschlag.

Als Reagens wird die 0,01 n Lösung des Kaliumsalzes benutzt, die durch Auflösen von 0,266 g der 1-Amino-anthrachinon-2-carbonsäure in 10 ml 0,1 n Kalilauge und Verdünnen auf 100 ml erhalten wird.

Erfassungsgrenze. 0,65 mg Zink in 2 m der Lösung.

Grenzkonzentration. 1 : 3100.

Zahlreiche andere Kationen — außer Kalium, Natrium, Lithium und Ammonium — geben mit dem Kaliumsalz gleichfalls rote Niederschläge verschiedener Nuancen (dunkelkirschrot bis dunkelcarminrot) (DUBSKÝ und HRDLIČKA).

14. Fällung mit Urotropin und Rhodanid.

Bei Fällung von Zinksalzlösungen mit Urotropin wird in Gegenwart von Ammoniumrhodanid ein weißer Niederschlag gebildet, der aus charakteristisch geformten Kristallskeletten besteht.

Ausführung. Zu einem kleinen auf die Mitte eines Objektträgers gebrachten Tropfen einer sehr verdünnten (1 : 100 bis 1 : 1000) Zinksalzlösung fügt man einen

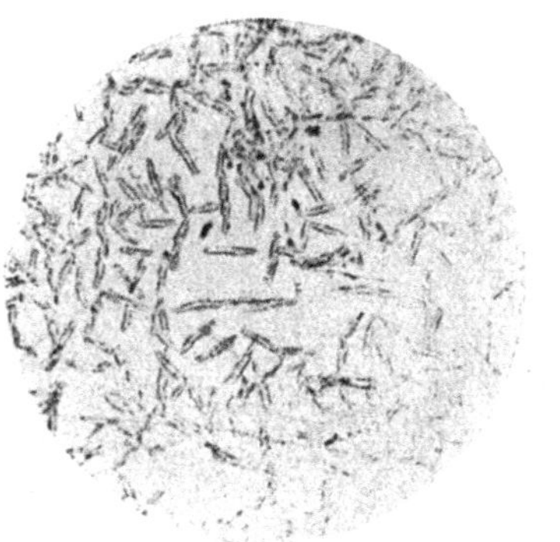

Abb. 15. Zinkrhodanid-Urotropinsulfat. Nach A. MARTINI, Mikrochemie 6, 28 (1928).

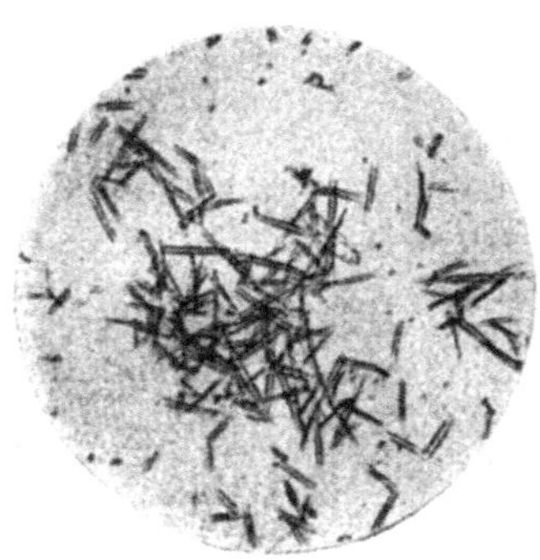

Abb. 16. Zink-Acridin-rhodanid. Nach A. MARTINI, Mikrochemie 8, 143 (1930).

gleichen Tropfen gesättigter Urotropinsulfatlösung und vermischt das Ganze mittels eines Glasstäbchens. Darauf läßt man mit Hilfe einer Goldfeder an die Ränder des Tropfens Spuren einer gesättigten Ammoniumrhodanidlösung anfließen und wartet einige Augenblicke, ehe man das Deckglas auflegt.

Das weiße sich bildende Präcipitat weist bei Untersuchung unter dem Mikroskop eine Menge Kristallskelette von charakteristischer Form auf (Abb. 15). [MARTINI (a)]. Vgl. dazu auch RÂY und SARKAR

Grenzkonzentration. 1 : 500 (VAN NIEUWENBURG u. a.).

15. Fällung mit Acridin und Rhodanid.

Mit Acridin-hydrochlorid reagieren Zinksalzlösungen bei Gegenwart von Ammoniumrhodanid unter Bildung eines braungelben Niederschlages der Zusammensetzung $[C_{13}H_9N \cdot HSCN]_2 \cdot Zn(SCN)_2$ [MARTINI (d)]. Vgl. hierzu auch LANGER (a) und MARTINI (f).

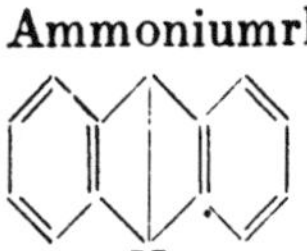

Acridin

Ausführung [nach MARTINI (d)]. Je ein Tropfen einer jeweils 1%igen Lösung von Zinkchlorid, Ammoniumrhodanid und Acridinhydrochlorid werden auf einem Objektträger mit einem Glasstäbchen verrührt. Unter dem Polarisationsmikroskop betrachtet, erweist sich die Fällung als aus prismatischen gelben Mikrokristallen bestehend, die nach ihrem optischen Charakter zum triklinen System gehören (Abb. 16).

Nach LANGER (b) verwandelt sich der meist zuerst gebildete fein verteilte Niederschlag, der in Form feiner Nädelchen oder auch zunächst nicht ausgeprägt kristallisierend auftritt, in Kristalle, wie sie Abb. 17 zeigt. Verwendet man an Stelle des Acridin-hydrochlorids eine 0,5%ige Lösung von Acridin in 0,5 n-Schwefelsäure, so findet häufig eine Umwandlung der kleinen Kriställchen in spitze, bipyramidale Formen statt (Abb. 18).

Besser ausgebildete und charakteristischer gruppierte Kristalle erhält man jedoch, wenn man die Tropfen, ohne zu rühren, der Kristallisation überläßt.

Erfassungsgrenze. 0,01 γ Zink.

Grenzkonzentration. 1 : 100000 [nach LANGER (b)]; 1 : 1000 (VAN NIEUWENBURG u. a.).

Die angegebenen Empfindlichkeiten sind derart, daß man die Fällungen noch gut mit freiem Auge wahrnehmen kann, so daß sie auch für die Tüpfelplatte gelten. Bei Anwendung konzentrierterer Ammoniumrhodanidlösungen scheidet sich bereits Acridinrhodanid in doppeltschwalbenschwanzförmigen, gelben Kristallen aus.

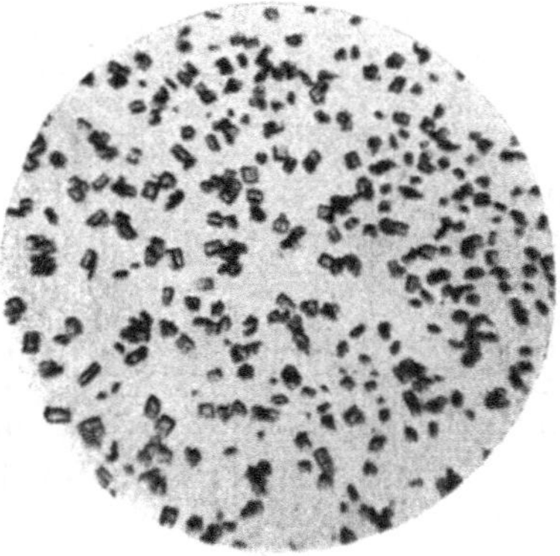

Abb. 17. Zink-Acridin-rhodanid. Nach A. LANGER, Mikrochemie 25, 71 (1938).

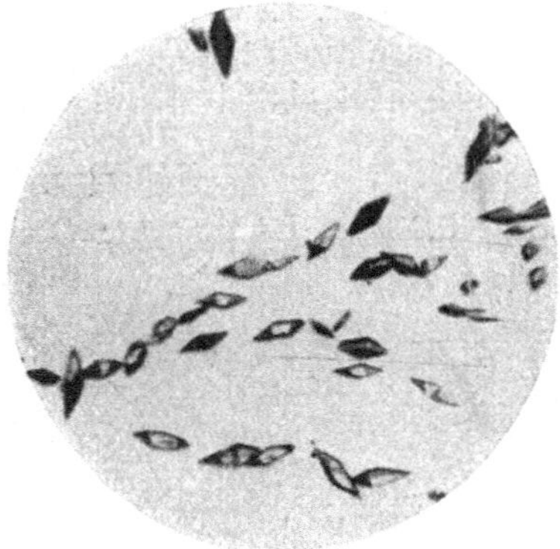

Abb. 18. Zink-Acridin-rhodanid (mit schwefelsaurer Acridin-Lösung gefällt). Nach A. LANGER, Mikrochemie 25, 71 (1938).

Außer Zink geben Mikroreaktionen mit dem Reagens: Hg, Bi, Cd, Cu, Co, Fe(III) und das Uranylion.

16. Nachweis als Zink-Thallium-o-phthalat.

Charakteristisch, aber nicht sehr empfindlich ist der Nachweis von Zink als Zink-Thallium-o-phthalat. Zur Bereitung des Reagenses löst man phthalsaures Ammonium in Wasser, säuert mit Essigsäure an und bringt an die eine Seite des auf einem Objektträger befindlichen Reagenstropfens die zu prüfende Substanz, an die andere ein Körnchen Thallium(I)-nitrat. Es entstehen Plättchen von rhombischem und sechseckigem Umriß, welche stark polarisieren und gerade Auslöschung zeigen [EMICH (a)].

Das Reagens ist zur Unterscheidung von Zink und Cadmium geeignet; Cadmium liefert bei gleicher Behandlung weit größere, leicht lösliche Prismen, die von den Täfelchen der Zinkverbindung auf den ersten Blick zu unterscheiden sind (BEHRENS-KLEY).

17. Einwirkung von Cyanursäure und Ammoniak.

Zinksalze bilden mit Cyanursäure und Ammoniak kristallines Zinkcyanurat, das bei Betrachtung unter dem Mikroskop typische Kristallformen aufweist.

Das Reagens wird bereitet durch Mischen von 0,5 g Cyanursäure, 10 ml. Ammoniaklösung und 20 ml destilliertem Wasser. Man schüttelt 5 bis 10 Min.

lang häufig um und erwärmt, wenn nötig. Nach vollständiger Lösung werden 20 ml Wasser zugefügt, es wird gut gemischt und abkühlen gelassen.

Ausführung. 1 Tropfen der Reagenslösung wird mit 1 Tropfen der zu untersuchenden Zinksalzlösung (0,2 bis 4%ig) auf einem Objektträger vermischt oder die Reagenslösung zu dem trockenen Rückstand (0,1 bis 0,2 mg) oder einer sehr kleinen Partikel der festen Probe gegeben. Wenn die Kristalle sich nicht gleich bilden, wird mit einem feinen Glasstab gerührt. Die Kristalle werden bei 130- bis 150facher Vergrößerung ohne Deckgläschen betrachtet. Man erhält so fast ausschließlich Anhäufungen von strahligen, igelähnlichen Kristallen, viel seltener eiähnlich abgestumpfte Formen, die jedoch häufiger auftreten, wenn man von Zinksalzlösungen ausgeht. Da das Reagens im Überschuß vorliegen soll, dürfen in der Lösung nicht mehr als 2 bis 3 g Zn^{++}/Liter enthalten sein, wenn man sie auf ein gleiches Volumen der Reagenslösung einwirken läßt.

Bei größeren Zinkkonzentrationen beobachtet man sofort die Bildung einer weißen Trübung von Zinkhydroxyd, die im Mikroskop gelatinös erscheint. Weitere Zugabe des Reagenses bewirkt dann die Umwandlung des gelatinösen Hydroxyds in das Cyanurat. Es erscheinen dann lange, ovale Kristalle, die meistens an den Außenrändern verstümmelt und selten von sternförmigen oder igelähnlichen Gebilden begleitet sind [Denigès (a)].

18. Fällung mit Orange II (β-Naphtholorange).

Eine 0,1%ige Lösung von Orange II gibt mit Lösungen von Zinksulfat einen Niederschlag von kurzen gelben Nadeln, die gelb polarisieren. Genau so verhält sich Eisen(II)-sulfat. Auch $CoSO_4$, $AgNO_3$, $CuSO_4$, $TlNO_3$, Nickelammoniumsulfat, Hydroxylamin u. a. reagieren mit Orange II, so daß die Reaktion für Zink wenig spezifisch erscheint (Soep).

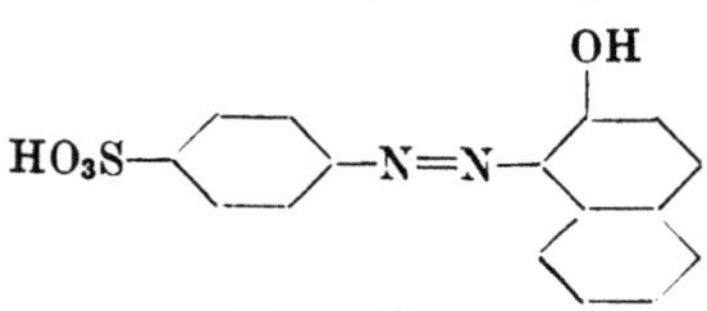

Orange II

19. Fällung mit Tropäolin 00 (Orange IV).

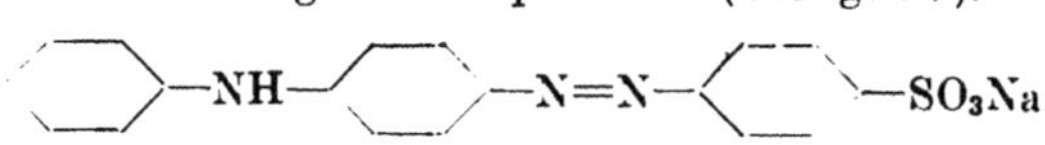

Tropäolin 00

Ausführung. Man gibt zu einer verdünnten Lösung von Zinkchlorid 2 bis 3 ml einer siedenden Lösung von Tropäolin 00, die bei Zimmertemperatur gesättigt ist, bis ein Niederschlag erscheint. Danach läßt man, ohne zu rühren, auf Zimmertemperatur abkühlen. Der gebildete Niederschlag ist weitgehend unlöslich. Man wäscht ihn mit kaltem Wasser, löst in einer möglichst kleinen Menge siedenden Wassers und kühlt die Lösung plötzlich ab. Auf diese Weise erhält man Kristalle von hexagonaler oder oktagonaler Gestalt (Grimes, Bond, Shead).

20. Einwirkung von Anilin bei Gegenwart von Salzsäure.

Bei der von Martini (b) beschriebenen Reaktion von Zinksulfat mit Anilin bei Anwesenheit von verdünnter Salzsäure bilden sich, wie Dubský und Langer feststellten, nicht Kristalle von Zinkchlorid-Anilin-hydrochlorid, $C_6H_5 \cdot NH_2 \cdot HCl \cdot ZnCl_2$, sondern es entsteht unreines Anilinsulfat, so daß die Reaktion für den Nachweis von Zink nicht geeignet ist.

C. Elektronenmikroskopischer Nachweis.

Gulbransen, Phelps und Langer geben eine Methode an, das Elektronenmikroskop zur Klärung mikrochemischer Probleme heranzuziehen. Die Technik für das kontrollierte Wachstum von Kristallen auf dünnen Filmen beruht auf der Diffusion von Ionen und Molekülen durch einen plastischen Film und anschließender Fällung auf dem Film.

Die besonderen Eigenheiten des Elektronenmikroskops bedingen, daß die Kristalle einem Vakuum von 0,1 μ Quecksilber ausgesetzt werden müssen. Es können sich daher Kristalle mit Kristallwasser unter den Arbeitsbedingungen des Elektronenmikroskops zersetzen. Fernerhin kann die Absorptionsenergie des Elektronenstrahls ausreichen, die untersuchte Substanz zu schmelzen, zu zersetzen oder eine Umwandlung der Kristallform hervorzubringen.

Es wird die Schattentechnik angewendet, um kleine Kristalle zu untersuchen, die auf einem dünnen plastischen Film liegen, der durch ein feinmaschiges Drahtnetz unterstützt wird. Zur Bereitung der Proben für das Elektronenmikroskop muß das Material zur Trockne eingedampft werden, bevor es in die Vakuumkammer gebracht wird. Falls die Kristalle durch Wechselwirkung zweier Lösungen erzeugt werden, muß man sie in dispergierter Form auf einem dünnen plastischen Film sammeln und die Mutterlauge entfernen. Letzteres ist ein wichtiger Unterschied gegenüber der Arbeitsweise mit dem Lichtmikroskop.

Ausführung. Eine große Fläche „Parlodion"-Film wird auf Wasser hergestellt, indem man 3 bis 4 Tropfen einer 1%igen Lösung von Parlodion in einer Mischung von Amylacetat und Äthylalkohol (2 : 1) anwendet. Der Alkohol hat die Aufgabe, die Porosität des Films zu erhöhen. Teile des Films von 1 cm Durchmesser werden entfernt, durch Anheben eines kleinen Ringes unter dem Parlodionfilm und Abschneiden des Films mit einer kleinen Nadel. Dieser Filmausschnitt wird jetzt in einer kleinen Kristallisierschale auf die Oberfläche des Reagenses gebracht, dessen Konzentration 0,1 molar ist. Ein kleiner Tropfen der zu untersuchenden Lösung wird darauf mit Hilfe einer Glascapillare auf den Film gebracht. Durch Diffusion der Ionen durch den Film hindurch erfolgt bei zweckmäßiger Wahl der Lösungen die Bildung eines schwerlöslichen Niederschlages in dem Tropfen. 1 bis 2 Min. reichen zur Bildung von Kristallen aus, die unter dem Elektronenmikroskop zu beobachten sind.

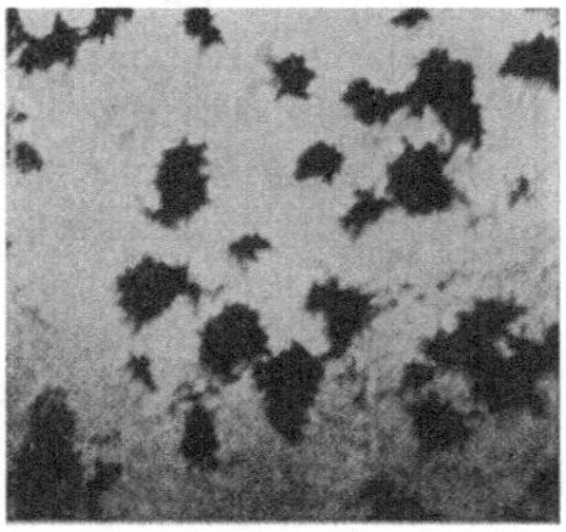

Abb. 19. Zinkcarbonat. Nach E. A. GULBRANSEN, R. T. PHELPS und A. LANGER, Ind. Eng. Chem., Anal. Edit. 17, 649 (1945).

Der Parlodionfilm und die Kristalle werden mit Hilfe eines zweiten, etwas kleineren Ringes aus der Reagenslösung gehoben und auf der Oberfläche von reinem destilliertem Wasser abgesetzt. Das Wasser und die Ionen diffundieren jetzt durch den dünnen Film und entfernen allmählich die störenden Ionen der Mutterlauge. Nach 10 Min. wird der Film unter dem Tropfen mit einer scharfen Nadel durchbohrt, um die restliche Flüssigkeit des Tropfens wegfließen zu lassen. Man deckt daraufhin einen Metallschirm über die interessierende Fläche und entfernt den Film mit dem Schirm. Man läßt im Vakuum bei Zimmertemperatur trocknen.

Charakteristische Zinkcarbonatkristalle erhält man durch Diffusion einer 0,01 m Zinkchloridlösung und einer 0,1 m Kaliumcarbonatlösung. Sie bilden Haufen von unregelmäßigen und fadenförmigen Kristallen.

Obwohl die Kristallgröße von der Konzentration abhängt, wird der Habitus davon wenig beeinflußt. Der Habitus, der bei den elektronenmikroskopischen Aufnahmen beobachtet wird, stimmt mit dem der mikro- und makroskopischen Kristalle überein.

Die Elektronenmikrophotographie (Abb. 19) wurde bei 6700facher Vergrößerung aufgenommen und optisch auf 16750fache Vergrößerung gebracht.

§ 5. Nachweis durch Tüpfelreaktionen.

I. Anorganische Reagenzien.

1. Nachweis mit Ammonium-tetrarhodano-mercurat(II) und Kupfersulfat.

Der Nachweis beruht auf der Violettfärbung des Zink-tetrarhodano-mercurats(II) bei gleichzeitiger Bildung von $Cu[Hg(SCN)_4]$.

Als Reagenslösung dient eine Lösung von Ammonium-tetrarhodano-mercurat(II), bereitet aus 9 g Ammoniumrhodanid, 8 g Quecksilber(II)-chlorid und 100 ml Wasser.

Ausführung (nach HELLER und KRUMHOLZ). Auf der Tüpfelplatte wird ein Tropfen der alkalischen Probelösung mit einem Tropfen einer 0,1%igen Kupfersulfatlösung, hierauf bis zur sauren Reaktion mit einigen Tropfen 10%iger Essigsäure und 1 Tropfen des Reagenses versetzt. Zinksalze geben dabei einen violetten Niederschlag.

Erfassungsgrenze. 5 γ Zink pro Tropfen.

Grenzkonzentration. 1 : 10000 (VAN NIEUWENBURG u. a.).

Störungen. Bei der Reaktion stört die Gegenwart von Fe(III), das mit dem vorhandenen Rhodanid reagiert. CELSI empfiehlt, Fe^{+++} vor der Reaktion auf der Tüpfelplatte durch Zusatz eines Tropfens 10%iger Ammoniumfluorid- oder -oxalatlösung zur Probelösung unschädlich zu machen; beide Reagenzien bilden mit dreiwertigem Eisen farblose Komplexverbindungen, reagieren dagegen nicht mit Kupferionen.

WATSON sowie SMITH und WEST setzen Phosphat zu der Probelösung (1 Tropfen 5 n Ammoniumphosphatlösung), um Störungen durch Eisen zu verhindern. Nach VAN NIEUWENBURG (a) sollen nicht zuviel Chlorionen bei der Reaktion anwesend sein.

Nach FEIGL stören außer Eisen auch Kobalt und Nickel. SMITH und WEST weisen außerdem auf Störungen durch Cadmium und Gold hin.

2. Nachweis mit Ammonium-tetrarhodano-mercurat(II) und Kobaltsulfat.

Bei Anwesenheit von Kobaltsulfat bilden Zinksalze mit Ammonium-tetrarhodano-mercurat(II) einen blauen Niederschlag.

Ausführung (nach FEIGL). Reagenzien: a) Kobaltsulfatlösung (0,02% Co in 0,5 n Salzsäure); b) Alkali-tetrarhodano-mercurat(II)-lösung (einige Tage gestanden), bereitet durch Lösen von 8 g $HgCl_2$ und 9 g NH_4SCN in 100 ml Wasser.

Man vereinigt in der Vertiefung einer Tüpfelplatte oder in einem Mikrotiegel einen Tropfen der Probelösung mit je einem Tropfen der Kobaltsalzlösung und der Alkali-tetrarhodano-mercurat(II)-lösung und reibt die Gefäßwände etwa 15 Sek. mit einem Glasstab. Je nach der Zinkmenge entsteht sofort oder höchstens 2 Min. danach ein blauer Niederschlag. Bei Abwesenheit von Zink beginnt die Fällung des Kobalt-tetrarhodano-mercurats(II) nach 2 bis 3 Min. Bei kleinen Zinkmengen empfiehlt sich die Anstellung eines Blindversuches mit einem Tropfen Wasser.

	neutral	0,5 n HCl
Erfassungsgrenze	0,2 γ Zn	0,5 γ Zn
Grenzkonzentration	1:250000 $1:4 \cdot 10^5$	1:100000

(WENGER, DUCKERT und RIETH)

Bei Anwesenheit von Eisen(III)-salzen entsteht unter den Versuchsbedingungen rotes Eisen(III)-rhodanid, welches die Erkennung des Niederschlages beeinträchtigt. In diesem Fall versetzt man die Probe 1 bis 2 Min. nach Zusatz der Reagenzien mit einigen Milligrammen Alkalifluorid, welches die Rotfärbung zum Verschwinden bringt.

Nachstehende Aufstellung zeigt die bei Anwesenheit von Begleitstoffen erreichbaren Erfassungsgrenzen und Grenzverhältnisse:

Begleitstoff	Erfassungsgrenze in γ Zn		Grenzverhältnis	
	neutral	0,5 n HCl	neutral	0,5 n HCl
NH_4Cl	2	2	1:250	1:520
K_2SO_4	0,5	1	1:1000	1:500
$AlCl_3$	0,5	1	1:700	1:350
$Cr(NO_3)_3$	0,5	0,5	1:100	1:100
$MnSO_4$	2	2	1:100	1:100
$FeCl_3$	2	2	1:120	1:120
$CdCl_2$	1	2	1:200	1:200
$Pb(NO_3)_2$	1	2	1:500	1:250

3. Nachweis mit Ammonium-tetrarhodano-mercurat(II).

Zink wird in Form des Zink-tetrarhodano-mercurats(II), $Zn[Hg(SCN)_4]$, bestimmt. Dieser Nachweis ist außerordentlich empfindlich und gestattet, auf dem Papier 1 Teil Zink in 11100 Teilen Wasser nachzuweisen.

Das Reagens, $K_2[Hg(SCN)_4]$, wird am besten so hergestellt, daß man in eine etwa 20%ige Ammonium- oder Kaliumrhodanidlösung so lange festes Quecksilber(II)-nitrat oder -rhodanid einträgt, bis kein überschüssiges Rhodanid mehr vorhanden ist, was daran erkannt wird, daß das entstehende oder schon als solches verwendete Quecksilber(II)-rhodanid sich nicht mehr auflöst. Die filtrierte Lösung dient zum Zinknachweis.

Man muß das Tüpfeln wegen der weißen Farbe der entstehenden Zinkverbindung auf schwarzem Filtrierpapier oder Glanzpapier, am besten aber, namentlich bei großer Verdünnung und Anwesenheit gefärbter Ionen, auf Glas, z. B. einem Objektträger, vornehmen. Der Nachweis wird ausgeführt, indem man einen Tropfen der Versuchslösung und einen der Tetrarhodano-mercurat(II)-lösung knapp nebeneinander auf ein schwarzes Papier oder einen Objektträger bringt und mit einem dünnen Glasstab miteinander vermischt. Dieses Vermischen bietet auch bei Verwendung schwarzen Filtrierpapiers keine Schwierigkeiten, da dieses nur sehr langsam aufsaugt. Da $Zn[Hg(SCN)_4]$ leicht übersättigte Lösungen bildet, empfiehlt sich gleichzeitiges Reiben der Unterlage zur Aufhebung der Übersättigung. Bei Verwendung eines Objektträgers lassen sich alle hier vorgeschriebenen Vorsichtsmaßregeln leichter durchführen, weshalb in diesem Falle noch der Nachweis von 1 Teil Zink in 44400 Teilen Wasser möglich ist. Führt man die Reaktion auf Filtrierpapier durch, so beträgt die Empfindlichkeit immerhin noch ein Viertel davon (FEIGL und STERN).

4. Nachweis als Zinksulfid.

TANANAJEW und ROMANJUK führen die Fällung des Zinksulfids als Tüpfelreaktion in folgender Weise aus:

Auf ein Uhrglas gibt man die Probelösung, dazu etwas Ammoniak, erwärmt und filtriert. Das Filtrat wird eingedampft und geglüht, mit Salzsäure und Natriumperoxyd aufgenommen, wiederum erwärmt und filtriert; das Filtrat gibt mit Natriumsulfid einen weißen Niederschlag von Zinksulfid.

Empfindlichkeit. $4 \cdot 10^{-4}$ mg Zn/10^{-3} ml; in Gegenwart anderer Kationen 4 g Zn/Liter.

5. Nachweis mit Kalium-hexacyano-ferrat(II) und Uranylacetat.

Tropft man eine Zinksalzlösung auf ein mit Kalium-hexacyano-ferrat(II), Kaliumchlorid und Uranylacetat getränktes Filtrierpapier, so entsteht ein weißer Fleck auf dem braungefärbten Papier, der auch bei Zugabe von Natriumsulfid bestehen bleibt. Die Reaktion kann z. B. zum Nachweis von Zink in metallischen Überzügen dienen (LEWIS und EVANS).

6. Fällung als Zinkchromat in Gelatine.

In wäßriger Lösung bilden Zn, Cd, Tl, Pb, Ba und Sr mit Alkalichromaten. z. B. Na_2CrO_4, gelbe Fällungen, die voneinander nicht zu unterscheiden sind, In ebenen Gelatineschichten sind dagegen deutliche Unterschiede vorhanden. Zinksalze, — Chlorid, Nitrat oder Sulfat —, bilden typische kammartige Streifungen.

Die Beobachtung derartiger periodischer Fällungen in ebenen Gelatineschichten ist zur analytischen Untersuchung brauchbar. Es ist nur wichtig, daß vergleichende Versuche stets auf derselben Gelatine durchgeführt werden, um eine charakteristische Reaktionsfigur zu erhalten.

Ausführung. Als Untersuchungslösung dient eine nicht zu verdünnte neutrale Zinksalzlösung und als Reagenslösung eine Natriumchromatlösung. Man arbeitet nach der Zwei-Tropfen-Methode, die darin besteht, daß man auf eine Gelatineschicht je 1 Tropfen der Untersuchungslösung und der Reagenslösung bringt, und zwar in geringem Abstand voneinander (1 bis 2 cm). Infolge Diffusion bildet sich ein unlösliches gelbes Produkt in Form eines kammartig gestreiften Bogens. Bei Zink ist die Reaktion in einigen Stunden durch die gegenseitige Diffusion beendet, wobei sich die kammförmig gestreifte Verteilung ausbildet.

Dem Vorteil der einfachen Ausführung steht die Langsamkeit der Reaktion als Nachteil gegenüber. Man ist durch diese Reaktion jedoch in der Lage, zwischen Zink und Cadmium zu unterscheiden, da die Morphologie der Reaktionsfiguren in jedem Falle unterschiedlich ist [VEIL (a, b, c)].

7. Nachweis mit Aluminiumpulver (SSERGEJEW).

In einem Gemisch von Zinkat und Aluminat kann Zink folgendermaßen nachgewiesen werden: In einem Porzellanschälchen gibt man auf 1 ml Lösung 10 Tropfen konzentrierter Natronlauge und etwas Aluminiumpulver und verrührt mit einem Glasstab. Die dabei zu beobachtende Änderung der Form und Farbe der Metallteilchen (Quellung) kann als Anzeichen für die Gegenwart des verdrängten Metalls (Zink) dienen.

Grenzkonzentration. 1 : 10^4 bei Ausführung auf der Tüpfelplatte (VAN NIEUWENBURG u. a.).

Als Kontrollreaktion wird der Nachweis mit Cadmiumammoniakat angestellt (SSERGEJEW): Das bei der obigen Reaktion erhaltene Gemisch wird stark verdünnt und das Schälchen bewegt, um ein Zusammenballen der Metallteilchen zu erreichen. Lösung und Niederschlag werden voneinander getrennt, letzterer durch zusammengefaltetes Filtrierpapier getrocknet, mit Fließpapier aufgenommen und in eine Lösung von Cadmiumammoniakat eingetaucht. Die Bildung von Nadeln oder glänzenden Teilchen zeigt Zink an, da das nicht in Reaktion getretene unveränderte Aluminium das Cadmium nicht aus der Lösung zu verdrängen vermag.

Grenzkonzentration. 1 : 1500 bei Ausführung im Mikroreagensglas (VAN NIEUWENBURG u. a.).

Störungen. Aluminium stört nicht.

II. Organische Reagenzien.

1. Nachweis mit Dithizon.

Schüttelt man eine alkalische Zinksalzlösung mit einer Lösung von Dithizon in Tetrachlorkohlenstoff, so färbt sich nicht nur die Tetrachlorkohlenstoffschicht rot, sondern auch die darüber befindliche wäßrige Lösung.

Ausführung (a) (nach RIENÄCKER und SCHIFF). Als Reagenslösung dient eine Auflösung von 10 mg Dithizon in 100 ml Tetrachlorkohlenstoff.

Ein Tropfen der Probelösung wird auf dem Uhrglas mit einem Tropfen 2 n Natronlauge und einigen Tropfen Dithizonlösung versetzt; unter Anblasen wird mit einem Glasstab so lange gerührt, bis der Tetrachlorkohlenstoff verdampft ist. Eine himbeerrote Lösung zeigt Zink an. Die Farbe etwa auftretender Flocken bleibt unberücksichtigt.

Es stören Kupfer und Quecksilber. Beide Metalle werden mittels Schwefelwasserstoff abgeschieden. Man verfährt in diesem Fall folgendermaßen:

Die Probelösung wird vorsichtig eingedampft, mit 1 bis 2 Tropfen 2 n Salzsäure aufgenommen und in ein EMICHsches Spitzröhrchen übergeführt. Durch eine feine Capillare leitet man kurze Zeit Schwefelwasserstoff in die Lösung ein und zentrifugiert dann. Die überstehende klare Lösung wird mit einer Capillare auf ein Uhrglas übertragen, vorsichtig eingedampft, mit 1 Tropfen 2 n Natronlauge aufgenommen und mit einigen Tropfen Dithizon unter Anblasen bis zum völligen Verdunsten des Tetrachlorkohlenstoffs verrührt. Eine Rotfärbung der Lösung zeigt die Anwesenheit von Zink an.

Nach FISCHER (e) kann der Nachweis auch in neutraler Lösung in einem kleinen Reagensglas durchgeführt werden. Man läßt von der zu untersuchenden Lösung sowie von der Reagenslösung je einen Tropfen in das Reagensglas fallen und schüttelt gut durch. Der Tropfen der CCl_4-Lösung nimmt dabei die charakteristische Färbung des in der wäßrigen Lösung vorhandenen, mit Dithizon reaktionsfähigen Schwermetalls an.

Als Reagens dient hier eine Lösung von 1 bis 2 mg Dithizon in 100 ml Tetrachlorkohlenstoff.

Mittels der Tropfenreaktion lassen sich im Tropfen (0,05 ml) einer Zinksulfatlösung noch folgende Mengen Zink erfassen:

		Empfindlichkeit
In neutraler Lösung	0,025 γ Zn	1:2000000
In Gegenwart von 2% NH_4OH	0,06 γ Zn	1: 830000
In Gegenwart von 2% NaOH	0,9 γ Zn	1: 56000
In Gegenwart von 10% Essigsäure . .	0,9 γ Zn	1: 56000
In Gegenwart von 10% Essigsäure sowie 5% Ammoniumacetat	0,05 γ Zn	1:1000000

Die Erfassungsgrenze in ammoniakalischer Lösung bleibt in Gegenwart von Ammoniumsalzen, ferner von Tartraten ungeändert.

Auch kleine Zinkmengen lassen sich noch gut neben einem größeren Überschuß der Metalle Nickel und Aluminium erkennen. Neben Cadmium gelingt der Nachweis kleiner Zinkmengen, wenn der Cadmiumüberschuß nur gering ist. Ohne weiteres kann man Zink neben den gegenüber Dithizon indifferenten Metallen nachweisen.

Die Zinkreaktion läßt sich bei Verwendung einer stärkeren Reagenslösung (10 mg Dithizon in 100 ml CCl_4) in Form des Tüpfelnachweises auf Porzellan oder Papier ausführen. Man erhält auf dem Papier einen ziegelroten Fleck. Es lassen sich so bis zu 0,4 γ Zink im Tropfen (0,05 ml) nachweisen, was einer Empfindlichkeit von 1 : 125000 entspricht. Bei Ausführung der Tropfenreaktion auf einer Tüpfelplatte beträgt die *Erfassungsgrenze* etwa 0,05 γ, *Grenzkonzentration* 1 : 10^6 [vgl. hierzu auch FISCHER (g)].

DOBBINS und NORMAN empfehlen die Ausführung der Tüpfelreaktion auf Papier. Gewöhnliches Filtrierpapier tränkt man mit einer gesättigten Lösung von Dithizon in Aceton. In dieser Form ist das Reagens bis zu 8 Monaten unzersetzt haltbar.

Zum Nachweis von Zink wird die Probelösung zunächst mit 2 n Kalilauge behandelt, um andere störende Kationen zu entfernen. Der Niederschlag wird abzentrifugiert und die alkalische Lösung auf Dithizonpapier getropft. Ein purpurroter Fleck oder Ring am Außenrand des Tropfens ist ein positiver Nachweis für Zink; ein orangefarbener Fleck bedeutet negativen Ausfall der Reaktion. Die Farbe soll innerhalb einer Minute beurteilt werden. Bei Anwesenheit störender Ionen bilden diese in der Mitte des Fleckes eine schwarze oder braune Stelle, während Zink als purpurroter Ring zu erkennen ist.

Empfindlichkeit. 0,02 mg Zink/Liter.

Störungen. Quecksilber, Blei und Zinn(II) erscheinen gleichfalls rot gefärbt, doch lassen sich beim Vergleich mit Blindproben deutlich Unterschiede in den Farbnuancen feststellen; Quecksilber und Blei zeigen eine purpurblaue, Zinn(II) eine rosa Farbe, die derjenigen bei Anwesenheit kleiner Zinkmengen sehr ähnlich ist. Doch stört Zinn selten, da es im allgemeinen vierwertig vorliegt.

Nach LEDERER soll Filtrierpapier jedoch zur Ausführung der Tüpfelreaktion auf Zink mit Dithizon nicht geeignet sein, da es Kupfer enthält, welches in ganz ähnlicher Weise mit Dithizon reagiert wie Zink.

2. Nachweis mit p-Nitrobenzol-azoorcin.

Die gelbe alkalische Lösung von p-Nitrobenzol-azoorcin wird in Gegenwart von Zinksalzen orangerot.

Ausführung. Auf Filtrierpapier wird ein Tropfen der alkalischen Lösung des Farbstoffes (0,025%ige Lösung in 1 n NaOH) aufgebracht. Die Mitte des gelben Fleckes wird danach mit der Spitze einer mit der Probelösung gefüllten Capillare berührt, wodurch die Flüssigkeit sich in das Papier einsaugt. Wenn man jetzt den erhaltenen Fleck neuerlich mit einem Tropfen des Reagenses benetzt, so färbt sich in Anwesenheit von Zink der ganze Fleck oder dessen Mitte mehr oder weniger intensiv orangerot.

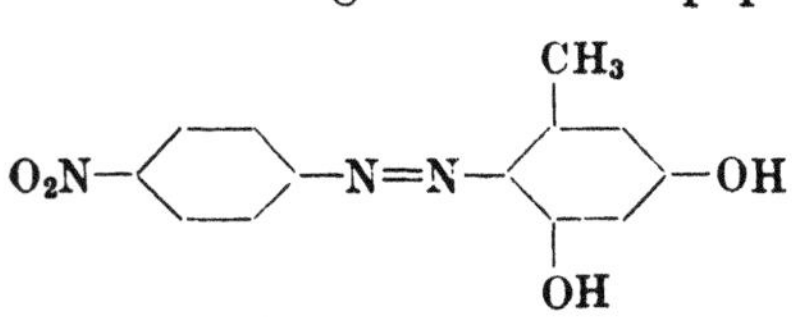

p-Nitrobenzol-azoorcin

Grenzkonzentration. 1 : 5000 (WENGER, DUCKERT und RIETH).

Beryllium gibt mit dem Reagens eine identische Farbe. Zur Unterscheidung betupft man den Fleck mit 25%iger Kaliumcyanidlösung. Die orangerote Färbung verschwindet im Falle von Zink, während sie bei Beryllium bestehen bleibt.

Darstellung des Farbstoffes: Zu einer auf 0° abgekühlten salzsauren Lösung von 1,38 g p-Nitroanilin wird zur Diazotierung eine ebenso gekühlte konzentrierte wäßrige Lösung von 0,85 g Kaliumnitrit gegeben. Die erhaltene Lösung von p-Nitrobenzol-diazoniumchlorid wird unter starkem Rühren zu einer auf 0° abgekühlten sodaalkalischen Lösung von 1,42 g Orcin gegossen. Die hellrot gefärbte Lösung scheidet beim Ansäuern Flocken des Farbstoffes von derselben Farbe aus. Sie werden abgesaugt, zuerst mit angesäuertem, nachher mit reinem Wasser ausgewaschen und dann getrocknet. Das dunkelrote Pulver löst sich in Ätzalkalien mit gelber Farbe auf (KOMAROWSKY und POLUEKTOFF).

3. Nachweis mit Kalium-hexacyano-ferrat(III) und p-Phenetidin.

Bei der Einwirkung von p-Phenetidin auf eine Zinksalzlösung in Gegenwart von Kalium-hexacyano-ferrat(III) entsteht ein schwarzblauer Niederschlag, da das violettrote Oxydationsprodukt des p-Phenetidins am Kalium-Zink-hexacyano-ferrat(II)-niederschlag mit schwarzblauer Farbe adsorbiert wird [SZEBELLEDY und TANAY; s. auch VAN NIEUWENBURG (b)].

Ausführung (nach SZEBELLEDY und TANAY). Als Reagenzien dienen eine Lösung von 0,2 g $K_3[Fe(CN)_6]$ in 10 ml Wasser, eine Lösung von 0,1 g salzsaurem p-Phenetidin in 10 ml Wasser, sowie 1 n Schwefelsäure.

Vor Gebrauch werden die Reagenzien in einer Vertiefung der Tüpfelplatte aus weißem Porzellan in folgender Reihenfolge und folgenden Mengen gemischt: 6 Tropfen Kalium-hexacyano-ferrat(III)-lösung werden mit 2 Tropfen Schwefelsäure angesäuert, danach mit 12 Tropfen salzsaurer Phenetidinlösung versetzt. Aus diesem Reagensgemisch von bräunlichgelber Farbe wird mit einer Pipette 0,1 ml in eine andere Vertiefung der Tüpfelplatte eingemessen, dann wird ein Mikrotropfen (0,01 bis 0,0005 ml) der auf Zink zu untersuchenden Lösung daneben gesetzt. Bei Gegenwart von Zink entsteht an der Kontaktstelle ein blauer Niederschlag bzw. eine Blaufärbung.

Man beurteilt die Reaktion innerhalb von 2 bis 3 Min. Nach Verlauf einer längeren Zeit, wenn der Rand des Tropfens infolge Verdunstens eingetrocknet ist, ist der Rückstand auch bei Abwesenheit von Zink blau gefärbt. Dies darf nicht mit der positiven Zinkreaktion verwechselt werden.

Erfassungsgrenze. 0,05 γ Zink.

Grenzkonzentration. 1 : 10^4.

Störungen. Erdalkalien und Alkalien stören praktisch nicht. Neben Hg^{++}, As^{+++}, Sb^{+++}, Cr^{+++}, Al^{+++}, Cd^{++} und Mn^{++} kann Zink nur mit Hilfe von Vergleichsproben nachgewiesen werden. Ag, Bi, Pb und Sn müssen vorher mit einem geeigneten Reagens behandelt werden, damit die störende Wirkung aufgehoben wird. Fe, Co, Ni und Cu müssen vorher entfernt werden, da sie selbst gefärbte Niederschläge mit dem Reagens geben.

4. Fällung mit Kalium-hexacyano-ferrat(III) und Diäthylanilin.

Läßt man Diäthylanilin auf eine Zinksalzlösung bei Anwesenheit von Kalium-hexacyano-ferrat(III) einwirken, so entsteht ein rötlichbraun oder gelbbraun gefärbter Niederschlag.

Ausführung (nach TREADWELL und HALL). Man bringt 15 Tropfen 2%ige $K_3[Fe(CN)_6]$-Lösung auf eine Tüpfelplatte und vermischt sie mit 10 Tropfen einer Lösung von 0,25 g Diäthylanilin (frei von Monoäthylanilin) in 200 ml 18 n Schwefelsäure oder von 0,5 g Diäthylanilin in 200 ml 50%iger Phosphorsäure. Jetzt fügt man 1 Tropfen der zu untersuchenden Lösung hinzu. Bei Anwesenheit von Zink erscheint innerhalb von 5 Min. eine dunkelrötlichbraune oder rötlichgelbe Farbe bzw. ein Niederschlag (vgl. hierzu auch § 3, S. 154).

5. Fällung mit Pyramidon (oder Antipyrin) und Rhodanid.

Der Nachweis von Zinksalzen mit Pyramidon oder Antipyrin bei Gegenwart von Rhodanid ist auch als Tüpfelreaktion durchführbar.

2 Tropfen der auf Zink zu prüfenden Lösung werden auf dem Objektträger bis zum Umschlag von Lackmuspapier nach Rot mit Essigsäure angesäuert. Man füge zu der Lösung etwas Rhodanid-Antipyrin- oder Rhodanid-Pyramidonlösung (vgl. § 3, S. 164 u. 165).

In beiden Fällen zeigt die Bildung eines weißen Niederschlags die Anwesenheit von Zink an [GUTZEIT (b)].

6. Nachweis mit Anthrachinon-(1-azo-4)-dimethylanilin-hydrochlorid.

Bringt man eine Lösung von Anthrachinon-(1-azo-4)-dimethylanilin-hydrochlorid auf Filtrierpapier und gibt 1 Tropfen einer verdünnten Zinksalzlösung hinzu, so schlägt die ursprüngliche rosa Farbe des Papiers in stark Hellblau-violett um. Die Farbe des Fleckes bleibt bei Zugabe von verdünnter Salzsäure erhalten.

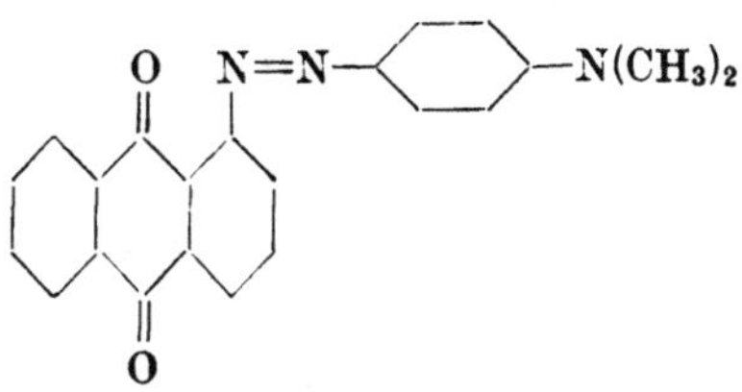

Anthrachinon-(1-azo-4)-dimethylanilin

Eine konzentrierte Zinkchloridlösung bildet keinen blauen, sondern einen schwach gelben Fleck. Cadmium, Quecksilber und Blei reagieren in gleicher Weise [KUSNETZOW (c)].

§ 6. Weitere Nachweismethoden.

A. Nachweis mittels Fluorescenz.

1. Mit Benzoin.

Mit Benzoin bilden Zinksalze eine fluorescierende Verbindung; Magnesiumhydroxyd wird dabei als Trägersubstanz verwendet. Eine kleine Menge Silicat soll die Dauer der Fluorescenz verlängern.

Reagenslösungen. 1. Natriumhydroxyd-Natriumsilicat-Lösung, hergestellt durch Zusammengeben von 100 ml 2,5 n Natronlauge und 0,6 ml 35%iger Natriumsilicatlösung. Die Anwendung von Natriumsilicat ist unnötig, wenn die Beobachtung unmittelbar nach der Herstellung der Verbindung erfolgt.

2. Natriumdithionitlösung, hergestellt durch Auflösen von 1 g Natriumdithionit in 25 ml Wasser. Die Lösung muß täglich frisch bereitet werden.

3. Benzoinlösung, bereitet durch Auflösen von 0,3 g Benzoin in heißem 95%igem Äthylalkohol.

4. Magnesiumnitratlösung der Konzentration 2 g Mg^{++}/Liter.

Die Lösung, die 0,1 mg Zink oder mehr enthalten kann, wird mit Natronlauge neutral bis schwach alkalisch gemacht. Das Volumen der Lösung soll 5 bis 15 ml betragen. Ungefähr 1 ml der Reagenslösungen werden nacheinander der Probelösung hinzugefügt. Darauf wird die Lösung geschüttelt und nach 1 bis 2 Min. unter der Ultraviolettlampe betrachtet. Der Nachweis ist positiv, wenn bei 4650 und 5700 Å eine grüne Fluorescenz auftritt.

Grenzkonzentration. $1:10^6$.

Störungen. Beryllium und Bor fluorescieren ebenfalls mit Benzoin. Beide Elemente fluorescieren, bevor Magnesiumhydroxyd hinzugegeben wird, und wenn die Lösung zu diesem Zeitpunkt unter der Lampe betrachtet wird, können sie nicht mit Zink verwechselt werden. Wenn Magnesiumhydroxyd zugegeben worden ist, kann Zink von Beryllium durch Vergleich mit einer Blindprobe unterschieden werden. Die Fluorescenz des Bors tritt bei geringen Konzentrationen nicht in Erscheinung. Stören kann auch Antimon, das jedoch nicht in die analytische Gruppe des Zinks gehört.

Störungen der Platinmetalle werden durch Reduktion mit Dithionit ausgeschaltet. Der schwarze Niederschlag muß abfiltriert werden. Gefärbte Ionen dürfen bei diesem Nachweis nicht zugegen sein (WHITE und NEUSTADT).

2. Mit 8-Oxychinolin.

Zinkverbindungen geben mit 8-Oxychinolin in neutralen und essigsauren Acetatlösungen hellgelb fluorescierende Verbindungen.

Ausführung. 1 Tropfen Probelösung wird auf der Tüpfelplatte oder auf Filterpapier mit je 1 Tropfen Essigsäure-Natriumacetat-Puffer (beide Lösungen 0,1 n, Verhältnis 1 : 1) und alkoholischer 0,5%iger Oxinlösung versetzt.

Unter der Quarzlampe wird bei Anwesenheit von Zink eine hellgelbe Fluorescenz beobachtet [GOTÔ (b)]. Vgl. hierzu auch GOTÔ (a), GOTÔ und KAKITA sowie HAITINGER.

Erfassungsgrenze. 0,1 γ Zink.

Grenzkonzentration. $1 : 5 \cdot 10^5$.

Cadmium verhält sich ähnlich.

3. Mit Cochenille.

In neutraler Lösung zeigen Zinksalze mit Cochenille eine hellrote Fluorescenz.

Ausführung. Zu 1 Tropfen der neutralen Probelösung wird auf der Platte oder auf Filterpapier 1 Tropfen 0,16%iger alkoholischer Cochenilleextrakt gegeben. Bei kleinen Zinkmengen ist es nötig, eine Blindprobe anzustellen.

Erfassungsgrenze. 0,1 γ Zink.

Grenzkonzentration. $1 : 5 \cdot 10^5$.

Aluminium verhält sich ähnlich [GOTÔ (b); vgl. hierzu auch GOTÔ (a)].

4. Mit Morin.

In neutralen Lösungen gibt Zink eine gelblichgrüne Fluorescenz mit Morin, wenn die Lösung Alkohol enthält. In basischer Lösung gibt Zink mit Morin eine stark gelbe Fluorescenz. Der Fluorescenznachweis in alkalischer Lösung ist jedoch für kleine Mengen Zink unbrauchbar, da Morin in alkalischer Lösung schon selbst eine gelbe Fluorescenz aufweist. Deshalb ist der Nachweis in neutraler Lösung vorzuziehen.

Ausführung. Zu 1 Tropfen der neutralen Probelösung werden auf der Tüpfelplatte 1 Tropfen 0,2%iger alkoholischer Morinlösung sowie ein paar Tropfen Alkohol gegeben. Bei Anwesenheit von Zink wird im ultravioletten Licht eine gelblichgrüne Fluorescenz beobachtet.

Erfassungsgrenze. 0,05 γ Zink.

Grenzkonzentration. $1 : 10^6$ [GOTÔ (b); vgl. hierzu auch GOTÔ (a), BECK (a)].

5. Mit Urobilin.

Bei der Einwirkung von Zinksalzen auf Urobilin entsteht eine grüne Fluorescenz.

Die Reaktion wird von LUTZ zur Bestimmung kleiner Zinkmengen in organischen Substanzen angewendet.

Nach GUTZEIT (a) werden 2 ml einer Auflösung von Urobilin in Chloroform zu 5 ml 95%igem Alkohol gegeben. Diese Lösung wird dann mit einigen Millilitern der durch Ammoniak neutralisierten Zinksalzlösung versetzt.

B. Nachweis auf elektrochemischem Wege.

Die Reaktion besteht in der elektrolytischen Abscheidung des Zinks aus einer Alkalizinkatlösung auf einer Kupferkathode. Die intensive Farbwirkung bereits sehr dünner Metallschichten gewährleistet die Sichtbarkeit auch sehr geringer Metallmengen.

Als Elektrolysierzelle dient ein unten zusammengeschmolzenes Glasröhrchen. Der Anodendraht besteht aus einem in einer kleinen Kugel endenden Platindraht, der so in eine Glascapillare eingeschmolzen ist, daß — abgesehen von dem oberen

Ende — nur die Kugel frei bleibt. Als Kathode dient ein blankgeputzter Kupferdraht, der 0,1 bis 0,5 mm Durchmesser hat. Der Kupferdraht wird in das Glasgefäß gehängt. Um die Eintauchtiefe bequem regulieren zu können, ist es zweckmäßig, ihn durch ein kleines U-förmig gebogenes Stückchen Glascapillare zu ziehen und dasselbe am Rande des Röhrchens einzuhaken.

Die angelegte Spannung beträgt 10 V. Die Zeit bis zur Abscheidung eines sichtbaren Überzuges auf der Kathode kann vom Bruchteil einer Minute bis zu einigen Stunden andauern, je nach dem Gehalt der Lösung an Zink (Elektrolysedauer bei 0,01 m Lösung: Bruchteile einer Minute; $^1/_{40000}$ m Lösung: 3 Std.). Bei länger dauernder Elektrolyse muß die Flüssigkeit von außen gekühlt werden.

Nach dieser Methode läßt sich das Zink in 0,3 ml einer $^1/_{40000}$ m Lösung, d. h. $0{,}16 \cdot 10^{-6}$ g Zink, noch deutlich nachweisen.

Die Beobachtung der Ausscheidung auf dem Kathodendraht geschieht mit dem freien Auge, doch ist es bei den 0,1 mm dicken Drähten vorteilhafter, diese unter Zuhilfenahme eines schwach vergrößernden Mikroskops im auffallenden Licht vorzunehmen. In allen Fällen empfiehlt es sich, bei der Beobachtung der Kathode ein blankgeputztes Stück des gleichen Kupferdrahtes zu Vergleichszwecken neben den Kathodendraht zu halten.

In der Lösung etwa vorhandenes Nitrat oder Chlorid stört die Abscheidung und ist daher zu entfernen. Der Zinküberzug ist, wenn nur kleine Mengen des Metalls ausgeschieden werden, schön blank. Ein Beweis dafür, daß das ausgeschiedene Metall tatsächlich Zink ist, kann dadurch erbracht werden, daß man den Kathodendraht in etwa 2 n Kalilauge taucht. Der weiße Überzug geht dann in Lösung, so daß das rote Kupfer wieder zum Vorschein kommt. Bei sehr kleinen Zinkmengen genügt 1- bis 2maliges Eintauchen, um den Überzug vollständig zum Verschwinden zu bringen (NEUMANN; vgl. hierzu auch ASHCRAFT und JUNG; BRENNEIS).

Nach DJATSCHKOWSKI und ORLENKO dient bei Anwendung der Elektrocapillarmethode ein mit 0,1 n Essigsäure getränktes Filtrierpapier als Elektrolyt. In die Nähe der Anode wird 1 Tropfen der Untersuchungslösung mittels einer Capillare aufgetragen, in der Nähe der Kathode eine Reagenslösung von Ammonium-tetrarhodano-mercurat(II) und Kupfersulfat. Nach Einschalten des Stroms wird die Bildung eines dunkelvioletten Niederschlags beobachtet.

Grenzkonzentration. 1 : 1000.

Bei Gegenwart von Kobalt entsteht zunächst ein blauer Niederschlag, der dann violett wird. Bei Gegenwart von Eisen verschwindet die zuerst auftretende Rotfärbung; große Mengen Eisen können mit Wasser herausgewaschen werden. Das Verfahren dient zum Nachweis von Zink ohne Durchführung eines Trennungsganges.

C. Elektrographischer Nachweis.

Der Nachweis von Zink in Metallen kann nach JIRKOVSKÝ mit Hilfe der elektrographischen Methode folgendermaßen ausgeführt werden: Man schaltet eine Metallplatte als Kathode und das zu untersuchende Metall als Anode; legt man zwischen die beiden Elektroden ein imprägniertes Papier, das speziell auf Zink anspricht, so erzeugt das bei Stromschluß anodisch in Lösung gehende Metall auf dem Papier charakteristische Reaktionen (s. hierzu auch CALAMARI).

Dieses Verfahren kann auch auf solche Mineralien ausgedehnt werden, die nicht völlige Nichtleiter sind. Zink kann so z. B. in Sulfiden, Arseniden, Antimoniden und Sulfosalzen nachgewiesen werden.

Nach GLAZUNOW und ARNOLD läßt sich Zink in Metallen nachweisen, wenn man diese als Anode schaltet und an die Kathode ein mit Natriumsulfid, Kalium-hexacyano-ferrat(III) und Diäthylanilin oder mit Benzidin, Kalium-hexacyano-ferrat(III) und Diäthylanilin getränktes Filtrierpapier bringt. Als Elektrolyt dient eine verdünnte Alkalichloridlösung. Die aus der Anode austretenden Zinkionen färben das Reagenspapier in beiden Fällen braunorange (vgl. hierzu auch HUGHES).

D. Nachweis durch Brechungsindexbestimmung.

Der Nachweis beruht auf der Methode, Fällungen von Metallsalzen mit organischen Reagenzien mit Hilfe ihrer Brechungsindices zu identifizieren.

Die bei 105° getrocknete Fällung wird in eine höher brechende, die Kristalle jedoch nicht lösende Immersionsflüssigkeit eingebettet und letztere in einer Mikroküvette so lange erhitzt, bis Kristalle und umgebende Flüssigkeit den gleichen Brechungsindex haben. Der Brechungsindex von Methylenjodid ($n_D = 1{,}74$) nimmt pro Grad um etwa 0,0006 Einheiten ab.

Bei diesem Verfahren wird auf die Berechnung von n_D verzichtet, da die erhaltene Temperatur, bei der Gleichheit der Brechungsindices herrscht, völlig zur Identifizierung genügt.

Ausführung. Probelösung und Reagens werden in einem Röhrchen oder auf dem Objektträger im Probetropfen zusammengebracht und die erhaltene Fällung in üblicher Weise mittels Filtrierpapierstreifens kurz gewaschen und getrocknet. Vom getrockneten Niederschlag wird nun eine Spur in eine Mikroküvette gebracht, Methylenjodid als Immersionsflüssigkeit eingefüllt und die Mikroküvette in üblicher Weise im geschlitzten Metallobjektträger auf dem Mikroschmelzpunktsapparat nach KOFLER erhitzt. Man beobachtet nun die BECKEsche Linie und liest die Temperatur dann ab, wenn Kristalle und Flüssigkeit gleich stark brechen. Als Beleuchtung dient Natriumlicht (Osram Natrium 300 U), um undeutliche Ablesung infolge Dispersion zu vermeiden.

Zur Erzielung eines höheren Brechungsindexes als dem von Methylenjodid kann eine gesättigte Lösung von Schwefel in Methylenjodid verwendet werden.

Vor Ausführung der Nachweisreaktion werden mittels verschiedener Glaspulversorten von bestimmtem Brechungsindex die entsprechenden Temperaturen der n_D-Gleichheit bestimmt.

Zum Nachweis von Zink können folgende Fällungen dienen:

a) mit Anthranilsäure: Sternförmige Kristalle; in Methylenjodid 125°. (Reagens: 0,5 g der Säure gelöst in 10 ml 2 n Natronlauge und mit Wasser auf 100 ml verdünnt. Es wird noch ein wenig freie Anthranilsäure bis zur schwach sauren Reaktion zugesetzt);

b) mit Dilitursäure (0,1 n-Lösung in 50%igem Alkohol): Kristallnadeln; 137°;

c) mit 8-Oxychinolin (1%ige alkoholische Lösung): Blättchenförmige Kristalle; in Methylenjodid und Schwefel 136° (FISCHER und LANGHAMMER).

E. Chromatographischer Nachweis.

Zink wird aus wäßriger Lösung an Aluminiumoxyd als weißer Ring adsorbiert. Die Stellung des Zinks in der Adsorptionsreihe bei Verwendung von Wasser als Waschflüssigkeit ist aus folgender Zusammenstellung ersichtlich:

$$\begin{array}{ccccccccccccc} & & & Cr^{+++} & & & & & & Co^{++} & & \\ As^{+++} - & Sb^{+++} - & Bi^{+++} - & Fe^{+++} - & (UO_2)^{++} - & Pb^{++} - & Cu^{++} - & Ag^{+} - & Zn^{++} - & Ni^{++} - & Tl^{+} - & Mn^{++} \\ & & & Hg^{++} & & & & & & Cd^{++} & & \\ & & & & & & & & & Fe^{++} & & \end{array}$$

Übereinanderstehende Elemente geben mehr oder minder getrennte Mischzonen (SCHWAB und JOCKERS; vgl. auch VENTURELLO und AGLIARDI).

Ausführung. Als Chromatographierrohr wird ein Mikrorohr nach HESSE (Durchmesser 4 bis 7 mm) und als Adsorbens Aluminiumoxyd nach BROCKMANN (MERCK, Darmstadt) verwendet. Als Waschflüssigkeit dient Wasser, als Entwickler im allgemeinen Ammoniumsulfid. Da leere weiße Zonen im Chromatogramm nicht auftreten, macht sich Zink durch das Auftreten einer weißen Zone zwischen seinen (unter Umständen hinzuzusetzenden) Nachbarn Silber (grauer Ring) und Cadmium (gelber Ring) bemerkbar.

Beispiel. Nachweis von Zink neben Cadmium: Beim Entwickeln mit Ammoniumsulfid entsteht oben eine weiße Zone, auf die mit scharfem Rand eine gelbe von Cadmiumsulfid folgt. Die Säule wird am oberen Ende der Cadmiumzone abgeschnitten. Nach dem Digerieren mit Salzsäure kann Zink nach Abstumpfen mit Natriumacetat als Zinksulfid nachgewiesen werden.

Innerhalb seiner analytischen Gruppe — neben Fe^{+++}, Cr^{+++}, $(UO_2)^{++}$, Ni^{++}, Co^{++} und Mn^{++} — hat das Zink folgende Stellung:

$$Fe^{+++}—Cr^{+++}—(UO_2)^{++}—Zn^{++}—Co^{++}—Ni^{++}—Mn^{++}.$$

Eisen bildet die oberste Zone in der Adsorptionssäule, Mangan die unterste. Beim Waschen mit Wasser und Nachbehandeln mit Ammoniak liegt Zink zwischen der gelben Zone des $(UO_2)^{++}$ und der rosa bis rötlichgelben des Co^{++}.

Ist außerdem Aluminium zugegen, so liegt dieses als weiße Zone zwischen $(UO_2)^{++}$ und Zn^{++}; Aluminium und Zink sind demnach nicht ohne weiteres zu unterscheiden (SCHWAB und GHOSH).

Eine ausgeprägte Trennung der einzelnen Adsorptionszonen wird auch mit Dithizon (Diphenylthiocarbazon) als chromatographischem Reagens erreicht. Als Adsorptionsmittel ist gewöhnliches Aluminiumoxyd (oder auch Quarzpulver) geeignet. Bei Anwendung von Aluminiumoxyd ist die Reihenfolge der chromatographischen Adsorption der in neutraler Lösung in Tetrachlorkohlenstoff gelösten Dithizonate die folgende:

$$\begin{matrix} Sb^{+++} & & & & & & \\ Sn^{++} & & & & & & Hg^{+} \\ Ni^{++}—Cu^{++}—Cd^{++}—Fe^{++}—Co^{++}—Zn^{++}—Hg^{++} \\ Mn^{++} & & & & & & \end{matrix}$$

Das Zink bildet einen hellcarminroten Ring unterhalb des Kobalts. Zwischen Zink und Cadmium bleibt ein sehr deutliches leeres Gebiet; enthält aber dieselbe Lösung Zink und Kobalt, so ist der obere Teil des roten Zinkringes deutlich bläulich.

Die in Chloroform aufgelösten Dithizonate werden bedeutend schwächer adsorbiert als die in Tetrachlorkohlenstoff gelösten. Aus diesem Grunde kann als Adsorptionsstoff Aluminiumoxyd nach BROCKMANN benutzt werden, das die in Tetrachlorkohlenstoff gelösten Dithizonate zu stark adsorbiert. Es ist so möglich, eine bedeutend schärfere Trennung zu erzielen als bei Verwendung von gewöhnlichem Aluminiumoxyd. Die Dithizonate der einzelnen Metalle können in viele Komponenten aufgeteilt werden, die verschiedenfarbige, scharf abgegrenzte Ringe bilden, zwischen denen sich leere Zonen ausbilden (ERÄMETSÄ).

Die Grenze des chromatographischen Nachweises von Zink unter Kombination mit dem Dithizonnachweis beträgt nach TANAKA, ASHIZAWA und SHIBATA weniger als 0,001 γ Zink.

Neben der Adsorptionssäule findet auch mit Aluminiumhydroxyd imprägniertes, poröses Papier zur Chromatographie Anwendung. Dazu taucht man Filtrierpapier in eine Natriumaluminatlösung der Konzentration 0,1 bis 1 Mol/Liter, trocknet es und taucht es dann in eine gesättigte Natriumhydrogencarbonatlösung. Das Papier wird einige Tage gewaschen, dann getrocknet und zu Streifen von 30 × 1 cm zerschnitten.

Zur Durchführung einer chromatographischen Trennung läßt man die zu untersuchende Lösung im Papier an dem einen Ende bis zu einer Höhe von 1 bis 3 cm aufsteigen. Das Papier wird darauf mit Wasser behandelt, bis eine Höhe von etwa 10 cm benetzt ist. Die chromatographischen Zonen werden sodann durch Bestreichen mit einem geeigneten Reagens sichtbar gemacht.

Die Reihenfolge der Adsorption unterscheidet sich nur unwesentlich von der an Aluminiumoxydsäulen festgestellten. Als untere Grenze der Nachweisbarkeit wird 1 γ angegeben [FLOOD (a, b, c)].

In ganz ähnlicher Weise erfolgt der chromatographische Nachweis an Cellulose (Papierstreifen). Als Lösungsmittel dient in diesem Falle Aceton mit einem Gehalt von 8% Salzsäure und 5% Wasser. Zum Nachweis von Zink neben Kobalt, Nickel und Mangan verwendet man Ammoniak als Entwickler; Reagens ist ein Gemisch von Alizarin, Rubeanwasserstoff und Salicylaldoxim in Alkohol. Nickel erscheint als ein blaues Band; Mangan bildet ein bräunliches Band unter Nickel, Kobalt braun unter Mangan, und Zink befindet sich ganz unten (BURSTALL, DAVIES, LINSTEAD und WELLS).

F. Nachweis mit Hilfe des „Kontakt-Abdruck-Verfahrens".

Die Methode gestattet den Nachweis verschiedener Elemente, die ein Mineral zusammensetzen, ohne die polierte Fläche der Probe zu verändern, und ferner die Lokalisierung dieser Elemente auf der polierten Fläche. Dazu wird ein Stück Papier, das mit Gelatine überzogen ist, mit einem selektiv angreifenden Agens imprägniert und auf eine polierte Fläche des Gesteins gepreßt. Nach 2 bis 5 Min. wird das Papier entfernt und in einem Reagens entwickelt, das für das nachzuweisende Element spezifisch ist. Man erhält auf diese Weise ein umgekehrtes Bild von der Lage der einzelnen Partikel auf der polierten Fläche.

Ausführung [nach GUTZEIT (c)]. Ein poliertes Erzstück wird zur besseren Handhabung in ein Kunstharz eingebettet und darauf mittels einer Presse ein feuchtes Gelatinepapier aufgepreßt. Der so erhaltene Kontaktabdruck wird dann in einem Reagens entwickelt, mit dem der fragliche Bestandteil durch Farbreaktionen identifiziert und lokalisiert werden kann.

Der Abdruck erfaßt in einer Untersuchung alle Mineralteilchen in einer Fläche der Erzprobe, die die gleiche chemische Zusammensetzung haben, und zeigt die genaue Lage der betreffenden Partikel an. Da die polierte Fläche durch diese Behandlung nicht zerstört wird, können die einzelnen Bestandteile der Erzfläche nacheinander herausgelöst werden, indem man Gelatinepapier verwendet, das mit verschiedenen selektiv lösenden Flüssigkeiten imprägniert ist, und in einem passenden Reagens entwickelt.

Stellt man jetzt Mikrophotographien der Probe und der einzelnen Kontaktabdrücke auf durchsichtigem Papier her, dann kann man durch Überlagerung der Abzüge die verschiedenen Elemente den einzelnen Mineralpartikeln zuordnen und so die chemischen Individuen auf der polierten Fläche lokalisieren.

Als Reagenzien zur Identifizierung von Zink auf dem Kontaktabdruck dienen Diammonium-tetrarhodano-mercurat(II) in Gegenwart von Co^{++}-Ionen (siehe § 3 C, I 2, S. 148) oder Diphenylthiocarbazon in stark alkalischer Lösung (s. § 3 C, II 1, S. 151). Der Nachweis als (Zink, Kupfer)-tetrarhodano-mercurat(II) ist bei Anwesenheit von Ammoniumfluorid — zur Maskierung von Eisen — auszuführen; Kupfer stört. Der Nachweis mit Dithizon ist bei gleichzeitiger Anwesenheit von Tartrat und Kaliumcyanid durchzuführen, um Störungen durch Kupfer, Quecksilber und Kobalt zu umgehen.

G. Polarographischer Nachweis.

Eine weitere Möglichkeit des Zinknachweises bietet sich in der Anwendung polarographischer Methoden. Das Zink kann dabei durch sein Halbstufenpotential bestimmt werden, das in schwach saurer Lösung bei −1,06 V, in ammoniakalischer Lösung bei −1,38 V und in 1 n Lauge, in der das Zink als Zinkat vorliegt, bei −1,41 V liegt. Alle diese Werte beziehen sich auf die 1 n Kalomelelektrode [HEYROVSKÝ (a)].

Durch Aufnahme von Stromspannungskurven unter Verwendung der polarisierten Quecksilbertropfelektrode kann man bei Konzentrationen von 10^{-5} bis 10^{-6} Mol/Liter in Volumina von wenigen Millilitern bis einigen Kubikmillimetern den Nachweis des gesuchten Bestandteils mit einer Erfassungsgrenze von 10^{-2} bis 10^{-4} γ führen [HEYROVSKÝ (b)].

KRAUS und NOVÁK bestimmen z. B. mit dieser Methode den Gehalt von Rohzinkerzen an Zn, Cd, Pb und Cu. DROTSCHMANN gibt Vorschriften über den Nachweis von Zink in Bleilegierungen und Akkumulatorenblei. Die polarographische Bestimmung von Zink und anderen Verunreinigungen in reinstem Indium wird von HAUPT, OLBRICH und NAUSE beschrieben. SEMERANO weist Zink und andere Metalle in Magnesiumlegierungen nach.

Nach HEYROVSKÝ und KALOUSEK (a, b) kann man an Stelle von reinem Quecksilber in der Tropfkathode auch verdünnte Amalgame verwenden, die bis zu 0,005% des zu untersuchenden metallischen Elements enthalten dürfen. Das Amalgam bildet in diesem Falle die Anode.

Bei einer bestimmten Spannung geht das unedlere Metall des Amalgams elektrolytisch in Lösung und erzeugt auf der Stromspannungskurve eine anodische Stufe, deren Höhe der Amalgamkonzentration proportional ist. Diese anodische Stufe hat das gleiche Halbstufenpotential wie die kathodische Stufe bei der kathodischen Abscheidung des gleichen Metalls.

Die Stromspannungskurven werden gegen eine 1 n Kalomelelektrode aufgenommen.

Die Vorteile der Amalgamelektrode bestehen darin, daß man einerseits Metallspuren in Quecksilber nachweisen kann, zum anderen aber auch Legierungen in Quecksilber auflösen und die so erhaltenen Amalgame polarographieren kann. Es lassen sich so Spuren unedlerer Metalle selbst bei einem Überschuß an edlen Metallen mit großer Empfindlichkeit nachweisen. Bei der Polarographie mit der Tropfkathode hingegen lassen sich gerade die edleren Bestandteile mit größerer Genauigkeit bestimmen.

§ 7. Nachweis in speziellen Fällen.

A. Nachweis in Legierungen, Erzen, Mineralien und Metallsalzen.

Handelt es sich bei der zur Analyse kommenden Legierung um Leichtmetalllegierungen, wie Aluminium- oder Magnesiumlegierungen, so empfehlen EVANS und HIGGS (a) sowie BIRCKEL die Behandlung der gereinigten Metalloberfläche mit Natronlauge. Bei Magnesiumlegierungen ist auch eine 20%ige Ammoniumnitratlösung zum Anätzen der Oberfläche geeignet. Metallplattierungen werden mit 7,5 n Ammoniaklösung bei Gegenwart von Natriumnitrat behandelt (COLEMAN). Für den Nachweis von Zink in Kupferlegierungen dient konzentrierte Salpetersäure als Lösungsmittel [EVANS und HIGGS (b); MAYANTS]. Verzinkungen werden durch 2 n Schwefelsäure angegriffen (GROSSMANN; vgl. auch NECHAMKIN und SANDERS sowie BLACK und SINNER). Die Lösung wird meist mit Natronlauge alkalisch gemacht, um störende Ionen als Hydroxyde abzuscheiden. Zum Nachweis des Zinks dienen dann die Reaktionen mit Diphenylthiocarbazon (als Tüpfelreaktion auf Filtrierpapier nach S. 191) oder Ammonium-tetrarhodano-mercurat(II) und Kupfersulfat (als Tüpfelreaktion auf Filtrierpapier nach S. 188 oder als mikroskopische Reaktion nach S. 170). BROWN und SMITH verwenden die Antipyrin-Rhodanid-Reaktion (vgl. § 5, S. 193) als Tüpfelnachweis für Zink in Nichteisenmetallen.

Um Spuren von Zink in edleren Metallen nachzuweisen, empfehlen HEYROVSKÝ und KALOUSEK (a, b), die betreffende Metallprobe in metallischem Quecksilber aufzulösen und anschließend polarographisch zu untersuchen.

Zum Nachweis von Zink in Erzen und Mineralien wird die fein gepulverte Probe in Königswasser gelöst, die Lösung zur Trockne eingedampft und der Rückstand in Salzsäure aufgenommen. Die überschüssige Säure wird durch Eindampfen vertrieben. Man verdünnt mit Wasser auf 1,5 bis 2 ml und fügt, wenn die Lösung hydrolysiert, 1 bis 2 Tropfen 6 n Salzsäure hinzu. Dann wird mit einer Aluminiumspirale reduziert. Wenn die Lösung zu hydrolysieren beginnt, entfernt man die Aluminiumspirale und gibt 1 bis 3 Tropfen 6 n Salzsäure hinzu. Die Reduktion wird fortgesetzt, bis 1 Tropfen der Lösung mit Kaliumrhodanidlösung keine Färbung mehr gibt.

Um auf Zink zu prüfen, mischt man 2 bis 3 Tropfen der Lösung mit 2 Tropfen konzentrierter Phosphorsäure auf einer Porzellanplatte, fügt 1 Tropfen Methylviolett hinzu und vermischt wieder. Die Lösung wird gelbgrün; wenn die Farbe gleichmäßig geworden ist, fügt man 1 bis 2 Tropfen Ammoniumrhodanidlösung hinzu. In Gegenwart von Zink schlägt die Farbe nach Violett um.

Nach diesem Verfahren kann man noch 0,02 bis 0,12% Zink in Eisenerzen ohne vorherige Abtrennung des Eisens erfassen. Etwa 0,01 γ Zink lassen sich auf diese Weise nachweisen. Bei sehr kleinen Zinkmengen sollte eine Blindprobe durchgeführt werden (POPOV).

Zum Nachweis von Zink in Zinkerzen, wie Galmei, Zinkspat, Zinkblüte, Kieselzinkerz, Willemit oder Rotzinkerz, dient die oberflächliche Anfärbbarkeit dieser Mineralien mittels Kalium-hexacyano-ferrat(III) und Diäthylanilin. Dabei stört die Anwesenheit der üblichen Begleitmineralien der Erze die Reaktion nicht. Zum Herauslösen einer gewissen Menge Zink aus der festen Phase dient eine 3%ige Lösung von Oxalsäure (NEUHAUS).

Bei Bohrungen aller Art kann die Fluorescenzanalyse einen wertvollen Anhaltspunkt über die Zusammensetzung des Gesteins liefern (DE MENT).

Kleine Mengen metallischen Zinks in Zinkoxyd können nach FEIGL und DACORSO (a, b) mit Hilfe von Phosphormolybdänsäure ermittelt werden. Als Reagens dient eine 5%ige wäßrige Lösung der Säure. Etwa 10 mg Zinkoxyd werden mit 2 Tropfen Reagenslösung und 1 Tropfen 5 n Schwefelsäure behandelt; bei Anwesenheit von Spuren metallischen Zinks tritt die charakteristische Färbung von Molybdänblau auf.

Zum Nachweis von Zink in Nickelsulfat wird dieses in Wasser gelöst und mit überschüssiger Kaliumcyanidlösung versetzt, bis die entstandene Färbung der Lösung konstant bleibt. Als Fällungsreagens dient Kaliumsulfid (GRAY).

Um Zink in Kupfersulfat nachzuweisen, muß Kupfer zuvor durch Natriumhydroxyd abgeschieden werden (GRIGGI).

Der Nachweis von Zink in Kobaltsalzen ist verhältnismäßig einfach: Die Abtrennung des Zinks beruht auf der größeren Löslichkeit des Zinkrhodanids in Äther. Ein Teil des Kobalts wird ebenfalls als Rhodanid extrahiert, doch bleibt die Hauptmenge in der wäßrigen Phase zurück. Der geringe Anteil des Kobalts, der mit Zink zusammen extrahiert worden ist, stört den Nachweis des Zinks nicht, wenn man ihn in den Kalium-hexacyano-cobaltat(III)-komplex überführt, der als Fällungsmittel für Zink in saurer Lösung dienen kann (s. S. 160) (JOHNSON und JOHNSON).

B. In Malerfarben, Textilmaterialien, Papier und Glas.

Zum Nachweis von Zink in Zinkweiß (ZnO) oder Zinkgelb ($ZnCrO_4$ und K_2CrO_4) wird die Probe in der Hitze in verdünnter Salpetersäure gelöst; liegt Lithopone (Mischung von $BaSO_4$ und ZnS) vor, so erfolgt nur eine teilweise Lösung. Zum Nachweis des Zinks wird 1 Tropfen der salpetersauren Lösung zur Trockne eingedampft, der Rückstand mit 1 Tropfen Essigsäure versetzt und das Zink nun entweder nach § 4, S. 171 mikroskopisch als Zink-tetrarhodano-mercurat(II) oder durch Fällung mit Ammonium-tetrarhodano-mercurat(II) bei Gegenwart von Kupfersulfat (§ 3, S. 147) nachgewiesen (AUGUSTI).

Der Nachweis von Zinkoxyd kann auch mit der sog. „Paravar-Reaktion" durchgeführt werden. Paravar ist ein Spezialkautschukfirnis der United States Rubber Company. Die Probe wird mit Terpentinöl vorbehandelt, mit 1 Tropfen Paravar versetzt und 30 Sek. lang erhitzt. Nach dem Abkühlen wird die Probe unter dem Mikroskop untersucht. Die Oberfläche der Zinkoxydteilchen ist geschwärzt, manchmal ist auch Paravar in der Umgebung der Teilchen angereichert. Die Paravarreaktion ist so empfindlich, daß sie auch zum Nachweis von Zinkoxyd in Lithoponen dienen kann (GREEN).

Zum Nachweis von Zinkspuren in Textilmaterialien, die für Färbung und Faser schädlich sind, wird von TROTMAN die Reaktion mit Kalium-hexacyano-ferrat(III) und Diphenylamin (s. S. 155) empfohlen. Nach CHASE ist die mikroskopische Prüfung mit Dikalium-tetrarhodano-mercurat(II) zum Nachweis von Zink in Baumwollstoffen geeignet.

In Papier kann der Nachweis von Zink, das mitunter als Verunreinigung auftritt, in ammoniakalischer Lösung mit alkoholischer Resorcinlösung (s. S. 163) durchgeführt werden (BROWN). Zum Nachweis von Zink in Glas wird die gepulverte oder durch Abschleifen auf einer rauhen Quarzplatte erhaltene Probe mit schwefelsäurehaltiger Flußsäure aufgeschlossen; nach dem Abdampfen der Säure wird mit Schwefelsäure aufgenommen und der Nachweis des Zinks mit $K_3[Fe(CN)_6]$ und Diäthylanilin in Phosphorsäure (§ 3, S. 155) durchgeführt, wobei Ca, Pb, Ba und P nicht stören (ZERFOSS und HESS).

Zur Prüfung von Arzneigläsern auf Zink füllt man die Ampullen mit Wasser und erhitzt zweimal je 1 Std. bei 2 Atm. Nach dem Ausgießen des Wassers und Trocknen der Gläser bei 100 bis 120° deutet ein trübes Anlaufen der behandelten Innenfläche auf Zink hin (BARO).

C. In organischen Stoffen, ätherischen Ölen und Mineralsalben.

Zur Erkennung kleiner Zinkmengen in organischen Stoffen dient das von LUTZ angegebene mikrochemische Verfahren, welches auf der Fluorescenz von Zinksalzen bei Gegenwart von Urobilin beruht (s. S. 195).

Nach der Isolierung des Zinks aus der organischen Verbindung durch vollkommene Veraschung und Fällung mit Schwefelwasserstoff in essigsaurer Lösung bei Gegenwart von Natriumacetat und Kupfersulfat, wobei das Kupfersulfid das gesamte Zinksulfid mit sich reißt, wird die Lösung mit einer Urobilinlösung versetzt und die auftretende Fluorescenz beobachtet.

Zur Prüfung auf Zink in Böden und Pflanzengeweben dient nach MORGAN die Reaktion mit Ammonium-tetrarhodano-mercurat(II) und Kobaltchlorid bei Gegenwart von Äther.

Einen Trennungsgang zum Nachweis von Zink neben Blei, Kupfer, Zinn, Eisen und Aluminium in ätherischen Ölen, konkreten Ölen und Enfleurageprodukten gibt NAVES an.

Um Zink in Mineralsalben nachzuweisen, werden 0,2 g des Untersuchungsmaterials mit etwa 3 ml konzentrierter Salpetersäure im Porzellantiegel ungefähr

5 Min. lang auf etwa 100° erhitzt. Das flüssige, hellgelb-bräunliche Gemisch wird hierauf in ein präpariertes Reagensglas, dessen Boden zu einer feinen, an der Spitze zugeschmolzenen Capillare ausgezogen ist, eingegossen und nach dem Erkalten in 3 ml Äther gelöst. Nach Zusatz von 3 ml Wasser wird das Gemisch ungefähr 1 Min. tüchtig umgeschüttelt. Nach kurzem Absitzen wird das mit dem Daumen verschlossene Reagensrohr umgekehrt und die Capillare abgebrochen. Aus dem so entstandenen Tropfrohr werden 2 Tropfen der Lösung auf ein Uhrglas gegeben und daneben 15 Tropfen einer Lösung von 2 g $K_3[Fe(CN)_6]$ in 100 ml Wasser sowie 10 Tropfen einer Lösung von 0,25 g Diäthylanilin in 200 ml halbkonzentrierter Schwefelsäure gesetzt. Alle drei Lösungen werden miteinander mittels eines Glasstäbchens verrührt. Bei Anwesenheit von Zink tritt ein Farbumschlag von Gelb in Bräunlichrot und zugleich eine rotbraune flockige Fällung auf (Jorek).

D. In Wässern.

Nach Gad und Naumann weist man Zink in Wasser mittels Dithizon nach. Der störende Einfluß des Eisens wird durch Zusatz von Tartrat genügend weit zurückgedrängt.

Ausführung. Reagenzien: 1. Kaliumhydrogencarbonatlösung, bereitet durch Lösen von 20 g $KHCO_3$ in 100 ml destilliertem Wasser.

2. 10%ige Seignettesalzlösung.

3. 0,05%ige alkoholische Dithizonlösung: 50 mg Dithizon werden mit 100 ml absolutem Alkohol übergossen. Man läßt mehrere Stunden unter häufigem Umschütteln stehen und gießt von einem etwaigen ungelösten Rückstand ab.

4. Eine Zinkvergleichslösung, bereitet durch Lösen von 0,1 g reinstem Zink in etwas überschüssiger verdünnter Salzsäure und Auffüllen dieser Lösung mit destilliertem Wasser zum Liter. Von dieser Vorratslösung werden vor Gebrauch 5 ml mit destilliertem Wasser auf 100 ml verdünnt. 1 ml dieser Lösung enthält dann 0,005 mg Zink.

5 ml des auf Zink zu prüfenden Wassers werden auf 50 ml verdünnt. Hierzu fügt man nacheinander unter jedesmaligem Umschwenken der Reihe nach 0,5 ml 10%iger Seignettesalzlösung, 1 ml 20%ige Kaliumhydrogencarbonatlösung und 0,5ml 0,05%ige alkoholische Dithizonlösung. In der gleichen Weise behandelt man eine Reihe von Vergleichswässern, die mittels der Zinkstandardlösung bereitet wurden, und die einem Zinkgehalt von 0,02 bis 1 mg/Liter Zink entsprechen.

Man erhält gut unterscheidbare Färbungen, die von Reingelb über Organgegelb und Orangerot mit zunehmendem Zinkgehalt in ein tief blaustichiges Rot übergehen.

Störungen. Bei dieser Reaktion stört ein Gehalt von Eisen bis zu 10 mg/l, ferner bis zu 10 mg/l Blei und bis zu 3 mg/l Mangan die Bestimmung nicht. Kupfer stört in Konzentrationen von 1 mg/l Kupfer an. In Gegenwart von mehr als 1 mg/l Cu kann man das mit Schwefelsäure angesäuerte Wasser erst mit Tetrachlorkohlenstoff ausschütteln und dann nach genauer Neutralisation mit Natronlauge nach der angegebenen Vorschrift weiterarbeiten. Oder man setzt die vorher auf andere Weise ermittelte Kupfermenge auch den Vergleichswässern zu. Größere Kupfermengen, d. h. mehr als 10 mg/l, werden elektrolytisch oder durch Fällen mit Schwefelwasserstoff vorher entfernt.

Meldrum empfiehlt, das mit Zink verunreinigte Wasser 24 Std. in einem Becherglas unter einem Uhrglas stehenzulassen. Das sich auf der Oberfläche des Wassers bildende Häutchen wird mit Fließpapier abgenommen und zum Nachweis des Zinks die Rinmanns-Grünreaktion durchgeführt (s. S. 156). Auf diese

Weise soll 1 Teil Zink noch in 200000 Teilen Wasser zu erkennen sein. Voraussetzung für die Durchführung dieses Nachweises ist, daß das Zink in Form des Hydrogencarbonats im Wasser vorliegt.

Nach KOLTHOFF wird Zink aus Wasser durch Calciumcarbonat adsorbiert. Nach Lösen des Niederschlags wendet man die Fällungsreaktion mit Kalium-hexacyano-ferrat(II) an, wobei zur Vermeidung von Störungen Seignettesalz zugesetzt wird. Bei Anwesenheit von Zink beobachtet man nach einiger Zeit eine Trübung der Lösung.

Auch die Fällung von Zink als weißes Zinksulfid kann zum Nachweis von Zink in Wasser dienen. Blei und Kupfer werden vor Ausführung der Prüfung auf Zink aus salzsaurer Lösung als Sulfide abgetrennt (WINKLER).

Zum Nachweis von Spuren Zink in Wasser, welches z. B. zur Vorbehandlung von Gläsern benutzt wurde, können nach KUSNETZOW (a) gesättigte Lösungen von 2-Oxynaphthalin-(1-azo-2′)-naphthalin-1′-sulfosäure oder Stilben-4,4′-bis [(azo-1)-2-oxynaphthalin]-2,2′-disulfosäure in einer 0,5%igen alkoholischen Lösung von Pyridin oder Äthanolamin dienen.

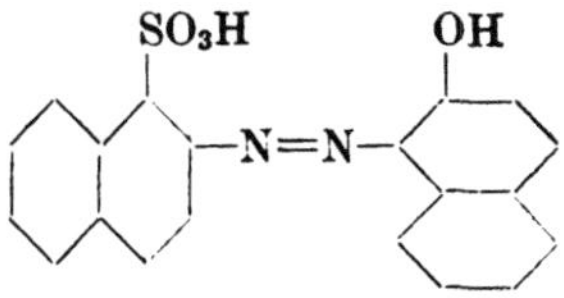

2-Oxynaphthalin-(1-azo-2′)-naphthalin-1′-sulfosäure

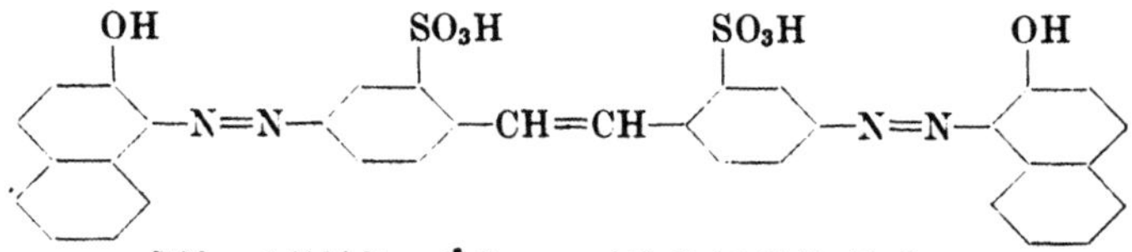

Stilben-4,4′-bis[(azo-1)-2-oxynaphthalin]-2,2′-disulfosäure

Die Reagenslösung wird tropfenweise zu 1 ml der neutralen Probelösung gegeben, wobei aus der orange bzw. rosa gefärbten Lösung das schwerlösliche, himbeerfarbene bzw. blauviolette Zinksalz ausfällt. Die Reaktion ist jedoch wenig spezifisch, da zahlreiche andere Kationen schwerlösliche Salze ähnlicher Farbnuancen bilden.

E. In Nahrungs- und Genußmitteln sowie in Organen.

Zum Nachweis von Zink in Fleischproben werden nach Aufschließen der Substanz in Salzsäure und Kaliumchlorat zunächst die meisten der anwesenden Metalle als Sulfide abgetrennt. Zink kann dann mittels Kalium-hexacyano-ferrat(II) und Orange IV nachgewiesen werden (IVANOFF).

Nach LABAT wird die Zerstörung der Organe mit einem Gemisch von Salpetersäure und Schwefelsäure ausgeführt. Zum Nachweis von Zink dient die Reaktion von MONTEQUI mittels Kupfersulfat und Ammonium-tetrarhodano-mercurat(II); häufig ist ein Zusatz von Kupfersalz überflüssig infolge des bereits vorhandenen Kupfergehalts.

KAMERMAN verwendet Dithizon in Chloroform zum Ausschütteln der Aufschlußlösung; Zink wird aus dem Extrakt mit Kaliumcyanidlösung ausgeschüttelt und der Nachweis dann in dieser Lösung geführt.

Nach SLOFF kann der Nachweis von Zink in geringen Mengen des organischen Materials durch Hydrierung von etwa 20 mg der Probe im durchsichtigen Quarzrohr bei Anwesenheit von Natriumcarbonat und Identifizierung des hinter der Glühzone gebildeten Metallspiegels durchgeführt werden.

Auch zum Nachweis von Zink in Weizen, der zur Bekämpfung von Nagern mit Zinkphosphid behandelt wurde, wendet man die Reaktion von MONTEQUI an, und zwar in der Ausführung als Tüpfelreaktion (s. S. 188). Die Probe wird unter Zusatz von Natriumcarbonat verascht und der Rückstand in Salzsäure aufgenommen (HAUN).

Nach HUNOLD erfolgt der Nachweis mit $(NH_4)_2[Hg(SCN)_4]$ und Kobaltsulfat als Tüpfelreaktion (s. § 5, S. 188). SCHRÖTER weist mit Hilfe dieser Reaktion Zink in Fischmehlen u. ä. nach.

Zum Nachweis von Zink in Alkoholen kann die Fluorescenzreaktion mit Urobilin (s. S. 195) Anwendung finden (ROMAN und DELLUC). Würze, Bier, Wein usw. werden bei Anwesenheit von Zink nach schwachem Ansäuern mit Salzsäure durch Zusatz von $K_4[Fe(CN)_6]$-Lösung getrübt (BRAND). Vgl. auch STRAUB; LOHMANN.

F. Bei Schußverletzungen.

Nach BRÜNING und SCHNETKA (a, b) werden die mit Pulverschmauch bedeckten zu untersuchenden Stoffteilchen in Salpetersäure gebracht, die Lösung wird zur Trockne eingedampft, mit Wasser aufgenommen und mit Ammoniak neutralisiert. Der Nachweis von Zink erfolgt dann mit Hilfe der Dithizonreaktion (s. S. 151)

Literatur.

ALLEN, E. T., u. J. L. CRENSHAW: (a) J. Sci. [4] **34**, 341 (1912); (b) Z. anorg. Ch. **79**, 125 (1913). — ALVAREZ, E. P.: Ann. Chim. anal. **15**, 129 (1910). — ARNOLD, E.: Chem. Listy **27**, 73 (1938). — ASHCRAFT, E. B.: Trans. Am. electrochem. Soc. **78**, 63 (1940). — AUGUSTI, S.: Ind. Vernice **3**, 178 (1949). — AUSTIN, J.: Analyst **72**, 443 (1947).

BABKIN, M. P.: J. analyt. Chem. (russ.) **2**, 118 (1947). — BALZ, G.: Metallw. **17**, 1226 (1938). — BARBOSA, P. E., u. L. B. FILHO: Minist. agric. Dep. nac. Produção mineral, Labor Produção mineral (Brazil), Bol. **26**, 25 (1947). — BARO, E.: Boll. chim. farm. **64**, 673 (1925); durch C. **1926**, **I**, 2039. — BAUKLOH, W.: Photographie Forschung **3**, 225 (1941). — BAYLE, E., u. L. AMY: (a) Bl. [4] **43**, 604 (1928); (b) C. r. **185**, 268 (1927). — BECK, G.: (a) Mikrochemie **20**, 194 (1936); (b) Mikrochemie **33**, 188 (1947). — BEHRENS, H.: Fr. **30**, 142 (1891). — BEHRENS-KLEY: Mikrochemische Analyse von P. D. C. KLEY, 1. Teil; zugleich 4. mit der 3. übereinstimmende Auflage der Anleitung zur Mikrochemischen Analyse von H. BEHRENS, S. 69/72. Leipzig 1921. — BELOUSSOW, A. M., u. A. G. BELOUSSOWA: Chem. J. Ser. B **7**, 837 (1934); durch C. **1935**, **II**, 1920. — BENEDETTI-PICHLER, A.: (a) Fr. **70**, 257 (1927); (b) Ind. eng. Chem. Anal. Edit. **4**, 336 (1932); (c) Mikrochemie **15**, 271 (1934). — BENEDICT, S. R.: Am. Chem. J. **34**, 581 (1905). — BENNETT, G. W., u. F. G. MCKEE: J. chem. Educat. **5**, 473 (1928). — BENOIT, W.: Z. Gesellschaft exp. Med. **90**, 421 (1933). — BERG, R.: J. pr. **115**, 178 (1927). — BERISSO, B.: (a) Publ. Inst. investigac. microquím., Univ. nac. Litoral (Rosario, Argentina) **7**, 53 (1943); durch Chem. Abstr. **1946**, 6016; (b) **11**, 25 (1947); Rev. col. Farm. nac. **16**, 5 (1949); durch Chem. Abstr. **1949**, 7375; (c) Rev. farm. (Buenos Aires) **89**, 197 (1947); durch Chem. Abstr. **1948**, 1526. — BEY, L.: Bl. [4] **51**, 230 (1932). — BIEWEND, R.: Berg-hüttenm. Ztg. **61**, 413, 425 (1902). — BIRCKEL, J.: Chim. anal. **27**, 49 (1945). — BITOVT, Z. A.: J. analyt. Chem. (russ.) **4**, 173 (1949). — BLACK, G., u. J. SINNER: Metal Finishing **44**, 529 (1946). — BLAU, F.: M. **19**, 647 (1848). — BLUMENTHAL, H.: Met. Erz **37**, 265 (1940). — BOER, F. DE: Fr. **122**, 56 (1941). — BÖTTGER, W.: Qualitative Analyse, 4. bis 7. Aufl., S. 292. Leipzig 1925. — BRADLEY, H. C.: Am. J. Sci. [4] **22**, 326 (1906). — BRAND, J.: Z. ges. Brauw. **28**, 438 (1905); durch C. **1905**, **II**, 515. — BRECKPOT, R.: (a) Natuurwetensch. Tijdschr. **16**, 139 (1934); (b) Publ. Inst. Belg. Amélioration Betterave **4**, 217 (1936). — BRENNEIS, H. J.: Mikrochemie **9**, 385 (1931). — BRENNER, C.: Helv. **3**, 30 (1920). — BRICKER, C. E., N. H. FURMAN u. B. MCDUFFIE: AECD-2602 (1947/49), 9 Seiten; durch Nuclear Sci. Abstr. **3**, 20 (1949). — BRITZKE, M. E., L. M. IWANZOW u. W. W. POLJAKOWA: Bl. Acad. URSS **11**, 283 (1947); durch C. **1948**, **II**, 426. — BROCKMANN, C. J.: J. chem. Educat. **16**, 133 (1939). — BROWN, C.: World's Paper Trade Rev. (1933), Sonder-Nr. 28/30; Paper Maker Brit. Paper Trade J. 85, Trans. 105; durch C. **1933**, **I**, 3825. — BROWN, G. W., u. L. SMITH: Proc. Iowa Acad. Sci. **49**, 323 (1942). — BRÜNING, A., u. M. SCHNETKA: (a) Arch. Kriminologie **101**, 81 (1937); (b) Ch. Z. **61**, 827 (1937). — BURSTALL, F. H., G. R. DAVIES, R. P. LINSTEAD u. R. A. WELLS: Soc. **1950**, 516.

CALAMARI, J. A.: U. S. Pat. Appl. 737061; Official Gaz. **625**, 1111 (1949); durch Chem. Abstr. **1949**, 8980. — CALKER, J. VAN: Fr. **105**, 396 (1936). — CAMPO CERDAN, A. DEL: Ann. Chim. anal. **14**, 205 (1909); durch C. **1909**, **II**, 474. — CELSI, S. A.: An. Farm. Bioquím. **9**, 73 (1938); durch C. **1939**, **I**, 2256. — CHALUPNY, K., u. D. BREISCH: Ch. Z. **48**, 349 (1924). — CHASE, H. M.: Am. Dyestuff Reporter **22**, 75 (1933). — CHEIFITZ, A. L., u. S. M. KATTSCHENKO: Bl. Acad. URSS., Ser. phys. **11**, 301 (1947). — CHISHOLM, E. O.: Trans. Can. Mining Met. **53**; in: Can. Mining Met. Bull. Nr. **454**, 64 (1950); durch Chem. Abstr. **1950**, 6331. —

Clarc, A. R.: J. chem. Educat. **12**, 242 (1935). — Clermont, J.: Fr. **90**, 321 (1932). — Coleman, S. A.: Chemist-Analyst **29**, 81 (1940); durch Chem. Abstr. **1941**, 405. — Cone, W. H., u. L. C. Cady: Am. Soc. **49**, 2214 (1927). — Curtman, L. J., u. A. D. St. John: Am. Soc. **34**, 1679 (1912). — Cuvelier, B. V. J.: (a) Fr. **102**, 16 (1935); (b) Fr. **99**, 15 (1934). — Cuvelier, B. V. J., u. F. Bosch: Natuurwetensch. Tijdschr. **18**, 9 (1936).

Deckert, W.: Fr. **100**, 385 (1935). — Denigès, G.: (a) Bl. Soc. Pharm. Bordeaux **83**, 57 (1945). — Denigès, M. G.: (b) Fr. **42**, 180 (1903). — Denk, G., u. F. Denk: Fr. **130**, 383 (1950). — Dennis, L. M., u. J. A. Bridgman: Am. Soc. **40**, 1531 (1918). — Djatschkowski, S. J., u. A. F. Orlenko: J. Chem., Ser. A. **10**, 82 (1940). — Dobbins, J. T., u. E. S. Gilreath: J. chem. Educat. **22**, 119 (1945). — Dobbins, J. T., E. C. Markham u. H. L. Edwards: J. chem. Educat. **16**, 94 (1939). — Dobbins, J. T., u. J. H. Norman: J. chem. Educat. **27**, 604 (1950). — Drea, F. A.: J. Nutrition **10**, 351 (1935). — Drotschmann, C.: Metallwirtschaft **23**, 343 (1944). — Dubský, J. V., u. M. Hrdlicka: Mikrochemie **22**, 116 (1937). — Dubský, J. V., u. A. Langer: Mikrochemie, Molisch-Festschrift 1936, S. 59. — Dubský, J. V., u. J. Trtílek: Chem. Listy **29**, 76 (1935). — Ducloux, E. H.: Mikrochemie **2**, 108 (1924).

Eeckhout, J.: Verh. Kon. Vlaamsche Acad. Wetensch. Belg. **7**, Nr. 13, 25 (1945). — Eegriwe, E.: Fr. **74**, 225 (1928). — Eichler, H.: Fr. **96**, 22 (1934). — Eisenberg, W. V., u. G. L. Keenan: J. Assoc. offic. agric. Chem. **27**, 458 (1944). — Ells, V. R.: J. opt. Soc. Am. **31**, 534 (1941). — Emich, F.: (a) Lehrbuch der Mikrochemie, 2. Aufl., S. 167. München 1926; (b) Mikrochemisches Praktikum, S. 92. München 1931. — Erämetsä, O.: Suomen Kemistilehti **16** B, 13 (1943). — Erényi, G.: (a) Analyst **64**, 271 (1939); (b) Techn. Kurir **8**, 79 (1937); durch C. **1938**, **I**, 667. — Evans, B. S., u. D. G. Higgs: (a) Analyst **71**, 464 (1946); (b) Analyst **75**, 191 (1950).

Fabich, K.: Verh. geol. Bundesanst. Wien **1929**, 196. — Fearon, W. R.: Analyst **72**, 541 (1947). — Feigl, F.: Qualitative Analyse mit Hilfe von Tüpfelreaktionen, 3. Aufl., S. 240/44. Leipzig 1938. — Feigl, F., u. G. F. Dacorso: (a) Chemist-Analyst **32**, Nr. 2, 28 (1943); (b) Minist. agric. Dep. nac. Produção mineral, Labor. Produção mineral (Brazil) **5**, 89 (1942). — Feigl, F., u. R. Stern: Fr. **60**, 1 (1921). — Feldman, C.: Anal. Chem. **21**, 1041 (1949). — Feussner, O.: Arch. Eisenhüttenw. **6**, 551 (1932/33). — Fischer, H.: (a) Angew. Ch. **42**, 1025 (1929); (b) Angew. Ch. **46**, 442 (1933); (c) Angew. Ch. **47**, 685 (1934); (d) Angew. Ch. **50**, 919 (1937); (e) Mikrochemie **8**, 319 (1930); (f) Wiss. Veröffentl. Siemens-Konzern **4**, Nr. 2, 158 (1925); (g) Wiss. Veröffentl. Siemens-Konzern **10**, 99 (1931). — Fischer, H., u. G. Leopoldi: (a) Ch. Z. **64**, 231 (1940); (b) Fr. **97**, 385 (1934); (c) Fr. **107**, 241 (1936). — Fischer, H., u. G. Weyl: Wiss. Veröffentl. Siemens-Konzern **14**, Nr. 2, 41 (1935). — Fischer, R., u. T. Langhammer: Mikrochemie **34**, 208 (1949). — Fischer, W., W. Dietz, K. Brünger u. H. Grieneisen: Angew. Ch. **49**, 719 (1936). — Flood, H.: (a) Discuss. Farad. Soc. **7**, 190 (1949); (b) Fr. **120**, 327 (1940); Tidsskr. Kjemi Bergves. **20**, 111 (1940). — Florence, W.: N. Jb. Min. **1898**, **II**, 102. — Formánek, J.: Fr. **39**, 409 (1900). — Fresenius, R., u. A. Gehring: Einführung in die qualitative chemische Analyse, 3. Aufl., S. 43. Braunschweig 1948. — Fungairiño, L. V.: An. Real. Acad. Farm. (Madrid) **16**, 209 (1950). — Funk, H., u. M. Ditt: Fr. **91**, 332 (1933).

Gabriel, A., H. W. Jaffe u. M. J. Peterson: Pr. Am. Soc. Test. Mater. **47**, 1111 (1947). — Gad, G., u. K. Naumann: Gas- u. Wasserfach **82**, 168 (1939). — Galetti, M.: Bl. **2**, 83 (1864). — Gaptschenko, M. W., u. O. G. Scheinziss: Betriebslab. **6**, 1220 (1937); durch C. **1938**, **I**, 3502. — Gassmann, A. G., u. W. R. O'Neill: Anal. Chem. **21**, 417 (1949). — Geilmann, W.: (a) Bilder zur qualitativen Mikroanalyse anorganischer Stoffe. Leipzig 1934. — Geilmann, W.: (b) Glastechn. Ber. **8**, 404 (1930). — Geilmann, W., u. H. Isermeyer: Fr. **131**, 249 (1950). — Gemmill, R., R. Brackett u. C. R. McCrosky: Am. Soc. **51**, 1165 (1929). — Gerlach, W., u. W. Gerlach: Die chemische Emissionsspektralanalyse, II. Teil. Leipzig 1933. — Gerlach, W., u. E. Riedl: Die chemische Emissionsspektralanalyse, III. Teil. Leipzig 1936. — Gerlach, W., u. E. Schweitzer: Z. anorg. Ch. **195**, 255 (1931). — Germuth, F. G., u. C. Mitchell: Am. J. Pharm. **101**, 46 (1929). — Gietz, C. E., u. A. Sá: An. Argentina **23**, 45 (1935). — Glazunow, A.: Chem. Listy **25**, 352 (1931). — Goldschmidt, V. M.: Geochemistry, S. 264, Oxford 1954. — Gotô, H. J.: (a) J. chem. Soc. Japan **59**, 547 (1938); durch Chem. Abstr. **1938**, 5721. — Gotô, H.: (b) Sci. Rep. Tôhoku (Imp. Univ.) [1] **29**, 218 (1940). — Gotô, H., u. Y. Kakita: J. chem. Soc. Japan **63**, 120 (1942); durch Chem. Abstr. **1947**, 3010. — Gramacho, D.: Rev. brasil. quím. **15**, 269 (1943); durch Chem. Abstr. **1943**, 5993. — Gramont, A. de: (a) C. r. **144**, 1101 (1907); (b) C. r. **170**, 1037 (1920). — Grant, J., u. F. A. Meggy: Analyst **61**, 401 (1936). — Gray, D.: Chemist-Analyst **1922**, 19; durch C. **1923**, **II**, 76. — Green, H.: Ind. eng. Chem. **16**, 677 (1924). — Griggi, G.: L'Orosi **21**, 585 (1898); durch C. **1898**, **II**, 990. — Grimes, M. D., J. M. Bond u. A. C. Shead: Pr. Oklahoma Acad. Sci. **20**, 111 (1940). — Grosset, T.: Ann. Soc. Sci. Bruxelles **53** B, 16 (1933). — Grossmann, H.: Z. Metallkunde **23**, 96 (1931). — Gulbransen, E. A., R. T. Phelps u. A. Langer: Ind. eng. Chem. Anal. Edit. **17**, 646 (1945). — Gussew, S. I.: J. analyt. Chem. (russ.) **1**, 114 (1947); durch C. **1947**, **I**, 359. — Gutzeit, G.: (a) Helv. **12**, 713 (1929); Diss.

Genf 1929, S. 47; (b) Helv. **12**, 829 (1929); Diss. Genf 1929, S. 18; (c) Am. Inst. Mining met. Engrs., Tech. Pub. Nr. 1457, 13 S. (1942).

HAGENBACH, A., u. W. FREY: Phys. Z. **18**, 544 (1917). — HAGENBACH, A., u. H. SCHUMACHER: Z. wiss. Phot. **19**, 129 (1920). — HAITINGER, M.: Mikrochemie **16**, 321 (1934/35). — HAMMOND, H.: Chemist-Analyst **17**, Nr. 1, 14 (1928). — HAUN, F.: Z. Lebensm. **72**, 307 (1936). — HAUPT, G., A. OLBRICH u. H. NAUSE: Z. El. Ch. **54**, 67 (1950). — HAUSHOFER, K.: Mikroskopische Reaktionen. Braunschweig 1885. — HELLER, K., u. P. KRUMHOLZ: Mikrochemie **7**, 217 (1929). — HERRMANN-GURFINKEL, M.: Bl. Soc. chim. Belg. **48**, 94 (1939). — HERSTEIN, K. M.: Am. Dyestuff Rep. **22**, 442 (1933). — HESSE, G.: Angew. Ch. **49**, 315 (1936). — HEYROVSKÝ, I.: (a) Polarographie, S. 321. Wien 1941; (b) Metallwirtschaft **23**, 333 (1944). — HEYROVSKÝ, I., u. M. KALOUSEK: (a) Chem. Listy **34**, 47 (1940); (b) Coll. Trav. chim. Tchécosl. **11**, 464 (1939). — HOLZMÜLLER, W.: Fr. **115**, 81 (1938). — HOVORKA, V., u. V. SÝKORA: Coll. Trav. chim. Tchécosl. **11**, 70 (1939). — HUGHES, H. D.: J. Electrodepositors techn. Soc. **20**, 17 (1945). — HUNOLD, A.: Pharmazie **3**, 540 (1948).

IVANOFF, V.: J. Pharm. Belg. **18**, 59 (1936).

JAEGER, F. M., u. J. A. VAN DIJK: Kon. Akad. Wetensch. Amsterdam, Proc. **37**, 753 (1934); **38**, 235 (1935). — JAFFE, E.: Ann. Chim. applic. **22**, 737 (1932). — JENSEN, E.: Tidsskr. Kjemi Bergves. **19**, 57 (1939). — JIRKOVSKÝ, R.: Báňský Svět **11**, Heft 2/3 (1932); durch Mikrochemie **15**, 336 (1934). — JOHNSON, E. A., u. W. C. JOHNSON: Analyst **74**, 561 (1949). — JOLIBOIS, P., u. R. BOSSUET: C. r. **209**, 91 (1939). — JOREK, E.: Pharm. Z. **78**, 434 (1933). — JUNG, W.: Arch. Farm. Bioquím. Tucumán **1**, 221 (1944); durch Chem. Abstr. **1944**, 6227. — JURÁNY, H.: Mikrochemie **29**, 273 (1941).

KAMERMAN, P. A. E.: South African J. Sci. **41**, 168 (1945). — KARAOGLANOV, Z.: Fr. **114**, 104 (1938). — KELLEY, M. W., u. E. L. JOHNSON: J. chem. Educat. **12**, 481 (1935). — KOLBECK, F.: C. F. Plattner's Probierkunst mit dem Lötrohr, 8. Aufl., S. 227. Leipzig 1927. — KOLTHOFF, I. M.: Pharm. Weekbl. **53**, 1739 (1916). — KOLTHOFF, J. M., u. H. HAMER: (a) Mikrochemie **2**, 92 (1924); (b) Pharm. Weekbl. **61**, 1222 (1924). — KOMAREK, K.: Coll. Trav. chim. Tchécosl. **10**, 453 (1938). — KOMAROWSKY, A. S., u. N. S. POLUEKTOFF: Mikrochemie **14**, 315 (1933/34). — KORENMAN, J. M.: (a) Mikrochemie **9**, 223 (1931); (b) P. C. H. **70**, 693 (1929); (c) P. C. H. **71**, 769 (1930); (d) P. C. H. **74**, 54 (1933). — KRAUS, R., u. J. NOVÁK: Coll. Trav. chim. Tchécosl. **10**, 534 (1938); durch HEYROVSKÝ (a). — KRUMHOLZ, P., u. E. KRUMHOLZ: Mikrochemie **19**, 47 (1935). — KRUMHOLZ, P., u. J. V. SANCHEZ: Mikrochemie **15**, 114 (1934). — KUHLBERG, L. M.: Ukrain. chem. J. **8**, 190 (1933); durch C. **1936**, **I**, 818. — KUSNETZOW, W. I.: (a) Betriebslab. **14**, 545 (1948); (b) C. r. Acad. URSS **41**, 109 (1943); (c) Chem. J. Ser. B **13**, 770 (1940); (d) J. analyt. Chem. (russ.) **2**, 373 (1947); durch C. **1949**, **I**, 328. — KUTZELNIGG, A.: Z. anorg. Ch. **208**, 23 (1932).

LABAT, J. A.: Bl. Soc. Pharm. Bordeaux **78**, 135 (1940). — LANG, W.: B. **21**, 1580 (1888). — LANGER, A.: (a) Chem. Listy **32**, 66 (1938); (b) Mikrochemie **25**, 71 (1938). — LAVOYE: J. Pharm. Belg. **3**, 889 (1921). — LEDERER, M.: Austral. J. Sci. **12**, 78 (1949). — LEE, R. E., R. H. UHLINGER u. F. O. AMON: Am. Soc. **35**, 566 (1913). — LEHRMAN, L., H. WEISBERG u. E. A. KABAT: Am. Soc. **56**, 1836 (1934). — LEMARCHANDS: Bl. [4] **35**, 1666 (1924). — LEWIS, A., u. D. R. EVANS: Am. Soc. Test. Mater., Symposium on Rapid Methods for the Identification of Metals, Spec. Tech. Pub. Nr. **98**, 58 (1949); durch Chem. Abstr. **1951**, 6969. — LOHMANN, W.: Dtsch. Mineralw.-Ztg. **46**, 235 (1942). — LOHRER, W.: Fr. **124**, 1 (1942). — LUNDEGÅRDH, H.: (a) Die quantitative Spektralanalyse der Elemente. Jena 1929; (b) Die quantitative Spektralanalyse der Elemente, II. Teil. Jena 1934; (c) Lantbruks-Högskol. Ann. **3**, 83 (1936); (d) Metallw. **17**, 1222 (1938). — LUTZ, R. E.: J. Ind. Hyg. **7**, 273 (1925). — LYLE, W. G., L. J. CURTMAN u. J. T. W. MARSHALL: Am. Soc. **37**, 1471 (1915).

MANNELLI, G.: Mikrochemie **31**, 1 (1944). — MANKIN, W. R.: J. Pr. Roy. Soc. New South Wales **66**, 509 (1933). — MARTINI, A.: (a) Mikrochemie **6**, 28 (1928); (b) Mikrochemie **7**, 30 (1929); (c) Mikrochemie **7**, 231 (1929); (d) Mikrochemie **8**, 143 (1930); (e) Mikrochemie **16**, 233 (1935); (f) Mikrochemie **30**, 201 (1942); (g) Publ. Inst. investigac. microquím., Univ. nac. Litoral (Rosario, Argentina) **4**, 97 (1940); durch Chem. Abstr. **1942**, 1257. — MARTINI, A., u. S. SCHAMIS: Trabajos al segundo congreso de Química, Buenos Aires (1924) u. unveröffentl. Versuche von H. ALBER durch G. KLEIN u. R. STREBINGER: Fortschritte der Mikrochemie, S. 225. Leipzig-Wien 1928. — MAYANTS, A. D.: Betriebslab. **12**, 666 (1946). — MEHLIG, J. P.: J. chem. Educat. **4**, 722 (1927). — MEISSNER, H.: Fr. **80**, 247 (1930). — MELDRUM, R.: Chem. N. **116**, 271 (1917). — MENT, J. DE: Oil Weekly **103**, Nr. 11, 17 (1941); durch C. **1944**, **II**, 344. — MIGLIACCI, D., u. C. CRAPETTA: Ann. Chim. applic. **17**, 66 (1927). — MILLER, C. C.: Soc. **1947**, 1347. — MOHLER, H., u. R. WIDMER: Mitt. Geb. Lebensmitteluntersuch. Hyg. **22**, 130 (1931). — MONTEQUI, R.: An. Españ. **25**, 52 (1927). — MORGAN, M. F.: Pr. Soil Sci. Soc. Am. **1**, 255 (1937); durch C. **1939**, **I**, 1840. — MORITZ, H.: Arch. Metallk. **1**, 109 (1947). — MORRELL, W. E.: J. chem. Educat. **27**, 274 (1950). — MOTT, R.: Trans. Am. electrochem. Soc. **37**, 665 (1920). — MOUREU, H., P. CHOVIN u. L. TRUFFERT: Ann. Chim. anal. **27**, Nr. 1, 104 (1945).

NAKASEKO, R.: Mem. Sci. Kyoto Univ. **11** A, 95 (1928). — NAVES, Y. R.: Parfums de France **12**, 139 (1934); durch C. **1934**, **II**, 2913. — NECHAMKIN, H., u. A. SANDERS: Ind. eng. Chem. Anal. Edit. **14**, 913 (1942). — NEUHAUS, A.: Z. Erzbergbau u. Metallhüttenw. II, 55 (1949). — NEUMANN, W.: Z. El. Ch. **13**, 751 (1907). — NIESSNER, M.: Berg-hüttenm. Monatsh. **93**, 167 (1948). — NIEUWENBURG, C. J. VAN: (a) Chem. Weekbl. **29**, 114 (1932); (b) Bl. [5] **13**, 188 (1946). — NIEUWENBURG, C. J. VAN, W. BÖTTGER, F. FEIGL, A. S. KOMAROVSKY u. N. STRAFFORD: Tabellen der Reagenzien für anorganische Analyse, S. 176. Leipzig 1938. — NUTTEN, A. J.: School Sci. Rev. **31**, 43 (1950).

ORLENKO, A. F., u. N. G. FESSENKO: Fr. **107**, 411 (1936).

PARRI, W.: (a) Giorn. Farm. Chim. **73**, 177 (1924); durch C. **1924**, **II**, 2190; (b) Giorn. Farm. Chim. **73**, 207 (1924); durch C. **1924**, **II**, 2683. — PEARSON, T. G.: Fr. **112**, 179 (1938). — PETERSON, M. J., A. J. KAUFFMANN u. H. W. JAFFE: Am. Mineralogist **32**, 322 (1947). — PIERCE, J. S., u. E. D. NAVE: Ind. eng. Chem. Anal. Edit. **2**, 190 (1930). — PIÑA DE RUBIES, S., u. J. DOETSCH: Z. anorg. Ch. **220**, 199 (1934). — POLUEKTOFF, N. S., u. W. A. NASARENKO: P. C. H. **75**, 424 (1934). — POPOV, M. A.: Betriebslab. **13**, 618 (1947); durch Chem. Abstr. **1948**, 4491. — POPOW, P.: Ukrain. chem. J. **3**, 157 (1928); durch C. **1929**, **I**, 177. — PORLEZZA, C., u. A. DONATI: Ann. Chim. applic. **16**, 554 (1926). — PORTER, L. E., u. P. E. BROWNING: Am. Soc. **41**, 1491 (1919). — POZZI-ESCOT, E.: Ann. Chim. anal. **12**, 237 (1907); durch C. **1907**, **II**, 484. — PRYTZ, M.: Praktisk Veiledning i kvalitativ Analyse. Oslo 1935.

QUICK, A. J.: Ind. eng. Chem. Anal. Edit. **5**, 26 (1933).

RANKAMA, K., u. T. G. SAHAMA: Geochemistry, S. 714, Chicago 1950. — RÂY, P., u. M. K. BOSE: (a) Fr. **95**, 400 (1933); (b) Mikrochemie **17**, 11 (1935). — RÂY, P., u. J. GUPTA: J. Indian chem. Soc. **12**, 308 (1935). — RÂY, P., u. A. K. MAJUNDAR: Fr. **100**, 324 (1935). — RÂY, P., u. P. B. SARKAR: Mikrochemie, Emich-Festschrift, S. 252. 1930. — RICHARDS, O. W., u. M. C. TROUTMAN: J. Bact. **39**, 739 (1940). — RIENÄCKER, G., u. W. SCHIFF: Fr. **94**, 409 (1933). — RIPAN, R.: Bl. Soc. Stiinte Cluj **4**, 80 (1928). — ROMAN, T., u. G. DELLUC: J. Pharm. Chim. [6] **12**, 265 (1900). — ROSE, H., u. R. BÖSE: Naturwiss. **23**, 354 (1935). — ROSENTHALER, L.: (a) Mikrochemie **13**, 83 (1933); (b) Mikrochemie **23**, 194 (1937).

SÁ, A.: An. Farm. Bioquím. **4**, 77 (1935). — SANDELL, E. B., D. M. WISHNICK u. E. L. WISHNICK: Mikrochim. A. **3**, 204 (1938). — SCHACHKELDIAN, A.: J. Russ. phys.-chem. Ges. **61**, 2217 (1929). — SCHEINZISS, O. G.: Chem. J. Ser. A **8**, 596 (1938); durch C. **1939**, **I**, 4507. — SCHLEICHER, A.: (a) Fr. **101**, 241 (1935); (b) Z. El. Ch. **39**, 2 (1933). — SCHLEICHER, A., u. N. KAISER: **105**, 393 (1936). — SCHLEICHER, A., u. L. LAURS: Fr. **108**, 241 (1937). — SCHMIDT, J., u. W. HINDERER: B. **64**, 1793 (1931). — SCHMITZ-DUMONT, O.: Metallw. **1928**, Nr. 10, 281. — SCHNOPPER, I., u. I. ADLER: Anal. Chem. **21**, 939 (1949). — SCHOORL, N.: Fr. **48**, 224 (1909). — SCHOTTEN, W.: Pharmazie **3**, 309 (1948). — SCHRÖTER, K.: Forschungsdienst, Sonderheft **15**, 45 (1941). — SCHTSCHIGOL, M.: (a) Chem. J. Ser. B **7**, 1285 (1934); durch C. **1935**, **II**, 1409; (b) Chem. Pharm. Ind. (russ.) Nr. 4, 33 (1934); durch C. **1935**, **I**, 2704. — SCHWAB, G. M., u. A. N. GHOSH: Angew. Ch. **52**, 666 (1939). — SCHWAB, G. M., u. K. JOCKERS: Angew. Ch. **50**, 546 (1937). — SCHWARZACHER, W.: (a) Dtsch. Z. gerichtl. Med. **13**, 226 (1929); (b) Naturwiss. **19**, 213 (1931). — SEITH, W., u. K. RUTHARDT: Chemische Spektralanalyse, S. 99. Berlin 1941. — SEMERANO, G.: Atti X. Congr. int. Chim., Roma 1938 — Mikrochemie **25**, 191 (1938); durch HEYROVSKÝ (a). — SENSI, G., u. R. TESTORI: Ann. Chim. applic. **19**, 383 (1929). — SIERRA, F., u. E. MONLLOR: An. Real. Soc. Españ. B Quím. **46**, 119 (1950). — SLOOFF, A.: Chem. Weekbl. **42**, 34 (1946). — SMITH, L., u. P. W. WEST: Ind. eng. Chem. Anal. Edit. **13**, 271 (1941). — SNAJDER, L.: Przemysl Chem. **19**, 13 (1935). — SOEP, L.: Chem. Weekbl. **24**, 623 (1927). — SPACU, G.: Bl. Soc. Ştiinţe Cluj **1**, 348 (1922). — SPEAR, E. B., E. E. WELLS u. B. DYER: Am. Soc. **32**, 530 (1910). — SSERGEJEW, A.: Ukrain. chem. J. **5**, wiss. Teil, 227 (1930); durch C. **1931**, **I**, 1794. — SSUPRUNOWITSCH, I. B.: Chem. J. Ser. A **8**, 839 (1938). — STAHL, W., u. M. STRAUMANIS: Fr. **128**, 60 (1947). — STRAUB, A.: Z. Lebensm. **23**, 140 (1912); durch C. **1912**, **I**, 1335. — STRAUMANIS, M., u. E. ENCE: Z. anorg. Ch. **228**, 334 (1936). — STRIGANOV, A. S.: Bl. Acad. URSS, Ser. phys. **5**, 266 (1941); durch Chem. Abstr. **1943**, 2296. — SZEBELLEDY, L., u. S. TANAY: Fr. **106**, 342 (1936).

TANAKA, M., T. ASHIZAWA u. M. SHIBATA: Chem. Res. (Japan) Inorg. anal. Chem. **5**, 35 (1949); durch Chem. Abstr. **1949**, 8945. — TANANAJEW, N. A.: (a) Chem. J. Ser. B **9**, 367 (1936); durch C. **1936**, **II**, 344; (b) Fr. **98**, 330 (1934); (c) Ukrain. chem. J. **5**, 213 (1930); durch C. **1931**, **I**, 1795. — TANANAJEW, N. A. u. ROMANJUK: Chem. J. Ser. B **10**, 1624 (1937); durch C. **1938**, **II**, 1643. — TODD, F.: J. chem. Educat. **15**, 241 (1938). — TOMSICEK, W. J., u. J. J. CARNEY: J. chem. Educat. **17**, 29 (1940). — TOUGARINOFF, B.: (a) Ann. Soc. Sci. Bruxelles B **50**, 145 (1930); (b) J. Pharm. Belg. **15**, 191 (1933). — TREADWELL, F. P., u. W. T. HALL: Analytical Chemistry I, Qualitative Analysis, 9. engl. Aufl., S. 249. New York 1948. — TROTMAN, S. R.: Dyer Calico Printer **67**, 459 (1932); durch C. **1932**, **II**, 946. — TWYMAN, F., u. C. S. HITCHEN: Pr. Roy. Soc. London Ser. A **133**, 72 (1931). — TWYMAN, F., E. HONEGGER u. D. M. SMITH: Z. VDI **73**, 196 (1929).

VANOSSI, R.: (a) An. Argentina **30**, 112 (1942); (b) An. Soc. cient. Argent. **134**, 73 (1942). — VEIL, S.: (a) Bl. [5] **1**, 1358 (1934); (b) C. r. **198**, 1854 (1934); (c) C. r. **199**, 611 (1934). — VENTURELLO, G., u. N. AGLIARDI: Ann. Chim. applic. **30**, 224 (1940). — VERMANDE, J.: Pharm. Weekbl. **55**, 1131 (1918). — VOLTERRA, R.: Giorn. Chim. ind. ed applic. **10**, 313 (1928).

WAIBEL, F.: Wiss. Veröffentl. Siemens-Konzern **14**, 37 (1935). — WATSON, J. A.: Mineralog. Mag. **24**, 21 (1935). — WEAVER, J. R., u. R. R. BRATTAIN: Anal. Chem. **21**, 1038 (1949). — WENGER, P. E.: Bl. [5] **13**, 193 (1946). — WENGER, P., R. DUCKERT u. E. ANKADJI: Helv. **28**, 1316, 1592 (1945). — WENGER, P., R. DUCKERT u. D. RIETH: Helv. **25**, 406 (1942). — WERNER, F. F.: Fr. **51**, 481 (1912). — WHEELER u. LUEDEKING: Fr. **26**, 602 (1887). — WHITE, C. E., u. M. H. NEUSTADT: Ind. eng. Chem. Anal. Edit. **15**, 599 (1943). — WHITMORE, W. F., u. F. SCHNEIDER: Mikrochemie **8**, 293 (1930). — WICHMANN, H. J.: Ind. eng. Chem. Anal. Edit. **11**, 66 (1939). — WIGGINS, W. R., u. C. E. WOOD: J. Soc. chem. Ind. **53**, 254 (1934); durch C. **1934**, **II**, 2558. — WINKLER, L. W.: Angew. Ch. **26**, 38 (1913).

ZERFOSS, S., u. R. L. HESS: J. Am. ceram. Soc. **28**, 16 (1945). — ZIJP, C. VAN: Pharm. Weekbl. **69**, 1191 (1932).

Cadmium.

Cd, Atomgewicht 112,41, Ordnungszahl 48.

Von **Hildegard Wendt**, Clausthal-Zellerfeld und **Alfred Brechlin**, Freiburg i. Br.

Mit 26 Abbildungen.

Inhaltsübersicht.

Nachweismethoden.

I. Vorkommen.

1. Vorkommen des Cadmiums in der anorganischen Natur.

Cadmium zählt zu den selteneren Elementen. Das wichtigste Cadmiummineral ist der Greenockit, die Cadmiumblende, die hexagonal kristallisiert. Fundorte sind Schottland, Böhmen, Bukowina, Siebenbürgen und Pennsylvanien. Cadmiumblende ist isomorph mit Wurtzit.

Als Carbonat findet sich Cadmium in Südwestafrika unter dem Namen Otavit.

Reines Cadmiumoxyd kommt auf Hemimorphit von Sardinien in Form glänzender kristallinischer Überzüge vor.

In geringen Mengen ist das Cadmium ein ständiger Begleiter der Zinkerze. Im Zinkspat findet sich Cadmiumcarbonat, in der Zinkblende Cadmiumsulfid.

2. Vorkommen im Pflanzen- und Tierreich.

Über Vorkommen von Cadmium im Pflanzenreich ist nichts bekannt. In Kohlenaschen ist Cadmium angereichert gefunden worden, und zwar bis zu 0,05‰ (GOLDSCHMIDT). In tierischem Gewebe wurde Cadmium zuerst von FOX und RAMAGE festgestellt, und zwar in den Lebern bestimmter Mollusken. RAMAGE (b) fand Cadmium in Schafs- und Lachsleber, WEBB sowie NODDACK und NODDACK fanden es in Meerestieren. Bei BENOIT finden sich Angaben über das Vorkommen von Cadmium in menschlichen Nieren. Über die Bedeutung des Cadmiums für den Organismus ist noch nichts bekannt (RANKAMA und SAHAMA).

II. Allgemeines.

1. Verhalten des Cadmiums in der II. Gruppe des Periodischen Systems.

Cadmium gehört der Gruppe IIb des Periodischen Systems an; es ist nach dem Zink der zweite Vertreter der Gruppe. Ebenso wie Zink liegt es in seinen Verbindungen ausschließlich elektropositiv zweiwertig vor. Nur das dritte Glied der Reihe, das Quecksilber, tritt nicht nur elektropositiv zweiwertig, sondern auch elektropositiv einwertig auf. Zwischen den Vertretern der zweiten Haupt- und Nebengruppe besteht weitgehende Ähnlichkeit. Ebenso wie das Zink weist auch das Cadmium gewisse Beziehungen zum Magnesium auf (vgl. auch das entsprechende Kapitel des Zinks, S. 128).

Den Zinkverbindungen sind die Cadmiumverbindungen im ganzen durchaus analog. Zum Unterschied von dem nur in der Hitze gelb gefärbten Zinkoxyd und dem farblosen Zinksulfid sind Cadmiumoxyd braun und Cadmiumsulfid gelb gefärbt. Auch ist Cadmiumsulfid im Gegensatz zum Zinksulfid in verdünnten Mineralsäuren unlöslich. Die Neigung zur Bildung von Komplexen ist beim Cadmium in gleicher Weise vorhanden wie beim Zink.

2. Unterschiedliche Löslichkeit der Cadmiumverbindungen; Eignung schwerlöslicher Verbindungen zum qualitativen Nachweis.

Für Nachweisverfahren, die auf der Bildung schwerlöslicher Verbindungen beruhen, kommt außer Cadmiumsulfid vor allem das Cadmium-tetrarhodanomercurat(II), $Cd[Hg(SCN)_4]$, in Betracht. Das Cd^{++}-Ion ist farblos, ebenso — bis auf wenige Ausnahmen — sind es die sich von ihm ableitenden Salze, soweit sie ungefärbte Anionen enthalten. Cadmiumsulfid ist gelb gefärbt, Cadmiumoxyd braun. Die Cadmiumsalze der starken Säuren, Cadmiumchlorid, Cadmiumbromid, Cadmiumnitrat, Cadmiumsulfat u. a. sind in Wasser leicht löslich. Das Hydroxyd, Sulfid, Cyanid, Chromat, Carbonat und Oxalat sind in Wasser schwer löslich. Cadmiumcyanid und -oxalat lösen sich im Überschuß des Fällungsmittels; Cadmiumhydroxyd, -chromat und -carbonat lösen sich in Mineralsäuren. Cadmiumsulfid ist in verdünnten Mineralsäuren unlöslich, löst sich jedoch in konzentrierten Säuren, in warmer verdünnter Salpetersäure sowie auch in kochender verdünnter (1 : 5) Schwefelsäure. Zur Abtrennung des Cadmiums im Analysengang ist neben dem Sulfid auch das Cyanid von Bedeutung, da der Cadmiumcyanidkomplex durch Schwefelwasserstoff unter Abscheidung von Cadmiumsulfid zersetzt wird.

Auch organische Basen, wie Pyridin, Naphthochinolin, Anilin, Chinolin, α-Aminopyridin oder Antipyrin, bilden mit Cadmium bei Gegenwart von Rhodaniden oder Halogeniden schwerlösliche Niederschläge (s. § 3, S. 244f. u. 250ff.).

Da die schwerlöslichen Cadmiumverbindungen in Mineralsäuren löslich sind, entfallen besondere Aufschlußverfahren.

III. Kurze Übersicht über das Verhalten des Cadmiums in der analytischen Gruppe und die Trennung des Cadmiums von seinen Begleitern.

Analytisch gehört das Cadmium zur Schwefelwasserstoffgruppe. Cadmium wird im Filtrat der Salzsäuregruppe mit Schwefelwasserstoff als Cadmiumsulfid gefällt. Es fällt zusammen mit den in Ammoniumsulfid unlöslichen oder schwerlöslichen Sulfiden des Quecksilbers, Bleis, Wismuts und Kupfers sowie den in gelbem Ammoniumsulfid löslichen Sulfiden des Arsens, Antimons und Zinns — und, falls vorhanden, auch denen des Goldes, Platins, Molybdäns, Selens und Tellurs — aus.

Die Fällung der Schwefelwasserstoffgruppe erfolgt aus 2 bis 3 n salzsaurer Lösung in der Hitze. Die Säurekonzentration muß zur vollständigen Fällung des Cadmiumsulfids durch Verdünnen mit Wasser bis auf 1 n erniedrigt werden. Nach dem Abfiltrieren der gefällten Sulfide muß im Filtrat nach weiterem Verdünnen mit Wasser durch erneutes Einleiten von Schwefelwasserstoff auf Vollständigkeit der Fällung geprüft werden.

Der Niederschlag wird nach gründlichem Auswaschen mit schwefelwasserstoffhaltigem Wasser mit gelbem Ammoniumsulfid erwärmt. Dabei bleibt CdS zusammen mit HgS, PbS, Bi_2S_3 und CuS ungelöst zurück. Der Niederschlag wird in einer Mischung von einem Teil konzentrierter Salpetersäure und zwei Teilen Wasser in der Wärme gelöst. In die Lösung gelangen: Pb^{++}, Cu^{++}, Bi^{+++}, Cd^{++}. Das Blei wird mit Schwefelsäure als schwerlösliches $PbSO_4$ entfernt, das Filtrat darauf ammoniakalisch gemacht und das ausgefallene basische Wismutsulfat abfiltriert. In der zurückbleibenden Lösung können jetzt Kupfer und Cadmium als Tetramminkomplexe $[Cu(NH_3)_4]^{++}$ und $[Cd(NH_3)_4]^{++}$ enthalten sein. Eine blaue Farbe der Lösung zeigt Kupfer an. Um Cadmium neben Kupfer nachzuweisen, werden beide Elemente mit Kaliumcyanid in die Komplexverbindungen $[Cu(CN)_4]^{---}$ und $[Cd(CN)_4]^{--}$ übergeführt. Das komplex gebundene Kupfer wird mit Schwefelwasserstoff nicht gefällt. Der Cadmiumkomplex hingegen zeigt eine genügend große Sekundärdissoziation, so daß mit Schwefelwasserstoff das gelbe Cadmiumsulfid gefällt wird. Man versetzt deshalb die ammoniakalische Lösung des Kupfers und Cadmiums bis zur Entfärbung mit Kaliumcyanid und leitet Schwefelwasserstoff zur Fällung des Cadmiumsulfids ein. Der Nachweis des Cadmiums kann z. B. mit Cadion erfolgen (s. § 3, S. 240).

Davies behandelt die mit Schwefelwasserstoff aus salzsaurer Lösung gefällten Sulfide mit heißer 2 n Natronlauge, wobei die Sulfide von Hg, Pb, Cu, Cd und Bi ungelöst zurückbleiben. Nach Abtrennung von Hg durch Salpetersäure (1 : 1) wird die Pb, Cu, Cd und Bi enthaltende Lösung mit überschüssiger Natronlauge versetzt; dabei bleibt Cadmiumhydroxyd im Rückstand und wird dort identifiziert.

Nach Knoevenagel und Ebler wird der Schwefelwasserstoffniederschlag mit 20%iger Natronlauge und kalt gesättigter Hydrazinsulfatlösung behandelt, wobei Cadmium als Hydroxyd neben metallischem Hg und Cu sowie $Bi(OH)_3$ zurückbleibt. Nach Auflösen des Niederschlags in heißer überschüssiger Salpetersäure wird Wismut durch Fällung mit Ammoniak abgetrennt. Durch Zugabe von Hydroxylammoniumchlorid wird Cu^{++} in die einwertige Stufe übergeführt. Nach Fällung des Kupfers als Kupfer(I)-rhodanid kann Cadmium in ammoniakalischer Lösung mit Ammoniumsulfid als Cadmiumsulfid gefällt werden.

In einem zweiten Verfahren derselben Autoren wird der gesamte Schwefelwasserstoffniederschlag in Salpetersäure und wenig Salzsäure gelöst, die Lösung eingedampft und mit Salpetersäure aufgenommen. Wismut, Zinn und Blei werden durch Eingießen der Flüssigkeit in ammoniakalisches Wasserstoffperoxyd ausgefällt. Aus dem Filtrat wird Quecksilber mittels Hydroxylammoniumchlorid, Arsen als Magnesiumammoniumarsenat und Kupfer als Kupfer(I)-rhodanid abgeschieden. In dem Filtrat wird Cadmium aus ammoniakalischer Lösung mittels Ammoniumsulfid gefällt, während Antimon dabei als Thiosalz in Lösung bleibt.

Nach McReynolds wird der Trennungsgang der Schwefelwasserstoffgruppe bis zur Abtrennung des Bleis als Sulfat in der üblichen Weise durchgeführt. Das Filtrat wird dann in zwei Teile geteilt. In der einen Hälfte der Lösung wird nach den bekannten Methoden auf Wismut und Kupfer, in der anderen Hälfte auf Cadmium geprüft. Man versetzt zu diesem Zweck mit einer 1 n Lösung von Seignettesalz, neutralisiert die überschüssige Schwefelsäure und versetzt mit einem Überschuß von 0,5 n Natronlauge. Aus der klaren Lösung fällt beim Kochen ein weißer Niederschlag von Cadmiumhydroxyd aus. Der Niederschlag kann nach gründlichem Auswaschen direkt in das Sulfid übergeführt werden.

In ähnlicher Weise kann man auch nach dem Abtrennen des Wismuts durch Ammoniak 1 oder 2 ml der Seignettesalzlösung und einen Überschuß von Natronlauge hinzugeben. Wenn man jetzt zur Entfernung des Ammoniaks zum Sieden erhitzt, wird gleichfalls Cadmiumhydroxyd gefällt.

Im Trennungsgang der Schwefelwasserstoffgruppe nach Cândea und Sauciuc (a, b) wird nach Abtrennung des Quecksilbers als Sulfid sowie von Blei und Wismut mittels Kaliumdichromat entweder das Kupfer mittels Kaliumcyanid komplex gebunden oder als Rhodanid gefällt. Cadmium wird als gelbes Sulfid abgeschieden.

Nach Kunz wird der Sulfidniederschlag von Cu, Bi, Cd und Pb — nach Abtrennung der Arsen-Zinn-Gruppe und des Quecksilbers — mit 12 n Salzsäure behandelt, wobei CdS, PbS und Bi_2S_3 nach einiger Zeit in Lösung gehen, während Kupfersulfid, das nur in geringem Ausmaß gelöst wird, durch Verdünnen mit Schwefelwasserstoffwasser wieder gefällt wird. Bleichlorid wird durch Natriumchlorid in Lösung gehalten und das Kupfersulfid abfiltriert. Im Filtrat wird Wismut mit einem halben Volumen Schwefelwasserstoffwasser gefällt. Eine Probe des Filtrats vom Wismutsulfid liefert auf Zugabe von H_2S-Wasser eine feine gelbe Fällung von Cadmiumsulfid.

Ist der Niederschlag dunkel gefärbt, so ist Blei anwesend; in diesem Fall wird das Filtrat vom Wismutsulfidniederschlag zur Vertreibung des Schwefelwasserstoffs gekocht und 2 n Natriumcarbonatlösung zur Ausfällung der basischen Carbonate zugegeben. Der Niederschlag wird mit 2 n Schwefelsäure erhitzt, wobei Blei als Bleisulfat abgeschieden wird. Im Filtrat wird Cadmium mit H_2S-Wasser gefällt.

Nach Chirnoaga werden die Sulfide — nach vorheriger Prüfung auf Blei durch Fällung als $PbSO_4$ — mit Schwefelwasserstoff abgeschieden. Ein Teil des Niederschlags wird mit einem Gemisch von 2 n Ammoniumoxalatlösung und wenig 2 n Ammoniak in der Siedehitze behandelt, um Arsen abzutrennen. Der zurückbleibende Niederschlag wird in 2 n Salzsäure unter Zusatz von Wasserstoffperoxyd zum Sieden erhitzt, wobei Cadmium und Zinn vollständig, Antimon und Wismut teilweise in Lösung gehen. 2 bis 3 ml der Lösung werden tropfenweise mit einem geringen Überschuß von konzentriertem Ammoniak versetzt, erwärmt und filtriert. Das Filtrat wird mit 2 n Salzsäure angesäuert und Schwefelwasserstoff eingeleitet; dabei entsteht gelbes Cadmiumsulfid.

Popow (d) versetzt zur Abtrennung des Arsens 1 ml der etwa 0,1 n Analysenlösung mit 0,5 g Ammoniumbromid und 1,5 ml Schwefelsäure und dampft bis zum Auftreten von SO_3-Nebeln ein. Der Rückstand wird in 8 ml Wasser aufgenommen und zur Ausfällung der elektropositiveren Elemente ungefähr eine halbe Stunde mit Eisenpulver verrührt, sodann filtriert. Das Filtrat versetzt man mit dem gleichen Volumen konzentrierter Phosphorsäure und fällt das Cadmium durch Einleiten von Schwefelwasserstoff als gelbes Cadmiumsulfid.

Im Analysengang nach Wenger, Duckert und Ankadji, unter Verwendung von Kalium-äthylxanthat, gehört Cadmium zusammen mit Fe, Cr, U, Mn, Mg u.a.

in eine Gruppe. Sie werden im Filtrat der als Xanthate gefällten Metalle (Hg, Cu, Bi, As, Sb, Sn, Co, Ni) durch Behandeln mit Kalilauge als Sulfide und Hydroxyde gefällt. Nach Auflösen des Niederschlags in Salzsäure werden Fe, Cr, U u. a. mit Ammoniak gefällt, während Cd, Mn und Mg in Lösung bleiben. Der Nachweis von Cadmium erfolgt mit Cadion (s. § 3, S. 240).

Um den Gebrauch von gelbem Ammoniumsulfid zu umgehen, führen MAYNARD, BARBER und SNEED ein Natriumhydrogensulfidreagens ein. Gleichzeitig werden in dem Trennungsgang auch die im allgemeinen als „seltener" betrachteten Elemente berücksichtigt. Bei diesem Verfahren liegt Cadmium nach Abtrennung von Se, Te, Au, Mo, As, Sb, Sn und Hg mittels des Natriumhydrogensulfidreagenses zusammen mit den Platinmetallen sowie Cu, Bi und Pb vor. Nach Abtrennung von Os, Ru, Pb, Bi, Au und Pd wird Cd neben Pt, Ir, Rh und Cu aus der stark eingeengten salzsauren Lösung im Gemisch mit Kochsalz als Cadmiumchlorid abgeschieden. Der Nachweis des Cadmiums durch Fällung mit Schwefelwasserstoff aus ammoniakalischer Lösung kann erst nach Überführung in Cadmiumsulfat erfolgen.

Im Mikrotrennungsgang nach BENEDETTI-PICHLER und CEFOLA (a, b) wird, Cadmium gleichfalls als gelbes Sulfid abgetrennt, während Kupfer durch Zugabe von Kaliumcyanid in Lösung gehalten wird.

1. Abtrennung des Cadmiums von den natürlich vorkommenden Begleitelementen.

Das wichtigste metallische Begleitelement des Cadmiums in Mineralien, Erzen und Gesteinen ist das Zink; hinzu kommen weiterhin solche Elemente, die auch in Zinkmineralien zu finden sind: Fe, Mn, Pb, Ga sowie Cu, Al, Ba, Ca, Mg, As, Sb, Sn. Als nichtmetallische Begleitelemente kommen Si (als SiO_2) und sulfidischer Schwefel in Betracht. Sulfidische Erze werden mit konzentrierter Salzsäure aufgeschlossen. Ist die Substanzprobe in der Wärme nahezu vollständig gelöst, so gibt man noch einige Milliliter konzentrierter Salpetersäure hinzu und erhitzt. Silicatische Gesteine werden mit Soda aufgeschlossen.

Nach FEIGL und MIRANDA (a) kann Cadmium neben Zink und Kupfer identifiziert werden, wenn Pb, Bi, Hg, Sn und Sb zuvor durch Ammoniak gefällt worden sind. Cadmium wird durch Tüpfelreaktion als $[Fe(2,2'\text{-Dipyridyl})_3]\,[CdJ_4]$ (s. § 5 S. 293) identifiziert.

Nach TANANAEV und ROMANJUK wird — bei Ausführung als Tüpfelreaktion — die auf Cadmium zu prüfende Lösung mit Ammoniak versetzt, erhitzt und filtriert; das Filtrat wird mit Wasserstoffperoxyd behandelt, vom Niederschlag abfiltriert und mit Kaliumcyanid im Überschuß versetzt. Durch Zugabe von Natriumsulfid wird das gelbe Cadmiumsulfid gefällt. Bei Anwesenheit von Silber muß die Probelösung vor der Fällung mit Ammoniak mit Mangannitrat versetzt werden.

Zur Abtrennung von Cadmium wird nach SCHTSCHIGOL zu der Probelösung ein gleiches Volumen 10%iger Kaliumjodidlösung sowie ein Gemisch 20%iger Na_2CO_3-NaOH-Lösung bis zur alkalischen Reaktion zugegeben, es wird erhitzt und filtriert. Der Niederschlag wird in Ammoniak bei Gegenwart von Ammoniumsulfat gelöst und zum Sieden erhitzt, dabei gehen Cu, Cd, Co und Ni als Amminkomplexe in Lösung. Nach Versetzen mit Kaliumcyanid gibt man ein wenig einer wäßrigen Zinksulfidsuspension hinzu, worauf Cadmium als Sulfid gefällt wird.

Nach PIERCE und FORSEE kann Nickelpulver mit gutem Erfolg zur Entfernung störender Ionen beim Nachweis von Cadmium angewendet werden. Cu^{++} wird aus neutraler oder schwach saurer Lösung entfernt und ebenso alle anderen Kationen, die zusammen mit Cd^{++} in verdünnter saurer Lösung mit Schwefelwasserstoff ausfallen könnten. Die Gegenwart eines Überschusses von Nickel in der Lösung stört den Nachweis von Cadmium mit Schwefelwasserstoff nicht. Die Lösung soll einen Überschuß von Sulfationen, jedoch kein Acetat enthalten. Man verwendet 1 bis 5 g feingepulvertes Nickel. Nach Abtrennung der störenden Kationen wird das Filtrat 2 n an Essigsäure gemacht und darauf das Cadmium mit Schwefelwasserstoff gefällt.

Zur raschen Identifizierung von Cadmium neben zahlreichen anderen Kationen wird die zu prüfende Lösung mit Salpetersäure oxydiert und dann mit Ammoniak und Kaliumjodid behandelt; das Filtrat der erhaltenen Fällung, welches Alkali- und Erdalkaliionen sowie Amminkomplexe (von Co, Ni, Cu, Zn, Cd) enthält, wird mit Kaliumcyanid versetzt. Das komplex gebundene Cadmium wird mit Natriumsulfid in gelbes CdS übergeführt (TRISCHIN).

Ein ähnliches Verfahren wird von TANANAEV (a, b) angegeben. Die auf Cadmium zu prüfende Lösung wird mit überschüssigem konzentriertem Ammoniak aufgekocht. Man gibt Kaliumjodid zur Fällung des Silbers und Wasserstoffperoxyd zur Fällung des Mangans hinzu, erhitzt und filtriert. Ein Teil des Filtrats wird mit überschüssiger konzentrierter Kaliumcyanidlösung behandelt und dann mit einigen Tropfen Natriumsulfidlösung versetzt [s. hierzu auch TANANAEV (c)].

Zum Nachweis kleiner Mengen Cadmium neben größeren Mengen Zink läßt ERICSON Zink als Sulfat in der Kälte auskristallisieren. Cadmium wird im verdünnten Filtrat als Sulfid abgeschieden.

Zur Trennung des Cadmiums von Kupfer werden als bekannteste Verfahren die Komplexbildung des Kupfers mit Kaliumcyanid (s. hierzu beispielsweise TANANAEV und FEDULOW) und die Fällung des Kupfers als CuSCN angewendet (s. auch unten).

Zur Umgehung der Anwendung von Kaliumcyanid kann Kupfer durch Reduktion mit Natriumdithionit in ammoniakalischer Lösung entfernt werden. Im Filtrat des ausgefällten Kupfers wird Cadmium nach bekanntem Verfahren abgeschieden (GAINES und WOODRIFF).

Nach CUSHMAN ist Cadmiumsulfid in angesäuerter, konzentrierter Alkalichloridlösung löslich, Kupfersulfid hingegen darin vollständig unlöslich. Diese Tatsache kann zur Trennung der beiden Metalle verwendet werden. Wenn die Metalle in verhältnismäßig großen Mengen vorhanden sind, so genügt es, die gemischten Sulfide mit einem Überschuß einer gesättigten Salzlösung und ein wenig verdünnter Salzsäure zu versetzen und dann zu erwärmen, worauf das Cadmiumsulfid in Lösung geht. Beim Verdünnen des Filtrats von Kupfersulfid und Zufügen von Schwefelwasserstoff fällt Cadmiumsulfid aus.

Ausführung. Etwa 2 ml der Lösung der beiden Metalle werden mit Salzsäure schwach angesäuert und ungefähr 20 ml gesättigte Salzlösung zugefügt, die Lösung wird erwärmt und Schwefelwasserstoff eingeleitet, bis das Kupfer ausgefällt und Schwefelwasserstoff im Überschuß vorhanden ist. Die Lösung wird dann auf ein trockenes Filter gebracht und in einem trockenen Reagensglas aufgefangen. Das Filtrat soll vollkommen klar sein, da die geringste Verdünnung jetzt die Fällung des Cadmiums veranlaßt. Wenn man nunmehr einige Tropfen Wasser an der Wand des Reagensglases hinunterlaufen läßt, so bildet sich an der Berührungsfläche der Flüssigkeiten bei Gegenwart von Cadmium ein gelber Ring. Ist die Cadmiummenge sehr gering, so verwendet man Ammoniak an Stelle von Wasser, wobei der Ring auch rascher erscheint. Da Cadmiumsulfid in Jodwasserstoffsäure löslicher ist als in Salzsäure, Kupfersulfid hingegen in Halogenwasserstoffsäuren unlöslich, schlägt KORENMAN (b) eine Trennung von Cadmium- und Kupfersulfid vor durch Erhitzen des Sulfidniederschlags in einer Lösung von Kaliumjodid in Salzsäure und Nachweis des Cadmiums im Filtrat. Man kann auf diese Weise 0,05 mg Cadmium bei Gegenwart von 100 mg Kupfer nachweisen.

Nach BRAWLEY erfolgt die Trennung durch Fällung von Kupfer als Rhodanid auf folgende Weise: Die Kupfer und Cadmium enthaltende Lösung wird mit Essigsäure angesäuert und mit 20 ml 0,1 n Kaliumrhodanidlösung pro 100 mg

Kupfer in der Lösung versetzt. Dann werden 0,5 g Natriumhydrogensulfit zugegeben; die Lösung wird 1 Min. zum Sieden erhitzt und heiß filtriert. Das klare Filtrat wird mit Ammoniak alkalisch gemacht und mit Schwefelwasserstoff oder einigen Tropfen farblosen oder gelben Schwefelammoniums behandelt. Cadmiumsulfid fällt dabei als gelber bis orangefarbener Niederschlag aus. Der Niederschlag kann nochmals aufgelöst und dann aus saurer Lösung gefällt werden (vgl. hierzu auch DAGGETT).

BIEFELD verwendet zur Trennung von Cadmium und Kupfer Salicylaldoxim. Das schwach gelbgrüne Kupfer-Salicylaldoximat ist in Essigsäure unlöslich, jedoch löslich in Mineralsäuren. Cadmium wird durch Salicylaldoxim nicht gefällt, wenn die Lösung nicht neutral oder basisch ist. Das weiße Cadmium-Salicylaldoximat ist in Säuren und im Überschuß von Ammoniak leicht löslich. Zur Trennung von Kupfer und Cadmium fügt man zu der blauen Lösung der Amminkomplexe tropfenweise verdünnte Essigsäure, bis die Lösung gegen Lackmus sauer reagiert, und dann noch einige Tropfen im Überschuß hinzu. Hiernach gibt man tropfenweise eine 1%ige Lösung von Salicylaldoxim (10 g Salicylaldoxim in 50 ml Äthanol; die Lösung wird in 950 ml Wasser von 80° eingegossen) hinzu, bis die Fällung vollständig ist. Das klare, farblose Filtrat wird mit Schwefelwasserstoff gesättigt. Ein gelber Niederschlag von Cadmiumsulfid (s. § 3, S. 235) zeigt die Anwesenheit von Cadmium an.

Zur Trennung von Cadmium und Kupfer neutralisieren TIEDEMANN und OSIMOV die zu analysierende Lösung und geben zu je 100 ml 4 ml Schwefelsäure ($d = 1{,}82$) hinzu. Mittels eines Aluminiumbleches wird Kupfer vollständig, Cadmium dagegen nur zu einem Teil abgeschieden. Im Filtrat wird dann das restliche Cadmium mit Schwefelwasserstoff gefällt.

POPOW (b) schüttelt die mit Salzsäure oder Salpetersäure angesäuerte Lösung mit Eisen- oder Zinkpulver; das ausgeschiedene Kupfer wird abfiltriert und Cadmium im Filtrat mit Schwefelwasserstoff gefällt.

KARNS gibt ein Trennungsverfahren für Cadmium und Kupfer an, das auf der unterschiedlichen Löslichkeit der Carbonate und auf dem Unterschied in der Stabilität der Amminkomplexe beruht. Gibt man nämlich Ammoniumchlorid zu der Lösung eines Kupfersalzes und dann einen Überschuß von Natriumhydrogencarbonat, so tritt die tiefblaue Farbe des Kupferamminkomplexes auf. Wird hingegen die Lösung eines Cadmiumsalzes in gleicher Weise behandelt, so fällt Cadmiumcarbonat aus, das im Überschuß der Reagenzien unlöslich ist.

Zur Durchführung der Trennung wird die Lösung der Schwefelwasserstoffgruppe nach Abtrennung von Hg, Pb und Bi zur Entfernung des überschüssigen Ammoniaks zum Sieden erhitzt oder mit Säure genau neutralisiert. Wenn im Verlauf des Analysenganges nicht genügend Ammoniumsalze zugesetzt worden sind, gibt man noch 3 bis 4 ml einer 10%igen Ammoniumchloridlösung hinzu. Die Lösung wird dann mit dem gleichen Volumen gesättigter Natriumhydrogencarbonatlösung behandelt. Die Anwesenheit von Cadmium wird an einer weißen Trübung oder Fällung in der klaren blauen Lösung erkannt.

DAVIS und HEATH führen die Trennung von Cadmium und Kupfer mit Alkalicyanat durch. Cadmium wird aus neutraler oder schwach saurer Lösung mit einem Überschuß von Kaliumcyanat gefällt, während Kupfer als blau gefärbte Komplexverbindung in Lösung bleibt. Der weiße Niederschlag von Cadmiumcyanat wird nach dem Absitzen und Filtrieren in verdünntem Ammoniak gelöst und Cadmium als Sulfid gefällt.

Eine quantitative Trennung des Cadmiums von Kupfer kann mit Oxychinolin erreicht werden. Da das Kupferoxychinolat gegen eine größere Essigsäurekonzentration beständiger ist als die Cadmiumverbindung, läßt sich eine Trennung dadurch erreichen, daß zuerst in stark essigsaurer Lösung das Kupfer und im

Filtrat das Cadmium nach dem Abstumpfen der überschüssigen Säure gefällt wird [BERG (a)].

Auch die Abtrennung des Kupfers mit Cupron wird empfohlen; Cadmium wird danach im salzsauren Filtrat mit Schwefelwasserstoff gefällt (AGOSTINI).

Eine Trennung von Kupfer und Cadmium läßt sich nach HANUŠ und SOUKUP auch mit Cupferron durchführen, da das Kupfersalz bei Überschuß von Cupferron in saurer Lösung unlöslich, das Cadmiumsalz dagegen löslich ist. Aus neutraler Lösung wird aber auch Cadmium gefällt. Der Cadmiumniederschlag ist reinweiß und flockig; unter dem Mikroskop sind feine kleine Nadeln zu erkennen. Der Niederschlag ist sowohl in Säuren (H_2SO_4, HCl, CH_3COOH) als auch in Alkalien (Sodalösung, Ammoniak) löslich. Aus der genau neutralen Lösung scheidet sich Cadmium quantitativ aus (s. hierzu auch SENSI und SEGHEZZO).

Das von RAHN angegebene Trennungsverfahren beruht darauf, daß sich Kupfer(I)-xanthogenat in Schwefelsäure schwerer löst als Cadmiumxanthogenat.

Ausführung. Die ammoniakalische, auf Kupfer und Cadmium zu prüfende Lösung wird mit Essigsäure schwach angesäuert und mit einem geringen Überschuß von Kaliumxanthogenatlösung ausgefällt.

Hierbei kann unter Umständen das Kupfersalz primär als schwarzbraunes Kupfer(II)-salz gefällt werden, das aber momentan oder in sehr kurzer Zeit unter Abspaltung von Äthyl-xanthogen-disulfid in das gelbe Kupfer(I)-salz übergeht.

Cadmium fällt in jedem Falle als weißes Xanthogenat aus. Man filtriert, wäscht den Niederschlag mit Wasser gut aus und kocht ihn dann 1 Min. lang mit 1 bis 2 m Schwefelsäure, wobei sich Cadmium quantitativ löst.

Zur Prüfung auf Cadmium leitet man in das erkaltete, schwach ammoniakalisch gemachte Filtrat Schwefelwasserstoffgas ein. Ein gelber Niederschlag oder eine gelbe Trübung beweisen die Anwesenheit von Cadmium.

Von VAN ATTA und WASHLEY wird ein Verfahren zur Trennung von Kupfer, und Cadmium angegeben, das auf der Methode zum trockenen Nachweis des Cadmiums nach BIEWEND und GEILMANN (c) (s. § 2, S. 232) beruht.

Ausführung. Wenn die zu untersuchende ammoniakalische Lösung blau gefärbt ist und damit Kupfer angezeigt wird, so dampft man 2 ml der Lösung zur Trockne ein. Der Rückstand wird mit der gleichen Menge eines Gemisches aus gleichen Anteilen wasserfreiem Natriumcarbonat und gepulverter Kohle vermischt. Das Gemisch wird im Glühröhrchen auf dunkle Rotglut erhitzt. In der Mischung vorhandenes Cadmium destilliert zu den kälteren Teilen des Glases und setzt sich als grauer metallischer Spiegel ab. Zur Identifikation des Metallspiegels wird nach dem Abkühlen ein kleines Stückchen Schwefel auf den Boden des Glases gebracht und wiederum erhitzt, bis der Schwefel bis über den Metallspiegel hinaus destilliert ist. Dabei bildet sich die orange Modifikation des Cadmiumsulfids, die beim Abkühlen gelb wird. Der Farbumschlag ist typisch für Cadmiumsulfid.

Zur Trennung des Cadmiums von Kupfer, Quecksilber und Kobalt benutzt STEIGMANN (a) 2-Thiolbenziminazol. Das Verfahren beruht auf der Unlöslichkeit der mit dem Reagens (heiß gesättigte Lösung des Natriumsalzes) erhaltenen weißen Niederschläge von Cadmium und Quecksilber in wäßriger Natronlauge, während der blauschwarze Kupfer- und der blaugrüne Kobaltniederschlag darin löslich sind; der Cadmiumniederschlag wiederum ist löslich in Essigsäure und kann so vom unlöslichen Quecksilberniederschlag getrennt werden.

Zur Trennung von Cadmium und Quecksilber verwendet ROTTER das unterschiedliche Verhalten von Cadmium- und Quecksilbersalzen gegenüber Pyridin bei Gegenwart von Rhodanid: Cadmium wird als komplexes $[CdPy_2](SCN)_2$ gefällt, während Quecksilber als komplexe Rhodanidverbindung in Lösung bleibt.

2. Abtrennung des Cadmiums von Legierungsbestandteilen.

In Legierungen liegt Cadmium neben Eisen (als Schutzüberzug), Blei, Zinn (Schnellot), Wismut (Lipowitz-Metall), Platin (cadmiumhaltige Eisen-Platin-Legierung) vor. In Eisen- und Stahllegierungen ist Cadmium praktisch nicht enthalten.

Zum Nachweis von Cadmium in metallischen Überzügen gibt COLEMAN folgendes Trennungsverfahren an: 3 bis 4 g des Probematerials werden mit 100 ml 7,5 n Ammoniaklösung und 3 bis 5 g Natriumnitrat behandelt. Man kocht 1 Min. und leitet dann Schwefelwasserstoff ein. Ein gelber Niederschlag beweist die Anwesenheit von Cadmium.

Nach HELLER dient im allgemeinen Salpetersäure als Lösungsmittel für Legierungen; durch Salpetersäure nicht angreifbare Legierungen werden mit Brom-Salzsäure aufgeschlossen und hierauf mit Salpetersäure abgeraucht. Man dampft mit einigen Tropfen konzentrierter Salpetersäure zur Trockne und nimmt den Rückstand mit ungefähr 2 n Salpetersäure auf. Zinn und Antimon bleiben im ungelösten Anteil. Aus der Lösung trennt man nach Prüfung auf Silber das Blei als Sulfat ab und schlägt Kupfer, Wismut und Cadmium durch Einleiten von Schwefelwasserstoff als Sulfide nieder.

Der Nachweis von Cadmium erfolgt mit einer 0,1 %igen alkoholischen Lösung von Dinitro-diphenylcarbazid auf der Tüpfelplatte (s. § 5, S. 289).

EVANS und HIGGS (a) verwenden Kalium-hexacyano-cobaltat(III) zur Abscheidung des Cadmiums (s. § 3, S. 248). Zum Nachweis des Cadmiums in Blei-Zinn-Legierungen werden diese in verdünnter Salpetersäure gelöst, die Lösung wird zur Trockne verdampft und mit einer Lösung aufgenommen, die 5% Kaliumnitrat und 5% starke Salpetersäure enthält. Man kocht auf, filtriert und fällt im Filtrat das Cadmium mittels einer 10%igen $K_3[Co(CN)_6]$-Lösung.

In Blei-Antimon-Legierungen weist man Cadmium nach wie folgt: Man löst die Legierung in einer Mischung von 20 ml 50%iger Citronensäure und 30 ml verdünnter Salpetersäure ($d = 1{,}2$) und dampft fast völlig zur Trockne ein. Der Rückstand wird in 150 ml verdünnter Salpetersäure (1 : 5) gelöst, auf 200 ml aufgefüllt und wie oben gefällt.

Für den Nachweis von Cadmium in Zinklegierungen geben EVANS und HIGGS (b) folgende Vorschrift:

Erforderliche Reagenslösungen:

1. Mischung von verdünnter Salpetersäure ($d = 1{,}20$), 1 Volumen; Citronensäurelösung (50%), 1 Volumen.

2. Mischung von verdünntem Ammoniak (1 : 1), 1 Volumen; Ammoniumnitratlösung (20%), 1 Volumen.

3. Mischung von Kaliumcyanidlösung (20%), 3 Volumina; Natriumsulfidlösung (10%), 1 Volumen.

Man gibt auf die gründlich gereinigte Oberfläche 2 Tropfen der Salpetersäure-Citronensäure-Mischung (1) und wartet, bis die heftige Reaktion nachgelassen hat. Dann spült man den Tropfen auf ein Uhrglas, fügt 4 Tropfen Ammoniumnitrat-Ammoniak-Mischung (2) hinzu, rührt um, gibt 6 Tropfen der Kaliumcyanid-Natriumsulfid-Lösung (3) hinzu, rührt wieder und läßt den Cadmiumsulfidniederschlag sich entwickeln. In Gegenwart von Cadmium bildet sich ein hellgelber Niederschlag; bei Abwesenheit von Cadmium bleibt der Tropfen klar.

In Bleilegierungen wird Cadmium mit Hilfe einer Tüpfelreaktion wie folgt festgestellt:

Erforderliche Reagenslösungen:

1. Verdünnte Salpetersäure ($d = 1{,}20$).

2. Kalium-hexacyano-cobaltat(III)-lösung (10%).

3. Mischung von Hexacyano-cobaltat(III)-lösung (10%), 1 Volumen; Salpetersäure ($d = 1{,}20$), 1 Volumen.

4. Mischung von Diphenylcarbazonlösung (1,5%) in Alkohol, 1 Volumen; gesättigte Boraxlösung, 1 Volumen. (Durch Zugabe der Boraxlösung zum alkoholischen Reagens fällt etwas Borax aus; es ist zweckmäßig, die überstehende Flüssigkeit zur Ausführung der Reaktion zu verwenden.)

5. Halbgesättigte Boraxlösung.

6. Äthylalkohol.

Ausführung. Man behandelt die gereinigte Oberfläche mit 2 Tropfen verdünnter Salpetersäure (1) und läßt 3 bis 4 Min. einwirken. Dann gibt man 2 Tropfen Kalium-hexacyano-cobaltat(III)-lösung (2) hinzu, verrührt und läßt 1 Min. einwirken. Man entfernt die Tropfen mit Hilfe einer Capillare und tropft sie auf die Mitte eines feinkörnigen Filtrierpapiers, das auf einem Becherglas liegt derart, daß jeder Tropfen eingezogen ist, bevor der nächste aufgetropft wird. Nachdem alle Tropfen aufgesaugt worden sind, gibt man 2 Tropfen salpetersaure Hexacyano-cobaltat(III)-lösung (3), dann zum Waschen zweimal 2 Tropfen Kalium-hexacyano-cobaltat(III)-lösung (2) hinzu, wobei man die Tropfen wieder jedesmal einziehen läßt, bevor man die nächsten hinzugibt. Dann fügt man 3 Tropfen Diphenylcarbazonlösung (4) dazu und läßt sie sich ausbreiten. Es ist wichtig für die folgenden Reaktionen, daß der letzte Tropfen der Kalium-hexacyano-cobaltat(III)-lösung (2) vollkommen verschwunden ist, bevor die Diphenylcarbazonlösung zugesetzt wird. Man wäscht dann den Reagenstropfen mit zweimal 4 Tropfen halbgesättigter Boraxlösung (5). Schließlich gibt man in die Mitte des Reagensflecks tropfenweise 4 Tropfen Äthylalkohol. Nach dem Ausbreiten gibt man zwei weitere 4-Tropfen-Mengen der Boraxlösung (5) hinzu und läßt trocknen. In Gegenwart von Cadmium erkennt man auf dem Papier einen dunklen unregelmäßigen purpurfarbenen Ring von etwa 4 cm Durchmesser auf der Innenseite des äußeren hellvioletten Reagensflecks. Bei einem Cadmiumgehalt von etwa 0,18% kann dieser dunkle purpurfarbene Ring mitunter nur als eine Linie zu erkennen sein. Bei Abwesenheit von Cadmium bildet die äußere Begrenzung des Reagensflecks ein hellviolett-purpurnes Band von etwa einem halben Zentimeter Stärke, ohne daß ein unregelmäßiger dunkler purpurner Ring erscheint.

Nachweismethoden.

§ 1. Spektralanalytischer Nachweis.

Allgemeines.

Der spektrochemische Nachweis des Cadmiums findet in erster Linie zum Nachweis von Cadmium in Metallen und Legierungen Anwendung. In neuerer Zeit hat die Spektralanalyse zum Nachweis von Cadmium in tierischen Geweben geführt. Auch für den Nachweis von Cadmium als färbenden Bestandteil von Gläsern ist nach Cooper die spektralanalytische Untersuchung geeignet.

Die für den spektralanalytischen Nachweis von Cadmium anzuwendenden Methoden sind im allgemeinen die gleichen, welche auch für den spektrochemischen Nachweis anderer Metalle dienen. Koinzidenzen mit den Linien anderer Metalle treten nach Gerlach und Riedl (a) insbesondere mit Arsen und Zinn (sowie Palladium, Scandium und Indium) auf.

Der Cadmiumnachweis wird in der Regel auf spektrographischem Wege durchgeführt. Nachweislinien liegen sowohl im sichtbaren als auch im ultravioletten Bereich des Spektrums; jedoch sind die sichtbaren Linien weniger empfindlich

[LUNDEGÅRDH (a)]. Nach PETERSON, KAUFFMANN und JAFFE sind die grüne Cd-Linie 5085,8 Å und die blaue Cd-Linie 4678,5 Å zur visuellen Beobachtung geeignet. Das von den Verfassern angegebene visuelle Verfahren beruht auf der Verflüchtigung des zu untersuchenden Materials von einer Graphitelektrode im Gleichstrombogen und Beobachtung der Spektrallinien mit einem Spektroskop vom BUNSEN-Typ (vgl. hierzu auch GABRIEL, JAFFE und PETERSON). Auch die von TODD beschriebene Tauchelektrodenapparatur ist für visuelle Beobachtungen geeignet.

Lichtquellen. Als Lichtquellen können der elektrische Bogen oder Funken dienen (Dauer- und Abreißbogen). Für die Untersuchung von Cadmiumlegierungen ist der Abreißbogen im allgemeinen günstiger als der Funke [BAIERSDORF, SPÄTH (a)]. Der empfindlichste Nachweis für Cadmium ist nach FENNER der Nachweis im Funken. Das Acetylen-Luft-Gebläse ist nach LUNDEGÅRDH (a) zur Erzeugung eines Cadmiumspektrums weniger geeignet.

Brauchbare Analysenlinien im Bogen- und Funkenspektrum.

Entsprechend seiner Stellung im Periodischen System weist Cadmium ebenso wie Zink im Bogenspektrum zahlreiche Tripletts auf. Davon ist die langwelligste jeweils die stärkste Linie. Das charakteristische Cadmiumtriplett ist 3610,5 Å—3466,2 Å—3403,7 Å. Die empfindlichste Linie ist allerdings die Grundlinie. Diese liegt — wie beim Zink — im kurzwelligen Ultraviolett, und zwar bei der Wellenlänge 2288,0 Å. Weiterhin tritt hauptsächlich bei Funkenentladung noch die langwelligere Linie des Cadmiumfunkendubletts bei 2265,0 Å auf, die kurzwelligere Linie dieses Dubletts liegt bei 2144,4 Å. Diese Linie wird hauptsächlich beim Sensibilisieren der photographischen Schicht mit Öl erhalten. Immerhin wird sie durch Absorption im Quarz geschwächt (SEITH und RUTHARDT).

GERLACH und RIEDL (a) geben für Cadmium folgende im Abreißbogen und im Funken auftretende Linien an: $\lambda = 4799{,}9$ Å; $\lambda = 3610{,}5$ Å; $\lambda = 3261{,}1$ Å; $\lambda = 2288{,}0$ Å; $\lambda = 2265{,}0$ Å; $\lambda = 2144{,}4$ Å. Mit dem Glasspektrographen werden die Bogenlinien $\lambda = 5085{,}8$ Å, $\lambda = 4799{,}9$ Å, $\lambda = 4678{,}2$ Å und $\lambda = 3610{,}5$ Å erhalten. Für die Linie $\lambda = 5085{,}8$ Å ist die Verwendung von Superrapidplatten notwendig. Reihenfolge der Intensitäten: Bei Verwendung des Glasspektrographen von FUESS: $4799{,}9 > 4678{,}2 > 5085{,}8$ Å. Mit dem Glasspektrographen von ZEISS ergibt sich die Reihenfolge: $3610{,}5 \approx 4799{,}9 > 4678{,}2 \approx 5085{,}8$ Å. Bei Anwendung eines Quarzspektrographen treten als Bogenlinien $\lambda = 2144{,}4$; 2265,0; 2288,0; 3261,1 Å und als Funkenlinien $\lambda = 2144{,}4$; 2265,0; 2288,0; 3261,1 und 3610,5 Å auf. Reihenfolge der Intensitäten der Bogenlinien: $2288{,}0 \gg 3261{,}1 \approx 3610{,}5 \approx \approx 2265{,}0 \approx 2144{,}4$ Å; der Funkenlinien: $2288{,}0 > 2265{,}0 > 2144{,}4 > 3261{,}1 \approx \approx 3610{,}5$ Å. Die Intensitäten der Bogenlinie 2144,4 Å und der Funkenlinie 3610,5 Å hängen stark von der Art der zur Anwendung kommenden Anregung ab. Die Intensitätsangaben aller mit dem Quarzspektrographen erhaltenen Linien gelten bei Verwendung unsensibilisierter Platten.

Störungen bzw. Koinzidenzen sind zu erwarten: Bei $\lambda = 4799{,}9$ Å durch starke Störungslinien von Os sowie schwächere Störungslinien von Al, Be, Co, K, Ni, Ti, V, W, Zn; Al, Be und Zn zeigen starke Untergrundschwärzung. Bei kleiner Dispersion stören auch noch Ag, Cr, Ir, Ra, Rh, Ru, Sb (besonders im Funkenspektrum); ferner schwache Störungslinien von Fe, Mo und Pd sowie eine Funkenlinie des As.

Bei $\lambda = 3610{,}5$ Å durch starke Störungslinien von Pd, Sc (im Funken), Fe, Mo, Ni, Rh sowie schwächere Störungslinien von Ba, Cs, Cu, Cr, Ir, Mn, Pt und Ti, und durch sehr schwache Störungslinien von V und einer W-Funkenlinie. Eine Funkenlinie des Al stört durch starken Untergrund.

Bei $\lambda = 3261,1$ Å sehr starke Störung durch zwei Bogenlinien des In und eine des Sn; ferner starke Störungslinie von Os und Ti (im Funken); durch schwächere Störungslinien von Co, V und W; eine Störungslinie des Pb zeigt an dieser Stelle starken Untergrund; durch schwache Störungslinien von Pt und Ru; durch sehr schwache Störungslinien von Fe und Mo.

Bei $\lambda = 2288,0$ Å durch eine sehr starke Störungslinie von As, durch eine schwächere Störungslinie von Au (besonders im Funken) und eine Pt-Linie mit starker Untergrundschwärzung sowie durch sehr schwache Störungslinien von Mo, V und W.

Bei $\lambda = 2265,0$ Å durch starke Störungslinien von Al, Ni, Te und eine schwächere Störungslinie von Fe; ferner durch eine schwache Störungslinie von Os.

Bei $\lambda = 2144,4$ Å durch stärkere Störungslinien von Sb und Pt, letztere mit starkem Untergrund, außerdem durch eine schwächere Störungslinie von Fe.

Weitere Nachweislinien: Die von BARBOSA und FILHO angegebenen Linien 3466,2 und 3467,7 Å werden durch Fe und Co (für 3466,2 Å) und Mo, Co, Ni (für 3467,7 Å) gestört. Von LUNDEGÅRDH (a) werden außerdem noch folgende Linien angeführt: 2319,9 Å; 2573,0 Å; 2748,7 Å; 2980,6 Å und 3403,7 Å.

Nach GERLACH und GERLACH ist die empfindlichste Linie 2288,0 Å nur dann eindeutig zur Analyse von Cadmium zu verwerten, wenn die As-Linie 2349,8 Å nicht vorhanden ist. Andernfalls ist Cadmium in Spuren nicht zu bestimmen. Bei etwas größeren Mengen von Cadmium ist die Linie 3261,1 Å zu verwenden. Wenn Zinn vorhanden ist, stört die empfindlichste Zinnlinie 3262,3 Å. Die Entscheidung, ob eine Linie an dieser Stelle Sn oder Cd ist, beruht darauf, daß bei Vorhandensein von Sn die Linie 2863,3 Å auftreten muß. Die ebenfalls sehr empfindliche Linie Cd 3610,5 Å ist meist gestört durch Fe 3610,1 Å.

Flammenspektren: Nach LUNDEGÅRDH (a) ist zur Untersuchung des Flammenspektrums unter Anwendung des Acetylen-Luft-Gebläses die Cd-Linie 3261,1 Å am besten geeignet (vgl. hierzu auch ELLS). Zur Untersuchung im Flammenfunken gibt LUNDEGÅRDH (d) besonders die Linie 2265,0 Å sowie 2288,0 und 3261,1 Å als geeignet an.

Nachweisverfahren.

I. Emissionsspektrum.

1. Nachweis in Lösungen.

Die für die Analyse von Cadmium sehr wichtige Liniengruppe 3614, 3613, 3610 Å (die meist zusammenfällt) ist im Flüssigkeitsfunken völlig unbrauchbar, weil sie in die stärksten Wasserdampfbanden fällt [GERLACH, SCHWEITZER (a)]. Diese Störung ist durch Verwendung eines Spektralapparates mit sehr großer Dispersion zu umgehen.

Als Anregungsmethode für den Nachweis in Flüssigkeiten eignet sich der Abreißbogen, bei dem ein Gleichstrom von 220 V von der Flüssigkeitsoberfläche zu einer Drahtkathode übertritt. Es erfolgt eine mechanische Unterbrechung der Stromzuführung, indem der Draht abwechselnd in die Flüssigkeit eintaucht und aus ihr herausgehoben wird, wobei der Bogen zündet bzw. abreißt. Die Flüssigkeit befindet sich in einem leicht ausgehöhlten, zylindrischen Metallkörper, der gegen chemischen Angriff durch eine Platinfolie geschützt ist [SCHLEICHER (b)].

Zur Identifikation von Cadmium im Tauchbogen unter Verwendung der Flüssigkeitselektrode sind folgende Linien geeignet: 2265,0—2288,0—3610,5 (gut)—4678,2—4799,9—3466,2 Å [LUNDEGÅRDH (c)].

Mit der Tauchelektrodenapparatur nach TODD wird das Spektrum der salpetersauren Lösung oder Suspension der pulverisierten Substanz aufgenommen. Von den erhaltenen Linien werden die von der Salpetersäure ausgesandten Wasserstofflinien vorher ermittelt und ausgesondert; die übrigen werden zur Auswertung benutzt. TODD verwendet zum Nachweis von Cadmium die Linien 5086 Å, 4800 Å und 4678 Å. Die Nachweisgrenze wird mit 0,2 mg/ml angegeben.

An Stelle der Verwendung von Kohleelektroden, bei denen die untere zur Aufnahme von Lösungen kraterförmig ausgehöhlt ist, schlägt FELDMAN poröse Becherelektroden aus Graphit vor, in welche die Lösung von oben einpipettiert wird. Diese Anordnung gestattet die Aufnahme des Funkenspektrums von sauren, neutralen und schwach alkalischen Lösungen mit verschiedenen Mengen gelöster Salze. Auch Auflösungen in organischen Lösungsmitteln sind brauchbar.

JOLIBOIS und BOSSUET nehmen das Spektrum eines Funkens auf, der auf die Oberfläche einer Salzlösung auffällt, die mit dem negativen Pol einer Hochspannungsquelle verbunden ist. Zur Erhöhung der Intensität der von den Kationen ausgesandten Linien ist die zu untersuchende Lösung mit Ammoniumchlorid versetzt. Für den Cadmiumnachweis ist die Linie 2288,0 Å geeignet.

2. Nachweis in organischen Substanzen.

Zum Nachweis von Cadmium im tierischen Organismus ist nach TRUFFERT ausschließlich das spektrographische Verfahren geeignet, da die üblichen chemischen Methoden nicht empfindlich genug sind.

Zum Nachweis in tierischem Gewebe wird das bei 100° getrocknete feingepulverte Material in aschefreies Filterpapier eingerollt und in einer Gas-Sauerstoff-Flamme vor dem Spalt eines Quarzspektrographen verbrannt (FOX und RAMAGE).

BENOIT setzt Gewebsschnitte in Anlehnung an die Methode von GERLACH und SCHWEITZER (b) direkt dem elektrischen Hochfrequenzfunken aus, ohne die Objekte vorher mit Säure zu behandeln. Verfasser findet Cadmium in sehr kleinen Mengen in den Nieren älterer Personen, wobei die Linie Cd 2265,0 zur Schätzung des Cadmiumgehaltes dient.

Im Blut — nicht jedoch in Faeces oder Urin — läßt sich Cadmium ohne Schwierigkeiten durch die Linien 2265 und 2288 Å spektroskopisch ermitteln (PANCHERI).

Nach CHOLAK und STORY ist bei der Prüfung auf Spuren Cadmium in biologischem Material auf eine mögliche Maskierung von Cd 3261,05 Å durch Sn 3262,3 Å zu achten.

3. Nachweis in Pulvern.

In Uranmaterial wurde Cadmium spektrographisch im Gleichstrombogen nach Überführung des U in U_3O_8 und Anreicherung der Verunreinigungen durch Destillation unter Verwendung von Galliumoxyd als Trägersubstanz nachgewiesen; es konnten Konzentrationen von Cadmium bis zu $1:10^7$ festgestellt werden [Anonym (b)].

BRECKPOT wies Cadmium in Zinkoxyd nach und stellte fest, daß die Linienintensität der Zusatzsubstanzen im allgemeinen sehr viel stärker ist, wenn die Proben auf der Anode anstatt auf der Kathode eines Kohlebogens untersucht werden.

Zum Nachweis von größeren Mengen Cadmium in Mineralien wird die feingepulverte Probe nach RAMAGE (a) in aschefreies Filtrierpapier gewickelt und in der Knallgasflamme angeregt. Zur Erhöhung der Nachweisempfindlichkeit wird *in* der Flamme über der Probe ein elektrischer Bogen gezündet, auf den der Spektrograph fokussiert ist.

Bei Verwendung der Tauchelektrodenapparatur nach TODD wird die gepulverte Substanz in verdünnter Salpetersäure suspendiert oder gelöst (s. unter „Nachweis in Lösungen").

Dem spektrographischen Nachweis von Cadmium in Zinkblende und Zinksulfatpräparaten ist nach RUSSANOW ein Anreicherungsverfahren vorauszuschicken, und zwar wird das Cadmium zu diesem Zweck auf cadmiumfreiem Zink niedergeschlagen.

PIÑA DE RUBIES und BARGUES verdünnen die auf Cadmium zu prüfende Substanz, die noch weitere Elemente der Schwefelwasserstoffgruppe enthalten kann, mit Silbernitrat; die Mischung wird in die Aushöhlung einer Kohleanode gebracht und im Bogen untersucht.

PORLEZZA und DONATI bringen die Substanz in einer gleichmäßigen Schicht auf eine ebene Elektrode, um zu vermeiden, daß nach einiger Zeit die Bogenentladung an den Rand des Kraters übergeht und dann nicht mehr genügend Substanz verdampft wird. Die Zündung erfolgt mit einer Hilfselektrode.

4. Nachweis in Metallen und Legierungen.

Für den Nachweis von Cadmium in Zink sind nach VAN DE PUTTE die beiden letzten Linien des Cadmiums 2288,03 und 2265,0 Å bei einem Gehalt von 0,045% nicht mehr sichtbar.

NITCHIE konnte in Zink bis zu 0,001% Cadmium durch Untersuchung im Bogen nachweisen, wobei mit einer Lösung des Untersuchungsmaterials getränkte Graphitelektroden verwendet wurden.

LUEG und WOLBANK berichten über die Arbeitsbedingungen, unter denen es mit Hilfe der Spektralanalyse gelingt, Cadmium als Verunreinigung in Feinzink und Zinklegierungen zu ermitteln und zu bestimmen. Sie arbeiten mit Elektroden, die in einer Spezialkokille gegossen werden, wodurch eine Entmischung der Komponenten weitgehend ausgeschlossen werden kann (s. hierzu auch BLUMENTHAL).

Über den Nachweis von Cadmium in Zink s. auch DE GRAMONT.

Von GERLACH wird der Abreißbogen für den Nachweis von Spuren Cadmium in reinem und technischem Zink empfohlen; etwa 10^{-4} Atomprozente Cadmium sind noch als Verunreinigung nachweisbar. In gleicher Weise kann Cadmium in Bleisorten und in Aluminium erfaßt werden.

Zur Feststellung von Cadmium als Verunreinigung in Zink benutzt SMITH (b) Funken- und Bogenspektra. Zum Nachweis von Spuren Cadmium in Zink und anderen Metallen ist der kondensierte Funken ohne jede Selbstinduktion empfindlicher als der Abreiß- und Dauerbogen [GERLACH und RIEDL (b)]. Zur quantitativen Bestimmung von Cadmium in Zink sind beide Methoden (Funken und Bogen) anwendbar. Zur Bestimmung von Cadmium in Bleilegierungen verdient das Funkenspektrum jedoch den Vorzug [SMITH (a)].

Über den Nachweis von Cadmium in Aluminium, Silber, Zink und Blei finden sich Angaben bei GERLACH und GERLACH. Für den Nachweis in Zink sind als empfindliche Nachweislinien 2288,0, 2265,0 und 2144,4 Å geeignet; die Bogenlinie 2288,0 Å kann durch Arsen gestört werden, die Funkenlinie 2144,4 Å wird mit sensibilisierter Platte erhalten. Sehr empfindlich und im Abreißbogen wegen ihres äußerst geringen Untergrundes besonders geeignet sind auch die Linien 3610,5, 3466,2 und 3403,7 Å sowie 3261,1 Å. Die empfindliche Linie 5085,8 Å kann nur mit grünempfindlicher Platte erfaßt werden. Bei kleiner Dispersion werden die Linien 4799,9 und 4678,2 Å leicht von Zink überstrahlt, bei größerer Dispersion können sie jedoch verwendet werden [vgl. hierzu auch GERLACH und RIEDL (a)].

Zum Nachweis von Cadmium in Silber ist der Abreißbogen geeignet, bei welchem eine wesentliche Erhöhung der Empfindlichkeit gegenüber der Funkenaufnahme beobachtet wird. Als starke Linien treten 2288 und 2265 Å auf (BAIERSDORF).

Über den Nachweis sehr kleiner Mengen Cadmium in Silber berichtet SPÄTH (a, b); beim Abfunken des Silbers tritt die letzte Linie des Cadmiums 2288 Å auf, die jedoch nach einiger Zeit infolge Verarmung an Cadmium durch Herausdampfen

(s. Anreicherungsverfahren S. 228) verschwindet. Bei der Untersuchung des abgefunkten Silbers im Abreißbogen zeigt sich noch eine Spur der Cadmiumlinie, wenn im Funken diese Linie bereits nicht mehr auftritt.

Die Linie 4678,2 Å wird nach GERLACH und GERLACH durch Silber gestört und ist daher zum Nachweis von Cadmium ungeeignet. Bei Apparaten mit kleinerer Dispersion kann auch $\lambda = 4799{,}9$ Å wegen Störung durch Silber nicht verwendet werden.

Zum Nachweis von Cadmium in Aluminium sind die gleichen Linien verwendbar wie bei der Reinheitsprüfung von Zink. Bei der Linie 3610,5 Å wird man jedoch auf mögliche Störung durch Eisen und eine Funkenlinie des Aluminiums achten müssen. Auch $\lambda = 3466{,}6$ Å ist stets durch Fe gestört.

BROWNSDON und VAN SOMEREN berichten über den Nachweis von Cadmiumspuren in Metallen und Legierungen. In Messing kann der prozentuale Gehalt an Cadmium mit Hilfe des Bogenspektrums bis zur 4. Dezimale ermittelt werden.

5. Nachweis in besonderen Fällen.

Für den spektralanalytischen Nachweis von Cadmium in Selen ist die Anwendung der elektrodenlosen Ringentladung im hochfrequenten Magnetfeld geeignet (FENNER). Der Nachweis gelingt mit Hilfe der Linie 2288,0 Å. Mit Hilfe des elektrischen Funkens konnte Cadmium in diesem Falle nicht nachgewiesen werden, obwohl sonst speziell für Cadmium der Funke die empfindlichere Nachweismöglichkeit bietet.

CZAPEK konnte Cadmium als Verunreinigung in Poloniumpräparaten durch Aufnahme des Öffnungsfunkenspektrums nachweisen. Als Elektrodenmaterial diente dabei Kupfer. Die Untersuchung wurde nach der von AUER-WELSBACH angegebenen Methode der Spektralanregung im Öffnungsfunken in Sauerstoff durchgeführt; die Spannung des Funkens im Moment des Abreißens liegt unter 50 V (Stromstärke etwa 0,05 A).

6. Grenzkonzentration.

GERLACH und GERLACH stellten fest, daß man Cadmium unter allen Umständen durch die Linie 2288 Å viel empfindlicher nachweisen kann als durch die sonst als letzte Linien angegebenen 3610 oder 3403 Å. Die Cd-Linie 2288 Å kann durch Sensibilisierung der photographischen Platte erhalten werden.

Nach DE GRAMONT und HARTLEY wird Cadmium 2265,0 Å als empfindlichste Linie angegeben; dann erst folgt Cd 2288,0 Å.

In salpetersaurer Lösung oder Suspension beträgt die Nachweisgrenze von Cadmium bei Anwendung der Tauchelektrodenapparatur nach TODD mit den Linien 5086, 4800 und 4678 Å 0,02%.

BARBOSA und FILHO geben für die Nachweisgrenze von Cadmium im Bogenspektrum folgende Werte an: Für die Linien 3261,1, 3610,5 und 5085,8 Å 0,1% und für 3466,2 und 3467,7 Å 1%.

Bei der Feststellung der kleinsten spektroskopisch nachweisbaren Konzentrationen von Cadmium in Silber ergibt sich eine ausgeprägte Abhängigkeit von der Art der Anregung: Der Grenzwert der Nachweisbarkeit beträgt im Funken 10^{-4} im Abreißbogen weniger als 10^{-6}, im Bogen [als Erhitzungsanalyse nach GERLACH und RIEDL (c)] weniger als 10^{-7} (BAIERSDORF).

Die Nachweisgrenze im Bogen und im Abreißbogen durch $\lambda = 2288$ Å und im Funken durch $\lambda = 2265$ Å beträgt für Cadmium 10^{-10} g [SPÄTH (a, b)].

Nach der Methode von ERRERA, bei der die Funkenstrecke zwischen zwei Gelatinezylinderchen gebildet wird, in welche die Lösung hineindiffundiert ist, bildet Cd 2288 Å bei einer Grenzkonzentration von $1 : 10^6$ die letzte Linie.

Die untere Empfindlichkeitsgrenze für den Nachweis von Cadmium in der Luft-Acetylen-Flamme mit Hilfe der Linie 3261,1 Å beträgt 0,002 m [LUNDEGÅRDH (b), ELLS]. Die Grenzkonzentration beträgt nach WAIBEL etwa 0,01 Mol/l.

Für den Nachweis von Cadmium in Blei und Zink gelten nach GERLACH und RIEDL (a) folgende Empfindlichkeitsangaben: Mit dem Abreißbogen (bzw. Dauerbogen) sind nachweisbar in Blei weniger als 10^{-4}% Cd, in Zink sehr viel weniger als $8 \cdot 10^{-4}$% Cd. Im kondensierten Funken ist eine geringere Nachweisempfindlichkeit zu erwarten.

SMITH (b) konnte mit Hilfe des Bogens und Funkens bis zu 0,001% Cd in Zink nachweisen.

JOLIBOIS und BOSSUET geben die Grenzkonzentration von Cadmium in Lösungen bei Funkenanregung für die Linie 2288 Å mit n/32800 an.

7. Anreicherungsverfahren.

Außer durch die üblichen Anreicherungsverfahren kann die Anreicherung des Cadmiums durch elektrolytische Abscheidung oder elektrothermisch im Lichtbogen erfolgen.

a) Elektrolytische Anreicherung. α) Elektrolytische Anreicherung nach SCHLEICHER (a, b, c). Zunächst werden die Elemente Ag, Hg, Pb, Bi, Cu, As, Sb, Sn aus salzsaurer Lösung elektrolytisch an der Kathode abgeschieden. Als Elektrode dient ein Kupferdrahtnetz 26 × 28 m², Drahtquerschnitt 0,25 mm, 33 cm² Oberfläche, das auf einen Platinrahmen aufgezogen ist.

Versuchsbedingungen. 5 ml konzentrierte Salzsäure auf 50 ml Lösung + 0,2 bis 0,3 g Hydrazinhydrochlorid und 0,1 g Ammoniumnitrat. Kathodenpotential 0,3 bis 0,9 V gegen die 0,1 n Kalomelelektrode, Stromdichte 0,3 bis 1,5 mA/cm²; Dauer der Elektrolyse 40 Min. bei 80 bis 90° unter Rühren.

Anschließend erfolgt die Abscheidung des Cadmiums zusammen mit Zn, Ni, Co, Mo aus ammoniakalischer Lösung. Eine Ausfällung des Cadmiums aus salzsaurer Lösung wird durch Zusatz von Ammoniumnitrat verhindert.

Als Kathode verwendet man eine zweite Elektrode wie die oben beschriebene. Die Lösung wird mit 12 ml konzentriertem Ammoniak versetzt, und bei einer Klemmenspannung von 5 bis 6 V und einer Stromdichte von 60 mA/cm² elektrolysiert. Dauer der Elektrolyse 40 Min. bei Zimmertemperatur.

Die Elektrode wird in einem beweglichen Schlitten befestigt, der in ein Funkenstativ nach DE GRAMONT eingespannt ist. Die Netzelektrode wird streifenweise abgefunkt. Ist ein Streifen abgefunkt, so wird dieser abgeschnitten und der nächste untersucht.

Erfassungsgrenze. 100 γ Cd.

Grenzkonzentration. 1 : 10^6.

Das elektrolytische Verfahren kann nach SCHLEICHER (b) auch als Mikromethode durchgeführt werden. Die Elektrolyse erfolgt wiederum zuerst aus saurer Lösung in einem Volumen von 0,1 ml auf einem Platintiegeldeckel, der auf kleinen Stiften in einem Messingring liegt. Dieser ist in das Stativ von DE GRAMONT eingesetzt und wird als Anode geschaltet. Als Kathode dient ein Kupferdrahtnetz von 0,5 bis 1,2 mm Durchmesser oder auch ein Stäbchen spektrographisch reiner Kohle. Cadmium wird teilweise bereits zusammen mit den aus saurer Lösung abgeschiedenen Metallen niedergeschlagen. Nach Austausch der gebrauchten Elektroden gegen neue erfolgt die Elektrolyse der inzwischen ammoniakalisch gemachten Lösung unter Abscheidung des Cadmiums zusammen mit Ni, Co, Zn, Mo, V, Fe, Cr, Al u. a. Nach Beendigung der Elektrolyse tritt an die Stelle des Tiegeldeckels ein Stück desselben Kupferdrahtnetzes (oder Kohle) als Gegenelektrode, und es erfolgt die Verdampfung des elektrolytisch abgeschiedenen Metalls im Abreißbogen bzw. die spektrographische Aufnahme.

Die Elektrolyse aus der 2 n-salzsauren Lösung, die einige Kristalle Hydrazinhydrochlorid enthält, vollzieht sich mit ungefähr 40 mA bei einer Spannung von 2 V während 30 Min. Aus der ammoniakalischen Lösung erfolgt die Abscheidung in weiteren 30 Min. mit etwa 80 mA bei 4 V.

Die Grenzkonzentration beträgt für Cadmium im ultravioletten Bereich 8,05, im sichtbaren Bereich 4,05 (ausgedrückt als negativer Logarithmus der Atomkonzentration c[1]). Die Nachweisempfindlichkeit nach dem angewendeten Verfahren erreicht den Wert $10^{-4}\,\gamma$.

β) Elektrolytische Anreicherung nach Bricker, Furman und McDuffie. Diese Autoren schlagen zur Anreicherung von Cadmium (und anderen Metallen) die elektrolytische Abscheidung an der Quecksilberkathode vor. Nach Abtrennung des Quecksilbers durch Destillation kann Cadmium spektrographisch nachgewiesen und bestimmt werden.

b) Elektrothermische Anreicherung. Eine Anreicherung des Cadmiums bei der Untersuchung von Cadmium-Silber-Legierungen im Dauerbogen nach der Methode der „Erhitzungsanalyse" [Gerlach und Schweitzer, s. Gerlach und Riedl (c)] wird dadurch erreicht, daß dünne Stäbchen der Probe einer so hohen Spannung ausgesetzt werden, daß sie an den Enden schmelzen. Das leichter flüchtige Cadmium dampft dabei heraus, so daß eine Anreicherung desselben im Dampf und damit eine wesentliche Verstärkung der relativen Intensität, d. h. eine Erniedrigung der Nachweisgrenze, eintritt (Baiersdorf).

Peterson, Kauffmann und Jaffe unterscheiden bei der während einer Bogenentladung nach dem Prinzip der fraktionierten Destillation auftretenden elektrothermischen Anreicherung mehrere Verflüchtigungsgruppen. Cadmium gehört dabei zusammen mit den Alkalien, Zn, Bi, Pb und Tl zu den flüchtigsten Elementen. Sie zünden den Bogen bei 3 A und belassen in den ersten beiden Minuten die Stromstärke auf 3 bis 5 A. Während dieser Zeit lassen sich die leichter flüchtigen Elemente visuell durch ihre im sichtbaren Bereich liegenden Spektrallinien identifizieren. Zum Nachweis der schwerer flüchtigen Elemente läßt man die Stromstärke schließlich bis auf 12 A anwachsen.

c) Chemische Anreicherung. Zum Nachweis von sehr geringen Mengen Cadmium in organischen Substanzen führt Ramage (b) vor der spektrographischen Untersuchung eine chemische Anreicherung im salzsauren Auszug der Probe durch.

II. Absorptionsspektrum.

Cadmiumsalze geben im sichtbaren Bereich kein Absorptionsspektrum. Nach Formánek besitzen sie auch nicht die Fähigkeit, mit alkoholischer Alkannatinktur einen Farblack mit einem charakteristischen Spektrum zu bilden.

§ 2. Nachweis auf trockenem Wege.

1. Verhalten in der Phosphor- und Boraxperle.

Boraxglas löst Cadmiumoxyd und seine Verbindungen in großer Menge. In der äußeren Flamme ist das Glas leicht gelblich und klar; beim Erkalten verschwindet die Farbe fast gänzlich. Bei einem größeren Gehalt an Cadmium kann das Glas eine emailweiße Farbe annehmen. Auf Kohle reduziert sich das Cadmiumoxyd im Boraxglase, das Metall verflüchtigt sich und beschlägt als Oxyd die Kohle mit einem braunen Belage.

---

[1] $$c = \frac{\text{Erfassungsgrenze in g} \cdot 10^3}{\text{Atomgewicht} \times \text{Volumen (in ml)}}.$$

Von Phosphorsalz werden Cadmiumoxyd und dessen Verbindungen in großer Menge zu einem klaren Glase aufgelöst, das bei einem großen Gehalt an Cadmium im äußeren Rand der Flamme in der Hitze gelblich, beim Erkalten aber farblos erscheint; bei einem noch größeren Zusatz wird es beim Erkalten milchweiß getrübt. Im Innern der Flamme wird das Cadmiumoxyd im Phosphorsalz nur langsam und unvollständig reduziert. Ein Zusatz von Zinn beschleunigt die Reduktion des Cadmiums auf Kohle. Das verflüchtigte Metall beschlägt die Kohle als braunes Oxyd (Rose, Finkener).

2. Nachweis durch mikrochemische Flammenanalyse.

Die klassische Flammenanalyse nach Bunsen ist nach Geilmann und Isermeyer auch im Mikromaßstab durchführbar. Dazu werden die durch Erhitzen in der Flamme und Auffangen an einem mit Wasser gefüllten Reagensglas erhaltenen Metall- und Oxydbeschläge durch mikrochemische Nachweisverfahren identifiziert. Ebenfalls geeignet, wenn auch weniger empfindlich, sind die Halogenidbeschläge, die durch Erhitzen der reinen Halogenverbindungen entstehen. Dieser Nachweis ist besonders zur Prüfung auf geringe Cadmiummengen in Gesteinen geeignet.

Ausführung. Zum Erhitzen der Probe dient eine etwa 25 mm hohe Flamme, die aus einem Lötrohr brennt. Die Flamme wird so gerichtet, daß ihre äußerste Spitze gerade die Kuppe des zur Hälfte mit Wasser gefüllten Reagensglases berührt. Bei dieser Art der Ausführung erhält man einen scharf begrenzten Beschlag von 2 bis 3 mm Durchmesser.

Zum Einführen der Probe in die Flamme dienen Asbestfäden von 2 bis 3 mm Länge und 0,3 bis 0,5 mm Stärke, mit denen 2 bis 5 mg der fein zerriebenen Probe aufgenommen werden. Leicht abfallendes Material nimmt man mit einem schwach angefeuchteten Faden auf und trocknet am Rande der Flamme, ehe die Probe in die Flamme geführt wird. Die Erhitzungsdauer soll etwa 30 Sek. betragen; diese Zeit ist ausreichend, um 0,1 bis 0,2 mg Cadmium zu verdampfen.

Zur Erzeugung des Metall- oder Oxydbeschlags wird das mit kaltem Wasser beschickte Reagensglas in richtiger Stellung zum Brenner eingespannt und die Probe mit dem Asbestfaden in den Oxydations- bzw. Reduktionsraum eingeführt. Man achtet dabei auch auf das Auftreten eventueller Flammenfärbungen. Bei Cadmium tritt ein schwarzer Metallbeschlag mit braunem Saum oder der braune Oxydbeschlag auf, wenn 50 γ Cadmium zugegen sind. Mikrochemisch kann man in einem solchen Beschlag noch 1 bis 2 γ Cd als Rubidiumdoppelchlorid (s. § 4, S. 269) erkennen.

Zur Erzeugung des Halogenidbeschlages wird an der Öse eines dünnen Platindrahtes von 0,1 bis 0,2 mm Stärke eine Borsäureperle von 2 bis 3 mm Durchmesser erschmolzen und darin die Probe durch oxydierendes Erhitzen aufgelöst. Nach dem Durchschmelzen wird an die noch heiße Perle ein Körnchen Alkalihalogenid angeschmolzen. Anschließend wird die Perle im Oxydationsraum der Flamme erhitzt und das verflüchtigte Halogenid wie bei der Gewinnung des Oxydbeschlages am Reagensglas aufgefangen, wozu eine Erhitzungszeit von einer halben Minute ausreicht. Es tritt gleichzeitig eine Verflüchtigung des eingeschmolzenen Alkalihalogenides auf, das einen weißen Belag bildet, in dem geringere Mengen verflüchtigter Metallhalogenide nur mikrochemisch erfaßbar sind.

Die Halogenidbeschläge des Cadmiums sind weiß, oft mit bräunlichem Rand, aber im gleichzeitig aufgedampften Alkalihalogenid kaum sichtbar. Mikrochemisch sind in den Beschlägen noch 4 bis 5 γ Cadmium zu erfassen. Dazu gibt man 1 Tropfen 20%ige Salzsäure auf die Stelle, an der sich der Beschlag abgeschieden hat, läßt die Säure überall eine kurze Zeit einwirken und überführt den Tropfen auf einen Objektträger. Man spült mit einem Tropfen Wasser oder mit Salzsäure nach und vereinigt ihn mit dem Tropfen auf dem Objektträger. Sodann engt man ein und weist Cadmium mikrochemisch als $(RbCl)_4 \cdot CdCl_2$ (s. § 4, S. 269) nach.

3. Lötrohrprobe.

Das Cadmium wird wegen seiner Flüchtigkeit vor dem Lötrohr als Oxyd identifiziert. Man erhitzt die zu prüfende Substanz auf Kohle eine Zeitlang in der Reduktionsflamme, wobei sich das Cadmium metallisch verflüchtigt, an der Luft aber sogleich wieder oxydiert wird. Das Oxyd setzt sich zum größten Teil auf der Kohle ab und kann nach völligem Erkalten an seiner braunen, in dünnen Lagen jedoch nur orangegelben Farbe erkannt werden; dieser braune oder gelbe Oxydbeschlag ist von einem Anlaufbeschlag umsäumt, der stets den Vorläufer des eigentlichen Oxydbeschlages bildet und auch dann noch erscheint, wenn in einer Substanz nur Spuren von Cadmium vorhanden sind (KOLBECK).

Nach BIEWEND besteht dieser Anlaufbeschlag aus einem mattschwarzen, rußähnlichen Ring, der nach außen ins Kupferrötliche bis Messinggelbe übergeht. Charakteristisch ist der prächtig tiefblau bis violett schillernde Saum, der sich an die Innenseite des rußfarbigen Ringes anlegt. Diese Farben treten erst während der Abkühlung deutlich hervor.

Bei Anwesenheit großer Mengen Zink neben wenig Cadmium zeigt der weiße Zinkoxydbeschlag häufig auch nach dem Erkalten eine Gelbfärbung. Durch kräftige Reduktion des der Probe am nächsten gelegenen Teils des Zinkoxydbeschlages mittels der blauen Lötrohrflamme bildet sich ein hellbrauner Ring von Cadmiumoxyd auf dem hinteren, von der Flamme unberührt gebliebenen Teil des Zinkbeschlages. Auf diese Weise können geringe Mengen Cadmium neben Zink einwandfrei erkannt werden.

Jodidbeschlag: Die zu untersuchende Substanz wird mit etwa der gleichen Menge eines zusammengeschmolzenen und pulverisierten Gemisches von 40% Jod und 60% Schwefel gemischt und in der oxydierenden Flamme des Lötrohrs auf einem angerußten Gipsplättchen erhitzt. Es wird ein weißer Jodidbeschlag erhalten.

Sulfidbeschlag: Zur genaueren Identifizierung überführt man das Jodid in Sulfid. Beim Anblasen mit Ammoniumsulfid wird ein gelber Beschlag von Cadmiumsulfid erhalten (WHEELER, LUEDEKING).

An Stelle der üblicherweise gebrauchten Holzkohle führte ROSS Aluminiumblech ein, um darauf das Verhalten flüchtiger Metalle durch ihre beim Erhitzen vor dem Lötrohr sich bildenden Beschläge zu prüfen. Man verwendet Aluminiumbleche von etwa 10 cm Länge, 5 cm Breite und 1 mm Dicke, die an dem einen Ende einen unter einem Winkel von 80° aufgebogenen 2 cm hohen Rand haben.

Bei Anwesenheit von Cadmium entsteht ein dunkelbrauner, fast schwarzer Beschlag, der in der Oxydations- und Reduktionsflamme unverändert bleibt; auf einer Kohlenunterlage (unter der Substanz) setzt sich gewöhnlich etwas rötlichbraunes Oxyd ab.

Nach TREADWELL und HALL lassen sich Cadmiumverbindungen in der oberen reduzierenden Bunsenflamme in Metall überführen, das sich verflüchtigt und in der oberen oxydierenden Flamme in Oxyd zurückverwandelt wird, das sich als brauner Beschlag absetzt, wenn eine glasierte, mit Wasser gefüllte Porzellanschale über die Flamme gehalten wird. Dem entstandenen Oxyd soll etwas Suboxyd beigemischt sein, welches Silberoxyd zu Metall zu reduzieren vermag. Befeuchtet man den Cadmiumoxydbeschlag mit Silbernitratlösung, so wird ein schwarzer Beschlag von metallischem Silber erhalten. Die Reaktion erfolgt dabei nach: $Cd_2O + 2\,Ag^+ \rightarrow Cd^{++} + CdO + 2\,Ag$. Die Reaktion ist sehr empfindlich. Will man den im Verlaufe des Trennungsganges erhaltenen Sulfidniederschlag auf diese Weise auf Cadmium prüfen, so röste man die Probe erst in der oxydierenden Flamme und verfahre dann in der angegebenen Weise.

4. Erhitzen im Glühröhrchen.

Erhitzt man metallisches Cadmium oder nicht zu wenig Cadmium enthaltende Legierungen oder schwefelfreie Mineralien in einem geschlossenen Glasröhrchen, so erhält man ein silberweißes Sublimat von metallischem Cadmium, das nach oben in braunes Cadmiumoxyd übergeht.

Zur genaueren Identifizierung überführt man den Cadmiumbeschlag in das schwerflüchtige Sulfid, das an seiner intensiven Färbung — heiß leuchtend zinnoberrot, kalt orange bis citronengelb — zu erkennen ist. Die Färbung des Sulfids übertrifft an Intensität bei weitem diejenige einer gleichen Menge Cadmiumoxyd. Zur Identifizierung als Cadmiumsulfid bringt man in das erkaltete Glasröhrchen einige Stäubchen Schwefelblume, erhitzt schwach und treibt die Schwefeldämpfe über das erhaltene Cadmiumsublimat, das in Cadmiumsulfid übergeht. Cadmiumhaltige Erze oder Verbindungen werden mit entwässertem Kaliumoxalat, feingeriebenem und abgeknistertem Spateisenstein oder ausgeglühter Holzkohle erhitzt. Von anderen leichter flüchtigen Sublimaten und Destillaten läßt sich das des Cadmiums durch Glühen bei Luftzutritt trennen, wobei erstere sich verflüchtigen, letzteres in das schwerflüchtige Cadmiumoxyd verwandelt wird. Man öffnet darauf das untere Ende der Röhre durch Aufbringen eines Wassertropfens auf das zuvor an dieser Stelle erhitzte Glas und versetzt die Röhre, von oben herab langsam bis zum Destillat fortschreitend, in geneigter Stellung mittels der Lötrohrflamme in schwaches Glühen.

Zum Nachweis sehr kleiner Mengen Cadmium erhitzt man die Substanz schwach, um flüchtige Stoffe zu vertreiben, und erhitzt die Probe dann im Glasröhrchen mit Aluminiumfeile, wodurch Cadmium in Freiheit gesetzt wird; man kann dann den erhaltenen Beschlag weiter in Cadmiumsulfid überführen (s. oben).

Der geringste in Erzen nachweisbare Gehalt an Cadmium beträgt 0,001%, die geringste nachzuweisende Cadmiummenge 0,00025 mg (Biewend, s. auch Kolbeck).

Sollen außerordentlich geringe Mengen Cadmium nachgewiesen werden, so zieht man das beschickte Glührohr zu einer etwa 2 bis 3 mm weiten Capillare aus und erhitzt dasselbe so, daß das Sublimat in der Capillare entsteht [Geilmann (c)].

Für den Nachweis in speziellen Fällen verfährt man nach Geilmann (c) folgendermaßen:

Nachweis von Cd in Oxyden und Carbonaten: Als bestes Reduktionsmittel ist Eisen(II)-carbonat geeignet, von dem 0,1 g mit 0,1 g der Probe gemischt wird. Die äußerste Grenze des Nachweises liegt bei 0,0025% Cd. Die von Biewend angegebene äußerste Empfindlichkeit wird jedoch nur erreicht, wenn die Substanz nicht zuviel Zink enthält bzw. aus Zinkoxyd besteht. Verreibungen eines Zinkoxyds mit Sand zeigten, daß sich in diesen Mischungen noch 0,00025% Cd erkennen lassen.

Die Anwendung von Natriumoxalat, Holzkohle oder Aluminiumpulver ergibt nicht so gute Resultate. Man bekommt stets einen mehr oder weniger starken Zinkbeschlag. Erst nach dem Ausglühen und Umsublimieren werden geringe Mengen Cadmium sichtbar.

Nachweis in Sulfiden: Zweckmäßigstes Reduktionsmittel ist frisch ausgeglühte Holzkohle. 0,05 g sind für 0,1 g Zinksulfid hinreichend. Es entsteht stets auch ein Zinkbeschlag.

Empfindlichkeit bei reiner Zinkblende 0,0025%, in Verreibungen mit Sand 0,00025%. Natriumoxalat ergibt stärkere Zinkbeschläge. Die Nachweisgrenze liegt bei 0,025%, nach dem Umsublimieren sind 0,005% Cd zu erkennen. Aluminium verhält sich ähnlich. Arsen über 1% stört diesen Nachweis.

Nachweis in Silicaten (Gläsern) [Geilmann (c)]: Für Gläser ist das beste Reduktions- und Aufschlußmittel entwässertes Natrium- oder Kaliumoxalat.

0,0002% Cd lassen sich durch Glühen von 0,1 g Glas mit der gleichen Oxalatmenge sicher erkennen.

Dazu wird das Glaspulver in einem Glühröhrchen (60 × 5 mm) mit dem gleichen Gewicht entwässertem Natriumoxalat gemischt, das Rohr 1 bis 1,5 cm über der Beschickung zu einer 10 cm langen und 2 mm weiten Capillare ausgezogen und die Beschickung gleichmäßig im Rohr verteilt. Sodann erhitzt man zuerst den leeren verjüngten Teil des Reaktionsraumes bis zum Anfang der Capillare, damit sich hier kein Sublimat niederschlägt, und schreitet dann mit dem Erhitzen vorsichtig bis zum Boden fort. Hat das Aufschäumen etwas nachgelassen, so glüht man noch einmal stark durch und schmilzt die Capillare ab. Bei Gegenwart von Cadmium hat sich ein deutliches metallisches Sublimat gebildet.

Zur Unterscheidung von Zink und Arsen, die ebenfalls metallische Sublimate ergeben, führt man das Metallsublimat in den Sulfidbeschlag über. Dazu schneidet man das zugeschmolzene Ende der Capillare ab, bringt etwas Schwefel hinein und sublimiert diesen mit einem kleinen Flämmchen durch die Capillare. Ein Cadmiumspiegel verwandelt sich in den Sulfidbeschlag, der heiß leuchtendrot, kalt gelborange gefärbt ist. Zink ergibt dabei einen weißen Sulfidbeschlag, Arsen wird in flüchtiges Sulfid übergeführt und sublimiert mit dem Schwefel fort.

Will man sehr wenig Cadmium neben viel Zink nachweisen, so glüht man das zuerst erhaltene Sublimat von Zink und Cadmium in der zugeschmolzenen Capillare nochmals durch, worauf sich das leichter flüchtige Cadmium scharf oberhalb des Zinkspiegels niederschlägt und durch Behandeln mit Schwefel sicher nachgewiesen werden kann.

Empfindlichkeit. Die kleinste noch eben nachweisbare Cadmiummenge beträgt bei diesem Verfahren 0,0025% Cd.

Nachweis in Metallen und Legierungen [GEILMANN (c)]: Aus diesen wird das Cadmium sofort herausdestilliert, wenn man 0,1 bis 0,5 g der Feilspäne im Rohr erhitzt.

Nachweis in Zinksalzen: 5 bis 10 g des Salzes werden gelöst und schwach angesäuert. Beim Einleiten von Schwefelwasserstoff entsteht eine geringe Fällung von Zinksulfid, mit der das gesamte Cadmiumsulfid fällt. Die Prüfung auf Cadmium nach dem Trocknen erfolgt durch Glühen mit Kohle.

Folgende Arbeitsmethode wird von VAN NIEUWENBURG [nach dem Verfahren von GEILMANN (c)] zum Nachweis von Cadmium angegeben:

Ein Teil des auf Cadmium zu prüfenden Hydroxydniederschlages (oder ein mit Soda gemischtes Cadmiumsalz) wird mit frisch zerriebener Holzkohle sorgfältig gemischt und im Glühröhrchen erhitzt. Cadmiummetall verflüchtigt und kondensiert sich an den kälteren Teilen des Glases als Spiegel mit einem braunen Oxydsaum. Man bringt einen kleinen Schwefelkristall in das Glas und erhitzt wieder. Der Spiegel verwandelt sich in Cadmiumsulfid, das in der Hitze orange, in der Kälte gelb gefärbt ist (vgl. auch DAVIES).

Nach WENGER und DUCKERT dampft man einen Tropfen der auf Cadmium zu prüfenden Lösung auf dem Objektträger ein, versetzt mit einigen Kristallen Natriumoxalat und überführt in ein Glühröhrchen. Beim Erhitzen bis zur Rotglut bildet sich ein braun umsäumter Spiegel von metallischem Cadmium, den man wie vorstehend beschrieben mit Schwefel in das Sulfid überführen kann.

Grenzkonzentration. $1:10^4$.

Ähnlich verhalten sich die Salze des Quecksilbers, Arsens und Zinks, doch ist der entstehende Metallspiegel in diesen Fällen nicht braun umsäumt.

5. Funkenprobe.

Wenn der Ablösung kleinster Metallteilchen von einer Schleifscheibe eine Verbrennung mit Feuererscheinung folgt, so erhält man ein Funkenbild. Dieser

Verbrennungsvorgang wird durch die physikalischen und chemischen Eigenschaften des vorhandenen Elementes bestimmt und bietet so die Möglichkeit, aus seinem sichtbaren Verlauf das betreffende Element zu identifizieren.

Der Nachweis von metallischem Cadmium ist in der Funkenprobe nicht möglich, da Cadmium kein Funkenbild liefert (BAUKLOH).

6. Lichtbogenbild.

Eine weitere Nachweismöglichkeit für Cadmium besteht in der Beurteilung des Lichtbogenbildes. Dazu werden die zu untersuchenden Substanzen in eine Höhlung gelegt, die sich in der unteren der beiden zur Erzeugung eines Lichtbogens dienenden Kohlen befindet. Von den Kohlespitzen und dem Lichtbogen wird ein vergrößertes Bild auf einen Schirm projiziert. Man erkennt darauf für die einzelnen Elemente charakteristische Erscheinungen, z. B. in bezug auf Form und Helligkeit des positiven und negativen Kraters, die Färbungen der einzelnen Teile des Bogens, den Beschlag der Elektroden usw., die zum Nachweis der Elemente benutzt werden können. Wegen der verschiedenen Flüchtigkeit der Metalle und ihrer Oxyde ist so eine Trennung durch fraktionierte Destillation im Lichtbogen möglich.

Cadmium gibt im Bogenbild einen bläulichgrünen Lichtbogen mit einem charakteristischen braunen Rauch, welcher die obere Kohle mit einem braunen Niederschlag bedeckt.

Ein allgemein anwendbarer, schneller und genauer Nachweis für Spuren Cadmium in Zink besteht im Erhitzen von 0,5 g Zink in der unteren Elektrodenhöhlung ($^1/_2$ Min. lang). Beim Unterbrechen des Bogens bildet sich das buschige Wachstum von Zinkoxyd in der unteren Höhlung der Kohle, an deren Spitze der braune für Cadmium charakteristische Fleck erscheint.

Der Nachweis ist empfindlich für 0,05% Cadmium. Er ist auf unbekannte Substanzen anwendbar, wenn man zu cadmiumfreiem Zink das zu untersuchende Material hinzugibt, dessen Gewicht den zehnten Teil des Zinks betragen soll (MOTT).

§ 3. Nachweis auf nassem Wege.

Allgemeines über Cadmiumsalze.

Zu den seit längerer Zeit bekannten Reaktionen auf Cadmium mittels anorganischer Reagenzien gehört die Fällung als Cadmiumsulfid. Dieser Nachweis rechnet infolge der charakteristischen gelben Farbe der Verbindung zu den sichersten Reaktionen auf Cadmium und wird häufig zur Identifizierung eines auf anderem Wege erhaltenen Cadmiumniederschlages herangezogen. Empfindlicher noch, sonst aber völlig analog, ist der Nachweis als Cadmiumselenid.

An organischen Verbindungen stehen verschiedene Diazoamino-Azoverbindungen („Cadion") als Reagenzien auf Cadmium zur Verfügung. Diese bilden mit Cadmiumhydroxyd charakteristisch gefärbte Adsorptionsverbindungen und gestatten den Nachweis geringster Cadmiumspuren. Auch die Reaktionen mittels Dithizon und β-Naphthochinolin sind zu empfindlichen Reaktionen auf Cadmium ausgearbeitet worden.

Die wäßrigen Lösungen der Cadmiumsalze sind farblos, soweit es sich um Salze mit farblosen Anionen handelt. Sie bilden mit Ammoniak kationische Amminkomplexe, in denen das Cadmium gewöhnlich die Koordinationszahl 4, mitunter aber auch 6, besitzt. Auch mit Halogeniden bildet Cadmium Komplexe, in denen die Anzahl der Liganden 3, 4 und besonders 6 beträgt. Das Rubidiumsalz des Hexachloro-cadmats hat als gut kristallisierende Verbindung Bedeutung für den mikrochemischen Nachweis des Cadmiums.

Im Gegensatz zum Zink bildet Cadmium mit überschüssiger Lauge keine den Hydroxozinkaten entsprechenden Verbindungen. Es ist damit eine Möglichkeit zur Trennung dieser beiden Elemente gegeben.

A. Fällung als Cadmiumsulfid.

1. Fällung mit Schwefelwasserstoff.

Schwefelwasserstoff erzeugt je nach den Versuchsbedingungen Niederschläge in allen Nuancen von kanariengelber, orangeroter bis fast brauner Farbe. Dabei schwankt die Färbung des Fällungsproduktes mit dem Gehalt der Lösung an Wasserstoffionen. Aus stärker angesäuerten Lösungen fällt ein dunklerer und mehr körniger Niederschlag aus [Böttger (a); s. auch Follenius (b)]. Aus sauren Lösungen wird entweder ein amorphes oder ein kristallines Produkt abgeschieden, wobei die Beschaffenheit von der Geschwindigkeit der Fällung, dem Säuregehalt der Lösung, ihrer Cadmiumkonzentration, der Temperatur usw. abhängt [Allen und Crenshaw (a, b)].

In neutralen Lösungen fällt sowohl in der Kälte als auch in der Hitze hellgelbes, sehr schlecht zu filtrierendes Cadmiumsulfid aus. Nach Meldrum setzt sich der beim Einleiten von Schwefelwasserstoff in der Kälte entstandene kanariengelbe Niederschlag von Cadmiumsulfid sehr bald ab. Beim Erhitzen scheidet sich auch aus der darüberstehenden gelbgefärbten Lösung CdS ab; der Niederschlag nimmt dabei eine orangegelbe Farbe an. Sehr verdünnte Lösungen (mit weniger als 0,0015 g $CdSO_4 \cdot xH_2O$ in 10 ml Wasser) zeigen eine gelbe, mehr oder weniger ausgeprägte Opalescenz und scheiden innerhalb einer Stunde keinen Niederschlag aus.

Aus stark sauren Lösungen (2 bis 10 ml konzentrierte H_2SO_4 oder 2 bis 5 ml konzentrierte HCl auf 100 ml Lösung) fällt mit Schwefelwasserstoff sofort gelbes, bald orange werdendes Sulfid, das sehr leicht zu filtrieren ist. Diese Niederschläge bestehen nicht aus reinem CdS, sondern sie enthalten je nach der Säurekonzentration stets kleinere oder größere Mengen Cd_2Cl_2S, $Cd_2(SO_4)S$ usw. (Treadwell und Hall).

Aus schwach mineralsaurer Lösung erhält man eine gelbe bis braungelbe Fällung von Cadmiumsulfid. Man geht im allgemeinen von einer salzsauren Lösung aus und wiederholt das Einleiten von Schwefelwasserstoff, um eine vollständige Abscheidung des Cadmiums zu erreichen, bis aus 1 n Lösung kein Niederschlag mehr ausfällt.

Nach Karaoglanov entstehen bei der Reaktion mit H_2S-Wasser stabile, gelbgefärbte, klare, kolloide Lösungen, wenn die Cadmiummenge nicht groß ist.

Wird vor der Fällung des Cadmiums mit Schwefelwasserstoff Salzsäure in steigender Menge zugesetzt, so nimmt die Empfindlichkeit der Reaktion erheblich ab. So genügt z. B. bereits eine Säuremenge von 0,3 n, um etwa $2 \cdot 10^{-4}$ Mol Cd/Liter der Ausfällung durch H_2S zu entziehen. In Anwesenheit von 0,77 n Salzsäure beträgt der Wert $1{,}16 \cdot 10^{-3}$ Mol/Liter (Seelhorst). Durch Fällung mit Schwefelwasserstoffwasser ist nach Karaoglanov 1 g Cadmium in 457000 ml wäßriger Lösung nachweisbar. Eine geringe Erhöhung der Empfindlichkeit tritt durch den Zusatz fremdioniger Neutralsalze ein (vgl. hierzu Dede und Becker sowie Dede und Bonin). Fügt man zu einer verdünnten Cadmiumsulfatlösung einen großen Überschuß von Kaliumjodid hinzu und versetzt die Lösung darauf vorsichtig mit Schwefelwasserstoffwasser, so erhält man das Cadmiumsulfid in vollkommen klarer kolloidaler Lösung, die auf Zusatz von Alkalisulfat leicht koaguliert (Treadwell und Hall).

Die Fällung kleiner Mengen Cadmium aus heißer salzsaurer Lösung ist häufig nicht vollständig, da Salzsäure lösend auf CdS einwirkt. Schwefelsäure und Essigsäure haben dagegen nur wenig oder keinen lösenden Einfluß auf das gefällte Sulfid

(MELDRUM). Nach LEHRMAN ist die Fällung des Cadmiums aus schwach salzsaurer Lösung unvollständig, wenn die Lösung Ammoniumchlorid enthält. Andere Ammoniumsalze sollen die Fällung nicht verhindern. Nach TREADWELL und HALL ist Cadmiumsulfid löslich in warmer verdünnter Salpetersäure, in kochender Schwefelsäure (1 : 5) und besonders leicht in Salzsäure infolge Bildung von Komplexverbindungen. In Alkalisulfiden und Ammoniumsulfid ist CdS unlöslich [siehe auch BÖTTGER (a)].

Infolge der Oxydierbarkeit von Cadmiumsulfid kann bei längerem Stehen an der Luft durch Bildung von löslichem Cadmiumsulfat ein Teil des Cadmiums dem Nachweis entzogen werden. Die Neigung zur Oxydation ist jedoch bei Cadmiumsulfid geringer als beim Zinksulfid (BABKIN).

Im Analysengang fällt Cadmiumsulfid nach Trennung von Blei infolge Spuren gelöst bleibenden Bleisulfats meist mißfarbig aus. Man löst das Sulfid in Salpetersäure, neutralisiert mit Ammoniak und säuert mit Essigsäure an. Nach der Fällung des Bleis als Chromat wird im Filtrat der Überschuß an Dichromat durch Bariumchlorid abgeschieden und nunmehr das Cadmium als rein gelbes Cadmiumsulfid identifiziert (THIEL).

Die von CUSHMAN vorgeschlagene Ausführungsform soll auf der Löslichkeit von Cadmiumsulfid in angesäuerter konzentrierter Alkalichloridlösung beruhen.

Ausführung (nach CUSHMAN). Man versetzt 2 ml der auf Cadmium zu prüfenden Lösung mit 6 ml einer gesättigten Natriumchloridlösung und einigen Tropfen verdünnter Salzsäure. Dann sättigt man die Lösung mit Schwefelwasserstoff. Läßt man jetzt einige Tropfen verdünnten Ammoniaks vorsichtig an der Wand des Reagensglases hinunterlaufen, so erscheint bei Anwesenheit von Cadmium ein deutlicher gelber Ring oder eine gelbe Schicht von Cadmiumsulfid an der Berührungsfläche beider Flüssigkeiten.

Auf diese Art entsteht der gelbe Ring bei Anwendung von 1 ml Lösung, welche 0,1 mg Cadmiumsulfid enthält, in wenigen Minuten, während 3 Tropfen dieser Lösung — also weniger als 0,01 mg Cadmium — nach einer halben Stunde noch einen deutlichen Ring erkennen lassen.

In ähnlicher Weise erfolgt der Nachweis von Cadmium nach KRASNOVA durch Versetzen der auf Cadmium zu prüfenden Lösung mit dem doppelten Volumen gesättigter Natriumchloridlösung und Sättigen mit Schwefelwasserstoff; beim Verdünnen mit Wasser fällt gelbes CdS aus.

Liegt die Lösung eines reinen Cadmiumsalzes vor, so dürfte der Nachweis als Sulfid, das man auf der Faser fixiert (s. S. 271), eine der empfindlichsten und charakteristischsten Cadmiumreaktionen darstellen [EMICH (b)].

Aus kaliumcyanidhaltiger Lösung, in der Cadmium als komplexes $[Cd(CN)_4]^{--}$ vorliegt, wird dieses durch Schwefelwasserstoff leicht als gelbes Cadmiumsulfid abgeschieden. Die Erfassungsgrenze für die Fällung des Cadmiums als CdS aus ammoniakalischer Cyanidlösung ist bei der Prüfung mit H_2S-Wasser und beim Einleiten von gasförmigem H_2S für ein Volumen von 10 ml 14 γ Cd [BÖTTGER (b)]. Nach BENEDETTI-PICHLER (b) stellt die H_2S-Fällung aus cyankalischer Lösung den sichersten Nachweis für Cadmium dar.

Die Fällung aus KCN-haltiger Lösung wird häufig auch mit Natriumsulfidlösung durchgeführt (s. hierzu beispielsweise ODEKERKEN oder TANANAEV und ROMANJUK). Dabei beträgt die Empfindlichkeit der Reaktion in Abwesenheit von anderen Kationen $3 \cdot 10^{-4}$ mg pro 10^{-3} ml (TANANAEV und ROMANJUK).

2. Fällung mit Ammoniumsulfid.

Mit Ammoniumsulfid entsteht in ammoniakalischer Lösung kolloides gelbes Cadmiumsulfid, welches beim Filtrieren leicht durch das Filter läuft; wenn die Cadmiummenge nicht zu groß ist, erhält man stabile, gelb gefärbte, klare, kolloide Lösungen.

Bei der Fällung mit 1 n Ammoniumsulfidlösung aus wäßriger oder schwach salzsaurer Cadmiumsulfatlösung ist 1 g Cadmium noch in 457000 ml Lösung nachweisbar (KARAOGLANOV).

3. Fällung mit Zinksulfid.

MYLIUS und FROMM schlagen vor, zur Fällung von Cadmium — speziell für Reinheitsprüfungen von Zink — an Stelle von Schwefelwasserstoff in saurer Lösung Zinksulfid zu verwenden. Wenn man die unreine neutrale Metallsalzlösung mit einer unzureichenden Menge Schwefelwasserstoffwasser versetzt und erwärmt, so wird eine kleine Menge ZnS gefällt, welches etwa vorhandenes Cadmium (zusammen mit Blei) zur Abscheidung bringt. Wie Cadmium und Blei verhalten sich dabei alle die Metalle, deren Sulfide weder in Säuren noch in Ammoniumsulfid löslich sind.

Das Verfahren stellt also eine fraktionierte Fällung durch Schwefelwasserstoff dar. Der dunkel gefärbte Niederschlag kann durch Filtration von der Flüssigkeit getrennt und in der üblichen Weise analysiert werden.

Ist die Menge der fremden Metalle so gering, daß der erste Niederschlag weiß erscheint, so breitet man das Filter auf einem Uhrglase aus und übergießt es mit sehr verdünnter Schwefelsäure. Während sich Zinksulfid löst, kann das zurückbleibende Cadmiumsulfid (oder PbS) leicht an seiner charakteristischen Färbung erkannt werden.

0,1 mg Cadmium kann gegenüber 5 g Zink auf diesem Wege gerade noch kenntlich gemacht werden, d. h. der Nachweis von 1 Teil Cadmium ist noch in 50000 Teilen Zink möglich. Handelt es sich um etwas größere Mengen an Verunreinigungen, so kann man noch Spuren derselben — namentlich von Cadmium — im Filtrat des ersten Niederschlages durch abermalige Fällung mit Schwefelwasserstoff auffinden.

KORENMAN (d) schlägt in ähnlicher Weise unter Verwendung von Zinksulfidpapier eine Nachweisreaktion für Cadmium vor.

Ausführung. Anfertigung des Reagenspapiers: Glanz- oder Halbmatt-Bromsilberphotopapier wird mit 10%iger Thiosulfatlösung zwecks Entfernung der darin enthaltenen Silbersalze behandelt und wiederholt mit Wasser gewaschen. Das feuchte Papier wird 10 bis 15 Min. in 10%ige Zinksulfatlösung, dann ebenfalls 10 bis 15 Min. in 10%ige Natriumsulfidlösung und schließlich abermals in Zinksulfatlösung gebracht. Man spült das Papier einige Male ab und trocknet es. Das so behandelte Papier ist von reinweißer Farbe. Statt des photographischen Papiers kann aschefreies, der Reihe nach mit obigen Lösungen getränktes Filtrierpapier verwendet werden. Mit photographischem Papier konnte Verfasser jedoch in fast allen Fällen größere Empfindlichkeit erreichen als mit Filtrierpapier.

Zur Prüfung auf Cadmium wird ein Tröpfchen (0,25 mm³) der sauren Lösung mit einem feinen Capillarröhrchen auf das Reagenspapier aufgetragen. Es tritt rasch die für Cadmiumsulfid charakteristische gelbe Färbung auf.

Erfassungsgrenze. 0,08 γ Cd.

4. Fällung mit Thioharnstoff.

Nach DENIGÈS (b) ist Thioharnstoff ein geeignetes Reagens für den Nachweis von Cadmium in ammoniakalischer Lösung. Es kann in vielen Fällen Schwefelwasserstoff oder Ammoniumsulfid ersetzen. Das gilt besonders für Cadmium, das durch Thioharnstoff in ammoniakalischer Lösung in unlösliches Cadmiumsulfid übergeführt wird (s. auch FALCIOLA).

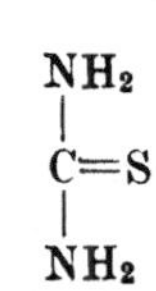

Thioharnstoff

Ausführung [nach DENIGÈS (b)]. Zu 5 ml einer 1%igen Cadmiumnitratlösung gibt man tropfenweise Ammoniak bis zum Verschwinden des zuerst gebildeten Niederschlags. Dann gibt man 1 ml einer 5%igen

Thioharnstofflösung hinzu und erhitzt zum Sieden, wobei aus der zunächst gelb gefärbten Lösung bald ein Niederschlag ausfällt.

Die Reaktion wird auch noch in einer Lösung beobachtet, die 1 g Cadmiumnitrat pro Liter enthält. Unterhalb dieser Konzentration ist der Niederschlag kolloidal und flockt nur langsam aus; auf diese Weise können noch 0,02 g $Cd(NO_3)_2$/Liter erkannt werden, d. h. weniger als 0,01 g Cd^{++}/Liter.

Die Gegenwart von Zink stört die Reaktion nicht, Kupfer kann durch Zusatz von Kaliumcyanid unschädlich gemacht werden.

B. Fällung als Cadmiumhydroxyd.

1. Einwirkung von Alkalien.

Beim Versetzen einer verdünnten Cadmiumsalzlösung mit Kali- oder Natronlauge entsteht ein weißer Niederschlag von Cadmiumhydroxyd, der im Gegensatz zu Zinkhydroxyd im Überschuß von Alkalihydroxydlösungen bei Abwesenheit von Ammoniumsalzen unlöslich ist. In einem Überschuß von Ammoniak ist Cadmiumhydroxyd leicht löslich (s. unten); aus dieser ammoniakalischen Lösung fällen Kali- oder Natronlauge beim Kochen den Niederschlag teilweise wieder aus [Follenius (a)].

In Säuren ist Cadmiumhydroxyd leicht löslich. In der Kälte wird die Fällung des Cadmiumhydroxyds durch Weinsäure verhindert.

Mit 1 n Kalilauge ist 1 g Cadmium noch in 769000 ml Cadmiumsulfatlösung nachweisbar (Karaoglanov). Empfindlichkeitsgrenze $1:5\cdot10^4$ (Neumann).

Die beträchtliche Empfindlichkeit dieser Reaktion beruht darauf, daß bei der Fällung bereits geringer Cadmiummengen als Hydroxyd eine bläuliche Opalescenz auftritt und stabile Sole gebildet werden (Karaoglanov).

Cadmium kann noch bei Konzentrationen von 1 : 40000 mit Natronlauge ausgefällt werden (Curtman und John).

2. Einwirkung von Ammoniak.

Geringe Mengen Ammoniak fällen aus Cadmiumsalzlösungen ebenso wie Alkalilauge weißes Cadmiumhydroxyd. Im Überschuß von Ammoniak geht der Niederschlag in Lösung infolge Bildung des komplexen $[Cd(NH_3)_4]^{++}$ [Böttger (a)].

Die ammoniakalische Lösung wird bei Abwesenheit von Ammoniumsalzen beim Verdünnen mit Wasser, besonders beim Erwärmen, oder durch Zusatz von Alkalilauge unter Abscheidung von Cadmiumhydroxyd zersetzt [Follenius (a)].

C. Wichtige Nachweisreaktionen.

I. Nachweis mit anorganischen Reagenzien.

1. Nachweis als Cadmiumselenid (nach Krumholz und Kruh).

Cadmiumselenid wird aus ammoniakalischer, cyanidhaltiger Lösung durch Fällung mit Alkaliselenid erhalten. Es besitzt eine intensiv rotbraune Farbe. Als Fällungsreagens verwendet man Alkaliselenidlösungen mit einem Zusatz von Kaliumcyanid zur Vermeidung der Polyselenidbildung. Auf Zusatz dieser Lösung zu einer ammoniakalischen Cadmiumlösung entsteht bei größeren Cadmiummengen in der Kälte eine orangegelbe Fällung, die beim Erwärmen eine rotbraune Farbe annimmt. Bei kleinen Cadmiummengen entsteht kein sichtbarer Niederschlag, sondern nur eine gelbe bis rotbraune Färbung durch feinverteiltes Cadmiumselenid. Dieses läßt sich bei Gegenwart reichlicher Elektrolytmengen durch Ausschütteln mit Äther in der Grenzfläche anreichern.

Ausführung (a). Herstellung der Reagenslösung: 1 g Natriumselenid wird in wenig heißem Wasser gelöst, auf 100 ml verdünnt und eine konzentrierte Lösung von 0,5 g KCN zugefügt. Die filtrierte Lösung ist in gut verschlossenen Flaschen im Dunkeln einige Tage haltbar.

In einem Reagensglas von etwa 10 ml Fassungsraum werden 2 ml der ammoniakalischen, ammoniumsalzhaltigen Probelösung mit einem Tropfen einer 25%igen Kaliumcyanidlösung versetzt, zum Sieden erhitzt und 5 Tropfen der Reagenslösung zugesetzt. Man kühlt das Reagensglas durch Einstellen in kaltes Wasser und schüttelt hierauf mit 1 ml Äther gut durch. Nach der Trennung der Schichten erscheint an der Grenzfläche ein rotbraunes Häutchen von Cadmiumselenid.

Erfassungsgrenze. 2,5 γ Cd.

Grenzkonzentration. $1:8\cdot10^5$ (KRUMHOLZ und KRUH); $1:4\cdot10^5$ (JENSEN).

Ausführung (b). Nachweis von Cadmium neben Kupfer. 2 ml der ammoniakalischen, ammoniumsalzhaltigen Lösung werden zum Sieden erhitzt und tropfenweise mit 25%iger Kaliumcyanidlösung versetzt, bis die blaue Farbe des Kupferamminsalzes völlig verschwunden ist. Man fügt weitere 1 bis 2 Tropfen der Cyanidlösung zu, kocht auf und versetzt mit 5 Tropfen der Reagenslösung. Nach Abkühlung wird mit Äther ausgeschüttelt.

Erfassungsgrenze. 4 γ Cd neben der 12000fachen Menge Kupfer.

Grenzkonzentration. $1:5\cdot10^5$.

Ausführung (c). Nachweis von Cadmium neben Nickel und Kobalt. Die Eigenfarbe des komplexen Nickel- und vor allem des Kobaltcyanids beeinträchtigt auch nach dem Ausschütteln mit Äther die Erkennung kleiner Cadmiummengen. Diese Störung, die aber nur bei kleinen Cadmium- und großen Kobaltmengen zu beobachten ist, läßt sich beheben, indem man die Ätherschicht mit Hilfe einer Capillarpipette vorsichtig mit Wasser unterschichtet, wodurch der Äther samt dem Niederschlagshäutchen in die Höhe gehoben wird. Auf diese Weise ist die

Erfassungsgrenze 4 γ Cd neben der 5000fachen Menge Ni oder der 2500fachen Menge Co.

Grenzkonzentration. $1:5\cdot10^5$.

Ausführung (d). Nachweis von Cadmium neben Zink. Die Probe wird behandelt wie bei Abwesenheit von Fremdionen. Auf Zusatz des Reagenses entsteht eine graue Fällung von Zinkselenid, welche je nach der Cadmiummenge mehr oder weniger braun gefärbt ist. Man setzt nun so lange Kaliumcyanid hinzu, bis das Zinkselenid gelöst ist, kühlt ab und schüttelt mit Äther aus.

Erfassungsgrenze. 5 γ Cd neben der 5000fachen Menge Zink.

Grenzkonzentration. $1:4\cdot10^5$.

Ausführung (e). Nachweis von Cadmium neben Kupfer, Nickel und Zink. 2 ml der ammoniakalischen, ammoniumsalzhaltigen Probelösung werden in der Siedehitze tropfenweise mit 25%iger Kaliumcyanidlösung versetzt, bis eine klare, gelbe Lösung entsteht. Man setzt weiter 1 bis 2 Tropfen Kaliumcyanid hinzu, kocht auf und versetzt mit 5 Tropfen des Reagenses. Eine bei größeren Zinkmengen auftretende Fällung von Zinkselenid wird durch tropfenweisen Zusatz von KCN in Lösung gebracht und die Lösung nach dem Erkalten ausgeäthert.

Erfassungsgrenze. 5 γ Cd. Neben der 2500fachen Menge Cu, 2000fachen Menge Zn, 1000fachen Menge Co, 1000fachen Menge Ni.

Grenzkonzentration. $1:4\cdot10^5$.

II. Nachweis mit organischen Reagenzien.

1. Nachweis mit Cadion (p-Nitrophenyl-diazoaminobenzol-p'-azobenzol).

Aus alkalischen Lösungen von Diazoamino-azoverbindungen gefälltes Cadmiumhydroxyd adsorbiert den Farbstoff unter Bildung charakteristisch gefärbter Niederschläge. Die charakteristische Adsorption dieser Verbindungen an Cadmiumhydroxyd erfolgt wahrscheinlich durch die Azogruppe infolge Wanderung des Iminowasserstoffs der Diazoaminogruppe, wodurch säureähnliche Eigenschaften an diese Azogruppe übertragen werden. Das wird durch die Tatsache bestätigt, daß bei allen untersuchten Substanzen — Methyl- und Dimethyldiazoamino-azobenzolen sowie mit dem Reagens „Cadion" — die Farbe des Adsorptionsniederschlages stets rosa oder rot ist [Dwyer (b)].

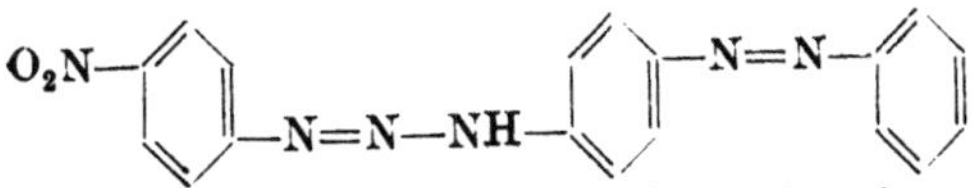

p-Nitrophenyl-diazoaminobenzol-p'-azobenzol

p-Nitrophenyl-diazoaminobenzol-p'-azobenzol wird aus alkoholisch-wäßriger Lösung von Cadmiumhydroxyd mit orangeroter, leicht fluorescierender Farbe adsorbiert [Dwyer (a)].

Ausführung [nach Dwyer (a)]. Die Reagenslösung wird bereitet durch Auflösen von 0,02 g p-Nitrophenyl-diazoaminobenzol-p'-azobenzol in 100 ml Alkohol und Zugabe von 1 ml 2 n Kalilauge; es handelt sich also um eine 0,02%ige Lösung in 0,02 n Kalilauge.

Die charakteristische Adsorptionsfarbe wird erhalten durch Zugabe von 4 bis 5 Tropfen des Reagenses zu einer schwach essigsauren Lösung eines Cadmiumsalzes und Hinzufügen eines Überschusses von Kalilauge sowie einiger Tropfen Äther. Man verwendet nur so viel Äther, daß die Lösung damit gesättigt ist. Die Lösung nimmt eine orangerote Farbe an, und bei Gegenwart von genügend Cadmium fällt in einiger Zeit ein roter Niederschlag aus. Eine Blindprobe mit destilliertem Wasser gibt unter den gleichen Bedingungen nur eine rosaviolette Farbe.

Die geringste nachweisbare Menge Cadmium beträgt 0,1 γ/ml in einer Probe von 5 ml. Es werden dazu 2 Tropfen des Reagenses verwendet und mit einer Blindprobe verglichen.

Störungen. Cu, Ag, Hg, Fe, Co, Ni, Cr und Mg stören. Der Nachweis kann jedoch geführt werden in Gegenwart von 1 Teil Cadmium und der 10000fachen Menge Bi, Pb, Sn, As, Sb, Al, Zn, Ca, Sr, Ba und der Alkalimetalle. Man hat in allen diesen Fällen genügend Alkali hinzuzufügen, da sonst die Cadmiumfarbe nicht zum Vorschein kommt.

Darstellung des Reagenses: 1,38 g p-Nitranilin werden in 20 ml etwa 5 n Salzsäure bei 70 bis 80° gelöst. Die klare, etwas abgekühlte Lösung wird dann unter Rühren auf 25 g zerstoßenes Eis gegossen. 0,69 g Natriumnitrit, gelöst in 10 ml Wasser, wird darauf unter Rühren in einem Guß zu der obigen eiskalten Lösung gegeben. Wenn die Diazotierung in ungefähr 5 Min. vollständig und alles p-Nitranilin ohne Abscheidung von p,p'-Diazoaminobenzol in Lösung gegangen ist, wird die Lösung mit etwa 30 ml 3 n Natriumcarbonatlösung neutralisiert, 20 g Natriumacetat zugegeben und filtriert. Diese klare Lösung wird dann unter Rühren zu einer eiskalten Lösung von 1,97 g p-Amino-azobenzol in einem Gemisch von 50 ml Aceton und 150 ml Alkohol gegeben. Es fällt fast augenblicklich ein voluminöser gelber Niederschlag aus. Das Ganze wird nach 5 Min. in 500 ml Eiswasser gegossen, filtriert, mit Wasser gewaschen, dann mit 50%igem Alkohol. Umkristallisieren aus 600 ml siedendem Alkohol, dem 2 Tropfen starkes Ammoniak zugesetzt worden sind, ergibt 2,5 g orangefarbene verfilzte Nadeln von p-Nitrophenyl-diazoaminobenzol-p'-azobenzol.

Über den Nachweis als Tüpfelreaktion s § 5, S. 289.

2. Nachweis mit Cadion 2 B (4-Nitronaphthalin-diazoaminobenzol-4'-azobenzol).

Cadion 2 B löst sich in alkoholischem Alkali mit schöner blauer Farbe, die bei Gegenwart von Cadmiumsalzen in Rot übergeht [DWYER (b)].

Ausführung (a) [nach DWYER (b)]. Zur Herstellung der Reagenslösung wird 0,01 g Cadion 2 B mit 100 ml Alkohol geschüttelt, der 2 oder 3 Tropfen 2 n Kalilauge enthält.

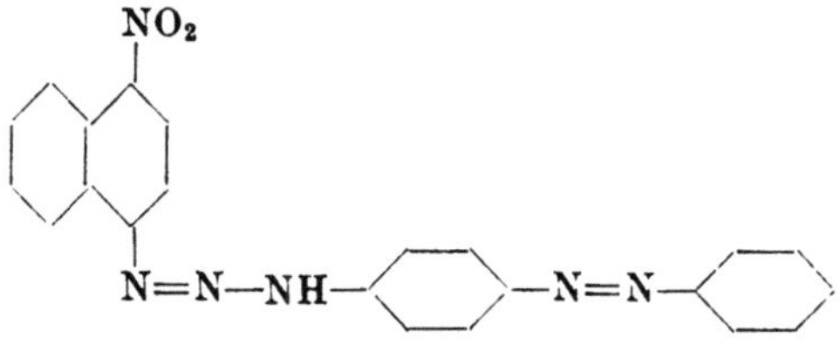

Cadion 2 B

5 bis 10 Tropfen der Reagenslösung werden zu 5 ml der zu untersuchenden Lösung gegeben und dazu 0,5 ml Alkali. Cadion 2 B gibt mit verdünnten Cadmiumsalzlösungen (1 mg/ml) einen glänzend scharlachroten Niederschlag, der in konzentrierteren Lösungen (5 bis 10 mg/ml) himmelblau ist.

In tartrathaltiger Lösung wird in allen Fällen eine rote Lösung erhalten, aus der langsam ein roter Niederschlag abgeschieden wird.

Die Farbänderung des Reagenses erlaubt den Nachweis geringster Spuren Cadmium (Ausführung als Tüpfelreaktion s. § 5, S. 291).

Ausführung (b) [nach DWYER (d)]. Nachweis neben Magnesium. Als Reagens dient eine 0,01%ige Lösung von Cadion 2 B in 0,01%iger alkoholischer Kalilauge.

10 ml der zu untersuchenden Lösung werden mit 0,25 g Natriumkaliumtartrat versetzt. Dann gibt man ein paar Tropfen der Reagenslösung und schließlich Kalilauge hinzu, worauf eine Rosafärbung die Anwesenheit von Cadmium anzeigt. (Bei Abwesenheit von Cadmium ist die Farbe veilchenblau.) Der Vergleich der Färbung mit einer Blindprobe wird empfohlen; die Auflösung des Reagenses in destilliertem Wasser zeigt eine veilchenblaue Farbe.

Erhitzt man die Lösung zum Sieden, so wird die Cadmiumfärbung zerstört; sie verändert sich nach Grünlichblau, wenn Magnesium anwesend ist, sonst nach Veilchenblau. Beim Abkühlen bleibt die Magnesiumfarbe bestehen.

Darstellung von Cadion 2 B [DWYER (b)]. 0,47 g 4-Nitro-1-amino-naphthalin werden mit 20 ml etwa 5 n Salzsäure in einer Reibschale gut verrieben, die Lösung wird in einem Becherglas 2 Min. auf 90° erhitzt und dann schnell in Eis abgekühlt. Auf diese Weise werden etwa 20% des Amins in Lösung gebracht, der Rest ist als feines Pulver suspendiert. Zu der eisgekühlten Lösung gibt man eine Auflösung von 0,2 g Nitrit in 1 ml Wasser und läßt das Ganze bei 0° 1 Std. unter häufigem Umrühren stehen, wobei der größte Teil des Amins mit blaßgelber Farbe gelöst wird. Man fügt 30 ml Eiswasser hinzu, um ausgefallenes Diazoniumchlorid in Lösung zu bringen und filtriert die Mischung rasch. Zur Zerstörung überschüssigen Nitrits gibt man 0,15 g Harnstoff hinzu, läßt 5 Min. unter Rühren stehen und neutralisiert die Lösung teilweise durch vorsichtige Zugabe von 25 ml kalter, etwa 3 n Sodalösung; dann werden unter Rühren 10 g Natriumacetat eingetragen.

Die kleine Menge 4,4'-Dinitro-diazoamino-naphthalin, die sich unvermeidlich abscheidet, wird schnell abfiltriert; die Diazolösung gibt man darauf rasch zu einer eiskalten Lösung von 0,49 g p-Aminoazobenzol in 50 ml Aceton, 100 ml Alkohol und 20 ml gesättigter Natriumacetatlösung.

Der dunkelbraune Niederschlag, der sich fast unmittelbar abscheidet, wird abgenutscht, erst mit Eiswasser, dann zweimal mit 50%igem Alkohol, der Spuren von Ammoniak enthält, und schließlich mit Wasser gewaschen. Die Substanz wird bei Zimmertemperatur an der Luft getrocknet. Sie wird in 60 bis 70 ml mit 2 Tropfen verdünntem Ammoniak versetztem, 40 bis 45° warmem Aceton gelöst, die Lösung rasch filtriert und Wasser zugegeben, wobei dunkelviolette, fast schwarze Nadeln auskristallisieren, die nach dem Pulverisieren dunkelbraun mit einem prächtigen grünen Reflex erscheinen. Cadion 2 B ist beim Schütteln mit alkoholischem Alkali bei Zimmertemperatur leicht löslich und bildet eine dunkelblaue Lösung, die im durchfallenden Licht rot erscheint.

3. Nachweis mit Cadion 3 B (Benzol-diazoaminobenzol-4-azo-4'-nitrobenzol) [nach DWYER (b)].

Das Reagens löst sich in alkoholischem Alkali mit einer schönen blauen Farbe, die bei Gegenwart von Cadmiumsalzen in Rot übergeht. Es hat dieselbe Empfindlichkeit wie Cadion 2 B, ist jedoch etwas beständiger. Cadion 2 B soll hingegen dem Cadion 3 B vorzuziehen sein, da die Blindprobe mit Cadion 3 B nicht ganz eindeutig ausfällt.

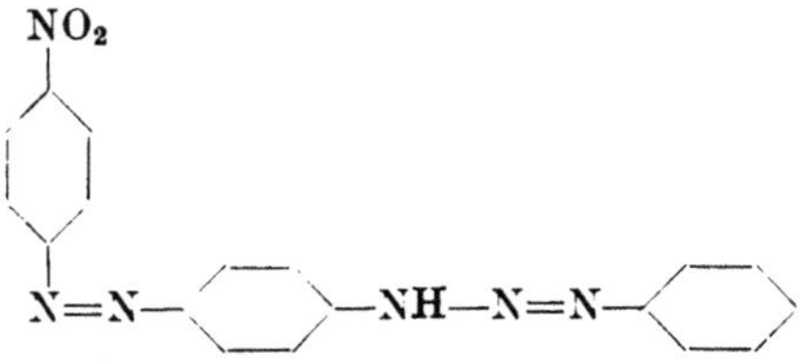

Benzol-diazoaminobenzol-4-azo-4'-nitrobenzol

Cadion 3 B gibt mit verdünnten Cadmiumsalzlösungen einen rotvioletten Niederschlag, der in konzentrierteren Lösungen bläulichpurpurfarben aussieht. In tartrathaltiger Lösung wird in allen Fällen eine rote Lösung erhalten, aus der langsam ein roter Niederschlag abgeschieden wird.

Ausführung. Eine verdünnte Lösung des Reagenses wird hergestellt durch Schütteln von 0,01 g Cadion 3 B mit 100 ml Alkohol, welcher 2 oder 3 Tropfen 2 n Kalilauge enthält. 5 bis 10 Tropfen dieser Lösung werden dann zu 5 ml einer Cadmiumsalzlösung gegeben und dazu 0,5 ml Alkali. Der entstehende Niederschlag ist bei Anwesenheit von Cadmium rotviolett bis bläulichpurpurfarben.

Über den Nachweis als Tüpfelreaktion s. § 5, S. 291.

Darstellung von Cadion 3 B. 1,21 g 4-Nitro-4'-amino-azobenzol werden in einer Reibschale mit 20 ml 10 n Salzsäure verrieben und 2 Min. auf 90° erhitzt. Nachdem die Lösung etwas abgekühlt ist, gießt man sie auf 20 g zerstoßenes Eis. Zu der eiskalten Suspension werden 0,45 g Natriumnitrit gegeben, und das Ganze wird unter häufigem Rühren 1 Std. bei 0° stehengelassen. Zur Auflösung von etwas ungelöstem Tetra-azo-chlorid gibt man 50 ml Eiswasser hinzu, rührt die Lösung gut durch und trennt den geringen Anteil nicht umgesetzten Materials durch rasches Filtrieren ab. 0,2 g Harnstoff werden zur Zerstörung des überschüssigen Nitrits zugegeben; die Lösung wird bis zur vollständigen Umsetzung stehengelassen und schließlich mit 50 ml 3 n Sodalösung nahezu neutralisiert. Dann gibt man die Lösung unmittelbar zu einer eiskalten Mischung von 0,5 g Anilin, 50 ml Wasser, 30 ml Alkohol und 50 ml 3 n Natriumacetatlösung, worauf sofort ein orangefarbener Niederschlag ausfällt.

Dieser wird abfiltriert, erst mit Wasser, dann mit Alkohol, der einen Tropfen verdünntes Ammoniak enthält, gewaschen und schließlich in heißem Aceton gelöst, welches 2 Tropfen 2 n Ammoniak enthält; man fügt Wasser zu, wobei eine Menge kleiner roter, verfilzter Nadeln gebildet wird.

Die Verbindung löst sich in alkoholischem Alkali zu einer dunkelblauen Lösung mit einem violetten Ton im durchfallenden Licht.

4. Nachweis mit Diphenylthiocarbazon (Dithizon).

Cadmium gibt ebenso wie die beiden anderen Elemente der 2. Nebengruppe, Zink und Quecksilber, mit Dithizon eine sehr beständige Koordinationsverbindung. Cadmiumdithizonat ist praktisch unlöslich in Wasser, löst sich dagegen sehr leicht in zahlreichen organischen Lösungsmitteln. Die Lösung der Cadmiumverbindung ist himbeerrot gefärbt [FISCHER (a); s. auch FISCHER und WEYL, WICHMANN, GUTZEIT (b), TOUGARINOFF].

Nach FISCHER (e) bildet Cadmiumchlorid mit einer ammoniakalischen oder alkalischen Lösung von Dithizon einen rotbraunen Niederschlag, der in Wasser,

2 n Natronlauge, 20%iger Essigsäure und Petroläther unlöslich ist; er ist wenig löslich in konzentriertem Ammoniak, schwer löslich in Alkohol und Aceton, leicht löslich in Chloroform, Schwefelkohlenstoff usw. und wird von 0,5 n Salzsäure zersetzt. Auch in ammoniakalischen Cadmiumsalzlösungen tritt die Fällung ein. Tartrationen verhindern die Fällung nicht.

Beim Schütteln einer neutralen wäßrigen Cadmiumsalzlösung mit einer sehr verdünnten Auflösung von Dithizon (0,003%ige Lösung) in Schwefelkohlenstoff schlägt die grüne Farbe der Reagenslösung nach Erdbeerrot um. Der Nachweis ist neben den Leichtmetallen sowie Mn, Ni und Co direkt durchführbar. Zink, die Edelmetalle, Sn, Sb und Bi beeinträchtigen die Reaktion; Kaliumcyanid verhindert sie.

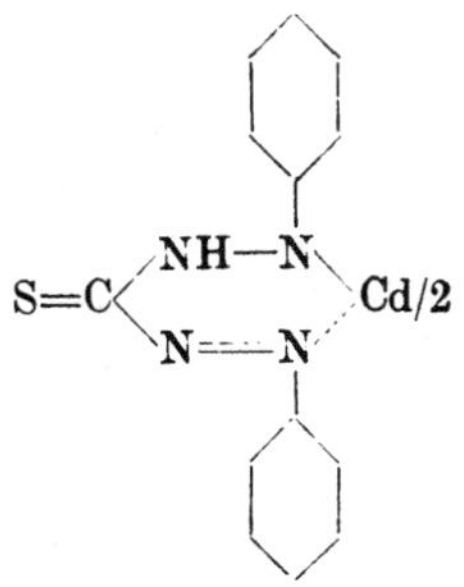

Cadmiumdithizonat

Zur Unterscheidung des Cadmiums von Blei gibt man etwas Kobaltsalzlösung hinzu; die Cadmiumreaktion wird durch die Anwesenheit von Kobalt nicht beeinflußt, während bei Gegenwart von Blei die dunkelrote Farbe der Kobaltreaktion auftritt.

Nach JENSEN beträgt die Grenzkonzentration bei Verwendung einer 0,003%igen Lösung von Dithizon in Tetrachlorkohlenstoff und Ausführung im Reagensglas in stark alkalischer Lösung $1 : 5 \cdot 10^8$.

Nach FISCHER (b) können für die Zwecke des Nachweises mit kleinsten Substanzmengen die Reaktionen mit einem oder mehreren Tropfen der zu untersuchenden Lösung und wenigen Tropfen des in Tetrachlorkohlenstoff mit grüner Farbe gelösten Reagenses (2 bis 4 mg/100 ml) ausgeführt werden. Bei inniger Verteilung der CCl_4-Schicht in der wäßrigen Schicht schlägt die grüne Farbe in die für Cadmium typische Färbung um. Die Ausführung geschieht am besten in kleinen Probierröhrchen (z. B. 5 × 50 mm) mit eingeschliffenem Glasstopfen, in denen man die Reagenslösung mit der wäßrigen Lösung durch kräftiges Durchschütteln in innige Berührung bringt. Man kann die Reaktionen auch auf der Tüpfelplatte ausführen (s. § 5, S. 294). Reaktionen nahe der Erfassungsgrenze gelingen jedoch besser im Probierröhrchen und sind auch in der Färbung deutlicher erkennbar.

Ausführung (a) [nach FISCHER (b)]. Der Nachweis stellt insofern eine Ausnahme dar, als er nicht mit 1 Tropfen Versuchslösung, sondern mit etwa 5 bis 6 ml Lösung, der 3 bis 4 ml 10%ige Natronlauge und 0,5 ml 20%ige Seignettesalzlösung zugesetzt werden, im Schüttelzylinder mit Glasstopfen auszuführen ist. Die Volumina der wäßrigen und der CCl_4-Lösung sollen sich dabei zweckmäßig wie etwa 5 : 1 verhalten. Beim Schütteln verteilt sich das Dithizon auf die wäßrige und die CCl_4-Lösung in der Weise, daß das Cadmium im CCl_4 mit roter Farbe, das Zink in der wäßrigen Schicht mit purpurroter Farbe reagiert. Der Dithizonanteil in wäßriger Lösung ist um so größer, je größer der Zinküberschuß und das Volumen der wäßrigen Lösung ist. Es lassen sich noch 1 Teil Cadmium neben 23000 Teilen Zink durch die Rotfärbung des Cadmiums im Tetrachlorkohlenstoff erkennen. Reines Zink allein gibt unter diesen Bedingungen im Tetrachlorkohlenstoff keine Reaktion.

Ausführung (b) [nach FISCHER (b)]. Als Tropfenreaktion wird der Cadmiumnachweis im Probierröhrchen mit einem Tropfen der Versuchslösung unter Zusatz von 0,3 ml 50%iger Seignettesalzlösung und etwa 0,3 ml 10%iger Natronlauge ausgeführt. Es wird mit 3 bis 4 Tropfen Reagenslösung (etwa 5 bis 6 mg Dithizon/100 ml CCl_4) geschüttelt. Nickel und Kobalt ergeben gelbbraune, das Rot des Cadmiums verdeckende Färbungen, die jedoch in Gegenwart von Zinn(II)-chlorid verschwinden und der Cadmiumfärbung Platz machen. Auf einen Tropfen Versuchslösung kommen in diesem Falle 0,2 ml 50%ige Seignettesalzlösung,

0,3 ml 10%ige $SnCl_2$-Lösung und etwa 1 ml 10%ige Natronlauge. Die Cadmiumreaktion ist bei Auftreten einer deutlichen Rotfärbung eindeutig. Zur Ausführung des Nachweises neben Silber und Quecksilber wird die Seignettesalzlösung durch 0,25 ml 50%ige Hydroxylamin-hydrochloridlösung ersetzt und der NaOH-Zusatz auf 1,2 ml 10%ige Natronlauge erhöht. Das ausgeschiedene Silber oder Quecksilber ballt sich zusammen und schwimmt in der Regel auf der Oberfläche der CCl_4-Schicht, deren Rotfärbung deutlich zu erkennen ist. Neben Gold läßt sich Cadmium ohne Reduktion erkennen, wenn man einen Tropfen der Versuchslösung mit etwa 0,5 ml 10%iger Natronlauge schüttelt, dann mit 2 ml Wasser verdünnt und mit 0,5 ml Reagenslösung durchmischt. Die Rotfärbung tritt nach kurzem Schütteln auf; sie ist jedoch in Gegenwart von Gold nur kurze Zeit haltbar.

In der Mehrzahl der Fälle lassen sich Mengen von 0,1 γ Cadmium in Konzentrationen von 10^{-3}% in anderen Metallen durch Tropfenreaktion noch nachweisen. In einigen Fällen, z. B. in Gegenwart von Pb, As und Bi, werden sogar Größenordnungen von 10^{-4}% erreicht. Besonderes praktisches Interesse verdient der Nachweis von Cadmium in Zink, der noch mit etwa $4 \cdot 10^{-3}$% gelingt.

Nach FISCHER (c) gelingt die Erkennung kleiner Cadmiummengen jedoch auch bei Vorhandensein von viel Kupfer, wenn dieses durch Kochen mit unterphosphoriger Säure ausgeschieden wird.

Ausführung (c) [nach FISCHER (c)] neben Kupfer. Die mit einigen Tropfen 50%iger unterphosphoriger Säure behandelte Lösung wird in einem Schälchen auf dem Sandbade so weit eingedampft, bis Flämmchen von brennendem Phosphorwasserstoff auftreten. Man versetzt darauf mit etwas destilliertem Wasser, filtriert, macht stark alkalisch und prüft mit Dithizon wie üblich auf Cadmium.

Die **Erfassungsgrenze** beträgt 0,2 bis 0,4 γ Cd, das Grenzverhältnis ist 1 : 25000.

Siehe hierzu auch FISCHER (d).

Die Reaktion von Cadmium mit Dithizon kann auch als Vorprüfung angewendet werden. Nach FISCHER und LEOPOLDI wird die Reagenslösung der zu untersuchenden Lösung zugesetzt und kräftig geschüttelt. Aus der Änderung der Färbung der Tetrachlorkohlenstoffschicht können Schlüsse auf die An- oder Abwesenheit von Cadmium gezogen werden.

Ausführung (d) (nach FISCHER und LEOPOLDI) als Vorprüfung. Man verwendet als Reagens eine Lösung, die durch Auflösen von 10 mg Dithizon in etwa 250 ml CCl_4 erhalten wird. Nach Abtrennung von Cu, Ag, Hg, Au und Pd mittels Dithizon aus mineralsaurer Lösung und von Zn, Co, Ni und weiteren Mengen Pd aus essigsaurer Lösung werden zur Prüfung auf Cadmium 5 ml der schwach sauren zu untersuchenden Lösung im 100 ml-Scheidetrichter mit dem gleichen Volumen 10%iger Natronlauge versetzt. Fallen hierbei etwa unlösliche Hydroxydniederschläge aus, so wird vorher eine ausreichende Menge Kaliumnatriumtartrat zugegeben. Es wird nun mit 5 ml Dithizonlösung geschüttelt.

Bei Anwesenheit von Cadmium ist die CCl_4-Schicht rot gefärbt (wie bei Zink). Zum Unterschied von Zink bleibt die Rotfärbung bei Cadmium nach dem Waschen des CCl_4-Extraktes mit dem gleichen Volumen 5%iger Natronlauge erhalten.

Zur weiteren Prüfung gibt man außerdem 10 ml 10%ige Kaliumcyanidlösung, einige Kristalle Hydroxylamin-hydrochlorid und 5 ml 35%iger Formalinlösung hinzu. Die Rotfärbung muß hierbei erhalten bleiben. Wird die CCl_4-Schicht entfärbt oder gelblich, so ist Cadmium nicht vorhanden.

5. Nachweis mit β-Naphthochinolin.

Schwach schwefelsaure oder salpetersaure Cadmiumsalzlösungen geben bei Anwesenheit von Kaliumjodid mit β-Naphthochinolinlösung einen weißen kristallinen Niederschlag der Zusammensetzung $(C_{13}H_9N_2)_2 \cdot H_2CdJ_4$. Der Niederschlag ist in Salzsäure leicht löslich (BERG und WURM).

Als Reagenslösung empfiehlt JENSEN eine 1%ige Auflösung von β-Naphthochinolin in 0,2 n Schwefelsäure.

Nach BERG und WURM geben 0,0094 mg Cadmium in 1 ml 0,1 n Schwefelsäure auf Zusatz von 2 ml einer 1%igen sauren Naphthochinolinlösung (0,2 n an Schwefelsäure) und 2 ml 0,1 n Kaliumjodidlösung einen gerade noch wahrnehmbaren Niederschlag. Das heißt, die *Grenzkonzentration* beträgt 1 : 532000.

Die Gegenwart von Chlorionen setzt die Empfindlichkeit auf 1 : 355000 herab.

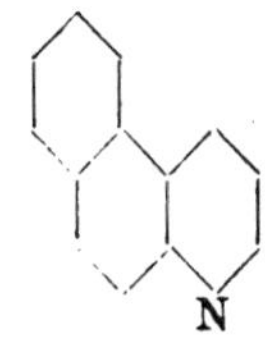

β-Naphthochinolin

Das Reagens gestattet die Abtrennung des Cadmiums von Co, Ni, Mn, Fe(II), Cr(III), Zn, Al und Mg. Nach TOUGARINOFF gelingt der Nachweis von Cadmium in salpeter- oder schwefelsaurer Lösung bei Gegenwart von Rhodanid neben Hg, Cu, Bi, Ni, Co, U, Zn und Fe(III); in Gegenwart von Bromid oder Jodid neben Hg und Bi.

Nach YOUNG und BARKER kann der Nachweis zur Feststellung geringer Mengen Cadmium in Zinksulfatlösungen dienen, aus welchen die Hauptmenge an Cadmium bereits mittels Zinkstaub entfernt worden ist.

Ausführung (nach YOUNG und BARKER). Man wählt ein solches Volumen der Lösung, daß mit β-Naphthochinolin eine schwache, aber deutliche Trübung auftritt.

Zu 50 ml der filtrierten, von der Hauptmenge Cadmium befreiten Lösung gibt man 5 ml Schwefelsäure (1 : 1), 5 ml 40%iger Natriumkaliumtartratlösung und 0,5 ml mit SO_2 gesättigten Wassers. Ist die Lösung jetzt nicht völlig klar, so filtriert man und wäscht einige Male mit heißem Wasser. Dann fügt man 5 ml einer 2,5%igen Lösung von β-Naphthochinolin in 5%iger Schwefelsäure und 10 ml 10%iger Kaliumjodidlösung hinzu und bewegt das Glas vorsichtig. Eine schwache, aber deutliche Opalescenz beweist die Anwesenheit von Cadmium in einer Menge bis zu 2 mg/l. Bei höheren Cadmiumkonzentrationen tritt stärkere Trübung auf.

Die Lösungen sollen gegen einen schwarzen Untergrund betrachtet werden. Andere Elemente, die normalerweise noch in gereinigten Zinklösungen zugegen sein können, stören nicht. Als solche kommen in Frage beträchtliche Mengen von Fe, Mn, Cl, Si, Al, Ca, Mg, P, V, F usw. und ebenso sehr kleine Mengen von Cu, Pb, Ag, Sb, Bi usw., welche mit löslichen Jodiden Niederschläge bilden.

An Stelle von Kaliumjodid können nach JENSEN auch Kaliumbromid oder Kaliumrhodanid verwendet werden.

Die **Grenzkonzentration** wird mit 1 : 10^6 angegeben (JENSEN).

6. Nachweis als Cadmium-pyridin-rhodanid.

Behandelt man die neutrale wäßrige Lösung eines Cadmiumsalzes mit einigen Tropfen einer Kaliumrhodanidlösung und mit Pyridin, so entsteht sofort ein weißer kristalliner Niederschlag der Zusammensetzung $[CdPy_2](SCN)_2$, der in Wasser viel schwerer löslich ist als Cadmium-pyridin-chlorid (s. § 3, S. 255). Der Nachweis mit Pyridin und Rhodanid wird bereits von GROSSMANN angeführt.

Ausführung (nach SPACU). Zu 10 ml der auf Cadmium zu prüfenden Lösung gibt man einige Tropfen (4 bis 6) einer 25%igen Kaliumrhodanidlösung, rührt einige Male um und fügt dann 2 bis 3 Tropfen Pyridin hinzu. Nach kräftigem Schütteln des Reagensglases setzt die Kristallisation unter Abscheidung des Cadmium-dipyridin-rhodanids ein.

Die Zugabe einer zu großen Menge Pyridin ist zu vermeiden, da der Niederschlag im Überschuß der Base löslich ist.

Da der Komplex durch Säuren zerstört wird, darf die Reaktion nicht in saurer Lösung durchgeführt werden. Saure Probelösungen werden deshalb vor Ausführung der Reaktion zur Trockne eingedampft, um den Säureüberschuß zu entfernen. Schwach saure Lösungen, die wenig Cadmium enthalten, neutralisiert man mit einem geringen Überschuß von Pyridin. Gibt man dann einige Tropfen Kaliumrhodanidlösung hinzu, so erhält man ebenfalls den weißen Niederschlag.

Die geringe Löslichkeit des Niederschlags in Wasser bei Zimmertemperatur und die Tatsache, daß das Cadmium quantitativ gefällt wird, haben für diese Reaktion eine bemerkenswerte Empfindlichkeit zur Folge. Eine wäßrige neutrale Cadmiumsalzlösung, die 0,05 g Cd/l enthält, gibt mit dem Reagens sofort einen weißen kristallinen Niederschlag. Die Fällung ist auch noch in einer Lösung von 0,02 g Cd/l zu beobachten; sie tritt als sichtbarer Niederschlag nach einigen Sekunden starken Rührens auf.

Grenzkonzentration. 1 : 2500 (VAN NIEUWENBURG u. a.[1]).

Die Reaktion ist auch zur quantitativen Bestimmung des Cadmiums geeignet (s. SPACU und DICK).

Nach KOLTHOFF und HAMER (b) ist die Nachweisreaktion für Cadmium mit Pyridin und Rhodanid keineswegs spezifisch; auch Cu, Pb, Zn, Fe, Al, Mn, Ni und Co werden mit dem Reagens gefällt.

Über Ausführung als mikrochemischer Nachweis s. § 4, S. 267.

D. Weitere Nachweisreaktionen.

I. Nachweis mit anorganischen Reagenzien.

1. Nachweis als Kalium-Cadmium-hexacyano-ferrat(II).

Mit Kalium-hexacyano-ferrat(II) gibt Cadmium in schwach saurer Lösung eine weiße Abscheidung der Zusammensetzung $K_2Cd[Fe(CN)_6]$, die zum Unterschied von Kalium-Zink-hexacyano-ferrat(II), $K_2Zn_3[Fe(CN)_6]_2$, auf Zusatz von wenig Alkalilauge nicht in Lösung geht (BÖTTGER).

Beim Versetzen von 10 ml einer Cadmiumsulfatlösung mit einer 1%igen $K_4[Fe(CN)_6]$-Lösung erhält man noch eine positive Reaktion bei Gegenwart von 4,4 γ Cadmium, d. h. 1 g Cd ist noch in 2273000 ml Flüssigkeit nachweisbar (KARAOGLANOV).

Empfindlichkeitsgrenze. 1 : 10^4 (NEUMANN).

2. Nachweis mit Hydrazin und Ammoniumrhodanid.

Ein schwerlöslicher Niederschlag bildet sich durch Zugabe einer ammoniakalischen Hydrazinsulfatlösung zu der Lösung eines Cadmiumsalzes in Gegenwart von genügend Ammoniumrhodanid. Der Niederschlag hat die Zusammensetzung $Cd(SCN)_2 \cdot 2\,N_2H_4$.

Ausführung (a) [nach RÂY und SARKAR (a)]. Die konzentrierte Cadmiumsalz enthaltende Lösung wird mit einer konzentrierten Lösung von Ammoniumrhodanid vermischt und eine ammoniakalische Lösung von Hydrazinsulfat zugegeben. Man erhält einen weißen kristallinen Niederschlag.

Beim Erhitzen mit Wasser zerfällt die Verbindung zu Cadmiumhydroxyd. Sie ist in verdünntem Ammoniak und verdünnten Säuren löslich.

Nach SARKAR und DATTA-RÂY behandelt man die verdünnte neutrale Cadmiumsalzlösung mit Ammoniumrhodanid und Hydrazinhydrat.

Ausführung (b). Zu der auf Cadmium zu prüfenden verdünnten neutralen Lösung gibt man zuerst Ammoniumrhodanid und dann die Hydrazinhydratlösung hinzu. Die Löslichkeit des Niederschlags wird durch Zugabe von Alkohol und Stehenlassen bei 12° erniedrigt.

Empfindlichkeitsgrenze. $1{,}3 \cdot 10^{-5}$ g Cd/ml.

---

[1] VAN NIEUWENBURG u. a. wird auch im folgenden benutzt als Abkürzung für J. J. VAN NIEUWENBURG, W. BÖTTGER, F. FEIGL A. S. KOMAROVSKY und N. STRAFFORD.

3. Nachweis als Cadmium-diammin-jodid.

Bei Zugabe von gesättigter Kaliumjodidlösung und konzentriertem Ammoniak zu einer verdünnten Cadmiumsalzlösung wird ein Komplexsalz von der Zusammensetzung $CdJ_2 \cdot 2\,NH_3 \cdot 0{,}3\,H_2O$ oder $Cd(NH_3)_2J_2 \cdot 0{,}3\,H_2O$ gebildet, das als weißer Niederschlag ausfällt (KOMAROVSKAJA).

Nach AGRESTINI erhält man beim Versetzen einer ammoniakalischen Cadmiumsalzlösung mit 20- bis 30%iger Kaliumjodidlösung einen weißen, aus regulären Oktaedern bestehenden Niederschlag der Zusammensetzung $Cd(NH_3)_2J_2$. Aus verdünnten Lösungen erfolgt die Abscheidung der Fällung bei dauerndem Rühren. Mit Alkalibromid geben Cadmiumsalzlösungen keinen Niederschlag.

Kupfersalzlösungen geben keine Fällung. Kobalt und Nickel reagieren ähnlich.

Ausführung (nach KOMAROVSKAJA). Die zu untersuchende Lösung wird mit feinen Eisenspänen 2 bis 3 Min. lang gekocht und dann filtriert. Das Filtrat wird mit 5 ml konzentriertem Ammoniak und 0,5 bis 1 ml 3%igem Wasserstoffperoxyd versetzt, erwärmt und filtriert. Zum Filtrat werden 0,5 g Kaliumjodid zugegeben, die Lösung wird geschüttelt und nach 7 bis 10 Min. filtriert. Der Niederschlag wird auf dem Filter mit wenig 2 n Salpetersäure gelöst. Durch die saure Lösung ($p_H = 3$) wird Schwefelwasserstoff geleitet. Die Bildung eines kanariengelben Niederschlags oder einer gelben Färbung weist auf die Gegenwart von Cadmium hin.

$2{,}3 \cdot 10^{-4}$ g Cd/ml können auf diese Art noch erkannt werden.

Blei, Antimon und Arsen stören und werden vor Durchführung der Nachweisreaktion entfernt.

SCHOELLER und POWELL weisen darauf hin, daß Zinkionen mit Ammoniak und Kaliumjodid keine unlösliche Verbindung bilden, so daß durch diese Reaktion eine weitere Möglichkeit zur Trennung von Cadmium und Zink gegeben sein dürfte (s. hierzu SCHOELLER).

4. Nachweis als Cadmium-tetrammin-quecksilberjodid (nach TAURINŠ).

Ammoniakalische Cadmiumsalzlösung bildet mit $K_2[HgJ_4]$ eine blaßgelbe kristalline Fällung der Komplexverbindung $[Cd(NH_3)_4][HgJ_3]_2$. Die Verbindung zersetzt sich in Wasser, ist aber in ammoniakalischer Lösung bei Gegenwart von $K_2[HgJ_4]$ beständig.

Ausführung. Als Reagenslösung dient eine Auflösung von 3,5 g Quecksilberchlorid in 100 ml Wasser, der 12,6 g Kaliumjodid zugesetzt werden.

Die neutrale oder schwach saure, auf Cadmium zu prüfende Lösung wird mit 2 n Ammoniak und dann mit der Reagenslösung versetzt. Bei Anwesenheit von Cadmium bildet sich ein blaßgelber kristalliner Niederschlag.

Grenzkonzentration. $1 : 2 \cdot 10^5$.

5. Fällung als Cadmiumpyrophosphat.

Aus essigsaurer Lösung fällt Cadmium bei Zugabe von Natriumpyrophosphatlösung in der Hitze als weißes Cadmiumpyrophosphat aus (GERSTENZANG).

Ausführung. Die auf Cadmium zu prüfende Lösung wird essigsauer gemacht und mit 10%iger Natriumpyrophosphatlösung versetzt. Ein weißer Niederschlag von Cadmiumpyrophosphat beweist die Anwesenheit von Cadmium. Zur Bestätigung prüft man weiter wie unter 6.

Die Fällung kann auch in Gegenwart von Nickel und Kobalt durchgeführt werden.

Phosphate fällen aus neutraler Lösung weißes, in Ammoniak lösliches Cadmiumphosphat. Mit 1 ml 1%iger $NaNH_4HPO_4$-Lösung lassen sich in 10 ml Lösung noch 110 γ Cadmium oder 1 g Cd-Ionen in 89000 ml Flüssigkeit nachweisen, mit

1 ml 1 n Reagenslösung sind 43,8 γ Cadmium in 10 ml oder 1 g Cd in 228300 ml nachweisbar; versetzt man die gleiche Menge Cadmiumionen mit einem Gemisch von 1 ml 1 n $NaNH_4HPO_4$-Lösung und 1 ml 5%iger Natriumacetatlösung, so liegt die Nachweisgrenze gleichfalls bei 1 : 228300 (KARAOGLANOV).

6. Nachweis als Cadmium-hexacyano-ferrat(III).

$K_3[Fe(CN)_6]$ bildet mit Cadmiumionen einen gelben Niederschlag, der in Salzsäure löslich ist.

Ausführung. Die neutrale oder schwach salpetersaure Lösung wird zur Prüfung auf Cadmium mit einigen Tropfen einer $K_3[Fe(CN)_6]$-Lösung versetzt. Ein gelber Niederschlag von Cadmium-hexacyano-ferrat(III) bestätigt die Anwesenheit von Cadmium.

Zur näheren Identifizierung des unter 5. erhaltenen Pyrophosphatniederschlags löst man diesen in verdünnter Salpetersäure und verdünnt vor Zugabe der Reagenslösung mit Wasser.

Beim Versetzen einer verdünnten Cadmiumsulfatlösung mit 1 ml einer 1%igen Lösung von $K_3[Fe(CN)_6]$ sind 43,8 γ Cadmium in 10 ml Lösung oder 1 g Cd in 228300 ml nachweisbar (KARAOGLANOV).

7. Fällung als Cadmiumperchlorat [nach SALVADORI (a, b)].

Bei Behandlung einer ammoniakalischen Cadmiumsalzlösung mit Ammoniumperchlorat bildet sich ein weißer, kristalliner Niederschlag aus rhomboedrischen Tafeln der Zusammensetzung $Cd(ClO_4)_2 \cdot 4\,NH_3$.

Ausführung (bei Gegenwart von Kupfer). Als Reagenslösung dient eine Auflösung von 20 g Ammoniumperchlorat in 100 ml Ammoniak ($d = 0{,}90$).

Die ammoniakalische blaue Lösung von Kupfer und Cadmium wird mit überschüssiger Reagenslösung versetzt. Bei Gegenwart von Cadmium tritt fast unverzüglich, auch aus verdünnter Lösung, eine kristalline Trübung von Cadmiumperchlorat, $Cd(ClO_4)_2 \cdot 4\,NH_3$, auf. Die Anwesenheit von Kupfer stört nicht; Kupfer wird nur aus konzentrierteren Lösungen beim längeren Stehen gefällt. Ähnlich wie Cadmium verhalten sich auch Nickel und Mangan; Kobaltammine werden nicht gefällt, Zink nur unvollständig. Der mit Quecksilber erhaltene Niederschlag ist im Überschuß des Reagenses löslich.

8. Fällung mit Kalium-hexacyano-cobaltat(III) [nach EVANS und HIGGS (a)].

In salpetersaurer oder schwefelsaurer Lösung wird Cadmium durch Kaliumhexacyano-cobaltat(III) als weißer flockiger Niederschlag gefällt.

Ausführung. Die zu prüfende Lösung soll 15 bis 20% Salpeter- oder Schwefelsäure enthalten; Salzsäure soll nicht zugegen sein, da diese den Niederschlag löst. In Gegenwart von Chloriden erfolgt nur eine teilweise oder gar keine Fällung. Auch große Mengen von Alkali- oder Ammoniumsalzen verhindern die vollständige Fällung.

Man versetzt die auf Cadmium zu prüfende Lösung mit einer 10%igen Lösung von Kalium-hexacyano-cobaltat(III) und erhält bei Anwesenheit von Cadmium einen weißen flockigen Niederschlag.

Mit Hilfe dieser Reaktion läßt sich Cadmium auch in Blei-Zinn-Legierungen nachweisen. Dazu löst man die Legierung in verdünnter Salpetersäure, verdampft zur Trockne und verfährt weiter, wie auf S. 221 beschrieben.

9. Nachweis mit Kaliumchromalaunlösung (nach MONTEMARTINI und VERNAZZA).

Eine wäßrige Suspension von Cadmiumhydroxyd (hergestellt aus Cadmiumsulfat in geringem Überschuß und NaOH) liefert mit Kaliumchromalaunlösung einen grünen Niederschlag, dessen Farbe sofort in Lilaviolett und beim Waschen in Blau übergeht. Seine Zusammensetzung ergibt sich zu $Cr_2O_3 \cdot 4\,CdO \cdot SO_3$. Durch Wasser wird der Niederschlag beim Kochen teilweise zersetzt.

10. Nachweis mit Zinkrhodanid und Eisenalaun [nach KORENMAN (c)].

Eine Auflösung von Zinkrhodanid und Eisenalaun gibt mit Cadmiumsalzlösungen einen charakteristischen Niederschlag.

Ausführung. Gleiche Volumina gesättigter Zinksulfatlösung und Ammoniumrhodanidlösung werden gemischt, der entstandene Niederschlag von Zinkrhodanid wird in Wasser gelöst und 0,1 g Eisenalaun dazugegeben.

Die auf Cadmium zu prüfende Lösung versetzt man mit der Reagenslösung, worauf bei Anwesenheit von Cadmium eine Fällung entsteht.

Empfindlichkeit. 0,25 γ Cd

In ähnlicher Weise reagieren Hg und Ag. Es stören Cu, Pb, Ba und Sr; Fe, Co, Ni, Sb, Sn, Bi und Mn dagegen nicht.

11. Abscheidung von Cadmium durch metallisches Zink (nach SERGUEEFF).

Cadmium wird aus seinen Salzen durch metallisches Zink abgeschieden.

Ausführung (a). 0,1 g Zinkfeilspäne werden in ein Zigarettenpapierbeutelchen gegeben, das mit einem Faden ohne Kniffe abgebunden wird und in die zu analysierende Lösung taucht. Die Metallabscheidung erfolgt außen auf dem Papierbeutel.

Cadmiumsalze in neutraler, schwach saurer oder ammoniakalischer Lösung scheiden auf dem Säckchen dunkelgraue, nichtglänzende Kristalle in Form von Nadeln ab. Beim Erhitzen auf 50 bis 95° gibt Cadmium einen kristallinen Niederschlag von kurzen glänzenden, hellgrauen Nadeln.

Die Reaktion erfolgt in einigen Sekunden, und fast augenblicklich, wenn man die Flüssigkeit erwärmt. In ammoniakalischer Lösung wird die Fällung des Cadmiums nur durch die Gegenwart von Kupfer und Silber gestört, weil beide unter diesen Bedingungen gleichfalls durch Zink gefällt werden. In Gegenwart von Kupfer kann Cadmium dadurch charakterisiert werden, daß man Kaliumcyanid hinzugibt, was zwar die Empfindlichkeit der Reaktion etwas beeinträchtigt, aber die Fällung von Kupfer verhindert. Man kann so 0,15 mg Cadmium in 0,3 ml ammoniakalischer Lösung feststellen. Will man die Reaktion in der Wärme durchführen, so stellt man das Reagensglas in heißes Wasser; die Temperatur kann 70 bis 95° betragen, ein Erreichen der Siedetemperatur ist zu vermeiden.

Bei Anwesenheit geringer Mengen Cadmium erfordert der Nachweis 5 bis 10 Min. Größere Mengen Cadmium charakterisiert man schnell und leicht bei gewöhnlicher Temperatur.

Ausführung (b) bei Gegenwart anderer Kationen. Man fällt Cadmium (aus neutraler, schwach saurer oder ammoniakalischer Lösung), indem man auf die Lösung in der Wärme 1 bis 2 Min. lang Zink einwirken läßt. Man erhält so eine nicht zu dicke Cadmiumschicht; dann ersetzt man die Flüssigkeit durch eine saure Lösung von Zinn(II)-chlorid. Sofort wird der Cadmiumniederschlag durch einen solchen von Zinn ersetzt. Diese Methode gestattet es, Cadmium von anderen Metallen [Na, K, Cs, Rb, Ca, Sr, Ba, Fe(II), Fe(III), Al, Zn, Cu, Mn, Ni, Co, Sn, Pb, Bi, Sb, As, Ag, Hg(II), Hg(I) und NH_4^+] zu unterscheiden. Von allen Metallen, die durch Zink gefällt werden, ist Cadmium das einzige, welches Zinn zu fällen vermag. Nitrate stören die Fällung des Cadmiums.

12. Nachweis mit Kaliumcyanid und Ammoniak.

Mit Kaliumcyanid und Ammoniak gibt Cadmium einen farblosen kristallinen Komplex.

0,1 γ Cadmium kann auf diese Weise nachgewiesen werden. Der entsprechende Kupferkomplex ist gelb gefärbt [MARTINI (c)].

13. Fällung mit Hydroxylamin.

Cadmiumsalzlösungen geben mit Hydroxylamin einen weißen kristallinen Niederschlag.

Zinksalze hingegen bilden ebenso wie Aluminiumsalze einen weißen gelatinösen Niederschlag (ROLDÁN).

14. Fällung als Oxalat.

Neutrale Cadmiumsalzlösungen werden durch Alkali- und Ammoniumoxalat gefällt. Der Niederschlag ist im Überschuß des Fällungsmittels löslich. Jedoch ist die Löslichkeit bei Fällung mit Ammoniumoxalat geringer als bei Verwendung von Alkalioxalat.

Aus Lösungen, die mit einem Überschuß von Alkalioxalat versetzt wurden, fällt Essigsäure wieder Cadmiumoxalat aus. Alkalichloride verhindern die Fällung oder machen sie unvollständig.

Zur Durchführung der Fällung von Cadmium ist Ammoniumoxalat zu verwenden. Der gebildete Niederschlag hat die Zusammensetzung $Cd(COO)_2 \cdot 3\,H_2O$, wenn die Fällung aus Cadmiumnitrat- oder -sulfatlösung erfolgte (DICK; v. REIS).

II. Nachweis mit organischen Reagenzien.

1. Nachweis mit Diazoaminobenzol (nach EEGRIWE).

Gibt man zu 1 Tropfen einer Cadmiumsalzlösung etwas Sodalösung und darauf eine bestimmte Menge einer Lösung von Diazoaminobenzol in Aceton, so bildet sich eine orangerote Trübung oder Fällung, die, mit etwas Chloroform ausgeschüttelt, von diesem mit orangeroter bis roter Färbung aufgenommen wird. Die Mehrzahl der übrigen Kationen gibt hierbei eine gelbe Trübung oder Fällung, die das Chloroform nur gelb anfärbt. Da die Reaktion ziemlich empfindlich ist, kann sie zum Nachweis von Cadmium Verwendung finden.

$C_6H_5—N{=}N—NH—C_6H_5$

Diazoaminobenzol

Ausführung. Als Reagenslösung dient eine Auflösung von 0,5 g Diazoaminobenzol in 100 ml Aceton; die Lösung soll in einer braunen Tropfflasche aufbewahrt werden.

Zu 1 Tropfen der zu prüfenden neutralen (von Kupfer- und Ammoniumionen freien) Lösung gibt man 0,5 ml Sodalösung (15 g $Na_2CO_3 \cdot 2\,H_2O$, gelöst in Wasser zu 100 ml), 0,25 ml Reagenslösung sowie einige Tropfen Chloroform und schüttelt um.

0,2 γ Cadmium geben noch eine orangerötliche Färbung des Chloroformtropfens.

Störungen. Kupfer gibt eine grünliche Färbung, die von Chloroform aufgenommen wird. Silber gibt eine bräunlichgelbe Trübung der Chloroformschicht. Beide Kationen stören. Desgleichen stören mit Sodalösung gefärbte Niederschläge oder reichliche Mengen von Kationen, die farblose Niederschläge geben, ferner Ammoniumsalze. Die gleiche Reaktion wie Cadmium geben mit dem Reagens Kobalt- und Nickelsalze. Während die Kobaltreaktion nach Zugabe der Reagenzien durch längeres Umschütteln der Lösung zum Verschwinden gebracht werden kann, wobei die rötliche Färbung der Chloroformschicht in eine bräunliche übergeht, bleibt die Nickelreaktion bestehen. Auf diese Weise kann der Nachweis von Cadmium neben Kobalt geführt werden, dagegen von Cadmium neben Nickel nur dann, wenn von letzterem nur geringe Mengen vorliegen, indem nach Zugabe der Reagenzien durch etwas festes Diacetyldioxim das Nickelion aus der Chloroformschicht ausgefällt wird und die noch vorhandene Orangerotfärbung die Gegenwart von Cadmium anzeigt. Auf diese Weise lassen sich noch 3 γ Cadmium neben der etwa zehnfachen Menge Nickel nachweisen. Die Empfindlichkeit der Reaktion für Nickel beträgt 0,05 γ Nickel in 1 Tropfen Lösung.

3 γ Cadmium können neben der 500fachen Menge Pb, Mn, Zn und Mg sowie neben der 100fachen Menge Hg(II), Bi, Al, Co und Ca nachgewiesen werden.

2. Nachweis mit p-Nitrobenzol-diazoamino-phenylarsinsäure [nach STEIGMANN (b)].

Herstellung der Reagenslösung. 0,1 g der Diazoaminoverbindung werden gelöst in 5 ml 5 n Ammoniak, 45 ml i-Propanol, 10 ml Wasser und 5 ml 5 n Natronlauge. Die rote bis rotviolette Lösung wird mit Wasser auf 100 ml aufgefüllt.

Zum Gebrauch verdünnt man 10 ml dieser Lösung mit 90 ml Wasser. Mit Cadmiumionen erfolgt ein Farbumschlag der Reagenslösung von intensiv Rot nach schwach Gelb.

Außer Cadmium rufen auch Silber und Quecksilber einen ähnlichen Farbumschlag hervor.

3. Nachweis mit Thionalid (Thioglykolsäure-β-aminonaphthalid).

Das Reagens liefert nach BERG und ROEBLING (a) mit Metallen, die schwerlösliche Sulfide bilden, beständige Metallkomplexe, die zur Klasse der inneren Komplexe gehören.

Die Fällung der Metalle kann in mineralsaurer, alkalischer, tartrathaltiger, tartrat- und KCN-haltiger sowie alkalischer KCN-haltiger Lösung erfolgen.

Cadmium gehört zusammen mit Cu, Ag, Au, Hg, Tl, Mn und Fe(II) zu den in alkalischer tartrathaltiger Lösung fällbaren Kationen.

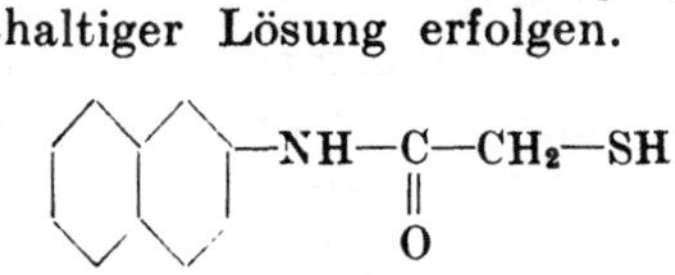

Thioglykolsäure-β-aminonaphthalid

Ausführung. Da das Thionalid infolge Salzbildung in natronalkalischer Lösung leicht löslich ist, kann eine 5%ige alkoholische Reagenslösung verwendet werden, von der man 4 bis 5 Tropfen auf 5 ml zusetzt, weil in alkalischer Lösung ein größerer Zusatz an Reagens zur Bildung der Metallkomplexe erforderlich ist. Oxydationsmittel werden vor dem Reagenszusatz am zweckmäßigsten mit Hydroxylamin zerstört.

Die schwach saure Versuchslösung versetzt man mit Ammoniumtartrat in hinreichendem Überschuß, macht mit Natronlauge alkalisch, erhitzt zum Sieden und versetzt die Lösung mit dem Reagens. Cadmium bildet einen weißen Niederschlag.

Handelt es sich um einen Spurennachweis, so versetzt man die Lösung mit der eben hinreichenden Menge Tartrat, um die Fällung des Hydroxyds zu verhindern und kühlt ab.

Grenzkonzentration. $1 : 2{,}5 \cdot 10^6$.

Erfassungsgrenze. 0,4 γ/ml.

Störungen. Eine weiße Fällung gibt auch Gold; Tl und Cu geben gelbe Niederschläge, Fe(II) fällt schmutziggrün. Ag wird reduziert, Mn bildet Braunstein [s. hierzu auch BERG und ROEBLING (b)].

4. Nachweis mit 8-Oxychinolin.

Die Fällung des Cadmiums kann in Gegenwart von Natriumacetat, Ammoniak oder Natronlauge erfolgen. In natronalkalischer Lösung werden neben Cadmium nur Kupfer, Zink, Magnesium und zweiwertiges Eisen gefällt, in essigsaurer, mit Natriumacetat gepufferter Lösung werden außer Cadmium auch Zink, Kupfer und Silber gefällt [BERG (a, b); s. auch SCHMITZ-DUMONT; TOUGARINOFF].

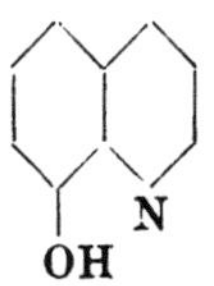
8-Oxychinolin

Empfindlichkeit. 1 : 416000 (in Natriumacetatlösung); 1 : 200000 (in Ammoniaklösung); 1 : 104000 (in natronalkalischer Lösung) [BERG (a, b)]. Die größte Empfindlichkeit besitzt demzufolge die Fällung von Cadmium in natriumacetathaltiger, schwach essigsaurer Lösung.

Ausführung (a) (nach FOX). Zum Nachweis wird die Lösung mit Ammoniak oder Natriumcarbonat nahezu neutralisiert und dann eine Lösung von Ammonium- oder Natriumacetat (mit wenig Essigsäure) hinzugegeben. Zu dieser Lösung gibt man 0,5 ml einer 2%igen Oxinlösung in Alkohol. Die Mischung wird geschüttelt und zum Sieden erhitzt. Nach wenigen Minuten erhält man einen gelben Niederschlag mit Cadmium (sowie mit Zink und den meisten der gewöhnlichen Metalle).

Ausführung (b) [nach ROSENTHALER (b)]. Eine 10%ige Lösung von Oxychinolin in 30%iger Essigsäure wird mit so viel Kalilauge versetzt, daß der sich zunächst ausscheidende Niederschlag wieder gelöst wird. Die Lösung muß völlig klar sein. Wenn nötig, filtriert man mit Kieselgur.

Cadmium (und ebenso auch Nickel) gibt im Gegensatz zu fast allen anderen Metallen eine amorphe gelbe Fällung.

5. Nachweis mit Resorcin.

Nach BEY (a) entsteht bei Zusatz von Resorcin zu einer ammoniakalischen Cadmiumsalzlösung eine Blaufärbung [s. auch BEY (b); TOUGARINOFF; DEL CAMPO CERDAN].

Ausführung (a) (nach LAVOYE). Zu 1 ml einer verdünnten Cadmiumsalzlösung fügt man 1 ml einer 10%igen Resorcinlösung und dann 2 ml 10%iges Ammoniak. Man erwärmt einen Augenblick und läßt dann stehen. Die beim Erwärmen auftretende Färbung erreicht nach einigen Stunden ihr Maximum. Cadmium gibt eine Blaufärbung, die aber etwas weniger intensiv ist als die des Zinks.

Ausführung (b) [nach BEY (a)]. Die auf Cadmium zu prüfende Lösung wird mit Ammoniak versetzt, bis das entstandene Hydroxyd sich gerade wieder löst. Dann gibt man eine 5%ige Lösung von Resorcin in Äther hinzu. Bei Anwesenheit von Cadmium bildet sich an der Berührungsfläche der beiden Schichten ein blauer Ring.

Nachweisgrenze. In einer 0,0011%igen Lösung von $CdCl_2 \cdot 2\,H_2O$ bildet sich der blaue Ring nach etwa einer halben Stunde. Bei sehr verdünnten Lösungen ist die Färbung nur 5 bis 10 Min. beständig und geht dann in ein wenig charakteristisches Violett über.

Liegen Cadmium und Kupfer nebeneinander vor, so ist die Reaktion durchführbar, wenn Kupfer durch Kaliumcyanid gebunden wird.

Grenzkonzentration. $1 : 10^5$ (VAN NIEUWENBURG u. a.).

Störungen. Ähnliche Reaktionen geben auch Zn, Sn, Pb und Cu [BEY (a)]. Außerdem geben auch Ni, Co, Pt und Mn bei Gegenwart von Ammoniumsalzen Farbreaktionen mit Resorcin.

Alle Färbungen gehen bei Zusatz von Säure über Violett oder Grün in Rot über. Die nach dem Eindampfen der gefällten Lösungen hinterbleibenden Rückstände, die die gleiche Farbe wie die Lösungen haben, gehen erst nach Zusatz von Ammoniak wieder in Lösung (LAVOYE).

6. Nachweis mit α-Chinaldinsäure.

Versetzt man eine essigsaure Cadmiumsalzlösung in der Siedehitze mit einer 2%igen wäßrigen Lösung von chinaldinsaurem Natrium, so erhält man einen weißen Niederschlag von Cadmiumchinaldinat der Zusammensetzung $Cd(C_{10}H_6NO_2)_2$. Der günstigste Fällungsbereich liegt zwischen p_H 3,9 bis 7,2.

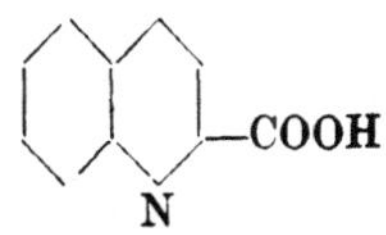

α-Chinaldinsäure

Als Reagenslösung werden 5 g Chinaldinsäure in 150 ml Wasser gelöst; die Säure wird dann in die Natriumverbindung übergeführt. Auch die freie Säure kann verwendet werden sowie eine entsprechende Lösung von Ammoniumchinaldinat.

Empfindlichkeit. 1 : 8 · 10^5 (bei Bildung eines erkennbaren Niederschlags).

In ganz ähnlicher Weise reagieren Cu, Zn und Fe(II) [SCHEIBER; SHENNAN; s. auch MAJUMDAR (a); RÂY und BOSE].

7. Nachweis mit 8-Oxychinolin-7-carbonsäure.

In ammoniakalisch-tartrathaltiger Lösung zeigt nur das Cadmium die Neigung zur Bildung einer schwerlöslichen Verbindung.

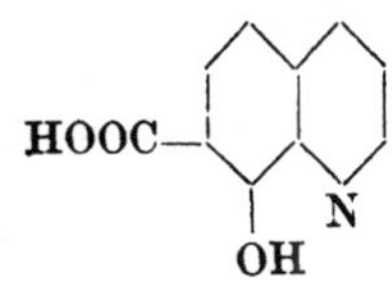

8-Oxychinolin-7-carbonsäure

Grenzkonzentration. 1 : 2 · 10^4.

Die Spezifität dieser Fällung wird nur durch die Anwesenheit von Quecksilber-, Blei- und Uransalzen beeinträchtigt [BERG (c)].

Durch Einführung von Brom in das Oxychinolinderivat unter Bildung von 8-Oxychinolin-5-Brom-7-carbonsäure wird zwar die Empfindlichkeit gegenüber Cadmium wesentlich erhöht (1 : 1,2 · 10^5), jedoch auf Kosten der Spezifität, da nunmehr nicht nur die Salze des Hg, Pb und U, sondern auch die des Zn und Cu beträchtliche Schwerlöslichkeit aufweisen [BERG (c)].

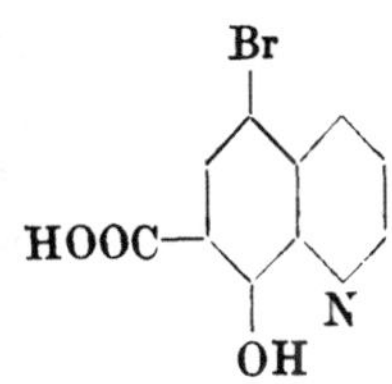

8-Oxychinolin-5-Brom-7-carbonsäure

8. Nachweis mit 5-Methyl-8-Oxychinolin (nach GIETZ und SÁ).

Das Reagens fällt aus schwach alkalischer, tartrathaltiger Cadmiumchloridlösung einen Niederschlag, der häufig nur als Trübung zu erkennen ist.

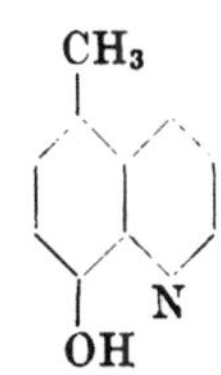

5-Methyl-8-Oxychinolin

Ausführung. Als Reagenslösung dient eine Auflösung von 3,8 g Methyloxychinolin in 13 ml 2 n Salzsäure, die mit Wasser auf 100 ml zu verdünnen ist.

5 ml der auf Cadmium zu prüfenden Lösung, die 0,5 ml gesättigte Natriumtartratlösung und 0,5 ml 2 n Natronlauge enthalten soll, werden auf 80 bis 90° erwärmt, und 1 Tropfen der Reagenslösung wird hinzugegeben. Nach 10 Min. beobachtet man das Auftreten einer gelben Fällung oder Trübung, wenn Cadmium anwesend ist. Man vergleicht dabei am besten mit einer Blindprobe.

Empfindlichkeitsgrenze. 30 γ.

Grenzkonzentration. 1 : 165000.

Störungen. Ebenso wie Cadmium werden von dem Reagens in alkalischer Lösung gefällt: Fe(III), Fe(II), Co, Pd(II), Cu, Zn und Mg. In natriumacetatgepufferter, essigsaurer Lösung reagieren Fe(III), Cu, Co, Ni, Pd(II), Ti(IV), VO_3^-, MoO_4^{--} und WO_4^{--}.

9. Fällung mit o-Chinolincarbonsäure [nach MAJUMDAR (b, c)].

Cadmium bildet ähnlich wie Kupfer und Eisen(II) mit dem Reagens eine weiße, schwerlösliche Komplexverbindung, die in starken Mineralsäuren löslich ist.

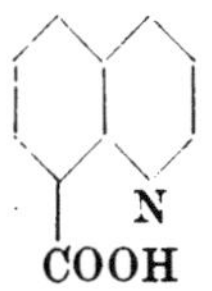

o-Chinolin-carbonsäure

Ausführung [nach MAJUMDAR (c)]. Zu einer sauren Cadmiumsalzlösung gibt man einen Überschuß des Natriumsalzes der Chinolin-8-carbonsäure.

Die kalte Lösung wird unter Verwendung von Bromthymolblau als Indicator mit verdünnter Natronlauge neutralisiert bis gerade zur alkalischen Reaktion. Der gebildete Niederschlag entspricht der Zusammensetzung $Cd(C_{10}H_6O_2N)_2$.

Die Reaktion wird durch Fe(II) gestört.

10. Nachweis mit Brucinsulfat und Kaliumbromid (nach MEURICE).

Kaliumcadmiumbromid bildet mit Brucin einen Niederschlag, der in mäßig konzentrierter Schwefelsäure unlöslich ist (MEURICE; s. auch WAGENAAR; TOUGARINOFF).

Ausführung. Wenn man in ein Reagensglas eine Spur eines Cadmiumsalzes gibt und 1 ml einer 1%igen Brucinsulfatlösung hinzufügt sowie etwas Kaliumbromid, so erhält man einen weißen Niederschlag des Cadmium-Brucindoppelbromids.

Nach GUTZEIT (c) verwendet man als Reagenslösung eine 3%ige Lösung von Brucin in verdünnter Schwefelsäure, der 2% Kaliumbromid zugesetzt sind.

Die Salze des Kupfers geben unter denselben Bedingungen keinen Niederschlag.

Im Verlaufe des klassischen Analysengangs erhält man eine ammoniakalische Lösung von Kupfer und Cadmium nebeneinander; die Anwesenheit von Kupfer wird eindeutig durch die Farbe der Lösung bewiesen. Zum Nachweis von Cadmium neutralisiert man einen Teil der Lösung mit verdünnter Schwefelsäure; dann fügt man zuerst Brucinsulfat und danach Kaliumbromid hinzu. Die Bildung eines weißen Niederschlags beweist die Gegenwart von Cadmium; die Reaktion läßt auch noch Spuren erkennen.

In entsprechender Weise wie Cadmium reagiert auch Quecksilber, während die Metalle der Eisengruppe keinen Niederschlag geben.

11. Nachweis mit 1-(2-Chinolyl)-4-allylthiosemicarbazid und Kaliumjodid (nach SCOTT und ADAMS).

Eine gesättigte Lösung dieses Reagenses in 50%igem Alkohol gibt bei Anwesenheit von Kaliumjodid mit Cadmium einen gelben Niederschlag. Der Nachweis von Cadmium in Gegenwart von Kupfer (in Abwesenheit von Ammoniak und Sulfat) erfolgt durch Zugabe von Kaliumjodidlösung, Thiosemicarbazidlösung und Ammoniak; Cadmium gibt eine gelbe Fällung, Kupfer eine blaue Lösung.

$$CH_2{=}CH \cdot CH_2 \cdot NH \cdot CS \cdot NH \cdot NH \cdot C_9H_6N$$

1-(2-Chinolyl)-4-allylthiosemicarbazid

Ausführung. Das Reagens wird hergestellt aus 10 ml Allylisothiocyanat und 16 g kristallisiertem Chinolylhydrazin in Äther. Beim langsamen Umkristallisieren aus Äther werden farblose Kristalle erhalten, die in Äther, Alkohol und Benzol leicht löslich, in kaltem Wasser wenig löslich sind. Das Reagens wird in 50%igem Alkohol gelöst.

Der Nachweis von Cadmium in Gegenwart von Kupfer (bei Abwesenheit von Zink, Nickel und Kobalt) erfolgt in folgender Weise: Falls störendes Ammoniak und Sulfat anwesend sind, werden diese durch Verkochen des Ammoniaks und Fällen des Sulfats mit Bariumchlorid entfernt. Zu dieser Lösung gibt man eine gesättigte Lösung von Kaliumjodid, so daß Kupferjodid gefällt wird. Ohne zu filtrieren erfolgt die Zugabe der gesättigten Thiosemicarbazidlösung (in 50%igem

Alkohol), wobei der gelbe Cadmium-thiosemicarbazidjodidkomplex gefällt wird. Bei Zugabe von Ammoniak löst sich das Kupfersalz, jedoch nicht der Cadmiumkomplex. So zeigt die blaue Lösung die Anwesenheit von Kupfer, der gelbe Niederschlag Cadmium an.

Grenzkonzentration. $1 : 2 \cdot 10^5$.

Empfindlichkeit. Bei einer Verdünnung von $1 : 10^6$ wird Opalescenz und nach 2 Min. noch eine Niederschlagsbildung beobachtet.

Störungen. Außer Cadmium geben auch Zink und Quecksilber einen gelben, Cu, Ni, Co und Ag einen braunen Niederschlag. Die Anwesenheit verschiedener Anionen (Cl^-, Br^-, J^-, SO_4^{--}, OCN^- und SCN^-) beeinflußt die Vollständigkeit der Fällung und das Auftreten des Niederschlags in gewissem Maße. Der Nachweis gelingt am besten in Gegenwart von Jodid.

12. Nachweis als Cadmium-Pyridinchlorid.

Das Cadmium-Pyridindoppelsalz, $CdCl_2 \cdot 2\,C_5H_5N$, scheidet sich auf Zusatz von Pyridin aus einer neutralen Lösung von Cadmiumchlorid in weißen, seidenglänzenden Nadeln aus. In kaltem Wasser wenig löslich, löst es sich in siedendem Wasser unter teilweiser Zersetzung auf. In Alkohol ist es sehr schwer löslich, und in Äther ist es praktisch als vollkommen unlöslich zu betrachten.

Die Fähigkeit, mit Pyridin schwerlösliche Salze zu bilden, ist nur dem Cadmiumchlorid, nicht aber dem Sulfat oder Nitrat eigen; will man daher aus Lösungen dieser letzteren Salze Cadmium ausscheiden, so muß man zunächst eine äquivalente Menge Alkalichlorid zusetzen. Sättigt man die Lösung mit Natriumchlorid und scheidet das Cadmium-Pyridinsalz in der Wärme aus, so ist das Filtrat vollkommen cadmiumfrei, auch wenn die Konzentration nur 0,2% Cadmium beträgt (Kragen).

Ausführung (nach Kragen). Die auf Cadmium zu prüfende salzsaure Lösung, die neben Cadmium nur Kupfer enthalten soll, wird mit Lauge neutralisiert und in der Kälte mit dem gleichen Volumen einer gesättigten Kochsalzlösung versetzt; dann werden einige Tropfen Pyridin zugefügt. Es bildet sich sofort ein feiner weißer Niederschlag von $[CdPy_2]Cl_2$, während das Kupfer durch die tiefblaue Farbe der Lösung angezeigt wird. Hat sich das Kupfer als flockiger, amorpher, grünlicher Niederschlag ausgeschieden und bleibt die Flüssigkeit blaß gefärbt, so fügt man noch etwas Pyridin hinzu, wodurch vollständige Auflösung des Kupfers mit tiefblauer Farbe erfolgt und nur das Cadmiumsalz im Niederschlag zurückbleibt.

Empfindlichkeit. Die Methode ist empfindlicher als die Fällung als Cadmiumsulfid; ihre Anwendung ist insbesondere dann angebracht, wenn in der cadmiumsalzhaltigen Lösung gleichzeitig große Mengen Alkalichloride zugegen sind (Kragen).

Nach Spacu ist die Reaktion auf Grund der großen Löslichkeit des Cadmium-Pyridinchlorids in Wasser wenig empfindlich. Eine Lösung von 4 g Pyridin/Liter Wasser zeigt mit Cadmiumchloridlösung auch nach Stunden keine Bildung eines sichtbaren Niederschlags.

Empfindlichkeit (nach Tougarinoff). 0,02 mg Cd/5 ml.

13. Nachweis mit Thiodiphenylcarbazid (nach Parri).

Eine 5%ige Lösung von Thiodiphenylcarbazid in Alkohol gibt mit Cadmium in essigsaurer Lösung einen schmutzigweißen Niederschlag, der mit Natronlauge solferino(lila)-rot, dann mit Essigsäure ziegelrot wird.

Herstellung des Reagenses: Phenylhydrazin reagiert mit Schwefelkohlenstoff heftig unter Entwicklung von Wärme. Die entstehende Verbindung, stark lichtbrechende, farblose Tafeln, ist in Wasser wenig, in Alkohol leichter löslich.

$$S{=}C\begin{matrix} \diagup NH \cdot NH \cdot C_6H_5 \\ \diagdown NH \cdot NH \cdot C_6H_5 \end{matrix}$$

Thiodiphenylcarbazid

Außer Cadmium bilden zahlreiche weitere Kationen gleichfalls gefärbte Niederschläge.

14. Fällung mit Antipyrin und Bromid [nach GUSEV (b)].

Cadmiumsalzlösungen geben mit Antipyrin bei Gegenwart von Kaliumbromid einen Niederschlag der Zusammensetzung $[C_{11}H_{12}ON_2H]_2[CdBr_4] \cdot 2\,C_{11}H_{12}ON_2$, der im Überschuß der Reagenslösung sowie in Äther unlöslich ist; die Fällung ist löslich in Wasser, Säuren und Alkalien.

Ausführung. Die Herstellung der Reagenslösung erfolgt durch Auflösen von 5 g Antipyrin und 10 g Kaliumbromid in 85 ml 0,5 n Schwefel- oder Salpetersäure. 5 ml des Reagenses werden benötigt zur Fällung von 2,5 mg Cadmium. Um die Bildung übersättigter Lösungen zu verhindern, muß gerührt werden. Der gebildete Niederschlag ist hellrosa gefärbt.

Der schwerlösliche Komplex wird durch Natronlauge und Schwefelsäure zersetzt.

Störungen. Zink und Kupfer sind ohne Einfluß bei 2000fachem Überschuß. Mg, Al, Fe, Bi, Pb, Hg, Sb und Sn stören nicht, wenn sie in Mengen auftreten, wie sie gewöhnlich neben Cadmium vorliegen.

Nach KOLTHOFF und HAMER (b) bilden Cadmiumsalze mit Antipyrin bei Gegenwart von Rhodanid keinen Niederschlag.

Nach KORENMAN (e) erhält man einen weißen, in Salzsäure löslichen Niederschlag, wenn man mit einer gesättigten Lösung von Antipyrin in Salzsäure (1 : 3) bei Gegenwart von Kaliumjodid fällt.

Grenzkonzentration. $1 : 8 \cdot 10^5$.

15. Nachweis mit Pyramidon und Jodid.

Saure Cadmiumsalzlösungen bilden mit Pyramidon bei Anwesenheit von Kaliumjodid einen schwerlöslichen Niederschlag der Zusammensetzung $(C_{13}H_{17}ON_3)_2H_2[CdJ_4]$.

Ausführung [nach GUSEV (a)]. Zu 1 ml der auf Cadmium zu prüfenden Lösung werden einige Tropfen einer 10%igen Lösung von Kaliumjodid sowie die gleiche Menge einer 5%igen Lösung von Pyramidon und 2 bis 3 Tropfen einer 2 n Säure zugefügt, wonach bei Anwesenheit von Cadmium ein weißer feinkristalliner Niederschlag ausfällt.

Die **Empfindlichkeit** des Cadmiumnachweises, der bei Gegenwart von Zink erfolgen kann, beträgt 3,6 γ Cadmium in 1 ml Lösung.

Störungen. Die Reaktion wird durch Hg(II), Hg(I), Cu, Bi und Pb gestört.

Nach KOLTHOFF und HAMER (b) sowie FUNGAIRIÑO bildet Cadmium ähnlich wie Zink (s. Zink, § 3, S. 164) auch bei Gegenwart von Rhodanid mit Pyramidon einen Niederschlag.

16. Fällung mit Mercaptobenzthiazol.

Ammoniakalische Mercaptobenzthiazollösung fällt Cadmium aus ammoniakalischen Cadmiumsalzlösungen quantitativ aus. Dieses Ammin, welches feine weiße seidenglänzende Nadeln bildet, ist unbeständig und verliert allmählich Ammoniak [SPACU und KURAŠ; s. auch KURAŠ (a)].

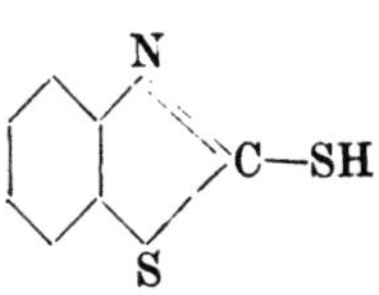

Mercaptobenzthiazol

Alkalien und Erdalkalien stören nicht. Jedoch werden auch Cu, Pb, Bi, Tl und Au durch das Reagens gefällt [KURAŠ (d); s. auch DUBSKÝ (c)].

17. Fällung mit Diantipyrylmethan [nach SCHIWOPISSZEW (a, b)].

Cadmiumsalze bilden in Gegenwart von Br^--Ionen das komplexe, sehr unbeständige, leicht dissoziierbare Anion $[CdBr_4]^{--}$, das mit Diantipyrylmethan das schwerlösliche Komplexsalz $(C_{23}H_{23}O_2N_4)_2H_2[CdBr_4]$ ergibt, wobei Cadmium fast quantitativ ausfällt.

Als Reagenslösung dient eine 1%ige Lösung von Diantipyrylmethan, die 0,5 n Schwefelsäure und 2,5% Kaliumbromid enthält und im Volumenverhältnis 2 : 1 zu der auf Cadmium zu prüfenden Lösung gegeben wird.

Es wird in schwefelsaurer Lösung gearbeitet. Salzsäure und Salpetersäure dürfen nicht anwesend sein. Ein Erwärmen bis fast zum Sieden ist vorteilhaft. Es werden weiße, seidenglänzende Nadeln gebildet. Die auf Cadmium zu prüfende Lösung soll 0,5 bis 2 normal an Schwefelsäure sein.

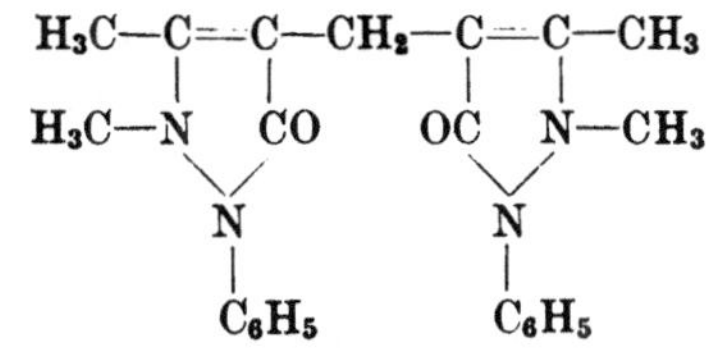

Diantipyrylmethan

Bis zu 0,002 mg Cd können auf diese Weise nachgewiesen werden.

Die Reaktion wird durch Cu, Ni, Co, Mn, Fe(II), Cr, Al und Mg sowie innerhalb weiter Grenzen durch Zn und Fe(III) nicht gestört. Bei großem (50fachem) Fe(III)-Überschuß ist Reduktion zu Fe(II) zu empfehlen. Bei größeren Mengen Zink wird zweckmäßig eine Umfällung vorgenommen.

Eine noch schwerer lösliche Komplexverbindung mit Cadmium gibt Diantipyrylmethan bei Anwesenheit von Kaliumjodid; doch stören bei dieser Ausführung Kupferionen.

18. Fällung mit Phenyltrimethylammoniumjodid (nach Pass und Ward).

Bei Gegenwart von Kaliumjodid bilden Cadmiumsalzlösungen mit dem Reagens einen cremefarbenen Niederschlag der Zusammensetzung $[C_6H_5(CH_3)_3N]_2CdJ_4$.

Ausführung. Die von störenden Ionen befreite Lösung wird mit Kaliumjodid und einer wäßrigen Lösung von Phenyltrimethylammoniumjodid (2,5 g in 100 ml Wasser) versetzt; bei Gegenwart von Cadmium fällt ein cremefarbener, gut kristallisierender Niederschlag aus.

Die Entfernung störender Metalle kann mit Hilfe von Eisen in schwefelsaurer Lösung erfolgen.

Herstellung des Reagenses: 13 ml Dimethylanilin und 7,5 ml Methyljodid werden in 50 ml Chloroform gelöst, und die Lösung wird stehengelassen. Nach ein paar Tagen werden die Kristalle abfiltriert, gut mit Chloroform gewaschen und getrocknet.

19. Nachweis mit dem Kupplungsfarbstoff aus Tetrazobenzidin und Resorcin [nach Miller (a)].

Cadmiumhydroxyd bildet mit dem Kupplungsfarbstoff einen hellblauen Farblack.

Ausführung. Die Reagenslösung wird hergestellt durch Auflösen des Farbstoffs in möglichst wenig Natronlauge und Verdünnen auf eine Konzentration von 0,05%.

Werden 10 Tropfen der Reagenslösung zu einer schwach mit Salzsäure angesäuerten Lösung gefügt und wird danach mit 10%iger Natronlauge alkalisch gemacht, so bildet sich bei Gegenwart von Cadmium ein hellblauer Niederschlag.

Störungen. Magnesium bildet einen tiefblauen Lackfarbstoff, Calcium einen rötlichen Niederschlag; weiter stören Cu, Fe, Co und große Mengen Ammoniumionen.

Herstellung des Reagenses: 18,4 g Benzidin werden in 50 ml konzentrierter Salzsäure gelöst, auf 1 l verdünnt und auf 15° abgekühlt. Dann fügt man möglichst schnell 30%ige Natriumnitritlösung zu unter Vermeidung zu großer Gasentwicklung, bis die Lösung KJ-Stärkepapier bläut. Unter Rühren und Kühlung wird langsam ein 5%iger Überschuß über die theoretische Menge Resorcin (gelöst in überschüssiger Natronlauge und auf ein Volumen von 400 ml gebracht) hinzugefügt. Nach kurzem Erwärmen neutralisiert man mit Salzsäure und setzt 100 g Natriumchlorid hinzu. Der dunkelbraune Farbstoff fällt aus; er wird auf einem BÜCHNER-Trichter abgesaugt, mit verdünnter Kochsalzlösung und danach mit 1%iger Salzsäure und eiskaltem Wasser gewaschen.

20. Nachweis mit Resorufin.

Gibt man zu einer neutralen oder schwach sauren Cadmiumsalzlösung einige Tropfen ammoniakalischer Resorufinlösung (0,2 g Resorufin in 5 ml Ammoniak und 100 ml Wasser) hinzu, so entsteht ein Niederschlag, welcher in der intensiv gelbrot fluorescierenden Lösung im auffallenden Licht (besonders bei Verwendung eines schwarzen Hintergrundes) dunkel erscheint und so in kleinen Mengen sehr leicht zu erkennen ist.

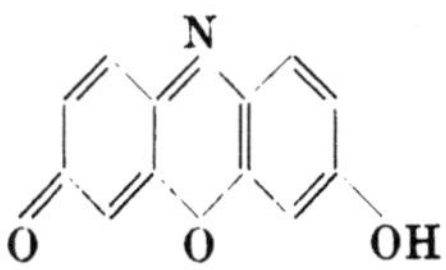
Resorufin

Die Reaktion ist nicht spezifisch; ähnliche Niederschläge geben auch Cu, Zn, Fe(III), Al, Ni, Cr, Ba und Sr. Fe(II) stört die Reaktion durch Reduktion des Resorufins und muß vorher zu Fe(III) oxydiert werden (EICHLER).

21. Nachweis mit 2,7-Diaminofluoren.

Eine auf das Doppelte ihres Volumens mit Alkohol verdünnte Cadmiumsalzlösung gibt bei Anwesenheit von Chloriden und Abwesenheit von Sulfaten mit einer 1%igen alkoholischen Lösung von 2,7-Diaminofluoren einen reinweißen Niederschlag.

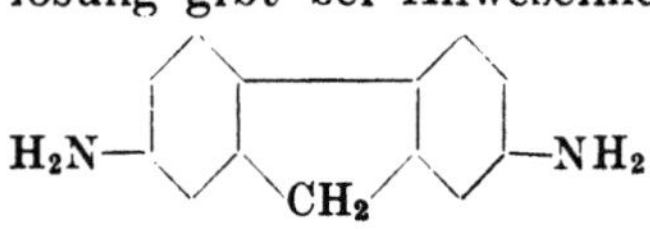
2,7-Diaminofluoren

Sulfationen stören, da das Reagens ein schwerlösliches Sulfat bildet; sie werden mit überschüssiger Bariumchloridlösung entfernt.

Sind in der zu prüfenden Lösung keine Chloride oder Nitrate vorhanden, so wird die Reaktion erst dann eindeutig, wenn man der Metallsalzlösung außer dem Reagens noch Kochsalzlösung hinzufügt.

Zink reagiert ebenso wie Cadmium, während Kupfer einen blauen Komplex bildet (SCHMIDT und HINDERER).

22. Nachweis mit Methylviolett.

Methylviolett reagiert mit Cadmiumsalzlösungen bei Gegenwart von Kaliumjodid, wobei im durchfallenden Licht eine blaue bis violette Färbung der Lösung beobachtet wird [KUSNETZOV (b)].

Ausführung. 2 ml der auf Cadmium zu prüfenden Lösung werden mit 1 Tropfen Salzsäure ($d = 1{,}12$), 1 Tropfen 0,06%iger Methylviolettlösung und 1 Tropfen 25%iger Kaliumjodidlösung versetzt. Bei Anwesenheit von Cadmium entsteht eine blaue oder violette Farbe.

Grenzkonzentration. $1 : 4 \cdot 10^6$.

Der Nachweis von Cadmium bei Anwesenheit von Zink ist möglich bis zu einem Verhältnis von Cd : Zn = 1 : 3000 sowie in Gegenwart vieler anderer Metalle.

23. Nachweis mit Dimin (Dithiocarbamat des Cyclohexyl-äthylamins).

In ammoniakalischer Lösung geben Cadmiumsalzlösungen mit dem Reagens einen Niederschlag. Als Reagens dient eine 0,5%ige wäßrige Lösung des Dimins.

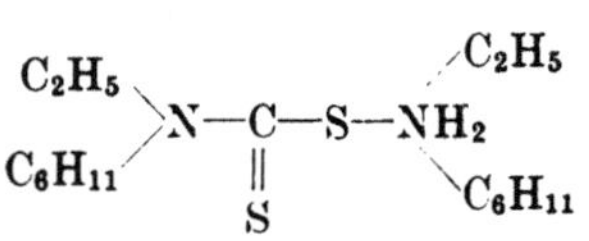
Dimin

Grenzkonzentration. $4 \cdot 10^{-4}$ g-Atom Cd/Liter.

Zahlreiche Schwermetallkationen geben mit Dimin gleichfalls einen Niederschlag, so Ni, Co und Mn gleichfalls aus ammoniakalischer Lösung, Zn, Pb, Hg, As(III), As(V), Sb(III) und Sn(II) aus saurer Lösung, sowie Zn, Ag, Pb und Cu aus alkalischer Lösung. Mit verdünnten Lösungen von Al und Cr findet keine Reaktion statt (HERRMANN-GURFINKEL).

24. Nachweis mit Dinaphthyl-thiocarbazon.

Ähnlich wie Dithizon (§ 3, S. 242) wird auch eine Auflösung von Dinaphthylthiocarbazon in Tetrachlorkohlenstoff durch Schütteln mit einer Cadmiumsalzlösung charakteristisch gefärbt. Die Acetonlösung des Reagenses fällt aus wäßriger Cadmiumsalzlösung einen roten Niederschlag, der in Tetrachlorkohlenstoff, Chloroform und Schwefelkohlenstoff leicht löslich ist.

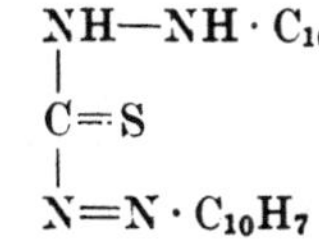

Dinaphthyl-thiocarbazon

Ähnlich reagieren besonders Quecksilber und Zink (SSUPRUNOWITSCH).

Über die Herstellung des Reagenses s. HUBBARD und SCOTT.

25. Nachweis mit Isonitroso-N-phenyl-3-methyl-pyrazolon.

Aus natriumacetathaltiger Cadmiumsalzlösung fällt das Reagens einen gelben Niederschlag der Zusammensetzung $Cd(C_{10}H_8N_3O_2)_2$.

Als Reagenslösung dient eine 1%ige Lösung von Isonitroso-N-phenyl-3-methyl-pyrazolon in 50%igem Alkohol. Die zu prüfende Lösung soll Cadmium als Acetat, Nitrat oder Sulfat enthalten. Die Acidität wird durch Zugabe von 10%iger Natriumacetatlösung herabgesetzt.

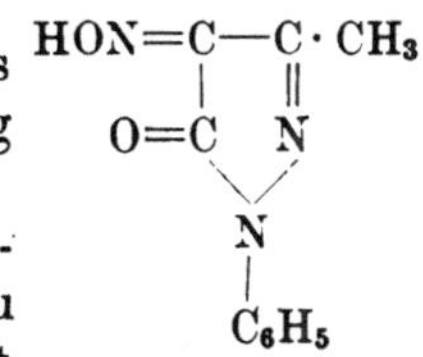

Isonitroso-N-phenyl-3-methyl-pyrazolon

Unter ähnlichen Bedingungen wie Cadmium geben auch Ag, Ni, Co, Zn, Cu und das Uranylion eine Fällung mit dem Reagens (HOVORKA und SÝKORA).

26. Nachweis mit Eriochromschwarz T.

Läßt man die violettgefärbte alkalische Lösung von Eriochromschwarz T zu der ammoniakalischen Lösung eines Cadmiumsalzes fließen, so entsteht ein rotgefärbter Farblack.

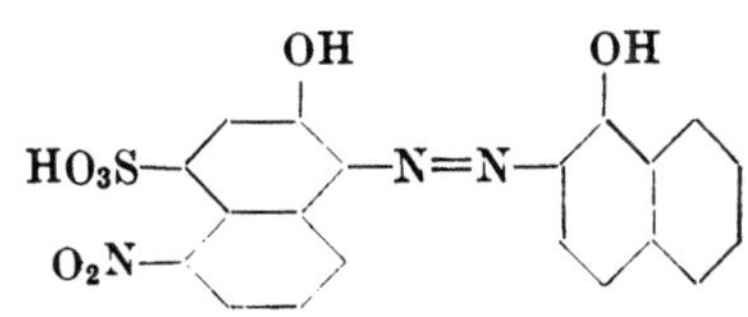

Eriochromschwarz T

Rotgefärbte Lacke mit Eriochromschwarz T bilden auch Cu, Mg, Ca, Sr, Ag und Zn (BRENNER).

27. Nachweis mit Alloxan.

Zu einigen Millilitern einer Alloxanreagenslösung gibt man eine Cadmiumsalzlösung; es entsteht eine graurote Färbung, die bei Zugabe von Alkali in Carminrot übergeht.

Zur Herstellung des Reagenses werden 2 g Harnsäure in einem ERLENMEYER-Kolben mit 2 ml Salpetersäure ($d = 1{,}38$) übergossen. Nachdem die schnell verlaufende Reaktion beendet ist, gibt man 2 ml Wasser hinzu, erwärmt bis zur völligen Klärung der Flüssigkeit und füllt auf 100 ml auf.

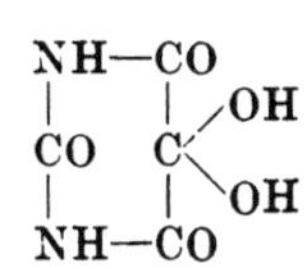

Alloxan

Die Reaktion ist für Cadmium nicht spezifisch, da auch Zink und Magnesium sowie Nickel, Kobalt und Mangan charakteristische Färbungen mit dem Reagens geben [DENIGÈS (a); s. hierzu auch SENSI und SEGHEZZO; TOUGARINOFF].

28. Nachweis mit Natrium-alizarinsulfonat.

Eine Lösung von Cadmiumchlorid gibt mit einer 0,5%igen Auflösung von alizarinsulfosaurem Natrium einen orangefarbigen, schleimigen Niederschlag, der von 1%iger Essigsäure gelöst wird.

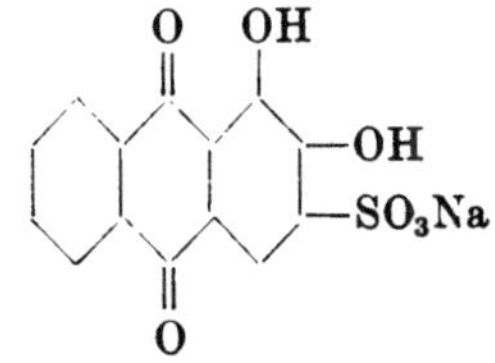

Natrium-alizarinsulfonat

Empfindlichkeit. Bei einer Verdünnung von $1 : 10^4$ tritt die Reaktion noch auf (bezogen auf die Durchführung der Reaktion in 5 ml einer 1%igen Cadmiumchloridlösung mit 0,3 ml Reagenslösung) (GERMUTH und MITCHELL).

29. Fällung mit p-Aminobenzoesäure.

Nach DUBSKÝ und TRTÍLEK geben Cadmiumsalze ebenso wie Zinksalze mit o-Aminobenzoesäure einen Niederschlag, p-Aminobenzoesäure hingegen fällt nur Cadmium, aber nicht Zink. p-Aminobenzoesäure ist somit zum Nachweis von Cadmium neben Zink geeignet.

Der mit einer Lösung von p-aminobenzoesaurem Kalium mit Cadmiumsalzlösungen gebildete Niederschlag ist ein weißes kristallines Salz der Zusammensetzung $Cd[OOC \cdot C_6H_4 \cdot NH_2]_2 \cdot 2\,H_2O$. 0,056 bis 0,56 mg sind noch in einer Verdünnung von 1 : 17800 nachweisbar.

30. Fällung mit 2,5-Dimercapto-1,3,4-thiodiazol.

Versetzt man die Auflösung eines Cadmiumsalzes mit einer wäßrigen Auflösung des Ammoniumsalzes des Dimercapto-thiodiazols, so bildet sich ein gelblichweißer kristalliner Niederschlag, der in Säuren löslich ist.

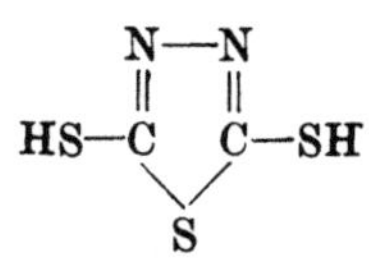

2,5-Dimercapto-1,3,4-thiodiazol

Außer Cadmium bilden auch andere Kationen (Cu, Pb, Bi, Ag, Hg, As, Sb, Sn, Th), besonders der Schwefelwasserstoffgruppe, Fällungen mit dem Reagens; Zink bildet einen weißen, in Mineralsäuren löslichen Niederschlag (RÂY und GUPTA).

31. Fällung mit Thiosinamin (N-Allylthioharnstoff).

Cadmiumsalzlösungen bilden mit dem Reagens einen gelben Niederschlag.

Ausführung. Als Reagens wird eine alkalische Thiosinaminlösung verwendet; man versetzt eine 5%ige (in manchen Fällen auch eine 15%ige) Thiosinaminlösung vor der Durchführung der Reaktion mit Natronlauge im Verhältnis 1 : 20. GUTZEIT (b, c) verwendet eine 5%ige Reagenslösung, die er durch Zugabe einer 5%igen Thiosinaminlösung — unmittelbar vor Gebrauch — zu einer 30%igen Natronlauge erhält.

Zu 3 bis 4 ml der Reagenslösung fügt man 2 bis 3 Tropfen der zu untersuchenden Flüssigkeit und kocht unter Schütteln. Bei Anwesenheit von Cadmium entsteht in der Hitze ein gelber Niederschlag.

Störungen. Uranylsalze reagieren in gleicher Weise, so daß eine weitere Identifizierung durch Fällung mit Schwefelwasserstoff in saurer Lösung (s. Fällung als CdS, S. 235) erforderlich ist.

Unter denselben Bedingungen bilden keinen gelben Niederschlag: Arsenite, Arsenate, Pb-, Bi-, Sb-, Cu-, Ag-, Hg-, Sn-, Cr-, Zn-, Al-, Fe-, Mn-, Ni-, Co-, Erdalkali- und Alkalisalze (LEMAIRE).

32. Fällung mit Mercaptobenzimidazol.

Die Fällung des Cadmiums erfolgt in ammoniakalischer Lösung mit einer 1%igen Lösung von Mercaptobenzimidazol in 50%igem Alkohol, die auf 100 ml 10 ml Ammoniak enthält.

Der entstehende weiße mikrokristalline Niederschlag ist eine Additionsverbindung mit Ammoniak der Zusammensetzung $(C_6H_5N_2CS) \cdot Cd \cdot (OH) + NH_3$.

Die Gegenwart von Alkali- und Erdalkalisalzen stört nicht. Blei und Kupfer reagieren in ähnlicher Weise, Wismut wird aus saurer Lösung gefällt [KURAŠ (b, c, e, f)].

33. Nachweis mit 2,3-Diamino-phenazin.

Eine alkoholische Lösung von 2,3-Diamino-phenazin bildet mit Cadmiumionen in neutraler Lösung einen gelb- oder orangegefärbten Niederschlag.

Zu der genau neutralisierten, auf Cadmium zu prüfenden Lösung werden in einem mit Stöpsel versehenen Zylinder 10 bis 20 Tropfen einer alkoholischen 0,5%igen Lösung des Hydrochlorids hinzugegeben und umgeschüttelt.

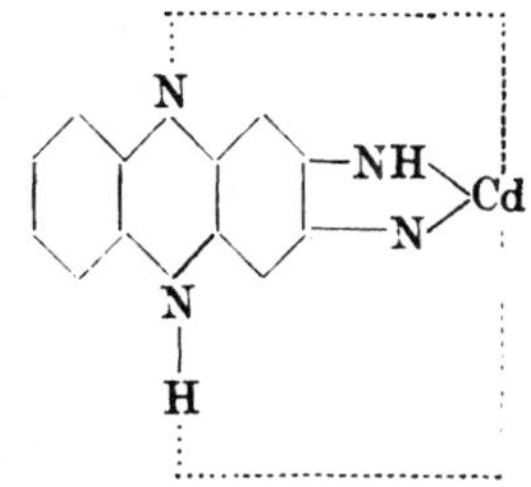

Cadmiumsalz des 2,3-Diamino-phenazins

Fe(III) ist vorher zu entfernen; größere Mengen von Ammoniumsalzen beeinträchtigen die Empfindlichkeit der Reaktion. Bi und Pb stören, da sie in gleicher Weise wie Cadmium reagieren; Hg(II) und Cu bilden rote Niederschläge mit dem Reagens (Pavolini).

Über die Ausführung als Tüpfelreaktion siehe §5, S. 296.

34. Einwirkung von N,N'-Bis[2-Mercaptobenzal]-äthylendiamin.

Cadmiumsalze geben mit einer Auflösung von N,N'-Bis[2-Mercaptobenzal]-äthylendiamin in Chloroform bei Gegenwart von Natriumacetat zur Abpufferung der bei der Reaktion entstehenden freien Säure eine orangegelbe Färbung, die zum Unterschied von der durch Zinksalze hervorgerufenen citronengelben Farbe gegen Salzsäure beständig ist. Mit Ammoniak entsteht eine gelbe Trübung.

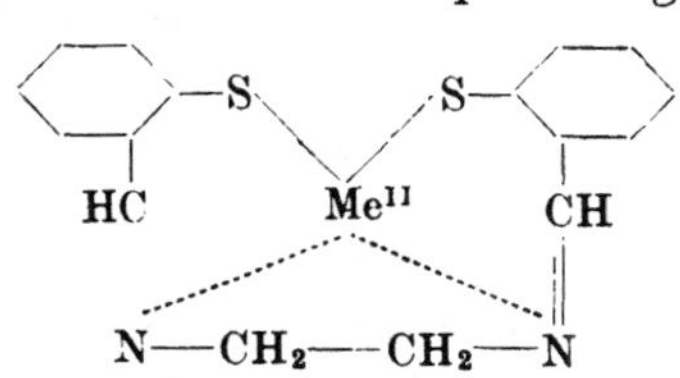

N,N'-Bis[2-Mercaptobenzal]-äthylendiamin

Auch Indium und Quecksilber geben ähnliche Färbungen; außerdem reagieren zahlreiche weitere Schwermetallkationen mit dem Reagens [Beck (b)].

35. Einwirkung von Triäthanolamin.

35a. Fällung mit Triäthanolamin. Eine 20%ige Lösung von Triäthanolamin gibt mit Cadmiumionen einen pulvrigen weißen Niederschlag, der im Überschuß des Reagenses unlöslich ist.

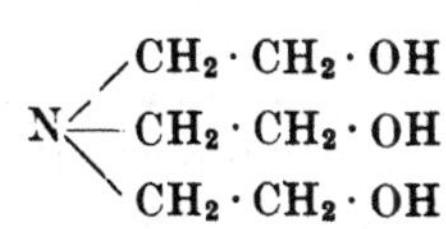

Triäthanolamin

Zahlreiche weitere Kationen, Zn, Au, Ag, Mn, Ni, Co, geben gleichfalls charakteristische Reaktionen mit dem Reagens (Jaffe).

35β. Fällung mit Triäthanolammoniumjodid und Anilin. Beim Versetzen mit einem molaren Gemisch von Triäthanolammoniumjodid und Anilin bei leicht erhöhter Temperatur bilden Cadmiumsalzlösungen einen in der Kälte schwer, in der Hitze etwas löslichen, gut kristallisierenden Niederschlag. Dieser Niederschlag bildet beim Kristallisieren aus der Wärme eine Menge voluminöser prismatischer Kristalle, die aus weißen Nadeln bestehen und einen Jodkomplex des Anilin-Triäthanolamins darstellen sollen.

Das Reagens soll als Fällungsmittel für Cadmium geeignet sein.

Niederschläge mit dem Reagens bilden auch Blei (weiß), Antimon (weiß) und Quecksilber (rosa) [Pozzi-Escot (d)].

36. Fällung mit 8-Isonitramino-menthon-semicarbazon.

Als Reagenslösung dient eine 2%ige Auflösung des Natrium- oder Kaliumsalzes der Verbindung oder eine 0,5%ige Auflösung des Ammoniumsalzes.

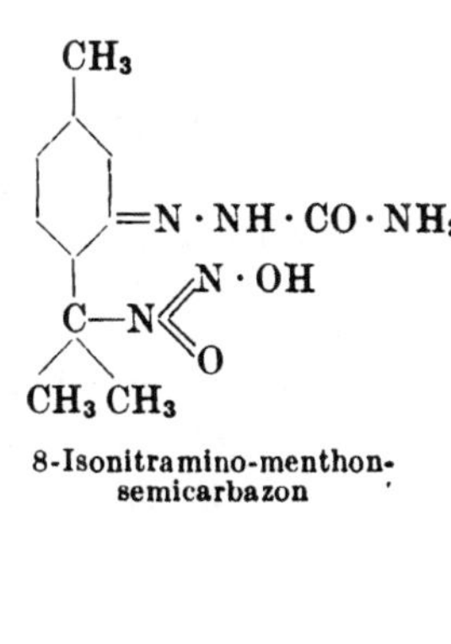

8-Isonitramino-menthon-semicarbazon

Aus neutraler Cadmiumsalzlösung fällt das Reagens einen weißen pulvrigen Niederschlag, der in Wasser unlöslich ist.

Die entsprechende Zinkverbindung ist in Wasser löslich. Cu, Co und Ni reagieren in ähnlicher Weise.

In ganz ähnlicher Weise wie das 8-Isonitramino-menthon-semicarbazon reagiert auch das 8-Isonitramino-menthon-oxim mit Cadmiumsalzlösungen (BRAMBILLA).

37. Nachweis mit 2-Oxynaphthalin-1,2′-azonaphthalin-1′-sulfonsäure.

Das Reagens wird als gesättigte Lösung in einer 5%igen alkoholischen Lösung von Pyridin oder Triäthanolamin angewendet.

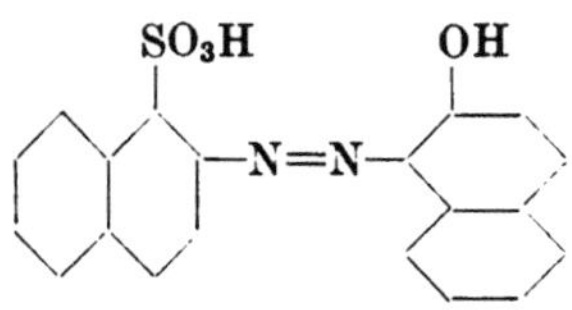

2-Oxynaphthalin-1,2′-azonaphthalin-1′-sulfonsäure

Bei Gegenwart von Cadmium wird eine feinteilige, rosarote Suspension erhalten; bei Abwesenheit von Cadmium ist die Lösung orange gefärbt.

Die gleiche Färbung wie Cadmium geben auch Li, Cu und Ce(III).

Das Reagens soll zur schnellen Prüfung von destilliertem Wasser, Waschwässern u. ä. auf Kationen dienen [KUSNETZOV (a)].

38. Fällung mit Kupfer-diäthylendiamin-nitrat und Kaliumjodid.

Versetzt man die neutrale Lösung eines Cadmiumsalzes in der Kälte mit einem Überschuß von Kaliumjodid und einer Auflösung von $[Cu\,en_2]$[1]$(NO_3)_2 \cdot 2\,H_2O$, so fällt sofort ein kristalliner blauviolettgefärbter Niederschlag der Zusammensetzung $[Cu\,en_2]\,[CdJ_4]$ aus.

Die Komplexverbindung ist unlöslich in einer wäßrigen Lösung, die 1% Kaliumjodid und 0,3 bis 0,5% der Kupferverbindung enthält, sowie in 95- bis 100%igem Alkohol und Äther (SPACU und SUCIU).

39. Nachweis mit Diacetyldioxim bei Gegenwart von Kalium-nickel-cyanid.

Eine 5%ige Kaliumcyanidlösung wird mit dem gleichen Volumen Alkohol verdünnt, mit einem Überschuß von festem Nickeldiacetyldioxim versetzt, zum Sieden erhitzt und nach einiger Zeit filtriert. Das Filtrat besteht aus einer gesättigten Lösung von Nickelcyanid in Kaliumcyanid im Gemisch mit freiem Diacetyldioxim. Die Lösung muß mit Nickel-diacetyldioxim vollständig gesättigt sein. Zum Gebrauch verdünnt man die Reagenslösung auf das 10fache. Nach längerem Stehen muß die Lösung nochmals filtriert werden.

Die Probelösung wird mit 3 ml des Reagenses versetzt. Es tritt eine rosarote Trübung auf, die im durchfallenden Licht seidigen Glanz zeigt.

Das Reagens ist zum Nachweis aller Metalle geeignet, deren Cyanide weniger dissoziiert sind als das des Nickels. Deshalb stören Ag, Hg(I) und Hg(II) sowie Au, die in gleicher Weise wie Cadmium reagieren. Auf Grund der Anwesenheit von freiem Diacetyldioxim in dem Reagens gibt Nickel gleichfalls eine positive Reaktion; jedoch bildet Nickel — zum Unterschied von den genannten Ionen — mit Diacetyldioxim eine Rosafärbung. Zn, Cu und Pb stören. Fe(III) und Al bilden geringe Mengen eines gelatinösen Niederschlags bei Konzentrationen von etwa 0,01 m, der durch Adsorption etwas rosa gefärbt ist. Ein Überschuß an freier Säure stört den Nachweis, so daß vorher mit Natriumhydrogencarbonat neutralisiert werden muß.

1 ml einer 10^{-4} m Cadmiumsalzlösung gibt mit 3 ml Reagenslösung noch eine positive Reaktion.

Die Reaktion soll zum Nachweis von kleinen Mengen Cadmium im Verlaufe einer Titration geeignet sein (UBBELOHDE).

[1] en = Äthylendiamin.

40. Fällung mit Gallocyanin [7-Dimethylamino-1-oxy-phenoxazon-(2)-carbonsäure-(4)].

Mit Gallocyanin in ammoniakalischer Lösung bildet Cadmium (nach 12 Std.) einen veilchenblauen Niederschlag.

In gleicher Weise reagieren Co, Ni, Mg und Al [DUBSKÝ (a)].

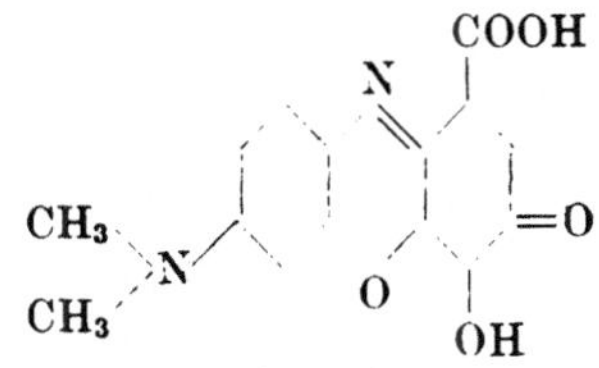

Gallocyanin

§ 4. Nachweis auf mikrochemischem Wege.

A. Wichtige Fällungsreaktionen.

I. Anorganische Reagenzien.

1. Nachweis als Cadmium-tetrarhodano-mercurat(II).

In neutraler oder schwach essigsaurer, Cadmium enthaltender Lösung erhält man mit Ammonium-tetrarhodano-mercurat(II) sehr gut entwickelte hemimorphe Kristalle (KLEY).

Nach GEILMANN (a) bestehen die Kristalle aus rhombischen Prismen, die einseitig durch Pyramidenflächen, anderseitig durch Sphenoide bzw. Bisphenoide abgeschrägt sind. Besonders charakteristisch ist das Auftreten von Hohlräumen in den glasklaren, stark lichtbrechenden Kristallen, speziell an den Enden der Prismen (Abb. 1).

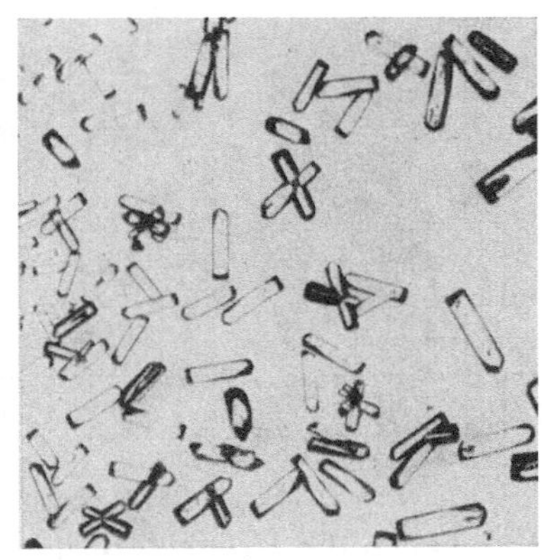

Abb. 1. Cadmium-tetrarhodano-mercurat(II). Vergr. 90fach. (Nach W. GEILMANN: Bilder zur qualitativen Mikroanalyse anorganischer Stoffe. Leipzig 1934.)

Das Cadmium-tetrarhodano-mercurat(II) löst sich in Wasser wesentlich leichter als das Zinksalz. Infolgedessen kann es bequem in größeren Kristallen erhalten werden. Die äußere Form entspricht ganz der des Zinksalzes, mit der Ausnahme, daß sich das Bisphenoid in 3. Stellung befindet. (Die Zinkverbindung gehört der ziemlich seltenen Klasse des tetragonalen Bisphenoids an.) Werden stärkere Konzentrationen der kalten Lösungen verwandt (10%ige $K_2[Hg(SCN)_4]$-Lösung und 0,5 m-$CdSO_4$), so erscheinen die farblosen (weißen), feinen, nadelartigen Kriställchen sofort. Aus heißen Ausgangslösungen derselben Konzentration fallen die Kristalle erst nach dem Abkühlen aus und erreichen dann nach 5 bis 6 Std. eine Länge von 1 cm. Sie sind — falls sie vollständig rein sind — farblos.

Als Reagens ist am besten reines festes $(NH_4)_2[Hg(SCN)_4]$ geeignet; dann folgt $K_2[Hg(SCN)_4]$ und schließlich das sog. „Reagens nach BEHRENS". Dieses Reagens wird hergestellt durch Zusammengeben der Lösungen von Quecksilber(II)-chlorid und Ammoniumrhodanid in stöchiometrischen Mengen (bezogen auf die Verbindung $(NH_4)_2[Hg(SCN)_4]$). Vor dem Gebrauch läßt man es noch 3 bis 4 Tage stehen (STAHL und STRAUMANIS). Nach GEILMANN (a) dient als Reagens eine Lösung von 3 g $HgCl_2$ und 3,3 g NH_4SCN in 5 ml Wasser. GRAMACHO führt die Fällung mit $K_2[Hg(SCN)_4]$ durch.

Die große Empfindlichkeit des Nachweises verlangt eine vorsichtige Zugabe des Reagenses zum Probetropfen. Es genügt für gewöhnlich, einen Glasstab mit dem Reagens zu befeuchten [WHITMORE und SCHNEIDER (b)].

Ausführung (nach MONTEQUI). Zur Prüfung auf Cadmium bringt man einen Tropfen der zu untersuchenden Lösung auf einen Objektträger und verdampft ihn zur Trockne.

Ist Cadmium als gelbes Cadmiumsulfid vorher abgetrennt worden, so gibt man einen Tropfen der gelben Suspension auf den Objektträger, versetzt ihn mit einem Tropfen konzentrierter Salzsäure und läßt bis zur Trockne eindunsten.

Zur *Herstellung der Reagenslösung* vermischt man 8 g $HgCl_2$ mit 9 g NH_4SCN in einer Reibschale, löst das Gemisch in 100 ml Wasser und filtriert die erhaltene Lösung, die vor Gebrauch mit Wasser auf das 3- bis 4fache Volumen zu verdünnen ist.

Einen Tropfen der vorher verdünnten Reagenslösung gibt man zu dem Salzrückstand auf dem Objektträger. Man achtet dabei darauf, daß man den Rückstand damit nicht vollständig bedeckt und überläßt das Gemisch einige Zeit sich selbst. Denselben Effekt erreicht man, wenn man die zu untersuchende Lösung vorher nicht bis zur völligen Trockne eingedampft hat. Bald kann man an den Rändern des Tropfens charakteristische, gut ausgebildete Kristalle von Cadmium-tetrarhodano-mercurat(II) erkennen.

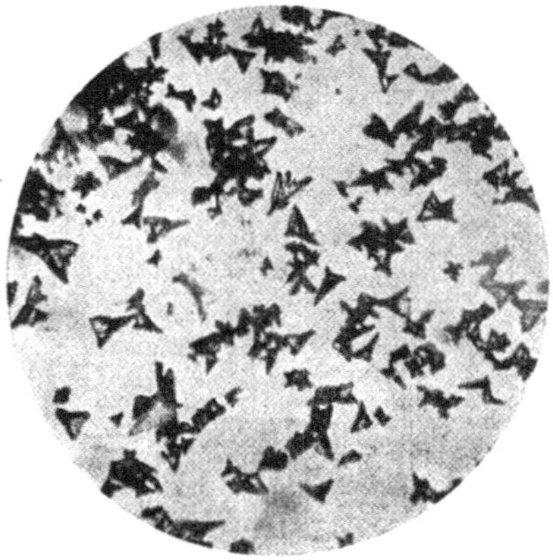

Abb. 2. Tetrarhodano-mercurat(II) von Cd und Zn (1 : 1.) [Nach W. F. WHITMORE u. F. SCHNEIDER: Ind. eng. Chem. Anal. Edit. 2, 176 (1930).]

Bei Anwesenheit von Kupfer nehmen die Kristalle des Cadmium-tetrarhodano-mercurats eine violette Farbe an. Bei einem Kupfergehalt von 10% beobachtet man violette Büschel und Nadeln. Diese gehen mit steigendem Cadmiumgehalt in die charakteristische Form des Cadmiumniederschlags über, behalten jedoch selbst bei nur spurenweiser Anwesenheit von Kupfer ihre violette Farbe.

Bei Gegenwart von Kobalt fällt der Cadmiumniederschlag blau aus. Beim Verhältnis 1 : 1 haben die Kristalle in der Hauptsache die Form der Kobaltverbindung, die erst bei größeren Cadmiumgehalten in die Cadmium-Kristallform übergeht [WHITMORE und SCHNEIDER (b)].

Bei Anwesenheit größerer Mengen Zink nehmen die Kristalle die in Abb. 2 wiedergegebene Form an.

Empfindlichkeit. Bei Anwendung von reinem $(NH_4)_2[Hg(SCN)_4]$ beträgt die Empfindlichkeit 450 γ Cd/ml bei einer Verdünnung von 1 : 2200 [STAHL und STRAUMANIS; s. auch MARTINI (h)].

Störungen. Mit $K_2[Hg(SCN)_4]$ bilden außer Cadmium auch folgende Kationen charakteristische Niederschläge: Zn, Ni, Co, Cu, Au, Pb, Ag und Sc (GRAMACHO).

2. Nachweis als Cadmium-tetraselenocyanato-mercurat(II).

In neutralen Lösungen bildet Cadmium mit $K_2[Hg(SeCN)_4]$ einen Niederschlag von $Cd[Hg(SeCN)_4]$, dessen Kristalle lange farblose Prismen bilden, deren eines Ende abgerundet, das andere eckig ist. Die eckigen Enden erscheinen auf Grund von Refraktionsphänomenen schwarz.

Ausführung (BENEDETTI-PICHLER und SPIKES). Zu 0,5 ml der neutralen, auf Cadmium zu prüfenden Lösung gibt man ein Kriställchen des festen $K_2[Hg(SeCN)_4]$ und beobachtet die gebildeten Kristalle unter dem Mikroskop. Da der Cadmiumkomplex nicht allzu schwer löslich ist, tritt häufig erst nach dem Einengen des Probetropfens eine Kristallbildung auf.

Grenzkonzentration. 1 : 10^5.

Bei gleichzeitiger Anwesenheit gleicher Mengen von Zink und Cadmium werden nur die für Zink charakteristischen Kristalle beobachtet. Beim Verhältnis Cd : Zn = 3 : 1 erscheinen die Kristalle des Zink- und des Cadmiumkomplexes sowie Übergangsformen beider. Erst wenn das Verhältnis Cd : Zn auf 8 : 1 gestiegen ist, wird der charakteristische Cadmiumniederschlag erhalten, der durch die Anwesenheit von Zink nur wenig beeinflußt wird. Beim Verhältnis 10 : 1 kann Zink nicht mehr festgestellt werden.

Neben Kupfer ist Cadmium bei einem Verhältnis von Cd : Cu = 3 : 1 gerade noch zu erkennen. Neben Kobalt sind auch kleine Mengen Cadmium (Cd : Co = 1 : 3) an der Umwandlung einiger Nadeln zu Parallelogrammen zu erkennen; diese sind jedoch ebenso wie die Nadeln des Kobalt-tetraselenocyanato-mercurats blau gefärbt. Neben Nickel ist Cadmium an der Ausbildung von wenigen in Haufen auftretenden Parallelogrammen zu erkennen; das Grenzverhältnis von Cd : Ni beträgt 3 : 1.

II. Organische Reagenzien.

1. Nachweis mit 3-Nitro-4-oxy-phenylarsinsäure (nach PAVELKA und KOLMER).

3-Nitro-4-oxy-phenylarsinsäure gibt mit Cadmiumionen in essigsaurer Lösung eine weiße bis gelbliche, kristalline Fällung. Unter dem Mikroskop erweisen sich die Kristalle bei 200facher Vergrößerung als lange, schmale Rechtecke, die fast immer zu Drusen oder Stachelkugeln vereinigt sind. Das auskristallisierende Reagens ist im Habitus (große, gut durchgebildete, wahrscheinlich hexagonale Kristalle) mit der Cadmiumfällung nicht zu verwechseln.

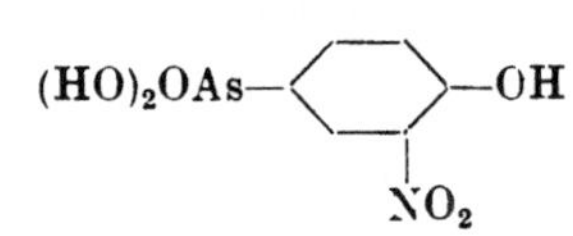

3-Nitro-4-oxy-phenylarsinsäure

Bis zu 10 γ herab kann die Reaktion vorteilhaft im EMICHschen Spitzröhrchen ausgeführt werden. Man fügt zur Probe so viel Essigsäure zu, daß sie davon 10% enthält, dann 5 Tropfen einer verdünnten wäßrigen Lösung des Reagenses. Tritt nicht sofort Fällung ein, so erwärmt man kurze Zeit im Wasserbad. Bei sehr geringen Cadmiummengen tritt nach dem Erwärmen Opalescenz und später deutliche Niederschlagsbildung auf.

Erfassungsgrenze. 5 γ.

Grenzkonzentration. 1 : 2 · 10^5.

Ausführung. Liegen sehr geringe Cadmiummengen vor, oder erlaubt die Probenmenge nur eine Tropfenreaktion, so löst man zweckmäßig eine Probe der zu untersuchenden Substanz in einer Tüpfeleprouvette in 2 Tropfen 20%iger Essigsäure, bringt 1 Tropfen durch den Ansatz auf den Objektträger und daneben 1 Tropfen des Reagenses. Durch ein darübergelegtes Deckglas werden die beiden Tropfen zur Berührung und langsamen Diffusion gebracht, und schon nach kurzer Zeit entstehen gut ausgebildete, durchsichtige, langgestreckte Rechtecke. Bei größerer Cadmiummenge schießen die Kristalle sehr rasch an, sind sehr schmal, nadelförmig, zu Stachelkugeln und Drusen verwachsen.

Dabei hängt der Ausfall der Reaktion von der vorhandenen Menge Cadmium ab; bei Konzentrationen von 1 : 40 bis 1 : 125 werden Stachelsterne beobachtet, bei geringeren Konzentrationen treten bevorzugt Einzelkristalle auf, und bei der Grenzkonzentration werden noch vereinzelte gelbliche Sternchen beobachtet.

Erfassungsgrenze. 0,1 γ.

Grenzkonzentration. 1 : 10^4.

Die Fällung des Cadmiums mit 3-Nitro-4-oxy-phenylarsinsäure tritt noch bei einer Essigsäurekonzentration von 20 bis 25% ein, durch größeren Säuregehalt wird sie teilweise oder ganz verhindert. In verdünnten Mineralsäuren löst sich der Niederschlag erst beim Erwärmen, in konzentrierten leicht schon in der Kälte. Durch Abstumpfen mit Natriumacetat fällt das Cadmiumsalz auch aus stark essigsaurer oder aus mineralsaurer Lösung aus, wenn die resultierende Acidität der entstehenden Essigsäure einem Gehalte von 20 bis 25% oder einem p_H von wenigstens 2,2 entspricht.

Die Reaktion mit 3-Nitro-4-oxy-phenylarsinsäure ist in essigsaurer Lösung für Cadmium spezifisch.

Störungen. Neben Zink läßt sich Cadmium in saurer Lösung ohne Schwierigkeiten nachweisen; noch 5 γ Cd sind neben der 100- bis 1000fachen Menge Zink einwandfrei nachzuweisen.

Bei Gegenwart von Blei löst man in konzentrierter Essigsäure, verdünnt auf das Doppelte und stumpft mit Natriumacetat ab, worauf das Cadmiumsalz ausfällt. Mit Ammoniumacetat abzustumpfen, ist nicht zu empfehlen, da das Cadmiumsalz darin löslich ist. 5 γ Cd neben der 1000fachen Menge Blei geben nach dem Erwärmen eine deutliche Trübung.

Wismut stört nur insofern, als es durch Hydrolyse einen evtl. auftretenden Niederschlag verdecken kann. Man löst die Probe in konzentrierter Salpetersäure, dampft zur Trockne ein, nimmt mit Wasser auf, filtriert oder zentrifugiert das ausfallende basische Wismutnitrat ab, dampft ein, nimmt neuerdings mit 20%iger Essigsäure auf und fällt das Cadmium wie oben. 5 γ Cd neben der 100fachen Wismutmenge geben deutliche Fällung.

Wenn Hg(I)-salze vorhanden sind, löst man in verdünnter Salpetersäure, stumpft mit Natriumacetat ab und weist im Filtrat das Cadmium nach. Sicherer verfährt man, besonders bei größerem Überschuß von Hg(I)-ionen, wenn man diese durch Kochen mit Bromwasser oxydiert und das Cadmium wie oben nachweist. 5 γ Cd geben neben der 1000fachen Menge Hg_2^{++} eine deutliche Fällung.

Ag, Hg(II), Cu, Co, Ni, Mn, Fe, Cr, Zn, Be, Ba, Sr, Ca und Mg reagieren nicht in essigsaurer Lösung.

Abb. 3. Cadmium-Thioharnstoffsalz der Reinecke-Säure. Vergr. 150fach. Nach C. Mahr: Mikrochim. A. 3, 300 (1938).

2. Fällung als Cadmium-Thioharnstoffsalz der Reinecke-Säure, $Cd(Th^1)_2[Cr(NH_3)_2(SCN)_4]_2$ (nach Mahr).

Durch Ausfällung des Cadmium-Thioharnstoffsalzes der Reinecke-Säure der Zusammensetzung $Cd[CS(NH_2)_2]_2[Cr(NH_3)_2(SCN)_4]_2$ erhält man eine für den mikrochemischen Nachweis des Cadmiums geeignete Verbindung, die durch sehr geringe Löslichkeit, gutes Kristallisationsvermögen und charakteristische Kristallform ausgezeichnet ist.

Ausführung. Man dampft einen Tropfen der zu prüfenden Lösung auf dem Objektträger zur Trockne ein, nimmt den Rückstand mit einem kleinen Tropfen 1 bis 2 n Salzsäure wieder auf, versetzt mit einem großen Tropfen einer frisch bereiteten oder im Dunkeln aufbewahrten und filtrierten, etwa 1- bis 1,5%igen Reinecke-Salzlösung und mit einem Tropfen einer 5%igen Thioharnstofflösung. Nach dem Vermischen erscheinen sofort oder nach kurzer Zeit die aus der Abb. 3 ersichtlichen Stäbchen des blaßroten Cadmium-Thioharnstoff-Reinecke-Salzes, die oft zu Kreuzen, Sternchen oder Büscheln vereinigt sind. Die Größe schwankt je nach der Kristallisationsdauer und der Salzsäurekonzentration zwischen 20 und 40 μ, bei sehr hoher Fremdsalzkonzentration treten oft auch kleinere Kristalle (10 μ) auf.

---

[1] Th = Thioharnstoff.

Beim Eindunsten eines Tropfens von 0,09 ml einer auf 1 : 2,5 · 10^5 verdünnten Cadmiumsulfatlösung (= 0,36 γ Cd), Aufnehmen des Rückstandes mit 0,015 ml 1 n Salzsäure, 0,08 ml 1,5%iger REINECKE-Salzlösung und 0,012 ml 5%iger Thioharnstofflösung treten die ersten charakteristischen Kristalle nach $1^1/_2$ Min. auf. Wendet man etwa die gleichen Mengenverhältnisse an, dann gelingt dieser Nachweis stets sehr eindeutig. Die niedrigste Erfassungsgrenze und Grenzkonzentration liegen sicher noch tiefer als in dem angeführten Beispiel.

Störungen. Nach der angegebenen Ausführungsweise kann Cadmium ohne weiteres neben der 1000fachen Menge Co, Ni, Fe(II), Cr, Mn, Mg, Ba, Ca, Na, Chlorid, Phosphat und Acetat sowie neben der 250fachen Menge Al nachgewiesen werden. Auch in einer 5%igen Kaliumjodidlösung ist Cadmium noch in einer Verdünnung von 1 : 5 · 10^4 gut auffindbar. Neben Zink ist Cadmium noch bei einem Verhältnis Cd : Zn = 1 : 5 · 10^4, also bis zu 0,002% Cd im Zink, einwandfrei nachzuweisen. Bei sehr hohen Zinksalzkonzentrationen sind die ausgeschiedenen Kristalle der Cadmiumverbindung allerdings oft sehr klein (5 bis 10 μ), außerdem können sich nach längerem Stehen große, stark glänzende Blättchen des Zinksalzes ausscheiden, die aber die Eindeutigkeit des Cadmiumnachweises nicht beeinträchtigen.

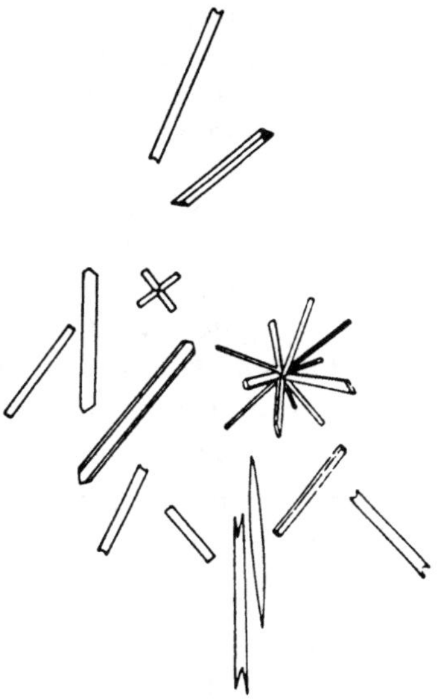

Abb. 4. Cadmium-pyridin-bromid, $[CdPy_2]Br_2$. Nach H. JURÁNY: Mikrochemie **29**, 284 (1941).

Durch die Metalle der Schwefelwasserstoffgruppe wird der beschriebene Cadmiumnachweis gestört, weil auch mit Cu, Pb, Hg, Bi, Ag und Au schwerlösliche Verbindungen abgeschieden werden. Zum spezifischen Cadmiumnachweis, etwa im Gange einer Analyse, müssen daher alle diese Elemente ausgefällt werden.

3. Fällung als Cadmium-pyridin-halogenid oder -rhodanid.

a) Fällung als Cadmium-pyridin-bromid. Cadmiumsalzlösungen werden durch Pyridin bei Gegenwart von Kaliumbromid gefällt [s. beispielsweise hierzu GUTZEIT (b)]; der entstehende Niederschlag zeigt unter dem Mikroskop charakteristische Kristallformen (Abb. 4).

Ausführung (a) [nach KOLTHOFF und HAMER (a, b)]. Man mischt einen Tropfen der zu untersuchenden Lösung mit einem kleinen Tröpfchen Pyridin und bringt dann an den Rand der Flüssigkeit ein Körnchen Kaliumbromid. Unter dem Mikroskop erkennt man größere farblose, prismatische Kristalle, die gewöhnlich eine Länge von 12 bis 18 μ haben.

Die Reaktion kann auch neben Kupfer durchgeführt werden, da die entsprechende Kupferverbindung grün gefärbt ist, während die Kristalle der Cadmiumverbindung farblos sind.

Aluminium setzt die Empfindlichkeit stark herab; es muß ebenso wie Eisen entfernt werden.

Pb, Bi und Hg stören und müssen gleichfalls vorher entfernt werden. Zink reagiert in ähnlicher Weise (s. S. 162).

Wegen der Ähnlichkeit der Kristallformen soll nach JURÁNY eine Unterscheidung der Kristalle von Cadmium-pyridin-bromid und Zink-pyridin-bromid kaum möglich sein [s. auch BENEDETTI-PICHLER (a)]. Ein scharfer Unterschied besteht jedoch im parallelpolarisierten Licht: Cadmium-pyridin-bromid zeigt nur gerade Auslöschung, während Zink-pyridin-bromid gerade und schiefe Auslöschung zeigt.

Ausführung (b) (nach JURÁNY). In einem Tropfen der auf Cadmium zu prüfenden Lösung löst man ein Körnchen Kaliumbromid und räuchert darauf das am Objektträger hängende Tröpfchen über Pyridin, bis sich ein schmaler, etwa 0,5 mm breiter Kristallsaum am Rande des Tropfens gebildet hat. Durch leichtes Reiben mit einem dünnen Glasstäbchen läßt sich oft die Ausbildung der Kristallformen verbessern (allmähliches Wachstum längs des Impfstreifens).

Unter dem Mikroskop beobachtet man bei 200facher Vergrößerung mehr oder weniger gut ausgebildete schlanke Prismen mit gerader oder schräger Begrenzung an den Enden, die den entsprechenden Zinkkristallen ähneln. Oft finden sich flache, bei guter Ausbildung scharf rechteckig begrenzte Leistchen. Vorwiegend Einzelformen, seltener in Büscheln (Abb. 4). Größe 12 bis 30 μ.

Erfassungsgrenze. 0,05 γ Cd.

Grenzkonzentration. 1 : 10^5 (VAN NIEUWENBURG u. a.).

Gerade Auslöschung zwischen gekreuzten Nicols beweist die Anwesenheit von Cadmium, schiefe Auslöschung die Anwesenheit von Zink. Bei gerader und schiefer Auslöschung ist die Gegenwart von Cadmium ungewiß. JURÁNY empfiehlt zur weiteren Bestätigung die Räucherung der Kristalle mit Schwefelwasserstoff.

Durch vorsichtige Behandlung mit Schwefelwasserstoff werden die Kristalle oberflächlich in das für Cadmium höchst charakteristische gelbe Cadmiumsulfid umgewandelt. Sie nehmen dann unter Beibehaltung der Kristallgestalt einen unter dem Mikroskop deutlich erkennbaren, citronengelben Farbton an, als wenn sie einen Farbstoff adsorbiert hätten. Man räuchert dazu den am umgekehrten Objektträger hängenden Tropfen mit den Kristallen genau 15 Sek. lang über einer offenen Flasche, in der man in bekannter Weise eine starke Schwefelwasserstoffatmosphäre erzeugt hat. Bei längerer Einwirkung ist die Einwirkung des Schwefelwasserstoffs zu tiefgreifend, und die Kristalle werden krümelig und zerfallen schließlich in gelbe amorphe Flöckchen. Nicht allzu stark angefärbte Kristalle zeigen noch deutlich gerade Auslöschung.

b) Fällung als Cadmium-pyridin-rhodanid. Cadmium bildet mit Pyridin und Rhodanid eine schwerlösliche kristalline Doppelverbindung der Zusammensetzung $Cd(C_5H_5N)_2(SCN)_2$ (s. § 3 C. II. 6, S. 245).

Ausführung [nach KOLTHOFF und HAMER (a, b)]. Man mischt einen Tropfen der zu untersuchenden Lösung mit einem kleinen Tröpfchen Pyridin und bringt dann an den Rand der Flüssigkeit ein Körnchen Ammoniumrhodanid oder Kaliumrhodanid. Eine verdünnte Cadmiumsalzlösung gibt in dieser Weise mit Pyridin und Rhodanid kleine prismatische Kristalle, welche quer durcheinanderliegen können und im allgemeinen nur eine Länge von 6 bis 9 μ haben. Konzentriertere Lösungen geben größere Kristalle, welche oft federförmig ausgewachsen sind.

Nachweisgrenze. Mit Hilfe dieser Reaktion lassen sich 0,05 γ Cd noch eben deutlich nachweisen, wenn man den Tropfen nach einigem Stehen unter dem Mikroskop betrachtet.

Störungen. Cadmium kann neben der 100fachen Menge Kupfer erkannt werden, da Kupfersalze mit dem Reagens zwar auch eine kristalline Verbindung liefern, diese jedoch hellgrün gefärbt ist. Man kann daher zwischen diesen Kristallen die farblosen Prismen der Cadmiumverbindung leicht erkennen.

Blei-, Wismut- und Quecksilber(II)-salze stören und müssen vor Ausführung der Reaktion entfernt werden.

Zn, Ni, Co und Mn geben mit dem Rhodanidreagens auch kristallinische Verbindungen.

c) Fällung als Cadmium-pyridin-jodid. Nach JURÁNY gestattet die Fällung des Cadmiums als Cadmium-pyridin-jodid insbesondere den Nachweis von Cadmium neben Zink. Die Pyridin-Jod-Verbindungen des Zinks und Cadmiums verhalten sich nämlich verschieden gegen überschüssiges Pyridin: Die Zn-Verbindung löst sich restlos, bei der Cd-Verbindung dagegen findet nach anfänglicher Lösung eine Kristallneubildung mit gänzlich anderer Kristallform, nämlich gestreckt-sechsseitigen farblosen Blättchen, mit gerader Auslöschung und Additionsfarben γ-längs in Richtung der längsten Diagonale statt. Man erhält diese noch einfacher durch Verwendung eines fertigen Kaliumjodid-Pyridinreagenses.

Die Reaktion tritt mit Zinkionen nicht ein, wird anscheinend auch nicht durch Zink gestört und scheint für Cadmium charakteristisch zu sein.

Ausführung (nach JURÁNY). Als Reagenslösung dient eine 10%ige wäßrige Kaliumjodidlösung, die mit dem gleichen Volumen Pyridin vermischt wird.

Dem neutralen Probetropfen wird ein kleiner Tropfen des Reagenses zugefügt und die Kristallbildung durch kurzes Reiben mit einem spitzen Glasstäbchen angeregt. Die Reaktion ist als gelungen anzusehen, wenn man bereits mit bloßem Auge die Impfstreifen erscheinen sieht. Unter dem Mikroskop (100- bis 200fache Vergrößerung) erkennt man farblose, langgestreckte, sechsseitige dünne Blättchen, die an den Impfstreifen dicht gedrängt liegen und dort mit Vorliebe auf der Kante stehen, so daß sie auf den ersten Blick als Nadeln erscheinen. Abseits des Impfstreifens dagegen liegen sie als Einzelkristalle von vorzüglicher Ausbildung vor (Abb. 5).

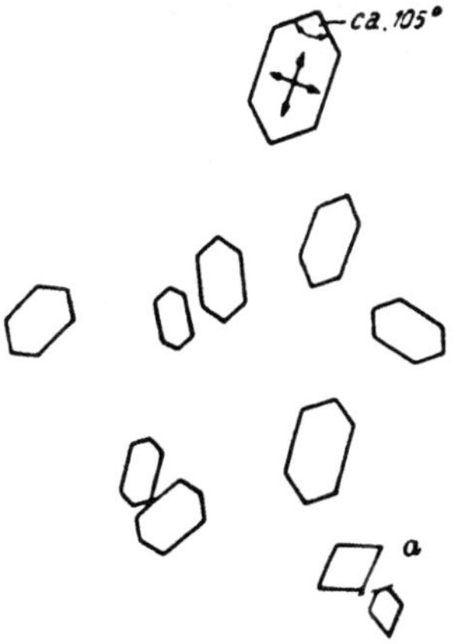

Abb. 5. Cadmium-pyridin-jodid. Nach H. JURÁNY: Mikrochemie 27, 286 (1941.)

Die Kristalle zeigen gerade Auslöschung in Richtung der längsten Diagonale. Ihre Größe liegt zwischen 12 bis 50 μ, vereinzelt bis 90 μ. Gelegentlich treten auch rhombische Blättchen in Tafeln auf, die vermutlich durch Auswachsen der Sechsecke zu Rhomben unter Auslassung der abstumpfenden Längskante entstanden sind.

Erfassungsgrenze. 0,5 γ Cd.

[Siehe auch KORENMAN (e).]

B. Weitere Reaktionen.

I. Anorganische Reagenzien.

1. Nachweis als Cadmium-Rubidiumchlorid.

Cadmium-tetrarubidium-chlorid, Rb_4CdCl_6, besitzt in konzentrierter Rubidiumchloridlösung nur eine sehr geringe Löslichkeit; die Kristalle bilden stark lichtbrechende Rhomboeder, die häufig als regelmäßige Sechsecke (durch Anwachsen am Objektträger) erscheinen, bei denen aber die Rippenfigur des Rhomboeders noch wahrnehmbar bleibt. Daher sind die Kristalle auf Grund ihrer Form leicht von den regulären (kubischen) Kristallen des Rubidiumchlorids zu unterscheiden, die nach kurzer Zeit durch Eintrocknen der Lösung hervortreten können [SCHOORL; s. hierzu auch EMICH (b), BÖTTGER (a), GEILMANN (a), KLEY, VERMANDE, RIMBACH].

Ausführung (nach SCHOORL). Als Reagenslösung dient eine kalt gesättigte Lösung von Rubidiumchlorid, die durch Auflösen des Salzes auf einem Uhrglas mit wenig Wasser (1 Tropfen Wasser auf 100 mg RbCl) bereitet wird. Die zu untersuchende Lösung, in der Cadmium als Nitrat oder Chlorid vorliegen soll, wird auf dem Objektträger eingedunstet und nach Abkühlung mit einem kleinen Tropfen der gesättigten Rubidiumchloridlösung befeuchtet. Unmittelbar nach dem Aufbringen des Reagenses beobachtet man unter dem Mikroskop (Abb. 6).

Die Empfindlichkeit der Reaktion ist außerordentlich groß. Der Nachweis gelingt noch in einem Rückstand, der 0,01 γ Cd als Chlorid oder Nitrat enthält.

Störungen. Bi, Pb und Cu sollen nicht zugegen sein, da sie gleichfalls kristalline oder amorphe Fällungen geben, so daß der Nachweis von Cadmium gestört wird.

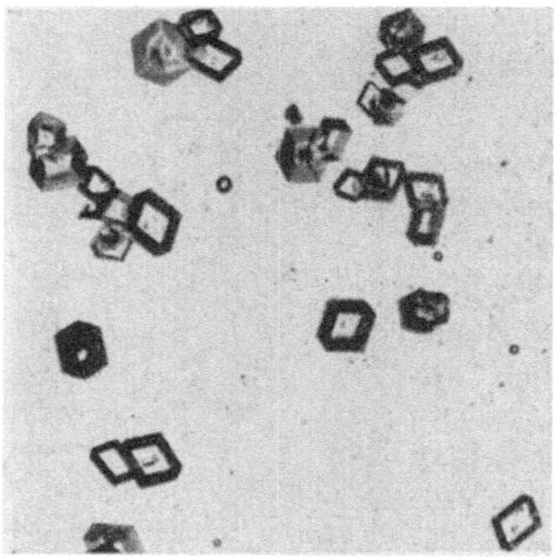

Abb. 6. Cadmium-Rubidiumchlorid. Nach W. GEILMANN.

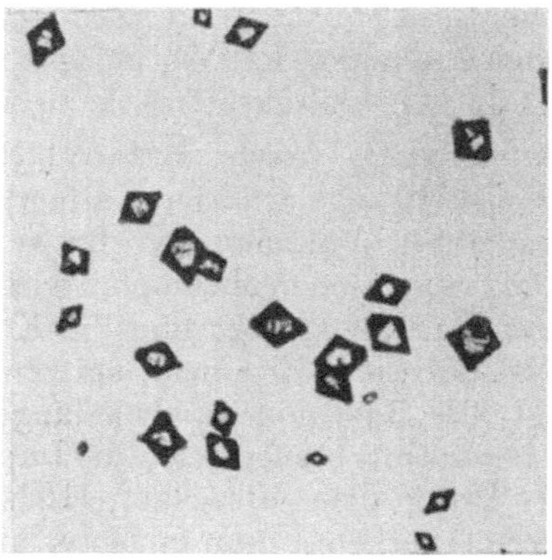

Abb. 7. Cadmium-Caesiumchlorid. Nach W. GEILMANN.

Cadmiumsulfat ist für den Nachweis nicht geeignet, da es mit Rubidiumchlorid statt der Rhomboeder nur Würfel oder unregelmäßige Kristalle zu bilden vermag. Nur bei Anwesenheit eines sehr großen Überschusses von RbCl entsteht die normale Kristallisation, wobei jedoch die Kristalle weniger ausgebildet sind als mit Cadmiumnitrat oder -chlorid.

2. Nachweis als Cadmium-Caesiumchlorid.

Cadmiumsalzlösungen bilden mit Caesiumchlorid stark lichtbrechende hexagonale Bipyramiden [GEILMANN (a); VERMANDE; s. hierzu auch DUCLOUX, MARTINI (h), SUDO]. Die Kristalle zeigen gerade Auslöschung und positive Doppelbrechung (DUCLOUX).

Ausführung (nach KLEY). Man versetzt die erwärmte, am besten stark konzentrierte, aber nicht zur Trockne gedampfte Cadmiumchloridlösung mit einer an einem Platindraht befindlichen gesättigten Lösung von Caesiumchlorid (Abb. 7).

Empfindlichkeit. 0,01 γ Cd (Tabellen der Reagenzien).

Zink bildet unter diesen Umständen allerdings auch schwerlösliche Doppelsalze, aber das Cadmium ist ohne vorhergehende Trennung auf diese Weise noch neben mehr als 99% Zink direkt nachzuweisen.

Der Nachweis von Cd neben Zn wird empfindlicher, wenn die Mischung von Zink- und Cadmiumchlorid auf dem Objektträger zur Trockne eingedampft und schnell mit einem Tropfen Wasser extrahiert wird. Es geht dann relativ mehr Zink in Lösung als Cadmium. Den Rückstand prüft man dann mit Caesiumchloridlösung auf Cadmium.

3. Nachweis als Cadmiumsulfid.

a) Auf dem Objektträger. Wenn man die Lösung irgendeines Cadmiumsalzes auf dem Objektglase zur Kristallisation verdunsten läßt und letzteres dann in eine Schwefelwasserstoffatmosphäre bringt, so werden die Kristalle durch oberflächliche Umwandlung in Cadmiumsulfid trübe und schön gelb (HAUSHOFER).

b) Auf der Faser. Die Fixierung des Cadmiumsulfids auf der Faser ist eine der empfindlichsten und charakteristischsten Reaktionen, besonders, wenn die Lösung eines reinen Cadmiumsalzes vorliegt [EMICH (b)].

Ausführung [nach EMICH (a, b)]. Das Verfahren besteht darin, daß man eine Fällung oder Färbung nicht unmittelbar unter dem Mikroskop betrachtet, sondern erst, nachdem sie vorher auf einer Faser fixiert worden ist.

Cadmium wird als Sulfid nach dem Räucherverfahren nachgewiesen. Hierbei wird eine Baumwoll- oder Schießbaumwollfaser in ein Tröpfchen der zu untersuchenden Salzlösung gebracht und die Lösung auf der Faser eingedunstet. Zur Kennzeichnung des Salzrückstandes dienen Ammoniumsulfid und Schwefelsäure. Man räuchert mit Ammoniumsulfid; dann behandelt man mit 5fach verdünnter Schwefelsäure, die lösend wirkt.

Bei Gegenwart von Kupfer kann man den Faden vorher in ein Gemisch von Natriumsulfid- und Kaliumcyanidlösung eintauchen.

Die Nachweisgrenze der Reaktion liegt bei 0,006 γ Cd.

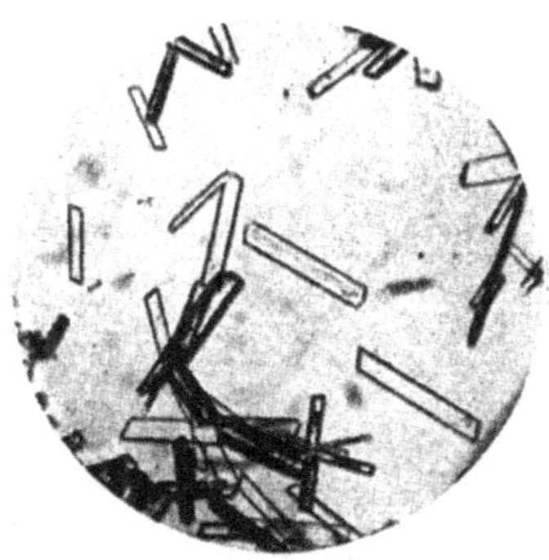

Abb. 8. Cadmiumoxalat. Nach W. F. WHITMORE u. F. SCHNEIDER: Mikrochemie 8, 298 (1930).

4. Nachweis als Cadmiumoxalat.

Cadmiumoxalat ist wegen seiner geringen Löslichkeit (1 : 13000) und seines großen Kristallisationsvermögens zum Nachweis geeignet, wenn man mit einer neutralen, nicht zu konzentrierten Lösung eines Cadmiumsalzes und einer geringen Menge Oxalsäure arbeitet. Man erhält mit diesem Reagens schief abgeschnittene monokline Säulen, die deutlich eine schiefe Auslöschung zeigen; daneben treten auch Doppelpyramiden auf. Die zugegebene Menge Oxalsäure soll sich nach der vorhandenen Menge an Cadmium richten, d. h. für Spuren Cadmium soll auch nur ein sehr kleines Körnchen Oxalsäure gebraucht werden, um eine möglichst empfindliche Reaktion zu erhalten [SCHOORL; s. hierzu auch GEILMANN (a), DENIGÈS (b), EMICH (b), HAUSHOFER].

Ausführung [nach WHITMORE und SCHNEIDER (b)]. Zu einem Tropfen der neutralen Versuchslösung, die wenig oder keine Ammoniumsalze enthält, fügt man ein Kriställchen Oxalsäure. Bei Gegenwart von Cadmium entsteht ein kristalliner Niederschlag (Abb. 8).

Störungen. Durch Säuren (auch durch Essigsäure) wird die Abscheidung des Cadmiumoxalats verzögert; dieselbe Wirkung haben lösliche Verbindungen von Al, Cr und Fe (KLEY).

Da die anderen Metalle der Kupfergruppe gleichfalls sehr schwer lösliche Oxalate geben, muß Cadmium vor Durchführung der Reaktion von Wismut, Blei und Kupfer getrennt werden (SCHOORL).

Nach WHITMORE und SCHNEIDER (b) bilden auch Mn, Sn(II) und Pb mit Oxalsäure typische Kristalle. Die charakteristischen Kristalle von Cadmiumoxalat sind deutlich zu erkennen bei einem Verhältnis von Cd : Mn wie 10 : 1, von Cd : Sn(II) wie 7 : 1 und von Cd : Pb wie 3 : 1. Deshalb ist zur sicheren Identifizierung des Cadmiums eine Trennung der genannten Elemente vorauszuschicken.

5. Nachweis mit Hydrazin und Ammoniumrhodanid [nach RÂY und SARKAR (c)].

Bei Gegenwart von Ammoniumrhodanid bilden Cadmiumsalze mit Hydrazinhydrat charakteristische Kristalle der wahrscheinlichen Zusammensetzung $Cd(SCN)_2 \cdot 2\,N_2H_4$.

Ausführung. Gleiche Volumina einer Ammoniumrhodanidlösung (1 : 20) und einer Hydrazinhydratlösung (1 : 25) werden vermischt. In einen Tropfen dieser Lösung bringt man auf dem Objektträger ein wenig einer Cadmiumsalzlösung (~1% Cd), indem man mit einer Platindrahtschlinge in die Cd-Lösung eintaucht und das Tröpfchen der Reagenslösung auf dem Objektträger hinzufügt. Es bildet sich ein weißer Niederschlag, der unter dem Mikroskop eine große Anzahl charakteristischer farbloser Kristalle aufweist, die im polarisierten Licht schiefe Auslöschung zeigen.

Die **Empfindlichkeitsgrenze** liegt bei 0,065 γ Cd.

Grenzkonzentration. 1 : 462000 (nach VAN NIEUWENBURG u. a.).

Zink gibt eine ähnliche Reaktion.

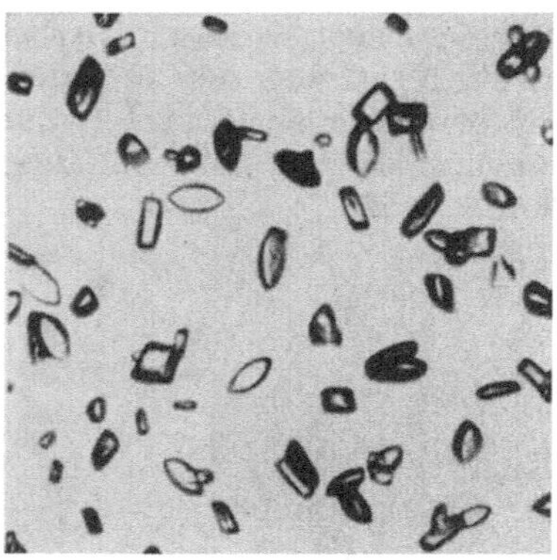

Abb. 9. Cadmiumchromat. Nach W. GEILMANN.

6. Nachweis als Cadmiumchromat.

Neutrale oder nur schwach saure Cadmiumlösungen geben mit Kaliumchromat einen gelben Niederschlag, welcher bei genügender Verdünnung der Lösungen aus kleinen Kristallen besteht. Sie erscheinen vorherrschend als rhombische Täfelchen mit diagonaler Auslöschung sowie als fast würfelähnliche Prismen und kugelige Aggregate (HAUSHOFER; s. auch KLEY).

Ausführung [nach BÖTTGER (a)]. Zu einem Tropfen der neutralen, ammoniumsalzfreien Lösung werden einige Körnchen festes Kaliumchromat gegeben. Cadmiumchromat fällt in Würfeln mit stark lichtbrechenden Flächen aus, die bei weiterem Wachstum leicht unregelmäßige, aber scharf begrenzte Formen annehmen. Neben den Würfeln treten manchmal ebenfalls scharf begrenzte Flächen (Rechtecke) auf. Ein Überschuß des Reagenses ist vorteilhaft. Wenn die Kristallisation nach einiger Zeit nicht eintritt, wird langsam eingedunstet, wobei am Rande Kristallisation erfolgt (Abb. 9).

Blei muß vor Ausführung der Reaktion abgetrennt werden, was am besten mit Kaliumsulfat geschieht. Ammoniumsulfat ist nicht geeignet, da es die Kristallisation des Cadmiumchromats zu stören scheint. Eine sauer reagierende Lösung wird vorher zur Trockne verdampft, der Rückstand in Wasser aufgenommen und geprüft.

7. Einwirkung von Ammoniak.

Läßt man in einen Tropfen Cadmiumchloridlösung, welche nur wenig oder keine freie Säure enthält, von der Seite her ein Tröpfchen Ammoniakflüssigkeit langsam einfließen, so bildet sich in der Hauptsache ein wolkiger Niederschlag; in dessen Randzone entwickeln sich jedoch viele sehr kleine farblose Kriställchen, die lebhaft polarisieren. Die Mehrzahl derselben zeigt eine würfelähnliche Form; daneben erscheinen undeutliche Gruppen, welche aus ersteren zusammengesetzt sind; besonders charakteristisch sind 3- und 4strahlige Kristallsterne und sternförmig gehäufte Gruppen spitzpyramidaler drusiger Kristalle. Unter Umständen besteht der ganze Niederschlag aus solchen Kristallen. In überschüssig zugesetztem Ammoniak löst sich alles. Beim Verdunsten kommt, wenn die Lösung nicht zu verdünnt war, eine Anzahl von Kristallsternen wieder zum Vorschein.

Die Kristalle zeigen symmetrisch liegende Auslöschungsrichtungen, viele besitzen Aggregatpolarisation.

Wenn man von dem zuerst entstandenen Kristallniederschlag die Flüssigkeit abgießt oder durch Fließpapier entfernt und dann einen Tropfen Wasser auf die Kristalle bringt, werden diese trübe und verlieren das Polarisationsvermögen. Es scheint, daß sie durch Wasser eine Zersetzung erleiden.

Gießt man das Wasser ab und bringt das Objektglas in eine Schwefelwasserstoffatmosphäre, so nehmen die Kristalle in kurzer Zeit die schön gelbe Farbe des Cadmiumsulfids (s. S. 235) an (HAUSHOFER).

Bei Gegenwart von Kaliumcyanid bilden Cadmiumsalze mit Ammoniak einen mikrokristallinen farblosen Komplex.

Empfindlichkeit. 0,1 γ Cd.

Kupfer bildet einen gelbgefärbten mikrokristallinen Komplex [MARTINI (c)].

8. Nachweis mit Zinkrhodanid und Eisenalaun.

Zur Herstellung des Reagenses mischt man gleiche Volumina gesättigter Zinksulfat- und Ammoniumrhodanidlösung und gibt zur Auflösung des gebildeten Niederschlags von Zinkrhodanid Wasser hinzu; dann löst man in der Flüssigkeit 0,1 g Eisenalaun auf.

Das Reagens gibt mit Cadmium charakteristische Kristalle.

Nachweisgrenze. 0,25 γ Cd.

Es stören Hg, Ag, Cu, Pb, Ba, Sr, während Sb, Sn, Bi, Mn, Fe, Co, Ni nicht stören [KORENMAN (c)].

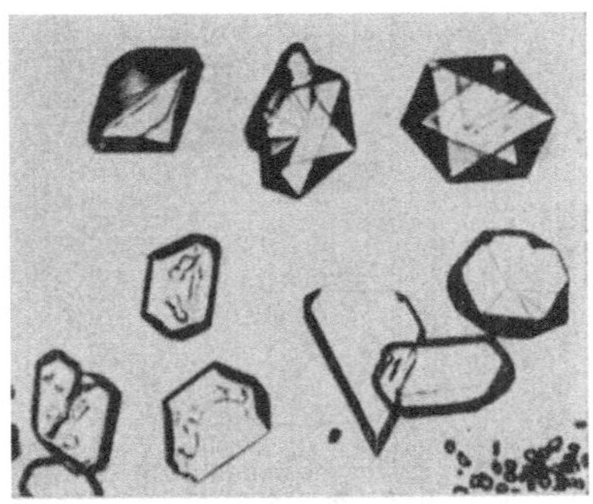

Abb. 10. Natrium-Cadmium-Uranylacetat. Nach E. M. CHAMOT u. H. A. BEDIENT: Mikrochemie 6, 13 (1928).

9. Fällung mit Uranylacetat.

Uranylacetat bildet in Gegenwart von Natriumacetat mit Cadmium ein Tripeluranylacetat der Zusammensetzung $Na(CH_3COO)\cdot Cd(CH_3COO)_2\cdot 3(UO_2)(CH_3COO)_2\cdot nH_2O$.

Bei Verwendung einer gesättigten Lösung von Uranylacetat als Reagenslösung scheidet sich das Tripelacetat in großen orthorhombischen Tafeln oder Prismen ab (CHAMOT und BEDIENT) (Abb. 10).

10. Einwirkung von Kaliumpermanganat.

Das Permanganation ist zur Bildung schwerlöslicher, gut kristallisierter Salze mit einfachen Kationen nicht befähigt. Jedoch entstehen schön ausgebildete Salze mit verschiedenen Schwermetallen bei Gegenwart von Ammoniak. In diesen Salzen fungiert der Amminkomplex des betreffenden Metalls als Kation.

Cadmiumsalze bilden nach POLUEKTOFF und NASARENKO mit einer Kaliumpermanganatlösung bei Anwesenheit von Ammoniak in ähnlicher Weise wie Zink (s. S. 178) einen charakteristischen Niederschlag, dessen Empfindlichkeit jedoch geringer ist als die der entsprechenden Zinkverbindung.

Ausführung. Ein Tropfen der Probelösung wird auf einen Objektträger gebracht und zur Trockne eingedampft. Der abgekühlte Rückstand wird mit einem Tropfen Kaliumpermanganatlösung, vermischt mit einem Tropfen konzentriertem Ammoniak, verrührt. An der Berührungsstelle des trockenen Rückstandes mit dem Reagens scheiden sich charakteristische Kristalle aus (POLUEKTOFF und NASARENKO).

Bei Anwesenheit von Pyridin an Stelle von Ammoniak beobachtet man eine Violettfärbung der Lösung; die **Grenzkonzentration** beträgt 1 : 200 (VAN NIEUWENBURG u. a.).

11. Einwirkung von Kalkwasser.

Mit Calciumionen bilden Cadmiumsalze salzähnliche, kristallisierende unlösliche Verbindungen.

Ausführung. Zur Prüfung auf Cadmium werden 50 ml der zu untersuchenden Lösung, die höchstens 1 mg der Substanz enthält, mit 1 bis 2 ml Ammoniak und dann mit 15 bis 20 ml Kalkwasser versetzt; von einem etwa entstandenen Niederschlag wird abfiltriert, das Filtrat zum Kochen erhitzt und sofort 1 Tropfen davon auf den Objektträger gebracht. Nach 1 bis 2 Min. lassen sich unter dem Mikroskop bei Anwesenheit von Cadmium die für die Cadmiumverbindung charakteristischen Kristalle erkennen: einzeln auftretende voluminöse farblose Kristalle, abgeplattete, spitze Rhomben von großer Deutlichkeit (Abb. 11).

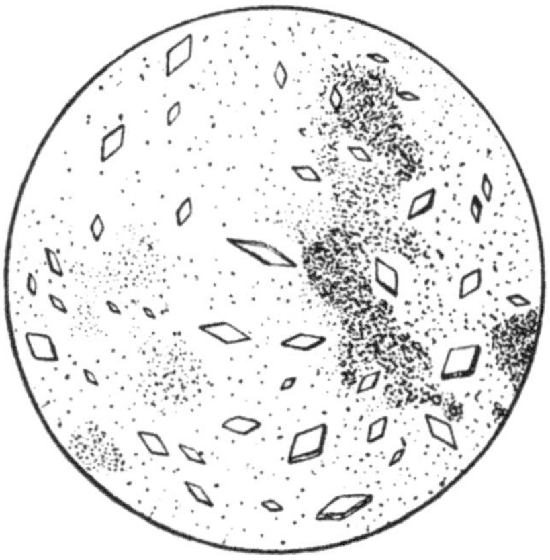

Abb. 11. Calciumcadmiat. Nach E. POZZI-ESCOT: Ann. Chim. anal. **12**, 238 (1907).

Eine auf der Oberfläche des Tropfens entstandene Trübung von Calciumcarbonat kann mittels eines Platindrahtes entfernt werden.

Zn, Cu, Co und Ni bilden mit Calciumionen ähnliche Verbindungen [POZZI-ESCOT (a)].

12. Nachweis als Cadmiumchlorid und -nitrat.

Zur näheren Identifizierung des als Cadmiumsulfid ausgefällten Cadmiums bringt man nach DENIGÈS (b) einen kleinen Anteil des Sulfidniederschlages auf den Objektträger und löst ihn in einem Tropfen Salzsäure (1 : 5), wobei man das Glas bis zur vollständigen Lösung mehrmals kurz über die Flamme hält. Ist die Lösung bis auf einen kleinen Flüssigkeitsrest in der Mitte des Tropfens eingedampft, so beobachtet man unter dem Mikroskop, besonders an der Peripherie, ein Gewebe feiner kristalliner Nadeln von Cadmiumchlorid, die mehr oder weniger verzweigt sind.

Dampft man erneut mit einem Tropfen Salpetersäure — in derselben Weise wie oben — ein, so erhält man Cadmiumnitrat in Bündeln von kristallinen Nadeln, die länger und voluminöser sind als die des Chlorids.

Zur weiteren Prüfung kann die mikroskopische Identifizierung als Cadmiumoxalat (s. S. 271) herangezogen werden.

13. Abscheidung als metallisches Cadmium (nach HAUSHOFER).

Cadmium wird aus seinen Lösungen durch Zink ziemlich schnell in grauen knospen- und moosförmigen Massen abgeschieden. Stellt man aus Zink-Cadmium-Verbindungen, die sehr wenig Cadmium enthalten (z. B. der Cadmiumzinkspat von Wieslock mit 2 bis 3%, die strahlige Blende von Přibram mit 1 bis 2% Cd), Lösungen her, welche durch Abdampfen soweit wie möglich vom Säureüberschuß befreit sind, so läßt sich der Cadmiumgehalt derselben durch einen Splitter von reinem Zink nachweisen. Die vorher ebenen scharfen Kanten des Zinkblättchens werden bald durch die knospenförmigen Ansätze von Cadmium uneben und zackig.

14. Abscheidung mit Natriumhydrogencarbonat (nach KLEY).

Die Fällung des Cadmiums durch Natriumhydrogencarbonat ist wegen der feinkörnigen Beschaffenheit des Niederschlages nur dann beweisend, wenn sie in ammoniakalischer Lösung ausgeführt wird, aus welcher Mg, Ni usw. als Doppelphosphate entfernt sind. Ist die Menge des Niederschlages nicht gar zu klein, so können die vorstehenden Reaktionen zu dessen weiterer Prüfung herangezogen werden.

15. Einwirkung von Kalium-hexacyano-ferrat(III) (nach KLEY).

Mit $K_3[Fe(CN)_6]$ erhält man ein gelbes Pulver oder gelbe kubische Kriställchen (3 bis 4 μ), die in keiner Weise von denen des Zink-hexacyano-ferrats(III) (s. S. 176) verschieden sind.

16. Einwirkung von Kaliumcyanid und Ammoniak [nach MARTINI (c)].

Cadmiumsalzlösungen bilden mit Kaliumcyanid bei Gegenwart von Ammoniak eine mikrokristalline Komplexverbindung, die zum Unterschied von der entsprechenden gelbgefärbten Kupferverbindung farblos ist.

Empfindlichkeit. 0,1 γ Cd.

Kupfer stört durch seine Färbung.

II. Organische Reagenzien.

1. Nachweis mit Brucin.

a) Ausführung mit Brucinacetat und Bromid. Cadmiumsalzlösungen bilden mit Brucinacetatlösung bei Gegenwart von Natriumbromid einen charakteristischen kristallinen Niederschlag der wahrscheinlichen Zusammensetzung

$$\left[Cd\begin{matrix}Br_2\\ \\(CH_3COOH)_2\end{matrix}\right]2\,B^1$$

oder

$$Br_2[CdB_6{}^1]BrNa$$

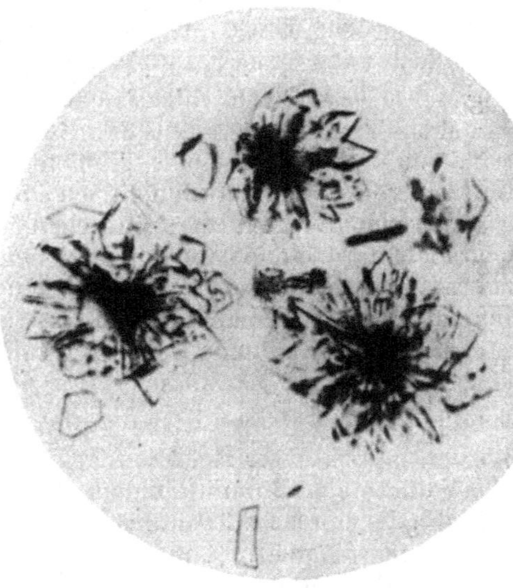

Abb. 12. Cadmium-Brucin-Bromid. Nach A. MARTINI: Mikrochemie 6, 1 (1928).

Ausführung (α) [nach MARTINI (a, d)]. Zu einem Tropfen einer 1%igen Cadmiumchloridlösung fügt man auf dem Objektträger einen gleichen Tropfen gesättigter Natriumbromidlösung. Mit einer Goldfeder läßt man langsam an den Rand der Flüssigkeit eine kleine Menge konzentrierter Brucinacetatlösung fließen. Es bildet sich sofort ein weißer Niederschlag, der in monoklinen, in Rosettenform gruppierten Prismen kristallisiert (Abb. 12).

Die gleichen Kristalle erhält man auch noch aus 0,5‰ Lösungen [s. hierzu auch MARTINI (h)].

Störungen siehe unter (β).

Ausführung (β) (nach WENGER und DUCKERT). Zur Herstellung der Reagenslösung löst man 6,5 g Brucin und 10 g Natriumbromid in 50 ml 4 n Essigsäure und 150 ml Wasser.

Man bringt einen Tropfen der neutralen zu untersuchenden Lösung auf den Objektträger und gibt einen Tropfen der Reagenslösung hinzu. Es bilden sich

[1] B = Brucin, $C_{23}H_{26}O_4N_2$.

monokline farblose Prismen, die häufig in Rosetten auftreten. Falls es notwendig erscheint, erwärmt man vorsichtig, bis am Rande des Tropfens Kristallisation einsetzt.

Grenzkonzentration. 1 : 10^4.

Störungen. Die Empfindlichkeit wird durch die Ionen folgender Elemente nicht herabgesetzt: Ag, Cu, Pb, As, Sb, Sn, Se, Te, Tl und Zn im Verhältnis 100 : 1; mit den Ionen Ag, Pb und Tl tritt jedoch Fällung ein. Die Ionen Hg_2^{++}, Hg^{++} und Bi^{+++} geben eine analoge Reaktion. W und V stören, weil sie reichliche Niederschläge bilden, während Au, Pt und Mo nur in großen Mengen stören.

b) Ausführung mit Brucinsulfat und Bromid. Mit Brucinsulfatlösung und Kaliumbromid bilden Cadmiumsalzlösungen in gleicher Weise einen weißen kristallinen Niederschlag, der in mäßig konzentrierter Schwefelsäure unlöslich ist [KORENMAN (i); s. hierzu auch GUTZEIT (b)].

Ausführung (a) (nach WHITE). 1 Tropfen (= 0,015 ml) der Cadmiumsalzlösung wird in die Vertiefung eines Objektträgers gegeben und mit 2 Tropfen einer 40%igen Brucinsulfatlösung in Wasser oder 2%iger Säure versetzt. Innerhalb von 20 Min. haben sich selbst aus verdünnten Lösungen Kristalle abgeschieden.

Ausführung (α) [nach KORENMAN (i)]. Zu einem Tropfen der zu untersuchenden Lösung, die sich auf einem Objektträger befindet, fügt man mit Hilfe einer Capillarpipette einen Tropfen einer kalt gesättigten Brucinlösung in verdünnter Schwefelsäure hinzu und darauf einen Tropfen einer 5%igen Kaliumbromidlösung. In Gegenwart von Cadmium bildet sich sofort ein weißer Niederschlag, der bei mikroskopischer Betrachtung ein eigenartiges Bild zeigt. Anfänglich ist das Gesichtsfeld mit ziemlich feinen Körnchen bedeckt, welche bald anfangen, sich umzukristallisieren, indem sich aus Nadeln bestehende Rosetten bilden, die rasch zunehmen. Diese verwandeln sich weiter zu Rosetten aus Parallelogrammen. Die angeführten Umwandlungen der Kristallformen des Niederschlages vollziehen sich im Laufe von 2 bis 3 Min.

Empfindlichkeit. 0,5 γ Cd [KORENMAN (i); s. auch KORENMAN (a)].

Störungen. Bei dieser Reaktion ist die Gegenwart solcher Metalle, die schwerlösliche Sulfate oder Bromide bilden (Ba, Sr, Ca, Pb, Ag), störend; ebenso stören auch Stoffe, die mit schwefelsaurem Brucin reagieren, wie Alkalien, größere Mengen Salpetersäure, salpetrige Säure u. a. [KORENMAN (i)].

Neben Cadmium geben auch Hg, Sb, Bi, Pb und Sn einen Niederschlag. Brucin ist deshalb als Gruppenreagens für diese Metalle geeignet.

Die Abscheidung von Brucin-hydrobromidkristallen, die denen von Hg- und Cd-Brucin-bromid ähnlich sehen, muß durch Zugabe von etwas verdünnter Säure verhindert werden.

Die Kristalle der Quecksilber- und Cadmiumverbindung sehen sich ähnlich.

Bei Gegenwart von Kupfer wird das Brucinreagens nicht zum Nachweis von Cadmium empfohlen (WHITE).

Zur Vermeidung von Verwechslungen mit Quecksilber soll dieses vor dem Nachweis des Cadmiums abgetrennt werden.

Ausführung (β) [nach KORENMAN (a)]. Man versetzt bei Anwesenheit von Quecksilber die auf Cadmium zu prüfende Lösung mit Ammoniak, filtriert den gebildeten Niederschlag ab, dampft das Filtrat zur Trockne ein und glüht den Rückstand zur Entfernung der letzten Spuren Quecksilber.

Der Glührückstand wird in einem Tropfen Wasser gelöst und die Lösung, wie oben angegeben, mit Brucinsulfat- und Kaliumbromidlösung geprüft.

c) Ausführung mit Brucin und Jodid (nach WHITMORE und WOOD). Eine salzsaure Brucinlösung bildet mit Cadmiumjodid einen amorphen Niederschlag, aus dem sich ölige Tropfen abscheiden, die sich in gelbe Kugeln umwandeln. Diese gehen in Aggregate von spitzen Prismen über.

Die Kristalle zeigen schwache Doppelbrechung, die kleineren Kristalle geben ein Polarisationskreuz. Die Elongation ist positiv, die Prismen zeigen schiefe Auslöschung (Abb. 13).

Die Reagenslösung wird durch Auflösen von 109 mg Brucin in 0,1 n Salzsäure und Verdünnen mit Wasser auf 10 ml erhalten.

Über den Nachweis mit anderen Alkaloiden siehe WHITMORE und WOOD sowie WHITE.

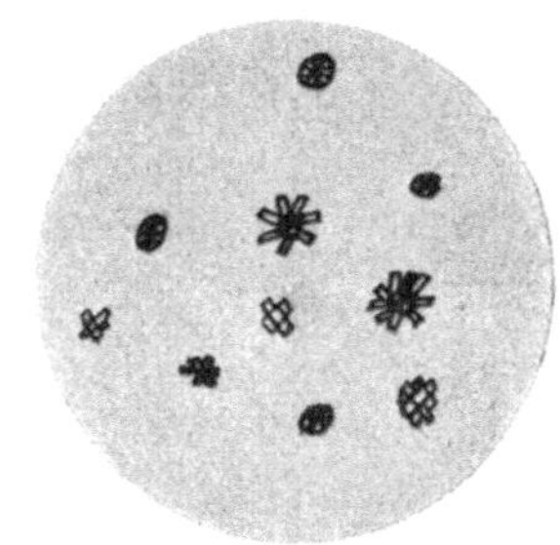

Abb. 13. CdJ_2 + Brucin. Nach W. F. WHITMORE u. C. A. WOOD: Mikrochemie 27, 331 (1939).

2. Fällung mit α,α'-Dipyridyl und Rhodanid.

Gibt man zu einer Cadmiumsulfat enthaltenden Lösung, die einen geringen Überschuß einer alkoholischen Lösung von α,α'-Dipyridyl enthält, die Lösung eines Alkalirhodanids, so bildet sich ein mikroskopischer Niederschlag von Cadmium-α,α'-Dipyridyl-Rhodanid, der etwa der Formel $[Cd(Dipyr)_2](SCN)_2$ entspricht. Die Kristalle sind doppelt gegabelt und können Garben oder Bündel bilden [MANNELLI (a, b); vgl. auch JAEGER und VAN DIJK].

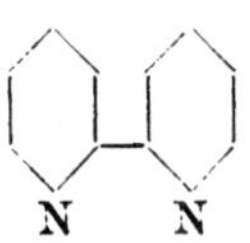

α,α'-Dipyridyl

Ausführung [nach MANNELLI (a, b)]. Die Lösung der Sulfate wird mit einer 5%igen wäßrigen Lösung von Ammoniumrhodanid sowie einer 0,25%igen alkoholischen Lösung von α,α'-Dipyridyl versetzt (Abb. 14).

Empfindlichkeit. 0,05 γ.

Grenzkonzentration. 1 : 2 · 10^5.

Störungen. Der Nachweis von Cadmium kann auch neben Zink erfolgen, jedoch bei Abwesenheit von Co, Ni und Mn.

Abb. 14. Cadmium-dipyridyl-rhodanid. Nach G. MANNELLI: Mikrochemie 31, 2 (1944).

3. Nachweis mit Jod-allyl-hexamethylentetramin.

Eine Cadmiumsulfatlösung bildet mit dem Reagens charakteristische Kristalle der Zusammensetzung $CdJ_2 \cdot 2[(CH_2)_6N_4 \cdot C_3H_5J]$. Die farblosen Kristalle sind außerordentlich löslich in Wasser, weniger in Alkohol (ÉVRARD; s. auch TOUGARINOFF).

Nach HURD und EVANS jedoch soll beim Versetzen der cadmiumsalzhaltigen Lösung mit der Reagenslösung ein weißer flockiger Niederschlag entstehen.

Ausführung (nach ÉVRARD). Das Reagens entsteht durch Reaktion von Allyljodid mit Urotropin. Zur Darstellung werden äquimolekulare Mengen von Allyljodid und Urotropin in Chloroform in der Wärme zur Reaktion gebracht (s. hierzu auch DELÉPINE).

Als Reagenslösung dient eine 10%ige Lösung der kristallinen Substanz.

Zum Nachweis bringt man auf den Objektträger einen Tropfen einer verdünnten Cadmiumsulfatlösung mit einem Tropfen der Reagenslösung zusammen. An der Berührungsfläche entstehen kleine, gedrungene Kristalle, von denen viele einen hexagonalen Querschnitt aufweisen.

Nachweisgrenze. 0,1 γ Cd.

Die Reaktion ist empfindlicher als der Cadmiumnachweis als $Cd[Hg(SCN)_4]$, aber nicht so empfindlich wie der als Rb_4CdCl_6.

Die Fällung aus konzentrierter Cadmiumsulfatlösung ist in der Abb. 15 wiedergegeben; dabei bilden sich längliche, stäbchenartige und strahlenförmig angeordnete Kristalle.

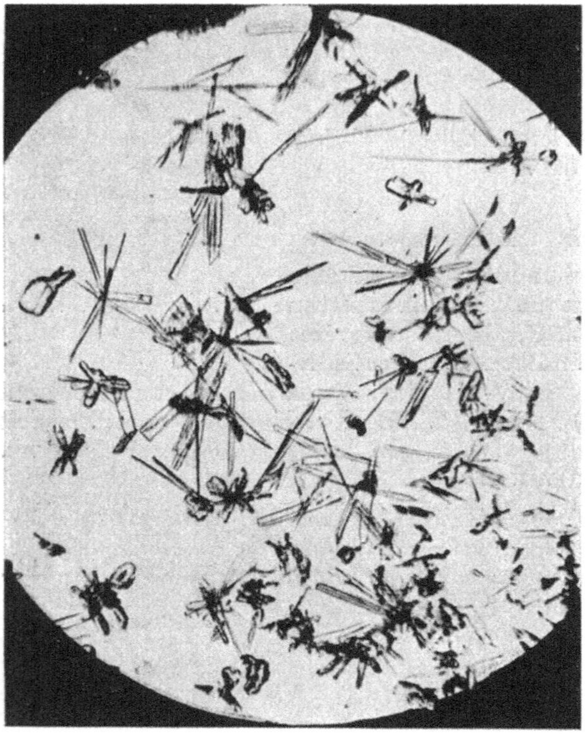

Abb. 15. $CdJ_2 \cdot 2[(CH_2)_6N_4 \cdot C_3H_5J]$ aus konzentrierter Lösung gefällt. Vergr. 200fach. Nach V. ÉVRARD: Ann. Chim. anal. [2] 11, 324 (1929).

Störungen. Nach HURD und EVANS bildet eine Anzahl von Metallkationen mit dem Reagens gleichfalls unlösliche Komplexverbindungen, während $CdJ_2 \cdot 2[(CH_2)_6N_4 \cdot C_3H_5J]$ bei 25° in Wasser zu 0,0014 g/ml löslich ist.

Lösungen von $SbCl_3$, $Bi(NO_3)_3$, $FeCl_3$, $PbCl_2$, $Hg(NO_3)_2$, $SnCl_2$, $CuCl_2$, $AsCl_3$ geben bei molaren Konzentrationen von $5 \cdot 10^{-4}$ bis zu 10^{-3} Fällungen; dagegen reagieren As(V) und Sb(V) nicht. Auch molare bis gesättigte Lösungen von Li, Na, K, Ba, Ca, Sr, Mg, Zn, Al, La, Ce, Zr, Th, Sn(IV), Mn, Cr, Ni und Fe(II) werden nicht gefällt.

4. Nachweis mit 7-Nitro-8-oxychinolin-5-sulfonsäure.

Cadmiumsalzlösungen bilden mit dem Reagens sehr feine nadelförmige Kristalle, die oft in Büscheln auftreten (MOLLAND).

Ausführung (nach MOLLAND). Ein Tropfen Wasser wird auf den Objektträger gebracht. Daneben werden 1 Tropfen einer kalt gesättigten Lösung der 7-Nitro-8-oxychinolin-5-sulfonsäure und 1 Tropfen einer verdünnten (~0,4 m) Cadmiumsulfatlösung gebracht. Die

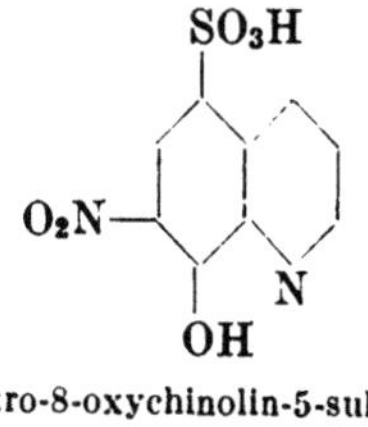

7-Nitro-8-oxychinolin-5-sulfonsäure

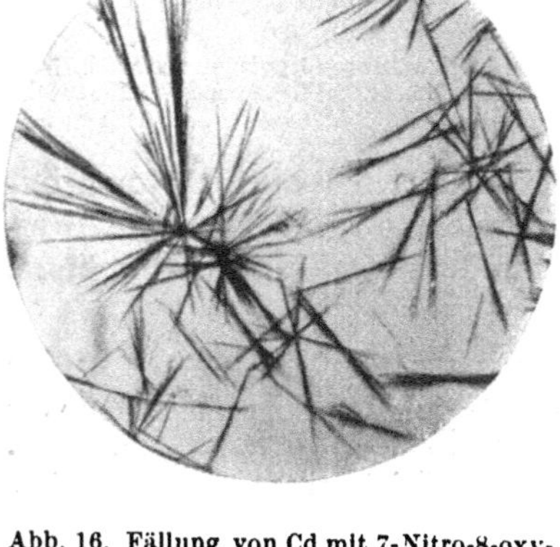

Abb. 16. Fällung von Cd mit 7-Nitro-8-oxychinolin-5-sulfonsäure. Nach J. MOLLAND: Tidsskr. Kjemi Bergves. 19, 121 (1939).

Vermischung der beiden Lösungen geschieht in dem Wassertropfen, wodurch spontane Fällung erfolgt. Die Kristalle erweisen sich als doppelbrechend mit gerader Auslöschung, bezogen auf die Längskante.

Durch eine Lösung von Cadmiumsulfat mit 25 g Cd/Liter wird eine sofortige Fällung hervorgerufen (Abb. 16).

Störungen. Sehr ähnlich verhält sich eine Reihe von Metallkationen, besonders Pb und Cu, sowie Co, Ni u. a.

Na, Cr, Mn, Hg, Sn, Zn und NH_4^+ zeigen unter ähnlichen Bedingungen keine Fällung. $FeCl_3$ erzeugt eine dunkelgrüne Farbe, gibt aber keinen Niederschlag (MOLLAND).

5. Fällung mit Cupferron (Ammonium-nitrosophenylhydroxylamin).

Läßt man einen Tropfen einer 5%igen Cupferronlösung an die Ränder eines Tropfens einer 1%igen neutralen Cadmiumchloridlösung anfließen, so erhält man eine Menge farbloser nadelförmiger Kristalle, die in Form von Bündeln vereinigt sind (Abb. 17).

In einer Lösung von 1 : 1000 tritt die Reaktion mit der gleichen Deutlichkeit auf. Man

$$C_6H_5-\underset{\underset{NO}{|}}{N}-O(NH_4)$$

Cupferron

kann die Reaktion mit Cupferron als Kontrollreaktion auf Cadmium verwenden.

Empfindlichkeit. 0,1 γ Cd.

Störungen. Cd, Cu und Sr geben ähnliche Kristallformen und sind schwer zu unterscheiden (s. auch BAUDISCH).

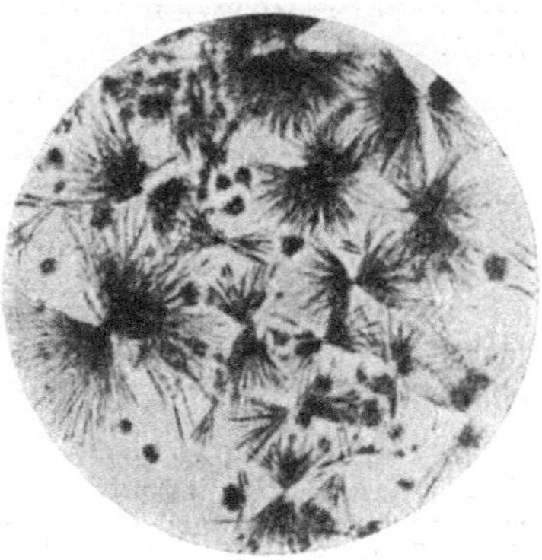

Abb. 17. Fällung von Cd mit Cupferron. Nach A. MARTINI: Mikrochemie 6, 152 (1928).

Zur Unterscheidung der drei Kationen fällt man zunächst mit Cupferron und prüft dann auf Cadmium mit Brucinacetat und Bromid (s. S. 276) [MARTINI (b, e); s. auch MARTINI (h)].

6. Fällung mit β-Naphthochinolin und Rhodanid.

Cadmiumsalzlösungen bilden mit β-Naphthochinolin in Gegenwart von Rhodanid eine Komplexverbindung, die zur Identifizierung von Cadmium jedoch nur bedingt geeignet zu sein scheint.

Die Reagenslösung wird wie folgt bereitet: Eine 5- oder 10%ige Lösung von Kaliumrhodanid wird zu einer 1%igen Lösung von β-Naphthochinolin in 0,1 n Schwefelsäure gegeben, bis eine geringe bleibende Trübung erscheint. Ungefähr 0,15 ml einer 10%igen KSCN-Lösung werden für 1 ml der Naphthochinolinlösung benötigt.

Mischt man eine 1%ige Cadmiumlösung in 0,5 bis 1 n Schwefelsäure auf dem Objektträger mit dem gleichen Volumen des Reagenses, so tritt nicht unmittelbar eine Niederschlagsbildung ein, doch scheiden sich beim Stehen am Rande des Tropfens schmale, farblose Kristalle und Tröpfchen ab. Die letzteren kristallisieren in Formen, die zwar größer sind als die entsprechende Zinkverbindung, jedoch dieser in ihrer Erscheinung sehr ähneln.

Cadmium-hydrogen-β-naphthochinolin-rhodanid ist löslicher als die Zinkverbindung. Die Tatsache jedoch, daß die Cadmiumkristalle im Inneren des Tropfens erst dann ausgeschieden werden, wenn der größte Teil der Lösung bereits verdampft ist, ermöglicht den Nachweis von Zink in Gegenwart von Cadmium, da es bei Zink — wenn es in genügender Konzentration vorhanden ist — bald zu einer Ausscheidung von Kristallen im Inneren des Tropfens kommt (SANDELL, WISHNICK und WISHNICK).

Auch die Verbindung $(C_{13}H_9N)_2 \cdot H_2CdJ_4$ stellt keine sichere Nachweismöglichkeit für Cadmium dar.

Zur Herstellung der Reagenslösung gibt man Kaliumjodid zu einer 1%igen β-Naphthochinolinlösung in 0,1 n Schwefelsäure, bis eine Trübung erscheint und klärt dann die Mischung durch Zugabe von etwas Natriumhydrogensulfit.

Der feinteilige Niederschlag, der zuerst entsteht, wenn das Reagens mit einer salzsäurehaltigen Cadmiumsalzlösung gemischt wird, rekristallisiert nur langsam bei niedriger Cd-Konzentration. Bei einer Konzentration bis etwa zu 0,01% Cd in 1 bis 2 n salzsaurer Lösung ist der Nachweis einigermaßen zufriedenstellend.

Bei spontaner Rekristallisation werden dünne nadelähnliche Kristalle, einzeln oder in Haufen, erhalten. Die Gegenwart von Zink vermindert die Geschwindigkeit der Rekristallisation des Cadmiumniederschlages (SANDELL, WISHNICK und WISHNICK).

7. Nachweis mit Pyridin.

a) Nachweis mit Pyridin und Dichromat. Cadmiumsalzlösungen bilden mit Pyridin bei Gegenwart von Kaliumdichromat einen gelben charakteristischen Niederschlag [KORENMAN (n); s. auch PARRAVANO und PASTA].

Ausführung [nach KORENMAN (n)]. 1 Tropfen der zu untersuchenden Lösung wird auf dem Objektträger mit 1 Tropfen kalt gesättigter Kaliumdichromatlösung gemischt und mit Pyridindampf behandelt. Zu diesem Zweck kommt der Objektträger (mit dem Tropfen nach unten) auf den Hals eines Pyridin enthaltenden Fläschchens. Dann reibt man mit einem Glasstäbchen und läßt wiederum Pyridindampf einwirken. In verdünnten Lösungen ist wiederholtes Reiben mit dem Glasstäbchen und Behandeln mit Pyridindampf erforderlich.

Cadmiumsalze scheiden kleine (5 bis 40 μ) gelbe Kristalle von verschiedener Form aus: langgestreckte Sechsecke, Trapeze, Parallelogramme oder Stäbchen der Zusammensetzung $[CdPy_4]Cr_2O_7$. Mitunter kommen Kristalle mit Ätzfiguren vor.

Empfindlichkeit. 0,3 γ Cd.

Grenzkonzentration. 1 : 166000.

Störungen. Unter denselben Bedingungen reagieren auch Hg(I), Hg(II), Cu, Zn, Ni, Co.

b) Nachweis mit Pyridin und Benzoesäure (nach GRAF). 1 Tropfen einer gesättigten Lösung von reiner Benzoesäure in Pyridin wird zu 1 Tropfen einer Cadmiumsalzlösung auf einem Objektträger gegeben. Man erhält charakteristische Kristalle des Cadmium-Benzoesäure-Pyridinkomplexes.

Empfindlichkeit. 1 : 2000.

Die entsprechenden Kupferkristalle sind himmelblau gefärbt. Beide Verbindungen erscheinen im Polarisationsmikroskop doppelbrechend und zweiachsig, die Cadmiumkristalle zeigen jedoch auch die kristallographischen Eigenschaften des triklinen Systems.

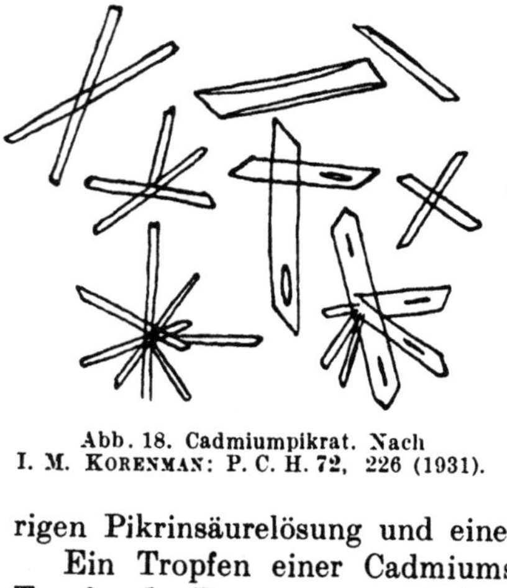

Abb. 18. Cadmiumpikrat. Nach I. M. KORENMAN: P. C. H. 72, 226 (1931).

8. Fällung mit Pikrinsäure.

Als Reagenslösung verwendet man ein Gemisch von 2 Teilen einer gesättigten wäßrigen Pikrinsäurelösung und einem Teil 10%iger Ammoniaklösung.

Ein Tropfen einer Cadmiumsalzlösung auf einem Objektträger mit einem Tropfen des Reagenses vermischt, liefert nach dem Reiben mit einem Glasstäbchen schöne, große kristalline Rosetten (Abb. 18).

Empfindlichkeit. 1 γ Cd.

Grenzkonzentration. $1 : 5 \cdot 10^4$.

Störungen. Mit dem Reagens bilden auch Cu, Ag, Co, Ni, Hg und Au charakteristische Fällungen [KORENMAN (f, l)].

9. Fällung mit Pyramidon und Rhodanid.

Nach KOLTHOFF und HAMER (b) werden 5 ml Cadmiumsalzlösung mit 1 ml Pyramidonlösung (1 : 20) und 0,5 ml 20%iger Kaliumrhodanidlösung versetzt. 50 mg Cd/Liter geben auf diese Weise noch einen Niederschlag.

Mit dem Reagens werden außer Cadmium auch Zn, Pb, Cu, Ni und Co gefällt.

Nach MARTINI (g) bringt man auf einen Objektträger einen Tropfen einer 0,01%igen Cadmiumsalzlösung und fügt nacheinander je einen Tropfen einer kalt gesättigten Ammoniumrhodanid- und Pyramidonlösung hinzu. Man erhält einen weißen Niederschlag, der unter dem Mikroskop zunächst amorph, später aber kristallin erscheint (Abb. 19).

Die Empfindlichkeit der Reaktion läßt sich durch Zugabe eines Tropfens konzentrierter Salpetersäure vor dem Zusatz der Pyramidonlösung erhöhen.

Abb. 19. Cadmiumfällung mit Pyramidon. Nach A. MARTINI: Mikrochemie **16**, 233 (1934/35).

10. Fällung mit Chinolin.

a) Fällung mit Chinolin und Alkalichlorid. Cadmiumsulfat oder Cadmiumacetat bilden mit Chinolin keinen Niederschlag; dagegen tritt eine Fällung ein, wenn man der Mischung einen Kristall Natriumchlorid zufügt. Zunächst scheiden sich feine Körnchen aus, dann Nadeln und Rosetten. In verdünnten Lösungen tritt nur eine feinkörnige Trübung auf (Abb. 20).

Empfindlichkeit. 0,75 bis 1 γ Cd [KORENMAN (g, k)].

b) Fällung mit Chinolin und Jodid. In Gegenwart von Kaliumjodid nimmt die Empfindlichkeit der Reaktion bedeutend zu. Zu einem Tropfen des Gemisches einer Kaliumjodid- und Chinolinlösung fügt man 1 Tropfen der zu untersuchenden Lösung. Bei Anwesenheit von Cadmiumsalzen bilden sich je nach der Konzentration ein kristalliner Niederschlag oder eine Trübung [KORENMAN (k)].

Empfindlichkeit. 0,1 bis 0,15 γ Cd [KORENMAN (k); s. auch GAPTSCHENKO und SCHEINZISS].

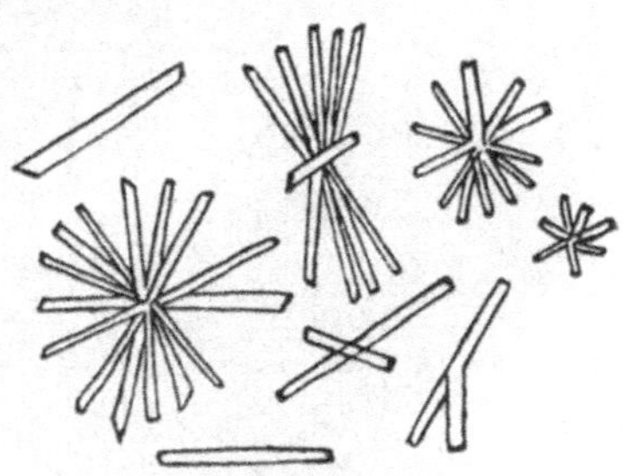

Abb. 20. Chinolin + NaCl + Cd^{++}. Nach J. M. KORENMAN: Mikrochemie **9**, 225 (1931).

Nach GAPTSCHENKO und SCHEINZISS verwendet man als Reagenslösung eine Auflösung von 10 g Kaliumjodid in 100 ml gesättigter wäßriger Chinolinlösung. Man fügt 1 Tropfen dieser Lösung zu 1 Tropfen der neutralen Probelösung. Es entsteht ein Niederschlag von farblosen Prismen.

Sn(II), Zn und Fe(II) bilden gleichfalls mit dem Reagens einen kristallinen Niederschlag (GAPTSCHENKO und SCHEINZISS).

Nach BERISSO (a, b) reagieren auch Pb, Cu, Pd und Tl in ähnlicher Weise.

BERISSO (a, b) empfiehlt, die auf Cadmium zu prüfende Lösung zur Trockne einzudampfen und nach dem Abkühlen mit 1 Tropfen 4 n Salzsäure und 1 Tropfen

5%iger Natriumjodidlösung zu versetzen. Man verrührt und setzt dann 1 Tropfen Chinolin hinzu.

c) Fällung mit Chinolin und Rhodanid. Nach Zufügen eines Tropfens neutraler Cadmiumsalzlösung zu einem Tropfen eines Gemisches von Chinolin und konzentrierter Ammoniumrhodanidlösung scheiden sich Rosetten aus langen Rechtecken oder Parallelogrammen aus.

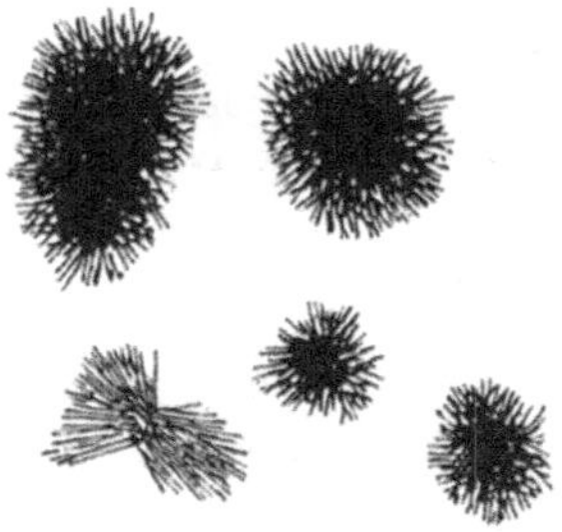

Abb. 21. Chinolin + NH_4SCN + Cd^{++}. Nach J. M. KORENMAN: Mikrochemie 9, 228 (1931).

Empfindlichkeit. 1 γ Cd [KORENMAN (g)].

Nach MARTINI und SCHAMIS geben salpetersaure Cadmiumsalzlösungen auf Zusatz von Ammoniumrhodanid und Chinolin lange schmale, teils fadenförmige Kristalle und kleine Stachelkugeln (Abb. 21).

Nach KORENMAN (g) gibt man zur Herstellung der Reagenslösung in einem Reagensglas zu einem Teil Chinolin und einem Teil gesättigter Ammoniumrhodanidlösung tropfenweise verdünnte Salpetersäure bis zur Auflösung des Chinolins hinzu.

Nachweisgrenze. 3 γ Cd [KORENMAN (g)].

Empfindlichkeit. 0,5 γ Cd (GAPTSCHENKO und SCHEINZISS).

Störungen. Niederschläge mit dem Reagens geben auch Zn, Ag, Hg(I), Sb(III) und Cu (GAPTSCHENKO und SCHEINZISS).

d) Fällung mit Chinolin und Natriumazid. Auch mit Natriumazid und Chinolinhydrochlorid werden Cadmiumsalze gefällt. Die Fällung bietet jedoch gegenüber den mit Bromid oder Rhodanid eintretenden keinen Vorteil [ROSENTHALER (d)].

Abb. 22. Cadmium-Chinin-Bromid. Nach A. MARTINI: Mikrochemie 6, 1 (1928).

11. Fällung mit Chinin.

Zu einem kleinen Tropfen einer verdünnten (1:1000) Cadmiumchloridlösung fügt man eine gesättigte Natriumbromidlösung und darauf einen Tropfen konzentrierte essigsaure Chininsulfatlösung. Es bildet sich ein weißer Niederschlag (Abb. 22) [MARTINI (a, d)].

Grenzkonzentration. 1 : 2000 (VAN NIEUWENBURG u. a.).

Nach KORENMAN (e) bildet eine gesättigte Lösung von Chininhydrochlorid in Wasser mit Cadmiumsalzlösungen einen weißen, in Salzsäure löslichen Niederschlag.

Grenzkonzentration. $1 : 6 \cdot 10^5$.

n ähnlicher Weise reagieren auch Pb, Bi, Hg, Cu und Sb.

12. Fällung mit α-Aminopyridin und Rhodanid.

α-Aminopyridin bildet bei Gegenwart von Ammoniumrhodanid mit Cadmiumsalzen eine mikrokristalline charakteristische Fällung. Ein Überschuß des Reagenses ist dabei möglichst zu vermeiden, da er störend wirkt.

Cu, Co und Zn geben mit dem Reagens gleichfalls mikrokristalline Niederschläge (SÁ).

13. Fällung mit Natrium-diäthyl-dithiocarbamat.

Cadmium bildet mit Natrium-diäthyl-dithiocarbamat charakteristische Kristalle. Das Reagens wird hergestellt durch Auflösen einer kleinen Menge des festen Salzes in Wasser; die Lösung wird nach kurzer Zeit filtriert. Die Reagenslösung soll vor dem Gebrauch nicht länger als zwei Wochen stehen.

Ausführung. 0,3 ml der Reagenslösung werden in einem mit Schliffstopfen versehenen Reagensglas mit 0,3 ml der neutralen Probelösung versetzt und 0,2 ml eines geeigneten organischen Lösungsmittels — meist wird man Benzol nehmen — hinzugegeben. Die Mischung wird geschüttelt und danach die Benzolschicht mit einer Capillarpipette vorsichtig, so daß nichts von der wäßrigen Schicht mitgenommen wird, auf ein Deckgläschen gebracht. Nach dem Verdunsten des Lösungsmittels werden die gebildeten Kristalle unter dem Mikroskop betrachtet. Gelegentlich ist es zweckmäßig, den Kristallrückstand nochmals mit einem Tropfen Alkohol aufzunehmen und diesen ebenfalls verdunsten zu lassen.

Cadmium bildet auf diese Weise mit dem Reagens große isolierte hexagonale Kristalle mit gut ausgebildeten Flächen.

Empfindlichkeit. 0,1 mg Cd.

Grenzkonzentration. $1 : 2 \cdot 10^4$.

Kristalline Fällungen mit dem Reagens bilden auch Zn, Pb, Sr, Hg, Sb, Bi, Mn und Co (GRANT und MEGGY).

14. Einwirkung von Jodisan.

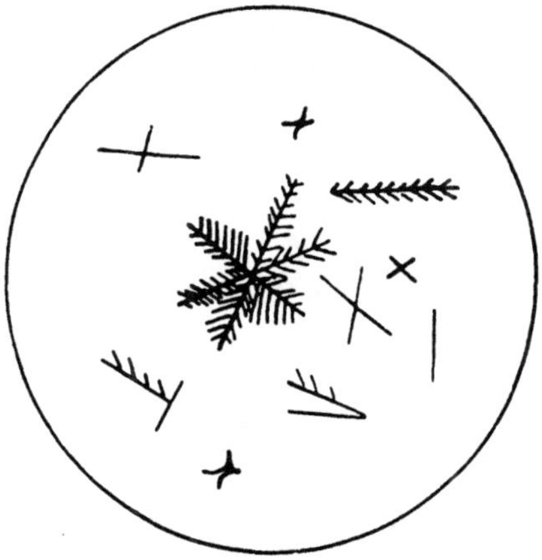

Abb. 23. $CdSO_4$ + Jodisan. Nach L. ROSENTHALER: Mikrochemie **13**, 84 (1933).

Jodisan (Hexamethyl-diamino-isopropanol-dijodid) gibt mit einem Tropfen einer Cadmiumsalzlösung (Cadmiumsulfat oder -bromid) bei einer Verdünnung von 1 : 1000 fast sofort eine Fällung aus geraden oder gebogenen Stäbchen, oft in Scheren, Sternen, Büscheln und Skeletten verschiedener Art. Solche Stäbchen entstehen auch noch in verdünnteren Lösungen [ROSENTHALER (a)] (Abb. 23).

Erfassungsgrenze. 1 γ Cd.

Grenzkonzentration. $1 : 5 \cdot 10^4$.

Die Reaktion kann zur Unterscheidung von Cadmium und Zink dienen. Zink bildet erst beim Eintrocknen der mit dem Reagens versetzten Lösung Kristalle, die sich deutlich von den mit Cadmiumsalzlösung gebildeten unterscheiden.

Fe(III) gibt eine ähnliche Reaktion.

15. Fällung mit Urotropin.

a) Fällung mit Urotropin. Urotropin bildet mit Cadmiumsalzen einen kristallinen Niederschlag. In einen Tropfen der Lösung des Cadmiumsalzes ($CdSO_4$) bringt man ein größeres Körnchen Urotropin. Bald erscheinen charakteristische Büschel von Nadeln, Stäbchen und anderen Kristallen.

Die **Empfindlichkeit** der Reaktion ist 3 γ Cd [KORENMAN (h)].

Urotropin gibt mit den Salzen vieler Schwermetalle einen Niederschlag; der größte Teil derselben ist in Wasser löslich und hat gleichfalls einen kristallinen Bau [KORENMAN (h)].

Konzentrierte salzsaure Cadmiumsalzlösungen geben mit Urotropin farblose Tafeln des hexagonalen Systems.

Grenzkonzentration. 1 : 200 (COLE).

b) Fällung mit Urotropin und Jodid. Wird zu einer salzsauren Cadmiumsalzlösung ein Kriställchen Kaliumjodid und eine Lösung von Urotropin gegeben, so entsteht ebenfalls eine Fällung, der nach RÂY und SARKAR (d) die Formel $3\,(CdJ_2) \cdot 2\,(C_6H_{12}N_4)$ zukommen könnte.

Am zweckmäßigsten ist es, das Reagens in fester Form — man nimmt einen kleinen Kristall — zu einem Tropfen der salzsauren Probelösung hinzuzugeben. Dabei sind die entstehenden Kristalle beim Vorliegen verdünnter Lösungen besser ausgebildet als in konzentrierten. Es bilden sich stark lichtbrechende, farblose Prismen mit quadratischen Enden und hexagonale Tafeln (Abb. 24). Diese Kristalle sind sehr charakteristisch.

Grenzkonzentration. 1 : 2200.

Die Grenzkonzentration ist bei einer Lösung erreicht, die innerhalb von 3 Min. gerade noch Kristalle bildet.

Freie Salzsäure, Schwefelsäure und Salpetersäure geben ebenfalls Kristalle mit Urotropin und Kaliumjodid, die jedoch von dem ausgefällten Cadmium-

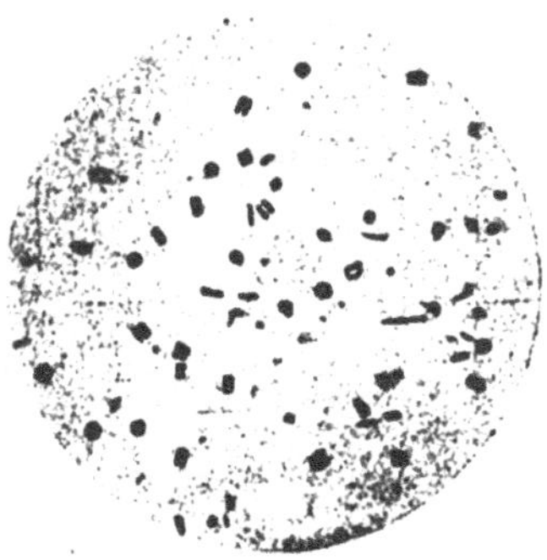

Abb. 24. Cd^{++} mit Hexamethylentetramin und KJ in salzsaurer Lösung. Nach H. J. COLE: Philippine J. Sci. 22, 631 (1923).

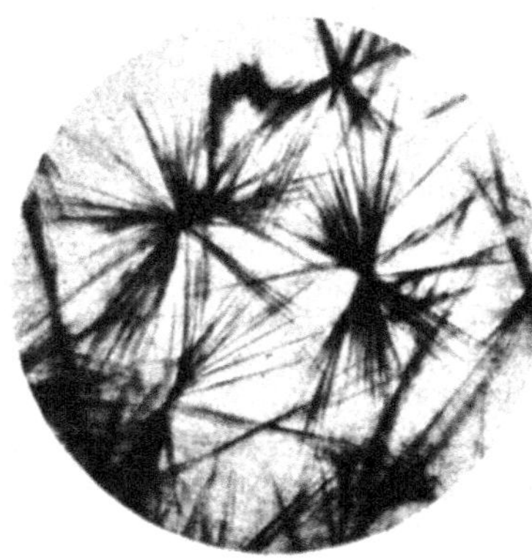

Abb. 25. $Cd(NO_3)_2$ + Ammoniumrhodanid + Acridinsulfat. Nach A. LANGER: Mikrochemie 25, 71 (1938).

niederschlag leicht unterschieden werden können. Auch Zinksalzlösungen geben mit dem Reagens Kristalle, die jedoch sehr löslich sind und deshalb nicht stören (COLE).

16. Fällung mit Acridin und Rhodanid.

Mit Acridin reagieren Cadmiumsalzlösungen bei Gegenwart von Ammoniumrhodanid unter Bildung eines gelben Niederschlages der Zusammensetzung $[Cd(SCN)_4]H_2(C_{13}H_9N)_2$.

Ausführung (nach LANGER). Man bringt einen Tropfen der auf Cadmium zu prüfenden, salpetersauren Lösung mit je einem Tropfen einer 1%igen Ammoniumrhodanid- und Acridin-Reagenslösung auf den Objektträger, um nach dem Durchrühren unter dem Mikroskop zu beobachten. Unterläßt man das Durchrühren, dann sind die Kristalle besser ausgebildet und charakteristischer gruppiert.

Bei Anwesenheit von Cadmium entstehen mit einer Acridinsulfatlösung lange, haarfeine, gelbe Nädelchen, die fächerförmig zusammengereiht sind. Die Auslöschung ist parallel (Abb. 25).

Als Reagenslösung kann eine 0,5%ige Lösung von Acridin in 0,5 n Schwefelsäure oder eine Lösung von Acridinhydrochlorid verwendet werden.

Bei Fällung mit Acridinsulfatlösung beträgt die

Erfassungsgrenze $\sim 10\,\gamma$ Cd und die

Grenzkonzentration 1 : 200.

Die angegebene Empfindlichkeit ist derart, daß man die Fällung noch gut mit freiem Auge wahrnehmen kann, so daß sie auch für die Tüpfelplatte gilt. Bei Anwendung konzentrierterer Ammoniumrhodanidlösungen scheidet sich bereits Acridinrhodanid in doppeltschwalbenschwanzförmigen, gelben Kristallen aus.

Außer Cadmium geben Mikroreaktionen mit dem Reagens: Zn, Hg, Bi, Cu, Co, Fe(III) und Uranylionen.

Auch bei Gegenwart von Jodid geben Cadmiumsalzlösungen mit Acridin eine Fällung; der schwerlösliche gelbe Niederschlag hat die Zusammensetzung $[CdJ_4]H_2(C_{13}H_9N)_2 \cdot 3\,H_2O$. Bei Anwesenheit von Bromid entsteht gleichfalls ein gelber Niederschlag, der der Formel $CdBr_2 \cdot HBr \cdot C_{13}H_9N$ entspricht (LANGER).

17. Einwirkung von Cyanursäure und Ammoniak.

Cadmiumsalze bilden mit Cyanursäure und Ammoniak kristallines Cadmiumcyanurat, das bei Betrachtung unter dem Mikroskop typische Kristallformen aufweist.

Das Reagens wird hergestellt durch Vermischen von 0,5 g Cyanursäure, 10 ml Ammoniak und 20 ml destilliertem Wasser; 5 bis 10 Min. lang wird des öfteren geschüttelt und gegebenenfalls schwach erwärmt. Nach vollständiger Lösung fügt man nochmals 20 ml Wasser hinzu, mischt durch und läßt abkühlen.

Ausführung. 1 Tropfen der Reagenslösung wird mit 1 Tropfen der zu untersuchenden Cadmiumsalzlösung (0,2- bis 4%ig) auf einem Objektträger vermischt oder die Reagenslösung zu dem trockenen Rückstand (0,1 bis 0,2 mg) oder einer sehr kleinen Probe der festen Substanz gegeben. Wenn die Kristalle sich nicht gleich bilden, wird mit einem feinen Glasstab gerührt. Die Kristalle werden bei 130- bis 150facher Vergrößerung ohne Deckgläschen betrachtet.

Die Cadmiumcyanurverbindung ist unlöslich und bildet sich sehr rasch. Die Kristalle bestehen aus schmalen Prismen, die im allgemeinen einzeln auftreten, mitunter auch in Spindeln oder in normalen Oktaedern.

Bei größeren Cadmiumkonzentrationen ($\geqq 2\%$) ist die Menge Ammoniak nicht ausreichend, um sich bildendes Hydroxyd in Lösung zu halten. Trotzdem entwickeln sich um die Mitte des Tropfens herum die typischen Kristallformen. Es ist daher vorzuziehen, mit verdünnten Lösungen zu arbeiten bzw. bei Vorliegen fester Substanzen deren Gewicht auf 0,1 bis 0,2 mg zu beschränken.

Die sich bildenden Kristalle der Cadmiumverbindung sind mit denen der Zinkverbindung nicht zu verwechseln [DENIGÈS (c)].

18. Fällung mit Orange II (β-Naphtholorange).

Eine ammoniakalische Lösung von Orange II gibt mit einer ammoniakalischen Cadmiumsalzlösung eine Fällung. Die Reaktion ist jedoch wenig charakteristisch, da auch zahlreiche weitere Kationen, Ca, Ba, Sr, Mg, Mn, Zn, Th(IV), Co und Ni, unter denselben Bedingungen gefällt werden [ROSENTHALER(c)].

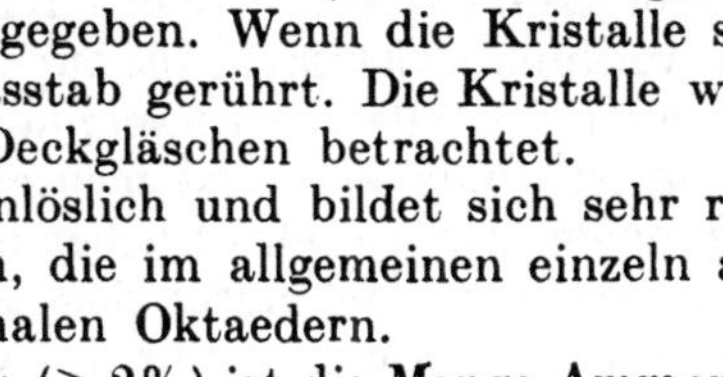

Orange II

19. Fällung mit Methylorange (Dimethylaminobenzol-azobenzolsulfonsäure).

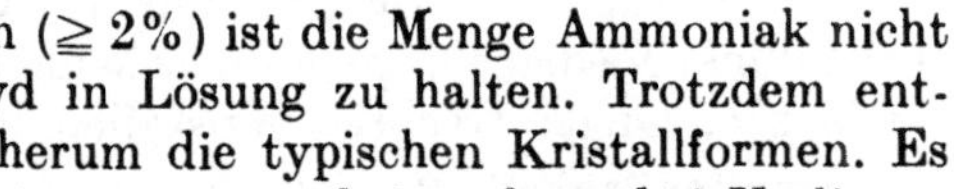

Methylorange

Der Nachweis wird in der üblichen Weise als Mikroreaktion durchgeführt.

Cadmiumsalze bilden sofort eine kristalline Fällung; der Niederschlag besteht aus hübschen, deutlich rhomboedrischen Kristallen.

Ähnliche Kristallformen zeigen Sn, Rb, Pb, Cr; zahlreiche Kationen geben mit dem Reagens gleichfalls Mikroreaktionen [POZZI-ESCOT (c)] (vgl. hierzu auch GRIMES, BOND und SHEAD).

20. Fällung mit β-Naphthylamin.

Eine alkoholische Cadmiumnitratlösung gibt mit einer alkoholischen Lösung von β-Naphthylamin, das durch Sublimation gereinigt worden ist, beim Verdampfen des Lösungsmittels schöne dunkelbraune, farnartige Kristalle.

Unter denselben Bedingungen gibt Kupfer eine kristalline Fällung von grünen Tafeln. In wäßriger Lösung bilden zahlreiche Kationen mit β-Naphthylaminhydrochlorid einen Niederschlag (DETWILER und WILLARD).

21. Einwirkung von Anilin.

a) Fällung mit Anilin und Rhodanid. Cadmiumsalzlösungen bilden mit Anilin bei Gegenwart von Ammoniumrhodanid einen kristallinen Niederschlag.

Ausführung (a) [nach MARTINI (f)]. Gibt man zu einer 1%igen Lösung von Cadmiumchlorid Ammoniak im Überschuß bis zur Bildung des komplexen Ammins, dann 1 Tropfen Anilin und darauf einen Überschuß einer gesättigten Lösung von Ammoniumrhodanid, so bildet sich in kurzer Zeit ein weißer, kristalliner Niederschlag, dessen Formel nicht die von MARTINI (f) angegebene ist, sondern nach DUBSKÝ und LANGER (a, b) der Zusammensetzung $Cd(SCN)_2 \cdot (C_6H_5NH_2)_2$ entspricht.

Unter dem Mikroskop sind monokline, farblose Prismen zu erkennen [MARTINI (f); s. auch MARTINI (h)].

Grenzkonzentration. 1 : 16600 (VAN NIEUWENBURG u. a.).

Ausführung (b) [nach KORENMAN (m)]. Zur Herstellung der Reagenslösung wird zu dem Gemisch von gleichen Raumteilen reinem Anilin und Wasser unter Schütteln verdünnte Salzsäure bis zur völligen Auflösung des Anilins hinzugefügt; dann gibt man Kristalle von Ammoniumrhodanid in die Lösung bis zur Sättigung. Die Lösung ist völlig klar und mehrere Tage lang haltbar.

Ein Tropfen der zu untersuchenden Lösung wird mit einem Tropfen des Reagenses vermischt und unter dem Mikroskop untersucht.

Cadmiumsalze vermögen nur in verhältnismäßig konzentrierten Lösungen kristalline Niederschläge auszuscheiden. Sie geben mit dem Reagens einen aus farblosen, langgestreckten Kristallen bestehenden Niederschlag.

Empfindlichkeit. 3 γ Cd.

Kupfersalze bilden mit dem Reagens Dendriten oder schmale lange Kristalle. Bei Gegenwart von Kupfer nehmen die farblosen Kristalle der Cadmiumverbindung eine hellgelbe Färbung an. Die Form der Kristalle erleidet keine Veränderung.

Zn, Mn, Co, Ni, Pb und Hg(II) geben keine Niederschläge mit dem Reagens. Ag bildet einen Niederschlag, der im Überschuß des Reagenses löslich ist; große Mengen Ag und Hg(I) sind vor Durchführung der Reaktion als Chloride zu entfernen. Fe(III) gibt Rotfärbung der Lösung, stört sonst aber nicht.

b) Fällung mit Anilin und Jodid [nach POZZI-ESCOT (b)]. Gibt man zu einer verdünnten Cadmiumsalzlösung nacheinander Kaliumjodid und dann 1 oder 2 Tropfen Anilin und schüttelt um, oder mischt man die beiden Reagenzien vorher und fügt die Mischung zu der Probelösung, so scheidet sich schnell ein voluminöser weißer Niederschlag ab.

Unter dem Mikroskop erscheint der Niederschlag kristallin; er besteht aus abgeplatteten Prismen und prismatischen Tafeln, die nach Wiederauflösen in der Wärme und erneutem Abkühlen leicht auskristallisieren.

22. Einwirkung von Eisen-dipyridyl-sulfat.

Mit einer 0,1 m Lösung von $[Fe(Dipyridyl)_3]SO_4$ in Gegenwart eines Überschusses von Natriumchlorid oder Salzsäure bildet Cadmium charakteristische Kristalle, die sich leicht von den rosagefärbten Kristallen des $[Fe(Dipyridyl)_3]Cl_2$ unterscheiden lassen.

Ein Tropfen (0,001 ml) der auf Cadmium zu prüfenden Lösung wird mit dem gleichen Volumen gesättigter Natriumchloridlösung und 1 n Salzsäure sowie 1 Tropfen Reagenslösung versetzt. Die Tropfen werden mit einem dünnen Glasstäbchen verbunden. Cadmium bildet tiefrote, fast schwarze ungleichmäßig kreuzförmige und andere Kristalle.

Die Reaktion ist wenig empfindlich.

Zink reagiert in gleicher Weise; Sn(IV) bildet charakteristische dunkelrote Kristalle. Sb(V) und As(V) reagieren nicht (NAZARENKO).

C. Elektronenmikroskopischer Nachweis.

GULBRANSEN, PHELPS und LANGER geben eine Methode an, das Elektronenmikroskop zur Klärung mikrochemischer Probleme heranzuziehen. Die Technik für das kontrollierte Wachstum von Kristallen auf dünnen Filmen beruht auf der Diffusion von Ionen und Molekülen durch einen plastischen Film und anschließender Fällung auf dem Film.

Die besonderen Eigenheiten des Elektronenmikroskops bedingen, daß die Kristalle einem Vakuum von 0,1 μ Quecksilber ausgesetzt werden müssen. Es können sich daher Kristalle mit Kristallwasser unter den Arbeitsbedingungen des Elektronenmikroskops zersetzen. Fernerhin kann die Absorptionsenergie des Elektronenstrahls ausreichen, die untersuchte Substanz zu schmelzen, zu zersetzen oder eine Umwandlung der Kristallform hervorzubringen.

Es wird die Schattentechnik angewendet, um kleine Kristalle zu untersuchen, die auf einem dünnen plastischen Film liegen, der durch ein feinmaschiges Drahtnetz unterstützt wird. Zur Bereitung der Proben für das Elektronenmikroskop muß das Material zur Trockne eingedampft werden, bevor es in die Vakuumkammer gebracht wird. Falls die Kristalle durch Wechselwirkung zweier Lösungen erzeugt werden, muß man sie in dispergierter Form auf einem dünnen plastischen Film sammeln und die Mutterlauge entfernen. Letzteres ist ein wichtiger Unterschied gegenüber der Arbeitsweise mit dem Lichtmikroskop.

Ausführung. Eine große Fläche „Parlodion"-Film wird auf Wasser hergestellt, indem man 3 bis 4 Tropfen einer 1%igen Lösung von Parlodion in einer Mischung von Amylacetat und Äthylalkohol (2 : 1) anwendet. Der Alkohol hat die Aufgabe, die Porosität des Films zu erhöhen. Teile des Films von 1 cm Durchmesser werden entfernt durch Anheben eines kleinen Ringes unter dem Parlodionfilm und Abschneiden des Films mit einer kleinen Nadel. Dieser Filmausschnitt wird jetzt in einer kleinen Kristallisierschale auf die Oberfläche des Reagenses gebracht, dessen Konzentration 0,1 molar ist. Ein kleiner Tropfen der zu untersuchenden Lösung wird darauf mit Hilfe einer Glascapillare auf den Film gebracht. Durch Diffusion der Ionen durch den Film hindurch erfolgt bei zweckmäßiger Wahl der Lösungen die Bildung eines schwerlöslichen Niederschlages in dem Tropfen. 1 bis 2 Min. reichen zur Bildung von Kristallen aus, die unter dem Elektronenmikroskop zu beobachten sind.

Der Parlodionfilm und die Kristalle werden mit Hilfe eines zweiten, etwas kleineren Ringes aus der Reagenslösung gehoben und auf der Oberfläche von reinem destilliertem Wasser abgesetzt. Das Wasser und die Ionen diffundieren jetzt durch den dünnen Film und entfernen allmählich die störenden Ionen der Mutterlauge. Nach 10 Min. wird der Film unter dem Tropfen mit einer scharfen Nadel durchbohrt, um die restliche Flüssigkeit des Tropfens wegfließen zu lassen. Man deckt darauf einen Metallschirm über die interessierende Fläche und entfernt den Film mit dem Schirm. Man läßt im Vakuum bei Zimmertemperatur trocknen.

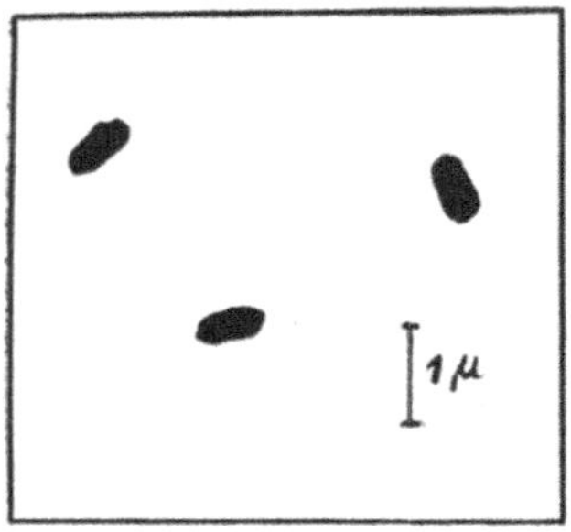

Abb. 26. $CdCO_3$. Nach E. A. GULBRANSEN, R. T. PHELPS u. A. LANGER: Ind. eng. Chem. Anal. Edit. 17, 649 (1945).

Charakteristische Cadmiumcarbonatkristalle erhält man durch Diffusion einer 0,1 m Cadmiumsulfatlösung und einer 0,1 m Kaliumcarbonatlösung. Sie bilden prismatische, säulenförmige, wenig entwickelte Kristalle (Abb. 26).

Obwohl die Kristallgröße von der Konzentration abhängt, wird der Habitus davon wenig beeinflußt. Der Habitus, der bei den elektronenmikroskopischen Aufnahmen beobachtet wird, stimmt mit dem der mikro- und makroskopischen Kristalle überein.

Die Elektronenmikrophotographie wurde bei 6700facher Vergrößerung aufgenommen und optisch auf 16750fache Vergrößerung gebracht.

§ 5. Nachweis durch Tüpfelreaktionen.

A. Wichtige Reagenzien.

I. Anorganische Reagenzien.

1. Nachweis als Cadmiumsulfid.

Die gelbe Farbe des Cadmiumsulfids wird mit Schwefelwasserstoffwasser oder Natriumsulfidlösung auf dem mit der Cadmiumsalzlösung getränkten Filtrierpapier erzeugt [s. hierzu auch BENEDETTI-PICHLER und CEFOLA (a)].

Ausführung (nach VAN DALEN und DE VRIES). Wenn die ammoniakalische Probelösung durch die Anwesenheit von Kupfer blau gefärbt ist, wird Kaliumcyanid in ganz kleinen Portionen zugefügt, bis die Farbe eben verschwunden ist. Ein Überschuß muß sorgfältigst vermieden werden. Die Reaktion wird dann auf Filtrierpapier ausgeführt, indem man zuerst einen Tropfen einer 10%igen Lösung von Natriumsulfid und danach aus einer Capillare einen Tropfen der zu prüfenden Lösung einsaugen läßt. Ein gelber Fleck von Cadmiumsulfid weist die Anwesenheit des Cadmiums nach.

Empfindlichkeit. $1 : 10^5$ (neben der 5000fachen Menge Kupfer bei Verwendung eines Tropfens von 0,05 ml).

Störungen. Überschüssiges Kaliumcyanid verringert die Empfindlichkeit der Reaktion bedeutend. Spuren von Hg, Bi und Pb, die sich noch in der ammoniakalischen Lösung befinden können, bilden auf dem Papier ein dunkles Fleckchen, das von einer gelben Cadmiumsulfidzone umgeben ist; sie beeinträchtigen die Empfindlichkeit im übrigen nicht.

BAYLEY (a, b) benutzt die unterschiedliche Art der Ausbreitung metallischer Kationen auf Filtrierpapier zur Erkennung von Cadmium. Die Reaktion kann insbesondere auch zum Nachweis von Cadmium neben solchen Metallen benutzt werden, deren Sulfide schwarz gefärbt sind, da sich Cadmium stets in der äußeren Zone angereichert findet. Dazu tropft man die weitgehend verdünnte Probelösung auf Filtrierpapier und setzt den entstandenen Fleck, nachdem die Flüssigkeit eingezogen ist, der Einwirkung von Schwefelwasserstoff aus. Man erhält einen schwarzen Fleck, der von einem lebhaftgelben Ring von Cadmiumsulfid umgeben ist.

Die Anwesenheit freier Säure erhöht die Beweglichkeit des Kupferions, so daß vor Durchführung der Nachweisreaktion eine saure Lösung mit Ammoniak schwach alkalisch zu machen ist.

II. Organische Reagenzien.

1. Nachweis mit Cadion (p-Nitrophenyl-diazoaminobenzol-p-azobenzol).

Cadion erteilt dem Cadmiumhydroxyd infolge Adsorption eine charakteristische Farbe.

Über die Herstellung des Reagenses und seine Anwendung zum makrochemischen Nachweis von Cadmium s. § 3, C. II., 1, S. 240.

Ausführung. Als Reagenslösung dient eine 0,02%ige Auflösung von Cadion in 98%igem Alkohol, der 0,02 n an Kaliumhydroxyd ist. Man löst 0,02 g Cadion in 100 ml Alkohol und fügt 1 ml 2 n Kalilauge hinzu.

Ein Tropfen der Reagenslösung wird auf ein Filtrierpapier gegeben, das auf einem Blatt weißen Löschpapiers liegt. Dann wird ein etwas kleinerer Tropfen der neutralen oder schwach essigsauren Probelösung und darauf ein etwas größerer Tropfen 2 n Kalilauge zugegeben. Bei Gegenwart von Cadmium erhält man einen hellrosa Fleck in der Mitte, der von einem violettblauen Ring umgeben ist. Bei Abwesenheit von Cadmium zeigt der Fleck eine violette Farbe (vgl. auch DAVIES).

Empfindlichkeit. Die Empfindlichkeit beträgt bei dieser Art der Ausführung 0,5 γ Cd/ml oder $6 \cdot 10^{-9}$ g im Tropfen.

Grenzkonzentration. 1 : 10^5.

Störungen. Ohne gleichzeitige Durchführung einer Blindprobe kann Cadmium neben Bi, Pb, Sn, As, Al, Be, Ca, Sr, Ba, Ce, Th, Pr, Nd, Li, Na und K identifiziert werden. Bei einer Cadmiumkonzentration von 2,5 γ/ml ist der Nachweis von 1 Teil Cadmium neben 20000 Teilen Zink möglich.

Ag, Hg, NH_4^+, Cu, Ni, Cr, Fe, Co und Mg stören. Diese Störung kann in allen Fällen, mit Ausnahme der ersten drei, durch Zusatz von Seignettesalz umgangen werden. Eisen muß vorher oxydiert werden. Die Störung durch Ammoniumsalze kann durch Erwärmen des Papiers und Zugabe eines weiteren Tropfens Kalilauge beseitigt werden. Silber muß vor Ausführung des Nachweises durch Zugabe eines Kristalls Kaliumjodid entfernt und die klare überstehende Flüssigkeit zum Nachweis verwendet werden.

Hg_2^{++} und Hg^{++} bilden mit dem Reagens einen orangebraunen Niederschlag, der den Nachweis von Cadmium stört. Quecksilber kann nur durch die gewöhnliche Behandlung mit Schwefelwasserstoff und Salpetersäure entfernt werden [DWYER (a); s. auch WENGER und DUCKERT sowie MILLER (b)].

2. Nachweis mit Dinitro-diphenylcarbazid.

Wenn Cadmiumhydroxyd in Gegenwart von Dinitrodiphenylcarbazid gefällt wird, so bildet sich ein brauner, sich bald nach Grünlichblau verändernder Lack. Formaldehyd beschleunigt diesen Farbwechsel [HELLER und KRUMHOLZ sowie FEIGL (b); WENGER und DUCKERT; PEARSON; s. auch EVANS und HIGGS (d) sowie TOUGARINOFF].

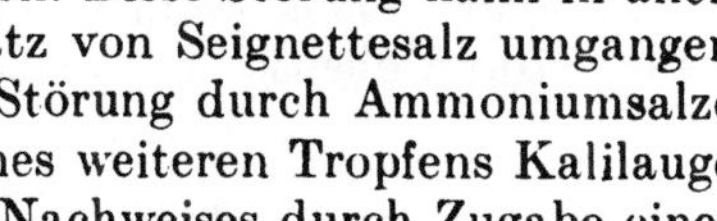

Dinitrodiphenylcarbazid[1])

Ausführung (a) (nach PEARSON). Man verwendet eine 0,1%ige alkoholische Lösung des Reagenses.

1 Tropfen der zu untersuchenden neutralen oder schwach sauren Lösung wird mit 1 Tropfen einer 10%igen Natronlauge gemischt, und zu der alkalischen Lösung werden nacheinander 0,1 ml 5%iger wäßriger Kaliumcyanidlösung, 1 Tropfen der Reagenslösung und 0,1 ml 40%iger Formaldehydlösung gegeben. In Gegenwart von Cadmium entsteht ein brauner Niederschlag, der schnell grünlichblau wird.

---

[1] HELLER und KRUMHOLZ nehmen an, daß das verwendete Reagens Dinitro-diphenylcarbazid ist. Es wurde durch 5 Min. langes Erhitzen eines Moles Harnstoff mit zwei Molen p-Nitro-phenylhydrazin auf 150 bis 180° erhalten.

Da das Reagens durch Formaldehyd violett gefärbt wird, ist es ratsam, beim Nachweis von Cadmium in Spuren Kontrollproben durchzuführen.

Erfassungsgrenze. 0,8 γ Cd.

Grenzkonzentration. 1 : 62000 [FEIGL (b)].

Ausführung (b) bei Anwesenheit von Kupfer (nach HELLER und KRUMHOLZ). Zum Nachweis des Cadmiums neben Kupfer in der ammoniakalischen Lösung der beiden Ionen wird auf der Tüpfelplatte ein Tropfen der Lösung mit je einem Tropfen einer 5%igen Kaliumcyanidlösung, 20%iger Natronlauge und 0,1%iger alkoholischer Reagenslösung und hierauf mit 3 bis 4 Tropfen käuflichen Formaldehyds versetzt. Die entstehende Blaufärbung ist von der Violettfärbung eines mit Ammoniak ausgeführten Blindversuches deutlich zu unterscheiden.

Bei Abwesenheit größerer Kupfermengen beträgt die

Erfassungsgrenze 1,25 γ Cd/Tropfen (= 0,05 ml).

Empfindlichkeit $1 : 4 \cdot 10^4$.

Bei einer Verdünnung von 1 : 20000 kann das Cadmium neben der 120fachen Kupfermenge erkannt werden (HELLER und KRUMHOLZ).

Nach FEIGL (b) beträgt die Grenzkonzentration für Cadmium neben der 400fachen Menge Kupfer 1 : 12500, die Erfassungsgrenze 4 γ Cd. Die Anwesenheit größerer Mengen von Ammoniumsalzen setzt die Empfindlichkeit etwas herab.

Störungen. Die Empfindlichkeit der Reaktion wird durch die Ionen folgender Elemente nicht beeinträchtigt: Ag, Hg(II), Cu, Pb, Bi, Sb, Sn, Au, Se, Mo, W, V und Tl im Verhältnis 100 : 1. Hg_2^{++} und As(V) stören nicht, solange das Verhältnis von 10 : 1 nicht überschritten wird.

Co bildet einen braunen, Pt einen gelben Niederschlag mit dem Reagens, und beide stören ebenso wie größere Mengen Te und Fe (WENGER und DUCKERT)

3. Nachweis mit Diphenylcarbazid.

Der Zusatz einer alkoholischen Lösung von Diphenylcarbazid erzeugt in neutralen oder acetatgepufferten Cadmiumsalzlösungen je nach der Metallkonzentration eine rotviolette Fällung bzw. Färbung, die von einem Cadmiumsalz des Diphenylcarbazids herrührt.

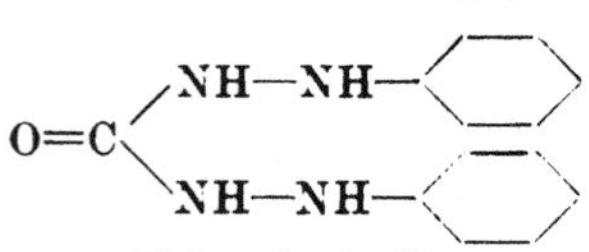

Diphenylcarbazid

Die Diphenylcarbazidreaktion ist für Cadmium nicht spezifisch, doch läßt sich durch geeignete Maßnahmen Cadmium auch neben nicht zu großen Mengen Kupfer, Blei und Quecksilber erkennen [FEIGL (b)].

Ausführung (a) (nach FEIGL und NEUBER). Als Reagenslösung dient eine alkoholische Diphenylcarbazidlösung.

Die auf Cadmium zu prüfende Lösung wird mit festem Natriumacetat versetzt und dann die Reagenslösung hinzugefügt. Bei Anwesenheit von Cadmium entsteht eine Rotviolettfärbung, bei größeren Mengen Cadmium ein ebenso gefärbter Niederschlag.

Empfindlichkeit. 1 : 37000 (FEIGL und NEUBER).

Erfassungsgrenze. 4 γ Cd [FEIGL (a)].

Die Reaktion ist nach Abtrennung des Cadmiums von den übrigen Elementen der Schwefelwasserstoffgruppe auszuführen (s. hierzu auch TOUGARINOFF).

Ausführung (b) [nach FEIGL und NEUBER; s. auch FEIGL (b) sowie GUTZEIT (c, d)]. Auf ein mit alkoholischer Diphenylcarbazidlösung imprägniertes und hernach getrocknetes Filtrierpapier wird 1 Tropfen der Probelösung aufgetragen und 1 bis 2 Min. über eine offene Ammoniakflasche gehalten; Blauviolettfärbung zeigt das Vorliegen von Cadmium an (s. hierzu auch HERSTEIN).

Erfassungsgrenze. 4 γ Cd im Tropfen.

Grenzkonzentration. 1 : 12500.

Die Reaktion ist nach Abtrennung des Cadmiums von den übrigen Elementen der Schwefelwasserstoffgruppe auszuführen.

Ausführung (c) neben anderen Metallen (nach FEIGL und NEUBER).

α) Nachweis von Cadmium neben Kupfer. Soll der Nachweis von Cadmium neben Kupfer durchgeführt werden, so muß Kupfer in der einwertigen Stufe vorliegen. Das Filtrierpapier wird in diesem Fall mit einer kaltgesättigten Lösung von Diphenylcarbazid in 90%igem Alkohol getränkt, die mit festem Kaliumrhodanid gesättigt und hierauf mit einigen Kristallen Kaliumjodid versetzt wurde.

Nach FEIGL (b) beträgt die **Erfassungsgrenze** 8 γ Cadmium neben der 270fachen Menge Kupfer.

β) Nachweis von Cadmium neben Blei. Zum Nachweis von Cadmium neben Blei wird auf mit der unter α) aufgeführten Diphenylcarbazidlösung getränktes Filtrierpapier 1 Tropfen der Blei und Cadmium enthaltenden Lösung aufgetragen. Es kommt zur Bildung eines Bleijodidkreises, während das Cadmium in eine konzentrische Ringzone wandert (insbesondere beim Aufbringen eines Wassertropfens) und dort in der oben geschilderten Weise reagiert.

Erfassungsgrenze. 8 γ Cd im Tropfen.

Nach FEIGL (b) beträgt die Erfassungsgrenze 8 γ Cd neben der 80fachen Bleimenge.

Störungen. Wismutsalze reagieren unter den angegebenen Versuchsbedingungen mit Diphenylcarbazid nicht. Durch eine Tüpfelreaktion lassen sich noch 8 γ Cd neben der 60fachen Menge Bi erkennen.

Verfährt man wie beim Nachweis von Cadmium neben Kupfer [Ausführung (c, α)], so lassen sich 4 γ Cd neben der 33fachen Menge Quecksilber erkennen [FEIGL (b)].

Nach FEIGL (b) sind 25 γ Cadmium in einem Tropfen einer Lösung nachzuweisen, in welcher ein Verhältnis Cd : Hg : Cu : Pb : Bi = 1 : 10 : 160 : 37 : 20 besteht.

WEST und SMITH verwenden als Reagenslösung eine frisch bereitete gesättigte alkoholische Lösung von Diphenylcarbazid, die bis zur Sättigung mit Kaliumrhodanidkristallen versetzt wird, und geben zu der auf Cadmium zu prüfenden Lösung 1 Tropfen Reagenslösung und 1 Tropfen Ammoniak. Bei Anwesenheit von Kobalt ist der Nachweis von Cadmium nicht eindeutig, da Kobalt die gleiche Reaktion geben soll (s. hierzu auch WATSON).

Oxydierende Verbindungen, wie z. B. Chromat, stören die Reaktion, so daß Cadmium vor Durchführung der Nachweisreaktion im Trennungsgang zu isolieren ist [Anonym (a)].

Nach SMITH und WEST stören außer den bereits genannten Elementen auch noch Ag, Au, V, Cr, Fe, Ni und Co (s. hierzu auch KOZLOVSKIJ, MEERSON und SHIKHANOVA). Wird vor Ausführung der Nachweisreaktion eine Na_2CO_3/Na_2O_2-Trennung durchgeführt, so werden alle Störungen bis auf Kupfer und Eisen ausgeschaltet. Eisen ist in die zweiwertige Stufe zu überführen, in der es gleichfalls die Reaktion nicht beeinträchtigt. Über den Nachweis von Cadmium neben Kupfer siehe unter Ausführung (c, α). Die Kupferstörung wird durch Zufügen einiger Kaliumjodidkristalle zu der Reagenslösung umgangen (SMITH und WEST).

4. Nachweis mit Cadion 2 B oder Cadion 3 B.

Die Farbänderung von Cadion 2 B sowie von Cadion 3 B bei Anwesenheit von Cadmium (s. hierzu § 3, C. II., 2. und 3., S. 241 ff.) erlaubt den Nachweis winziger Spuren Cadmium, die für sich allein oder auch in Gegenwart nahezu aller gewöhnlichen Metallionen vorliegen können.

Die Herstellung von Lösungen der beiden Reagenzien geschieht durch Auflösen von 0,02 g des Reagenses in 100 ml Alkohol unter Zugabe von 1 ml 2 n Kalilauge, d. h. man verwendet eine 0,02%ige Lösung in 0,02 n Kalilauge. Zum Nachweis von Spuren Cadmium verdünnt man zweckmäßig mit einem gleichen Volumen neutralem Alkohol. Durch Mineralsäuren werden die Reagenzien zerstört [Dwyer (c)].

Ausführung (a) mit Cadion 2 B oder Cadion 3 B [nach Dwyer (c)]. Man gibt 1 Tropfen der Reagenslösung auf Filtrierpapier, das auf einer Schicht Löschpapier liegt; darauf setzt man einen kleineren Tropfen einer neutralen oder schwach essigsauren Cadmiumsalzlösung hinzu, die etwas Natrium-kaliumtartrat enthält. Schließlich fügt man 1 Tropfen 2 n Kalilauge hinzu, die 20 Vol.-% Alkohol enthält.

Man beobachtet einen hellrosa Fleck, der von einem blauen Ring umgeben ist. Auf diese Weise können mit beiden Reagenzien in einer Lösung, die 0,15 γ Cd/ml enthält, das Cadmium noch in 1 Tropfen (1/80 ml mit $\sim$0,002 γ Cd) nachgewiesen werden. Damit ist dieser Nachweis dreimal so empfindlich wie mit dem ursprünglichen „Cadion"-Reagens.

Die Zugabe von Tartrat ist nicht unbedingt notwendig, doch wirkt es als Puffer und unterdrückt die anomale Blaufärbung, die in konzentrierteren Cadmiumsalzlösungen auftritt. Die Durchführung, Vorsichtsmaßnahmen usw. bei der Reaktion sind die gleichen, welche beim Nachweis mit Cadion beschrieben wurden. Während die zu erreichende Empfindlichkeit mit beiden Reagenzien ähnlich ist, erscheint Cadion 2 B sicherer, wenn es sich um einen Nachweis von Spuren handelt.

Durch Zugabe eines Tropfens Äther nach der Alkalizugabe wird der Fleck etwas intensiver.

Der Nachweis von Cadmium mit Cadion 2 B durch Tüpfelreaktion ist noch in Gegenwart der 5000fachen Menge der Ionen folgender Elemente möglich: Zn, Cu, Bi, As, Sb, Al, Cr, Mg, Be, Th, Ce, Nd, Pr, V (Vanadylion), Co, Ni und Mn. Für Pb, Ba, Sr, Na, K und NH_4^+ liegt das Grenzverhältnis bei 1 : 10^4; bei Vorliegen von NH_4^+ ist das Papier etwas zu erwärmen. Die Grenzkonzentration für Zinn beträgt 1 : 1000.

In stärkeren Lösungen (über 0,25 mg Ca/ml) gibt Calcium einen weißen Niederschlag mit Alkali, der das Reagens mit blauer Farbe adsorbiert. Bei Gegenwart von 1 Teil Cadmium neben 1000 Teilen Calcium wird noch ein guter Nachweis für Cadmium erhalten; jedoch wird die Empfindlichkeit auf 1 : 10^4 erhöht, wenn man an Stelle von Tartrat Rohrzucker zusetzt. In ähnlicher Weise erlauben Ba und Sr neben Gegenwart von Rohrzucker den Nachweis von Cd bis zu einer Konzentration von 1 : 10^4.

Wie mit Cadion wird auch der Nachweis mit Cadion 2 B durch Silber und Quecksilber verhindert. Ag muß mit einem Kristall Kaliumjodid gefällt und die überstehende Flüssigkeit getüpfelt werden.

Quecksilber gibt selbst bei Gegenwart überschüssigen Jodids eine rosa Farbe, die nicht von der Cadmiumfarbe unterschieden werden kann. Es muß daher durch Zugabe von Natrium-kaliumtartrat sowie einigen Kristallen Hydroxylaminhydrochlorid oder Hydrazinsulfat und Alkalisch-machen mit Kalilauge entfernt werden. In der überstehenden Flüssigkeit kann Cadmium dann gut nachgewiesen werden [Dwyer (c)].

Ausführung (b) mit Cadion 3 B [nach Benedetti-Pichler und Cefola (b)]. Einige Tropfen der auf Cadmium zu prüfenden schwefelsauren Lösung werden mit ungefähr dem gleichen Volumen einer Pufferlösung (von 10 g Seignettesalz und 0,1 ml Eisessig in 100 ml Wasser) behandelt und gut umgerührt. Auf einen Filterpapierstreifen, der mit Cadion 3 B getränkt ist, bringt man 1 Tropfen dieser Lösung. Nach dem Verdunsten der Lösung gibt man noch 1 Tropfen einer Lösung aus 4 Volumina 2 n Natronlauge und 1 Volumen Äthanol hinzu. Mit dem gebildeten Cadmiumhydroxyd entsteht ein rosa gefärbter Lack, der im auffallenden Licht zu erkennen ist.

Ausführung (c). Nachweis von Cadmiumspuren in Zink und Blei mit Cadion 2B [nach DWYER (c)]. Durch Tüpfelreaktionen lassen sich 1 Teil Cadmium in 10^4 Teilen Blei und in $5 \cdot 10^4$ Teilen Zink nachweisen. Wenn man 5 ml Lösung anwendet, läßt sich die Empfindlichkeit noch erhöhen.

5 ml der Probelösung, die gegen Lackmus neutral ist, werden mit 1 g Natriumkaliumtartrat behandelt, dann 2 ml Alkohol und 3 Tropfen des Reagenses zugegeben. Man setzt darauf 2 n Kalilauge hinzu, bis der anfänglich entstehende Niederschlag wieder aufgelöst ist. In Gegenwart von Cadmium tritt eine Purpurfarbe auf. Eine Blindprobe mit reinem Zinksulfat oder Bleinitrat gibt eine rein blaue Farbe. Auf diese Weise lassen sich 1 Teil Cadmium in $5 \cdot 10^4$ Teilen Blei und in 10^5 Teilen Zink nachweisen. Zugabe eines Tropfens Äther vertieft die Farbe häufig.

5. Nachweis mit Eisen(II)-α,α'-Dipyridyl.

$[Fe(\alpha,\alpha'\text{-}Dipyr)_3]J_2$ bildet mit Cadmiumionen einen roten Niederschlag und kann zum Nachweis sehr kleiner Mengen Cadmium dienen [FEIGL und MIRANDA (a, b); s. hierzu auch NUTTEN].

Ausführung [nach FEIGL und MIRANDA (a, b)].

Zur Herstellung der Reagenslösung werden 0,25 g α,α'-Dipyridyl und 0,146 g $FeSO_4 \cdot 7\,H_2O$ in 50 ml Wasser gelöst. 10 g Kaliumjodid werden hinzugegeben, die Lösung wird 30 Min. lang kräftig geschüttelt und der Niederschlag abfiltriert. Das Filtrat ist eine gesättigte Lösung von $[Fe(\alpha,\alpha'\text{-}Dipyridyl)_3]J_2$, die einen Überschuß von Kaliumjodid enthält.

Man legt einen Streifen dichtes Filtrierpapier über ein kleines Becherglas. 1 Tropfen der schwach sauren, neutralen oder ammoniakalischen Untersuchungslösung wird auf das Papier gegeben. Bevor der Tropfen absorbiert ist, wird der Fleck mit 1 Tropfen der Reagenslösung behandelt. Die Reaktion tritt sofort ein und, nachdem die Flüssigkeit aufgesogen ist, bleibt bei Anwesenheit von Cadmium der entstandene Niederschlag als roter Fleck oder Ring zurück. Die Farbe ist für den Komplex $[Fe(\alpha,\alpha'\text{-}Dipyr)_3][CdJ_4]$ charakteristisch. Sie ist intensiv genug, um den Niederschlag deutlich von der roten Reagenslösung, die sich auf dem Papier ausbreitet, zu unterscheiden. Eine Blindprobe ist nur bei Vorliegen sehr geringer Cadmiummengen erforderlich.

Nachweisgrenze. 0,05 γ Cd.

Grenzkonzentration. 1 : 10^6.

Der Nachweis kann auch im Mikrozentrifugenglas ausgeführt werden.

Störungen. Pb, Bi, Hg, Sn(IV) und Sb(III) sind vorher durch Fällung mit Ammoniak abzutrennen. Die Amminkomplexe von Kupfer und Zink reagieren nicht; Silber und Thallium sind vorher als Chloride abzutrennen; die zu analysierende Lösung wird dann mit Ammoniak alkalisch gemacht [FEIGL und MIRANDA (a)].

B. Weitere Reaktionen.

I. Anorganische Reagenzien.

1. Fällung als Cadmiumchromat in Gelatine.

In wäßriger Lösung bilden Zn, Cd, Tl, Pb, Ba und Sr mit Alkalichromaten, z. B. Na_2CrO_4, gelbe Fällungen, die voneinander nicht zu unterscheiden sind. In ebenen Gelatineschichten sind dagegen deutliche Unterschiede vorhanden. Cadmiumsalze bilden typische diffuse Bögen.

Die Beobachtung derartiger periodischer Fällungen in ebenen Gelatineschichten ist nach VEIL (a, b) zur analytischen Untersuchung brauchbar. Es ist nur wichtig, daß vergleichende Versuche stets auf derselben Gelatine durchgeführt werden, um eine charakteristische Reaktionsfigur zu erhalten.

Ausführung. Als Untersuchungslösung dient eine nicht zu verdünnte neutrale Cadmiumsalzlösung und als Reagenslösung eine Natriumchromatlösung. Man arbeitet nach der Zwei-Tropfen-Methode, die darin besteht, daß man auf eine Gelatineschicht je einen Tropfen der Untersuchungslösung und der Reagenslösung bringt, und zwar in geringem Abstand voneinander (1 bis 2 cm). Infolge Diffusion bildet sich ein unlösliches gelbes Produkt in Form eines diffusen Bogens.

Dem Vorteil der einfachen Ausführung steht die Langsamkeit der Reaktion als Nachteil gegenüber. Man ist durch diese Reaktion jedoch in der Lage, zwischen Zink und Cadmium zu unterscheiden, da Zink eine kammartige Streifung bildet (s. S. 190). Die Morphologie der Reaktionsfigur des Cadmiums hat jedoch große Ähnlichkeit mit der des Strontiums [VEIL (a, b)].

II. Organische Reagenzien.

1. Nachweis mit Di-β-naphthylcarbazon.

Da die Carbazone mit Cadmiumsalzen in neutraler oder schwach saurer Lösung nicht oder nur sehr schlecht reagieren, wird die Reaktion in alkalischer Lösung auf der Tüpfelplatte ausgeführt; mit Di-β-naphthylcarbazon entsteht beim Vorliegen von Cadmium ein violettgefärbter Niederschlag.

Ausführung. Als Reagenslösung dient eine 0,02%ige methanolische Auflösung des Di-β-naphthylcarbazons; die Lösung ist rot gefärbt.

Zum Nachweis von Cadmium bei gleichzeitiger Anwesenheit von Kupfer werden 2 Tropfen der neutralen oder schwach sauren Lösung, die höchstens 0,5% Kupfer enthalten soll, mit 1 Tropfen 2 n Natronlauge und 1 Tropfen 10%iger Kaliumcyanidlösung versetzt. Wenn alles Kupferhydroxyd gelöst ist, setzt man 2 Tropfen der Reagenslösung und 2 Tropfen 40%iger Formaldehydlösung hinzu und rührt durch. Bei Abwesenheit von Cadmium entfärbt sich das Reagens nach einigen Minuten fast völlig, bei Anwesenheit von Cadmium entsteht ein mehr oder minder intensiv violetter Niederschlag, der nach einigen Minuten besonders deutlich sichtbar ist.

Im Vergleich mit einem Blindversuch mit reiner Kupferlösung können so noch 0,1 γ Cd neben der 5000fachen Kupfermenge erkannt werden. Ammoniumsalze und Ammoniak verhindern bei sehr hoher Konzentration die Reaktion. In einer an Ammoniak normalen, an Ammoniumchlorid 0,5 normalen Lösung ist der Abfall der Empfindlichkeit nicht merklich (KRUMHOLZ und HÖNEL).

2. Nachweis mit Dithizon (Diphenyl-thiocarbazon).

Dithizon gibt mit Cadmium in Gegenwart von Kaliumcyanid und Kobaltnitrat eine erdbeerrote Farbe [GUTZEIT (c); s. hierzu § 3, S. 242].

Ausführung [nach GUTZEIT (d)]. Man bringt 1 Tropfen einer konzentrierten Kaliumcyanidlösung auf Filterpapier und darauf 1 Tropfen Kobaltnitratlösung. Dann wird mit der Analysenlösung getüpfelt und schließlich mit der Dithizonlösung. Eine erdbeerrote Farbe zeigt Cadmium an.

Nach FISCHER (b) müssen bei Ausführung auf der Tüpfelplatte Reagens und Versuchslösung gut miteinander verrührt und der verdunstete Tetrachlorkohlenstoff durch 1 bis 2 Tropfen dieses Lösungsmittels ersetzt werden. Da besonders beim Nachweis geringer Spuren eine längere Durchmischung (10 bis 20 Sek.)

erforderlich ist und der Kontakt der beiden Lösungen auf der Tüpfelplatte weniger innig ist, gelingen insbesondere Reaktionen nahe der Erfassungsgrenze im Probierröhrchen besser und sind auch in der Färbung deutlicher erkennbar.

3. Nachweis mit Chinin und Jodid.

Die Reaktion beruht auf der Bildung von K_2CdJ_4 und dessen Reaktion mit Chinin. Zur Sichtbarmachung des Cadmium-chininjodidkomplexes auf dem weißen Papier verwendet man eine Nachweisreaktion für die vorhandenen Jodidionen.

Ausführung. Zur Herstellung der Reagenslösung mischt man gleiche Volumina gesättigter Chininhydrochloridlösung und 20%iger Kaliumjodidlösung.

1 Tropfen der auf Cadmium zu prüfenden Lösung bringt man auf Filtrierpapier und tropft die Reagenslösung in die Mitte des nassen Fleckes, bis dessen Durchmesser auf das Acht- bis Zehnfache angewachsen ist. Gegebenenfalls gibt man einen Überschuß an gesättigter Chininlösung hinzu, um einen möglicherweise vorhandenen Kaliumjodidüberschuß bis zum Rande des Fleckes auszuwaschen. Zur Entwicklung des farblosen Komplexes empfiehlt es sich, den Fleck mit Stärkelösung anzufeuchten und 1 Tropfen Kaliumdichromatlösung hinzuzufügen. Eine Blaufärbung im Mittelpunkt des Fleckes beweist die Gegenwart von Cadmium. Ein blauer Ring in einigem Abstand von der Mitte des Fleckes entsteht mit dem ausgewaschenen, überschüssigen Kaliumjodid.

Empfindlichkeit. 0,02 γ Cd (in reinen neutralen Cadmiumsalzlösungen).

Nachweisgrenze. 2 γ Cd pro 2 bis 3 Tropfen einer Mischung von 1 n Lösungen der üblichen Kationen.

Störungen. Das Reagens gibt auch Niederschläge mit Ag, Hg, Pt, Sb, Cu, Bi und Fe(III).

Bei Anwesenheit von weiteren Kationen (neben Cd) verfährt man folgendermaßen: Man behandelt 2 bis 3 Tropfen der auf Cadmium zu prüfenden Lösung auf dem Uhrglas mit 3 Tropfen konzentriertem Ammoniak und 2 Tropfen gesättigter Kaliumjodidlösung. Dann wird eingedampft, vorsichtig erhitzt, abgekühlt, mit Wasser behandelt und die Flüssigkeit abdekantiert. Störende Kationen bleiben als Jodide oder Oxyde im Niederschlag zurück. Cadmium geht als K_2CdJ_4 in Lösung.

Man bringt 1 Tropfen der abdekantierten Flüssigkeit auf Filtrierpapier und bringt in die Mitte des nassen Fleckes tropfenweise gesättigte Chininhydrochloridlösung, bis der Durchmesser des feuchten Fleckes auf das Acht- bis Zehnfache angewachsen ist. Dann versetzt man mit Stärkelösung und Kaliumdichromat (KOZLOVSKIJ, MEERSON und SHIKHANOVA).

4. Nachweis mit Thiosinamin.

Thiosinamin bildet mit Cadmiumionen in alkalischer Lösung einen gelben Niederschlag (s. § 3, S. 260).

Ausführung [nach GUTZEIT (d)]. Man gibt 1 Tropfen der auf Cadmium zu prüfenden Lösung auf Filterpapier. Es wird erst mit konzentrierter Natronlauge getüpfelt, dann mit einer 5%igen Lösung von Thiosinamin. Der Fleck wird leicht erhitzt. Eine gelbe Farbe zeigt Cadmium an (s. hierzu auch TOUGARINOFF).

5. Einwirkung von Phenolphthalein.

Die Reaktion beruht auf der Feststellung von SACHS, daß eine Anzahl unlöslicher Hydroxyde durch eine 1%ige alkoholische Lösung von Phenolphthalein gefärbt wird. Er nimmt für den Vorgang eine aktivierte Adsorption von Phenolphthalein an das Hydroxyd an. Cadmiumhydroxyd adsorbiert Phenolphthalein mit carmesinroter Farbe, Kupferhydroxyd hingegen nicht, wenn es aus 10%iger Kupfer(II)-nitratlösung gefällt wird (HOLLER).

Ausführung (nach HOLLER). Die Cadmium und Kupfer enthaltende ammoniakalische Lösung wird mit Salpetersäure neutralisiert, und weitere 5 ml konzentrierter HNO_3 werden im Überschuß zugegeben. Die Lösung wird zur Trockne eingedampft und der Rückstand unterhalb einer dunklen Rotglut erhitzt, bis die Verflüchtigung der Ammoniumsalze vollständig ist. Der Rückstand wird dann in 1,5 ml verdünnter Salpetersäure aufgenommen und das Volumen mit Wasser auf 25 ml aufgefüllt. Man gibt dann 12 ml 0,5 n Natronlauge zu der Lösung. Die Hydroxyde von Cadmium und Kupfer werden abfiltriert und einmal mit Wasser gewaschen. Dann wird der Niederschlag mit einer 1%igen alkoholischen Lösung von Phenolphthalein getüpfelt und mit einigen Tropfen Wasser angefeuchtet. Eine carmesinrote Färbung zeigt die Anwesenheit von Cadmium an.

Blei und Zink geben nach SACHS eine ganz ähnliche Färbung. Zahlreiche weitere Kationen werden ebenfalls angefärbt.

6. Einwirkung von 2,3-Diamino-phenazin.

Eine alkoholische Lösung des Reagenses gibt mit einer neutralen Cadmiumsalzlösung einen gelben bis orangefarbenen Niederschlag (s. § 3, S. 261). Filtrierpapier wird mit der 0,5%igen alkoholischen Reagenslösung getränkt und dann mit der auf Cadmium zu prüfenden neutralen Lösung getüpfelt.

Fe(III) ist vorher zu entfernen; größere Mengen von Ammoniumsalzen beeinträchtigen die Empfindlichkeit.

Wismut und Blei verhalten sich ähnlich wie Cadmium; Quecksilber und Kupfer bilden rote Fällungen (PAVOLINI).

$H_5C_6HN—N{=}C—COOH$
$\quad\quad\quad\quad\quad |$
$H_5C_6HN—N{=}C—COOH$

Dioxyweinsäure-osazon

7. Einwirkung von Dioxyweinsäure-osazon.

Cadmiumchloridlösung bildet mit einer wäßrigen Lösung des Natriumsalzes des Dioxyweinsäure-osazons einen orangegelben Niederschlag. Die Reaktion kann nach DUBSKÝ (b) in der Ausführung als Tüpfelreaktion zum Nachweis von Cadmium dienen.

Nach FEIGL (c) ist das Reagens jedoch besonders zum Nachweis von Calcium geeignet, ist aber auch für dieses Element kein selektives Reagens.

§ 6. Weitere Nachweismethoden.

A. Nachweis mittels Fluorescenz.

1. Mit 8-Oxychinolin.

Der durch Fällung von Cadmiumsalzen mit Oxin erhaltene Niederschlag gibt eine stark gelbe Fluorescenz, die bei Fällung aus neutraler oder aus natriumacetathaltiger, essigsaurer Lösung stärker in Erscheinung tritt als bei Fällung aus ammoniakalischer Lösung.

Ausführung. Zu 1 Tropfen der Probelösung, die nötigenfalls mit 1 Tropfen einer Essigsäure-Natriumacetat-Pufferlösung (0,2 n; 1 : 1) versetzt wird, gibt man auf einer Reaktionsplatte 1 Tropfen einer 0,5%igen alkoholischen Oxinlösung. Bei Anwesenheit von Cadmium wird ein gelb fluorescierender Niederschlag erhalten.

Nachweisgrenze. 0,1 γ.

Grenzkonzentration. $1 : 5 \cdot 10^5$.

Störungen. Von den Kationen, die mit Oxin schwerlösliche Niederschläge bilden, zeigen nur noch die Oxinate von Be, Ca, Mg, Al, Zn und Zr Fluorescenz, von denen lediglich noch Al, Zn und Zr in neutraler oder natriumacetathaltiger Pufferlösung gefällt werden [Gotô (b); s. auch Gotô (a); Gotô und Kakita].

2. Mit Pyridin und Kaliumjodid.

Das Komplexsalz $[Cd(C_5H_5N)_2]J_2$ gibt eine bläulichweiße Fluorescenz.

Ausführung. Man gibt zu 1 Tropfen der neutralen Probelösung auf einer Reaktionsplatte 1 Tropfen einer Mischung von 1 n Kaliumjodidlösung und Pyridin (1 : 1). Bei Anwesenheit von Cadmium wird nach 2 bis 3 Min. eine bläulichweiße Fluorescenz beobachtet.

Nachweisgrenze. 0,5 γ.

Grenzkonzentration. 1 : 10^5.

Störungen. Die Reaktion wird nur durch Blei gestört [Gotô (b)].

3. Mit Morin.

Mit Morin gibt Cadmium in alkoholischer, neutraler Lösung eine gelblichgrüne Fluorescenz. Die Fluorescenz ist ausschließlich im neutralen Medium zu beobachten.

Ausführung. 1 Tropfen der neutralen Probelösung wird auf der Reaktionsplatte mit 1 Tropfen 0,2%iger Morinlösung versetzt, dann werden einige Tropfen Alkohol zugesetzt.

Nachweisgrenze. 1 γ.

Grenzkonzentration. 1 : 5 · 10^4 [Gotô (b); s. auch Gotô (a)].

Nach Beck (a) ist die Reaktion jedoch in keiner Weise spezifisch, da zahlreiche Kationen sich gleich verhalten.

4. Mit Schwefelwasserstoff.

Stark verdünnte Lösungen von Cadmiumsalzen geben mit Schwefelwasserstoff eine nur schwache Färbung, die im Ultraviolett deutlich gelb erscheint.

Fairhall und Prodan haben darauf eine Methode zum Nachweis sehr geringer Mengen von Cadmium in organischem Material begründet.

Ausführung. Die auf Cadmium zu prüfende Lösung wird mit Ammoniak neutralisiert und dann auf einen p_H-Wert von 3 eingestellt. Dann leitet man Schwefelwasserstoff ein und setzt einen Tropfen Aluminiumchloridlösung hinzu, um zu verhindern, daß das Cadmiumsulfid in die kolloidale Form übergeht. Der Niederschlag wird in Salpetersäure und Salzsäure gelöst und die Lösung zur Trockne verdampft; die Füllung mit Schwefelwasserstoff wird zweimal wiederholt und die schließlich resultierende Lösung sorgfältig eingedampft. Der Rückstand wird in Wasser gelöst, ein aliquoter Teil desselben mit einigen Tropfen einer 10%igen Kaliumcyanidlösung und etwas Schwefelwasserstoffwasser versetzt und dann mit einer gleichartig hergestellten Standardlösung verglichen. Die Lösung muß klar sein und bei Bestrahlung mit ultraviolettem Licht eine leuchtend gelbe Fluorescenz zeigen [Haitinger (a, b)].

Empfindlichkeit. 1 : 2,5 · 10^6 (Fairhall und Prodan).

5. Mit Titangelb.

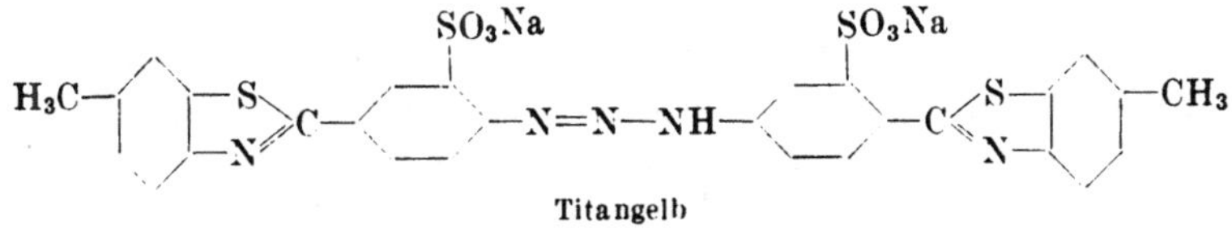

Titangelb

Titangelb wird von STEIGMANN (b) als selektives Fluorescenzreagens für Cadmium empfohlen.

Fügt man 50 ml Piperidin zu 100 ml 0,1%iger Titangelblösung, so erhält man eine rote Lösung, die bei Zugabe von Cadmiumsalzlösungen in Gelb umschlägt.

Zum Nachweis von Cadmiumspuren wird das Reagens durch Zusatz einer Lösung von 50 ml Piperidin in 100 ml Wasser noch weiter verdünnt, um eine Änderung des p_H-Wertes beim Verdünnen zu verhindern.

Man fügt die verdünnte Reagenslösung zu der auf Cadmium zu prüfenden Lösung, bis sie schwach orange bleibt und eine deutliche Fluorescenz zeigt.

Starkes Verdünnen der Lösung mit Wasser setzt die Basizität herab und unterdrückt die Fluorescenz; ein Überschuß von Cadmiumionen führt zur Bildung von Cadmiumhydroxyd, welches den Fluorescenzfarbstoff adsorbiert. Löst man den Niederschlag in überschüssigem Ammoniak, so ist die Fluorescenz erneut zu beobachten. Silber und Quecksilber löschen gleichfalls die Fluorescenz der Cadmiumverbindung; bei Abwesenheit von Cadmium zeigen Ag und Hg keine Fluorescenz.

B. Elektrographischer Nachweis.

Zur elektrographischen Prüfung auf die Anwesenheit von Cadmium in Metallen schaltet man eine Metallplatte als Kathode und das zu untersuchende Metall als Anode. Zwischen beide Elektroden legt man ein mit einer auf Cadmium ansprechenden Reagenslösung getränktes Filtrierpapier. Bei Stromschluß erzeugt das anodisch in Lösung gehende Metall auf dem Papier charakteristische Reaktionen (JIRKOVSKÝ). Nach GARSIDE tränkt man das Papier mit einer 5%igen Kaliumnitratlösung und legt es nach einigen Minuten Stromdurchgang in die als Entwicklungslösung wirkende Reagenslösung (s. hierzu auch CALAMARI).

Auch Mineralien, soweit sie nicht völlige Nichtleiter sind, können nach diesem Verfahren untersucht werden.

Nach GLAZUNOW und ARNOLD läßt sich Cadmium in Metallen nachweisen, wenn man diese als Anode schaltet und an die Kathode ein mit Natriumsulfid, Diphenylcarbazid und Ammoniak oder mit Benzidin, Diphenylcarbazid und Ammoniak getränktes Filtrierpapier bringt. Als Elektrolyt dient eine verdünnte Alkalichloridlösung. Die aus der Anode austretenden Cadmiumionen färben das Reagenspapier in beiden Fällen violett.

Auch die Gelbfärbung des Papiers bei Einwirkung von Schwefelwasserstoff oder Natriumsulfid kann als Nachweis für Cadmium dienen (LEWIS und EVANS; GARSIDE; HUGHES).

Ähnlich wie das elektrographische Verfahren ist auch die von DJATSCHKOWSKI und ORLENKO angegebene Capillarmethode ein elektrochemisches Verfahren. Zum Nachweis von Cadmium in einer Lösung bei Anwesenheit von Cu, Bi und Hg dient ein mit Salzsäure angefeuchtetes Filtrierpapier als Elektrolyt. In die Nähe der Anode wird 1 Tropfen der Untersuchungslösung mittels einer Capillare aufgetragen, in der Nähe der Kathode die Natriumsulfidreagenslösung. Nach Einschalten des Stromes wird bei Anwesenheit von Cadmium die Bildung eines gelben Niederschlags beobachtet.

Grenzkonzentration. $1:10^4$.

C. Nachweis durch Brechungsindexbestimmung.

Der Nachweis beruht auf der Methode, Fällungen von Metallsalzen mit organischen Reagenzien mit Hilfe ihrer Brechungsindices zu identifizieren.

Die bei 105° getrocknete Fällung wird in eine höherbrechende, die Kristalle jedoch nicht lösende Immersionsflüssigkeit (z. B. Methylenjodid) eingebettet und letztere in einer Mikroküvette so lange erhitzt, bis Kristalle und umgebende Flüssigkeit den gleichen Brechungsindex haben. Der Brechungsindex von Methylenjodid ($n_D = 1{,}74$) nimmt pro Grad um etwa 0,0006 Einheiten ab.

Bei diesem Verfahren wird auf die Berechnung von n_D verzichtet, da die erhaltene Temperatur, bei der Gleichheit der Brechungsindices herrscht, völlig zur Identifizierung genügt.

Ausführung. Probelösung und Reagens werden in einem Röhrchen oder auf dem Objektträger im Probetropfen zusammengebracht; die erhaltene Fällung wird in üblicher Weise mittels Filtrierpapierstreifens kurz gewaschen und getrocknet. Vom getrockneten Niederschlag wird nun eine Spur in eine Mikroküvette gebracht, Methylenjodid als Immersionsflüssigkeit eingefüllt und die Mikroküvette in üblicher Weise im geschlitzten Metallobjektträger auf dem Mikroschmelzpunktsapparat nach Kofler erhitzt. Man beobachtet nun die Beckesche Linie und liest die Temperatur dann ab, wenn Kristalle und Flüssigkeit gleich stark brechen. Als Beleuchtung dient Natriumlicht (Osram Natrium 300 U), um undeutliche Ablesung infolge Dispersion zu vermeiden.

Zur Erzielung eines höheren Brechungsindexes als dem von Methylenjodid kann eine gesättigte Lösung von Schwefel in Methylenjodid verwendet werden.

Vor Ausführung der Nachweisreaktion werden mittels verschiedener Glaspulversorten von bestimmtem Brechungsindex die entsprechenden Temperaturen der n_D-Gleichheit bestimmt.

Zum Nachweis von Cadmium können folgende Fällungen dienen:

a) Mit Anthranilsäure: Fünfseitige Blättchen; in Methylenjodid 135°. (Reagens: 0,5 g der Säure gelöst in 10 ml 2 n Natronlauge und mit Wasser auf 100 ml verdünnt. Es wird noch ein wenig freie Anthranilsäure bis zur schwach sauren Reaktion hinzugesetzt.) Die Fällung erfolgt aus einer neutralen oder schwach essigsauren Lösung von Cadmiumacetat.

b) Mit Dilitursäure (1%ige alkoholische Lösung): Blättchen; 117° (Fischer und Langhammer).

D. Chromatographischer Nachweis.

Cadmium wird aus wäßriger Lösung an Aluminiumoxyd als weißer Ring adsorbiert. Die Stellung des Cadmiums in der Adsorptionsreihe bei Verwendung von Wasser als Waschflüssigkeit ist aus folgender Zusammenstellung ersichtlich:

$$\begin{array}{cccccccccccc}
 & & & Cr^{+++} & & & & & & Co^{++} & & \\
As^{+++}- & Sb^{+++}- & Bi^{+++}- & Fe^{+++}- & (UO_2)^{++}- & Pb^{++}- & Cu^{++}- & Ag^{+}- & Zn^{++}- & Ni^{++}- & Tl^{+}- & Mn^{++} \\
 & & & Hg^{++} & & & & & & Cd^{++} & & \\
 & & & & & & & & & Fe^{++} & &
\end{array}$$

Danach gibt Cadmium mit Co^{++}, Ni^{++} und Fe^{++} eine mehr oder minder getrennte Mischzone (Schwab und Jockers; vgl. auch Venturello und Agliardi).

Ausführung. Als Chromatographierrohr wird ein Mikrorohr nach Hesse (Durchmesser 4 bis 7 mm) und als Adsorbens Aluminiumoxyd nach Brockmann (Merck, Darmstadt) verwendet. Als Waschflüssigkeit dient Wasser mit einigen Tropfen Weinsäurelösung, als Entwickler im allgemeinen Schwefelwasserstoffwasser.

Cadmium wird ganz allgemein von Kationen, die in der Reihenfolge über ihm stehen, mitadsorbiert. Dadurch ist die chromatographische Trennung des Cadmiums von Zink, wenn Cadmium — wie in der Natur — in nur geringer Konzentration im Zink vorkommt, auf diesem Wege erschwert (Schwab und Ghosh). Über den chromatographischen Nachweis von Zink neben Cadmium s. Teil „Zink“, S. 197.

Vor Ausführung des chromatographischen Nachweises wird der auf Cadmium zu prüfenden Lösung (zur Verhinderung der Ausfällung basischer Salze) Weinsäure zugesetzt (s. hierzu auch BEAUCOURT und MASTERS). Die Aluminiumoxydsäule wird gleichfalls mit Weinsäure angesäuert. Bei Anwesenheit von Antimon und Arsen liegt Cadmium nach dem Entwickeln mit Schwefelwasserstoff unter der gelben Zone des Arsensulfids als gleichfalls gelbe Zone; beide Zonen sind durch einen weißen Ring (H^+) getrennt.

Innerhalb seiner analytischen Gruppe — neben As, Sb, Pb und Cu — hat das Cadmium folgende Stellung:

$$Sb^{+++}—As^{+++}—Pb^{++}—Cu^{++}—Cd^{++}.$$

Die orangefarbene Zone des Antimonsulfids und die gelbe des Arsensulfids bilden den obersten Teil der Adsorptionssäule; auf das tiefschwarze Bleisulfid und das braunschwarze Kupfersulfid folgt Cadmiumsulfid als unterste, gelbgefärbte Zone (SCHWAB und GOSH).

Eine ausgeprägte Trennung der einzelnen Adsorptionszonen wird auch mit Dithizon (Diphenylthiocarbazon) als chromatographischem Reagens erreicht. Als Adsorptionsmittel ist gewöhnliches, nichtaktiviertes Aluminiumoxyd (oder auch Quarzpulver) geeignet. Bei Anwendung von Aluminiumoxyd ist die Reihenfolge der chromatographischen Adsorption der in neutraler Lösung in Tetrachlorkohlenstoff gelösten Dithizonate die folgende:

$$\begin{array}{l} Sb^{+++} \\ Sn^{++} \qquad\qquad\qquad\qquad\qquad\qquad\qquad\qquad\qquad Hg_2^{++} \\ Ni^{++}—Cu^{++}—Cd^{++}—Fe^{++}—Co^{++}—Zn^{++}—Hg^{++}. \\ Mn^{++} \end{array}$$

Cadmium bildet am oberen Ende der Adsorptionssäule einen orangefarbigen Ring unterhalb des graugrünen Kupferringes. Beim Entwickeln bleibt zwischen Kupfer und Cadmium kein leerer Raum. Überschüssiges Dithizon gibt an der Stelle des Cadmiums einen gelben Ring, der zu Irrtümern Anlaß geben kann. Fe(II) bildet unter Cadmium einen orangefarbenen Ring, der den Cadmiumnachweis stören kann. Fe(III) gibt jedoch kein Dithizonat, so daß Eisen in der oxydierten Lösung nicht stört. Kobalt bildet einen schnell wandernden blauvioletten Ring. Zwischen Kobalt und Cadmium bleibt ein deutlich leerer Raum. Zink bildet unterhalb Kobalt einen hell carminroten Ring. Zwischen Zink und Cadmium bleibt ein sehr deutliches leeres Gebiet. Enthält dieselbe Lösung Zink und Kobalt, so ist der obere Teil des roten Zinkringes deutlich bläulich.

Mit Quarzpulver ist die Reihenfolge etwa die gleiche. Auch mit diesem Adsorbens bleibt zwischen Zink und Cadmium ein deutlich leeres Gebiet.

In Chloroform gelöste Dithizonate werden bedeutend schwächer adsorbiert als aus Tetrachlorkohlenstoff. Man kann bei diesem Lösungsmittel dann auch Aluminiumoxyd nach BROCKMANN benutzen und erreicht eine beträchtlich schärfere Trennung der Komponenten (ERÄMETSÄ).

Ein spezifischer chromatographischer Nachweis für Cadmium wird von KORENMAN und KRAINOWA angegeben. Er beruht auf der Eigenschaft von aktiviertem Silikagel, aus einem Gemisch von komplexen Cyaniden der mit Ammoniumsulfid fällbaren Metalle nur $K_2[Cd(CN)_4]$ und $K[Ag(CN)_2]$ zu adsorbieren.

Ausführung. 1 ml der Untersuchungslösung wird mit einer Lösung von Kaliumcyanid versetzt und nach Filtrieren 0,1 bis 0,2 ml der Lösung in ein 100 mm langes Röhrchen übergeführt, das zu zwei Dritteln mit gepulvertem Silikagel (Korngröße 0,05 bis 0,1 mm) gefüllt ist. Durch Druck wird der Durchtritt der Flüssigkeit beschleunigt und anschließend mit 1 n Kaliumjodidlösung durchgewaschen, wodurch eine teilweise Zerlegung der Komplexe erfolgt.

Die Gegenwart von Cadmium wird durch die gelbe Farbreaktion beim Durchpressen von Ammoniumsulfid durch die Silikagelschicht angezeigt; ist auch Silber zugegen, so erhält man eine orange Färbung. Ist kein Cadmium vorhanden, sondern nur Silber, so färbt sich das Silikagel schwarz oder grau.

Es lassen sich auf diese Weise noch 0,1 mg Cadmium in 1 ml Lösung nachweisen.

Neben der Adsorptionssäule findet auch mit Aluminiumhydroxyd imprägniertes, poröses Papier zur Chromatographie Anwendung. Dazu taucht man Filtrierpapier in eine Natriumaluminatlösung (0,1 bis 1 molar), trocknet es und taucht es dann in eine gesättigte Natriumhydrogencarbonatlösung. Das Papier wird einige Tage gewaschen, dann getrocknet und zu Streifen von 30×1 cm zerschnitten.

Zur Durchführung einer chromatographischen Trennung läßt man die zu untersuchende Lösung im Papier an dem einen Ende bis zu einer Höhe von 1 bis 3 cm aufsteigen. Das Papier wird darauf mit Wasser behandelt, bis etwa 10 cm des Streifens benetzt sind. Die chromatographischen Zonen werden sodann durch Bestreichen mit einem geeigneten Reagens sichtbar gemacht.

Die Reihenfolge der Adsorption unterscheidet sich nur unwesentlich von der an Aluminiumoxydsäulen festgestellten (vgl. jedoch FLOOD und SMEDSAAS). Als untere Grenze der Nachweisbarkeit wird 1 γ angegeben [FLOOD (a, b, c)].

In ganz ähnlicher Weise erfolgt der chromatographische Nachweis an Cellulose (Papierstreifen). Als Lösungsmittel dient in diesem Falle n-Butanol, das mit 3 n Salzsäure gesättigt ist. Zum Nachweis von Cadmium neben Cu, Pb, Bi und Hg verwendet man Dithizon als Entwickler. Quecksilber wird als rosa Band hinter der Grenze des Lösungsmittels erkannt, dahinter Cadmium als purpurfarbenes Band. Wismut erscheint als purpurnes und Kupfer als purpurbraunes Band.

Setzt man die Säurekonzentration des Butylalkohols herab, dann werden die Bänder aller fünf Metalle diffuser, Cadmium und Quecksilber können jedoch dann besser getrennt werden (BURSTALL, DAVIES, LINSTEAD und WELLS). FRIERSON und AMMONS verwenden zur Durchführung eines ähnlichen papierchromatographischen Trennungsverfahrens ein Butanol-Essigsäure-Gemisch vom $p_H \sim 4$ als Lösungsmittel und entwickeln mit Schwefelwasserstoff.

E. Nachweis mit Hilfe des „Kontakt-Abdruck-Verfahrens“.

Die Methode gestattet den Nachweis verschiedener Elemente, die ein Mineral zusammensetzen, ohne die polierte Fläche der Probe zu verändern, und ferner die Lokalisierung dieser Elemente auf der polierten Fläche. Dazu wird ein Stück Papier, das mit Gelatine überzogen ist, mit einem selektiv angreifenden Agens imprägniert und auf eine polierte Fläche des Gesteins gepreßt. Nach 2 bis 5 Min. wird das Papier entfernt und in einem Reagens entwickelt, das für das nachzuweisende Element spezifisch ist. Man erhält auf diese Weise ein umgekehrtes Bild von der Lage der einzelnen Partikel auf der polierten Fläche.

Ausführung [nach GUTZEIT (a)]. Ein poliertes Erzstück wird zur besseren Handhabung in ein Kunstharz eingebettet und darauf mittels einer Presse ein feuchtes Gelatinepapier aufgepreßt. Der so erhaltene Kontaktabdruck wird dann in einem Reagens entwickelt, mit dem der fragliche Bestandteil durch Farbreaktionen identifiziert und lokalisiert werden kann.

Der Abdruck erfaßt in einer Untersuchung alle Mineralteilchen in einer Fläche der Erzprobe, die die gleiche chemische Zusammensetzung haben, und zeigt die genaue Lage der betreffenden Partikel an. Da die polierte Fläche durch diese Behandlung nicht zerstört wird, können die einzelnen Bestandteile der Erzfläche nacheinander herausgelöst werden, indem man Gelatinepapier verwendet, das mit verschiedenen selektiv lösenden Flüssigkeiten imprägniert ist, und in einem passenden Reagens entwickelt werden.

Stellt man jetzt Mikrophotographien der Probe und der einzelnen Kontaktabdrucke auf durchsichtigem Papier her, dann kann man durch Überlagerung der Abzüge die verschiedenen Elemente den einzelnen Mineralpartikeln zuordnen und so die chemischen Individuen auf der polierten Fläche lokalisieren.

Als Reagens zur Identifizierung von Cadmium auf dem Kontaktabdruck dient Dinitro-diphenylcarbazid (s. § 5, S. 289). Der Nachweis erfolgt in alkalischer Lösung bei Anwesenheit von Kaliumcyanid und Formaldehyd. Auch p-Nitrophenyldiazoaminobenzol-p-azobenzol (Cadion) (s. § 5, S. 289) ist als Nachweisreagens geeignet, man arbeitet hierbei in essigsaurer Lösung bei Gegenwart von Natriumkaliumtartrat.

F. Polarographischer Nachweis.

Das Cadmium kann, ebenso wie das Zink, mittels polarographischer Methoden nachgewiesen werden. Zu seiner Identifizierung kann dabei das Halbstufenpotential herangezogen werden, das in einer neutralen oder sauren Lösung der freien Kationen −0,63 V, in 1 n Alkalilauge −0,80 V und in ammoniakalischer Lösung −0,85 V beträgt. Die Potentiale beziehen sich auf die 1 n Kalomelelektrode [HEYROVSKÝ (b)].

Empfindlichkeit. Durch Aufnahme von Strom-Spannungs-Kurven unter Verwendung der polarisierten Quecksilbertropfelektrode kann man nach HEYROVSKÝ (a) bei Konzentrationen von 10^{-5} bis 10^{-6} Mol/Liter in Volumina von wenigen Millilitern bis einigen Kubikmillimetern den Nachweis des gesuchten Bestandteils mit einer Erfassungsgrenze von 10^{-2} bis 10^{-4} γ führen.

Nach SUCHÝ (a, b) kann man in sehr verdünnten Lösungen bei qualitativen Bestimmungen die häufigsten Kationen polarographisch nebeneinander bestimmen, wenn deren Abscheidungspotentiale wenigstens 0,06 V auseinanderliegen. Die Abscheidungspotentiale für sehr geringe Konzentrationen werden gegeben. Bei Verwendung von 2 ml Lösung können noch Spuren von 10^{-5} Äquivalent/Liter nachgewiesen werden. Bei Gegenwart einer edleren Komponente kann die unedlere nur bestimmt werden, wenn sie wenigstens 2% der edleren ausmacht.

Eine Steigerung der Empfindlichkeit des polarographischen Nachweises gelingt ILKOVIC und SEMERANO durch äußere Kompensation des Ladungsstromes. Es wird dadurch möglich, noch 10^{-7} Mol Cd/Liter nachzuweisen.

Zur Bestimmung von Cadmium in Rohzinkerzen benutzen KRAUS und NOVÁK die Cadmiumstufe bei 0,6 V. Bei Untersuchungen von Reinstzink kann Cadmium z. B. noch bis zu 0,0005% erfaßt werden. SPÁLENKA untersucht Kupfer und dessen Legierungen mit Hilfe der polarographischen Methode und bestimmt in KCN-haltiger Lösung deren Cadmiumgehalt.

Bei DROTSCHMANN findet man Vorschriften über den Nachweis von Cadmium in Bleilegierungen und Akkumulatorenblei. HAUPT, OLBRICH und NAUSE beschreiben die polarographische Bestimmung von Cadmium als Verunreinigung von reinstem Indium. HELLER, KUHLA und MACHEK (a, b) geben eine Methode an, das Cadmium nach extraktiver Anreicherung mit Dithizon in Mineralwässern zu bestimmen. Man kann auf diese Weise bis zu 10 γ Cadmium bestimmen. STOUT und Mitarbeiter benutzen dasselbe Verfahren zur Analyse von Pflanzenaschen.

Nach HEYROVSKÝ und KALOUSEK (a, b) kann man an Stelle von reinem Quecksilber in der Tropfkathode auch verdünnte Amalgame verwenden, die bis zu 0,005% des zu untersuchenden metallischen Elements enthalten dürfen. Das Amalgam bildet in diesem Falle die Anode.

Bei einer bestimmten Spannung geht das unedlere Metall des Amalgams elektrolytisch in Lösung und erzeugt auf der Strom-Spannungs-Kurve eine anodische Stufe, deren Höhe der Amalgamkonzentration proportional ist. Diese anodische Stufe hat das gleiche Halbstufenpotential wie die kathodische Stufe bei der kathodischen Abscheidung des gleichen Metalls.

Die Strom-Spannungs-Kurven werden gegen eine 1 n Kalomelelektrode aufgenommen.

Die Vorteile der Amalgamelektrode bestehen darin, daß man einerseits Metallspuren in Quecksilber nachweisen, zum anderen aber auch Legierungen in Quecksilber auflösen und die so erhaltenen Amalgame polarographieren kann. Es lassen sich so Spuren unedlerer Metalle selbst bei einem Überschuß an edlen Metallen mit großer Empfindlichkeit nachweisen. Bei der Polarographie mit der Tropfkathode hingegen lassen sich gerade die edleren Bestandteile mit größerer Genauigkeit bestimmen.

§ 7. Nachweis in speziellen Fällen.

1. Nachweis in Legierungen, Erzen und Mineralien (s. hierzu auch S. 217).

Beim Nachweis von Cadmium in Legierungen, die Kupfer als Grundmetall enthalten, dient verdünnte Salpetersäure als Lösungsmittel. Zur Identifizierung des Cadmiums dient die Reaktion mit Dinitro-diphenylcarbazid bei Gegenwart von Formaldehyd (nach § 5, S. 289), die auf der Tüpfelplatte ausgeführt wird: Man gibt 2 Tropfen verdünnte Salpetersäure ($d = 1{,}20$) auf die gereinigte Oberfläche der zu prüfenden Legierung und bringt den Tropfen nach 3 Min. auf eine weiße Tüpfelplatte. Dann setzt man 2 Tropfen 20%ige Natronlauge hinzu, so daß die Lösung gegen Lackmus alkalisch reagiert, sowie 5 bis 6 Tropfen 20%ige Kaliumcyanidlösung oder mehr, bis das blaue Kupferhydroxyd vollständig gelöst ist. Die Hauptmenge des vorhandenen Eisens oder Mangans bleibt dabei als hell- oder dunkelbraun gefärbter Niederschlag zurück. Nach Zugabe eines Tropfens gesättigter alkoholischer Dinitro-diphenylcarbazidlösung und 4 bis 5 Tropfen 37- bis 41%iger Formalinlösung rührt man um, bis die rötlichbraune Farbe verschwunden ist. Cadmium gibt eine dunkelgrüne oder grünlichblaue Färbung, die bald in eine grünlichblaue Lösung und einen blauen Niederschlag übergeht. Bei Abwesenheit von Cadmium nimmt die Lösung einen braungrauen Farbton an, der in einen hell schmutzigbraunen Niederschlag und eine braungraue Lösung übergeht [EVANS und HIGGS (d)].

Edelmetallegierungen werden zur Lösung gleichfalls mit Salpetersäure (1 Teil Wasser + 5 Teile HNO_3) behandelt. In Cadmium und Kupfer enthaltenden Silberlegierungen wird Cadmium nach Abscheiden des Silbers als Silberchlorid neben Kupfer mittels Ammonium-tetrarhodano-mercurat(II) mikroskopisch (s. S. 263) nachgewiesen. In ähnlicher Weise verfährt man auch bei Goldlegierungen; nach Abscheiden des Silbers fällt man mit Schwefelwasserstoff, löst den Niederschlag in Salpetersäure und prüft auf Cadmium in der erhaltenen Lösung wie oben mit $(NH_4)_2[Hg(SCN)_4]$ (STREBINGER und HOLZER). Als Tüpfelnachweis für Cadmium in Nichteisenmetallen verwenden BROWN und SMITH die Diphenylcarbazid-Rhodanidreaktion (s. S. 290).

Die Gegenwart von Cadmium in Silberwaren verrät sich beim Kupellieren oder bei der Behandlung mit Bleioxyd vor dem Lötrohr durch einen braunen Kreis von Cadmiumoxyd.

Wird in Silberwaren ein Teil des Kupfers durch Cadmium ersetzt, so bleibt die Legierung reinweiß und wird durch eine Lösung von 1 g Silbersulfat in 200 ml Wasser, die 1 ml Schwefelsäure enthält, nicht verändert, wenn diese auf die frisch polierte Fläche gebracht wird (L'HÔTE).

Um Spuren von Cadmium in edleren Metallen nachzuweisen, empfehlen HEYROVSKÝ und KALOUSEK (a, b), die betreffende Metallprobe in metallischem Quecksilber aufzulösen und anschließend polarographisch zu untersuchen.

Cadmium kann in farblosen metallischen Überzügen vorhanden sein. Zur schnellen Unterscheidung von anderen Überzügen dieser Art nehmen NECHAMKIN und SANDERS Löseproben in verschiedenen Lösungsmitteln vor.

Gibt man 1 Tropfen Salpetersäure (37%ige Säure + Wasser, 1 : 1) auf den Überzug und wartet 2 Min., so erhält man bei Vorliegen von Cadmium eine farblose Lösung.

Zur weiteren Identifizierung kann die Kakothelinreaktion dienen. Dazu bringt man etwas Kakothelin in fester Form auf das eine Ende eines Stücks Filtrierpapier und fügt einen Tropfen Wasser hinzu. Auf den metallischen Überzug gibt man dann 1 Tropfen 35%iger Salzsäure und taucht das vorbereitete Filtrierpapier mit dem unbehandelten Ende in den Säuretropfen. Bei Vorliegen von Zinn beobachtet man eine rotviolette Färbung, während das Papier bei Gegenwart von Cadmium (oder Zink) unverändert bleibt.

Schließlich gibt man nochmals 1 Tropfen Salpetersäure auf das Metall, nimmt mit Filtrierpapier auf, macht mit konzentriertem Ammoniak ammoniakalisch und fügt Natriumsulfidlösung (10%ige wäßrige Lösung) hinzu. Bei Anwesenheit von Cadmium erhält man jetzt einen hellgelben Fleck (s. hierzu auch BLACK und SINNER). Nach COLEMAN werden Metallplattierungen zum Zwecke des Cadmiumnachweises mit 7,5 n Ammoniaklösung bei Gegenwart von Natriumnitrat behandelt. In der erhaltenen Lösung wird das Cadmium mittels Schwefelwasserstoffs nachgewiesen.

Zum Nachweis von Cadmium in Erzen und Mineralien wird die feingepulverte Probe in Königswasser gelöst, die Lösung zur Trockne eingedampft und der Rückstand in Salzsäure aufgenommen. Die überschüssige Säure wird durch Eindampfen vertrieben. Man verdünnt mit Wasser auf 1,5 bis 2 ml und fügt, wenn die Lösung hydrolysiert, 1 bis 2 Tropfen 6 n Salzsäure hinzu. Dann wird mit einer Aluminiumspirale reduziert. Wenn die Lösung zu hydrolysieren beginnt, entfernt man die Aluminiumspirale und gibt 1 bis 3 Tropfen 6 n Salzsäure hinzu. Die Reduktion wird fortgesetzt, bis 1 Tropfen der Lösung mit Kaliumrhodanidlösung keine Färbung mehr gibt.

Um auf Cadmium zu prüfen, mischt man 2 bis 3 Tropfen der Lösung mit 2 Tropfen konzentrierter Phosphorsäure auf einer Porzellanplatte, fügt 1 Tropfen Methylviolett hinzu, vermischt wieder und versetzt mit 1 bis 2 Tropfen Kaliumjodidlösung. In Gegenwart von Cadmium erscheint im Augenblick der Zugabe von Kaliumjodid sofort eine hellblaue oder blauviolette Farbe.

Nach diesem Verfahren läßt sich ungefähr 0,1 γ Cadmium nachweisen [POPOW (a)].

Nach WATSON ist die Reaktion mit Diphenylcarbazid und Rhodanid in der Ausführung als Tüpfelreaktion zum Nachweis von Cadmium in Mineralien geeignet. Störungen durch ähnlich reagierende Kationen können durch deren unterschiedliches Verhalten gegen Ammoniak umgangen werden. Nur bei Gegenwart von Kobalt ist die Reaktion nicht eindeutig.

2. Nachweis in Anstrichfarben und Textilmaterialien.

Zur Prüfung auf Cadmium in Anstrichfarben wird die Probe in Salpetersäure gelöst. Man tüpfelt zum Nachweis mit einem Tropfen der zu untersuchenden salpetersauren Farbstofflösung auf mit Diphenylcarbazid-Rhodanid getränktem Filtrierpapier nach § 5, S. 290, oder dampft 1 Tropfen der Probelösung zur Trockne ein und prüft mikroskopisch mit Rubidiumchlorid (§ 4, S. 269) auf die Anwesenheit von Cadmium (AUGUSTI).

Zum Nachweis von Cadmiumspuren in Textilmaterialien (Baumwollstoffen) soll nach CHASE ein kleiner Teil des Probematerials in einem kleinen Tiegel sorgfältig verascht und der Rückstand in einem Tropfen Säure aufgenommen werden; die verwendete Säuremenge soll möglichst gering sein.

Die Lösung oder gegebenenfalls 1 Tropfen davon wird auf einen Objektträger gebracht und mikroskopisch mit $K_2[Hg(SCN)_4]$ (s. § 4, S. 263) geprüft. Bei Anwesenheit von Cadmium — ein in der Textilanalyse unwahrscheinlicher Fall — beobachtet man die klaren, farblosen, eindeutig erkennbaren Prismen der Cadmiumverbindung.

3. Nachweis in Nahrungsmitteln und Wasser sowie in organischem Material.

Die auf Cadmium zu prüfende Substanz wird nach dem Veraschen mit Salzsäure abgeraucht und mit heißem Wasser aufgenommen. Nach Abfiltrieren des Rückstandes wird zunächst Barium mit Schwefelsäure gefällt. In das Filtrat leitet man sodann Schwefelwasserstoff ein, wobei die Sulfide von Pb, Bi, Cu und Cd ausfallen. Cadmium wird in der üblichen Weise abgetrennt und nachgewiesen (GOLDSTONE).

Über den Nachweis von Cadmium in homöopathischen Zubereitungen siehe BLEYER, NAGEL und SCHWAIBOLD.

Zum Nachweis von Spuren Cadmium in Wasser, welches beispielsweise zur Vorbehandlung von Gläsern benutzt wurde, kann nach KUSNETZOW (a) eine gesättigte Lösung von 2-Oxynaphthalin-(1-azo-2')-naphthalin-1'-sulfosäure in einer 0,5%igen alkoholischen Lösung von Pyridin oder Äthanolamin dienen.

Die Reagenslösung wird tropfenweise zu 1 ml der neutralen Probelösung gegeben, wobei aus der orange gefärbten Lösung bei Anwesenheit von Spuren Cadmium eine rosarote Suspension gebildet wird. Die Reaktion ist jedoch wenig spezifisch, da zahlreiche andere Kationen Suspensionen gleicher oder ähnlicher Farbnuancen bilden.

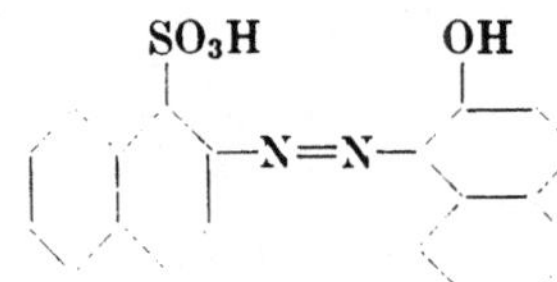

2-Oxynaphthalin-(1-azo-2')-naphthalin-1'-sulfosäure

Nach SLOOFF kann der Nachweis von Cadmium in geringen Mengen von organischem Material auch durch Hydrierung von etwa 20 mg der Probe im durchsichtigen Quarzrohr bei Anwesenheit von Natriumcarbonat und Identifizierung des hinter der Glühzone gebildeten Metallspiegels durchgeführt werden.

Literatur.

AGOSTINI, P.: Ann. Chim. applic. **19**, 164 (1929). — AGRESTINI, A.: G. **48**, 30 (1918). — ALLEN, E. T., u. J. L. CRENSHAW: (a) J. Sci. [4] **34**, 341 (1912); (b) Z. anorg. Ch. **79**, 152 (1913). — Anonym: (a) Chem. Age **28**, 411 (1933); (b) J. Franklin Inst. **245**, 85 (1948). — ARNOLD, E.: Chem. Listy **27**, 73 (1933). — ATTA, F. A. VAN, u. W. L. WASHLEY: J. chem. Educat. **18**, 31 (1941). — AUER-WELSBACH, C.: Sitzungsber. Akad. Wiss. Wien II b, **131**, 339 (1922). — AUGUSTI, S.: Ind. Vernice **3**, 178 (1949).

BABKIN, M. P.: J. analyt. Chem. (russ.) **2**, 118 (1947). — BAIERSDORF, G.: Sitzungsber. Akad. Wiss. Wien II a, **143**, 19 (1934). — BARBOSA, P. E., u. L. B. FILHO: Minist. agric. Dep. nac. Produção mineral, Labor Produção mineral (Brazil), Bol. **26**, 25 (1947). — BAUDISCH, O.: Ch. Z. **33**, 1298 (1909). — BAUKLOH, W.: Photographie Forschung **3**, 225 (1941). — BAYLEY, T.: (a) Chem. N. **51**, 82 (1885); (b) Soc. **33**, 304 (1878). — BEAUCOURT, J. H., u. D. L. MASTERS: Metallurgia **32**, 181 (1945); durch Chem. Abstr. **1945**, 5195. — BECK, G.: (a) Mikrochemie **20**, 194 (1936); (b) Mikrochemie **33**, 188 (1948). — BEHRENS-KLEY s. P. D. C. KLEY. — BENEDETTI-PICHLER, A.: (a) Fr. **70**, 257 (1927); (b) Mikrochemie **4**, 21 (1926). — BENEDETTI-PICHLER, A. A., u. M. CEFOLA: (a) Ind. eng. Chem. Anal. Edit. **14**, 813 (1942); (b) Ind. eng. Chem. Anal. Edit. **15**, 227 (1943). — BENEDETTI-PICHLER, A. A., u. W. F. SPIKES: Mikrochemie **15**, 271 (1934). — BENOIT, W.: Z. Gesellschaft exp. Med. **90**, 421 (1933). — BERG, R.: (a) Fr. **71**, 321 (1927); (b) J. pr. [2] **115**, 178 (1927); (c) Z. anorg. Ch. **204**, 208 (1932). — BERG, R., u. W. ROEBLING: (a) Angew. Ch. **48**, 430 (1935); (b) B. **68**, 403 (1935). — BERG, R., u. O. WURM: B. **60**, 1664 (1927). — BERISSO, B.: (a) Publ. Inst. investigac. microquím., Univ. nac. Litoral (Rosario, Argentina) **11**, 25 (1947); durch Chem. Abstr. **1949**, 7375; (b) Rev. col. Farm. nac. **16**, 5 (1949); durch Chem. Abstr. **1949**, 7375. — BEY, L.: (a) Bl. [4] **47**, 1192 (1930); (b) Bl. [4] **51**, 230 (1932). — BIEFELD, L. P.: J. chem. Educat. **18**, 525 (1941). — BIEWEND, R.: Berg-hüttenm. Ztg. **61**, 401, 413, 425 (1902). — BLACK, G., u. J. SINNER: Metal Finishing **44**, 529 (1946). — BLEYER, B., G. NAGEL u. J. SCHWAIBOLD:

Scientia pharmac. **10**, 121 (1939); durch C. **1939 II**, 3147. — BLUMENTHAL, H.: Met. Erz **37**, 265 (1940). — BÖTTGER, W.: (a) Qualitative Analyse und ihre wissenschaftliche Begründung, 4.—7. Aufl., S. 231. Leipzig 1925; (b) in BERL-LUNGE: Qualitative Analyse anorganischer Verbindungen (Chemisch-technische Untersuchungsmethoden), 8. Aufl., 1. Bd., S. 146. Berlin 1931. — BRAMBILLA, M.: Ann. Chim. applic. **29**, 513 (1939). — BRAWLEY, D.: J. chem. Educat. **18**, 434 (1941). — BRECKPOT, R.: Natuurwetensch. Tidschr. **18**, 173 (1936). — BRENNER, C.: Helv. **3**, 90 (1920). — BRICKER, C. E., N. H. FURMAN u. B. MCDUFFIE: AECD-2602 (1947/49), 9 Seiten; durch Nuclear Sci. Abstr. **3**, 20 (1949). — BROWN, G. W., u. L. SMITH: Proc. Iowa Acad. Sci. **49**, 323 (1942); BROWNSDON, H. W., u. E. H. S. VAN SOMMEREN: J. Inst. Metals **46**, Nr. 2, 97 (1931). — BURSTALL, F. H., G. R. DAVIES, R. P. LINSTEAD u. R. A. WELLS: Soc. **1950**, 516.

CALAMARI, J. A.: U. S. Pat. Appl. 737061. Official Gaz. **625**, 1111 (1949); durch Chem. Abstr. **1949**, 8980. — CAMPO CERDAN, A. DEL: Ann. Chim. anal. **14**, 205 (1909); durch C. **1909, II**, 474. — CÂNDEA, C., u. L. I. SAUCIUC: (a) Bl. sci. École polytechn. Timisoara **5**, 106 (1934); (b) Bl. Soc. chim. Romania **14**, 69 (1932). — CHAMOT, E. M., u. H. A. BEDIENT: Mikrochemie **6**, 13 (1928). — CHASE, H. M.: Am. Dyestuff Reporter **22**, 75 (1933). — CHIRNOAGA, E.: Fr. **104**, 356 (1936). — CHOLAK, J., u. R. V. STORY: J. opt. Soc. Am. **31**, 730 (1941). — COLE, H. J.: Philippine J. Sci. **22**, 631 (1923). — COLEMAN, S. A.: Chemist-Analyst **29**, 81 (1940); durch Chem. Abstr. **1941**, 405. — COOPER, B. S.: J. Soc. Glass Technol. **20**, 352 (1936). — CURTMAN, L. J., u. A. D. S. JOHN: Am. Soc. **34**, 1679 (1912). — CUSHMAN, A. S.: Fr. **34**, 368 (1895). — CZAPEK, A.: Sitzungsber. Akad. Wiss. Wien II a, **139**, Heft 9/10, Nr. 268, S. 593 (1930).

DAGGETT, A. F.: Am. Soc. **51**, 2758 (1929). — DALEN, E. VAN, u. G. DE VRIES: Anal. chim. Acta **3**, 567 (1949). — DAVIES, W. C.: J. chem. Educat. **17**, 231 (1940). — DAVIS, M. H., u. F. H. HEATH: J. chem. Educat. **26**, 277 (1949). — DEDE, L., u. T. BECKER: Z. anorg. Ch. **152**, 185 (1926). — DEDE, L., u. P. BONIN: B. **55**, 2327 (1922). — DELÉPINE, M.: Bl. [3] **17**, 290 (1897). — DENIGÈS, M. G.: (a) J. Pharm. Chim. [6] **14**, 530 (1901); (b) Bl. Soc. Pharm. Bordeaux **76**, 13 (1938); (c) Bl. Soc. Pharm. Bordeaux **83**, 57 (1945). — DETWILER, E. B., u. M. L. WILLARD: Mikrochemie **12**, 261 (1933). — DICK, J.: Fr. **78**, 414 (1929). — DJATSCHKOWSKI, S. I., u. A. F. ORLENKO: Chem. J. Ser. A **10**, 82 (1940). — DROTSCHMANN, C.: Metallwirtschaft **23**, 343 (1944). — DUBSKÝ, J. V.: (a) Chem. Listy **34**, 1 (1940); (b) Chem. Obzor **16**, 123 (1941); (c) Coll. Trav. chim. Tchécosl. **11**, 295 (1939). — DUBSKÝ, J. V., u. A. LANGER: (a) Chem. Listy **30**, 227 (1936); (b) Mikrochemie, Molisch-Festschrift 59 (1936). — DUBSKY, J. V., u. J. TRTÍLEK: Chem. Listy **29**, 76 (1935). — DUCLOUX, E. H.: Mikrochemie **2**, 108 (1924). — DWYER, F. P.: (a) Austral. Chem. Inst. J. Proc. **4**, Nr. 1, 26 (1937); (b) Austral. Chem. Inst. J. Proc. **5**, 32 (1938); (c) Austral. Chem. Inst. J. Proc. **5**, 37 (1937); (d) Austral. Chem. Inst. J. Proc. **5**, 197 (1938).

EEGRIWE, E.: Fr. **118**, 98 (1939). — EICHLER, F.: Fr. **96**, 22 (1934). — ELLS, V. R.: J. opt. Soc. Am. **31**, 534 (1941). — EMICH, F.: (a) A. **351**, 426 (1907); (b) Lehrbuch der Mikrochemie, S. 155. München 1926. — ERÄMETSÄ, O.: Suomen Kemistilehti **16** B, 13 (1943). — ERICSON, E. J.: J. ind. eng. Chem. **9**, 671 (1917). — ERRERA, J.: C. r. **176**, 1874 (1923). — EVANS, B. S., u. D. G. HIGGS: (a) Analyst **70**, 158 (1945); (b) Analyst **72**, 101 (1947); (c) Analyst **72**, 105 (1947); (d) Analyst **75**, 191 (1950). — ÉVRARD, V.: Ann. Chim. anal. [2] **11**, 322 (1929).

FAIRHALL, L. T., u. L. PRODAN: Am. Soc. **53**, 1321 (1931). — FALCIOLA, P.: Ind. chimica **5**, 724 (1930). — FEIGL, F.: (a) Mikrochemie **1**, 4 (1923); (b) Qualitative Analyse mit Hilfe von Tüpfelreaktionen, 3. Aufl., S. 185. Leipzig 1938; (c) R. **58**, 470 (1939). — FEIGL, F., u. F. NEUBER: Fr. **62**, 369 (1923). — FEIGL, F., u. L. I. MIRANDA: (a) An. assoc. quím. Brasil **2**, 131 (1943); durch Chem. Abstr. **1945**, 5198; (b) Ind. eng. Chem. Anal. Edit. **16**, 141 (1944). — FELDMAN, C.: Anal. Chem. **21**, 1041 (1949). — FENNER, E.: Spectrochim. Acta **1**, 164 (1941). — FISCHER, H.: (a) Angew. Ch. **42**, 1025 (1929); (b) Angew. Ch. **46**, 442 (1933); (c) Angew. Ch. **47**, 685 (1934); (d) Angew. Ch. **50**, 919 (1937); (e) Wiss. Veröffentl. Siemens-Konzern **4, II**, 158 (1925). — FISCHER, H., u. G. LEOPOLDI: Ch. Z. **64**, 231 (1940). — FISCHER, H., u. W. WEYL: Wiss. Veröffentl. Siemens-Konzern **14, II**, 41 (1935). — FISCHER, R., u. T. LANGHAMMER: Mikrochemie **34**, 208 (1949). — FLOOD, H.: (a) Discuss. Faraday Soc. **7**, 190 (1949); (b) Fr. **120**, 327 (1940); (c) Tidsskr. Kjemi Bergves. **1**, 150 (1941). — FLOOD, H., u. A. SMEDSAAS: Tidsskr. Kjemi Bergves. **1**, 150 (1941). — FOLLENIUS, O.: (a) Fr. **13**, 272 (1874); (b) Fr. **13**, 411 (1874). — FORMÁNEK, J.: Fr. **39**, 409 (1900). — FOX, J. J.: J. Oil and Col. Chem. Assoc. **12**, 38 (1929). — FOX, H. M., u. H. RAMAGE: Nature **126**, 682 (1930). — FRIERSON, W. J., u. M. J. AMMONS: J. chem. Educat. **27**, 37 (1950). — FUNGAIRIÑO, L. V.: An. Real. Acad. Farm. (Madrid) **16**, 209 (1950).

GABRIEL, A., H. W. JAFFE u. M. J. PETERSON: Pr. Am. Soc. Test. Mater. **47**, 1111 (1947). — GAINES, P. C., u. R. WOODRIFF: J. chem. Educat. **26**, 166 (1949). — GAPTSCHENKO, M. W., u. O. G. SCHEINZISS: Betriebslab. **6**, 1220 (1937). — GARSIDE, J. E.: Metal Treatment **13**, 3 (1946); durch C. (West) **1947, II**, 543. — GEILMANN, W.: (a) Bilder zur qualitativen Mikroanalyse anorganischer Stoffe. Leipzig 1934; (b) Glastechn. Ber. **4**, 92 (1926); (c) Z. anorg.

Ch. **155**, 192 (1926). — GEILMANN, W., u. H. ISERMEYER: Fr. **131**, 249 (1950). — GERLACH, W.: Angew. Ch. **46**, 557 (1933). — GERLACH, W., u. W. GERLACH: Die chemische Emissionsspektralanalyse, II. Teil, S. 165. Leipzig 1933. — GERLACH, W., u. E. RIEDL: (a) Die chemische Emissionsspektralanalyse, III. Teil, 2. Aufl., S. 18 u. 43. Leipzig 1942; (b) Metallwirtschaft **12**, 401 (1933); (c) Phys. Z. **34**, 516 (1923). — GERLACH, W., u. E. SCHWEITZER: (a) Die chemische Emissionsspektralanalyse, S. 3ff. u. 16. Leipzig 1930; (b) Z. anorg. Ch. **195**, 255 (1931). — GERMUTH, F. G., u. C. MITCHELL: Am. J. Pharm. **101**, 46 (1929). — GERSTENZANG, E. M.: J. chem. Educat. **11**, 369 (1934). — GIETZ, C. E., u. A. SÁ: An. Argentina **23**, 45 (1935). — GLAZUNOV, A.: Chem. Listy **25**, 352 (1931). — GOLDSCHMIDT, T. M.: Geochemistry, S. 272, Oxford 1954. — GOLDSTONE, N. I.: Anal. Chem. **21**, 781 (1949). — GOTÔ, H. J.: (a) J. chem. Soc. Japan **59**, 547 (1938); durch Chem. Abstr. **1938**, 5721. — GOTÔ, H.: (b) Sci. Rep. Tôhoku **29**, 204 (1940). — GOTÔ, H., u. Y. KAKITA: J. chem. Soc. Japan **63**, 120 (1942); durch Chem. Abstr. **1947**, 3010. — GRAF, J. C. B.: Publ. Inst. investigac. microquím., Univ. nac. Litoral (Rosario, Argentina) **12**, 29 (1948); durch Chem. Abstr. **1950**, 4820. — GRAMACHO, D.: Rev. brasil quím. **15**, 269 (1943); durch Chem. Abstr. **1943**, 5993. — GRAMONT, A. DE: Chem. N. **122**, 136 (1921). — GRAMONT, A. DE, u. W. N. HARTLEY nach F. LÖWE in: H. GEIGER u. K. SCHEEL: Handbuch der Physik, Bd. 21, S. 665. Berlin 1929. — GRANT, J., u. F. A. MEGGY: Analyst **61**, 401 (1936). — GRIMES, M. D., J. M. BOND u. A. C. SHEAD: Pr. Oklahoma Acad. Sci. **20**, 111 (1940); nach Chem. Abstr. **1941**, 1287. — GROSSMANN, H.: B. **37**, 559 (1904). — GULBRANSEN, E. A., R. T. PHELPS u. A. LANGER: Ind. eng. Chem. Anal. Edit. **17**, 646 (1945). — GUSEV, S. I.: (a) J. analyt. Chem. (russ.) **1**, 114 (1947); durch C. **1947** 359; (b) J. analyt. Chem. (russ.) **4**, 175 (1949). — GUTZEIT, G.: (a) Am. Inst. Mining met. Engrs., Techn. Pub. Nr. 1457, 13 Seiten (1942); (b) Diss. Genf 1929, 12; (c) Helv. **12**, 713 (1929); (d) Helv. **12**, 829 (1929).

HAITINGER, M.: (a) Mikrochemie **11**, 429 (1932); (b) Mikrochemie **16**, 321 (1934/35). — HANUŠ, J., u. A. SOUKUP: Z. anorg. Ch. **68**, 52 (1910). — HAUPT, G., A. OLBRICH u. H. NAUSE: Z. El. Ch. **54**, 67 (1950). — HAUSHOFER, K.: Mikroskopische Reaktionen, S. 52. Braunschweig 1885. — HELLER, K.: Mikrochemie **8**, 33 (1930). — HELLER, K., u. P. KRUMHOLZ: Mikrochemie **7**, 213 (1929). — HELLER, K., G. KUHLA u. F. MACHEK: (a) Mikrochemie **18**, 193 (1935); (b) Mikrochemie **23**, 78 (1937). — HERRMANN-GURFINKEL, M.: Bl. Soc. chim. Belg. **48**, 94 (1939). — HERSTEIN, K. M.: Am. Dyestuff Reporter **22**, 442 (1933). — HESSE, G.: Angew. Ch. **49**, 315 (1936). — HEYROVSKÝ, I.: (a) Metallwirtschaft **23**, 333 (1944); (b) Polarographie, S. 321. Wien 1941. — HEYROVSKÝ, I., u. M. KALOUSEK: (a) Coll. Trav. chim. Tchécosl. **11**, Nr. 11, 464 (1939); (b) Chem. Listy **34**, 47 (1940). — HOLLER, A. C.: Am. Soc. **63**, 873 (1941). — HÔTE, L. L': Ann. Chim. anal. **9**, 241 (1904); durch C. **1904**, **II**, 732. — HOVORKA, V., u. V. SYKORA: Coll. Trav. chim. Tchécosl. **11**, 70 (1939). — HUBBARD, D. M., u. E. W. SCOTT: Am. Soc. **65**, 2390 (1943). — HUGHES, H. D.: J. Electrodepositors techn. Soc. **20**, 17 (1945) — Metal. Ind. (London) **66**, 169 (1945). — HURD, L. C., u. R. W. EVANS: Ind. eng. Chem. Anal. Edit. **5**, 16 (1933).

ILCOVIC, D., u. G. SEMERANO: Coll. Trav. chim. Tchécosl. **4**, 176 (1932).

JAEGER, F. M., u. J. A. VAN DIJK: Kon. Akad. Wetensch. Amsterdam, Proc. **37**, 753 (1934). — JAFFE, E.: Ann. Chim. applic. **22**, 737 (1932). — JENSEN, E.: Tidsskr. Kjemi Bergves. **19**, 57 (1939). — JIRKOVSKÝ, R.: Báňský Svět **11**, Heft 2/3 (1932); durch Mikrochemie **15**, 331 (1934). — JOLIBOIS, P., u. R. BOSSUET: C. r. **209**, 91 (1939). — JURÁNY, H.: Mikrochemie **29**, 273 (1941).

KARAOGLANOV, Z.: Fr. **114**, 81 (1938). — KARNS, G. M.: Am. Soc. **48**, 2626 (1926). — KLEY, P. D. C., in BEHRENS-KLEY: Mikrochemische Analyse. Leipzig 1921. — KNOEVENAGEL, E., u. E. EBLER: B. **35**, 3055 (1902). — KOLBECK, F.: C. F. Plattners Probierkunst mit dem Lötrohr, 8. Aufl., S. 231. Leipzig 1927. — KOLTHOFF, I. M., u. H. HAMER: (a) Mikrochemie **2**, 92 (1924); (b) Pharm. Weekbl. **61**, 1222 (1924). — KOMAROVSKAJA, A. A.: Chem. J. Ser. A **19**, 1459 (1949). — KORENMAN, I. M.: (a) Betriebslab. **6**, 1461 (1937); (b) Chem. J. Ser. A **18**, 1233 (1948); (c) Chimia (russ.) **1936**, 133; durch Brit. chem. Abstr. **1939**, **A I**, 535; (d) Fr. **97**, 418 (1934); (e) Fr. **99**, 402 (1934) — Pharm. J. (russ.) **7**, 98 (1934); (f) J. chem. Ind. **8**, 276 (1931); (g) Mikrochemie **9**, 223 (1931); (h) P. C. H. **70**, 1 (1929); (i) P. C. H. **70**, 693 (1929); (k) P. C. H. **71**, 769 (1930); (l) P. C. H. **72**, 225 (1931); (m) P. C. H. **73**, 738 (1932); (n) P. C. H. **74**, 54 (1933). — KORENMAN, I. M., u. S. W. KRAINOWA: Chem. J. Ser. B **19**, 604 (1946). — KOZLOVSKIJ, M. T., L. A. MEERSON u. N. M. SHIKHANOVA: Betriebslab. **12**, 549 (1946). — KRAGEN, S.: M. **37**, 391 (1916). — KRAMER, G.: Techn. Blätter Wochenschr. dt. Bergwerks-Ztg. **27**, 32 (1937). — KRAUS, R., u. J. NOVÁK: Coll. Trav. chim. Tchécosl. **10** 534 (1938); durch HEYROVSKÝ (b). — KRASNOVA, W.: Chem. J. Ser. B **10**, 1299 (1937). — KRUMHOLZ, P., u. F. HÖNEL: Mikrochim. A. **2**, 177 (1937). — KRUMHOLZ, P., u. O. KRUH: Mikrochemie **17**, 210 (1935). — KUNZ, J.: Helv. **16**, 1044 (1933). — KURAŠ, M.: (a) Chem. Obzor **13**, 95 (1938); (b) Chem. Obzor **14**, 49 (1939); (c) Chem. Obzor **14**, 51 (1939); (d) Chem. Obzor **14**, 145 (1939); (e) Coll. Trav. chim. Tchécosl. **11**, 313 (1939); (f) Coll. Trav. chim. Tchécosl. **11**, 321 (1939). — KUSNETZOV, V. V.: (a) Betriebslab. **14**, 545 (1948); (b) C. r. Acad. URSS **41**, 109 (1943).

LANGER, A.: Mikrochemie **25**, 71 (1938). — LAVOYE, M.: J. Pharm. Belg. **3**, 889 (1921). — LEHRMAN, L.: J. chem. Educat. **10**, 50 (1933). — LEMAIRE, P.: Ann. Chim. anal. [1] **14**, 6 (1909). — LEWIS, A., u. D. R. EVANS: Am. Soc. Test. Mater., Spec. Techn. Pub. Nr. **98**, 58 (1949). — LUEG, G., u. F. WOLBANK: Metallwirtschaft **18**, 1027 (1939). — LUNDEGÅRDH, H.: (a) Die quantitative Spektralanalyse der Elemente, Jena 1929; (b) Die quantitative Spektralanalyse der Elemente, 2. Teil, S. 63. Jena 1934; (c) Lantbruk-Högskol. Ann. **3**, 49 (1936). (d) Metallwirtschaft **17**, 1222 (1938).

MAHR, C.: Mikrochim. A. **3**, 300 (1938). — MAJUMDAR, A. K.: (a) Analyst **64**, 874 (1939); (b) J. Indian chem. Soc. **18**, 419 (1941); (c) J. Indian chem. Soc. **22**, 309 (1945). — MANNELLI, G.: (a) Ann. Chim. applic. **33**, 64 (1943); (b) Mikrochemie **31**, 1 (1944). — MARTINI, A.: (a) An. Argentina **15**, 52 (1927); (b) An. Argentina **16**, 117 (1928); (c) An. Argentina **30**, 41 (1942); durch Chem. Abstr. **1942**, 5723; (d) Mikrochemie **6**, 1 (1928); (e) Mikrochemie **6**, 152 (1928); (f) Mikrochemie **7**, 30 (1929); (g) Mikrochemie **16**, 233 (1934/35); (h) Publ. Inst. investigac. microquím., Univ. nac. Litoral (Rosario, Argentina) **4**, 97 (1940). — MARTINI, A., u. S. SCHAMIS: Trabajos al segundo congreso de Química. Buenos Aires 1924. — Unveröffentl. Versuche von H. ALBER durch G. KLEIN u. R. STREBINGER: Fortschritte der Mikrochemie, S. 227. Leipzig u. Wien 1928. — MAYNARD, J. L., H. H. BARBER u. M. C. SNEED: J. chem. Educat. **16**, 77 (1939). — MCREYNOLDS, J. P.: J. chem. Educat. **17**, 532 (1940). — MELDRUM, R.: Chem. N. **79**, 170 (1899). — MEURICE, R.: Ann. Chim. anal. [2] **8**, 130 (1926). — MILLER, C. F.: (a) Chemist-Analyst **21**, Nr. 5, 6 (1932). — MILLER, C. C.: (b) Soc. **1941**, 786. — MOLLAND, J.: Tidsskr. Kjemi Bergves. **19**, 119 (1939). — MONTEMARTINI, C., u. E. VERNAZZA: Ind. chimica **6**, 630 (1931). — MONTEQUI, R.: An. Españ. **25**, 52 (1927). — MOTT, R.: Trans. Am. electrochem. Soc. **37**, 665 (1921). — MYLIUS, F., u. O. FROMM: Z. anorg. Ch. **9**, 144 (1895).

NAZARENKO, V. A.: Chem. J. Ser. B **14**, 419 (1941). — NECHAMKIN, H., u. A. SANDERS: Ind. eng. Chem. Anal. Edit. **14**, 913 (1942). — NEUMANN, B.: Ch. Z. **20**, 763 (1896). — NIEUWENBURG, C. J. VAN: Mikrochemie **9**, 199 (1931). — NIEUWENBURG, C. J. VAN, W. BÖTTGER, F. FEIGL, A. S. KOMAROVSKY u. N. STRAFFORD: Tabellen der Reagenzien für anorganische Analyse, S. **46**. Leipzig 1938. — NITCHIE, C. C.: Ind. eng. Chem. Anal. Edit. **1**, 1 (1929). — NODDACK, I., u. W. NODDACK: Ark. Zoologi **32** A, Nr. 4, 1 (1939). — NUTTEN, A. J.: School Sci. Rev. **31**, 39 (1950).

ODEKERKEN, J.: Ind. chem. Belg. **15**, 80 (1950).

PARRAVANO, N., u. A. PASTA: G. **37**, 252 (1907). — PARRI, W.: Giorn. Farm. Chim. **73**, 207 (1924). — PASS, A., u. A. M. WARD: Analyst **58**, 667 (1933). — PAVELKA, F., u. E. KOLMER: Mikrochemie **8**, 277 (1930). — PAVOLINI, T.: Ind. chimica **8**, 692 (1933). — PEARSON, J. G.: J. Chem. Eng. Min. Rev. **28**, 108 (1936). — PETERSON, M. J., A. J. KAUFFMANN u. H. W JAFFE: Am. Mineralogist **32**, 322 (1947). — PIERCE, J. S., u. W. T. FORSEE: Ind. eng. Chem. Anal. Edit. **3**, 188 (1931). — PIÑA DE RUBIES, S., u. M. A. BARGUES: Z. anorg. Ch. **215**, 205 (1933). — POLUEKTOFF, N. S., u. W. A. NASARENKO: P. C. H. **75**, 424 (1934). — POPOW, M. A.: (a) Betriebslab. **13**, 618 (1947); durch Chem. Abstr. **1948**, 4491; POPOW, P.: (b) J. chim. Ukraine, Wiss. u. techn. Teil **3**, 153 (1928); durch C. **1929**, **I**, 777; (c) J. chim. Ukraine, Wiss. u. techn. Teil **3**, 157 (1928); durch C. **1929**, **I**, 777. — POPOW, P. G.: (d) Ukrain. chem. J. **9**, 307 (1934); durch C. **1935**, **II**, 2985. — PORLEZZA, C., u. A. DONATI: Ann. Chim. applic. **16**, 519 (1926). — POZZI-ESCOT, E.: (a) Ann. Chim. anal. **12**, 237 (1907). — POZZI-ESCOT, M.-E.: (b) Bl. Assoc. chim. Sucrerie **63**, 364 (1946). — POZZI-ESCOT, E.: (c) Bl. Soc. chim. Belg. **23**, 299 (1909). — POZZI-ESCOT, M.-E.: (d) Rev. cienc. (Peru) **40**, Nr. 424, 267 (1938). — PUTTE, M. VAN DE: Chim. Ind. **17**, 388 (1927), Sondernummer.

RAHN, H. J.: Fr. **131**, 263 (1950). — RAMAGE, H.: (a) Nature **123**, Nr. 75, 601 (1929); (b) Nature **138**, 762 (1936). — RANKAMA, K., u. T. G. SAHAMA: Geochemistry, S. 714, Chicago 1950. — RÂY, P., u. M. K. BOSE: Fr. **95**, 400 (1933). — RÂY, P., u. J. GUPTA: J. Indian chem. Soc. **12**, 308 (1935). — RÂY, P., u. P. V. SARKAR: (a) Soc. **117**, 321 (1920); (b) Soc. **119**, 390 (1921); (c) Mikrochemie, Emich-Festschrift 1930, S. 242. — REIS, M. A. VON: B. **14**, 1172 (1881). — RIMBACH, E.: B. **35**, 1298 (1902). — ROSE, H., u. R. FINKENER: Handbuch der analytischen Chemie, 6. Aufl., 1. Bd., S. 280. Leipzig 1867. — ROSENTHALER, L.: (a) Mikrochemie **13**, 83 (1933); (b) Mikrochemie **13**, 317 (1933); (c) Mikrochemie **20**, 85 (1936); (d) Mikrochemie **23**, 194 (1937/38). — ROSS: Berg-hüttenm. Ztg. **40**, 459 (1881). — ROTTER, G.: Fr. **64**, 102 (1924). — RUSSANOW, A.: Mineral-Rohstoffe (russ.) **6**, 1027 (1931); durch C. **1932**, **II**, 2691.

SÁ, A.: An. Farm. Bioquím. **4**, 77 (1935); durch C. **1935**, **I**, 3694. — SACHS, G.: Am. Soc. **62**, 3514 (1940). — SALVADORI, R.: (a) Ann. Chim. applic. **5**, 25 (1916); (b) G. **40**, **II**, 19 (1910). — SANDELL, E. B., D. M. WISHNICK u. E. L. WISHNICK: Mikrochim. A. **3**, 204 (1938). — SARKAR, P. B., u. B. K. DATTA-RAY: J. Indian chem. Soc. **7**, 251 (1930). — SCHEIBER, H.: Farbe u. Lack **1935**, 293, 305, 316. — SCHIWOPISSZEW, W. P.: (a) Betriebslab. **16**, 1186 (1950); (b) C. r. Acad. URSS **73**, 1193 (1950). — SCHLEICHER, A.: (a) Angew. Ch. **45**, 244 (1932); (b) Fr. **101**, 241 (1935); (c) Z. El. Ch. **39**, 2 (1933). — SCHMIDT, J., u. W. HINDERER: B. **64**,

1793 (1931). — SCHMITZ-DUMONT, O.: Metallwirtschaft **1928**, Nr. 10, 281. — SCHOELLER, W. R.: Analyst **50**, 18 (1925). — SCHOELLER, W. R., u. A. R. POWELL: Analyst **42**, 189 (1917). — SCHOORL, N.: Fr. **47**, 729 (1908). — SCHTSCHIGOL, M.: Chem. J. Ser. B **10**, 1644 (1937). — SCHWAB, G.-M., u. A. N. GHOSH: Angew. Ch. **52**, 666 (1939). — SCHWAB, G.-M., u. K. JOCKERS: Angew. Ch. **50**, 546 (1937). — SCOTT, A. W., u. E. G. ADAMS: Am. Soc. **57**, 2541 (1935). — SEELHORST, P.: Dissertation, S. 43. Leipzig 1928. — SEITH, W., u. K. RUTHARDT: Chemische Spektralanalyse, 2. Aufl., S. 43. Berlin 1941. — SENSI, G., u. S. SEGHEZZO: Ann. Chim. applic. **19**, 392 (1929). — SERGUFEFF, R. J.: Analyst **64**, 14 (1939). — SLOOFF, A.: Chem. Weekbl. **42**, 34 (1946). — SMITH, D. M.: (a) J. Inst. Met. **46**, 114 (1931); (b) Trans. Faraday Soc. **26**, 101 (1930). — SMITH, L., u. P. W. WEST: Ind. eng. Chem. Anal. Edit. **13**, 271 (1941). — SPACU, G.: Bl. Soc. Stiinte Cluj **1**, 538 (1922). — SPACU, G., u. J. DICK: Fr. **73**, 279 (1928). — SPACU, G., u. M. KURAŠ: Fr. **102**, 108 (1935). — SPACU, G., u. G. SUCIU: Fr. **77**, 340 (1929). — SPÄTH, W.: (a) M. **61**, 107 (1932); (b) Sitzungsber. Akad. Wiss. Wien II b, **141**, Heft 7, 475 (1932). — SPÁLENKA, M.: Metallwirtschaft **23**, 341 (1944). — SSUPRUNOWITSCH, I. B.: Chem. J. Ser. A **8**, 839 (1938). — STAHL, W., u. M. STRAUMANIS: Fr. **128**, 60 (1948). — STEIGMANN, A.: (a) J. Soc. chem. Ind. **62**, 42 (1943); (b) J. Soc. chem. Ind. **66**, 353 (1947). — STOUT, P. R., u. L. C. WILLIAMS: Coll. Trav. chim. Tchécosl. **10**, 129 (1938); durch HEYROVSKÝ (b). — STREBINGER, E., u. H. HOLZER: Mikrochemie **8**, 264 (1930). — SUCHÝ, K.: (a) Chem. N. **143**, 213 (1931); (b) Coll. Trav. chim. Tchécosl. **3**, 354 (1931). — SUDO, T.: J. Japan. Assoc. Mineral Petrol. Econ. Geol. **31**, 207 (1944); durch Chem. Abstr. **1948**, 481.

Tabellen der Reagenzien für anorganische Analyse, 3. Bericht der „Internationalen Kommission für neue analytische Reaktionen und Reagenzien", S. 36. Paris 1948. — TANANAEV H. A., u. A. H. ROMANJUK: Chem. J. Ser. B **10**, 1624 (1937). — TANANAEV, N. A.: (a) Chem. J. Ser. B **9**, 367 (1936); (b) Fr. **98**, 330 (1934); (c) Z. anorg. Ch. **140**, 320 (1924). — TANANAEV, N. A., u. N. S. FEDULOW: Ukrain. chem. J., Wiss. Teil **5**, 213 (1930); durch C. **1931**, **I**, 1795. — TAURINŠ, A.: Fr. **97**, 27 (1934). — TIEDEMANN, B. G., u. B. W. OSIMOW: Chem. J. Ser. B **12**, 468 (1939). — THIEL, A.: Allg. Ch. Z. **4**, Nr. 49 (1904); durch C. **1905**, **I**, 406. — TODD, F.: J. chem. Educat. **15**, 241 (1938). — TOUGARINOFF, B.: Ann. Soc. Sci. Bruxelles **50** B, 145 (1930). — TREADWELL, F. P., u. W. T. HALL: Analytical Chemistry, Bd. 1: Qualitative Analysis, 9. engl. Aufl., S. 138. New York 1948. — TRISCHIN, F. J.: Ukrain. chem. J. **9**, 29 (1934); durch C. **1935**, **I**, 3960. — TRUFFERT, L.: Ann. Falsific. **43**, 219 (1950).

UBBELOHDE, A. R.: Analyst **59**, 339 (1934).

VEIL, S.: (a) Bl. [5] **1**, 1358 (1934); (b) C. r. **199**, 611 (1934). — VENTURELLO, G., u. N. AGLIARDI: Ann. Chim. applic. **30**, 224 (1940). — VERMANDE, J.: Pharm. Weekbl. **55**, 1131 (1918).

WAGENAAR, M.: Pharm. Weekbl. **66**, 1170 (1929). — WAIBEL, F.: Wiss. Veröffentl. Siemens-Konzern **14**, **II**, 32 (1935). — WATSON, J. A.: Min. Mag., J. Min. Soc. **24**, 21 (1937). — WEBB, D. A.: Sci. Proc. Roy. Dublin Soc. (N. S.) **21**, 505 (1937). — WENGER, P., u. R. DUCKERT: Réactifs pour l'analyse qualitative minérale; 2. Rapport de la Commission internationale des Réactions et Réactifs analytiques nouveaux de l'Union internationale de Chimie, S. 24. Basel (1945). — WENGER, P., R. DUCKERT u. E. ANKADJI: Helv. **28**, 1316, 1592 (1945). — WEST, P. W., u. L. SMITH: J. chem. Educat. **17**, 139 (1940). — WHEELER u. LUEDEKING: Fr. **26**, 602 (1887). — WHITE, E. P.: Ind. eng. Chem. Anal. Edit. **13**, 509 (1941). — WHITMORE, W. F., u. F. SCHNEIDER: (a) Ind. eng. Chem. Anal. Edit. **2**, 173 (1930); (b) Mikrochemie **8**, 293 (1930). — WHITMORE, W. F., u. C. A. WOOD: Mikrochemie **27**, 249 (1939). — WICHMANN, H. J.: Ind. eng. Chem. Anal. Edit. **11**, 66 (1939).

YOUNG, R. S., u. C. W. BARKER: Chemist-Analyst **37**, 81, 83 (1948).

Quecksilber.

Hg, Atomgewicht 200.61, Ordnungszahl 80.

Von **Jochen Jander**, Freiburg/Br. und **Hans Hermann Schöne**, Tübingen.

Mit 7 Abbildungen.

Inhaltsübersicht.

A. Vorkommen und Gewinnung des Quecksilbers.

Das Quecksilber ist am Aufbau der Erdrinde, einschließlich der Wasser- und Lufthülle, mit $3 \cdot 10^{-6}$ Gew.-% beteiligt. Es ist damit um etwa eine Zehnerpotenz seltener als das Cadmium ($1 \cdot 10^{-5}$ Gew.-%) und um etwa vier Zehnerpotenzen seltener als das Zink ($2 \cdot 10^{-2}$ Gew.-%). Es sei erwähnt, daß die sog. seltenen Erden, jede für sich, stärker am Aufbau der Erdrinde beteiligt sind als das Quecksilber. Dennoch bezeichnet man dieses nicht als seltenes Element, da es in Form seines roten Sulfids, des Zinnobers, an bestimmten Stellen der Erdrinde stark konzentriert und für den Menschen leicht erreichbar ist. — Der Zinnober tritt in allen geologischen Schichten auf, von den kristallinen Schiefern des Archaikums bis zu Ablagerungen des Quartärs. Es handelt sich meistens nicht um mächtige Zinnobererzgänge, sondern um Imprägnationen zerrütteten Gesteins, wie beim Idrialit, Quecksilberlebererz oder Korallenerz (REITLER). Häufig tritt daneben Quecksilber noch gediegen in Tröpfchenform auf, seltener in Form seines schwarzen Sulfids, des Metacinabarits. Andere, weniger wichtige Quecksilbermineralien sind der Montroydit HgO, der Tiemannit HgSe, der Coloradorit HgTe, das Quecksilberhornerz oder Kalomel Hg_2Cl_2, der Coccinit Hg_2J_2, der Eglestonit $Hg_2Cl_2 \cdot Hg_2O$, der Terlinguait $Hg_2Cl_2 \cdot 2\,HgO$ und der Kleinit NHg_2Cl. Außerdem sind manche Zinkblenden und Fahlerze quecksilberhaltig. — Darüber hinaus konnte nachgewiesen werden, daß das Quecksilber infolge seiner Flüchtigkeit in geringer Konzentration (0,1 bis 100 γ/100 g) fast überall in der unbelebten und belebten Natur vorkommt, so z. B. in fast allen Gesteinen, Böden, fossilen Kohlen, Wassersorten, Pflanzen und Tieren. Es wurde die Vermutung ausgesprochen, daß es zu den katalytischen Elementen der lebenden Natur gehört (STOCK und CUCUEL). — Nur der Zinnober wird bergmännisch abgebaut. Er findet sich in Europa in Spanien (Silur von Almadén), Italien (Trias von Idria, Lias bis Pliozän von Monte Amiata), Rußland (Carbon von Nikitowka/Donez), ferner in Jugoslawien, Österreich (Kärnten), Rumänien (Siebenbürgen) und der Tschechoslowakei. Auch Deutschland hat einige kleine Zinnoberlagerstätten aufzuweisen, die in der Pfalz (Carbon von Obermoschel) auch bergmännisch abgebaut werden. Ferner kommt der Zinnober im Harz (Wieda), im Rheinland und Siegerland und in Schlesien vor. Die bedeutenden Lagerstätten der übrigen Welt verteilen sich auf die USA (Californien, Nevada, Texas, Oregon, Washington), Mexiko, Canada, Peru. Aber auch in Algier, Asiatisch-Rußland, China, Japan, Neuseeland, Persien und der Türkei ist der Zinnober anzutreffen (ULLMANN). — Die Gewinnung des Quecksilbers aus dem Zinnober erfolgt auf zwei prinzipiell verschiedenen Wegen. Das Erz wird entweder im Luftstrom geröstet oder unter Luftausschluß mit Eisen oder gebranntem Kalk erhitzt. Die Erhitzung erfolgt in Europa meistens noch in Schacht- oder Schüttröstöfen, in Amerika in Drehrohröfen. Die entweichenden Quecksilberdämpfe werden in meist wassergekühlten gußeisernen oder Steinzeugröhren kondensiert. — Für die Reinigung von Quecksilber sei verwiesen auf BRAUER. — Für die Prüfung von Quecksilber und seinen Verbindungen auf Reinheit siehe Abschnitt F.

B. Physikalische und chemische Eigenschaften des Quecksilbers.

I. Die physikalischen Eigenschaften des Quecksilbers.

Die physikalischen Eigenschaften des Quecksilbers sind zum Teil in analytisch-chemischer Hinsicht von Bedeutung, da sie sowohl zur analytischen Charakterisierung als auch zur Reinheitsprüfung des Metalles herangezogen werden können. Quecksilber ist das einzige bei Normaltemperatur flüssige Metall, sein Schmelzpunkt liegt bei —38,87, sein Siedepunkt unter Atm.-Druck bei 356,95° C. Im reinen Zustand besitzt es eine silberweiße, stark glänzende Oberfläche und läuft auf Glas zu kleinen Tröpfchen zusammen, die beim Neigen des Glases leicht und rückstandslos abfließen. Sein Dampfdruck beträgt bei 0° C 0,00019, bei 20° C 0,0013, bei 50° C 0,015 und bei 90° C 0,16 mm Hg (RAMSAY und YOUNG). Das bedeutet, daß z. B. bei 20° C in einem Kubikmeter von mit Quecksilberdampf gesättigter Luft 0,014 g Quecksilber enthalten sind. Das in Abschnitt A erwähnte spurenhafte Vorkommen des Quecksilbers im gesamten anorganischen und organischen Bereich wird so verständlich, aber auch — wenn man noch die Giftigkeit des Quecksilberdampfes für den Menschen berücksichtigt (STOCK) — die große Mühe, die man darauf verwendet hat, empfindliche und genau arbeitende Nachweis- und Bestimmungsmethoden für Quecksilber im menschlichen und tierischen Organismus, in Pflanzen und anderem Material zu finden (Abschnitt E). — Das spez. Gewicht des Quecksilbers beträgt bei 0° C 13,5956, bei 20° C 13,5462 g/ml; seine Oberflächenspannung hat bei 18° C den Wert von 505 dyn/cm gegen Luft, 504 dyn/cm gegen Sauerstoff, 495 dyn/cm gegen Stickstoff, 487 dyn/cm gegen Kohlendioxyd und 554 dyn/cm gegen Wasserstoff (LANDOLT, BÖRNSTEIN, ROTH und SCHEEL). — Quecksilber ist diamagnetisch (die spezifische Suszeptibilität = —0,193 cm³/g, von Raumtemperatur bis Siedepunkt konstant [SCHULZE]). Das auf die Normalwasserstoffelektrode bezogene Potential von $2\,Hg/Hg_2^{++}$ beträgt +0,793, das des Halbelementes Hg/Hg^{++} +0,86 V. Das Mercuriion ist demnach edler als das Mercuroion, dessen Normalpotential etwa dem des Silbers entspricht (+0,799 V). Ferner ist Quecksilber somit edler als das Zink und das Cadmium, die beide in die elektrochemische Spannungsreihe mit negativem Vorzeichen eingehen. — Für den elektrischen Widerstand, die Spektren und die Fluorescenz von Quecksilber siehe die Abschnitte F und D. § 1.

II. Die chemischen Eigenschaften des elementaren Quecksilbers.

Quecksilber reagiert schon bei Raumtemperatur unter Amalgambildung mit den kompakten Alkalimetallen sowie mit Silber, Gold, Zink und Cadmium. Andere Metalle reagieren nur mit erwärmtem Quecksilber oder nur in feinverteiltem Zustand, wie z. B. das Kupfer. Auch bei der Elektrolyse von Metallsalzlösungen mit einer Quecksilberkathode werden Amalgame gebildet. Mangan, Eisen, Nickel und Kobalt reagieren dagegen nicht mit Quecksilber. — Stickstoff und Phosphor reagieren nicht, der Phosphor löst sich bei höherer Temperatur lediglich in Quecksilber. Luft oder Sauerstoff reagieren mit Quecksilber nur in der Nähe seines Siedepunktes, Ozon wirkt jedoch schon bei Raumtemperatur sofort ein. Das gebildete HgO zerfällt in allen Fällen wieder bei hohen Temperaturen. Schwefel reagiert schon bei Zimmertemperatur, wenn er mit Quecksilber fein verrieben wird, zu schwarzem HgS. Die Halogene wirken ebenfalls schon bei Raumtemperatur auf Quecksilber ein, sowohl in feuchtem wie auch in trockenem Zustande. Fluor und Chlor reagieren lebhaft (Hg_2Cl_2), Brom und Jod langsamer. Mit Jod entsteht das rote HgJ_2. Quecksilber zeigt außerdem die Eigenschaft, in Gegenwart von Halogenen, besonders Chlor, sehr fest an Glas zu haften. — Mit CO_2 erfolgt keine Reaktion, ebenso wirken N_2O und NO nicht ein. Durch NO_2 dagegen wird Quecksilber oxydiert. — Trockener, reiner H_2S reagiert bis 100° C nicht mit Quecksilber; nur bei gleichzeitiger Gegenwart von Luft wird dieses angegriffen. Verdünnte und konzentrierte Salzsäure sowie verdünnte und konzentrierte Flußsäure greifen Quecksilber nicht an, was nach dessen Stellung innerhalb der elektrochemischen Spannungsreihe auch zu erwarten ist. Daß Bromwasserstoffsäure und Jodwasserstoffsäure mit Quecksilber reagieren, beruht auf der Bildung der äußerst schwach dissoziierten Komplexe $(HgBr_4)^{2-}$ und $(HgJ_4)^{2-}$ (Dissoziationskonstanten $2 \cdot 10^{-22}$

bzw. $5 \cdot 10^{-31}$). Der entsprechende Komplex mit Chlorionen ist wesentlich stärker dissoziiert (10^{-2}). — Verdünnte Schwefelsäure löst das Quecksilber nicht auf, wohl aber konzentrierte Schwefelsäure. Unter SO_2-Entwicklung entstehen hierbei Salze des ein- oder des zweiwertigen Quecksilbers, je nachdem, ob das Quecksilber oder die Schwefelsäure im Überschuß vorhanden ist. Salpetersäure löst sowohl in konzentriertem als auch in verdünntem Zustande das Quecksilber auf. Kalte Salpetersäure mit überschüssigem Quecksilber ergibt $Hg_2(NO_3)_2$, andernfalls entsteht immer $Hg(NO_3)_2$. Peroxydhaltige Säuren wirken auf Quecksilber nicht oder nur sehr langsam ein, so z. B. reagiert eine Mischung von 3 Teilen HCl (Dichte 1,125) und 2 Teilen Perhydrol auch beim Erwärmen nicht, und andere Mischungen (3 Teile Schwefelsäure [1 : 4] und 2 Teile Perhydrol oder 3 Teile Eisessig und 2 Teile Perhydrol) bilden mit Quecksilber nur langsam die entsprechenden Mercuroverbindungen (SALKOWSKI). — Durch längeres kräftiges Schütteln oder durch reduzierende Ausfällung aus seinen Salzlösungen läßt sich Quecksilber in feinverteiltem Zustande als graues bis schwarzes Pulver erhalten. In dieser Form ist es naturgemäß reaktionsfähiger. Es kann z. B. als Reduktionsmittel für stark oxydierend wirkende Reagenzien wie Fe(III)salze, Permanganat, Persulfat, Dichromat, Vanadat und auch organische Verbindungen wie z. B. $C_6H_5NO_2$ dienen. Quecksilber ist auch in luftfreiem Wasser, allerdings nur sehr wenig, echt löslich (0,03/ml bei 30° C) und kann daher auch durch eine wäßrige Schicht hindurch verdampfen (STOCK). In kolloidaler wäßriger Lösung ist Quecksilber in Gegenwart von Schutzkolloiden wie Gelatine oder Gummi Arabicum beständig. Solche Lösungen lassen sich durch Schütteln von Quecksilber mit Wasser oder durch Einleiten von Quecksilberdampf in Wasser herstellen (BILLITZER, GUTBIER und WEISE). — So zeigt Quecksilber im Gegensatz zu Zink und Cadmium im allgemeinen ein den Edelmetallen verwandtes chemisches Verhalten.

III. Chemische Eigenschaften, analytisches Verhalten, Löslichkeit und Giftigkeit von Quecksilberverbindungen.

a) Flüchtigkeit und Lichtempfindlichkeit.

Im Gegensatz zu den beiden anderen Elementen der 2. Nebengruppe, die fast durchweg zweiwertig sind, bildet das Quecksilber zwei Reihen von Salzen, in denen es elektropositiv ein- und zweiwertig ist. In Tabelle 1 sind die Farben und Löslichkeiten einiger wichtiger Quecksilberverbindungen zusammengestellt. — Sämtliche Quecksilberverbindungen sind sehr stark flüchtig. Man kann sie vollständig verflüchtigen, wenn man sie mit Soda erhitzt oder schmilzt. Eine teilweise Verflüchtigung tritt ein, wenn man ihre wäßrigen Lösungen auf dem Wasserbad eindampft. Dabei hängt die verlorene Menge hauptsächlich von der Gestalt des Verdampfungsgefäßes ab. ESTEVE dampfte gleiche Mengen der gleichen $HgCl_2$-Lösung ($HgCl_2$ ist besonders stark flüchtig) in verschiedenen Gefäßen auf dem Wasserbade ein und verlor in einer großen Eindampfschale 40, in einer kleinen Eindampfschale 16 und in einem Kochkolben 5% des $HgCl_2$. Konzentriert man dagegen sehr verdünnte wäßrige $HgCl_2$-Lösungen (0,1 bis 1%) durch Abdestillation des Wassers etwa auf 2%, so geht kaum etwas von dem Quecksilbersalz verloren (2,2 mg im Höchstfalle) (MINOZZI; s. auch STOCK und HELLER, STRECKER und CONRADT). WAGENER fand nach der nassen Veraschung von quecksilberhaltigem organischem Material mit konzentrierter Schwefelsäure und 65%iger Salpetersäure nur 69% des vorhandenen Quecksilbers wieder. — Die meisten Quecksilberverbindungen sind gegenüber dem chemisch wirksamen Teil des Sonnenspektrums, d. h. also besonders gegenüber ultraviolettem Licht, unbeständig. Die bei der

Tabelle 1. *Farbe und Löslichkeiten in Wasser und Säuren von einigen Quecksilberverbindungen nach* D'ANS *und* LAX *und* HODGMAN.

Verbindung	Farbe	Löslichkeit in Wasser		Löslichkeit in Säuren
		g Salz/100 g Lösung	Bodenkörper	
		Hg-(I)-Verbindungen.		
Fluorid	gelb	löslich unter Hydrolyse		
Chlorid	farblos	$0{,}47 \cdot 10^{-4}/25^\circ$ C	Hg_2Cl_2	löslich in Königswasser, wenig in HCl, HNO_3
Bromid	farblos	$3{,}9 \cdot 10^{-6}/25^\circ$ C	Hg_2Br_2	löslich
Jodid	grüngelb	$2 \cdot 10^{-8}/25^\circ$ C	Hg_2J_2	
Rhodanid		unlöslich		löslich in HCl
Azid	farblos	sehr wenig löslich		
Perchlorat	farblos	löslich		
Chlorat	farblos	löslich		
Bromat				wenig löslich in HNO_3
Jodat	gelblich	unlöslich		unlöslich in kalt. HNO_3, löslich in verd. HCl
Sulfat	farblos	$6 \cdot 10^{-2}/25^\circ$ C	Hg_2SO_4	H_2SO_4, HNO_3
Chromat	gelb oder rot	sehr wenig löslich		unlöslich in Essigsäure, löslich in HNO_3
Wolframat	gelb	unlöslich		Zersetzung
Nitrat	farblos	löslich	$Hg_2(NO_3)_2 \cdot 2\,H_2O$	
Nitrit	farblos	löslich		
Phosphat	farblos	unlöslich		löslich in HNO_3
tert. Arsenat	dunkelrot	unlöslich		löslich in HNO_3, unlöslich in Essigsäure
sek. Arsenat	gelbrot	unlöslich		löslich in HNO_3
Carbonat	gelb	$4{,}5 \cdot 10^{-6}/20^\circ$ C	Hg_2CO_3	wenig löslich in HNO_3
Silikofluorid	farblos	wenig löslich		unlöslich in HCl
Formiat		$0{,}4/17^\circ$ C	$Hg_2(HCOO)_2$	
Acetat		$0{,}7/13^\circ$ C	$Hg_2(CH_3COO)_2$	löslich in H_2SO_4, HNO_3
Oxalat		unlöslich		
Tartrat	gelblichweiß	unlöslich		unlöslich in Säuren
		Hg-(II)-Verbindungen.		
Fluorid	farblos	löslich unter Hydrolyse	$HgF_2 \cdot 2\,H_2O$	löslich in HF, verd. HNO_3
Chlorid	farblos	$6{,}89/25^\circ$ C	$HgCl_2$	
Bromid	farblos	$0{,}61/25^\circ$ C	$HgBr_2$	
Jodid	gelb oder rot	rot $6 \cdot 10^{-3}/25^\circ$ C	HgJ_2	
Cyanid	farblos	$9/14^\circ$ C	$Hg(CN)_2$	
Rhodanid	farblos	$6{,}9 \cdot 10^{-2}/25^\circ$ C	$Hg(SCN)_2$	löslich in HCl
Oxyd	gelb oder rot	gelb $5{,}2 \cdot 10^{-3}/25^\circ$ C	HgO_g	löslich
		rot $4{,}24 \cdot 10^{-3}/25^\circ$ C	HgO_r	
Sulfid	rot	$1 \cdot 10^{-6}/18^\circ$ C	HgS_r	löslich in Königswasser
		$1 \cdot 10^{-16}/25^\circ$ C		löslich in Königswasser
	schwarz	$1{,}2 \cdot 10^{-6}/18^\circ$ C	HgS_s	löslich in Königswasser
Selenid	grau	unlöslich		
Nitrid	braun	zersetzt sich		
Chlorat	farblos	$20/20^\circ$ C	$Hg(ClO_3)_2$	
Bromat	farblos	$1{,}5/20^\circ$ C	$Hg(BrO_3)_2 \cdot 2\,H_2O$	
Jodat	farblos	unlöslich		unlöslich in HNO_3, löslich in HCl
Sulfat	farblos	löslich unter Hydrolyse		löslich
Orthotellurat	bernsteinfarben	unlöslich		
Tellurat		unlöslich		löslich in HNO_3, HCl

Tabelle 1 (Fortsetzung).

Verbindung	Farbe	Löslichkeit in Wasser		Löslichkeit in Säuren
		g Salz/100 g Lösung	Bodenkörper	
Chromat	gelb oder rot	wenig löslich, Hydrolyse		löslich, unlöslich in Essigsäure
Wolframat	gelb	unlöslich		
Nitrat	farblos	löslich	$Hg(NO_3)_2 \cdot H_2O$	
Phosphat	gelblichweiß	unlöslich		löslich
Arsenat	gelb	sehr wenig löslich		
Silikofluorid		zersetzt sich leicht	$HgSiF_6 \cdot 6H_2O$	
Fulminat	farblos	(wenig) löslich	$Hg(CNO)_2 \cdot {}^1/_2H_2O$	
Azetat	farblos	20/10° C	$Hg(CH_3COO)_2$	
Oxalat	farblos	$1{,}07 \cdot 10^{-2}$/20° C	HgC_2O_4	
Benzoat	farblos	1/15° C	$Hg(C_6H_5COO)_2$	
Amidochlorid	farblos	0,14/20° C	$HgNH_2Cl$	Zersetzung
basisches Fluorid $HgF_2 \cdot HgO \cdot H_2O$	gelb	zersetzt sich		
basisches Chlorid $HgCl_2 \cdot 3HgO$	gelb	unlöslich		
basisches Bromid $HgBr_2 \cdot 3HgO$	gelb	unlöslich		
basisches Jodid $HgJ_2 \cdot 3HgO$	gelbbraun	zersetzt sich		löslich in HJ
basisches Cyanid $Hg(CN)_2 \cdot HgO$	farblos	1,2/20° C	$Hg(CN)_2 \cdot HgO$	
basisches Sulfat $HgSO_4 \cdot 2HgO$	gelb	$0{,}3 \cdot 10^{-2}$/16° C	$HgSO_4 \cdot 2HgO$	löslich
basisches Carbonat $HgCO_3 \cdot 2HgO$	braunrot	unlöslich		
bas. Silikofluorid $HgSiF_6 \cdot HgO \cdot 3H_2O$	gelb	zersetzt sich		löslich

Bestrahlung auftretende Dunkelfärbung beruht auf einer Ausscheidung von Quecksilber. Trockene Salze sind beständiger als feuchte Salze oder Lösungen. Am besten bewahrt man Quecksilberverbindungen in dunklen Flaschen auf. Nicht zersetzt werden das Cyanid, das Rhodanid und das Chromat (Pongnet, Gaspar y Arnal).

b) Giftigkeit.

Quecksilberverbindungen sind für den menschlichen und tierischen Organismus sehr schädlich. Ihre Giftwirkung ist noch stärker als die des Quecksilbers selbst, da sie von der lebenden Zelle besser absorbiert werden können. Von chemischer Seite hat besonders Stock die Gefahren dieser Giftwirkung erkannt und die Symptome einer Quecksilbervergiftung beschrieben. Eine chronische Vergiftung äußert sich in Kopfschmerzen und Verdauungsstörungen, einer Rötung des Zahnfleisches und einer damit verbundenen Lockerung der Zähne und in anderen Symptomen, die sicherlich auch von der speziellen Konstitution des befallenen Organismus abhängen. Eine akute Vergiftung macht sich vielfach durch Benommenheit, Mattigkeit und Gedächtnisschwäche bemerkbar. — Da infolge der Flüchtigkeit der Quecksilberverbindungen die Gefahr einer Vergiftung durch Einatmen der quecksilberhaltigen Dämpfe gegeben ist, arbeitet man beim Erhitzen von Quecksilberverbindungen sowie beim Kochen oder Eindampfen von Quecksilbersalzlösungen am besten immer unter dem Abzug und lüftet das Laboratorium stets gut durch.

c) Chemische Eigenschaften von Quecksilber(I)-verbindungen.

Lösliche Quecksilber(I)-salze kann man allgemein durch Behandlung der entsprechenden Quecksilber(II)-salze mit Quecksilbermetall gewinnen. Auch die Auflösung von Quecksilber(I)-carbonat in der betreffenden Säure ist für die Darstellung geeignet. Schwerlösliche Quecksilber(I)-verbindungen erhält man aus der wäßrigen Lösung der leichter löslichen durch Fällung. — Es hat sich gezeigt, daß alle Quecksilber(I)-verbindungen, die man bisher in dieser Hinsicht untersucht hat, das Quecksilber nicht in Form des normalen Hg^+-Ions, sondern in einer dimeren Form Hg_2^{++} enthalten. Viele verschiedenartige physikalisch-chemische Untersuchungsmethoden, wie z. B. Dampfdichtebestimmungen, Gleichgewichtsuntersuchungen, Leitfähigkeitsmessungen und röntgenographische Strukturbestimmungen, haben zu demselben Ergebnis geführt. Man nimmt heute an, daß das einwertige Quecksilber stets als Hg_2^{++} vorliegt. — Abgesehen von dieser wenig metallischen Eigenschaft haben aber die Quecksilber(I)-verbindungen fast durchweg den Charakter von normalen Metallsalzen. Die wenigen in Wasser löslichen Salze (s. Tab. 1) sind normal dissoziiert; ihre Lösungen reagieren sauer, da eine geringfügige Hydrolyse eintritt. Ein Blick auf die Tabelle 1 zeigt, daß die Zahl der in Wasser unlöslichen Quecksilber(I)-verbindungen weit größer ist als die Zahl der löslichen. Für den qualitativen Nachweis aus Lösungen bieten sich daher viele Möglichkeiten; vor allen Dingen verwendet man das Chlorid und das Chromat, gelegentlich auch das Jodid. In vielen Fällen wird jedoch zunächst zur Quecksilber(II)-verbindung oxydiert und diese dann nachgewiesen; denn viele Quecksilber(I)-verbindungen sind unbeständig und neigen mehr oder weniger stark zur Disproportionierung in metallisches Quecksilber und die entsprechende Quecksilber(II)-verbindung. Von den gänzlich unbeständigen Quecksilber(I)-verbindungen seien genannt Quecksilber(I)-oxyd, Quecksilber(I)-sulfid und Quecksilber(I)-cyanid. Beim Hinzufügen von Alkalihydroxyd zu einer Quecksilber(I)-salzlösung fällt nicht $Hg_2(OH)_2$ oder Hg_2O, sondern ein feinteiliges Gemisch von HgO und Hg aus. Ebenso entsteht beim Einleiten von Schwefelwasserstoff in eine angesäuerte Quecksilber(I)-salzlösung nicht Hg_2S, sondern ein Gemisch aus HgS und Hg, und beim Hinzufügen von Kaliumcyanid zu einer Quecksilber(I)-salzlösung fällt metallisches Quecksilber aus, während das $Hg(CN)_2$ undissoziiert in Lösung bleibt. Auch Quecksilber(I)-carbonat ist sehr zersetzlich; hat man es einmal aus wäßriger Quecksilber(I)-salzlösung mit Alkalicarbonat ausgefällt, so ist es nur kurze Zeit beständig und zerfällt bald in HgO, Hg und CO_2. Allgemein sind die Quecksilber(I)-salze immer unbeständig, wenn die entsprechenden Quecksilber(II)-salze sehr wenig dissoziiert sind, sei es als unlösliche Verbindungen, als lösliche undissoziierte Verbindungen oder als Komplexverbindungen. In diesem Falle wird nämlich das stets zwischen Quecksilber(I)- und Quecksilber(II)-ion vorhandene Gleichgewicht

$$Hg_2^{++} = Hg + Hg^{++}$$

durch Abfangen der Quecksilber(II)-ionen ganz nach der rechten Seite verschoben, und die noch vorhandenen Quecksilber(I)-ionen reichen für die charakteristischen Reaktionen dieser Wertigkeitsstufe bzw. für die Bildung einer unlöslichen Verbindung nicht mehr aus. — Durch starke Oxydationsmittel wie Salpetersäure oder Königswasser lassen sich alle Quecksilber(I)-verbindungen in Quecksilber(II)-verbindungen überführen.

d) Chemische Eigenschaften von Quecksilber(II)-verbindungen.

Quecksilber bildet mit überschüssiger konz. Salpetersäure Quecksilber(II)-nitrat, das wie viele Schwermetallnitrate beim Erhitzen NO_2 abspaltet. Durch Auflösen des so entstandenen roten Quecksilber(II)-oxyds in den betreffenden

Säuren kann man allgemein zu den Quecksilber(II)-salzen kommen. Einen Überblick über die Löslichkeitsverhältnisse und Farben einiger wichtiger Verbindungen gibt Tabelle 1 wieder. Es gibt kaum ein zweites Metall, das wie das zweiwertige Hg in wäßriger Lösung zur Bildung so verschiedenartiger Verbindungstypen befähigt ist.

Viele Quecksilber(II)-salze sind in Wasser gut löslich; ein großer Teil von ihnen ist normal dissoziiert wie z. B. das Nitrat, das Chlorat und das Perchlorat. Die wäßrigen Lösungen reagieren infolge von Hydrolyse stark sauer. Die Hydrolyse ist stärker als bei den entsprechenden Quecksilber(I)-verbindungen, und beim Kochen oder Verdünnen scheiden sich in den meisten Fällen basische Quecksilber(II)-salze aus. Diese sind fast durchweg gelb bis rot gefärbt und unlöslich. DENIGÈS konnte die Bildung basischen Quecksilber(II)-sulfates $HgSO_4 \cdot 2\,HgO$ (gelb) sogar dazu benutzen, um in unlöslichem Bariumsulfat die Sulfationen nachzuweisen. Das normale Quecksilber(II)-carbonat ist bis jetzt nicht bekannt. Versetzt man eine Quecksilber(II)-nitratlösung mit Alkalicarbonat, so fallen sofort basische Carbonate wechselnder Zusammensetzung aus. — Der Grund für die Hydrolyseerscheinungen ist in der Unlöslichkeit bzw. schwachen Basizität des Quecksilber(II)-oxyds zu sehen. Beim Zusatz von überschüssigem Alkalihydroxyd zu Quecksilber(II)-salzlösungen fällt dieses als gelber Niederschlag aus ohne vorherige Hydroxydbildung. Das hier gebildete gelbe HgO und das durch gelindes Erhitzen von $Hg(NO_3)_2$ erhaltene rote HgO unterscheiden sich, wie Röntgenaufnahmen gezeigt haben, nur durch die Teilchengröße. Bei kleinen Mengen ist die Farbe aber oft nicht deutlich zu unterscheiden, weshalb hier zwei von RITSEMA aufgefundene Unterscheidungsreaktionen angegeben seien, die auf der leichteren Reaktionsfähigkeit des gelben HgO beruhen.

1. Man schüttle 0,5 g Oxyd mit 5 ml 0,2%iger $MgCl_2$-Lösung und einem Tropfen Phenolphthaleinlösung kurz und kräftig durch. Nach dem Absitzen ist die Flüssigkeit bei Vorliegen von gelbem HgO rosa bis rot, bei Vorliegen von rotem HgO farblos.

2. 50 mg Oxyd werden mit 25 ml einer 0,02%igen frischen $K_4(Fe(CN)_6)$-Lösung und 5 ml einer 5%igen Na_2CO_3-Lösung geschüttelt; danach läßt man die Lösung 15 Min. im Dunkeln stehen, gießt sodann vorsichtig 10 ml ab und säuert diese mit HCl an. Eine auftretende Blaufärbung zeigt das Vorliegen von gelbem, deren Ausbleiben das Vorliegen von rotem HgO an.

Weitere Unterscheidungsreaktionen finden sich im Original (s. auch ROSENTHALER). — Versetzt man eine stark salzsaure Quecksilber(II)-chloridlösung vorsichtig mit wenig Schwefelwasserstoffwasser, so bildet sich ein weißer Niederschlag, der nach JOLIBOIS und BOUVIER die Zusammensetzung $2\,HgS \cdot HgCl_2$ besitzt. Beim weiteren Zugeben von H_2S-Wasser wird der Niederschlag gelb und braun und ist schließlich — nach Zugabe von überschüssigen H_2S — rein schwarz. Den auftretenden Zwischenfarben entsprechen nicht, wie man früher annahm, definierte Verbindungen, sondern sie sind nach JOLIBOIS und BOUVIER durch verschiedene Mischungen des weißen $2\,HgS \cdot HgCl_2$ und des schwarzen HgS verursacht. Bei einem Überschuß von H_2S liegt schließlich das reine schwarze HgS vor. Ähnliche Zwischenverbindungen bilden sich auch beim vorsichtigen Versetzen stark salpetersaurer Quecksilber(II)-nitratlösungen und anderer Quecksilber(II)-salzlösungen mit H_2S-Wasser. In allen Fällen werden die „sulfobasischen" Quecksilbersalze aber durch einen Überschuß von H_2S oder durch Herabsetzung der Säurekonzentration in das schwarze HgS umgewandelt. — Das schwarze, kubische HgS bildet sich stets beim Fällen von HgS aus saurer oder neutraler Lösung. Dabei darf die Lösung nicht saurer sein als 12-normal an HCl (LEHRMANN). HgS ist nur langsam in konz. Salpetersäure löslich, schneller dagegen in Königswasser.

Es ist weder in Alkalihydroxyd- noch in Ammoniumsulfidlösung löslich, wohl aber in Alkalisulfidlösungen unter Bildung des Dithiomercurat(II)-ions $(HgS_2)^{2-}$. In Wasser ist HgS_s das unlöslichste von allen Schwermetallsulfiden. Sein Löslichkeitsprodukt wurde von TREADWELL thermodynamisch zu $0{,}3 \cdot 10^{-51}$ errechnet. In Wirklichkeit ist die Löslichkeit aber größer, als diesem Wert entspricht. Eine mögliche Erklärung hierfür sieht TREADWELL für den Fall der n-$HClO_4$-sauren, H_2S-gesättigten Lösung in der Bildung der Verbindung $H_2(HgS_2)$. Die geringe S^{2-}-Ionenkonzentration der Ammonsulfidlösungen — in ihnen liegen ja hauptsächlich HS^--Ionen vor — reicht also zur Bildung des Thiosalzes nicht aus. Das Dithiomercurat(II) wird auch sofort wieder zerstört, wenn man die S^{2-}-Ionenkonzentration der Lösung verringert, etwa durch Einleiten von H_2S oder durch Zugabe von NH_4Cl. Kocht man HgS_s mit Ammonsulfidlösung, so wandelt es sich in HgS_r um. Die Löslichkeit des HgS_s in Ammonsulfid ist zwar praktisch zu vernachlässigen. Sie ist jedoch immer noch größer als diejenige von HgS_r, so daß die Umwandlung $HgS_s \rightarrow HgS_r$ erfolgen muß. Auch auf trockenem Wege lassen sich die Sulfide ineinander überführen. HgS_s, an freier Luft erhitzt, beginnt schon oberhalb 175° sich in HgS_r umzuwandeln (KRUSTINSONS). TREADWELL erhitzte HgS_s 30 Std. auf 250° C in Stickstoff und erhielt fast quantitativ HgS_r. Beim Erhitzen auf 410° C in einer 1 mm weiten, offenen Capillare aus Jenaer Glas konnte er HgS_r — aber nicht quantitativ — in HgS_s überführen. In der zugeschmolzenen Capillare verlief die Umwandlung schon bei niedrigerer Temperatur. Alle seine Versuche wurden röntgenographisch gestützt. — Zum Nachweis des zweiwertigen Quecksilbers in dissoziierten Quecksilber(II)-salzlösungen dienen hauptsächlich das Jodid, das Chromat, das Niederschlagen auf unedleren Metallen, das Quecksilber(I)-chlorid nach Reduktion mit Zinn(II)-chlorid sowie Fällungen und Farbreaktionen mit organischen Reagenzien. — Durch mittelstarke bis starke Reduktionsmittel wie Eisen(II), Zinn(II), Eisen, Aluminium, Zink, Kupfer oder Formaldehyd können Quecksilber(II)-salze bis zum Metall reduziert werden.

Eine charakteristische Eigenschaft mancher Quecksilber(II)-salze ist, daß sie trotz ihrer Löslichkeit in Wasser nur wenig dissoziiert sind. Vor allen Dingen zeigen die Halogenide außer dem Fluorid und die Salze der Pseudohalogenwasserstoffsäuren diese Eigenschaft. Löst man also das Chlorid, das Bromid, das Cyanid oder das Rhodanid in Wasser auf, so zeigen diese Lösungen kaum elektrische Leitfähigkeit, und einige der charakteristischen Reaktionen des Quecksilber(II)-ions bleiben aus. Am schwächsten dissoziiert sind das Cyanid und das Rhodanid. Eine Lösung von Quecksilber(II)-cyanid gibt z. B. auf Kaliumhydroxydzusatz kein HgO und auf Kaliumjodidzusatz kein HgJ_2. BÖTTGER konnte die Bildung des kaum dissoziierten $Hg(CN)_2$ sogar dazu benutzen, um für den Chloridnachweis in der qualitativen Analyse die komplexen Cyanide zu zerstören. Auch in den oben beschriebenen Unterscheidungsreaktionen zwischen gelbem und rotem HgO machte sich RITSEMA einmal die Bildung von wenig dissoziiertem $HgCl_2$, zum andern die Zerstörung eines Teiles des $K_4(Fe(CN)_6)$ durch die Bildung von undissoziiertem $Hg(CN)_2$ zunutze. — Auch Quecksilber(II)-jodid und Quecksilber(II)-sulfid sind kaum dissoziiert, sind aber in Wasser nicht löslich.

Quecksilber(II)-verbindungen bilden außerordentlich leicht Doppelsalze und Komplexverbindungen. So reagieren fast alle ebengenannten wenig dissoziierten Halogenide und Pseudohalogenide mit dem betreffenden überschüssigen Alkalihalogenid in wäßriger Lösung zu Komplexverbindungen der allgemeinen Form $Me^I(HgX_3)$ oder $Me^I_2(HgX_4)$ oder zu beiden Formen. Aber auch das Nitrit, das Sulfit, das Sulfat und andere bilden Doppelsalze mit den betreffenden Alkalisalzen. — Anlagerungsverbindungen sowie normale und innere Komplexverbindungen werden auch mit vielen organischen Stoffen gebildet. Die auffallend große

Zahl der Quecksilbernachweise mit organischen Reagenzien — D. § 5 — findet so ihre Erklärung.

Schließlich existieren Quecksilber(II)-verbindungen — und auch diese kann man fast alle in wäßriger Lösung ohne Mühe darstellen —, in denen das Quecksilber durch überwiegend homöopolare Bindung mit Stickstoff oder Kohlenstoff verbunden ist. Das schon erwähnte Quecksilber(II)-cyanid gehört zu ihnen. Von den obenerwähnten Komplexverbindungen des Quecksilber(II) mit organischen Reagenzien gehört wenigstens ein Teil ebenfalls zu dieser Gruppe. Wenn auch die Konstitution dieser organischen Komplexverbindungen in vielen Fällen noch nicht aufgeklärt ist, so enthalten sie doch — wie ein Blick auf Abschnitt D. § 5 zeigt — sehr häufig Stickstoff, so daß die Möglichkeit einer Hg—N-Bindung gegeben ist. — Doch gibt es noch andere für das Quecksilber(II) besonders charakteristische Verbindungen mit homöopolarer Hg—N-Bindung. Versetzt man eine möglichst neutrale, ammonchloridfreie Quecksilber(II)-chloridlösung mit Ammoniak, so entsteht ein weißer Niederschlag von Quecksilber(II)-amidochlorid, $HgNH_2Cl$. Derselbe Niederschlag, vermischt mit feinverteiltem Quecksilber, entsteht auch bei Zugabe von Ammoniak zu einer Quecksilber(I)-chloridlösung (Kalomel). Er wird „unschmelzbares weißes Präzipitat" genannt, weil er beim Erhitzen in Hg_2Cl_2, Ammoniak und Stickstoff zerfällt, ohne vorher zu schmelzen. $HgNH_2Cl$ ist in verdünnten Säuren löslich. Statt des Chlors können auch andere Halogene in die Verbindung eintreten. Die Chlor- und die Bromverbindung sind eigentlich nicht als Amidoverbindungen, sondern als substituierte Ammoniumverbindungen anzusprechen; denn sie enthalten im Gitter $—\overset{+}{N}H_2—Hg—\overset{+}{N}H_2—Hg—\overset{+}{N}H_2$-Ketten, innerhalb welcher Atombindung vorliegt, während das Halogen überwiegend in Ionenform an diese Ketten gebunden ist (LIPSCOMB, RÜDORFF und BRODERSEN). In derselben Weise kann der Wasserstoff im Hydrazin durch Quecksilber(II) substituiert werden. — Versetzt man die Quecksilber(II)-chloridlösung in Gegenwart von viel Ammoniumchlorid mit Ammoniak, so kann infolge des Überschusses an Ammoniumgruppen das Quecksilber den Wasserstoff nicht so weitgehend substituieren. In diesem Falle bilden sich endliche $H_3\overset{+}{N}—Hg—\overset{+}{N}H_3$-Gruppen, und der ausfallende weiße Niederschlag hat die Formel $Hg(NH_3)_2Cl_2$. Er wird „schmelzbares weißes Präzipitat" genannt, da er beim Erhitzen — allerdings unter Zersetzung — schmilzt. Chlor kann wiederum durch andere negative Ionen oder Radikale, vor allen Dingen wieder durch das Brom, ersetzt werden, und statt Ammoniak können Hydrazin oder Pyridin analog reagieren. — Die wäßrigen Lösungen stark dissozierender Quecksilber(II)-salze — z. B. Quecksilber(II)-nitrat — liefern beim Versetzen mit Ammoniak einen dritten Typ von Quecksilber-Stickstoffverbindungen mit der allgemeinen Formel $(NHg_2 \cdot H_2O)X$, wobei X den betreffenden Säurerest darstellt. Die schwachdissoziierenden Quecksilber(II)-halogenide bilden unter gleichen Bedingungen die „Präzipitate". Diese gehen jedoch beim Kochen mit Wasser oder Laugen in entsprechende Salze über. Bei Einwirkung von Ammoniak auf die Lösungen der komplexen Quecksilber(II)-halogenide kann man sie auch direkt, ohne den Umweg über ein Präzipitat, erhalten. Versetzt man z. B. eine Lösung von $K_2(HgJ_4)$ mit Natronlauge und Ammoniak, so entsteht schon bei Spuren von Ammoniak eine bräunliche Fällung von $(NHg_2 \cdot H_2O)J$ (NESSLERs Reagens). Die allen diesen Salzen zugrunde liegende „MILLONsche Base" $(NHg_2 \cdot 2\,H_2O)OH$ und ihre wasserärmere Form $(NHg_2 \cdot H_2O)OH$ sind stark lichtempfindliche gelbe Pulver. Man erhält die MILLONsche Base durch Einwirkung einer wäßrigen Ammoniaklösung auf gelbes Quecksilberoxyd und die wasserärmere Form durch Stehenlassen der MILLONschen Base über Ätzkali unter Ammoniakgas. — Nur wenige Verbindungen mit Quecksilber-Kohlenstoffbindung sind aus wäßriger Lösung darstellbar. Doch sind viele von ihnen, z. B. das $Hg(CH_3)_2$,

Quecksilberdimethyl und das CH_3HgJ, Methylquecksilberjodid, in Wasser beständig. Letztere Verbindung reagiert mit feuchtem Silberoxyd zu CH_3HgOH, das in Wasser als starke Base löslich ist.

Nach dem in den vorangegangenen Abschnitten Gesagten ist es nicht erstaunlich, daß viele Quecksilberverbindungen in organischen Lösungsmitteln, wie Alkohol, Äther u. v. a., löslich sind.

C. Die Zerlegung quecksilberhaltiger Substanzen und Abtrennung des Quecksilbers von seinen Begleitern.

I. Zerlegung anorganischer Substanzen und Abtrennung des Quecksilbers von anorganischen Begleitern.

a) Zerlegung anorganischer Substanzen.

Hat man es mit festen, nichtmetallischen Proben, wie Substanzgemischen, Flugstaub, Mineralien, Erzen u. a., zu tun, und wünscht man in der gleichen Probe außer Quecksilber auch noch andere Elemente nachzuweisen, so löst man die feingepulverte Substanz zweckmäßig normal in Wasser, Salzsäure, Salpetersäure oder Königswasser auf. Bei Anwendung von konz. HNO_3 oder Königswasser wird hierbei Hg(I) in Hg(II) überführt. Wendet man Salzsäure oder Königswasser an, so darf man wegen der Flüchtigkeit des Quecksilber(II)-chlorides nicht zu lange in offenen Gefäßen kochen. In diesen Fällen bedeckt man das zur Auflösung verwendete Gefäß am besten mit einem Uhrglas und sucht zunächst mit kalter Säure zum Ziel zu kommen. Erst wenn man auf diese Weise keinen Erfolg hat, beginnt man mit der Erwärmung, die man nur, wenn es nötig ist, bis zum Sieden steigert. Mit Salpetersäure kann man unbesorgt bis zum Siedepunkt erhitzen; nur wenn in der Ausgangssubstanz viel lösliches Chlorid enthalten ist, muß man die obigen Vorsichtsmaßregeln anwenden. Eine so erhaltene Lösung wird gemäß C. I. b. weiterverarbeitet. — Ein in heißem Königswasser unlöslicher Rückstand enthält im Normalfall keine Quecksilberverbindung mehr; im Ausnahmefall können in Königswasser völlig unlösliche Mineral- oder Erzteilchen die Quecksilberverbindung einschließen und so der Auflösung entziehen. Hat man es mit einer solchen unlöslichen Probe zu tun, oder muß man fürchten, daß sehr kleine in einer Probe enthaltene Quecksilbermengen sich trotz der Vorsichtsmaßregeln beim Erwärmen mit Säuren verflüchtigen, oder wünscht man in einer Substanz lediglich Quecksilber nachzuweisen und weiter nichts, so kann man mit Vorteil ein auf der Flüchtigkeit des Hg und der Hg-Verbb. beruhendes trockenes Verfahren anwenden, bei welchem man die Zerlegung unmittelbar mit dem Nachweis kombiniert. Solche Verfahren sind im Abschnitt D. § 2 beschrieben.

Für die Zerlegung fester oder flüssiger metallischer Proben wie der Amalgame oder anderer Legierungen gilt das für die festen nichtmetallischen Proben Gesagte mit dem Unterschied, daß bei Gegenwart größerer Mengen Quecksilber das trockene Verfahren auf jeden Fall vorzuziehen ist (D. § 2). Die durch Erhitzen vom Quecksilber befreite Probe wird durch Ausziehen des Reagensglases vom Quecksilbersublimat abgetrennt, normal in Säuren gelöst und auf die übrigen Metalle geprüft.

Lösungen bedürfen keines weiteren Aufbereitungsverfahrens, sondern können gemäß C. I. b. direkt dem Trennungsgang unterworfen werden.

Die Isolierung von Quecksilberdämpfen aus Luft und anderen Gasen kann nach drei prinzipiell verschiedenen Methoden erfolgen: durch Oxydation, durch

Kondensation und durch Amalgambildung. — Das Oxydationsverfahren ist mit Chlor (BLOMQUIST), Brom (MOLDAWSKI, STOCK und CUCUEL), Jod (PJANKOW), Salpetersäure (MENIÈRE, v. CALCER) und Königswasser (TURNER) durchgeführt worden. Für das Verfahren mit Königswasser konnte NORDLANDER nachweisen, daß es bei weitem nicht den gesamten Quecksilberdampf aus der Luft absorbiert. Von den übrigen Verfahren hat sich dasjenige mit Brom schon mehrfach bewährt und sei daher hier beschrieben: Ein nicht zu enges Lufteintrittsrohr trägt eine Einschmelzung, die mit einem mit Bromwasser (1 : 1) gefüllten Blasenzähler verbunden ist. Durch den Blasenzähler tritt ebenfalls Luft in die Apparatur ein, mit einem Strom von 1 bis 2 Blasen pro Sekunde. Die vereinigten Luftströme streichen durch eine Frittenwaschflasche mit 30 ml Wasser. Hier wird das entstandene $HgBr_2$ absorbiert. Anschließend streicht die Luft durch eine zweite Waschflasche, die das überschüssige Brom abfängt. Dann schließt sich die Wasserstrahlpumpe an. Aus der $HgBr_2$-Lösung vertreibt man das überschüssige Brom und weist dann das Hg nach einem der üblichen Verfahren nach. — Die Kondensationsmethode wurde hauptsächlich von STOCK und Mitarbeitern sowie von ALEXEJEWSKI und MAJER verwendet. STOCK und HELLER frieren das Quecksilber mit flüssiger Luft aus einem Luftstrom aus. Sie verwenden hierzu ein 25 cm hohes, dünnwandiges Doppel-U-Rohr, dessen vordere Schenkel 2 und dessen hintere Schenkel 1 cm weit sind. Auf der einen Seite ist das Doppel-U-Rohr mit (Gasuhr und) Saugvorrichtung, auf der anderen Seite mit einem 30 cm langen Glasrohr verbunden. Das Glasrohr soll verhindern, daß die aus dem zur Kühlung dienenden Dewar verdampfende flüssige Luft mit angesaugt wird. Man saugt in 5 bis 6 Std. etwa 300 l durch das gekühlte Rohr. Gegen Ende saugt man aus einem Entwicklergefäß etwa 50 ml Chlor mit in die Apparatur. Man stellt nun die Saugvorrichtung ab und läßt das Rohr auftauen, wobei CO_2 entweicht und das ausgefrorene Eis schmilzt. Das Wasser nimmt das ebenfalls im Rohr befindliche Chlor auf, und das evtl. vorhandene Quecksilber wird als $HgCl_2$ gelöst. Die Weiterverarbeitung erfolgt nach einem der üblichen Verfahren. STOCK und CUCUEL kondensieren die gesamte quecksilberhaltige Luft (etwa $^1/_2$ cbm), indem sie einen länglichen, über einen Schliff mit einem weiten Luftansaugrohr verbundenen Kolben in flüssigen Stickstoff einstellen. Nach dem Verdampfen der Luft wird das Gefäß mit Chlorwasser ausgespült, und das Hg wird wie üblich nachgewiesen. — Das Abfangen von Quecksilber aus einem Luftstrom durch Goldamalgambildung, wie es MAJER durchführt, ist nach STOCK und CUCUEL nicht zu empfehlen, da die Absorption an den Goldflittern oder -blättchen niemals vollständig ist und da das Gold auch beim Erhitzen bis zu 900° kleine Quecksilbermengen hartnäckig zurückhält.

b) Abtrennung des Quecksilbers von anorganischen Begleitern.

1. Abtrennung auf nassem Wege.

α) **Der klassische Trennungsgang.** Der klassische Trennungsgang besitzt den Vorteil, daß er sich schon am längsten in den analytischen Laboratorien bewährt hat. Er sei daher an erster Stelle für die Abtrennung des Quecksilbers von seinen Begleitern angegeben. Aus der verdünnt salpetersauren Lösung fällt das einwertige Quecksilber beim Zusatz von Salzsäure als Hg_2Cl_2 aus, gehört also der Salzsäuregruppe an. Das zweiwertige Quecksilber fällt aus der sauren Lösung auf Zusatz von Schwefelwasserstoff als Sulfid aus, gehört somit zur Schwefelwasserstoffgruppe. — Der Niederschlag der Salzsäuregruppe kann außer Hg_2Cl_2 noch AgCl, $PbCl_2$ und TlCl enthalten. Nach Auswaschen mit möglichst kaltem Wasser wird er mit heißem Wasser mehrmals extrahiert. In die Lösung gelangen dann $PbCl_2$ und TlCl, während im Rückstand AgCl und Hg_2Cl_2 verbleiben. Normalerweise übergießt man diesen Rückstand nun auf dem Filter mit Ammoniak, wobei das

Silber als Diaminochlorid ins Filtrat abläuft, während der Filterrückstand sich bei Anwesenheit von Quecksilber schwarz färbt. Es entsteht eine Mischung von Quecksilberamidochlorid und Quecksilber. — In der Schwefelwasserstoffgruppe fallen außer Quecksilber die Sulfide von Blei (Rest), Wismut, Kupfer, Cadmium, Arsen, Antimon, Zinn, Molybdän (unter Druck), Selen, Tellur, Gold, Platin und den übrigen Platinmetallen (nach einiger Zeit, nur beim Erwärmen sofort) und Germanium. Nach gründlichem Auswaschen mit H_2S-haltigem Wasser und Extraktion mit gelbem Schwefelammonium bleiben ungelöst die Sulfide von Quecksilber, Blei, Wismut, Kupfer, Cadmium und den Platinmetallen außer Platin selbst (BAUER). Der Rückstand wird mit 30%iger Salpetersäure erhitzt. Ungelöst bleiben dann HgS, Schwefel und evtl. die Sulfide einiger Platinmetalle. Der Rückstand wird nach dem Auswaschen mit salpetersäurehaltigem Wasser in Königswasser gelöst, die Lösung fast zur Trockne verdampft, mit Wasser verdünnt, und evtl. noch ungelöster Schwefel wird abfiltriert. Bei Abwesenheit von Platinmetallen wird mit Zinn(II)-chlorid versetzt. Das Quecksilber fällt hierbei zunächst als weißes Hg_2Cl_2 aus, doch wird der Niederschlag bald grau und später schwarz wegen Bildung von metallischem Quecksilber. Bei Anwesenheit von Platinmetallen ist die Quecksilberanalyse nach dem klassischen Verfahren unsicher. — Auch der in allen Einzelheiten durchgearbeitete Trennungsgang von NOYES und BRAY, der vor dem klassischen Trennungsgang einige Trennoperationen zur Abtrennung der seltenen Elemente und besonders der Platinmetalle vorsieht, ist speziell für die Quecksilberanalyse nicht geeignet. Im Laufe der Trennoperationen für die seltenen Elemente wird hier durch Kochen mit Brom Hg(I) in Hg(II) übergeführt, so daß man dieses für sich nicht erkennen kann. Außerdem gehen bei der Abdestillation des Rutheniums aus perchlorsaurer Lösung kleine Hg(II)-mengen mit ins Destillat, und der Gesamtquecksilberbestand wird dadurch aufgeteilt. Für den Fall, daß neben Hg Platinmetalle vorliegen, sei daher auf das weiter unten besprochene Kaliumäthylxanthogenatverfahren von WENGER, DUCKERT und ANKADJI verwiesen.

β) **Abänderungsvorschläge für den Trennungsgang der Salzsäuregruppe.** Außer einem älteren Vorschlag zur Trennung von Thallium und Quecksilber mittels KJ (WILLM) sind hauptsächlich Abänderungsvorschläge für die Quecksilber(I)-Silbertrennung gemacht worden. — Nach SCHEINKMANN ist die Schwärzung des Filters beim Übergießen mit Ammoniak kein sicheres Zeichen für Hg. Er behandelt daher den Filterrückstand nach der Ammoniakextraktion und nach Auswaschen mit Wasser mit einer kalten 8%igen CH_3COONH_4-Lösung. Hierdurch wird das vorher gebildete $HgNH_2Cl$ gelöst, während Hg zurückbleibt. Der Nachweis im Filtrat erfolgt dann wie üblich. — KOLTHOFF verwendet statt Ammoniak eine KCN-Lösung zur Behandlung des Chloridniederschlages. Silber und Quecksilber (zur Hälfte) gehen hierbei in Lösung, während die andere Hälfte des Quecksilbers metallisch abgeschieden wird. Beim Ansäuren fällt aus der Lösung nur Silber wieder aus. Quecksilber, das nun als Quecksilber(II) vorliegt, wird im Filtrat des Silberniederschlages mit Na_2S angezeigt. 0,05 mg Ag sind so in 50 mg Hg noch nachzuweisen, ebenso 0,5% Hg neben Silber. — Nach v. ZWEIGBERGK und ROCHE versagt die klassische Methode, wenn kleine Mengen Silber neben viel Quecksilber vorliegen. In diesem Falle geht das Silber beim Übergießen des Chloridniederschlages mit Ammoniak durch Amalgambildung verloren. Hat man daher kleine Mengen Silber neben viel Quecksilber vorliegen, so oxydiert man das Chloridgemisch besser nach THIEL mit Brom (-wasser), nach v. ZWEIGBERGK mit NaOCl und Salpetersäure oder nach KOLLO mit Chlor. Auf diese Weise kann man das Quecksilber in Lösung bringen [als Hg(II)-salz], und im Rückstand verbleibt nur das Silber. Diese Vorschläge scheinen auch für kleine Quecksilbermengen gut geeignet zu sein.

γ) **Abänderungsvorschläge für die Schwefelwasserstoffgruppe.** Für Laboratorien, in denen kein Schwefelwasserstoffgas verwendet werden soll, sei hier zunächst darauf hingewiesen, daß der klassische Trennungsgang zur Trennung des Quecksilber(II) von seinen Begleitern ohne weitere Veränderung auch mit Ammoniumthioacetat (SCHIFF und TARUGI), Phosphorpentasulfid (PURGOTTI), Natriumthiosulfat (DEFRANCE, TOUGARINOFF) und ähnlichen schwefelhaltigen Reagenzien durchgeführt werden kann. Für Einzelheiten muß auf die Originalliteratur verwiesen werden.

Die Trennungen innerhalb der H_2S-Gruppe können bei Gegenwart von HgS_8 dadurch erschwert werden, daß dieses mit CdS und mit SnS_2 sog. „Mischsulfide" bildet. (Auch mit ZnS und MnS werden Mischsulfide gebildet, die in diesem Zusammenhang aber ohne Interesse sind.) Diese Mischsulfide zeigen gegenüber den reinen Sulfiden etwas veränderte Eigenschaften. Es kann z. B., wie schon POLSTORFF und BÜLOW sowie CLASSEN beobachteten, aus einer gemeinsamen Fällung von HgS und CdS mit Na_2S-Lösung nicht alles HgS wieder herausgelöst werden. Ebensowenig kann man, wie v. RATH, FEIGL sowie BÖTTGER und DRUSCHKE zeigten, aus einer solchen Fällung das darin enthaltene CdS mit mäßig konz. HNO_3 quantitativ herauslösen. Gestützt werden diese Beobachtungen durch röntgenographische Untersuchungen von RITTNER und SCHULMANN, die aus schwach salpetersaurer Lösung Mischfällungen von HgS und wenig CdS herstellten, die alle eine verschiedene Zusammensetzung besaßen, aber alle das Zinkblendegitter mit jeweils anderer Gitterkonstante zeigten. Demnach scheint in diesem Falle eine echte Mischkristallbildung vorzuliegen. An Mischfällungen aus HgS und SnS_2 machten WILM und FEIGL die Beobachtung, daß das Hg sich zusammen mit dem SnS_2 merklich in gelbem $(NH_4)_2S$ löst. FEIGL fand außerdem, daß aus einer gemeinsamen Lösung von HgS und SnS_2 in Na_2S beim Versetzen mit NH_4Cl neben HgS stets SnS_2 mit ausfällt, während es für sich allein in Lösung bleibt. FEIGL vermutet eine ähnliche Mischsulfidbildung auch zwischen HgS und CuS. — Diese Mischsulfidbildung ist für die qualitative Analyse des Hg jedoch nicht so störend, wie sie es für die quantitative Bestimmung der betroffenen Elemente ist, denn der klassische Nachweis des Quecksilbers mit $SnCl_2$ wird durch kleine Mengen Cd oder auch Sn nicht gestört. Im Falle einer SnS_2—HgS-Mischsulfidbildung kann etwas Quecksilber in die Schwefelammoniumlösung gehen und so eine grobquantitative Einschätzung der Mengen erschweren. Doch ist es den Verfassern nicht begegnet, daß sich das Quecksilber deshalb vollständig dem Nachweis an der dafür vorgesehenen Stelle entzogen hätte. — Zur Vermeidung der Mischsulfidbildung zwischen Cd und Hg kann man eine Arbeitsvorschrift von MANCHOT, GRASSL und SCHNEEBERGER verwenden. Diese Autoren fanden, daß das CdS bei sehr hoher Salzsäurekonzentration (über 16%), bei welcher es für sich allein nicht mehr fällt, auch in Gegenwart von HgS nicht ausfällt. Vorteilhaft fällt man zunächst in 19%iger HCl, filtriert das HgS ab und wäscht es mit 19%iger HCl nach. Im Filtrat kann man dann CdS bei geringerer HCl-Konzentration ausfällen. Auch ein schwefelionenfreier Trennungsgang (s. S. 327) oder die trockene Hg-Analyse gemäß D. § 2 führt, falls hier Schwierigkeiten auftreten, sicher zum Ziel.

Statt des gelben Ammonsulfides kann man zur Trennung der Kupfer- und der Arsengruppe auch eine alkalische Lösung von Alkalisulfid verwenden (POZZI-ESCOTT, SNEED, SENSI und SEGHEZZO, KUNZ, MIDDLETON und WERNIMOUT). In diesem Falle gelangt das Quecksilber mit in die Arsengruppe. — Für den Quecksilbernachweis ist dieses Verfahren dann schneller, wenn in der vorliegenden Analyse viele Kationen der Kupfergruppe und außer Quecksilber möglichst keine Kationen der Arsengruppe vorliegen. Hat man allerdings Alloxan zur Verfügung, so kann man nach SENSI und SEGHEZZO das Quecksilber ohne weitere Abtrennung neben Arsen, Antimon und Zinn nachweisen und kommt so bei Abwesenheit der seltenen Elemente in jedem Falle mit der Natriumsulfidmethode schneller zum Ziel (näheres in D. § 5). Bei Anwesenheit von seltenen Metallen scheint es auch möglich, durch sinngemäße Verknüpfung der Na_2S-Methode mit dem Verfahren von Wenger, Duckert und Ankadji mit ersterer eine befriedigende Abtrennung des Quecksilbers von den seltenen Metallen zu erreichen. Es folgt die Arbeitsvorschrift von Sneed. Der ausgewaschene Niederschlag der 2. Gruppe wird mit einer Lösung ausgezogen, die folgendermaßen bereitet wird: Eine 12%ige Lösung von NaOH wird mit H_2S-Gas gesättigt und sodann pro Liter mit 400 ml einer 40%igen NaOH-Lösung versetzt. Es lösen sich Hg, As(III), As(V), Sb(III), Sb(V), Sn(II) und Sn(IV) [das Sn(II) disproportioniert zu Sn und Sn(IV), und das Sn löst sich dann in NaOH unter Wasserstoffentwicklung, Zeitdauer etwa 5 bis 10 Min.]. Pb, Bi, Cu und Cd setzen sich gut filtrierbar ab. Nach dem Filtrieren versetzt man das Filtrat mit genügend $(NH_4)_2CO_3$, um alles HgS wieder auszufällen. Bei Gegenwart von Sb(III) muß man vor dem Versetzen mit Ammoncarbonat mit Schwefel versetzen, um das Sb(III) in Sb(V) umzuwandeln. Andernfalls würde etwas Sb_2S_3 zusammen mit dem HgS ausfallen. Gegebenenfalls kann auch etwas SnS_2 mit ausfallen (Feigl). Die abfiltrierte Fällung kann man in verdünnter HCl, der man einige Kriställchen $KClO_3$ zugesetzt hat, wieder auflösen. Nach Wegkochen des Chlors kann man wie üblich auf Hg prüfen.

Zahlreiche Arbeitsvorschriften sind gegeben worden, durch die innerhalb der klassischen zweiten Gruppe mit Hilfe anderer Reagenzien andere Gruppenbildungen und Trennungen erreicht werden können (Selvatici, Pozzi-Escott, Longinescu, Scheinkmann, Chaborski, Chirnoagà, Archangelowa, Das-Cupta). Diese Trennungsgänge bringen jedoch, wenn die übrigen Elemente der 2. Gruppe auch vorhanden sind, in bezug auf die Quecksilberanalyse keine entscheidende Vereinfachung und berücksichtigen darüber hinaus in den meisten Fällen nicht die seltenen Elemente, weshalb hier nicht näher auf sie eingegangen wird. — Eine Abkürzung des klassischen Verfahrens ist dagegen in dem Vorschlag von Candea und Sauciuc gegeben. Diese Autoren behandeln den mit H_2S erhaltenen Niederschlag mit Salpetersäure der Dichte 1.2, erwärmen und filtrieren. Der Rückstand soll nur aus HgS und S bestehen. Er wird zweimal mit warmem Wasser gewaschen, mit wenig Königswasser behandelt und vom ausgeschiedenen Schwefel abfiltriert. Im Filtrat wird das Quecksilber mit $SnCl_2$ nachgewiesen. Ein weißer Niederschlag, der auf weiteren Zusatz von $SnCl_2$ grau wird, zeigt Hg an.

δ) Trennungsvorschläge mit schwefelhaltigen Reagenzien, die von der klassischen Gruppeneinteilung abweichen. Verschiedene Trennungsgänge sind vorgeschlagen worden, bei denen ebenfalls — wie beim klassischen Trennungsgang — Schwefelverbindungen zur Gruppenfällung benutzt werden, bei denen die Gruppeneinteilung jedoch anders ist als bei Fresenius (Donath, Pozna und Migray). Nach dem Vorschlag von Vortmann läßt sich die Quecksilberanalyse relativ einfach durchführen, und sie wird um so zuverlässiger sein, je weniger von den Metallen As, Sb und Sn vorhanden sind. Es folgt das Vortmannsche Prinzip in der Ausführungsform von Soldi, die sehr schnell durchzuführen ist (Al beeinträchtigt die Schnelligkeit), allerdings keine seltenen Elemente berücksichtigt: die erste Gruppe kann wie üblich abgetrennt werden. Die salzsaure Lösung wird dann eingedampft, mit Bromwasser oder H_2O_2 oxydiert (wobei man einen Bromüberschuß leicht durch Schütteln einer Probe mit Chloroform kontrollieren kann), mit Na_2CO_3-Pulver übersättigt, mit 10 bis 15 ml 20%iger NaOH versetzt und gekocht, bis ein evtl. auftretender Geruch nach Ammoniak verschwunden ist. Nach dem Abkühlen wird ein Überschuß einer 20%igen Na_2S-Lösung (sulfatfrei) zugesetzt und 10 Min. stehen gelassen. Ein Überschuß von S''-Ionen kann mit Pb(II)-Ionen kontrolliert werden. Nach der Filtration werden aus dem Filtrat, in dem sich Al, Hg, As, Sb und Sn befinden, durch Zusatz von festem $NH_4ClAl(OH)_3$ und HgS ausgeschieden. Nach der Filtration können beide Metalle durch 25%ige Salzsäure getrennt werden. Leicht fällende Anionen wie Phosphat, Borat, Ferrocyanid sollen nicht stören. Auch organische Säuren und Zucker stören bei genügender Vorbehandlung mit Brom nicht.

Eine Gruppentrennung auf der Grundlage von Kaliumäthylxanthogenat $KS \cdot CS \cdot OC_2H_5$ schlagen WENGER, DUCKERT und ANKADJI vor. Der große Vorzug ihres Fällungsmittels ist, daß es besser zu dosieren ist als der Schwefelwasserstoff. Da das Verfahren darüber hinaus Arbeitsvorschriften zur Abtrennung des Quecksilbers von den seltenen Elementen der klassischen 2. Gruppe einschließlich der Platinmetalle gibt, sei es hier beschrieben. — Die 1. Gruppe wird normal mit HCl gefällt. Da das Xanthogenat leicht Sulfat bildet, werden in einer zweiten Gruppe Blei, Barium, Strontium (und Calcium) mit verdünnter Schwefelsäure abgetrennt. Die 3. Gruppe ist die Xanthogenatgruppe. Aus verdünnt saurer Lösung fallen als Xanthogenate die Metalle Hg, Cu, Bi, As, Sb, Sn, Au, Rh(II), Pd(II), Os(IV), Pt(IV), Mo(V + VI), Re(III + VII), Co und Ni. Se und Te werden nicht als Xanthogenate gefällt, sondern reduziert. Sie fallen elementar aus. In einer 4. Gruppe werden mit Alkalihydroxyd unlösliche Hydroxyde und in Alkali unlösliche Sulfide (durch Zersetzung des Xanthogenates) gefällt. Die 5. Gruppe schließlich enthält alle nichtgefällten Kationen einschließlich Ru, Ir und einem Teil des Os. — Die Alkalien sollen in einer besonderen Probe spektroskopisch nachgewiesen werden. — Analysenvorschrift für die Quecksilberanalyse in der Xanthogenatgruppe: Die Lösung, welche 2 bis 3 n an Salz- oder Schwefelsäure ist, wird in sanftem Sieden gehalten und festes Xanthogenat oder eine sehr konzentrierte wäßrige Lösung desselben zugegeben. Es wird heiß filtriert und mit heißer 0,1 n-HCl ausgewaschen. Die Fällung wird in ein Becherglas überführt, mit 10 ml 5 n-NaOH versetzt, 15 Min. sanft gekocht, danach mit Wasser auf das doppelte Volumen verdünnt und filtriert. Die Fällung wird für die Quecksilberanalyse nicht gebraucht, sie enthält die Sulfide von Cu, Bi, Au, Rh, Pd, Os, Pt, Re, Co und Ni. Das Filtrat enthält die Thiosalze von Hg, As, Sb, Sn, Mo, Se, Te sowie ebenfalls Au und Pt. Dieses Filtrat wird mit Salzsäure stark angesäuert, wobei alle gelösten Elemente als Sulfide ausfallen. Au, Se und Te fallen elementar aus. Es wird filtriert; das Filtrat, das nur kolloiden Schwefel und Ammonsalze enthalten soll, kann verworfen werden. Die Fällung wird mit 10 n-HCl erwärmt, wobei Sb- und Sn-Sulfid in Lösung gehen. Nach der Filtration wird die restliche Fällung mit 7,5 n-NH_4OH ausgezogen, wobei As, Mo und Pt in Lösung gehen. Es wird filtriert, und der restliche Niederschlag wird nun bei Gegenwart von wenig Gold (was normalerweise der Fall sein wird) mit 5 n-NaOH und Brom bis zum Sieden erhitzt. Die entstehende Fällung von HgO und Se wird von der Lösung abzentrifugiert, mit n-HNO_3 in Lösung gebracht und mit $SnCl_2$ auf Quecksilber und Selen geprüft. Eine rote Fällung zeigt Selen, eine weiße, dann grau werdende Fällung, die beim Übergießen mit Ammoniak schwarz wird, zeigt Quecksilber an. Ist Selen zugegen, so weist man Quecksilber besser mit einem Aluminiumblech nach (s. D. § 3 a. 3.).

ε) Trennungsvorschläge mit schwefelfreien Reagenzien, die von der klassischen Gruppeneinteilung abweichen. Von den zahlreichen Arbeiten, in denen Trennungsgänge unter Ausschluß von Schwefelverbindungen vorgeschlagen werden, haben für die Quecksilberanalyse viele den Nachteil, daß der Nachweis des Quecksilbers in eine weiter hinten befindliche Gruppe des Trennungsganges verschoben wird. Sie sind untereinander im Prinzip ähnlich. Nach Abtrennung der Salzsäuregruppe werden in einer 2. Gruppe die schwerlöslichen Sulfate abgetrennt, und später werden mittels Alkali, Phosphat oder Ammoniak weitere Gruppentrennungen vorgenommen, wobei das Quecksilber erst in einer 4. oder 5. Gruppe erscheint (BROCKMAN, MUNRO, LEWIN, RANE und KONDAIAH). Diese Trennungsgänge werden daher nicht näher erläutert. — Bei einer anderen Gruppe von schwefelfreien Trennungsgängen erscheint das Quecksilber in der 2. oder 3. Gruppe (PAMFIL, STROHAL, ROSENTHALER). Seltene Elemente werden nicht berücksichtigt, und der Vorschlag von PAMFIL hat sich nach ROCHE nicht bewährt. Nach STROHAL wird das Filtrat der Salzsäuregruppe mit Salpetersäure oxydiert, mit genügend Ammonchlorid versetzt und ammoniakalisch gemacht. Es fallen Pb, Bi, Sn, Sb, Al, Fe und Cr als Hydroxyde. Quecksilber fällt als Diaminchlorid $Hg(NH_3)_2Cl_2$. Nach dem Filtrieren wird der Niederschlag mit wenig verdünnter Schwefelsäure behandelt und vom Rückstand abfiltriert, welcher aus $PbSO_4$, Antimonoxydhydrat und basischem Wismutsulfat bestehen kann. Aus dem schwefelsauren Filtrat werden unter Erwärmen mit Ammoniak und Ammoncarbonat die restlichen Elemente wieder ausgefällt. Nur Quecksilber soll dabei in Lösung bleiben und kann mit $SnCl_2$ nachgewiesen werden. — ROSENTHALER trennt in sehr eleganter Weise nach Abscheidung der Salzsäuregruppe und der schwerlöslichen Sulfate die Elemente Hg, Cu, Bi, As und Sb aus der stets genügend salzsauer gehaltenen Lösung elementar mittels Stangen-, Draht- oder Bandmagnesium ab. Auch kleine Reste Blei fallen unter diesen Bedingungen mit aus, während das Zinn in Lösung bleibt. Nach Ansicht ROSENTHALERS kann das Verfahren auch auf die seltenen Elemente ausgedehnt werden. Es wird nun weiter wie folgt getrennt: Arsen und Antimon werden aus dem Niederschlag mit alkalischer Wasserstoffperoxydlösung unter Erwärmen herausgelöst. Der restliche Niederschlag wird in Königswasser gelöst. Man raucht mit Schwefelsäure ab, um etwa noch vorhandenes Blei als Sulfat abzutrennen. Das Filtrat vom Bleisulfat versetzt man zuerst mit Lauge und dann mit KJ. Das Quecksilber bleibt so in Lösung und kann im Filtrat mit Formaldehyd ausgeschieden werden. — Hg_2^{++} und Hg^{++} können voneinander mittels Cupferron getrennt werden (PINKUS und KATZENSTEIN).

ζ) Nachweis von Quecksilber neben anderen Elementen ohne Trennungsgang. Verschiedene Verfahren sind bekannt, nach denen man Quecksilber ohne Trennungsgang von größeren Gruppen von Begleitelementen abtrennen kann. — Der Vorschlag von SPACU und SUCIU ist ursprünglich für die quantitative Analyse gedacht. Nach ihm kann man in Gegenwart von Bi, Pb, Fe, Al, Mn, Co, Ni, Zn und Cu das Quecksilber als $(Cu(H_2N \cdot CH_2 \cdot CH_2 \cdot NH_2)_2)(HgJ_4)$ in Form prismatischer Kristalle abtrennen. Arbeitsvorschrift: Pro 0,1 g $HgCl_2$ setzt man eine wäßrige Lösung von 4 bis 6 g Seignettesalz und 3 bis 6 g KJ zu, erwärmt, versetzt mit Ammoniak, bis ein ausgesprochener Ammoniakgeruch auftritt, erhitzt dann weiter zum Sieden und versetzt mit einer heißen Lösung von $(Cu\ en_2)(NO_3)_2 \cdot 2H_2O$. Beim Erkalten erfolgt die Abscheidung. — Bei dem Verfahren von STSCHIGOL stört nicht die Gegenwart von Bi, Cu, Cd, Fe, Sn, As, Sb, Pb, Co und Ni. Nur Silber stört. Arbeitsvorschrift: Zu der zu untersuchenden trockenen Mischung oder gelösten Substanz gibt man das gleiche Volumen einer 10%igen KJ-Lösung, schüttelt gut durch und gibt eine genügende Menge 30%iger NaOH-Lösung hinzu. Dann erwärmt man und filtriert. Zum Filtrat, welches jetzt das Hg als K_2HgJ_4 enthält, fügt man 1 ml Glycerin und darauf noch 2 bis 3 ml der 30%igen NaOH-Lösung hinzu. Dann erwärmt und kocht man. Hierbei fällt bei Gegenwart von Hg dieses als schwarzer, feinpulvriger Niederschlag, oder es entsteht eine deutliche Dunkelfärbung bei geringerer Konzentration. Zur Reaktion sind auch in Wasser unlösliche Quecksilberverbindungen geeignet. Die Empfindlichkeit beträgt bei einer Verdünnung (der Endlösung) auf 5 bis 6 ml $0{,}25 \cdot 10^{-3}$ bis $0{,}35 \cdot 10^{-3}$ [vgl. auch STSCHIGOL, TANANAJEW (I) und TRISCHIN]. — Nach einem unter D. § 1 d. beschriebenen Verfahren arbeiten DJATSCHKOWSKI und ORLENKO. — Die Vorschrift von ODEKERKEN gibt die Möglichkeit, fast sämtliche Kationen nebeneinander meistens mit Hilfe organischer, spezifischer Reagenzien nachzuweisen. Man kann hier nach Angabe des Autors das Quecksilber bei Abwesenheit von Mo und V direkt, andernfalls nach Abtrennung derselben ohne Trennungsgang neben Ag, W, Cu, Bi, Cd, Sn, As, Sb, Fe, Ni, Co, Mn, Cr, Zn, Tl, Ce, PO_4''', UO_2, Th, NH_4, Pb, Al, Be, Ba, Sr, Ca, Mg, K und Na nachweisen. Arbeitsvorschrift: 0,5 bis 1 g Substanz werden in 20 bis 25 ml Wasser oder starker Salzsäure, evtl. unter Zusatz von Brom, aufgelöst [Hg(I) kann also als solches nicht erkannt werden]. Das freie Brom wird nach Beendigung der Auflösung weggekocht. Ein eventueller Rückstand wird heiß abfiltriert. Er besteht aus WO_3 (SiO_2) oder AgCl. Die filtrierte Lösung wird nun auf Vanadin und Molybdän geprüft. Für den Nachweis des Vanadins gibt man zu 1 ml Lösung 4 ml NaOH, kocht und filtriert. Das heiße Filtrat wird mit konz. HCl angesäuert, auf die Hälfte eingedampft, abgekühlt, mit einem Tropfen einer 1%igen $FeCl_3$-Lösung und einigen Tropfen einer 1%igen alkoholischen Dimethylglyoximlösung versetzt und ammoniakalisch gemacht. Eine rote Farbe, die nach Abfiltrieren des rotbraunen $Fe(OH)_3$ besser zu sehen ist, zeigt Vanadin an. Zum Molybdännachweis fügt man 1 ml einer 20%igen NH_4SCN-Lösung, 0,5 ml Benzylalkohol und einige Tropfen 10%iger $SnCl_2$-Lösung in 10 n-HCl zu einem Tropfen der Lösung und schüttelt. Bei Anwesenheit von Molybdän färbt sich der Benzylalkohol rot. Sind beide Reaktionen negativ, so kann man in der Lösung direkt auf Hg prüfen. Bei positivem Ausfall der Reaktionen trennt man beide Elemente ab, indem man die kalte, verdünnte, salzsaure Ausgangslösung mit einer 2%igen alkoholischen Lösung von Benzoinoxim $C_6H_5 \cdot CNOH \cdot CHOH \cdot C_6H_5$ versetzt. Man filtriert, prüft im Filtrat auf Vollständigkeit der Fällung, dampft auf das ursprüngliche Volumen ein, läßt abkühlen und filtriert vom überschüssigen Benzoinoxim ab. Im Filtrat wird auf Hg geprüft; man dampft 1 ml der Lösung unter Zusatz einiger Tropfen konz. HNO_3 in einem Porzellantiegelchen auf dem Wasserbad zur Trockne ein. Sobald der Rückstand trocken ist, wird ein feuchtes Stückchen Filterpapier auf den Tiegel gelegt und dieser mit kleiner Flamme mäßig erhitzt. Nach kurzer Zeit nimmt man das Filterpapier ab, gibt einige Tropfen einer 1%igen alkoholischen Diphenylcarbazidlösung darauf und streut ein wenig gepulvertes kristallisches Na_2CO_3 dazu. Ein blauer Fleck zeigt Quecksilber an. Es werden im Original keine bestimmten Angaben über die Empfindlichkeit gemacht (vgl. auch GUTZEIT, CHARLOT und BEZIER, FISCHER und LEOPOLDI).

Die in diesem Abschnitt erwähnten Verfahren sind nur dann der trockenen Analyse vorzuziehen, wenn man eine Lösung zu untersuchen hat, und wenn man gleichzeitig in der Lösung noch andere Kationen nachzuweisen wünscht. Anderenfalls kann man mit Hilfe der trockenen Analyse (D. § 2) durch Absublimation des Quecksilbers dieses schneller und einfacher neben fast allen anderen Kationen nachweisen. — Für Quecksilbernachweise, die ohne Trennungsgang neben einzelnen anderen Kationen oder kleineren Kationengruppen durchzuführen sind, sei auch auf D. § 3 b., D. § 4, D. § 5 und D. § 6 verwiesen.

2. Abtrennung durch chromatographische Adsorption.

α) **Chromatographie an Aluminiumoxydsäuren.** Für die chromatographischen Trennungen an Aluminiumoxyd wurde fast immer Aluminiumoxyd nach BROCKMANN verwendet, das nach BROCKMANN und JANDER ein Gemisch aus γ-Al_2O_3 und Böhmit (γ-$Al_2O_3 \cdot H_2O$) darstellt und nach SCHWAB stets etwas Alkali enthält, wodurch die als Austauschadsorption anzusehende anorganische Chromatographie aus wäßriger Lösung ermöglicht wird. Die Trennungen sind in bezug auf das Quecksilber bisher nicht sehr günstig verlaufen (SCHWAB). Es sind in der Literatur spezielle Arbeitsvorschriften nur für die Abtrennung des Quecksilbers von einzelnen anderen Elementen veröffentlicht worden (SCHWAB und JOCKERS, VENTURELLO und AGLIARDI, ERÄMETSÄ).

SCHWAB und JOCKERS verwenden 4 bis 7 mm weite Röhrchen, deren oberes Ende ausgeweitet ist. Sie füllen das Al_2O_3 ein als dicke, auf 70 bis 80° erwärmte wäßrige Suspensionen, um die Säule luftfrei zu erhalten. Als Lösungs- und Waschmittel wird Wasser verwendet. Bei einer 1 m-Analysenlösung soll das Verhältnis Analysenlösung/Waschwasser 1/10, bei einer 1/10 m-Analysenlösung soll es 1/3 bis 1/4 betragen. Beim Waschen darf auf keinen Fall gesaugt werden. Die Salze sollen möglichst als Nitrate oder Sulfate vorliegen, doch werden stärkere Störungen durch andere Anionen nicht verursacht.

Trennung Bi—Hg. Die Säule wird an ihrem oberen Ende schwach angesäuert und dann mit einer kleinen Menge der zu analysierenden Lösung versetzt. Dann wird mit einigen Tropfen HNO_3 und anschließend mit Wasser gewaschen. Nun wird mit wäßrigem NaOH entwickelt, wobei Wismut als weiße, am oberen Ende der Säule befindliche Zone erscheint. Beim anschließenden Entwickeln mit $(NH_4)_2S$-Lösung färbt sich die Wismutzone braun, die Quecksilberzone schwarz. Am oberen Ende der Säule bleibt ein feiner weißer Rand. Dort sind die vor der Trennung in Form von Salpetersäure zugegebenen Wasserstoffionen adsorbiert.

Trennung Hg^{++}—UO_2^{++}. Die Analysenlösung wird auf die Säule gebracht und mit Wasser gewaschen. Dabei löst sich die gelbe Uranzone vom oberen Rande der Säule; denn über ihr liegt die Quecksilberzone. Die Entwicklung erfolgt am einfachsten mit H_2S-Gas, das man durch die Säule saugt. Dabei färbt sich die Quecksilberzone schwarz, die Uranzone braun.

Von Cr^{+++}, Fe^{+++} und Pd^{++} kann Quecksilber(II) nicht getrennt werden, dagegen noch von anderen Elementen der von SCHWAB und JOCKERS aufgestellten Adsorptionsreihe. Doch sind im Original keine speziellen Arbeitsvorschriften gegeben. Quecksilber(I) kann an Aluminiumoxyd nicht adsorbiert werden, da es durch den basischen Charakter der Säule zu Hg und Hg(II) disproportioniert wird. Auf einer angesäuerten Säule unterbleibt die Störung, doch läuft Hg(I) hier so schnell, daß es nicht entwickelt werden kann.

VENTURELLO und AGLIARDI verwenden Säulen von 5 mm Weite und 20 cm Länge, arbeiten sonst wie SCHWAB und JOCKERS.

Trennung As^{+++}—Hg^{++}. Als Waschflüssigkeit wird Wasser, als Entwickler H_2S-Gas oder $(NH_4)_2S$-Wasser verwendet. Quecksilber bildet die untere Zone.

Trennung Au^{+++}—Hg^{++}. Waschflüssigkeit Wasser, Entwickler entweder Ammoniak oder $(NH_4)_2S$-Wasser. Quecksilber bildet die untere Zone.

Trennung Hg_2^{++}—Ag^{+}. Waschflüssigkeit Wasser, Entwickler K_2CrO_4. (Es ist möglich [s. weiter oben], daß sich bei dieser Trennung das Hg_2^{++} in Hg und Hg^{++} disproportioniert hat, denn auch in diesem Falle würde das Quecksilber gemäß der SCHWABschen Reihe über dem Silber liegen.)

ERÄMETSÄ chromatographiert die Dithizonate der Metalle. Er benutzt entweder BROCKMANNsches Aluminiumoxyd und als Lösungs- und Waschmittel Chloroform, oder „gewöhnliches Aluminiumoxyd" und Tetrachlorkohlenstoff. Das gewöhnliche Aluminiumoxyd hat eine schwächere Adsorptionsaktivität als das BROCKMANNsche Al_2O_3. Nach den Untersuchungen von BROCKMANN und JANDER ist anzunehmen, daß der Verfasser ein γ-Al_2O_3 verwendete, das relativ viel Luftfeuchtigkeit adsorbiert hatte.

Trennung des Hg(I) und Hg(II) von Sb^{+++}, Sn^{++}, Ni^{++}, Mn^{++}, Cu^{++}, Cd^{++}, Fe^{++}, Co^{++} und Zn^{++}. Die Dithizonate der Metalle (möglichst ohne freies Dithizon) werden in $CHCl_3$ bzw. CCl_4 gelöst, auf die Säule gegeben und mit dem gleichen Lösungsmittel gewaschen. Antimon, Zinn, Nickel und Mangan werden vollständig am oberen Rande der Säule adsorbiert. Es folgen Kupfer mit einem graugrünen, Cadmium mit einem orangefarbenen und Eisen ebenfalls mit einem orangefarbenen Ring. Diese drei Ringe sind ohne Zwischenraum miteinander verbunden. Es folgt Kobalt mit einem blauvioletten Ring, der bei Abwesenheit von Eisen vom Cadmium durch ein deutliches leeres Gebiet getrennt ist. Zink bildet einen hellcarminroten Ring unterhalb des Kobalts, und unter dem Zink bilden Quecksilber(I) + (II) einen deutlichen orangegelben Ring, der vom Zink durch keinen Zwischenraum getrennt ist. Hat man freies Dithizon in der Lösung, so entsteht unter dem Quecksilberring ein sehr hellgelber Ring von Dithizon.

β) Chromatographie an Violursäuresäulen. Die einbasische Nitrosobarbitursäure (Violursäure) $N_3C_4O_4H_3$, welche nach A. v. BAEYER hergestellt werden kann, wird von ERLENMEYER als Adsorptionsmittel für die chromatographische Trennung des Hg(II) von Cu(II) und Pb(II) verwendet. Die Säure kann rein oder gemischt mit Kieselgur, $BaSO_4$ oder am besten mit Stärke zur Füllung von Säulen dienen. Die verwendeten Säulen haben einen Durchmesser von 3 mm und eine Länge von 3 cm. Die Kationen müssen als Salze einer schwachen Säure (Acetate) vorliegen, damit man gut ausgebildete Zonen erhält. Die Trennschärfe ist nach Angabe des Autors in beiden Fällen gut. Quecksilber befindet sich jeweils als gelbliche Zone unten, während Kupfer und Blei jedesmal als grüne bzw. braune Zone darüberliegen.

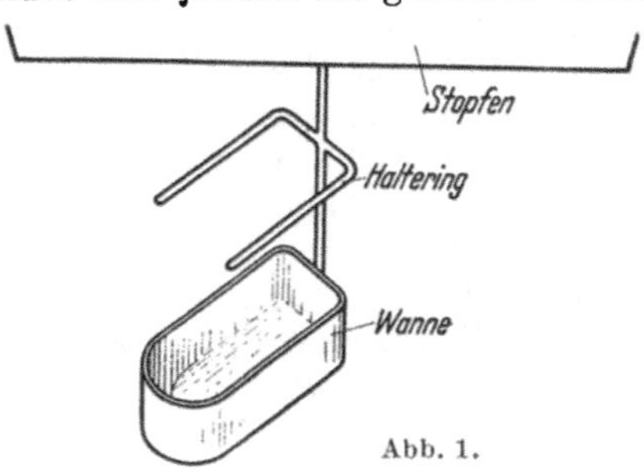

Abb. 1.

γ) Papierchromatographie. Für die mehr präparativ als analytisch interessierende Abtrennung des $HgCl_2$ von den Chloriden des Cu, Bi, Pb und Cd an Säulen aus Cellulose muß verwiesen werden auf die Originalarbeit von BURSTALL, DAVIES und WELLS.

In den letzten Jahren ist die Papierchromatographie von MARTIN und SYNGE auch auf die anorganisch-chemische qualitative Analyse angewendet worden. Für das Quecksilber haben sich hierbei sehr schöne und nach einmaliger Beschaffung aller Geräte und Reagenzien sehr bequeme Trennverfahren ergeben; sie haben nur den Nachteil, daß sie in der Regel sehr zeitraubend sind. Neben Verfahren zur Abtrennung des Quecksilbers von mehr oder weniger großen Gruppen anderer Kationen (BURSTALL, DAVIES, LINSTEAD und WELLS, LEDERER, ELBEIH, McOMIE und POLLARD, POLLARD, McOMIE und ELBEIH) wurde auch ein vollständiger Trennungsgang auf der Grundlage der Papierchromatographie entwickelt (POLLARD, McOMIE und STEVENS).

BURSTALL, DAVIES, LINSTEAD und WELLS verwenden einen 70 bis 80 cm langen Glaszylinder, der mit einem dicht schließenden Gummistopfen verschlossen werden kann. Ein Glasstab geht durch den Stopfen und trägt etwa 3 cm unterhalb desselben eine etwa 3 cm lange Wanne und zwei gebogene Glasstäbe zum Aufhängen des Papiers (s. Abb. 1).

Als Papier wurden Filterpapierstreifen von $2^1/_2$ bis 3 cm Breite und 30 bis 60 cm Länge verwendet. Bei Vorliegen von wenig Substanz waren die Streifen vom Eintrittsende fort konisch zugeschnitten. Die Autoren verwendeten Whatman-Nr. 1-Filter, doch waren auch andere Papiere erfolgreich. — Als Lösungsmittel werden Gemische aus organischen Flüssigkeiten und Wasser oder wäßriger Säure verwendet. Diese Lösungsmittel werden beim Diffundieren durch das Papier in ihre beiden Bestandteile zerlegt, wobei die wäßrige Phase stets zuerst adsorbiert wird. Man erhält also nach genügend langer Diffusionszeit zwei Lösungsmittelfronten, eine „nasse" Front näher der Lösungsmittelwanne und eine „trockene" Front weiter entfernt vom Eintrittsende des Lösungsmittels. — Es ist wichtig, daß man vor der Bereitung des Lösungsmittels den organischen Bestandteil wirklich völlig trocken vorliegen hat. Die beschriebenen Trennungen hängen nämlich von einem ganz bestimmten Wassergehalt des Lösungsmittels ab. Eine

Veränderung des Wassergehaltes würde eine Veränderung des Bildes auf dem Papier hervorrufen. — Als Entwickler wurden für die Quecksilberanalyse entweder eine Lösung von Dithizon in Chloroform oder eine alkoholische Lösung von Diphenylcarbazid verwendet. Die Entwicklerlösungen läßt man nicht den Papierstreifen entlang diffundieren, sondern man sprüht sie gleichmäßig über den getrockneten Papierstreifen mit Hilfe eines Zerstäubers. — Etwa 0,05 ml der zu untersuchenden Lösung werden auf den Papierstreifen aufgebracht, etwa 4 cm von einem Ende entfernt. Dadurch wird ein feuchter Fleck von etwa 6 cm^2 erzeugt. Man läßt den Fleck an der Luft vollständig trocknen und hängt den Papierstreifen dann derart über die Halterung in den Glaszylinder ein, daß das dem aufgebrachten Fleck benachbarte Ende in die mit Lösungsmittel gefüllte Wanne taucht. Ein zweiter Papierstreifen kann gleichzeitig eingehängt werden. Der Zylinder wird nun dicht verschlossen, damit in ihm eine an Lösungsmittel gesättigte Atmosphäre entstehen kann. Während der Diffusionszeit des Lösungsmittels soll der Zylinder möglichst temperaturkonstant aufbewahrt werden. Nachdem die Trennung erreicht ist, wird der Streifen aus dem Zylinder genommen, getrocknet und mit dem geeigneten Entwickler besprüht (möglichst von beiden Seiten).

Trennung des Hg^{++} von Pb, Cu, Bi, Cd (2a-Gruppentrennung). Die Analysenlösung soll die Chloride in verdünnt salzsaurer Lösung enthalten. Als Lösungsmittel dient n-Butylalkohol oder Amylalkohol, jeweils mit 3 n-HCl gesättigt. Man stellt es am besten durch Schütteln des Alkohols mit dem gleichen Volumen 3 n-HCl her. Nach der Sättigung werden die Schichten getrennt, die obere (alkoholische) wird in die Lösungsmittelwanne gegeben und die untere wird auf den Boden des Glaszylinders gebracht. Die Analysenlösung wird auf den 60 cm langen Papierstreifen aufgebracht. Nach dem Trocknen wird der Streifen in den Zylinder eingehängt, wobei er unten nicht in die wäßrige HCl eintauchen darf. Nach 15 bis 18 Std. wird der Streifen wieder herausgenommen, getrocknet und mit Dithizonlösung besprüht. Hierbei erscheint Hg als rosa Band am weitesten unten, direkt hinter der trockenen Front. Gleich dahinter, aber durch einen weißen Streifen getrennt, liegt das purpurne Band des Cd. Das Purpurband des Bi folgt in größerem Abstand. Cu und Pb folgen dem Bi in größerem Abstand und liegen unmittelbar übereinander. Cu liegt auf der Seite des Bi als purpurbräunliches Band, während Pb darüber nur eine schwache Färbung zeigt (s. auch LEDERER).

Trennung des Hg^{++} von Pb, Cu, Bi, Cd, As, Sb, Fe, Al, Cr, Ni, Co, Mn, Zn. Die Analysenlösung soll die Chloride in salzsaurer Lösung (mit nicht mehr als 5 Vol.-% einer HCl der Dichte 1,18) enthalten. Als Lösungsmittel dient Methylacetat über $CaCl_2$ getrocknet und destilliert mit 10 Vol.-% Wasser und 3 Vol.-% Methylalkohol oder das konstant siedende Gemisch von Methylacetat und Methylalkohol mit 7 Vol.-% Wasser. Auch Tetrahydrosylvan ist als Lösungsmittel geeignet. Nach dem Aufbringen der Analysenlösung auf den Papierstreifen darf man nicht zu lange trocknen, da die hierbei entstehenden basischen Hg-Salze nicht mit chromatographiert werden. Sodann läßt man das Lösungsmittel 20 bis 30 Min. diffundieren, trocknet, macht den Papierstreifen mit NH_3-Dämpfen alkalisch und besprüht ihn mit einer alkoholischen Lösung von Diphenylcarbazid. Quecksilber erscheint als blaues Band in der trockenen Front des Lösungsmittels, während, abgesehen von einigen Verunreinigungen, die in der nassen Lösungsmittelfront erscheinen können, die übrigen Kationen alle am Lösungsmitteleintrittsende zurückbleiben. Kupfer kann Schwierigkeiten machen, wenn mehr als 10 Gew.-% davon in der Ausgangslösung waren.

LEDERER schlägt noch ein sehr einfaches **Trennungsverfahren für die Kationen der 1. Gruppe** vor. 0,1 mg des Chloridniederschlages sollen für die Erkennung ausreichen. Man bringt den Niederschlag in die Mitte eines kleinen Filterpapierschälchens (ein gewöhnliches Rundfilter wird denselben Zweck erfüllen) und gibt als Lösungsmittel 2 Tropfen Wasser und 2 Tropfen 5 n-NH_4OH darauf. Als Entwickler dient anschließend H_2S-Gas. Jetzt erscheint Quecksilber als schwarzer Fleck in der Mitte. Es ist umgeben von einem schwarzen Ring von Silbersulfid, und dieses wieder von einem größeren Ring von Bleisulfid.

Pollard, McOmie und Elbeih haben praktisch dieselbe Versuchstechnik in Gebrauch wie Burstall, Davies, Linstead und Wells. — Statt des Glaszylinders verwenden sie einen Glasbottich von $30 \times 40 \times 50$ cm, der mit einer Glasplatte luftdicht abgeschlossen werden kann. Diese veränderten Maße sind notwendig, da außer den normalen Trennungen auch 2-Wegetrennungen ausgeführt werden, bei denen man rechteckige Papierstücke 27×40 cm benötigt. — Als Papier wird außer Whatman Nr. 1 auch Whatman Nr. 54 empfohlen. Mit letzterem erhält man die Resultate oft schneller. — Bei einfachen Trennungen wird ein Tropfen der Versuchslösung, der etwa einen 1 cm^2 großen Flecken gibt, 8 cm vom Lösungsmitteleintrittsende entfernt auf das etwa 4 cm breite Papier gebracht. Bei 2-Wegetrennungen muß der Tropfen von zwei senkrecht zueinander stehenden Kanten je 8 cm entfernt sein. Die 2-Wege-Trennungen werden dann so durchgeführt, daß man zunächst ein Lösungsmittel in einer Richtung im Papier diffundieren läßt und nach dem Trocknen ein zweites Lösungsmittel in der dazu senkrechten Richtung. — Zur Erkennung von Quecksilber kann man ein Reagens verwenden, das mit Quecksilberionen unter der UV-Lampe eine Fluorescenz hervorruft. Ein solches Reagens stellt man sich her, indem man 5 g 8-Oxychinolin und 1 g Kojisäure in 1 l 60%igem Alkohol auflöst. Es gibt mit Hg_2^{++}, Hg^{++}, aber auch mit Ag, Cd, Sn(II) + (IV), Al, Zn, Ca, Sr, Ba und Mg die genannte Reaktion. — Die Autoren haben die Lage der einzelnen Kationen im Chromatogramm stets durch den R_F-Wert charakterisiert. Der R_F-Wert ist das Verhältnis des Weges des Zonenschwerpunktes eines Kations zum Weg der trockenen Front des Lösungsmittels. Hat ein Kation z. B. den R_F-Wert 0,5, so ist das Kation gerade halb so weit gewandert wie das Lösungsmittel. Die R_F-Werte sind bei gegebenem Lösungsmittel relativ unabhängig von den übrigen Versuchsbedingungen. — Folgende Lösungsmittel wurden für Quecksilbertrennungen verwendet: Butanol-Benzoylaceton. 5 g Benzoylaceton werden in 50 ml n-Butylalkohol gelöst. Diese Lösung wird bis zur Gleichgewichtseinstellung mit 0,1 n-HNO_3 geschüttelt. Die obere Schicht (organisch) kommt während der Trennung in die Lösungsmittelwanne, die untere (wäßrige) Schicht wird auf den Boden des Glasbottichs gegeben. R_F-Werte: Sb 0,0, Bi 0,02, Pb 0,03, Cd 0,05, Ag 0,1, Cu 0,22, Hg(I) 0,24, Hg(II) 0,31, As 0,43, Fe 0,95. — Collidin: 2,4,6-Collidin wird mit dem gleichen Volumen 0,4 n-NHO_3 geschüttelt. Beim Abkühlen trennen sich die Schichten. Sie werden wie oben verwendet. R_F-Werte: Hg 0,0, Zn 0,75, Cu 0,76, Cd 0,76. — Dioxan: 1 g Antipyrin wird aufgeöst in einer Mischung von 100 ml Dioxan, 1 ml konz. HNO_3 und 2,8 ml H_2O. Diese Lösung kommt während der Trennung in die Lösungsmittelwanne, während keine Flüssigkeit in den Bottich eingefüllt wird. R_F-Werte: K, Al 0,03, Co 0,05, Zn, Ag 0,08, Ca 0,10, Pb 0,15, Cd 0,18, Cu 0,24, Hg(II) 0,42, Hg(I) 0,43, Bi 0,63.

Mögliche Trennungen. Lösungsmittel Butanol-Benzoylaceton: As, Hg(II), Pb; Hg(II), As, Fe^{+++} und eines der folgenden: Ag, Pb, Bi, Al, Cd, Mn, Co, Ni, Ca, Sr, Ba, Mg, K oder Na; Hg(II), Bi, Cu, Cd. Lösungsmittel Collidin: Hg(II), Cd oder Zn; Cu, Hg(II). Lösungsmittel Dioxan: Ag, Hg(II), Pb; Cu, Hg(II), Bi mit Ag oder Pb oder Al oder Zn; Cd, Hg(II), Bi mit Al oder Zn oder Co oder Ca oder K. Die Reihenfolge der Kationen im Chromatogramm ist aus den R_F-Werten zu entnehmen, die bei den einzelnen Lösungsmitteln weiter oben angegeben sind.

2-Wege-Trennung. Trennung des Hg(II) von Al, Bi, Pb, Ba, K, Sr, Na, Ca, Mg, Mn, Cd, Zn, As, Cu und Fe^{+++}. Als Lösungsmittel verwendet man in Richtung der x-Achse Collidin, in Richtung der y-Achse Butanol-Benzoylaceton (s. Abb. 2).

In *A 1* befindet sich der Tropfen der ursprünglichen Lösung. Die einzelnen Elemente erscheinen an folgenden Stellen (Abb. 2): Al, Bi, Pb *A 1*; Ba *C 1*; K, Sr *D 1* und *E 1*; Na *E 1*; Ca *F 1*; Mg *G 1*; Mn, Cd *H 1*; Zn *I 1*; As *A 4* und *F 4*; Hg *A 6*; Cu *H 8*; Fe *A 9*.

Im chromatographischen Trennungsgang von POLLARD, McOMIE und STEVENS sind alle Elemente außer Gold und den Platinelementen berücksichtigt. Zur vollständigen Analyse werden von der ursprünglichen Analysensubstanz verschiedene Auflösungen verwendet, die dann mit verschiedenen Entwicklern behandelt werden. Zur **Quecksilberanalyse** verfährt man wie folgt: 0,1 g Substanz werden mit 2 ml 2 n-HNO_3 gekocht. Dadurch wird evtl. vorhandenes Hg(I) zu Hg(II) oxydiert. Dichromat und Permanganat werden durch Hinzufügen einiger Tropfen H_2O_2 reduziert. Ein evtl. zurückbleibender unlöslicher Rückstand muß für sich untersucht werden. Von der Lösung wird je ein Tropfen wie üblich auf zwei Papierstreifen von 4 cm Breite und 40 cm Länge aufgebracht und getrocknet. Die Trennung wird wie üblich durchgeführt, mit Butanol-Benzoylaceton als Lösungs-

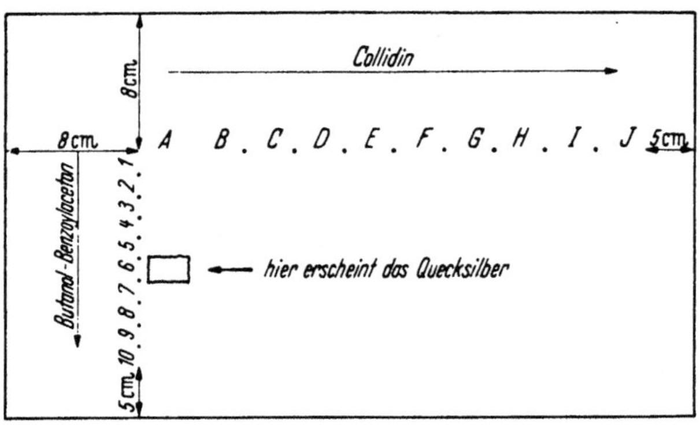

Abb. 2.

mittel. Man läßt das Lösungsmittel so lange diffundieren, bis seine Front noch etwa 5 cm vom unteren Rande des Papieres entfernt ist. Hierzu benötigt man etwa 20 Std. (Whatman Nr. 1-Papier). Die Streifen werden sodann im Warmluftstrom getrocknet. Das eine der beiden Chromatogramme bewahrt man auf, das zweite wird für die Analyse verwendet. Es wird zuerst mit einer Lösung von 1 g K_2CrO_4 in 100 g Wasser besprüht. Hierbei zeigen sich Ag als ein roter Fleck, Pb als leuchtend gelber Fleck und Hg als orangebrauner Fleck. Beim anschließenden Behandeln mit Ammoniakdämpfen werden der Ag-Fleck gelb, der Pb-Fleck orange und der Hg-Fleck schwarz. Außerdem erscheinen jetzt Cu als blauer und Co bzw. Mn als brauner Fleck. Man besprüht nun mit 2 n-HCl, trocknet den Streifen und besprüht anschließend mit einer Lösung von gelbem $(NH_4)_2S$ (die normalerweise am Platz ausstehende Lösung soll 1 : 1 verdünnt werden). Die entstandenen gefärbten und dunklen Flecke der Sulfide werden jetzt mit alkalischer H_2O_2-Lösung (gleiche Volumina von 2 n-NaOH und 20%igem H_2O_2) besprüht. Hierbei soll sich ein dunkler Fleck mit dem R_F-Wert von ungefähr 0,5 nicht auflösen. Es handelt sich hier um HgS, und Hg ist damit nachgewiesen. Alle übrigen dunkel gefärbten Sulfide lösen sich bei dieser Behandlung auf; nur NiS bleibt evtl. ungelöst zurück, hat aber einen R_F-Wert von ungefähr 0,1. Während des gesamten Nachweisverfahrens ist es wichtig, daß der Papierstreifen durch das öftere Besprühen mit Reagenslösungen nicht zu feucht wird. In diesem Falle würden die Zonen verwaschen erscheinen.

3. Mikrochemische Trennverfahren.

Die mikrochemischen Analysengänge sind im allgemeinen den unter C. I. b. 1 beschriebenen Trennverfahren ähnlich. Die vollständige Isolierung des Quecksilbers wird jedoch oft vermieden. Statt dessen wird es durch spezifische Reaktionen in Gegenwart einer Reihe anderer Ionen identifiziert.

α) **Abtrennung von Hg_2^{2+}.** Hg_2^{2+} wird zusammen mit Ag, Pb^{++} und Tl^{+} als Chlorid gefällt (TENGONCIANG, TRUFFERT, BERISSO). BERISSO weist das Hg_2^{2+} dann nach Waschen des Niederschlages mit wenigen Tropfen kochenden Wassers und Behandeln mit HNO_3 zur Überführung in $Hg_2(NO_3)_2$ als $Hg(Co(SCN)_4)$ nach. TRUFFERT behandelt einen Teil des Niederschlages mit 5%iger KCN-Lösung. Eine evtl. auftretende Schwarzfärbung zeigt Hg_2^{2+} an. Ein weiterer Teil des Niederschlages wird mit Brom oxydiert, wobei Hg^{++}- und Tl^{+++}-Ionen gebildet werden. Hg^{++} wird dann durch Tüpfeln mit $SnCl_2$ und Anilin nachgewiesen.

BENEDETTI-PICHLER schlägt nur Hg_2^{2+} und Ag nieder. Zu der Probelösung wird verdünnte HCl in kleinen Mengen mit Hilfe eines Pt-Drähtchens zugegeben. Nach jeder Zugabe wird gerührt und zentrifugiert. Die Fällung ist beendet, wenn die letzte Zugabe keinen Niederschlag mehr erzeugt. Das Löslichkeitsprodukt von $PbCl_2$ wird hier noch nicht erreicht. — Der Niederschlag der Chloride wird in ein Capillarrohr von 0,5 bis 1 mm Innendurchmesser und 80 mm Länge überführt. Das Capillarrohr wird dann im Aluminiumblock nach Vertreibung des Wassers bis zur Sublimationstemperatur des Hg_2Cl_2 (350°) erhitzt. Das Sublimat wird identifiziert. Bezüglich der Einzelheiten sei auf das Original verwiesen.

β) **Abtrennung von Hg^{++}.** HELLER und KRUMHOLZ fällen das Hg^{++}-Ion innerhalb der H_2S-Gruppe des systematischen Analysenganges. Sie folgen weiter dem klassischen Trennungsgang, behandeln also den Sulfidniederschlag mit gelbem Ammonsulfid und dann mit HNO_3 (D. 1. 2). Der Rückstand wird in HCl und H_2O_2 gelöst, und die Lösung wird auf der Tüpfelplatte mit 1 Tropfen alkoholischer Dimethylaminobenzylidenrhodaninlösung und festem $NaCH_3COO$ versetzt. Eine Rotfärbung zeigt Quecksilber an.

TENGONCIANG und TANANAJEW (II) fassen die IIa-Gruppe und die $(NH_4)_2S$-Gruppe dadurch zusammen, daß sie sofort mit $(NH_4)_2S$ fällen. Der durch Kochen mit 4 n-HCl von anderen Sulfiden befreite Rückstand wird in einem Tropfen Königswasser gelöst und die Lösung mit Wasser verdünnt. Das Filtrat enthält das Quecksilber neben Kupfer. Zum Nachweis kann man $SnCl_2$ und Anilin verwenden.

BELCHER und BURTON unterteilen nach MEE in folgende Gruppen: I. Die Alkalien werden getrennt in der ursprünglichen Lösung nachgewiesen. II. Die klassische HCl-Gruppe. III. Die Sulfatgruppe: Als Fällungsreagens dient Na_2SO_4 und Alkohol für Pb, Ca, Sr und Ba. IV. Fällung durch Erhitzen mit Natriumhyposulfit: Es fallen aus As, Sb, Hg^{++}, Cu, Bi (und Sn). V. $(NH_4)_2CO_3$-Gruppe. VI. NaOH-Gruppe. Zn bleibt in Lösung.

GUTZEIT zieht die Substanz mit HNO_3 aus und tüpfelt einen Tropfen der Analysenlösung mit Diphenylcarbazidlösung. Nach dem Entwickeln mit Ammoniak geben Hg-Verbindungen eine blaue Farbe.

Die Analyse nach KRUMHOLZ dient zur Auffindung von Hg neben Bi, Pb, Cu, Cd, As, Sn, Co, Ni, Fe, Cr, Mn, Al und Zn. 20 bis 50 mg der festen Probe werden mit 0,5 ml konz. HCl und 2 ml Bromwasser erhitzt; es wird auf etwa 0,5 ml eingeengt, mit 2 ml Wasser verdünnt und zentrifugiert. 1 Tropfen der klaren Lösung wird auf der Tüpfelplatte mit 5 Tropfen 10%iger Natriumphosphatlösung verrührt und mit 1 Tropfen einer Dimethylaminobenzylidenrhodaninlösung versetzt. Hg zeigt sich durch eine Rotfärbung an.

Für die Abtrennung und den Nachweis des Hg innerhalb der Goldgruppe von NOYES und BRAY sind Verfahren von KÖNIG, CROWELL und BENEDETTI-PICHLER sowie von MILLER und LOWE angegeben worden. Das erstere Verfahren ist einfacher und sei hier beschrieben. Die Lösung enthält Au, Hg, Pd, Rh, Ir und Pt. Das Au wird mit $NaNO_2$ gefällt. Das Filtrat (Zentrifugat) des Au-Niederschlages wird mit 2 bis 3 Tropfen frisch bereiteter 0,1%iger Lösung von REINECKES Salz in 0,2%iger HCl versetzt. Das Erscheinen des rosa Hg-Niederschlages ist ein genügender Beweis für die Gegenwart von Hg. Die salzsaure Lösung von REINECKES Salz zersetzt sich rasch. Deshalb soll die Auflösung des Reagenses in der Salzsäure erst kurz vor Gebrauch erfolgen. Ein großer Überschuß an HCl muß vermieden werden, weil dieser die Nitrokomplexe der Pt-Metalle unter Bildung von gelben bis braunen Niederschlägen zerstört.

II. Die Zerstörung organischer Substanzen und die Abtrennung des Quecksilbers von organischen Begleitern.

Quecksilberorganische Verbindungen und organische Verbindungen und Substanzen, welche Quecksilber enthalten, können nicht ohne weiteres auf Quecksilber geprüft werden. Es ist in jedem Falle notwendig, das organische Material vom Quecksilber oder seinen anorganischen Verbindungen abzutrennen. Dies kann auf zwei prinzipiell verschiedenen Wegen erfolgen. Entweder zerstört man die organische Substanz vollständig, so daß nur die anorganische Substanz übrigbleibt; diese Methode muß immer dann angewendet werden, wenn kompaktes organisches Material vorliegt. Oder man sucht das Quecksilber mittels chemischer oder physikalischer Methoden von der organischen Substanz abzutrennen; dieses Verfahren ist meistens nur bei organischen Flüssigkeiten anwendbar. — Ist die Abtrennung oder Zersetzung des organischen Materials unvollständig, so gibt die erhaltene Lösung nach GHIGLIOTTO auch bei Abwesenheit von Hg mit H_2S gelbe Niederschläge, und zwar um so größere Mengen, je weniger die Zersetzung oder Abtrennung vorgeschritten war. Ist Hg vorhanden, so fällt es mit H_2S zwar aus, kann sich aber mit den anderen ausgefällten Stoffen wieder vollkommen in NH_3 lösen, so daß es dem Nachweis entgehen kann.

Beim Auftreten des Hg neben organischem Material wird es sich vorwiegend um kleine Quecksilbermengen neben viel organischem Material handeln. Quecksilberorganische Verbindungen mit einem nennenswerten Prozentsatz an Hg werden demgegenüber die Ausnahme bilden. Diesen Verhältnissen ist auch bei der Darstellung der Zerstörungs- und Abtrennungsverfahren weitgehend Rechnung getragen: Sie gelten in der Regel für die Abtrennung kleinster Quecksilbermengen. Sie sind jedoch durch sinngemäße Übertragung auch auf größere Quecksilbermengen anwendbar.

a) Isolierung des Quecksilbers durch Zerstörung der organischen Substanz.

1. Zerstörung mit HCl.

Diese Art der Zerstörung ist für Gelatinemassen geeignet. Man kocht die Masse in einem Kolben mit Rückflußkühler mit konz. HCl. Liegt das Hg als Hg_2^{++} vor, so setzt man der HCl etwas Bromwasser zu. Nach der Zerstörung fällt man dann aus der Lösung das Hg als HgS, wobei man ein wenig Hydrazinsulfat zufügt, wenn man vorher Bromwasser zugesetzt hatte (SCHULEK und FLODERER).

2. Zerstörung mit Chlor.

Das Verfahren ist geeignet für Harn, Speichel, Bier und Wein, reicht dagegen nicht aus für Fleisch, Brot und Kartoffeln. Es wurde angewendet von GODEFFROY, FRIEDRICH und BUHR, STOCK und HELLER, STOCK, CUCUEL und KÖHLE: $^1/_2$ bis

1 l Flüssigkeit werden bei Zimmertemperatur $^1/_4$ Std. lang mit Chlor durchperlt. Anschließend erwärmt man den bedeckten Kolben $^1/_2$ Std. auf dem Wasserbad. Sodann wiederholt man die gesamte Prozedur. Danach fügt man 100 ml konz. HCl und etwas $CuSO_4$-Lösung hinzu. Man fällt mit H_2S und fährt wie üblich fort.

3. Zerstörung mit HCl und $KClO_3$.

Diese von FRESENIUS und BABO erstmals angewendete Zerstörungsmethode hat sich als ziemlich allgemein anwendbar für die Zerstörung organischen Materials zum Quecksilbernachweis erwiesen. Mit ihrer Hilfe sind zerstört worden: Fleisch, Brot, Kartoffeln, Rüben, Früchte, Milch, Getreide, Holz, Haare, Blut, Organe, Harn, Darminhalt, Erbrochenes. Nur für Fett ist diese Methode nicht geeignet. Gute Erfahrungen beim Quecksilbernachweis mit dieser Methode haben in den letzten 40 Jahren folgende Forscher gemacht: BUCHTALA, GROFFIER, SALKOWSKI (I), GUTMANN, SPICA, KOHN-ABREST, BÜLL, STOCK und Mitarbeiter, VITTE, die RÜTGERSWERKE, KÜHL und CZYZEWZKY, IVANOFF und LABAT. Die Arbeitsvorschrift hierfür lautet nach STOCK, CUCUEL und KÖHLE für Stuhl, Fleisch und Milch: 100 g organische Substanz werden fein zerkleinert und in einem ERLENMEYER-Kolben mit 2 g $KClO_3$ gründlich durchgeschüttelt. Darauf werden 50 ml konz. HCl zugesetzt, und der lose verschlossene Kolben wird 24 Std. stehen gelassen. Man wiederholt diese Prozedur so oft, bis die Substanz ganz zerfallen ist. Man erwärmt nun einige Stunden auf dem Wasserbad bis zum Verschwinden des Chlorgeruches und filtriert oder nutscht danach den Rückstand ab (durchschnittlich bleiben 30% der organischen Substanz ungelöst; sie enthalten aber kaum noch Hg). Das Filtrat wird auf 500 ml verdünnt. In ihm wird nach $CuSO_4$-Zusatz wie üblich das HgS gefällt. Bei sehr kleinen Hg-Mengen muß man darauf achten, daß die verwendeten Reagenzien vollkommen quecksilberfrei sind. Zu trockene organische Substanzen feuchtet man vor der $KClO_3$-Zersetzung etwas an, und Kartoffeln, Rüben, Mehl, Brot und Früchte erwärmt man zuerst längere Zeit auf dem Wasserbad mit der HCl, bevor man das $KClO_3$ zusetzt (in diesem Falle 5 bis 10 g).

4. Zerstörung mit HNO_3.

Das Verfahren von CARIUS, bei dem man die organische Substanz mit HNO_3 im Bombenrohr auf 270° erhitzt, hat den Vorteil, daß man eine vollständige Oxydation des organischen Materials erreicht und daß wegen des geschlossenen Rohres keinerlei Hg-Verluste eintreten können. Der Nachteil dieses Verfahrens besteht darin, daß immer nur verhältnismäßig kleine Substanzmengen zum Einsatz gelangen ($^1/_{10}$ g), so daß kleine Hg-Mengen nicht aufgefunden werden können (STOCK, CUCUEL und KÖHLE). — Die HNO_3 selbst, ohne Druckanwendung und Zusätze, hat keine starke zerstörende Wirkung. Das Kochen mit HNO_3 wurde nur zur Zerstörung von Mageninhalt, Essig und Mineralsalben mit Erfolg verwendet [LANDER und WINTER, REIF (I), JOREK]. — Dagegen wirkt Kochen mit Königswasser stark zerstörend auf Stoff und Hutfilz (LLOYD und GARDENER, LOCHTE und FIEDLER, BARRAL). — Das Verfahren von MANCINI (Erhitzen mit HNO_3—H_2O_2) wurde neuerdings von STOCK, CUCUEL und KÖHLE erprobt und eignet sich für die Zerstörung von Fleisch, Brot, Kartoffeln, Rüben und Früchten. Das Verfahren gestattet eine weitgehende Zerstörung des organischen Materials. Es bleiben kaum Rückstände (außer Fett). Es ist jedoch relativ viel Wartung bei der Ausführung erforderlich. Arbeitsvorschrift: 50 g Material werden im 1 l-Rundkolben, der mit Rückflußkühler versehen ist, mit 30 ml konz. HNO_3 versetzt. Bis zum Beginn der Reaktion (braune Dämpfe) wird mit kleiner Flamme vorsichtig erwärmt. Wenn nach etwa 1 Std. die Reaktion schwächer wird, setzt man 2 ml Perhydrol zu. Sobald das Aufschäumen nachgelassen hat, kocht man, bis eine klare Lösung vorliegt ($^1/_2$ Std.)

oder bis nur noch Fett vorhanden ist, welches nach dem Abkühlen als erstarrte Masse abfiltriert werden kann. Nun erwärmt man auf dem Wasserbad und setzt so lange Harnstoff in kleinen Mengen zu, bis keine Stickstoffentwicklung mehr zu beobachten ist. Schließlich verdünnt man auf 500 ml und fährt wie üblich fort.

5. Zerstörung mit H_2SO_4 und oxydierenden Zusätzen.

Die Verfahren mit H_2SO_4—$KMnO_4$ nach DENIGÈS und H_2SO_4—$(NH_4)_2S_2O_8$ nach DURET bieten nach STOCK, CUCUEL und KÖHLE keine Vorteile gegenüber dem Verfahren mit HCl—$KClO_3$. Auch soll die H_2SO_4 gelegentlich kleine Mengen Quecksilber enthalten, so daß die Gefahr der Einschleppung besteht. Verwendet wurde das H_2SO_4—$KMnO_4$-Verfahren für den Aufschluß von Harn (LOMHOLT und CHRISTIANSEN, ZIEGELER) sowie auch für anderes organisches Material (HUBBARD, HILLEBRAND und LUNDELL). — Auch eine Mischung aus H_2SO_4 und H_2O_2 ist gelegentlich zur Zerstörung organischen Materials und organischer Verbindungen verwendet worden (WÖBER, TABERN und SHELBERG, SCHULEK und FLODERER). Für Einzelheiten muß auf die Originalliteratur verwiesen werden. — Das Verfahren mit H_2SO_4—HNO_3 nach KERBOSCH ist verwendet worden für die Zerstörung von Organen und organischen Substanzen und Präparaten. Nach STOCK, CUCUEL und KÖHLE ist es für stark wasserhaltiges organisches Material besser geeignet als für Brot und Fleisch, weil letztere beim Erhitzen Kohle abscheiden. Folgende Autoren haben mit gutem Erfolg mit Hilfe dieses Verfahrens Quecksilber isoliert: LANDER und WINTER, STOCK, CUCUEL und KÖHLE, CAREY und SCHOETZOW, VITTE, LABAT, RANKIN und KOTEN. Die Arbeitsvorschrift von KOTEN für quecksilberorganische Verbindungen vom Typus R—O—C—S—Hg—R lautet: Die Substanz wird mit 10 ml 7%iger rauchender Schwefelsäure in einem ERLENMEYER-Kolben mit aufgesetztem Trichter erhitzt. Es werden 5 ml rauchende Salpetersäure und später 10 ml H_2O (in kleinen Portionen) zugefügt. Nach Zugabe allen Wassers und rotierendem Umschwenken soll die Lösung klar sein. Man oxydiert nun mit konz. $KMnO_4$-Lösung evtl. vorhandenes Hg_2^{++} zu Hg^{++}, setzt $FeSO_4$ hinzu, um den Permanganatüberschuß zu zerstören, und fährt wie üblich fort. — Seit den Beobachtungen von WAGENER (vgl. B. III. a.) wird neuerdings empfohlen, den Aufschluß kalt oder nur unter schwachem Erwärmen durchzuführen. Auch soll das Verfahren dem HCl—$KClO_3$-Aufschluß nicht überlegen sein (STOCK, CUCUEL und KÖHLE).

6. Zerstörung mit Eisessig und Brom.

Auch KHARASCH und FLENNER stellen beim Aufschluß quecksilberorganischer Verbindungen vom Typ R—Hg—X (X = Halogen) nach vorstehendem Verfahren eine Verflüchtigung von Quecksilberhalogenid fest. Sie empfehlen statt dessen folgendes Verfahren: 0,3 g Substanz werden mit 40 ml Eisessig und 2 ml Brom versetzt und 20 Min. stehen gelassen; danach gibt man 3 ml HCl hinzu und reduziert das Hg durch Zugabe von Zn-Staub. Die Temperatur soll dabei 50° nicht überschreiten. Sobald die Bromfarbe verschwunden ist, setzt man einen Überschuß von Zn-Staub zu und läßt über Nacht stehen, oder mindestens 3 Std. Nach Zugabe von 0,5 g feingemahlenen Silicagels (zur Entfernung kolloidalen Quecksilbers) filtriert man durch eine Lage von Silicagelpulver und wäscht wiederholt mit H_2O nach. Den Niederschlag löst man in HNO_3 (1 : 1) und gibt zu der Lösung $KMnO_4$ und $FeSO_4$ wie oben.

7. Zerstörung mit $HClO_4$-HNO_3.

NOYES und BRAY stellen fest, daß nach ihrem Verfahren die Gefahr des Quecksilberverlustes geringer ist als nach dem Verfahren mit H_2SO_4—HNO_3. Sie zerstören jegliche Art organischen Materials auf folgende Weise: Es wird so viel organisches Material verwendet, daß schätzungsweise 1 g Asche hinterbleibt. Die Probe wird mit 5 ml 9 n-$HClO_4$ auf dem Wasserbad erwärmt, und es wird tropfenweise 1 ml 16 n-HNO_3 hinzugegeben. Das Gefäß wird bedeckt und weiter auf dem Wasserbad erwärmt (unter weiterer Zugabe von 1 bis 3 ml 16 n-HNO_3), bis keine NO_2-Dämpfe mehr entstehen. Nun wird auf dem Drahtnetz vorsichtig bis zur Entwicklung von $HClO_4$-Dämpfen erhitzt, wobei nach Angabe der Autoren gelegentlich kleine Explosionen eintreten können. Ist fast die gesamte $HClO_4$ verdampft, so wiederholt man die Prozedur, bis kein verkohltes Material mehr zurückbleibt. Die perchlorsaure Lösung kann dann zur Analyse verwendet werden. — Fabre und Kahane sowie Lecoq verwenden zum Aufschluß ein Gemisch aus HNO_3, $HClO_4$ und H_2SO_4, beobachten jedoch Verflüchtigung von Quecksilber, besonders wenn dieses als $HgCl_2$ vorliegt.

8. Zerstörung durch Hydrolyse mit KOH.

Ssemenzow und Lemberski zerstören biogenes Material (Eiweiß- und Fettsubstanz) auf folgende Weise: 100 g Material werden mit 70 ml 20%iger KOH-Lösung übergossen. Zur Reduktion des Hg werden 5 ml Glycerin zugesetzt, und das Gemisch wird bis zur negativen Biuretreaktion am Rückflußluftkühler schwach gekocht. Das Hydrolysat wird nun mit 50 ml heißen Wassers verdünnt und heiß filtriert. Das Filtrat dient zum As-Nachweis. Der Filterrückstand samt Filter wird unter Zusatz von 5 bis 8 Tropfen Wasserstoffperoxyd mit HCl unter Erwärmen behandelt und 1 bis 2 Min. zur Entfernung des Chlors gekocht. Nach dem Filtrieren kann das Hg im Filtrat nachgewiesen werden. Statt mit H_2O_2—HCl kann man den Filterrückstand auch mit $KMnO_4$—H_2SO_4 behandeln. Ähnlich verfährt Zenghelis mit Harn.

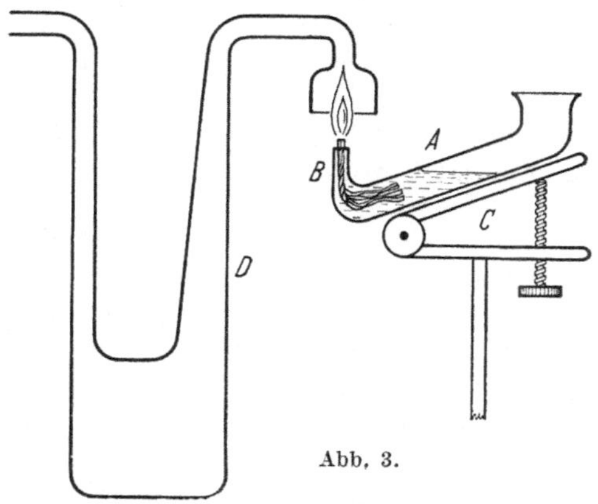

Abb. 3.

9. Zerstörung durch Verbrennung.

Die Verbrennung organischen Materials zum Hg-Nachweis ist angewandt worden auf organische Verbindungen (quecksilberorganische Verbindungen) und Fette. Einerseits wurde die Substanz in mit Königswasser gesättigtem O_2-Strom verbrannt, wobei sich $HgCl_2$ an den kälteren Teilen des Rohres niederschlug und zum Schluß herausgespült werden konnte (Verdino), andererseits wurde im Zuge der normalen Elementaranalyse ein Feingoldfilter eingeschaltet, welches das Hg adsorbieren sollte (Abelmann, Furter). Einfacher in der Handhabung ist das von Stock, Cucuel und Köhle angegebene Verfahren für die Fettverbrennung. Die Verfasser haben dieses Verfahren entwickelt, da nach ihrer Ansicht keines der vorher beschriebenen nassen Verfahren eine befriedigende Fettzerstörung gewährleistet. Abb. 3 veranschaulicht den Vorgang: Das Lämpchen *A* hat einen Durchmesser von 15 mm und wird mit 5 bis 6 g Fett ungefähr halb gefüllt. Manche Fettsorten rußen beim Brennen. Man löst sie dann in Benzin auf und verbrennt die Lösung. Der Docht *B* besteht aus Asbestfäden, die Vorrichtung *C* dient zum Kippen und Regulieren der Flammengröße (sie kann leicht durch einen einfacheren Apparat ersetzt werden). Durch die Falle D, die mit flüssiger Luft gekühlt ist, wird mit der Wasserstrahlpumpe ein Strom von etwa 50 l/Std. gesaugt. Wenn das Flämmchen bei *B* einmal brennt, bleiben die meisten Fette infolge der Wärme geschmolzen. Notfalls hilft man mit schwachem Erwärmen nach. Die Verbrennungsgase werden durch die Kühlfalle aufgefangen. Das Hg wird hieraus mit Chlorwasser gelöst und wie üblich nachgewiesen.

b) Isolierung des Quecksilbers durch Abtrennung von der organischen Substanz.

1. Abtrennung durch Verflüchtigung.

Die Absublimation des Quecksilbers durch Erhitzen des organischen Materials mit basischen oder reduzierenden Zuschlägen kann für den Nachweis des Hg in möglichst trockener, organischer Substanz ganz allgemein Anwendung finden. Sehr häufig wurde das Hg auf diese Weise in Sprengstoffen oder im Trockenrückstand des Harnes aufgefunden. Als basische Zuschläge finden CaO (HARGREAVES und ROSCOE, MAYER), Ätznatron (FLORIN), Kreide (HARGREAVES und ROWE) oder Soda (STONE), als reduzierende Zuschläge Cu-Pulver (CHAO-LUN-TSENG) oder Natriumformiat (VOURNASOS) Verwendung. Für die Ausführung sei auf STONE im Abschnitt D. § 2 verwiesen. Dort, in Abschnitt E. § 8 und in den Originalen finden sich die verschiedensten Nachweisverfahren, die der Verflüchtigung angeschlossen werden können. — Auch Verfahren nach Art der Wasserdampfdestillation sind zur Abtrennung des Hg von Harn und feuchter Schießwolle angewendet worden (vgl. hierüber MAYER und MOIR).

2. Abtrennung durch Extraktion.

Dieses Verfahren ist angewandt worden zur Abtrennung der Quecksilberverbindungen von öligen Injektionsflüssigkeiten, arzneilichen Zubereitungen und Salben. Als Extraktionsflüssigkeit dienten verdünnte wäßrige Säuren (SCHULEK und FLODERER, BRAUBACH). Nach SCHULEK und FLODERER löst man Salbenbestandteile (Lanolin, Vaseline) in Chloroform auf und schüttelt mit verd. HCl aus. In der salzsauren Lösung kann das Hg nachgewiesen werden. — Zur Abtrennung von Hg-Verbindungen aus Speisen, Fetten, Wein und auch Nitrocellulose wird als Extraktionsflüssigkeit Äther (FLORIN, NOYES und BRAY, MARTINI und BERISSO) oder ein Äther-Alkohol-Gemisch (LECCO) verwendet. Die Extrakte können eingedampft, in angesäuertem Wasser aufgelöst, filtriert und wie üblich auf Hg geprüft werden. — SALKOWSKI (II) isolierte Quecksilbersalze aus Harn, indem er $^1/_2$ l Harn mit HCl auf ein kleines Volumen eindampfte, mit HCl—$KClO_3$ zerstörte und den Trockenrückstand mit Alkohol extrahierte. Der Rückstand des Alkoholauszuges wurde nochmals mit 40 ml absolutem Alkohol und 40 ml Äther extrahiert und die Lösung filtriert und zur Trockne verdampft. In dem mit Wasser aufgenommenen Rückstand konnte das Hg wie üblich nachgewiesen werden.

3. Abtrennung durch gemeinsame Ausfällung mit Zusätzen.

Alle diese Verfahren sind vorwiegend für die Abscheidung des Quecksilbers und seiner Verbindungen aus organischen Flüssigkeiten, wie Harn und Magensaft, ausgearbeitet worden. — Die Ausfällung wird bei BARDACH und BLOK mit Hilfe von Eieralbumin nach der alten Methode von STUKOWENKOW und MALKES erreicht. Arbeitsvorschrift. $^1/_4$ bis 1 l Harn werden mit 0,8 g feinen, käuflichen Eieralbumins und mit 5 bis 7 ml 30%iger Essigsäure versetzt und im Wasserbade erhitzt. Es wird heiß filtriert. Der Niederschlag wird mit 10 ml konz. HCl versetzt, geschüttelt und mit einer blanken Kupferspirale $^3/_4$ Std. lang im Wasserbad stehen gelassen. Das evtl. an der Spirale abgeschiedene Hg wird wie üblich nachgewiesen. — LOMBARDO nimmt die Ausfällung aus salzsaurer Lösung in Gegenwart von $SnCl_2$ vor und untersucht den erhaltenen Eiweißniederschlag, der bei Gegenwart nennenswerter Mengen von Hg bleifarbig aussieht (1 : 80000), unter dem Mikroskop. — Statt mit Eiweiß kann das Hg nach GLASER und ISENBURG auch mit Tonerde quantitativ gefällt werden. Dazu werden 250 ml Harn mit 5 g $Al_2(SO_4)_3$ versetzt und in der Wärme mit Ammoniak gefällt. Der abgesaugte Niederschlag wird mit konz. HCl versetzt und auf dem Wasserbad $^3/_4$ Std. lang mit einer Kupferspirale erwärmt. Der Nachweis des Hg erfolgt darauf wie üblich. — Auch mit Hilfe des basischen Eisen(III)-acetates kann man aus ganz schwach saurer Lösung das Hg aus dem Harn niederschlagen (PERELSTEIN und ABELIN).

4. Abtrennung durch Niederschlagen auf Metallen.

Das Verfahren ist geeignet zur Abscheidung des Hg aus Harn, wäßrigen Extrakten von Leichen, Salben und gebeiztem Saatgut, Pflanzensäften und anderen organischen Flüssigkeiten. Es wurde um die Jahrhundertwende fast ausschließlich für die Abscheidung des Hg aus den genannten Flüssigkeiten verwendet, scheint aber heute durch die sauberere und empfindlichere Chlorzerstörung (C. II. a. 2.) weitgehend verdrängt worden zu sein. Es seien hier nur einige der sehr zahlreichen, im Prinzip ähnlichen Arbeitsvorschriften gegeben.

α) Abscheidung an Edelmetallelementen. ZENGHELIS verwendet das Element Pt—Cu. Arbeitsvorschrift: Die zu untersuchende Flüssigkeit läßt man 12 Std. lang mit einer aus mitteldünnem Platin- und Kupferdraht hergestellten Spirale von 20 cm Länge stehen, nachdem man die Flüssigkeit vorher mit wenigen Tropfen HCl angesäuert hatte. Der Nachweis auf Hg an der gewaschenen und getrockneten Spirale erfolgt wie üblich. Ähnliche Verfahren beschreiben MAYENÇON, BERGERET und BYASSON.

β) Abscheidung an Silber, Kupfer, Messing und Zink. PETRI beschreibt die Abscheidung von Hg aus Pflanzensäften mittels Ag-Blättchen. — Cu-Blech, -Schnitzel, -Draht oder -Pulver verwenden WOLFF und NECA, BRUGNATELLI und JANNASCH. Letzterer bringt die nicht zu saure Flüssigkeit längere Zeit mit Cu-Schnitzeln in Berührung und stellt das hierzu verwendete ERLENMEYER-Kölbchen ab und zu in lauwarmes Wasser. — FÜRBRINGER, STICH und LIEBERMANN verwenden Messingwolle, Messingblech oder unechtes Blattgold. Arbeitsvorschrift nach FÜRBRINGER: 500 ml Harn werden angesäuert, mit 0,25 g Messingwolle in Berührung gebracht und auf 60 bis 70° erhitzt. Dauer der Einwirkung: einige Zeit. — LUDWIG und FARUP verwenden Zn-Staub. Die Arbeitsvorschrift ist die gleiche wie bei FÜRBRINGER, nur werden statt der Messingwolle 3 g reinsten Zn-Staubes verwendet.

γ) Abscheidung an Aluminium. Arbeitsvorschrift für Öle, gebeiztes Saatgut und Salben nach TORNOW: Von dem Material werden 0,1 g möglichst auf den Boden eines kurzen, aber nicht zu engen Reagensglases gegeben. Dazu fügt man 2 ml 5%ige KOH- und 2 ml 25%ige $Na_2S_2O_3$-Lösung hinzu. Man erwärmt mit kleiner Flamme bis zum Sieden, entfernt das Glas aus der Flamme und taucht eine 12 cm lange und 5 bis 6 mm breite Al-Folie (0,2 bis 0,3 mm stark) in die Lösung ein. Die Lösung schäumt hierbei bis ungefähr zum Rand des Gläschens auf. Beim Nachlassen des Schäumens erwärmt man nochmals schwach. Nach etwa $^1/_4$ Min. nimmt man die Folie heraus, spült mit Wasser ab und trocknet mit einem trockenen Tuch ab. Dabei überzieht sich das vorher blanke Blech bei Anwesenheit von Hg mit einer weißen Schicht von Al_2O_3, die gewöhnlich etwas aufgerauht ist. Bleibt die Folie zu lange in der Lösung oder sind größere Hg-Mengen anwesend, so ist der untere, eingetauchte Teil später grau gefärbt, der obere, nur vom Schaum benetzte dagegen weiß (vgl. auch Abschnitt D. § 3 a. 3. und LEPPER).

5. Abtrennung durch Elektrolyse.

Die Methode ist ebenfalls hauptsächlich für organische Flüssigkeiten verwendet worden. Sie ist empfindlicher als die eben beschriebene Abscheidung auf Metallen, hat aber wie diese den Nachteil, daß organisches Material leicht mit abgeschieden wird. BROWNING verfährt folgendermaßen: Die organische Flüssigkeit wird mit einigen Tropfen HNO_3 angesäuert. Dann werden 2 Goldfolieelektroden $0{,}65 \times 1{,}5$ cm, die an Platindrähte angelötet und vorher ausgeglüht worden sind, eingetaucht, und die Lösung wird elektrolysiert. Bei 10 ml Flüssigkeit erfolgt die Elektrolyse mit 0,2 A ohne Rühren in einer kleinen Quarzschale über einen Zeitraum von 10 bis 15 Min. Bei 200 ml und mehr beträgt die Stromstärke 2 A, und es muß gerührt werden. Die Flüssigkeit darf sich jedoch nicht erwärmen. Die Elektrode mit dem abgeschiedenen Hg wird wie üblich weiterverarbeitet. Es empfiehlt sich in solchen Fällen, das Hg spektrographisch nachzuweisen, da dieser Nachweis durch geringe Mengen organischen Materials kaum gestört wird [vgl. auch WOLF und REIF (II)]. — Sehr zuverlässig sind die Verfahren, bei denen die Zerstörung der organischen Flüssigkeit mit HCl—$KClO_3$ vorgenommen wird und das Hg anschließend aus der Lösung elektrolytisch abgeschieden wird. Eine Arbeitsvorschrift hierfür kann aus dem Vorhergehenden ohne weiteres entnommen werden (vgl. auch SCHNEIDER, JÄNECKE und BUCHTALA).

D. Nachweismethode.

§ 1. Physikalische Nachweismethoden.

a) Emissionsspektralanalyse.

Die Spektralanalyse des Quecksilbers und seiner Verbindungen (übrigens auch die Spektralanalyse aller anderen Metalle) ist bis jetzt fast ausschließlich als Emissionsspektroskopie und mit Bogen- oder Funkenanregung durchgeführt worden. Von wenigen Ausnahmen abgesehen, bedeutet dies die Zersetzung der vorliegenden Substanz und die Emission des Elementspektrums des Quecksilbers. Die zur Analyse verwendeten Spektrallinien sind fast ausschließlich dem neutralen Atom (Bogenlinien), weniger häufig dem einfach ionisierten Ion (Funkenlinien) zuzuschreiben.

In der vorliegenden Arbeit können die theoretischen und experimentellen Grundlagen der Spektralanalyse nur kurz referiert werden. Nur dort, wo für das Quecksilber besondere Apparate oder Handhabungen erforderlich sind, wird ausführlicher berichtet. Es sei daher für den nicht mit der Spektralanalyse vertrauten Analytiker, der diese Analysenmethode verwenden will, auf folgende Bücher verwiesen: SEITH und RUTHARDT, Kurzes Anleitungsbuch für die praktischen Handgriffe der Spektralanalyse in Aufgabenform. GERLACH und SCHWEITZER (I), HENRICI und SCHEIBE oder LUNDEGÅRDH, Experimentelle und theoretische Grundlagen der Spektralanalyse, bei letzterem hauptsächlich Flammenspektroskopie. LÖWE, Praktisches Anleitungsbuch. JUDD LEWIS oder CANDLER, Kurze Einführungen, letzteres hauptsächlich praktisch. HARRISON, LORD und LOOFBOUROW, Ausführlicheres Einführungsbuch mit größerem Gewicht auf dem Praktischen. TWYMAN, Ausführliches Lehrbuch für die Spektroskopie der Metalle, ebenfalls mehr praktisch orientiert. BRODE, Ausführliches Lehrbuch mit theoretischen Grundlagen.

1. Emissionsspektralanalyse im sichtbaren und ultravioletten Gebiet.

α) Lichtquellen, Elektroden und Stative. Der BUNSEN-Brenner reicht zur Anregung der Quecksilberlinien nicht aus. Will man mit Flammenanregung arbeiten, so kann man die von LUNDEGÅRDH empfohlene Acetylensauerstoff-Flamme verwenden. Doch ist die Empfindlichkeit bei dieser Art der Anregung nicht sehr groß, und man arbeitet vorteilhafter mit Bogen- oder Funkenanregung. — Der elektrische Lichtbogen, meist Gleichstrombogen, wird am einfachsten zwischen zwei Spektralkohlen erzeugt. Er ist überhaupt einfacher und schneller zu handhaben als der Funken und ist sehr empfindlich. Jedoch ist die Erwärmung der Elektroden sehr groß, und das Quecksilber oder seine Verbindungen verdampfen deshalb sehr schnell. Dies kann man dadurch umgehen, daß man mit MANNKOPF und PETERS und HARRISON, LORD und LOOFBOUROW ein bis zu 3 cm tiefes Loch in die untere Elektrode (Kathode) bohrt, in das man die (möglichst als Pulver oder feste Substanz vorliegende) Quecksilberverbindung einbringt. Den Spektrographenspalt stellt man hierbei am besten auf die negative Glimmschicht direkt oberhalb der Kathode ein, weil nach den Erfahrungen von MANNKOPF und PETERS hier die Atomlinien der Metalle am stärksten auftreten und der Lichtbogen hier am gleichmäßigsten emittiert. — Eine Funkenstrecke, die man zwischen Kohle- oder auch Metallelektroden erzeugen kann, ist besonders für die Untersuchung von Lösungen gut geeignet. Es sind besondere Formen von Lösungselektroden entwickelt worden [GERLACH und SCHWEITZER (I)], die gewöhnlich aus Gold, Platin oder ähnlichen Metallen hergestellt werden. Beim Abfunken werden die Linien des Elektrodenmaterials mitangeregt. Die Linien solcher Elektrodenmaterialien finden sich bei LUNDEGÅRDH. Eine Funkenentladung ist im allgemeinen konstanter in der Lage und erzeugt infolgedessen eine konstantere Bestrahlung des Spektrographenspaltes als eine Bogenentladung. — Der durch Hochfrequenz erregte Funke von GERLACH und SCHWEITZER (II) (s. auch GORONCY und URBAN) benötigt nicht zwei einander gegenüberstehende Elektroden. Auf einem schrägen Metalltellerchen liegt eine Glasplatte, auf der man auf Filtern befindliche Niederschläge oder dünne Metallfolien, auf denen man das Quecksilber elektrolytisch niedergeschlagen hat (s. auch D. § 1 d.), abfunken kann. Ein Zinkstäbchen dient als Gegenelektrode. Die Erwärmung und der Materialverbrauch des zu untersuchenden Materials sind geringer als bei einer gewöhnlichen Funkenstrecke, und die Ausnutzung des verdampfenden Materials bei der Erregung ist sehr viel besser. Der Charakter des Spektrums ist „bogenähnlich", die Funkenlinien sind stark unterdrückt.

Verschiedene andere Elektrodenanordnungen, wie z. B. der Funken in der Flamme, der Tauchfunken und der Tauchbogen von LUNDEGÅRDH oder die Tauchelektroden von TODD, haben sich für die Quecksilberanalyse offenbar nicht durchgesetzt. Dagegen werden die Glimmentladung und die elektrodenlose Entladung zum Nachweis von Quecksilberdampf in der Luft benutzt (s. MANLEY und FENNER unter E. § 7a.). — Als Stativ verwendet man am besten ein Funkenstativ nach DE GRAMONT, das sehr vielseitig verwendbar ist.

β) Spektralapparate. Der für die Quecksilberanalyse verwendete Spektrograph muß nach GERLACH und GERLACH neben großer Lichtstärke auch eine möglichst große Dispersion besitzen, da die bei kleinen Konzentrationen einzig brauchbare Quecksilberlinie 2536,5 Å nur 1 Å entfernt ist von der stärksten Phosphorlinie 2535,5 Å. Bei Spektrographen mittlerer Auflösung genügt die Differenz nur dann, wenn Phosphor neben Quecksilber vorhanden ist. Man beobachtet dann eine Verbreiterung der Linie oder bei sehr engem Spalt mit der Lupe eine Intensitätsunterbrechung. Da die „letzte Linie" des Quecksilbers im ultravioletten Gebiet liegt, muß der zu verwendende Spektrograph entweder ein Gitterspektrograph oder ein Spektrograph mit Quarzprisma und Quarzoptik sein. Der lichtstärkere Quarzspektrograph verdient den Vorzug. Zu empfehlen sind von den älteren Modellen der Spektrograph für Chemiker von ZEISS und von den neueren Modellen der Spektrograph Q 24 von ZEISS, dem nach TWYMAN in England der HILGER Medium Size Spectrograph entspricht.

γ) Die analytisch wichtigen Linien des Quecksilbers und ihre Koinzidenzen. Tab. 2 enthält die für die Spektralanalyse des Quecksilbers in Frage kommenden Linien. Sie werden von mehreren Autoren (GERLACH und RIEDL, HARRISON, LORD und LOOFBOUROW, LÖWE, LUNDEGÅRDH, PINA DE RUBIES, TWYMAN und SMITH) übereinstimmend angegeben. Einige weitere Analysenlinien finden sich noch bei LÖWE und TWYMAN und SMITH, doch scheinen sie für die Analyse nicht so gut geeignet zu sein, da sie von den übrigen Autoren nicht genannt werden. Eine neuere Zusammenstellung von Analysenlinien findet sich bei MEGGERS. Die in der Tabelle gemachten Angaben über Intensität und Selbstumkehr (*R*) der Linien stammen aus dem Tabellenwerk von KAYSER und RITSCHL.

Tabelle 2. *Zur Analyse des Quecksilbers geeignete Spektrallinien.*

Wellenlänge in Å	Ladungszustand des emittierenden Teilchens	Intensität	Bemerkungen
2536,5	ungeladenes Atom	100 R	„letzte Linie“
2967,3	„ „	10 R	
3125,6	„ „	10 R	
3131,5	„ „	5 R	
3131,8	„ „	8 R	
3650,2	„ „	10 R	
3654,8	„ „	6 R	
3663,3	„ „	10 R	
4046,6	„ „	10 R	
4358,3	„ „	10 R	
5460,7	„ „	10 R	

Die wichtigsten Koinzidenzen und Störungslinien mit Kontrollinien für die Wellenlängen 2536,5, 3650,2 und 4358,3 Å finden sich bei GERLACH und RIEDL. Die Kontrollinien erfüllen folgende Bedingung: Ist Hg abwesend, so sind sie ebenso stark oder etwas stärker als die Linien, die als Störungslinien des Hg auftreten. Ist Hg jedoch zugegen, so ist das Intensitätsverhältnis umgekehrt. Dann sind die Kontrollinien schwächer als die gestörten Linien. Auf diese Weise läßt sich also trotz der angezeigten Störung Hg eindeutig nachweisen. — 2536,5 Å: Koinzidenzen werden verursacht durch starke Linien von P (vgl. D. § 1a. 1. β), Pb, Co, Fe, Pt und Rh und durch eine sehr schwache Linie von W. Ist die Gegenwart von W nicht sicher, so suche man noch nach seiner Kontrollinie bei 2533,0 Å. Innerhalb des Bereiches von 2 Å fallen noch folgende Linien: Fe 2536,8 Å (Kontrollinien 2538,8 und 2539,0 Å), Rh 2536,7 Å (Kontrollinie 2537,1 Å), Co (Bogenlinie) 2535,9 Å (Kontrollinie [Bogenlinie] 2432,2 Å), Fe (Bogenlinie) 2535,6 Å (Kontrollinie [Bogenlinie] 2541,0 Å), Mo 2538,5 Å (Kontrollinie [Funkenlinie] 2646,5 Å), Os 2538,0 Å (Kontrollinien 2542,5 und 2498,4 Å), Ti (Funkenlinie) 2535,9 Å (Kontrollinie [Funkenlinie] 2534,6 Å). — 3650,2 Å: Koinzidenzen sind zu erwarten mit starken Linien des Cd, Ra, Sc, Cr, Fe, Os und Ru und mit einer sehr schwachen Linie des Mo. Innerhalb des Bereiches von 5 Å treten noch folgende Linien auf: Fe (Bogenlinie) 3647,8 Å (Kontrollinie [Bogenlinie] 3631,5 Å), Ra (Funkenlinie) 3649,6 Å (Kontrollinie [Funkenlinie] 2813,7 Å), Sc (Funkenlinie) 3651,8 Å (Kontrollinie [Funkenlinie] 3645,3 Å), Ti (Bogenlinie) 3653,5 Å (Kontrollinien [Funkenlinien] 3234,5 und 3239,0 Å). — 4358,3 Å: Koinzidenzen sind zu erwarten mit starken Linien von Al, Cr, Fe, Mg, Ni, Os, Pd, Pt und Sc und mit schwachen Linien von Mo und V. Bei kleiner Dispersion des Spektrographen können noch Koinzidenzen auftreten mit starken Linien von Ba und Mn und mit schwachen Linien von Co, Rh und Ti. Innerhalb des Bereiches von 4,5 Å tritt noch Cr (Bogenlinie) 4359,6 Å (Kontrollinie [Bogenlinie] 4371,3 Å) auf.

δ) Arbeitsvorschriften und Empfindlichkeiten. Die qualitative Analyse des Quecksilbers bereitet nach einiger Übung meist keine größeren Schwierigkeiten mehr. Man spart später viel Zeit, wenn man zu Anfang den Spektrographen tadellos justiert. Man verwende einen möglichst engen Spalt und hochwertige photographische Platten (sofern man im ultravioletten Gebiet arbeitet). Nach solchen gründlichen Vorbereitungen wird es oft möglich sein, das Quecksilber schon mit einer einzigen Aufnahme neben anderen Elementen nachzuweisen. Ist die Zahl der im Spektrum angeregten Linien sehr groß (dieser Fall kann bei Funkenanregung eintreten) oder ist die Quecksilbermenge sehr klein, und befinden sich die Analysenlinien nahe denjenigen eines dominierenden Elementes (z. B. Eisen), so kann bezüglich der Anwesenheit des Quecksilbers Unsicherheit entstehen. Man kann sich hier in verschiedener Weise helfen. Entweder nimmt man mit Hilfe einer HARTMANNschen Stufenblende das Spektrum von reinen Proben der fraglichen Elemente neben dem Spektrum der Analysenprobe auf die gleiche Platte auf, oder man führt vor der Spektralanalyse einen regulären qualitativen Trennungsgang durch. In vielen Fällen kommt man, sofern es sich um Lösungen handelt, auch mit einfacher Verdünnung zum Ziel. Man identifiziert möglichst zwei oder drei Linien des Quecksilbers, sofern dies der Konzentration wegen überhaupt möglich ist.

SCHULER spektroskopierte Lösungen von Quecksilber(II)-chlorid, -bromid, -jodid, -nitrat, und -sulfat sowohl mit Bogen- als auch mit Funkenerregung und fand, daß man das Quecksilber noch in Mengen von 0,0001 mg nachweisen kann. In einer neueren Arbeit von VAN CALKER sind die Empfindlichkeiten des spektralanalytischen Quecksilbernachweises aus Lösungen bei verschiedenen Anregungsarten einander gegenübergestellt. VAN CALKER verwendet eine Lösungselektrode nach GERLACH und SCHWEITZER (I), die aus einem kleinen in eine Messinghalterung eingebetteten Platinschälchen besteht. Das Auftreten von Kriechströmen zur Messingunterlage wird durch Einfetten des Randes des Platinschälchens verhindert. Als Gegenelektrode wird Iridium verwendet. Der Quecksilbersalzlösung im Schälchen wird der besseren Leitfähigkeit halber $NaNO_3$ zugesetzt, aber nicht so viel, daß die Lösung mehr als 10% davon enthält. In diesem Falle tritt nämlich bei der Entladung starkes Spritzen ein. Die Empfindlichkeiten bei dieser Anordnung sind: Bei Anregung durch kondensierten Funken oder Hochfrequenzfunken 0,02 mg Hg, bei Anregung durch den Flammenbogen [GERLACH und SCHWEITZER (I)] 0,0002 mg Hg und bei Anregung durch den Gleichstromdauerbogen oder Abreißbogen 0,004 mg Hg. — Für Niederschläge konnten GERLACH und SCHWEITZER (II) auch mit der Hochfrequenzanregung größere Empfindlichkeit erreichen. Beim Abfunken von Filtern, auf denen HgS zusammen mit CuS niedergeschlagen war, ließen sich noch 0,004 mg Hg nachweisen. Wurde das Quecksilber vorher auf einer hauchdünnen Zinnfolie elektrolytisch niedergeschlagen, so konnten beim Abfunken sogar noch 0,00007 mg Hg aufgefunden werden (vgl. SCHLEICHER u. a. D. § 1 d.). — Es sei auch verwiesen auf die vielen Anwendungen der Spektralanalyse, von denen einige im Abschnitt E. behandelt werden.

2. Röntgenspektroskopie.

Auch die Spektroskopie sekundärer Röntgenstrahlen von DE BROGLIE (I) kann ein wertvolles analytisches Hilfsmittel sein, insbesondere in solchen Fällen, in denen es darauf ankommt, daß die zu untersuchende Substanz in keiner Weise verändert wird. Hierbei wird die Strahlung einer normalen Pt- oder W-Antikathode auf ein Glasscheibchen gerichtet, auf dem sich eine etwa 1 mm dicke Schicht der zu untersuchenden Substanz befindet. Diese Schicht emittiert nun ihrerseits die ihren Elementen entsprechende Röntgenstrahlung. In einem Röntgenspektrographen kann die Strahlung dann zerlegt und analysiert werden. Mit Hilfe des MOSELEYschen Gesetzes ist eine absolut sichere Zuordnung der Röntgenspektrallinien zu den Elementen möglich. DE BROGLIE (I) untersuchte das Quecksilber in Form des Zinkamalgams, doch ist zweifellos jede andere Verbindung oder Mischung ebenfalls für die Analyse geeignet. Für Einzelheiten muß auf das Original sowie auf die Lehrbücher der Röntgenspektroskopie verwiesen werden (z. B. HALLA und MARK).

b) Absorptionsspektralanalyse.

1. Ultraviolettes, sichtbares und ultrarotes Gebiet. RAMAN-Spektrum.

Die Absorptionsspektroskopie liefert normalerweise nicht die Elementspektren, sondern die Molekülspektren der untersuchten Substanzen. Solche Molekülspektren sind bei anorganischen und organischen Quecksilberverbindungen bereits in großer Zahl untersucht. Zusammenstellungen hiervon für das ultrarote, das sichtbare und das ultraviolette Gebiet sowie Zusammenstellungen von RAMAN-Linien finden sich mit genauen Literaturangaben bei LANDOLT und BÖRNSTEIN. Diese Spektren sind oft sehr charakteristisch für die betreffende Verbindung, sind jedoch bisher fast nie als Hilfsmittel für die analytische Chemie verwendet worden. Dies liegt für den allgemeinen Fall wohl an der größeren Mannigfaltigkeit des Absorptionsspektrums: Während im Emissionsspektrum stets, unabhängig vom Verbindungspartner, das Linienspektrum des elementaren Quecksilbers auftritt, liefert das Absorptionsspektrum von Verbindungspartner zu Verbindungspartner ein verschiedenes Spektrum. Für spezielle analytische Probleme jedoch kann die Absorptionsspektroskopie ein ausgezeichnetes Hilfsmittel darstellen. FISCHER und WEYL untersuchten die Dithiozonkomplexe einer Reihe von Schwermetallen und nahmen deren Absorptionsspektren im Wellenbereich von 4000 bis 7000 Å auf. Für das Quecksilber liegen die Absorptionsmaxima für die einwertige und die zweiwertige Form (auch mit einwertigem Quecksilber entsteht nach Ansicht der Autoren der Komplex der zweiwertigen Form) bei 5000 (Ketoform) und 5350 Å (Enolform). Dadurch läßt sich das Quecksilber ohne weitere Trennung unterscheiden von den Dithizonaten des Cu, Ag, Au, Zn, Cd, Th, Sn, Pb, Bi, Mn, Fe, Co, Ni und Pd. Für Einzelheiten muß auf das Original verwiesen werden.

2. Röntgenabsorptionsspektrum.

Auch die K-Absorptionskante im Röntgenabsorptionsspektrum, die ihre Lage von Element zu Element in der gleichen Weise gesetzmäßig ändert wie die Röntgenemissionsstrahlung (D. § 1 a. 2.), wird von DE BROGLIE (II), SIEGBAHN und JÖNSSON als rasche und bequeme Methode der Spektralanalyse empfohlen. Für Einzelheiten muß wieder auf die Originale verwiesen werden.

c) Fluoreszenzanalyse.

WOLF weist Hg_2Cl_2 nach mit Hilfe seiner orangeroten Fluoreszenz, die bei Bestrahlung mit ultraviolettem Licht auftritt. — Hg_2Br_2 zeigt unter der Analysenquarzlampe eine rote Fluoreszenz. HIDEHIRO GOTO benutzt diese Erscheinung zum Nachweis auch des zweiwertigen Quecksilbers, indem er die zu untersuchende Lösung mit $SnCl_2$- und danach mit KBr-Lösung versetzt. — Hier sei auch verwiesen auf die Fluoreszenzanalyse als Hilfsmittel der chromatographischen Analyse

(POLLARD, MCOMIE, ELBEIH C.I.b.2.γ), als Hilfsmittel zur Erkennung von Metallabscheidungen (KÜHL, CZYZEWSKY D. § 3 a. 4) und als Hilfsmittel zur Untersuchung von Bohrproben auf Quecksilber (DE MENT E. § 7 b).

d) Elektrolytische Abscheidung.

Das elektrolytische Verfahren zum Nachweis von Quecksilber ist besonders in solchen Fällen zu empfehlen, in denen es sich um den Nachweis von kleinen und kleinsten Quecksilbermengen in großen Flüssigkeitsvolumina handelt. Es ist daher auch ursprünglich für den Nachweis von Quecksilber im Harn und anderen organischen Flüssigkeiten entwickelt worden, und Literaturangaben finden sich in den Abschnitten E. § 8 a—d. Für den Nachweis von größeren Quecksilbermengen wählt man vorteilhafter eine einfachere und weniger zeitraubende Nachweisform gemäß D. § 3 oder D. § 2 aus, oder man bedient sich des sehr schnell arbeitenden und einfachen elektrolytischen Verfahrens von DJATSCHKOWSKI, USTINSKAJA und MITROPOLSKI und ORLENKO, dem allerdings auch die Vorzüge des klassischen elektrolytischen Verfahrens, die hohe Empfindlichkeit und vor allen Dingen die niedrige Lage der Grenzkonzentration, abgehen. Bei der „Elektrocapillarmethode" wird ein Tropfen der zu untersuchenden Lösung auf die Mitte eines mit dest. Wasser angefeuchteten Filtrierpapierstreifens (nur aschefreies Filtrierpapier verwenden) aufgebracht. An den Rändern des Papierstreifens befinden sich Aluminiumelektroden, und bei Einschaltung des Netzstromes von 120 Volt wandern die Ionen zu den entsprechenden Polen. In der Silbergruppe wandert das Pb^{++} schneller als das Ag^{+} und dieses wieder schneller als das Hg_2^{++}. Werden auf den Weg dieser Ionen Kriställchen von KJ und K_2CrO_4 gelegt, so treten zuerst die Pb-Ionen mit dem Jodid unter Bildung von orangegelbem PbJ_2 unweit des Kristalles in Reaktion. Darauf erscheint um das K_2CrO_4-Kriställchen ein ziegelroter Ring von Ag_2CrO_4, während das Hg_2^{++} einen zweiten, gelbroten Ring ergibt, welcher unter Einwirkung von Ammoniak schwarz wird. Ausführungsdauer 3 Min. — Innerhalb der 2a-Gruppe kann man auf entsprechende Weise das Hg^{++} mit KJ erkennen, wobei Cd, Bi und Cu nicht stören sollen.

Verschiedene ältere Ausführungensformen der klassischen Elektrolyse (z. B. KOHN) dürften heute kaum noch große Bedeutung haben, da sie zu wenig empfindlich sind.

SCHLEICHER kombiniert die Elektrolyse mit der Funken-Spektrographie, indem er das als Kathode dienende Kupferdrahtnetz direkt vor einem Spektrographen abfunkt. Die Erfassungsgrenze beträgt 10 γ Hg, die Grenzkonzentration 1 : 10000000, und von den Metallen Ag, Pb, Bi, Cu, As, Sb, Sn, Ni, Co, Cd, Zn und Mo können gleichzeitig je 1000 γ anwesend sein, ohne zu stören. Die Lösung der Sulfate, Nitrate und Chloride der Metalle (möglichst nicht mehr als 1 mg pro Metall) wird mit 5 ml konz. HCl versetzt und auf 50 bis 100 ml verdünnt. Nach Zugabe von 0,2 bis 0,3 g Hydrazinhydrochlorid und evtl. 1 g NH_4NO_3 (um Cd in Lösung zu halten) wird mit ND_{100} 0,15 bis 0,03 Ampère und einem Kathodenpotential von 0,3 bis 0,9 Volt (gegen n/10-Kalomelelektrode) 40 Min. lang bei bewegtem Elektrolyten elektrolysiert. Als Kathode dient dabei ein Kupferdrahtnetz (3,6 × 2,8 × 0,025 cm), das auf einen Pt-Drahtrahmen aufgezogen ist. Nach Beendigung der Elektrolyse wird die Kathode unter Strom durch Eintauchen in Wasser gewaschen, abgetropft und im Exsiccator über $CaCl_2$ getrocknet. Während des Abfunkens in einem Funkenstativ nach DE GRAMONT gegenüber einem Cu-Draht vor einem Spektrographen für Chemiker von ZEISS wird das Drahtnetz in einen hierfür besonders konstruierten Schlitten eingespannt und horizontal hin- und herbewegt. Der abgefunkte Streifen wird dann unter dem Draht weggeschoben, so daß ein anderer Streifen abgefunkt werden kann. Der Polabstand beträgt 1,5 mm, die Entladungsbedingungen sind: Kapazität 12000 cm, Selbstinduktion

0,0002 Henry, primäre Stromstärke 2 Ampère. Das Spektrum wird photographisch aufgenommen und mit einer Wellenlängenskala und den unter ähnlichen Bedingungen erhaltenen Spektren der reinen Metalle übereinander auf den gleichen Abzug kopiert. Das Hg kann neben seinen Gruppengenossen gut erkannt werden, Ag, Pb, Bi, Cu, As, Sb, Sn werden mit Hg zusammen an der Elektrode abgeschieden, während die übrigen genannten Metalle erst in ammoniakalischer Lösung abgeschieden werden. Für weitere Einzelheiten muß auf das Original verwiesen werden. Siehe auch GERLACH und SCHWEITZER (II) und VAN CALKER, die schon unter D. § 1 a. 1. erwähnt sind.

BOOTH und SCHREIBER und STOCK und LUX können mit ihren Ausführungsformen Bruchteile von γ Hg nachweisen. Dabei beobachten BOOTH und SCHREIBER die amalgamierte Kupferkathode unter dem Mikroskop, während STOCK und LUX das Hg von der Kathode abdestillieren und in einer Capillare mit der Lupe untersuchen. Es folgt die Ausführungsform von STOCK und LUX, in welcher alle vorhergehenden Erfahrungen berücksichtigt zu sein scheinen. Als Elektrolyt dienen 10 bis 15 ml der zu untersuchenden Lösung, in welcher das Hg möglichst als Chlorid vorliegen soll. Die Lösung wird mit 0,3 ml konz. HCl versetzt und gegebenenfalls noch mit 2 Tropfen einer 1%igen $CuSO_4$-Lösung, falls man bei der Elektrolyse eine neue Platinanode verwenden will, aus der ohne den Cu-Zusatz Pt in Lösung gehen und sich auf der Kathode niederschlagen könnte. — Die Apparatur besteht aus einem 20 ml-Becherglas (breite Form), einer Anode aus 0,5 mm starkem ausgeglühtem Platindraht und einer Kathode aus ebenfalls 0,5 mm starkem Kupferdraht. Es darf nur reinstes Elektrolytkupfer verwendet werden. Der 25 cm lange Draht muß vor der Elektrolyse abgeschmirgelt, ausgeglüht, nochmals abgeschmirgelt und mit Filtrierpapier abgerieben werden. Danach darf er nur noch mit einer reinen Pinzette angefaßt werden. Im Elektrolysiergefäß läuft er an seinem unteren Ende in waagerechte Windungen aus, während der aufsteigende Ast von einem 1 mm weiten Capillarrohr umgeben ist. — Die Elektrolyse wird mit einer Spannung von 4 Volt und einer Stromstärke von 20 bis 80 mA durchgeführt und soll mindestens 6 Std., bei größeren Flüssigkeitsmengen als 10 ml entsprechend länger fortgesetzt werden. Bei Kupfersulfatzusatz braucht man nur 2 bis 3 Std. An der Kathode muß sich dauernd Wasserstoff entwickeln, und bei eintretender Schwarzfärbung derselben (Platinabscheidung) ist die Analyse abzubrechen und unter $CuSO_4$-Zusatz zu wiederholen, da in diesem Falle die Hg-Abscheidung nicht quantitativ ist. — Nach der Elektrolyse wird der Draht unter größter Vorsicht in dest. Wasser gespült, auf einer Glasplatte von H_2O befreit, dann nach Abschneiden des oberen, in der Capillare befindlichen Endes zu einem schmalen, 3 cm langen Bündel zusammengeknickt und über $CaCl_2$ p. a. getrocknet. — Nun wird ein Glasröhrchen (3,5 mm $\times$ 20 cm) peinlichst mit Chromschwefelsäure, verdünnter Natronlauge und Wasserdampf gereinigt und im getrockneten Luftstrom getrocknet. In der Mitte des Röhrchens zieht man eine Capillare von 4 bis 5 cm Länge und 0,3 bis 1 mm Weite aus und biegt darauf das eine Ende des Röhrchens nach unten um. In das andere Ende bringt man den Kupferdraht ein und verschließt dann das Röhrchen, ohne den Draht zu erhitzen. Das horizontal auf einer Halterung ruhende Röhrchen wird nun allmählich und später einige Minuten bis fast zum Zusammenschmelzen des Glases erhitzt. Schließlich schmilzt man den Draht blasenfrei in das Glas ein. Während des Erhitzens wird die dem Draht abgewandte Hälfte der Capillare mit einem Streifen Filtrierpapier und fließendem Wasser gekühlt. Erwartet man weniger als 0,2 γ Hg, so verwendet man statt des Filtrierpapiers einen Aluminium- oder Kupferblechstreifen zur Kühlung. Der Blechstreifen taucht in flüssige Luft oder Aceton-Kohlensäure-Mischung. In diesem Falle darf die Capillare nicht enger als 1 mm sein, um Eisverstopfungen zu vermeiden. — Nach der Erhitzung schmilzt man die Capillare $1^1/_2$ cm von der gekühlten Stelle entfernt ab und prüft den Beginn der gekühlten Stelle sofort mit einer guten Lupe. Außer den metallisch glänzenden Hg-Tröpfchen und einem kleinen farblosen Wasserkondensat, das nie fehlt, darf nichts zu sehen sein. Ein gelber und roter Beschlag zeigt an, daß das Hg oxydiert worden ist. Nach dem Auftauen sieht man den Wasserring und die beim Bewegen der Capillare sich ebenfalls bewegenden Hg-Tröpfchen. 0,002 γ sind noch erkennbar.

SCHMIDT und TORNOW kombinieren die Elektrolyse mit der Oxydation eines Aluminiumbleches und können so noch Quecksilbermengen bis herunter zu $^1/_{1000}$ mg nachweisen. Ihr Elektrolysierapparat besteht aus einem 9 cm hohen und 5 cm weiten Glaszylinder, der mit 100 ml der zu untersuchenden Lösung gefüllt wird. Diese Lösung soll 1- bis 2%ig an NaCl oder besser 30%ig an $Na_2S_2O_3$ sein, wenn man Störungen durch Cu, Cd, As(III) und (V), Ag und organische Substanzen vermeiden will. Als Anode dient ein Graphitstift, als Kathode ein Aluminiumstreifen (10 × 7 × 0,02 cm). Anode und Kathode sollen 2,5 cm voneinander entfernt sein. Man elektrolysiert eine halbe Stunde lang mit einem 4 Volt-Akkumulator. Nach dem Herausnehmen und Abwischen zeigt das Aluminiumblech die üblichen weißen Auswüchse von Al_2O_3 (s. D. § 3 a.). Bei minimalen Mengen an Hg muß die Elektrolysendauer verlängert werden. Das Aluminiumblech zeigt die Oxydation dann nur an den Rändern oder punktförmig. — Das Verfahren wurde von FEIGL und BADIAN in mehrfacher Hinsicht verfeinert. Zur Untersuchung kommt hier nur ein Tropfen der zu prüfenden Lösung, und das entstandene Aluminiumoxyd wird durch Bildung des Alizarinlackes noch besser sichtbar gemacht. 1 Tropfen der neutralen Lösung wird auf ein mit einer Vertiefung versehenes, aufgerauhtes Al-Blättchen aufgebracht, mit einem Mikrotropfen einer 0,02%igen Na_2SO_4-Lösung zur besseren Leitung und einem Tropfen einer kalt gesättigten wäßrigen Chinonlösung als Depolarisator versetzt und mit einem Platindraht als Anode 15 Min. lang mit einer Taschenlampenbatterie elektrolysiert. Man spült das Al-Blättchen ab und reibt mit einem reinen Tuch die von der Probelösung ursprünglich benetzte Stelle. 5 Min. später wird das entstandene Aluminiumoxyd mit einem Tropfen einer an alizarinsulfonsaurem Na 0,2%igen und an Essigsäure 0,5%igen Lösung befeuchtet und 3 Min. liegengelassen. Man spült dann mit destilliertem Wasser ab, wischt nochmals mit einem Tuch ab, bringt 1 Tropfen der Alizarinlösung auf, läßt 3 Min. liegen und spült durch 10maliges Hin- und Herschwenken in destilliertem Wasser ab. Ist Hg vorhanden, so bleiben am Al-Blech rote Punkte des gebildeten Al-Alizarinlackes haften. Bei kleinen Mengen Hg ist ein Blindversuch mit destilliertem Wasser erforderlich. Auch hier entsteht nach dem Betupfen mit Alizarin eine rote Färbung, die jedoch beim Abwaschen verschwindet oder beim Austrocknen lila wird. 0,0001 γ können bei einer Grenzkonzentration von 1 : 500000000 noch erfaßt werden. In saurer Lösung elektrolysiert man zunächst mit einem Pt-Draht als Kathode. Diesen schaltet man dann nach dem Abwaschen und Trocknen als Anode gegen eine Al-Kathode und verfährt weiter, wie oben angegeben. Die Erfassungsgrenze beträgt hier 0,007 γ (Grenzkonzentration 1 : 7143000).

e) Bestimmung optischer Eigenschaften von Kristallen.

YORKS und WILLARD bestimmten die optischen Eigenschaften einiger Phthalate mit dem Ziel, durch die Messung dieser Eigenschaften den Nachweis der Metalle auf optische Methoden zu gründen. Mit Hilfe dieses Verfahrens läßt sich Hg neben K, Co, Cu, Sr, Zn und Ni nachweisen. Quecksilberphthalat bildet farblose, unlösliche Prismen, die dem orthorhombischen Kristallsystem angehören. Für weitere Einzelheiten muß auf das Original verwiesen werden.

§ 2. Nachweis auf trockenem Wege.

a) Einfaches Erhitzen im Proberöhrchen.

Alle festen, nichtmetallischen Proben und ebenso alle metallischen Proben, die eine Quecksilberverbindung oder elementares Quecksilber enthalten, bilden ohne Ausnahme ein charakteristisches Sublimat, wenn sie feinzerkleinert im Glüh- oder Probierröhrchen erhitzt werden.

$HgCl_2$, Hg_2Cl_2, $HgBr_2$, Hg_2Br_2, $Hg(NH_2)Cl$ und verwandte Verbindungen bilden weiße Sublimate. Hg_2Cl_2 sieht in der Hitze gelb aus und erscheint nicht kristallin, $HgCl_2$ und $HgBr_2$ erzeugen dagegen wohlkristallisierte Sublimate. Da auch Ammonsalze, Arsenoxyde, Antimon(III)oxyd (nur bei höherer Temperatur, die für die Verflüchtigung von Quecksilbersalzen nicht erforderlich ist), Selen(IV)-oxyd und organische Verbindungen wie Oxal- oder Benzoesäure (nur bei ganz vorsichtigem Erwärmen) weiße Sublimate bilden, muß der Beschlag noch näher charakterisiert werden. BRALY führt die Probe in einer hierfür geeigneten Weise aus. Er erhitzt die Substanz auf einem Glimmerplättchen, das auf einer feuerfesten Unterlage ruht, und fängt den Beschlag auf einem darüber angebrachten zweiten Glimmerplättchen, auf einem Uhrglas oder in einem kleinen Trichter auf. Der auf diese Weise leicht zugängliche Beschlag kann durch Beräuchern mit brennender Jodtinktur (BRALY im Falle von Hg_2Cl_2) oder durch Betupfen mit Filtrierpapier, das mit verdünnter KJ-Lösung getränkt ist (KROUPA, TEUBNER), in karminrotes HgJ_2 übergeführt werden, falls eine Quecksilberverbindung vorliegt. Zu beachten ist, daß ein Überschuß von KJ das entstandene HgJ_2 wieder auflöst. Auch die Beräucherung mit Ammonsulfiddämpfen oder Ammoniak kann zur Charakterisierung des weißen Sublimates beitragen. Im ersten Falle entsteht beim Vorliegen von Quecksilberverbindungen das schwarze HgS, im zweiten Falle entsteht aus Hg_2Cl_2 feinverteiltes schwarzes Quecksilber neben dem weißen $Hg(NH_2)Cl$.

HgJ_2 ergibt im Glühröhrchen ein gelbes Sublimat, das nach der Abkühlung gelegentlich von selbst, meistens aber erst beim Anreiben mit einem Glasstäbchen in die rote Form des HgJ_2 übergeht. Diese rote Form erscheint im Licht einer Na-Flamme weiß (JÜPTNER). Die Erscheinungen sind sehr charakteristisch, und es bedarf in diesem Falle keiner weiteren Charakterisierung. Gelbe Sublimate geben auch Schwefel (neben braunroten Tröpfchen), schwefelreiche Sulfide wie Pyrit, die Arsensulfide und Arsenkies FeAsS (BILTZ und FISCHER).

HgS ergibt im Glühröhrchen ein schwarzes Sublimat. Beim Anreiben geht dieses Sublimat langsam in die rote HgS-Modifikation über. Das Selen bildet ebenfalls ein schwarzes Sublimat, doch zeigt dieser Beschlag zum Unterschied von Quecksilbersulfid am oberen Rande einen rötlichen Streifen und darüber einen weißen Streifen von SeO_2 (BILTZ-FISCHER).

Sämtliche Verbindungen mit Quecksilber-Sauerstoffbindung sowie das $Hg(CN)_2$ werden beim Erhitzen im Glühröhrchen zersetzt und bilden ein graues bis grauschwarzes Sublimat von feinstverteiltem Quecksilber. Nur bei gleichzeitiger Gegenwart freier Halogene bildet sich das entsprechende Halogenid als Sublimat. Ist freies Jod im Überschuß vorhanden, so kann es neben der Ausscheidung von HgJ_2 sogar zur Abscheidung von grauem Jod kommen, das an der Bildung violetter Dämpfe leicht erkannt werden kann. Eine charakteristische Eigenschaft des grauen Hg-Beschlages ist, daß aus ihm bei Berührung mit einem Glas- oder Holzstäbchen oder mit einem Eisendraht kleine Quecksilbertröpfchen entstehen, die mit einer Lupe oder auch schon mit dem bloßen Auge erkannt werden können (ROSE-FINKENER). Weiterhin ist sehr charakteristisch, daß der Beschlag leicht in das karminrote HgJ_2 übergeführt werden kann nach einer der Methoden, die unter

D. § 2b beschrieben sind. $NiAs_2$ und elementares As bilden ein dunkelgraues Sublimat — oder einen zusammenhängenden Spiegel — von As. Dieser Beschlag zeigt aber nicht die beiden angeführten Reaktionen.

Amalgame und Legierungen, in denen Quecksilber nur in sehr geringer Menge vorkommt, bilden beim Erhitzen im Probiergläschen ebenfalls ein graues, metallisches Sublimat von Quecksilber (BILTZ und FISCHER, NOEWHUSE). Bei quecksilberarmen Legierungen muß man, um ein deutliches Sublimat zu erhalten, gegebenenfalls bis zu einem Gramm der Ausgangssubstanz für die Probe verwenden. Der Beschlag bedarf hier ebenfalls einer näheren Untersuchung mit der Lupe oder durch Überführung in HgJ_2 (s. D. § 2b), da auch das Cadmium einen grauweißen, metallischen Spiegel bildet. Dieser hat allerdings an seinem oberen Ende einen braunen Rand von CdO. Bei höherer Temperatur sublimiert auch Zink; der Rand ist in diesem Falle weiß (ZnO).

b) Erhitzen mit basischen oder reduzierenden Zuschlägen im Proberöhrchen.

Erhitzt man die quecksilberhaltige Probe mit einem basischen (Soda, Calciumoxyd) oder reduzierenden (KCN, Eisenpulver) Zuschlag, so bildet sich in allen Fällen, auch bei Vorliegen von Quecksilberhalogeniden oder Quecksilbersulfid, das graue Sublimat von feinverteiltem Quecksilber. Die basischen Zuschläge bewirken bei Hg(I)-Verbindungen die übliche Disproportionierung. Aus Hg(II)-Verbindungen wird HgO in Freiheit gesetzt, das dann anschließend thermisch aufgespalten wird. Der Quecksilberbeschlag kann entweder als solcher zum Nachweis dienen, oder er wird noch in eine charakteristische Hg-Verbindung, meistens in das karminrote HgJ_2, übergeführt. Letzteres ist immer dann zu empfehlen, wenn in der Substanz gleichzeitig noch Arsen oder Arsensauerstoffverbindungen vorhanden sind. Diese ergeben nämlich nicht nur mit den reduzierenden Zuschlägen den grauen Arsenbeschlag, sondern in Gegenwart von Filterfasern, die nach TREADWELL fast immer in der Soda anzutreffen sind, auch mit den basischen Zuschlägen. Auch Antimonverbindungen müssen aus dem gleichen Grunde als störend angesehen werden. In beiden Fällen kann man jedoch mit Hilfe des Jodidbeschlages eine eindeutige Unterscheidung treffen.

Am gebräuchlichsten ist das Erhitzen mit Soda. SCHOORL feuchtet die zu untersuchende Substanz, die das Hg in einwertiger Form enthalten muß, auf dem Objektträger mit Sodalösung an, wäscht mit Wasser aus, trocknet und sublimiert gegen einen zweiten kalten Objektträger. Das sublimierte Hg wird mit einem Pt-Draht zusammengerieben und unter dem Mikroskop betrachtet. Die Erfassungsgrenze liegt bei $10\,\gamma$. Hg(II)-Salze geben beim Destillieren auf dem Objektträger kein metallisches Hg, da die dabei erreichte Temperatur nicht zur Zersetzung von HgO ausreicht. — Die Ausführung von JOHNSTONE hat sich für alle bekannten Quecksilbermineralien bewährt und wird daher von vielen analytischen Lehrbüchern auch für andere quecksilberhaltige feste Substanzen empfohlen. Man mischt die feingepulverte Substanz mit der dreifachen Menge wasserfreier Soda und erhitzt vorsichtig im Glühröhrchen. Nachdem das metallische Sublimat sich gebildet hat, bringt man 2 Tropfen konz. HNO_3 und einen Tropfen konz. KJ-Lösung geschickt auf den Grund des Röhrchens, ohne die Wandungen zu berühren. Die Dämpfe der eingebrachten Reagenzien verwandeln das Sublimat in HgJ_2 bzw. AsJ_3 und SbJ_3. Erhitzt man nun ganz vorsichtig den Boden des Glühröhrchens, so werden AsJ_3 und SbJ_3 zersetzt, und es bleibt nur das scharlachrote HgJ_2 übrig. — CHARLTON gibt an, daß beim Einbringen der Flüssigkeitströpfchen in das Glühröhrchen das metallische Sublimat leicht wieder heruntergewaschen wird und schlägt deshalb vor, statt der Flüssigkeitstropfen ein Jodkriställchen in das Röhrchen einzubringen, solange es noch heiß ist. Vergleiche auch die Methode von JANNASCH unter D. § 3 a. — Nach dem Verfahren von STONE erhält man nicht den Metallbeschlag, sondern direkt eine rote Färbung unter Bedingungen, unter denen Arsen und Antimon nicht stören. Der Nachweis beruht auf der Reaktion von CuJ mit Quecksilberdampf. STONE gibt aber nicht an, welcher Art die gebildete Verbindung ist. Er verweist lediglich auf eine Arbeit von ARTMANN, welcher gefunden hatte, daß Hg^{++}-Ionen mit einem Überschuß von CuJ-Suspension eine intensiv dunkelrot gefärbte Fällung von Cu_2HgJ_4 ergeben. Diese Reaktion ist nach ARTMANN empfindlicher als die HgJ_2-Fällung. Zur Darstellung von CuJ gibt man eine Lösung von 5 g Kupfersulfat in 75 g Wasser und eine Lösung von 5 g Natriumsulfit und 11 g Kaliumjodid in 75 g Wasser zusammen, filtriert den Niederschlag von CuJ und wäscht mit Wasser. In die durch Suspendieren von CuJ in Wasser (gleiche Gewichtsteile) erhaltene Flüssigkeit taucht man ein Glasstäbchen 4 bis 5 mm tief ein. Während die Suspension an dem wieder herausgenommenen Glasstäbchen teilweise trocknet, mischt man etwa 5 bis 10 mg quecksilberhaltiger Substanz — der Nachweis wird auch für organische Substanzen empfohlen — mit 0,5 g wasserfreier Soda und bringt die Mischung auf den Grund eines trockenen Reagensglases. Das Glasstäbchen wird nun in das Reagensglas eingebracht und mit Hilfe eines Korkes so befestigt, daß die Spitze des Stäbchens mit dem CuJ-Überzug sich etwa 15 mm über dem Substanzgemische befindet. Nun wird der untere Teil des Reagensglases mit einer kleinen Flamme sanft erhitzt, wobei sich das weiße CuJ bei Anwesenheit von Quecksilber schnell nach Rosa verfärbt. Zu langes und zu starkes Erhitzen muß vermieden werden, da sich das Reagens dann zersetzt. Substanzen, die Ammoniak oder Schwefelwasserstoff abgeben, mischt man mit Soda und überschichtet sie dann im Reagensglas mit einer 2 mm starken Schicht von $K_2S_2O_7$ bzw. PbO, um die Dämpfe zu absorbieren. Noch 0,02 mg Hg können erkannt werden.

ROSE und FINKENER geben an, daß die Zersetzung von Quecksilberverbindungen mit Soda nur mehr oder weniger quantitativ sei, mit KCN dagegen quantitativ. Diesen Verhältnissen tragen BILTZ und FISCHER Rechnung, indem sie die Substanz mit Soda und KCN gemeinsam mischen und erhitzen.

HEINZELMANN mischt in Anlehnung an ein Verfahren des STATE MINING BUREAU (WHITTON) die quecksilberhaltige Substanz mit CaO. Sein Verfahren ist an sich für quantitative Quecksilberbestimmung gedacht, ist jedoch in der Ausführung so einfach, daß es auch für qualitative Zwecke verwendet werden kann. Die feingepulverte Erz- oder Substanzprobe wird mit CaO gemischt und in einem fast horizontal gehaltenen Reagensglas vorsichtig erhitzt. Bei Substanzen, die viel freien oder Pyritschwefel enthalten, wird statt CaO ein Zuschlag von sauberen (fettfreien) Eisenfeilspänen empfohlen. Ebenso soll das Reaktionsgemisch dann mit einer etwa 5 mm dicken Schicht von Eisenfeilspänen überschichtet werden. An Stelle der Eisenfeilspäne kann man auch ausgeglühtes CuO verwenden. Nach dem Erhitzen trennt man den Metallspiegel von dem Reaktionsgemisch durch Ausziehen und Abschmelzen des Reagensglases und kann dann den Beschlag durch die Jodidprobe oder durch Auflösen in Salpetersäure und eine Fällungsreaktion identifizieren. Bituminöse Destillationsprodukte treten bei manchen Quecksilbererzen gelegentlich neben dem Quecksilberbeschlag auf. Diese stören weiter nicht, denn beim Auflösen in Salpetersäure — gegebenenfalls unter Zusatz von etwas Permanganat — werden sie zerstört. — Siehe auch ERDMANN und MARCHAND.

Das Erhitzen mit Eisenpulver wurde von JORDAN und ESCHKA angewendet und wird mit ferrum reductum neuerdings auch von GEILMANN und ISERMEYER empfohlen. Nach diesem Verfahren werden z. B. in Idria die anfallenden Zinnobererze qualitativ auf ihren Quecksilbergehalt geprüft, doch ist es nach ESCHKA für Erze jeder Gattung (auch Fahlerze) geeignet. Man mischt die feingepulverte Substanz mit dem halben Gewicht feiner Eisenfeilspäne und erhitzt in einem kleinen Porzellantiegel. Die entweichenden Quecksilberdämpfe werden an einem auf der Außenseite blau emaillierten Eisenschälchen kondensiert. Das Eisenschälchen muß dicht schließend auf den Tiegel aufgesetzt sein. Es ist zur Kühlung mit Wasser gefüllt. Statt seiner kann man auch ein auf der Außenseite glasiertes Porzellanschälchen verwenden. — TEUBNER verfeinerte das Verfahren. In der von ihm angegebenen Apparatur können Quecksilbermengen bis 0,0001 g nachgewiesen werden (vgl. Abb. 4). Die feingepulverte Substanz wird mit gut ausgeglühter Eisenfeile und etwas Mennige sorgfältig gemischt. Das Gemenge wird sodann in den Tiegel auf eine Schicht Mennige gebracht und mit Eisenfeile bedeckt. Der Tiegeldeckel wird nun aufgesetzt und mit Kalkbrei dicht schließend befestigt. Auf den röhrenförmigen Deckelansatz wird dann — mit Hilfe eines Halters — ein Goldschälchen (vgl. auch ESCHKA und KROUPA) aufgelegt und mit Wasser gefüllt. Man beginnt mit dem Erhitzen sehr gelinde und steigert nur nach und nach bis zum kaum bemerkbaren Glühen des Tiegelbodens. Kleine, an der Mündung des Deckelröhrchens sich zeigende Wassertröpfchen werden mit Fließpapier stets gut aufgenommen. Die Reaktion ist in einigen Minuten beendet, und das Quecksilber ist an der vom Dampf getroffenen Stelle des Goldschälchens deutlich wahrzunehmen. Zur Bestätigung löst man es mit einem möglichst kleinen Tröpfchen HNO_3, das man über dem Wasserbad verdampfen läßt; sodann betupft man die Stelle sanft mit einem mit verdünnter KJ-Lösung befeuchteten Streifchen Filtrierpapier (s. auch KROUPA). Das scharlachrote HgJ_2 erscheint, verschwindet aber bei einem Überschuß von KJ sofort wieder. Nach KROUPA kann man auf einen auf diese oder ähnliche Weise erhaltenen Quecksilberspiegel auch einfach ein Jodkriställchen aufbringen. Unter diesem färbt sich der Spiegel scharlachrot, in der Umgebung (durch Hg_2J_2) gelbgrün. BUNSEN beräuchert den Metallbeschlag, den er auf Porzellan aufgefangen hat, mit brennender alkoholischer Methyljodidlösung und erhält auf diese Weise ebenfalls carminrotes HgJ_2, das beim Anhauchen mit Ammoniak unverändert bleibt.

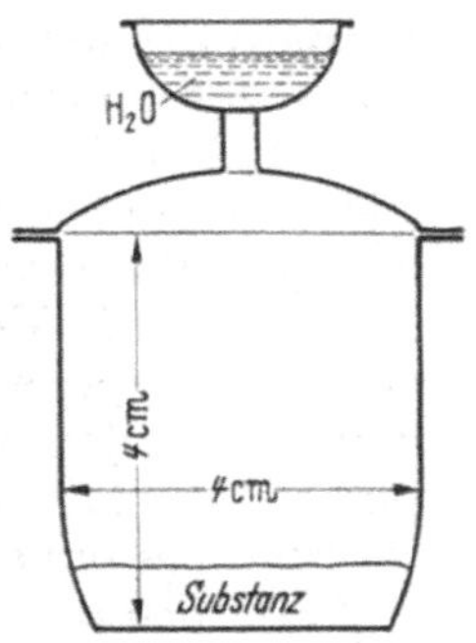

Abb. 4.

c) Erhitzen vor dem Lötrohr, in der Borax- und in der Phosphorsalzperle.

Vor dem Lötrohr auf der Kohle zeigen Quecksilberverbindungen weder in einer Mischung mit Soda noch ohne Soda einen charakteristischen Beschlag oder ein Metallkügelchen. Ebenso ergibt das Schmelzen in der Phosphorsalz- oder Boraxperle, sowohl in der oxydierenden als auch in der reduzierenden Flamme keine charakteristische Reaktion oder Färbung. Der Grund hierfür liegt in der bei den angewandten Temperaturen großen Flüchtigkeit von Quecksilber und seinen Verbindungen.

d) Erhitzen mit Natriumthiosulfat.

Einen Nachweis anderer Art gibt LANDAUER an. Man mischt die zu untersuchende nichtmetallische Substanz mit kristallisiertem $Na_2S_2O_3$ und erhitzt in einem Glühröhrchen. Das Röhrchen wird dabei möglichst horizontal gehalten, um dessen Springen durch zurückfließendes kondensiertes Kristallwasser zu vermeiden. Man verschließt es am besten mit einem Wattebäuschchen. Bei Anwesenheit von Quecksilberverbindungen wird die Masse schwarz. Störend wirken hierbei alle Metalle, die ebenfalls ein schwarzes Sulfid bilden, doch kann man auf ihre Gegenwart mit Hilfe der Boraxperle und des Lötrohres prüfen. Eisen-, Kobalt-, Nickel-, Platin-, Kupfer- und Goldverbindungen kann man gegebenenfalls mit der Boraxperle, Silber-, Blei- und Wismutverbindungen vor dem Lötrohr ausschließen. Dieser Quecksilbernachweis ist nur geeignet für Substanzen, bei denen die Gegenwart eines oder mehrerer der störenden Metalle von vornherein ausgeschlossen oder sehr unwahrscheinlich ist.

§ 3. Nachweis auf nassem Wege.

a) Nachweis durch Abscheidung auf Metallen.

1. Edelmetalle.

Die Abscheidung des Quecksilbers aus seinen Salzlösungen mit Hilfe eines Platin- oder Goldbleches und eines zweiten, unedelen Metalles wie Zinn (SMITHON, v. D. BROEK, BYASSON) oder Eisen (MAYENÇON und BERGERET, VITALI) durch Elementwirkung ist vor allen Dingen im vorigen Jahrhundert und zum Beginn dieses Jahrhunderts zur Abscheidung des Hg aus dem Harn und anderen organischen Flüssigkeiten verwendet worden. Später wurde dieses Verfahren immer mehr durch die Kupfer- und die Aluminiumblechmethode verdrängt. Nicht allein der Preis des Goldes ist daran schuld; auch verschiedene chemische Mängel des Goldverfahrens wurden festgestellt. So wird z. B. nach SCHNEIDER ein Teil des Quecksilbers auch auf dem Zinn abgeschieden, und ORFILA und LEFORT weisen darauf hin, daß sämtliche Elemente, die edler als Zinn sind (Antimon, Arsen, Silber), ebenfalls eine Weißfärbung des Goldes bewirken können. Die einzelnen Ausführungsformen sollen daher hier nicht näher erläutert werden.

Eine Modifikation des beschriebenen Verfahrens stellt die Amalgamierung des Hg mit Gold nach seiner Ausfällung mit $SnCl_2$ oder anderen Reduktionsmitteln dar (JOLLES). Auch dieses Verfahren wurde hauptsächlich für die Harnanalyse benutzt und ist heute fast nicht mehr in Gebrauch.

Die von BYASSON vorgeschlagene Veränderung des Goldverfahrens, nach der man das auf Goldblech abgeschiedene Hg gegen Pt- oder Au-Chloridpapier destilliert, wodurch dieses geschwärzt wird, ist nach LEHMANN ebenfalls nicht sicher.

2. Kupfer.

Das Verfahren der Abscheidung des Quecksilbers auf einem Kupfer- oder Messingdraht oder -blech ist von allgemeiner Bedeutung. Es dient nicht nur zum Nachweis des Quecksilbers in Lösungen anorganischer Stoffe, sondern auch zu dessen Abscheidung bei der Analyse organischen Materials oder von Luft. Es sei daher für spezielle Ausführungsformen auch auf die Abschnitte E. § 8 a. und E. § 7 a. verwiesen. — Die einfachste Ausführung ist die, daß man ein blankes Kupferblech in eine neutrale oder schwach saure Quecksilbersalzlösung eintaucht (je nach der zu erwartenden Quecksilbermenge für längere oder kürzere Zeit), danach abspült und mit einem Stück Filtrierpapier abreibt. Dabei erscheint der vorher eingetauchte Teil des Bleches silbrigglänzend. Statt dessen kann man bei kleinen Mengen den Amalgamierungsgrad auch mit einem Mikroskop beobachten, wobei man nach BOOTH und SCHREIBER noch $5\,\gamma$ Hg in 1 ml erkennen kann. Siehe auch GUTZEIT und MORGAN.

Zur Erhöhung der Empfindlichkeit schlagen MERGET, SIGALAS und VITTE vor, das auf Kupfer gefällte Hg mit $AgNO_3$-Papier in Berührung zu bringen. Man benutzt hier einen schmalen Kupferblechstreifen, den man für 36 Std. in die zu untersuchende Lösung (10 ml, salpetersauer) einhängt. Der Metallstreifen wird mit Wasser, Alkohol und Äther gewaschen, zwischen Seidenpapier gelegt und danach mit dem $AgNO_3$-Papier umwickelt. 0,002 mg Hg sind noch erkennbar.

Zur Darstellung des Papiers bestreicht man Glanzpapier mit einer Lösung, die durch Versetzen einer $AgNO_3$-Lösung mit Ammoniak bis zum Auflösen des entstandenen Niederschlages hergestellt ist. Das Papier muß im Dunkeln getrocknet werden und ist nur für Stunden haltbar. Das Verfahren hat sich nicht allgemein durchgesetzt.

Lassaigne, Jannasch, Zenghelis, Emich, Stock und Heller treiben das Hg nach der Fixierung auf Kupferdraht oder -schnitzeln durch Erhitzen wieder aus und machen das Hg-Kondensat durch Joddämpfe sichtbar. Alle diese Vorschläge dienen einer weiteren Erhöhung der Empfindlichkeit. Die nicht zu saure Quecksilbersalzlösung wird nach Jannasch mit Kupferschnitzeln genügend lange in Berührung gelassen. Das hierzu verwendete Erlenmeyer-Kölbchen stellt man ab und zu in lauwarmes Wasser. Die abgespülten Kupferstückchen werden durch Absaugen und mit Filtrierpapier getrocknet und in ein sauberes und trockenes Reagensglas eingebracht. Das Reagensglas wird hinter dem oberen Drittel mit einer Verengung versehen und dann mit einer kleinen Flamme vorsichtig erhitzt, wobei sich das Hg-Sublimat in der Verengung absetzt. Der Boden des Reagensglases mit den Kupferschnitzeln wird nun abgesprengt und das beidseitig offene Röhrchen in ein Stehzylinderchen eingehängt, auf dessen Boden einige Jodkristalle liegen. Nach einiger Zeit ist der Hg-Beschlag scharlachrot geworden. Kleine Mengen (0,4 mg) kann man noch als dünnen, gelben Beschlag erkennen, während der zugehörige Beschlag des elementaren Metalls nicht mehr sichtbar ist. Zur Erhöhung der Empfindlichkeit kann man auch ein kleines Stückchen des amalgamierten Kupferbleches neben ein halblinsengroßes Jodscheibchen auf einen Objektträger aufbringen und mit einem Uhrglas bedecken. Nach 5 bis 10 Min. sieht man rings um das Blech und darunter einen ganz deutlichen Beschlag von HgJ_2. Unter dem Mikroskop erkennt man quadratische Tafeln und Oktaeder, dunkelrot bis gelblich. 0,007 mg Hg geben noch einen deutlichen Beschlag. Siehe auch Elliot. Die Methode von Biewend, das am Kupferdraht abgeschiedene Hg abzudestillieren, mit einem Goldblech aufzufangen und es dort an der Bleichung des Goldes zu erkennen, ist weniger in Gebrauch. — Stock mit Heller und Zimmermann wenden bei entsprechend verfeinerter Arbeitsweise das Verfahren zur Erkennung von noch 0,0007 γ Hg an. Es ist hierbei besonders wichtig, daß alle verwendeten Geräte und Chemikalien sauber und vollkommen quecksilberfrei sind, was nach Stock und Lux nicht immer ohne weiteres vorausgesetzt werden darf. 2 bis 3 ml der gegebenenfalls von freiem Chlor befreiten Ausgangslösung werden mit Ammoniumoxalat p. a. gesättigt und in ein 1 cm weites Röhrchen eingefüllt. Ein 0,3 mm starker, 6 cm langer Cu-Draht wird ausgeglüht, in Methylalkoholdampf reduziert, einmal umgebogen und in das Röhrchen mit der Lösung eingestellt. Das Röhrchen wird dann am oberen Ende ausgezogen, mit der Wasserstrahlpumpe evakuiert und abgeschmolzen. Man hält es während der Ausfällung des Hg auf 50 bis 60°. Die zur Ausfällung benötigte Zeit beträgt 24 Std. bei $^1/_{10}\,\gamma$ und mehr, 36 Std. bei $^1/_{100}\,\gamma$. Der Kupferdraht wird danach 4mal je 5 Min. ruhig in reinstes Wasser gestellt und 2 bis 3 Std. in einem möglichst kleinen Gefäß über P_2O_5 getrocknet. Die Abdestillation des Hg erfolgt in einem 13 cm langen, 6 mm weiten und schwer schmelzbaren Glasröhrchen (Reinigung desselben s. bei Stock und Lux D. § 1 d.), das nach dem Einbringen des Drahtes (der dabei möglichst nicht die Wandungen berühren soll) in der Mitte zu einer 2 cm langen und etwa 1 mm weiten Capillare ausgezogen wird. Das offene Ende des Röhrchens wird ebenfalls zu einer feinen Öffnung ausgezogen. Während der Abdestillation wird das Röhrchen nahe der Öffnung waagerecht eingeklemmt, und mit Hilfe eines 1 cm breiten Filtrierpapierstreifens durch auftropfendes Wasser gekühlt. 5 Min. lang wird der Draht bis fast zum Erweichen des Glases erhitzt, doch darf der Draht nicht anschmelzen. Danach wird das Ende, welches den Draht enthält, abgeschnitten, ebenso das Ende hinter der Capillare. Das restliche Röhrchen wird in ein etwas weiteres Reagensglas gebracht, das ein Körnchen Jod enthält. Nach 2 Std. nimmt man das Röhrchen heraus, wartet die Absublimation des Jods ab und kann dann den leuchtend roten Beschlag des HgJ_2 in der Capillare erkennen, wobei für kleinste Mengen eine Lupe empfohlen wird. Für weitere Einzelheiten, insbesondere die Begründung der obigen Arbeitsweise, muß auf das Original verwiesen werden. — CUCUEL empfiehlt statt der Jodprobe auch die Beobachtung der mit dem Quecksilbertröpfchen gefüllten und abgeschmolzenen Capillare unter der Lupe. Das überdestillierte Quecksilber ist meistens ohne weiteres zu sehen. Bei ganz kleinen Mengen wird Alkohol in das Röhrchen gebracht, und es wird mit einer Handzentrifuge zentrifugiert.

3. Aluminium.

Taucht man ein Al-Blech in eine Quecksilber(I)- oder- (II)-salzlösung ein oder bringt es auf andere Weise mit einem Quecksilbersalz in Berührung, so verliert es seine Stabilität gegenüber Wasser und entwickelt mit diesem Wasserstoff. Gleichzeitig entsteht auf der Oberfläche des Bleches eine mehr oder weniger dicke und kristalline Schicht von Aluminiumhydroxyd, der sog. „Tonerderasen". Nach RÖHRIG schreitet die einmal in Gang gekommene Zersetzung unausgesetzt fort und kann weder durch Abwaschen des Bleches noch durch mechanisches Abschaben der obersten Schicht unterbrochen werden. Dagegen kann man die Reaktion schon durch einmaliges Eintauchen in kalte, 10%ige $K_2Cr_2O_7$-Lösung zum Aufhören bringen. — Diese Reaktion wird eingeleitet durch eine Amalgambildung an der Oberfläche des Bleches. Die feine Verteilung, in die das Al durch die Amalgambildung kommt, verhindert die Ausbildung einer zusammenhängenden Oxydschicht und bewirkt nach RONCERAY die leichte Oxydierbarkeit. Da Quecksilber gleichzeitig noch als Sauerstoffüberträger wirken soll, handelt es sich nach RONCERAY sogar um einen doppelten katalytischen Vorgang. Die Reaktion ist sehr charakteristisch und auch relativ spezifisch für Quecksilber und wird in verschiedenen Ausführungen vielfach verwendet.

Nach REICHARD legt man in die wäßrige Lösung des Quecksilbersalzes einen mit Äther abgespülten Al-Draht oder ein Al-Blech. Das Aluminium überzieht sich nach kurzer Zeit mit einer grauen Masse. Nimmt man jetzt das Aluminium wieder aus der Lösung heraus und trocknet es ab, so wächst nach wenigen Augenblicken aus ihm eine völlig weiße Masse in die Höhe. Man kann auf diese Weise noch 7,5 γ in 1%iger Lösung nachweisen. Vor allen Dingen wird empfohlen, das Aluminiumstück nach dem Herausnehmen und Abtrocknen an einen vollkommen erschütterungsfreien Ort zu legen. In Wasser schwer- oder unlösliche Hg-Salze geben die Reaktion schlecht oder gar nicht. In diesem Falle führt man das Hg erst (am besten mit Hilfe des klassischen Trennungsganges) in eine lösliche Form über. Cu-, Ag- und Cd-Salze sowie starke Säuren beeinflussen die Reaktion ungünstig, Alkalisalze (NaCl) scheinen dagegen fördernd zu wirken. Vgl. auch TARUGI und TORNOW. Nach LANGER ist der Nachweis kleinster Mengen $Al(OH)_3$ auf dem Al-Blech mit der Lupe weniger empfindlich als der Nachweis dieser feinsten Hydroxydschicht mit Alizarin (vgl. FEIGL und BADIAN im Abschnitt D. § 1 d.). — DENIS verwendet Al-Feilspäne mit einem Gewicht von 0,01 mg. Diese werden in einer kalten, wäßrigen Lösung eines Hg-Salzes an die Oberfläche getragen, weil der entwickelte Wasserstoff am Metall anhaftet. Erst an der Flüssigkeitsoberfläche wird das Gas abgegeben. Der Nachweis ist äußerst empfindlich. —

Ein anderes Verfahren besteht darin, einen oder einige Tropfen einer Quecksilbersalzlösung (MINOVICI und GROZEA, BRÄUER) oder die feste lösliche oder unlösliche Substanz (HURT, RUDZIK) auf ein Al-Blech aufzubringen. Falls es sich um eine Lösung handelt, wird eingedampft oder mit einem Stück Filtrierpapier verrieben, um eine innige Berührung des Bleches mit dem Quecksilbersalz zu erzielen. Feste, lösliche Substanzen verreibt man mit einem feuchten Tuch oder mit Filtrierpapier, und feste, unlösliche Substanzen befeuchtet man vor dem Verreiben mit einem für das spezielle Salz geeigneten Lösungsmittel. Für Hg_2Cl_2 verwendet man z. B. Ammoniak, für HgS NaOH, HCl oder (sogar) Königswasser. Anschließend wird das Al-Blech abgespült, abgetrocknet und wie oben weiterbehandelt, oftmals kommt man jedoch auch ohne Abspülen aus.

4. Eisen und Zink.

Eisen ist gelegentlich auch zur Abscheidung des Quecksilbers aus wäßrigen Lösungen verwendet worden (Bodnár und Szép, Majer, Cucuel), doch ist dieses Verfahren mehr für quantitative als für qualitative Analysen gebräuchlich, so daß hier nicht näher darauf eingegangen wird. — Das ebenfalls früher für die Hg-Analyse organischer Flüssigkeiten häufig gebrauchte Zn wird neuerdings von Kühl und Czyzewsky zum Nachweis von Quecksilber und Arsen nebeneinander bei 50° verwendet. Reines Zinkamalgam ist weißlich und sieht nach dem Abputzen silberglänzend aus. Bei Gegenwart von Arsen jedoch hat es eine mehr graue Farbe, und in der bräunlichgelb gefärbten Reaktionsflüssigkeit entsteht ein Niederschlag. Das reine Zinkamalgam und das arsenhaltige Amalgam unterscheiden sich auch durch ihre Lumineszenz unter der Analysenquarzlampe. Reines Zink sieht hier mattschwarz aus, und reines Zinkamalgam hat eine dunkelbischofsblaue, etwas bräunliche Lumineszenz. Hat das Zink eine reine Arsenauflage, so erscheint es unter der Analysenlampe bischofsblau mit samtartiger, schwarzer Tönung. Das arsenhaltige Zinkamalgam schließlich sieht dunkelveil (dunkelbischofsblau) aus und hat einen ganz leicht schokoladebraunen Schimmer. —

b) Andere anorganische Nachweisverfahren auf nassem Wege.

1. Bildung unlöslicher Niederschläge.

***α*) Für Hg_2^{2+} geeignete Reaktionen.** Die im Abschnitt B schon besprochenen Fällungen von Hg(I)-Ionen mit Alkalilauge, Schwefelwasserstoff und Alkalicarbonat werden häufig für den qualitativen Nachweis verwendet. Die Grenzkonzentrationen betragen nach Karaoglanov 1. Für KOH-Lösung 1 : 720000. Diese Grenzkonzentration liegt wegen der Abscheidung von schwarzem, feinteiligem Quecksilber viel niedriger als bei der entsprechenden Fällung von Hg(II)-Ionen. 2. Für H_2S-Wasser 1 : 289400. 3. Für Na_2CO_3-Lösung 1 : 478500. — Die im folgenden besprochenen Nachweise für das Hg(I)-Ion sind jedoch charakteristischer und werden daher häufiger angewendet.

Quecksilber(I)-salzlösungen geben auf Zusatz von Salzsäure oder löslichen Chloriden einen feinkristallinen, weißen Niederschlag von Hg_2Cl_2, Kalomel. Der Niederschlag ist unlöslich in verdünnten Säuren und tritt auch noch in sehr verdünnten Lösungen auf. Beim Übergießen oder Befeuchten des abfiltrierten Niederschlages mit Ammoniak tritt eine Schwärzung ein. Es entstehen nebeneinander $HgNH_2Cl$ und freies Quecksilber. Nach Feigl und Sucharipa bildet sich zunächst $Hg_2(NH_2)Cl$, das anschließend weiter zerfällt. Siehe auch Gleditch und Egidus. Nach Karaoglanov beträgt die Grenzkonzentration für 10 ml Untersuchungslösung 1 : 289000. Siehe auch Jackson und Neumann. Für die mikrochemische Ausführung vergleiche D. § 6 a. —

Kaliumbromid fällt Hg_2Br_2 aus. Die Grenzkonzentration nach Karaoglanov ist 1 : 358400.

Kaliumjodid fällt aus Quecksilber(I)-salzlösung grünes Hg_2J_2, Quecksilber(I)-jodid. Die Grenzkonzentration beträgt nach Karaoglanov 1 : 478500. Das Quecksilber(I)-jodid wird aber von einem Überschuß des Fällungsmittels unter

Abscheidung von metallischem Quecksilber in Kaliumquecksilber(II)-jodid übergeführt.

$$Hg_2J_2 + 2KJ = K_2(HgJ_4) + Hg.$$

Alkalichromat- oder Alkalidichromatlösungen erzeugen mit einer Quecksilber(I)-salzlösung einen gelben Niederschlag von Hg_2CrO_4, Quecksilberchromat (Quecksilber(I)-chromat). Der Niederschlag nimmt beim Erwärmen eine orange bis feuerrote Farbe an. Hierbei tritt lediglich eine Teilchenvergrößerung ein.

$$CrO_4'' + Hg_2^{++} = Hg_2CrO_4$$

$$Cr_2O_7'' + 2Hg_2^{++} + H_2O = 2Hg_2CrO_4 + 2H^+.$$

Die Grenzkonzentration bei 10 ml Lösung beträgt nach KARAOGLANOV 1 : 143500 für $(NH_4)_2CrO_4$ als Fällungsmittel. Die Reaktion wird hauptsächlich in der Mikrochemie verwendet (D. § 6 a.).

β) Für Hg^{++} geeignete Reaktionen. Über die Behandlung von Quecksilber(II)-salzlösungen mit Ammoniak, Alkalilauge und Schwefelwasserstoff ist im Kapitel B schon ausführlich berichtet worden. Es sollen hier nur einige Verfeinerungen des Nachweises mit Schwefelwasserstoff wiedergegeben werden. Die Grenzkonzentration, bei der Hg noch als HgS nachgewiesen werden kann, beträgt nach KARAOGLANOV für 10 ml Lösung 1: 368000, doch scheint die Empfindlichkeit des Nachweises von dem verwendeten Quecksilbersalz abzuhängen. Vgl. z. B. auch JACKSON, NEUMANN, BOOTH und SCHREIBER. Die obige Angabe bezieht sich auf $Hg(NO_3)_2$. — Ist die Lösung, z. B. eine salzsaure $HgCl_2$-Lösung, so stark verdünnt, daß der Schwefelwasserstoff kaum eine oder keine Reaktion mehr verursacht, so setzt man nach CARLSON Äther hinzu und schüttelt kräftig. Es entsteht dann an der Grenzfläche ein dunkler Ring, der sich bei Zusatz von Alkohol in dunkelbraune Flocken umsetzt. Die Flocken bestehen aus HgS. — TANANAJEW (I) hat eine Ausführungsform gefunden, die speziell auf die Unlöslichkeit des HgS eingestellt ist, und bei der andere Kationen kaum stören. Als Sulfidionenquelle verwendet dieser Autor Silbersulfid. Dieses ist zwar ebenfalls sehr unlöslich, doch ist das Löslichkeitsprodukt des HgS noch geringer, so daß es dennoch zur Bildung von in Salpetersäure unlöslichem HgS kommt. Ag_2S wird hergestellt durch Einwirkung von Natriumsulfid auf eine konzentrierte Lösung von Silbernitrat. Der entstandene Niederschlag wird bis zur Sulfidionenfreiheit des Waschwassers ausgewaschen. Zum Nachweis neutralisiert man die auf Hg zu prüfende Lösung, gibt die in Wasser aufgewirbelte Silbersulfidsuspension hinzu und erwärmt 20 Min. Man läßt den Niederschlag dann absitzen und gießt die Lösung ab. Beim anschließenden Kochen des Niederschlages mit (1 : 1) verdünnter Salpetersäure löst sich alles überschüssige Silbersulfid, und nur das gegebenenfalls gebildete Quecksilbersulfid bleibt unlöslich zurück. Wird der Niederschlag grau — dies könnte durch Auftreten von sulfobasischem Salz, gemischt mit HgS, verursacht sein —, so gießt man die Salpetersäure ab, dekantiert mehrmals mit heißem Wasser und behandelt mit konzentriertem Ammoniak. Ein Schwarzwerden des Niederschlages weist in diesem Falle ebenfalls auf Quecksilber hin.

Versetzt man eine Quecksilber(II)-salzlösung mit Kaliumjodid, so fällt das sehr charakteristische Quecksilber(II)-jodid aus. Es ist zunächst gelb gefärbt, wird aber mehr oder weniger schnell rot. Die Grenzkonzentration beträgt bei 10 ml neutraler Lösung 1 : 478500 (KARAOGLANOV). Vgl. auch JACKSON, BOOTH und SCHREIBER. Der Nachweis hat den großen Nachteil, daß die charakteristische, rote Fällung im Überschuß des Fällungsmittels löslich ist.

$$HgJ_2 + 2KJ = K_2(HgJ_4).$$

Diesen Nachteil umgeht DENIGÈS (I). Eine Lösung von $K_2(HgJ_4)$ (DENIGÈS' Reagens) wird mit so viel $HgCl_2$ versetzt, daß ein bleibender, roter Niederschlag entsteht, und wird anschließend unter Zusatz von Talkum filtriert. Eine solche Lösung löst nun kein HgJ_2 mehr auf, sondern fällt, wenn man sie tropfenweise zu einer Quecksilber(II)-salzlösung hinzufügt, sogar 2 Moleküle HgJ_2 pro Quecksilberion aus.

$$K_2(HgJ_4) + HgCl_2 = 2\,HgJ_2 + 2\,KCl.$$

CAMBAR (II) überschichtet diese Reagenslösung mit der zu prüfenden Lösung und kann bei Konzentrationen von 0,04 mg Hg in 0,2 ml an der Grenzfläche noch einen roten Ring beobachten (s. auch D. § 4). — VEIL läßt in einer ebenen Gelatineschicht einen Tropfen der zu untersuchenden Lösung gegen einen Tropfen einer Kaliumjodidlösung diffundieren und erhält den roten Niederschlag an der Berührungslinie in charakteristischer Linienbildung (accent circonflexe). Tränkt man die Gelatineschicht mit der zu untersuchenden Lösung und tropft anschließend einen Tropfen KJ-Lösung darauf, so erhält man einen Saturnring von HgJ_2, der zuerst gelb ist und später rot wird. Thallium- und Bleisalze erschweren den Nachweis. — KORENMAN (I) fällt das Quecksilber als HgO aus der Analysenlösung aus und löst es anschließend in Kaliumjodidlösung auf. Die dabei nach der Gleichung

$$HgO + H_2O + 4\,KJ = K_2HgJ_4 + 2\,KOH$$

frei werdende Kalilauge wird mit Phenolphthalein nachgewiesen. Man kann noch 10 mg in 5 ml nachweisen, doch ist die Reaktion nicht spezifisch. Für Einzelheiten muß auf die Originalliteratur verwiesen werden.

ARTMANN fand, daß bei kleinen Mengen Quecksilber die Fällung als $Cu_2(HgJ_4)$ zuverlässiger ist als die mit KJ. Er verwendet eine wäßrige Aufschlämmung von frischgefälltem Kupfer(I)-jodid als Reagens und erhält einen leuchtend roten Niederschlag. Empfindlichkeit 5γ/ml, Grenzkonzentration 1 : 200000. Dieser Nachweis ist auch für die Mikro- und die Tüpfelanalyse ausgearbeitet worden (s. D. § 4 und D. § 6).

KLEIN, DENIGÈS (II), MOORE, VOGELENZANG und CAMBAR (II) haben mit Erfolg die Umkehrung der NESSLERschen Probe zum Nachweis von Quecksilber verwendet. Auf Zusatz von KJ, Alkali und Ammoniak (oder Ammoniumchlorid) zu der auf Quecksilber zu prüfenden Lösung erhalten sie je nach der Konzentration eine deutliche oder geringe braune Trübung von $(OHg_2NH_2)J$. Arbeitsvorschrift von MOORE: Es wird eine Reagenslösung bereitet aus 10 ml $^1/_{10}$ n KJ-Lösung, 10 ml 2.5 n NaOH und 10 ml 3 n NH_4OH. Diese gibt mit 5 ml einer 0,01 n Quecksilbersalzlösung sofort eine deutliche und mit 0,001 n Quecksilbersalzlösung noch eine geringe Trübung. Für stärkere Quecksilberkonzentrationen wird eine Reagenslösung aus 5 ml $^1/_2$ n KJ-Lösung, 10 ml 3 n NaOH und 10 ml 3 n NH_4OH empfohlen. Überschüssiges, freies Königswasser soll vorher entfernt werden. — Die einzige Schwierigkeit scheint in der genauen Dosierung des KJ zu liegen. Zuviel KJ verhindert nach DENIGÈS (II) die Abscheidung. Andrerseits muß aber mindestens so viel KJ zugesetzt werden, daß der Komplex HgJ_3' entstehen kann (VOGELENZANG), wie dies auch schon im Abschnitt B. III. d. auseinandergesetzt worden ist.

Alkalichromate fällen aus Hg(II)-salzlösungen einen gelben, bald rot werdenden Niederschlag von basischem Hg(II)-chromat. Die Grenzkonzentration für $(NH_4)_2CrO_4$ beträgt nach KARAOGLANOV 1 : 183500.

Die von CLEVE entdeckte Fällbarkeit des Hg^{++} als $Hg(Co(CSN)_4)$ wird neben der Verwendbarkeit in der mikrochemischen Praxis (D. § 6.) von ORMONT und GUTZEIT auch für den normalen qualitativen Nachweis empfohlen. Sie hat den Vorteil, durch konzentrierte Salpetersäure nicht beeinträchtigt zu werden. Arbeitsvorschrift nach ORMONT: Man bereitet die Reagenslösung, indem man 10 g $Co(NO_3)_2 \cdot 6\,H_2O$ und 10 g KSCN in 30 ml Wasser auflöst. Es entsteht hierbei eine Lösung von $K_2(Co(CNS)_4)$. Zu 2 ml der quecksilberhaltigen Lösung gibt man 2 ml der Reagenslösung und 2 ml konz. HNO_3 (Vorsicht! Gelegentlich findet eine heftige Reaktion zwischen dem Rhodanid und der Salpetersäure statt) und schüttelt nach jedem Zusatz. Bei Quecksilberkonzentrationen von 1 : 100 fällt der blaue Niederschlag von $Hg(Co(CNS)_4)$ sofort aus. Bei größerer Verdünnung setzt sich nur ein wenig blauer Niederschlag im Flüssigkeitsmeniskus ab, und bei Mengen unter 0,002 g muß man unter der Wasserleitung bis zur Bildung des blaßblauen Ringes kühlen. Wegen Empfindlichkeit und Störungen s. D. § 6. Von schwerlöslichen Hg(II)-salzen schlämmt man einige Klümpchen in destilliertem Wasser auf und behandelt dann wie oben. Der blaue Niederschlag erscheint an der Wand des Gläschens im Flüssigkeitsmeniskus. Hg(I)-salze reagieren ebenfalls, aber viel langsamer.

REINECKES Salz $NH_4(Cr(CNS)_4(NH_3)_2) \cdot H_2O$ (Darstellung nach REINECKE und CHRISTENSEN) ist nach MAHR nicht nur ein empfindliches, sondern auch in Gegenwart der übrigen Elemente der 2a-Gruppe und unter geeigneten Bedingungen ein spezifisches Reagens aus Quecksilber(II)-ionen. Die zu untersuchende Lösung soll etwa 0,1 normal an HCl sein. Sie wird mit einigen Tropfen der Reagenslösung versetzt. Es entsteht ein blaßroter Niederschlag bzw. eine blaßrote Trübung. Die Grenzkonzentration beträgt 1 : 2000000, die Empfindlichkeit ist $0{,}2\,\gamma$/ml. Der Nachweis kann neben Kupfer, Blei und Cadmium erfolgen. Die Grenzverhältnisse sind: Hg/Cu = 1 : 20000, Hg/Pb = 1 : 20000, Hg/Cd = 1 : 5000.

Die Verwendbarkeit von Kaliumselenocyanat KSeCN — dargestellt nach BIRKENBACH und KELLERMANN — als qualitatives Reagens auf Quecksilber diskutieren VOŘÍŠEK und VEJDĚLEK. Das Reagens ist in saurem Medium unbeständig, fällt aber aus neutraler oder schwach alkalischer Lösung das Quecksilber aus. Pb, Ag, Cu, Sn und Mo werden unter diesen Bedingungen ebenfalls gefällt.

2. Reduktion von Quecksilberverbindungen.

Der „klassische“ Nachweis von Quecksilber(I)- und -(II)-verbindungen, der auch im Abschnitt C. I. b. 2. schon häufig erwähnt worden ist, ist ihre Reduktion zu metallischem Quecksilber bzw. Hg_2Cl_2 durch Zinn(II)-chlorid (s. auch D. § 4 b.). Während die Hg(I)-verbindungen mit $SnCl_2$-Lösung sofort einen schwarzen Niederschlag von metallischem Quecksilber ergeben, bilden die Hg(II)-verbindungen zunächst einen weißen Niederschlag von Hg_2Cl_2, der erst bei weiterer Einwirkung des Zinn(II)-chlorids zu Quecksilber reduziert wird. Hierbei schlägt die Farbe des Niederschlages von weiß nach grau und grauschwarz um.

$$2Hg^{++} + SnCl_2 = Hg_2Cl_2 + Sn^{++++}$$
$$Hg_2Cl_2 + Sn^{++} = 2Hg + 2Cl' + Sn^{++++}.$$

Fe, Pb, Cd, Cu, Sb und Bi stören diesen Nachweis nicht (WILLARD, BOLDYREFF). Die Empfindlichkeit für Hg(II)-verbindungen beträgt nach BÖTTGER 0,02 mg/10 ml, bei Verwendung eines Beleuchtungsapparates zum Erkennen der Trübung sogar 0,004 mg/10 ml (vgl. auch JACKSON und GORSKI). — Als „Reaktionsstrahlung“ bezeichnen PARTHEIL, KOF und HAEHN die Erscheinung, daß die Dämpfe einer Lösung von $HgCl_2$ in Wasser, Benzol, Toluol oder Alkohol die Entwicklung einer photographischen Platte negativ katalysieren. Eine photographische Platte, die einmal von solchen Dämpfen getroffen worden ist, zeigt bei der Entwicklung keine Schwärzung. Die Autoren bauen hierauf ein empfindliches Nachweisverfahren von $HgCl_2$ mit $SnCl_2$ in gesättigter Kochsalzlösung auf. Für Einzelheiten muß auf die Originalliteratur verwiesen werden. — TANANAJEW (II) gestaltet den Nachweis mit $SnCl_2$ dadurch deutlicher, daß er der zu untersuchenden Lösung vor dem Zusatz von $SnCl_2$-Lösung einige Tropfen $AgNO_3$-Lösung zufügt. Es entsteht dann beim Zufügen der Zinnchloridlösung sofort eine intensiv schwarze Trübung oder Fällung und nicht wie sonst ein weißer, allmählich grau werdender Niederschlag. Silberionen für sich allein reagieren mit $SnCl_2$ lediglich unter Bildung von weißem AgCl. Die Reaktion verläuft zunächst wie üblich:

$$Hg_2^{++} + Sn^{++} = 2Hg + Sn^{++++}.$$

Das frisch abgeschiedene Hg bewirkt jedoch folgende Reaktion:

$$2Ag^+ + Hg = 2Ag + Hg^{++}.$$

Das hier reagierende metallische Quecksilber scheidet aus dem Gleichgewicht der ersten Reaktion aus. Daher verläuft die Reduktion des zunächst gebildeten Kalomels zu metallischem Hg in schnellem Tempo, und als Resultat dieser induzierten Reaktion fällt ein Gemisch von metallischem Quecksilber und metallischem Silber aus.

Beim Kochen einer Quecksilber(II)-salzlösung mit einem Überschuß von $FeSO_4$-Lösung entsteht eine Schwärzung von metallischem Quecksilber. Das Chlorid und das Cyanid geben diese Reaktion nicht.

Auch Hydrazin in saurer (SELVATICI) oder ammoniakalischer Lösung (WILLARD und BOLDYREFF) sowie unterphosphorige Säure oder Natriumhypophosphit in salzsaurer Lösung (JEAN, MOSER und NIESSNER, NEUGEBAUER; s. auch FEIGL und BADIAN, KOLTHOFF und LIVINGSTON in D. § 4 c.) sind mit Erfolg zum qualitativen Nachweis von Quecksilbersalzen durch Reduktion herangezogen worden. Auch organische Reduktionsmittel wie z. B. Formaldehyd können verwendet werden.

3. Anorganische Farbreaktionen.

α) **Für Hg_2^{++} und Hg^{++} geeignete Reaktionen.** Eine für Hg(I) und Hg(II) geeignete anorganische Farbreaktion ist von KORENMAN (II) aufgefunden worden. Sie beruht auf der LANDOLT-Reaktion

$$2\dot{J}O_3' + 5SO_2 + 2H^+ = 5SO_4'' + H_2O + J_2,$$

deren Ablauf durch Quecksilberverbindungen gehemmt oder völlig verhindert wird. Silberionen zeigen die Reaktion ebenfalls. Ausführung: Zu 2 ml zu untersuchender Lösung fügt man 2 ml H_2O, 0,5 ml 1 n H_2SO_4, mehrere Tropfen Stärkelösung, 1 bis 3 Tropfen 0,5%iger KJO_3-Lösung sowie 1 bis 3 Tropfen Na_2SO_3-Lösung. Im Blindversuch tritt hierbei nach $1^1/_2$ bis 2 Min. schlagartig eine Blaufärbung auf, während bei Gegenwart von Quecksilber- oder Silbersalzen die Reaktion ausbleibt. Die Empfindlichkeiten sind für Hg^{++}-Verbindungen 1 γ Hg_2^{++}/ml = 1 : 1000000. Folgende Kationen und Anionen stören nicht die Hemmung der LANDOLT-Reaktion: Co, Ni, Fe^{++}, Fe^{+++}, Cr^{+++}, Al, Zn, Pb^{++}, Bi, Cd, As^{+++}, As^{+++++}, PO_4''', H_2PO_2', Borate, Formiat, Azetat, Oxalat, Tartrat, NO_3' und SO_4''. — Eine zweite Ausführungsform ist sogar noch empfindlicher: Die Blaufärbung einer Jod-Stärkelösung bleibt bei Gegenwart geringster Spuren von Quecksilber- oder Silbersalzen aus. Zum Zustandekommen der Jodstärkeblaufärbung bedarf es Spuren von löslichem Jodid. Der Grund, warum bei dieser Reaktion die Blaufärbung ausbleibt, ist darin zu suchen, daß das in geringer Menge selbst in wäßrigen Jodlösungen enthaltene Jodid als sehr schwer lösliches Quecksilber- oder Silberjodid gebunden ist. Ausführung: 2 ml zu untersuchender Lösung werden mit 2 ml Wasser und mehreren Tropfen Stärkelösung versetzt. Ein Blindversuch wird daneben angestellt. Beide Röhrchen werden sodann mit 5 bis 8 Tropfen einer 0,02%igen, wäßrigen Jodlösung versetzt. Im Blindversuch tritt jetzt eine merkliche Blaufärbung auf, während die Untersuchungslösung bei Gegenwart von Quecksilbersalzen keine oder eine schwächere Blaufärbung zeigt. Bi, As und Sb sowie Oxydations- und Reduktionsmittel stören, und bei Gegenwart von Jodid und Chlorid im Überschuß tritt Blaufärbung auch bei Anwesenheit von Hg oder Ag auf. Die Grenzkonzentration liegt für Hg^{++} bei 1 : 5400000 = 0,2 γ Hg^{++}/ml, für Hg_2^{++} bei 1 : 7000000 = 0,14 γ Hg_2^{++}/ml. Folgende Kationen stören nicht: Co, Ni, Mn, Zn, Fe^{++}, Fe^{+++}, Al, UO_2^{++}, Sn^{++} und As^{+++++} sowie Cd, Cu, und Pb in nicht zu großen Konzentrationen.

Eine ganz allgemein auf anorganische und organische Quecksilberverbindungen anwendbare Farbreaktion stammt von ABELMANN. Zu der mit einem Tropfen verdünnter Salpetersäure versetzten Lösung oder Aufschlämmung einer Hg-haltigen Substanz gibt man eine konzentrierte Lösung von $FeSO_4$. Die Mischung wird dann vorsichtig mit 2 ml konz. Schwefelsäure unterschichtet, wobei an der Berührungsstelle beider Schichten sofort ein rotvioletter Ring auftritt. Der Ring ist einige Stunden sichtbar. Über dem Ring zeigt sich nach einiger Zeit eine Braunfärbung, die von der üblichen Salpetersäurereaktion herrührt. Beide Schichten sind aber deutlich voneinander zu unterscheiden.

β) Eine für Hg^{++} geeignete Reaktion. $K_2(HgJ_4)$ wirkt nach STATHIS reduzierend auf alkalische Goldchloridlösung ein. Es tritt die charakteristische Rotviolettfärbung des kolloidalen Goldes auf. Zum Nachweis von Quecksilber(II)-verbindungen verfährt man folgendermaßen: 1 ml der zu prüfenden Lösung wird mit 0,5 ml 1%iger KJ-Lösung, 1 ml 20%iger KOH- und 5 ml 0,01%iger $AuCl_3$-Lösung vermischt. Es tritt bei Hg-Konzentrationen bis herunter zu 0,004 g sofort eine violette Färbung auf, die nach einer Minute nach Grauviolett umschlägt. Die Färbung tritt bei Hg-Konzentrationen bis herunter zu 0,004 g erst nach einer und bei Konzentrationen von etwa 0,00001 g erst nach 2 Min. auf. Ein Blindversuch zeigt jedoch erst nach 5 Min. eine sehr schwache rötliche Färbung. Bei Anwesenheit von Cu, Sn und As muß erst der übliche Trennungsgang der 2. Gruppe durchgeführt werden.

4. Eine durch Quecksilber induzierte Reaktion.

KING und BROWN sowie KOLTHOFF und LIVINGSTON fanden, daß die BETTENDORFsche Arsenprobe durch $HgCl_2$, Hg_2Cl_2 oder metallisches Hg stark beschleunigt wird. Hier ergibt sich die Möglichkeit, kleinste Quecksilbermengen deutlich nachzuweisen. Fügt man z. B. zu 10 ml konz. HCl, die in bezug auf As_2O_3 0,000001-molar ist, 0,5 ml an $SnCl_2$ gesättigten Salzsäure, so erfolgt bei Zimmertemperatur keine Braunfärbung durch kolloidales Arsen. Erst auf Zusatz von einigen Tropfen der auf Hg zu prüfenden Lösung scheidet sich das Arsen nach einiger Zeit ab (bei 0,02 mg Hg etwa nach 20 Sek. Direktes Sonnenlicht muß vermieden werden, und Edelmetalle wie Gold, Palladium oder Platin stören die Reaktion. Dagegen stören nicht Cu und Ag.

§ 4. Anorganische Tüpfel- und Mikroreaktionen.

a) Reduktionsreaktionen für Hg_2^{2+}.

$NaNO_2$. 1 Tropfen einer gesättigten $NaNO_2$-Lösung wird auf Filtrierpapier gebracht. Wenn der Tropfen sich ausgebreitet hat, gibt man in die Mitte der feuchten Stelle einen Tropfen der zu prüfenden, sehr schwach salpetersauren Lösung. Nach Zugabe eines weiteren Tropfens der Nitritlösung zeigt sich bei Anwesenheit von Hg_2^{2+} ein dunkler Fleck, der bei kleinen Hg-Konzentrationen braun erscheint. Weder Ag, Pb noch andere Elemente geben ähnliche Reaktionen. Sind in der Lösung stark gefärbte Ionen vorhanden, so macht man den Hg-Fleck dadurch sichtbar, daß man in die Mitte des Fleckes eine mit H_2O gefüllte Kapillare aufsetzt. Dadurch wird das Papier so weit entfärbt, daß der Hg-Niederschlag deutlich sichtbar wird. Auch schwer- und unlösliche Hg_2^{2+}-Verbindungen wie Hg_2Cl_2 oder Hg_2SO_4 reagieren mit der Nitritlösung unter Metallabscheidung. — Die Nachweisgrenze beträgt 0,001 mg Hg in Gegenwart farbiger Ionen [TANANAJEW (I) und TANANAJEW und ROMANJUK].

Disproportionierung mit NH_3. Man gibt einen Tropfen HCl (1 : 1) auf Filtrierpapier. In die Mitte des feuchten Fleckes bringt man einen Tropfen der zu untersuchenden Lösung, und nachdem der Tropfen aufgesaugt ist, bedeckt man ihn mit einem zweiten kleinen Tropfen HCl. Nun setzt man auf die Mitte die Spitze eine Capillare, die so viel HCl enthält, wie sie von selbst aufzusaugen vermag. Man läßt das Papier die Säure heraussaugen und wiederholt das Auswaschen, wenn nötig. Wenn man jetzt in das Zentrum des Fleckes NH_3-Lösung bringt, so reagiert evtl. vorhandenes Hg unter Schwarzfärbung. Auf diese Weise läßt sich Hg_2^{2+} neben allen anderen Kationen nachweisen. Nur Mn- und Ag-Ionen geben bei gleichzeitiger Anwesenheit auch in Abwesenheit von Hg_2^{2+} mit NH_3-Dämpfen eine Schwärzung (TANANAJEW und TANANAJEW).

b) Reduktionsreaktionen für Hg_2^{2+} und Hg^{2+}.

$SnCl_2$ und Ag^+-Ionen, $SnCl_2$ und Anilin. $HgCl_2$ reagiert zwar mit $SnCl_2$ zu Hg_2Cl_2 mit großer Empfindlichkeit (0,05 γ Hg können noch erfaßt werden (BEHRENS), die Reaktion ist aber zum mikroskopischen Gebrauch weniger zu empfehlen, da der Niederschlag sehr feinkörnig ausfällt. Gestört wird die Reaktion auch dadurch, daß Pb- und Ag-Ionen auf Zusatz von $SnCl_2$ gleichfalls weiße Niederschläge geben, und daß überhaupt der Niederschlag auf weißem Tüpfelpapier nicht sichtbar ist [TANANAJEW (II)]. Die Schwierigkeiten werden durch folgende Ausführungsformen umgangen:

Man gibt 1 Tropfen $SnCl_2$-Lösung auf Filtrierpapier und dazu einen Tropfen $AgNO_3$-Lösung, wobei sich ein weißer Niederschlag bildet. Auf diesen Niederschlag tüpfelt man 1 Tropfen der Probelösung. Eine intensive Schwarzfärbung beweist die Gegenwart von Hg. Kein anderes Kation gibt einen ähnlichen Niederschlag, jedoch beeinträchtigt freie HNO_3 die Empfindlichkeit. Für die Theorie vgl. D. § 3 b. 2. [TANANAJEW (III)]. In diesem Zusammenhang interessiert auch, daß die Reduktion von $HgCl_2$ mit Phenylhydrazin in essigsaurer Lösung durch Zusatz von Spuren $AgNO_3$ so beschleunigt wird, daß momentane Schwarzfärbung eintritt [FEIGL (I)].

Man gibt einen Tropfen $SnCl_2$-Lösung auf Filtrierpapier, fügt einen Tropfen der Probelösung hinzu und versetzt zum Schluß mit Anilin. Eine Schwarz- bzw. Braunfärbung deutet auf die Anwesenheit von Hg. Die Erfassungsgrenze liegt bei 1 γ Hg, die Grenzkonzentration bei 1 : 50000. Ag in großen Mengen gibt ebenfalls einen grauen Fleck. In diesem Falle fällt man das Ag zuerst mit KCl oder KSCN in der Lösung bzw. direkt auf dem Papier und sucht dann erst das Hg mit $SnCl_2$ und Anilin. Co-Salze erzeugen eine bräunlich-grüne Farbe, die aber auf Zusatz von Ammoniak verschwindet. In diesen Fällen ist die Reaktion nicht so empfindlich, und man konzentriert die Lösung vor dem Nachweis am besten durch Abdampfen [TANANAJEW (III)].

$Mn(NO_3)_2$ und NaOH. 1 Tropfen der Probelösung wird auf Filtrierpapier aufgebracht und mit je einem Tropfen gesättigter $Mn(NO_3)_2$- und NaOH-Lösung betupft. Eine Schwarzfärbung deutet auf Hg. Beide Wertigkeitsstufen des Hg geben diese Reaktion. Ag^+-Ionen stören und müssen durch Vorbehandlung der Probelösung mit einem Überschuß von HCl auf dem Uhrglase entfernt werden. Analoge Reaktionen geben die Kombinationen Co^{++}—Hg^{++} und Cr^{+++}—Hg^{++}. Durch Nachweis des entstandenen CrO_4'' mit Benzidin (Blaufärbung) oder als

Ag_2CrO_4 kann in Abwesenheit von Ag auf Hg^{++} geschlossen werden (TANANAJEW und TANANAJEW).

Cu-Folie. Es wird auf sorgfältig auf Hochglanz polierter Cu-Folie gearbeitet. $HgCl_2$-Lösungen mit einer Konzentration bis zu 0,05 γ/0,005 ml geben einen bläulichweißen Schleierring am Tropfenboden (unmittelbar über dem Cu-Blech). Man beobachtet mit der Lupe von oben und von der Seite. Aus $Hg(CN)_2$-Lösungen wird Hg durch Zusatz von 0,025% NH_3 auf der Cu-Folie ausgeschieden. Die erhaltenen Trockenbilder (Aussehen der an der Luft eingetrockneten Mikrotröpfchen) zeigen in der Mitte einen grauweißen Kern, dessen Durchmesser mit fallender Hg-Konzentration zunimmt. Diese Kernbildung ist charakteristisch. Erfassungsgrenze 0,05 γ $Hg(CN)_2$/0,005 ml. Die gleiche Erfassungsgrenze gilt auch für $Hg(NO_3)_2$. Ag, Au und Pt geben ebenfalls Niederschläge, doch unterscheidet sich das Verhalten der Probetropfen von dem der Hg-haltigen Tropfen. Reine NH_3-Lösungen geben eine Trübung, doch ist diese gleichmäßig über den ganzen Tropfen verteilt und unterscheidet sich im Farbton. Trockenbilder von Tropfen mit einem maximalen Gehalt von 0,02% an freier HCl können nur verwertet werden, wenn der Tropfen nach 5 bis 10 Min. Einwirkungsdauer abgesaugt wird. In manchen Fällen tritt eine Gelbfärbung ein, weil die entstehenden Cu-Salze stark absorbiert werden (FRITZ).

c) Katalytische Reaktionen.

Katalyse der Berliner-Blau-Bildung. Hg^{++}-Ionen katalysieren in schwach saurer Lösung die Bildung von kolloidal löslichem Berliner Blau aus Alkalieisen(II)-cyaniden:

$$8(Fe(CN)_6)'''' + 28H^+ + 4K^+ + O_2 = 4K(Fe(Fe(CN)_6)) + 24HCN + 2H_2O.$$

Zu 1 ml der neutralen Probelösung werden 1 ml 0,05 n HCl und 1 ml einer 40 mg%igen $K_4(Fe(CN)_6)$-Lösung zugesetzt. Die Lösung wird zusammen mit einer Blindprobe, die an Stelle der Hg^{++}-Lösung Wasser enthält, für 20 Min. auf 70° erwärmt, aber nicht höher, da sonst auch die nicht katalysierte Reaktion merkbar wird. Bei Anwesenheit von Hg^{++} zeigt sich die blaue Farbe des kolloidalen Berliner Blaus, während die Blindprobe farblos bleibt. Die Erfassungsgrenze liegt bei 0,074 γ Hg, die Grenzkonzentration bei 1 : 13500000. Metalle, die mit Eisen(II)-cyaniden unlösliche Niederschläge bilden, müssen vorher durch Filtration entfernt werden. Auch ist ein Ausschluß von direktem Licht nötig, und Oxydations- und Reduktionsmittel dürfen nicht zugegen sein (PINTER).

NaN_3 und Jod. Die Lösungen von NaN_3 und Jod (als $KJ \cdot J_2$) sind aufeinander ohne Einwirkung. Durch Zugabe von $Na_2S_2O_3$ oder von einem beliebigen Metallsulfid wird jedoch eine rasche Umsetzung herbeigeführt:

$$2NaN_3 + J_2 = 2NaJ + 3N_2.$$

Die Reaktion ist für Hg spezifisch, wenn man auf den bei Behandlung der Sulfide mit starker HNO_3 hinterbleibenden Rückstand, der $PbSO_4$, HgS oder $2HgS \cdot HgNO_3$ enthält, die Reaktion anwendet. Auch Zinnober und $2HgS \cdot HgCl_2$ reagieren. Die feingepulverte Substanz wird in 5 ml einer Mischung von gleichen Teilen n/5 NaN_3- und n/5 $KJ \cdot J_2$-Lösung, die man sich vorrätig halten kann, eingetragen, oder die Jod-Azid-Lösung wird auf das Pulver gegossen. Wenn Benetzung des Pulvers erfolgt ist, tritt stürmische Stickstoffentwicklung ein. Durch die Bläschen lassen sich unter dem Mikroskop noch Stäubchen von HgS erkennen. Im Original findet sich eine Abbildung hiervon [FEIGL (II)].

Photographische Emulsionen. Man zieht mit der Probelösung eine Linie auf AgBr-Papier und trocknet. Das Papier wird belichtet, in mehrere Streifen zerteilt und in Abständen von 30 Min. entwickelt. Ein starker Desensibilisierungseffekt zusammen mit einem starken Rückgang des latenten Bildes deutet auf Hg++-Ionen hin (STEIGMANN).

$AgNO_3$ und SO_2. 10 g inerter Gelatine werden in 90 ml H_2O gelöst. Ein ml dieser Lösung wird mit einem ml Kaliummetahydrogensulfitlösung (1 : 500), mit einem Tropfen der auf Hg zu prüfenden Lösung und mit 0,2 ml 0,1 n-$AgNO_3$-Lösung versetzt. Zusammen mit einem Blindversuch wird die Lösung 10 bis 15 Min. auf 100° erwärmt. Bei Gegenwart von Hg tritt eine raschere Bildung von kolloidalem Ag ein (STEIGMANN).

Sn^{4+}-Salze und unterphosphorige Säure. Die Reduktion wird durch Hg^{2+}-Salze außerordentlich beschleunigt, sogar durch $Hg(CN)_2$ und K_2HgJ_4. Die Bildung von Sn^{2+}-Salz wird mit Kakothelin [Nitroverbindung des Brucins. Siehe LEUCHS und LEUCHS. Die Darstellung erfolgt nach FEIGL (III)] nachgewiesen. Als Reagenslösungen dienen eine gesättigte Lösung von Kakothelin in Wasser, eine 0,1%ige $SnCl_4$-Lösung in 1 n-HCl und eine 10%ige Calciumhypophosphitlösung in 25%iger Salzsäure. Zu 1 ml der Probelösung gibt man 2,5 ml $SnCl_4$-Lösung, 1 ml Hypophosphitlösung und 1 Tropfen Kakothelinlösung. Diese Lösung und eine Blindprobe hängt man nicht länger als 20 Sek. in ein siedendes Wasserbad. Eine Amethyst- bis Rotfärbung zeigt Hg an. Pd katalysiert die Reaktion in gleicher Weise, Cu gibt den Test sogar in Abwesenheit von Sn^{4+}. Au stört, weil es zu Metall reduziert wird und eine rote, kolloidale Lösung bildet. Ag und besonders OsO_4 verhindern die Hg-Katalyse (KOLTHOFF und LIVINGSTON, FEIGL und BADIAN).

d) Sonstige Reaktionen.

CuS und NH_3. Beim Einbringen von CuS und NH_3 in die Cu- und Ni-freie Probelösung zeigt eine blauviolette Färbung die Anwesenheit von Hg an. Ag stört, es reagiert in gleicher Weise. Noch 5 mg Hg oder Ag in 1 l Probelösung können erfaßt werden (TANANAJEW und SSOBOLEWA).

Na_2S. Ein Tropfen der Probelösung wird auf einem Uhrglas bei gelindem Erwärmen mit einem Überschuß von Na_2S versetzt. Der Tropfen wird dann auf Filtrierpapier übertragen. Der Niederschlag bleibt in der Mitte, und um den feuchten Fleck zeigt sich der schwarze Kreis von HgS. Nur das Hg zeigt diese Reaktion, doch gelingt sie selten in Anwesenheit der anderen Kationen. In deren Abwesenheit gelingt sie immer, wenn der Na_2S-Überschuß nicht zu groß ist. Es soll möglichst nur so viel Na_2S vorhanden sein, wie für die Auflösung des HgS-Quantums erforderlich ist [TANANAJEW (IV)].

CuJ. Man verreibt frisch gefälltes, mit Wasser ausgewaschenes CuJ mit Wasser, streicht es in nicht zu dicker Schicht auf Tüpfelpapier auf und läßt an der Luft bei gelinder Wärme trocknen. Darauf tüpfelt man mit 1 Tropfen Hg++-Salzlösung. Es bildet sich rotes Cu_2HgJ_4. Die Erfassungsgrenze liegt bei 0,03 γ Hg++. Ein Blindversuch ist unbedingt notwendig, da CuJ sich in feuchtem Zustand nach kurzer Zeit rötlich braun färbt. In trockenem Zustand ist dies erst nach einigen Stunden der Fall. Cu, Cd, Sb^{3+}, Sn^{4+} und Zn stören nicht. Durch Pb in 1000-fachem Überschuß wird die Reaktion ebenfalls nicht wesentlich beeinflußt. Bei geringen Hg-Mengen — z. B. 0,1 γ — erscheint der rötliche Tropfen am Rande mehr gelbstichig. Neben Bi in Konzentrationen unter 500 γ Bi/ml in schwach HNO_3-saurer Lösung kann noch 0,1 γ Hg neben der 100fachen Bi-Menge nachgewiesen werden. Höhere Bi-Konzentrationen stören wegen BiJ_3-Bildung. Es stören leicht reduzierbare Stoffe, Metallsalze leichter reduzierbarer Metalle und freie Säuren in Konzentrationen größer als n/10 (ARTMANN).

Auf Baumwollfaser. $Hg_2(NO_3)_2$ wird nachgewiesen, indem man das Ende einer Baumwollfaser mit der Probelösung imprägniert. Die Faser räuchert man dann mit NH_3- oder $(NH_4)_2S$-Dämpfen. Bei Gegenwart von Hg_2^{2+} tritt dann eine Schwarzfärbung auf. Die Erfassungsgrenze liegt bei 0,008 γ Hg_2^{2+}. $HgCl_2$-Lösung, auf die Baumwollfaser aufgezogen, gibt nach Räuchern mit $(NH_4)_2S$-Dämpfen ebenfalls eine Schwarzfärbung. Noch 0,005 γ Hg^{++} können nachgewiesen werden (Emich und Donau).

Verwiesen sei auch auf Ubbelohde.

§ 5. Organische Farb- und Tüpfelreaktionen.

Diphenylthiocarbazon = Dithizon. Die Darstellung des Reagenses erfolgt nach Feigl (I). — Hg-Salze beider Wertigkeitsstufen färben, wenn sie mit der grünen Lösung von Dithizon in CCl_4 zusammengebracht werden, die CCl_4-Schicht orange, zuweilen unter vorübergehender Violettfärbung. Es reagieren auch der natürlich vorkommende Zinnober, das $Hg(CN)_2$ und das $HgCl_2$.

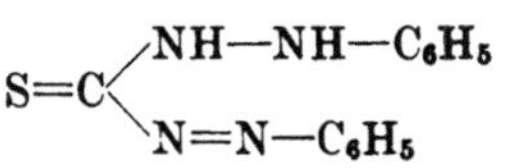

Die zu prüfende Lösung wird kurz und kräftig mit der Reagenslösung (2 bis 4 mg Dithizon in 100 ml CCl_4) geschüttelt. Ein Farbumschlag der CCl_4-Schicht von Grün nach Orange zeigt Hg an. Der Nachweis auf der Tüpfelplatte ist nicht so günstig, weil eine längere Durchmischungszeit erforderlich und der Kontakt der beiden Lösungen nicht so gut ist. 1 Tropfen der Probelösung wird mit 2 Tropfen der Reagenslösung (6 bis 20 mg Dithizon in 1 l CCl_4) versetzt. Man rührt um und läßt verdampfen. Beim Wiederaufnehmen mit CCl_4 tritt bei Gegenwart von Hg die Orangefärbung auf. Die Erfassungsgrenze beträgt 0,0025 γ im Reagensglas, 0,26 γ auf der Tüpfelplatte.

Verdünnte Säuren und Basen sind auf die Hg-Dithizonverbindung selbst beim Kochen ohne Einwirkung.

Es stören hohe Konzentrationen von Säuren und Laugen. Sie zerstören die Hg-Dithizonverbindung. NH_3 bewirkt eine Schwarzfärbung. In jodidhaltigen Lösungen bleibt die Reaktion aus. Oxydationsmittel ergeben eine ähnliche Orangefärbung. — In saurer Lösung verhindern Au und Pd den Nachweis, dagegen ist der Nachweis noch neben dem 500fachen Pt-Überschuß möglich. Au scheidet man durch schwefelige Säure ab, und Pt-Metalle werden durch Cu- oder Ag-Pulver gefällt. Enthält die Lösung außer Hg noch Cu, Fe, Co, Ni, Pt und Au, so fällt man mit Cu-Pulver. Fe, Co und Ni bleiben in Lösung, während Hg, Pt und Au gefällt werden. Bei Behandlung des Niederschlages mit HNO_3 gehen Cu und Hg in Lösung. In der Lösung ist Hg nun nachweisbar. Bei Abwesenheit von Cu fällt man mit Ag-Pulver. — Ag gibt in saurer Lösung eine Gelbfärbung, doch läßt sich noch 1 γ Hg neben der 100000fachen Menge Ag nachweisen, wenn man zu der Lösung 1 Tropfen n-H_2SO_4 hinzugibt. Ist man im Zweifel, ob die Orangefärbung von Hg, Ag oder Oxydationsmitteln herrührt, so führt man die Reaktion in einem etwas größeren Volumen mit entsprechend größeren Mengen durch, trennt im Scheidetrichter die gelbe CCl_4-Lösung ab, wäscht sie mit verdünnter H_2SO_4 (1%ig) und destilliertem H_2O aus und schüttelt mit 5%iger KCN-Lösung. Die vom Hg oder Ag herrührenden Färbungen verschwinden sofort, während das gelbe Oxydationsprodukt sich nicht entfärbt. — Führt man den Nachweis unter Zusatz von Pyrophosphat aus (10 ml Probelösung, 30 ml 0,1 n $Na_4P_2O_7$-Lösung, 3 ml Dithizonlösung), so bilden die nachstehend aufgeführten Ionen Komplexverbindungen und sind unter den genannten Bedingungen bis zu den in den Klammern genannten Konzentrationen in mg unschädlich: Tl (200), As^{5+} (100), Al (20), Mn^{2+} (15), Bi (10), Pb (10), U (1,5), Cd (1,0), Ni (1,0), Co (0,05) und Mo^{6+} (0,05). Die Erfassungsgrenze liegt in diesem Falle bei 1 γ.

Die violette Hg-Dithizon-Enol-Verbindung, die in alkalischer Lösung beständig ist, wird seltener für den qualitativen Hg-Nachweis verwendet. Die Reaktion ist recht spezifisch, störend wirkt nur das Ag. Dabei ist aber zu berücksichtigen, daß kleine Hg-Mengen (unter 5 γ) auch in alkalischer Lösung in Gegenwart eines Dithizonüberschusses noch zu der orangefarbenen Hg-Dithizon-Keto-Verbindung reagieren. Dies ist vor allen Dingen dann der Fall, wenn keine größeren Mengen anderer mit Dithizon reagierender Metalle zugegen sind, die der Ketoverbindung Dithizon entziehen und sie in die dithizonärmere Enolverbindung überführen können [FISCHER (I), WÖLBLING und STEIGER und ALEXEJEW (I)]. Verwiesen sei noch auf das Dithizonmembranpapier von STEIGMANN (I).

Di-β-naphthylthiocarbazon. Die Darstellung des Reagenses erfolgt nach HUBBARD. Es hat im allgemeinen die gleichen Eigenschaften wie Dithizon, doch ist der Hg-Nachweis empfindlicher. Die Farbe der Hg-Verbindung ist rot (HUBBARD, SSUPRUNOWITSCH).

Di-o-tolylthiocarbazon. Die Darstellung erfolgt nach SSUPRUNOWITSCH und SCHAMSCHIN. Die Nachweise mit diesem Derivat des Dithizons sind weniger empfindlich als die mit Dithizon selbst, doch ist die Lösung des Reagenses stabiler als die des Dithizons beim Aufbewahren.

Diphenylcarbazid-(carbazon). Die Darstellung des Reagenses erfolgt nach FEIGL (II). Hg-Salze beider Wertigkeitsstufen geben mit Diphenylcarbazid eine blauviolette Färbung. Da nicht das Carbazid, sondern wohl das daraus durch Luftoxydation entstehende Carbazon reagiert, kann man dieses auch von vornherein verwenden.

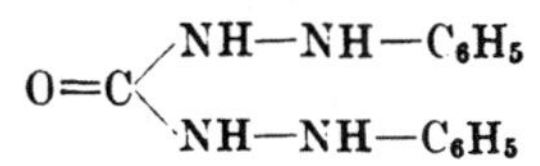

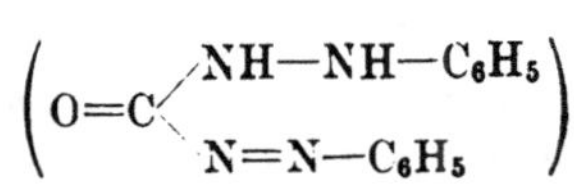

Zum Nachweis wird der Niederschlag der 1. Gruppe in Königswasser, der Niederschlag der 2. Gruppe in $HCl + NaClO_3$ gelöst. Die Lösungen werden auf 1 ml eingedampft und mit Wasser auf 5 bis 6 ml verdünnt. Darauf werden 4 bis 8 Tropfen einer frisch bereiteten, gesättigten, alkoholischen Diphenylcarbazidlösung zugegeben, und die Lösung wird allmählich mit festem Na_2CO_3 versetzt. In Gegenwart von Hg nimmt der bei der Neutralisation sich bildende Schaum eine blaue Färbung an, und bei Überschuß von Na_2CO_3 färbt sich die ganze Lösung blau. Die Erfassungsgrenze beträgt in neutralen Lösungen 0,5 γ Hg in 2 ml Lösung. Die Reaktion mit Sublimatlösung ist von geringerer Empfindlichkeit. Mit einer 0,1 %igen Lösung von Diphenylcarbazid in 50 %igem Alkohol erfaßt man noch 0,2 γ.

Folgende Störungen können auftreten: Die frisch bereitete Reagenslösung ist farblos, wird aber bald rosa bis rot. Nach mehreren Wochen ist sie zersetzt. — Die Beständigkeit der Hg-Komplexe liegt etwa zwischen den p_H-Werten 5 bis 7. Bei $p_H = 3{,}8$ verschwindet eine einmal aufgetretene Färbung. Alkalische und stärker saure Lösungen geben also keine Färbung. — Die mit Ag, Pb, Cd, Ni, Co, Mn und Mg erhaltenen Färbungen werden von der Hg-Färbung überdeckt. Nur Cu (violett), Fe (rosa) und Cr als Chromat (violett) können stören. Cyanide und Jodide dürfen nicht zugegen sein, und Chloride mindern die Empfindlichkeit.

Die Störungen können folgendermaßen umgangen werden: Die durch Hg verursachte Färbung bleibt in nicht zu verdünnten Lösungen (1 : 10000) auf Zusatz eines Tropfens HNO_3 bestehen, während die des Cu unter gleichen Bedingungen verschwindet. Die Fe-Färbung kann durch Zusatz von Eisessig oder $K_4(Fe(CN)_6)$-Lösung fast ganz zum Verschwinden gebracht werden. Die Cr-Färbung ist im Gegensatz zu der des Hg nicht löslich in Benzin. — Eine große Anzahl von Kationen kann durch Komplexbildung mit Pyrophosphat unschädlich gemacht werden. Die Empfindlichkeit des Nachweises sinkt dadurch. Folgende Kationen (maximale Mengen in mg in den Klammern) können auf diese Weise zugegen sein, ohne zu stören: As (60), Al (5), Fe^{3+} (5), Mg (4), Mn^{2+} (2), Pb (2), Cd (1), Zn (1), Co (0,5), Sn^{4+} (0,5), Ag (0,01), Au (0,01) und Ni (0,001). Sb^{3+}, As^{3+} und Sn^{2+} sollen nicht zugegen sein. — Man kann das Hg auch mit Hilfe des Trennungsganges von den anderen Metallen isolieren. Man löst das HgS dann in Bromwasser, entfernt den Überschuß des Broms mit Phenol und H_2SO_4 und verfährt weiter, wie oben angegeben.

Für die Tüpfelprobe wird 1 Tropfen der Lösung auf Filtrierpapier gebracht, das mit frisch bereiteter alkoholischer Diphenylcarbazidlösung (1%ig) durchtränkt ist. Je nach der vorhandenen Hg-Menge entsteht ein violetter oder blauer Fleck. Die Erfassungsgrenze liegt bei 0,1, 0,2 und 1,0 γ Hg, je nachdem, ob man von hydrolysensaurer, 0,1 n oder 0,2 n salpetersaurer $Hg(NO_3)_2$-Lösung ausgeht. — In schwach sauren Lösungen bilden auch Chromat und Molybdat farbige Verbindungen. Die Störung durch Chromat wird durch Reduktion mit schwefliger Säure oder H_2O_2 beseitigt. Die Molybdatstörung kann durch Zusatz von Oxalsäure aufgehoben werden; denn die komplexe Molybdän-Oxalsäure reagiert nicht mit Diphenylcarbazid. — Es stören ferner wie oben die Chloride und die anderen genannten Anionen.

Die Hg^{2+}-Diphenylcarbazidverbindung ist löslich in Benzol, Toluol und anderen organischen Lösungsmitteln. Sie läßt sich daher z. B. aus einer wäßrigen Lösung ausschütteln, wobei das Benzol blau gefärbt wird. Die Hg_2^{2+}-Verbindung ist dagegen in den genannten Lösungsmitteln viel schwerer bzw. gar nicht löslich. Verwendet man Benzol, so reichert sie sich z. B. in der Grenzschicht C_6H_6—H_2O in Flocken an. Die Methode bietet hier also eine Unterscheidungsmöglichkeit zwischen Hg_2^{2+} und Hg^{2+}. — Auch beim Tüpfeln kann man diese Unterscheidung treffen. Bringt man 1 Tropfen Benzol in einer Capillare auf den Reaktionsfleck, so kann man ihn bei der Hg^{2+}-Verbindung verbreitern und entfernen, bei der Hg_2^{2+}-Verbindung dagegen nicht. [CUCUEL, ALEXEJEW (II), FEIGL und NEUBER, SCOTT, CAZENEUVE, STOCK und POHLAND, KOLTHOFF, FISCHER (II), GUTZEIT und THIÉBAUT.]

Di-β-naphthylcarbazon. Die Darstellung erfolgt nach KRUMHOLZ und HÖNEL. Das Reagens ist in neutraler Lösung 3 bis 4mal so empfindlich wie Diphenylcarbazon. In 0,05 n HNO_3-Lösung ist die Empfindlichkeitserhöhung dagegen nur gering. — Andere Derivate des Diphenylcarbazons bieten gegenüber der Muttersubstanz keine analytischen Vorteile.

N-N'-Dianilinguanidin. Hg-Salze geben in saurer Lösung mit dem Reagens einen blaßvioletten Niederschlag. Ag-, Pb- und Cu-Salze geben ähnliche Niederschläge [DUBSKY (I)].

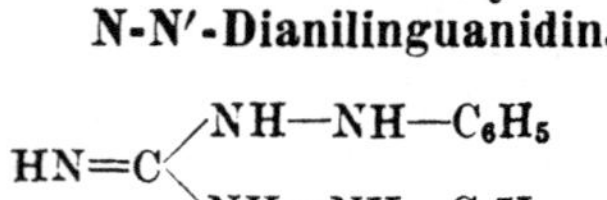

Diphenylsemicarbazid. In alkoholischer Eisessiglösung gibt das Reagens mit Hg-Salzen eine hell-blauviolette Färbung. Es stören Chromate, Molybdate und in hohen Konzentrationen auch Cu und Zn [MILLER (I)].

Phenylhydrazinphenylthiocarbazinat. Man gibt zu einer Lösung von CS_2 in Benzol Phenylhydrazin und erhält dann ein komplexes Thiocarbazinat. Die Acetonlösung des Reagenses gibt mit verdünnten $Hg(NO_3)_2$-Lösungen einen rotpurpurnen Niederschlag. Störend wirken Chromate, Molybdate und Vanadate [MILLER (I)].

p-Dimethylaminobenzylidenrhodanin. Die Darstellung des Reagenses erfolgt nach ANDREASCH und ZIPSER oder FEIGL (III). Hg_2^{2+}-Salze liefern leuchtende Purpurfarben, Hg^{2+}-Salze eine ziegelrote Färbung oder einen rotvioletten Niederschlag.

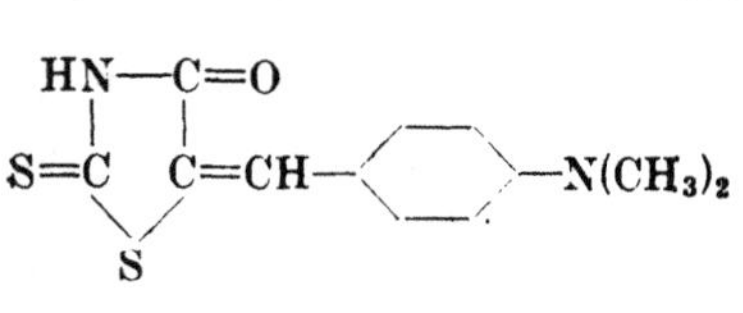

1 Tropfen der schwach salpeter- oder schwefelsauren Probelösung (Azidität nicht größer als 0,1 n) wird auf der Tüpfelplatte mit 1 Tropfen der gesättigten, alkoholischen Reagenslösung versetzt. Je nach der Menge des Hg beobachtet man Rosafärbung oder einen violetten Niederschlag. Das Reagens selbst ist in saurer Lösung schwach gelblich

gefärbt. Die Erfassungsgrenze liegt bei 0,33 γ Hg, die Grenzkonzentration bei 1 : 150000.

Cu^{+}, Cu^{++}, Ag, Au, Pt und Pd geben ebenfalls Farbreaktionen mit dem Reagens, Cu^{++} nur in neutraler oder mit viel Acetat abgestumpfter Lösung. Größere Mengen von Chloriden und freie HCl verhindern die Reaktion. In acetatgepufferter Lösung setzt sich aber Hg auch bei Anwesenheit eines Überschusses von Cl-Ionen unter Rotfärbung mit dem Reagens um. Konzentrierte Essigsäurelösungen zeigen eine schwache Rotfärbung, die beim Verdünnen verschwindet. Diese Schwierigkeit kann durch Ausführung des Testes in 0,05 n HNO_3 umgangen werden.

Ag-Salze müssen vorher mit HCl entfernt werden. — Bei Anwesenheit von Chloriden und beliebigen Mengen freier Säure verfährt man wie folgt: 1 Tropfen der sauren Probelösung wird mit 1 Tropfen des Reagenses und einigen Tropfen gesättigter Natriumacetatlösung versetzt. Bei Anwesenheit von Hg entsteht eine Rosafärbung. Erfassungsgrenze und Grenzkonzentration siehe oben. In 2 n HCl- oder HNO_3-Lösung liegt die Erfassungsgrenze bei 1,25 γ in 0,05 ml (Grenzkonzentration 1 : 40000). In diesen acetatgepufferten Lösungen zeigt die Intensität der Rotfärbung keine Parallelität mit der Hg-Konzentration; auch in ziemlich konzentrierten Lösungen tritt nur eine relativ schwache Färbung auf. Das Reagens selbst wird durch Zusatz des Acetates gelb bis orange gefärbt. Daher führt man zweckmäßig neben dem Nachweis einen Blindversuch aus. — Ist Cu zugegen, so verfährt man folgendermaßen: Auf der Tüpfelplatte verrührt man 1 Tropfen der sauren Probelösung (Azidität höchstens 1 n) mit 5 Tropfen einer 10%igen tertiären Natriumphosphatlösung. Dadurch wird das Cu als hellgrünes Kupferphosphat ausgefällt. Auf Zusatz eines Tropfens der Reagenslösung zeigt sich nun bei Anwesenheit von Hg eine Rosa- bis Violettfärbung. Bei kleinen Hg-Mengen stellt man am besten einen Blindversuch an. Neben einem 450fachen Cu-Überschuß liegt die Erfassungsgrenze für Hg bei 1 γ (Grenzkonzentration 1 : 50000) [Allport, Singh, Heller und Krumholz, Feigl (IV), Smith-West und Krumholz].

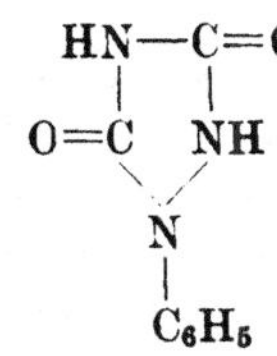

Phenylurazol. Das Reagens bildet mit Hg-Salzen in Gegenwart von festem Natriumacetat einen pfirsichblütenfarbenen Niederschlag. Die Reaktion ist für Hg spezifisch. Grenzkonzentration 1 : 50000 [Feigl (V)].

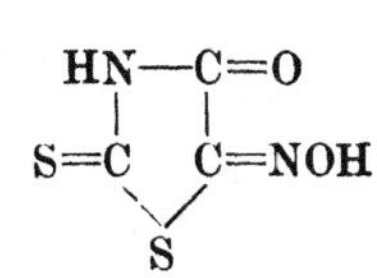

Isonitroso-Rhodanin. Das Reagens liefert in salpetersaurer Lösung nur mit Hg- und Ag-Salzen gelbe Niederschläge. Die Empfindlichkeit für Hg ist größer als diejenige mit H_2S [Feigl (V)].

Für Reaktionen von Hg-Salzen mit Rhodanin und seinen Kondensationsprodukten siehe Urmann und Pollak, Dubsky (I).

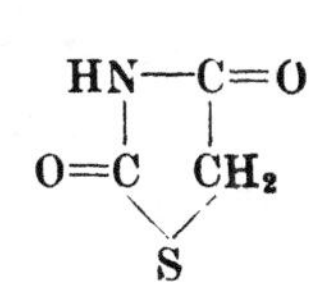

2,4-Dioxythiazol. Eine n/10 Lösung des Reagenses gibt mit Ag-Salz einen weißen, gelb werdenden Niederschlag, mit Hg^{2+}-Salzen einen weißen und mit Hg_2^{2+}-Salzen einen schwarzen Niederschlag. Die anderen Kationen reagieren nicht, nur Cu gibt nach 24 Std. einen geringen Niederschlag [Dubsky (I)].

Verschiedene Derivate des Thiohydantoins geben mit Hg_2^{2+}- und Hg^{2+}-Salzen, aber auch mit Ag-, Pb- und Cu-Salzen gefärbte Niederschläge. Mit weiteren Kationen treten Färbungen auf. Für Einzelheiten sei auf die Originalliteratur verwiesen [Dubsky und Vrbova, Dubsky (I), Miller (I)].

Benzopurpurin 4 B (I. G. Farbenindustrie) und Bromphenolblau Nr. 8182 (Merck). 1 Tropfen Probelösung (0,025 ml) wird auf Filterpapier gegeben. Auf den noch feuchten Fleck gibt man einen Tropfen Reagenslösung (0,2%ige, wäßrige Lösung). Die Ausbildung erfolgt in einigen Sekunden, die Ergebnisse bringt die folgende Übersicht.

IG-Präparat	Merck-Präparat
Blindprobe	
Im inneren Teil lebhaft rot, am Rande bräunlich; die beiden Farben trennen sich nicht scharf.	Violetter Fleck.
Nachweis des Hg_2^{2+}. Als Probelösung diente $Hg_2(NO_3)_2$.	
Lebhaft rötlich-violett. Der Fleck ist homogen. Erfassungsgrenze: Weniger als 0,04 mg.	Lebhaft rötlich-brauner Fleck, der von einem hellblauen Ring umgeben ist. Dieser fließt ohne Übergang mit der Farbe des Papieres zusammen. Erfassungsgrenze: Weniger als 0,015 mg.

Die Bilder verlieren nach dem Eintrocknen wenig von ihrer Lebhaftigkeit und können zum Vergleich einige Wochen aufbewahrt werden. Andere Ionen zeigen diese Reaktionen nicht.

IG-Präparat	Merck-Präparat
Nachweis des Hg^{2+}. Als Probelösung diente $Hg(NO_3)_2$.	
Bläulich-grauer, scharf abgegrenzter Ring. Der innere Teil des Bildes ist violett-rot. Erfassungsgrenze: Weniger als 0,024 mg.	Ockergelber Fleck, der wie oben von hellblauem Ring umgeben wird. Erfassungsgrenze: Weniger als 0,02 mg.

Die Bilder verlieren ebenfalls beim Eintrocknen wenig von ihrer Lebhaftigkeit. Andere Ionen reagieren nicht.

Mit diesen Reagenzien können demnach Hg_2^{2+}- und Hg^{2+}-Ionen leicht voneinander unterschieden werden.

Die Reaktionen sind in saurem oder alkalischem Medium nicht durchführbar. Die Reagenzien sind gegen Säuren und Laugen derart empfindlich, daß die Reaktionen dann gar nicht zustande kommen oder ein Farbwechsel des Indikators die Reaktion gänzlich verdeckt (Kocsis).

Die ebenfalls sehr charakteristischen Niederschläge, die Hg-Ionen beider Wertigkeitsstufen mit **Chromotropsäure** bilden, sind viel weniger empfindlich. Für Einzelheiten sei daher auf das Original verwiesen (Kocsis und Gelei). — Auch die **H-Säure** gibt in Form ihres Natriumsalzes mit $Hg(NO_3)_2$-Lösungen Gelbfärbung oder gelbe Niederschläge [Miller (I)].

Formamidoxim. Hg^{++} gibt mit einer 5%igen Lösung des Reagenses einen hellgelben Niederschlag. Die Grenzkonzentrationen liegen für den Reagensglasversuch bei 1 : 20000, für die Tüpfelprobe auf Filterpapier bei 1 : 160000. Hg_2^{2+} gibt mit dem Reagens einen grauschwarzen Niederschlag, eine Mischung aus Hg und der Hg^{++}-Verbindung. Grenzkonzentrationen 1 : 100000 bzw. 1 : 330000.

Beide Ionenarten lassen sich auf dem Filterpapier nebeneinander erkenenn. Bei einem Verhältnis $Hg^{2+}/Hg_2^{2+} = 1:1$ erhält man nur die Hg^{2+}-Reaktion. Bei einem Verhältnis der beiden Ionen von 0,1 : 1 bis 0,05 : 1 erhält man ein schwarzes Zentrum mit einem gelben Ring.

Die Hg^{2+}-Reaktion wird durch Cu^{2+} gestört, das einen smaragdgrünen Niederschlag liefert. Die Hg_2^{2+}-Reaktion wird durch Halogene gestört, durch Hg^{2+} und Cu^{2+} jedoch nur bei hohen Konzentrationen (Kuraš und Růžička).

Nitrosophenylglycin. Das Reagens fällt nur die Hg_2^{2+}-Salze aus. Es bildet sich ein weißer, kristalliner Niederschlag. Die Erfassungsgrenze liegt bei 6,4 γ, die Grenzkonzentration bei 1 : 4700 [DUBSKY (II)].

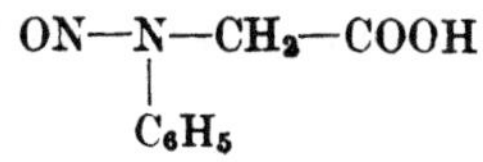

Über die Reaktion mit **Rhodamin B** vgl. EGRIWE und KUSNETZOW.

p-Dimethylaminophenyliminocampher (I) und p-Diäthylaminophenyliminocampher (II). Die 1%ige, alkoholische Lösung von I gibt mit Hg^{2+}-Ionen eine intensive Scharlachfärbung. Pb-, Cu-, Ni-, Co-, Fe^{2+}-, Fe^{3+}-, Ca-, Ba-, Cd-, Mn- und Mg-Salze stören nicht. Bi- und Ag-Salze geben eine schwache Rosafärbung und wenig weißen Niederschlag. — Die Diäthylverbindung (II) gibt mit beiden Wertigkeitsstufen des Quecksilbers eine tiefviolette Färbung. Diese verschwindet durch Einleiten von O_2 und kehrt auf Zugabe von wenig Reagens zurück. — Ausführung auf dem Filtrierpapier: Filtrierpapierstreifen werden mit 0,5%igen Lösungen der Reagenzien getränkt und an der Luft trocknen gelassen. 1 Tropfen einer Hg^{2+}-Salzlösung gibt einen rosa gefärbten Fleck, der bei der Einwirkung von NH_3-Dämpfen verschwindet. Die Tiefe der Färbung ist der Hg-Menge proportional. Grenzkonzentration 1 : 50000. Ein Tropfen einer $Hg_2(NO_3)_2$-Lösung ergibt eine rosa zackige Färbung rund um einen weißen Fleck. NH_3 erzeugt Schwärzung. Die Empfindlichkeit ist von gleicher Größenordnung wie oben angegeben (SINGH).

I 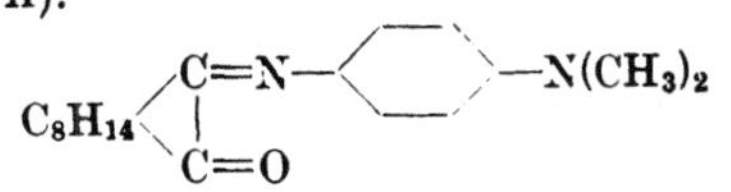

II 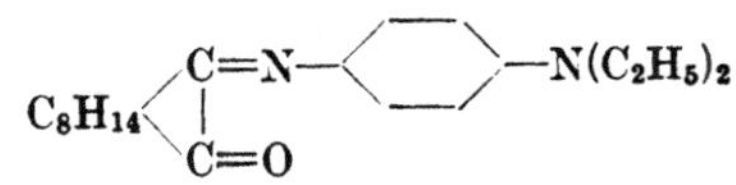

Für die Reaktionen des **Dicyandiamidins (Guanylharnstoffs)** und des **o-Phenylenbiguanids** mit Hg-Salzen vergleiche man die Originale [FEIGL (VI) und DUBSKY, LANGER und STRNAD].

Phloroglucin. Mehrwertige Phenole mit m-Stellung der Hydroxylgruppen reagieren mit dissoziierten Hg-Salzen unter Bildung schwerlöslicher Niederschläge. Phloroglucin [Formel der gebildeten Verbindung $C_6H_3(OH)_3 \cdot 3\,HgO$] ist dabei empfindlicher als Orcin und Resorcin. Es erfaßt 20 γ Hg^{2+}/1 ml.

Keines von den geprüften anderen Kationen bildet einen Niederschlag, so daß Phloroglucin als streng spezifisch erscheint. — Cl′, Br′, J′, und CNS′ stören die Fällung und werden daher mit $AgNO_3$ gefällt. Ein Überschuß von $AgNO_3$ stört den Nachweis nicht (LAVOYE und WESSELSKAJA).

Galläpfelextrakt ergibt einen gelbroten, in HNO_3 nur wenig löslichen Niederschlag (GUTZEIT). — Für **Tanninsäure** siehe MILLER (I).

β-Resorcylsäure. Das Reagens kann in verdünnt salpetersaurer Lösung zur Abtrennung des Hg von den Metallen Bi, Pb, Cu, Cd benutzt werden, wenn die Metalle ursprünglich nicht als Sulfide gefällt zu werden brauchten. Die Lösung der Nitrate wird mit NaOH fast neutralisiert, dann gekocht. Es wird überschüssige β-Resorcylsäure zugegeben, wodurch das Hg als schwach gelblicher Niederschlag vollständig gefällt wird (DAS-GUPTA).

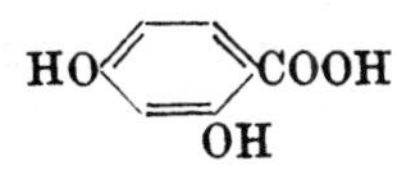

Alkaloide. Siehe hierzu auch Abschnitt D. § 6. — 1 ml der Probelösung mit nicht weniger als 2 mg Hg/l wird mit je 0,1 ml 2,5%iger Strychninsulfatlösung und 0,5%iger KJ-Lösung versetzt. Es entsteht eine Trübung (GOLSE und JEAN). — Zur Probelösung gibt man 1 bis 3 Tropfen einer gesättigten KJ-Lösung und dann einige Tropfen einer gesättigten Lösung von α-Naphthylamin in 5%iger Essigsäure. Bei Anwesenheit von Hg entsteht eine weiße Trübung. Grenzkonzentration 1 : 13000. Pb gibt unter gleichen Bedingungen einen gelblichen Niederschlag, während Cu, Cd, Sb und As nicht reagieren. Bi-Salzlösungen geben bei geringem Gehalt an freier Säure einen roten Niederschlag. Salze der Metalle der 3. analytischen Gruppe reagieren nicht. Oxydationsmittel behindern die Reaktion (KORENMAN). — Für Einzelheiten der Reaktionen mit Brucin und KJ (KORENMAN), Coffein und Theobromin und KJ (MEYER, BOOTH und SCHREIBER), Cinchonin und NaJ [FEIGL (VII), TRUFFERT] sowie Antipyrin und KJ (KORENMAN) muß auf die Originalliteratur verwiesen werden.

Methylenblau. Die 0,25%ige wäßrige Lösung des Reagenses reagiert mit Hg^{2+}-Salzen unter Bildung eines flockigen, violetten Niederschlages, welcher leicht in Säuren und Wasserüberschuß unter Zersetzung mit blauer Farbe löslich ist. Hg_2^{2+}-Salze reagieren nicht. — Folgende Ionen bilden ebenfalls gefärbte Niederschläge: Ce^{4+}, Ir^{4+}, Pd^{2+}, Au^{3+}, Pt^{4+}, Mo^{6+}, V^{5+}, W^{6+}, Cr^{6+}, SCN', $(Fe(CN)_6)'''$, $(Fe(CN)_6)''''$ (PASSERINI und MICHELOTTI).

Durch Reduktion der salzsauren Lösung von Methylenblau mit $Na_2S_2O_3$ gelingt es, den Leukofarbstoff herzustellen, der mindestens 12 Std. lang gegen Luftsauerstoff unempfindlich bleibt. Man kann schwer reduzierbare Substanzen wie Hg^{2+}, Cu^{2+}-Salze und Chromat- und Eisen(II)-cyanidanionen damit nachweisen. — Auch einige nichtoxydierende Substanzen wirken auf den Leukofarbstoff ein: Ätzalkalien, $K_4(Fe(CN)_6)$, Na-hypophosphat und Aldehyde (JONESCO-MATIU und POPESCO).

Neben anderen Ionen reagieren auch Hg-Ionen mit den Verbindungen I und II. Hierbei entsteht HgJ_2, und die blaue Farbe des frei werdenden Methylenblaus dient zum Nachweis. Für Einzelheiten sei auf KUHLBERG (I) und BOUILLOUX verwiesen.

I 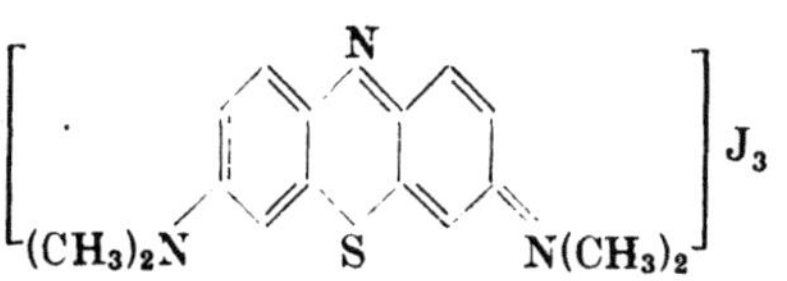

II $[(\text{Methylenblau}) \cdot HJ]_2 \cdot HgJ_2$

Über Fällungen des **Phenothiazins** siehe FISCHER (III).

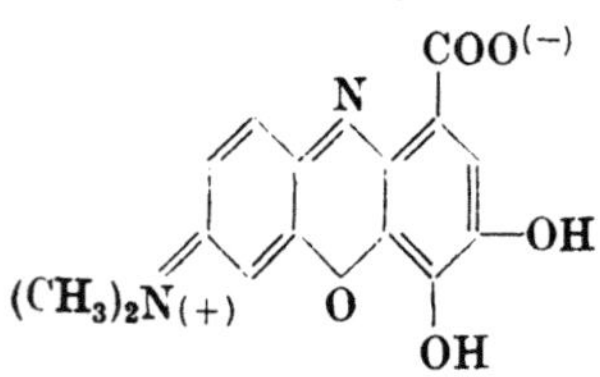

Gallocyanin bildet in 1/200 n-Lösung blaue Niederschläge mit 1/10 n-Lösungen von Hg_2^{2+}- und Sb^{3+}-Salzen. Nach 12 Std. reagieren auch Ag-, Hg^{2+}-, Pb-, Bi- und Ni-Salze. In stark saurem Medium sind jedoch Hg_2^{2+} und Sb^{3+} die einzigen niederschlagbildenden Kationen [DUBSKY (III)].

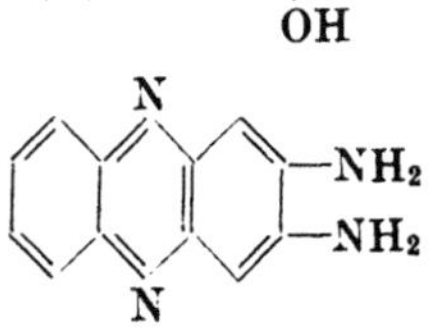

2,3-Diaminophenazin. Die alkoholische, 0,5%ige Lösung des Chlorhydrates des Reagenses gibt man zu der genau neutralisierten wäßrigen Probelösung und schüttelt durch. Eine Rotfärbung des entstehenden Schaumes bewirken Hg^{2+}- und Cu^{2+}-Salze. Grenzkonzentration 1 : 6000000. Orange oder gelbe Niederschläge geben Bi, Pb und Cd. Fe^{3+} und größere Mengen Ammonsalze stören. Man muß sie vorher entfernen. Die Reaktion kann auch als Tüpfelreaktion durchgeführt werden, wobei das Papier mit der freien Base getränkt wird (PAVOLINI).

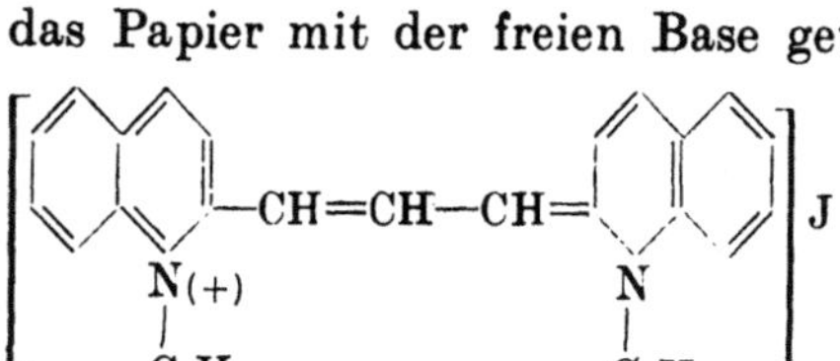

Pinacyanoljodid. Darstellung des Reagenses nach WASSILJEWA. Der Farbstoff bildet mit Hg-Salzen einen schmutzig-bräunlichen Niederschlag des Typs (Pinacyanol) · HgJ_3. Die alkoholische Lösung dieses Komplexes dient als Reagens auf Hg, das das reine, blaue Pinacyanol daraus wieder in Freiheit setzt. Die Erfassungsgrenze im Reagensglas beträgt 0,7 γ Hg in 0,1 ml (1 : 140000). Bei Verwendung von mit dem

Reagens imprägniertem Filtrierpapier steigt die Empfindlichkeit auf 0,01 γ Hg. — Die Reaktion wird nicht gestört von Na, K, NH_4, Ca, Mg, Pb, Co, Cu^{2+}, Cu^{1+}, Zn, Al, Cr, Mn, Ni, Bi, Sb^{3+}, Pt^{4+}, Pd^{2+}, CO_3'', C_2O_4'', NO_2', NO_3', F', Cr_2O_7'', CrO_4'', PO_4''', $FeCy_6'''$, $FeCy_6''''$, AsO_3''' und AsO_4'''. Ag gibt die gleiche Reaktion. Cl' und CNS' mindern die Empfindlichkeit, und J' und Br' entfärben die blaugewordene Lösung. Sn^{2+}, S'', SO_3'' und S_2O_3'' reduzieren Hg^{2+}. Fe reagiert mit dem Pinacyanol. Durch Hinzufügen von NaF läßt sich die Störung beheben. Die Lösung darf schließlich nicht saurer sein als dem $p_H = 2$ entspricht, da sich das Pinacyanol sonst entfärbt.

Tetramethyl-p-phenylendiamin. Da dieses Reagens durch Oxydation eine intensiv violette Farbe liefert, eignet es sich zum Nachweis von Spuren einiger oxydierender Kationen. Für Hg_2^{2+} liegt die Erfassungsgrenze bei 0,5 γ (Grenzkonzentration 1 : 20000), für Hg^{2+} bei 1,0 γ (Grenzkonzentration 1 : 100000). Es reagieren auch Cu-, Ag- und Fe^{3+}-Salze [Kuhlberg (II)]. — Auch Apomorphin eignet sich zum Nachweis oxidierend wirkender Ionen. Siehe hierüber Pavelka.

Thioderivat von Michlers Keton. Darstellung des Reagenses nach Tarbell und Wystrach. 1 Tropfen der 0,1%igen Acetonlösung des Reagenses gibt man zu 10 ml der wäßrigen Probelösung, die mit 1 ml 10%iger $NaCH_3COO$-Lösung gepuffert ist. Bei Anwesenheit von Hg^{2+}-Ionen tritt eine blaugrüne Färbung mit rotem Dichroismus auf. Der Komplex ist in Äther unlöslich. Sein Absorptionsspektrum findet sich im Original. Die Grenzkonzentration liegt bei 1 : 5000000. — Cu^+-, Ag-, Au-, Pt- und Pd-Verbindungen reagieren in gleicher Weise, doch sind die auftretenden Färbungen blaupurpur bis rot (Gehauf und Goldenson).

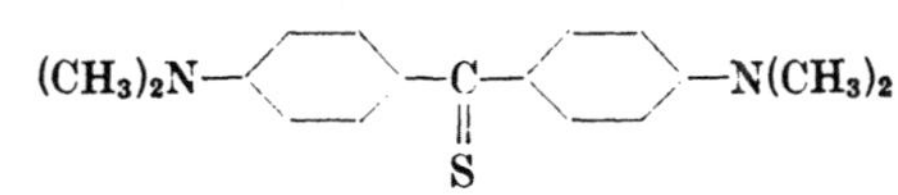

Urobilin. Salze des Cu und des Hg geben mit dem Reagens eine Rotfärbung. Die Reaktion wird durch Ausschütteln mit Chloroform noch deutlicher. Noch 1 γ Hg kann nachgewiesen werden (Sagastume und Oliva).

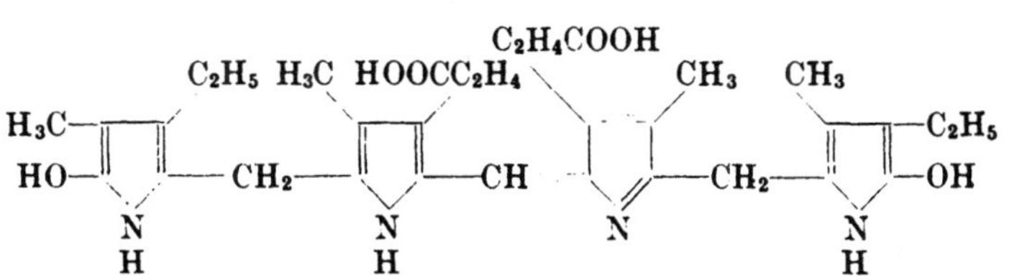

Derivate des 8-Oxychinolins. 2-Phenyl-4-carboxyl-8-oxychinolin. Das in Aceton gelöste Reagens bildet in schwach salpetersaurer Lösung eine gelb gefärbte, schwer lösliche Hg^{2+}-Verbindung. Grenzkonzentration 1 : 200000. Unter den Bedingungen ist die Fällung spezifisch. Unter anderen Bedingungen zeigen Cu und Fe ebenfalls Neigung zur Bildung schwerlöslicher Komplexe. Doch ist die Fällungsempfindlichkeit nicht so hoch wie beim Quecksilber (Berg).

6,8-Dioxychinolin, 5-Sulfo-7-jod-8-oxychinolin und 5-Chlor-7-jod-8-oxychinolin sind weder so empfindlich noch so spezifisch wie das erstgenannte Reagens (Berg).

5-Phenylazo-8-oxychinolin (Phenazoxin). Die Auflösung des Reagenses in 20%iger Salpetersäure liefert mit der Probelösung bei Anwesenheit von Hg-Salz einen violetten Niederschlag. Erfassungsgrenze 5 γ. Cu, Pd und Ni geben eine braune bzw. violette bzw. rote Fällung. Weinsäure verhindert jedoch die Ausfällung dieser 3 Kationen. Cl' beeinträchtigt die Reaktion mit Hg [Miller (II), Gutzeit und Monnier].

5-(4'-Sulfo-2'-methyl-)phenylazo-8-oxychinolin. Das Reagens ist für Hg spezifisch. Es wird verwendet in einer Auflösung in 20%iger Salpetersäure und gibt auf der Tüpfelplatte eine zinnoberrote Färbung. Die Empfindlichkeit ist nicht sehr groß. Pd und Fe geben sehr schwache Färbungen, und Cl′ stört (GUTZEIT und MONNIER).

5-(4′-Sulfo-)phenylazo-8-oxychinolin. Auch dieses Reagens wird in einer Lösung von 20%iger HNO_3 verwendet. Es wird für Hg aber erst spezifisch, wenn die Probelösung vor dem Nachweis mit Na_2S behandelt und filtriert ist (GUTZEIT und MONNIER).

Weitere, von GUTZEIT und MONNIER untersuchte Azoderivate des Oxins vom gleichen Typus können nach FEIGL (VI) nur mit geringem Erfolg verwendet werden.

5-(4′-Chloro-)phenylazo-oxin und 5-(8′-Oxy-3′,6′-disulfo-)naphthylazooxin geben auf der Tüpfelplatte mit einem Tropfen der Hg-Salz-haltigen Probelösung eine orangerote bzw. rotviolette Färbung. Bei einigen anderen Farbstoffen von gleichem Typus geben Pd und Cu ähnliche Färbungen (BOYD, DEGERING und SHREVE.) Die Reagenzien sollen in gesättigter alkoholischer Lösung vorliegen, der Probetropfen soll 20%ig an HNO_3 sein.

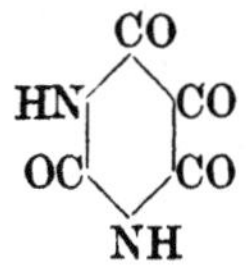

Alloxan. Alloxan, zu den n/10-Lösungen folgender Salze zugesetzt, ergibt einen Niederschlag: $Hg_2(CH_3COO)_2$ grauschwarz, $Hg(NO_3)_2$ weiß, später schwarz werdend, $AgNO_3$ weiß und voluminös, $Pb(CH_3COO)_2$ weiß. Das Reagens ist innerhalb der 2. Gruppe nach Abtrennung von Hg, Sn, Sb und As als Sulfosalze mit Na_2S und NaOH zum Nachweis des Hg verwendet worden (SENSI und SEGHEZZO und DUBSKY, KENNING und ŠINDELÁŘ).

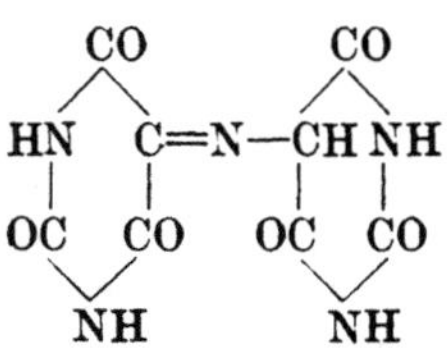

Purpursäure

Zinkpurpurat. Darstellung des Reagenses bei GUTZEIT. Die rotorange, wäßrige Lösung des Reagenses gibt mit Hg^{2+}-Salzen eine sehr lebhaft pfirsichblütenfarbene Fällung.

Trithiobarbitursäure und p-Dimethylaminobenzyliden-trithiobarbitursäure. Darstellung der Reagenzien nach PAVOLINI und GAMBARIN.

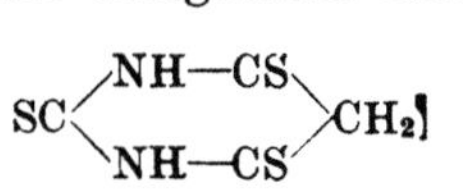

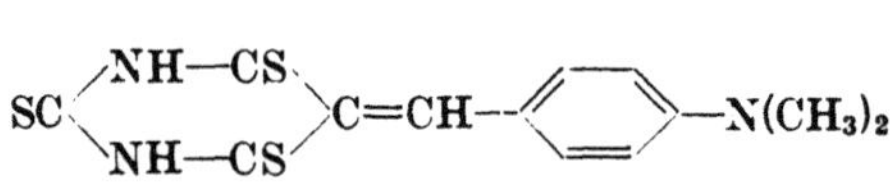

Als Reagens dient die 0,02%ige Lösung der Säure in Aceton. Vor Licht geschützt ist sie unbegrenzt haltbar. Zu 10 ml der Probelösung werden 1 ml des Reagenses und einige ml Äther zugesetzt. Nach kräftigem Schütteln bildet sich an der Trennschicht eine ockergelbe bzw. grüne Metallsalzhaut. Die Grenzkonzentration für Hg^{2+} liegt bei 1 : 200000, die für Hg_2^{2+} bei 1 : 250000. Es reagieren außer Hg auch Ag, Cu, Pd und Pt. — Sehr ähnlich verhält sich die p-Dimethylaminobenzyliden-thiobarbitursäure.

Bis-dimethylaminostyrylthiopyrimidon. Die Herstellung des Reagenses erfolgt nach FEIGL und KRUMHOLZ. Die blaue, alkoholische, schwach saure Lösung des Sulfates wird auf Zusatz von Hg-Salzen rotbraun. Diese Reaktion läuft auch in stark sauren Lösungen, sogar in Gegenwart großer Mengen von Chlorid, ab. Die Erfassungsgrenze liegt bei 0,005 γ Hg (Grenzkonzentration 1 : 10000000). In 0,5 n HCl ist der Nachweis bis zur Grenzkonzentration 1 : 2000000 positiv. —

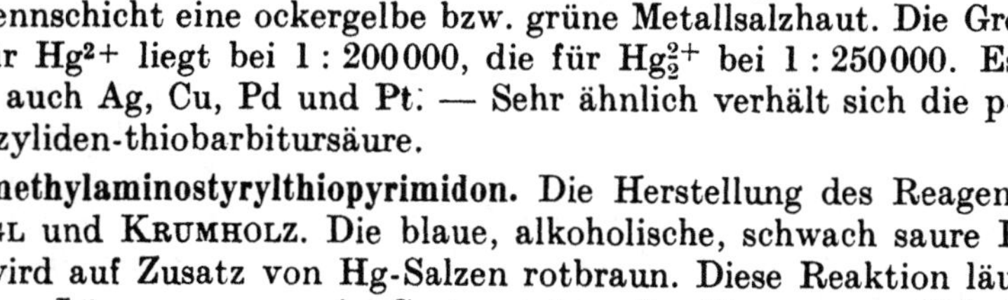

Der Nachweis von Hg in 0,1 n HCl bis zu 0,01 γ bei einer Grenzkonzentration 1 : 50000 wird nicht gestört durch die Gegenwart von Cd, As, Sn, Ni, Co, Fe

Cr, Al, Mn, Zn, Pb, Bi und Sb in Konzentrationen bis zu 1%. Cu-Salze stören in höheren Konzentrationen. Ag-, Au- und Pd-Salze geben die gleiche Reaktion wie Hg-Salze. Die Störung durch Ag kann ausgeschaltet werden (Original). Die blaue, alkoholische Reagens-Sulfat-Lösung wird rotbraun auf Zugabe von Alkali und grün auf Zugabe von starken Säuren.

Phenylthiocarbamid. Die 2%ige, alkoholische Lösung gibt mit Hg_2^{2+}-Salzen einen grauschwarzen Niederschlag. Ag-, Cu-, Pd^{2+}-, Pt^{4+}- und Au^{3+}-Salze geben gelbe bzw. weiße Fällungen. Die Mehrzahl der übrigen Kationen stört diese Reaktionen nicht. Für Empfindlichkeiten sehe man das Original ein (SCHAPIRO und RUD). — Über die Reaktionen des Oxamilthioamids siehe MAJUMDAR.

Thioglykolsäure-β-aminonaphthalid = Thionalid. Das Reagens bildet innere Komplexsalze vorwiegend mit den Metallen der H_2S-Gruppe.

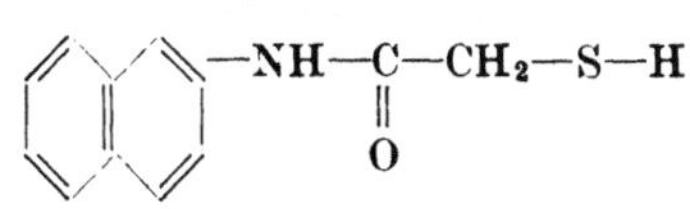

Fällung aus saurer Lösung: Die Probelösung, die etwa 2n an Mineralsäure ist, wird zum Sieden erhitzt und mit 1 bis 2 Tropfen einer 1%igen Lösung des Reagenses in Alkohol oder Eisessig versetzt. Es fallen Ag, Hg, Bi, Cu, As, Sn, Au, Pt und Pd. Die Erfassungsgrenze für Hg liegt bei 0,06 γ Hg (Grenzkonzentration 1 : 15000000). — Fällung aus alkalischer Lösung: Die schwach saure Lösung wird mit einem kleinen Überschuß von Natriumtartrat versetzt, um die Hydroxyde in Lösung zu halten Ein großer Tartratüberschuß mindert die Empfindlichkeit. Man macht mit NaOH alkalisch (nicht stärker als 1n), erhitzt zum Sieden und versetzt mit 4 bis 5 Tropfen einer 5%igen Lösung des Reagenses in Aceton oder Alkohol. Ein Blindversuch wird empfohlen. Es fallen unter diesen Bedingungen Cu, Au, Hg, Cd und Tl. Hg fällt weiß aus, die Erfassungsgrenze liegt bei 1 γ (Grenzkonzentration 1 : 1000000). Größere Mengen (8 mg/ml) Pb und Bi fallen teilweise mit aus.

Ein Nachweis der ausfallenden Metalle nebeneinander ist nicht möglich. Oxydationsmittel stören (z. B. Fe^{3+}) außer verd. HNO_3. Die Störung kann durch Zugabe von Hydroxylaminsalz beseitigt werden (BERG und ROEBLING).

Glycerin und Natriumthiosulfat. Das beim Kochen von Glycerin mit $Na_2S_2O_3$ entstehende, vom Verfasser nicht isolierte Produkt bildet in wäßriger und ätherischer Lösung mit Hg-, Cu-, Ag-, Au-, Cd- und Pb-Ionen farbige Niederschläge und kann als Reagens für diese Metalle verwendet werden [STEIGMANN (II)].

Mercaptane. Eine Reihe von Mercaptanen wurde untersucht, die außer Hg auch eine ganze Anzahl anderer Kationen ausfällen. Es sei daher für Einzelheiten auf die Originale verwiesen (KURAŠ und RÄY und GUPTA).

β-Isatoxim und eine Anzahl von Isonitrosopyrazolonen bilden ebenfalls mit Hg und einer großen Anzahl anderer Kationen Niederschläge. Bezüglich Farbe und Verhalten siehe HOVORKA und SYKORA.

§ 6. Mikrochemische Reaktionen (Kristallfällungen).

a) Für Hg_2^{2+} geeignete Reaktionen.

$K_2Cr_2O_7$. Das Reagens gibt auch in Hg_2^{2+}-Salzlösungen, die viel freie Salpetersäure enthalten, einen feuerroten, pulverigen Niederschlag von Hg_2CrO_4, der sich — allerdings nicht immer — in der sauren Flüssigkeit zu kreuzförmigen, roten Kriställchen von 10 bis 15 μ Länge umwandelt. Die Erfassungsgrenze liegt bei 5 γ Hg (BEHRENS).

HCl. Siehe auch Abschnitt D. § 3 b. 1. α. — Hg_2^{2+}-Salzlösung reagiert mit stark verdünnter Salzsäure unter Bildung eines Niederschlages von feinen Nädelchen, die schnell zu winzigen Körnchen von quadratischem Querschnitt zerfallen.

Das entstandene Hg_2Cl_2 wird durch NH_3 geschwärzt. Die Erfassungsgrenze liegt bei 0,25 γ (BEHRENS, CUCUEL).

NaN₃. Auf dem Objektträger mit festem NaN_3 versetzt, ergibt Hg_2^{2+} in einigermaßen konzentrierten Lösungen einen Niederschlag in Form von Spießen in verzweigten Aggregaten. Die Lösung von $Hg_2(NO_3)_2$ gibt in der Verdünnung 1 : 1000 neben amorphen Teilchen noch einige unregelmäßige Stäbchen; in der Verdünnung 1 : 2500 tritt keine Fällung mehr ein. — HN_3 liefert mit denselben Kationen schwer lösliche Niederschläge wie die Halogenwasserstoffsäuren, also außer mit Hg_2^{2+} mit Ag^+ (Stäbchen, vielfach gekreuzt), Pb^{++} (Stäbe, teils gekreuzt, auch dreieckige Blättchen in Sternen) und Tl^+ (Spieße, Würfel). Die Niederschläge sind z. T. auch amorph (ROSENTHALER).

Pikrolonsäure. Als Reagens dient eine Lösung von 0,1 g Pikrolonsäure in 8 g Alkohol und 7 g H_2O, die mit dem gleichen Volumen Wasser nochmals verdünnt wird. Zur Ausführung wird der auf dem Objektträger eingedunstete Probetropfen mit Kollodium umgeben. Erst dann wird die Reagenslösung zugesetzt. — Bei Anwesenheit störender Metalle (Ca, Pb, Cu, Alkalimetalle) werden Hg_2^{2+} und Pb^{2+} zunächst mit HCl als Chloride auf dem Objektträger abgeschieden. Die Niederschläge werden gewaschen und in verd. HNO_3 wieder aufgelöst. Pb wird dann als Sulfat gefällt, und in Gegenwart des $PbSO_4$ wird das Hg_2^{2+}-Ion mit Pikrolonsäure abgeschieden und durch seine charakteristische Kristallform nachgewiesen (Abbildung im Original). Die Erfassungsgrenze liegt bei 0,01 γ Hg_2^{2+}. — Ag-Salze werden durch Pikrolonsäure nicht gefällt. Hg^{2+} stört nicht im Mischungsverhältnis 1 : 1000 (MARTINI).

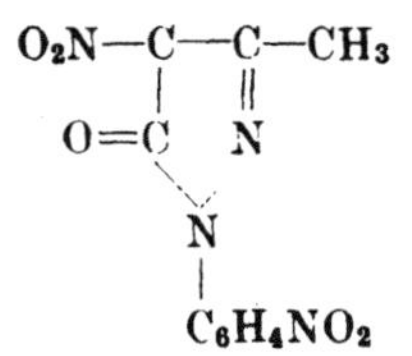

b) Für Hg^{2+} geeignete Reaktionen; Unterscheidung zwischen Hg_2^{2+} und Hg^{2+}.

1. Anorganische Reagenzien.

Kobaltrhodanid. Die Reaktion ist die empfindlichste und beste auf dem Objektträger. Hg-Salze beider Wertigkeitsstufen reagieren. — Die zu prüfende Lösung wird mit wenig HNO_3 auf dem Objektträger eingedampft und dann mit einer sehr kleinen Menge von $Co(\overline{ac})_2$- und NH_4SCN-Lösung befeuchtet. Man kann auch direkt $K_2(Co(CNS)_4)$ oder $(NH_4)_2(Co(CNS)_4)$ verwenden. Bei Anwesenheit von Hg entstehen prächtige blaue Rauten (rhombisch) von $Hg(Co(CNS)_4)$, die meistens zu eigentümlich geformten Klumpen und Stachelkugeln verwachsen sind. Aus sehr verdünnten Lösungen kommen die Kristalle während des Verdunstens am Rande des Tropfens zum Vorschein. Die Erfassungsgrenze liegt bei 0,04 γ. — Zur Ausführung als Tüpfelreaktion tupft man 1 Tropfen der Probelösung auf Filtrierpapier; dazu gibt man 1 Tropfen K_2- oder $(NH_4)_2(Co(SCN)_4)$-Lösung. Es entsteht ein grünstichiger Fleck, der allmählich blaugrün wird und nach etwa 1 Min. klar hervortritt. — Eine etwas andere Ausführung beschreibt noch BÜLL.

Unterschiede zwischen der Hg_2^{2+}- und der Hg^{2+}-Fällung konnten nicht ermittelt werden. Die Fällung wird behindert durch NH_4OH, Alkalihydroxyde und viel HCl. Bi darf nicht zugegen sein. Cu gibt ebenfalls einen Niederschlag. Neben der 100fachen Menge Pb kann die Reaktion noch durchgeführt werden, wenn der Pb-Überschuß vorher als $PbCl_2$ gefällt wird. Die Fällung befindet sich oft in metastabiler Lösung, aus welcher die Kristallbildung erst nach einiger Zeit einsetzt. Überschüssiges NH_4SCN muß vermieden werden, da sich der Niederschlag darin löst.

Bei Verwendung eines festen Kriställchens von $Co(SCN)_2 \cdot 4\,H_2O$, das man auf dem Objektträger in 1 Tropfen $HgNO_3$-Lösung einbringt, soll der Nachweis noch verschärft werden. — Wenn man den auf dem Objektträger eingedampften Probetropfen in Kollodium einschließt und erst dann das Reagens zusetzt, so kann man mit dieser Methode noch 0,01 γ Hg erfassen (CUCUEL, MARTINI, BERISSO, BEHRENS, AUGUSTI, GUTZEIT, EMICH und DE SWEEMER).

Ammonium- (Kalium-) Rhodanid. Konzentrierte Lösungen von Hg^{2+}-Salz und NH_4SCN geben einen kristallinen, farblosen Niederschlag. Um eine maximale Empfindlichkeit der Reaktion zu erreichen, sollen die Mengen von Hg^{2+}-Salz und NH_4SCN äquivalent sein (BEHRENS, KARAOGLANOV).

Zinkrhodanid. Herstellung des Reagenses nach KORENMAN (I). Hg-Salze beider Wertigkeitsstufen reagieren.

Die Reaktion in Gegenwart von Fe^{3+}-Salzen: Die mit ein wenig Eisenalaun versetzte, wäßrige $Zn(SCN)_2$-Lösung gibt man auf dem Objektträger zu 1 Tropfen der neutralen oder schwach sauren Hg-Salzlösung. Ein rosa oder rot gefärbter Niederschlag, aus Nadeln und Rosetten bestehend (Abb. 5), fällt aus. Sind die Hg-Salzlösungen verdünnt, so dunstet man den Tropfen ein und behandelt den Rückstand mit dem Reagens. Die Erfassungsgrenze liegt für Hg^{2+}-Ionen bei 0,012 γ (Grenzkonzentration 1 : 160000), für Hg_2^{2+}-Ionen bei 0,023 γ (Grenzkonzentration 1 : 85000). In verhältnismäßig starken Hg_2^{2+}-Salzlösungen erfolgt eine gleichzeitige Ausscheidung von Hg. — Die Reaktion wird für Hg spezifisch, wenn man es aus der zu untersuchenden Probe vorher als Metall absublimiert. Man löst dann die kondensierten Hg-Tröpfchen in Königswasser, dunstet ein und behandelt den Trockenrückstand mit dem Reagens.

Abb. 5.

Sb, Bi, Sn, Mn, Fe, Co und Ni geben keinen Niederschlag. Cd- und Ag-Salze geben gleichfalls kristalline Niederschläge, und Cu gibt einen schwarzen Niederschlag von $Cu(CNS)_2$. Enthält die Reagenslösung Sulfat (das Reagens wird normalerweise aus $ZnSO_4$ gewonnen), so geben Pb, Ba und Sr weiße Sulfatniederschläge. — In NaCl-, NaBr-, NaJ- und Na_2SO_4-haltigen Lösungen steigt die Löslichkeit des $Zn(Hg(SCN)_4)$. $NaNO_3$ ist dagegen ohne Einfluß.

Die Reaktion in Gegenwart von Cu- oder Co-Salz: Ein Tropfen einer mäßig konzentrierten Hg^{2+}-Salzlösung wird mit 1 Körnchen KSCN unter Umrühren versetzt. Falls eine Fällung entsteht, wird etwas mehr KSCN zugesetzt. An den Rand des Tropfens wird nun 1 Tropfen einer $ZnSO_4$-Lösung mit einer Spur von Cu- oder Co-Salz gebracht. Es entstehen dann die charakteristischen Kristalle.

Mit relativ reiner Hg^{2+}-Salzlösung geht die Reaktion sehr glatt. Enthält die Probelösung Metalle, die im Rhodanidüberschuß nicht lösliche Niederschläge bilden, so muß die Lösung vor der Zn-Salzzugabe filtriert werden [KORENMAN (I), CHAMOT und MASON)].

Kaliumjodid. 1 Tropfen Hg^{2+}-Salzlösung wird auf einen Objektträger neben 1 Tropfen KJ-Lösung gebracht. Durch einen Strich werden die beiden Tropfen miteinander verbunden. Der entstehende Niederschlag ändert langsam die Farbe von gelb nach rot und besteht dann aus quadratischen Täfelchen und Pyramiden von quadratischem Querschnitt. Die Erfassungsgrenze liegt bei 0,075 γ Hg. — Falls sich der Niederschlag infolge KJ-Überschuß wieder auflöst, so kann er durch Zusatz von $CuSO_4(AgNO_3)$ oder $K_2Cr_2O_7 + H_2SO_4$ wieder ausgefällt werden. Hg-Salzlösungen mit einem Hg-Gehalt von 0,1 bis 0,5% liefern sehr schöne Kristalle,

Hg-Salzlösungen mit größerer oder kleinerer Konzentration liefern dagegen keine Kristalle. Die Gegenwart von Pb stört (CUCUEL, BEHRENS, VAN ECK, SCHOORL).

Jodwasserstoffsäure. Das Reagens kann zur exakten Unterscheidung von Hg^{2+}-Salz und Hg_2^{2+}-Salz dienen. Mit Hg^{2+}-Salz getränktes Filtrierpapier gibt beim Tüpfeln mit farbloser Jodwasserstoffsäure einen Flecken mit rotgelblichen Rändern, der in der Mitte zuerst farblos, später gelb aussieht. Die Erfassungsgrenze liegt bei 5 γ. Mit Hg_2^{2+}-Salz getränktes Filtrierpapier zeigt Farbflecken mit grüngelblichen Rändern (COSTEANU).

Kaliumquecksilber(II)-jodid. Die Störung, daß die sehr charakteristische HgJ_2-Fällung in einem Überschuß von KJ löslich ist, umgeht die folgende Ausführungsform (vgl. hierzu auch Abschnitt D. § 3 b. 1. β). Man tränkt Filtrierpapier mit $K_2(HgJ_4)$-Lösung, die gesättigt an $HgCl_2$ ist, und läßt eintrocknen. Mit 1 Tropfen der Probelösung entsteht ein roter Ring. Die Erfassungsgrenze liegt bei 0,02 mg Hg (DENIGÈS, CAMBAR).

Cäsiumchlorid. $HgCl_2$ reagiert mit CsCl zu einer Anzahl von Doppelsalzen. $CsCl \cdot HgCl_2$: 1 Tropfen einer Lösung des Hg-Salzes in Wasser oder 4 n-HCl ver-

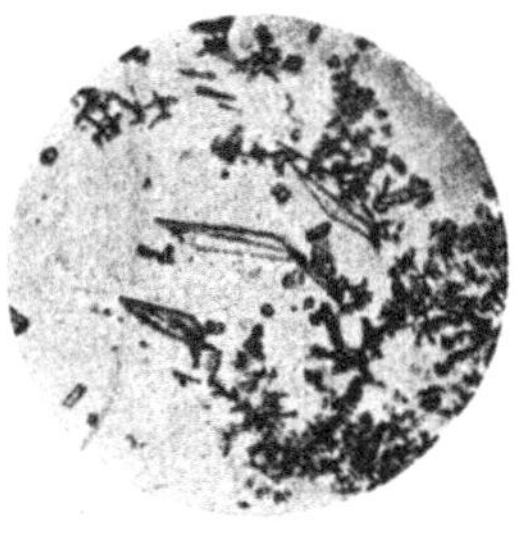

6a.

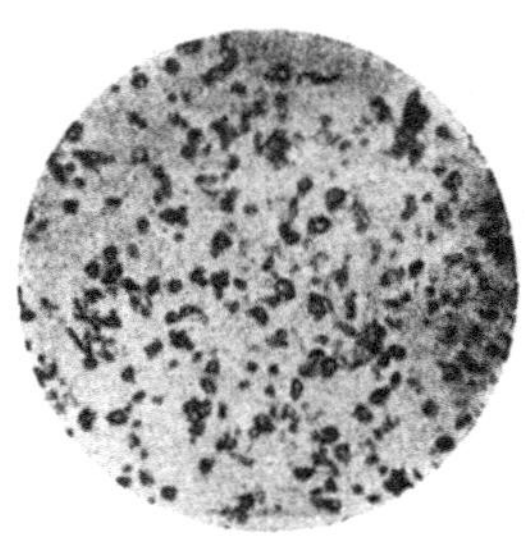

6b.

Abb. 6.

setzt man mit etwas festem CsCl. Es entstehen gut ausgebildete Würfel von $CsCl \cdot HgCl_2$. Sie haben ein sehr starkes Relief und wechselnde Gestalt, zeigen keinen Dichroismus und sind etwas hygroskopisch. Die Unterscheidung von den $HgCl_2$-Kristallen gelingt leicht, da diese rhombisch sind, nur schwachen Dichroismus zeigen und ein wenig hervortretendes Relief und positive Doppelbrechung aufweisen. $HgCl_2 \cdot CsCl$ ist dimorph: Es ist kubisch, wenn in der Mutterlauge das Cäsiumsalz in großem Überschuß vorliegt, und es ist rhombisch, wenn das Cs-Salz nicht vorherrscht. Die Nachweisgrenze liegt in Wasser bei 0,1%igen, in 4 n-HCl bei 0,5%igen Hg-Salzlösungen. — $HgCl_2 \cdot 3\,CsCl$: Die rhombischen Prismen entstehen durch Lösen des Hg-Salzes in einer gesättigten Lösung von CsCl. Wenn man die Hg-Menge vermehrt oder die Cs-Menge vermindert, erhält man dünne Blättchen von $HgCl_2 \cdot 2\,CsCl$. Beim Erkalten von Lösungen von $HgCl_2 \cdot CsCl$ und $HgCl_2$ entstehen dünne Tafeln des monoklin-prismatischen Systems, die längs (100) zu Zwillingen verwachsen sind. Die Zusammensetzung ist $2\,HgCl_2 \cdot CsCl$. Eine Mischung der Lösungen der einfachen Salze im Verhältnis 6 : 1 schließlich liefert das monoklin-prismatische $5\,HgCl_2 \cdot CsCl$. — Mikrophotographien der beiden Formen des $HgCl_2 \cdot CsCl$ zeigt Abb. 6 (VERMANDE und DUCLOUX).

Für die Reaktion mit **Ammoniummolybdat** siehe VAN ZIJP.

Kaliumcyanocobaltat(III). Hg_2^{2+} gibt mit dem Reagens einen weißen, flockigen Niederschlag, der durch 10%ige KOH-Lösung geschwärzt wird. — Eine 1%ige $Hg(NO_3)_2$-Lösung gibt eine aus 60 bis 100 μ langen, feinen Nadeln oder Stäbchen bestehende Kristallfärbung. Anfänglich liegt oft nur Kristallstaub vor, der erst beim Eintrocknen in Stäbchen übergeht. Mit 10%iger KOH-Lösung tritt Gelbfärbung ein.

Sind Bi und Hg^{2+} gleichzeitig anwesend, wird Bi gleichzeitig gefällt, meistens in Kreisringzonen. — Ferner geben Niederschläge Cu, Cd, Zn, Ag und Bi (Benedetti-Pichler).

Kaliumdichromat und Pyridin. Die Reagensmischung bildet mit Hg^{2+}- und Hg_2^{2+}-Salzen schwerlösliche, kristallisierte Komplexverbindungen vom Typus $(HgPy_4)Cr_2O_7$. 1 Tropfen der Probelösung wird mit 1 Tropfen kalt gesättigter $K_2Cr_2O_7$-Lösung gemischt. Darauf wird gerade soweit verdünnt, daß ein evtl. entstandener Niederschlag sich wieder auflöst; nun wird ein Tropfen dieser Lösung auf den Objektträger gegeben. Man hält den Objektträger mit dem Tropfen nach unten über die Mündung einer mit Pyridin gefüllten Flasche und mikroskopiert nach 1 bis 2 Min. Hg^{2+} bildet gelbliche, X-förmige Kristalle, seltener auch Rosetten und Nadelbündel (Abbildung im Original). Die Erfassungsgrenze liegt bei 0,075 γ Hg^{2+}. Hg_2^{2+} bildet bis 60 μ lange, gegen die Enden sich allmählich zuspitzende Nadeln. Die Erfassungsgrenze liegt ebenfalls bei 0,075 γ Hg_2^{2+}. — Liegen Hg_2^{2+} und Hg^{2+} nebeneinander vor, so ist Hg^{2+} leicht nachzuweisen, Hg_2^{2+} dagegen nur beim Vorherrschen über Hg^{2+}.

Nicht stören die Elemente Cu, Cd, Co, Ni, Zn, Mn und Cr. Amorphe Niederschläge bilden Ag, Pb und Fe in beiden Wertigkeitsstufen. In salpetersaurer Lösung bilden Hg_2^{2+}- und Hg^{2+}-Salzlösungen gewöhnlich amorphe Niederschläge, nur gelegentlich Rosetten. Die Reaktion ist hier weniger empfindlich. Cu-Salze geben einen kristallinen, Pb-, Ba-, Bi- und Ag-Salze einen amorphen Niederschlag [Korenman (II)].

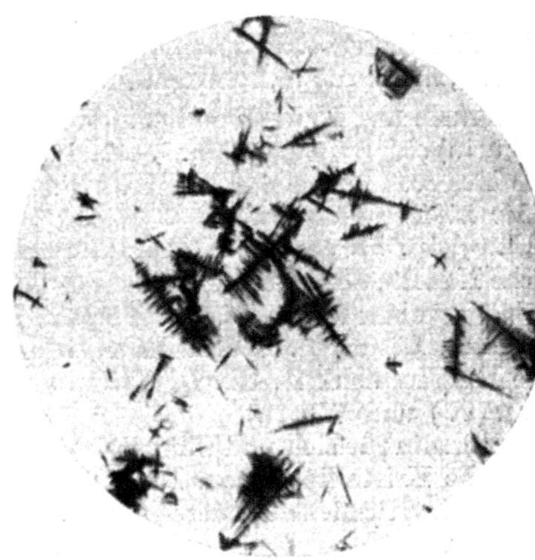

Abb. 7.

2. Organische Reagenzien.

Die Kristallfällung mit **Hexanitrodiphenylamin (Dipikrylamin)** ist weniger charakteristisch als die sonst bekannten Kristallnachweise des Quecksilbers (Scheinzis, Schapiro).

Pikrinsäure. Zu einem durch Erwärmen konzentrierten Tropfen des Reagenses (gesättigte wäßrige Lösung von umkristallisierter Pikrinsäure) gibt man einen Tropfen Hg_2^{2+}- oder Hg^{2+}-Salzlösung. Sofort erscheinen orangefarbene Kristalle von Quecksilberpikrat, die im Mikroskop als schwarze (weil undurchsichtige) Kreuze oder Dentrite beobachtet werden können. Die Erfassungsgrenze liegt bei 3,0 γ (Grenzkonzentration 1 : 330). — Als Reagens kann auch ein Gemisch von 2 Teilen gesättigter, wäßriger Pikrinsäurelösung und 1 Teil 10%igen Ammoniaks verwendet werden. Hg bildet in diesem Falle gebogene, verzweigte, gelbe Nädelchen. Die Erfassungsgrenze liegt bei 0,15 γ Hg. Abb. 7 zeigt die Kristalle ohne Zusatz von Ammoniak. — Säure zersetzt die Pikrate, so daß die Fällungen nur im neutralen oder alkalischen Medium vorgenommen werden können. Ag ergibt einen gelben, kristallinen Niederschlag, ebenso erzeugen Co, Ni, Cd und Au kristalline Fällungen. Pb gibt einen orangegelben, amorphen Niederschlag [Orlenko und Fessenko, Korenman (III)].

Sozojodol. Man gibt zur Probelösung das Reagens. Es treten prismatische, verzweigte, gelbe Nadeln auf, die von einzelnen Mittelpunkten ausstrahlen. Die Erfassungsgrenze liegt bei 5 γ Hg. — Von den übrigen Kationen, die Niederschläge bilden, ist nur das Pb mit dem Hg zu verwechseln; Pb-Lösungen bilden auch gelbe Kristalle. Allerdings sind diese viel schwächer gefärbt und von anderer Gestalt (LOBO).

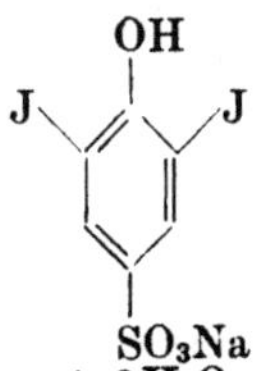

$+ 2H_2O$

Der Eisen(II)-dipyridinkomplex. 0,196 g MOHRsches Salz und 0,234 g α,α'-Dipyridin werden unter Erwärmen in 5 l H_2O gelöst. Mit dem Reagens bilden die Chloride von Hg, Bi und Sn in salzsaurer Lösung charakteristische, kristalline Niederschläge. — Eine Reihe von Anionen gibt ebenfalls charakteristische Niederschläge: J′, CNS′, MnO_4', Vanadate, Ferro- und Ferricyanid, Nitroprussid, Chloroplatinat und Fluortantalat (PROLUEKTOW, NASARENKO).

$[(C_{10}H_8N_2)_3Fe(II)]^{++}$

Brucin und Kaliumbromid. Hierbei soll ein Niederschlag der Zusammensetzung $(Brucin)_xHgBr_4$ entstehen. — Zu 1 Tropfen der Metallsalzlösung, die die Metalle als Bromide enthält, gibt man 2 Tropfen einer 40%igen Alkaloidlösung in H_2O oder 2%iger Säure. Nach 20 Min. betrachtet man den Niederschlag unter dem Mikroskop. Es entstehen charakteristische, dünne Nadeln. Cd bildet sehr ähnliche Nadeln, doch sind sie größer als die des Hg-Niederschlages. Kristalline Niederschläge geben ferner Bi, Sb. Pb fällt amorph aus, und Sn nur in nicht zu verdünnten Lösungen. Säurekonzentrationen bis zu 10% haben wenig Einfluß auf die Empfindlichkeit. HNO_2, HNO_3 und Ätzalkalien stören die Reaktion [KORENMAN (IV) und WHITE].

Chinolin für sich und Chinolin mit KJ geben mit Hg^{2+}-Salzlösungen charakteristische Kristallfällungen. Doch liefern auch die meisten anderen Schwermetallsalze schwerlösliche Niederschläge, so daß hier auf die Wiedergabe von Einzelheiten verzichtet werden soll [KORENMAN (V, VI), GAPTSCHENKO, SCHEINZIS].

8-Oxychinolin und Kaliumjodid. Als Reagens dient eine 2%ige 8-Oxychinolinlösung, die mit HNO_3 angesäuert und mit einem gleichgroßen Volumen 4%iger KJ-Lösung versetzt ist. — Zu 1 ml Probelösung gibt man 2 bis 3 Tropfen Reagens. Hg^{2+} bildet farblose, polyradiale Rosetten aus groben Nadeln. Das Reiben mit einem Glasstäbchen beschleunigt die Niederschlagsbildung. Die Erfassungsgrenze liegt bei 1,2 γ Hg (Grenzkonzentration 1 : 2500). — Weitere Niederschläge liefern Pb, Bi, Cu, Cd und Sb [KORENMAN (VI)].

Natriumdiäthyldithiocarbamat. Man versetzt 0,3 ml der höchstens 2 Wochen alten, filtrierten, wäßrigen Reagenslösung im Reagensglas mit Schliffstopfen mit 0,3 ml der neutralen Probelösung und 0,2 ml eines geeigneten organischen Lösungsmittels (meist Benzol). Nach dem Schütteln wird die Benzolschicht vorsichtig abpipettiert. Die Kristalle werden auf dem Objektträger nach dem Verdunsten des Benzols beobachtet. Hg^{2+}-Salze kristallisieren in Gruppen brauner Täfelchen. — Cd-, Pb-, Zn-, Sr- und Co-Salze sowie Ni-Salze bilden ebenfalls kristalline Niederschläge. Sb und Bi liefern nur ölige Tropfen, durch die die Kristallisation anderer Komplexe verhindert wird (GRANT und MEGGY).

Urotropin. Eine 2%ige Lösung von Urotropin gibt mit relativ konzentrierten Lösungen von $Hg_2(NO_3)_2$ einen Niederschlag, der aus charakteristischen Sechsecken, Stäbchen und Rosetten aus langen, dünnen Nadeln besteht (Abbildung im Original). Eine mit $KHCO_3$ vorsichtig neutralisierte $Hg_2(NO_3)_2$-Lösung reagiert noch weit empfindlicher (bis zu 1 γ Hg können erfaßt werden). — Hg^{2+}-Salze geben wasserlösliche Niederschläge. Am schnellsten reagiert $HgCl_2$ zu einem Niederschlag aus vielstrahligen Sternen, Tetraedern, Oktaedern (Abbildung im Original). Die Erfassungsgrenze liegt bei 6 γ Hg^{2+}, sie kann aber durch Zusatz von Alkohol noch weiter heruntergesetzt werden. — Ag-, Pb- und Cd-Salze bilden ebenfalls kristalline Niederschläge. Bi-, Sn-, Sb-Salze reagieren nur in Gegenwart von HCl.

Gibt man zu der Probelösung einen Tropfen gesättigter KJ-Lösung und darauf gesättigte Urotropinlösung, so scheidet sich nach dem Ansäuern mit HNO_3 oder HCl bei Gegenwart von Hg-Salz ein weißer Niederschlag ab. Grenzkonzentration 1 : 2000. — Pb, Bi, Cu, Cd, Sb und Sn bilden ebenfalls weiße oder gelbe Niederschläge (KORENMAN (VI, VII), RÄY und SARKAR].

Mit **Acridin** bilden außer Hg viele Schwermetalle kristalline Fällungen. Auch existieren Metallhalogenide, die zusammen mit dem entsprechenden Halogenwasserstoff und Acridin in Mineralsäuren schwer lösliche Verbindungen bilden. Schließlich existieren viele Anionen, die mit Acridin unter Bildung schwerlöslicher Salze reagieren. Die Identifizierung des Hg mit Hilfe dieses Reagenses ist also sehr erschwert und nur unter sehr speziellen Vorbedingungen möglich. Obgleich die Fällung mit Hg sehr charakteristisch ist, sei daher hier nicht näher auf sie eingegangen (LANGER).

E. Angewandte Quecksilberanalyse.

§ 7. Quecksilberanalyse in anorganischem Material.

a) Quecksilberanalyse in Luft und Gasen.

1. Verfahren mit vorheriger Anreicherung.

α) Nachweis durch mikroskopische Beobachtung von Quecksilbertröpfchen. Das Verfahren ist von BLOMQUIST, STOCK und Mitarbeitern und MAJER angewendet worden. Die empfindlichste Ausführungsform stammt von STOCK und LUX. Noch 0,002 γ Hg können nachgewiesen werden. Das Quecksilber wird nach dem in Abschnitt C. I. a beschriebenen Verfahren von STOCK und HELLER aus der Luft angereichert und weiterverarbeitet, wie es bei STOCK und LUX im Abschnitt D. § 1 d. angegeben ist.

β) Nachweis durch Überführung in HgJ_2. Auch dieses Verfahren ist sehr empfindlich. STOCK mit HELLER und ZIMMERMANN weisen noch 0,007 γ Hg auf diesem Wege nach. Die Ausführung ist bei STOCK und HELLER unter C. I. a. und D. § 3 a. 2. beschrieben.

γ) Nachweis mit Diphenylcarbazid, -zon. Zu empfehlen ist bei diesem Verfahren die vorherige Anreicherung nach dem Kondensationsverfahren von STOCK und HELLER oder mit der Bromoxydation von MOLDAWSKI (s. C. I. a.). Man muß aber, worauf MOLDAWSKI besonders hinweist, im Anschluß an dieses und auch jedes andere Anreicherungsverfahren auf die Abwesenheit von HCl in der zu untersuchenden Lösung achten; HCl stört nämlich die Bildung der gefärbten Hg-Verbindung. Die Arbeitsvorschrift ist aus dem im Abschnitt D. § 5 beim Diphenylcarbazid Gesagten ohne weiteres ersichtlich. Vgl. auch MENIÈRE, ALEXEJEWSKI und MAJER.

2. Verfahren ohne vorherige Anreicherung.

α) Reduktionseffekte. GROSSKOPF weist das Hg in Luft durch die Reduktion von $AuCl_3$ nach. $AuCl_3$ wird auf reinem SiO_2-Gel fixiert und das Gel im Vacuum bei erhöhter Temperatur getrocknet und aktiviert. Das so präparierte Gel wird in die Prüfröhrchen eines DS-Gerätes der Firma DRAEGER-Lübeck eingefüllt (Abbildung im Original). Zur Erhöhung der Spezifität des Nachweises wird der Reaktionsschicht eine Vorreinigungsschicht aus aktivem Kieselgel vorgelagert. Dadurch werden der Prüfluft reduzierende Beimengungen entzogen, während Hg-Dampf von Kieselgel nicht absorbiert wird. Beim Durchsaugen der Luft durch die Apparatur erscheint auf dem trockenen, mit $AuCl_3$ imprägnierten Gel ein scharf umgrenzter Ring von kolloidalem Gold, dessen Farbe von Grau über Schwarz nach Tiefschwarzblau übergeht. Die Erfassungsgrenze liegt bei 0,5 bis 1 γ/l. Vgl. auch SSELIVAN. — Ein in Vorbereitung und Durchführung etwas umständliches, aber wohl sehr zuverlässiges Verfahren beschreibt NORDLANDER. Die auf Hg zu prüfende Luft wird gegen ein mit Selensulfid SeS_2 bestrichenes Papier gesaugt, wobei das Papier durch auftretendes freies HgS geschwärzt wird. Bei einer Luftgeschwindigkeit von 1 m/sec kann eine Hg-Konzentration von 1 : 4000000 nach 4 Min. Einwirkungsdauer leicht erkannt werden. Über Einzelheiten bezüglich der Papierherstellung, der verwendeten Apparatur und der Durchführung der Analyse vergleiche man das Original. Es erscheint möglich, daß das Verfahren für eine qualitative Analyse mit wesentlich einfacheren Hilfsmitteln, als sie im Original beschrieben sind, durchgeführt werden kann. Vgl. auch BROWNLIE.

β) Widerstandsänderung einer glasigen Selenschicht. Auf ein Eisenblech mit glasiger Selenschicht werden zwei längliche, parallele Elektroden aus niedrigschmelzenden Metallegierungen aufgespritzt. Das Ganze, bis auf den wenige mm weiten Zwischenraum, ist mit einer schützenden Lackschicht überzogen. Der sehr hohe Widerstand der Selenschicht, der mit Hilfe einer 50 Volt-Anodenbatterie und eines Milliamperemeters gemessen werden kann, sinkt, sobald Hg-Dämpfe anwesend sind. Wesentlich empfindlicher wird der Nachweis, wenn man die Selenschicht bei Zimmertemperatur einige Zeit mit gesättigtem Hg-Dampf in Berührung läßt. Die dabei an der Oberfläche gebildete irreversible HgSe-Schicht zerstört man durch einen Nadelstrich. Hiermit kann der Hg-Dampf noch in Konzentrationen von 10^{-6} Torr erkannt werden. Nach wenigen Tagen wird die Anordnung unempfindlich; doch kann sie durch einen neuen Nadelstrich wieder empfindlich gemacht werden (LAUCKNER).

γ) Spektroskopische Verfahren. v. CALCER scheidet das nach C. I. a. angereicherte Hg zunächst elektrolytisch ab und weist es dann spektralanalytisch an der Elektrode nach. Er kann noch 1 γ/cbm erkennen. — CLARK und OLDENBURG setzen vor einen Spektrographen mittleren Auflösungsvermögens mit einer Spaltweite von $^5/_{1000}$ mm ein mit der zu untersuchenden Luft bei Atmosphärendruck gefülltes Rohr in seiner Längsachse und durchstrahlen dieses mit kontinuierlichem ultraviolettem Licht. Die evtl. auftretende Absorption bei 2537 Å zeigt das Quecksilber an. Die Empfindlichkeit hängt von der Länge des verwendeten Gasrohres ab. Bei einer Länge von 8 m kommen sie auf eine Empfindlichkeit von 7,5 γ/m^3. Sie kommen damit noch immer unter die von STOCK angegebene Giftigkeitsgrenze für Hg von 15 γ/m^3. — MANLEY und FENNER verwenden die elektrodenlose Entladung. FENNER läßt ein Quarz-Entladungsrohr einige Zeit in einem mit Hg verseuchten Raum offen liegen und setzt es dann vor dem Spektrographen mit Hilfe einer Wechselstromspule einem hochfrequenten Magnetfeld aus. Die Linie 2537 Å tritt bei Anwesenheit von Hg immer, die Linie 3650 Å sehr oft auf.

δ) Das photometrische Verfahren. Das Prinzip des folgenden, von MÜLLER stammenden Verfahrens hat in neuerer Zeit viel Beachtung gefunden (WOODSON, HANSON, KLOTZ und DOLE, VAN SUCHTELEN, WARMHOLTZ und WIGGERINK). Das Licht einer Hg-Bogenlampe wird auf einer evakuierten Resonanzzelle abgebildet, die flüssiges Hg in einem seitlichen Ansatz enthält. Die Resonanzstrahlung, die im wesentlichen die schmale Linie 2537 Å enthält, wird in einem ersten Strahlengang mit Linse auf einer Photozelle abgebildet, in einem zweiten durch 2 Linsen, zwischen die ein Absorptionsrohr gebracht werden kann, auf einer zweiten Photozelle. Beide Photozellen sind in Kompensationsschaltung mit Elektrometer verbunden. Das Absorptionsrohr ist 50 cm lang, 5 cm weit und mit Quarzfenstern an den beiden seitlichen Enden versehen. 2 Hähne dienen zur Füllung mit der Luft des zu untersuchenden Raumes. Die Anordnung ist sehr empfindlich. Hg-Dampf kann noch in einer Konzentration von 10^{-6} Torr nachgewiesen werden. Für experimentelle Einzelheiten muß auf das Original verwiesen werden. In neuester Zeit ist das Verfahren von SIEBERT vervollkommnet worden und wird in der Badischen Anilin- und Sodafabrik in Ludwigshafen mit Erfolg für die Betriebskontrolle eingesetzt.

b) Quecksilbernachweis in Gesteinen, Mineralien und Mineralwässern.

1. Spektralanalytische Verfahren.

TWYMAN und SMITH empfehlen für die Spektralanalyse von Mineralien, 2 g des Materials in normaler Weise aufzulösen und die Gruppenfällungen vorzunehmen. Die in den entsprechenden Lösungsmitteln aufgelösten Gruppenniederschläge werden dann vor dem Spektrographen abgefunkt. — Sind nur Spuren Hg nachzuweisen, so verwendet man mehr Material. — MORITZ unterwirft das Material ohne vorherige Gruppentrennung direkt der Spektralanalyse. Er macht besonders darauf aufmerksam, daß man am besten immer spektralreine Kohlen als Elektroden verwenden soll, da die in nichtgereinigten Kohlen enthaltenen Elemente Ag, Ti, V und Fe den Nachweis des Hg störend beeinflussen. Außer der Linie 2536,5 Å empfiehlt der Verfasser für die Quecksilberanalyse in Mineralien besonders die Linie 3650 Å, die zwar nicht so empfindlich, dafür aber bei den meisten quecksilberhaltigen Mineralien vollkommen störungsfrei ist. — Als Empfindlichkeitsangabe diene die Analyse von PINA DE RUBIES und AZCONA, die in 0,05 g Zinkblende, die an Hg 0,1%ig war, das Hg noch nachweisen konnten. Hat man ein Mineral oder Erz zu untersuchen, das außerordentlich viele Elemente und das Quecksilber nur in kleiner Konzentration enthält, so kann man mit PREUSS 1 bis 3 g Substanz in einem kleinen elektrisch geheizten Ofen aus gereinigtem Kohlerohr allmählich bis auf 2000° erhitzen. Die durch das Erhitzen ausgetriebenen leichtflüchtigen Metalle Zn, Cd, Hg, In, Tl, Ge, Sn, Pb, Sb, Bi werden durch einen Gasstrom (CO_2, N_2, Ar) durch ein ebenfalls geheiztes Kohleröhrchen, das als Kathode geschaltet ist, in den Kohlelichtbogen geblasen, dessen Licht analysiert wird. Als erstes Element erscheint das Hg, es folgen Cd, Zn und Bi. Das Quecksilber ist bereits verdampft, bevor die ersten Alkalispuren (aus dem Grundmaterial des Erzes) im Spektrum erscheinen. Die Anordnung ist sehr empfindlich.

2. Fluoreszenzanalyse.

DE MENT empfiehlt folgendes Verfahren für die Hg-Analyse von Bohrproben: Die Probe wird mit einer Flamme auf eine Temperatur von mehreren hundert Grad erhitzt, um die Verflüchtigung des Hg zu bewirken. Dabei wird sie zwischen eine UV-Lampe und einen Fluoreszenzschirm aus Willemit (Zn_2SiO_4) oder anderem fluoreszierenden Material gebracht. Wenn Quecksilber aus der Probe ausgetrieben wird, kann man dicke Dämpfe als schwarze Schatten auf dem Schirm bemerken. Den Nachweis führt man am besten in einem dunklen Raum aus.

3. Nachweis auf trocknem Wege.

Die Absublimation des Quecksilbers auf trocknem Wege, wie sie unter D. § 2 bei BRALY, JOHNSTONE, HEINZELMANN und ESCHKA beschrieben ist, kann ohne weitere Veränderung für feingepulverte Mineralien verwendet werden und stellt die bequemste Methode dar, das Quecksilber nachzuweisen (vgl. auch ZENGHELIS).

4. Nachweis auf nassem Wege.

Hier sei das klassische Analysenverfahren gemäß C. I. a. und C. I. b. 1. erwähnt, das auch für Mineralien und Erze ohne weiteres angewandt werden kann. — RAASCHOU weist Quecksilber in Mineralwässern nach: 10 l Mineralwasser werden mit einer wäßrigen Lösung von 0,15 g $CuSO_4 \cdot 5\,H_2O$ versetzt, mit HCl angesäuert, umgeschüttelt und mit H_2S-Wasser versetzt. Man läßt 48 Std. stehen, zieht die überstehende klare Flüssigkeit mit einem Heber ab und filtriert den Rest. Nach dem Auswaschen und Trocknen wird der Niederschlag mit ausgeglühtem $PbCrO_4$ im Mörser innig verrieben. Durch Erhitzen wird das Quecksilber zusammen mit Wasserresten in eine Capillare getrieben und dort nach dem Trocknen mit P_2O_5 unter dem Mikroskop gesucht. Es können mindestens 0,2 mg/l nachgewiesen werden. Für Mineralwässer vgl. auch LEFORT. — In Trinkwasser weist LAIBOW das Hg nach, indem er 100 ml mit einer Mischlösung aus 1 ml HCl (D = 1,19), 2 ml 2%iger $AgNO_3$-Lösung und 1 ml $SnCl_2$-Lösung versetzt. Die evtl. auftretende Schwarzfärbung wird mit derjenigen verglichen, die in Wasser mit bekanntem Quecksilbersalzgehalt auftritt. —

WARD weist Hg-Teilchen in Staub, Sand und Schlacke nach, indem er das Material schwach anfeuchtet, einen kleinen Teil mit 2 Tropfen 1%iger $AgNO_3$-Lösung anrührt und unter dem Mikroskop bei schwacher Vergrößerung beobachtet. Bei Anwesenheit von Hg bilden sich an den metallischen Teilchen baumartige Auswüchse von Ag. Cu, Bi, Pb, Zn, Al und Mg geben die Reaktion ebenfalls.

c) Quecksilbernachweis in Metallen und Legierungen.

1. Spektralanalytische Verfahren.

Bei der Reinheitsprüfung von Al, Ag, Zn, und Pb kann man geringste Spuren mit Hilfe der Linie 2536,5 Å erkennen, die in diesen Fällen nicht gestört wird (GERLACH und GERLACH). Hat man winzige Hg-Mengen neben großen Mengen Schwermetall vorliegen, so kann man die Spektralanalyse vorteilhaft mit der Erhitzungsanalyse kombinieren in der Art, wie es unter E. § 7 b. bei PREUSS beschrieben ist (GERLACH und SCHWEITZER). — Eine Möglichkeit, die Zusammensetzung einer Legierung über eine größere Fläche hin zu kontrollieren, bietet das Verfahren der lokalen Mikrospektralanalyse von SCHEIBE und MARTIN. Für Einzelheiten muß auf das Original verwiesen werden.

2. Analyse auf trocknem Wege.

Das Erhitzen von Legierungen und die Identifizierung des erhaltenen Hg-Spiegels ist auch hier das einfachste Verfahren. Siehe C. I. a.

3. Analyse auf nassem Wege.

Selbstverständlich ist auch hier das normale Analysenverfahren auf nassem Wege gemäß C. I. a. und C. I. b. 1. anwendbar. — Einen mikrochemischen Trennungsgang für Legierungen, bei welchem das Hg berücksichtigt ist und als $Hg \cdot (Co(SCN)_4)$ nachgewiesen wird, beschreiben WHITMORE und SCHNEIDER.

d) Quecksilbernachweis in Chemikalien und einzelnen Verbindungen.

Für Chemikalien allgemein kann das unter C. II. b. 4. beschriebene Verfahren von TORNOW ohne Veränderung verwendet werden. — Für Schwefelsäure, die nach MIROPOLSKAJA öfters Spuren von Hg enthält, wird Elektrolyse mit Golddrähten empfohlen. Nach dem Abwaschen und Trocknen des Drahtes kann man wie üblich das Hg durch Erhitzen austreiben und das Hg-Sublimat mikroskopisch oder mit Jod untersuchen. Noch einfacher weisen SEYBEL und WIKANDER das

Hg durch Fällung mit KJ als roten Niederschlag von HgJ_2 nach. — In Quecksilber(II)-cyanidlösungen, in denen der Hg-Nachweis wegen der geringen Dissoziation des $Hg(CN)_2$ gelegentlich Schwierigkeiten macht, weist GOLSE das Hg nach dem Ansäuern mit nicht zu verdünnter H_2SO_4 ebenfalls mit KJ nach. Bei verdünnten $Hg(CN)_2$-Lösungen ist KJ zu leicht im Überschuß, als daß die Reaktion sicher gelänge. Doch gibt in diesem Falle Antipyrin mit dem entstandenen $K_2(HgJ_4)$ eine Fällung. 0,05 g. $Hg(CN)_2$ in 5 ml H_2O + 1 Tropfen einer 5%igen KJ-Lösung + 1 ml 20%iger Antipyrinlösung + 1 bis 2 Tropfen 10%iger H_2SO_4 ergeben noch eine sehr deutliche Opaleszenz.

e) Quecksilbernachweis in Gemälden.

Gemälde enthalten oft Quecksilber als Zinnober in ihren roten Farben. Um das Hg im Zinnober zu fassen, schlägt ROULLEAU vor, die zu prüfende Probe in ein GEISSLER-Rohr zu bringen. Das Hg verdampft hierbei aus der Probe und kann an seinen Linien spektroskopisch erkannt werden.

§ 8. Quecksilberanalyse in organischem Material.

Die seit etwa 1850 über diesen Gegenstand, insbesondere über die Hg-Analyse im Harn, erschienene Literatur ist außerordentlich umfangreich. Oft erhebt Widersprechendes den Anspruch auf Genauigkeit und Zuverlässigkeit, und oft wird bereits Gefundenes als etwas ganz Neues hingestellt. Dies läßt sich dadurch erklären, daß das vorliegende Problem nicht nur von Chemikern, sondern auch von Pharmazeuten und Medizinern bearbeitet ist, und daß als Folge davon die Literatur in chemischen, pharmazeutischen und medizinischen Fachzeitschriften zerstreut ist.

Es ist unmöglich, im Rahmen dieser Arbeit die ältere Literatur zu berücksichtigen. Der hieran Interessierte sei verwiesen auf zusammenfassende und kritisch sichtende Arbeiten von LEHMANN, BUCHTALA und ESSER. — In dieser Arbeit wird die Literatur vor 1913 nur soweit berücksichtigt, wie sie mit nach 1912 veröffentlichten Verfahren in unmittelbarem Zusammenhang steht.

a) Die Analyse von festem tierischem Material.

1. Organisches Material allgemein.

RANKIN weist Hg spektralanalytisch nach. Die organische Substanz wird mit H_2SO_4—HNO_3 gemäß C. II. a. 5. zerstört. In die Lösung wird sodann die untere (Cu-)Elektrode eines senkrecht stehenden Entladungsrohres als Kathode eingebracht. Als Anode für die Elektrolyse dient eine Platinspirale. Es wird 5 Min. lang elektrolysiert. Die Cu-Elektrode wird dann in das Entladungsrohr eingebracht, und bei einem Druck von 10 bis 25 Torr wird das Hg durch kondensierten Funken spektralanalytisch nachgewiesen. Toxikologische Mengen sind eindeutig mit Hilfe der Linien 2537, 3650 und 4358 Å nachweisbar. — Nach MAINGARO löst man nach der Zerstörung der organischen Substanz und Ausfällung des Hg als HgS dieses in Bromwasser, fügt einige Tropfen $KHSO_3$-Lösung zur Zerstörung überschüssigen Broms hinzu und stellt in die Flüssigkeit eine Messingspirale. Nach 24 Std. nimmt man die Spirale heraus und weist das Quecksilber nach, wie unter D. § 3 a. 2. beschrieben. Auch die unter D. § 3 a. 3. beschriebene Erzeugung eines Tonerderasens auf einem Al-Blech ist zum Nachweis des Hg in toxikologischen Fällen empfohlen worden (MINOVICI und GROCEA). — GOLUBEV verwendet zum

Hg-Nachweis eine Mischung gleicher Volumina gesättigter Lösungen von Jod in Alkohol und Jod in Toluol. Nach vorangegangener Zerstörung der organischen Substanz und Fällung als HgS wird der Niederschlag mit HNO_3 behandelt, mit Wasser gewaschen und zu einem kleinen Teil auf ein Objektgläschen gebracht. Man behandelt 1 bis 2 Min. lang mit H_2S-Gas, um evtl. vorhandenes $2\,HgS \cdot Hg(NO_3)_2$ in HgS überzuführen, und tropft dann das Alkohol-Toluolreagens zu. Nach 1 bis 2 Min. erscheint die rote Farbe des HgJ_2. 0,02 γ Hg sind nach GOLUBEV noch erkennbar. — Das unter D. § 2 b. beschriebene Verfahren von STONE ist ebenfalls für die Analyse organischen Materials geeignet. Vgl. auch GANASSINI. — CAMBAR weist in toxikologischen Fällen das Hg nach Zerstörung des organischen Materials mit Hilfe der sensibilisierten HgJ_2-Probe nach. Diese von DENIGÈS aufgefundene Reaktion ist im Abschnitt D. § 3 b. 1. beschrieben. — DURET zerstört das organische Material gemäß C. II. a. 5. mit H_2SO_4—$(NH_4)_2S_2O_8$. Die zurückbleibende Lösung wird nach dem Versetzen mit Ammoniak filtriert. Der Niederschlag wird in konz. HCl gelöst, zur Trockne eingedampft (Wasserbad) und mit Äther wieder aufgenommen. In der Lösung wird das Hg mit Diphenylcarbazid gemäß D. § 5 nachgewiesen. Die bei Gegenwart von Hg auftretende blaue Farbe wird auf Zusatz eines Tropfens Ammoniak noch verstärkt.

2. Organe, Leichenteile, Magen-Darminhalt.

Ein im Prinzip dem spektroskopischen Verfahren von RANKIN (Abschnitt E. § 8 a. 1.) gleiches Verfahren stammt von NAOUM. — STOCK und LUX wenden ihr unter D. § 1 d. beschriebenes elektrolytisches Verfahren auch auf die Stuhlanalyse an. Das Verfahren bedarf in diesem Falle einiger kleiner Änderungen. Nach der Zerstörung der organischen Substanz wird die vorliegende Lösung, die für die Elektrolyse ein zu großes Volumen besitzt, nach Zugabe von 20 mg Cu^{++}-Ion in Form von Kupfersulfat mit H_2S behandelt. Die ausgefällten Sulfide werden mit Chlor in Lösung gebracht, und die entstehende Chloridlösung wird elektrolysiert. 15 ml sollen hier mit 2 ml konz. HCl angesäuert werden. Die Pt-Anode wird ebenfalls waagerecht (v-förmig) gebogen, so daß sie der Kathode gleichmäßig gegenübersteht. Die Elektroden müssen schon unter Spannung stehen, wenn sie eingetaucht werden. Es muß unbedingt mit einer Spannung von 1,48 Volt und einer Stromstärke von 4 bis 0,5 mA elektrolysiert werden; andernfalls erhält man eine schlecht beschaffene Cu-Abscheidung. Beim Waschen und Trocknen der Elektrode muß man besonders vorsichtig sein, damit keine Cu-Nädelchen von der Elektrode abfallen. Am besten erfolgt das Waschen des Drahtes unter Strom, indem man einfach den Elektrolyten durch Wasser ersetzt. Für die Empfindlichkeit dieser Methode — sie ist eine der empfindlichsten überhaupt — gilt das unter D. § 1 d. Gesagte. — VITTE und LABAT verwenden zum Nachweis die unter D. § 3 a. 2 beschriebene Reaktion mit $AgNO_3$-Papier. Die Organe werden mit HCl—$KClO_3$ oder H_2SO_4—HNO_3 gemäß C. II. a. 3. bzw. C II. a. 5. zerstört. Die Sulfide werden in Königswasser gelöst und mit Soda als Hydroxyde gefällt. Der Hydroxydniederschlag wird in Salpetersäure gelöst, und Hg und Cu werden auf einem Cu-Spatel niedergeschlagen. Die Weiterverarbeitung erfolgt gemäß D. § 3. a. 2. — SALKOWSKI, LOCHTE und FIEDLER, KOHN-ABREST und BÜLL scheiden nach der Zerstörung des organischen Materials mit HCl—$KClO_3$ gemäß C. II. a. 3. das Hg aus der Lösung des Sulfids auf Cu-Blech, Cu- oder Messingdraht ab und identifizieren das abdestillierte Hg mit Jod oder unter dem Mikroskop, wie es unter D. § 3 a. 2. bei JANNASCH sowie STOCK, HELLER, ZIMMERMANN und CUCUEL schon eingehend beschrieben worden ist. LOCHTE und FIEDLER weisen Hg an Haaren nach, indem sie einzelne Haare auf dem Objektträger mit einem Jodkriställchen zusammen unter ein Deckgläschen bringen und ganz schwach erwärmen. Bei Anwesenheit von Hg bildet sich ein deutlicher, roter HgJ_2-Beschlag. — MARTINI und BERISSO extrahieren kleinzerschnittene innere Organe mit HNO_3 für 3 bis 4 Std. In einem Tropfen des Aufschlusses können sie Hg als $Hg(Co(CNS)_4)$ nachweisen. Vgl. hierüber D. § 3 b. 1. — Auch histochemisch läßt sich das Hg in menschlichen und tierischen Gewebeschnitten nachweisen, sicher aber nur, wenn reichliche Quecksilberbehandlung vorangegangen ist, und wenn ein nicht zu langer Zeitraum zwischen Hg-Injektion und Tod liegt. Die Hauptablagerungsstellen für injiziertes Hg sind das subkutane Injektionsdepot, die Nieren, die Leber und die Lunge. Folgende Fixierungsmittel sind für das Hg geeignet: 1. H_2S-Wasser mit 4% HNO_3-Zusatz, 2. 100 ml gesättigte Pikrinsäurelösung werden mit 3 ml 25%iger HNO_3 versetzt. Die Pikrinsäurekristalle werden abfiltriert, und die Lösung wird mit H_2S-Gas gesättigt. Für beide Fixierungsmittel beträgt die Fixierungszeit einen Tag. 3. Eine Lösung aus 2 g $SnCl_2$ und 1 ml konz. HNO_3 in 25 ml H_2O. Die Fixierungszeit beträgt hier 2 bis 3 Tage. In allen Fällen ist beim Vorliegen von Hg das Auftreten schwarzer Kügelchen im Gewebe zu beobachten (CHRISTELLER und SAMMARTINO, vgl. auch TIMM und GUARESCHI). — SPICA weist darauf hin, daß man bei Kalomelvergiftungen die Leichenteile nicht gleich mit $HCl—KClO_3$ aufschließen soll, sondern daß man zunächst den Alkohol, unter dem die verdächtigen Leichenteile aufbewahrt wurden, prüfen muß, da es oft vorkommt, daß das Kalomel im Magen zu $HgCl_2$ oxydiert und so in eine alkohollösliche Form übergeführt wird.

b) Die Analyse von organischen Flüssigkeiten.

1. Harn.

BROWNING zerstört den Harn gemäß C. II. b. 5. Die mit Wasser gewaschene Elektrode wird in den Arm einer DUPRÉschen Röhre gebracht, auf 200 bis 250° erhitzt und in H_2-Atmosphäre spektroskopisch auf Hg geprüft. Aus sehr verdünnten Lösungen scheidet sich beim Aufbewahren in Glasgefäßen Hg an den Wandungen nieder. Man soll daher die Gefäße vor der elektrolytischen Abtrennung des Hg mit konz. HNO_3 (wenig) ausspülen und die Spülflüssigkeit mit der Hauptflüssigkeit vereinigen. GERLACH und GERLACH empfehlen für die spektrographische Harnuntersuchung den Flammenbogen. Die Intensität der Hg-Linien wird hierbei gesteigert durch Zugabe einiger Tropfen HCl. Bei einer solchen Versuchsanordnung lassen sich noch 16 γ im Liter Harn nachweisen. Dieselbe Nachweisgrenze gibt auch PROBST an. Durch vorhergehende elektrolytische Abscheidung und spektrographische Untersuchung der Elektrode läßt sich noch 1 γ pro Liter auffinden. Vgl. auch ARMSTRONG und BRACKETT. — Die elektrolytische Abscheidung nach vorheriger Zerstörung des Harns gemäß C. II. a. 2. oder C. II. a. 3. empfehlen auch STOCK und LUX. Das Verfahren ist besonders für kleine Mengen sehr zu empfehlen; die Arbeitsvorschrift findet sich unter D. § 1 d. und E. § 8 a. 2. — VITTE zerstört Harn gemäß C. II. a. 3. und scheidet das Hg auf einem Cu-Spatel nieder. Der Nachweis erfolgt mit $AgNO_3$-Papier (D. § 3 a. 2., E. § 8 a. 2.). — Die einfache Erkennung als HgJ_2 nach vorhergehender Abscheidung auf Cu-Draht oder -Blech (Zerstörung gemäß C. II. a. 2., C. II. a. 3. oder C. II. b. 3.) ist zu empfehlen, wenn die Empfindlichkeitsansprüche nicht zu hoch sind. Das Verfahren ist vielfach angewendet worden (SALKOWSKI, PERELSTEIN und ABELIN, STOCK mit HELLER und ZIMMERMANN, FRIEDERICH und BUHR) und unter D. § 3 a. 2. beschrieben. — GUTMANN löst den nach der Zerstörung des Harns mit $HCl—KClO_3$ gemäß C. II. a. 3. erhaltenen Sulfidniederschlag in Königswasser auf und fällt nochmals mit H_2S. Kupfersalz soll bei diesem Verfahren nicht zugesetzt werden. Der Sulfidniederschlag soll sich dann schon in der Kälte in einer Lösung von 5 g KJ in 25 ml 5%iger H_2SO_4 lösen. Dies wird als Nachweis auf Hg angesehen. BÜLL weist in der Lösung nach Zerstören des Harns gemäß C. II. a. 3. und Wiederauflösen des ausgefällten HgS das Hg als $Hg(Co(SCN)_4)$ nach. Im

Original werden optimale Reaktionsbedingungen angegeben. Vgl. sonst auch D. § 3 b. 1. — STOCK und POHLAND verwenden Diphenylcarbazid. Eine Arbeitsvorschrift findet sich unter D. § 5. Die Zerstörung des Harns muß hierbei so erfolgen, daß während der eigentlichen Nachweisreaktion keine freie HCl vorliegt, da diese die Reaktion mit Diphenylcarbazid beeinträchtigt (MOLDAWSKI C. I. a.) Auch Di-β-naphthylthiocarbazon nach vorheriger Zerstörung gemäß C. II. a. 5. ist als Reagens verwendet worden (HUBBARD).

2. Magensaft und Magenspülungen.

Siehe unter E. § 8 b. 1. bei BROWNING.

3. Speichel.

Siehe unter E. § 8 b. 1. bei STOCK und Mitarbeitern.

4. Blut.

GOLDMANN und ARMSTRONG weisen das Hg spektroskopisch nach. Einzelheiten müssen dem Original entnommen werden. — Im Schorf läßt sich das Hg nach der Zerstörung der organischen Substanz mit der Kupferdraht-Jod-Methode erkennen (GEORGES und FABRE). Die Methode ist unter D. § 3 a. 2. beschrieben.

c) Die Analyse von Pflanzenteilen.

1. Imprägnierte Hölzer.

Bei der Zerstörung des Holzes gemäß C. II. a. 3. bleiben nach GROFFIER noch teerige organische Bestandteile zurück, welche die Hg-Reaktion verdecken. Um diese zu entfernen, wird der HgS-Niederschlag mit kochender verd. HNO_3 ausgewaschen. Die HNO_3 löst die lästigen organischen Substanzen auf, ohne das HgS anzugreifen. Nun erst wird das HgS in Königswasser gelöst, und das Hg wird wie üblich nachgewiesen. — MOLL weist die Eindringungstiefe des Imprägnierungsmittels in das Holz mit $(NH_4)_2S$-Lösung nach. Diese gibt mit Sublimat eine sehr deutlich erkennbare Schwarzfärbung. Die Farbe ist haltbar, jedoch bei altimprägnierten Hölzern nicht immer deutlich zu erkennen. $HgCl_2$ wird z. T. unter Einfluß des Lichtes und hydrolytischer Vorgänge in HgO und Oxychloride umgewandelt. In solchem Falle ist es zweckmäßig, das Holz vorher mit verd. HCl anzufeuchten. — Nach der Zerstörung des Holzes kann das Hg in jeder beliebigen Form nachgewiesen werden, z. B. mit $SnCl_2$ (RÜTGERSWERKE).

2. Gebeiztes Getreide.

Das unter D. § 1 d. beschriebene elektrolytische Verfahren zur Erzeugung eines Tonerderasens von SCHMIDT und TORNOW kann auch für die Untersuchung gebeizter Getreidekörner auf Hg verwendet werden. 10 bis 50 gebeizte Getreidekörner werden in den Elektrolysierapparat gegeben. Im übrigen wird verfahren, wie unter D. § 1 d. angegeben. — Bezüglich des Nachweises von Hg in gebeiztem Getreide mittels der einfachen Abscheidung auf einem Al-Draht vgl. TORNOW unter C. II. b. 4. γ. Ein ähnliches Verfahren stammt von LEPPER. KÜHL und CZYZEWSKY zerstören das gebeizte Getreide mit HCl—$KClO_3$ gemäß C. II. a. 3. Das Hg wird jedoch nicht als Sulfid gefällt, sondern mit Hilfe eines reinen Zn-Bleches aus der Lösung abgeschieden. Für das weitere vgl. D. § 3 a. 4. — SCHRÖTER verwendet Dithizon zum Nachweis.

3. Pflanzensaft.

PETRI trennt das Hg gemäß C. II. b. 4. aus dem salzsauren Pflanzensaft ab. Das Ag-Blättchen wird sodann Joddämpfen ausgesetzt oder spektroskopisch (durch Ausheizen mit einem Brenner) auf Hg geprüft. Kleinste Hg-Mengen sollen durch das Auftreten der grünen Linie bei 546 mμ noch erkennbar sein. Bei etwas größeren Mengen tritt auch die blaue Linie bei 446 mμ auf.

d) Die Analyse von Speisen.

Die unter E. § 8 a. 1, 2 und 3 genannten Verfahren sind bei sinngemäßer Übertragung fast vollständig auch auf Lebensmittel anwendbar. Hier seien noch einige spezielle Verfahren genannt:

1. Feste Lebensmittel.

Zur oberflächlichen Prüfung eignet sich nach LEFFMANN und TRUMPER die Abscheidung auf einem Cu-Streifen. SARTORI D. § 1 a. verwendet Cu-Schnitzel und Jod. — Fleisch wird nach IVANOFF mit HCl—$KClO_3$ gemäß C. II. a. 3. zerstört. In der Lösung des ausgefällten HgS wird nach dem Neutralisieren das Hg mit Diphenylcarbacid gemäß D. § 5 nachgewiesen.

2. Wein, Essig, Bier.

Die Vorschrift der ENGLISCHEN ZOLLBEHÖRDE zur Prüfung von Essig auf Hg lautet folgendermaßen: 100 ml Essigsäure werden mit 100 ml H_2O und 2 ml HNO_3 (D. 1. 4) versetzt und unter Verwendung einer Pt-Anode und einer dünnen Au-Kathode von je 1 ml Oberfläche eine Stunde lang mit 3 Volt und 0,1 Ampère elektrolysiert. Darauf wird die Kathode mit Wasser, Alkohol und Äther gewaschen und in ein Röhrchen von 38 × 4 mm hineingebracht. Das Gläschen ist oben plan geschliffen, damit ein Objektträger aufgelegt werden kann; es wird in dem mit Asbest ausgekleideten Loch einer Messingplatte gelinde erhitzt, und der Objektträger wird anschließend unter dem Mikroskop geprüft. — REIF (I) dampft die Essigsäure mit rauchender HNO_3 ein, nimmt den Rückstand in wenig HNO_3 auf und weist das Hg mittels Cu-Draht und Jod nach, wie unter D. § 3 a. 2. beschrieben. — Wein wird nach MARTINI und BERISSO mit Äther extrahiert. Einige Tropfen des Auszuges werden zur Trockne verdampft, mit HNO_3 (1 Tropfen) aufgenommen, und das Hg wird als $Hg(Co(SCN)_4)$ gemäß D. § 3 b. 1. β. nachgewiesen. — Für Bier empfiehlt SCHMIDT-HEBBEL das unter D. § 1 d. beschriebene Verfahren von SCHMIDT und TORNOW.

e) Die Analyse von Arzneimitteln.

1. Feste Arzneimittel, Salben.

Für Salben ist das unter C. II. b. 4. γ beschriebene Al-Draht-Verfahren von TORNOW geeignet. Es wird von PEYER und HAMANN auch für andere Hg-haltige Arzneimittel empfohlen. — Die salpetersaure Auflösung von Mineralsalben tüpfelt JOREK für Hg_2^{++} mit HCl, für Hg^{++} mit H_2S-Wasser oder Diphenylcarbazon.

2. Homöopathische Zubereitungen.

STEINHAUSEN verwendet die Diffusion in einer Gelatineschicht zum Nachweis von Hg in homöopathischen Zubereitungen. 10 g Gelatine läßt man in 20 ml H_2O quellen und löst sie dann in 20 g Glycerin. Man filtriert heiß und bewahrt den Vorrat, evtl. sterilisiert, in kleinen Röhrchen auf. Zum Gebrauch wird der Röhrcheninhalt mit hochkonzentrierter Na_2S-Lösung gemischt. 1 Tropfen davon streicht man auf einen Objektträger und bringt nach dem Erstarren die Probesubstanz oder -lösung darauf. Man drückt ein Deckglas auf die Probe und beobachtet die bei Diffusion eintretende Reaktion unter dem Mikroskop. Hg läßt sich so noch bis zu einer Verdünnung von $^1/_{1000000}$ (D 6) nachweisen. Ag, Bi und Pb stören, da sie die gleiche Reaktion geben. — NEUGEBAUER kommt mit seinem Verfahren ebenfalls bis zu Verdünnungen von D6 herunter. Er setzt der homöopathischen Zubereitung unterphosphorige Säure zu und beobachtet die braunschwarze Ausflockung bzw. braune bis gelbe Farbe der Probe. — BLEYER, NAGEL und SCHWAIBOLD sowie BERGNER und BERGNER weisen das Hg mit Dithizon nach. Bei Verdünnungen von etwa D 6 soll man 4 ml Probelösung verwenden. Man erhält dann mit 0,5 ml einer CCl_4-Lösung von Dithizon (1 mg/50 ml) eine Orange- bis Gelbrotfärbung. Durch Zusatz von 10 Tropfen Ameisensäure sollen störende Stoffe maskiert werden.

f) Die Analyse von Textilien.

LLOYD und GARDENER zerstören Hutfilz mit Königswasser gemäß C. II. a. 4, wobei das Königswasser in diesem Falle mit der dreifachen Menge Wasser verdünnt ist.. Aus der Lösung wird das Hg mit Zn-Staub abgeschieden; durch Destillieren mit überhitztem Wasserdampf trennt man es von letzterem wieder ab. Im Kühler der Destillationsapparatur befindet sich ein Cu-Drahtgewebe, mit dem sich das Hg amalgamiert Das Hg wird dann in üblicher Weise von Cu abdestilliert und mit Jod sichtbar gemacht. — LOCHTE und FIEDLER zerstören Stoffreste ebenfalls gemäß C. II. a. 4. mit Königswasser. Nach dem Verdünnen und Abfiltrieren wird zur Trockne verdampft, mit HCl wieder aufgenommen und mit H_2S gefällt. In der Auflösung des HgS-Niederschlages erkennt man Hg an der Verfärbung eines Cu-Bleches. — GUARESCHI weist in dem mit HNO_3 (C. II. a. 4.) aufgeschlossenen Zeugstück nach dem Verdünnen das Hg mit $SnCl_2$ nach.

g) Die Analyse von Sprengstoffen.

1. Sprengstoffe.

DUPRÉ weist sehr kleine Mengen Hg spektroskopisch in einem speziellen Entladungsgefäß nach, das aus zwei Röhren mit eingeschliffenen Stopfen besteht; diese sind durch eine waagerechte Kapillare verbunden und werden nach dem Hineingeben der Probe mit einer Ölpumpe evakuiert. Das Entladungsrohr wird in heißes Wasser gestellt, und eine Funkenentladung wird in der Capillare erzeugt. Die Gegenwart von Hg wird mit Hilfe der sichtbaren Spektrallinien festgestellt, so daß ein einfacher Spektralapparat benutzt werden kann. Der Nachweis ist noch empfindlicher, wenn das Hg vorher aus der Probe an einem Au-Blättchen abgeschieden worden ist, und wenn man das Blättchen in das Entladungsrohr einbringt. FLORIN trennt das Hg-Salz vor dem spektroskopischen Nachweis gemäß C. II. b. 1. oder C. II. b. 2. von der Nitrocellulose ab und führt in HNO_3-Lösung über. HARGREAVES und Mitarbeiter weisen sehr kleine Mengen Hg (1 : 200000) durch Elektrolyse nach. Etwa 100 g Nitrocellulosesprengstoff werden mit etwas CaO (vorsichtig) verrieben, und das Hg wird gemäß C. II. b. 1. aus dem Gemisch abdestilliert und in sehr verdünnter H_2SO_4 aufgefangen. Die Schwefelsäure wird sodann bei 2 Volt mit 0,5 Ampère elektrolysiert (Pt-Anode, Au-Kathode). Von der Au-Kathode kann man dann das Hg abdestillieren und an einem Objektträger auffangen. Siehe auch MOIR. — JANNOPOULOS rührt zerkleinerte, gepreßte Schießbaumwolle mit H_2O zu einem dicken Brei an und scheidet das Hg daraus mit dünnen, geschmeidigen Cu-Blechen gemäß C. II. b. 4. β. ab. Der Nachweis des abdestillierten Hg erfolgt wie üblich mit Jod.

2. Knallquecksilber.

Freies Hg im Knallquecksilber weist man nach NICOLARDOT und BOUDET nach, indem man 1 g der Substanz in der Kälte mit einer Lösung von 5 g Ammoniumhyposulfit in 100 ml H_2O behandelt. Das Knallquecksilber löst sich schnell auf, und das freie Hg bleibt zurück. Es bildet entweder ein schwarzes Pulver oder glänzende Kügelchen. — Das im Knallquecksilber gebundene Hg läßt sich nach LANGHANS elektrolytisch bestimmen. Dazu löst man die Verbindung in einer wäßrigen Lösung von NH_3 oder KCN oder in Pyridin auf. Ungeeignet sind dagegen wäßrige Lösungen von KJ und $Na_2S_2O_3$.

h) Die Analyse von einzelnen organischen (quecksilberorganischen) Verbindungen.

Im Laufe der Elementaranalyse von quecksilberorganischen Verbindungen kann man das Hg nach den von VERDINO, ABELMANN und FURTER angegebenen und unter C. II. a. 9. beschriebenen Verfahren isolieren und sodann mit einer der üblichen Methoden nachweisen oder gleich quantitativ bestimmen. — CHAO-LUN-TSENG verflüchtigt das Hg aus der organischen Verbindung durch Erhitzen mit Cu-Pulver gemäß C. II. b. 1. und macht das Hg-Kondensat wie üblich mit Joddämpfen sichtbar. Auch das unter D. § 2 b. beschriebene Verfahren von STONE ist für organische Verbindungen sehr gut geeignet. — REIF (II) weist das Hg in aus Acetylen gewonnener Essigsäure durch Überführung in HgJ_2 nach, nachdem er das Hg elektrolytisch gemäß C. II. b. 5. abgetrennt hat.

§ 9. Eine tragbare Ausrüstung für die Feld- und Laboratoriums-Mikroanalyse des Hg und anderer wichtiger Metalle beschreiben WEST und SMITH. Das Hg wird bei ihnen als p-Dimethylaminobenzylidenrhodanin nachgewiesen. Bezüglich der Einzelheiten muß auf das Original verwiesen werden.

F. Einige Vorschläge zur Prüfung von Quecksilber und Quecksilberverbindungen auf Reinheit.

Allgemein sei hier verwiesen auf MERCK für die Reinheitsprüfung von Hg, $HgCl_2$, $HgBr_2$, $Hg(NO_3)_2$, HgO gelb und HgO rot und auf das DEUTSCHE ARZNEIBUCH 6. Ausgabe, welches Vorschriften zur Reinheitsprüfung von Hg, Hg_2Cl_2, $HgCl_2$, HgJ_2, $Hg(CN)_2$, $Hg(CN)_2 \cdot HgO$, HgO gelb, HgO rot, HgS rot und $Hg(NH_2)Cl$ enthält.

In metallischem Quecksilber kann der Kohlenstoff spektroskopisch nicht nachgewiesen werden, da alle Kohlenstofflinien mit Quecksilberlinien zusammenfallen. Es handelt sich hier nach GERLACH und RIEDL um „KOINZIDENZEN 1. Art". — MIETHE und STAMMREICH weisen kleinste Edelmetallmengen im Hg durch Destillation nach. Zunächst werden 100 g Hg in einer normalen Hg-Destillationsapparatur auf 20 g eingeengt, wobei Vorkehrungen zur Verhinderung von Spritzverlusten getroffen werden. In einem kleineren Destillationsapparat, dessen Konstruktion eine leichte und möglichst quantitative Entleerung gestattet, wird weiter bis auf 1 g eingeengt. Dieser Resttropfen wird in einen flachen, unglasierten Porzellantiegel gegeben, dessen Bodenfläche dem späteren Mikroskopieren leicht zugänglich ist. Man überschichtet mit konz. HNO_3, wobei sich das Hg und evtl. vorhandenes Ag schnell auflösen. Falls Au anwesend ist, so bleibt ein Rückstand aus porösen Goldkristalloiden (Mikroskop). In der Lösung kann Ag nach den üblichen Methoden nachgewiesen werden. — Ein sehr empfindliches Mittel zum Nachweis von Spuren fremder Metalle ist auch die Messung der elektrischen Leitfähigkeit (MICHAELIS, siehe auch BALTRUSZAJTIS) oder die Messung der EMK (GOORE, HULETT und MINCHIN). HULETT und MINCHIN weisen z. B. Zink in Konzentrationen von

1 : 10^6 bis 1 : 10^8 im Quecksilber nach. Sie verwenden als Apparatur eine Kristallisierschale, durch deren Boden zwei Pt-Drahtelektroden eingeführt sind. Diese Elektroden sind von kleinen Wachsscheibchen (Höhe 5, Durchmesser 25 mm) umgeben, so daß nur die Spitze des Drahtes auf der Oberseite des Wachsscheibchens herausragt. Die Kristallisierschale wird unten mit reinstem Quecksilber gefüllt und darüber mit 1 m KCl-Lösung, die an Hg_2Cl_2 gesättigt ist. Nun werden auf die beiden Wachsscheibchen, die vom Quecksilber nicht überflutet sind, Quecksilbertropfen aufgebracht, und zwar erhält das eine Scheibchen einen Tropfen reinsten Quecksilbers, das andere einen Tropfen des zu untersuchenden Quecksilbers. Die sich einstellende Potentialdifferenz wird mit einem empfindlichen Millivoltmeter gemessen. Sie beträgt bei einem Zinkgehalt von 1 : 10^8 etwa 0,8 mV. — SMITH-RUSSELL und EVANS schütteln das zu untersuchende Hg mit ein wenig $KMnO_4$-Lösung (etwa 2-normal an H_2SO_4) durch und weisen die etwa vorhandenen, verunreinigenden Metalle — die natürlich unedler als das Hg selbst sein müssen — in dieser Lösung nach. — Vgl. auch WICHERS.

In $HgCl_2$-Lösung kann man kleine Spuren der Chloride anderer Metalle — z. B. Ag, Pb, Zn, Cu, Sn — dadurch nachweisen, daß man sie anreichert. Dies geschieht durch Ätherextraktion. Das $HgCl_2$ wird hierbei bevorzugt extrahiert (MYLIUS und HÜTTNER). — Reines, umkristallisiertes Knallquecksilber zeigt beim Schütteln mit $KMnO_4$-Lösung keinen Permanganatverbrauch; die organischen Verunreinigungen jedoch, die gewöhnlich ungesättigter Natur sind, verbrauchen Permanganat und können auf diese Weise nachgewiesen werden (RATHSBURG). — GOLSE prüft $Hg(CN)_2$ auf HgO, indem er 2 ml einer 1%igen Lösung des zu prüfenden Cyanides mit 1 ml 5%iger KJ-Lösung, 1 ml Ammoniak und 1 ml Natronlauge versetzt. Bei dieser Umkehrung der NESSLER-Reaktion entsteht bei Anwesenheit von HgO oder $HgO \cdot Hg(CN)_2$ der bekannte braune Niederschlag. $Hg(CN)_2$ für sich gibt die Reaktion nicht. — COLLINS u. a. prüfen das $HgBr_2$ außer auf nicht zu verflüchtigende und alkoholunlösliche Anteile auch auf Chlorid: 0,7 g werden mit 5 ml H_2O und 1 ml 36%iger Essigsäure versetzt und dann mit 5 g Zn-Pulver sanft erwärmt. Man schüttelt um, bis die überstehende Flüssigkeit klar ist, filtriert und wäscht aus. Die vereinigten Filtrate werden mit 2 ml 8%iger $Fe(NO_3)_3$-Lösung, 2 ml konz. HNO_3 und 50 ml 0,1 n $AgNO_3$ versetzt und filtriert. Nach dem Auswaschen wird im Filtrat das überschüssige $AgNO_3$ mit 0,1 n NH_4SCN zurücktitriert. Das verbrauchte $AgNO_3$ soll den Wert von 55,9 ml pro Gramm $HgBr_2$ nicht überschreiten. — FEIGL und HAMBURG weisen Eisenspuren in Hg-Salzen mit einer 2%igen, salzsauren Lösung von α,α'-Dipyridyl nach. 1 ml der zu prüfenden sauren Lösung wird mit einigen Tropfen Reagenslösung, festem Na_2SO_3 und ein wenig NaCl versetzt. Schon bei Spuren von Fe (bis zu 1 γ in gesättigter Lösung) zeigt sich eine Rosafärbung. Der Zusatz von NaCl hat den Zweck, die Abscheidung eines weißen, unlöslichen Doppelsalzes α,α'-Dipyridyl $\cdot$ $HgCl_2$ zu verhindern. Es entsteht dann nämlich $Na_2(HgCl_4)$.

Literatur.

Zu A.

BRAUER, G.: Handbuch der präparativen anorganischen Chemie, S. 20. Stuttgart 1951. — REITLER, E.: Ch. Z. **60**, 365 (1936). — STOCK, A., u. F. CUCUEL: Naturwiss. **22**, 390 (1934). — ULLMANN: Enzyklopädie der technischen Chemie.

Zu B. I.

LANDOLT, BÖRNSTEIN, ROTH u. SCHEEL: Physikalisch-chemische Tabellen, Bd. I, S. 200. Berlin 1923. — RAMSAY u. YOUNG: J. chem. Soc. **49**, 37. — SCHULZE, A.: Z. Metallkunde **13**. 105 (1921). — STOCK, A.: Z. angew. Ch. **39**, 461 (1926); **41**, 663, 1183, 1184 (1928); Forschungen u. Fortschritte **16**, 270 (1940).

Zu B. II.

BILLITZER: B. **35**, 1929 (1902). — GUTBIER u. WEISE: Kolloid-Z. **25**, 97 (1919). — SALKOWSKI, E.: Ch. Z. **40**, 448 (1916). — STOCK, A.: Z. anorg. Ch. **217**, 241 (1934).

Zu B. III.

BÖTTGER, W.: Fr. **48**, 356 (1909). — D'ANS, J., u. E. LAX: Taschenbuch für Chemiker und Physiker. Berlin 1943. — DENIGÈS, G.: Bl. Soc. Chim. France (4) **23**, 36 (1918); durch Fr. **85**, 367 (1931). — ESTEVE, E.: Ch. Z. **35**, 1152 (1911). — GASPARY ARNAL, C. T.: Ann. Chim. anal. (2) **14**, 342 (1932); durch Fr. **95**, 451 (1933). — HODGMAN, C. D.: Handbook of Chemistry and Physics, 13. Aufl. Cleveland (Ohio) 1947. — JOLIBOIS, P., u. P. BOUVIER: C. r. **170**, 1497. — KRUSTINSONS, J.: Fr. **125**, 100 (1943). — LEHRMANN, L.: J. chem. Educat. **10**, 50; durch Zbl. **1933**, **I**, 3220. — LIPSCOMB, W. N.: Acta Crystallographica **4**, 266 (1951). — MINOZZI, A.: Boll. chim. farm. **43**, 745 (1904). — PONGNET, J.: C. r. **161**, 348. — RITSEMA, J. C.: Pharm. Weekbl. **71**, 58 (1934); durch Fr. **100**, 50 (1935). — ROSENTHALER, L.: Mikrochemie **19**, 17 (1935); Zbl. **1936**, **II**, 514; Fr. **111**, 156 (1937). — RÜDORFF, W., u. K. BRODERSEN; Z. anorg. Ch. **270**, 145 (1952). — STOCK, A.: Z. angew. Ch. **39**, 461 (1926); **41**, 663, 1183, 1184 (1928); Forschungen u. Fortschritte **16**, 270 (1940). — STOCK, A., u. R. HELLER: Z. angew. Ch. **39**, 466; Zbl. **1926**, **I**, 3349. — STRECKER, W., u. K. CONRADT: B. **53**, 2113; Zbl. **1921**, **II**, 213. — TREADWELL, W. D., u. F. SCHAUFELBERGER: Helv. **29**, 1936 (1946). — WAGENER, M.: Pharm. Weekbl. **62**, 1109; durch Zbl. **1926**, **I**, 449.

Zu C. I.

ALEXEJEWSKI, E. W.: J. angew. Ch. (russ.) **4**, 411 (1931); Fr. **90**, 126 (1932). — ARCHANGELOWA, S. L.: Laboratoriumspraxis (russ.) **1937**, Nr. 3, 17; Zbl. **1937**, **II**, 2563; Fr. **116**, 125 (1939). — BAEYER, A. v.: A. **130**, 140 (1864). — BAUER, G.: Dieses Handbuch II, 8b. — BELCHER u. BURTON: Metallurgia Manchester **51**, 317 (1945). — BENEDETTI-PICHLER, A.: Ind. eng. Chem. Anal. Edit. **2**, 309; Zbl. **1930**, **II**, 2163. — BERISSO, B.: Mikrochemie **26**, 221; Zbl. **1940**, **I**, 607. — BLOMQUIST, A.: Ber. dtsch. pharm. Ges. **23**, 29 (1912); Zbl. **1913**, **I**, 1126. — BÖTTGER, W., u. K. DRUSCHKE: A. **453**, 315 (1927); Fr. **73** (1928). — BROCKMAN: Qualitative Analysis. Ginn & Co. (U. S. A.) 1930. — BROCKMANN, H., u. J. JANDER: Diplom-Arbeit J. JANDER. Göttingen 1947. — BURSTALL, F. H., G. R. DAVIES, R. P. LINSTEAD u. R. A. WELLS: J. chem. Soc. **1950**, 516; Zbl. **1950**, **II**, 1982. — BURSTALL, F. H., G. R. DAVIES u. R. A. WELLS: Discuss. Faraday Soc. **1949**, Nr. 7, 179. — CALKER, J. VAN: Fr. **105**, 396 (1936). — CANDEA, C., u. L. I. SAUCIUC: Bl. Soc. Chim. Romania **14**, 69; Zbl. **1933**, **I**, 973; siehe auch Bl. sci. Ecole polytechn. Timisoara **5**, 106; Zbl. **1935**, **II**, 2554. — CHABORSKI, G. L., u. E. PETRESKU: Bl. Chim. Pura Apl. Soc. romanu Stiinte **35**, 33 (1932); Zbl. **1934**, **II**, 641; Fr. **104**, 124 (1936). — CHARLOT, G., u. D. BEZIER: Ann. Chim. anal. (4) **25**, 90; Zbl. **1943**, **II**, 165. — CHIRNOAGA, E.: Fr. **104**, 356 (1936); Zbl. **1936**, **II**, 509. — CLASSEN: Ausgewählte Methoden I, S. 63. 1901. — DAS-GUPTA: J. Indian chem. Soc. **6**, 627 (1929); Zbl. **1930**, **I**, 560. — DEFRANCE, E.: J. Pharm. Belg. **13**, 771; Zbl. **1931**, **II**, 3123. — DONATH: Über den Ersatz des H_2S in der qualitativen chemischen Analyse, S. 3. 1909. — DJATSCHKOWSKI, S. J., u. A. F. ORLENKO: durch Zbl. **1940**, **II**, 1331. — ELBEIH, J. J. M., J. F. W. MCOMIE u. F. H. POLLARD: Discuss. Faraday Soc. **1949**, Nr. 7, 183. — ERÄMÄTSÄ, O.: Suomen Kemistilehti **16** B, 13—14; Zbl. **1944**, **II**, 780. — ERLENMAYER, H., u. W. SCHOENAUER: Helv. **24**, 878; Zbl. **1941**, **II**, 2116. — FEIGL, F.: Fr. **65**, 37 (1924). — FISCHER, H., u. G. LEOPOLDI Ch. Z. **64**, 231 (1940). — GUTZEIT, G.: Helv. **12**, 713, 829 (1929); Fr. **82**, 178 (1930). — HELLER u. KRUMHOLZ: Mikrochemie **7**, 213 (1929). — KÖNIG, O., W. R. CROWELL u. A. A. BENEDETTI-PICHLER: Mikrochim. A. **33**, 281 (1948); Fr. **129**, 271 (1949). — KOLLO, C.: Bl. Soc. Chim. Romania **2**, 95; Zbl. **1921**, **II**, 1043. — KOLTHOFF, I. M.: Pharm. Weekbl. **58**, 1680; Zbl. **1922**, **II**, 358. — KRUMHOLZ: durch F. FEIGL: Qualitative Analyse mit Hilfe von Tüpfelreaktionen, 2. Aufl., S. 347. 1935. — KUNZ, J.: Helv. **16**, 1044; Zbl. **1934**, **II**, 641. — LEDERER, M.: Nature **163**, 598 (1948); Anal. chim. Acta **3**, 476 (1949). — LEWIN, A. B.: Fr. **105**, 328; Zbl. **1936**, **II**, 1766. — LONGINESCU, G. G.: Bl. Chim. pure appl. **34** (1931); Fr. **104**, 41 (1936). — MAJER, V.: Coll. Trav. chim. Tchécosl. **8**, 339; Zbl. **1937**, **I**, 938. — MANCHOT, W., G. GRASSL u. A. SCHNEEBERGER: Fr. **67**, 177 (1926). — MENIÈRE: C. r. **146**, 754 (1908); Zbl. **1908**, **I**, 1949. — MIDDLETON, A. R., u. G. T. WERNIMOUT: J. chem. Educat. **14**, 184; Zbl. **1937**, **II**, 2564. — MILLER, C. C., u. A. J. LOWE: J. chem. Soc. **1940**, 1263; Zbl. **1941**, **I**, 3117. — MOLDAWSKI, B. L.: J. angew. Chem. (russ.) **3**, 955 (1930); Zbl. **1931**, **I**, 1644. — MUNRO, L. A.: Canad. Chem. Metallurgy **17**, 240; Zbl. **1934**, **I**, 1526. — NORDLANDER, G. W.: Ind. eng. Chem. **19**, 518; Zbl. **1927**, **II**, 1872. — NOYES, A. A., u. W. C. BRAY: A System of Qualitative Analysis for the Rare Elements. New York 1927. — PAMFIL, G. P.: Monit. scient. (4) **24**, **II**, 641; Zbl. **1911**, **I**, 1322. — PINKUS, A., u. M. KATZENSTEIN: Bl. Soc. chim. Belg. **39**, 179; Zbl. **1939**, **II**, 1898. — PJANKOW, W. A.: Chem. J. Ser. B **9**, 580; Zbl. **1937**, **I**, 3523. — POLLARD, F. H., J. W. F. MCOMIE, u. J. J. M. ELBEIH: J. chem. Soc. **1951**, 66, 470; Discuss. Faraday Soc. **1949**, Nr. 7,

183. — POLLARD, F. H., J. F. W. MCOMIE u. H. N. STEVENS: J. chem. Soc. **1951**, 771, 1863. — POLSTORFF, K., u. K. BÜLOW: Ar. **229**, 292 (1891). — POZNA, F., u. E. MIGRAY: Ann. Chim. applic. **26**, 78; Zbl. **1936, II**, 138. — POZZI-ESCOTT, E.: Zbl. **1908, II**, 1125. — PURGOTTI, A.: Zbl. **1912, II**, 1150. — RANE, M. D., u. K. KONDAIAH: J. Indian chem. Soc. **14**, 46; Zbl. **1937, II**, 2873. — RATH, G. VON: Pogg. Ann. **96**, 322 (1855). — RITTNER, E. S., u. J. H. SCHULMANN: J. physic. Chem. **47**, 537 (1943); Zbl. **1945, I**, 11. — ROCHE, D. A.: Monit. scient. (5) **1, I**, 87; Zbl. **1911, I**, 1443. — ROSENTHALER, L.: Pharm. Acta Helvetiae **19**, 95; Zbl. **1944, II**, 983. — SCHEINKMANN, A.: Fr. **83**, 187 (1931); **85**, 344 (1931). — SCHIFF, R., u. N. TARUGI: B. **27**, 3437 (1894); G. **24, II**, 551 (1894). — SCHWAB, G. M., u. GHOSH: Z. angew. Ch. **52**, 666 (1939). — SCHWAB, G. M., u. K. JOCKERS: Z. angew. Ch. **50**, 546, 691 (1937). — SELVATICI: Boll. chim. farm. **47**, 73 (1907); Bl. Assoc. Chim. Sucr. Dist. **27**, 361 (1909). — SENSI, G., u. S. SEGHEZZO: Ann. Chim. applic. **19**, 392; Zbl. **1930, I**, 1335. — SNEED, M. C.: J. Am. chem. Soc. **40**, 187 (1918); Zbl. **1918, I**, 772. — SOLDI, A.: Ind. chimica **8**, 159; Zbl. **1933, I**, 3980. — SPACU, G., u. G. SUCIU: Bl. Soc. Stiinte Cluj **7**, 183; Zbl. **1933, II**, 2166; Fr. **92**, 247 (1933). — STOCK, A., u. F. CUCUEL: B. **67**, 122 (1934). — STOCK, A., u. R. HELLER: Z. angew. Ch. **39**, 466; Zbl. **1926, I**, 3349; Fr. **69** (1926). — STROHAL, D.: Arch. Hemiuju Farmaciuju Zagreb **2**, 77 (1928); Fr. **79** (1930). — STSCHIGOL, M.: Fr. **96**, 328 (1934); Zbl. **1935, I**, 276; Chem. J. Ser. B **8**, 158 (1935); Zbl. **1935, II**, 2851. — TANANAJEW (I) = TANANAJEW, N. A.: Fr. **98**, 331; Zbl. **1934, II**, 3993; Chem. J. Ser. B 8, 356 (1937); Zbl. **1937, II**, 1626. — TANANAJEW (II) = Z. anorg. Ch. **140**, 320 (1924). — TENGONCIANG, S. G.: Univ. Philippines natur. appl. Sci. Bl. **7**, 423; Zbl. **1941, II**, 782. — THIEL, A.: Allg. Ch. Z. **4**, Nr. 49 (1905); siehe bei I. M. KOLTHOFF: Pharm. Weekbl. **58**, 1680; Zbl. **1922, II**, 358. — TOUGARINOFF, B.: J. Pharm. Belg. **15**, 173, 189, 205, 223; Zbl. **1933, I**, 3978. — TRISCHIN, F. J.: Chem. J. Ser. B **7**, 1282; Zbl. **1935, II**, 1584. — TRUFFERT, L.: Chim. anal. **31**, 76, 106 (1949); Zbl. **1950, I**, 1128. — TURNER: U. S. Public Health Repts. **39**, 329 (1924); durch B. W. NORDLANDER: Ind. eng. Chem. **19**, 518; Zbl. **1927, II**, 1872. — VENTURELLO, G., u. N. AGLIARDI: Ann. Chim. applic. **30**, 224 (1940); Fr. **126**, 113 (1943); Zbl. **1940, II**, 1757. — VORTMANN: durch SOLDI. — WENGER, P., R. DUCKERT u. E. ANKADJI: Helv. **28**, 1316, 1592 (1945); Zbl. **1945, II**, 1779. — WILLM, J. E.: Fr. **4**, 431 (1865); **93**, 141 (1933). — WILM, T.: B. **20**, 232, R, 1887. — ZWEIGBERGK, N. VON: Z. anorg. Ch. **93**, 320; Zbl. **1916, I**, 489.

Zu C. II.

ABELMANN, A.: Coll. Trav. chim. Tchéchosl. **8**, 339; Zbl. **1937, I**, 938. — BARDACH, B.: Fr. **40**, 534 (1901); Zbl. **1901, I**, 1344; Ch. Z. **33**, 431, 721; Zbl. **1909, I**, 1835. — BARRAL, E.: J. Pharm. Chim. (7) **28**, 49; Zbl. **1923, IV**, 625. — BLOK, C. J.: Pharm. Weekbl. **78**, 1025; Zbl. **1941, II**, 2840. — BRAUBACH, C.: Am. J. Pharm. **82**, 314; Zbl. **1910, II**, 919. — BROWNING, K. C.: J. chem. Soc. **111**, 236 (1917); Zbl. **1918, I**, 139. — BRUGNATELLI: G. **19**, 418. — BUCHTALA, H.: H. **83**, 249 (1913); Zbl. **1913, I**, 1529. — BÜLL, H.: Bio. Z. **230**, 299; Zbl. **1931, I**, 3266; Fr. **84**, 396 (1931). — BYASSON: durch V. LEHMANN: H. **6**, 20 (1883). — CHAO-LUN-TSENG: J. Chin. Chem. Soc. **3**, 27; Zbl. **1936, I**, 1063. — DENIGÈS: J. Pharm. Chim. **14**, 241 (1901). — DURET: C. r. **167**, 129 (1918). — FABRE, R., u. E. KAHANE: Ann. Chim. anal. (2) **15**, 49; Zbl. **1933, I**, 3224. — FARUP: siehe BYASSON. — FLORIN, J.: Z. ges. Schieß. Sprengstoffwesen **6**, 21, 63; Z. angew. Ch. **24**, 1195; Zbl. **1911, I**, 1453. — FRESENIUS, R., u. L. VON BABO: A. **49**, 308 (1844). — FRIEDERICH u. BUHR: Fr. **80**, 95 (1930). — FÜRBRINGER: siehe BYASSON. — FURTER, M.: Mikrochemie **9**, 27 (1931); Fr. **89** (1932). — GLASER, J., u. A. ISENBURG: Ch. Z. **33**, 1258 (1909); Zbl. **1910, I**, 203. — GODEFFROY: Wittsteins Vierteljahrsschrift **22**, 398 (1872); durch A. STOCK, F. CUCUEL u. H. KÖHLE: Z. angew. Ch. **46**, 187 (1933). — GROFFIER, C.: Bl. Soc. chim. Belg. **27**, 137; Z. angew. Ch. **27**, **II**, 82 (1914); Zbl. **1913, II**, 457. — HARGREAVES u. ROSCOE: Gén. Civ. **52**, 131 (1907); Z. angew. Ch. **24**, 743 (1908). — HARGREAVES u. ROWE: J. Soc. chem. Ind. **26**, 813 (1907). — HILLEBRAND, W. F., u. E. F. LUNDELL: Applied Inorganic Analysis, New York 1950. — HUBBARD, D. M.: Ind. eng. Chem. Anal. Edit. **12**, 768; Zbl. **1942, II**, 83. — JANNASCH, P.: Z. anorg. Ch. **12**, 143 (1896). — JOREK, E.: Pharm. Z. **78**, 434; Zbl. **1933, II**, 98. — IVANOFF, E.: J. Pharm. Belg. **18**, 59, 79; Zbl. **1936, II**, 1398; Fr. **115**, 303 (1939). — KERBOSCH: Pharm. Weekbl. **45**, 1210 (1899); siehe auch GODEFFROY. — KOHN-ABREST, E.: Ann. Chim. anal. (2) **7**, 353 (1925); Zbl. **1926, I**, 2223. — KHARASCH, M. S., u. A. H. FLENNER: siehe HILLEBRAND u. LUNDELL. — KOTEN, J. A.: siehe HILLEBRAND u. LUNDELL. — KÜHL, H., u. B. CZYZEWSKY: Z. ges. Getreide- u. Mühlenwesen **20**, 68 **1933, I**, 3812; Mühle **71**, Nr. 13, Mühlenlabor 33—34; Zbl. **1934, I**, 3408. — LABAT, J. A.: Bl. Soc. Pharm. Bordeaux **78**, 135; Zbl. **1941, I**, 2290. — LANDER u. WINTER: Analyst **33**, 450 (1908); Zbl. **1909, I**, 406. — LECCO, M. T.: B. **19**, 1175 (1886); Zbl. **1910, I**, 1752; Fr. **49**, 283. — LECOQ, H.: Bl. Soc. roy. Sci. Liege **11**, 318; Zbl. **1942, II**, 1723. — LEPPER, W.: L. V. St. **117**, 109; Zbl. **1933, II**, 3181. — LIEBERMANN, L.: Közgazdasagi értesitö; Ch. Z. **10**, Rep., 216 (1886). — LLOYD, L. L., u. W. M. GARDENER: J. Soc. chem. Ind. **31**, 1109 (1912); Zbl. **1913, I**, 729. — LOCHTE, T., u. A. FIEDLER: Vierteljahrsschr. Ger. Med. öffentl. Sanitätswesen (3) **47**, 68; Zbl. **1915, I**, 577. — LOMBARDO: Arch.

Farmacol. 7, 400; Zbl. **1908**, **II**, 1788. — LOMHOLT, S., u. J. A. CHRISTIANSEN: Bio. Z. **55**, 216 (1913); Zbl. **1913**, **II**, 1616. — LUDWIG: siehe BYASSON. — MANCINI: Arch. Farmacol. **41**. 170 (1926); siehe auch STOCK, CUCUEL u. KÖHLE bei GODEFFROY. — MARTINI, A., u. B. BERISSO: Mikrochemie **16** (N. F. **10**), 236 (1935); Zbl. **1935**, **II**, 90; Fr. **106**, 126 (1936); **107**, 294 (1936). — MAYENÇON u. BERGERET: siehe BYASSON. — MAYER: siehe BYASSON. — MOIR: J. Soc. chem. Ind. **27**, 421 (1908); Chem. N. **97**, 133 (1908). — NOYES u. BRAY: siehe Abschnitt C. I. — PERELSTEIN, M., u. J. ABELIN: Münch. med. Wschr. **62**, 1181 (1915); Zbl. **1915**, **II**, 1027 — PETRI, L.: Atti Accad. Lincei (6) **13**, 331 (1931); Zbl **1931**, **II**, 1885. — RANKIN, C. W.: J. opt. Soc. Am. **31**, 644; Zbl. **1942**, **II**, 2064. — REIF (I) = REIF, G.: Z. Unters. Nahrgs.- u. Genußmittel **48**, 277 (1924). — REIF (II) = Arb. a. d. Reichsgesundheitsamt **57**, 173; Zbl. **1927**, **I**, 1870; Fr. **77** (1929). — RÜTGERSWERKE: Ch. Z. **56**, 730; Zbl. **1932**, **II**, 3333. — SALKOWSKI (I) = SALKOWSKI, E.: Bio. Z. **61**, 27; Zbl. **1914**, **I**, 1899. — SALKOWSKI (II) = H. **72**, 387; **73**, 401; Zbl. **1911**, **II**, 790. — SCHNEIDER: siehe BYASSON. — SCHULEK, E., u. S. FLODERER: Fr. **96**, 389 (1934); Zbl. **1934**, **II**, 289. — SPICA, C. L.: G. **47**, **II**, 139; Zbl. **1918**, **II**, 317; Boll. chim. farm. **56**, 437; Zbl. **1919**, **II**, 549. — SSEMENZOW, A. P., u. J. S. LEMBERSKI: Pharmaz. J. (russ.) **12**, Nr. 1, 14; Zbl. **1940**, **II**, 2656. — STICH, Z.: Pharm. Z. **54**, 833; Zbl. **1909**, **II**, 2039. — STOCK, A., F. CUCUEL u. H. KÖHLE: Z. angew. Ch. **46**, 187; Zbl. **1933**, **I**, 3603. — STOCK, A., u. R. HELLER: Z. angew. Ch. **39**, 466; Zbl. **1926**, **I**, 3349; Fr. **69** (1926). — STOCK, A., u. Mitarb.: siehe außer den bisherigen Arbeiten auch A. STOCK u. N. NEUENSCHWANDER-LEMMER: B. **71**, 550; Zbl. **1938**, **I**, 3665. — STONE, J.: Ind. eng. Chem. Anal. Edit. **5**, 220 (1933); Fr. **106**, 213 (1936). — STUKOWENKOW u. MALKES: siehe bei B. BARDACH: Zbl. inn. Med. **22**, 361; Zbl. **1901**, **I**, 1343. — TABERN, D. L., u. E. F. SHELBERG: Ind. eng. Chem. Anal. Edit. **4**, 401; Zbl. **1933**, **I**, 2285. — TORNOW, E.: Z. angew. Ch. **45**, 707 (1932); Fr. **110**, 460 (1937). — VERDINO: siehe FURTER. — VITTE, G.: Bl. Soc. Chim. biol. **12**, 510; Zbl. **1930**, **II**, 1106. — VOURNASOS: C. r. **150**, 922; Zbl. **1910**, **I**, 1953. — WÖBER, A.: Z. angew. Ch. **33**, 63 (1920). — WOLF, C.: Z. angew. Ch. **1888**, 294. — WOLFF, A., u. J. NEGA: Dtsch. med. Wschr. **1886**, Nr. 15; Zbl. **1886**, 540. — ZENGHELIS, C.: Z. phys. chem. Unterricht **24**, 137; Zbl. **1904**, **II**, 587; Fr. **43**, 504, 544; Zbl. **1911**, **II**, 587. — ZIEGELER: Mh. Derm. **7**, 557; Zbl. **1888**, 1040.

Zu D. § 1.

BOOTH, H. S., u. N. E. SCHREIBER: J. Am. chem. Soc. **47**, 2625; Zbl. **1926**, **I**, 987. — BRODE, W. R.: Chemical Spectroscopy, 1943. — DE BROGLIE, M.: C. r. **158**, 1785; Zbl. **1914**, **II**, 682 = DE BROGLIE (I); C. r. **163**, 87; Zbl. **1916**, **II**, 723 = DE BROGLIE (II). — CALKER, J. VAN: Fr. **105**, 396 (1936). — CANDLER, C.: Practical Spectroscopy, London (Hilger) 1949. — DJATSCHKOWSKI, S. J., W. USTINSKAJA u. MITROPOLSKI: Chem. J. Ser. A **3** (65), 478; Zbl. **1934**, **II**, 96. — FENNER, E.: Spectrochim. Acta **1**, 164; Zbl. **1940**, **I**, 761. — FISCHER, H., u. W. B. WEYL: Wiss. Veröffentl. Siemens-Konzern **14**, Nr. 2, 41; Zbl. **1935**, **II**, 1922. — GERLACH, W., u. W. GERLACH: Die chemische Emissionsspektralanalyse, II. Leipzig 1933. — GERLACH, W., u. E. RIEDEL: Die chemische Emissionsspektralanalyse, III. Leipzig 1936. — GERLACH u. SCHWEITZER (I) = W. GERLACH u. E. SCHWEITZER: Die chemische Emissionsspektralanalyse, I, Grundlagen und Methoden. Leipzig 1930. — GERLACH u. SCHWEITZER (II): Z. anorg. Ch. **195**, 255 (1931); Zbl. **1931**, **II**, 599; Fr. **86**, 317 (1931). — HALLA, F., u. H. MARK: Leitfaden für die röntgenographische Untersuchung von Kristallen. Leipzig 1937. — HARRISON, G. R., R. C. LORD u. J. R. LOOFBOUROW: Practical Spectroscopy, New York 1948. — HENRICI u. SCHEIBE: Chemische Spektralanalyse. 1939. — HIDEHIRO GOTO: Sci. Rep. Tohoku (Imp. Univ.) I **29**, 204; Zbl. **1941**, **I**, 1069. — JUDD LEWIS, Spectroscopy in Science and Industry. 1936. — KAYSER, H., u. R. RITSCHL: Tabellen der Hauptlinien der Linienspektren aller Elemente, 2. Aufl. Berlin 1939. — KOHN, C. A.: J. Soc. chem. Ind. **10**, 327 (1891); Chem. N. **68**, 189 (1893). — KÜHL, H., u. B. CZYZEWSKY: Pharm. Zentralhalle **75**, 660; Zbl. **1935**, **I**, 1418. — LANDOLT, BÖRNSTEIN, ROTH, SCHEEL: Physikalisch-chemische Tabellen, I, 2, Molekeln I, S. 551. Berlin, Göttingen und Heidelberg 1951. — LÖWE, F.: Optische Messungen des Chemikers und Mediziners, 5. Aufl. Dresden und Leipzig 1949. — LUNDEGÅRDH, H.: Die quantitative Spektralanalyse der Elemente, Jena 1929; II. Teil, Jena 1934. — MANLEY, J. J.: Pr. Phys. Soc. London **38**, 127; Zbl. **1926**, **I**, 3170. — MANNKOPF, R., u. C. PETERS: Z. Phys. **70**, 444; Zbl. **1931**, **II**, 2034. — MEGGERS, F. W.: J. opt. Soc. Am. **31**, 39 (1941). — DE MENT, J.: Oil Weekly **103**, Nr. 11, 17; Zbl. **1944**, **II**, 344. — ORLENKO, A. F.: Chem. J. Ser. A **5** (67), 1091; Zbl. **1936**, **I**, 3546. — PINA DE RUBIES, S., u. AMAT BARGUES, M.: Z. anorg. Ch. **215**, 205; Zbl. **1934**, **I**, 2624. — POLLARD, F. H., ELBEIH, J. J. M., u. MCOMIE, J. F. W.: Discuss. Faraday Soc. **7**, 1949, 183. — SCHLEICHER, A.: Z. El. Ch. **39**, 2; Zbl. **1933**, **II**, 1062. — SCHMIDT, E., u. E. TORNOW: Ch. Z. **56**, 187, 206; Zbl. **1932**, **I**, 2209. — SCHULER, W.: Ann. Phys. (4) **5**, 931; Zbl. **1901**, **II**, 557. — SEITH, W., u. K. RUTHARDT: Chemische Spektralanalyse, Berlin 1938. — SIEGBAHN, M., u. E. JÖNSSON: Phys. Z. **20**, 251; Zbl. **1919**, **III**, 369. — STOCK, A., u. H. LUX: Z. angew. Ch. **44**, 200 (1931); Fr. **93**, 470 (1933). — TODD, F.: J. chem. Educat. **15**, 241; Zbl. **1938**, **II**, 3839. — TWYMAN, F.: Metal Spectroscopy, London 1951. — TWYMAN, F., u. D. M. SMITH: Wavelength Tables for Spectrum

Analysis, 2. Aufl., London (Hilger) 1931. — WOLF, O.: Ch. Z. **36**, 197 (1912). — YORKS, K. P., u. M. L. WILLARD: Mikrochemie **19**, (N. F. **13**) 227; Zbl. **1936, II**, 2580.

Zu D. § 2.

ARTMANN, P.: Fr. **60**, 81 (1921); Zbl. **1921, II**, 1042. — BILTZ, W., u. W. FISCHER: Ausführung qualitativer Analysen, 9. Aufl., Leipzig 1944. — BRALY, M. A.: Bl. Soc. franc. Minéral. **46**, 54; Zbl. **1924, I**, 1068. — BUNSEN, R.: Flammenreaktionen, 2. Aufl., Heidelberg 1886, S. 20. — CHARLTON: Chem. N. **62**, 41 (1890). — ERDMANN u. MARCHAND: J. pr. **31**, 385 (1844); Fr. **69** (1926). — ESCHKA, A.: durch E. TEUBNER: Z. analyt. Ch. **19**, 198 (1880). — GEILMANN, W., u. H. ISERMEYER: Fr. **131**, 254, 258 (1950). — HEINZELMANN, A.: Ch. Z. **45**, 657; Zbl. **1921, IV**, 627. — JANNASCH, P.: Z. anorg. Ch. **12**, 143 (1896). — JOHNSTONE, A.: Chem. N. **59**, 221. — JORDAN: Jahrb. d. Chem. u. Physik **3**, 339 (1829). — JÜPTNER: Öst. Z. Berg-Hüttenw. **28**, 92; Zbl. **1880**, 251. — KROUPA: Öst. Z. Berg-Hüttenw. **34**, 109 (1886). — LANDAUER, J.: B. **5**, 406. — NEWHOUSE, W. H.: Am. Mineralogist **18**, 295; Zbl. **1933, II**, 2511. — ROSE-FINKENER: Handb. d. analyt. Chemie, 6. Aufl., Leipzig 1867, I, S. 14. — SCHOORL, N.: Fr. **47**, 218 (1908). — STONE, J.: Ind. eng. Chem. Anal. Edit. **5**, 220; Zbl. **1933. II**, 748. — TEUBNER: siehe ESCHKA.

Zu D. § 3.

ABELMANN, A.: Pharm. Zentralhalle **60**, 247; Zbl. **1919, IV**, 253. — ARTMANN, P.: Fr. **60**, 81 (1921); Zbl. **1921, II**, 1042. — BIEWEND, R.: Pol. J. **239**, 301 (1881); Zbl. **1881**, 216. — BIRKENBACH, L., u. K. KELLERMANN: B. **58**, 790 (1925). — BÖTTGER, W.: Mikrochemie, Emich-Festschrift S. 29 (1930). — BOOTH, H. S., u. N. E. SCHREIBER: J. Am. chem. Soc. **47**, 2625; Zbl. **1926, I**, 987. — BRÄUER, P.: Zbl. **1917, I**, 1032. — BROEK, v. D.: J. pr. **86**, 245 (1862). — BYASSON: Journal de l'Anatomie et de Physiologie 1872; durch V. LEHMANN. — CAMBAR (I) = CAMBAR, R.: Bl. Trav. Soc. Pharm. Bordeaux **79**, 36; Zbl. **1943, II**, 53. — CAMBAR (II): Bl. Trav. Soc. Pharm. Bordeaux **78**, 112; Zbl. **1941, I**, 2291. — CARLSON, C. E.: Z. physiol. Ch. **68**, 261 (1910). — CHRISTENSEN: J. pr. (2) **45**, 213. — CLEVE, P. T.: J. pr. **91**, 227 (1864). — CUCUEL, F.: Mikrochemie **13** (N. F. **7**), 321; Zbl. **1933, II**, 3320. — DENIGÈS (I) = DENIGÈS, G.: Bl. Soc. Pharm. Bordeaux **68**, 207 (1930); Zbl. **1931, II**, 1168; Bl. Soc. Pharm. Bordeaux **3**, 157 (1931); Zbl. **1932, I**, 1272. — DENIGÈS (II): Ch. Z. **20**, 70 (1896). — DENIS, P.: Ann. med. legale **1**, 348 (1921); Brit. chem. Abstr. A **1926**, 703; Fr. **71**, 19, 27. — ELLIOT, J. A.: J. Am. med. Assoc. **68**, 1693 (1917). — EMICH, F.: Fr. **54**, 500 (1915). — FEIGL, F., u. L. BADIAN: Siehe bei F. FEIGL: Qualitative Analyse mit Hilfe von Tüpfelreaktionen, 2. Aufl. 1935. — FEIGL, F., u. A. SUCHARIPA: Fr. **67**, 134 (1926). — GLEDITCH, E., u. T. E. EGIDUS: Z. anorg. Ch. **226**, 265 (1936); C. r. **202**, 574 (1936). — GORSKI, M.: Z. anorg. Ch. **81**, 315; Zbl. **1913, II**, 380. — GUTZEIT, G.: Helv. **12**, 838 (1929). — HURT, H.: Pharm. Zentralhalle **51**, 677 (1910). — JACKSON, F.: J. Soc. chem. Ind. **25**, 993 (1903). — JANNASCH, P.: Z. anorg. Ch. **12**, 143 (1896). — JEAN: Bl. Soc. Pharm. Bordeaux **67**, 239; Zbl. **1931, II**, 1168. — JOLLES, A.: Monatshefte **16**, 684 (1895). — KARAOGLANOV, Z.: Fr. **114**, 81 (1938). — KING, W. B., u. F. E. BROWN: Ind. eng. Chem. Anal. Edit. **5**, 168; Zbl. **1933, II**, 580. — KLEIN, J.: Arch. Pharm. (3) **27**, 73. — KOLTHOFF, I. M., u. R. S. LIVINGSTON: Ind. eng. Chem. Anal. Edit. **7**, 209 (1935); Zbl. **1936, I**, 4333; Fr. **106**, 104 (1936). — KORENMAN (I) = KORENMAN, I. M.: J. appl. Chem. (russ.) **19**, 445 (1946); Zbl. **1947**, 360. — KORENMAN (II) = Mikrochem. **14** (N. F. **8**) 181—88, Zbl. 1934, I, 2797. — KÜHL, H., u. B. CZYZEWSKY: Pharm. Zentralhalle **75**, 660; Zbl. **1935, I**, 1418. — LANGER, A.: Chem. Listy **32**, 438; Zbl. **1939, I**, 2042. — LASSAIGNE: J. chim. med. (3) **VIII**, 490 (1852). — LEFORT, J.: C. r. **90**, 141 (1880); Zbl. **1880**, 104. — LEHMANN, V.: H. **6**, 20. — MAHR, C.: Fr. **104**, 241; Zbl. **1936, II**, 659. — MAJER, V.: Mikrochemie **11** (N. F. **5**), 21; Zbl. **1932, II**, 901. — MAYENÇON, BERGERET: Fr. **13**, 103 (1874). — MERGET: J. Pharm. Chim. (5) **19**, 444; Zbl. **1889**, 62. — MINOVICI, S., u. E. GROZEA: Bl. Acad. Roum. **4**, 227; Zbl. **1916, I**, 527. — MOORE, W. C.: J. Am. chem. Soc. **33**, 1117; Zbl. **1911, II**, 989. — MORGAN: G. **1852**, 158; Pharmac. J. (3) **21**, 299 (1852). — MOSER, L., u. M. NIESSNER: Fr. **63**, 240 (1923). — NEUGEBAUER, H.: Apoth.-Z. **44**, 381; Zbl. **1929, I**, 2555. — NEUMANN, B.: Ch. Z. **20**, 764 (1896). — ORFILA: Ann. Chim. Phys. **41**, 92 (1829). — ORMONT, B.: Fr. **70**, 308; Zbl. **1927, I**, 2115. — PARTHEIL, KOF u. HAEHN: Z. angew. Ch. **20**, 1687 (1907); KOF, HAEHN: Arch. Pharm. **245**, 529 (1907). — REICHARD, C.: Pharm. Zentralhalle **48**, 103; **51**, 443; Zbl. **1910, II**, 418. — REINECKE: siehe MAHR. — RÖHRIG, H.: Korrosion und Metallschutz **3**, 121; Zbl. **1927, II**, 974. — RONCERAY, P.: Bl. Sci. pharmacol. **25**, 193; Zbl. **1918, II**, 699. — RUDZIK, W.: Oberflächentechn. **18**, 79; Zbl. **1941, II**, 928. — SCHNEIDER, F. C.: Ber. Wien. Akad. **40**, 239 (1860). — SELVATICI, E.: Boll. chim. farm. **47**, 73 (1907); Bl. Assoc. Chim. Sucr. Dist. **27**, 361 (1909); Zbl. **1908, I**, 1491; **1910, I**, 1290. — SIGALAS, C.: Bl. Soc. Pharm. Bordeaux **38**, 52 (1912); Fr. **51**, 536 (1912). — SMITHON, J.: Ann. Chim. Phys. **21**, 97 (1822). — STATHIS, E.: Fr. **99**, 106; Zbl. **1935, I**, 2857. — STOCK, A., u. R. HELLER: Z. angew. Ch. **39**, 466; Zbl. **1926, I**, 3349. — STOCK, A., u. W. ZIMMERMANN: Z. angew. Ch. **41**, 546; Zbl. **1928, II**, 276. — STOCK, A., u. H. LUX: Z. angew. Ch. **44**, 200 (1931); Fr. **93**, 470 (1933). — TANANAJEW, N. A., u. N. W. JUNITZKAJA: Fr. **98**, 343; Zbl. **1934, II**, 3993. — TANANAJEW, N. A.: Fr. **106**,

167 (1936); Zbl. **1937, I**, 1742. — TARUGI, N., Gazz. **34, II**, 486 (1904); Zbl. **1905, I**, 757. — TORNOW, E.: Z. angew. Ch. **45**, 707; Zbl. **1933, I**, 819. — VEIL, S.: C. r. **199**, 611; Zbl. **1935, I**, 35. — VITALI, D.: Ch. Z. **20**, 517 (1896). — VITTE, G.: Bl. Soc. chim. biol. **12**, 510 (1930); Zbl. **1930, II**, 1106; Fr. **83**, 311 (1931). — VOGELENZANG, E. H.: Pharm. Weekbl. **66**, 65; Zbl. **1929, I**, 1718. — VOŘÍŠEK, J., u. Z. VEJDĚLEK: Chem. Listy **37**, 189; Zbl. **1944, I**, 173. — WILLARD, H. H., u. W. BOLDYREFF: J. Am. chem. Soc. **52**, 569; Zbl. **1930, I**, 3467. — ZENGHELIS, C.: Fr. **43**, 544; Zbl. **1904, II**, 1760; Z. phys. chem. Unterricht **24**, 137; Zbl. **1911, II**, 587.

Zu D. § 4.

ARTMANN, P.: Fr. **60**, 81 (1921); Zbl. **1921, II**, 1042. — BEHRENS: Ann. Ecole polyt. de Delft (1891); Fr. **30**, 151 (1891). — EMICH, F., u. J. DONAU: A. **351**, 426; Zbl. **1907, I**, 1072. — FEIGL (I) = FEIGL, F.: Z. angew. Ch. **44**, 741 (1931). — FEIGL (II) = Fr. **74**, 369 (1928). — FEIGL (III) = Qualitative Analyse mit Hilfe von Tüpfelreaktionen, 2. Aufl. 1935, S. 189. — FEIGL, F., u. BADIAN: siehe FEIGL III. — FRITZ, H.: Mikrochemie **22**, 168 (1937); Mikrochemie **23**, 61 (1937/38); Fr. **115**, 433 (1938); **120**, 262 (1940). — KOLTHOFF, I. M., u. R. S. LIVINGSTON: Ind. eng. Chem. Anal. Edit. **7**, 209 (1935); Zbl. **1936, I**, 4333; Fr. **106**, 104 (1936). — LEUCHS, H., u. F. LEUCHS: B. **43**, 1042. — PINTER, T.: Pharmac. Vjesmik. 1940; Zbl. **1941, I**, 1708. — STEIGMANN, A.: J. Soc. chem. Ind. **61**, 51, 82; Zbl. **1942, II**, 2723; **1943, I**, 922. — TANANAJEW (I) = TANANAJEW, N. A.: Fr. **82**, 469 (1930); Zbl. **1930, II**, 1581. — TANANAJEW (II) = Fr. **106**, 167 (1936); Zbl. **1937, I**, 1742. — TANANAJEW (III) = Z. anorg. Ch. **133**, 372; Zbl. **1924, I**, 2189; Fr. **65**, 362 (1924). — TANANAJEW (IV) = Fr. **96**, 329 (1934); Z. anorg. Ch. **140**, 320 (1924). — TANANAJEW, N. A., u. A. N. ROMANJUK: Chem. J. Ser. B. **10**, 1624; Zbl. **1938, II**, 1643; Fr. **121**, 132 (1941). — TANANAJEW, N. A., u. T. A. SSOBOLEWA: Betriebs-Lab. (russ.) **9**, 561; Zbl. **1941, I**, 2691. — TANANAJEW, N. A., u. J. W. TANANAJEW: Z. anorg. Ch. **170**, 113; Zbl. **1928, I**, 1983. — UBBELOHDE, A. R.: Analyst **59**, 339; Zbl. **1934, II**, 1166.

Zu D. § 5.

ALEXEJEW (I) = ALEXEJEW, R. J.: Betriebs-Lab. (russ.) **7**, 415 (1938); Zbl. **1939, I**, 1611; Fr. **120**, 115 (1940). — ALEXEJEW (II): Betriebs-Lab. (russ.) **6**, 955; Zbl. **1938, I**, 949. — ALLPORT, N. L.: Ind. Chemist (chem. Manufacturer) **16**, 349; Zbl. **1941, II**, 1053. — ANDREASCH, R., u. A. ZIPSER: Monatshefte **26**, 1203 (1905). — BERG, R.: Z. anorg. Ch. **204**, 208 (1932). — BERG, R., u. W. ROEBLING: Z. angew. Ch. **48**, 430 (1935); Fr. **112**, 165 (1938); Fr. **115**, 205 (1939). — BOOTH, H. S., u. N. E. SCHREIBER: J. Am. chem. Soc. **47**, 2625; Zbl. **1926, I**, 987. — BOYD, T., E. F. DEGERING u. R. N. SHREVE: Ind. eng. Chem. Anal. Edit. **10**, 606 (1938); Fr. **118**, 126 (1939); Zbl. **1939, II**, 480. — BOUILLOUX, G.: Bl. Soc. chim. France Mem. (5) **7**, 184; Zbl. **1940, I**, 3963. — CAZENEUVE, P.: Fr. **41**, 568 (1902); **62** (1923). — CUCUEL, F.: Mikrochemie **13** (N. F. **7**), 321; Zbl. **1933, II**, 3320. — DAS-CUPTA: J. Ind. chem. Soc. **6**, 627 (1929); Zbl. **1930, I**, 560. — DUBSKY (I) = DUBSKY, J. V.: Mikrochemie (Mikrochem.) **28**, 145 (1940). — DUBSKY (II) = Chem. Listy **34**, 1; Zbl. **1940, II**, 1331. — DUBSKY, J. V., K. J. KENNING u. V. ŠINDELÁŘ: Recueille Trav. chim. Pays-Bas **59**, 492; Zbl. **1940, II**, 2512. — DUBSKY, J. V., A. LANGER u. M. STRNAD: Coll. Trav. chim. Tchécosl. **10**, 103 (1938); Zbl. **1938, II**, 1945; Fr. **121**, 38 (1941). — DUBSKY, J. V., u. J. VRBOVA: Chem. Obzor. **16**, 115; Mikrochemie **30**, 123; Zbl. **1942, I**, 2804. — EGRIWE, E.: Fr. **70**, 402 (1927). — FEIGL (I) = FEIGL, F.: Qualitative Analyse mit Hilfe von Tüpfelreaktionen, 2. Aufl., S. 147 (1935). — FEIGL (II) = l. c., S. 176. — FEIGL (III) = l. c., S. 145. — FEIGL (IV) = l. c. — FEIGL (V) = Z. angew. Ch. **39**, 397 (1926). — FEIGL (VI) = FEIGL, F.: Chemistry of Specific, Selective, and Sensitive Reactions, Academic Press Inc., New York 1949. — FEIGL (VII) = Kolloid. Z. **35**, 344; Zbl. **1925, I**, 2100. — FEIGL, F., u. P. KRUMHOLZ: siehe FEIGL VI; Natuurwetensch. Tijdschr. **21**, 239; Zbl. **1940, I**, 2353. — FEIGL, F., u. F. NEUBER: Fr. **62**, 369 (1923); Zbl. **1923, IV**, 186. — FISCHER (I) = FISCHER, H.: Z. angew. Ch. **42**, 1025; **46**, 442, 517; **47**, 685; **50**, 919; Fr. **96**, 279 (1934). — FISCHER (II) = Wiss. Veröffentl. Siemens-Konzern, Werkstoff Sonderheft S. 217 (1940); Mikrochemie **30**, 38 (1942). — FISCHER (III) = Z. angew. Ch. **46**, 517; Zbl. **1933, II**, 3462. — GEHAUF, B., u. J. GOLDENSON: Anal. Ch. **22**, 498 (1950); Zbl. **1951, I**, 368. — GOLSE, J., u. M. JEAN: Bl. Soc. Pharm. Bordeaux **3**, 168 (1931); Zbl. **1932, I**, 1272; Fr. **93**, 477 (1933). — GUTZEIT, G.: Helv. **12**, 713, 829 (1929); Fr. **82**, 178 (1930). — GUTZEIT, G., u. R. MONNIER: Helv. **16**, 233, 478, 485 (1933); Zbl. **1933, I**, 2981, 3979, 3980; Fr. **96**, 435 (1934). — HELLER, R., u. P. KRUMHOLZ: Mikrochemie **7**, 213 (1929); Zbl. **1929, II**, 770. — HOVORKA, V., u. V. SYKORA: Z. anal. Ch. **121**, 40; Coll. Trav. chim. Tchécosl. **11**, 70; Zbl. **1939, II**, 2122; Coll. Trav. chim. Tchécosl. **11**, 124; Zbl. **1940, I**, 3553; Chem. Listy **35**, 89, 170; Zbl. **1942, I**, 2040, 2041. — HUBBARD, D. M.: Ind. eng. Chem. Anal. Edit. **12**, 768; Zbl. **1942, II**, 83. — JONESCO-MATIU, A., u. C. POPESCO: Bl. Soc. Chim. France (5) **4**, 1230 (1937); Fr. **114**, 209 (1938). — KOCSIS, E. A.: Mikrochemie **27**, 180; Zbl. **1939, II**, 3606. — KOCSIS, E. A., u. G. GELEI: Z. anorg. Ch. **232**, 202; Zbl. **1937, II**, 1627. — KOLTHOFF, I. M.: in Fr. **77**, 345 (1929). — KORENMAN, I. M.: Fr. **99**, 402 (1934). — KRUMHOLZ, P.: siehe FEIGL (I) S. 154; Fr. **104**, 286 (1936). — KRUMHOLZ, P., u. F. HÖNEL: Mikrochim. A. **2**, 177 (1937);

Fr. **118**, 270 (1939); Zbl. **1938, I**, 2920. — KUHLBERG (I) = KUHLBERG, L. M.: Betriebs-Lab. (russ.) **8**, 421; Zbl. **1940, II**, 2187. — KUHLBERG (II) = Chem. J. Ser. B. **10**, 567 (1937); Zbl. **1938, I**, 2592; Fr. **117**, 125 (1939). — KURAŠ, M.: Chem. Obzor **16**, 124; Zbl. **1942, I**, 2040; Chem. Obzor **17**, 41; **18**, 177; Zbl. **1944, I**, 39. — KURAŠ, M., u. E. RUŽIČKA: Chem. Listy **44**, 41 (1950); Zbl. **1951, I**, 3092. — KUSNETZOW, W. J.: C. r. Acad. URSS. (N. F.) **52**, 231 (1946); Zbl. **1947**, 1879. — LAVOYE: J. Pharm. Belg. **3**, 889; Zbl. **1922, II**, 1154. — MAJUMDAR, A. K.: Sci. and Cult. **4**, 599; Zbl. **1939, II**, 914. — MEYER, F.: Fr. **2**, 225 (1863). — MILLER, C. F.: Chemist-Analyst **27**, 9; Zbl. **1938, II**, 731 = MILLER (I). — MILLER (II) = Fr. **112**, 112 (1938); Chemist-Analyst **25**, 86; Zbl. **1937, I**, 3523. — PASSERINI, L., u. L. MICHELOTTI: Gazz. **65**, 824; Zbl. **1936, I**, 2595. — PAVELKA, F.: Mikrochemie **8**, 46; Zbl. **1930, I**, 1503. — PAVOLINI, T.: Ind. chimica **8**, 692 (1933); Zbl. **1933, II**, 1399; Fr. **96**, 279 (1934). — PAVOLINI, T., u. F. GAMBARIN: Anal. chim. Acta **3**, 27, 180 (1949); Fr. **131**, 133 (1950). — RAY, P., u. J. GUPTA: J. Indian chem. Soc. **12**, 308; Zbl. **1935, II**, 3412. — SAGASTUME, C. A., u. V. OLIVA: Rev. Fac. Cienc. quim. (La Plata) **12**, 43; Zbl. **1939, I**, 3424; **1939, II**, 2355. — SCHAPIRO, M. J., u. M. J. RUD: Chem. J. Ser. B. **11**, 140 (1938); Zbl. **1938, II**, 3579; Fr. **118**, 125 (1940). — SCOTT, A. W.: J. Am. chem. Soc. **51**, 335; Zbl. **1930, I**, 1186. — SENSI, G., u. S. SEGHEZZO: Ann. Chim. appl. **19**, 392; Zbl. **1930, I**, 1335. — SINGH, M.: J. Indian chem. Soc. **15**, 402 (1938); Zbl. **1939, I**, 1013. — SMITH, L., u. P. W. WEST: Ind. eng. Chem. Anal. Edit. **13**, 271; Zbl. **1942, I**, 2435. — SSUPRONOWITSCH, I. B.: Chem. J. Ser. A. **8** (70), 839; Zbl. **1939, II**, 3074. — SSUPRONOWITSCH, I. B., u. D. L. SCHAMSCHIN: J. anal. Chem. (russ.) **1**, 198 (1946); Zbl. **1947**, 1776. — STEIGMANN, A.: J. Soc. chem. Ind. **62**, 43 (1943); Zbl. **1945, II**, 861 = STEIGMANN (I). — STEIGMANN (II) = Photograph. Ind. **34**, 499; Zbl. **1936, II**, 244. — STOCK, A., u. E. POHLAND: Z. angew. Ch. **39**, 781; Zbl. **1936, II**, 1081; Fr. **69**, 95 (1926). — TARBELL u. WYSTRACH: J. Am. chem. Soc. **68**, 2110 (1946). — THIÉBAUT, L.: Chem. Age **28**, 411 (1933); Zbl. **1933, II**, 747. — TRUFFERT, L.: Chim. anal. **31**, 76, 106 (1949); Zbl. **1950, I**, 1128. — URMANN, N., u. H. POLLAK: siehe FEIGL VI S. 328. — WASSILJEWA, J. W.: J. anal. Chem. (russ.) **2**, 159, 167 (1947); Zbl. **1948, II**, 1440, 1441. — WESSELSKAJA, G. W.: J. Chim. appl. (russ.) **14**, 423; Zbl. **1942, I**, 1915. — WÖLBLING, H., u. B. STEIGER: Z. angew. Ch. **46**, 279; Zbl. **1933, II**, 2166.

Zu D. § 6.

AUGUSTI, S.: Fr. **104**, 285, 286 (1936); **117**, 339 (1939). — BEHRENS: Ann. Ecole polyt. de Delft (1891); Fr. **30**, 151 (1891). — BENEDETTI-PICHLER, A.: Fr. **70**, 275 (1927). — BERISSO, B.: Mikrochemie **26**, 221; Zbl. **1940, I**, 607. — BÜLL: Bio. Z. **230**, 299. — CAMBAR, R.: Bl. Trav. Soc. Pharm. Bordeaux **79**, 36; Zbl. **1943, II**, 53. — CHAMOT, MASON: Handbook of Chemical Microscopy, New York 1931, S. 148. — COSTEANU, N. D.: Mikrochim. Acta **3**, 136 (1938); Fr. **122**, 297. — CUCUEL, F.: Mikrochemie **13** (N. F. **7**), 321; Zbl. **1933, II**, 3320. — DENIGÈS, G.: Bl. Soc. Pharm. Bordeaux **68**, 207; Zbl. **1931, II**, 1168; Bl. Soc. Pharm. Bordeaux **3**, 157; Zbl. **1932, I**, 1272. — DUCLOUX, E. H.: Mikrochemie **2**, 108; Zbl. **1934, II**, 2538. — ECK, P. N. VAN: Pharm. Weekbl. **62**, 365; Zbl. **1935, II**, 76. — EMICH, F.: Lehrbuch der Mikrochemie. — GAPTSCHENKO, M. W., u. O. G. SCHEINZIS: Betriebs-Lab. (russ.) **6**, 1220; Zbl. **1938, I**, 3502. — GRANT, J., u. F. A. MEGGY: Analyst **61**, 401; Zbl. **1936, II**, 2183. — GUTZEIT, G.: Helv. **12**, 713, 829 (1929); Fr. **82**, 178 (1930). — KARAOGLANOV, Z.: Fr. **125**, 336 (1943); Zbl. **1943, II**, 152. — KORENMAN (I) = KORENMAN, I. M.: Mikrochemie **16** (N. F. **10**), 223 (1935); Zbl. **1935, I**, 2857; Fr. **104**, 285 (1936). — KORENMAN (II) = Pharm. Zentralhalle **74**, 54 (1933); Zbl. **1933, I**, 2146; Fr. **94**, 118 (1933). — KORENMAN (III) = J. chem. Ind. **3**, 276 (1931); Zbl. **1931, II**, 282; Fr. **99**, 196 (1934). — KORENMAN (IV) = Pharm. Zentralhalle **70**, 693 (1929); Zbl. **1930, I**, 264. — KORENMAN (V) = Mikrochemie **9**, 223 (1931); Pharm. Zentralhalle **71**, 769; Zbl. **1931, I**, 318; Fr. **99**, 196 (1934). — KORENMAN (VI) = Fr. **99**, 402 (1934). — KORENMAN (VII) = Pharm. Zentralhalle **70**, 1 (1929); Zbl. **1929, I**, 1970. — LANGER, A.: Mikrochemie **25**, 71 (1938); Zbl. **1940, I**, 97; Fr. **121**, 40 (1941). — LOBO, R.: An. Farm. Bioquim. **7**, 1 (1936); Zbl. **1937, I**, 941; Fr. **112**, 436 (1938). — MARTINI, A.: Mikrochim. Acta **2**, 296 (1937); Zbl. **1938, II**, 3127. — ORLENKO, A. F., u. N. G. FESSENKO: Fr. **107**, 411 (1936); Zbl. **1937, I**, 3992. — PROLUEKTOW, N. S., u. W. A. NASARENKO: Chem. J. Ser. B. **10**, 2105; Zbl. **1938, II**, 897. — RÄY, P., u. P. V. SARKAR: Mikrochemie, Emich-Festschrift S. 243 (1930); Zbl. **1931, II**, 1030. — ROSENTHALER, L.: Mikrochemie **23**, 194 (1937); Zbl. **1938, I**, 4504; Fr. **119**, 291 (1940). — SCHAPIRO, M. J.: Betriebs-Lab. (russ.) **7**, 790; Zbl. **1939, I**, 1009. — SCHEINZIS, O. G.: Betriebs-Lab. (russ.) **4**, 1047 (1935); **8**, 1198; J. Chim. appl. (russ.) **13**, 1098; Zbl. **1937, I**, 2221; **1941, I**, 1849; **1942, I**, 2434; Fr. **109**, 197 (1937). — SCHOORL, N.: Fr. **47**, 218 (1908). — SWEEMER, A. DE: Mikrochemie **12**, 223 (1932); Zbl. **1933, I**, 3473; Fr. **94**, 118 (1933). — VERMANDE, J.: Pharm. Weekbl. **55**, 1131; Zbl. **1918, II**, 662. — WHITE, E. P.: Ind. eng. Chem. Anal. Edit. **13**, 509; Zbl. **1942, I**, 649. — VAN ZIJP, C.: Pharm. Weekbl. **72**, 414 (1935); Fr. **109**, 196 (1937).

Zu E. § 7.

ALEXEJEWSKI, E. W.: J. angew. Ch. (russ.) **4**, 411 (1931); Fr. **90**, 126 (1932). — BLOMQUIST, A.: Ber. dtsch. pharm. Ges. **23**, 29 (1912); Zbl. **1913, I**, 1126. — BRALY, M. A.: Bl. Soc. franc. Minéral. **46**, 54; Zbl. **1924, I**, 1068. — BROWNLIE. D.: Eng. Boiler House Rev. **53**, 573;

Zbl. **1940, II**, 1761. — CALKER, J. VAN: Fr. **105**, 396 (1936); Zbl. **1937, I**, 2412. — CLARK, K. C., u. O. OLDENBURG: J. chem. Physics **9**, 786; Zbl. **1942, II**, 572. — ESCHKA, A.: siehe ULLMANN: Chemische Enzyklopädie unter Hg. — FENNER, E.: Spectrochim. Acta **1**, 164; Zbl. **1940, I**, 761. — GERLACH, W., u. W. GERLACH: Die chemische Emissionsspektralanalyse II. Leipzig 1933. — GERLACH, W., u. E. SCHWEITZER: Die chemische Emissionsspektralanalyse I. Leipzig 1930. — GROSSKOPF, K.: Draeger-Hefte **1937**, 3589; Zbl. **1938, I**, 2027. — HANSON, V. F.: Ind. eng. Chem. Anal. Edit. **13**, 119; Zbl. **1943, I**, 1193. — HEINZELMANN, A.: Ch. Z. **45**, 657; Zbl. **1921, IV**, 627. — JOHNSTONE, A.: Chem. N. **59**, 221. — KLOTZ, I. M., u. M. DOLE: Ind. eng. Chem. Anal. Edit. **18**, 741 (1946); Zbl. **1947**, 754. — LAIBOW, S. M.: Lab. Praxis (russ.) **15**, Nr. 10, 21; Zbl. **1941, I**, 2700. — LAUCKNER: Z. angew. Ch. **62**, 190 (1950). — LEFORT, J.: C. r. **90**, 141 (1880). — MAJER, V.: Coll. Trav. chim. Tchécosl. **8**, 339; Zbl. **1937, I**, 938. — MANLEY, J. J.: Proc. Phys. Soc. London **38**, 127; Zbl. **1926, I**, 3170. — MENIÈRE: C. r. **146**, 754 (1908); Zbl. **1908, I**, 1949. — DE MENT, J.: Oil Weekly **103**, Nr. 11, 17; Zbl. **1944, II**, **344**. — MIROPOLSKAJA: B. **18**, Ref., S. 99 (1885). — MOLDAWSKI, B. L.: J. angew. Ch. (russ.) **3**, 955 (1930); Zbl. **1931, I**, 1644. — MORITZ, H.: Chemie der Erde **8**, 321 (1933). — MÜLLER, K. Z. Phys. **65**, 739 (1930); Zbl. **1931, I**, 2965. — NORDLANDER, B. W.: Ind. eng. Chem. **19**, 518; Zbl. **1927, II**, 1872. — PINA DE RUBIES, S., u. J. M. L. AZCONA: Ann. Soc. españ. Física Quìm. **34**, 307; Zbl. **1936, II**, 1585. — PREUSS, E.: Z. angew. Mineral. **3**, 8; Zbl. **1940, II**, 2348. — RAASCHOU, P. E.: Fr. **49**, 176 (1910). — ROULLEAU, M.: Documentat. sci. 5, 161; Zbl. **1936, II**, 3151. — SCHEIBE, G., u. J. MARTIN: Spectrochim. Acta **1**, 47 (1939). — SEYBEL, E., u. H. WIKANDER: Ch. Z. **26**, 50; Zbl. **1902, I**, 500. — SIEBERT, W.: Privatmitteilung. — SSELIVAN, E.: Gigiena truda **4**, 85; Zbl. **1927, II**, 311. — STOCK, A.: siehe bei CLARK u. OLDENBURG. — STOCK, A., u. R. HELLER: Z. angew. Ch. **39**, 466; Zbl. **1926, I**, 3349; Fr. **69**, 1926. — STOCK, A., u. W. ZIMMERMANN: Z. angew. Ch. **41**, 546; Zbl. **1928, II**, 276. — STOCK, A., u. H. LUX: Z. angew. Ch. **44**, 200 (1931); Fr. **93**, 470 (1933). — STOCK, A., u. Mitarbeiter: Siehe STOCK und LUX und A. STOCK, F. CUCUEL: B. **67**, 122 (1934). — VAN SUCHTELEN, WARMHOLTZ, WIGGERINK: Privatmitteilung Dr. W. SIEBERT, B. A. S. F. — TWYMAN, F., u. D. M. SMITH: Wavelength Tables for Spectrum Analysis, 2. Aufl. London (Hilger) 1931. — WHITMORE, W. F., u. F. SCHNEIDER: Ind. eng. Chem. Anal. Edit. **2**, 173 (1930). — WOODSON: Rev. Sci. Instruments **10**, 308 (1939). — ZENGHELIS, C.: Fr. **43**, 504; Z. phys. chem. Unterricht **24**, 137; Zbl. **1904, II**, 587; **1911, II**, 587.

Zu E. § 8.

ABELMANN, A.: B. **47**, 2935 (1914). — ARMSTRONG, D. W., u. F. S. BRACKETT: J. ind. Hyg. Toxicol. **21**, 448; Zbl. **1940, I**, 3153. — BERGNER, K. G., u. J. BERGNER: Süddtsch. Apoth.-Z. **81**, 261; Zbl. **1941, II**, 778. — BLEYER, B., G. NAGEL u. J. SCHWAIBOLD: Scientia pharmac. **10**, 121; Zbl. **1939, II**, 3147. — BROWNING, K. C.: J. chem. Soc. **1917**, 236; Zbl. **1918, I**, 139. — BUCHTALA, H.: Z. physiol. Ch. **83**, 249 (1913); Zbl. **1913, I**, 1529. — BÜLL, H.: Bio. Z. **230**, 299; Zbl. **1931, I**, 3266; Fr. **84**, 396 (1931). — CAMBAR, R.: Bl. Trav. Soc. Pharm. Bordeaux **79**, 36; Zbl. **1943, II**, 53. — CHAO-LUN-TSENG: J. Chin. chem. Soc. **3**, 27; Zbl. **1936, I**, 1063. — CHRISTELLER, E., u. R. SAMMARTINO: Z. ges. exp. Med. **60**, 11; Zbl. **1928, I**, 2975. — DUPRÉ: Eng. Min. Journ. **84**, 298 (1907). — DURET, P.: C. r. Soc. Biol. **81**, 737; Zbl. **1919, II**, 326. — ESSER, A.: Dtsch. Ztg. Ges. gerichtl. Med. **25**, 239; Zbl. **1936, I**, 2588; siehe auch l. c. **27**, 253; Zbl. **1937, I**, 2814. — FLORIN, J.: Z. ges. Schiess. Sprengstoffwesen **6**, 21, 63; Z. angew. Ch. **24**, 1195; Zbl. **1911, I**, 1453. — FRIEDERICH, BUHR: Fr. **80**, 95 (1930). — FURTER, M.: Mikrochemie **9**, 27 (1931); Fr. **89** (1932). — GANASSINI, D.: Arch. Istituto biochim. ital. **4**, 239; Zbl. **1932, II**, 3585. — GEORGES, FABRE: J. Pharm. Chim. (7) **17** 47; Zbl. **1918, I**, 1072. — GERLACH, W., u. W. GERLACH: Die chemische Emissionsspektralanalyse II. Leipzig 1933. — GOLDMAN, F. H., u. D. W. ARMSTRONG: Publ. Health Rep. **51**, 1201; Zbl. **1938, I**, 2418. — GOLUBEV, N. A.: Trudy Rostov. Med. Inst. (russ.) **1940**, Nr. 7, 444; British Chem. Abstracts. **37**, 4983 (1943). — GROFFIER, C.: Bl. Soc. Chim. Belg. **27**, 137; Z. angew. Ch. **27**, **II**, 82 (1914); Zbl. **1913, II**, 457. — GUARESCHI, G.: Dtsch. Zt. ges. ger. Med. **23**, 89; Zbl. **1934, II**, 102. — GUTMANN, S.: Bio. Z. **89**, 199; Zbl. **1918, II**, 681. — HARGREAVES u. Mitarb.: H. ROWE: J. Soc. Chem. Ind. **26**, 813 (1907); ROSCOE: Gén. civ. **52**, 131 (1907); Z. angew. Ch. **24**, 743 (1908). — HUBBARD, D. M.: Ind. eng. Chem. Anal. Edit. **12**, 768; Zbl. **1942, II**, 83. — IVANOFF, E.: J. Pharm. Belg. **18**, 59, 79; Zbl. **1936, II**, 1398; Fr. **115**, 303 (1939). — JANNOPOULOS, S. P.: Z. ges. Schiess. Sprengstoffwesen. **5**, 47; Zbl. **1910, I**, 1651. — JOREK, E.: Pharm. Z. **78**, 434; Zbl. **1933, II**, 98. — KOHN-ABREST, E.: Ann. Chim. anal. **7**, 353 (1925); Zbl. **1926, I**, 2223. — KÜHL, H., u. B. CZYZEWSKY: Z. ges. Getreide-Mühlenwesen **20**, 68; Mühle **71**, Nr. 13 Mühlenlabor S. 33; Zbl. **1933, I**, 3812; **1934, I**, 3408. — LABAT, J. A.: Bl. Trav. Soc. Pharm. Bordeaux **78**, 135; Zbl. **1941, I**, 2290. — LANGHANS: Z. ges. Schieß- u. Sprengstoffwesen **17**, 141; Zbl. **1923, II**, 502. — LEFFMANN, H., u. M. TRUMPER: Bl. Wagner Free Inst. Science Philadelphia **2**, 89 (1927); Zbl. **1928, I**, 233. — LEHMANN, V.: Z. physiol. Ch. **6**, 20. — LEPPER, W.: Landwirtsch. Versuchsstat. **117**, 109; Zbl. **1933, II**, 3181. — LLOYD, L. L., u. W. M. GARDENER: J. Soc. Chem. Ind. **31**, 1109 (1912); Zbl. **1913, I**, 729. — LOCHTE, T., u. A. FIEDLER: Vierteljahrsschrift ger. Med. öffentl. Sanitätswesen (3) **47**, 68;

Zbl. **1915**, **I**, 577. — MAINGARO, J.: Fr. **97**, 383 (1934). — MARTINI, A., u. B. BERISSO: Mikrochemie **16** (N. F. **10**), 236 (1935); Zbl. **1935**, **II**, 90; Fr. **106**, 126 (1936); **107**, 294 (1936). — MINOVICI, S., u. E. GROZEA: Bl. Soc. Romania **4**, 227; Zbl. **1916**, **I**, 527. — MOIR: J. Soc. Chem. Ind. **27**, 421 (1908); Chem. N. **97**, 133 (1908). — MOLL, F.: Z. angew. Ch. **38**, 73 (1925); Fr. **66** (1925). — NAOUM: Ch. Z. **48**, 311; Zbl. **1924**, **II**, 92. — NEUGEBAUER, H.: Apoth.-Z. **44**, 381; Zbl. **1929**, **I**, 2555. — NICOLARDOT, T., u. J. BOUDET: Bl. Soc. Chim. France (4) **23**, 165; Zbl. **1918**, **II**, 148. — PERELSTEIN, M., u. J. ABELIN: Münchener med. Wschr. **62**, 1181 (1915); Zbl. **1915**, **II**, 1027. — PETRI, L.: Atti Accad. Lincei (6) **13**, 331 (1931); Zbl. **1931**, **II**, 1885. — PEYER, W., u. G. HAMANN: Pharm. Mh. **15**, 110; Zbl. **1934**, **II**, 1660. — RANKIN, C. W.: J. opt. Soc. Am. **31**, 644; Zbl. **1942**, **II**, 2064. — REIF (I) = REIF, G.: Z. Lebensm. **48**, 277 (1924). — REIF (II) = Arb. Reichsgesundheitsamt **57**, 173; Zbl. **1927**, **I**, 1870; Fr. **77**, (1929). — RÜTGERSWERKE: Ch. Z. **56**, 730; Zbl. **1932**, **II**, 3333. — SALKOWSKI, E.: Bio. Z. **61**, 27; Zbl. **1914**, **I**, 1899. — SARTORI, A.: Ch. Z. **48**, 141; Zbl. **1924**, **I**, 2192. — SCHMIDT-HEBBEL, H.: Pharm. Zentralhalle **74**, 83; Zbl. **1933**, **I**, 2437. — SCHMIDT, E., u. E. TORNOW: Ch. Z. **56**, 187; 206; Zbl. **1932**, **I**, 2209; Fortschr. Landwirtsch. **7**, 40, 481; Zbl. **1932**, **I**, 2082; **1933**, **I**, 111; Fr. **91**, 206 (1933). — SCHRÖTER, K.: Forschungsdienst Sonderheft **15**, 46; Zbl. **1941**, **II**, 1192. — SPICA, C. L.: G. **47**, **II**, 139; Boll. Chim. Farm. **56**, 437; Zbl. **1918**, **II**, 317; **1919**, **II**, 549. — STEINHAUSEN, E.: Standesztg. dtsch. Apotheker **49**, 791; Zbl. **1934**, **II**, 2563. — STOCK, A., u. R. HELLER: Z. angew. Ch. **39**, 466; Zbl. **1926**, **I**, 3349; Fr. **69** (1926). — STOCK, A., u. W. ZIMMERMANN: Z. angew. Ch. **41**, 546; Zbl. **1928**, **II**, 276. — STOCK, A., u. H. LUX: Z. angew. Ch. **44**, 200 (1931); Fr. **93**, 470 (1933). — STOCK, A., u. E. POHLAND: Z. angew. Ch. **39**, 791 (1926); Fr. **93**, 470 (1933). — STONE, J.: Ind. eng. Chem. Anal. Edit. **5**, 220; Zbl. **1933**, **II**, 748. — TIMM, F.: Z. ges. exp. Med. **88**, 191; Dtsch. Ztg. ges. ger. Med. **20**, 582; Zbl. **1933**, **I**, 3994; **1934**, **I**, 254. — TORNOW, E.: Z. angew. Ch. **45**, 707; Zbl. **1933**, **I**, 819. — VERDINO: siehe FURTER. — VITTE, G.: Bl. Soc. Chim. biol. **12**, 510 (1930); Zbl. **1930**, **II**, 1106; Fr. **83**, 311 (1931). — ENGLISCHE ZOLLBEHÖRDE: siehe REIF (I).

Zu E. § 9.

SMITH, L., u. P. W. WEST: J. chem. Educat. **17**, 138; Ind. eng. Chem. Anal. Edit. **13**, 271; Zbl. **1940**, **II**, 1331; **1942**, **I**, 2435.

Zu F.

BALTRUSZAJTIS, A.: Anz. Krakau. Akad. **1912** A 888; Zbl. **1913**, **I**, 1328. — COLLINS, FARR, FREEMAN, OSBORN, ROSIN, WICHERS u. WILLARD: Ind. eng. Chem. Anal. Edit. **5**, 289; Zbl. **1933**, **II**, 2859. — FEIGL, F., u. H. HAMBURG: Fr. **86**, 11 (1931). — GERLACH, W., u. E. RIEDEL: Die chemische Emissionsspektralanalyse III, Leipzig 1949. — GOLSE, J.: Bl. Soc. Pharm. Bordeaux **66**, 209 (1928); Zbl. **1929**, **I**, 2088; Fr. **84**, 283 (1931). — GOORE, G.: Chem. N. **61**, 40 (1890); — HULETT, G. A., u. H. D. MINCHIN: Phys. Rev. **21**, 389 (1905). — MERCK, E.: Prüfung der chemischen Reagenzien auf Reinheit, 5. Aufl. Darmstadt 1939. — MICHAELIS, C.: Diss. 1883, Berlin. — MIETHE, A., u. H. STAMMREICH: Z. anorg. Ch. **140**, 368 (1924); Fr. **67**, 112 (1925). — MYLIUS, F., u. C. HÜTTNER: B. **44**, 1315; Zbl. **1911**, **II**, 102. — RATHSBURG, H.: B. **54**, 3185. — SMITH-RUSSEL, A., u. D. C. EVANS: J. chem. Soc. **1925**, 127; Fr. **88**, 460 (1932). — WICHERS, E.: News Edit., Am. Chem. Soc. **20**, 1111; Zbl. **1944**, **I**, 380.

DG 721/67/53 — (III/18/203)

GPSR Compliance

The European Union's (EU) General Product Safety Regulation (GPSR) is a set of rules that requires consumer products to be safe and our obligations to ensure this.

If you have any concerns about our products, you can contact us on ProductSafety@springernature.com

In case Publisher is established outside the EU, the EU authorized representative is:

Springer Nature Customer Service Center GmbH
Europaplatz 3
69115 Heidelberg, Germany

Batch number: 10682323

Printed by Printforce, the Netherlands